JN432323

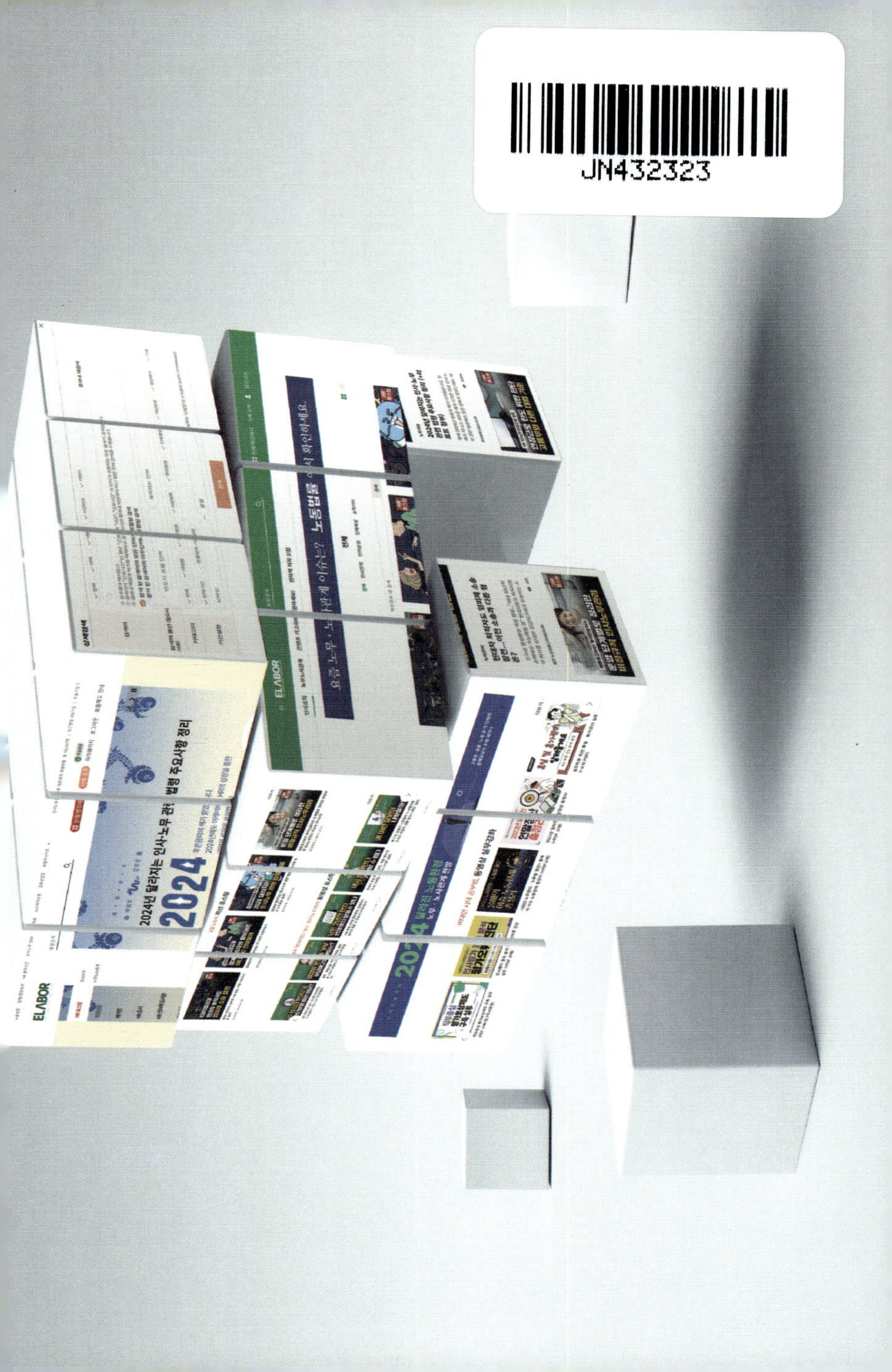

2025
산업안전보건법령

중앙경제

총목차

산업안전보건법

(법 · 시행령 · 시행규칙)

법률

제1장 총 칙

제2장 안전보건관리체제 등

제1절 안전보건관리체제

시행령

제1장 총 칙

제2장 안전보건관리체제 등

시행규칙

제1장 총 칙

제2장 안전보건관리체제 등

제1절 안전보건관리체제

법 률

시 행 령

시 행 규 칙

제3절 건설업 등의 산업재해 예방

제4절 그 밖의 고용형태에서의 산업재해 예방

제3절 건설업 등의 산업재해 예방

제4절 그 밖의 고용형태에서의 산업재해 예방

제7장 유해·위험물질에 대한 조치

제1절 유해·위험물질의 분류 및 관리

제7장 유해·위험물질에 대한 조치

제7장 유해·위험물질에 대한 조치

제1절 유해·위험물질의 분류 및 관리

제2절 석면에 대한 조치

제2절 석면에 대한 조치

제2절 건강진단 및 건강관리

제2절 건강진단 및 건강관리

제10장 근로감독관 등

제11장 보 칙

제10장 보 칙

제10장 근로감독관 등

제11장 보 칙

법 률

제12장 벌 칙

시 행 령

제11장 벌 칙

시 행 규 칙

법률	시행령	시행규칙
산업안전보건법 전부개정 2019. 1.15 법률 제16272호 개정 2020. 3.31 법률 제17187호 2020. 5.26 법률 제17326호 2020. 6. 9 법률 제17433호 2021. 4.13 법률 제18039호 2021. 5.18 법률 제18180호 2021. 8.17 법률 제18426호 2023. 8. 8 법률 제19591호 2023. 8. 8 법률 제19611호 2024.10.22 법률 제20522호	**산업안전보건법 시행령** 전부개정 2019.12.24 대통령령 제30256호 개정 2020. 3. 3 대통령령 제30509호 〈생략〉 2021. 1.12 대통령령 제31387호 2021. 3.30 대통령령 제31576호 2021.10.14 대통령령 제32051호 2021.11.19 대통령령 제32132호 2022. 3. 8 대통령령 제32528호 2022. 8.16 대통령령 제32873호 2023. 6.27 대통령령 제33597호 2023.12.12 대통령령 제33913호 2024. 3.12 대통령령 제34304호 2024. 6.25 대통령령 제34603호	**산업안전보건법 시행규칙** 전부개정 2019.12.26 고용노동부령 제272호 개정 2021. 1.19 고용노동부령 제308호 2021. 7.13 고용노동부령 제328호 2021.11.19 고용노동부령 제336호 2022. 8.18 고용노동부령 제363호 2023. 9.27 고용노동부령 제393호 2024. 6.28 고용노동부령 제419호 2024. 9.26 고용노동부령 제426호
제1장 총 칙	**제1장 총 칙**	**제1장 총 칙**
제1조 【목적】 이 법은 산업 안전 및 보건에 관한 기준을 확립하고 그 책임의 소재를 명확하게 하여 산업재해를 예방하고 쾌적한 작업환경을 조성함으로써 노무를 제공하는 사람의 안전 및 보건을 유지·증진함을 목적으로 한다. (2020. 5.26 개정)	**제1조 【목적】** 이 영은 「산업안전보건법」에서 위임된 사항과 그 시행에 필요한 사항을 규정함을 목적으로 한다.	**제1조 【목적】** 이 규칙은 「산업안전보건법」 및 같은 법 시행령에서 위임된 사항과 그 시행에 필요한 사항을 규정함을 목적으로 한다.

<table>
<tr><th>법률</th><th>시행령</th><th>시행규칙</th></tr>
<tr><td>

제2조 【정의】 이 법에서 사용하는 용어의 뜻은 다음과 같다.

1. "산업재해"란 노무를 제공하는 사람이 업무에 관계되는 건설물·설비·원재료·가스·증기·분진 등에 의하거나 작업 또는 그 밖의 업무로 인하여 사망 또는 부상하거나 질병에 걸리는 것을 말한다. (2020.5.26 개정)
2. "중대재해"란 산업재해 중 사망 등 재해 정도가 심하거나 다수의 재해자가 발생한 경우로서 고용노동부령으로 정하는 재해를 말한다.
3. "근로자"란 「근로기준법」 제2조제1항제1호에 따른 근로자를 말한다.
4. "사업주"란 근로자를 사용하여 사업을 하는 자를 말한다.
5. "근로자대표"란 근로자의 과반수로 조직된 노동조합이 있는 경우에는 그 노동조합을, 근로자의 과반수로 조직된 노동조합이 없는 경우에는 근로자의 과반수를 대표하는 자를 말한다.
6. "도급"이란 명칭에 관계없이 물건의 제조·건설·수리 또는 서비스의 제공, 그 밖의 업무를 타인에게 맡기는 계약을 말한다.
7. "도급인"이란 물건의 제조·건설·수리 또는 서비스의 제공, 그 밖의 업무를 도급하는 사업주를 말한다. 다만, 건설공사발주자는 제외한다.
8. "수급인"이란 도급인으로부터 물건의 제조·

</td><td></td><td>

제2조 【정의】 이 규칙에서 사용하는 용어의 뜻은 이 규칙에 특별한 규정이 없으면 「산업안전보건법」(이하 "법"이라 한다), 같은 법 시행령 및 「산업안전보건기준에 관한 규칙」(이하 "안전보건규칙"이라 한다)에서 정하는 바에 따른다.

제3조 【중대재해의 범위】 법 제2조제2호에서 "고용노동부령으로 정하는 재해"란 다음 각 호의 어느 하나에 해당하는 재해를 말한다.

1. 사망자가 1명 이상 발생한 재해
2. 3개월 이상의 요양이 필요한 부상자가 동시에 2명 이상 발생한 재해
3. 부상자 또는 직업성 질병자가 동시에 10명 이상 발생한 재해

</td></tr>
</table>

건설·수리 또는 서비스의 제공, 그 밖의 업무를 도급받은 사업주를 말한다.

9. "관계수급인"이란 도급이 여러 단계에 걸쳐 체결된 경우에 각 단계별로 도급받은 사업주 전부를 말한다.

10. "건설공사발주자"란 건설공사를 도급하는 자로서 건설공사의 시공을 주도하여 총괄·관리하지 아니하는 자를 말한다. 다만, 도급받은 건설공사를 다시 도급하는 자는 제외한다.

11. "건설공사"란 다음 각 목의 어느 하나에 해당하는 공사를 말한다.

   가. 「건설산업기본법」 제2조제4호에 따른 건설공사

   나. 「전기공사업법」 제2조제1호에 따른 전기공사

   다. 「정보통신공사업법」 제2조제2호에 따른 정보통신공사

   라. 「소방시설공사업법」에 따른 소방시설공사

   마. 「국가유산수리 등에 관한 법률」에 따른 국가유산 수리공사 (2023.8.8 개정)

12. "안전보건진단"이란 산업재해를 예방하기 위하여 잠재적 위험성을 발견하고 그 개선대책을 수립할 목적으로 조사·평가하는 것을 말한다.

법 률	시 행 령	시 행 규 칙
13. "작업환경측정"이란 작업환경 실태를 파악하기 위하여 해당 근로자 또는 작업장에 대하여 사업주가 유해인자에 대한 측정계획을 수립한 후 시료(試料)를 채취하고 분석·평가하는 것을 말한다.		
제3조 【적용 범위】 이 법은 모든 사업에 적용한다. 다만, 유해·위험의 정도, 사업의 종류, 사업장의 상시근로자 수(건설공사의 경우에는 건설공사 금액을 말한다. 이하 같다) 등을 고려하여 대통령령으로 정하는 종류의 사업 또는 사업장에는 이 법의 전부 또는 일부를 적용하지 아니할 수 있다.	**제2조 【적용범위 등】** ① 「산업안전보건법」(이하 "법"이라 한다) 제3조 단서에 따라 법의 전부 또는 일부를 적용하지 않는 사업 또는 사업장의 범위 및 해당 사업 또는 사업장에 적용되지 않는 법 규정은 별표 1과 같다. ② 이 영에서 사업의 분류는 「통계법」에 따라 통계청장이 고시한 한국표준산업분류에 따른다.	
제4조 【정부의 책무】 ① 정부는 이 법의 목적을 달성하기 위하여 다음 각 호의 사항을 성실히 이행할 책무를 진다. 1. 산업 안전 및 보건 정책의 수립 및 집행 2. 산업재해 예방 지원 및 지도 3. 「근로기준법」 제76조의2에 따른 직장 내 괴롭힘 예방을 위한 조치기준 마련, 지도 및 지원 4. 사업주의 자율적인 산업 안전 및 보건 경영체제 확립을 위한 지원 5. 산업 안전 및 보건에 관한 의식을 북돋우기	**제3조 【산업재해 예방을 위한 시책 마련】** 고용노동부장관은 법 제4조제1항제2호에 따른 산업재해 예방 지원 및 지도를 위하여 산업재해 예방기법의 연구 및 보급, 안전·보건 기술의 지원 및 교육에 관한 시책을 마련해야 한다. **제4조 【산업 안전 및 보건 경영체제 확립 지원】**	

위한 홍보·교육 등 안전문화 확산 추진
6. 산업 안전 및 보건에 관한 기술의 연구·개발 및 시설의 설치·운영
7. 산업재해에 관한 조사 및 통계의 유지·관리
8. 산업 안전 및 보건 관련 단체 등에 대한 지원 및 지도·감독
9. 그 밖에 노무를 제공하는 사람의 안전 및 건강의 보호·증진 (2020.5.26 개정)

② 정부는 제1항 각 호의 사항을 효율적으로 수행하기 위하여 「한국산업안전보건공단법」에 따른 한국산업안전보건공단(이하 "공단"이라 한다), 그 밖의 관련 단체 및 연구기관에 행정적·재정적 지원을 할 수 있다.

고용노동부장관은 법 제4조제1항제4호에 따른 사업주의 자율적인 산업 안전 및 보건 경영체제 확립을 위하여 다음 각 호와 관련된 시책을 마련해야 한다.
1. 사업의 자율적인 안전·보건 경영체제 운영 등의 기법에 관한 연구 및 보급
2. 사업의 안전관리 및 보건관리 수준의 향상

제5조【산업 안전 및 보건 의식을 북돋우기 위한 시책 마련】 고용노동부장관은 법 제4조제1항제5호에 따라 산업 안전 및 보건에 관한 의식을 북돋우기 위하여 다음 각 호와 관련된 시책을 마련해야 한다.
1. 산업 안전 및 보건 교육의 진흥 및 홍보의 활성화
2. 산업 안전 및 보건과 관련된 국민의 건전하고 자주적인 활동의 촉진
3. 산업 안전 및 보건 강조 기간의 설정 및 그 시행

제6조【산업재해에 관한 조사 및 통계의 유지·관리】 고용노동부장관은 산업재해를 예방하기 위하여 법 제4조제1항제7호에 따라 산업재해에 관하여 조사하고 이에 관한 통계를 유지·관리하여 산업재해 예방을 위한 정책수립 및 집행에 적극 반영해야 한다.

법률	시행령	시행규칙
	제7조【건강증진사업 등의 추진】 고용노동부장관은 법 제4조제1항제9호에 따른 노무를 제공하는 사람의 안전 및 건강의 보호·증진에 관한 사항을 효율적으로 추진하기 위하여 다음 각 호와 관련된 시책을 마련해야 한다. (2020.9.8 개정) 1. 노무를 제공하는 사람의 안전 및 건강 증진을 위한 사업의 보급·확산 (2020.9.8 개정) 2. 깨끗한 작업환경의 조성 3. 직업성 질병의 예방 및 조기 발견을 위한 사업 (2022.8.16 신설)	
제4조의2【지방자치단체의 책무】 지방자치단체는 제4조제1항에 따른 정부의 정책에 적극 협조하고, 관할 지역의 산업재해를 예방하기 위한 대책을 수립·시행하여야 한다. (2021.5.18 신설) **제4조의3【지방자치단체의 산업재해 예방 활동 등】** ① 지방자치단체의 장은 관할 지역 내에서의 산업재해 예방을 위하여 자체 계획의 수립, 교육, 홍보 및 안전한 작업환경 조성을 지원하기 위한 사업장 지도 등 필요한 조치를 할 수 있다. (2021.5.18 신설) ② 정부는 제1항에 따른 지방자치단체의 산업재해 예방 활동에 필요한 행정적·재정적 지원을 할 수 있다. (2021.5.18 신설) ③ 제1항에 따른 산업재해 예방 활동에 필요한		

사항은 지방자치단체가 조례로 정할 수 있다. (2021.5.18 신설)

제5조 【사업주 등의 의무】 ① 사업주(제77조에 따른 특수형태근로종사자로부터 노무를 제공받는 자와 제78조에 따른 물건의 수거·배달 등을 중개하는 자를 포함한다. 이하 이 조 및 제6조에서 같다)는 다음 각 호의 사항을 이행함으로써 근로자(제77조에 따른 특수형태근로종사자와 제78조에 따른 물건의 수거·배달 등을 하는 사람을 포함한다. 이하 이 조 및 제6조에서 같다)의 안전 및 건강을 유지·증진시키고 국가의 산업재해 예방정책을 따라야 한다. (2020.5.26 개정)

1. 이 법과 이 법에 따른 명령으로 정하는 산업재해 예방을 위한 기준
2. 근로자의 신체적 피로와 정신적 스트레스 등을 줄일 수 있는 쾌적한 작업환경의 조성 및 근로조건 개선
3. 해당 사업장의 안전 및 보건에 관한 정보를 근로자에게 제공

② 다음 각 호의 어느 하나에 해당하는 자는 발주·설계·제조·수입 또는 건설을 할 때 이 법과 이 법에 따른 명령으로 정하는 기준을 지켜야 하고, 발주·설계·제조·수입 또는 건설에 사용되는 물건으로 인하여 발생하는 산업재해를 방지하기 위하여 필요한 조치를 하여야 한다.

제8조 【사업주 등의 협조】 사업주(이 조에서만 법 제77조에 따른 특수형태근로종사자로부터 노무를 제공받는 자와 법 제78조에 따른 물건의 수거·배달 등을 중개하는 자를 포함한다)와 근로자(이 조에서만 법 제77조에 따른 특수형태근로종사자와 법 제78조에 따른 물건의 수거·배달 등을 하는 사람을 포함한다), 그 밖의 관련 단체는 제3조부터 제7조까지의 규정에 따른 시책 등에 적극적으로 참여하는 등 협조해야 한다. (2020.9.8 개정)

법률	시행령	시행규칙
1. 기계·기구와 그 밖의 설비를 설계·제조 또는 수입하는 자 2. 원재료 등을 제조·수입하는 자 3. 건설물을 발주·설계·건설하는 자		
제6조【근로자의 의무】 근로자는 이 법과 이 법에 따른 명령으로 정하는 산업재해 예방을 위한 기준을 지켜야 하며, 사업주 또는 「근로기준법」 제101조에 따른 근로감독관, 공단 등 관계인이 실시하는 산업재해 예방에 관한 조치에 따라야 한다.		
제7조【산업재해 예방에 관한 기본계획의 수립·공표】 ① 고용노동부장관은 산업재해 예방에 관한 기본계획을 수립하여야 한다. ② 고용노동부장관은 제1항에 따라 수립한 기본계획을 「산업재해보상보험법」 제8조제1항에 따른 산업재해보상보험및예방심의위원회의 심의를 거쳐 공표하여야 한다. 이를 변경하려는 경우에도 또한 같다.		
제8조【협조 요청 등】 ① 고용노동부장관은 제7조제1항에 따른 기본계획을 효율적으로 시행하기 위하여 필요하다고 인정할 때에는 관계 행정기관의 장 또는 「공공기관의 운영에 관한 법률」 제4조에 따른 공공기관의 장에게 필요		**제4조【협조 요청】** ① 고용노동부장관이 법 제8조제1항에 따라 관계 행정기관의 장 또는 「공공기관의 운영에 관한 법률」 제4조에 따른 공공기관의 장에게 협조를 요청할 수 있는 사항은 다음 각 호와 같다.

한 협조를 요청할 수 있다.

② 행정기관(고용노동부는 제외한다. 이하 이 조에서 같다)의 장은 사업장의 안전 및 보건에 관하여 규제를 하려면 미리 고용노동부장관과 협의하여야 한다.

③ 행정기관의 장은 고용노동부장관이 제2항에 따른 협의과정에서 해당 규제에 대한 변경을 요구하면 이에 따라야 하며, 고용노동부장관은 필요한 경우 국무총리에게 협의·조정 사항을 보고하여 확정할 수 있다.

④ 고용노동부장관은 산업재해 예방을 위하여 필요하다고 인정할 때에는 사업주, 사업주단체, 그 밖의 관계인에게 필요한 사항을 권고하거나 협조를 요청할 수 있다.

⑤ 고용노동부장관은 산업재해 예방을 위하여 중앙행정기관의 장과 지방자치단체의 장 또는 공단 등 관련 기관·단체의 장에게 다음 각 호의 정보 또는 자료의 제공 및 관계 전산망의 이용을 요청할 수 있다. 이 경우 요청을 받은 중앙행정기관의 장과 지방자치단체의 장 또는 관련 기관·단체의 장은 정당한 사유가 없으면 그 요청에 따라야 한다.

1. 「부가가치세법」 제8조 및 「법인세법」 제111조에 따른 사업자등록에 관한 정보
2. 「고용보험법」 제15조에 따른 근로자의 피보험자격의 취득 및 상실 등에 관한 정보
3. 그 밖에 산업재해 예방사업을 수행하기 위

제8조의2 【협조 요청 대상 정보 또는 자료】 법 제

1. 안전·보건 의식 정착을 위한 안전문화운동의 추진
2. 산업재해 예방을 위한 홍보 지원
3. 안전·보건과 관련된 중복규제의 정비
4. 안전·보건과 관련된 시설을 개선하는 사업장에 대한 자금융자 등 금융·세제상의 혜택 부여
5. 사업장에 대하여 관계 기관이 합동으로 하는 안전·보건점검의 실시
6. 「건설산업기본법」 제23조에 따른 건설업체의 시공능력 평가 시 별표 1 제1호에서 정한 건설업체의 산업재해발생률에 따른 공사 실적액의 감액(산업재해발생률의 산정 기준 및 방법은 별표 1에 따른다)
7. 「국가를 당사자로 하는 계약에 관한 법률 시행령」 제13조에 따른 입찰참가업체의 입찰참가자격 사전심사 시 다음 각 목의 사항
   가. 별표 1 제1호에서 정한 건설업체의 산업재해발생률 및 산업재해 발생 보고의무 위반에 따른 가감점 부여(건설업체의 산업재해발생률 및 산업재해 발생 보고의무 위반건수의 산정 기준과 방법은 별표 1에 따른다)
   나. 사업주가 안전·보건 교육을 이수하는 등 별표 1 제1호에서 정한 건설업체의 산업재해 예방활동에 대하여 고용노동부장관이 정하여 고시하는 바에 따라 그 실적을

법 률	시 행 령	시 행 규 칙
하여 필요한 정보 또는 자료로서 대통령령으로 정하는 정보 또는 자료	8조제5항제3호에서 "대통령령으로 정하는 정보 또는 자료"란 다음 각 호의 어느 하나에 해당하는 정보를 말한다. (2023.6.27 개정) 1. 「전기사업법」 제16조제1항에 따른 기본공급약관에서 정하는 사업장별 계약전력 정보(법 제42조제1항에 따른 유해위험방지계획서의 심사를 위하여 필요한 경우로 한정한다) 2. 「화학물질관리법」 제9조제1항에 따른 화학물질확인 정보(같은 법 제52조제1항에 따른 자료보호기간 중에 있는 정보는 제외한다)	평가한 결과에 따른 가점 부여 8. 산업재해 또는 건강진단 관련 자료의 제공 9. 정부포상 수상업체 선정 시 산업재해발생률이 같은 종류 업종에 비하여 높은 업체(소속 임원을 포함한다)에 대한 포상 제한에 관한 사항 10. 「건설기계관리법」 제3조 또는 「자동차관리법」 제5조에 따라 각각 등록한 건설기계 또는 자동차 중 법 제93조에 따라 안전검사를 받아야 하는 유해하거나 위험한 기계·기구·설비가 장착된 건설기계 또는 자동차에 관한 자료의 제공 11. 「119구조·구급에 관한 법률」 제22조 및 같은 법 시행규칙 제18조에 따른 구급활동일지와 「응급의료에 관한 법률」 제49조 및 같은 법 시행규칙 제40조에 따른 출동 및 처치기록지의 제공 12. 그 밖에 산업재해 예방계획을 효율적으로 시행하기 위하여 필요하다고 인정하는 사항 ② 고용노동부장관은 별표 1에 따라 산정한 산업재해발생률 및 그 산정내역을 해당 건설업체에 통보해야 한다. 이 경우 산업재해발생률 및 산정내역에 불복하는 건설업체는 통보를 받은 날부터 10일 이내에 고용노동부장관에게 이의를 제기할 수 있다.

제9조【산업재해 예방 통합정보시스템 구축·운영 등】 ① 고용노동부장관은 산업재해를 체계적이고 효율적으로 예방하기 위하여 산업재해 예방 통합정보시스템을 구축·운영할 수 있다.

② 고용노동부장관은 제1항에 따른 산업재해 예방 통합정보시스템으로 처리한 산업 안전 및 보건 등에 관한 정보를 고용노동부령으로 정하는 바에 따라 관련 행정기관과 공단에 제공할 수 있다.

③ 제1항에 따른 산업재해 예방 통합정보시스템의 구축·운영, 그 밖에 필요한 사항은 대통령령으로 정한다.

제10조【산업재해 발생건수 등의 공표】 ① 고용노동부장관은 산업재해를 예방하기 위하여 대통령령으로 정하는 사업장의 근로자 산업재해 발생건수, 재해율 또는 그 순위 등(이하 "산업재해발생건수등"이라 한다)을 공표하여야 한다.

② 고용노동부장관은 도급인의 사업장(도급인이 제공하거나 지정한 경우로서 도급인이 지배·관리하는 대통령령으로 정하는 장소를 포함한다. 이하 같다) 중 대통령령으로 정하는 사

제9조【산업재해 예방 통합정보시스템 구축·운영】 ① 고용노동부장관은 법 제9조제1항에 따라 산업재해 예방 통합정보시스템을 구축·운영하는 경우에는 다음 각 호의 정보를 처리한다.

1. 「산업재해보상보험법」 제6조에 따른 적용 사업 또는 사업장에 관한 정보
2. 산업재해 발생에 관한 정보
3. 법 제93조에 따른 안전검사 결과, 법 제125조에 따른 작업환경측정 결과 등 안전·보건에 관한 정보
4. 그 밖에 산업재해 예방을 위하여 고용노동부장관이 정하여 고시하는 정보

② 제1항에서 정한 사항 외에 산업재해 예방 통합정보시스템의 구축·운영에 관한 연구개발 및 기술지원, 그 밖에 산업재해 예방 통합정보시스템의 구축·운영 등에 필요한 사항은 고용노동부장관이 정한다.

제10조【공표대상 사업장】 ① 법 제10조제1항에서 "대통령령으로 정하는 사업장"이란 다음 각 호의 어느 하나에 해당하는 사업장을 말한다.

1. 산업재해로 인한 사망자(이하 "사망재해자"라 한다)가 연간 2명 이상 발생한 사업장
2. 사망만인율(死亡萬人率 : 연간 상시근로자 1만명당 발생하는 사망재해자 수의 비율을 말한다)이 규모별 같은 업종의 평균 사망만인율 이상인 사업장

제5조【통합정보시스템 정보의 제공】 고용노동부장관은 관련 행정기관 또는 「한국산업안전보건공단법」에 따른 한국산업안전보건공단(이하 "공단"이라 한다)이 산업재해 발생에 대응하기 위하여 신청하는 경우 또는 산업재해에 대응하기 위하여 필요하다고 판단되는 경우에는 법 제9조제1항에 따른 산업재해 예방 통합정보시스템으로 처리한 산업안전 및 보건 등에 관한 정보를 관련 행정기관과 공단에 제공할 수 있다.

법 률	시 행 령	시 행 규 칙
업장에서 관계수급인 근로자가 작업을 하는 경우에 도급인의 산업재해발생건수등에 관계수급인의 산업재해발생건수등을 포함하여 제1항에 따라 공표하여야 한다. ③ 고용노동부장관은 제2항에 따라 산업재해발생건수등을 공표하기 위하여 도급인에게 관계수급인에 관한 자료의 제출을 요청할 수 있다. 이 경우 요청을 받은 자는 정당한 사유가 없으면 이에 따라야 한다. ④ 제1항 및 제2항에 따른 공표의 절차 및 방법, 그 밖에 필요한 사항은 고용노동부령으로 정한다.	3. 법 제44조제1항 전단에 따른 중대산업사고가 발생한 사업장 4. 법 제57조제1항을 위반하여 산업재해 발생 사실을 은폐한 사업장 5. 법 제57조제3항에 따른 산업재해의 발생에 관한 보고를 최근 3년 이내 2회 이상 하지 않은 사업장 ② 제1항제1호부터 제3호까지의 규정에 해당하는 사업장은 해당 사업장이 관계수급인의 사업장으로서 법 제63조에 따른 도급인이 관계수급인 근로자의 산업재해 예방을 위한 조치의무를 위반하여 관계수급인 근로자가 산업재해를 입은 경우에는 도급인의 사업장(도급인이 제공하거나 지정한 경우로서 도급인이 지배·관리하는 제11조 각 호에 해당하는 장소를 포함한다. 이하 같다)의 법 제10조제1항에 따른 산업재해발생건수등을 함께 공표한다. **제11조 【도급인이 지배·관리하는 장소】** 법 제10조제2항에서 "대통령령으로 정하는 장소"란 다음 각 호의 어느 하나에 해당하는 장소를 말한다. 1. 토사(土砂)·구축물·인공구조물 등이 붕괴될 우려가 있는 장소 2. 기계·기구 등이 넘어지거나 무너질 우려가 있는 장소	벌 법 제10조제3항 후단을 위반하여 관계수급인에 관한 자료를 제출하지 아니하거나 거짓으로 제출한 자에게는 1천만원 이하의 과태료를 부과한다. (법 제175조제4항제1호)

3. 안전난간의 설치가 필요한 장소
4. 비계(飛階) 또는 거푸집을 설치하거나 해체하는 장소
5. 건설용 리프트를 운행하는 장소
6. 지반(地盤)을 굴착하거나 발파작업을 하는 장소
7. 엘리베이터홀 등 근로자가 추락할 위험이 있는 장소
8. 석면이 붙어 있는 물질을 파쇄하거나 해체하는 작업을 하는 장소
9. 공중 전선에 가까운 장소로서 시설물의 설치·해체·점검 및 수리 등의 작업을 할 때 감전의 위험이 있는 장소
10. 물체가 떨어지거나 날아올 위험이 있는 장소
11. 프레스 또는 전단기(剪斷機)를 사용하여 작업을 하는 장소
12. 차량계(車輛系) 하역운반기계 또는 차량계 건설기계를 사용하여 작업하는 장소
13. 전기 기계·기구를 사용하여 감전의 위험이 있는 작업을 하는 장소
14. 「철도산업발전기본법」 제3조제4호에 따른 철도차량(「도시철도법」에 따른 도시철도차량을 포함한다)에 의한 충돌 또는 협착의 위험이 있는 작업을 하는 장소
15. 그 밖에 화재·폭발 등 사고발생 위험이 높은 장소로서 고용노동부령으로 정하는 장소

제6조 【도급인의 안전·보건 조치 장소】 「산업안전보건법 시행령」(이하 "영"이라 한다) 제11

법 률	시 행 령	시 행 규 칙
		조제15호에서 "고용노동부령으로 정하는 장소"란 다음 각 호의 어느 하나에 해당하는 장소를 말한다. 1. 화재·폭발 우려가 있는 다음 각 목의 어느 하나에 해당하는 작업을 하는 장소 가. 선박 내부에서의 용접·용단작업 나. 안전보건규칙 제225조제4호에 따른 인화성 액체를 취급·저장하는 설비 및 용기에서의 용접·용단작업 다. 안전보건규칙 제273조에 따른 특수화학설비에서의 용접·용단작업 라. 가연물(可燃物)이 있는 곳에서의 용접·용단 및 금속의 가열 등 화기를 사용하는 작업이나 연삭숫돌에 의한 건식연마작업 등 불꽃이 발생할 우려가 있는 작업 2. 안전보건규칙 제132조에 따른 양중기(揚重機)에 의한 충돌 또는 협착(狹窄)의 위험이 있는 작업을 하는 장소 3. 안전보건규칙 제420조제7호에 따른 유기화합물 취급 특별장소 4. 안전보건규칙 제574조제1항 각 호에 따른 방사선 업무를 하는 장소 5. 안전보건규칙 제618조제1호에 따른 밀폐공간 6. 안전보건규칙 별표 1에 따른 위험물질을 제조하거나 취급하는 장소

제12조【통합공표 대상 사업장 등】 법 제10조제2항에서 "대통령령으로 정하는 사업장"이란 다음 각 호의 어느 하나에 해당하는 사업이 이루어지는 사업장으로서 도급인이 사용하는 상시근로자 수가 500명 이상이고 도급인 사업장의 사고사망만인율(질병으로 인한 사망재해자를 제외하고 산출한 사망만인율을 말한다. 이하 같다)보다 관계수급인의 근로자를 포함하여 산출한 사고사망만인율이 높은 사업장을 말한다.
1. 제조업
2. 철도운송업
3. 도시철도운송업
4. 전기업

7. 안전보건규칙 별표 7에 따른 화학설비 및 그 부속설비에 대한 정비·보수 작업이 이루어지는 장소

제7조【도급인과 관계수급인의 통합 산업재해 관련 자료 제출】 ① 지방고용노동관서의 장은 법 제10조제2항에 따라 도급인의 산업재해 발생건수, 재해율 또는 그 순위 등(이하 "산업재해발생건수등"이라 한다)에 관계수급인의 산업재해발생건수등을 포함하여 공표하기 위하여 필요하면 법 제10조제3항에 따라 영 제12조 각 호의 어느 하나에 해당하는 사업이 이루어지는 사업장으로서 해당 사업장의 상시근로자 수가 500명 이상인 사업장의 도급인에게 도급인의 사업장(도급인이 제공하거나 지정한 경우로서 도급인이 지배·관리하는 영 제11조 각 호에 해당하는 장소를 포함한다. 이하 같다)에서 작업하는 관계수급인 근로자의 산업재해 발생에 관한 자료를 제출하도록 공표의 대상이 되는 연도의 다음 연도 3월 15일까지 요청해야 한다.

② 제1항에 따라 자료의 제출을 요청받은 도급인은 그 해 4월 30일까지 별지 제1호서식의 통합 산업재해 현황 조사표를 작성하여 지방고용노동관서의 장에게 제출(전자문서로 제출하는 것을 포함한다)해야 한다.

③ 제1항에 따른 도급인은 그의 관계수급인에

법률	시행령	시행규칙
		게 별지 제1호서식의 통합 산업재해 현황 조사표의 작성에 필요한 자료를 요청할 수 있다. **제8조 【공표방법】** 법 제10조제1항 및 제2항에 따른 공표는 관보, 「신문 등의 진흥에 관한 법률」 제9조제1항에 따라 그 보급지역을 전국으로 하여 등록한 일반일간신문 또는 인터넷 등에 게재하는 방법으로 한다.
제11조 【산업재해 예방시설의 설치·운영】 고용노동부장관은 산업재해 예방을 위하여 다음 각 호의 시설을 설치·운영할 수 있다. 1. 산업 안전 및 보건에 관한 지도시설, 연구시설 및 교육시설 2. 안전보건진단 및 작업환경측정을 위한 시설 3. 노무를 제공하는 사람의 건강을 유지·증진하기 위한 시설 (2020.5.26 개정) 4. 그 밖에 고용노동부령으로 정하는 산업재해 예방을 위한 시설 **제12조 【산업재해 예방의 재원】** 다음 각 호의 어느 하나에 해당하는 용도에 사용하기 위한 재원(財源)은 「산업재해보상보험법」 제95조제1항에 따른 산업재해보상보험및예방기금에서 지원한다. 1. 제11조 각 호에 따른 시설의 설치와 그 운		

영에 필요한 비용
2. 산업재해 예방 관련 사업 및 비영리법인에 위탁하는 업무 수행에 필요한 비용
3. 그 밖에 산업재해 예방에 필요한 사업으로서 고용노동부장관이 인정하는 사업의 사업비

제13조【기술 또는 작업환경에 관한 표준】 ① 고용노동부장관은 산업재해 예방을 위하여 다음 각 호의 조치와 관련된 기술 또는 작업환경에 관한 표준을 정하여 사업주에게 지도·권고할 수 있다.
1. 제5조제2항 각 호의 어느 하나에 해당하는 자가 같은 항에 따라 산업재해를 방지하기 위하여 하여야 할 조치
2. 제38조 및 제39조에 따라 사업주가 하여야 할 조치

② 고용노동부장관은 제1항에 따른 표준을 정할 때 필요하다고 인정하면 해당 분야별로 표준제정위원회를 구성·운영할 수 있다.
③ 제2항에 따른 표준제정위원회의 구성·운영, 그 밖에 필요한 사항은 고용노동부장관이 정한다.

제2장 안전보건관리체제 등

제1절 안전보건관리체제

제2장 안전보건관리체제 등

제2장 안전보건관리체제 등

제1절 안전보건관리체제

<table>
<tr><th>법 률</th><th>시 행 령</th><th>시 행 규 칙</th></tr>
<tr><td>**제14조 【이사회 보고 및 승인 등】** ① 「상법」 제170조에 따른 주식회사 중 대통령령으로 정하는 회사의 대표이사는 대통령령으로 정하는 바에 따라 매년 회사의 안전 및 보건에 관한 계획을 수립하여 이사회에 보고하고 승인을 받아야 한다.
② 제1항에 따른 대표이사는 제1항에 따른 안전 및 보건에 관한 계획을 성실하게 이행하여야 한다.
③ 제1항에 따른 안전 및 보건에 관한 계획에는 안전 및 보건에 관한 비용, 시설, 인원 등의 사항을 포함하여야 한다.</td><td>**제13조 【이사회 보고·승인 대상 회사 등】** ① 법 제14조제1항에서 "대통령령으로 정하는 회사"란 다음 각 호의 어느 하나에 해당하는 회사를 말한다.
1. 상시근로자 500명 이상을 사용하는 회사
2. 「건설산업기본법」 제23조에 따라 평가하여 공시된 시공능력(같은 법 시행령 별표 1의 종합공사를 시공하는 업종의 건설업종란 제3호에 따른 토목건축공사업에 대한 평가 및 공시로 한정한다)의 순위 상위 1천위 이내의 건설회사
② 법 제14조제1항에 따른 회사의 대표이사(「상법」 제408조의2제1항 후단에 따라 대표이사를 두지 못하는 회사의 경우에는 같은 법 제408조의5에 따른 대표집행임원을 말한다)는 회사의 정관에서 정하는 바에 따라 다음 각 호의 내용을 포함한 회사의 안전 및 보건에 관한 계획을 수립해야 한다.
1. 안전 및 보건에 관한 경영방침
2. 안전·보건관리 조직의 구성·인원 및 역할
3. 안전·보건 관련 예산 및 시설 현황
4. 안전 및 보건에 관한 전년도 활동실적 및 다음 연도 활동계획</td><td>벌 법 제14조제1항을 위반하여 안전 및 보건에 관한 계획을 이사회에 보고하지 아니하거나 승인을 받지 아니한 자에게는 1천만원 이하의 과태료를 부과한다. (법 제175조제4항제2호)</td></tr>
<tr><td>**제15조 【안전보건관리책임자】** ① 사업주는 사업장을 실질적으로 총괄하여 관리하는 사람에</td><td>벌 법 제15조제1항을 위반한 자에게는 500만원 이하의 과태료를 부과한다. (법 제175조제5항</td><td></td></tr>
</table>

게 해당 사업장의 다음 각 호의 업무를 총괄하여 관리하도록 하여야 한다.

1. 사업장의 산업재해 예방계획의 수립에 관한 사항
2. 제25조 및 제26조에 따른 안전보건관리규정의 작성 및 변경에 관한 사항
3. 제29조에 따른 안전보건교육에 관한 사항
4. 작업환경측정 등 작업환경의 점검 및 개선에 관한 사항
5. 제129조부터 제132조까지에 따른 근로자의 건강진단 등 건강관리에 관한 사항
6. 산업재해의 원인 조사 및 재발 방지대책 수립에 관한 사항
7. 산업재해에 관한 통계의 기록 및 유지에 관한 사항
8. 안전장치 및 보호구 구입 시 적격품 여부 확인에 관한 사항
9. 그 밖에 근로자의 유해·위험 방지조치에 관한 사항으로서 고용노동부령으로 정하는 사항

② 제1항 각 호의 업무를 총괄하여 관리하는 사람(이하 "안전보건관리책임자"라 한다)은 제17조에 따른 안전관리자와 제18조에 따른 보건관리자를 지휘·감독한다.

③ 안전보건관리책임자를 두어야 하는 사업의 종류와 사업장의 상시근로자 수, 그 밖에 필요한 사항은 대통령령으로 정한다.

제1호)

제14조 【안전보건관리책임자의 선임 등】 ① 법 제15조제2항에 따른 안전보건관리책임자(이하 "안전보건관리책임자"라 한다)를 두어야 하는 사업의 종류 및 사업장의 상시근로자 수(건설공사의 경우에는 건설공사 금액을 말한다. 이하 같다)는 별표 2와 같다.

② 사업주는 안전보건관리책임자가 법 제15조

제9조 【안전보건관리책임자의 업무】 법 제15조제1항제9호에서 "고용노동부령으로 정하는 사항"이란 법 제36조에 따른 위험성평가의 실시에 관한 사항과 안전보건규칙에서 정하는 근로자의 위험 또는 건강장해의 방지에 관한 사항을 말한다.

법률	시행령	시행규칙
	제1항에 따른 업무를 원활하게 수행할 수 있도록 권한·시설·장비·예산, 그 밖에 필요한 지원을 해야 한다. ③ 사업주는 안전보건관리책임자를 선임했을 때에는 그 선임 사실 및 법 제15조제1항 각 호에 따른 업무의 수행내용을 증명할 수 있는 서류를 갖추어 두어야 한다.	
제16조 【관리감독자】 ① 사업주는 사업장의 생산과 관련되는 업무와 그 소속 직원을 직접 지휘·감독하는 직위에 있는 사람(이하 "관리감독자"라 한다)에게 산업 안전 및 보건에 관한 업무로서 대통령령으로 정하는 업무를 수행하도록 하여야 한다. ② 관리감독자가 있는 경우에는 「건설기술 진흥법」 제64조제1항제2호에 따른 안전관리책임자 및 같은 항 제3호에 따른 안전관리담당자를 각각 둔 것으로 본다.	**제15조 【관리감독자의 업무 등】** ① 법 제16조제1항에서 "대통령령으로 정하는 업무"란 다음 각 호의 업무를 말한다. 1. 사업장 내 법 제16조제1항에 따른 관리감독자(이하 "관리감독자"라 한다)가 지휘·감독하는 작업(이하 이 조에서 "해당작업"이라 한다)과 관련된 기계·기구 또는 설비의 안전·보건 점검 및 이상 유무의 확인 2. 관리감독자에게 소속된 근로자의 작업복·보호구 및 방호장치의 점검과 그 착용·사용에 관한 교육·지도 3. 해당작업에서 발생한 산업재해에 관한 보고 및 이에 대한 응급조치 4. 해당작업의 작업장 정리·정돈 및 통로 확보에 대한 확인·감독 5. 사업장의 다음 각 목의 어느 하나에 해당하는 사람의 지도·조언에 대한 협조 가. 법 제17조제1항에 따른 안전관리자(이하	벌 법 제16조제1항을 위반한 자에게는 500만원 이하의 과태료를 부과한다. (법 제175조제5항 제1호)

"안전관리자"라 한다) 또는 같은 조 제5항에 따라 안전관리자의 업무를 같은 항에 따른 안전관리전문기관(이하 "안전관리전문기관"이라 한다)에 위탁한 사업장의 경우에는 그 안전관리전문기관의 해당 사업장 담당자 (2021.11.19 개정)

나. 법 제18조제1항에 따른 보건관리자(이하 "보건관리자"라 한다) 또는 같은 조 제5항에 따라 보건관리자의 업무를 같은 항에 따른 보건관리전문기관(이하 "보건관리전문기관"이라 한다)에 위탁한 사업장의 경우에는 그 보건관리전문기관의 해당 사업장 담당자 (2021.11.19 개정)

다. 법 제19조제1항에 따른 안전보건관리담당자(이하 "안전보건관리담당자"라 한다) 또는 같은 조 제4항에 따라 안전보건관리담당자의 업무를 안전관리전문기관 또는 보건관리전문기관에 위탁한 사업장의 경우에는 그 안전관리전문기관 또는 보건관리전문기관의 해당 사업장 담당자

라. 법 제22조제1항에 따른 산업보건의(이하 "산업보건의"라 한다)

6. 법 제36조에 따라 실시되는 위험성평가에 관한 다음 각 목의 업무

가. 유해·위험요인의 파악에 대한 참여

나. 개선조치의 시행에 대한 참여

7. 그 밖에 해당작업의 안전 및 보건에 관한 사

법률	시행령	시행규칙
	항으로서 고용노동부령으로 정하는 사항 ② 관리감독자에 대한 지원에 관하여는 제14조제2항을 준용한다. 이 경우 "안전보건관리책임자"는 "관리감독자"로, "법 제15조제1항"은 "제1항"으로 본다.	
제17조 【안전관리자】 ① 사업주는 사업장에 제15조제1항 각 호의 사항 중 안전에 관한 기술적인 사항에 관하여 사업주 또는 안전보건관리책임자를 보좌하고 관리감독자에게 지도·조언하는 업무를 수행하는 사람(이하 "안전관리자"라 한다)을 두어야 한다. ② 안전관리자를 두어야 하는 사업의 종류와 사업장의 상시근로자 수, 안전관리자의 수·자격·업무·권한·선임방법, 그 밖에 필요한 사항은 대통령령으로 정한다. ③ 대통령령으로 정하는 사업의 종류 및 사업장의 상시근로자 수에 해당하는 사업장의 사업주는 안전관리자에게 그 업무만을 전담하도록 하여야 한다. (2021.5.18 신설) ④ 고용노동부장관은 산업재해 예방을 위하여 필요한 경우로서 고용노동부령으로 정하는 사유에 해당하는 경우에는 사업주에게 안전관리자를 제2항에 따라 대통령령으로 정하는 수 이상으로 늘리거나 교체할 것을 명할 수 있다. (2021.5.18 개정)	**제16조 【안전관리자의 선임 등】** ① 법 제17조제1항에 따라 안전관리자를 두어야 하는 사업의 종류와 사업장의 상시근로자 수, 안전관리자의 수 및 선임방법은 별표 3과 같다. ② 법 제17조제3항에서 "대통령령으로 정하는 사업의 종류 및 사업장의 상시근로자 수에 해당하는 사업장"이란 제1항에 따른 사업 중 상시근로자 300명 이상을 사용하는 사업장[건설업의 경우에는 공사금액이 120억원(「건설산업기본법 시행령」 별표 1의 종합공사를 시공하는 업종의 건설업종란 제1호에 따른 토목공사업의 경우에는 150억원) 이상인 사업장]을 말한다. (2021.11.19 개정) ③ 제1항 및 제2항을 적용할 경우 제52조에 따른 사업으로서 도급인의 사업장에서 이루어지는 도급사업의 공사금액 또는 관계수급인의 상시근로자는 각각 해당 사업의 공사금액 또는 상시근로자로 본다. 다만, 별표 3의 기준에 해당하는 도급사업의 공사금액 또는 관계수급인의 상시근로자의 경우에는 그렇지 않다.	벌 법 제17조제1항·제3항을 위반한 자에게는 500만원 이하의 과태료를 부과한다. (법 제175조제5항제1호) 벌 법 제17조제4항에 따른 명령을 위반한 자에게는 500만원 이하의 과태료를 부과한다. (법 제175조제5항제2호)

⑤ 대통령령으로 정하는 사업의 종류 및 사업장의 상시근로자 수에 해당하는 사업장의 사업주는 제21조에 따라 지정받은 안전관리 업무를 전문적으로 수행하는 기관(이하 "안전관리전문기관"이라 한다)에 안전관리자의 업무를 위탁할 수 있다. (2021.5.18 개정)

④ 제1항에도 불구하고 같은 사업주가 경영하는 둘 이상의 사업장이 다음 각 호의 어느 하나에 해당하는 경우에는 그 둘 이상의 사업장에 1명의 안전관리자를 공동으로 둘 수 있다. 이 경우 해당 사업장의 상시근로자 수의 합계는 300명 이내[건설업의 경우에는 공사금액의 합계가 120억원(「건설산업기본법 시행령」 별표 1의 종합공사를 시공하는 업종의 건설업종란 제1호에 따른 토목공사업의 경우에는 150억원) 이내]이어야 한다.

1. 같은 시·군·구(자치구를 말한다) 지역에 소재하는 경우
2. 사업장 간의 경계를 기준으로 15킬로미터 이내에 소재하는 경우

⑤ 제1항부터 제3항까지의 규정에도 불구하고 도급인의 사업장에서 이루어지는 도급사업에서 도급인이 고용노동부령으로 정하는 바에 따라 그 사업의 관계수급인 근로자에 대한 안전관리를 전담하는 안전관리자를 선임한 경우에는 그 사업의 관계수급인은 해당 도급사업에 대한 안전관리자를 선임하지 않을 수 있다.

⑥ 사업주는 안전관리자를 선임하거나 법 제17조제5항에 따라 안전관리자의 업무를 안전관리전문기관에 위탁한 경우에는 고용노동부령으로 정하는 바에 따라 선임하거나 위탁한 날부터 14일 이내에 고용노동부장관에게 그 사실을 증명할 수 있는 서류를 제출해야 한다.

제10조 【도급사업의 안전관리자 등의 선임】 안전관리자 및 보건관리자를 두어야 할 수급인인 사업주는 영 제16조제5항 및 제20조제3항에 따라 도급인인 사업주가 다음 각 호의 요건을 모두 갖춘 경우에는 안전관리자 및 보건관리자를 선임하지 않을 수 있다.

1. 도급인인 사업주 자신이 선임해야 할 안전관리자 및 보건관리자를 둔 경우
2. 안전관리자 및 보건관리자를 두어야 할 수급인인 사업주의 사업의 종류별로 상시근로자 수(건설공사의 경우에는 건설공사 금액을 말한다. 이하 같다)를 합계하여 그 상시근로자 수에 해당하는 안전관리자 및 보건관리자

법률	시행령	시행규칙
	법 제17조제4항에 따라 안전관리자를 늘리거나 교체한 경우에도 또한 같다. (2021.11.19 개정) **제17조 【안전관리자의 자격】** 안전관리자의 자격은 별표 4와 같다. **제18조 【안전관리자의 업무 등】** ① 안전관리자의 업무는 다음 각 호와 같다. 1. 법 제24조제1항에 따른 산업안전보건위원회(이하 "산업안전보건위원회"라 한다) 또는 법 제75조제1항에 따른 안전 및 보건에 관한 노사협의체(이하 "노사협의체"라 한다)에서 심의·의결한 업무와 해당 사업장의 법 제25조제1항에 따른 안전보건관리규정(이하 "안전보건관리규정"이라 한다) 및 취업규칙에서 정한 업무 2. 법 제36조에 따른 위험성평가에 관한 보좌 및 지도·조언 3. 법 제84조제1항에 따른 안전인증대상기계등(이하 "안전인증대상기계등"이라 한다)과 법 제89조제1항 각 호 외의 부분 본문에 따른 자율안전확인대상기계등(이하 "자율안전확인대상기계등"이라 한다) 구입 시 적격품의 선정에 관한 보좌 및 지도·조언 4. 해당 사업장 안전교육계획의 수립 및 안전	를 추가로 선임한 경우 **제11조 【안전관리자 등의 선임 등 보고】** 사업주는 영 제16조제6항 및 제20조제3항에 따라 안전관리자 및 보건관리자를 선임(다시 선임한 경우를 포함한다)하거나 안전관리 업무 및 보건관리 업무를 위탁(위탁 후 수탁기관을 변경한 경우를 포함한다)한 경우에는 별지 제2호서식의 안전관리자·보건관리자·산업보건의 선임 등 보고서 또는 별지 제3호서식의 안전관리자·보건관리자·산업보건의 선임 등 보고서(건설업)를 관할 지방고용노동관서의 장에게 제출해야 한다. **제12조 【안전관리자 등의 증원·교체임명 명령】** ① 지방고용노동관서의 장은 다음 각 호의 어느 하나에 해당하는 사유가 발생한 경우에는 법 제17조제4항·제18조제4항 또는 제19조제3항에 따라 사업주에게 안전관리자·보건관리자 또는 안전보건관리담당자(이하 이 조에서 "관리자"라 한다)를 정수 이상으로 증원하게 하거나 교체하여 임명할 것을 명할 수 있다. 다만, 제4호에 해당하는 경우로서 직업성 질병자 발생 당시 사업장에서 해당 화학적 인자(因子)를 사용하지 않은 경우에는 그렇지 않다. (2021.11.19 개정)

교육 실시에 관한 보좌 및 지도·조언
5. 사업장 순회점검, 지도 및 조치 건의
6. 산업재해 발생의 원인 조사·분석 및 재발 방지를 위한 기술적 보좌 및 지도·조언
7. 산업재해에 관한 통계의 유지·관리·분석을 위한 보좌 및 지도·조언
8. 법 또는 법에 따른 명령으로 정한 안전에 관한 사항의 이행에 관한 보좌 및 지도·조언
9. 업무 수행 내용의 기록·유지
10. 그 밖에 안전에 관한 사항으로서 고용노동부장관이 정하는 사항

② 사업주가 안전관리자를 배치할 때에는 연장근로·야간근로 또는 휴일근로 등 해당 사업장의 작업 형태를 고려해야 한다.

③ 사업주는 안전관리 업무의 원활한 수행을 위하여 외부전문가의 평가·지도를 받을 수 있다.

④ 안전관리자는 제1항 각 호에 따른 업무를 수행할 때에는 보건관리자와 협력해야 한다.

⑤ 안전관리자에 대한 지원에 관하여는 제14조제2항을 준용한다. 이 경우 "안전보건관리책임자"는 "안전관리자"로, "법 제15조제1항"은 "제1항"으로 본다.

제19조 【안전관리자 업무의 위탁 등】 ① 법 제17조제5항에서 "대통령령으로 정하는 사업의 종류 및 사업장의 상시근로자 수에 해당하는

1. 해당 사업장의 연간재해율이 같은 업종의 평균재해율의 2배 이상인 경우
2. 중대재해가 연간 2건 이상 발생한 경우. 다만, 해당 사업장의 전년도 사망만인율이 같은 업종의 평균 사망만인율 이하인 경우는 제외한다.
3. 관리자가 질병이나 그 밖의 사유로 3개월 이상 직무를 수행할 수 없게 된 경우
4. 별표 22 제1호에 따른 화학적 인자로 인한 직업성 질병자가 연간 3명 이상 발생한 경우. 이 경우 직업성 질병자의 발생일은 「산업재해보상보험법 시행규칙」 제21조제1항에 따른 요양급여의 결정일로 한다.

② 제1항에 따라 관리자를 정수 이상으로 증원하게 하거나 교체하여 임명할 것을 명하는 경우에는 미리 사업주 및 해당 관리자의 의견을 듣거나 소명자료를 제출받아야 한다. 다만, 정당한 사유 없이 의견진술 또는 소명자료의 제출을 게을리한 경우에는 그렇지 않다.

③ 제1항에 따른 관리자의 정수 이상 증원 및 교체임명 명령은 별지 제4호서식에 따른다.

제13조 【안전관리 업무의 위탁계약】 법 제21조제1항에 따른 안전관리전문기관(이하 "안전관리전문기관"이라 한다) 또는 같은 항에 따른 보

법률	시행령	시행규칙
	사업장"이란 건설업을 제외한 사업으로서 상시근로자 300명 미만을 사용하는 사업장을 말한다. (2021.11.19 개정) ② 사업주가 법 제17조제5항 및 이 조 제1항에 따라 안전관리자의 업무를 안전관리전문기관에 위탁한 경우에는 그 안전관리전문기관을 안전관리자로 본다. (2021.11.19 개정)	건관리전문기관(이하 "보건관리전문기관"이라 한다)이 법 제17조제5항 또는 제18조제5항에 따라 사업주로부터 안전관리 업무 또는 보건관리 업무를 위탁받으려는 때에는 별지 제5호서식의 안전·보건관리 업무계약서에 따라 계약을 체결해야 한다. (2021.11.19 개정)
제18조 【보건관리자】 ① 사업주는 사업장에 제15조제1항 각 호의 사항 중 보건에 관한 기술적인 사항에 관하여 사업주 또는 안전보건관리책임자를 보좌하고 관리감독자에게 지도·조언하는 업무를 수행하는 사람(이하 "보건관리자"라 한다)을 두어야 한다. ② 보건관리자를 두어야 하는 사업의 종류와 사업장의 상시근로자 수, 보건관리자의 수·자격·업무·권한·선임방법, 그 밖에 필요한 사항은 대통령령으로 정한다. ③ 대통령령으로 정하는 사업의 종류 및 사업장의 상시근로자 수에 해당하는 사업장의 사업주는 보건관리자에게 그 업무만을 전담하도록 하여야 한다. (2021.5.18 신설) ④ 고용노동부장관은 산업재해 예방을 위하여 필요한 경우로서 고용노동부령으로 정하는 사유에 해당하는 경우에는 사업주에게 보건관리자를 제2항에 따라 대통령령으로 정하는 수 이	**제20조 【보건관리자의 선임 등】** ① 법 제18조제1항에 따라 보건관리자를 두어야 하는 사업의 종류와 사업장의 상시근로자 수, 보건관리자의 수 및 선임방법은 별표 5와 같다. ② 법 제18조제3항에서 "대통령령으로 정하는 사업의 종류 및 사업장의 상시근로자 수에 해당하는 사업장"이란 상시근로자 300명 이상을 사용하는 사업장을 말한다. (2021.11.19 개정) ③ 보건관리자의 선임 등에 관하여는 제16조제3항부터 제6항까지의 규정을 준용한다. 이 경우 "별표 3"은 "별표 5"로, "안전관리자"는 "보건관리자"로, "안전관리"는 "보건관리"로, "법 제17조제5항"은 "법 제18조제5항"으로, "안전관리전문기관"은 "보건관리전문기관"으로 본다. (2021.11.19 개정) **제21조 【보건관리자의 자격】** 보건관리자의 자격은 별표 6과 같다.	벌 법 제18조제1항·제3항을 위반한 자에게는 500만원 이하의 과태료를 부과한다. (법 제175조제5항제1호) 벌 법 제18조제4항에 따른 명령을 위반한 자에게는 500만원 이하의 과태료를 부과한다. (법 제175조제5항제2호)

상으로 늘리거나 교체할 것을 명할 수 있다. (2021.5.18 개정)

⑤ 대통령령으로 정하는 사업의 종류 및 사업장의 상시근로자 수에 해당하는 사업장의 사업주는 제21조에 따라 지정받은 보건관리 업무를 전문적으로 수행하는 기관(이하 "보건관리전문기관"이라 한다)에 보건관리자의 업무를 위탁할 수 있다. (2021.5.18 개정)

제22조 【보건관리자의 업무 등】 ① 보건관리자의 업무는 다음 각 호와 같다.

1. 산업안전보건위원회 또는 노사협의체에서 심의·의결한 업무와 안전보건관리규정 및 취업규칙에서 정한 업무
2. 안전인증대상기계등과 자율안전확인대상기계등 중 보건과 관련된 보호구(保護具) 구입 시 적격품 선정에 관한 보좌 및 지도·조언
3. 법 제36조에 따른 위험성평가에 관한 보좌 및 지도·조언
4. 법 제110조에 따라 작성된 물질안전보건자료의 게시 또는 비치에 관한 보좌 및 지도·조언
5. 제31조제1항에 따른 산업보건의의 직무(보건관리자가 별표 6 제2호에 해당하는 사람인 경우로 한정한다)
6. 해당 사업장 보건교육계획의 수립 및 보건교육 실시에 관한 보좌 및 지도·조언
7. 해당 사업장의 근로자를 보호하기 위한 다음 각 목의 조치에 해당하는 의료행위(보건관리자가 별표 6 제2호 또는 제3호에 해당하는 경우로 한정한다)
   가. 자주 발생하는 가벼운 부상에 대한 치료
   나. 응급처치가 필요한 사람에 대한 처치
   다. 부상·질병의 악화를 방지하기 위한 처치
   라. 건강진단 결과 발견된 질병자의 요양 지도 및 관리

법률	시행령	시행규칙
	마. 가목부터 라목까지의 의료행위에 따르는 의약품의 투여 8. 작업장 내에서 사용되는 전체 환기장치 및 국소 배기장치 등에 관한 설비의 점검과 작업방법의 공학적 개선에 관한 보좌 및 지도·조언 9. 사업장 순회점검, 지도 및 조치 건의 10. 산업재해 발생의 원인 조사·분석 및 재발 방지를 위한 기술적 보좌 및 지도·조언 11. 산업재해에 관한 통계의 유지·관리·분석을 위한 보좌 및 지도·조언 12. 법 또는 법에 따른 명령으로 정한 보건에 관한 사항의 이행에 관한 보좌 및 지도·조언 13. 업무 수행 내용의 기록·유지 14. 그 밖에 보건과 관련된 작업관리 및 작업환경관리에 관한 사항으로서 고용노동부장관이 정하는 사항 ② 보건관리자는 제1항 각 호에 따른 업무를 수행할 때에는 안전관리자와 협력해야 한다. ③ 사업주는 보건관리자가 제1항에 따른 업무를 원활하게 수행할 수 있도록 권한·시설·장비·예산, 그 밖의 업무 수행에 필요한 지원을 해야 한다. 이 경우 보건관리자가 별표 6 제2호 또는 제3호에 해당하는 경우에는 고용노동부령으로 정하는 시설 및 장비를 지원해야 한다. ④ 보건관리자의 배치 및 평가·지도에 관하여	**제14조 【보건관리자에 대한 시설·장비 지원】** 영 제22조제3항 후단에 따른 "고용노동부령으로 정하는 시설 및 장비"는 다음 각 호와 같다. 1. 건강관리실 : 근로자가 쉽게 찾을 수 있고 통풍과 채광이 잘되는 곳에 위치해야 하며, 건강관리 업무의 수행에 적합한 면적을 확보하고, 상담실·처치실 및 양호실을 갖추어야

는 제18조제2항 및 제3항을 준용한다. 이 경우 "안전관리자"는 "보건관리자"로, "안전관리"는 "보건관리"로 본다.

제23조 【보건관리자 업무의 위탁 등】 ① 법 제18조제5항에 따라 보건관리자의 업무를 위탁할 수 있는 보건관리전문기관은 지역별 보건관리전문기관과 업종별·유해인자별 보건관리전문기관으로 구분한다. (2021.11.19 개정)

② 법 제18조제5항에서 "대통령령으로 정하는 사업의 종류 및 사업장의 상시근로자 수에 해당하는 사업장"이란 다음 각 호의 어느 하나에 해당하는 사업장을 말한다. (2021.11.19 개정)

1. 건설업을 제외한 사업(업종별·유해인자별 보건관리전문기관의 경우에는 고용노동부령으로 정하는 사업을 말한다)으로서 상시근로자 300명 미만을 사용하는 사업장
2. 외딴곳으로서 고용노동부장관이 정하는 지역에 있는 사업장

③ 보건관리자 업무의 위탁에 관하여는 제19조제2항을 준용한다. 이 경우 "법 제17조제5항 및 이 조 제1항"은 "법 제18조제5항 및 이 조 제2항"으로, "안전관리자"는 "보건관리자"로, "안전관리전문기관"은 "보건관리전문기관"으로 본다. (2021.11.19 개정)

한다.

2. 상하수도 설비, 침대, 냉난방시설, 외부 연락용 직통전화, 구급용구 등

제15조 【업종별·유해인자별 보건관리전문기관】 ① 영 제23조제2항제1호에 따라 업종별 보건관리전문기관에 보건관리 업무를 위탁할 수 있는 사업은 광업으로 한다.

② 영 제23조제2항제1호에 따라 유해인자별 보건관리전문기관에 보건관리 업무를 위탁할 수 있는 사업은 다음 각 호와 같다.

1. 납 취급 사업
2. 수은 취급 사업
3. 크롬 취급 사업
4. 석면 취급 사업
5. 법 제118조에 따라 제조·사용허가를 받아야 할 물질을 취급하는 사업
6. 근골격계 질환의 원인이 되는 단순반복작업,

<table>
<tr><th>법률</th><th>시행령</th><th>시행규칙</th></tr>
<tr><td></td><td></td><td>영상표시단말기 취급작업, 중량물 취급작업 등을 하는 사업</td></tr>
<tr><td>제19조 【안전보건관리담당자】 ① 사업주는 사업장에 안전 및 보건에 관하여 사업주를 보좌하고 관리감독자에게 지도·조언하는 업무를 수행하는 사람(이하 "안전보건관리담당자"라 한다)을 두어야 한다. 다만, 안전관리자 또는 보건관리자가 있거나 이를 두어야 하는 경우에는 그러하지 아니하다.
② 안전보건관리담당자를 두어야 하는 사업의 종류와 사업장의 상시근로자 수, 안전보건관리담당자의 수·자격·업무·권한·선임방법, 그 밖에 필요한 사항은 대통령령으로 정한다.
③ 고용노동부장관은 산업재해 예방을 위하여 필요한 경우로서 고용노동부령으로 정하는 사유에 해당하는 경우에는 사업주에게 안전보건관리담당자를 제2항에 따라 대통령령으로 정하는 수 이상으로 늘리거나 교체할 것을 명할 수 있다.
④ 대통령령으로 정하는 사업의 종류 및 사업장의 상시근로자 수에 해당하는 사업장의 사업주는 안전관리전문기관 또는 보건관리전문기관에 안전보건관리담당자의 업무를 위탁할 수 있다.</td><td>제24조 【안전보건관리담당자의 선임 등】 ① 다음 각 호의 어느 하나에 해당하는 사업의 사업주는 법 제19조제1항에 따라 상시근로자 20명 이상 50명 미만인 사업장에 안전보건관리담당자를 1명 이상 선임해야 한다.
1. 제조업
2. 임업
3. 하수, 폐수 및 분뇨 처리업
4. 폐기물 수집, 운반, 처리 및 원료 재생업
5. 환경 정화 및 복원업
② 안전보건관리담당자는 해당 사업장 소속 근로자로서 다음 각 호의 어느 하나에 해당하는 요건을 갖추어야 한다.
1. 제17조에 따른 안전관리자의 자격을 갖추었을 것
2. 제21조에 따른 보건관리자의 자격을 갖추었을 것
3. 고용노동부장관이 정하여 고시하는 안전보건교육을 이수했을 것
③ 안전보건관리담당자는 제25조 각 호에 따른 업무에 지장이 없는 범위에서 다른 업무를 겸할 수 있다.
④ 사업주는 제1항에 따라 안전보건관리담당</td><td>벌 법 제19조제1항 본문을 위반한 자에게는 500만원 이하의 과태료를 부과한다. (법 제175조제5항제1호)

벌 법 제19조제3항에 따른 명령을 위반한 자에게는 500만원 이하의 과태료를 부과한다. (법 제175조제5항제2호)</td></tr>
</table>

자를 선임한 경우에는 그 선임 사실 및 제25조 각 호에 따른 업무를 수행했음을 증명할 수 있는 서류를 갖추어 두어야 한다.

제25조 【안전보건관리담당자의 업무】 안전보건관리담당자의 업무는 다음 각 호와 같다.

1. 법 제29조에 따른 안전보건교육 실시에 관한 보좌 및 지도·조언
2. 법 제36조에 따른 위험성평가에 관한 보좌 및 지도·조언
3. 법 제125조에 따른 작업환경측정 및 개선에 관한 보좌 및 지도·조언
4. 법 제129조부터 제131조까지의 규정에 따른 각종 건강진단에 관한 보좌 및 지도·조언 (2020.9.8 개정)
5. 산업재해 발생의 원인 조사, 산업재해 통계의 기록 및 유지를 위한 보좌 및 지도·조언
6. 산업 안전·보건과 관련된 안전장치 및 보호구 구입 시 적격품 선정에 관한 보좌 및 지도·조언

제26조 【안전보건관리담당자 업무의 위탁 등】
① 법 제19조제4항에서 "대통령령으로 정하는 사업의 종류 및 사업장의 상시근로자 수에 해당하는 사업장"이란 제24조제1항에 따라 안전보건관리담당자를 선임해야 하는 사업장을 말한다.
② 안전보건관리담당자 업무의 위탁에 관하여

법률	시행령	시행규칙
	는 제19조제2항을 준용한다. 이 경우 "법 제17조제5항 및 이 조 제1항"은 "법 제19조제4항 및 이 조 제1항"으로, "안전관리자"는 "안전보건관리담당자"로, "안전관리전문기관"은 "안전관리전문기관 또는 보건관리전문기관"으로 본다. (2021.11.19 개정)	
제20조【안전관리자 등의 지도·조언】 사업주, 안전보건관리책임자 및 관리감독자는 다음 각 호의 어느 하나에 해당하는 자가 제15조제1항 각 호의 사항 중 안전 또는 보건에 관한 기술적인 사항에 관하여 지도·조언하는 경우에는 이에 상응하는 적절한 조치를 하여야 한다. 1. 안전관리자 2. 보건관리자 3. 안전보건관리담당자 4. 안전관리전문기관 또는 보건관리전문기관(해당 업무를 위탁받은 경우에 한정한다)		
제21조【안전관리전문기관 등】 ① 안전관리전문기관 또는 보건관리전문기관이 되려는 자는 대통령령으로 정하는 인력·시설 및 장비 등의 요건을 갖추어 고용노동부장관의 지정을 받아야 한다. ② 고용노동부장관은 안전관리전문기관 또는 보건관리전문기관에 대하여 평가하고 그 결과를 공개할 수 있다. 이 경우 평가의 기준·방법	**제27조【안전관리전문기관 등의 지정 요건】** ① 법 제21조제1항에 따라 안전관리전문기관으로 지정받을 수 있는 자는 다음 각 호의 어느 하나에 해당하는 자로서 별표 7에 따른 인력·시설 및 장비를 갖춘 자로 한다. 1. 법 제145조제1항에 따라 등록한 산업안전지도사(건설안전 분야의 산업안전지도사는 제외한다)	**제16조【안전관리·보건관리전문기관의 지정신청 등】** ① 안전관리전문기관 또는 보건관리전문기관으로 지정받으려는 자는 별지 제6호서식 또는 별지 제6호의2서식의 안전관리·보건관리전문기관 지정신청서에 다음 각 호의 구분에 따른 각 목의 서류를 첨부하여 고용노동부장관(영 제23조제1항에 따른 업종별·유해인자별 보건관리전문기관에 한정한다) 또는 업무를

및 결과의 공개에 필요한 사항은 고용노동부령으로 정한다.

③ 안전관리전문기관 또는 보건관리전문기관의 지정 절차, 업무 수행에 관한 사항, 위탁받은 업무를 수행할 수 있는 지역, 그 밖에 필요한 사항은 고용노동부령으로 정한다.

④ 고용노동부장관은 안전관리전문기관 또는 보건관리전문기관이 다음 각 호의 어느 하나에 해당할 때에는 그 지정을 취소하거나 6개월 이내의 기간을 정하여 그 업무의 정지를 명할 수 있다. 다만, 제1호 또는 제2호에 해당할 때에는 그 지정을 취소하여야 한다.

1. 거짓이나 그 밖의 부정한 방법으로 지정을 받은 경우
2. 업무정지 기간 중에 업무를 수행한 경우
3. 제1항에 따른 지정 요건을 충족하지 못한 경우
4. 지정받은 사항을 위반하여 업무를 수행한 경우
5. 그 밖에 대통령령으로 정하는 사유에 해당하는 경우

⑤ 제4항에 따라 지정이 취소된 자는 지정이 취소된 날부터 2년 이내에는 각각 해당 안전관리전문기관 또는 보건관리전문기관으로 지정받을 수 없다.

2. 안전관리 업무를 하려는 법인

② 법 제21조제1항에 따라 보건관리전문기관으로 지정받을 수 있는 자는 다음 각 호의 어느 하나에 해당하는 자로서 별표 8에 따른 인력·시설 및 장비를 갖춘 자로 한다.

1. 법 제145조제1항에 따라 등록한 산업보건지도사
2. 국가 또는 지방자치단체의 소속기관
3. 「의료법」에 따른 종합병원 또는 병원
4. 「고등교육법」 제2조제1호부터 제6호까지의 규정에 따른 대학 또는 그 부속기관
5. 보건관리 업무를 하려는 법인

제28조【안전관리전문기관 등의 지정 취소 등의 사유】 법 제21조제4항제5호에서 "대통령령으로 정하는 사유에 해당하는 경우"란 다음 각 호의 경우를 말한다.

1. 안전관리 또는 보건관리 업무 관련 서류를 거짓으로 작성한 경우
2. 정당한 사유 없이 안전관리 또는 보건관리 업무의 수탁을 거부한 경우
3. 위탁받은 안전관리 또는 보건관리 업무에 차질을 일으키거나 업무를 게을리한 경우
4. 안전관리 또는 보건관리 업무를 수행하지 않고 위탁 수수료를 받은 경우
5. 안전관리 또는 보건관리 업무와 관련된 비치서류를 보존하지 않은 경우

수행하려는 주된 사무소의 소재지를 관할하는 지방고용노동청장(안전관리전문기관 및 영 제23조제1항에 따른 지역별 보건관리전문기관에 한정한다)에게 제출(전자문서로 제출하는 것을 포함한다)해야 한다. (2024.6.28 개정)

1. 안전관리전문기관
   가. 정관(산업안전지도사인 경우에는 제229조제2항에 따른 등록증을 말한다)
   나. 영 별표 7에 따른 인력기준에 해당하는 사람의 자격과 채용을 증명할 수 있는 자격증[「국가기술자격법」 제13조에 따른 국가기술자격증(이하 "국가기술자격증"이라 한다)은 제외한다], 경력증명서 및 재직증명서 등의 서류
   다. 건물임대차계약서 사본이나 그 밖에 사무실의 보유를 증명할 수 있는 서류와 시설·장비 명세서
   라. 최초 1년간의 안전관리 업무 사업계획서
2. 보건관리전문기관
   가. 정관(산업보건지도사인 경우에는 제229조제2항에 따른 등록증을 말한다)
   나. 정관을 갈음할 수 있는 서류(법인이 아닌 경우만 해당한다)
   다. 법인등기사항증명서를 갈음할 수 있는 서류(법인이 아닌 경우만 해당한다)
   라. 영 별표 8에 따른 인력기준에 해당하는 사람의 자격과 채용을 증명할 수 있는 자

법 률	시 행 령	시 행 규 칙
	6. 안전관리 또는 보건관리 업무 수행과 관련한 대가 외에 금품을 받은 경우 7. 법에 따른 관계 공무원의 지도·감독을 거부·방해 또는 기피한 경우	격증(국가기술자격증은 제외한다), 경력증명서 및 재직증명서 등의 서류 마. 건물임대차계약서 사본이나 그 밖에 사무실의 보유를 증명할 수 있는 서류와 시설·장비 명세서 바. 최초 1년간의 보건관리 업무 사업계획서 ② 제1항에 따른 신청서를 제출받은 고용노동부장관 또는 지방고용노동청장은 「전자정부법」 제36조제1항에 따른 행정정보의 공동이용을 통하여 법인등기사항증명서 및 국가기술자격증을 확인해야 한다. 다만, 신청인이 국가기술자격증의 확인에 동의하지 않는 경우에는 그 사본을 첨부하도록 해야 한다. ③ 고용노동부장관 또는 지방고용노동청장은 제1항에 따라 안전관리전문기관 또는 보건관리전문기관 지정신청서가 접수되면 최초 1년간 사업계획의 타당성을 검토하여 지정 여부를 결정한 후 신청서가 접수된 날부터 20일 이내에 신청을 반려하거나 별지 제7호서식 또는 별지 제7호의2서식의 지정서를 신청인에게 발급해야 한다. (2024.6.28 개정) ④ 제3항에 따라 지정서를 발급받은 자는 지정서를 분실하거나 지정서가 훼손된 때에는 재발급 신청을 할 수 있다. ⑤ 안전관리전문기관 또는 보건관리전문기관이 지정받은 사항을 변경하려는 경우에는 별지

제8호서식 또는 별지 제8호의2서식의 변경신청서에 변경을 증명하는 서류 및 지정서를 첨부하여 고용노동부장관 또는 주된 사무소의 소재지를 관할하는 지방고용노동청장에게 제출해야 한다. 이 경우 변경신청서의 처리에 관하여는 제3항을 준용한다. (2024.6.28 개정)

⑥ 안전관리전문기관 또는 보건관리전문기관이 해당 업무를 폐지하거나 법 제21조제4항에 따라 지정이 취소된 경우에는 즉시 제3항에 따른 지정서를 고용노동부장관 또는 주된 사무소의 소재지를 관할하는 지방고용노동청장에게 반납해야 한다.

제17조 【안전관리·보건관리전문기관의 평가 기준 등】 ① 공단이 법 제21조제2항에 따라 안전관리전문기관 또는 보건관리전문기관을 평가하는 기준은 다음 각 호와 같다.

1. 인력·시설 및 장비의 보유 수준과 그에 대한 관리능력
2. 기술지도의 충실성을 포함한 안전관리·보건관리 업무 수행능력
3. 안전관리·보건관리 업무를 위탁한 사업장의 만족도

② 공단은 안전관리전문기관 또는 보건관리전문기관에 대한 평가를 위하여 필요한 경우 안전관리전문기관 또는 보건관리전문기관에 자료의 제출을 요구할 수 있다. 이 경우 안전관리전문

법률	시행령	시행규칙
		기관 또는 보건관리전문기관은 특별한 사정이 없는 한 요구받은 자료를 공단에 제출해야 한다. ③ 안전관리전문기관 또는 보건관리전문기관에 대한 평가는 서면조사 및 방문조사의 방법으로 실시한다. ④ 공단은 안전관리전문기관 또는 보건관리전문기관에 대한 평가를 실시한 경우 그 평가 결과를 해당 안전관리전문기관 또는 보건관리전문기관에 서면으로 통보해야 한다. ⑤ 제4항에 따라 평가 결과를 통보받은 평가대상기관은 평가 결과를 통보받은 날부터 7일 이내에 서면으로 공단에 이의신청을 할 수 있다. 이 경우 공단은 이의신청을 받은 날부터 14일 이내에 이의신청에 대한 처리결과를 해당 기관에 서면으로 알려야 한다. ⑥ 공단은 제5항에 따른 이의신청에 대한 결과를 반영하여 안전관리전문기관 또는 보건관리전문기관에 대한 평가 결과를 고용노동부장관에게 보고해야 한다. ⑦ 고용노동부장관 및 공단은 안전관리전문기관 또는 보건관리전문기관에 대한 평가 결과를 인터넷 홈페이지에 각각 공개해야 한다. ⑧ 제1항부터 제7항까지의 규정에서 정한 사항 외에 평가의 기준, 절차·방법 및 이의신청 절차 등에 관하여 필요한 사항은 공단이 정하여 공개해야 한다.

제18조 【둘 이상의 관할지역에 걸치는 안전관리·보건관리전문기관의 지정】 법 제21조제3항에 따라 안전관리전문기관 또는 보건관리전문기관이 둘 이상의 지방고용노동청장의 관할지역에 걸쳐서 안전관리 또는 보건관리 업무를 수행하려는 경우에는 각 관할 지방고용노동청장에게 지정신청을 해야 한다. 이 경우 해당 관할 지방고용노동청장은 상호 협의하여 그 지정 여부를 결정해야 한다.

제19조 【안전관리·보건관리전문기관의 업무 수행 지역】 법 제21조제3항에 따른 안전관리전문기관 또는 보건관리전문기관이 업무를 수행할 수 있는 지역은 안전관리전문기관 또는 보건관리전문기관으로 지정한 지방고용노동청의 관할지역(지방고용노동청 소속 지방고용노동관서의 관할지역을 포함한다)으로 한다.

제20조 【안전관리·보건관리전문기관의 업무수행 기준】 ① 법 제21조제3항에 따라 안전관리전문기관 또는 보건관리전문기관은 고용노동부장관이 정하는 바에 따라 사업장의 안전관리 또는 보건관리 상태를 정기적으로 점검해야 하며, 점검 결과 법령위반사항을 발견한 경우에는 그 위반사항과 구체적인 개선 대책을 해당 사업주에게 지체 없이 통보해야 한다.

② 안전관리전문기관 또는 보건관리전문기관은

법 률	시 행 령	시 행 규 칙
		고용노동부장관이 정하는 바에 따라 매월 안전관리·보건관리 상태에 관한 보고서를 작성하여 다음 달 10일까지 고용노동부장관이 정하는 전산시스템에 등록하고 사업주에게 제출해야 한다. ③ 안전관리전문기관 또는 보건관리전문기관은 고용노동부장관이 정하는 바에 따라 안전관리·보건관리 업무의 수행 내용, 점검 결과 및 조치 사항 등을 기록한 사업장관리카드를 작성하여 갖추어 두어야 하며, 해당 사업장의 안전관리·보건관리 업무를 그만두게 된 경우에는 사업장관리카드를 해당 사업장의 사업주에게 제공하여 안전 또는 보건에 관한 사항이 지속적으로 관리될 수 있도록 해야 한다. **제21조 【안전관리·보건관리전문기관의 비치서류】** 법 제21조제3항에 따라 안전관리전문기관 또는 보건관리전문기관은 다음 각 호의 서류를 갖추어 두고 3년간 보존해야 한다. 1. 안전관리 또는 보건관리 업무 수탁에 관한 서류 2. 그 밖에 안전관리전문기관 또는 보건관리전문기관의 직무수행과 관련되는 서류 **제22조 【안전관리·보건관리전문기관의 지도·감독】** ① 고용노동부장관 또는 지방고용노동청

제22조 【산업보건의】 ① 사업주는 근로자의 건강관리나 그 밖에 보건관리자의 업무를 지도하기 위하여 사업장에 산업보건의를 두어야 한다. 다만, 「의료법」 제2조에 따른 의사를 보건관리자로 둔 경우에는 그러하지 아니하다.

② 제1항에 따른 산업보건의(이하 "산업보건의"라 한다)를 두어야 하는 사업의 종류와 사업장의 상시근로자 수 및 산업보건의의 자격·직무·권한·선임방법, 그 밖에 필요한 사항은 대통령령으로 정한다.

제29조 【산업보건의의 선임 등】 ① 법 제22조제1항에 따라 산업보건의를 두어야 하는 사업의 종류와 사업장은 제20조 및 별표 5에 따라 보건관리자를 두어야 하는 사업으로서 상시근로자 수가 50명 이상인 사업장으로 한다. 다만, 다음 각 호의 어느 하나에 해당하는 경우는 그렇지 않다.

1. 의사를 보건관리자로 선임한 경우
2. 법 제18조제5항에 따라 보건관리전문기관에 보건관리자의 업무를 위탁한 경우 (2021.11.19 개정)

② 산업보건의는 외부에서 위촉할 수 있다.

③ 사업주는 제1항 또는 제2항에 따라 산업보건의를 선임하거나 위촉했을 때에는 고용노동부령으로 정하는 바에 따라 선임하거나 위촉한 날부터 14일 이내에 고용노동부장관에게 그 사실을 증명할 수 있는 서류를 제출해야 한다.

④ 제2항에 따라 위촉된 산업보건의가 담당할 사업장 수 및 근로자 수, 그 밖에 필요한 사항은 고용노동부장관이 정한다.

장은 안전관리전문기관 또는 보건관리전문기관에 대하여 지도·감독을 해야 한다.

② 제1항에 따른 지도·감독의 기준과 그 밖에 필요한 사항은 고용노동부장관이 정한다.

벌 법 제22조제1항 본문을 위반한 자에게는 500만원 이하의 과태료를 부과한다. (법 제175조제5항제1호)

제23조 【산업보건의 선임 등 보고】 사업주가 영 제29조제3항에 따라 산업보건의를 선임하거나 위촉(다시 선임하거나 위촉하는 경우를 포함한다)하는 경우에는 별지 제2호서식의 안전관리자·보건관리자·산업보건의 선임 등 보고서 또는 별지 제3호서식의 안전관리자·보건관리자·산업보건의 선임 등 보고서(건설업)를 관할 지방고용노동관서의 장에게 제출해야 한다.

법률	시행령	시행규칙
	제30조 【산업보건의의 자격】 산업보건의의 자격은 「의료법」에 따른 의사로서 직업환경의학과 전문의, 예방의학 전문의 또는 산업보건에 관한 학식과 경험이 있는 사람으로 한다. **제31조 【산업보건의의 직무 등】** ① 산업보건의의 직무 내용은 다음 각 호와 같다. 1. 법 제134조에 따른 건강진단 결과의 검토 및 그 결과에 따른 작업 배치, 작업 전환 또는 근로시간의 단축 등 근로자의 건강보호 조치 2. 근로자의 건강장해의 원인 조사와 재발 방지를 위한 의학적 조치 3. 그 밖에 근로자의 건강 유지 및 증진을 위하여 필요한 의학적 조치에 관하여 고용노동부장관이 정하는 사항 ② 산업보건의에 대한 지원에 관하여는 제14조제2항을 준용한다. 이 경우 "안전보건관리책임자"는 "산업보건의"로, "법 제15조제1항"은 "제1항"으로 본다.	
제23조 【명예산업안전감독관】 ① 고용노동부장관은 산업재해 예방활동에 대한 참여와 지원을 촉진하기 위하여 근로자, 근로자단체, 사업주단체 및 산업재해 예방 관련 전문단체에 소속된 사람 중에서 명예산업안전감독관을 위촉할	**제32조 【명예산업안전감독관 위촉 등】** ① 고용노동부장관은 다음 각 호의 어느 하나에 해당하는 사람 중에서 법 제23조제1항에 따른 명예산업안전감독관(이하 "명예산업안전감독관"이라 한다)을 위촉할 수 있다.	

수 있다. ② 사업주는 제1항에 따른 명예산업안전감독관(이하 "명예산업안전감독관"이라 한다)에 대하여 직무 수행과 관련한 사유로 불리한 처우를 해서는 아니 된다. ③ 명예산업안전감독관의 위촉 방법, 업무, 그 밖에 필요한 사항은 대통령령으로 정한다.	1. 산업안전보건위원회 구성 대상 사업의 근로자 또는 노사협의체 구성·운영 대상 건설공사의 근로자 중에서 근로자대표(해당 사업장에 단위 노동조합의 산하 노동단체가 그 사업장 근로자의 과반수로 조직되어 있는 경우에는 지부·분회 등 명칭이 무엇이든 관계없이 해당 노동단체의 대표자를 말한다. 이하 같다)가 사업주의 의견을 들어 추천하는 사람 2. 「노동조합 및 노동관계조정법」 제10조에 따른 연합단체인 노동조합 또는 그 지역 대표기구에 소속된 임직원 중에서 해당 연합단체인 노동조합 또는 그 지역 대표기구가 추천하는 사람 3. 전국 규모의 사업주단체 또는 그 산하조직에 소속된 임직원 중에서 해당 단체 또는 그 산하조직이 추천하는 사람 4. 산업재해 예방 관련 업무를 하는 단체 또는 그 산하조직에 소속된 임직원 중에서 해당 단체 또는 그 산하조직이 추천하는 사람 ② 명예산업안전감독관의 업무는 다음 각 호와 같다. 이 경우 제1항제1호에 따라 위촉된 명예산업안전감독관의 업무 범위는 해당 사업장에서의 업무(제8호는 제외한다)로 한정하며, 제1항제2호부터 제4호까지의 규정에 따라 위촉된 명예산업안전감독관의 업무 범위는 제8호부터 제10호까지의 규정에 따른 업무로 한정한다.	

법 률	시 행 령	시 행 규 칙
	1. 사업장에서 하는 자체점검 참여 및 「근로기준법」 제101조에 따른 근로감독관(이하 "근로감독관"이라 한다)이 하는 사업장 감독 참여 2. 사업장 산업재해 예방계획 수립 참여 및 사업장에서 하는 기계·기구 자체검사 참석 3. 법령을 위반한 사실이 있는 경우 사업주에 대한 개선 요청 및 감독기관에의 신고 4. 산업재해 발생의 급박한 위험이 있는 경우 사업주에 대한 작업중지 요청 5. 작업환경측정, 근로자 건강진단 시의 참석 및 그 결과에 대한 설명회 참여 6. 직업성 질환의 증상이 있거나 질병에 걸린 근로자가 여러 명 발생한 경우 사업주에 대한 임시건강진단 실시 요청 7. 근로자에 대한 안전수칙 준수 지도 8. 법령 및 산업재해 예방정책 개선 건의 9. 안전·보건 의식을 북돋우기 위한 활동 등에 대한 참여와 지원 10. 그 밖에 산업재해 예방에 대한 홍보 등 산업재해 예방업무와 관련하여 고용노동부장관이 정하는 업무 ③ 명예산업안전감독관의 임기는 2년으로 하되, 연임할 수 있다. ④ 고용노동부장관은 명예산업안전감독관의 활동을 지원하기 위하여 수당 등을 지급할 수 있다.	

제24조 【산업안전보건위원회】 ① 사업주는 사업장의 안전 및 보건에 관한 중요 사항을 심의·의결하기 위하여 사업장에 근로자위원과 사용자위원이 같은 수로 구성되는 산업안전보건위원회를 구성·운영하여야 한다.

② 사업주는 다음 각 호의 사항에 대해서는 제1항에 따른 산업안전보건위원회(이하 "산업안

⑤ 제1항부터 제4항까지에서 규정한 사항 외에 명예산업안전감독관의 위촉 및 운영 등에 필요한 사항은 고용노동부장관이 정한다.

제33조 【명예산업안전감독관의 해촉】 고용노동부장관은 다음 각 호의 어느 하나에 해당하는 경우에는 명예산업안전감독관을 해촉(解囑)할 수 있다.

1. 근로자대표가 사업주의 의견을 들어 제32조제1항제1호에 따라 위촉된 명예산업안전감독관의 해촉을 요청한 경우
2. 제32조제1항제2호부터 제4호까지의 규정에 따라 위촉된 명예산업안전감독관이 해당 단체 또는 그 산하조직으로부터 퇴직하거나 해임된 경우
3. 명예산업안전감독관의 업무와 관련하여 부정한 행위를 한 경우
4. 질병이나 부상 등의 사유로 명예산업안전감독관의 업무 수행이 곤란하게 된 경우

제34조 【산업안전보건위원회 구성 대상】 법 제24조제1항에 따라 산업안전보건위원회를 구성해야 할 사업의 종류 및 사업장의 상시근로자 수는 별표 9와 같다.

제35조 【산업안전보건위원회의 구성】 ① 산업안전보건위원회의 근로자위원은 다음 각 호의

벌 법 제24조제1항·제4항을 위반한 자에게는 500만원 이하의 과태료를 부과한다. (법 제175조제5항제1호)

법 률	시 행 령	시 행 규 칙
전보건위원회"라 한다)의 심의·의결을 거쳐야 한다. 1. 제15조제1항제1호부터 제5호까지 및 제7호에 관한 사항 2. 제15조제1항제6호에 따른 사항 중 중대재해에 관한 사항 3. 유해하거나 위험한 기계·기구·설비를 도입한 경우 안전 및 보건 관련 조치에 관한 사항 4. 그 밖에 해당 사업장 근로자의 안전 및 보건을 유지·증진시키기 위하여 필요한 사항 ③ 산업안전보건위원회는 대통령령으로 정하는 바에 따라 회의를 개최하고 그 결과를 회의록으로 작성하여 보존하여야 한다. ④ 사업주와 근로자는 제2항에 따라 산업안전보건위원회가 심의·의결한 사항을 성실하게 이행하여야 한다. ⑤ 산업안전보건위원회는 이 법, 이 법에 따른 명령, 단체협약, 취업규칙 및 제25조에 따른 안전보건관리규정에 반하는 내용으로 심의·의결해서는 아니 된다. ⑥ 사업주는 산업안전보건위원회의 위원에게 직무 수행과 관련한 사유로 불리한 처우를 해서는 아니 된다. ⑦ 산업안전보건위원회를 구성하여야 할 사업의 종류 및 사업장의 상시근로자 수, 산업안전보건위원회의 구성·운영 및 의결되지 아니한	사람으로 구성한다. 1. 근로자대표 2. 명예산업안전감독관이 위촉되어 있는 사업장의 경우 근로자대표가 지명하는 1명 이상의 명예산업안전감독관 3. 근로자대표가 지명하는 9명(근로자인 제2호의 위원이 있는 경우에는 9명에서 그 위원의 수를 제외한 수를 말한다) 이내의 해당 사업장의 근로자 ② 산업안전보건위원회의 사용자위원은 다음 각 호의 사람으로 구성한다. 다만, 상시근로자 50명 이상 100명 미만을 사용하는 사업장에서는 제5호에 해당하는 사람을 제외하고 구성할 수 있다. 1. 해당 사업의 대표자(같은 사업으로서 다른 지역에 사업장이 있는 경우에는 그 사업장의 안전보건관리책임자를 말한다. 이하 같다) 2. 안전관리자(제16조제1항에 따라 안전관리자를 두어야 하는 사업장으로 한정하되, 안전관리자의 업무를 안전관리전문기관에 위탁한 사업장의 경우에는 그 안전관리전문기관의 해당 사업장 담당자를 말한다) 1명 3. 보건관리자(제20조제1항에 따라 보건관리자를 두어야 하는 사업장으로 한정하되, 보건관리자의 업무를 보건관리전문기관에 위탁한 사업장의 경우에는 그 보건관리전문기	**제24조【근로자위원의 지명】** 영 제35조제1항제3호에 따라 근로자대표가 근로자위원을 지명하는 경우에 근로자대표는 조합원인 근로자와 조합원이 아닌 근로자의 비율을 반영하여 근로자위원을 지명하도록 노력해야 한다.

경우의 처리방법, 그 밖에 필요한 사항은 대통령령으로 정한다.

관의 해당 사업장 담당자를 말한다) 1명

4. 산업보건의(해당 사업장에 선임되어 있는 경우로 한정한다)
5. 해당 사업의 대표자가 지명하는 9명 이내의 해당 사업장 부서의 장

③ 제1항 및 제2항에도 불구하고 법 제69조제1항에 따른 건설공사도급인(이하 "건설공사도급인"이라 한다)이 법 제64조제1항제1호에 따른 안전 및 보건에 관한 협의체를 구성한 경우에는 산업안전보건위원회의 위원을 다음 각 호의 사람을 포함하여 구성할 수 있다.

1. 근로자위원 : 도급 또는 하도급 사업을 포함한 전체 사업의 근로자대표, 명예산업안전감독관 및 근로자대표가 지명하는 해당 사업장의 근로자
2. 사용자위원 : 도급인 대표자, 관계수급인의 각 대표자 및 안전관리자

제36조 【산업안전보건위원회의 위원장】 산업안전보건위원회의 위원장은 위원 중에서 호선(互選)한다. 이 경우 근로자위원과 사용자위원 중 각 1명을 공동위원장으로 선출할 수 있다.

제37조 【산업안전보건위원회의 회의 등】 ① 법 제24조제3항에 따라 산업안전보건위원회의 회의는 정기회의와 임시회의로 구분하되, 정기회의는 분기마다 산업안전보건위원회의 위원장

법률	시행령	시행규칙
	이 소집하며, 임시회의는 위원장이 필요하다고 인정할 때에 소집한다. ② 회의는 근로자위원 및 사용자위원 각 과반수의 출석으로 개의(開議)하고 출석위원 과반수의 찬성으로 의결한다. ③ 근로자대표, 명예산업안전감독관, 해당 사업의 대표자, 안전관리자 또는 보건관리자는 회의에 출석할 수 없는 경우에는 해당 사업에 종사하는 사람 중에서 1명을 지정하여 위원으로서의 직무를 대리하게 할 수 있다. ④ 산업안전보건위원회는 다음 각 호의 사항을 기록한 회의록을 작성하여 갖추어 두어야 한다. 1. 개최 일시 및 장소 2. 출석위원 3. 심의 내용 및 의결·결정 사항 4. 그 밖의 토의사항 **제38조【의결되지 않은 사항 등의 처리】** ① 산업안전보건위원회는 다음 각 호의 어느 하나에 해당하는 경우에는 근로자위원과 사용자위원의 합의에 따라 산업안전보건위원회에 중재기구를 두어 해결하거나 제3자에 의한 중재를 받아야 한다. 1. 법 제24조제2항 각 호에 따른 사항에 대하여 산업안전보건위원회에서 의결하지 못한 경우	

제2절 안전보건관리규정

제25조 【안전보건관리규정의 작성】 ① 사업주는 사업장의 안전 및 보건을 유지하기 위하여 다음 각 호의 사항이 포함된 안전보건관리규정을 작성하여야 한다.

1. 안전 및 보건에 관한 관리조직과 그 직무에 관한 사항
2. 안전보건교육에 관한 사항
3. 작업장의 안전 및 보건 관리에 관한 사항
4. 사고 조사 및 대책 수립에 관한 사항
5. 그 밖에 안전 및 보건에 관한 사항

② 제1항에 따른 안전보건관리규정(이하 "안

2. 산업안전보건위원회에서 의결된 사항의 해석 또는 이행방법 등에 관하여 의견이 일치하지 않는 경우

② 제1항에 따른 중재 결정이 있는 경우에는 산업안전보건위원회의 의결을 거친 것으로 보며, 사업주와 근로자는 그 결정에 따라야 한다.

제39조 【회의 결과 등의 공지】 산업안전보건위원회의 위원장은 산업안전보건위원회에서 심의·의결된 내용 등 회의 결과와 중재 결정된 내용 등을 사내방송이나 사내보(社內報), 게시 또는 자체 정례조회, 그 밖의 적절한 방법으로 근로자에게 신속히 알려야 한다.

벌 법 제25조제1항을 위반한 자에게는 500만원 이하의 과태료를 부과한다. (법 제175조제5항제1호)

제2절 안전보건관리규정

법률	시행령	시행규칙
전보건관리규정"이라 한다)은 단체협약 또는 취업규칙에 반할 수 없다. 이 경우 안전보건관리규정 중 단체협약 또는 취업규칙에 반하는 부분에 관하여는 그 단체협약 또는 취업규칙으로 정한 기준에 따른다. ③ 안전보건관리규정을 작성하여야 할 사업의 종류, 사업장의 상시근로자 수 및 안전보건관리규정에 포함되어야 할 세부적인 내용, 그 밖에 필요한 사항은 고용노동부령으로 정한다.		**제25조 【안전보건관리규정의 작성】** ① 법 제25조제3항에 따라 안전보건관리규정을 작성해야 할 사업의 종류 및 상시근로자 수는 별표 2와 같다. ② 제1항에 따른 사업의 사업주는 안전보건관리규정을 작성해야 할 사유가 발생한 날부터 30일 이내에 별표 3의 내용을 포함한 안전보건관리규정을 작성해야 한다. 이를 변경할 사유가 발생한 경우에도 또한 같다. ③ 사업주가 제2항에 따라 안전보건관리규정을 작성할 때에는 소방·가스·전기·교통 분야 등의 다른 법령에서 정하는 안전관리에 관한 규정과 통합하여 작성할 수 있다.
제26조 【안전보건관리규정의 작성·변경 절차】 사업주는 안전보건관리규정을 작성하거나 변경할 때에는 산업안전보건위원회의 심의·의결을 거쳐야 한다. 다만, 산업안전보건위원회가 설치되어 있지 아니한 사업장의 경우에는 근로자대표의 동의를 받아야 한다.	벌 법 제26조를 위반한 자에게는 500만원 이하의 과태료를 부과한다. (법 제175조제5항제1호)	

제27조 【안전보건관리규정의 준수】 사업주와 근로자는 안전보건관리규정을 지켜야 한다.

제28조 【다른 법률의 준용】 안전보건관리규정에 관하여 이 법에서 규정한 것을 제외하고는 그 성질에 반하지 아니하는 범위에서 「근로기준법」 중 취업규칙에 관한 규정을 준용한다.

제3장 안전보건교육

제29조 【근로자에 대한 안전보건교육】 ① 사업주는 소속 근로자에게 고용노동부령으로 정하는 바에 따라 정기적으로 안전보건교육을 하여야 한다.

② 사업주는 근로자를 채용할 때와 작업내용을 변경할 때에는 그 근로자에게 고용노동부령으로 정하는 바에 따라 해당 작업에 필요한 안전보건교육을 하여야 한다. 다만, 제31조제1항에 따른 안전보건교육을 이수한 건설 일용근로자를 채용하는 경우에는 그러하지 아니하다. (2020.6.9 개정)

③ 사업주는 근로자를 유해하거나 위험한 작업에 채용하거나 그 작업으로 작업내용을 변경할 때에는 제2항에 따른 안전보건교육 외에 고용노동부령으로 정하는 바에 따라 유해하거나 위험한 작업에 필요한 안전보건교육을 추가로 하여야 한다.

제3장 안전보건교육

벌 법 제29조제1항·제2항(제166조의2에서 준용하는 경우를 포함한다)을 위반한 자에게는 500만원 이하의 과태료를 부과한다. (법 제175조제5항제1호)

벌 법 제29조제3항(제166조의2에서 준용하는 경우를 포함한다)을 위반한 자에게는 3천만원 이하의 과태료를 부과한다. (법 제175조제2항제1호)

제3장 안전보건교육

제26조 【교육시간 및 교육내용 등】 ① 법 제29조제1항부터 제3항까지의 규정에 따라 사업주가 근로자에게 실시해야 하는 안전보건교육의 교육시간은 별표 4와 같고, 교육내용은 별표 5와 같다. 이 경우 사업주가 법 제29조제3항에 따른 유해하거나 위험한 작업에 필요한 안전보건교육(이하 "특별교육"이라 한다)을 실시한 때에는 해당 근로자에 대하여 법 제29조제2항에 따라 채용할 때 해야 하는 교육(이하 "채용 시 교육"이라 한다) 및 작업내용을 변경할 때 해야 하는 교육(이하 "작업내용 변경 시 교육"이라 한다)을 실시한 것으로 본다. (2023.9.27 개정)

② 제1항에 따른 교육을 실시하기 위한 교육방법과 그 밖에 교육에 필요한 사항은 고용노동부장관이 정하여 고시한다.

③ 사업주가 법 제29조제1항부터 제3항까지의 규정에 따른 안전보건교육을 자체적으로 실시

법률	시행령	시행규칙
④ 사업주는 제1항부터 제3항까지의 규정에 따른 안전보건교육을 제33조에 따라 고용노동부장관에게 등록한 안전보건교육기관에 위탁할 수 있다.		하는 경우에 교육을 할 수 있는 사람은 다음 각 호의 어느 하나에 해당하는 사람으로 한다. 1. 다음 각 목의 어느 하나에 해당하는 사람 가. 법 제15조제1항에 따른 안전보건관리책임자 나. 법 제16조제1항에 따른 관리감독자 다. 법 제17조제1항에 따른 안전관리자(안전관리전문기관에서 안전관리자의 위탁업무를 수행하는 사람을 포함한다) 라. 법 제18조제1항에 따른 보건관리자(보건관리전문기관에서 보건관리자의 위탁업무를 수행하는 사람을 포함한다) 마. 법 제19조제1항에 따른 안전보건관리담당자(안전관리전문기관 및 보건관리전문기관에서 안전보건관리담당자의 위탁업무를 수행하는 사람을 포함한다) 바. 법 제22조제1항에 따른 산업보건의 2. 공단에서 실시하는 해당 분야의 강사요원 교육과정을 이수한 사람 3. 법 제142조에 따른 산업안전지도사 또는 산업보건지도사(이하 "지도사"라 한다) 4. 산업안전보건에 관하여 학식과 경험이 있는 사람으로서 고용노동부장관이 정하는 기준에 해당하는 사람
제30조【근로자에 대한 안전보건교육의 면제 등】 ① 사업주는 제29조제1항에도 불구하고 다음		**제27조【안전보건교육의 면제】** ① 전년도에 산업재해가 발생하지 않은 사업장의 사업주의 경

각 호의 어느 하나에 해당하는 경우에는 같은 항에 따른 안전보건교육의 전부 또는 일부를 하지 아니할 수 있다.

1. 사업장의 산업재해 발생 정도가 고용노동부령으로 정하는 기준에 해당하는 경우
2. 근로자가 제11조제3호에 따른 시설에서 건강관리에 관한 교육 등 고용노동부령으로 정하는 교육을 이수한 경우
3. 관리감독자가 산업 안전 및 보건 업무의 전문성 제고를 위한 교육 등 고용노동부령으로 정하는 교육을 이수한 경우

② 사업주는 제29조제2항 또는 제3항에도 불구하고 해당 근로자가 채용 또는 변경된 작업에 경험이 있는 등 고용노동부령으로 정하는 경우에는 같은 조 제2항 또는 제3항에 따른 안전보건교육의 전부 또는 일부를 하지 아니할 수 있다.

우 법 제29조제1항에 따른 근로자 정기교육(이하 "근로자 정기교육"이라 한다)을 그 다음 연도에 한정하여 별표 4에서 정한 실시기준 시간의 100분의 50 범위에서 면제할 수 있다.

② 영 제16조 및 제20조에 따른 안전관리자 및 보건관리자를 선임할 의무가 없는 사업장의 사업주가 법 제11조제3호에 따라 노무를 제공하는 자의 건강 유지·증진을 위하여 설치된 근로자건강센터(이하 "근로자건강센터"라 한다)에서 실시하는 안전보건교육, 건강상담, 건강관리프로그램 등 근로자 건강관리 활동에 해당 사업장의 근로자를 참여하게 한 경우에는 해당 시간을 제26조제1항에 따른 교육 중 해당 반기(관리감독자의 지위에 있는 사람의 경우 해당 연도)의 근로자 정기교육 시간에서 면제할 수 있다. 이 경우 사업주는 해당 사업장의 근로자가 근로자건강센터에서 실시하는 건강관리 활동에 참여한 사실을 입증할 수 있는 서류를 갖춰 두어야 한다. (2023.9.27 개정)

③ 법 제30조제1항제3호에 따라 관리감독자가 다음 각 호의 어느 하나에 해당하는 교육을 이수한 경우 별표 4에서 정한 근로자 정기교육시간을 면제할 수 있다.

1. 법 제32조제1항 각 호 외의 부분 본문에 따라 영 제40조제3항에 따른 직무교육기관(이하 "직무교육기관"이라 한다)에서 실시한 전문화교육

법 률	시 행 령	시 행 규 칙
		2. 법 제32조제1항 각 호 외의 부분 본문에 따라 직무교육기관에서 실시한 인터넷 원격교육 3. 법 제32조제1항 각 호 외의 부분 본문에 따라 공단에서 실시한 안전보건관리담당자 양성교육 4. 법 제98조제1항제2호에 따른 검사원 성능검사 교육 5. 그 밖에 고용노동부장관이 근로자 정기교육 면제대상으로 인정하는 교육 ④ 사업주는 법 제30조제2항에 따라 해당 근로자가 채용되거나 변경된 작업에 경험이 있을 경우 채용 시 교육 또는 특별교육 시간을 다음 각 호의 기준에 따라 실시할 수 있다. 1. 「통계법」 제22조에 따라 통계청장이 고시한 한국표준산업분류의 세분류 중 같은 종류의 업종에 6개월 이상 근무한 경험이 있는 근로자를 이직 후 1년 이내에 채용하는 경우 : 별표 4에서 정한 채용 시 교육시간의 100분의 50 이상 2. 별표 5의 특별교육 대상작업에 6개월 이상 근무한 경험이 있는 근로자가 다음 각 목의 어느 하나에 해당하는 경우 : 별표 4에서 정한 특별교육 시간의 100분의 50 이상 가. 근로자가 이직 후 1년 이내에 채용되어 이직 전과 동일한 특별교육 대상작업에 종사하는 경우

제31조【건설업 기초안전보건교육】 ① 건설업의 사업주는 건설 일용근로자를 채용할 때에는 그 근로자로 하여금 제33조에 따른 안전보건교육기관이 실시하는 안전보건교육을 이수하도록 하여야 한다. 다만, 건설 일용근로자가 그 사업주에게 채용되기 전에 안전보건교육을 이수한 경우에는 그러하지 아니하다.
② 제1항 본문에 따른 안전보건교육의 시간·내용 및 방법, 그 밖에 필요한 사항은 고용노동부령으로 정한다.

벌 법 제31조제1항을 위반한 자에게는 500만원 이하의 과태료를 부과한다. (법 제175조제5항 제1호)

나. 근로자가 같은 사업장 내 다른 작업에 배치된 후 1년 이내에 배치 전과 동일한 특별교육 대상작업에 종사하는 경우
3. 채용 시 교육 또는 특별교육을 이수한 근로자가 같은 도급인의 사업장 내에서 이전에 하던 업무와 동일한 업무에 종사하는 경우 : 소속 사업장의 변경에도 불구하고 해당 근로자에 대한 채용 시 교육 또는 특별교육 면제
4. 그 밖에 고용노동부장관이 채용 시 교육 또는 특별교육 면제 대상으로 인정하는 교육

제28조【건설업 기초안전보건교육의 시간·내용 및 방법 등】 ① 법 제31조제1항에 따라 건설 일용근로자를 채용할 때 실시하는 안전보건교육(이하 "건설업 기초안전보건교육"이라 한다)의 교육시간은 별표 4에 따르고, 교육내용은 별표 5에 따른다.
② 건설업 기초안전보건교육을 하기 위하여 등록한 기관(이하 "건설업 기초안전·보건교육기관"이라 한다)이 건설업 기초안전보건교육을 할 때에는 별표 5의 교육내용에 적합한 교육교재를 사용해야 하고, 영 별표 11의 인력기준에 적합한 사람을 배치해야 한다.
③ 제1항 및 제2항에서 정한 사항 외에 교육생 관리, 교육 과정 편성, 교육방법 등 교육에 필요한 사항은 고용노동부장관이 정하여 고시한다. (2023.9.27 개정)

법률	시행령	시행규칙
제32조【안전보건관리책임자 등에 대한 직무교육】 ① 사업주(제5호의 경우는 같은 호 각 목에 따른 기관의 장을 말한다)는 다음 각 호에 해당하는 사람에게 제33조에 따른 안전보건교육기관에서 직무와 관련한 안전보건교육을 이수하도록 하여야 한다. 다만, 다음 각 호에 해당하는 사람이 다른 법령에 따라 안전 및 보건에 관한 교육을 받는 등 고용노동부령으로 정하는 경우에는 안전보건교육의 전부 또는 일부를 하지 아니할 수 있다. 1. 안전보건관리책임자 2. 안전관리자 3. 보건관리자 4. 안전보건관리담당자 5. 다음 각 목의 기관에서 안전과 보건에 관련된 업무에 종사하는 사람 가. 안전관리전문기관 나. 보건관리전문기관 다. 제74조에 따라 지정받은 건설재해예방전문지도기관 라. 제96조에 따라 지정받은 안전검사기관 마. 제100조에 따라 지정받은 자율안전검사기관 바. 제120조에 따라 지정받은 석면조사기관 ② 제1항 각 호 외의 부분 본문에 따른 안전보건교육의 시간·내용 및 방법, 그 밖에 필요한	벌 법 제32조제1항(제1호부터 제4호까지의 경우만 해당한다)을 위반한 자에게는 500만원 이하의 과태료를 부과한다. (법 제175조제5항제1호) 벌 법 제32조제1항(제5호의 경우만 해당한다)을 위반하여 소속 근로자로 하여금 같은 항 각 호 외의 부분 본문에 따른 안전보건교육을 이수하도록 하지 아니한 자에게는 300만원 이하의 과태료를 부과한다. (법 제175조제6항제1호)	**제29조【안전보건관리책임자 등에 대한 직무교육】** ① 법 제32조제1항 각 호 외의 부분 본문에 따라 다음 각 호의 어느 하나에 해당하는 사람은 해당 직위에 선임(위촉의 경우를 포함한다. 이하 같다)되거나 채용된 후 3개월(보건관리자가 의사인 경우는 1년을 말한다) 이내에 직무를 수행하는 데 필요한 신규교육을 받아야 하며, 신규교육을 이수한 후 매 2년이 되는 날을 기준으로 전후 6개월 사이에 고용노동부장관이 실시하는 안전보건에 관한 보수교육을 받아야 한다. (2023.9.27 개정) 1. 법 제15조제1항에 따른 안전보건관리책임자 2. 법 제17조제1항에 따른 안전관리자(「기업활동 규제완화에 관한 특별조치법」 제30조제3항에 따라 안전관리자로 채용된 것으로 보는 사람을 포함한다) 3. 법 제18조제1항에 따른 보건관리자 4. 법 제19조제1항에 따른 안전보건관리담당자 5. 법 제21조제1항에 따른 안전관리전문기관 또는 보건관리전문기관에서 안전관리자 또는 보건관리자의 위탁 업무를 수행하는 사람 6. 법 제74조제1항에 따른 건설재해예방전문지도기관에서 지도업무를 수행하는 사람 7. 법 제96조제1항에 따라 지정받은 안전검사기관에서 검사업무를 수행하는 사람 8. 법 제100조제1항에 따라 지정받은 자율안

사항은 고용노동부령으로 정한다.

전검사기관에서 검사업무를 수행하는 사람
9. 법 제120조제1항에 따른 석면조사기관에서 석면조사 업무를 수행하는 사람

② 제1항에 따른 신규교육 및 보수교육(이하 "직무교육"이라 한다)의 교육시간은 별표 4와 같고, 교육내용은 별표 5와 같다.

③ 직무교육을 실시하기 위한 집체교육, 현장교육, 인터넷원격교육 등의 교육 방법, 직무교육 기관의 관리, 그 밖에 교육에 필요한 사항은 고용노동부장관이 정하여 고시한다.

제30조 【직무교육의 면제】 ① 법 제32조제1항 각 호 외의 부분 단서에 따라 다음 각 호의 어느 하나에 해당하는 사람에 대해서는 직무교육 중 신규교육을 면제한다.
1. 법 제19조제1항에 따른 안전보건관리담당자
2. 영 별표 4 제6호에 해당하는 사람
3. 영 별표 4 제7호에 해당하는 사람

② 영 별표 4 제8호 각 목의 어느 하나에 해당하는 사람, 「기업활동 규제완화에 관한 특별조치법」 제30조제3항제4호 또는 제5호에 따라 안전관리자로 채용된 것으로 보는 사람, 보건관리자로서 영 별표 6 제2호 또는 제3호에 해당하는 사람이 해당 법령에 따른 교육기관에서 제29조제2항의 교육내용 중 고용노동부장관이 정하는 내용이 포함된 교육을 이수하고 해당 교육기관에서 발행하는 확인서를 제출하는

법 률	시 행 령	시 행 규 칙
		경우에는 직무교육 중 보수교육을 면제한다. ③ 제29조제1항 각 호의 어느 하나에 해당하는 사람이 고용노동부장관이 정하여 고시하는 안전·보건에 관한 교육을 이수한 경우에는 직무교육 중 보수교육을 면제한다.
제33조 【안전보건교육기관】 ① 제29조제1항부터 제3항까지의 규정에 따른 안전보건교육, 제31조제1항 본문에 따른 안전보건교육 또는 제32조제1항 각 호 외의 부분 본문에 따른 안전보건교육을 하려는 자는 대통령령으로 정하는 인력·시설 및 장비 등의 요건을 갖추어 고용노동부장관에게 등록하여야 한다. 등록한 사항 중 대통령령으로 정하는 중요한 사항을 변경할 때에도 또한 같다. ② 고용노동부장관은 제1항에 따라 등록한 자(이하 "안전보건교육기관"이라 한다)에 대하여 평가하고 그 결과를 공개할 수 있다. 이 경우 평가의 기준·방법 및 결과의 공개에 필요한 사항은 고용노동부령으로 정한다. ③ 제1항에 따른 등록 절차 및 업무 수행에 관한 사항, 그 밖에 필요한 사항은 고용노동부령으로 정한다. ④ 안전보건교육기관에 대해서는 제21조제4항 및 제5항을 준용한다. 이 경우 "안전관리전문기관 또는 보건관리전문기관"은 "안전보건	**제40조 【안전보건교육기관의 등록 및 취소】** ① 법 제33조제1항 전단에 따라 법 제29조제1항부터 제3항까지의 규정에 따른 안전보건교육에 대한 안전보건교육기관(이하 "근로자안전보건교육기관"이라 한다)으로 등록하려는 자는 법인 또는 산업 안전·보건 관련 학과가 있는 「고등교육법」 제2조에 따른 학교로서 별표 10에 따른 인력·시설 및 장비 등을 갖추어야 한다. ② 법 제33조제1항 전단에 따라 법 제31조제1항 본문에 따른 안전보건교육에 대한 안전보건교육기관으로 등록하려는 자는 법인 또는 산업 안전·보건 관련 학과가 있는 「고등교육법」 제2조에 따른 학교로서 별표 11에 따른 인력·시설 및 장비를 갖추어야 한다. ③ 법 제33조제1항 전단에 따라 법 제32조제1항 각 호 외의 부분 본문에 따른 안전보건교육에 대한 안전보건교육기관(이하 "직무교육기관"이라 한다)으로 등록할 수 있는 자는 다음 각 호의 어느 하나에 해당하는 자로 한다.	**제31조 【안전보건교육기관 등록신청 등】** ① 영 제40조제1항 및 제3항에 따라 안전보건교육기관으로 등록하려는 자는 다음 각 호의 구분에 따라 관련 서류를 첨부하여 주된 사무소의 소재지를 관할하는 지방고용노동청장에게 제출해야 한다. 1. 영 제40조제1항에 따라 근로자안전보건교육기관으로 등록하려는 자 : 별지 제9호서식의 근로자안전보건교육기관 등록 신청서에 다음 각 목의 서류를 첨부 가. 영 제40조제1항에 따른 법인 또는 산업안전보건관련 학과가 있는 「고등교육법」 제2조에 따른 학교에 해당함을 증명하는 서류 나. 영 별표 10에 따른 인력기준을 갖추었음을 증명할 수 있는 자 격증(국가기술자격증은 제외한다), 졸업증명서, 경력증명서 또는 재직증명서 등 서류 다. 영 별표 10에 따른 시설 및 장비 기준을 갖추었음을 증명할 수 있는 서류와 시설·

교육기관"으로, "지정"은 "등록"으로 본다.

1. 「한국산업안전보건공단법」에 따른 한국산업안전보건공단(이하 "공단"이라 한다)
2. 다음 각 목의 어느 하나에 해당하는 기관으로서 별표 12에 따른 인력·시설 및 장비를 갖춘 기관
   가. 산업 안전·보건 관련 학과가 있는 「고등교육법」 제2조에 따른 학교
   나. 비영리법인

④ 법 제33조제1항 후단에서 "대통령령으로 정하는 중요한 사항"이란 다음 각 호의 사항을 말한다.
1. 교육기관의 명칭(상호)
2. 교육기관의 소재지
3. 대표자의 성명

⑤ 제1항부터 제3항까지의 규정에 따른 안전보건교육기관에 관하여 법 제33조제4항에 따라 준용되는 법 제21조제4항제5호에서 "대통령령으로 정하는 사유에 해당하는 경우"란 다음 각 호의 경우를 말한다.
1. 교육 관련 서류를 거짓으로 작성한 경우
2. 정당한 사유 없이 교육 실시를 거부한 경우
3. 교육을 실시하지 않고 수수료를 받은 경우
4. 법 제29조제1항부터 제3항까지, 제31조제1항 본문 또는 제32조제1항 각 호 외의 부분 본문에 따른 교육의 내용 및 방법을 위반한 경우

장비 명세서
   라. 최초 1년간의 교육사업계획서
2. 영 제40조제3항에 따라 직무교육기관으로 등록하려는 자 : 별지 제10호서식의 직무교육기관 등록 신청서에 다음 각 목의 서류를 첨부
   가. 영 제40조제3항 각 호의 어느 하나에 해당함을 증명하는 서류
   나. 영 별표 12에 따른 인력기준을 갖추었음을 증명할 수 있는 자격증(국가기술자격증은 제외한다), 졸업증명서, 경력증명서 또는 재직증명서 등 서류
   다. 영 별표 12에 따른 시설 및 장비 기준을 갖추었음을 증명할 수 있는 서류와 시설·장비 명세서
   라. 최초 1년간의 교육사업계획서

② 제1항에 따른 신청서를 제출받은 지방고용노동청장은 「전자정부법」 제36조제1항에 따른 행정정보의 공동이용을 통하여 다음 각 호의 서류를 확인해야 한다. 다만, 신청인이 제1호 및 제3호의 서류의 확인에 동의하지 않는 경우에는 그 사본을 첨부하도록 해야 한다.
1. 국가기술자격증
2. 법인등기사항증명서(법인만 해당한다)
3. 사업자등록증(개인만 해당한다)

③ 지방고용노동청장은 제1항에 따른 등록 신청이 영 제40조제1항 또는 제3항에 따른 등록

법률	시행령	시행규칙
		요건에 적합하다고 인정되면 그 신청서를 받은 날부터 20일 이내에 별지 제11호서식 또는 별지 제12호서식의 근로자안전보건교육기관 등록증 또는 직무교육기관 등록증을 신청인에게 발급해야 한다. ④ 제3항에 따라 등록증을 발급받은 사람이 등록증을 분실하거나 등록증이 훼손된 경우에는 재발급 신청을 할 수 있다. ⑤ 법 제33조제1항에 따라 안전보건교육기관이 등록받은 사항을 변경하려는 경우에는 별지 제9호서식 또는 별지 제10호서식의 변경등록신청서에 변경내용을 증명하는 서류와 등록증을 첨부하여 지방고용노동청장에게 제출해야 한다. 이 경우 변경등록신청서의 처리에 관하여는 제3항을 준용한다. ⑥ 안전보건교육기관이 해당 업무를 폐지하거나 등록이 취소된 경우 지체 없이 제3항 및 제5항에 따른 등록증을 지방고용노동청장에게 반납해야 한다. ⑦ 제1항부터 제6항까지에서 규정한 사항 외에 교육 과정 편성, 교육방법 등 안전보건교육기관의 운영 등에 필요한 사항은 고용노동부장관이 정하여 고시한다. (2023.9.27 신설) **제32조 【안전보건교육기관의 평가 등】** ① 공단이 법 제33조제2항에 따라 안전보건교육기관

을 평가하는 기준은 다음 각 호와 같다.
1. 인력·시설 및 장비의 보유수준과 활용도
2. 교육과정의 운영체계 및 업무성과
3. 교육서비스의 적정성 및 만족도

② 제1항에 따른 안전보건교육기관에 대한 평가 방법 및 평가 결과의 공개에 관하여는 제17조제2항부터 제8항까지의 규정을 준용한다. 이 경우 "안전관리전문기관 또는 보건관리전문기관"은 "안전보건교육기관"으로 본다.

제33조 【건설업 기초안전·보건교육기관의 등록 신청 등】 ① 건설업 기초안전·보건교육기관으로 등록하려는 자는 별지 제13호서식의 건설업 기초안전·보건교육기관 등록신청서에 다음 각 호의 서류를 첨부하여 공단에 제출해야 한다.
1. 영 제40조제2항의 자격에 해당함을 증명하는 서류
2. 영 별표 11에 따른 인력기준을 갖추었음을 증명할 수 있는 자격증(국가기술자격증은 제외한다), 졸업증명서, 경력증명서 및 재직증명서 등 서류
3. 영 별표 11에 따른 시설·장비기준을 갖추었음을 증명할 수 있는 서류와 시설·장비 명세서

② 제1항에 따른 등록신청서를 제출받은 공단은 「전자정부법」 제36조제1항에 따른 행정정보의 공동이용을 통하여 다음 각 호의 서류를

법 률	시 행 령	시 행 규 칙
		확인해야 한다. 다만, 제1호 및 제3호의 서류의 경우 신청인이 그 확인에 동의하지 않으면 그 사본을 첨부하도록 해야 한다. 1. 국가기술자격증 2. 법인등기사항증명서(법인만 해당한다) 3. 사업자등록증(개인만 해당한다) ③ 공단은 제1항에 따른 등록신청서를 접수한 경우 접수일부터 15일 이내에 영 제40조제2항에 따른 요건에 적합한지를 확인하고 적합한 경우 그 결과를 고용노동부장관에게 보고해야 한다. ④ 고용노동부장관은 제3항에 따른 보고를 받은 날부터 7일 이내에 등록 적합 여부를 공단에 통보해야 하고, 공단은 등록이 적합하다는 통보를 받은 경우 지체 없이 별지 제14호서식의 건설업 기초안전·보건교육기관 등록증을 신청인에게 발급해야 한다. ⑤ 건설업 기초안전·보건교육기관이 등록사항을 변경하려는 경우에는 별지 제13호서식의 건설업 기초안전·보건교육기관 변경신청서에 변경내용을 증명하는 서류 및 등록증(등록증의 기재사항에 변경이 있는 경우만 해당한다)을 첨부하여 공단에 제출해야 한다. ⑥ 제5항에 따른 등록 변경에 관하여는 제3항 및 제4항을 준용한다. 다만, 고용노동부장관이 정하는 경미한 사항의 경우 공단은 변경내용을

확인한 후 적합한 경우에는 지체 없이 등록사항을 변경하고, 등록증을 변경하여 발급(등록증의 기재사항에 변경이 있는 경우만 해당한다)할 수 있다.

제34조【건설업 기초안전·보건교육기관 등록 취소 등】 ① 공단은 법 제33조제4항에 따른 취소 등 사유에 해당하는 사실을 확인한 경우에는 그 사실을 증명할 수 있는 서류를 첨부하여 해당 등록기관의 주된 사무소의 소재지를 관할하는 지방고용노동관서의 장에게 보고해야 한다.
② 지방고용노동관서의 장은 법 제33조제4항에 따라 등록 취소 등을 한 경우에는 그 사실을 공단에 통보해야 한다.

제35조【직무교육의 신청 등】 ① 직무교육을 받으려는 자는 별지 제15호서식의 직무교육 수강신청서를 직무교육기관의 장에게 제출해야 한다.
② 직무교육기관의 장은 직무교육을 실시하기 15일 전까지 교육 일시 및 장소 등을 직무교육 대상자에게 알려야 한다.
③ 직무교육을 이수한 사람이 다른 사업장으로 전직하여 신규로 선임되어 선임신고를 하는 경우에는 전직 전에 받은 교육이수증명서를 제출하면 해당 교육을 이수한 것으로 본다.
④ 직무교육기관의 장이 직무교육을 실시하려

법률	시행령	시행규칙
		는 경우에는 매년 12월 31일까지 다음 연도의 교육 실시계획서를 고용노동부장관에게 제출(전자문서로 제출하는 것을 포함한다)하여 승인을 받아야 한다. **제36조 【교재 등】** ① 사업주 또는 법 제33조제1항에 따른 안전보건교육기관이 법 제29조·제31조 및 제32조에 따른 교육을 실시할 때에는 별표 5에 따른 안전보건교육의 교육대상별 교육내용에 적합한 교재를 사용해야 한다. ② 안전보건교육기관이 사업주의 위탁을 받아 제26조에 따른 교육을 실시하였을 때에는 고용노동부장관이 정하는 교육 실시확인서를 발급해야 한다.
제4장 유해·위험 방지 조치	**제4장 유해·위험 방지 조치**	**제4장 유해·위험 방지 조치**
제34조 【법령 요지 등의 게시 등】 사업주는 이 법과 이 법에 따른 명령의 요지 및 안전보건관리규정을 각 사업장의 근로자가 쉽게 볼 수 있는 장소에 게시하거나 갖추어 두어 근로자에게 널리 알려야 한다. **제35조 【근로자대표의 통지 요청】** 근로자대표는 사업주에게 다음 각 호의 사항을 통지하여 줄 것을 요청할 수 있고, 사업주는 이에 성실히	벌 법 제34조를 위반하여 이 법 및 이 법에 따른 명령의 요지, 안전보건관리규정 또는 물질안전보건자료를 게시하지 아니하거나 갖추어 두지 아니한 자에게는 500만원 이하의 과태료를 부과한다. (법 제175조제5항제3호) 벌 법 제35조를 위반하여 근로자대표에게 통지하지 아니한 자에게는 300만원 이하의 과태료를 부과한다. (법 제175조제6항제2호)	

따라야 한다.

1. 산업안전보건위원회(제75조에 따라 노사협의체를 구성·운영하는 경우에는 노사협의체를 말한다)가 의결한 사항
2. 제47조에 따른 안전보건진단 결과에 관한 사항
3. 제49조에 따른 안전보건개선계획의 수립·시행에 관한 사항
4. 제64조제1항 각 호에 따른 도급인의 이행 사항
5. 제110조제1항에 따른 물질안전보건자료에 관한 사항
6. 제125조제1항에 따른 작업환경측정에 관한 사항
7. 그 밖에 고용노동부령으로 정하는 안전 및 보건에 관한 사항

제36조 【위험성평가의 실시】 ① 사업주는 건설물, 기계·기구·설비, 원재료, 가스, 증기, 분진, 근로자의 작업행동 또는 그 밖의 업무로 인한 유해·위험 요인을 찾아내어 부상 및 질병으로 이어질 수 있는 위험성의 크기가 허용 가능한 범위인지를 평가하여야 하고, 그 결과에 따라 이 법과 이 법에 따른 명령에 따른 조치를 하여야 하며, 근로자에 대한 위험 또는 건강장해를 방지하기 위하여 필요한 경우에는 추가적인 조치를 하여야 한다.

법률	시행령	시행규칙
② 사업주는 제1항에 따른 평가 시 고용노동부장관이 정하여 고시하는 바에 따라 해당 작업장의 근로자를 참여시켜야 한다. ③ 사업주는 제1항에 따른 평가의 결과와 조치사항을 고용노동부령으로 정하는 바에 따라 기록하여 보존하여야 한다. ④ 제1항에 따른 평가의 방법, 절차 및 시기, 그 밖에 필요한 사항은 고용노동부장관이 정하여 고시한다.		**제37조【위험성평가 실시내용 및 결과의 기록·보존】** ① 사업주가 법 제36조제3항에 따라 위험성평가의 결과와 조치사항을 기록·보존할 때에는 다음 각 호의 사항이 포함되어야 한다. 1. 위험성평가 대상의 유해·위험요인 2. 위험성 결정의 내용 3. 위험성 결정에 따른 조치의 내용 4. 그 밖에 위험성평가의 실시내용을 확인하기 위하여 필요한 사항으로서 고용노동부장관이 정하여 고시하는 사항 ② 사업주는 제1항에 따른 자료를 3년간 보존해야 한다.
제37조【안전보건표지의 설치·부착】 ① 사업주는 유해하거나 위험한 장소·시설·물질에 대한 경고, 비상시에 대처하기 위한 지시·안내 또는 그 밖에 근로자의 안전 및 보건 의식을 고취하기 위한 사항 등을 그림, 기호 및 글자 등으로 나타낸 표지(이하 이 조에서 "안전보건표지"라 한다)를 근로자가 쉽게 알아 볼 수 있도록 설치하거나 붙여야 한다. 이 경우 「외국인근로자의 고용 등에 관한 법률」 제2조에 따른 외국인근로자(같은 조 단서에 따른 사람을 포함한다)를 사용하는 사업주는 안전보건표지를 고용노동부	벌 법 제37조제1항을 위반한 자에게는 500만원 이하의 과태료를 부과한다. (법 제175조제5항제1호)	

장관이 정하는 바에 따라 해당 외국인근로자의 모국어로 작성하여야 한다. (2020.5.26 개정)

② 안전보건표지의 종류, 형태, 색채, 용도 및 설치·부착 장소, 그 밖에 필요한 사항은 고용노동부령으로 정한다.

제38조 【안전보건표지의 종류·형태·색채 및 용도 등】 ① 법 제37조제2항에 따른 안전보건표지의 종류와 형태는 별표 6과 같고, 그 용도, 설치·부착 장소, 형태 및 색채는 별표 7과 같다.

② 안전보건표지의 표시를 명확히 하기 위하여 필요한 경우에는 그 안전보건표지의 주위에 표시사항을 글자로 덧붙여 적을 수 있다. 이 경우 글자는 흰색 바탕에 검은색 한글고딕체로 표기해야 한다.

③ 안전보건표지에 사용되는 색채의 색도기준 및 용도는 별표 8과 같고, 사업주는 사업장에 설치하거나 부착한 안전보건표지의 색도기준이 유지되도록 관리해야 한다.

④ 안전보건표지에 관하여 법 또는 법에 따른 명령에서 규정하지 않은 사항으로서 다른 법 또는 다른 법에 따른 명령에서 규정한 사항이 있으면 그 부분에 대해서는 그 법 또는 명령을 적용한다.

제39조 【안전보건표지의 설치 등】 ① 사업주는 법 제37조에 따라 안전보건표지를 설치하거나 부착할 때에는 별표 7의 구분에 따라 근로자가 쉽게 알아볼 수 있는 장소·시설 또는 물체에 설치하거나 부착해야 한다.

② 사업주는 안전보건표지를 설치하거나 부착

법 률	시 행 령	시 행 규 칙
		할 때에는 흔들리거나 쉽게 파손되지 않도록 견고하게 설치하거나 부착해야 한다. ③ 안전보건표지의 성질상 설치하거나 부착하는 것이 곤란한 경우에는 해당 물체에 직접 도색할 수 있다. **제40조 【안전보건표지의 제작】** ① 안전보건표지는 그 종류별로 별표 9에 따른 기본모형에 의하여 별표 7의 구분에 따라 제작해야 한다. ② 안전보건표지는 그 표시내용을 근로자가 빠르고 쉽게 알아볼 수 있는 크기로 제작해야 한다. ③ 안전보건표지 속의 그림 또는 부호의 크기는 안전보건표지의 크기와 비례해야 하며, 안전보건표지 전체 규격의 30퍼센트 이상이 되어야 한다. ④ 안전보건표지는 쉽게 파손되거나 변형되지 않는 재료로 제작해야 한다. ⑤ 야간에 필요한 안전보건표지는 야광물질을 사용하는 등 쉽게 알아볼 수 있도록 제작해야 한다.
제38조 【안전조치】 ① 사업주는 다음 각 호의 어느 하나에 해당하는 위험으로 인한 산업재해를 예방하기 위하여 필요한 조치를 하여야 한다. 1. 기계·기구, 그 밖의 설비에 의한 위험 2. 폭발성, 발화성 및 인화성 물질 등에 의한 위험	벌 법 제38조제1항부터 제3항까지(제166조의2에서 준용하는 경우를 포함한다)를 위반한 자는 5년 이하의 징역 또는 5천만원 이하의 벌금에 처한다. (법 제168조제1호)	벌 법 제38조제1항부터 제3항까지(제166조의2에서 준용하는 경우를 포함한다)를 위반하여 근로자를 사망에 이르게 한 자는 7년 이하의 징역 또는 1억원 이하의 벌금에 처한다. (법 제167조제1항) ※ 법 제167조제1항의 죄로 형을 선고받고 그 형이 확정된 후 5년 이내에 다시

3. 전기, 열, 그 밖의 에너지에 의한 위험

② 사업주는 굴착, 채석, 하역, 벌목, 운송, 조작, 운반, 해체, 중량물 취급, 그 밖의 작업을 할 때 불량한 작업방법 등에 의한 위험으로 인한 산업재해를 예방하기 위하여 필요한 조치를 하여야 한다.

③ 사업주는 근로자가 다음 각 호의 어느 하나에 해당하는 장소에서 작업을 할 때 발생할 수 있는 산업재해를 예방하기 위하여 필요한 조치를 하여야 한다.

1. 근로자가 추락할 위험이 있는 장소
2. 토사·구축물 등이 붕괴할 우려가 있는 장소
3. 물체가 떨어지거나 날아올 위험이 있는 장소
4. 천재지변으로 인한 위험이 발생할 우려가 있는 장소

④ 사업주가 제1항부터 제3항까지의 규정에 따라 하여야 하는 조치(이하 "안전조치"라 한다)에 관한 구체적인 사항은 고용노동부령으로 정한다.

제1항의 죄를 저지른 자는 그 형의 2분의 1까지 가중한다. (법 제167조제2항)

제39조 【보건조치】 ① 사업주는 다음 각 호의 어느 하나에 해당하는 건강장해를 예방하기 위하여 필요한 조치(이하 "보건조치"라 한다)를 하여야 한다.

1. 원재료·가스·증기·분진·흄(fume, 열이나 화학반응에 의하여 형성된 고체증기가 응축되어 생긴 미세입자를 말한다)·미스트(mist, 공

벌 법 제39조제1항(제166조의2에서 준용하는 경우를 포함한다)을 위반한 자는 5년 이하의 징역 또는 5천만원 이하의 벌금에 처한다. (법 제168조제1호)

벌 법 제39조제1항(제166조의2에서 준용하는 경우를 포함한다)을 위반하여 근로자를 사망에 이르게 한 자는 7년 이하의 징역 또는 1억원 이하의 벌금에 처한다. (법 제167조제1항) ※ 법 제167조제1항의 죄로 형을 선고받고 그 형이 확정된 후 5년 이내에 다시 제1항의 죄를 저지른 자는 그 형의 2분의 1까지 가중한다. (법 제

법률	시행령	시행규칙
기 중에 떠다니는 작은 액체방울을 말한다)·산소결핍·병원체 등에 의한 건강장해 2. 방사선·유해광선·고온·저온·초음파·소음·진동·이상기압 등에 의한 건강장해 2. 방사선·유해광선·고열·한랭·초음파·소음·진동·이상기압 등에 의한 건강장해 (2024.10.22 개정 : 2025.6.1 시행) 3. 사업장에서 배출되는 기체·액체 또는 찌꺼기 등에 의한 건강장해 4. 계측감시(計測監視), 컴퓨터 단말기 조작, 정밀공작(精密工作) 등의 작업에 의한 건강장해 5. 단순반복작업 또는 인체에 과도한 부담을 주는 작업에 의한 건강장해 6. 환기·채광·조명·보온·방습·청결 등의 적정기준을 유지하지 아니하여 발생하는 건강장해 7. 폭염·한파에 장시간 작업함에 따라 발생하는 건강장해 (2024.10.22 신설 : 2025.6.1 시행) ② 제1항에 따라 사업주가 하여야 하는 보건조치에 관한 구체적인 사항은 고용노동부령으로 정한다.		167조제2항)
제40조 【근로자의 안전조치 및 보건조치 준수】 근로자는 제38조 및 제39조에 따라 사업주가 한 조치로서 고용노동부령으로 정하는 조치 사항을 지켜야 한다.	벌 법 제40조(제166조의2에서 준용하는 경우를 포함한다)를 위반한 자에게는 300만원 이하의 과태료를 부과한다. (법 제175조제6항제3호)	

제41조 【고객의 폭언 등으로 인한 건강장해 예방조치 등】 ① 사업주는 주로 고객을 직접 대면하거나 「정보통신망 이용촉진 및 정보보호 등에 관한 법률」 제2조제1항제1호에 따른 정보통신망을 통하여 상대하면서 상품을 판매하거나 서비스를 제공하는 업무에 종사하는 고객응대근로자에 대하여 고객의 폭언, 폭행, 그 밖에 적정 범위를 벗어난 신체적·정신적 고통을 유발하는 행위(이하 이 조에서 "폭언등"이라 한다)로 인한 건강장해를 예방하기 위하여 고용노동부령으로 정하는 바에 따라 필요한 조치를 하여야 한다. (2021.4.13 개정)

② 사업주는 업무와 관련하여 고객 등 제3자의 폭언등으로 근로자에게 건강장해가 발생하거나 발생할 현저한 우려가 있는 경우에는 업무의 일시적 중단 또는 전환 등 대통령령으로 정하는 필요한 조치를 하여야 한다. (2021.4.13 개정)

③ 근로자는 사업주에게 제2항에 따른 조치를 요구할 수 있고, 사업주는 근로자의 요구를 이유로 해고 또는 그 밖의 불리한 처우를 해서는 아니 된다. (2021.4.13 개정)

제41조 【제3자의 폭언등으로 인한 건강장해 발생 등에 대한 조치】 법 제41조제2항에서 "업무의 일시적 중단 또는 전환 등 대통령령으로 정하는 필요한 조치"란 다음 각 호의 조치 중 필요한 조치를 말한다. (2021.10.14 개정)

1. 업무의 일시적 중단 또는 전환
2. 「근로기준법」 제54조제1항에 따른 휴게시간의 연장
3. 법 제41조제2항에 따른 폭언등으로 인한 건강장해 관련 치료 및 상담 지원 (2021.10.14 개정)
4. 관할 수사기관 또는 법원에 증거물·증거서류를 제출하는 등 법 제41조제2항에 따른 폭언등으로 인한 고소, 고발 또는 손해배상 청구 등을 하는 데 필요한 지원 (2021.10.14 개정)

제41조 【고객의 폭언등으로 인한 건강장해 예방조치】 사업주는 법 제41조제1항에 따라 건강장해를 예방하기 위하여 다음 각 호의 조치를 해야 한다.

1. 법 제41조제1항에 따른 폭언등을 하지 않도록 요청하는 문구 게시 또는 음성 안내
2. 고객과의 문제 상황 발생 시 대처방법 등을 포함하는 고객응대업무 매뉴얼 마련
3. 제2호에 따른 고객응대업무 매뉴얼의 내용 및 건강장해 예방 관련 교육 실시
4. 그 밖에 법 제41조제1항에 따른 고객응대근로자의 건강장해 예방을 위하여 필요한 조치

벌 법 제41조제2항(제166조의2에서 준용하는 경우를 포함한다)을 위반한 자에게는 1천만원 이하의 과태료를 부과한다. (법 제175조제4항제3호)

벌 법 제41조제3항(제166조의2에서 준용하는 경우를 포함한다)을 위반하여 해고나 그 밖의 불리한 처우를 한 자는 1년 이하의 징역 또는 1천만원 이하의 벌금에 처한다. (법 제170조제1호)

법률	시행령	시행규칙
제42조 【유해위험방지계획서의 작성·제출 등】 ① 사업주는 다음 각 호의 어느 하나에 해당하는 경우에는 이 법 또는 이 법에 따른 명령에서 정하는 유해·위험 방지에 관한 사항을 적은 계획서(이하 "유해위험방지계획서"라 한다)를 작성하여 고용노동부령으로 정하는 바에 따라 고용노동부장관에게 제출하고 심사를 받아야 한다. 다만, 제3호에 해당하는 사업주 중 산업재해발생률 등을 고려하여 고용노동부령으로 정하는 기준에 해당하는 사업주는 유해위험방지계획서를 스스로 심사하고, 그 심사결과서를 작성하여 고용노동부장관에게 제출하여야 한다.	벌 법 제42조제1항·제5항·제6항을 위반한 자에게는 1천만원 이하의 과태료를 부과한다. (법 제175조제4항제3호)	
1. 대통령령으로 정하는 사업의 종류 및 규모에 해당하는 사업으로서 해당 제품의 생산 공정과 직접적으로 관련된 건설물·기계·기구 및 설비 등 전부를 설치·이전하거나 그 주요 구조부분을 변경하려는 경우 (2020.5.26 개정) 2. 유해하거나 위험한 작업 또는 장소에서 사용하거나 건강장해를 방지하기 위하여 사용하는 기계·기구 및 설비로서 대통령령으로 정하는 기계·기구 및 설비를 설치·이전하거나 그 주요 구조부분을 변경하려는 경우 3. 대통령령으로 정하는 크기, 높이 등에 해당하는 건설공사를 착공하려는 경우 ② 제1항제3호에 따른 건설공사를 착공하려는	**제42조 【유해위험방지계획서 제출 대상】** ① 법 제42조제1항제1호에서 "대통령령으로 정하는 사업의 종류 및 규모에 해당하는 사업"이란 다음 각 호의 어느 하나에 해당하는 사업으로서 전기 계약용량이 300킬로와트 이상인 경우를 말한다. 1. 금속가공제품 제조업 ; 기계 및 가구 제외 2. 비금속 광물제품 제조업 3. 기타 기계 및 장비 제조업 4. 자동차 및 트레일러 제조업 5. 식료품 제조업 6. 고무제품 및 플라스틱제품 제조업 7. 목재 및 나무제품 제조업 8. 기타 제품 제조업	**제42조 【제출서류 등】** ① 법 제42조제1항제1호에 해당하는 사업주가 유해위험방지계획서를 제출할 때에는 사업장별로 별지 제16호서식의 제조업 등 유해위험방지계획서에 다음 각 호의 서류를 첨부하여 해당 작업 시작 15일 전까지 공단에 2부를 제출해야 한다. 이 경우 유해위험방지계획서의 작성기준, 작성자, 심사기준, 그 밖에 심사에 필요한 사항은 고용노동부장관이 정하여 고시한다. 1. 건축물 각 층의 평면도 2. 기계·설비의 개요를 나타내는 서류 3. 기계·설비의 배치도면 4. 원재료 및 제품의 취급, 제조 등의 작업방법의 개요

사업주(제1항 각 호 외의 부분 단서에 따른 사업주는 제외한다)는 유해위험방지계획서를 작성할 때 건설안전 분야의 자격 등 고용노동부령으로 정하는 자격을 갖춘 자의 의견을 들어야 한다.

③ 제1항에도 불구하고 사업주가 제44조제1항에 따라 공정안전보고서를 고용노동부장관에게 제출한 경우에는 해당 유해·위험설비에 대해서는 유해위험방지계획서를 제출한 것으로 본다.

④ 고용노동부장관은 제1항 각 호 외의 부분 본문에 따라 제출된 유해위험방지계획서를 고용노동부령으로 정하는 바에 따라 심사하여 그 결과를 사업주에게 서면으로 알려 주어야 한다. 이 경우 근로자의 안전 및 보건의 유지·증진을 위하여 필요하다고 인정하는 경우에는 해당 작업 또는 건설공사를 중지하거나 유해위험방지계획서를 변경할 것을 명할 수 있다.

⑤ 제1항에 따른 사업주는 같은 항 각 호 외의 부분 단서에 따라 스스로 심사하거나 제4항에 따라 고용노동부장관이 심사한 유해위험방지계획서와 그 심사결과서를 사업장에 갖추어 두어야 한다.

⑥ 제1항제3호에 따른 건설공사를 착공하려는 사업주로서 제5항에 따라 유해위험방지계획서 및 그 심사결과서를 사업장에 갖추어 둔 사업주는 해당 건설공사의 공법의 변경 등으로 인

9. 1차 금속 제조업
10. 가구 제조업
11. 화학물질 및 화학제품 제조업
12. 반도체 제조업
13. 전자부품 제조업

② 법 제42조제1항제2호에서 "대통령령으로 정하는 기계·기구 및 설비"란 다음 각 호의 어느 하나에 해당하는 기계·기구 및 설비를 말한다. 이 경우 다음 각 호에 해당하는 기계·기구 및 설비의 구체적인 범위는 고용노동부장관이 정하여 고시한다.

1. 금속이나 그 밖의 광물의 용해로
2. 화학설비
3. 건조설비
4. 가스집합 용접장치
5. 근로자의 건강에 상당한 장해를 일으킬 우려가 있는 물질로서 고용노동부령으로 정하는 물질의 밀폐·환기·배기를 위한 설비 (2021.11.19 개정)
6. 삭제(2021.11.19)

③ 법 제42조제1항제3호에서 "대통령령으로 정하는 크기 높이 등에 해당하는 건설공사"란 다음 각 호의 어느 하나에 해당하는 공사를 말한다.

1. 다음 각 목의 어느 하나에 해당하는 건축물 또는 시설 등의 건설·개조 또는 해체(이하 "건설등"이라 한다) 공사

5. 그 밖에 고용노동부장관이 정하는 도면 및 서류

② 법 제42조제1항제2호에 해당하는 사업주가 유해위험방지계획서를 제출할 때에는 사업장별로 별지 제16호서식의 제조업 등 유해위험방지계획서에 다음 각 호의 서류를 첨부하여 해당 작업 시작 15일 전까지 공단에 2부를 제출해야 한다.

1. 설치장소의 개요를 나타내는 서류
2. 설비의 도면
3. 그 밖에 고용노동부장관이 정하는 도면 및 서류

③ 법 제42조제1항제3호에 해당하는 사업주가 유해위험방지계획서를 제출할 때에는 별지 제17호서식의 건설공사 유해위험방지계획서에 별표 10의 서류를 첨부하여 해당 공사의 착공(유해위험방지계획서 작성 대상 시설물 또는 구조물의 공사를 시작하는 것을 말하며, 대지 정리 및 가설사무소 설치 등의 공사 준비기간은 착공으로 보지 않는다) 전날까지 공단에 2부를 제출해야 한다. 이 경우 해당 공사가 「건설기술 진흥법」 제62조에 따른 안전관리계획을 수립해야 하는 건설공사에 해당하는 경우에는 유해위험방지계획서와 안전관리계획서를 통합하여 작성한 서류를 제출할 수 있다.

④ 같은 사업장 내에서 영 제42조제3항 각 호에 따른 공사의 착공시기를 달리하는 사업의 사

법 률	시 행 령	시 행 규 칙
하여 그 유해위험방지계획서를 변경할 필요가 있는 경우에는 이를 변경하여 갖추어 두어야 한다. 벌 법 제42조제2항을 위반하여 자격이 있는 자의 의견을 듣지 아니하고 유해위험방지계획서를 작성·제출한 자에게는 300만원 이하의 과태료를 부과한다. (법 제175조제6항제4호) 벌 법 제42조제4항 후단에 따른 명령을 위반한 자는 5년 이하의 징역 또는 5천만원 이하의 벌금에 처한다. (법 제168조제2호)	가. 지상높이가 31미터 이상인 건축물 또는 인공구조물 나. 연면적 3만제곱미터 이상인 건축물 다. 연면적 5천제곱미터 이상인 시설로서 다음의 어느 하나에 해당하는 시설 1) 문화 및 집회시설(전시장 및 동물원·식물원은 제외한다) 2) 판매시설, 운수시설(고속철도의 역사 및 집배송시설은 제외한다) 3) 종교시설 4) 의료시설 중 종합병원 5) 숙박시설 중 관광숙박시설 6) 지하도상가 7) 냉동·냉장 창고시설 2. 연면적 5천제곱미터 이상인 냉동·냉장 창고시설의 설비공사 및 단열공사 3. 최대 지간(支間)길이(다리의 기둥과 기둥의 중심사이의 거리)가 50미터 이상인 다리의 건설등 공사 4. 터널의 건설등 공사 5. 다목적댐, 발전용댐, 저수용량 2천만톤 이상의 용수 전용 댐 및 지방상수도 전용 댐의 건설등 공사 6. 깊이 10미터 이상인 굴착공사	업주는 해당 공사별 또는 해당 공사의 단위작업공사 종류별로 유해위험방지계획서를 분리하여 각각 제출할 수 있다. 이 경우 이미 제출한 유해위험방지계획서의 첨부서류와 중복되는 서류는 제출하지 않을 수 있다. ⑤ 법 제42조제1항 단서에서 "산업재해발생률 등을 고려하여 고용노동부령으로 정하는 기준에 해당하는 사업주"란 별표 11의 기준에 적합한 건설업체(이하 "자체심사 및 확인업체"라 한다)의 사업주를 말한다. ⑥ 자체심사 및 확인업체는 별표 11의 자체심사 및 확인방법에 따라 유해위험방지계획서를 스스로 심사하여 해당 공사의 착공 전날까지 별지 제18호서식의 유해위험방지계획서 자체심사서를 공단에 제출해야 한다. 이 경우 공단은 필요한 경우 자체심사 및 확인업체의 자체심사에 관하여 지도·조언할 수 있다. **제43조 【유해위험방지계획서의 건설안전분야 자격 등】** 법 제42조제2항에서 "건설안전 분야의 자격 등 고용노동부령으로 정하는 자격을 갖춘 자"란 다음 각 호의 어느 하나에 해당하는 사람을 말한다. 1. 건설안전 분야 산업안전지도사 2. 건설안전기술사 또는 토목·건축 분야 기술사

3. 건설안전산업기사 이상의 자격을 취득한 후 건설안전 관련 실무경력이 건설안전기사 이상의 자격은 5년, 건설안전산업기사 자격은 7년 이상인 사람

제44조 【계획서의 검토 등】 ① 공단은 제42조에 따른 유해위험방지계획서 및 그 첨부서류를 접수한 경우에는 접수일부터 15일 이내에 심사하여 사업주에게 그 결과를 알려야 한다. 다만, 제42조제6항에 따라 자체심사 및 확인업체가 유해위험방지계획서 자체심사서를 제출한 경우에는 심사를 하지 않을 수 있다.

② 공단은 제1항에 따른 유해위험방지계획서 심사 시 관련 분야의 학식과 경험이 풍부한 사람을 심사위원으로 위촉하여 해당 분야의 심사에 참여하게 할 수 있다.

③ 공단은 유해위험방지계획서 심사에 참여한 위원에게 수당과 여비를 지급할 수 있다. 다만, 소관 업무와 직접 관련되어 참여한 위원의 경우에는 그렇지 않다.

④ 고용노동부장관이 정하는 건설물·기계·기구 및 설비 또는 건설공사의 경우에는 법 제145조에 따라 등록된 지도사에게 유해위험방지계획서에 대한 평가를 받은 후 별지 제19호서식에 따라 그 결과를 제출할 수 있다. 이 경우 공단은 제출된 평가 결과가 고용노동부장관이 정하는 대상에 대하여 고용노동부장관이 정

법 률	시 행 령	시 행 규 칙
		하는 요건을 갖춘 지도사가 평가한 것으로 인정되면 해당 평가결과서로 유해위험방지계획서의 심사를 갈음할 수 있다. ⑤ 건설공사의 경우 제4항에 따른 유해위험방지계획서에 대한 평가는 같은 건설공사에 대하여 법 제42조제2항에 따라 의견을 제시한 자가 해서는 안 된다. **제45조 【심사 결과의 구분】** ① 공단은 유해위험방지계획서의 심사 결과를 다음 각 호와 같이 구분·판정한다. 1. 적정 : 근로자의 안전과 보건을 위하여 필요한 조치가 구체적으로 확보되었다고 인정되는 경우 2. 조건부 적정 : 근로자의 안전과 보건을 확보하기 위하여 일부 개선이 필요하다고 인정되는 경우 3. 부적정 : 건설물·기계·기구 및 설비 또는 건설공사가 심사기준에 위반되어 공사착공 시 중대한 위험이 발생할 우려가 있거나 해당 계획에 근본적 결함이 있다고 인정되는 경우 ② 공단은 심사 결과 적정판정 또는 조건부 적정판정을 한 경우에는 별지 제20호서식의 유해위험방지계획서 심사 결과 통지서에 보완사항을 포함(조건부 적정판정을 한 경우만 해당한다)하여 해당 사업주에게 발급하고 지방고

제43조 【유해위험방지계획서 이행의 확인 등】 ① 제42조제4항에 따라 유해위험방지계획서에 대한 심사를 받은 사업주는 고용노동부령으로 정하는 바에 따라 유해위험방지계획서의 이행에 관하여 고용노동부장관의 확인을 받아야 한다.

② 제42조제1항 각 호 외의 부분 단서에 따른 사업주는 고용노동부령으로 정하는 바에 따라 유해위험방지계획서의 이행에 관하여 스스로

벌 법 제43조제1항을 위반하여 확인을 받지 아니한 자에게는 300만원 이하의 과태료를 부과한다. (법 제175조제6항제5호)

용노동관서의 장에게 보고해야 한다.

③ 공단은 심사 결과 부적정판정을 한 경우에는 지체 없이 별지 제21호서식의 유해위험방지계획서 심사 결과(부적정) 통지서에 그 이유를 기재하여 지방고용노동관서의 장에게 통보하고 사업장 소재지 특별자치시장·특별자치도지사·시장·군수·구청장(구청장은 자치구의 구청장을 말한다. 이하 같다)에게 그 사실을 통보해야 한다.

④ 제3항에 따른 통보를 받은 지방고용노동관서의 장은 사실 여부를 확인한 후 공사착공중지명령, 계획변경명령 등 필요한 조치를 해야 한다.

⑤ 사업주는 지방고용노동관서의 장으로부터 공사착공중지명령 또는 계획변경명령을 받은 경우에는 유해위험방지계획서를 보완하거나 변경하여 공단에 제출해야 한다.

제46조 【확인】 ① 법 제42조제1항제1호 및 제2호에 따라 유해위험방지계획서를 제출한 사업주는 해당 건설물·기계·기구 및 설비의 시운전단계에서, 법 제42조제1항제3호에 따른 사업주는 건설공사 중 6개월 이내마다 법 제43조제1항에 따라 다음 각 호의 사항에 관하여 공단의 확인을 받아야 한다.

1. 유해위험방지계획서의 내용과 실제공사 내용이 부합하는지 여부

법 률	시 행 령	시 행 규 칙
확인하여야 한다. 다만, 해당 건설공사 중에 근로자가 사망(교통사고 등 고용노동부령으로 정하는 경우는 제외한다)한 경우에는 고용노동부령으로 정하는 바에 따라 유해위험방지계획서의 이행에 관하여 고용노동부장관의 확인을 받아야 한다. ③ 고용노동부장관은 제1항 및 제2항 단서에 따른 확인 결과 유해위험방지계획서대로 유해·위험방지를 위한 조치가 되지 아니하는 경우에는 고용노동부령으로 정하는 바에 따라 시설 등의 개선, 사용중지 또는 작업중지 등 필요한 조치를 명할 수 있다. ④ 제3항에 따른 시설 등의 개선, 사용중지 또는 작업중지 등의 절차 및 방법, 그 밖에 필요한 사항은 고용노동부령으로 정한다.		2. 법 제42조제6항에 따른 유해위험방지계획서 변경내용의 적정성 3. 추가적인 유해·위험요인의 존재 여부 ② 공단은 제1항에 따른 확인을 할 경우에는 그 일정을 사업주에게 미리 통보해야 한다. ③ 제44조제4항에 따른 건설물·기계·기구 및 설비 또는 건설공사의 경우 사업주가 고용노동부장관이 정하는 요건을 갖춘 지도사에게 확인을 받고 별지 제22호서식에 따라 그 결과를 공단에 제출하면 공단은 제1항에 따른 확인에 필요한 현장방문을 지도사의 확인결과로 대체할 수 있다. 다만, 건설업의 경우 최근 2년간 사망재해(별표 1 제3호라목에 따른 재해는 제외한다)가 발생한 경우에는 그렇지 않다. ④ 제3항에 따른 유해위험방지계획서에 대한 확인은 제44조제4항에 따라 평가를 한 자가 해서는 안 된다. **제47조 【자체심사 및 확인업체의 확인 등】** ① 자체심사 및 확인업체의 사업주는 별표 11에 따라 해당 공사 준공 시까지 6개월 이내마다 제46조제1항 각 호의 사항에 관하여 자체확인을 해야 하며, 공단은 필요한 경우 해당 자체확인에 관하여 지도·조언할 수 있다. 다만, 그 공사 중 사망재해(별표 1 제3호라목에 따른 재해는 제외한다)가 발생한 경우에는 제46조제1항

에 따른 공단의 확인을 받아야 한다.

② 공단은 제1항에 따른 확인을 할 경우에는 그 일정을 사업주에게 미리 통보해야 한다.

제48조 【확인 결과의 조치 등】 ① 공단은 제46조 및 제47조에 따른 확인 결과 해당 사업장의 유해·위험의 방지상태가 적정하다고 판단되는 경우에는 5일 이내에 별지 제23호서식의 확인결과 통지서를 사업주에게 발급해야 하며, 확인결과 경미한 유해·위험요인이 발견된 경우에는 일정한 기간을 정하여 개선하도록 권고하되, 해당 기간 내에 개선되지 않은 경우에는 기간 만료일부터 10일 이내에 별지 제24호서식의 확인결과 조치 요청서에 그 이유를 적은 서면을 첨부하여 지방고용노동관서의 장에게 보고해야 한다.

② 공단은 확인 결과 중대한 유해·위험요인이 있어 법 제43조제3항에 따라 시설 등의 개선, 사용중지 또는 작업중지 등의 조치가 필요하다고 인정되는 경우에는 지체 없이 별지 제24호서식의 확인결과 조치 요청서에 그 이유를 적은 서면을 첨부하여 지방고용노동관서의 장에게 보고해야 한다.

③ 제1항 또는 제2항에 따른 보고를 받은 지방고용노동관서의 장은 사실 여부를 확인한 후 필요한 조치를 해야 한다.

법률	시행령	시행규칙
		제49조 【보고 등】 공단은 유해위험방지계획서의 작성·제출·확인업무와 관련하여 다음 각 호의 어느 하나에 해당하는 사업장을 발견한 경우에는 지체 없이 해당 사업장의 명칭·소재지 및 사업주명 등을 구체적으로 적어 지방고용노동관서의 장에게 보고해야 한다. 1. 유해위험방지계획서를 제출하지 않은 사업장 2. 유해위험방지계획서 제출기간이 지난 사업장 3. 제43조 각 호의 자격을 갖춘 자의 의견을 듣지 않고 유해위험방지계획서를 작성한 사업장
제44조 【공정안전보고서의 작성·제출】 ① 사업주는 사업장에 대통령령으로 정하는 유해하거나 위험한 설비가 있는 경우 그 설비로부터의 위험물질 누출, 화재 및 폭발 등으로 인하여 사업장 내의 근로자에게 즉시 피해를 주거나 사업장 인근 지역에 피해를 줄 수 있는 사고로서 대통령령으로 정하는 사고(이하 "중대산업사고"라 한다)를 예방하기 위하여 대통령령으로 정하는 바에 따라 공정안전보고서를 작성하고 고용노동부장관에게 제출하여 심사를 받아야 한다. 이 경우 공정안전보고서의 내용이 중대산업사고를 예방하기 위하여 적합하다고 통보받	**제43조 【공정안전보고서의 제출 대상】** ① 법 제44조제1항 전단에서 "대통령령으로 정하는 유해하거나 위험한 설비"란 다음 각 호의 어느 하나에 해당하는 사업을 하는 사업장의 경우에는 그 보유설비를 말하고, 그 외의 사업을 하는 사업장의 경우에는 별표 13에 따른 유해·위험물질 중 하나 이상의 물질을 같은 표에 따른 규정량 이상 제조·취급·저장하는 설비 및 그 설비의 운영과 관련된 모든 공정설비를 말한다. 1. 원유 정제처리업 2. 기타 석유정제물 재처리업 3. 석유화학계 기초화학물질 제조업 또는 합성	벌 법 제44조제1항 전단을 위반한 자에게는 1천만원 이하의 과태료를 부과한다. (법 제175조제4항제3호) 벌 법 제44조제1항 후단을 위반한 자는 3년 이하의 징역 또는 3천만원 이하의 벌금에 처한다. (법 제169조제1호)

기 전에는 관련된 유해하거나 위험한 설비를 가동해서는 아니 된다.

② 사업주는 제1항에 따라 공정안전보고서를 작성할 때 산업안전보건위원회의 심의를 거쳐야 한다. 다만, 산업안전보건위원회가 설치되어 있지 아니한 사업장의 경우에는 근로자대표의 의견을 들어야 한다.

수지 및 기타 플라스틱물질 제조업. 다만, 합성수지 및 기타 플라스틱물질 제조업은 별표 13 제1호 또는 제2호에 해당하는 경우로 한정한다.

4. 질소 화합물, 질소·인산 및 칼리질 화학비료 제조업 중 질소질 비료 제조
5. 복합비료 및 기타 화학비료 제조업 중 복합비료 제조(단순혼합 또는 배합에 의한 경우는 제외한다)
6. 화학 살균·살충제 및 농업용 약제 제조업[농약 원제(原劑) 제조만 해당한다]
7. 화약 및 불꽃제품 제조업

② 제1항에도 불구하고 다음 각 호의 설비는 유해하거나 위험한 설비로 보지 않는다.

1. 원자력 설비
2. 군사시설
3. 사업주가 해당 사업장 내에서 직접 사용하기 위한 난방용 연료의 저장설비 및 사용설비
4. 도매·소매시설
5. 차량 등의 운송설비
6. 「액화석유가스의 안전관리 및 사업법」에 따른 액화석유가스의 충전·저장시설
7. 「도시가스사업법」에 따른 가스공급시설
8. 그 밖에 고용노동부장관이 누출·화재·폭발 등의 사고가 있더라도 그에 따른 피해의 정도가 크지 않다고 인정하여 고시하는 설비

③ 법 제44조제1항 전단에서 "대통령령으로 정

벌 법 제44조제2항을 위반한 자에게는 500만원 이하의 과태료를 부과한다. (법 제175조제5항 제1호)

법 률	시 행 령	시 행 규 칙
	하는 사고"란 다음 각 호의 어느 하나에 해당하는 사고를 말한다. 1. 근로자가 사망하거나 부상을 입을 수 있는 제1항에 따른 설비(제2항에 따른 설비는 제외한다. 이하 제2호에서 같다)에서의 누출·화재·폭발 사고 2. 인근 지역의 주민이 인적 피해를 입을 수 있는 제1항에 따른 설비에서의 누출·화재·폭발 사고	
	제44조 【공정안전보고서의 내용】 ① 법 제44조제1항 전단에 따른 공정안전보고서에는 다음 각 호의 사항이 포함되어야 한다. 1. 공정안전자료 2. 공정위험성 평가서 3. 안전운전계획 4. 비상조치계획 5. 그 밖에 공정상의 안전과 관련하여 고용노동부장관이 필요하다고 인정하여 고시하는 사항 ② 제1항제1호부터 제4호까지의 규정에 따른 사항에 관한 세부 내용은 고용노동부령으로 정한다.	**제50조 【공정안전보고서의 세부 내용 등】** ① 영 제44조에 따라 공정안전보고서에 포함해야 할 세부내용은 다음 각 호와 같다. 1. 공정안전자료 가. 취급·저장하고 있거나 취급·저장하려는 유해·위험물질의 종류 및 수량 나. 유해·위험물질에 대한 물질안전보건자료 다. 유해하거나 위험한 설비의 목록 및 사양 라. 유해하거나 위험한 설비의 운전방법을 알 수 있는 공정도면 마. 각종 건물·설비의 배치도 바. 폭발위험장소 구분도 및 전기단선도 사. 위험설비의 안전설계·제작 및 설치 관련 지침서 2. 공정위험성평가서 및 잠재위험에 대한 사고예방·피해 최소화 대책(공정위험성평가서는

		공정의 특성 등을 고려하여 다음 각 목의 위험성평가 기법 중 한 가지 이상을 선정하여 위험성평가를 한 후 그 결과에 따라 작성해야 하며, 사고예방·피해최소화 대책은 위험성평가 결과 잠재위험이 있다고 인정되는 경우에만 작성한다) 가. 체크리스트(Check List) 나. 상대위험순위 결정(Dow and Mond Indices) 다. 작업자 실수 분석(HEA) 라. 사고 예상 질문 분석(What-if) 마. 위험과 운전 분석(HAZOP) 바. 이상위험도 분석(FMECA) 사. 결함 수 분석(FTA) 아. 사건 수 분석(ETA) 자. 원인결과 분석(CCA) 차. 가목부터 자목까지의 규정과 같은 수준 이상의 기술적 평가기법 3. 안전운전계획 가. 안전운전지침서 나. 설비점검·검사 및 보수계획, 유지계획 및 지침서 다. 안전작업허가 라. 도급업체 안전관리계획 마. 근로자 등 교육계획 바. 가동 전 점검지침 사. 변경요소 관리계획

법률	시행령	시행규칙
		아. 자체감사 및 사고조사계획 자. 그 밖에 안전운전에 필요한 사항 4. 비상조치계획 가. 비상조치를 위한 장비·인력 보유현황 나. 사고발생 시 각 부서·관련 기관과의 비상 연락체계 다. 사고발생 시 비상조치를 위한 조직의 임무 및 수행 절차 라. 비상조치계획에 따른 교육계획 마. 주민홍보계획 바. 그 밖에 비상조치 관련 사항 ② 공정안전보고서의 세부내용별 작성기준, 작성자 및 심사기준, 그 밖에 심사에 필요한 사항은 고용노동부장관이 정하여 고시한다.
	제45조 【공정안전보고서의 제출】 ① 사업주는 제43조에 따른 유해하거나 위험한 설비를 설치(기존 설비의 제조·취급·저장 물질이 변경되거나 제조량·취급량·저장량이 증가하여 별표 13에 따른 유해·위험물질 규정량에 해당하게 된 경우를 포함한다)·이전하거나 고용노동부장관이 정하는 주요 구조부분을 변경할 때에는 고용노동부령으로 정하는 바에 따라 법 제44조제1항 전단에 따른 공정안전보고서를 작성하여 고용노동부장관에게 제출해야 한다. 이 경우 「화학물질관리법」에 따라 사업주가 환경	**제51조 【공정안전보고서의 제출 시기】** 사업주는 영 제45조제1항에 따라 유해하거나 위험한 설비의 설치·이전 또는 주요 구조부분의 변경공사의 착공일(기존 설비의 제조·취급·저장 물질이 변경되거나 제조량·취급량·저장량이 증가하여 영 별표 13에 따른 유해·위험물질 규정량에 해당하게 된 경우에는 그 해당일을 말한다) 30일 전까지 공정안전보고서를 2부 작성하여 공단에 제출해야 한다.

부장관에게 제출해야 하는 같은 법 제23조에 따른 화학사고예방관리계획서의 내용이 제44조에 따라 공정안전보고서에 포함시켜야 할 사항에 해당하는 경우에는 그 해당 부분에 대한 작성·제출을 같은 법 제23조에 따른 화학사고예방관리계획서 사본의 제출로 갈음할 수 있다. (2020.9.8 개정)

② 제1항 전단에도 불구하고 사업주가 제출해야 할 공정안전보고서가 「고압가스 안전관리법」 제2조에 따른 고압가스를 사용하는 단위공정 설비에 관한 것인 경우로서 해당 사업주가 같은 법 제11조에 따른 안전관리규정과 같은 법 제13조의2에 따른 안전성향상계획을 작성하여 공단 및 같은 법 제28조에 따른 한국가스안전공사가 공동으로 검토·작성한 의견서를 첨부하여 허가 관청에 제출한 경우에는 해당 단위공정 설비에 관한 공정안전보고서를 제출한 것으로 본다.

제45조 【공정안전보고서의 심사 등】 ① 고용노동부장관은 공정안전보고서를 고용노동부령으로 정하는 바에 따라 심사하여 그 결과를 사업주에게 서면으로 알려 주어야 한다. 이 경우 근로자의 안전 및 보건의 유지·증진을 위하여 필요하다고 인정하는 경우에는 그 공정안전보고서의 변경을 명할 수 있다.

② 사업주는 제1항에 따라 심사를 받은 공정안

벌 법 제45조제1항 후단에 따른 명령을 위반한 자는 3년 이하의 징역 또는 3천만원 이하의 벌금에 처한다. (법 제169조제2호)

벌 법 제45조제2항을 위반한 자에게는 1천만원 이하의 과태료를 부과한다. (법 제175조제4항제3호)

제52조 【공정안전보고서의 심사 등】 ① 공단은 제51조에 따라 공정안전보고서를 제출받은 경우에는 제출받은 날부터 30일 이내에 심사하여 1부를 사업주에게 송부하고, 그 내용을 지방고용노동관서의 장에게 보고해야 한다.

② 공단은 제1항에 따라 공정안전보고서를 심사한 결과 「위험물안전관리법」에 따른 화재의 예방·소방 등과 관련된 부분이 있다고 인정되

법 률	시 행 령	시 행 규 칙
전보고서를 사업장에 갖추어 두어야 한다.		는 경우에는 그 관련 내용을 관할 소방관서의 장에게 통보해야 한다.
제46조 【공정안전보고서의 이행 등】 ① 사업주와 근로자는 제45조제1항에 따라 심사를 받은 공정안전보고서(이 조 제3항에 따라 보완한 공정안전보고서를 포함한다)의 내용을 지켜야 한다.	벌 법 제46조제1항을 위반한 자에게는 1천만원 이하의 과태료를 부과한다. (법 제175조제4항제3호)	
② 사업주는 제45조제1항에 따라 심사를 받은 공정안전보고서의 내용을 실제로 이행하고 있는지 여부에 대하여 고용노동부령으로 정하는 바에 따라 고용노동부장관의 확인을 받아야 한다. ③ 사업주는 제45조제1항에 따라 심사를 받은 공정안전보고서의 내용을 변경하여야 할 사유가 발생한 경우에는 지체 없이 그 내용을 보완하여야 한다. ④ 고용노동부장관은 고용노동부령으로 정하는 바에 따라 공정안전보고서의 이행 상태를 정기적으로 평가할 수 있다.	벌 법 제46조제2항을 위반하여 확인을 받지 아니한 자에게는 300만원 이하의 과태료를 부과한다. (법 제175조제6항제5호)	**제53조 【공정안전보고서의 확인 등】** ① 공정안전보고서를 제출하여 심사를 받은 사업주는 법 제46조제2항에 따라 다음 각 호의 시기별로 공단의 확인을 받아야 한다. 다만, 화공안전 분야 산업안전지도사, 대학에서 조교수 이상으로 재직하고 있는 사람으로서 화공 관련 교과를 담당하고 있는 사람, 그 밖에 자격 및 관련 업무 경력 등을 고려하여 고용노동부장관이 정하여 고시하는 요건을 갖춘 사람에게 제50조제3호아목에 따른 자체감사를 하게 하고 그 결과를 공단에 제출한 경우에는 공단의 확인을 생략할 수 있다.
⑤ 고용노동부장관은 제4항에 따른 평가 결과 제3항에 따른 보완 상태가 불량한 사업장의 사업주에게는 공정안전보고서의 변경을 명할 수 있으며, 이에 따르지 아니하는 경우 공정안전보고서를 다시 제출하도록 명할 수 있다.	벌 법 제46조제5항에 따른 명령을 위반한 자는 3년 이하의 징역 또는 3천만원 이하의 벌금에 처한다. (법 제169조제2호)	1. 신규로 설치될 유해하거나 위험한 설비에 대해서는 설치 과정 및 설치 완료 후 시운전 단계에서 각 1회 2. 기존에 설치되어 사용 중인 유해하거나 위험한 설비에 대해서는 심사 완료 후 3개월 이내

3. 유해하거나 위험한 설비와 관련한 공정의 중대한 변경이 있는 경우에는 변경 완료 후 1개월 이내
4. 유해하거나 위험한 설비 또는 이와 관련된 공정에 중대한 사고 또는 결함이 발생한 경우에는 1개월 이내. 다만, 법 제47조에 따른 안전보건진단을 받은 사업장 등 고용노동부장관이 정하여 고시하는 사업장의 경우에는 공단의 확인을 생략할 수 있다.

② 공단은 사업주로부터 확인요청을 받은 날부터 1개월 이내에 제50조제1호부터 제4호까지의 내용이 현장과 일치하는지 여부를 확인하고, 확인한 날부터 15일 이내에 그 결과를 사업주에게 통보하고 지방고용노동관서의 장에게 보고해야 한다.

③ 제1항 및 제2항에 따른 확인의 절차 등에 관하여 필요한 사항은 고용노동부장관이 정하여 고시한다.

제54조 【공정안전보고서 이행 상태의 평가】 ① 법 제46조제4항에 따라 고용노동부장관은 같은 조 제2항에 따른 공정안전보고서의 확인(신규로 설치되는 유해하거나 위험한 설비의 경우에는 설치 완료 후 시운전 단계에서의 확인을 말한다) 후 1년이 지난 날부터 2년 이내에 공정안전보고서 이행 상태의 평가(이하 "이행상태평가"라 한다)를 해야 한다.

법률	시행령	시행규칙
		② 고용노동부장관은 제1항에 따른 이행상태평가 후 4년마다 이행상태평가를 해야 한다. 다만, 다음 각 호의 어느 하나에 해당하는 경우에는 1년 또는 2년마다 이행상태평가를 할 수 있다. 1. 이행상태평가 후 사업주가 이행상태평가를 요청하는 경우 2. 법 제155조에 따라 사업장에 출입하여 검사 및 안전·보건점검 등을 실시한 결과 제50조제1항제3호사목에 따른 변경요소 관리계획 미준수로 공정안전보고서 이행상태가 불량한 것으로 인정되는 경우 등 고용노동부장관이 정하여 고시하는 경우 ③ 이행상태평가는 제50조제1항 각 호에 따른 공정안전보고서의 세부내용에 관하여 실시한다. ④ 이행상태평가의 방법 등 이행상태평가에 필요한 세부적인 사항은 고용노동부장관이 정한다.
제47조 【안전보건진단】 ① 고용노동부장관은 추락·붕괴, 화재·폭발, 유해하거나 위험한 물질의 누출 등 산업재해 발생의 위험이 현저히 높은 사업장의 사업주에게 제48조에 따라 지정받은 기관(이하 "안전보건진단기관"이라 한다)이 실시하는 안전보건진단을 받을 것을 명할	**제46조 【안전보건진단의 종류 및 내용】** ① 법 제47조제1항에 따른 안전보건진단(이하 "안전보건진단"이라 한다)의 종류 및 내용은 별표 14와 같다. ② 고용노동부장관은 법 제47조제1항에 따라 안전보건진단 명령을 할 경우 기계·화공·전	**제55조 【안전보건진단 명령】** 법 제47조제1항에 따른 안전보건진단 명령은 별지 제25호서식에 따른다. **제56조 【안전보건진단 의뢰】** 법 제47조제2항에 따라 안전보건진단 명령을 받은 사업주는 15

수 있다.

② 사업주는 제1항에 따라 안전보건진단 명령을 받은 경우 고용노동부령으로 정하는 바에 따라 안전보건진단기관에 안전보건진단을 의뢰하여야 한다.

③ 사업주는 안전보건진단기관이 제2항에 따라 실시하는 안전보건진단에 적극 협조하여야 하며, 정당한 사유 없이 이를 거부하거나 방해 또는 기피해서는 아니 된다. 이 경우 근로자대표가 요구할 때에는 해당 안전보건진단에 근로자대표를 참여시켜야 한다.

④ 안전보건진단기관은 제2항에 따라 안전보건진단을 실시한 경우에는 안전보건진단 결과보고서를 고용노동부령으로 정하는 바에 따라 해당 사업장의 사업주 및 고용노동부장관에게 제출하여야 한다.

⑤ 안전보건진단의 종류 및 내용, 안전보건진단 결과보고서에 포함될 사항, 그 밖에 필요한 사항은 대통령령으로 정한다.

벌 법 제47조제1항에 따른 명령을 위반한 자에게는 1천만원 이하의 과태료를 부과한다. (법 제175조제4항제4호)

제48조 【안전보건진단기관】 ① 안전보건진단기관이 되려는 자는 대통령령으로 정하는 인력·시설 및 장비 등의 요건을 갖추어 고용노동부장관의 지정을 받아야 한다.

기·건설 등 분야별로 한정하여 진단을 받을 것을 명할 수 있다.

③ 안전보건진단 결과보고서에는 산업재해 또는 사고의 발생원인, 작업조건·작업방법에 대한 평가 등의 사항이 포함되어야 한다.

벌 법 제47조제3항 전단을 위반하여 안전보건진단을 거부·방해하거나 기피한 자 또는 같은 항 후단을 위반하여 안전보건진단에 근로자대표를 참여시키지 아니한 자에게는 1천500만원 이하의 과태료를 부과한다. (법 제175조제3항제1호)

제47조 【안전보건진단기관의 지정 요건】 법 제48조제1항에 따라 안전보건진단기관으로 지정받으려는 자는 법인으로서 제46조제1항 및 별표 14에 따른 안전보건진단 종류별로 종합

일 이내에 안전보건진단기관에 안전보건진단을 의뢰해야 한다.

제57조 【안전보건진단 결과의 보고】 법 제47조제2항에 따른 안전보건진단을 실시한 안전보건진단기관은 영 별표 14의 진단내용에 해당하는 사항에 대한 조사·평가 및 측정 결과와 그 개선방법이 포함된 보고서를 진단을 의뢰받은 날로부터 30일 이내에 해당 사업장의 사업주 및 관할 지방고용노동관서의 장에게 제출(전자문서로 제출하는 것을 포함한다)해야 한다.

법 률	시 행 령	시 행 규 칙
② 고용노동부장관은 안전보건진단기관에 대하여 평가하고 그 결과를 공개할 수 있다. 이 경우 평가의 기준·방법 및 결과의 공개에 필요한 사항은 고용노동부령으로 정한다. ③ 안전보건진단기관의 지정 절차, 그 밖에 필요한 사항은 고용노동부령으로 정한다. ④ 안전보건진단기관에 관하여는 제21조제4항 및 제5항을 준용한다. 이 경우 "안전관리전문기관 또는 보건관리전문기관"은 "안전보건진단기관"으로 본다.	진단기관은 별표 15, 안전진단기관은 별표 16, 보건진단기관은 별표 17에 따른 인력·시설 및 장비 등의 요건을 각각 갖추어야 한다. **제48조 【안전보건진단기관의 지정 취소 등의 사유】** 법 제48조제4항에 따라 준용되는 법 제21조제4항제5호에서 "대통령령으로 정하는 사유에 해당하는 경우"란 다음 각 호의 경우를 말한다. 1. 안전보건진단 업무 관련 서류를 거짓으로 작성한 경우 2. 정당한 사유 없이 안전보건진단 업무의 수탁을 거부한 경우 3. 제47조에 따른 인력기준에 해당하지 않은 사람에게 안전보건진단 업무를 수행하게 한 경우 4. 안전보건진단 업무를 수행하지 않고 위탁 수수료를 받은 경우 5. 안전보건진단 업무와 관련된 비치서류를 보존하지 않은 경우 6. 안전보건진단 업무 수행과 관련한 대가 외의 금품을 받은 경우 7. 법에 따른 관계 공무원의 지도·감독을 거부·방해 또는 기피한 경우	**제58조 【안전보건진단기관의 평가 등】** ① 법 제48조제2항에 따른 안전보건진단기관 평가의 기준은 다음 각 호와 같다. 1. 인력·시설 및 장비의 보유 수준과 그에 대한 관리능력 2. 유해위험요인의 평가·분석 충실성 등 안전보건진단 업무 수행능력 3. 안전보건진단 대상 사업장의 만족도 ② 법 제48조제2항에 따른 안전보건진단기관 평가의 방법 및 평가 결과의 공개에 관하여는 제17조제2항부터 제8항까지의 규정을 준용한다. 이 경우 "안전관리전문기관 또는 보건관리전문기관"은 "안전보건진단기관"으로 본다. **제59조 【안전보건진단기관의 지정신청 등】** ① 안전보건진단기관으로 지정받으려는 자는 법 제48조제3항에 따라 별지 제6호서식의 안전보건진단기관 지정신청서에 다음 각 호의 서류를 첨부하여 지방고용노동청장에게 제출(전자문서로 제출하는 것을 포함한다)해야 한다. 1. 정관 2. 영 별표 15, 별표 16 및 별표 17에 따른 인력기준에 해당하는 사람의 자격과 채용을 증명할 수 있는 자격증(국가기술자격증은 제외한다), 경력증명서 및 재직증명서 등의 서류 3. 건물임대차계약서 사본이나 그 밖에 사무실

제49조 【안전보건개선계획의 수립·시행 명령】 ① 고용노동부장관은 다음 각 호의 어느 하나에 해당하는 사업장으로서 산업재해 예방을 위하여 종합적인 개선조치를 할 필요가 있다고 인정되는 사업장의 사업주에게 고용노동부령으로 정하는 바에 따라 그 사업장, 시설, 그 밖의 사항에 관한 안전 및 보건에 관한 개선계획(이하 "안전보건개선계획"이라 한다)을 수립하여 시행할 것을 명할 수 있다. 이 경우 대통

제49조 【안전보건진단을 받아 안전보건개선계획을 수립할 대상】 법 제49조제1항 각 호 외의 부분 후단에서 "대통령령으로 정하는 사업장"이란 다음 각 호의 사업장을 말한다.

1. 산업재해율이 같은 업종 평균 산업재해율의 2배 이상인 사업장
2. 법 제49조제1항제2호에 해당하는 사업장
3. 직업성 질병자가 연간 2명 이상(상시근로자 1천명 이상 사업장의 경우 3명 이상) 발생한

의 보유를 증명할 수 있는 서류와 시설·장비 명세서

4. 최초 1년간의 안전보건진단사업계획서

② 제1항에 따라 신청서를 제출받은 지방고용노동청장은 「전자정부법」 제36조제1항에 따른 행정정보의 공동이용을 통하여 법인등기사항증명서 및 국가기술자격증을 확인해야 하며, 신청인이 국가기술자격증의 확인에 동의하지 않는 경우에는 그 사본을 첨부하도록 해야 한다.

③ 안전보건진단기관에 대한 지정서의 발급, 지정받은 사항의 변경, 지정서의 반납 등에 관하여는 제16조제3항부터 제6항까지의 규정을 준용한다. 이 경우 "안전관리전문기관 또는 보건관리전문기관"은 "안전보건진단기관"으로, "고용노동부장관 또는 지방고용노동청장"은 "지방고용노동청장"으로 본다.

제60조 【안전보건개선계획의 수립·시행 명령】 법 제49조제1항에 따른 안전보건개선계획의 수립·시행 명령은 별지 제26호서식에 따른다.

벌 법 제49조제1항에 따른 명령을 위반한 자에게는 1천만원 이하의 과태료를 부과한다. (법 제175조제4항제4호)

법률	시행령	시행규칙
령령으로 정하는 사업장의 사업주에게는 제47조에 따라 안전보건진단을 받아 안전보건개선계획을 수립하여 시행할 것을 명할 수 있다. 1. 산업재해율이 같은 업종의 규모별 평균 산업재해율보다 높은 사업장 2. 사업주가 필요한 안전조치 또는 보건조치를 이행하지 아니하여 중대재해가 발생한 사업장 3. 대통령령으로 정하는 수 이상의 직업성 질병자가 발생한 사업장 4. 제106조에 따른 유해인자의 노출기준을 초과한 사업장 ② 사업주는 안전보건개선계획을 수립할 때에는 산업안전보건위원회의 심의를 거쳐야 한다. 다만, 산업안전보건위원회가 설치되어 있지 아니한 사업장의 경우에는 근로자대표의 의견을 들어야 한다.	사업장 4. 그 밖에 작업환경 불량, 화재·폭발 또는 누출 사고 등으로 사업장 주변까지 피해가 확산된 사업장으로서 고용노동부령으로 정하는 사업장 **제50조 【안전보건개선계획 수립 대상】** 법 제49조제1항제3호에서 "대통령령으로 정하는 수 이상의 직업성 질병자가 발생한 사업장"이란 직업성 질병자가 연간 2명 이상 발생한 사업장을 말한다.	벌 법 제49조제2항을 위반한 자에게는 500만원 이하의 과태료를 부과한다. (법 제175조제5항제1호)
제50조 【안전보건개선계획서의 제출 등】 ① 제49조제1항에 따라 안전보건개선계획의 수립·시행 명령을 받은 사업주는 고용노동부령으로 정하는 바에 따라 안전보건개선계획서를 작성하여 고용노동부장관에게 제출하여야 한다. ② 고용노동부장관은 제1항에 따라 제출받은 안전보건개선계획서를 고용노동부령으로 정하는 바에 따라 심사하여 그 결과를 사업주에게 서면으로 알려 주어야 한다. 이 경우 고용노동		**제61조 【안전보건개선계획의 제출 등】** ① 법 제50조제1항에 따라 안전보건개선계획서를 제출해야 하는 사업주는 법 제49조제1항에 따른 안전보건개선계획서 수립·시행 명령을 받은 날부터 60일 이내에 관할 지방고용노동관서의 장에게 해당 계획서를 제출(전자문서로 제출하는 것을 포함한다)해야 한다. ② 제1항에 따른 안전보건개선계획서에는 시설, 안전보건관리체제, 안전보건교육, 산업재

부장관은 근로자의 안전 및 보건의 유지·증진을 위하여 필요하다고 인정하는 경우 해당 안전보건개선계획서의 보완을 명할 수 있다.

③ 사업주와 근로자는 제2항 전단에 따라 심사를 받은 안전보건개선계획서(같은 항 후단에 따라 보완한 안전보건개선계획서를 포함한다)를 준수하여야 한다.

제51조 【사업주의 작업중지】 사업주는 산업재해가 발생할 급박한 위험이 있을 때에는 즉시 작업을 중지시키고 근로자를 작업장소에서 대피시키는 등 안전 및 보건에 관하여 필요한 조치를 하여야 한다.

제52조 【근로자의 작업중지】 ① 근로자는 산업재해가 발생할 급박한 위험이 있는 경우에는 작업을 중지하고 대피할 수 있다.

② 제1항에 따라 작업을 중지하고 대피한 근로자는 지체 없이 그 사실을 관리감독자 또는 그

벌 법 제50조제3항을 위반한 자에게는 500만원 이하의 과태료를 부과한다. (법 제175조제5항 제1호)

벌 법 제51조(제166조의2에서 준용하는 경우를 포함한다)를 위반한 자는 5년 이하의 징역 또는 5천만원 이하의 벌금에 처한다. (법 제168조제1호)

해 예방 및 작업환경의 개선을 위하여 필요한 사항이 포함되어야 한다.

제62조 【안전보건개선계획서의 검토 등】 ① 지방고용노동관서의 장이 제61조에 따른 안전보건개선계획서를 접수한 경우에는 접수일부터 15일 이내에 심사하여 사업주에게 그 결과를 알려야 한다.

② 법 제50조제2항에 따라 지방고용노동관서의 장은 안전보건개선계획서에 제61조제2항에서 정한 사항이 적정하게 포함되어 있는지 검토해야 한다. 이 경우 지방고용노동관서의 장은 안전보건개선계획서의 적정 여부 확인을 공단 또는 지도사에게 요청할 수 있다.

법 률	시 행 령	시 행 규 칙
밖에 부서의 장(이하 "관리감독자등"이라 한다)에게 보고하여야 한다. ③ 관리감독자등은 제2항에 따른 보고를 받으면 안전 및 보건에 관하여 필요한 조치를 하여야 한다. ④ 사업주는 산업재해가 발생할 급박한 위험이 있다고 근로자가 믿을 만한 합리적인 이유가 있을 때에는 제1항에 따라 작업을 중지하고 대피한 근로자에 대하여 해고나 그 밖의 불리한 처우를 해서는 아니 된다.		
제53조 【고용노동부장관의 시정조치 등】 ① 고용노동부장관은 사업주가 사업장의 건설물 또는 그 부속건설물 및 기계·기구·설비·원재료(이하 "기계·설비등"이라 한다)에 대하여 안전 및 보건에 관하여 고용노동부령으로 정하는 필요한 조치를 하지 아니하여 근로자에게 현저한 유해·위험이 초래될 우려가 있다고 판단될 때에는 해당 기계·설비등에 대하여 사용중지·대체·제거 또는 시설의 개선, 그 밖에 안전 및 보건에 관하여 고용노동부령으로 정하는 필요한 조치(이하 "시정조치"라 한다)를 명할 수 있다. ② 제1항에 따라 시정조치 명령을 받은 사업주는 해당 기계·설비등에 대하여 시정조치를 완료할 때까지 시정조치 명령 사항을 사업장 내에 근로자가 쉽게 볼 수 있는 장소에 게시하여	벌 법 제53조제1항(제166조의2에서 준용하는 경우를 포함한다)에 따른 명령을 위반한 자는 3년 이하의 징역 또는 3천만원 이하의 벌금에 처한다. (법 제169조제2호) 벌 법 제53조제2항(제166조의2에서 준용하는 경우를 포함한다)을 위반하여 고용노동부장관으로부터 명령받은 사항을 게시하지 아니한 자에게는 500만원 이하의 과태료를 부과한다.	**제63조 【기계·설비 등에 대한 안전 및 보건조치】** 법 제53조제1항에서 "안전 및 보건에 관하여 고용노동부령으로 정하는 필요한 조치"란 다음 각 호의 어느 하나에 해당하는 조치를 말한다. 1. 안전보건규칙에서 건설물 또는 그 부속건설물·기계·기구·설비·원재료에 대하여 정하는 안전조치 또는 보건조치 2. 법 제87조에 따른 안전인증대상기계등의 사용금지 3. 법 제92조에 따른 자율안전확인대상기계등의 사용금지 4. 법 제95조에 따른 안전검사대상기계등의 사용금지 5. 법 제99조제2항에 따른 안전검사대상기계

야 한다.

③ 고용노동부장관은 사업주가 해당 기계·설비등에 대한 시정조치 명령을 이행하지 아니하여 유해·위험 상태가 해소 또는 개선되지 아니하거나 근로자에 대한 유해·위험이 현저히 높아질 우려가 있는 경우에는 해당 기계·설비등과 관련된 작업의 전부 또는 일부의 중지를 명할 수 있다.

④ 제1항에 따른 사용중지 명령 또는 제3항에 따른 작업중지 명령을 받은 사업주는 그 시정조치를 완료한 경우에는 고용노동부장관에게 제1항에 따른 사용중지 또는 제3항에 따른 작업중지의 해제를 요청할 수 있다.

⑤ 고용노동부장관은 제4항에 따른 해제 요청에 대하여 시정조치가 완료되었다고 판단될 때에는 제1항에 따른 사용중지 또는 제3항에 따른 작업중지를 해제하여야 한다.

(법 제175조제5항제4호)

벌 법 제53조제3항(제166조의2에서 준용하는 경우를 포함한다)에 따른 명령을 위반한 자는 5년 이하의 징역 또는 5천만원 이하의 벌금에 처한다. (법 제168조제2호)

등의 사용금지

6. 법 제117조제1항에 따른 제조등금지물질의 사용금지

7. 법 제118조제1항에 따른 허가대상물질에 대한 허가의 취득

제64조【사용의 중지】 ① 고용노동부장관이 법 제53조제1항에 따른 사용중지를 명하려는 경우에는 별지 제27호서식에 따른 사용중지명령서 또는 고용노동부장관이 정하는 표지(이하 "사용중지명령서등"이라 한다)를 발부하거나 부착할 수 있다.

② 사업주는 제1항에 따라 사용중지명령서등을 받은 경우에는 관계 근로자에게 해당 사항을 알려야 한다.

③ 제1항에 따라 사용중지명령서를 받은 사업주는 발부받은 때부터 그 개선이 완료되어 고용노동부장관이 사용중지명령을 해제할 때까지 해당 건설물 또는 그 부속건설물 및 기계·기구·설비·원재료를 사용해서는 안 된다.

④ 사업주는 제1항에 따라 발부되거나 부착된 사용중지명령서등을 해당 건설물 또는 그 부속건설물 및 기계·기구·설비·원재료로부터 임의로 제거하거나 훼손해서는 안 된다.

⑤ 지방고용노동관서의 장은 법 제53조제5항에 따라 사용중지를 해제하는 경우 그 내용을 사업주에게 알려주어야 한다.

법률	시행령	시행규칙
		제65조 【작업의 중지】 ① 고용노동부장관은 법 제53조제3항에 따라 작업의 전부 또는 일부 중지를 명하려는 경우에는 별지 제27호서식에 따른 작업중지명령서 또는 고용노동부장관이 정하는 표지(이하 "작업중지명령서등"이라 한다)를 발부하거나 부착할 수 있다. ② 작업중지명령 고지 등에 관하여는 제64조제2항부터제5항까지를 준용한다. 이 경우 "사용중지명령서등"은 "작업중지명령서등"으로, "사용중지명령서"는 "작업중지명령서"로, "사용중지"는 "작업중지"로 본다. **제66조 【시정조치 명령서의 게시】** 법 제53조제1항에 따라 이 법 위반으로 고용노동부장관의 시정조치 명령을 받은 사업주는 법 제53조제2항에 따라 해당 내용을 시정할 때까지 위반 장소 또는 사내 게시판 등에 게시해야 한다.
제54조 【중대재해 발생 시 사업주의 조치】 ① 사업주는 중대재해가 발생하였을 때에는 즉시 해당 작업을 중지시키고 근로자를 작업장소에서 대피시키는 등 안전 및 보건에 관하여 필요한 조치를 하여야 한다. ② 사업주는 중대재해가 발생한 사실을 알게 된 경우에는 고용노동부령으로 정하는 바에 따라 지체 없이 고용노동부장관에게 보고하여야	벌 법 제54조제1항(제166조의2에서 준용하는 경우를 포함한다)을 위반한 자는 5년 이하의 징역 또는 5천만원 이하의 벌금에 처한다. (법 제168조제1호) 벌 법 제54조제2항(제166조의2에서 준용하는 경우를 포함한다)을 위반하여 중대재해 발생 사실을 보고하지 아니하거나 거짓으로 보고한 자	**제67조 【중대재해 발생 시 보고】** 사업주는 중대재해가 발생한 사실을 알게 된 경우에는 법 제54조제2항에 따라 지체 없이 다음 각 호의 사

한다. 다만, 천재지변 등 부득이한 사유가 발생한 경우에는 그 사유가 소멸되면 지체 없이 보고하여야 한다.

제55조【중대재해 발생 시 고용노동부장관의 작업중지 조치】 ① 고용노동부장관은 중대재해가 발생하였을 때 다음 각 호의 어느 하나에 해당하는 작업으로 인하여 해당 사업장에 산업재해가 다시 발생할 급박한 위험이 있다고 판단되는 경우에는 그 작업의 중지를 명할 수 있다.

1. 중대재해가 발생한 해당 작업
2. 중대재해가 발생한 작업과 동일한 작업

② 고용노동부장관은 토사·구축물의 붕괴, 화재·폭발, 유해하거나 위험한 물질의 누출 등으로 인하여 중대재해가 발생하여 그 재해가 발생한 장소 주변으로 산업재해가 확산될 수 있다고 판단되는 등 불가피한 경우에는 해당 사업장의 작업을 중지할 수 있다.

③ 고용노동부장관은 사업주가 제1항 또는 제2항에 따른 작업중지의 해제를 요청한 경우에는 작업중지 해제에 관한 전문가 등으로 구성된 심의위원회의 심의를 거쳐 고용노동부령으로 정하는 바에 따라 제1항 또는 제2항에 따른 작업중지를 해제하여야 한다.

에게는 3천만원 이하의 과태료를 부과한다. (법 제175조제2항제2호)

벌 법 제55조제1항(제166조의2에서 준용하는 경우를 포함한다)·제2항(제166조의2에서 준용하는 경우를 포함한다)에 따른 명령을 위반한 자는 5년 이하의 징역 또는 5천만원 이하의 벌금에 처한다. (법 제168조제2호)

항을 사업장 소재지를 관할하는 지방고용노동관서의 장에게 전화·팩스 또는 그 밖의 적절한 방법으로 보고해야 한다.

1. 발생 개요 및 피해 상황
2. 조치 및 전망
3. 그 밖의 중요한 사항

제68조【작업중지명령서】 법 제55조제1항에 따라 작업중지를 명하는 경우에는 별지 제28호서식에 따른 작업중지명령서를 발부해야 한다.

제69조【작업중지의 해제】 ① 법 제55조제3항에 따라 사업주가 작업중지의 해제를 요청할 경우에는 별지 제29호서식에 따른 작업중지명령 해제신청서를 작성하여 사업장의 소재지를 관할하는 지방고용노동관서의 장에게 제출해야 한다.

법 률	시 행 령	시 행 규 칙
④ 제3항에 따른 작업중지 해제의 요청 절차 및 방법, 심의위원회의 구성·운영, 그 밖에 필요한 사항은 고용노동부령으로 정한다.		② 제1항에 따라 사업주가 작업중지명령 해제신청서를 제출하는 경우에는 미리 유해·위험요인 개선내용에 대하여 중대재해가 발생한 해당작업 근로자의 의견을 들어야 한다. ③ 지방고용노동관서의 장은 제1항에 따라 작업중지명령 해제를 요청받은 경우에는 근로감독관으로 하여금 안전·보건을 위하여 필요한 조치를 확인하도록 하고, 천재지변 등 불가피한 경우를 제외하고는 해제요청일 다음 날부터 4일 이내(토요일과 공휴일을 포함하되, 토요일과 공휴일이 연속하는 경우에는 3일까지만 포함한다)에 법 제55조제3항에 따른 작업중지해제 심의위원회(이하 "심의위원회"라 한다)를 개최하여 심의한 후 해당조치가 완료되었다고 판단될 경우에는 즉시 작업중지명령을 해제해야 한다. **제70조 【작업중지해제 심의위원회】** ① 심의위원회는 지방고용노동관서의 장, 공단 소속 전문가 및 해당 사업장과 이해관계가 없는 외부전문가 등을 포함하여 4명 이상으로 구성해야 한다. ② 지방고용노동관서의 장은 심의위원회가 작업중지명령 대상 유해·위험업무에 대한 안전·보건조치가 충분히 개선되었다고 심의·의결하는 경우에는 즉시 작업중지명령의 해제를 결정해야 한다.

제56조 【중대재해 원인조사 등】 ① 고용노동부장관은 중대재해가 발생하였을 때에는 그 원인 규명 또는 산업재해 예방대책 수립을 위하여 그 발생 원인을 조사할 수 있다.
② 고용노동부장관은 중대재해가 발생한 사업장의 사업주에게 안전보건개선계획의 수립·시행, 그 밖에 필요한 조치를 명할 수 있다.
③ 누구든지 중대재해 발생 현장을 훼손하거나 제1항에 따른 고용노동부장관의 원인조사를 방해해서는 아니 된다.
④ 중대재해가 발생한 사업장에 대한 원인조사의 내용 및 절차, 그 밖에 필요한 사항은 고용노동부령으로 정한다.

제57조 【산업재해 발생 은폐 금지 및 보고 등】 ① 사업주는 산업재해가 발생하였을 때에는 그 발생 사실을 은폐해서는 아니 된다.
② 사업주는 고용노동부령으로 정하는 바에 따라 산업재해의 발생 원인 등을 기록하여 보존하여야 한다.
③ 사업주는 고용노동부령으로 정하는 산업재해에 대해서는 그 발생 개요·원인 및 보고 시기, 재발방지 계획 등을 고용노동부령으로 정

벌 법 제56조제3항(제166조의2에서 준용하는 경우를 포함한다)을 위반하여 중대재해 발생 현장을 훼손하거나 고용노동부장관의 원인조사를 방해한 자는 1년 이하의 징역 또는 1천만원 이하의 벌금에 처한다. (법 제170조제2호)

벌 법 제57조제1항(제166조의2에서 준용하는 경우를 포함한다)을 위반하여 산업재해 발생 사실을 은폐한 자 또는 그 발생 사실을 은폐하도록 교사(敎唆)하거나 공모(共謀)한 자는 1년 이하의 징역 또는 1천만원 이하의 벌금에 처한다. (법 제170조제3호)

벌 법 제57조제3항(제166조의2에서 준용하는 경우를 포함한다)에 따른 보고를 하지 아니하거나 거짓으로 보고한 자에게는 1천500만원 이

③ 제1항 및 제2항에서 규정한 사항 외에 심의위원회의 구성 및 운영에 필요한 사항은 고용노동부장관이 정한다.

제71조 【중대재해 원인조사의 내용 등】 법 제56조제1항에 따라 중대재해 원인조사를 하는 때에는 현장을 방문하여 조사해야 하며 재해조사에 필요한 안전보건 관련 서류 및 목격자의 진술 등을 확보하도록 노력해야 한다. 이 경우 중대재해 발생의 원인이 사업주의 법 위반에 기인한 것인지 등을 조사해야 한다.

제72조 【산업재해 기록 등】 사업주는 산업재해가 발생한 때에는 법 제57조제2항에 따라 다음 각 호의 사항을 기록·보존해야 한다. 다만, 제73조제1항에 따른 산업재해조사표의 사본을 보존하거나 제73조제5항에 따른 요양신청서의 사본에 재해 재발방지 계획을 첨부하여 보존한 경우에는 그렇지 않다.
1. 사업장의 개요 및 근로자의 인적사항
2. 재해 발생의 일시 및 장소

법 률	시 행 령	시 행 규 칙
하는 바에 따라 고용노동부장관에게 보고하여야 한다.	하의 과태료를 부과한다. (법 제175조제3항제2호)	3. 재해 발생의 원인 및 과정 4. 재해 재발방지 계획 **제73조【산업재해 발생 보고 등】** ① 사업주는 산업재해로 사망자가 발생하거나 3일 이상의 휴업이 필요한 부상을 입거나 질병에 걸린 사람이 발생한 경우에는 법 제57조제3항에 따라 해당 산업재해가 발생한 날부터 1개월 이내에 별지 제30호서식의 산업재해조사표를 작성하여 관할 지방고용노동관서의 장에게 제출(전자문서로 제출하는 것을 포함한다)해야 한다. ② 제1항에도 불구하고 다음 각 호의 모두에 해당하지 않는 사업주가 법률 제11882호 산업안전보건법 일부개정법률 제10조제2항의 개정규정의 시행일인 2014년 7월 1일 이후 해당 사업장에서 처음 발생한 산업재해에 대하여 지방고용노동관서의 장으로부터 별지 제30호서식의 산업재해조사표를 작성하여 제출하도록 명령을 받은 경우 그 명령을 받은 날부터 15일 이내에 이를 이행한 때에는 제1항에 따른 보고를 한 것으로 본다. 제1항에 따른 보고기한이 지난 후에 자진하여 별지 제30호서식의 산업재해조사표를 작성·제출한 경우에도 또한 같다. 1. 안전관리자 또는 보건관리자를 두어야 하는 사업주 2. 법 제62조제1항에 따라 안전보건총괄책임

제5장 도급 시 산업재해 예방

제1절 도급의 제한

제5장 도급 시 산업재해 예방

자를 지정해야 하는 도급인

3. 법 제73조제2항에 따라 건설재해예방전문지도기관의 지도를 받아야 하는 건설공사도급인(법 제69조제1항의 건설공사도급인을 말한다. 이하 같다) (2022.8.18 개정)
4. 산업재해 발생사실을 은폐하려고 한 사업주

③ 사업주는 제1항에 따른 산업재해조사표에 근로자대표의 확인을 받아야 하며, 그 기재 내용에 대하여 근로자대표의 이견이 있는 경우에는 그 내용을 첨부해야 한다. 다만, 근로자대표가 없는 경우에는 재해자 본인의 확인을 받아 산업재해조사표를 제출할 수 있다.

④ 제1항부터 제3항까지의 규정에서 정한 사항 외에 산업재해발생 보고에 필요한 사항은 고용노동부장관이 정한다.

⑤ 「산업재해보상보험법」 제41조에 따라 요양급여의 신청을 받은 근로복지공단은 지방고용노동관서의 장 또는 공단으로부터 요양신청서 사본, 요양업무 관련 전산입력자료, 그 밖에 산업재해예방업무 수행을 위하여 필요한 자료의 송부를 요청받은 경우에는 이에 협조해야 한다.

제5장 도급 시 산업재해 예방

제1절 도급의 제한

법률	시행령	시행규칙
제58조【유해한 작업의 도급금지】 ① 사업주는 근로자의 안전 및 보건에 유해하거나 위험한 작업으로서 다음 각 호의 어느 하나에 해당하는 작업을 도급하여 자신의 사업장에서 수급인의 근로자가 그 작업을 하도록 해서는 아니 된다. 1. 도금작업 2. 수은, 납 또는 카드뮴을 제련, 주입, 가공 및 가열하는 작업 3. 제118조제1항에 따른 허가대상물질을 제조하거나 사용하는 작업 ② 사업주는 제1항에도 불구하고 다음 각 호의 어느 하나에 해당하는 경우에는 제1항 각 호에 따른 작업을 도급하여 자신의 사업장에서 수급인의 근로자가 그 작업을 하도록 할 수 있다. 1. 일시·간헐적으로 하는 작업을 도급하는 경우 2. 수급인이 보유한 기술이 전문적이고 사업주(수급인에게 도급을 한 도급인으로서의 사업주를 말한다)의 사업 운영에 필수 불가결한 경우로서 고용노동부장관의 승인을 받은 경우 ③ 사업주는 제2항제2호에 따라 고용노동부장관의 승인을 받으려는 경우에는 고용노동부령으로 정하는 바에 따라 고용노동부장관이 실시하는 안전 및 보건에 관한 평가를 받아야 한다.	벌 법 제58조제3항 또는 같은 조 제5항 후단(제59조제2항에 따라 준용되는 경우를 포함한다)에 따른 안전 및 보건에 관한 평가 업무를 제165조제2항에 따라 위탁받은 자로서 그 업무	**제74조【안전 및 보건에 관한 평가의 내용 등】** ① 사업주는 법 제58조제2항제2호에 따른 승인 및 같은 조 제5항에 따른 연장승인을 받으려는 경우 법 제165조제2항, 영 제116조제2항에 따라 고용노동부장관이 고시하는 기관을 통하여 안전 및 보건에 관한 평가를 받아야 한다. ② 제1항의 안전 및 보건에 관한 평가에 대한 내용은 별표 12와 같다.

④ 제2항제2호에 따른 승인의 유효기간은 3년의 범위에서 정한다.

⑤ 고용노동부장관은 제4항에 따른 유효기간이 만료되는 경우에 사업주가 유효기간의 연장을 신청하면 승인의 유효기간이 만료되는 날의 다음 날부터 3년의 범위에서 고용노동부령으로 정하는 바에 따라 그 기간의 연장을 승인할 수 있다. 이 경우 사업주는 제3항에 따른 안전 및 보건에 관한 평가를 받아야 한다.

⑥ 사업주는 제2항제2호 또는 제5항에 따라 승인을 받은 사항 중 고용노동부령으로 정하는 사항을 변경하려는 경우에는 고용노동부령으로 정하는 바에 따라 변경에 대한 승인을 받아야 한다.

⑦ 고용노동부장관은 제2항제2호, 제5항 또는 제6항에 따라 승인, 연장승인 또는 변경승인을 받은 자가 제8항에 따른 기준에 미달하게 된 경우에는 승인, 연장승인 또는 변경승인을 취소하여야 한다.

⑧ 제2항제2호, 제5항 또는 제6항에 따른 승인, 연장승인 또는 변경승인의 기준·절차 및 방법, 그 밖에 필요한 사항은 고용노동부령으로 정한다.

를 거짓이나 그 밖의 부정한 방법으로 수행한 자는 3년 이하의 징역 또는 3천만원 이하의 벌금에 처한다. (법 제169조제3호)

제75조 【도급승인 등의 절차·방법 및 기준 등】

① 법 제58조제2항제2호에 따른 승인, 같은 조 제5항 또는 제6항에 따른 연장승인 또는 변경승인을 받으려는 자는 별지 제31호서식의 도급승인 신청서, 별지 제32호서식의 연장신청서 및 별지 제33호서식의 변경신청서에 다음 각 호의 서류를 첨부하여 관할 지방고용노동관서의 장에게 제출해야 한다.

1. 도급대상 작업의 공정 관련 서류 일체(기계·설비의 종류 및 운전조건, 유해·위험물질의 종류·사용량, 유해·위험요인의 발생 실태 및 종사 근로자 수 등에 관한 사항이 포함되어야 한다)
2. 도급작업 안전보건관리계획서(안전작업절차, 도급 시 안전·보건관리 및 도급작업에 대한 안전·보건시설 등에 관한 사항이 포함되어야 한다)
3. 제74조에 따른 안전 및 보건에 관한 평가 결과(법 제58조제6항에 따른 변경승인은 해당되지 않는다)

② 법 제58조제2항제2호에 따른 승인, 같은 조 제5항 또는 제6항에 따른 연장승인 또는 변경승인의 작업별 도급승인 기준은 다음 각 호와 같다.

1. 공통 : 작업공정의 안전성, 안전보건관리계획 및 안전 및 보건에 관한 평가 결과의 적정성

법률	시행령	시행규칙
		2. 법 제58조제1항제1호 및 제2호에 따른 작업 : 안전보건규칙 제5조, 제7조, 제8조, 제10조, 제11조, 제17조, 제19조, 제21조, 제22조, 제33조, 제72조부터 제79조까지, 제81조, 제83조부터 제85조까지, 제225조, 제232조, 제299조, 제301조부터 제305조까지, 제422조, 제429조부터 제435조까지, 제442조부터 제444조까지, 제448조, 제450조, 제451조 및 제513조에서 정한 기준 3. 법 제58조제1항제3호에 따른 작업 : 안전보건규칙 제5조, 제7조, 제8조, 제10조, 제11조, 제17조, 제19조, 제21조, 제22조까지, 제33조, 제72조부터 제79조까지, 제81조, 제83조부터 제85조까지, 제225조, 제232조, 제299조, 제301조부터 제305조까지, 제453조부터 제455조까지, 제459조, 제461조, 제463조부터 제466조까지, 제469조부터 제474조까지 및 제513조에서 정한 기준 ③ 지방고용노동관서의 장은 필요한 경우 법 제58조제2항제2호에 따른 승인, 같은 조 제5항 또는 제6항에 따른 연장승인 또는 변경승인을 신청한 사업장이 제2항에 따른 도급승인 기준을 준수하고 있는지 공단으로 하여금 확인하게 할 수 있다. ④ 제1항에 따라 도급승인 신청을 받은 지방고용노동관서의 장은 제2항에 따른 도급승인 기

준을 충족한 경우 신청서가 접수된 날부터 14일 이내에 별지 제34호서식에 따른 승인서를 신청인에게 발급해야 한다.

제76조 【도급승인 변경 사항】 법 제58조제6항에서 "고용노동부령으로 정하는 사항"이란 다음 각 호의 어느 하나에 해당하는 사항을 말한다.

1. 도급공정
2. 도급공정 사용 최대 유해화학 물질량
3. 도급기간(3년 미만으로 승인 받은 자가 승인일부터 3년 내에서 연장하는 경우만 해당한다)

제77조 【도급승인의 취소】 고용노동부장관은 법 제58조제2항제2호에 따른 승인, 같은 조 제5항 또는 제6항에 따른 연장승인 또는 변경승인을 받은 자가 다음 각 호의 어느 하나에 해당하는 경우에는 승인을 취소해야 한다.

1. 제75조제2항의 도급승인 기준에 미달하게 된 때
2. 거짓이나 그 밖의 부정한 방법으로 승인, 연장승인, 변경승인을 받은 경우
3. 법 제58조제5항 및 제6항에 따른 연장승인 및 변경승인을 받지 않고 사업을 계속한 경우

법률	시행령	시행규칙
제59조 【도급의 승인】 ① 사업주는 자신의 사업장에서 안전 및 보건에 유해하거나 위험한 작업 중 급성 독성, 피부 부식성 등이 있는 물질의 취급 등 대통령령으로 정하는 작업을 도급하려는 경우에는 고용노동부장관의 승인을 받아야 한다. 이 경우 사업주는 고용노동부령으로 정하는 바에 따라 안전 및 보건에 관한 평가를 받아야 한다. ② 제1항에 따른 승인에 관하여는 제58조제4항부터 제8항까지의 규정을 준용한다.	**제51조 【도급승인 대상 작업】** 법 제59조제1항 전단에서 "급성 독성, 피부 부식성 등이 있는 물질의 취급 등 대통령령으로 정하는 작업"이란 다음 각 호의 어느 하나에 해당하는 작업을 말한다. 1. 중량비율 1퍼센트 이상의 황산, 불화수소, 질산 또는 염화수소를 취급하는 설비를 개조·분해·해체·철거하는 작업 또는 해당 설비의 내부에서 이루어지는 작업. 다만, 도급인이 해당 화학물질을 모두 제거한 후 증명자료를 첨부하여 고용노동부장관에게 신고한 경우는 제외한다. 2. 그 밖에 「산업재해보상보험법」 제8조제1항에 따른 산업재해보상보험및예방심의위원회(이하 "산업재해보상보험및예방심의위원회"라 한다)의 심의를 거쳐 고용노동부장관이 정하는 작업	**제78조 【도급승인 등의 신청】** ① 법 제59조에 따른 안전 및 보건에 유해하거나 위험한 작업의 도급에 대한 승인, 연장승인 또는 변경승인을 받으려는 자는 별지 제31호서식의 도급승인 신청서, 별지 제32호서식의 연장신청서 및 별지 제33호서식의 변경신청서에 다음 각 호의 서류를 첨부하여 관할 지방고용노동관서의 장에게 제출해야 한다. 1. 도급대상 작업의 공정 관련 서류 일체(기계·설비의 종류 및 운전조건, 유해·위험물질의 종류·사용량, 유해·위험요인의 발생 실태 및 종사 근로자 수 등에 관한 사항이 포함되어야 한다) 2. 도급작업 안전보건관리계획서(안전작업절차, 도급 시 안전·보건관리 및 도급작업에 대한 안전·보건시설 등에 관한 사항이 포함되어야 한다) 3. 안전 및 보건에 관한 평가 결과(변경승인은 해당되지 않는다) ② 제1항에도 불구하고 산업재해가 발생할 급박한 위험이 있어 긴급하게 도급을 해야 할 경우에는 제1항제1호 및 제3호의 서류를 제출하지 않을 수 있다. ③ 법 제59조에 따른 승인, 연장승인 또는 변경승인의 작업별 도급승인 기준은 다음 각 호와 같다.

1. 공통 : 작업공정의 안전성, 안전보건관리계획 및 안전 및 보건에 관한 평가 결과의 적정성
2. 영 제51조제1호에 따른 작업 : 안전보건규칙 제5조, 제7조, 제8조, 제10조, 제11조, 제17조, 제19조, 제21조, 제22조, 제33조, 제42조부터 제44조까지, 제72조부터 제79조까지, 제81조, 제83조부터 제85조까지, 제225조, 제232조, 제297조부터 제299조까지, 제301조부터 제305조까지, 제422조, 제429조부터 제435조까지, 제442조부터 제444조까지, 제448조, 제450조, 제451조, 제513조, 제619조, 제620조, 제624조, 제625조, 제630조 및 제631조에서 정한 기준
3. 영 제51조제2호에 따른 작업 : 고용노동부장관이 정한 기준

④ 제1항제3호에 따른 안전 및 보건에 관한 평가에 관하여는 제74조를 준용하고, 도급승인의 절차, 변경 및 취소 등에 관하여는 제75조제3항, 같은 조 제4항, 제76조 및 제77조의 규정을 준용한다. 이 경우 "법 제58조제2항제2호에 따른 승인, 같은 조 제5항 또는 제6항에 따른 연장승인 또는 변경승인"은 "법 제59조에 따른 승인, 연장승인 또는 변경승인"으로, "제75조제2항의 도급승인 기준"은 "제78조제3항의 도급승인 기준"으로 본다.

법률	시행령	시행규칙
제60조 【도급의 승인 시 하도급 금지】 제58조제2항제2호에 따른 승인, 같은 조 제5항 또는 제6항(제59조제2항에 따라 준용되는 경우를 포함한다)에 따른 연장승인 또는 변경승인 및 제59조제1항에 따른 승인을 받은 작업을 도급받은 수급인은 그 작업을 하도급할 수 없다.		
제61조 【적격 수급인 선정 의무】 사업주는 산업재해 예방을 위한 조치를 할 수 있는 능력을 갖춘 사업주에게 도급하여야 한다.		
제2절 도급인의 안전조치 및 보건조치		**제2절 도급인의 안전조치 및 보건조치**
제62조 【안전보건총괄책임자】 ① 도급인은 관계수급인 근로자가 도급인의 사업장에서 작업을 하는 경우에는 그 사업장의 안전보건관리책임자를 도급인의 근로자와 관계수급인 근로자의 산업재해를 예방하기 위한 업무를 총괄하여 관리하는 안전보건총괄책임자로 지정하여야 한다. 이 경우 안전보건관리책임자를 두지 아니하여도 되는 사업장에서는 그 사업장에서 사업을 총괄하여 관리하는 사람을 안전보건총괄책임자로 지정하여야 한다. ② 제1항에 따라 안전보건총괄책임자를 지정한 경우에는 「건설기술 진흥법」 제64조제1항제1호에 따른 안전총괄책임자를 둔 것으로 본다.	**제52조 【안전보건총괄책임자 지정 대상사업】** 법 제62조제1항에 따른 안전보건총괄책임자(이하 "안전보건총괄책임자"라 한다)를 지정해야 하는 사업의 종류 및 사업장의 상시근로자 수는 관계수급인에게 고용된 근로자를 포함한 상시근로자가 100명(선박 및 보트 건조업, 1차 금속 제조업 및 토사석 광업의 경우에는 50명) 이상인 사업이나 관계수급인의 공사금액을 포함한 해당 공사의 총공사금액이 20억원 이상인 건설업으로 한다. **제53조 【안전보건총괄책임자의 직무 등】** ① 안전보건총괄책임자의 직무는 다음 각 호와 같다.	벌 법 제62조제1항을 위반한 자에게는 500만원 이하의 과태료를 부과한다. (법 제175조제5항제1호)

③ 제1항에 따라 안전보건총괄책임자를 지정하여야 하는 사업의 종류와 사업장의 상시근로자 수, 안전보건총괄책임자의 직무·권한, 그 밖에 필요한 사항은 대통령령으로 정한다.

1. 법 제36조에 따른 위험성평가의 실시에 관한 사항
2. 법 제51조 및 제54조에 따른 작업의 중지
3. 법 제64조에 따른 도급 시 산업재해 예방조치
4. 법 제72조제1항에 따른 산업안전보건관리비의 관계수급인 간의 사용에 관한 협의·조정 및 그 집행의 감독
5. 안전인증대상기계등과 자율안전확인대상기계등의 사용 여부 확인

② 안전보건총괄책임자에 대한 지원에 관하여는 제14조제2항을 준용한다. 이 경우 "안전보건관리책임자"는 "안전보건총괄책임자"로, "법 제15조제1항"은 "제1항"으로 본다.

③ 사업주는 안전보건총괄책임자를 선임했을 때에는 그 선임 사실 및 제1항 각 호의 직무의 수행내용을 증명할 수 있는 서류를 갖추어 두어야 한다.

제63조【도급인의 안전조치 및 보건조치】 도급인은 관계수급인 근로자가 도급인의 사업장에서 작업을 하는 경우에 자신의 근로자와 관계수급인 근로자의 산업재해를 예방하기 위하여 안전 및 보건 시설의 설치 등 필요한 안전조치 및 보건조치를 하여야 한다. 다만, 보호구 착용의 지시 등 관계수급인 근로자의 작업행동에 관한 직접적인 조치는 제외한다.

벌 법 제63조(제166조의2에서 준용하는 경우를 포함한다)를 위반한 자는 3년 이하의 징역 또는 3천만원 이하의 벌금에 처한다. (법 제169조제1호)

벌 법 제63조(제166조의2에서 준용하는 경우를 포함한다)를 위반하여 근로자를 사망에 이르게 한 자는 7년 이하의 징역 또는 1억원 이하의 벌금에 처한다. (법 제167조제1항) ※ 법 제167조제1항의 죄로 형을 선고받고 그 형이 확정된 후 5년 이내에 다시 제1항의 죄를 저지른 자는 그 형의 2분의 1까지 가중한다. (법 제167조제2항)

법률

제64조 【도급에 따른 산업재해 예방조치】 ① 도급인은 관계수급인 근로자가 도급인의 사업장에서 작업을 하는 경우 다음 각 호의 사항을 이행하여야 한다.

1. 도급인과 수급인을 구성원으로 하는 안전 및 보건에 관한 협의체의 구성 및 운영
2. 작업장 순회점검
3. 관계수급인이 근로자에게 하는 제29조제1항부터 제3항까지의 규정에 따른 안전보건교육을 위한 장소 및 자료의 제공 등 지원
4. 관계수급인이 근로자에게 하는 제29조제3항에 따른 안전보건교육의 실시 확인
5. 다음 각 목의 어느 하나의 경우에 대비한 경보체계 운영과 대피방법 등 훈련
   가. 작업 장소에서 발파작업을 하는 경우
   나. 작업 장소에서 화재·폭발, 토사·구축물 등의 붕괴 또는 지진 등이 발생한 경우
6. 위생시설 등 고용노동부령으로 정하는 시설의 설치 등을 위하여 필요한 장소의 제공 또는 도급인이 설치한 위생시설 이용의 협조
7. 같은 장소에서 이루어지는 도급인과 관계수급인 등의 작업에 있어서 관계수급인 등의 작업시기·내용, 안전조치 및 보건조치 등의 확인 (2021.5.18 신설)
8. 제7호에 따른 확인 결과 관계수급인 등의 작업 혼재로 인하여 화재·폭발 등 대통령령

시행령

벌 법 제64조제1항제1호부터 제5호까지, 제7호, 제8호 또는 같은 조 제2항을 위반한 자는 500만원 이하의 벌금에 처한다. (법 제172조) (2021.8.17 개정)

벌 법 제64조제1항제6호를 위반하여 위생시설 등 고용노동부령으로 정하는 시설의 설치 등을 위하여 필요한 장소의 제공을 하지 아니하거나 도급인이 설치한 위생시설 이용에 협조하지 아니한 자에게는 1천500만원 이하의 과태료를 부과한다. (법 제175조제3항제2호의2)

제53조의2 【도급에 따른 산업재해 예방조치】 법 제64조제1항제8호에서 "화재·폭발 등 대통

시행규칙

제79조 【협의체의 구성 및 운영】 ① 법 제64조제1항제1호에 따른 안전 및 보건에 관한 협의체(이하 이 조에서 "협의체"라 한다)는 도급인 및 그의 수급인 전원으로 구성해야 한다.

② 협의체는 다음 각 호의 사항을 협의해야 한다.

1. 작업의 시작 시간
2. 작업 또는 작업장 간의 연락방법
3. 재해발생 위험이 있는 경우 대피방법
4. 작업장에서의 법 제36조에 따른 위험성평가의 실시에 관한 사항
5. 사업주와 수급인 또는 수급인 상호 간의 연락 방법 및 작업공정의 조정

③ 협의체는 매월 1회 이상 정기적으로 회의를 개최하고 그 결과를 기록·보존해야 한다.

제80조 【도급사업 시의 안전·보건조치 등】 ① 도급인은 법 제64조제1항제2호에 따른 작업장 순회점검을 다음 각 호의 구분에 따라 실시해야 한다.

1. 다음 각 목의 사업 : 2일에 1회 이상
   가. 건설업
   나. 제조업

으로 정하는 위험이 발생할 우려가 있는 경우 관계수급인 등의 작업시기·내용 등의 조정 (2021.5.18 신설)

② 제1항에 따른 도급인은 고용노동부령으로 정하는 바에 따라 자신의 근로자 및 관계수급인 근로자와 함께 정기적으로 또는 수시로 작업장의 안전 및 보건에 관한 점검을 하여야 한다.

③ 제1항에 따른 안전 및 보건에 관한 협의체 구성 및 운영, 작업장 순회점검, 안전보건교육 지원, 그 밖에 필요한 사항은 고용노동부령으로 정한다.

령령으로 정하는 위험이 발생할 우려가 있는 경우"란 다음 각 호의 경우를 말한다. (2021.11.19 신설)

1. 화재·폭발이 발생할 우려가 있는 경우
2. 동력으로 작동하는 기계·설비 등에 끼일 우려가 있는 경우
3. 차량계 하역운반기계, 건설기계, 양중기(揚重機) 등 동력으로 작동하는 기계와 충돌할 우려가 있는 경우
4. 근로자가 추락할 우려가 있는 경우
5. 물체가 떨어지거나 날아올 우려가 있는 경우
6. 기계·기구 등이 넘어지거나 무너질 우려가 있는 경우
7. 토사·구축물·인공구조물 등이 붕괴될 우려가 있는 경우
8. 산소 결핍이나 유해가스로 질식이나 중독의 우려가 있는 경우

다. 토사석 광업
라. 서적, 잡지 및 기타 인쇄물 출판업
마. 음악 및 기타 오디오물 출판업
바. 금속 및 비금속 원료 재생업

2. 제1호 각 목의 사업을 제외한 사업 : 1주일에 1회 이상

② 관계수급인은 제1항에 따라 도급인이 실시하는 순회점검을 거부·방해 또는 기피해서는 안 되며 점검 결과 도급인의 시정요구가 있으면 이에 따라야 한다.

③ 도급인은 법 제64조제1항제3호에 따라 관계수급인이 실시하는 근로자의 안전·보건교육에 필요한 장소 및 자료의 제공 등을 요청받은 경우 협조해야 한다.

제81조 【위생시설의 설치 등 협조】 ① 법 제64조제1항제6호에서 "위생시설 등 고용노동부령으로 정하는 시설"이란 다음 각 호의 시설을 말한다.

1. 휴게시설
2. 세면·목욕시설
3. 세탁시설
4. 탈의시설
5. 수면시설

② 도급인이 제1항에 따른 시설을 설치할 때에는 해당 시설에 대해 안전보건규칙에서 정하고 있는 기준을 준수해야 한다.

<table>
<tr><th>법 률</th><th>시 행 령</th><th>시 행 규 칙</th></tr>
<tr><td></td><td></td><td>**제82조【도급사업의 합동 안전·보건점검】** ① 법 제64조제2항에 따라 도급인이 작업장의 안전 및 보건에 관한 점검을 할 때에는 다음 각 호의 사람으로 점검반을 구성해야 한다.
1. 도급인(같은 사업 내에 지역을 달리하는 사업장이 있는 경우에는 그 사업장의 안전보건관리책임자)
2. 관계수급인(같은 사업 내에 지역을 달리하는 사업장이 있는 경우에는 그 사업장의 안전보건관리책임자)
3. 도급인 및 관계수급인의 근로자 각 1명(관계수급인의 근로자의 경우에는 해당 공정만 해당한다)
② 법 제64조제2항에 따른 정기 안전·보건점검의 실시 횟수는 다음 각 호의 구분에 따른다.
1. 다음 각 목의 사업 : 2개월에 1회 이상
가. 건설업
나. 선박 및 보트 건조업
2. 제1호의 사업을 제외한 사업 : 분기에 1회 이상</td></tr>
<tr><td>**제65조【도급인의 안전 및 보건에 관한 정보 제공 등】** ① 다음 각 호의 작업을 도급하는 자는 그 작업을 수행하는 수급인 근로자의 산업재해를 예방하기 위하여 고용노동부령으로 정하는 바에 따라 해당 작업 시작 전에 수급인에게 안</td><td>벌 법 제65조제1항을 위반한 자는 1년 이하의 징역 또는 1천만원 이하의 벌금에 처한다. (법 제170조제4호)</td><td>**제83조【안전·보건 정보제공 등】** ① 법 제65조제1항 각 호의 어느 하나에 해당하는 작업을 도급하는 자는 다음 각 호의 사항을 적은 문서(전자문서를 포함한다. 이하 이 조에서 같다)를 해당 도급작업이 시작되기 전까지 수급인에</td></tr>
</table>

전 및 보건에 관한 정보를 문서로 제공하여야 한다.

1. 폭발성·발화성·인화성·독성 등의 유해성·위험성이 있는 화학물질 중 고용노동부령으로 정하는 화학물질 또는 그 화학물질을 포함한 혼합물을 제조·사용·운반 또는 저장하는 반응기·증류탑·배관 또는 저장탱크로서 고용노동부령으로 정하는 설비를 개조·분해·해체 또는 철거하는 작업 (2020.5.26 개정)
2. 제1호에 따른 설비의 내부에서 이루어지는 작업
3. 질식 또는 붕괴의 위험이 있는 작업으로서 대통령령으로 정하는 작업

② 도급인이 제1항에 따라 안전 및 보건에 관한 정보를 해당 작업 시작 전까지 제공하지 아니한 경우에는 수급인이 정보 제공을 요청할 수 있다.

③ 도급인은 수급인이 제1항에 따라 제공받은 안전 및 보건에 관한 정보에 따라 필요한 안전조치 및 보건조치를 하였는지를 확인하여야 한다.

④ 수급인은 제2항에 따른 요청에도 불구하고 도급인이 정보를 제공하지 아니하는 경우에는 해당 도급 작업을 하지 아니할 수 있다. 이 경우 수급인은 계약의 이행 지체에 따른 책임을 지지 아니한다.

제54조 【질식 또는 붕괴의 위험이 있는 작업】 법 제65조제1항제3호에서 "대통령령으로 정하는 작업"이란 다음 각 호의 작업을 말한다.

1. 산소결핍, 유해가스 등으로 인한 질식의 위험이 있는 장소로서 고용노동부령으로 정하는 장소에서 이루어지는 작업
2. 토사·구축물·인공구조물 등의 붕괴 우려가 있는 장소에서 이루어지는 작업

게 제공해야 한다.

1. 안전보건규칙 별표 7에 따른 화학설비 및 그 부속설비에서 제조·사용·운반 또는 저장하는 위험물질 및 관리대상 유해물질의 명칭과 그 유해성·위험성
2. 안전·보건상 유해하거나 위험한 작업에 대한 안전·보건상의 주의사항
3. 안전·보건상 유해하거나 위험한 물질의 유출 등 사고가 발생한 경우에 필요한 조치의 내용

② 제1항에 따른 수급인이 도급받은 작업을 하도급하는 경우에는 제1항에 따라 제공받은 문서의 사본을 해당 하도급작업이 시작되기 전까지 하수급인에게 제공해야 한다.

③ 제1항 및 제2항에 따라 도급하는 작업에 대한 정보를 제공한 자는 수급인이 사용하는 근로자가 제공된 정보에 따라 필요한 조치를 받고 있는지 확인해야 한다. 이 경우 확인을 위하여 필요할 때에는 해당 조치와 관련된 기록 등 자료의 제출을 수급인에게 요청할 수 있다.

제84조 【화학물질】 ① 법 제65조제1항제1호에서 "고용노동부령으로 정하는 화학물질 또는 그 화학물질을 함유한 혼합물"이란 안전보건규칙 별표 1 및 별표 12에 따른 위험물질 및 관리대상 유해물질을 말한다.

② 법 제65조제1항제1호에서 "고용노동부령으

법률	시행령	시행규칙
		로 정하는 설비"란 안전보건규칙 별표 7에 따른 화학설비 및 그 부속설비를 말한다. **제85조 【질식의 위험이 있는 장소】** 영 제54조제1호에서 "고용노동부령으로 정하는 장소"란 안전보건규칙 별표 18에 따른 밀폐공간을 말한다.
제66조 【도급인의 관계수급인에 대한 시정조치】 ① 도급인은 관계수급인 근로자가 도급인의 사업장에서 작업을 하는 경우에 관계수급인 또는 관계수급인 근로자가 도급받은 작업과 관련하여 이 법 또는 이 법에 따른 명령을 위반하면 관계수급인에게 그 위반행위를 시정하도록 필요한 조치를 할 수 있다. 이 경우 관계수급인은 정당한 사유가 없으면 그 조치에 따라야 한다. ② 도급인은 제65조제1항 각 호의 작업을 도급하는 경우에 수급인 또는 수급인 근로자가 도급받은 작업과 관련하여 이 법 또는 이 법에 따른 명령을 위반하면 수급인에게 그 위반행위를 시정하도록 필요한 조치를 할 수 있다. 이 경우 수급인은 정당한 사유가 없으면 그 조치에 따라야 한다.	벌 법 제66조를 위반한 자에게는 500만원 이하의 과태료를 부과한다. (법 제175조제5항제1호)	
제3절 건설업 등의 산업재해 예방		**제3절 건설업 등의 산업재해 예방**

제67조【건설공사발주자의 산업재해 예방 조치】 ① 대통령령으로 정하는 건설공사의 건설공사발주자는 산업재해 예방을 위하여 건설공사의 계획, 설계 및 시공 단계에서 다음 각 호의 구분에 따른 조치를 하여야 한다.

1. 건설공사 계획단계 : 해당 건설공사에서 중점적으로 관리하여야 할 유해·위험요인과 이의 감소방안을 포함한 기본안전보건대장을 작성할 것
2. 건설공사 설계단계 : 제1호에 따른 기본안전보건대장을 설계자에게 제공하고, 설계자로 하여금 유해·위험요인의 감소방안을 포함한 설계안전보건대장을 작성하게 하고 이를 확인할 것
3. 건설공사 시공단계 : 건설공사발주자로부터 건설공사를 최초로 도급받은 수급인에게 제2호에 따른 설계안전보건대장을 제공하고, 그 수급인에게 이를 반영하여 안전한 작업을 위한 공사안전보건대장을 작성하게 하고 그 이행 여부를 확인할 것

② 제1항에 따른 건설공사발주자는 대통령령으로 정하는 안전보건 분야의 전문가에게 같은 항 각 호에 따른 대장에 기재된 내용의 적정성 등을 확인받아야 한다. (2021.5.18 신설)

③ 제1항에 따른 건설공사발주자는 설계자 및 건설공사를 최초로 도급받은 수급인이 건설현장의 안전을 우선적으로 고려하여 설계·시공

제55조【산업재해 예방 조치 대상 건설공사】 법 제67조제1항 각 호 외의 부분에서 "대통령령으로 정하는 건설공사"란 총공사금액이 50억원 이상인 공사를 말한다.

제55조의2【안전보건전문가】 법 제67조제2항에서 "대통령령으로 정하는 안전보건 분야의 전문가"란 다음 각 호의 사람을 말한다. (2021.11.19 신설)

1. 법 제143조제1항에 따른 건설안전 분야의 산업안전지도사 자격을 가진 사람
2. 「국가기술자격법」에 따른 건설안전기술사 자

제86조【기본안전보건대장 등】 ① 법 제67조제1항제1호에 따른 기본안전보건대장에는 다음 각 호의 사항이 포함되어야 한다.

1. 건설공사 계획단계에서 예상되는 공사내용, 공사규모 등 공사 개요 (2024.6.28 개정)
2. 공사현장 제반 정보
3. 건설공사에 설치·사용 예정인 구조물, 기계·기구 등 고용노동부장관이 정하여 고시하는 유해·위험요인과 그에 대한 안전조치 및 위험성 감소방안 (2024.6.28 개정)
4. 산업재해 예방을 위한 건설공사발주자의 법령상 주요 의무사항 및 이에 대한 확인(2024.6.28 신설)

② 법 제67조제1항제2호에 따른 설계안전보건대장에는 다음 각 호의 사항이 포함되어야 한다. 다만, 건설공사발주자가 「건설기술 진흥법」 제39조제3항 및 제4항에 따라 설계용역에 대하여 건설엔지니어링사업자로 하여금 건설사업관리를 하게 하고 해당 설계용역에 대하여 같은 법 시행령 제59조제4항제8호에 따른 공사기간 및 공사비의 적정성 검토가 포함된 건설사업관리 결과보고서를 작성·제출받은 경우에는 제1호를 포함하지 않을 수 있다. (2024.6.28 개정)

1. 안전한 작업을 위한 적정 공사기간 및 공사금액 산출서
2. 건설공사 중 발생할 수 있는 유해·위험요인

법 률	시 행 령	시 행 규 칙
업무를 수행할 수 있도록 적정한 비용과 기간을 계상·설정하여야 한다. (2021.5.18 신설) ④ 제1항 각 호에 따른 대장에 포함되어야 할 구체적인 내용은 고용노동부령으로 정한다. (2021.5.18 개정) 벌 법 제67조제1항·제2항을 위반한 자에게는 1천만원 이하의 과태료를 부과한다. (법 제175조제4항제3호)	격을 가진 사람 3. 「국가기술자격법」에 따른 건설안전기사 자격을 취득한 후 건설안전 분야에서 3년 이상의 실무경력이 있는 사람 4. 「국가기술자격법」에 따른 건설안전산업기사 자격을 취득한 후 건설안전 분야에서 5년 이상의 실무경력이 있는 사람	및 시공단계에서 고려해야 할 유해·위험요인 감소방안 (2024.6.28 개정) 3. 삭제(2024.6.28) 4. 삭제(2024.6.28) 5. 법 제72조제1항에 따른 산업안전보건관리비(이하 "산업안전보건관리비"라 한다)의 산출내역서 (2021.1.19 개정) 6. 삭제(2024.6.28) ③ 법 제67조제1항제3호에 따른 공사안전보건대장에 포함하여 이행여부를 확인해야 할 사항은 다음 각 호와 같다. (2024.6.28 개정) 1. 설계안전보건대장의 유해·위험요인 감소방안을 반영한 건설공사 중 안전보건 조치 이행계획 (2024.6.28 개정) 2. 법 제42조제1항에 따른 유해위험방지계획서의 심사 및 확인결과에 대한 조치내용 3. 고용노동부장관이 정하여 고시하는 건설공사용 기계·기구의 안전성 확보를 위한 배치 및 이동계획 (2024.6.28 개정) 4. 법 제73조제1항에 따른 건설공사의 산업재해 예방 지도를 위한 계약 여부, 지도결과 및 조치내용 ④ 제1항부터 제3항까지의 규정에 따른 기본안전보건대장, 설계안전보건대장 및 공사안전보건대장의 작성과 공사안전보건대장의 이행여부 확인 방법 및 절차 등에 관하여 필요한 사
제68조 【안전보건조정자】 ① 2개 이상의 건설공사를 도급한 건설공사발주자는 그 2개 이상의 건설공사가 같은 장소에서 행해지는 경우에 작업의 혼재로 인하여 발생할 수 있는 산업재해를 예방하기 위하여 건설공사 현장에 안전보건조정자를 두어야 한다. ② 제1항에 따라 안전보건조정자를 두어야 하는 건설공사의 금액, 안전보건조정자의 자격·	**제56조 【안전보건조정자의 선임 등】** ① 법 제68조제1항에 따른 안전보건조정자(이하 "안전보건조정자"라 한다)를 두어야 하는 건설공사는 각 건설공사의 금액의 합이 50억원 이상인 경우를 말한다. ② 제1항에 따라 안전보건조정자를 두어야 하는 건설공사발주자는 제1호 또는 제4호부터 제7호까지에 해당하는 사람 중에서 안전보건	

법률	시행령	시행규칙
업무, 선임방법, 그 밖에 필요한 사항은 대통령령으로 정한다. 벌 법 제68조제1항을 위반한 자에게는 500만원 이하의 과태료를 부과한다. (법 제175조제5항 제1호)	조정자를 선임하거나 제2호 또는 제3호에 해당하는 사람 중에서 안전보건조정자를 지정해야 한다. 1. 법 제143조제1항에 따른 산업안전지도사 자격을 가진 사람 2. 「건설기술 진흥법」 제2조제6호에 따른 발주청이 발주하는 건설공사인 경우 발주청이 같은 법 제49조제1항에 따라 선임한 공사감독자 3. 다음 각 목의 어느 하나에 해당하는 사람으로서 해당 건설공사 중 주된 공사의 책임감리자 가. 「건축법」 제25조에 따라 지정된 공사감리자 나. 「건설기술 진흥법」 제2조제5호에 따른 감리업무를 수행하는 사람 (2020.9.8 개정) 다. 「주택법」 제44조제1항에 따라 배치된 감리원 (2024.3.12 개정) 라. 「전력기술관리법」 제12조의2에 따라 배치된 감리원 마. 「정보통신공사업법」 제8조제2항에 따라 해당 건설공사에 대하여 감리업무를 수행하는 사람 (2020.9.8 개정) 4. 「건설산업기본법」 제8조에 따른 종합공사에 해당하는 건설현장에서 안전보건관리책임자로서 3년 이상 재직한 사람 5. 「국가기술자격법」에 따른 건설안전기술사 6. 「국가기술자격법」에 따른 건설안전기사 또	항은 고용노동부장관이 정하여 고시한다.

법 률	시 행 령	시 행 규 칙
	는 산업안전기사 자격을 취득한 후 건설안전 분야에서 5년 이상의 실무경력이 있는 사람 (2024.3.12 개정) 7. 「국가기술자격법」에 따른 건설안전산업기사 또는 산업안전산업기사 자격을 취득한 후 건설안전 분야에서 7년 이상의 실무경력이 있는 사람 (2024.3.12 개정) ③ 제1항에 따라 안전보건조정자를 두어야 하는 건설공사발주자는 분리하여 발주되는 공사의 착공일 전날까지 제2항에 따라 안전보건조정자를 선임하거나 지정하여 각각의 공사 도급인에게 그 사실을 알려야 한다. **제57조 【안전보건조정자의 업무】** ① 안건보건조정자의 업무는 다음 각 호와 같다. 1. 법 제68조제1항에 따라 같은 장소에서 이루어지는 각각의 공사 간에 혼재된 작업의 파악 2. 제1호에 따른 혼재된 작업으로 인한 산업재해 발생의 위험성 파악 3. 제1호에 따른 혼재된 작업으로 인한 산업재해를 예방하기 위한 작업의 시기·내용 및 안전보건 조치 등의 조정 4. 각각의 공사 도급인의 안전보건관리책임자 간 작업 내용에 관한 정보 공유 여부의 확인 ② 안전보건조정자는 제1항의 업무를 수행하기 위하여 필요한 경우 해당 공사의 도급인과	

제69조 【공사기간 단축 및 공법변경 금지】 ① 건설공사발주자 또는 건설공사도급인(건설공사발주자로부터 해당 건설공사를 최초로 도급받은 수급인 또는 건설공사의 시공을 주도하여 총괄·관리하는 자를 말한다. 이하 이 절에서 같다)은 설계도서 등에 따라 산정된 공사기간을 단축해서는 아니 된다.
② 건설공사발주자 또는 건설공사도급인은 공사비를 줄이기 위하여 위험성이 있는 공법을 사용하거나 정당한 사유 없이 정해진 공법을 변경해서는 아니 된다.

제70조 【건설공사 기간의 연장】 ① 건설공사발주자는 다음 각 호의 어느 하나에 해당하는 사유로 건설공사가 지연되어 해당 건설공사도급인이 산업재해 예방을 위하여 공사기간의 연장을 요청하는 경우에는 특별한 사유가 없으면 공사기간을 연장하여야 한다.
1. 태풍·홍수 등 악천후, 전쟁·사변, 지진, 화재, 전염병, 폭동, 그 밖에 계약 당사자가 통제할 수 없는 사태의 발생 등 불가항력의 사유가 있는 경우
2. 건설공사발주자에게 책임이 있는 사유로 착공이 지연되거나 시공이 중단된 경우

② 건설공사의 관계수급인은 제1항제1호에 해

관계수급인에게 자료의 제출을 요구할 수 있다.

벌 법 제69조제1항·제2항을 위반한 자는 1천만원 이하의 벌금에 처한다. (법 제171조제1호)

벌 법 제70조제1항을 위반한 자에게는 1천만원 이하의 과태료를 부과한다. (법 제175조제4항제3호)

벌 법 제70조제2항 후단을 위반한 자에게는 1천

제87조 【공사기간 연장 요청 등】 ① 건설공사도급인은 법 제70조제1항에 따라 공사기간 연장을 요청하려면 같은 항 각 호의 사유가 종료된 날부터 10일이 되는 날까지 별지 제35호서식의 공사기간 연장 요청서에 다음 각 호의 서류를 첨부하여 건설공사발주자에게 제출해야 한다. 다만, 해당 공사기간의 연장 사유가 그 건설공사의 계약기간 만료 후에도 지속될 것으로 예상되는 경우에는 그 계약기간 만료 전에 건설공사발주자에게 공사기간 연장을 요청할 예정임을 통지하고, 그 사유가 종료된 날부터 10일이 되는 날까지 공사기간 연장을 요청할 수 있다. (2022.8.18 개정)

법 률	시 행 령	시 행 규 칙
당하는 사유 또는 건설공사도급인에게 책임이 있는 사유로 착공이 지연되거나 시공이 중단되어 해당 건설공사가 지연된 경우에 산업재해 예방을 위하여 건설공사도급인에게 공사기간의 연장을 요청할 수 있다. 이 경우 건설공사도급인은 특별한 사유가 없으면 공사기간을 연장하거나 건설공사발주자에게 그 기간의 연장을 요청하여야 한다. ③ 제1항 및 제2항에 따른 건설공사 기간의 연장 요청 절차, 그 밖에 필요한 사항은 고용노동부령으로 정한다.	만원 이하의 과태료를 부과한다. (법 제175조제4항제3호)	1. 공사기간 연장 요청 사유 및 그에 따른 공사 지연사실을 증명할 수 있는 서류 2. 공사기간 연장 요청 기간 산정 근거 및 공사 지연에 따른 공정 관리 변경에 관한 서류 ② 건설공사의 관계수급인은 법 제70조제2항에 따라 공사기간 연장을 요청하려면 같은 항의 사유가 종료된 날부터 10일이 되는 날까지 별지 제35호서식의 공사기간 연장 요청서에 제1항 각 호의 서류를 첨부하여 건설공사도급인에게 제출해야 한다. 다만, 해당 공사기간 연장 사유가 그 건설공사의 계약기간 만료 후에도 지속될 것으로 예상되는 경우에는 그 계약기간 만료 전에 건설공사도급인에게 공사기간 연장을 요청할 예정임을 통지하고, 그 사유가 종료된 날부터 10일이 되는 날까지 공사기간 연장을 요청할 수 있다. ③ 건설공사도급인은 제2항에 따른 요청을 받은 날부터 30일 이내에 공사기간 연장 조치를 하거나 10일 이내에 건설공사발주자에게 그 기간의 연장을 요청해야 한다. ④ 건설공사발주자는 제1항 및 제3항에 따른 요청을 받은 날부터 30일 이내에 공사기간 연장 조치를 해야 한다. 다만, 남은 공사기간 내에 공사를 마칠 수 있다고 인정되는 경우에는 그 사유와 그 사유를 증명하는 서류를 첨부하여 건설공사도급인에게 통보해야 한다.

제71조 【설계변경의 요청】 ① 건설공사도급인은 해당 건설공사 중에 대통령령으로 정하는 가설구조물의 붕괴 등으로 산업재해가 발생할 위험이 있다고 판단되면 건축·토목 분야의 전문가 등 대통령령으로 정하는 전문가의 의견을 들어 건설공사발주자에게 해당 건설공사의 설계변경을 요청할 수 있다. 다만, 건설공사발주자가 설계를 포함하여 발주한 경우는 그러하지 아니하다.

② 제42조제4항 후단에 따라 고용노동부장관으로부터 공사중지 또는 유해위험방지계획서의 변경 명령을 받은 건설공사도급인은 설계변경이 필요한 경우 건설공사발주자에게 설계변경을 요청할 수 있다.

③ 건설공사의 관계수급인은 건설공사 중에 제1항에 따른 가설구조물의 붕괴 등으로 산업재해가 발생할 위험이 있다고 판단되면 제1항에 따른 전문가의 의견을 들어 건설공사도급인에게 해당 건설공사의 설계변경을 요청할 수 있다. 이 경우 건설공사도급인은 그 요청받은 내용이 기술적으로 적용이 불가능한 명백한 경우가 아니면 이를 반영하여 해당 건설공사의 설

제58조 【설계변경 요청 대상 및 전문가의 범위】 ① 법 제71조제1항 본문에서 "대통령령으로 정하는 가설구조물"이란 다음 각 호의 어느 하나에 해당하는 것을 말한다.

1. 높이 31미터 이상인 비계
2. 작업발판 일체형 거푸집 또는 높이 5미터 이상인 거푸집 동바리[타설(打設)된 콘크리트가 일정 강도에 이르기까지 하중 등을 지지하기 위하여 설치하는 부재(部材)] (2021. 11.19 개정)
3. 터널의 지보공(支保工 : 무너지지 않도록 지지하는 구조물) 또는 높이 2미터 이상인 흙막이 지보공
4. 동력을 이용하여 움직이는 가설구조물

② 법 제71조제1항 본문에서 "건축·토목 분야의 전문가 등 대통령령으로 정하는 전문가"란 공단 또는 다음 각 호의 어느 하나에 해당하는 사람으로서 해당 건설공사도급인 또는 관계수급인에게 고용되지 않은 사람을 말한다.

1. 「국가기술자격법」에 따른 건축구조기술사(토목공사 및 제1항제3호의 구조물의 경우는

⑤ 제2항에 따라 공사기간 연장을 요청받은 건설공사도급인은 제4항에 따라 건설공사발주자로부터 공사기간 연장 조치에 대한 결과를 통보받은 날부터 5일 이내에 관계수급인에게 그 결과를 통보해야 한다.

제88조 【설계변경의 요청 방법 등】 ① 법 제71조제1항에 따라 건설공사도급인이 설계변경을 요청할 때에는 별지 제36호서식의 건설공사 설계변경 요청서에 다음 각 호의 서류를 첨부하여 건설공사발주자에게 제출해야 한다.

1. 설계변경 요청 대상 공사의 도면
2. 당초 설계의 문제점 및 변경요청 이유서
3. 가설구조물의 구조계산서 등 당초 설계의 안전성에 관한 전문가의 검토 의견서 및 그 전문가(전문가가 공단인 경우는 제외한다)의 자격증 사본
4. 그 밖에 재해발생의 위험이 높아 설계변경이 필요함을 증명할 수 있는 서류

② 건설공사도급인이 법 제71조제2항에 따라 설계변경을 요청할 때에는 별지 제36호서식의 건설공사 설계변경 요청서에 다음 각 호의 서류를 첨부하여 건설공사발주자에게 제출해야 한다.

1. 법 제42조제4항에 따른 유해위험방지계획서 심사결과 통지서
2. 법 제42조제4항에 따라 지방고용노동관서의 장이 명령한 공사착공중지명령 또는 계획

법 률	시 행 령	시 행 규 칙
계를 변경하거나 건설공사발주자에게 설계변경을 요청하여야 한다. ④ 제1항부터 제3항까지의 규정에 따라 설계변경 요청을 받은 건설공사발주자는 그 요청받은 내용이 기술적으로 적용이 불가능한 명백한 경우가 아니면 이를 반영하여 설계를 변경하여야 한다. ⑤ 제1항부터 제3항까지의 규정에 따른 설계변경의 요청 절차·방법, 그 밖에 필요한 사항은 고용노동부령으로 정한다. 이 경우 미리 국토교통부장관과 협의하여야 한다. 벌 법 제71조제3항 후단을 위반한 자에게는 1천만원 이하의 과태료를 부과한다. (법 제175조제4항제3호) 벌 법 제71조제4항을 위반한 자에게는 1천만원 이하의 과태료를 부과한다. (법 제175조제4항제3호)	제외한다) 2. 「국가기술자격법」에 따른 토목구조기술사(토목공사로 한정한다) 3. 「국가기술자격법」에 따른 토질및기초기술사(제1항제3호의 구조물의 경우로 한정한다) 4. 「국가기술자격법」에 따른 건설기계기술사(제1항제4호의 구조물의 경우로 한정한다)	변경명령 등의 내용 3. 제1항제1호·제2호 및 제4호의 서류 ③ 법 제71조제3항에 따라 관계수급인이 설계변경을 요청할 때에는 별지 제36호서식의 건설공사 설계변경 요청서에 제1항 각 호의 서류를 첨부하여 건설공사도급인에게 제출해야 한다. ④ 제3항에 따라 설계변경을 요청받은 건설공사도급인은 설계변경 요청서를 받은 날부터 30일 이내에 설계를 변경한 후 별지 제37호서식의 건설공사 설계변경 승인 통지서를 건설공사의 관계수급인에게 통보하거나 설계변경 요청서를 받은 날부터 10일 이내에 별지 제36호서식의 건설공사 설계변경 요청서에 제1항 각 호의 서류를 첨부하여 건설공사발주자에게 제출해야 한다. ⑤ 제1항, 제2항 및 제4항에 따라 설계변경을 요청받은 건설공사발주자는 설계변경 요청서를 받은 날부터 30일 이내에 설계를 변경한 후 별지 제37호서식의 건설공사 설계변경 승인 통지서를 건설공사도급인에게 통보해야 한다. 다만, 설계변경 요청의 내용이 기술적으로 적용이 불가능함이 명백한 경우에는 별지 제38호서식의 건설공사 설계변경 불승인 통지서에 설계를 변경할 수 없는 사유를 증명하는 서류를 첨부하여 건설공사도급인에게 통보해야 한다. ⑥ 제3항에 따라 설계변경을 요청받은 건설공

제72조【건설공사 등의 산업안전보건관리비 계상 등】 ① 건설공사발주자가 도급계약을 체결하거나 건설공사의 시공을 주도하여 총괄·관리하는 자(건설공사발주자로부터 건설공사를 최초로 도급받은 수급인은 제외한다)가 건설공사 사업 계획을 수립할 때에는 고용노동부장관이 정하여 고시하는 바에 따라 산업재해 예방을 위하여 사용하는 비용(이하 "산업안전보건관리비"라 한다)을 도급금액 또는 사업비에 계상(計上)하여야 한다. (2020.6.9 개정)

② 고용노동부장관은 산업안전보건관리비의 효율적인 사용을 위하여 다음 각 호의 사항을 정할 수 있다.

1. 사업의 규모별·종류별 계상 기준
2. 건설공사의 진척 정도에 따른 사용비율 등 기준
3. 그 밖에 산업안전보건관리비의 사용에 필요한 사항

③ 건설공사도급인은 산업안전보건관리비를 제2항에서 정하는 바에 따라 사용하고 고용노동부령으로 정하는 바에 따라 그 사용명세서를

벌 법 제72조제1항·제3항·제5항(건설공사도급인만 해당한다)을 위반한 자에게는 1천만원 이하의 과태료를 부과한다. (법 제175조제4항제3호)

사 도급인이 제5항에 따라 건설공사발주자로부터 설계변경 승인 통지서 또는 설계변경 불승인 통지서를 받은 경우에는 통보 받은 날부터 5일 이내에 관계수급인에게 그 결과를 통보해야 한다.

제89조【산업안전보건관리비의 사용】 ① 건설공사도급인은 도급금액 또는 사업비에 계상(計上)된 산업안전보건관리비의 범위에서 그의 관계수급인에게 해당 사업의 위험도를 고려하여 적정하게 산업안전보건관리비를 지급하여 사용하게 할 수 있다. (2021.1.19 개정)

② 건설공사도급인은 법 제72조제3항에 따라 산업안전보건관리비를 사용하는 해당 건설공사의 금액(고용노동부장관이 정하여 고시하는 방법에 따라 산정한 금액을 말한다)이 4천만원 이상인 때에는 고용노동부장관이 정하는 바에 따라 매월(건설공사가 1개월 이내에 종료되는 사업의 경우에는 해당 건설공사가 끝나는 날이 속하는 달을 말한다) 사용명세서를 작성하고, 건설공사 종료 후 1년 동안 보존해야 한다. (2021.1.19 개정)

법률	시행령	시행규칙
작성하여 보존하여야 한다. (2020.6.9 개정) ④ 선박의 건조 또는 수리를 최초로 도급받은 수급인은 사업 계획을 수립할 때에는 고용노동부장관이 정하여 고시하는 바에 따라 산업안전보건관리비를 사업비에 계상하여야 한다. ⑤ 건설공사도급인 또는 제4항에 따른 선박의 건조 또는 수리를 최초로 도급받은 수급인은 산업안전보건관리비를 산업재해 예방 외의 목적으로 사용해서는 아니 된다. (2020.6.9 개정)		
제73조【건설공사의 산업재해 예방 지도】 ① 대통령령으로 정하는 건설공사의 건설공사발주자 또는 건설공사도급인(건설공사발주자로부터 건설공사를 최초로 도급받은 수급인은 제외한다)은은 해당 건설공사를 착공하려는 경우 제74조에 따라 지정받은 전문기관(이하 "건설재해예방전문지도기관"이라 한다)과 건설 산업재해 예방을 위한 지도계약을 체결하여야 한다. (2021.8.17 개정) ② 건설재해예방전문지도기관은 건설공사도급인에게 산업재해 예방을 위한 지도를 실시하여야 하고, 건설공사도급인은 지도에 따라 적절한 조치를 하여야 한다. (2021.8.17 신설) ③ 건설재해예방전문지도기관의 지도업무의 내용, 지도대상 분야, 지도의 수행방법, 그 밖에 필요한 사항은 대통령령으로 정한다. (2021.	**제59조【기술지도계약 체결 대상 건설공사 및 체결 시기】** ① 법 제73조제1항에서 "대통령령으로 정하는 건설공사"란 공사금액 1억원 이상 120억원(「건설산업기본법 시행령」 별표 1의 종합공사를 시공하는 업종의 건설업종란 제1호의 토목공사업에 속하는 공사는 150억원) 미만인 공사와 「건축법」 제11조에 따른 건축허가의 대상이 되는 공사를 말한다. 다만, 다음 각 호의 어느 하나에 해당하는 공사는 제외한다. (2022.8.16 개정) 1. 공사기간이 1개월 미만인 공사 2. 육지와 연결되지 않은 섬 지역(제주특별자치도는 제외한다)에서 이루어지는 공사 3. 사업주가 별표 4에 따른 안전관리자의 자격을 가진 사람을 선임(같은 광역지방자치단체의 구역 내에서 같은 사업주가 시공하는 셋	**제89조의2【기술지도계약서 등】** ① 법 제73조제1항 및 영 제59조제2항에 따른 기술지도계약의 지도계약서는 별지 제104호서식에 따른다. (2022.8.18 신설) ② 영 제60조 및 영 별표 18 제4호나목4)의 기술지도 완료증명서는 별지 제105호서식에 따른다. (2022.8.18 신설) 벌 법 제73조제2항을 위반하여 지도를 실시하지 아니한 자 또는 지도에 따라 적절한 조치를 하지 아니한 자에게는 300만원 이하의 과태료를 부과한다. (법 제175조제6항제6호의2)

8.17 개정)

벌 법 제73조제1항을 위반하여 지도계약을 체결하지 아니한 자에게는 300만원 이하의 과태료를 부과한다. (법 제175조제6항제6호)

제74조 【건설재해예방전문지도기관】 ① 건설재해예방전문지도기관이 되려는 자는 대통령령으로 정하는 인력·시설 및 장비 등의 요건을 갖추어 고용노동부장관의 지정을 받아야 한다.
② 제1항에 따른 건설재해예방전문지도기관의 지정 절차, 그 밖에 필요한 사항은 대통령령으

이하의 공사에 대하여 공동으로 안전관리자의 자격을 가진 사람 1명을 선임한 경우를 포함한다)하여 제18조제1항 각 호에 따른 안전관리자의 업무만을 전담하도록 하는 공사
4. 법 제42조제1항에 따라 유해위험방지계획서를 제출해야 하는 공사
② 제1항에 따른 건설공사의 건설공사발주자 또는 건설공사도급인(건설공사도급인은 건설공사발주자로부터 건설공사를 최초로 도급받은 수급인은 제외한다)은 법 제73조제1항의 건설 산업재해 예방을 위한 지도계약(이하 "기술지도계약"이라 한다)을 해당 건설공사 착공일의 전날까지 체결해야 한다. (2022.8.16 신설)

제60조 【건설재해예방전문지도기관의 지도 기준】 법 제73조제1항에 따른 건설재해예방전문지도기관(이하 "건설재해예방전문지도기관"이라 한다)의 지도업무의 내용, 지도대상 분야, 지도의 수행방법, 그 밖에 필요한 사항은 별표 18과 같다.

제61조 【건설재해예방전문지도기관의 지정 요건】 법 제74조제1항에 따라 건설재해예방전문지도기관으로 지정받을 수 있는 자는 다음 각 호의 어느 하나에 해당하는 자로서 별표 19에 따른 인력·시설 및 장비를 갖춘 자로 한다.
1. 법 제145조에 따라 등록한 산업안전지도사

법률	시행령	시행규칙
로 정한다. ③ 고용노동부장관은 건설재해예방전문지도기관에 대하여 평가하고 그 결과를 공개할 수 있다. 이 경우 평가의 기준·방법, 결과의 공개에 필요한 사항은 고용노동부령으로 정한다. ④ 건설재해예방전문지도기관에 관하여는 제21조제4항 및 제5항을 준용한다. 이 경우 "안전관리전문기관 또는 보건관리전문기관"은 "건설재해예방전문지도기관"으로 본다.	(전기안전 또는 건설안전 분야의 산업안전지도사만 해당한다) 2. 건설 산업재해 예방 업무를 하려는 법인 **제62조【건설재해예방전문지도기관의 지정신청 등】** ① 법 제74조제1항에 따라 건설재해예방전문지도기관으로 지정받으려는 자는 고용노동부령으로 정하는 바에 따라 건설재해예방전문지도기관 지정신청서를 고용노동부장관에게 제출해야 한다. ② 건설재해예방전문지도기관에 대한 지정서의 재발급 등에 관하여는 고용노동부령으로 정한다. ③ 법 제74조제4항에 따라 준용되는 법 제21조제4항제5호에서 "대통령령으로 정하는 사유에 해당하는 경우"란 다음 각 호의 경우를 말한다. 1. 지도업무 관련 서류를 거짓으로 작성한 경우 2. 정당한 사유 없이 지도업무를 거부한 경우 3. 지도업무를 게을리하거나 지도업무에 차질을 일으킨 경우 4. 별표 18에 따른 지도업무의 내용, 지도대상 분야 또는 지도의 수행방법을 위반한 경우 5. 지도를 실시하고 그 결과를 고용노동부장관이 정하는 전산시스템에 3회 이상 입력하지	**제90조【건설재해예방전문지도기관의 지정신청 등】** ① 영 제62조제1항에 따라 건설재해예방전문지도기관으로 지정받으려는 자는 별지 제6호서식 또는 별지 제6호의2서식의 건설재해예방전문지도기관 지정신청서에 다음 각 호의 서류를 첨부하여 지방고용노동청장에게 제출(전자문서로 제출하는 것을 포함한다)해야 한다. (2024.6.28 개정) 1. 정관(산업안전지도사의 경우에는 제229조에 따른 등록증을 말한다) 2. 영 별표 19에 따른 인력기준에 해당하는 사람의 자격과 채용을 증명할 수 있는 자격증(국가기술자격증은 제외한다), 경력증명서 및 재직증명서 등의 서류 3. 건물임대차계약서 사본이나 그 밖에 사무실 보유를 증명할 수 있는 서류와 시설·장비 명세서 ② 제1항에 따른 신청서를 제출받은 지방고용노동청장은 「전자정부법」 제36조제1항에 따른 행정정보의 공동이용을 통하여 법인등기사항증명서 및 국가기술자격증을 확인해야 한다. 이 경우 신청인이 국가기술자격증의 확인에 동의하지 않는 경우에는 그 사본을 첨부하도록

않은 경우
6. 지도업무와 관련된 비치서류를 보존하지 않은 경우
7. 법에 따른 관계 공무원의 지도·감독을 거부·방해 또는 기피한 경우

해야 한다.

③ 지방고용노동청장은 제1항에 따라 건설재해예방전문지도기관 지정신청서가 접수되면 영 제61조에 따른 인력·시설 및 장비기준을 검토하여 신청서가 접수된 날부터 20일 이내에 신청서를 반려하거나 별지 제7호서식 또는 별지 제7호의2서식의 지정서를 신청인에게 발급해야 한다. (2024.6.28 개정)

④ 영 제62조제2항에 따른 건설재해예방전문지도기관에 대한 지정서의 재발급, 지정받은 사항의 변경, 지정서의 반납 등에 관하여는 제16조제4항부터 제6항까지의 규정을 준용한다. 이 경우 "안전관리전문기관 또는 보건관리전문기관"은 "건설재해예방전문지도기관"으로, "고용노동부장관 또는 지방고용노동청장"은 "지방고용노동청장"으로 본다.

⑤ 법 제74조제1항에 따라 건설재해예방전문지도기관(전기 및 정보통신공사 분야에 해당하는 경우로 한정한다)으로 지정을 받은 자가 그 지정을 한 해당 지방고용노동청의 관할구역과 인접한 지방고용노동청의 관할지역에 걸쳐서 기술지도 업무를 하려는 경우에는 각 관할 지방고용노동청장에게 지정신청을 해야 한다. 이 경우 인접한 지방고용노동청은 해당 관할 지방고용노동청장과 상호 협의하여 지정 여부를 결정해야 한다.

법률	시행령	시행규칙
		제91조 【건설재해예방전문지도기관의 평가 기준 등】 ① 공단이 법 제74조제3항에 따라 건설재해예방전문지도기관을 평가하는 기준은 다음 각 호와 같다. 1. 인력·시설 및 장비의 보유 수준과 그에 대한 관리능력 2. 유해위험요인의 평가·분석 충실성 및 사업장의 재해발생 현황 등 기술지도 업무 수행능력 3. 기술지도 대상 사업장의 만족도 ② 제1항에 따른 건설재해예방전문지도기관에 대한 평가 방법 및 평가 결과의 공개에 관하여는 제17조제2항부터 제8항까지의 규정을 준용한다. 이 경우 "안전관리전문기관 또는 보건관리전문기관"은 "건설재해예방전문지도기관"으로 본다. **제92조 【건설재해예방전문지도기관의 지도·감독】** 건설재해예방전문지도기관에 대한 지도·감독에 관하여는 제22조를 준용한다. 이 경우 "안전관리전문기관 또는 보건관리전문기관"은 "건설재해예방전문지도기관"으로 본다.
제75조 【안전 및 보건에 관한 협의체 등의 구성·운영에 관한 특례】 ① 대통령령으로 정하는 규모의 건설공사의 건설공사도급인은 해당 건설공사 현장에 근로자위원과 사용자위원이 같은 수로 구성되는 안전 및 보건에 관한 협의체(이하 "노사협의체"라 한다)를 대통령령으로 정	**제63조 【노사협의체의 설치 대상】** 법 제75조제1항에서 "대통령령으로 정하는 규모의 건설공사"란 공사금액이 120억원(「건설산업기본법 시행령」 별표 1의 종합공사를 시공하는 업종의 건설업종란 제1호에 따른 토목공사업은 150억원) 이상인 건설공사를 말한다.	

하는 바에 따라 구성·운영할 수 있다.

② 건설공사도급인이 제1항에 따라 노사협의체를 구성·운영하는 경우에는 산업안전보건위원회 및 제64조제1항제1호에 따른 안전 및 보건에 관한 협의체를 각각 구성·운영하는 것으로 본다.

③ 제1항에 따라 노사협의체를 구성·운영하는 건설공사도급인은 제24조제2항 각 호의 사항에 대하여 노사협의체의 심의·의결을 거쳐야 한다. 이 경우 노사협의체에서 의결되지 아니한 사항의 처리방법은 대통령령으로 정한다.

④ 노사협의체는 대통령령으로 정하는 바에 따라 회의를 개최하고 그 결과를 회의록으로 작성하여 보존하여야 한다.

⑤ 노사협의체는 산업재해 예방 및 산업재해가 발생한 경우의 대피방법 등 고용노동부령으로 정하는 사항에 대하여 협의하여야 한다.

⑥ 노사협의체를 구성·운영하는 건설공사도급인·근로자 및 관계수급인·근로자는 제3항에 따라 노사협의체가 심의·의결한 사항을 성실하게 이행하여야 한다.

⑦ 노사협의체에 관하여는 제24조제5항 및 제6항을 준용한다. 이 경우 "산업안전보건위원회"는 "노사협의체"로 본다.

벌 법 제75조제6항을 위반한 자에게는 500만원 이하의 과태료를 부과한다. (법 제175조제5항 제1호)

제64조 【노사협의체의 구성】 ① 노사협의체는 다음 각 호에 따라 근로자위원과 사용자위원으로 구성한다.

1. 근로자위원
   가. 도급 또는 하도급 사업을 포함한 전체 사업의 근로자대표
   나. 근로자대표가 지명하는 명예산업안전감독관 1명. 다만, 명예산업안전감독관이 위촉되어 있지 않은 경우에는 근로자대표가 지명하는 해당 사업장 근로자 1명
   다. 공사금액이 20억원 이상인 공사의 관계수급인의 각 근로자대표
2. 사용자위원
   가. 도급 또는 하도급 사업을 포함한 전체 사업의 대표자
   나. 안전관리자 1명
   다. 보건관리자 1명(별표 5 제44호에 따른 보건관리자 선임대상 건설업으로 한정한다)
   라. 공사금액이 20억원 이상인 공사의 관계수급인의 각 대표자

② 노사협의체의 근로자위원과 사용자위원은 합의하여 노사협의체에 공사금액이 20억원 미만인 공사의 관계수급인 및 관계수급인 근로자대표를 위원으로 위촉할 수 있다.

③ 노사협의체의 근로자위원과 사용자위원은 합의하여 제67조제2호에 따른 사람을 노사협의체에 참여하도록 할 수 있다.

제93조 【노사협의체 협의사항 등】 법 제75조제5항에서 "고용노동부령으로 정하는 사항"이란 다음 각 호의 사항을 말한다.

1. 산업재해 예방방법 및 산업재해가 발생한 경우의 대피방법
2. 작업의 시작시간, 작업 및 작업장 간의 연락방법
3. 그 밖의 산업재해 예방과 관련된 사항

법 률	시 행 령	시 행 규 칙
	제65조【노사협의체의 운영 등】 ① 노사협의체의 회의는 정기회의와 임시회의로 구분하여 개최하되, 정기회의는 2개월마다 노사협의체의 위원장이 소집하며, 임시회의는 위원장이 필요하다고 인정할 때에 소집한다. ② 노사협의체 위원장의 선출, 노사협의체의 회의, 노사협의체에서 의결되지 않은 사항에 대한 처리방법 및 회의 결과 등의 공지에 관하여는 각각 제36조, 제37조제2항부터 제4항까지, 제38조 및 제39조를 준용한다. 이 경우 "산업안전보건위원회"는 "노사협의체"로 본다.	
제76조【기계·기구 등에 대한 건설공사도급인의 안전조치】 건설공사도급인은 자신의 사업장에서 타워크레인 등 대통령령으로 정하는 기계·기구 또는 설비 등이 설치되어 있거나 작동하고 있는 경우 또는 이를 설치·해체·조립하는 등의 작업이 이루어지고 있는 경우에는 필요한 안전조치 및 보건조치를 하여야 한다. 벌 법 제76조를 위반한 자는 3년 이하의 징역 또는 3천만원 이하의 벌금에 처한다. (법 제169조제1호)	**제66조【기계·기구 등】** 법 제76조에서 "타워크레인 등 대통령령으로 정하는 기계·기구 또는 설비 등"이란 다음 각 호의 어느 하나에 해당하는 기계·기구 또는 설비를 말한다. 1. 타워크레인 2. 건설용 리프트 3. 항타기(해머나 동력을 사용하여 말뚝을 박는 기계) 및 항발기(박힌 말뚝을 빼내는 기계)	**제94조【기계·기구 등에 대한 안전조치 등】** 법 제76조에 따라 건설공사도급인은 영 제66조에 따른 기계·기구 또는 설비가 설치되어 있거나 작동하고 있는 경우 또는 이를 설치·해체·조립하는 등의 작업을 하는 경우에는 다음 각 호의 사항을 실시·확인 또는 조치해야 한다. 1. 작업시작 전 기계·기구 등을 소유 또는 대여하는 자와 합동으로 안전점검 실시 2. 작업을 수행하는 사업주의 작업계획서 작성 및 이행여부 확인(영 제66조제1호 및 제3호에 한정한다) 3. 작업자가 법 제140조에서 정한 자격·면허·경험 또는 기능을 가지고 있는지 여부 확인(영 제66조제1호 및 제3호에 한정한다)

제4절 그 밖의 고용형태에서의 산업재해 예방

제77조 【특수형태근로종사자에 대한 안전조치 및 보건조치 등】 ① 계약의 형식에 관계없이 근로자와 유사하게 노무를 제공하여 업무상의 재해로부터 보호할 필요가 있음에도 「근로기준법」 등이 적용되지 아니하는 사람으로서 다음 각 호의 요건을 모두 충족하는 사람(이하 "특수형태근로종사자"라 한다)의 노무를 제공받는 자는 특수형태근로종사자의 산업재해 예방을 위하여 필요한 안전조치 및 보건조치를 하여야 한다. (2020.5.26 개정)

1. 대통령령으로 정하는 직종에 종사할 것
2. 주로 하나의 사업에 노무를 상시적으로 제공하고 보수를 받아 생활할 것
3. 노무를 제공할 때 타인을 사용하지 아니할 것

② 대통령령으로 정하는 특수형태근로종사자

제67조 【특수형태근로종사자의 범위 등】 법 제77조제1항제1호에 따른 요건을 충족하는 사람은 다음 각 호의 어느 하나에 해당하는 사람으로 한다.

1. 보험을 모집하는 사람으로서 다음 각 목의 어느 하나에 해당하는 사람

4. 그 밖에 해당 기계·기구 또는 설비 등에 대하여 안전보건규칙에서 정하고 있는 안전보건 조치
5. 기계·기구 등의 결함, 작업방법과 절차 미준수, 강풍 등 이상 환경으로 인하여 작업수행 시 현저한 위험이 예상되는 경우 작업중지 조치

제4절 그 밖의 고용형태에서의 산업재해 예방

벌 법 제77조제1항을 위반한 자에게는 1천만원 이하의 과태료를 부과한다. (법 제175조제4항제3호)

제95조 【교육시간 및 교육내용 등】 ① 특수형태

법 률	시 행 령	시 행 규 칙
로부터 노무를 제공받는 자는 고용노동부령으로 정하는 바에 따라 안전 및 보건에 관한 교육을 실시하여야 한다. ③ 정부는 특수형태근로종사자의 안전 및 보건의 유지·증진에 사용하는 비용의 일부 또는 전부를 지원할 수 있다. 벌 법 제77조제2항을 위반한 자에게는 500만원 이하의 과태료를 부과한다. (법 제175조제5항제1호)	가. 「보험업법」 제83조제1항제1호에 따른 보험설계사 나. 「우체국예금·보험에 관한 법률」에 따른 우체국보험의 모집을 전업(專業)으로 하는 사람 2. 「건설기계관리법」 제3조제1항에 따라 등록된 건설기계를 직접 운전하는 사람 3. 「통계법」 제22조에 따라 통계청장이 고시하는 직업에 관한 표준분류(이하 "한국표준직업분류표"라 한다)의 세세분류에 따른 학습지 방문강사, 교육 교구 방문강사, 그 밖에 회원의 가정 등을 직접 방문하여 아동이나 학생 등을 가르치는 사람 (2021.11.19 개정) 4. 「체육시설의 설치·이용에 관한 법률」 제7조에 따라 직장체육시설로 설치된 골프장 또는 같은 법 제19조에 따라 체육시설업의 등록을 한 골프장에서 골프경기를 보조하는 골프장 캐디 5. 한국표준직업분류표의 세분류에 따른 택배원으로서 택배사업(소화물을 집화·수송 과정을 거쳐 배송하는 사업을 말한다)에서 집화 또는 배송 업무를 하는 사람 6. 한국표준직업분류표의 세분류에 따른 택배원으로서 고용노동부장관이 정하는 기준에 따라 주로 하나의 퀵서비스업자로부터 업무를 의뢰받아 배송 업무를 하는 사람	근로종사자로부터 노무를 제공받는 자가 법 제77조제2항에 따라 특수형태근로종사자에 대하여 실시해야 하는 안전 및 보건에 관한 교육시간은 별표 4와 같고, 교육내용은 별표 5와 같다. ② 특수형태근로종사자로부터 노무를 제공받는 자가 제1항에 따른 교육을 자체적으로 실시하는 경우 교육을 할 수 있는 사람은 제26조제3항 각 호의 어느 하나에 해당하는 사람으로 한다. ③ 특수형태근로종사자로부터 노무를 제공받는 자는 제1항에 따른 교육을 안전보건교육기관에 위탁할 수 있다. ④ 제1항에 따른 교육을 실시하기 위한 교육방법과 그 밖에 교육에 필요한 사항은 고용노동부장관이 정하여 고시한다. ⑤ 특수형태근로종사자의 교육면제에 대해서는 제27조제4항을 준용한다. 이 경우 "사업주"는 "특수형태근로종사자로부터 노무를 제공받는 자"로, "근로자"는 "특수형태근로종사자"로, "채용"은 "최초 노무제공"으로 본다.

7. 「대부업 등의 등록 및 금융이용자 보호에 관한 법률」 제3조제1항 단서에 따른 대출모집인
8. 「여신전문금융업법」 제14조의2제1항제2호에 따른 신용카드회원 모집인
9. 고용노동부장관이 정하는 기준에 따라 주로 하나의 대리운전업자로부터 업무를 의뢰받아 대리운전 업무를 하는 사람
10. 「방문판매 등에 관한 법률」 제2조제2호 또는 제8호의 방문판매원이나 후원방문판매원으로서 고용노동부장관이 정하는 기준에 따라 상시적으로 방문판매업무를 하는 사람 (2021.11.19 신설)
11. 한국표준직업분류표의 세세분류에 따른 대여 제품 방문점검원 (2021.11.19 신설)
12. 한국표준직업분류표의 세분류에 따른 가전제품 설치 및 수리원으로서 가전제품을 배송, 설치 및 시운전하여 작동상태를 확인하는 사람 (2021.11.19 신설)
13. 「화물자동차 운수사업법」에 따른 화물차주로서 다음 각 목의 어느 하나에 해당하는 사람 (2021.11.19 신설)
   가. 「자동차관리법」 제3조제1항제4호의 특수자동차로 수출입 컨테이너를 운송하는 사람
   나. 「자동차관리법」 제3조제1항제4호의 특수자동차로 시멘트를 운송하는 사람
   다. 「자동차관리법」 제2조제1호 본문의 피견

법 률	시 행 령	시 행 규 칙
	인자동차나 「자동차관리법」 제3조제1항제3호의 일반형 화물자동차로 철강재를 운송하는 사람 라. 「자동차관리법」 제3조제1항제3호의 일반형 화물자동차나 특수용도형 화물자동차로 「물류정책기본법」 제29조제1항 각 호의 위험물질을 운송하는 사람 14. 「소프트웨어 진흥법」에 따른 소프트웨어사업에서 노무를 제공하는 소프트웨어기술자 (2021.11.19 신설) **제68조 【안전 및 보건 교육 대상 특수형태근로종사자】** 법 제77조제2항에서 "대통령령으로 정하는 특수형태근로종사자"란 제67조제2호, 제4호부터 제6호까지 및 제9호부터 제13호까지의 규정에 따른 사람을 말한다. (2021.11.19 개정)	
제78조 【배달종사자에 대한 안전조치】 「이동통신단말장치 유통구조 개선에 관한 법률」 제2조제4호에 따른 이동통신단말장치로 물건의 수거·배달 등을 중개하는 자는 그 중개를 통하여 「자동차관리법」 제3조제1항제5호에 따른 이륜자동차로 물건을 수거·배달 등을 하는 사람의 산업재해 예방을 위하여 필요한 안전조치 및 보건조치를 하여야 한다. (2020.5.26 개정)	벌 법 제78조를 위반한 자에게는 1천만원 이하의 과태료를 부과한다. (법 제175조제4항제3호)	

제79조 【가맹본부의 산업재해 예방 조치】 ① 「가맹사업거래의 공정화에 관한 법률」 제2조제2호에 따른 가맹본부 중 대통령령으로 정하는 가맹본부는 같은 조 제3호에 따른 가맹점사업자에게 가맹점의 설비나 기계, 원자재 또는 상품 등을 공급하는 경우에 가맹점사업자와 그 소속 근로자의 산업재해 예방을 위하여 다음 각 호의 조치를 하여야 한다.

1. 가맹점의 안전 및 보건에 관한 프로그램의 마련·시행
2. 가맹본부가 가맹점에 설치하거나 공급하는 설비·기계 및 원자재 또는 상품 등에 대하여 가맹점사업자에게 안전 및 보건에 관한 정보의 제공

② 제1항제1호에 따른 안전 및 보건에 관한 프로그램의 내용·시행방법, 같은 항 제2호에 따른 안전 및 보건에 관한 정보의 제공방법, 그 밖에 필요한 사항은 고용노동부령으로 정한다.

제69조 【산업재해 예방 조치 시행 대상】 법 제79조제1항 각 호 외의 부분에서 "대통령령으로 정하는 가맹본부"란 「가맹사업거래의 공정화에 관한 법률」 제6조의2에 따라 등록한 정보공개서(직전 사업연도 말 기준으로 등록된 것을 말한다)상 업종이 다음 각 호의 어느 하나에 해당하는 경우로서 가맹점의 수가 200개 이상인 가맹본부를 말한다. (2020.9.8 개정)

1. 대분류가 외식업인 경우
2. 대분류가 도소매업으로서 중분류가 편의점인 경우

벌 법 제79조제1항을 위반한 자에게는 3천만원 이하의 과태료를 부과한다. (법 제175조제2항제1호)

제96조 【프로그램의 내용 및 시행】 ① 법 제79조제1항제1호에 따른 안전 및 보건에 관한 프로그램에는 다음 각 호의 사항이 포함되어야 한다.

1. 가맹본부의 안전보건경영방침 및 안전보건활동 계획
2. 가맹본부의 프로그램 운영 조직의 구성, 역할 및 가맹점사업자에 대한 안전보건교육 지원 체계
3. 가맹점 내 위험요소 및 예방대책 등을 포함한 가맹점 안전보건매뉴얼
4. 가맹점의 재해 발생에 대비한 가맹본부 및 가맹점사업자의 조치사항

② 가맹본부는 가맹점사업자에 대하여 법 제79조제1항제1호에 따른 안전 및 보건에 관한 프로그램을 연 1회 이상 교육해야 한다.

제97조 【안전 및 보건에 관한 정보 제공 방법】 가맹본부는 법 제79조제1항제2호의 안전 및 보

법 률	시 행 령	시 행 규 칙
		건에 관한 정보를 제공하려는 경우에는 다음 각 호의 어느 하나에 해당하는 방법으로 제공할 수 있다. 1. 「가맹사업거래의 공정화에 관한 법률」 제2조제9호에 따른 가맹계약서의 관계 서류에 포함하여 제공 2. 가맹본부가 가맹점에 설비·기계 및 원자재 또는 상품 등을 설치하거나 공급하는 때에 제공 3. 「가맹사업거래의 공정화에 관한 법률」 제5조제4호의 가맹점사업자와 그 직원에 대한 교육·훈련 시에 제공 4. 그 밖에 프로그램 운영을 위하여 가맹본부가 가맹점사업자에 대하여 정기·수시 방문지도 시에 제공 5. 「정보통신망 이용촉진 및 정보보호 등에 관한 법률」 제2조제1항제1호에 따른 정보통신망 등을 이용하여 수시로 제공
제6장 유해·위험 기계 등에 대한 조치	**제6장 유해·위험 기계 등에 대한 조치**	**제6장 유해·위험 기계 등에 대한 조치**
제1절 유해하거나 위험한 기계 등에 대한 방호조치 등		**제1절 유해하거나 위험한 기계 등에 대한 방호조치 등**
제80조 【유해하거나 위험한 기계·기구에 대한 방호조치】 ① 누구든지 동력(動力)으로 작동	**제70조 【방호조치를 해야 하는 유해하거나 위험한 기계·기구】** 법 제80조제1항에서 "대통령령	**제98조 【방호조치】** ① 법 제80조제1항에 따라 영 제70조 및 영 별표 20의 기계·기구에 설치

하는 기계·기구로서 대통령령으로 정하는 것은 고용노동부령으로 정하는 유해·위험 방지를 위한 방호조치를 하지 아니하고는 양도, 대여, 설치 또는 사용에 제공하거나 양도·대여의 목적으로 진열해서는 아니 된다.

② 누구든지 동력으로 작동하는 기계·기구로서 다음 각 호의 어느 하나에 해당하는 것은 고용노동부령으로 정하는 방호조치를 하지 아니하고는 양도, 대여, 설치 또는 사용에 제공하거나 양도·대여의 목적으로 진열해서는 아니 된다.

1. 작동 부분에 돌기 부분이 있는 것
2. 동력전달 부분 또는 속도조절 부분이 있는 것
3. 회전기계에 물체 등이 말려 들어갈 부분이 있는 것

③ 사업주는 제1항 및 제2항에 따른 방호조치가 정상적인 기능을 발휘할 수 있도록 방호조치와 관련되는 장치를 상시적으로 점검하고 정비하여야 한다.

④ 사업주와 근로자는 제1항 및 제2항에 따른 방호조치를 해체하려는 경우 등 고용노동부령으로 정하는 경우에는 필요한 안전조치 및 보건조치를 하여야 한다.

벌 법 제80조제1항·제2항·제4항을 위반한 자는 1년 이하의 징역 또는 1천만원 이하의 벌금에 처한다. (법 제170조제4호)

으로 정하는 것"이란 별표 20에 따른 기계·기구를 말한다.

해야 할 방호장치는 다음 각 호와 같다.

1. 영 별표 20 제1호에 따른 예초기 : 날접촉 예방장치
2. 영 별표 20 제2호에 따른 원심기 : 회전체 접촉 예방장치
3. 영 별표 20 제3호에 따른 공기압축기 : 압력방출장치
4. 영 별표 20 제4호에 따른 금속절단기 : 날접촉 예방장치
5. 영 별표 20 제5호에 따른 지게차 : 헤드 가드, 백레스트(backrest), 전조등, 후미등, 안전벨트
6. 영 별표 20 제6호에 따른 포장기계 : 구동부 방호 연동장치

② 법 제80조제2항에서 "고용노동부령으로 정하는 방호조치"란 다음 각 호의 방호조치를 말한다.

1. 작동 부분의 돌기부분은 묻힘형으로 하거나 덮개를 부착할 것
2. 동력전달부분 및 속도조절부분에는 덮개를 부착하거나 방호망을 설치할 것
3. 회전기계의 물림점(롤러나 톱니바퀴 등 반대방향의 두 회전체에 물려 들어가는 위험점)에는 덮개 또는 울을 설치할 것

③ 제1항 및 제2항에 따른 방호조치에 필요한 사항은 고용노동부장관이 정하여 고시한다.

법률	시행령	시행규칙
		제99조 【방호조치 해체 등에 필요한 조치】 ① 법 제80조제4항에서 "고용노동부령으로 정하는 경우"란 다음 각 호의 경우를 말하며, 그에 필요한 안전조치 및 보건조치는 다음 각 호에 따른다. 1. 방호조치를 해체하려는 경우 : 사업주의 허가를 받아 해체할 것 2. 방호조치 해체 사유가 소멸된 경우 : 방호조치를 지체 없이 원상으로 회복시킬 것 3. 방호조치의 기능이 상실된 것을 발견한 경우 : 지체 없이 사업주에게 신고할 것 ② 사업주는 제1항제3호에 따른 신고가 있으면 즉시 수리, 보수 및 작업중지 등 적절한 조치를 해야 한다.
제81조 【기계·기구 등의 대여자 등의 조치】 대통령령으로 정하는 기계·기구·설비 또는 건축물 등을 타인에게 대여하거나 대여받는 자는 필요한 안전조치 및 보건조치를 하여야 한다. 벌 법 제81조를 위반한 자는 3년 이하의 징역 또는 3천만원 이하의 벌금에 처한다. (법 제169조제1호)	**제71조 【대여자 등이 안전조치 등을 해야 하는 기계·기구 등】** 법 제81조에서 "대통령령으로 정하는 기계·기구·설비 및 건축물 등"이란 별표 21에 따른 기계·기구·설비 및 건축물 등을 말한다.	**제100조 【기계등 대여자의 조치】** 법 제81조에 따라 영 제71조 및 영 별표 21의 기계·기구·설비 및 건축물 등(이하 "기계등"이라 한다)을 타인에게 대여하는 자가 해야 할 유해·위험 방지조치는 다음 각 호와 같다. 1. 해당 기계등을 미리 점검하고 이상을 발견한 경우에는 즉시 보수하거나 그 밖에 필요한 정비를 할 것 2. 해당 기계등을 대여받은 자에게 다음 각 목의 사항을 적은 서면을 발급할 것 가. 해당 기계등의 성능 및 방호조치의 내용

		나. 해당 기계등의 특성 및 사용 시의 주의사항 다. 해당 기계등의 수리·보수 및 점검 내역과 주요 부품의 제조일 라. 해당 기계등의 정밀진단 및 수리 후 안전점검 내역, 주요 안전부품의 교환이력 및 제조일 3. 사용을 위하여 설치·해체 작업(기계등을 높이는 작업을 포함한다. 이하 같다)이 필요한 기계등을 대여하는 경우로서 해당 기계등의 설치·해체 작업을 다른 설치·해체업자에게 위탁하는 경우에는 다음 각 목의 사항을 준수할 것 가. 설치·해체업자가 기계등의 설치·해체에 필요한 법령상 자격을 갖추고 있는지와 설치·해체에 필요한 장비를 갖추고 있는지를 확인할 것 나. 설치·해체업자에게 제2호 각 목의 사항을 적은 서면을 발급하고, 해당 내용을 주지시킬 것 다. 설치·해체업자가 설치·해체 작업 시 안전보건규칙에 따른 산업안전보건기준을 준수하고 있는지를 확인 할 것 4. 해당 기계등을 대여받은 자에게 제3호가목 및 다목에 따른 확인 결과를 알릴 것 **제101조【기계등을 대여받는 자의 조치】** ① 법

법률	시행령	시행규칙
		제81조에 따라 기계등을 대여받는 자는 그가 사용하는 근로자가 아닌 사람에게 해당 기계등을 조작하도록 하는 경우에는 다음 각 호의 조치를 해야 한다. 다만, 해당 기계등을 구입할 목적으로 기종(機種)의 선정 등을 위하여 일시적으로 대여받는 경우에는 그렇지 않다. 1. 해당 기계등을 조작하는 사람이 관계 법령에서 정하는 자격이나 기능을 가진 사람인지 확인할 것 2. 해당 기계등을 조작하는 사람에게 다음 각 목의 사항을 주지시킬 것 가. 작업의 내용 나. 지휘계통 다. 연락·신호 등의 방법 라. 운행경로, 제한속도, 그 밖에 해당 기계등의 운행에 관한 사항 마. 그 밖에 해당 기계등의 조작에 따른 산업재해를 방지하기 위하여 필요한 사항 ② 타워크레인을 대여받은 자는 다음 각 호의 조치를 해야 한다. 1. 타워크레인을 사용하는 작업 중에 타워크레인 장비 간 또는 타워크레인과 인접 구조물 간 충돌위험이 있으면 충돌방지장치를 설치하는 등 충돌방지를 위하여 필요한 조치를 할 것 2. 타워크레인 설치·해체 작업이 이루어지는

동안 작업과정 전반(全般)을 영상으로 기록하여 대여기간 동안 보관할 것

③ 해당 기계등을 대여하는 자가 제100조제2호 각 목의 사항을 적은 서면을 발급하지 않는 경우 해당 기계등을 대여받은 자는 해당 사항에 대한 정보 제공을 요구할 수 있다.

④ 기계등을 대여받은 자가 기계등을 대여한 자에게 해당 기계등을 반환하는 경우에는 해당 기계등의 수리·보수 및 점검 내역과 부품교체 사항 등이 있는 경우 해당 사항에 대한 정보를 제공해야 한다.

제102조 【기계등을 조작하는 자의 의무】 제101조에 따라 기계등을 조작하는 사람은 같은 조 제1항제2호 각 목에 규정된 사항을 지켜야 한다.

제103조 【기계등 대여사항의 기록·보존】 기계등을 대여하는 자는 해당 기계등의 대여에 관한 사항을 별지 제39호서식에 따라 기록·보존해야 한다.

제104조 【대여 공장건축물에 대한 조치】 공용으로 사용하는 공장건축물로서 다음 각 호의 어느 하나의 장치가 설치된 것을 대여하는 자는 해당 건축물을 대여받은 자가 2명 이상인 경우로서 다음 각 호의 어느 하나의 장치의 전

법 률	시 행 령	시 행 규 칙
		부 또는 일부를 공용으로 사용하는 경우에는 그 공용부분의 기능이 유효하게 작동되도록 하기 위하여 점검·보수 등 필요한 조치를 해야 한다. 1. 국소 배기장치 2. 전체 환기장치 3. 배기처리장치 **제105조 【편의 제공】** 건축물을 대여받은 자는 국소 배기장치, 소음방지를 위한 칸막이벽, 그 밖에 산업재해 예방을 위하여 필요한 설비의 설치에 관하여 해당 설비의 설치에 수반된 건축물의 변경승인, 해당 설비의 설치공사에 필요한 시설의 이용 등 편의 제공을 건축물을 대여한 자에게 요구할 수 있다. 이 경우 건축물을 대여한 자는 특별한 사정이 없으면 이에 따라야 한다.
제82조 【타워크레인 설치·해체업의 등록 등】 ① 타워크레인을 설치하거나 해체를 하려는 자는 대통령령으로 정하는 바에 따라 인력·시설 및 장비 등의 요건을 갖추어 고용노동부장관에게 등록하여야 한다. 등록한 사항 중 대통령령으로 정하는 중요한 사항을 변경할 때에도 또한 같다. ② 사업주는 제1항에 따라 등록한 자로 하여금	**제72조 【타워크레인 설치·해체업의 등록요건】** ① 법 제82조제1항 전단에 따라 타워크레인을 설치하거나 해체하려는 자가 갖추어야 하는 인력·시설 및 장비의 기준은 별표 22와 같다. ② 법 제82조제1항 후단에서 "대통령령으로 정하는 중요한 사항"이란 다음 각 호의 사항을 말한다. 1. 업체의 명칭(상호)	**제106조 【설치·해체업 등록신청 등】** ① 법 제82조제1항에 따라 타워크레인 설치·해체업을 등록하려는 자는 별지 제40호서식의 설치·해체업 등록신청서에 다음 각 호의 서류를 첨부하여 주된 사무소의 소재지를 관할하는 지방고용노동관서의 장에게 제출해야 한다. 1. 영 별표 22에 따른 인력기준에 해당하는 사람의 자격과 채용을 증명할 수 있는 서류

타워크레인을 설치하거나 해체하는 작업을 하도록 하여야 한다.

③ 제1항에 따른 등록 절차, 그 밖에 필요한 사항은 고용노동부령으로 정한다.

④ 제1항에 따라 등록한 자에 대해서는 제21조제4항 및 제5항을 준용한다. 이 경우 "안전관리전문기관 또는 보건관리전문기관"은 "제1항에 따라 등록한 자"로, "지정"은 "등록"으로 본다.

벌 법 제82조제1항 전단을 위반하여 등록하지 아니하고 타워크레인을 설치·해체하는 자에게는 1천만원 이하의 과태료를 부과한다. (법 제175조제4항제5호)

벌 법 제82조제2항을 위반한 자는 3년 이하의 징역 또는 3천만원 이하의 벌금에 처한다. (법 제169조제1호)

제2절 안전인증

제83조 【안전인증기준】 ① 고용노동부장관은 유해하거나 위험한 기계·기구·설비 및 방호장치·보호구(이하 "유해·위험기계등"이라 한다)의 안전성을 평가하기 위하여 그 안전에 관한 성능과 제조자의 기술 능력 및 생산 체계 등에 관한 기준(이하 "안전인증기준"이라 한다)을 정

2. 업체의 소재지
3. 대표자의 성명

제73조 【타워크레인 설치·해체업의 등록 취소 등의 사유】 법 제82조제4항에 따라 준용되는 법 제21조제4항제5호에서 "대통령령으로 정하는 사유에 해당하는 경우"란 다음 각 호의 어느 하나에 해당하는 경우를 말한다.

1. 법 제38조에 따른 안전조치를 준수하지 않아 벌금형 또는 금고 이상의 형의 선고를 받은 경우
2. 법에 따른 관계 공무원의 지도·감독을 거부·방해 또는 기피한 경우

2. 건물임대차계약서 사본이나 그 밖에 사무실의 보유를 증명할 수 있는 서류와 장비 명세서

② 지방고용노동관서의 장은 제1항에 따른 타워크레인 설치·해체업 등록신청서를 접수하였을 때에 영 별표 22의 기준에 적합하면 그 등록신청서가 접수된 날부터 20일 이내에 별지 제41호서식의 등록증을 신청인에게 발급해야 한다.

③ 타워크레인 설치·해체업을 등록한 자에 대한 등록증의 재발급, 등록받은 사항의 변경 및 등록증의 반납 등에 관하여는 제16조제4항부터 제6항까지의 규정을 준용한다. 이 경우 "지정서"는 "등록증"으로, "안전관리전문기관 또는 보건관리전문기관"은 "타워크레인 설치·해체업을 등록한 자"로, "고용노동부장관 또는 지방고용노동청장"은 "지방고용노동관서의 장"으로 본다.

제2절 안전인증

법률

하여 고시하여야 한다.

② 안전인증기준은 유해·위험기계등의 종류별, 규격 및 형식별로 정할 수 있다.

제84조【안전인증】 ① 유해·위험기계등 중 근로자의 안전 및 보건에 위해(危害)를 미칠 수 있다고 인정되어 대통령령으로 정하는 것(이하 "안전인증대상기계등"이라 한다)을 제조하거나 수입하는 자(고용노동부령으로 정하는 안전인증대상기계등을 설치·이전하거나 주요 구조 부분을 변경하는 자를 포함한다. 이하 이 조 및 제85조부터 제87조까지의 규정에서 같다)는 안전인증대상기계등이 안전인증기준에 맞는지에 대하여 고용노동부장관이 실시하는 안전인증을 받아야 한다.

② 고용노동부장관은 다음 각 호의 어느 하나에 해당하는 경우에는 고용노동부령으로 정하는 바에 따라 제1항에 따른 안전인증의 전부 또는 일부를 면제할 수 있다.

1. 연구·개발을 목적으로 제조·수입하거나 수출을 목적으로 제조하는 경우
2. 고용노동부장관이 정하여 고시하는 외국의 안전인증기관에서 인증을 받은 경우
3. 다른 법령에 따라 안전성에 관한 검사나 인증을 받은 경우로서 고용노동부령으로 정하는 경우

시행령

제74조【안전인증대상기계등】 ① 법 제84조제1항에서 "대통령령으로 정하는 것"이란 다음 각 호의 어느 하나에 해당하는 것을 말한다.

1. 다음 각 목의 어느 하나에 해당하는 기계 또는 설비
   가. 프레스
   나. 전단기 및 절곡기(折曲機)
   다. 크레인
   라. 리프트
   마. 압력용기
   바. 롤러기
   사. 사출성형기(射出成形機)
   아. 고소(高所) 작업대
   자. 곤돌라
2. 다음 각 목의 어느 하나에 해당하는 방호장치
   가. 프레스 및 전단기 방호장치
   나. 양중기용(揚重機用) 과부하 방지장치
   다. 보일러 압력방출용 안전밸브
   라. 압력용기 압력방출용 안전밸브
   마. 압력용기 압력방출용 파열판
   바. 절연용 방호구 및 활선작업용(活線作業

시행규칙

제107조【안전인증대상기계등】 법 제84조제1항에서 "고용노동부령으로 정하는 안전인증대상기계등"이란 다음 각 호의 기계 및 설비를 말한다.

1. 설치·이전하는 경우 안전인증을 받아야 하는 기계
   가. 크레인
   나. 리프트
   다. 곤돌라
2. 주요 구조 부분을 변경하는 경우 안전인증을 받아야 하는 기계 및 설비
   가. 프레스
   나. 전단기 및 절곡기(折曲機)
   다. 크레인
   라. 리프트
   마. 압력용기
   바. 롤러기
   사. 사출성형기(射出成形機)
   아. 고소(高所)작업대
   자. 곤돌라

제108조【안전인증의 신청 등】 ① 법 제84조제

③ 안전인증대상기계등이 아닌 유해·위험기계등을 제조하거나 수입하는 자가 그 유해·위험기계등의 안전에 관한 성능 등을 평가받으려면 고용노동부장관에게 안전인증을 신청할 수 있다. 이 경우 고용노동부장관은 안전인증기준에 따라 안전인증을 할 수 있다.
④ 고용노동부장관은 제1항 및 제3항에 따른 안전인증(이하 "안전인증"이라 한다)을 받은 자가 안전인증기준을 지키고 있는지를 3년 이하의 범위에서 고용노동부령으로 정하는 주기마다 확인하여야 한다. 다만, 제2항에 따라 안전인증의 일부를 면제받은 경우에는 고용노동부령으로 정하는 바에 따라 확인의 전부 또는 일부를 생략할 수 있다.
⑤ 제1항에 따라 안전인증을 받은 자는 안전인증을 받은 안전인증대상기계등에 대하여 고용노동부령으로 정하는 바에 따라 제품명·모델명·제조수량·판매수량 및 판매처 현황 등의 사항을 기록하여 보존하여야 한다.
⑥ 고용노동부장관은 근로자의 안전 및 보건에 필요하다고 인정하는 경우 안전인증대상기계등을 제조·수입 또는 판매하는 자에게 고용노동부령으로 정하는 바에 따라 해당 안전인증대상기계등의 제조·수입 또는 판매에 관한 자료를 공단에 제출하게 할 수 있다.
⑦ 안전인증의 신청 방법·절차, 제4항에 따른 확인의 방법·절차, 그 밖에 필요한 사항은 고

用) 기구
사. 방폭구조(防爆構造) 전기기계·기구 및 부품
아. 추락·낙하 및 붕괴 등의 위험 방지 및 보호에 필요한 가설기자재로서 고용노동부장관이 정하여 고시하는 것
자. 충돌·협착 등의 위험 방지에 필요한 산업용 로봇 방호장치로서 고용노동부장관이 정하여 고시하는 것
3. 다음 각 목의 어느 하나에 해당하는 보호구
가. 추락 및 감전 위험방지용 안전모
나. 안전화
다. 안전장갑
라. 방진마스크
마. 방독마스크
바. 송기(送氣)마스크
사. 전동식 호흡보호구
아. 보호복
자. 안전대
차. 차광(遮光) 및 비산물(飛散物) 위험방지용 보안경
카. 용접용 보안면
타. 방음용 귀마개 또는 귀덮개
② 안전인증대상기계등의 세부적인 종류, 규격 및 형식은 고용노동부장관이 정하여 고시한다.

1항 및 제3항에 따른 안전인증(이하 "안전인증"이라 한다)을 받으려는 자는 제110조제1항에 따른 심사종류별로 별지 제42호서식의 안전인증 신청서에 별표 13의 서류를 첨부하여 영 제116조제2항에 따라 안전인증 업무를 위탁받은 기관(이하 "안전인증기관"이라 한다)에 제출(전자적 방법에 의한 제출을 포함한다)해야 한다. 이 경우 외국에서 법 제83조제1항에 따른 유해하거나 위험한 기계·기구·설비 및 방호장치·보호구(이하 "유해·위험기계등"이라 한다)를 제조하는 자는 국내에 거주하는 자를 대리인으로 선정하여 안전인증을 신청하게 할 수 있다.
② 제1항에 따라 안전인증을 신청하는 경우에는 고용노동부장관이 정하여 고시하는 바에 따라 안전인증 심사에 필요한 시료(試料)를 제출해야 한다.
③ 제1항에 따른 안전인증 신청서를 제출받은 안전인증기관은 「전자정부법」 제36조제1항에 따른 행정정보의 공동이용을 통하여 사업자등록증을 확인해야 한다. 다만, 신청인이 확인에 동의하지 않은 경우에는 사업자등록증 사본을 첨부하도록 해야 한다.

제109조【안전인증의 면제】 ① 법 제84조제1항에 따른 안전인증대상기계등(이하 "안전인증대상기계등"이라 한다)이 다음 각 호의 어느 하

법 률	시 행 령	시 행 규 칙
용노동부령으로 정한다. 벌 법 제84조제1항을 위반한 자는 3년 이하의 징역 또는 3천만원 이하의 벌금에 처한다. (법 제169조제1호) 벌 법 제84조제1항 및 제3항에 따른 안전인증 업무를 제165조제2항에 따라 위탁받은 자로서 그 업무를 거짓이나 그 밖의 부정한 방법으로 수행한 자는 3년 이하의 징역 또는 3천만원 이하의 벌금에 처한다. (법 제169조제4호) 벌 법 제84조제6항에 따른 자료 제출 명령을 따르지 아니한 자에게는 300만원 이하의 과태료를 부과한다. (법 제175조제6항제7호)		나에 해당하는 경우에는 법 제84조제1항에 따른 안전인증을 전부 면제한다. 1. 연구·개발을 목적으로 제조·수입하거나 수출을 목적으로 제조하는 경우 2. 「건설기계관리법」 제13조제1항제1호부터 제3호까지에 따른 검사를 받은 경우 또는 같은 법 제18조에 따른 형식승인을 받거나 같은 조에 따른 형식신고를 한 경우 3. 「고압가스 안전관리법」 제17조제1항에 따른 검사를 받은 경우 4. 「광산안전법」 제9조에 따른 검사 중 광업시설의 설치공사 또는 변경공사가 완료되었을 때에 받는 검사를 받은 경우 5. 「방위사업법」 제28조제1항에 따른 품질보증을 받은 경우 6. 「선박안전법」 제7조에 따른 검사를 받은 경우 7. 「에너지이용 합리화법」 제39조제1항 및 제2항에 따른 검사를 받은 경우 8. 「원자력안전법」 제16조제1항에 따른 검사를 받은 경우 9. 「위험물안전관리법」 제8조제1항 또는 제20조제3항에 따른 검사를 받은 경우 (2024.6.28 개정) 10. 「전기사업법」 제63조 또는 「전기안전관리법」 제9조에 따른 검사를 받은 경우 (2024.

6.28 개정)
11. 「항만법」 제33조제1항제1호·제2호 및 제4호에 따른 검사를 받은 경우 (2024.6.28 개정)
12. 「소방시설 설치 및 관리에 관한 법률」 제37조제1항에 따른 형식승인을 받은 경우 (2024.6.28 개정)

② 안전인증대상기계등이 다음 각 호의 어느 하나에 해당하는 인증 또는 시험을 받았거나 그 일부 항목이 법 제83조제1항에 따른 안전인증기준(이하 "안전인증기준"이라 한다)과 같은 수준 이상인 것으로 인정되는 경우에는 해당 인증 또는 시험이나 그 일부 항목에 한정하여 법 제84조제1항에 따른 안전인증을 면제한다.

1. 고용노동부장관이 정하여 고시하는 외국의 안전인증기관에서 인증을 받은 경우
2. 국제전기기술위원회(IEC)의 국제방폭전기기계·기구 상호인정제도(IECEx Scheme)에 따라 인증을 받은 경우
3. 「국가표준기본법」에 따른 시험·검사기관에서 실시하는 시험을 받은 경우
4. 「산업표준화법」 제15조에 따른 인증을 받은 경우
5. 「전기용품 및 생활용품 안전관리법」 제5조에 따른 안전인증을 받은 경우

③ 법 제84조제2항제1호에 따라 안전인증이 면제되는 안전인증대상기계등을 제조하거나 수입하는 자는 해당 공산품의 출고 또는 통관

법 률	시 행 령	시 행 규 칙
		전에 별지 제43호서식의 안전인증 면제신청서에 다음 각 호의 서류를 첨부하여 안전인증기관에 제출해야 한다. 1. 제품 및 용도설명서 2. 연구·개발을 목적으로 사용되는 것임을 증명하는 서류 ④ 안전인증기관은 제3항에 따라 안전인증 면제신청을 받으면 이를 확인하고 별지 제44호서식의 안전인증 면제확인서를 발급해야 한다. **제110조 【안전인증 심사의 종류 및 방법】** ① 유해·위험기계등이 안전인증기준에 적합한지를 확인하기 위하여 안전인증기관이 하는 심사는 다음 각 호와 같다. 1. 예비심사 : 기계 및 방호장치·보호구가 유해·위험기계등 인지를 확인하는 심사(법 제84조제3항에 따라 안전인증을 신청한 경우만 해당한다) 2. 서면심사 : 유해·위험기계등의 종류별 또는 형식별로 설계도면 등 유해·위험기계등의 제품기술과 관련된 문서가 안전인증기준에 적합한지에 대한 심사 3. 기술능력 및 생산체계 심사 : 유해·위험기계등의 안전성능을 지속적으로 유지·보증하기 위하여 사업장에서 갖추어야 할 기술능력과 생산체계가 안전인증기준에 적합한지에

		대한 심사. 다만, 다음 각 목의 어느 하나에 해당하는 경우에는 기술능력 및 생산체계 심사를 생략한다. 가. 영 제74조제1항제2호 및 제3호에 따른 방호장치 및 보호구를 고용노동부장관이 정하여 고시하는 수량 이하로 수입하는 경우 나. 제4호가목의 개별 제품심사를 하는 경우 다. 안전인증(제4호나목의 형식별 제품심사를 하여 안전인증을 받은 경우로 한정한다)을 받은 후 같은 공정에서 제조되는 같은 종류의 안전인증대상기계등에 대하여 안전인증을 하는 경우 4. 제품심사 : 유해·위험기계등이 서면심사 내용과 일치하는지와 유해·위험기계등의 안전에 관한 성능이 안전인증기준에 적합한지에 대한 심사. 다만, 다음 각 목의 심사는 유해·위험기계등별로 고용노동부장관이 정하여 고시하는 기준에 따라 어느 하나만을 받는다. 가. 개별 제품심사 : 서면심사 결과가 안전인증기준에 적합할 경우에 유해·위험기계등 모두에 대하여 하는 심사(안전인증을 받으려는 자가 서면심사와 개별 제품심사를 동시에 할 것을 요청하는 경우 병행할 수 있다) 나. 형식별 제품심사 : 서면심사와 기술능력 및 생산체계 심사 결과가 안전인증기준에 적합할 경우에 유해·위험기계등의 형식별

법률	시행령	시행규칙
		로 표본을 추출하여 하는 심사(안전인증을 받으려는 자가 서면심사, 기술능력 및 생산체계 심사와 형식별 제품심사를 동시에 할 것을 요청하는 경우 병행할 수 있다) ② 제1항에 따른 유해·위험기계등의 종류별 또는 형식별 심사의 절차 및 방법은 고용노동부장관이 정하여 고시한다. ③ 안전인증기관은 제108조제1항에 따라 안전인증 신청서를 제출받으면 다음 각 호의 구분에 따른 심사 종류별 기간 내에 심사해야 한다. 다만, 제품심사의 경우 처리기간 내에 심사를 끝낼 수 없는 부득이한 사유가 있을 때에는 15일의 범위에서 심사기간을 연장할 수 있다. 1. 예비심사 : 7일 2. 서면심사 : 15일(외국에서 제조한 경우는 30일) 3. 기술능력 및 생산체계 심사 : 30일(외국에서 제조한 경우는 45일) 4. 제품심사 가. 개별 제품심사 : 15일 나. 형식별 제품심사 : 30일(영 제74조제1항 제2호사목의 방호장치와 같은 항 제3호가목부터 아목까지의 보호구는 60일) ④ 안전인증기관은 제3항에 따른 심사가 끝나면 안전인증을 신청한 자에게 별지 제45호서식의 심사결과 통지서를 발급해야 한다. 이 경

우 해당 심사 결과가 모두 적합한 경우에는 별지 제46호서식의 안전인증서를 함께 발급해야 한다.

⑤ 안전인증기관은 안전인증대상기계등이 특수한 구조 또는 재료로 제조되어 안전인증기준의 일부를 적용하기 곤란할 경우 해당 제품이 안전인증기준과 같은 수준 이상의 안전에 관한 성능을 보유한 것으로 인정(안전인증을 신청한 자의 요청이 있거나 필요하다고 판단되는 경우를 포함한다)되면 「산업표준화법」 제12조에 따른 한국산업표준 또는 관련 국제규격 등을 참고하여 안전인증기준의 일부를 생략하거나 추가하여 제1항제2호 또는 제4호에 따른 심사를 할 수 있다.

⑥ 안전인증기관은 제5항에 따라 안전인증대상기계등이 안전인증기준과 같은 수준 이상의 안전에 관한 성능을 보유한 것으로 인정되는지와 해당 안전인증대상기계등에 생략하거나 추가하여 적용할 안전인증기준을 심의·의결하기 위하여 안전인증심의위원회를 설치·운영해야 한다. 이 경우 안전인증심의위원회의 구성·개최에 걸리는 기간은 제3항에 따른 심사기간에 산입하지 않는다.

⑦ 제6항에 따른 안전인증심의위원회의 구성·기능 및 운영 등에 필요한 사항은 고용노동부장관이 정하여 고시한다.

법 률	시 행 령	시 행 규 칙
		제111조 【확인의 방법 및 주기 등】 ① 안전인증기관은 법 제84조제4항에 따라 안전인증을 받은 자에 대하여 다음 각 호의 사항을 확인해야 한다. 1. 안전인증서에 적힌 제조 사업장에서 해당 유해·위험기계등을 생산하고 있는지 여부 2. 안전인증을 받은 유해·위험기계등이 안전인증기준에 적합한지 여부(심사의 종류 및 방법은 제110조제1항제4호를 준용한다) 3. 제조자가 안전인증을 받을 당시의 기술능력·생산체계를 지속적으로 유지하고 있는지 여부 4. 유해·위험기계등이 서면심사 내용과 같은 수준 이상의 재료 및 부품을 사용하고 있는지 여부 ② 법 제84조제4항에 따라 안전인증기관은 안전인증을 받은 자가 안전인증기준을 지키고 있는지를 2년에 1회 이상 확인해야 한다. 다만, 다음 각 호의 모두에 해당하는 경우에는 3년에 1회 이상 확인할 수 있다. 1. 최근 3년 동안 법 제86조제1항에 따라 안전인증이 취소되거나 안전인증표시의 사용금지 또는 시정명령을 받은 사실이 없는 경우 2. 최근 2회의 확인 결과 기술능력 및 생산체계가 고용노동부장관이 정하는 기준 이상인 경우

③ 안전인증기관은 제1항 및 제2항에 따라 확인한 경우에는 별지 제47호서식의 안전인증확인 통지서를 제조자에게 발급해야 한다.
④ 안전인증기관은 제1항 및 제2항에 따라 확인한 결과 법 제87조제1항 각 호의 어느 하나에 해당하는 사실을 확인한 경우에는 그 사실을 증명할 수 있는 서류를 첨부하여 유해·위험기계등을 제조하는 사업장의 소재지(제품의 제조자가 외국에 있는 경우에는 그 대리인의 소재지로 하되, 대리인이 없는 경우에는 그 안전인증기관의 소재지로 한다)를 관할하는 지방고용노동관서의 장에게 지체 없이 알려야 한다.
⑤ 안전인증기관은 제109조제2항제1호에 따라 일부 항목에 한정하여 안전인증을 면제한 경우에는 외국의 해당 안전인증기관에서 실시한 안전인증 확인의 결과를 제출받아 고용노동부장관이 정하는 바에 따라 법 제84조제4항에 따른 확인의 전부 또는 일부를 생략할 수 있다.

제112조【안전인증제품에 관한 자료의 기록·보존】 안전인증을 받은 자는 법 제84조제5항에 따라 안전인증제품에 관한 자료를 안전인증을 받은 제품별로 기록·보존해야 한다.

제113조【안전인증 관련 자료의 제출 등】 지방고용노동관서의 장은 법 제84조제6항에 따라 안전인증대상기계등을 제조·수입 또는 판매하

법률	시행령	시행규칙
		는 자에게 자료의 제출을 요구할 때에는 10일 이상의 기간을 정하여 문서로 요구하되, 부득이한 사유가 있을 때에는 신청을 받아 30일의 범위에서 그 기간을 연장할 수 있다.
제85조 【안전인증의 표시 등】 ① 안전인증을 받은 자는 안전인증을 받은 유해·위험기계등이나 이를 담은 용기 또는 포장에 고용노동부령으로 정하는 바에 따라 안전인증의 표시(이하 "안전인증표시"라 한다)를 하여야 한다. ② 안전인증을 받은 유해·위험기계등이 아닌 것은 안전인증표시 또는 이와 유사한 표시를 하거나 안전인증에 관한 광고를 해서는 아니 된다. ③ 안전인증을 받은 유해·위험기계등을 제조·수입·양도·대여하는 자는 안전인증표시를 임의로 변경하거나 제거해서는 아니 된다. ④ 고용노동부장관은 다음 각 호의 어느 하나에 해당하는 경우에는 안전인증표시나 이와 유사한 표시를 제거할 것을 명하여야 한다. 1. 제2항을 위반하여 안전인증표시나 이와 유사한 표시를 한 경우 2. 제86조제1항에 따라 안전인증이 취소되거나 안전인증표시의 사용 금지 명령을 받은 경우	벌 법 제85조제1항을 위반한 자에게는 1천만원 이하의 과태료를 부과한다. (법 제175조제4항제3호) 벌 법 제85조제2항·제3항을 위반한 자는 1년 이하의 징역 또는 1천만원 이하의 벌금에 처한다. (법 제170조제4호) 벌 법 제85조제4항에 따른 명령을 위반한 자는 1년 이하의 징역 또는 1천만원 이하의 벌금에 처한다. (법 제170조제5호)	**제114조 【안전인증의 표시】** ① 법 제85조제1항에 따른 안전인증의 표시 중 안전인증대상기계등의 안전인증의 표시 및 표시방법은 별표 14와 같다. ② 법 제85조제1항에 따른 안전인증의 표시 중 법 제84조제3항에 따른 안전인증대상기계등이 아닌 유해·위험기계등의 안전인증 표시 및 표시방법은 별표 15와 같다.

제86조 【안전인증의 취소 등】 ① 고용노동부장관은 안전인증을 받은 자가 다음 각 호의 어느 하나에 해당하면 안전인증을 취소하거나 6개월 이내의 기간을 정하여 안전인증표시의 사용을 금지하거나 안전인증기준에 맞게 시정하도록 명할 수 있다. 다만, 제1호의 경우에는 안전인증을 취소하여야 한다.

1. 거짓이나 그 밖의 부정한 방법으로 안전인증을 받은 경우
2. 안전인증을 받은 유해·위험기계등의 안전에 관한 성능 등이 안전인증기준에 맞지 아니하게 된 경우
3. 정당한 사유 없이 제84조제4항에 따른 확인을 거부, 방해 또는 기피하는 경우

② 고용노동부장관은 제1항에 따라 안전인증을 취소한 경우에는 고용노동부령으로 정하는 바에 따라 그 사실을 관보 등에 공고하여야 한다.

③ 제1항에 따라 안전인증이 취소된 자는 안전인증이 취소된 날부터 1년 이내에는 취소된 유해·위험기계등에 대하여 안전인증을 신청할 수 없다.

제115조 【안전인증의 취소 공고 등】 ① 지방고용노동관서의 장은 법 제86조제1항에 따라 안전인증을 취소한 경우에는 고용노동부장관에게 보고해야 한다.

② 고용노동부장관은 법 제86조제1항에 따라 안전인증을 취소한 경우에는 안전인증을 취소한 날부터 30일 이내에 다음 각 호의 사항을 관보와 「신문 등의 진흥에 관한 법률」 제9조제1항에 따라 그 보급지역을 전국으로 하여 등록한 일반일간신문 또는 인터넷 등에 공고해야 한다.

1. 유해·위험기계등의 명칭 및 형식번호
2. 안전인증번호
3. 제조자(수입자) 및 대표자
4. 사업장 소재지
5. 취소일 및 취소 사유

제87조 【안전인증대상기계등의 제조 등의 금지 등】 ① 누구든지 다음 각 호의 어느 하나에 해당하는 안전인증대상기계등을 제조·수입·양도·대여·사용하거나 양도·대여의 목적으로 진

벌 법 제87조제1항을 위반한 자는 3년 이하의 징역 또는 3천만원 이하의 벌금에 처한다. (법 제169조제1호)

법률	시행령	시행규칙
열할 수 없다. 1. 제84조제1항에 따른 안전인증을 받지 아니한 경우(같은 조 제2항에 따라 안전인증이 전부 면제되는 경우는 제외한다) 2. 안전인증기준에 맞지 아니하게 된 경우 3. 제86조제1항에 따라 안전인증이 취소되거나 안전인증표시의 사용 금지 명령을 받은 경우 ② 고용노동부장관은 제1항을 위반하여 안전인증대상기계등을 제조·수입·양도·대여하는 자에게 고용노동부령으로 정하는 바에 따라 그 안전인증대상기계등을 수거하거나 파기할 것을 명할 수 있다.	벌 법 제87조제2항에 따른 명령을 위반한 자는 3년 이하의 징역 또는 3천만원 이하의 벌금에 처한다. (법 제169조제2호)	**제116조 【안전인증대상기계등의 수거·파기명령】** ① 지방고용노동관서의 장은 법 제87조제2항에 따른 수거·파기명령을 할 때에는 그 사유와 이행에 필요한 기간을 정하여 제조·수입·양도·대여하는 자에게 알려야 한다. ② 지방고용노동관서의 장은 제1항에 따른 수거·파기명령을 받은 자가 그 제품을 구성하는 부분품을 교체하여 결함을 개선하는 등 안전인증기준의 부적합 사유를 해소할 수 있는 경우에는 해당 부분품에 대해서만 수거·파기할 것을 명령할 수 있다. ③ 제1항 및 제2항에 따라 수거·파기명령을 받은 자가 명령에 따른 필요한 조치를 이행하면 그 결과를 관할 지방고용노동관서의 장에게 보고해야 한다. ④ 지방고용노동관서의 장은 제3항에 따른 보고를 받은 경우에는 제1항과 제2항에 따른 명령 및 제3항에 따른 이행 결과 보고의 내용을 고용노동부장관에게 보고해야 한다.

제88조 【안전인증기관】 ① 고용노동부장관은 제84조에 따른 안전인증 업무 및 확인 업무를 위탁받아 수행할 기관을 안전인증기관으로 지정할 수 있다.
② 제1항에 따라 안전인증기관으로 지정받으려는 자는 대통령령으로 정하는 인력·시설 및 장비 등의 요건을 갖추어 고용노동부장관에게 신청하여야 한다.
③ 고용노동부장관은 제1항에 따라 지정받은 안전인증기관(이하 "안전인증기관"이라 한다)에 대하여 평가하고 그 결과를 공개할 수 있다. 이 경우 평가의 기준·방법 및 결과의 공개에 필요한 사항은 고용노동부령으로 정한다.
④ 안전인증기관의 지정 신청 절차, 그 밖에 필요한 사항은 고용노동부령으로 정한다.
⑤ 안전인증기관에 관하여는 제21조제4항 및 제5항을 준용한다. 이 경우 "안전관리전문기관 또는 보건관리전문기관"은 "안전인증기관"으로 본다.

제75조 【안전인증기관의 지정 요건】 법 제88조제1항에 따른 안전인증기관(이하 "안전인증기관"이라 한다)으로 지정받을 수 있는 자는 다음 각 호의 어느 하나에 해당하는 자로 한다.
1. 공단
2. 다음 각 목의 어느 하나에 해당하는 기관으로서 별표 23에 따른 인력·시설 및 장비를 갖춘 기관
 가. 산업 안전·보건 또는 산업재해 예방을 목적으로 설립된 비영리법인
 나. 기계 및 설비 등의 인증·검사, 생산기술의 연구개발·교육·평가 등의 업무를 목적으로 설립된 「공공기관의 운영에 관한 법률」에 따른 공공기관

제76조 【안전인증기관의 지정 취소 등의 사유】 법 제88조제5항에 따라 준용되는 법 제21조제4항제5호에서 "대통령령으로 정하는 사유에 해당하는 경우"란 다음 각 호의 경우를 말한다.
1. 안전인증 관련 서류를 거짓으로 작성한 경우
2. 정당한 사유 없이 안전인증 업무를 거부한 경우
3. 안전인증 업무를 게을리하거나 업무에 차질을 일으킨 경우
4. 안전인증·확인의 방법 및 절차를 위반한 경우

제117조 【안전인증기관의 지정 신청 등】 ① 법 제88조제2항에 따라 안전인증기관으로 지정받으려는 자는 별지 제6호서식의 안전인증기관 지정신청서에 다음 각 호의 서류를 첨부하여 고용노동부장관에게 제출(전자문서로 제출하는 것을 포함한다)해야 한다.
1. 정관(법인인 경우만 해당한다)
2. 영 별표 23에 따른 인력기준을 갖추었음을 증명할 수 있는 자격증(국가기술자격증은 제외한다), 졸업증명서, 경력증명서 및 재직증명서 등 서류
3. 영 별표 23에 따른 시설·장비기준을 갖추었음을 증명할 수 있는 서류와 시설·장비 명세서
4. 최초 1년간의 사업계획서
② 안전인증기관의 지정 신청에 관하여는 제16조제3항부터 제6항까지의 규정을 준용한다. 이 경우 "고용노동부장관 또는 지방고용노동청장"은 "고용노동부장관"으로, "안전관리전문기관 또는 보건관리전문기관"은 "안전인증기관"으로 본다.

제118조 【안전인증기관의 평가 등】 ① 법 제88

법률	시행령	시행규칙
	5. 법에 따른 관계 공무원의 지도·감독을 거부·방해 또는 기피한 경우	조제3항에 따른 안전인증기관의 평가 기준은 다음 각 호와 같다. 1. 인력·시설 및 장비의 보유 여부와 그에 대한 관리능력 2. 안전인증 업무 수행능력 3. 안전인증 업무를 위탁한 사업주의 만족도 ② 제1항에 따른 안전인증기관에 대한 평가 방법 및 평가 결과의 공개에 관한 사항은 제17조제2항부터 제8항까지의 규정을 준용한다. 이 경우 "안전관리전문기관 또는 보건관리전문기관"은 "안전인증기관"으로 본다.
제3절 자율안전확인의 신고		**제3절 자율안전확인의 신고**
제89조 【자율안전확인의 신고】 ① 안전인증대상기계등이 아닌 유해·위험기계등으로서 대통령령으로 정하는 것(이하 "자율안전확인대상기계등"이라 한다)을 제조하거나 수입하는 자는 자율안전확인대상기계등의 안전에 관한 성능이 고용노동부장관이 정하여 고시하는 안전기준(이하 "자율안전기준"이라 한다)에 맞는지 확인(이하 "자율안전확인"이라 한다)하여 고용노동부장관에게 신고(신고한 사항을 변경하는 경우를 포함한다)하여야 한다. 다만, 다음 각 호의 어느 하나에 해당하는 경우에는 신고를 면제할 수 있다.	**제77조 【자율안전확인대상기계등】** ① 법 제89조제1항 각 호 외의 부분 본문에서 "대통령령으로 정하는 것"이란 다음 각 호의 어느 하나에 해당하는 것을 말한다. 1. 다음 각 목의 어느 하나에 해당하는 기계 또는 설비 가. 연삭기(研削機) 또는 연마기. 이 경우 휴대형은 제외한다. 나. 산업용 로봇 다. 혼합기 라. 파쇄기 또는 분쇄기 마. 식품가공용 기계(파쇄·절단·혼합·제면	벌 법 제89조제1항을 위반한 자는 1천만원 이하의 벌금에 처한다. (법 제171조제1호)

1. 연구·개발을 목적으로 제조·수입하거나 수출을 목적으로 제조하는 경우
2. 제84조제3항에 따른 안전인증을 받은 경우(제86조제1항에 따라 안전인증이 취소되거나 안전인증표시의 사용 금지 명령을 받은 경우는 제외한다)
3. 다른 법령에 따라 안전성에 관한 검사나 인증을 받은 경우로서 고용노동부령으로 정하는 경우

② 고용노동부장관은 제1항 각 호 외의 부분 본문에 따른 신고를 받은 경우 그 내용을 검토하여 이 법에 적합하면 신고를 수리하여야 한다.

③ 제1항 각 호 외의 부분 본문에 따라 신고를 한 자는 자율안전확인대상기계등이 자율안전기준에 맞는 것임을 증명하는 서류를 보존하여야 한다.

④ 제1항 각 호 외의 부분 본문에 따른 신고의 방법 및 절차, 그 밖에 필요한 사항은 고용노동부령으로 정한다.

기만 해당한다)
바. 컨베이어
사. 자동차정비용 리프트
아. 공작기계(선반, 드릴기, 평삭·형삭기, 밀링만 해당한다)
자. 고정형 목재가공용 기계(둥근톱, 대패, 루타기, 띠톱, 모떼기 기계만 해당한다)
차. 인쇄기
2. 다음 각 목의 어느 하나에 해당하는 방호장치
가. 아세틸렌 용접장치용 또는 가스집합 용접장치용 안전기
나. 교류 아크용접기용 자동전격방지기
다. 롤러기 급정지장치
라. 연삭기 덮개
마. 목재 가공용 둥근톱 반발 예방장치와 날접촉 예방장치
바. 동력식 수동대패용 칼날 접촉 방지장치
사. 추락·낙하 및 붕괴 등의 위험 방지 및 보호에 필요한 가설기자재(제74조제1항제2호아목의 가설기자재는 제외한다)로서 고용노동부장관이 정하여 고시하는 것
3. 다음 각 목의 어느 하나에 해당하는 보호구
가. 안전모(제74조제1항제3호가목의 안전모는 제외한다)
나. 보안경(제74조제1항제3호차목의 보안경은 제외한다)

제119조【신고의 면제】 법 제89조제1항제3호에서 "고용노동부령으로 정하는 경우"란 다음 각 호의 어느 하나에 해당하는 경우를 말한다.
1. 「농업기계화촉진법」 제9조에 따른 검정을 받은 경우
2. 「산업표준화법」 제15조에 따른 인증을 받은 경우
3. 「전기용품 및 생활용품 안전관리법」 제5조 및 제8조에 따른 안전인증 및 안전검사를 받은 경우
4. 국제전기기술위원회의 국제방폭전기기계·기구 상호인정제도에 따라 인증을 받은 경우

제120조【자율안전확인대상기계등의 신고방법】 ① 법 제89조제1항 본문에 따라 신고해야 하는 자는 같은 규정에 따른 자율안전확인대상기계등(이하 "자율안전확인대상기계등"이라 한다)을 출고하거나 수입하기 전에 별지 제48호서식의 자율안전확인 신고서에 다음 각 호의 서류를 첨부하여 공단에 제출(전자문서로 제출하는 것을 포함한다)해야 한다.

법률	시행령	시행규칙
	다. 보안면(제74조제1항제3호카목의 보안면은 제외한다) ② 자율안전확인대상기계등의 세부적인 종류, 규격 및 형식은 고용노동부장관이 정하여 고시한다.	1. 제품의 설명서 2. 자율안전확인대상기계등의 자율안전기준을 충족함을 증명하는 서류 ② 공단은 제1항에 따른 신고서를 제출받은 경우 「전자정부법」 제36조제1항에 따른 행정정보의 공동이용을 통하여 다음 각 호의 어느 하나에 해당하는 서류를 확인해야 한다. 다만, 제2호의 서류에 대해서는 신청인이 확인에 동의하지 않는 경우에는 그 사본을 첨부하도록 해야 한다. 1. 법인 : 법인등기사항증명서 2. 개인 : 사업자등록증 ③ 공단은 제1항에 따라 자율안전확인의 신고를 받은 날부터 15일 이내에 별지 제49호서식의 자율안전확인 신고증명서를 신고인에게 발급해야 한다.
제90조 【자율안전확인의 표시 등】 ① 제89조제1항 각 호 외의 부분 본문에 따라 신고를 한 자는 자율안전확인대상기계등이나 이를 담은 용기 또는 포장에 고용노동부령으로 정하는 바에 따라 자율안전확인의 표시(이하 "자율안전확인표시"라 한다)를 하여야 한다. ② 제89조제1항 각 호 외의 부분 본문에 따라 신고된 자율안전확인대상기계등이 아닌 것은 자율안전확인표시 또는 이와 유사한 표시를 하	벌 법 제90조제1항을 위반한 자에게는 500만원 이하의 과태료를 부과한다. (법 제175조제5항제1호) 벌 법 제90조제2항·제3항을 위반한 자는 1천만원 이하의 벌금에 처한다. (법 제171조제1호)	**제121조 【자율안전확인의 표시】** 법 제90조제1항에 따른 자율안전확인의 표시 및 표시방법은 별표 14와 같다.

거나 자율안전확인에 관한 광고를 해서는 아니 된다.

③ 제89조제1항 각 호 외의 부분 본문에 따라 신고된 자율안전확인대상기계등을 제조·수입·양도·대여하는 자는 자율안전확인표시를 임의로 변경하거나 제거해서는 아니 된다.

④ 고용노동부장관은 다음 각 호의 어느 하나에 해당하는 경우에는 자율안전확인표시나 이와 유사한 표시를 제거할 것을 명하여야 한다.

1. 제2항을 위반하여 자율안전확인표시나 이와 유사한 표시를 한 경우
2. 거짓이나 그 밖의 부정한 방법으로 제89조제1항 각 호 외의 부분 본문에 따른 신고를 한 경우
3. 제91조제1항에 따라 자율안전확인표시의 사용 금지 명령을 받은 경우

벌 법 제90조제4항에 따른 명령을 위반한 자는 1천만원 이하의 벌금에 처한다. (법 제171조제2호)

제91조 【자율안전확인표시의 사용 금지 등】 ① 고용노동부장관은 제89조제1항 각 호 외의 부분 본문에 따라 신고된 자율안전확인대상기계등의 안전에 관한 성능이 자율안전기준에 맞지 아니하게 된 경우에는 같은 항 각 호 외의 부분 본문에 따라 신고한 자에게 6개월 이내의 기간을 정하여 자율안전확인표시의 사용을 금지하거나 자율안전기준에 맞게 시정하도록 명할 수 있다.

② 고용노동부장관은 제1항에 따라 자율안전

제122조 【자율안전확인 표시의 사용 금지 공고 내용 등】 ① 지방고용노동관서의 장은 법 제91조제1항에 따라 자율안전확인표시의 사용을 금지한 경우에는 이를 고용노동부장관에게 보고해야 한다.

② 고용노동부장관은 법 제91조제3항에 따라 자율안전확인표시 사용을 금지한 날부터 30일 이내에 다음 각 호의 사항을 관보나 인터넷 등에 공고해야 한다.

1. 자율안전확인대상기계등의 명칭 및 형식번호

법률	시행령	시행규칙
확인표시의 사용을 금지하였을 때에는 그 사실을 관보 등에 공고하여야 한다. ③ 제2항에 따른 공고의 내용, 방법 및 절차, 그 밖에 필요한 사항은 고용노동부령으로 정한다.		2. 자율안전확인번호 3. 제조자(수입자) 4. 사업장 소재지 5. 사용금지 기간 및 사용금지 사유
제92조 【자율안전확인대상기계등의 제조 등의 금지 등】 ① 누구든지 다음 각 호의 어느 하나에 해당하는 자율안전확인대상기계등을 제조·수입·양도·대여·사용하거나 양도·대여의 목적으로 진열할 수 없다. 1. 제89조제1항 각 호 외의 부분 본문에 따른 신고를 하지 아니한 경우(같은 항 각 호 외의 부분 단서에 따라 신고가 면제되는 경우는 제외한다) 2. 거짓이나 그 밖의 부정한 방법으로 제89조제1항 각 호 외의 부분 본문에 따른 신고를 한 경우 3. 자율안전확인대상기계등의 안전에 관한 성능이 자율안전기준에 맞지 아니하게 된 경우 4. 제91조제1항에 따라 자율안전확인표시의 사용 금지 명령을 받은 경우	벌 법 제92조제1항을 위반한 자는 1년 이하의 징역 또는 1천만원 이하의 벌금에 처한다. (법 제170조제4호)	
② 고용노동부장관은 제1항을 위반하여 자율안전확인대상기계등을 제조·수입·양도·대여하는 자에게 고용노동부령으로 정하는 바에 따라 그 자율안전확인대상기계등을 수거하거나 파기할 것을 명할 수 있다.	벌 법 제92조제2항에 따른 명령을 위반한 자는 1년 이하의 징역 또는 1천만원 이하의 벌금에 처한다. (법 제170조제5호)	**제123조 【자율안전확인대상기계등의 수거·파기명령】** ① 지방고용노동관서의 장은 법 제92조제2항에 따른 수거·파기명령을 할 때에는 그 사유와 이행에 필요한 기간을 정하여 제조·수입·양도 또는 대여하는 자에게 알려야 한다. ② 지방고용노동관서의 장은 제1항에 따라 수거·파기명령을 받은 자가 그 제품을 구성하는 부분품을 교체하여 결함을 개선하는 등 자율안전기준의 부적합 사유를 해소할 수 있는 경우에는 해당 부분품에 대해서만 수거·파기할 것을 명할 수 있다. ③ 제1항 및 제2항에 따라 수거·파기명령을 받은 자는 명령에 따른 필요한 조치를 이행하면

제4절 안전검사

제93조【안전검사】 ① 유해하거나 위험한 기계·기구·설비로서 대통령령으로 정하는 것(이하 "안전검사대상기계등"이라 한다)을 사용하는 사업주(근로자를 사용하지 아니하고 사업을 하는 자를 포함한다. 이하 이 조, 제94조, 제95조 및 제98조에서 같다)는 안전검사대상기계등의 안전에 관한 성능이 고용노동부장관이 정하여 고시하는 검사기준에 맞는지에 대하여 고용노동부장관이 실시하는 검사(이하 "안전검사"라 한다)를 받아야 한다. 이 경우 안전검사대상기계등을 사용하는 사업주와 소유자가 다른 경우에는 안전검사대상기계등의 소유자가 안전검사를 받아야 한다.

② 제1항에도 불구하고 안전검사대상기계등이 다른 법령에 따라 안전성에 관한 검사나 인증을 받은 경우로서 고용노동부령으로 정하는 경우에는 안전검사를 면제할 수 있다.

③ 안전검사의 신청, 검사 주기 및 검사합격 표

제78조【안전검사대상기계등】 ① 법 제93조제1항 전단에서 "대통령령으로 정하는 것"이란 다음 각 호의 어느 하나에 해당하는 것을 말한다.

1. 프레스
2. 전단기
3. 크레인(정격 하중이 2톤 미만인 것은 제외한다)
4. 리프트
5. 압력용기
6. 곤돌라
7. 국소 배기장치(이동식은 제외한다)
8. 원심기(산업용만 해당한다)
9. 롤러기(밀폐형 구조는 제외한다)
10. 사출성형기[형 체결력(型 締結力) 294킬로뉴턴(KN) 미만은 제외한다]
11. 고소작업대(「자동차관리법」 제3조제3호 또는 제4호에 따른 화물자동차 또는 특수자동차에 탑재한 고소작업대로 한정한다)

그 결과를 관할 지방고용노동관서의 장에게 보고해야 한다.

④ 지방고용노동관서의 장은 제3항에 따른 보고를 받은 경우에는 제1항과 제2항에 따른 명령 및 제3항에 따른 이행 결과 보고의 내용을 고용노동부장관에게 보고해야 한다.

제4절 안전검사

제124조【안전검사의 신청 등】 ① 법 제93조제1항에 따라 안전검사를 받아야 하는 자는 별지 제50호서식의 안전검사 신청서를 제126조에 따른 검사 주기 만료일 30일 전에 영 제116조제2항에 따라 안전검사 업무를 위탁받은 기관(이하 "안전검사기관"이라 한다)에 제출(전자문서로 제출하는 것을 포함한다)해야 한다.

② 제1항에 따른 안전검사 신청을 받은 안전검사기관은 검사 주기 만료일 전후 각각 30일 이내에 해당 기계·기구 및 설비별로 안전검사를 해야 한다. 이 경우 해당 검사기간 이내에 검사에 합격한 경우에는 검사 주기 만료일에 안전검사를 받은 것으로 본다.

제125조【안전검사의 면제】 법 제93조제2항에서 "고용노동부령으로 정하는 경우"란 다음 각 호의 어느 하나에 해당하는 경우를 말한다.

1. 「건설기계관리법」 제13조제1항제1호·제2호

법 률	시 행 령	시 행 규 칙
시방법, 그 밖에 필요한 사항은 고용노동부령으로 정한다. 이 경우 검사 주기는 안전검사대상기계등의 종류, 사용연한(使用年限) 및 위험성을 고려하여 정한다. 벌 법 제93조제1항에 따른 안전검사 업무를 제165조제2항에 따라 위탁받은 자로서 그 업무를 거짓이나 그 밖의 부정한 방법으로 수행한 자는 3년 이하의 징역 또는 3천만원 이하의 벌금에 처한다. (법 제169조제5호) 벌 법 제93조제1항 전단을 위반한 자에게는 1천만원 이하의 과태료를 부과한다. (법 제175조제4항제3호)	12. 컨베이어 13. 산업용 로봇 14. 혼합기 (2024.6.25 신설 : 2026.6.26 시행) 15. 파쇄기 또는 분쇄기 (2024.6.25 신설 : 2026.6.26 시행) ② 법 제93조제1항에 따른 안전검사대상기계등의 세부적인 종류, 규격 및 형식은 고용노동부장관이 정하여 고시한다.	및 제4호에 따른 검사를 받은 경우(안전검사 주기에 해당하는 시기의 검사로 한정한다) 2. 「고압가스 안전관리법」 제17조제2항에 따른 검사를 받은 경우 3. 「광산안전법」 제9조에 따른 검사 중 광업시설의 설치·변경공사 완료 후 일정한 기간이 지날 때마다 받는 검사를 받은 경우 4. 「선박안전법」 제8조부터 제12조까지의 규정에 따른 검사를 받은 경우 5. 「에너지이용 합리화법」 제39조제4항에 따른 검사를 받은 경우 6. 「원자력안전법」 제22조제1항에 따른 검사를 받은 경우 7. 「위험물안전관리법」 제18조에 따른 정기점검 또는 정기검사를 받은 경우 8. 「전기안전관리법」 제11조에 따른 검사를 받은 경우 (2024.6.28 개정) 9. 「항만법」 제33조제1항제3호에 따른 검사를 받은 경우 (2024.6.28 개정) 10. 「소방시설 설치 및 관리에 관한 법률」 제22조제1항에 따른 자체점검을 받은 경우 (2024.6.28 개정) 11. 「화학물질관리법」 제24조제3항 본문에 따른 정기검사를 받은 경우 **제126조【안전검사의 주기와 합격표시 및 표시**

방법】 ① 법 제93조제3항에 따른 안전검사대상기계등의 안전검사 주기는 다음 각 호와 같다.

1. 크레인(이동식 크레인은 제외한다), 리프트(이삿짐운반용 리프트는 제외한다) 및 곤돌라 : 사업장에 설치가 끝난 날부터 3년 이내에 최초 안전검사를 실시하되, 그 이후부터 2년마다(건설현장에서 사용하는 것은 최초로 설치한 날부터 6개월마다)
2. 이동식 크레인, 이삿짐운반용 리프트 및 고소작업대 : 「자동차관리법」 제8조에 따른 신규등록 이후 3년 이내에 최초 안전검사를 실시하되, 그 이후부터 2년마다
3. 프레스, 전단기, 압력용기, 국소 배기장치, 원심기, 롤러기, 사출성형기, 컨베이어 및 산업용 로봇 : 사업장에 설치가 끝난 날부터 3년 이내에 최초 안전검사를 실시하되, 그 이후부터 2년마다(공정안전보고서를 제출하여 확인을 받은 압력용기는 4년마다)
3. 프레스, 전단기, 압력용기, 국소 배기장치, 원심기, 롤러기, 사출성형기, 컨베이어, 산업용 로봇, 혼합기, 파쇄기 또는 분쇄기 : 사업장에 설치가 끝난 날부터 3년 이내에 최초 안전검사를 실시하되, 그 이후부터 2년마다(공정안전보고서를 제출하여 확인을 받은 압력용기는 4년마다) (2024.6.28 개정 : 2026.6.26 시행)

법 률	시 행 령	시 행 규 칙
		② 법 제93조제3항에 따른 안전검사의 합격표시 및 표시방법은 별표 16과 같다
제94조 【안전검사합격증명서 발급 등】 ① 고용노동부장관은 제93조제1항에 따라 안전검사에 합격한 사업주에게 고용노동부령으로 정하는 바에 따라 안전검사합격증명서를 발급하여야 한다. ② 제1항에 따라 안전검사합격증명서를 발급받은 사업주는 그 증명서를 안전검사대상기계등에 붙여야 한다. (2020.5.26 개정)	벌 법 제94조제2항을 위반한 자에게는 500만원 이하의 과태료를 부과한다. (법 제175조제5항제1호)	**제127조 【안전검사 합격증명서의 발급】** 법 제94조에 따라 고용노동부장관은 안전검사에 합격한 사업주에게 안전검사대상기계등에 직접 부착 가능한 별표 16에 따른 안전검사합격증명서를 발급하고, 부적합한 경우에는 해당 사업주에게 별지 제51호서식의 안전검사 불합격 통지서에 그 사유를 밝혀 통지해야 한다.
제95조 【안전검사대상기계등의 사용 금지】 사업주는 다음 각 호의 어느 하나에 해당하는 안전검사대상기계등을 사용해서는 아니 된다. 1. 안전검사를 받지 아니한 안전검사대상기계등(제93조제2항에 따라 안전검사가 면제되는 경우는 제외한다) 2. 안전검사에 불합격한 안전검사대상기계등	벌 법 제95조를 위반한 자에게는 1천만원 이하의 과태료를 부과한다. (법 제175조제4항제3호)	
제96조 【안전검사기관】 ① 고용노동부장관은 안전검사 업무를 위탁받아 수행하는 기관을 안전검사기관으로 지정할 수 있다. ② 제1항에 따라 안전검사기관으로 지정받으려는 자는 대통령령으로 정하는 인력·시설 및 장비 등의 요건을 갖추어 고용노동부장관에게	**제79조 【안전검사기관의 지정 요건】** 법 제96조제1항에 따른 안전검사기관(이하 "안전검사기관"이라 한다)으로 지정받을 수 있는 자는 다음 각 호의 어느 하나에 해당하는 자로 한다. 1. 공단 2. 다음 각 목의 어느 하나에 해당하는 기관으	**제128조 【안전검사기관의 지정 신청 등】** ① 법 제96조제1항에 따라 안전검사기관으로 지정받으려는 자는 별지 제6호서식의 안전검사기관 지정신청서에 다음 각 호의 서류를 첨부하여 고용노동부장관에게 제출(전자문서로 제출하는 것을 포함한다)해야 한다.

신청하여야 한다.

③ 고용노동부장관은 제1항에 따라 지정받은 안전검사기관(이하 "안전검사기관"이라 한다)에 대하여 평가하고 그 결과를 공개할 수 있다. 이 경우 평가의 기준·방법 및 결과의 공개에 필요한 사항은 고용노동부령으로 정한다.

④ 안전검사기관의 지정 신청 절차, 그 밖에 필요한 사항은 고용노동부령으로 정한다.

⑤ 안전검사기관에 관하여는 제21조제4항 및 제5항을 준용한다. 이 경우 "안전관리전문기관 또는 보건관리전문기관"은 "안전검사기관"으로 본다.

로서 별표 24에 따른 인력·시설 및 장비를 갖춘 기관

가. 산업안전·보건 또는 산업재해 예방을 목적으로 설립된 비영리법인

나. 기계 및 설비 등의 인증·검사, 생산기술의 연구개발·교육·평가 등의 업무를 목적으로 설립된 「공공기관의 운영에 관한 법률」에 따른 공공기관

제80조【안전검사기관의 지정 취소 등의 사유】 법 제96조제5항에 따라 준용되는 법 제21조제4항제5호에서 "대통령령으로 정하는 사유에 해당하는 경우"란 다음 각 호의 경우를 말한다.

1. 안전검사 관련 서류를 거짓으로 작성한 경우
2. 정당한 사유 없이 안전검사 업무를 거부한 경우
3. 안전검사 업무를 게을리하거나 업무에 차질을 일으킨 경우
4. 안전검사·확인의 방법 및 절차를 위반한 경우
5. 법에 따른 관계 공무원의 지도·감독을 거부·방해 또는 기피한 경우

1. 정관(법인인 경우만 해당한다)
2. 영 별표 24에 따른 인력기준을 갖추었음을 증명할 수 있는 자격증(국가기술자격증은 제외한다), 졸업증명서, 경력증명서 및 재직증명서 등 서류
3. 영 별표 24에 따른 시설·장비기준을 갖추었음을 증명할 수 있는 서류와 시설·장비 명세서
4. 최초 1년간의 사업계획서

② 안전검사기관의 지정 신청에 관하여는 제16조제3항부터 제6항까지의 규정을 준용한다. 이 경우 "고용노동부장관 또는 지방고용노동청장"은 "고용노동부장관"으로, "안전관리전문기관 또는 보건관리전문기관"은 "안전검사기관"으로 본다.

제129조【안전검사기관의 평가 등】 ① 법 제96조제3항에 따른 안전검사기관의 평가 기준은 다음 각 호와 같다.

1. 인력·시설 및 장비의 보유 여부와 관리능력
2. 안전검사 업무 수행능력
3. 안전검사 업무를 위탁한 사업주의 만족도

② 제1항에 따른 안전검사기관에 대한 평가 방법 및 평가 결과의 공개에 관한 사항은 제17조제2항부터 제8항까지의 규정을 준용한다. 이 경우 "안전관리전문기관 또는 보건관리전문기관"은 "안전검사기관"으로 본다.

법률	시행령	시행규칙
제97조【안전검사기관의 보고의무】 안전검사기관은 제95조 각 호의 어느 하나에 해당하는 안전검사대상기계등을 발견하였을 때에는 이를 고용노동부장관에게 지체 없이 보고하여야 한다.		
제98조【자율검사프로그램에 따른 안전검사】 ① 제93조제1항에도 불구하고 같은 항에 따라 안전검사를 받아야 하는 사업주가 근로자대표와 협의(근로자를 사용하지 아니하는 경우는 제외한다)하여 같은 항 전단에 따른 검사기준, 같은 조 제3항에 따른 검사 주기 등을 충족하는 검사프로그램(이하 "자율검사프로그램"이라 한다)을 정하고 고용노동부장관의 인정을 받아 다음 각 호의 어느 하나에 해당하는 사람으로부터 자율검사프로그램에 따라 안전검사대상기계등에 대하여 안전에 관한 성능검사(이하 "자율안전검사"라 한다)를 받으면 안전검사를 받은 것으로 본다. 1. 고용노동부령으로 정하는 안전에 관한 성능검사와 관련된 자격 및 경험을 가진 사람 2. 고용노동부령으로 정하는 바에 따라 안전에 관한 성능검사 교육을 이수하고 해당 분야의 실무 경험이 있는 사람 ② 자율검사프로그램의 유효기간은 2년으로 한다.	벌 법 제98조에 따른 자율검사프로그램에 따른 안전검사 업무를 거짓이나 그 밖의 부정한 방법으로 수행한 자는 3년 이하의 징역 또는 3천만원 이하의 벌금에 처한다. (법 제169조제6호)	**제130조【검사원의 자격】** 법 제98조제1항제1호 및 제2호에서 "고용노동부령으로 정하는 안전에 관한 성능검사와 관련된 자격 및 경험을 가진 사람" 및 "고용노동부령으로 정하는 바에 따라 안전에 관한 성능검사 교육을 이수하고 해당 분야의 실무경험이 있는 사람"(이하 "검사원"이라 한다)이란 다음 각 호의 어느 하나

③ 사업주는 자율안전검사를 받은 경우에는 그 결과를 기록하여 보존하여야 한다. ④ 자율안전검사를 받으려는 사업주는 제100조에 따라 지정받은 검사기관(이하 "자율안전검사기관"이라 한다)에 자율안전검사를 위탁할 수 있다. ⑤ 자율검사프로그램에 포함되어야 할 내용, 자율검사프로그램의 인정 요건, 인정 방법 및 절차, 그 밖에 필요한 사항은 고용노동부령으로 정한다.		에 해당하는 사람을 말한다. 1. 「국가기술자격법」에 따른 기계·전기·전자·화공 또는 산업안전 분야에서 기사 이상의 자격을 취득한 후 해당 분야의 실무경력이 3년 이상인 사람 2. 「국가기술자격법」에 따른 기계·전기·전자·화공 또는 산업안전 분야에서 산업기사 이상의 자격을 취득한 후 해당 분야의 실무경력이 5년 이상인 사람 3. 「국가기술자격법」에 따른 기계·전기·전자·화공 또는 산업안전 분야에서 기능사 이상의 자격을 취득한 후 해당 분야의 실무경력이 7년 이상인 사람 4. 「고등교육법」 제2조에 따른 학교 중 수업연한이 4년인 학교(같은 법 및 다른 법령에 따라 이와 같은 수준 이상의 학력이 인정되는 학교를 포함한다)에서 기계·전기·전자·화공 또는 산업안전 분야의 관련 학과를 졸업한 후 해당 분야의 실무경력이 3년 이상인 사람 5. 「고등교육법」에 따른 학교 중 제4호에 따른 학교 외의 학교(같은 법 및 다른 법령에 따라 이와 같은 수준 이상의 학력이 인정되는 학교를 포함한다)에서 기계·전기·전자·화공 또는 산업안전 분야의 관련 학과를 졸업한 후 해당 분야의 실무경력이 5년 이상인 사람 6. 「초·중등교육법」 제2조제3호에 따른 고등학교·고등기술학교에서 기계·전기 또는 전자·

법 률	시 행 령	시 행 규 칙
		화공 관련 학과를 졸업한 후 해당 분야의 실무경력이 7년 이상인 사람 7. 법 제98조제1항에 따른 자율검사프로그램(이하 "자율검사프로그램"이라 한다)에 따라 안전에 관한 성능검사 교육을 이수한 후 해당 분야의 실무경력이 1년 이상인 사람 **제131조 【성능검사 교육 등】** ① 고용노동부장관은 법 제98조에 따라 사업장에서 안전검사대상기계등의 안전에 관한 성능검사 업무를 담당하는 사람의 인력 수급(需給) 등을 고려하여 필요하다고 인정하면 공단이나 해당 분야 전문기관으로 하여금 성능검사 교육을 실시하게 할 수 있다. ② 법 제98조제1항에2호에 따른 성능검사 교육의 교육시간은 별표 4와 같고, 교육내용은 별표 5와 같다. ③ 제1항에 따른 교육의 실시를 위한 교육 방법, 교육 실시기관의 인력·시설·장비 기준 등에 관하여 필요한 사항은 고용노동부장관이 정한다. **제132조 【자율검사프로그램의 인정 등】** ① 사업주가 법 제98조제1항에 따라 자율검사프로그램을 인정받기 위해서는 다음 각 호의 요건을 모두 충족해야 한다. 다만, 법 제98조제4항

에 따른 검사기관(이하 "자율안전검사기관"이라 한다)에 위탁한 경우에는 제1호 및 제2호를 충족한 것으로 본다.

1. 검사원을 고용하고 있을 것
2. 고용노동부장관이 정하여 고시하는 바에 따라 검사를 할 수 있는 장비를 갖추고 이를 유지·관리할 수 있을 것
3. 제126조에 따른 안전검사 주기의 2분의 1에 해당하는 주기(영 제78조제1항제3호의 크레인 중 건설현장 외에서 사용하는 크레인의 경우에는 6개월)마다 검사를 할 것
4. 자율검사프로그램의 검사기준이 법 제93조제1항에 따라 고용노동부장관이 정하여 고시하는 검사기준(이하 "안전검사기준"이라 한다)을 충족할 것

② 자율검사프로그램에는 다음 각 호의 내용이 포함되어야 한다.

1. 안전검사대상기계등의 보유 현황
2. 검사원 보유 현황과 검사를 할 수 있는 장비 및 장비 관리방법(자율안전검사기관에 위탁한 경우에는 위탁을 증명할 수 있는 서류를 제출한다)
3. 안전검사대상기계등의 검사 주기 및 검사기준
4. 향후 2년간 안전검사대상기계등의 검사수행계획
5. 과거 2년간 자율검사프로그램 수행 실적(재신청의 경우만 해당한다)

법률	시행령	시행규칙
		③ 법 제98조제1항에 따라 자율검사프로그램을 인정받으려는 자는 별지 제52호서식의 자율검사프로그램 인정신청서에 제2항 각 호의 내용이 포함된 자율검사프로그램을 확인할 수 있는 서류 2부를 첨부하여 공단에 제출해야 한다. ④ 제3항에 따른 자율검사프로그램 인정신청서를 제출받은 공단은 「전자정부법」 제36조제1항에 따른 행정정보의 공동이용을 통하여 다음 각 호의 어느 하나에 해당하는 서류를 확인해야 한다. 다만, 제2호의 서류에 대해서는 신청인이 확인에 동의하지 않는 경우에는 그 사본을 첨부하도록 해야 한다. 1. 법인 : 법인등기사항증명서 2. 개인 : 사업자등록증 ⑤ 공단은 제3항에 따라 자율검사프로그램 인정신청서를 제출받은 경우에는 15일 이내에 인정 여부를 결정한다. ⑥ 공단은 신청받은 자율검사프로그램을 인정하는 경우에는 별지 제53호서식의 자율검사프로그램 인정서에 인정증명 도장을 찍은 자율검사프로그램 1부를 첨부하여 신청자에게 발급해야 한다. ⑦ 공단은 신청받은 자율검사프로그램을 인정하지 않는 경우에는 별지 제54호서식의 자율검사프로그램 부적합 통지서에 부적합한 사유를 밝혀 신청자에게 통지해야 한다.

제99조 【자율검사프로그램 인정의 취소 등】 ① 고용노동부장관은 자율검사프로그램의 인정을 받은 자가 다음 각 호의 어느 하나에 해당하는 경우에는 자율검사프로그램의 인정을 취소하거나 인정받은 자율검사프로그램의 내용에 따라 검사를 하도록 하는 등 시정을 명할 수 있다. 다만, 제1호의 경우에는 인정을 취소하여야 한다.

1. 거짓이나 그 밖의 부정한 방법으로 자율검사프로그램을 인정받은 경우
2. 자율검사프로그램을 인정받고도 검사를 하지 아니한 경우
3. 인정받은 자율검사프로그램의 내용에 따라 검사를 하지 아니한 경우
4. 제98조제1항 각 호의 어느 하나에 해당하는 사람 또는 자율안전검사기관이 검사를 하지 아니한 경우

② 사업주는 제1항에 따라 자율검사프로그램의 인정이 취소된 안전검사대상기계등을 사용해서는 아니 된다.

벌 법 제99조제2항을 위반한 자에게는 1천만원 이하의 과태료를 부과한다. (법 제175조제4항 제3호)

제100조 【자율안전검사기관】 ① 자율안전검사기관이 되려는 자는 대통령령으로 정하는 인력·시설 및 장비 등의 요건을 갖추어 고용노동부장관의 지정을 받아야 한다.

② 고용노동부장관은 자율안전검사기관에 대하여 평가하고 그 결과를 공개할 수 있다. 이

제81조 【자율안전검사기관의 지정 요건】 법 제100조제1항에 따른 자율안전검사기관(이하 "자율안전검사기관"이라 한다)으로 지정받으려는 자는 별표 25에 따른 인력·시설 및 장비를 갖추어야 한다.

제133조 【자율안전검사기관의 지정신청 등】 ① 법 제100조제1항에 따라 자율안전검사기관으로 지정받으려는 자는 별지 제6호서식의 자율안전검사기관 지정신청서에 다음 각 호의 서류를 첨부하여 지정받으려는 검사기관의 주된 사무소의 소재지를 관할하는 지방고용노동청장에

법률	시행령	시행규칙
경우 평가의 기준·방법 및 결과의 공개에 필요한 사항은 고용노동부령으로 정한다. ③ 자율안전검사기관의 지정 절차, 그 밖에 필요한 사항은 고용노동부령으로 정한다. ④ 자율안전검사기관에 관하여는 제21조제4항 및 제5항을 준용한다. 이 경우 "안전관리전문기관 또는 보건관리전문기관"은 "자율안전검사기관"으로 본다.	**제82조【자율안전검사기관의 지정 취소 등의 사유】** 법 제100조제4항에 따라 준용되는 법 제21조제4항제5호에서 "대통령령으로 정하는 사유에 해당하는 경우"란 다음 각 호의 경우를 말한다. 1. 검사 관련 서류를 거짓으로 작성한 경우 2. 정당한 사유 없이 검사업무의 수탁을 거부한 경우 3. 검사업무를 하지 않고 위탁 수수료를 받은 경우 4. 검사 항목을 생략하거나 검사방법을 준수하지 않은 경우 5. 검사 결과의 판정기준을 준수하지 않거나 검사 결과에 따른 안전조치 의견을 제시하지 않은 경우	게 제출(전자문서로 제출하는 것을 포함한다)해야 한다. 1. 정관 2. 영 별표 25에 따른 인력기준에 해당하는 사람의 자격과 채용을 증명할 수 있는 자격증(국가기술자격증은 제외한다), 졸업증명서, 경력증명서 및 재직증명서 등의 서류 3. 건물임대차계약서 사본 등 사무실의 보유를 증명할 수 있는 서류와 시설·장비 명세서 4. 최초 1년간의 사업계획서 ② 제1항에 따른 신청서를 제출받은 지방고용노동청장은 「전자정부법」 제36조제1항에 따른 행정정보의 공동이용을 통하여 법인등기사항증명서 및 국가기술자격증을 확인해야 한다. 다만, 신청인이 국가기술자격증의 확인에 동의하지 않는 경우에는 그 사본을 첨부하도록 해야 한다. ③ 자율안전검사기관의 지정을 위한 심사, 지정서의 발급·재발급, 지정사항의 변경 및 지정서의 반납 등에 관하여는 제16조제3항부터 제6항까지의 규정을 준용한다. 이 경우 "고용노동부장관 또는 지방고용노동청장"은 "지방고용노동청장"으로, "안전관리전문기관 또는 보건관리전문기관"은 "자율안전검사기관"으로 본다. ④ 지방고용노동청장이 제1항에 따른 지정신청서 또는 제3항에 따른 변경신청서를 접수한

경우에는 해당 자율안전검사기관의 업무 지역을 관할하는 다른 지방고용노동청장과 미리 협의해야 한다.

제134조【자율안전검사기관의 평가 등】 ① 법 제100조제2항에 따라 자율안전검사기관을 평가하는 기준은 다음 각 호와 같다.

1. 인력·시설 및 장비의 보유 수준과 그에 대한 관리능력
2. 자율검사프로그램의 충실성을 포함한 안전검사 업무 수행능력
3. 안전검사 업무를 위탁한 사업장의 만족도

② 제1항에 따른 자율안전검사기관에 대한 평가 방법 및 평가 결과의 공개에 관한 사항은 제17조제2항부터 제8항까지의 규정을 준용한다. 이 경우 "안전관리전문기관 또는 보건관리전문기관"은 "자율안전검사기관"으로 본다.

제135조【자율안전검사기관의 업무수행기준】

① 자율안전검사기관은 검사 결과 안전검사기준을 충족하지 못하는 사항을 발견하면 구체적인 개선 의견을 그 사업주에게 통보해야 한다.

② 자율안전검사기관은 기계·기구별 검사 내용, 점검 결과 및 조치 사항 등 검사업무의 수행 결과를 기록·관리해야 한다.

법률	시행령	시행규칙
제5절 유해·위험기계등의 조사 및 지원 등		**제5절 유해·위험기계등의 조사 및 지원 등**
제101조 【성능시험 등】 고용노동부장관은 안전인증대상기계등 또는 자율안전확인대상기계등의 안전성능의 저하 등으로 근로자에게 피해를 주거나 줄 우려가 크다고 인정하는 경우에는 대통령령으로 정하는 바에 따라 유해·위험기계등을 제조하는 사업장에서 제품 제조 과정을 조사할 수 있으며, 제조·수입·양도·대여하거나 양도·대여의 목적으로 진열된 유해·위험기계등을 수거하여 안전인증기준 또는 자율안전기준에 적합한지에 대한 성능시험을 할 수 있다. 벌 법 제101조에 따른 조사, 수거 또는 성능시험을 방해하거나 거부한 자는 1년 이하의 징역 또는 1천만원 이하의 벌금에 처한다. (법 제170조제6호)	**제83조 【성능시험 등】** ① 법 제101조에 따른 제품 제조 과정 조사는 안전인증대상기계등 또는 자율안전확인대상기계등이 법 제83조제1항에 따른 안전인증기준 또는 법 제89조제1항에 따른 자율안전기준에 맞게 제조되었는지를 대상으로 한다. ② 고용노동부장관은 법 제101조에 따라 법 제83조제1항에 따른 유해·위험기계등(이하 "유해·위험기계등"이라 한다)의 성능시험을 하는 경우에는 제조·수입·양도·대여하거나 양도·대여의 목적으로 진열된 유해·위험기계등 중에서 그 시료(試料)를 수거하여 실시한다. ③ 제1항 및 제2항에 따른 제품 제조 과정 조사 및 성능시험의 절차 및 방법 등에 관하여 필요한 사항은 고용노동부령으로 정한다.	**제136조 【제조 과정 조사 등】** 영 제83조에 따른 제조 과정 조사 및 성능시험의 절차 및 방법은 제110조, 제111조제1항 및 제120조의 규정을 준용한다.
제102조 【유해·위험기계등 제조사업 등의 지원】 ① 고용노동부장관은 다음 각 호의 어느 하나에 해당하는 자에게 유해·위험기계등의 품질·안전성 또는 설계·시공 능력 등의 향상을 위하여 예산의 범위에서 필요한 지원을 할 수 있다.		

1. 다음 각 목의 어느 하나에 해당하는 것의 안전성 향상을 위하여 지원이 필요하다고 인정되는 것을 제조하는 자
   가. 안전인증대상기계등
   나. 자율안전확인대상기계등
   다. 그 밖에 산업재해가 많이 발생하는 유해·위험기계등
2. 작업환경 개선시설을 설계·시공하는 자

② 제1항에 따른 지원을 받으려는 자는 고용노동부령으로 정하는 인력·시설 및 장비 등의 요건을 갖추어 고용노동부장관에게 등록하여야 한다.

③ 고용노동부장관은 제2항에 따라 등록한 자가 다음 각 호의 어느 하나에 해당하는 경우에는 그 등록을 취소하거나 1년의 범위에서 제1항에 따른 지원을 제한할 수 있다. 다만, 제1호의 경우에는 등록을 취소하여야 한다.

1. 거짓이나 그 밖의 부정한 방법으로 등록한 경우
2. 제2항에 따른 등록 요건에 적합하지 아니하게 된 경우
3. 제86조제1항제1호에 따라 안전인증이 취소된 경우

④ 고용노동부장관은 제1항에 따라 지원받은 자가 다음 각 호의 어느 하나에 해당하는 경우에는 지원한 금액 또는 지원에 상응하는 금액을 환수하여야 한다. 이 경우 제1호에 해당하

제137조 【유해·위험기계등 제조사업 등의 지원 및 등록 요건】 법 제102조제2항에서 "고용노동부령으로 정하는 인력·시설 및 장비 등의 요건"이란 별표 17과 같다.

제138조 【등록신청 등】 ① 법 제102조제2항에 따라 등록을 하려는 자는 별지 제55호서식의 등록신청서에 다음 각 호의 서류를 첨부하여 공단에 제출(전자문서로 제출하는 것을 포함한다)해야 한다.

1. 별표 17에 따른 인력기준에 해당하는 사람의 자격과 채용을 증명할 수 있는 자격증(국가기술자격증은 제외한다), 졸업증명서, 경력증명서 및 재직증명서 등의 서류
2. 건물임대차계약서 사본이나 그 밖에 사무실의 보유를 증명할 수 있는 서류와 시설·장비 명세서
3. 제조 인력, 주요 부품 및 완제품 조립·생산용 생산시설 및 자체 품질관리시스템 운영에

법률	시행령	시행규칙
면 지원한 금액에 상당하는 액수 이하의 금액을 추가로 환수할 수 있다. 1. 거짓이나 그 밖의 부정한 방법으로 지원받은 경우 2. 제1항에 따른 지원 목적과 다른 용도로 지원금을 사용한 경우 3. 제3항제1호에 해당하여 등록이 취소된 경우 ⑤ 고용노동부장관은 제3항에 따라 등록을 취소한 자에 대하여 등록을 취소한 날부터 2년 이내의 기간을 정하여 제2항에 따른 등록을 제한할 수 있다. ⑥ 제1항부터 제5항까지의 규정에 따른 지원 내용, 등록 및 등록 취소, 환수 절차, 등록 제한 기준, 그 밖에 필요한 사항은 고용노동부령으로 정한다.		관한 서류(국소배기장치 및 전체환기장치 시설업체, 소음·진동 방지장치 시설업체의 경우는 제외한다) ② 제1항에 따른 등록신청서를 제출받은 공단은 「전자정부법」 제36조제1항에 따른 행정정보의 공동이용을 통하여 다음 각 호의 어느 하나에 해당하는 서류를 확인해야 한다. 다만, 제2호의 서류에 대해서는 신청인이 확인에 동의하지 않는 경우에는 그 사본을 첨부하도록 해야 한다. 1. 법인 : 법인등기사항증명서 2. 개인 : 사업자등록증 ③ 공단은 제1항에 따라 등록신청서가 접수되었을 때에는 별표 17에서 정한 기준에 적합한지를 확인한 후 등록신청서가 접수된 날부터 30일 이내에 별지 제56호서식의 등록증을 신청인에게 발급해야 한다. ④ 제3항에 따라 등록증을 발급받은 자가 등록사항을 변경하려는 경우에는 별지 제55호서식의 변경신청서에 변경내용을 증명하는 서류 및 등록증을 첨부하여 공단에 제출해야 한다. 이 경우 변경신청서의 처리에 관하여는 제3항을 준용한다. **제139조 【지원내용 등】** ① 공단은 법 제102조제2항에 따라 등록한 자에 대하여 다음 각 호

의 지원을 할 수 있다.

1. 설계·시공, 연구·개발 및 시험에 관한 기술 지원
2. 설계·시공, 연구·개발 및 시험 비용의 일부 또는 전부의 지원
3. 연구개발, 품질관리를 위한 시험장비 구매 비용의 일부 또는 전부의 지원
4. 국내외 전시회 개최 비용의 일부 또는 전부의 지원
5. 공단이 소유하고 있는 공업소유권의 우선사용 지원
6. 그 밖에 고용노동부장관이 등록업체의 제조·설계·시공능력의 향상을 위하여 필요하다고 인정하는 사업의 지원

② 제1항에 따른 지원을 받으려는 자는 지원받으려는 내용 등이 포함된 지원신청서를 공단에 제출해야 한다.

③ 공단은 제2항에 따른 지원신청서가 접수된 경우에는 30일 이내에 지원 여부, 지원 범위 및 지원 우선순위 등을 심사·결정하여 지원신청자에게 통보해야 한다. 다만, 제1항제2호에 따른 지원 신청의 경우 30일 이내에 관련 기술조사 등 심사·결정을 끝낼 수 없는 부득이한 사유가 있을 때에는 15일 범위에서 심사기간을 연장할 수 있다.

④ 공단은 등록하거나 지원을 받은 자에 대한 사후관리를 해야 한다.

법 률	시 행 령	시 행 규 칙
		제140조 【등록취소 등】 ① 공단은 법 제102조제3항에 따른 취소사유에 해당하는 사실을 확인하였을 때에는 그 사실을 증명할 수 있는 서류를 첨부하여 해당 등록업체 소재지를 관할하는 지방고용노동관서의 장에게 보고해야 한다. ② 지방고용노동관서의 장은 법 제102조제3항에 따라 등록을 취소하였을 때에는 그 사실을 공단에 통보해야 한다. ③ 법 제102조제3항에 따라 등록이 취소된 자는 즉시 제138조제3항에 따른 등록증을 공단에 반납해야 한다. ④ 고용노동부장관은 법 제102조제4항에 따라 지원한 금액 또는 지원에 상응하는 금액을 환수하는 경우에는 지원받은 자에게 반환기한과 반환금액을 명시하여 통보해야 한다. 이 경우 반환기한은 반환통보일부터 1개월 이내로 한다.
제103조 【유해·위험기계등의 안전 관련 정보의 종합관리】 ① 고용노동부장관은 사업장의 유해·위험기계등의 보유현황 및 안전검사 이력 등 안전에 관한 정보를 종합관리하고, 해당 정보를 안전인증기관 또는 안전검사기관에 제공할 수 있다. ② 고용노동부장관은 제1항에 따른 정보의 종합관리를 위하여 안전인증기관 또는 안전검사		

기관에 사업장의 유해·위험기계등의 보유현황 및 안전검사 이력 등의 필요한 자료를 제출하도록 요청할 수 있다. 이 경우 요청을 받은 기관은 특별한 사유가 없으면 그 요청에 따라야 한다.

③ 고용노동부장관은 제1항에 따른 정보의 종합관리를 위하여 유해·위험기계등의 보유현황 및 안전검사 이력 등 안전에 관한 종합정보망을 구축·운영하여야 한다.

제7장 유해·위험물질에 대한 조치

제1절 유해·위험물질의 분류 및 관리

제104조 【유해인자의 분류기준】 고용노동부장관은 고용노동부령으로 정하는 바에 따라 근로자에게 건강장해를 일으키는 화학물질 및 물리적 인자 등(이하 "유해인자"라 한다)의 유해성·위험성 분류기준을 마련하여야 한다.

제105조 【유해인자의 유해성·위험성 평가 및 관리】 ① 고용노동부장관은 유해인자가 근로자의 건강에 미치는 유해성·위험성을 평가하고 그 결과를 관보 등에 공표할 수 있다.

② 고용노동부장관은 제1항에 따른 평가 결과 등을 고려하여 고용노동부령으로 정하는 바에 따라 유해성·위험성 수준별로 유해인자를 구

제7장 유해·위험물질에 대한 조치

제7장 유해·위험물질에 대한 조치

제1절 유해·위험물질의 분류 및 관리

제141조 【유해인자의 분류기준】 법 제104조에 따른 근로자에게 건강장해를 일으키는 화학물질 및 물리적 인자 등(이하 "유해인자"라 한다)의 유해성·위험성 분류기준은 별표 18과 같다.

제142조 【유해성·위험성 평가대상 선정기준 및 평가방법 등】 ① 법 제105조제1항에 따른 유해성·위험성 평가의 대상이 되는 유해인자의 선정기준은 다음 각 호와 같다.

1. 제143조제1항 각 호로 분류하기 위하여 유해성·위험성 평가가 필요한 유해인자
2. 노출 시 변이원성(變異原性 : 유전적인 돌연

법률	시행령	시행규칙
분하여 관리하여야 한다. ③ 제1항에 따른 유해성·위험성 평가대상 유해인자의 선정기준, 유해성·위험성 평가의 방법, 그 밖에 필요한 사항은 고용노동부령으로 정한다.		변이를 일으키는 물리적·화학적 성질), 흡입독성, 생식독성(生殖毒性 : 생물체의 생식에 해를 끼치는 약물 등의 독성), 발암성 등 근로자의 건강장해 발생이 의심되는 유해인자 3. 그 밖에 사회적 물의를 일으키는 등 유해성·위험성 평가가 필요한 유해인자 ② 고용노동부장관은 제1항에 따라 선정된 유해인자에 대한 유해성·위험성 평가를 실시할 때에는 다음 각 호의 사항을 고려해야 한다. 1. 독성시험자료 등을 통한 유해성·위험성 확인 2. 화학물질의 노출이 인체에 미치는 영향 3. 화학물질의 노출수준 ③ 제2항에 따른 유해성·위험성 평가의 세부 방법 및 절차, 그 밖에 필요한 사항은 고용노동부장관이 정한다. **제143조 【유해인자의 관리 등】** ① 고용노동부장관은 법 제105조제1항에 따른 유해성·위험성 평가 결과 등을 고려하여 다음 각 호의 물질 또는 인자로 정하여 관리해야 한다. 1. 법 제106조에 따른 노출기준(이하 "노출기준"이라 한다) 설정 대상 유해인자 2. 법 제107조제1항에 따른 허용기준(이하 "허용기준"이라 한다) 설정 대상 유해인자 3. 법 제117조에 따른 제조 등 금지물질

4. 법 제118조에 따른 제조 등 허가물질
5. 제186조제1항에 따른 작업환경측정 대상 유해인자
6. 별표 22 제1호부터 제3호까지의 규정에 따른 특수건강진단 대상 유해인자
7. 안전보건규칙 제420조제1호에 따른 관리대상 유해물질

② 고용노동부장관은 제1항에 따른 유해인자의 관리에 필요한 자료를 확보하기 위하여 유해인자의 취급량·노출량, 취급 근로자 수, 취급 공정 등을 주기적으로 조사할 수 있다.

제106조 【유해인자의 노출기준 설정】 고용노동부장관은 제105조제1항에 따른 유해성·위험성 평가 결과 등 고용노동부령으로 정하는 사항을 고려하여 유해인자의 노출기준을 정하여 고시하여야 한다.

제144조 【유해인자의 노출기준의 설정 등】 법 제106조에 따라 고용노동부장관이 노출기준을 정하는 경우에는 다음 각 호의 사항을 고려해야 한다.

1. 해당 유해인자에 따른 건강장해에 관한 연구·실태조사의 결과
2. 해당 유해인자의 유해성·위험성의 평가 결과
3. 해당 유해인자의 노출기준 적용에 관한 기술적 타당성

제107조 【유해인자 허용기준의 준수】 ① 사업주는 발암성 물질 등 근로자에게 중대한 건강장해를 유발할 우려가 있는 유해인자로서 대통령령으로 정하는 유해인자는 작업장 내의 그

제84조 【유해인자 허용기준 이하 유지 대상 유해인자】 법 제107조제1항 각 호 외의 부분 본문에서 "대통령령으로 정하는 유해인자"란 별표 26 각 호에 따른 유해인자를 말한다.

제145조 【유해인자 허용기준】 ① 법 제107조제1항 각 호 외의 부분 본문에서 "고용노동부령으로 정하는 허용기준"이란 별표 19와 같다.

② 허용기준 설정 대상 유해인자의 노출 농도

법 률	시 행 령	시 행 규 칙
노출 농도를 고용노동부령으로 정하는 허용기준 이하로 유지하여야 한다. 다만, 다음 각 호의 어느 하나에 해당하는 경우에는 그러하지 아니하다. 1. 유해인자를 취급하거나 정화·배출하는 시설 및 설비의 설치나 개선이 현존하는 기술로 가능하지 아니한 경우 2. 천재지변 등으로 시설과 설비에 중대한 결함이 발생한 경우 3. 고용노동부령으로 정하는 임시 작업과 단시간 작업의 경우 4. 그 밖에 대통령령으로 정하는 경우 ② 사업주는 제1항 각 호 외의 부분 단서에도 불구하고 유해인자의 노출 농도를 제1항에 따른 허용기준 이하로 유지하도록 노력하여야 한다. 벌 법 제107조제1항 각 호 외의 부분 본문을 위반한 자에게는 1천만원 이하의 과태료를 부과한다. (법 제175조제4항제3호)		측정에 관하여는 제189조를 준용한다. 이 경우 "작업환경측정"은 "유해인자의 노출 농도 측정"으로 본다. **제146조【임시 작업과 단시간 작업】** 법 제107조제1항제3호에서 "고용노동부령으로 정하는 임시 작업과 단시간 작업"이란 안전보건규칙 제420조제8호에 따른 임시 작업과 같은 조 제9호에 따른 단시간 작업을 말한다. 이 경우 "관리대상 유해물질"은 "허용기준 설정 대상 유해인자"로 본다.
제108조【신규화학물질의 유해성·위험성 조사】 ① 대통령령으로 정하는 화학물질 외의 화학물질(이하 "신규화학물질"이라 한다)을 제조하거나 수입하려는 자(이하 "신규화학물질제조자등"이라 한다)는 신규화학물질에 의한 근로자의 건강장해를 예방하기 위하여 고용노동부	**제85조【유해성·위험성 조사 제외 화학물질】** 법 제108조제1항 각 호 외의 부분 본문에서 "대통령령으로 정하는 화학물질"이란 다음 각 호의 어느 하나에 해당하는 화학물질을 말한다. 1. 원소	**제147조【신규화학물질의 유해성·위험성 조사보고서의 제출】** ① 법 제108조제1항에 따라 신규화학물질을 제조하거나 수입하려는 자(이하 "신규화학물질제조자등"이라 한다)는 제조하거나 수입하려는 날 30일(연간 제조하거나 수입하려는 양이 100킬로그램 이상 1톤 미만

령으로 정하는 바에 따라 그 신규화학물질의 유해성·위험성을 조사하고 그 조사보고서를 고용노동부장관에게 제출하여야 한다. 다만, 다음 각 호의 어느 하나에 해당하는 경우에는 그러하지 아니하다.

1. 일반 소비자의 생활용으로 제공하기 위하여 신규화학물질을 수입하는 경우로서 고용노동부령으로 정하는 경우
2. 신규화학물질의 수입량이 소량이거나 그 밖에 위해의 정도가 적다고 인정되는 경우로서 고용노동부령으로 정하는 경우

② 신규화학물질제조자등은 제1항 각 호 외의 부분 본문에 따라 유해성·위험성을 조사한 결과 해당 신규화학물질에 의한 근로자의 건강장해를 예방하기 위하여 필요한 조치를 하여야 하는 경우 이를 즉시 시행하여야 한다.

③ 고용노동부장관은 제1항에 따라 신규화학물질의 유해성·위험성 조사보고서가 제출되면 고용노동부령으로 정하는 바에 따라 그 신규화학물질의 명칭, 유해성·위험성, 근로자의 건강장해 예방을 위한 조치 사항 등을 공표하고 관계 부처에 통보하여야 한다.

④ 고용노동부장관은 제1항에 따라 제출된 신규화학물질의 유해성·위험성 조사보고서를 검토한 결과 근로자의 건강장해 예방을 위하여 필요하다고 인정할 때에는 신규화학물질제조자등에게 시설·설비를 설치·정비하고 보호구를

2. 천연으로 산출된 화학물질
3. 「건강기능식품에 관한 법률」 제3조제1호에 따른 건강기능식품
4. 「군수품관리법」 제2조 및 「방위사업법」 제3조제2호에 따른 군수품[「군수품관리법」 제3조에 따른 통상품(痛常品)은 제외한다]
5. 「농약관리법」 제2조제1호 및 제3호에 따른 농약 및 원제
6. 「마약류 관리에 관한 법률」 제2조제1호에 따른 마약류
7. 「비료관리법」 제2조제1호에 따른 비료
8. 「사료관리법」 제2조제1호에 따른 사료
9. 「생활화학제품 및 살생물제의 안전관리에 관한 법률」 제3조제7호 및 제8호에 따른 살생물물질 및 살생물제품
10. 「식품위생법」 제2조제1호 및 제2호에 따른 식품 및 식품첨가물
11. 「약사법」 제2조제4호 및 제7호에 따른 의약품 및 의약외품(醫藥外品)
12. 「원자력안전법」 제2조제5호에 따른 방사성물질
13. 「위생용품 관리법」 제2조제1호에 따른 위생용품
14. 「의료기기법」 제2조제1항에 따른 의료기기
15. 「총포·도검·화약류 등의 안전관리에 관한 법률」 제2조제3항에 따른 화약류

인 경우에는 14일) 전까지 별지 제57호서식의 신규화학물질 유해성·위험성 조사보고서(이하 "유해성·위험성 조사보고서"라 한다)에 별표 20에 따른 서류를 첨부하여 고용노동부장관에게 제출해야 한다. 다만, 그 신규화학물질을 「화학물질의 등록 및 평가 등에 관한 법률」 제10조에 따라 환경부장관에게 등록한 경우에는 고용노동부장관에게 유해성·위험성 조사보고서를 제출한 것으로 본다.

② 환경부장관은 제1항 단서에 따라 신규화학물질제조자등이 고용노동부장관에게 유해성·위험성 조사보고서를 제출한 것으로 보는 신규화학물질에 관한 등록자료 및 「화학물질의 등록 및 평가 등에 관한 법률」 제18조에 따른 유해성심사 결과를 고용노동부장관에게 제공해야 한다.

③ 고용노동부장관은 신규화학물질제조자등이 별표 20에 따라 시험성적서를 제출한 경우(제1항 단서에 따라 고용노동부장관에게 유해성·위험성 조사보고서를 제출한 것으로 보는 경우를 포함한다)에도 신규화학물질이 별표 18 제1호나목7)에 따른 생식세포 변이원성 등으로 중대한 건강장해를 유발할 수 있다고 의심되는 경우에는 신규화학물질제조자등에게 별지 제58호서식에 따라 신규화학물질의 유해성·위험성에 대한 추가 검토에 필요한 자료의 제출을 요청할 수 있다.

법 률	시 행 령	시 행 규 칙
갖추어 두는 등의 조치를 하도록 명할 수 있다. ⑤ 신규화학물질제조자등이 신규화학물질을 양도하거나 제공하는 경우에는 제4항에 따른 근로자의 건강장해 예방을 위하여 조치하여야 할 사항을 기록한 서류를 함께 제공하여야 한다. 벌 법 제108조제1항에 따른 유해성·위험성 조사보고서를 제출하지 아니한 자에게는 500만원 이하의 과태료를 부과한다. (법 제175조제5항제4호의2) 벌 법 제108조제2항을 위반한 자는 1천만원 이하의 벌금에 처한다. (법 제171조제1호) 벌 법 제108조제4항에 따른 명령을 위반한 자는 1천만원 이하의 벌금에 처한다. (법 제171조제2호) 벌 법 제108조제5항을 위반한 자에게는 300만원 이하의 과태료를 부과한다. (법 제175조제6항제3호)	16. 「화장품법」 제2조제1호에 따른 화장품과 화장품에 사용하는 원료 17. 법 제108조제3항에 따라 고용노동부장관이 명칭, 유해성·위험성, 근로자의 건강장해 예방을 위한 조치 사항 및 연간 제조량·수입량을 공표한 물질로서 공표된 연간 제조량·수입량 이하로 제조하거나 수입한 물질 18. 고용노동부장관이 환경부장관과 협의하여 고시하는 화학물질 목록에 기록되어 있는 물질	④ 고용노동부장관은 유해성·위험성 조사보고서 또는 제2항에 따라 환경부장관으로부터 제공받은 신규화학물질 등록자료 및 유해성심사 결과를 검토한 결과 법 제108조제4항에 따라 필요한 조치를 명하려는 경우에는 제1항 본문에 따라 유해성·위험성 조사보고서를 제출받은 날 또는 제2항에 따라 환경부장관으로부터 신규화학물질 등록자료 및 유해성심사 결과를 제공받은 날부터 30일(연간 제조하거나 수입하려는 양이 100킬로그램 이상 1톤 미만인 경우에는 14일) 이내에 제1항 본문에 따라 유해성·위험성 조사보고서를 제출한 자 또는 제1항 단서에 따라 유해성·위험성 조사보고서를 제출한 것으로 보는 자에게 별지 제59호서식에 따라 신규화학물질의 유해성·위험성 조치사항을 통지해야 한다. 다만, 제3항에 따라 추가 검토에 필요한 자료제출을 요청한 경우에는 그 자료를 제출받은 날부터 30일(연간 제조하거나 수입하려는 양이 100킬로그램 이상 1톤 미만인 경우에는 14일) 이내에 별지 제59호서식에 따라 유해성·위험성 조치사항을 통지해야 한다. **제148조 【일반소비자 생활용 신규화학물질의 유해성·위험성 조사 제외】** ① 법 제108조제1항제1호에서 "고용노동부령으로 정하는 경우"란

다음 각 호의 어느 하나에 해당하는 경우로서 고용노동부장관의 확인을 받은 경우를 말한다.

1. 해당 신규화학물질이 완성된 제품으로서 국내에서 가공하지 않는 경우
2. 해당 신규화학물질의 포장 또는 용기를 국내에서 변경하지 않거나 국내에서 포장하거나 용기에 담지 않는 경우
3. 해당 신규화학물질이 직접 소비자에게 제공되고 국내의 사업장에서 사용되지 않는 경우

② 제1항에 따른 확인을 받으려는 자는 최초로 신규화학물질을 수입하려는 날 7일 전까지 별지 제60호서식의 신청서에 제1항 각 호의 어느 하나에 해당하는 사실을 증명하는 서류를 첨부하여 고용노동부장관에게 제출해야 한다.

제149조【소량 신규화학물질의 유해성·위험성 조사 제외】 ① 법 제108조제1항제2호에 따른 신규화학물질의 수입량이 소량이어서 유해성·위험성 조사보고서를 제출하지 않는 경우란 신규화학물질의 연간 수입량이 100킬로그램 미만인 경우로서 고용노동부장관의 확인을 받은 경우를 말한다.

② 제1항에 따른 확인을 받은 자가 같은 항에서 정한 수량 이상의 신규화학물질을 수입하였거나 수입하려는 경우에는 그 사유가 발생한 날부터 30일 이내에 유해성·위험성 조사보고서를 고용노동부장관에게 제출해야 한다.

법 률	시 행 령	시 행 규 칙
		③ 제1항에 따른 확인의 신청에 관하여는 제148조제2항을 준용한다. ④ 제1항에 따른 확인의 유효기간은 1년으로 한다. 다만, 신규화학물질의 연간 수입량이 100킬로그램 미만인 경우로서 제151조제2항에 따라 확인을 받은 것으로 보는 경우에는 그 확인은 계속 유효한 것으로 본다. **제150조 【그 밖의 신규화학물질의 유해성·위험성 조사 제외】** ① 법 제108조제1항제2호에서 "위해의 정도가 적다고 인정되는 경우로서 고용노동부령으로 정하는 경우"란 다음 각 호의 어느 하나에 해당하는 경우로서 고용노동부장관의 확인을 받은 경우를 말한다. 1. 제조하거나 수입하려는 신규화학물질이 시험·연구를 위하여 사용되는 경우 2. 신규화학물질을 전량 수출하기 위하여 연간 10톤 이하로 제조하거나 수입하는 경우 3. 신규화학물질이 아닌 화학물질로만 구성된 고분자화합물로서 고용노동부장관이 정하여 고시하는 경우 ② 제1항에 따른 확인의 신청에 관하여는 제148조제2항을 준용한다. **제151조 【확인의 면제】** ① 제148조 및 제150조에 따라 확인을 받아야 할 자가 「화학물질의

등록 및 평가 등에 관한 법률」 제11조에 따라 환경부장관으로부터 화학물질의 등록 면제확인을 통지받은 경우에는 제148조 및 제150조에 따른 확인을 받은 것으로 본다.

② 제149조제1항에 따라 확인을 받아야 할 자가 「화학물질의 등록 및 평가 등에 관한 법률」 제10조제7항에 따라 환경부장관으로부터 화학물질의 신고를 통지받았거나 법률 제11789호 화학물질의 등록 및 평가 등에 관한 법률 부칙 제4조에 따라 등록면제확인을 받은 것으로 보는 경우에는 제149조에 따른 확인을 받은 것으로 본다.

제152조 【확인 및 결과 통보】 고용노동부장관은 제148조제2항(제149조제3항 및 제150조제2항에서 준용하는 경우를 포함한다)에 따른 신청서가 제출된 경우에는 이를 지체 없이 확인한 후 접수된 날부터 20일 이내에 그 결과를 해당 신청인에게 알려야 한다.

제153조 【신규화학물질의 명칭 등의 공표】 ① 고용노동부장관은 제147조제1항에 따라 신규화학물질제조자등이 유해성·위험성 조사보고서를 제출하거나 제2항에 따라 환경부장관으로부터 신규화학물질 등록자료 및 유해성심사결과를 제공받은 경우에는 이에 대하여 지체 없이 검토를 완료한 후 그 신규화학물질의 명

법 률	시 행 령	시 행 규 칙
		칭, 유해성·위험성, 조치사항 및 연간 제조량·수입량을 관보 또는 「신문 등의 진흥에 관한 법률」 제9조제1항에 따라 그 보급지역을 전국으로 하여 등록한 일반일간신문 등에 공표하고, 관계 부처에 통보해야 한다. ② 고용노동부장관은 제1항에도 불구하고 사업주가 신규화학물질의 명칭과 화학물질식별번호(CAS No.)에 대한 정보보호를 요청하는 경우 그 타당성을 평가하여 해당 정보보호기간 동안에 「화학물질의 등록 및 평가 등에 관한 법률」 제2조제13호에 따른 총칭명(總稱名)으로 공표할 수 있으며, 그 정보보호기간이 끝나면 제1항에 따라 그 신규화학물질의 명칭 등을 공표해야 한다. ③ 제2항에 따른 정보보호 요청, 타당성 평가 기준 및 정보보호기간 등에 관하여 필요한 사항은 고용노동부장관이 정하여 고시한다. **제154조 【의견 청취 등】** 고용노동부장관은 제147조 및 제155조에 따라 제출된 신규화학물질의 유해성·위험성 조사보고서, 화학물질의 유해성·위해성 조사결과 및 유해성·위험성 평가에 필요한 자료를 검토할 때에는 해당 물질에 대한 환경부장관의 유해성심사 결과를 참고하거나 공단이나 그 밖의 관계 전문가의 의견을 들을 수 있다.

제109조【중대한 건강장해 우려 화학물질의 유해성·위험성 조사】 ① 고용노동부장관은 근로자의 건강장해를 예방하기 위하여 필요하다고 인정할 때에는 고용노동부령으로 정하는 바에 따라 암 또는 그 밖에 중대한 건강장해를 일으킬 우려가 있는 화학물질을 제조·수입하는 자 또는 사용하는 사업주에게 해당 화학물질의 유해성·위험성 조사와 그 결과의 제출 또는 제105조제1항에 따른 유해성·위험성 평가에 필요한 자료의 제출을 명할 수 있다.

② 제1항에 따라 화학물질의 유해성·위험성 조사 명령을 받은 자는 유해성·위험성 조사 결과 해당 화학물질로 인한 근로자의 건강장해가 우려되는 경우 근로자의 건강장해를 예방하기 위하여 시설·설비의 설치 또는 개선 등 필요한 조치를 하여야 한다.

③ 고용노동부장관은 제1항에 따라 제출된 조사 결과 및 자료를 검토하여 근로자의 건강장해를 예방하기 위하여 필요하다고 인정하는 경우에는 해당 화학물질을 제105조제2항에 따라 구분하여 관리하거나 해당 화학물질을 제조·수입한 자 또는 사용하는 사업주에게 근로자의 건강장해 예방을 위한 시설·설비의 설치 또는 개선 등 필요한 조치를 하도록 명할 수 있다.

제110조【물질안전보건자료의 작성 및 제출】 ① 화학물질 또는 이를 포함한 혼합물로서 제104

벌 법 제109조제1항에 따른 유해성·위험성 조사 결과 또는 유해성·위험성 평가에 필요한 자료를 제출하지 아니한 자에게는 300만원 이하의 과태료를 부과한다. (법 제175조제6항제8호)

벌 법 제109조제1항에 따른 유해성·위험성 조사 결과 또는 유해성·위험성 평가에 필요한 자료를 제출하지 아니한 자에게는 500만원 이하의 과태료를 부과한다. (법 제175조제5항제4호의2)

벌 법 제109조제2항을 위반한 자는 1천만원 이하의 벌금에 처한다. (법 제171조제1호)

벌 법 제109조제3항에 따른 명령을 위반한 자는 1천만원 이하의 벌금에 처한다. (법 제171조제2호)

제86조【물질안전보건자료의 작성·제출 제외 대상 화학물질 등】 법 제110조제1항 각 호 외의

제155조【화학물질의 유해성·위험성 조사결과 등의 제출】 ① 법 제109조제1항에 따라 화학물질의 유해성·위험성 조사결과의 제출을 명령받은 자는 별지 제61호서식의 화학물질의 유해성·위험성 조사결과서에 다음 각 호의 서류 및 자료를 첨부하여 명령을 받은 날부터 45일 이내에 고용노동부장관에게 제출해야 한다. 다만, 고용노동부장관은 독성시험 성적에 관한 서류의 경우 해당 화학물질의 시험에 상당한 시일이 걸리는 등 기한 내에 제출할 수 없는 부득이한 사유가 있을 때에는 30일의 범위에서 제출기한을 연장할 수 있다.

1. 해당 화학물질의 안전·보건에 관한 자료
2. 해당 화학물질의 독성시험 성적서
3. 해당 화학물질의 제조 또는 사용·취급방법을 기록한 서류 및 제조 또는 사용 공정도(工程圖)
4. 그 밖에 해당 화학물질의 유해성·유험성과 관련된 서류 및 자료

② 법 제109조제1항에 따라 법 제105조제1항에 따른 유해성·위험성 평가에 필요한 자료의 제출 명령을 받은 사람은 명령을 받은 날부터 45일 이내에 해당 자료를 고용노동부장관에게 제출해야 한다.

제156조【물질안전보건자료의 작성방법 및 기재사항】 ① 법 제110조제1항에 따른 물질안전보

법 률

조에 따른 분류기준에 해당하는 것(대통령령으로 정하는 것은 제외한다. 이하 "물질안전보건자료대상물질"이라 한다)을 제조하거나 수입하려는 자는 다음 각 호의 사항을 적은 자료(이하 "물질안전보건자료"라 한다)를 고용노동부령으로 정하는 바에 따라 작성하여 고용노동부장관에게 제출하여야 한다. 이 경우 고용노동부장관은 고용노동부령으로 물질안전보건자료의 기재 사항이나 작성 방법을 정할 때 「화학물질관리법」 및 「화학물질의 등록 및 평가 등에 관한 법률」과 관련된 사항에 대해서는 환경부장관과 협의하여야 한다. (2020.5.26 개정)

1. 제품명
2. 물질안전보건자료대상물질을 구성하는 화학물질 중 제104조에 따른 분류기준에 해당하는 화학물질의 명칭 및 함유량
3. 안전 및 보건상의 취급 주의 사항
4. 건강 및 환경에 대한 유해성, 물리적 위험성
5. 물리·화학적 특성 등 고용노동부령으로 정하는 사항

② 물질안전보건자료대상물질을 제조하거나 수입하려는 자는 물질안전보건자료대상물질을 구성하는 화학물질 중 제104조에 따른 분류기준에 해당하지 아니하는 화학물질의 명칭 및 함유량을 고용노동부장관에게 별도로 제출하

시 행 령

부분 전단에서 "대통령령으로 정하는 것"이란 다음 각 호의 어느 하나에 해당하는 것을 말한다.

1. 「건강기능식품에 관한 법률」 제3조제1호에 따른 건강기능식품
2. 「농약관리법」 제2조제1호에 따른 농약
3. 「마약류 관리에 관한 법률」 제2조제2호 및 제3호에 따른 마약 및 향정신성의약품
4. 「비료관리법」 제2조제1호에 따른 비료
5. 「사료관리법」 제2조제1호에 따른 사료
6. 「생활주변방사선 안전관리법」 제2조제2호에 따른 원료물질
7. 「생활화학제품 및 살생물제의 안전관리에 관한 법률」 제3조제4호 및 제8호에 따른 안전확인대상생활화학제품 및 살생물제품 중 일반소비자의 생활용으로 제공되는 제품
8. 「식품위생법」 제2조제1호 및 제2호에 따른 식품 및 식품첨가물
9. 「약사법」 제2조제4호 및 제7호에 따른 의약품 및 의약외품
10. 「원자력안전법」 제2조제5호에 따른 방사성물질
11. 「위생용품 관리법」 제2조제1호에 따른 위생용품
12. 「의료기기법」 제2조제1항에 따른 의료기기

12의2. 「첨단재생의료 및 첨단바이오의약품

시 행 규 칙

건자료대상물질(이하 "물질안전보건자료대상물질"이라 한다)을 제조·수입하려는 자가 물질안전보건자료를 작성하는 경우에는 그 물질안전보건자료의 신뢰성이 확보될 수 있도록 인용된 자료의 출처를 함께 적어야 한다.

② 법 제110조제1항제5호에서 "물리·화학적 특성 등 고용노동부령으로 정하는 사항"이란 다음 각 호의 사항을 말한다.

1. 물리·화학적 특성
2. 독성에 관한 정보
3. 폭발·화재 시의 대처방법
4. 응급조치 요령
5. 그 밖에 고용노동부장관이 정하는 사항

③ 그 밖에 물질안전보건자료의 세부 작성방법, 용어 등 필요한 사항은 고용노동부장관이 정하여 고시한다.

제157조【물질안전보건자료 등의 제출방법 및 시기】 ① 법 제110조제1항에 따른 물질안전보건자료 및 같은 조 제2항 본문에 따른 화학물질의 명칭 및 함유량에 관한 자료(같은 항 제2호에 따라 물질안전보건자료에 적힌 화학물질 외에는 법 제104조에 따른 분류기준에 해당하는 화학물질이 없음을 확인하는 경우에는 별지 제62호서식의 화학물질 확인서류를 말한다)는 물질안전보건자료대상물질을 제조

여야 한다. 다만, 다음 각 호의 어느 하나에 해당하는 경우는 그러하지 아니하다.

1. 제1항에 따라 제출된 물질안전보건자료에 이 항 각 호 외의 부분 본문에 따른 화학물질의 명칭 및 함유량이 전부 포함된 경우
2. 물질안전보건자료대상물질을 수입하려는 자가 물질안전보건자료대상물질을 국외에서 제조하여 우리나라로 수출하려는 자(이하 "국외제조자"라 한다)로부터 물질안전보건자료에 적힌 화학물질 외에는 제104조에 따른 분류기준에 해당하는 화학물질이 없음을 확인하는 내용의 서류를 받아 제출한 경우

③ 물질안전보건자료대상물질을 제조하거나 수입한 자는 제1항 각 호에 따른 사항 중 고용노동부령으로 정하는 사항이 변경된 경우 그 변경 사항을 반영한 물질안전보건자료를 고용노동부장관에게 제출하여야 한다.

④ 제1항부터 제3항까지의 규정에 따른 물질안전보건자료 등의 제출 방법·시기, 그 밖에 필요한 사항은 고용노동부령으로 정한다.

벌 법 제110조제1항부터 제3항까지의 규정을 위반하여 물질안전보건자료, 화학물질의 명칭·함유량 또는 변경된 물질안전보건자료를 제출하지 아니한 자에게는 500만원 이하의 과태료를 부과한다. (법 제175조제5항제5호)

벌 법 제110조제2항제2호를 위반하여 국외제조자로부터 물질안전보건자료에 적힌 화학물질 외

안전 및 지원에 관한 법률」 제2조제5호에 따른 첨단바이오의약품 (2020.8.27 신설)

13. 「총포·도검·화약류 등의 안전관리에 관한 법률」 제2조제3항에 따른 화약류
14. 「폐기물관리법」 제2조제1호에 따른 폐기물
15. 「화장품법」 제2조제1호에 따른 화장품
16. 제1호부터 제15호까지의 규정 외의 화학물질 또는 혼합물로서 일반소비자의 생활용으로 제공되는 것(일반소비자의 생활용으로 제공되는 화학물질 또는 혼합물이 사업장 내에서 취급되는 경우를 포함한다)
17. 고용노동부장관이 정하여 고시하는 연구·개발용 화학물질 또는 화학제품. 이 경우 법 제110조제1항부터 제3항까지의 규정에 따른 자료의 제출만 제외된다.
18. 그 밖에 고용노동부장관이 독성·폭발성 등으로 인한 위해의 정도가 적다고 인정하여 고시하는 화학물질

하거나 수입하기 전에 공단에 제출해야 한다.

② 제1항 및 제159조제2항에 따라 물질안전보건자료를 공단에 제출하는 경우에는 공단이 구축하여 운영하는 물질안전보건자료 제출, 비공개 정보 승인시스템(이하 "물질안전보건자료시스템"이라 한다)을 통한 전자적 방법으로 제출해야 한다. 다만, 물질안전보건자료시스템이 정상적으로 운영되지 않거나 신청인이 물질안전보건자료시스템을 이용할 수 없는 등의 부득이한 사유가 있는 경우에는 전자적 기록매체에 수록하여 직접 또는 우편으로 제출(제161조 및 제163조에 따라 물질안전보건자료시스템을 통하여 신청 또는 자료를 제출하는 경우에도 같다)할 수 있다.

제158조【자료의 열람】 고용노동부장관은 환경부장관이 「화학물질의 등록 및 평가 등에 관한 법률 시행규칙」 제35조의2에 따른 화학물질안전정보의 제공범위에 대한 승인을 위하여 필요하다고 요청하는 경우에는 물질안전보건자료시스템의 자료 중 해당 화학물질과 관련된 자료를 열람하게 할 수 있다.

제159조【변경이 필요한 물질안전보건자료의 항목 및 제출시기】 ① 법 제110조제3항에서 "고용노동부장관이 정하는 사항"이란 다음 각 호의 사항을 말한다.

법률	시행령	시행규칙
에는 제104조에 따른 분류기준에 해당하는 화학물질이 없음을 확인하는 내용의 서류를 거짓으로 제출한 자에게는 500만원 이하의 과태료를 부과한다. (법 제175조제5항제6호)		1. 제품명(구성성분의 명칭 및 함유량의 변경이 없는 경우로 한정한다) 2. 물질안전보건자료대상물질을 구성하는 화학물질 중 제141조에 따른 분류기준에 해당하는 화학물질의 명칭 및 함유량(제품명의 변경 없이 구성성분의 명칭 및 함유량만 변경된 경우로 한정한다) 3. 건강 및 환경에 대한 유해성, 물리적 위험성 ② 물질안전보건자료대상물질을 제조하거나 수입하는 자는 제1항의 변경사항을 반영한 물질안전보건자료를 지체 없이 공단에 제출해야 한다.
제111조【물질안전보건자료의 제공】 ① 물질안전보건자료대상물질을 양도하거나 제공하는 자는 이를 양도받거나 제공받는 자에게 물질안전보건자료를 제공하여야 한다. ② 물질안전보건자료대상물질을 제조하거나 수입한 자는 이를 양도받거나 제공받은 자에게 제110조제3항에 따라 변경된 물질안전보건자료를 제공하여야 한다. ③ 물질안전보건자료대상물질을 양도하거나 제공한 자(물질안전보건자료대상물질을 제조하거나 수입한 자는 제외한다)는 제110조제3항에 따른 물질안전보건자료를 제공받은 경우 이를 물질안전보건자료대상물질을 양도받거나 제공	벌 법 제111조제1항을 위반하여 물질안전보건자료를 제공하지 아니한 자에게는 500만원 이하의 과태료를 부과한다. (법 제175조제5항제7호) 벌 법 제111조제2항 또는 제3항을 위반하여 물질안전보건자료의 변경 내용을 반영하여 제공하지 아니한 자에게는 300만원 이하의 과태료를 부과한다. (법 제175조제6항제9호)	**제160조【물질안전보건자료의 제공 방법】** ① 법 제111조제1항부터 제3항까지의 규정에 따라 물질안전보건자료를 제공하는 경우에는 물질안전보건자료시스템 제출 시 부여된 번호를 해당 물질안전보건자료에 반영하여 물질안전보건자료대상물질과 함께 제공하거나 그 밖에 고용노동부장관이 정하여 고시한 바에 따라 제공해야 한다. ② 동일한 상대방에게 같은 물질안전보건자료대상물질을 2회 이상 계속하여 양도하거나 제공하는 경우에는 해당 물질안전보건자료대상물질에 대한 물질안전보건자료의 변경이 없으면 추가로 물질안전보건자료를 제공하지 않을

받은 자에게 제공하여야 한다.

④ 제1항부터 제3항까지의 규정에 따른 물질안전보건자료 또는 변경된 물질안전보건자료의 제공방법 및 내용, 그 밖에 필요한 사항은 고용노동부령으로 정한다.

제112조 【물질안전보건자료의 일부 비공개 승인 등】 ① 제110조제1항에도 불구하고 영업비밀과 관련되어 같은 항 제2호에 따른 화학물질의 명칭 및 함유량을 물질안전보건자료에 적지 아니하려는 자는 고용노동부령으로 정하는 바에 따라 고용노동부장관에게 신청하여 승인을 받아 해당 화학물질의 명칭 및 함유량을 대체할 수 있는 명칭 및 함유량(이하 "대체자료"라 한다)으로 적을 수 있다. 다만, 근로자에게 중대한 건강장해를 초래할 우려가 있는 화학물질로서 「산업재해보상보험법」 제8조제1항에 따른 산업재해보상보험및예방심의위원회의 심의를 거쳐 고용노동부장관이 고시하는 것은 그러하지 아니하다.

② 고용노동부장관은 제1항 본문에 따른 승인 신청을 받은 경우 고용노동부령으로 정하는 바에 따라 화학물질의 명칭 및 함유량의 대체 필요성, 대체자료의 적합성 및 물질안전보건자료의 적정성 등을 검토하여 승인 여부를 결정하고 신청인에게 그 결과를 통보하여야 한다.

③ 고용노동부장관은 제2항에 따른 승인에 관

벌 법 제112조제1항 본문을 위반하여 승인을 받지 아니하고 화학물질의 명칭 및 함유량을 대체자료로 적은 자에게는 500만원 이하의 과태료를 부과한다. (법 제175조제5항제8호)

벌 법 제112조제1항 또는 제5항에 따른 비공개 승인 또는 연장승인 신청 시 영업비밀과 관련되어 보호사유를 거짓으로 작성하여 신청한 자에게는 500만원 이하의 과태료를 부과한다. (법 제175조제5항제9호)

수 있다. 다만, 상대방이 물질안전보건자료의 제공을 요청한 경우에는 그렇지 않다.

제161조 【비공개 승인 또는 연장승인을 위한 제출서류 및 제출시기】 ① 법 제112조제1항 본문에 따라 물질안전보건자료에 화학물질의 명칭 및 함유량을 대체할 수 있는 명칭 및 함유량(이하 "대체자료"라 한다)으로 적기 위하여 승인을 신청하려는 자는 물질안전보건자료대상물질을 제조하거나 수입하기 전에 물질안전보건자료시스템을 통하여 별지 제63호서식에 따른 물질안전보건자료 비공개 승인신청서에 다음 각 호의 정보를 기재하거나 첨부하여 공단에 제출해야 한다.

1. 대체자료로 적으려는 화학물질의 명칭 및 함유량이 「부정경쟁방지 및 영업비밀 보호에 관한 법률」 제2조제2호에 따른 영업비밀에 해당함을 입증하는 자료로서 고용노동부장관이 정하여 고시하는 자료
2. 대체자료
3. 대체자료로 적으려는 화학물질의 명칭 및 함유량, 건강 및 환경에 대한 유해성, 물리적 위험성 정보
4. 물질안전보건자료

법 률	시 행 령	시 행 규 칙
한 기준을 「산업재해보상보험법」 제8조제1항에 따른 산업재해보상보험및예방심의위원회의 심의를 거쳐 정한다. ④ 제1항에 따른 승인의 유효기간은 승인을 받은 날부터 5년으로 한다. ⑤ 고용노동부장관은 제4항에 따른 유효기간이 만료되는 경우에도 계속하여 대체자료로 적으려는 자가 그 유효기간의 연장승인을 신청하면 유효기간이 만료되는 다음 날부터 5년 단위로 그 기간을 계속하여 연장승인할 수 있다. ⑥ 삭제(2023.8.8) ⑦ 삭제(2023.8.8) ⑧ 고용노동부장관은 다음 각 호의 어느 하나에 해당하는 경우에는 제1항, 제5항 또는 제112조의2제2항에 따른 승인 또는 연장승인을 취소할 수 있다. 다만, 제1호의 경우에는 그 승인 또는 연장승인을 취소하여야 한다. (2023.8.8 개정) 1. 거짓이나 그 밖의 부정한 방법으로 제1항, 제5항 또는 제112조의2제2항에 따른 승인 또는 연장승인을 받은 경우 (2023.8.8 개정) 2. 제1항, 제5항 또는 제112조의2제2항에 따른 승인 또는 연장승인을 받은 화학물질이 제1항 단서에 따른 화학물질에 해당하게 된 경우 (2023.8.8 개정) ⑨ 제5항에 따른 연장승인과 제8항에 따른 승		5. 법 제104조에 따른 분류기준에 해당하지 않는 화학물질의 명칭 및 함유량. 다만, 법 제110조제2항 각 호의 어느 하나에 해당하는 경우는 제외한다. (2022.8.18 개정) 6. 그 밖에 화학물질의 명칭 및 함유량을 대체자료로 적도록 승인하기 위해 필요한 정보로서 고용노동부장관이 정하여 고시하는 서류 ② 제1항에도 불구하고 고용노동부장관이 정하여 고시하는 연구·개발용 화학물질 또는 화학제품에 대한 물질안전보건자료에 화학물질의 명칭 및 함유량을 대체자료로 적기 위해 승인을 신청하려는 자는 제1항제1호 및 제6호의 자료를 생략하여 제출할 수 있다. ③ 법 제112조제5항에 따른 연장승인 신청을 하려는 자는 유효기간이 만료되기 30일 전까지 물질안전보건자료시스템을 통하여 별지 제63호서식에 따른 물질안전보건자료 비공개 연장승인 신청서에 제1항 각 호에 따른 서류를 첨부하여 공단에 제출해야 한다. **제162조 【비공개 승인 및 연장승인 심사의 기준, 절차 및 방법 등】** ① 공단은 제161조제1항 및 제3항에 따른 승인 신청 또는 연장승인 신청을 받은 날부터 1개월 이내에 승인 여부를 결정하여 그 결과를 별지 제64호서식에 따라 신청인에게 통보해야 한다.

인 또는 연장승인의 취소 절차 및 방법, 그 밖에 필요한 사항은 고용노동부령으로 정한다.

⑩ 다음 각 호의 어느 하나에 해당하는 자는 근로자의 안전 및 보건을 유지하거나 직업성 질환 발생 원인을 규명하기 위하여 근로자에게 중대한 건강장해가 발생하는 등 고용노동부령으로 정하는 경우에는 물질안전보건자료대상물질을 제조하거나 수입한 자에게 제1항에 따라 대체자료로 적힌 화학물질의 명칭 및 함유량 정보를 제공할 것을 요구할 수 있다. 이 경우 정보 제공을 요구받은 자는 고용노동부장관이 정하여 고시하는 바에 따라 정보를 제공하여야 한다.

1. 근로자를 진료하는 「의료법」 제2조에 따른 의사
2. 보건관리자 및 보건관리전문기관
3. 산업보건의
4. 근로자대표
5. 제165조제2항제38호에 따라 제141조제1항에 따른 역학조사(疫學調査) 실시 업무를 위탁받은 기관
6. 「산업재해보상보험법」 제38조에 따른 업무상질병판정위원회

벌 법 제112조제10항 각 호 외의 부분 후단을 위반하여 대체자료로 적힌 화학물질의 명칭 및 함유량 정보를 제공하지 아니한 자에게는 500만원 이하의 과태료를 부과한다. (법 제175조제5항제10호)

② 공단은 부득이한 사유로 제1항에 따른 기간 이내에 승인 여부를 결정할 수 없을 때에는 10일의 범위 내에서 통보 기한을 연장할 수 있다. 이 경우 연장 사실 및 연장 사유를 신청인에게 지체 없이 알려야 한다.

③ 공단은 제161조제2항에 따른 승인 신청을 받은 날부터 2주 이내에 승인 여부를 결정하여 그 결과를 별지 제64호서식에 따라 신청인에게 통보해야 한다.

④ 공단은 제1항 및 제3항에 따른 승인 여부 결정에 필요한 경우에는 신청인에게 제161조제1항 각 호의 사항(제3항의 경우 제161조제2항에 따라 제출된 자료를 말한다)에 따른 자료의 수정 또는 보완을 요청할 수 있다. 이 경우 수정 또는 보완을 요청한 날부터 그에 따른 자료를 제출한 날까지의 기간은 제1항 및 제3항에 따른 통보 기간에 산입하지 않는다.

⑤ 제1항 및 제3항에 따른 승인 또는 연장승인 여부 결정에 필요한 화학물질 명칭 및 함유량의 대체 필요성, 대체자료의 적합성에 대한 판단기준 및 물질안전보건자료의 적정성에 대한 승인 기준 등은 고용노동부장관이 정하여 고시한다.

⑥ 제1항 및 제3항에 따른 승인 또는 연장승인 결과를 통보받은 신청인은 고용노동부장관이 정하여 고시하는 바에 따라 물질안전보건자료에 그 결과를 반영해야 한다.

⑦ 제6항에 따라 승인 또는 연장승인된 물질안

법률	시행령	시행규칙
		전보건자료대상물질(이하 이 항에서 "비공개대상물질"이라 한다)을 법 제111조제1항에 따라 양도받거나 제공받아 이를 원료로 다른 물질안전보건자료대상물질(이하 이 항에서 "다른대상물질"이라 한다)을 국내 또는 국외에서 제조하는 자 및 그 다른대상물질을 수입하려는 자는 원료가 되는 비공개대상물질의 물질안전보건자료에 기재된 대체자료(비공개 승인번호 및 유효기간이 포함돼야 한다)를 연계하여 사용할 수 있다. 다만, 그 제조 과정에서 화학적 조성(組成)을 변경하는 등 새로운 화학물질을 제조하는 경우에는 그렇지 않다. (2023.9.27 개정) ⑧ 고용노동부장관은 제5항의 승인기준을 정하는 경우에는 환경부장관과 관련 내용에 대하여 협의해야 한다.
제112조의2 【물질안전보건자료 일부 비공개 승인 등에 대한 이의신청 특례】 ① 제112조제1항 또는 제5항에 따른 승인 또는 연장승인 결과에 이의가 있는 신청인은 그 결과 통보를 받은 날부터 30일 이내에 고용노동부령으로 정하는 바에 따라 고용노동부장관에게 이의신청을 할 수 있다. (2023.8.8 신설) ② 고용노동부장관은 제1항에 따른 이의신청을 받은 날부터 14일(「행정기본법」 제36조제2		**제163조 【이의신청의 절차 및 비공개 승인 심사 등】** ① 법 제112조의2제1항에 따라 이의신청을 하려는 신청인은 물질안전보건자료시스템을 통하여 별지 제65호서식에 따른 이의신청서를 공단에 제출해야 한다. (2023.9.27 개정) ② 공단은 제1항에 따른 이의신청이 있는 경우 법 제112조의2제2항에 따른 기간 이내에 제162조제5항에서 정한 승인기준에 따라 승인 여부를 다시 결정하여 그 결과를 별지 제66호

항 단서에 따라 결과 통지기간을 연장한 경우에는 그 연장한 기간을 말한다) 이내에 고용노동부령으로 정하는 바에 따라 승인 또는 연장승인 여부를 결정하고 그 결과를 신청인에게 통지하여야 한다. (2023.8.8 신설)

③ 고용노동부장관은 제2항에 따른 승인 또는 연장승인 여부를 결정하기 위하여 필요한 경우 외부 전문가의 의견을 들을 수 있다. 이 경우 외부 전문가의 의견을 듣는 데 걸리는 기간은 제2항에 따른 결과 통지기간에 산입(算入)하지 아니한다. (2023.8.8 신설)

서식에 따라 신청인에게 통보해야 한다. (2023.9.27 개정)

③ 제2항에 따른 승인 결과를 통보받은 신청인은 고용노동부장관이 정하여 고시하는 바에 따라 물질안전보건자료에 그 결과를 반영해야 한다.

제164조 【승인 또는 연장승인의 취소】 ① 고용노동부장관은 법 제112조제8항에 따라 승인 또는 연장승인을 취소하는 경우 별지 제67호의 서식에 따라 그 결과를 신청인에게 즉시 통보해야 한다.

② 제1항에 따른 취소 결정을 통지받은 자는 화학물질의 명칭 및 함유량을 기재하는 등 그 결과를 반영하여 물질안전보건자료를 변경해야 한다.

③ 제1항에 따른 취소 결정을 통지받은 자는 제2항의 변경된 물질안전보건자료에 대하여 법 제110조제3항, 법 제111조제2항 및 제3항에 따른 제출 및 제공 등의 조치를 해야 한다.

제165조 【대체자료로 적힌 화학물질의 명칭 및 함유량 정보의 제공 요구】 법 제112조제10항 각 호 외의 부분 전단에서 "근로자에게 중대한 건강장해가 발생하는 등 고용노동부령으로 정하는 경우"란 다음 각 호의 어느 하나에 해당하는 경우를 말한다.

1. 법 제112조제10항제1호 및 제3호에 해당하

법률	시행령	시행규칙
		는 자가 물질안전보건자료대상물질로 인하여 발생한 직업성 질병에 대한 근로자의 치료를 위하여 필요하다고 판단하는 경우 2. 법 제112호제10항제2호에서 제4호까지의 규정에 해당하는 자 또는 기관이 물질안전보건자료대상물질로 인하여 근로자에게 직업성 질환 등 중대한 건강상의 장해가 발생할 우려가 있다고 판단하는 경우 3. 법 제112호제10항제4호에서 제6호까지의 규정에 해당하는 자 또는 기관(제6호의 경우 위원회를 말한다)이 근로자에게 발생한 직업성 질환의 원인 규명을 위해 필요하다고 판단하는 경우
제113조【국외제조자가 선임한 자에 의한 정보제출 등】 ① 국외제조자는 고용노동부령으로 정하는 요건을 갖춘 자를 선임하여 물질안전보건자료대상물질을 수입하는 자를 갈음하여 다음 각 호에 해당하는 업무를 수행하도록 할 수 있다. 1. 제110조제1항 또는 제3항에 따른 물질안전보건자료의 작성·제출 2. 제110조제2항 각 호 외의 부분 본문에 따른 화학물질의 명칭 및 함유량 또는 같은 항 제2호에 따른 확인서류의 제출 3. 제112조제1항에 따른 대체자료 기재 승인,	벌 법 제113조제1항에 따라 선임된 자로서 같은 항 각 호의 업무를 거짓으로 수행한 자에게는 500만원 이하의 과태료를 부과한다. (법 제175조제5항제11호) 벌 법 제113조제1항에 따라 선임된 자로서 같은 조 제2항에 따라 고용노동부장관에게 제출한 물질안전보건자료를 해당 물질안전보건자료대상물질을 수입하는 자에게 제공하지 아니한 자에게는 500만원 이하의 과태료를 부과한다. (법 제175조제5항제12호)	**제166조【국외제조자가 선임한 자에 대한 선임요건 및 신고절차 등】** ① 법 제113조제1항 각 호 외의 부분에서 "고용노동부령으로 정하는 요건을 갖춘 자"란 다음 각 호의 어느 하나의 요건을 갖춘 자를 말한다. 1. 대한민국 국민 2. 대한민국 내에 주소(법인인 경우에는 그 소재지를 말한다)를 가진 자 ② 법 제113조제3항에 따라 국외제조자에 의하여 선임되거나 해임된 사실을 신고를 하려는 자는 별지 제68호서식의 선임서 또는 해임서에 다음 각 호의 서류를 첨부하여 관할 지방고

같은 조 제5항에 따른 유효기간 연장승인 또는 제112조의2에 따른 이의신청 (2023.8.8 개정)

② 제1항에 따라 선임된 자는 고용노동부장관에게 제110조제1항 또는 제3항에 따른 물질안전보건자료를 제출하는 경우 그 물질안전보건자료를 해당 물질안전보건자료대상물질을 수입하는 자에게 제공하여야 한다.

③ 제1항에 따라 선임된 자는 고용노동부령으로 정하는 바에 따라 국외제조자에 의하여 선임되거나 해임된 사실을 고용노동부장관에게 신고하여야 한다.

④ 제2항에 따른 물질안전보건자료의 제출 및 제공 방법·내용, 제3항에 따른 신고 절차·방법, 그 밖에 필요한 사항은 고용노동부령으로 정한다.

제114조 【물질안전보건자료의 게시 및 교육】 ① 물질안전보건자료대상물질을 취급하려는 사업주는 제110조제1항 또는 제3항에 따라 작성하였거나 제111조제1항부터 제3항까지의 규정에 따라 제공받은 물질안전보건자료를 고용노동부령으로 정하는 방법에 따라 물질안전보건

벌 법 제114조제1항을 위반하여 이 법 및 이 법에 따른 명령의 요지, 안전보건관리규정 또는 물질안전보건자료를 게시하지 아니하거나 갖추어 두지 아니한 자에게는 500만원 이하의 과태료를 부과한다. (법 제175조제5항제3호)

용노동관서의 장에게 제출해야 한다.

1. 제1항 각 호의 요건을 증명하는 서류
2. 선임계약서 사본 등 선임 또는 해임 여부를 증명하는 서류

③ 제2항에 따라 신고를 받은 지방고용노동관서의 장은 「전자정부법」 제36조제1항에 따른 행정정보의 공동이용을 통하여 사업자등록증을 확인해야 한다. 다만, 신청인이 사업자등록증의 확인에 동의하지 않는 경우에는 해당 서류를 첨부하게 해야 한다.

④ 지방고용노동관서의 장은 제2항에 따라 신고를 받은 날부터 7일 이내에 별지 제69호서식의 신고증을 발급해야 한다.

⑤ 국외제조자 또는 그에 의하여 선임된 자는 물질안전보건자료대상물질의 수입자에게 제4항에 따른 신고증 사본을 제공해야 한다.

⑥ 법 제113조제1항에 따라 선임된 자가 같은 항 제2호 또는 제3호의 업무를 수행한 경우에는 그 결과를 물질안전보건자료대상물질의 수입자에게 제공해야 한다.

제167조 【물질안전보건자료를 게시하거나 갖추어 두는 방법】 ① 법 제114조제1항에 따라 물질안전보건자료대상물질을 취급하는 사업주는 다음 각 호의 어느 하나에 해당하는 장소 또는 전산장비에 항상 물질안전보건자료를 게시하거나 갖추어 두어야 한다. 다만, 제3호에 따른

법 률	시 행 령	시 행 규 칙
자료대상물질을 취급하는 작업장 내에 이를 취급하는 근로자가 쉽게 볼 수 있는 장소에 게시하거나 갖추어 두어야 한다. ② 제1항에 따른 사업주는 물질안전보건자료대상물질을 취급하는 작업공정별로 고용노동부령으로 정하는 바에 따라 물질안전보건자료대상물질의 관리 요령을 게시하여야 한다. ③ 제1항에 따른 사업주는 물질안전보건자료대상물질을 취급하는 근로자의 안전 및 보건을 위하여 고용노동부령으로 정하는 바에 따라 해당 근로자를 교육하는 등 적절한 조치를 하여야 한다.	벌 법 제114조제3항(제166조의2에서 준용하는 경우를 포함한다)을 위반하여 해당 근로자를 교육하는 등 적절한 조치를 하지 아니한 자에게는 300만원 이하의 과태료를 부과한다. (법 제175조제6항제10호)	장비에 게시하거나 갖추어 두는 경우에는 고용노동부장관이 정하는 조치를 해야 한다. 1. 물질안전보건자료대상물질을 취급하는 작업공정이 있는 장소 2. 작업장 내 근로자가 가장 보기 쉬운 장소 3. 근로자가 작업 중 쉽게 접근할 수 있는 장소에 설치된 전산장비 ② 제1항에도 불구하고 건설공사, 안전보건규칙 제420조제8호에 따른 임시 작업 또는 같은 조 제9호에 따른 단시간 작업에 대해서는 법 제114조제2항에 따른 물질안전보건자료대상물질의 관리 요령으로 대신 게시하거나 갖추어 둘 수 있다. 다만, 근로자가 물질안전보건자료의 게시를 요청하는 경우에는 제1항에 따라 게시해야 한다. **제168조 【물질안전보건자료대상물질의 관리 요령 게시】** ① 법 제114조제2항에 따른 작업공정별 관리 요령에 포함되어야 할 사항은 다음 각 호와 같다. 1. 제품명 2. 건강 및 환경에 대한 유해성, 물리적 위험성 3. 안전 및 보건상의 취급주의 사항 4. 적절한 보호구 5. 응급조치 요령 및 사고 시 대처방법 ② 작업공정별 관리 요령을 작성할 때에는 법

제114조제1항에 따른 물질안전보건자료에 적힌 내용을 참고해야 한다.
③ 작업공정별 관리 요령은 유해성·위험성이 유사한 물질안전보건자료대상물질의 그룹별로 작성하여 게시할 수 있다.

제169조【물질안전보건자료에 관한 교육의 시기·내용·방법 등】 ① 법 제114조제3항에 따라 사업주는 다음 각 호의 어느 하나에 해당하는 경우에는 작업장에서 취급하는 물질안전보건자료대상물질의 물질안전보건자료에서 별표 5에 해당되는 내용을 근로자에게 교육해야 한다. 이 경우 교육받은 근로자에 대해서는 해당 교육 시간만큼 법 제29조에 따른 안전·보건교육을 실시한 것으로 본다.
1. 물질안전보건자료대상물질을 제조·사용·운반 또는 저장하는 작업에 근로자를 배치하게 된 경우
2. 새로운 물질안전보건자료대상물질이 도입된 경우
3. 유해성·위험성 정보가 변경된 경우

② 사업주는 제1항에 따른 교육을 하는 경우에 유해성·위험성이 유사한 물질안전보건자료대상물질을 그룹별로 분류하여 교육할 수 있다.
③ 사업주는 제1항에 따른 교육을 실시하였을 때에는 교육시간 및 내용 등을 기록하여 보존해야 한다.

법 률	시 행 령	시 행 규 칙
제115조 【물질안전보건자료대상물질 용기 등의 경고표시】 ① 물질안전보건자료대상물질을 양도하거나 제공하는 자는 고용노동부령으로 정하는 방법에 따라 이를 담은 용기 및 포장에 경고표시를 하여야 한다. 다만, 용기 및 포장에 담는 방법 외의 방법으로 물질안전보건자료대상물질을 양도하거나 제공하는 경우에는 고용노동부장관이 정하여 고시한 바에 따라 경고표시 기재 항목을 적은 자료를 제공하여야 한다. ② 사업주는 사업장에서 사용하는 물질안전보건자료대상물질을 담은 용기에 고용노동부령으로 정하는 방법에 따라 경고표시를 하여야 한다. 다만, 용기에 이미 경고표시가 되어 있는 등 고용노동부령으로 정하는 경우에는 그러하지 아니하다.	벌 법 제115조제1항 또는 같은 조 제2항 본문을 위반하여 경고표시를 하지 아니한 자에게는 300만원 이하의 과태료를 부과한다. (법 제175조제6항제11호)	**제170조 【경고표시 방법 및 기재항목】** ① 물질안전보건자료대상물질을 양도하거나 제공하는 자 또는 이를 사업장에서 취급하는 사업주가 법 제115조제1항 및 제2항에 따른 경고표시를 하는 경우에는 물질안전보건자료대상물질 단위로 경고표지를 작성하여 물질안전보건자료대상물질을 담은 용기 및 포장에 붙이거나 인쇄하는 등 유해·위험정보가 명확히 나타나도록 해야 한다. 다만, 다음 각 호의 어느 하나에 해당하는 표시를 한 경우에는 경고표시를 한 것으로 본다. 1. 「고압가스 안전관리법」 제11조의2에 따른 용기 등의 표시 2. 「위험물 선박운송 및 저장규칙」 제6조제1항 및 제26조제1항에 따른 표시(같은 규칙 제26조제1항에 따라 해양수산부장관이 고시하는 수입물품에 대한 표시는 최초의 사용사업장으로 반입되기 전까지만 해당한다) 3. 「위험물안전관리법」 제20조제1항에 따른 위험물의 운반용기에 관한 표시 4. 「항공안전법 시행규칙」 제209조제6항에 따라 국토교통부장관이 고시하는 포장물의 표기(수입물품에 대한 표기는 최초의 사용사업장으로 반입되기 전까지만 해당한다) 5. 「화학물질관리법」 제16조에 따른 유해화학물질에 관한 표시

② 제1항 각 호 외의 부분 본문에 따른 경고표지에는 다음 각 호의 사항이 모두 포함되어야 한다.

1. 명칭 : 제품명
2. 그림문자 : 화학물질의 분류에 따라 유해·위험의 내용을 나타내는 그림
3. 신호어 : 유해·위험의 심각성 정도에 따라 표시하는 "위험" 또는 "경고" 문구
4. 유해·위험 문구 : 화학물질의 분류에 따라 유해·위험을 알리는 문구
5. 예방조치 문구 : 화학물질에 노출되거나 부적절한 저장·취급 등으로 발생하는 유해·위험을 방지하기 위하여 알리는 주요 유의사항
6. 공급자 정보 : 물질안전보건자료대상물질의 제조자 또는 공급자의 이름 및 전화번호 등

③ 제1항과 제2항에 따른 경고표지의 규격, 그림문자, 신호어, 유해·위험 문구, 예방조치 문구, 그 밖의 경고표시의 방법 등에 관하여 필요한 사항은 고용노동부장관이 정하여 고시한다.

④ 법 제115조제2항 단서에서 "고용노동부령으로 정하는 경우"란 다음 각 호의 어느 하나에 해당하는 경우를 말한다.

1. 법 제115조제1항에 따라 물질안전보건자료대상물질을 양도하거나 제공하는 자가 물질안전보건자료대상물질을 담은 용기에 이미 경고표시를 한 경우
2. 근로자가 경고표시가 되어 있는 용기에서

법 률	시 행 령	시 행 규 칙
		물질안전보건자료대상물질을 옮겨 담기 위하여 일시적으로 용기를 사용하는 경우
제116조 【물질안전보건자료와 관련된 자료의 제공】 고용노동부장관은 근로자의 안전 및 보건 유지를 위하여 필요하면 물질안전보건자료와 관련된 자료를 근로자 및 사업주에게 제공할 수 있다.		**제171조 【물질안전보건자료 관련 자료의 제공】** 고용노동부장관 및 공단은 법 제116조에 따라 근로자나 사업주에게 물질안전보건자료와 관련된 자료를 제공하기 위하여 필요하다고 인정하는 경우에는 물질안전보건자료대상물질을 제조하거나 수입하는 자에게 물질안전보건자료와 관련된 자료를 요청할 수 있다.
제117조 【유해·위험물질의 제조 등 금지】 ① 누구든지 다음 각 호의 어느 하나에 해당하는 물질로서 대통령령으로 정하는 물질(이하 "제조등금지물질"이라 한다)을 제조·수입·양도·제공 또는 사용해서는 아니 된다. 1. 직업성 암을 유발하는 것으로 확인되어 근로자의 건강에 특히 해롭다고 인정되는 물질 2. 제105조제1항에 따라 유해성·위험성이 평가된 유해인자나 제109조에 따라 유해성·위험성이 조사된 화학물질 중 근로자에게 중대한 건강장해를 일으킬 우려가 있는 물질 ② 제1항에도 불구하고 시험·연구 또는 검사 목적의 경우로서 다음 각 호의 어느 하나에 해당하는 경우에는 제조등금지물질을 제조·수입·양도·제공 또는 사용할 수 있다.	**제87조 【제조 등이 금지되는 유해물질】** 법 제117조제1항 각 호 외의 부분에서 "대통령령으로 정하는 물질"이란 다음 각 호의 물질을 말한다. (2020.9.8 개정) 1. β-나프틸아민[91-59-8]과 그 염(β-Naphthyl amine and its salts) 2. 4-니트로디페닐[92-93-3]과 그 염(4-Nitro diphenyl and its salts) 3. 백연[1319-46-6]을 포함한 페인트(포함된 중량의 비율이 2퍼센트 이하인 것은 제외한다) (2020.9.8 개정) 4. 벤젠[71-43-2]을 포함하는 고무풀(포함된 중량의 비율이 5퍼센트 이하인 것은 제외한다) (2020.9.8 개정) 5. 석면(Asbestos ; 1332-21-4 등)	벌 법 제117조제1항을 위반한 자는 5년 이하의 징역 또는 5천만원 이하의 벌금에 처한다. (법 제168조제1호)

1. 제조·수입 또는 사용을 위하여 고용노동부령으로 정하는 요건을 갖추어 고용노동부장관의 승인을 받은 경우
2. 「화학물질관리법」 제18조제1항 단서에 따른 금지물질의 판매 허가를 받은 자가 같은 항 단서에 따라 판매 허가를 받은 자나 제1호에 따라 사용 승인을 받은 자에게 제조등금지물질을 양도 또는 제공하는 경우

③ 고용노동부장관은 제2항제1호에 따른 승인을 받은 자가 같은 호에 따른 승인요건에 적합하지 아니하게 된 경우에는 승인을 취소하여야 한다.

④ 제2항제1호에 따른 승인 절차, 승인 취소 절차, 그 밖에 필요한 사항은 고용노동부령으로 정한다.

6. 폴리클로리네이티드 터페닐(Polychlorinated terphenyls ; 61788-33-8 등)
7. 황린(黃燐)[12185-10-3] 성냥(Yellow phosphorus match)
8. 제1호, 제2호, 제5호 또는 제6호에 해당하는 물질을 포함한 혼합물(포함된 중량의 비율이 1퍼센트 이하인 것은 제외한다) (2020. 9.8 개정)
9. 「화학물질관리법」 제2조제5호에 따른 금지물질(같은 법 제3조제1항제1호부터 제12호까지의 규정에 해당하는 화학물질은 제외한다)
10. 그 밖에 보건상 해로운 물질로서 산업재해보상보험및예방심의위원회의 심의를 거쳐 고용노동부장관이 정하는 유해물질

제172조 【제조 등이 금지되는 물질의 사용승인 신청 등】 ① 법 제117조제2항제1호에 따라 제조등금지물질의 제조·수입 또는 사용승인을 받으려는 자는 별지 제70호서식의 신청서에 다음 각 호의 서류를 첨부하여 관할 지방고용노동관서의 장에게 제출해야 한다.

1. 시험·연구계획서(제조·수입·사용의 목적·양 등에 관한 사항이 포함되어야 한다)
2. 산업보건 관련 조치를 위한 시설·장치의 명칭·구조·성능 등에 관한 서류
3. 해당 시험·연구실(작업장)의 전체 작업공정도, 각 공정별로 취급하는 물질의 종류·취급량 및 공정별 종사 근로자 수에 관한 서류

② 지방고용노동관서의 장은 제1항에 따라 제조·수입 또는 사용 승인신청서가 접수된 경우에는 다음 각 호의 사항을 심사하여 신청서가 접수된 날부터 20일 이내에 별지 제71호서식의 승인서를 신청인에게 발급하거나 불승인 사실을 알려야 한다. 다만, 수입승인은 해당 물질에 대하여 사용승인을 했거나 사용승인을 하는 경우에만 할 수 있다.

1. 제1항에 따른 신청서 및 첨부서류의 내용이 적정한지 여부
2. 제조·사용설비 등이 안전보건규칙 제33조 및 제499조부터 제511조까지의 규정에 적합한지 여부
3. 수입하려는 물질이 사용승인을 받은 물질과

법 률	시 행 령	시 행 규 칙
		같은지 여부, 사용승인 받은 양을 초과하는지 여부, 그 밖에 사용승인신청 내용과 일치하는지 여부(수입승인의 경우만 해당한다) ③ 제2항에 따라 승인을 받은 자는 승인서를 분실하거나 승인서가 훼손된 경우에는 재발급을 신청할 수 있다. ④ 제2항에 따라 승인을 받은 자가 해당 업무를 폐지하거나 법 제117조제3항에 따라 승인이 취소된 경우에는 즉시 승인서를 관할 지방고용노동관서의 장에게 반납해야 한다.
제118조【유해·위험물질의 제조 등 허가】 ① 제117조제1항 각 호의 어느 하나에 해당하는 물질로서 대체물질이 개발되지 아니한 물질 등 대통령령으로 정하는 물질(이하 "허가대상물질"이라 한다)을 제조하거나 사용하려는 자는 고용노동부장관의 허가를 받아야 한다. 허가받은 사항을 변경할 때에도 또한 같다. ② 허가대상물질의 제조·사용설비, 작업방법, 그 밖의 허가기준은 고용노동부령으로 정한다. ③ 제1항에 따라 허가를 받은 자(이하 "허가대상물질제조·사용자"라 한다)는 그 제조·사용설비를 제2항에 따른 허가기준에 적합하도록 유지하여야 하며, 그 기준에 적합한 작업방법으로 허가대상물질을 제조·사용하여야 한다. ④ 고용노동부장관은 허가대상물질제조·사용	**제88조【허가 대상 유해물질】** 법 제118조제1항 전단에서 "대체물질이 개발되지 아니한 물질 등 대통령령으로 정하는 물질"이란 다음 각 호의 물질을 말한다. 1. α-나프틸아민[134-32-7] 및 그 염(α-Naphthyl amine and its salts) 2. 디아니시딘[119-90-4] 및 그 염(Dianisidine and its salts) 3. 디클로로벤지딘[91-94-1] 및 그 염(Dichloro benzidine and its salts) 4. 베릴륨(Beryllium ; 7440-41-7) 5. 벤조트리클로라이드(Benzotrichloride ; 98-07-7) 6. 비소[7440-38-2] 및 그 무기화합물(Arsenic and its inorganic compounds)	**제173조【제조 등 허가의 신청 및 심사】** ① 법 제118조제1항에 따른 유해물질(이하 "허가대상물질"이라 한다)의 제조허가 또는 사용허가를 받으려는 자는 별지 제72호서식의 제조·사용 허가신청서에 다음 각 호의 서류를 첨부하여 관할 지방고용노동관서의 장에게 제출해야 한다. 1. 사업계획서(제조·사용의 목적·양 등에 관한 사항이 포함되어야 한다) 2. 산업보건 관련 조치를 위한 시설·장치의 명칭·구조·성능 등에 관한 서류 3. 해당 사업장의 전체 작업공정도, 각 공정별로 취급하는 물질의 종류·취급량 및 공정별 종사 근로자 수에 관한 서류 ② 지방고용노동관서의 장은 제1항에 따라 제

자의 제조·사용설비 또는 작업방법이 제2항에 따른 허가기준에 적합하지 아니하다고 인정될 때에는 그 기준에 적합하도록 제조·사용설비를 수리·개조 또는 이전하도록 하거나 그 기준에 적합한 작업방법으로 그 물질을 제조·사용하도록 명할 수 있다.

⑤ 고용노동부장관은 허가대상물질제조·사용자가 다음 각 호의 어느 하나에 해당하면 그 허가를 취소하거나 6개월 이내의 기간을 정하여 영업을 정지하게 할 수 있다. 다만, 제1호에 해당할 때에는 그 허가를 취소하여야 한다.

1. 거짓이나 그 밖의 부정한 방법으로 허가를 받은 경우
2. 제2항에 따른 허가기준에 맞지 아니하게 된 경우
3. 제3항을 위반한 경우
4. 제4항에 따른 명령을 위반한 경우
5. 자체검사 결과 이상을 발견하고도 즉시 보수 및 필요한 조치를 하지 아니한 경우

⑥ 제1항에 따른 허가의 신청절차, 그 밖에 필요한 사항은 고용노동부령으로 정한다.

벌 법 제118조제1항을 위반한 자는 5년 이하의 징역 또는 5천만원 이하의 벌금에 처한다. (법 제168조제1호)

벌 법 제118조제3항을 위반한 자는 3년 이하의 징역 또는 3천만원 이하의 벌금에 처한다. (법 제169조제1호)

7. 염화비닐(Vinyl chloride ; 75-01-4)
8. 콜타르피치[65996-93-2] 휘발물(Coal tar pitch volatiles)
9. 크롬광 가공(열을 가하여 소성 처리하는 경우만 해당한다)(Chromite ore processing)
10. 크롬산 아연(Zinc chromates ; 13530-65-9 등)
11. o-톨리딘[119-93-7] 및 그 염(o-Tolidine and its salts)
12. 황화니켈류(Nickel sulfides ; 12035-72-2, 16812-54-7)
13. 제1호부터 제4호까지 또는 제6호부터 제12호까지의 어느 하나에 해당하는 물질을 포함한 혼합물(포함된 중량의 비율이 1퍼센트 이하인 것은 제외한다) (2020.9.8 개정)
14. 제5호의 물질을 포함한 혼합물(포함된 중량의 비율이 0.5퍼센트 이하인 것은 제외한다) (2020.9.8 개정)
15. 그 밖에 보건상 해로운 물질로서 산업재해보상보험및예방심의위원회의 심의를 거쳐 고용노동부장관이 정하는 유해물질

조·사용허가신청서가 접수되면 다음 각 호의 사항을 심사하여 신청서가 접수된 날부터 20일 이내에 별지 제73호서식의 허가증을 신청인에게 발급하거나 불허가 사실을 알려야 한다.

1. 제1항에 따른 신청서 및 첨부서류의 내용이 적정한지 여부
2. 제조·사용 설비 등이 안전보건규칙 제33조, 제35조제1항(같은 규칙 별표 2 제16호 및 제17호에 해당하는 경우로 한정한다) 및 같은 규칙 제453조부터 제486조까지의 규정에 적합한지 여부
3. 그 밖에 법 또는 법에 따른 명령의 이행에 관한 사항

③ 지방고용노동관서의 장은 제2항에 따라 제조·사용허가신청서를 심사하기 위하여 필요한 경우 공단에 신청서 및 첨부서류의 검토 등을 요청할 수 있다.

④ 공단은 제3항에 따라 요청을 받은 경우에는 요청받은 날부터 10일 이내에 그 결과를 지방고용노동관서의 장에게 보고해야 한다.

⑤ 허가대상물질의 제조·사용 허가증의 재발급, 허가증의 반납에 관하여는 제172조제3항 및 제4항을 준용한다. 이 경우 "승인"은 "허가"로, "승인서"는 "허가증"으로 본다.

제174조 【허가 취소 등의 통보】 지방고용노동관서의 장은 법 제118조제5항에 따라 허가의 취

법률

벌 법 제118조제4항에 따른 명령을 위반한 자는 3년 이하의 징역 또는 3천만원 이하의 벌금에 처한다. (법 제169조제2호)

벌 법 제118조제5항에 따른 명령을 위반한 자는 5년 이하의 징역 또는 5천만원 이하의 벌금에 처한다. (법 제168조제2호)

제2절 석면에 대한 조치

제119조 【석면조사】 ① 건축물이나 설비를 철거하거나 해체하려는 경우에 해당 건축물이나 설비의 소유주 또는 임차인 등(이하 "건축물·설비소유주등"이라 한다)은 다음 각 호의 사항을 고용노동부령으로 정하는 바에 따라 조사(이하 "일반석면조사"라 한다)한 후 그 결과를 기록하여 보존하여야 한다.

1. 해당 건축물이나 설비에 석면이 포함되어 있는지 여부 (2020.5.26 개정)
2. 해당 건축물이나 설비 중 석면이 포함된 자재의 종류, 위치 및 면적 (2020.5.26 개정)

② 제1항에 따른 건축물이나 설비 중 대통령령으로 정하는 규모 이상의 건축물·설비소유주등은 제120조에 따라 지정받은 기관(이하 "석면조사기관"이라 한다)에 다음 각 호의 사항을 조사(이하 "기관석면조사"라 한다)하도록 한 후 그 결과를 기록하여 보존하여야 한다. 다만,

시행령

벌 법 제119조제1항에 따라 일반석면조사를 하지 아니하고 건축물이나 설비를 철거하거나 해체한 자에게는 300만원 이하의 과태료를 부과한다. (법 제175조제6항제12호)

제89조 【기관석면조사 대상】 ① 법 제119조제2항 각 호 외의 부분 본문에서 "대통령령으로 정하는 규모 이상"란 다음 각 호의 어느 하나에 해당하는 경우를 말한다.

1. 건축물(제2호에 따른 주택은 제외한다. 이하 이 호에서 같다)의 연면적 합계가 50제곱

시행규칙

소 또는 영업의 정지를 명한 경우에는 해당 사업장을 관할하는 특별자치시장·특별자치도지사·시장·군수·구청장에게 통보해야 한다.

제2절 석면에 대한 조치

제175조 【석면조사의 생략 등 확인 절차】 ① 법 제119조제2항 각 호 외의 부분 단서에 따라 건축물이나 설비의 소유주 또는 임차인 등(이하 이 조에서 "건축물·설비소유주등"이라 한다)이 영 제89조제2항 각 호에 따른 석면조사의 생략 대상 건축물이나 설비에 대하여 확인을 받

석면함유 여부가 명백한 경우 등 대통령령으로 정하는 사유에 해당하여 고용노동부령으로 정하는 절차에 따라 확인을 받은 경우에는 기관석면조사를 생략할 수 있다.

1. 제1항 각 호의 사항
2. 해당 건축물이나 설비에 포함된 석면의 종류 및 함유량 (2020.5.26 개정)

③ 건축물·설비소유주등이 「석면안전관리법」 등 다른 법률에 따라 건축물이나 설비에 대하여 석면조사를 실시한 경우에는 고용노동부령으로 정하는 바에 따라 일반석면조사 또는 기관석면조사를 실시한 것으로 본다.

④ 고용노동부장관은 건축물·설비소유주등이 일반석면조사 또는 기관석면조사를 하지 아니하고 건축물이나 설비를 철거하거나 해체하는 경우에는 다음 각 호의 조치를 명할 수 있다.

1. 해당 건축물·설비소유주등에 대한 일반석면조사 또는 기관석면조사의 이행 명령
2. 해당 건축물이나 설비를 철거하거나 해체하는 자에 대하여 제1호에 따른 이행 명령의 결과를 보고받을 때까지의 작업중지 명령

⑤ 기관석면조사의 방법, 그 밖에 필요한 사항은 고용노동부령으로 정한다.

벌 법 제119조제2항에 따라 기관석면조사를 하지 아니하고 건축물 또는 설비를 철거하거나 해체한 자에게는 5천만원 이하의 과태료를 부과한다. (법 제175조제1항제1호)

미터 이상이면서, 그 건축물의 철거·해체하려는 부분의 면적 합계가 50제곱미터 이상인 경우

2. 주택(「건축법 시행령」 제2조제12호에 따른 부속건축물을 포함한다. 이하 이 호에서 같다)의 연면적 합계가 200제곱미터 이상이면서, 그 주택의 철거·해체하려는 부분의 면적 합계가 200제곱미터 이상인 경우
3. 설비의 철거·해체하려는 부분에 다음 각 목의 어느 하나에 해당하는 자재(물질을 포함한다. 이하 같다)를 사용한 면적의 합이 15제곱미터 이상 또는 그 부피의 합이 1세제곱미터 이상인 경우
   가. 단열재
   나. 보온재
   다. 분무재
   라. 내화피복재(耐火被覆材)
   마. 개스킷(Gasket : 누설방지재)
   바. 패킹재(Packing material : 틈박이재)
   사. 실링재(Sealing material : 액상 메움재)
   아. 그 밖에 가목부터 사목까지의 자재와 유사한 용도로 사용되는 자재로서 고용노동부장관이 정하여 고시하는 자재
4. 파이프 길이의 합이 80미터 이상이면서, 그 파이프의 철거·해체하려는 부분의 보온재로 사용된 길이의 합이 80미터 이상인 경우

② 법 제119조제2항 각 호 외의 부분 단서에서 으려는 경우에는 별지 제74호서식의 석면조사의 생략 등 확인신청서에 다음 각 호의 구분에 따른 서류를 첨부하여 관할 지방고용노동관서의 장에게 제출해야 한다. 이 경우 제2호에 따른 건축물대장 사본을 제출한 경우에는 제3항에 따른 확인 통지가 된 것으로 본다. (2023.9.27 개정)

1. 건축물이나 설비에 석면이 함유되어 있지 않은 경우 : 이를 증명할 수 있는 설계도서 사본, 건축자재의 목록·사진·성분분석표, 건축물 안팎의 사진 등의 서류. 이 경우 성분분석표는 건축자재 생산회사가 발급한 것으로 한다.
2. 건축물이 2017년 7월 1일 이후 「건축법」 제21조에 따른 착공신고를 한 신축 건축물인 경우 : 건축물대장 사본
3. 건축물이나 설비에 석면이 1퍼센트(무게 퍼센트) 초과하여 함유되어 있는 경우 : 공사계약서 사본(자체공사인 경우에는 공사계획서)

② 법 제119조제3항에 따라 건축물·설비소유주등이 「석면안전관리법」에 따른 석면조사를 실시한 경우에는 별지 제74호서식의 석면조사의 생략 등 확인신청서에 「석면안전관리법」에 따른 석면조사를 하였음을 표시하고 그 석면조사 결과서를 첨부하여 관할 지방고용노동관서의 장에게 제출해야 한다. 다만, 「석면안전관리법 시행규칙」 제26조에 따라 건축물석면조

법 률	시 행 령	시 행 규 칙
벌 법 제119조제4항에 따른 명령을 위반한 자는 3년 이하의 징역 또는 3천만원 이하의 벌금에 처한다. (법 제169조제2호)	"석면함유 여부가 명백한 경우 등 대통령령으로 정하는 사유"란 다음 각 호의 어느 하나에 해당하는 경우를 말한다. 1. 건축물이나 설비의 철거·해체 부분에 사용된 자재가 설계도서, 자재 이력 등 관련 자료를 통해 석면을 포함하고 있지 않음이 명백하다고 인정되는 경우 (2020.9.8 개정) 2. 건축물이나 설비의 철거·해체 부분에 석면이 중량비율 1퍼센트가 넘게 포함된 자재를 사용하였음이 명백하다고 인정되는 경우 (2020.9.8 개정)	사 결과를 관계 행정기관의 장에게 제출한 경우에는 석면조사의 생략 등 확인신청서를 제출하지 않을 수 있다. ③ 지방고용노동관서의 장은 제1항 및 제2항에 따른 신청서가 제출되면 이를 확인한 후 접수된 날부터 20일 이내에 그 결과를 해당 신청인에게 통지해야 한다. ④ 지방고용노동관서의 장은 제3항에 따른 신청서의 내용을 확인하기 위하여 기술적인 사항에 대하여 공단에 검토를 요청할 수 있다. **제176조 【기관석면조사방법 등】** ① 법 제119조제2항에 따른 기관석면조사방법은 다음 각 호와 같다. 1. 건축도면, 설비제작도면 또는 사용자재의 이력 등을 통하여 석면 함유 여부에 대한 예비조사를 할 것 2. 건축물이나 설비의 해체·제거할 자재 등에 대하여 성질과 상태가 다른 부분들을 각각 구분할 것 3. 시료채취는 제2호에 따라 구분된 부분들 각각에 대하여 그 크기를 고려하여 채취 수를 달리하여 조사를 할 것 ② 제1항제2호에 따라 구분된 부분들 각각에서 크기를 고려하여 1개만 고형시료를 채취·분석하는 경우에는 그 1개의 결과를 기준으

로 해당 부분의 석면 함유 여부를 판정해야 하며, 2개 이상의 고형시료를 채취·분석하는 경우에는 석면 함유율이 가장 높은 결과를 기준으로 해당 부분의 석면 함유 여부를 판정해야 한다.
③ 제1항에 따른 조사방법 및 제2항에 따른 판정의 구체적인 사항, 크기별 시료채취 수, 석면조사 결과서 작성, 그 밖에 필요한 사항은 고용노동부장관이 정하여 고시한다.

제120조 【석면조사기관】 ① 석면조사기관이 되려는 자는 대통령령으로 정하는 인력·시설 및 장비 등의 요건을 갖추어 고용노동부장관의 지정을 받아야 한다.
② 고용노동부장관은 기관석면조사의 결과에 대한 정확성과 정밀도를 확보하기 위하여 석면조사기관의 석면조사 능력을 확인하고, 석면조사기관을 지도하거나 교육할 수 있다. 이 경우 석면조사 능력의 확인, 석면조사기관에 대한 지도 및 교육의 방법, 절차, 그 밖에 필요한 사항은 고용노동부장관이 정하여 고시한다.
③ 고용노동부장관은 석면조사기관에 대하여 평가하고 그 결과를 공개(제2항에 따른 석면조사 능력의 확인 결과를 포함한다)할 수 있다. 이 경우 평가의 기준·방법 및 결과의 공개에 필요한 사항은 고용노동부령으로 정한다.
④ 석면조사기관의 지정 절차, 그 밖에 필요한

제90조 【석면조사기관의 지정 요건 등】 법 제120조제1항에 따라 석면조사기관으로 지정받을 수 있는 자는 다음 각 호의 어느 하나에 해당하는 자로서 별표 27에 따른 인력·시설 및 장비를 갖추고 법 제120조제2항에 따라 고용노동부장관이 실시하는 석면조사기관의 석면조사 능력 확인에서 적합 판정을 받은 자로 한다.
1. 국가 또는 지방자치단체의 소속기관
2. 「의료법」에 따른 종합병원 또는 병원
3. 「고등교육법」 제2조제1호부터 제6호까지의 규정에 따른 대학 또는 그 부속기관
4. 석면조사 업무를 하려는 법인

제177조 【석면조사기관의 지정신청 등】 ① 법 제120조제1항에 따라 석면조사기관으로 지정받으려는 자는 별지 제6호서식의 석면조사기관 지정신청서에 다음 각 호의 서류를 첨부하여 주된 사무소의 소재지를 관할하는 지방고용노동청장에게 제출해야 한다.
1. 정관
2. 정관을 갈음할 수 있는 서류(법인이 아닌 경우만 해당한다)
3. 법인등기사항증명서를 갈음할 수 있는 서류(법인이 아닌 경우만 해당한다)
4. 영 별표 27에 따른 인력기준에 해당하는 사람의 자격과 채용을 증명할 수 있는 자격증(국가기술자격증은 제외한다), 경력증명서 및 재직증명서 등의 서류
5. 건물임대차계약서 사본이나 그 밖에 사무실의 보유를 증명할 수 있는 서류와 시설·장비

법 률

사항은 고용노동부령으로 정한다.

⑤ 석면조사기관에 관하여는 제21조제4항 및 제5항을 준용한다. 이 경우 "안전관리전문기관 또는 보건관리전문기관"은 "석면조사기관"으로 본다.

시 행 령

제91조 【석면조사기관의 지정 취소 등의 사유】 법 제120조제5항에 따라 준용되는 법 제21조제4항제5호에서 "대통령령으로 정하는 사유에 해당하는 경우"란 다음 각 호의 경우를 말한다.

1. 법 제119조제2항의 기관석면조사 또는 법 제124조제1항의 공기 중 석면농도 관련 서류를 거짓으로 작성한 경우
2. 정당한 사유 없이 석면조사 업무를 거부한 경우
3. 제90조에 따른 인력기준에 해당하지 않는 사람에게 석면조사 업무를 수행하게 한 경우
4. 법 제119조제5항에 따라 고용노동부령으로 정하는 조사 방법과 그 밖에 필요한 사항을 위반한 경우
5. 법 제120조제2항에 따라 고용노동부장관이 실시하는 석면조사기관의 석면조사 능력 확인을 받지 않거나 부적합 판정을 받은 경우
6. 법 제124조제2항에 따른 자격을 갖추지 않은 자에게 석면농도를 측정하게 한 경우
7. 법 제124조제2항에 따른 석면농도 측정방법을 위반한 경우
8. 법에 따른 관계 공무원의 지도·감독을 거부·방해 또는 기피한 경우

시 행 규 칙

명세서

6. 최근 1년 이내의 석면조사 능력 평가의 적합판정서

② 제1항에 따른 신청서를 제출받은 관할 지방고용노동청장은 「전자정부법」 제36조제1항에 따른 행정정보의 공동이용을 통하여 법인등기사항증명서(법인인 경우만 해당한다) 및 국가기술자격증을 확인해야 한다. 다만, 신청인이 국가기술자격증의 확인에 동의하지 않는 경우에는 그 사본을 첨부하도록 해야 한다.

③ 석면조사기관에 대한 지정서의 발급, 지정받은 사항의 변경, 지정서의 반납 등에 관하여는 제16조제3항부터 제6항까지의 규정을 준용한다. 이 경우 "고용노동부장관 또는 지방고용노동청장"은 "지방고용노동청장"으로, "안전관리전문기관 또는 보건관리전문기관"은 "석면조사기관"으로 본다.

제178조 【석면조사기관의 평가 등】 ① 공단이 법 제120조제3항에 따라 석면조사기관을 평가하는 기준은 다음 각 호와 같다.

1. 인력·시설 및 장비의 보유 수준과 그에 대한 관리능력
2. 석면조사, 석면농도측정 및 시료분석의 신뢰도 등을 포함한 업무 수행능력
3. 석면조사 및 석면농도측정 대상 사업장의

만족도

② 제1항에 따른 석면조사기관에 대한 평가 방법 및 평가 결과의 공개에 관하여는 제17조제2항부터 제8항까지의 규정을 준용한다. 이 경우 "안전관리전문기관 또는 보건관리전문기관"은 "석면조사기관"으로 본다.

제121조【석면해체·제거업의 등록 등】 ① 석면해체·제거를 업으로 하려는 자는 대통령령으로 정하는 인력·시설 및 장비를 갖추어 고용노동부장관에게 등록하여야 한다.

② 고용노동부장관은 제1항에 따라 등록한 자(이하 "석면해체·제거업자"라 한다)의 석면해체·제거작업의 안전성을 고용노동부령으로 정하는 바에 따라 평가하고 그 결과를 공개할 수 있다. 이 경우 평가의 기준·방법 및 결과의 공개에 필요한 사항은 고용노동부령으로 정한다.

③ 제1항에 따른 등록 절차, 그 밖에 필요한 사항은 고용노동부령으로 정한다.

④ 석면해체·제거업자에 관하여는 제21조제4항 및 제5항을 준용한다. 이 경우 "안전관리전문기관 또는 보건관리전문기관"은 "석면해체·제거업자"로, "지정"은 "등록"으로 본다.

제92조【석면해체·제거업자의 등록 요건】 법 제121조제1항에 따라 석면해체·제거업자로 등록하려는 자는 별표 28에 따른 인력·시설 및 장비를 갖추어야 한다.

제93조【석면해체·제거업자의 등록 취소 등의 사유】 법 제121조제4항에 따라 준용되는 법 제21조제4항제5호에서 "대통령령으로 정하는 사유에 해당하는 경우"란 다음 각 호의 경우를 말한다.

1. 법 제122조제3항에 따른 서류를 거짓이나 그 밖의 부정한 방법으로 작성한 경우
2. 법 제122조제3항에 따른 신고(변경신고는

제179조【석면해체·제거업의 등록신청 등】 ① 법 제121조제1항에 따라 석면해체·제거업자로 등록하려는 자는 별지 제75호서식의 석면해체·제거업 등록신청서에 다음 각 호의 서류를 첨부하여 주된 사무소의 소재지를 관할하는 지방고용노동관서의 장에게 제출해야 한다.

1. 영 별표 28에 따른 인력기준에 해당하는 사람의 자격과 채용을 증명할 수 있는 서류
2. 건물임대차계약서 사본이나 그 밖에 사무실의 보유를 증명할 수 있는 서류와 시설·장비 명세서

② 지방고용노동관서의 장은 제1항에 따라 석면해체·제거업 등록신청서를 접수한 경우 영 별표 28의 기준에 적합하면 그 등록신청서가 접수된 날부터 20일 이내에 별지 제76호서식의 석면해체·제거업 등록증을 신청인에게 발급해야 한다.

③ 법 제121조제1항에 따라 등록한 자(이하 "석면해체·제거업자"라 한다)가 등록한 사항을 변경하려는 경우에는 별지 제75호서식의 석

법 률	시 행 령	시 행 규 칙
	제외한다) 또는 서류 보존 의무를 이행하지 않은 경우 3. 법 제123조제1항에 따라 고용노동부령으로 정하는 석면해체·제거의 작업기준을 준수하지 않아 벌금형의 선고 또는 금고 이상의 형의 선고를 받은 경우 4. 법에 따른 관계 공무원의 지도·감독을 거부·방해 또는 기피한 경우	면해체·제거업 변경신청서에 변경을 증명하는 서류와 등록증을 첨부하여 주된 사무소 소재지를 관할하는 지방고용노동관서의 장에게 제출해야 한다. 이 경우 변경신청서의 처리에 관하여는 제2항을 준용한다. ④ 제2항에 따라 등록증을 발급받은 자는 등록증을 분실하거나 등록증이 훼손된 경우에는 재발급 신청을 할 수 있다. ⑤ 석면해체·제거업자가 해당 업무를 폐지하거나 법 제121조제4항에 따라 등록이 취소된 경우에는 즉시 제2항에 따른 등록증을 주된 사무소 소재지를 관할하는 지방고용노동관서의 장에게 반납해야 한다. **제180조【석면해체·제거작업의 안전성 평가 등】** ① 법 제121조제2항에 따른 석면해체·제거작업의 안전성의 평가기준은 다음 각 호와 같다. 1. 석면해체·제거작업 기준의 준수 여부 2. 장비의 성능 3. 보유인력의 교육이수, 능력개발, 전산화 정도 및 그 밖에 필요한 사항 ② 석면해체·제거작업의 안전성의 평가항목, 평가등급 등 평가방법 및 공표방법 등에 관하여 필요한 사항은 고용노동부장관이 정하여 고시한다.

제122조【석면의 해체·제거】 ① 기관석면조사 대상인 건축물이나 설비에 대통령령으로 정하는 함유량과 면적 이상의 석면이 포함되어 있는 경우 해당 건축물·설비소유주등은 석면해체·제거업자로 하여금 그 석면을 해체·제거하도록 하여야 한다. 다만, 건축물·설비소유주등이 인력·장비 등에서 석면해체·제거업자와 동등한 능력을 갖추고 있는 경우 등 대통령령으로 정하는 사유에 해당할 경우에는 스스로 석면을 해체·제거할 수 있다. (2020.5.26 개정)

② 제1항에 따른 석면해체·제거는 해당 건축물이나 설비에 대하여 기관석면조사를 실시한 기관이 해서는 아니 된다.

③ 석면해체·제거업자(제1항 단서의 경우에는 건축물·설비소유주등을 말한다. 이하 제124조에서 같다)는 제1항에 따른 석면해체·제거작업을 하기 전에 고용노동부령으로 정하는 바에 따라 고용노동부장관에게 신고하고, 제1항에 따른 석면해체·제거작업에 관한 서류를 보존하여야 한다.

④ 고용노동부장관은 제3항에 따른 신고를 받은 경우 그 내용을 검토하여 이 법에 적합하면 신고를 수리하여야 한다.

⑤ 제3항에 따른 신고 절차, 그 밖에 필요한 사항은 고용노동부령으로 정한다.

벌 법 제122조제3항을 위반하여 고용노동부장관에게 신고하지 아니한 자에게는 300만원 이하

제94조【석면해체·제거업자를 통한 석면해체·제거 대상】 ① 법 제122조제1항 본문에서 "대통령령으로 정하는 함유량과 면적 이상의 석면이 포함되어 있는 경우"란 다음 각 호의 어느 하나에 해당하는 경우를 말한다. (2020.9.8 개정)

1. 철거·해체하려는 벽체재료, 바닥재, 천장재 및 지붕재 등의 자재에 석면이 중량비율 1퍼센트가 넘게 포함되어 있고 그 자재의 면적의 합이 50제곱미터 이상인 경우 (2020.9.8 개정)
2. 석면이 중량비율 1퍼센트가 넘게 포함된 분무재 또는 내화피복재를 사용한 경우 (2020.9.8 개정)
3. 석면이 중량비율 1퍼센트가 넘게 포함된 제89조제1항제3호 각 목의 어느 하나(다목 및 라목은 제외한다)에 해당하는 자재의 면적의 합이 15제곱미터 이상 또는 그 부피의 합이 1세제곱미터 이상인 경우 (2020.9.8 개정)
4. 파이프에 사용된 보온재에서 석면이 중량비율 1퍼센트가 넘게 포함되어 있고 그 보온재 길이의 합이 80미터 이상인 경우 (2020.9.8 개정)

② 법 제122조제1항 단서에서 "석면해체·제거업자와 동등한 능력을 갖추고 있는 경우 등 대통령령으로 정하는 사유에 해당할 경우"란 석면해체·제거작업을 스스로 하려는 자가 제92

벌 법 제122조제1항을 위반한 자는 5년 이하의 징역 또는 5천만원 이하의 벌금에 처한다. (법 제168조제1호)

벌 법 제122조제2항을 위반한 자에게는 500만원 이하의 과태료를 부과한다. (법 제175조제5항제1호)

제181조【석면해체·제거작업 신고 절차 등】 ① 석면해체·제거업자는 법 제122조제3항에 따라 석면해체·제거작업 시작 7일 전까지 별지 제77호서식의 석면해체·제거작업 신고서에 다음 각 호의 서류를 첨부하여 해당 석면해체·제거작업 장소의 소재지를 관할하는 지방고용노동관서의 장에게 제출해야 한다. 이 경우 법 제122조제1항 단서에 따라 석면해체·제거작업을 스스로 하려는 자는 영 제94조제2항에서 정한 등록에 필요한 인력, 시설 및 장비를 갖추고 있음을 증명하는 서류를 함께 제출해야 한다.

1. 공사계약서 사본
2. 석면 해체·제거 작업계획서(석면 흩날림 방

법 률	시 행 령	시 행 규 칙
의 과태료를 부과한다. (법 제175조제6항제13호)	조 및 별표 28에 따른 인력·시설 및 장비를 갖추고 고용노동부령으로 정하는 바에 따라 이를 증명하는 경우를 말한다.	지 및 폐기물 처리방법을 포함한다) 3. 석면조사결과서 ② 석면해체·제거업자는 제1항에 따라 제출한 석면해체·제거작업 신고서의 내용이 변경된 [신고한 석면함유자재(물질)의 종류가 감소하거나 석면함유자재(물질)의 종류별 석면해체·제거작업 면적이 축소된 경우는 제외한다] 경우에는 지체 없이 별지 제78호서식의 석면해체·제거작업 변경 신고서를 석면해체·제거작업 장소의 소재지를 관할하는 지방고용노동관서의 장에게 제출해야 한다. (2023.9.27 개정) ③ 지방고용노동관서의 장은 제1항에 따른 석면해체·제거작업 신고서 또는 제2항에 따른 변경 신고서를 받았을 때에 그 신고서 및 첨부서류의 내용이 적합한 것으로 확인된 경우에는 그 신고서를 받은 날부터 7일 이내에 별지 제79호서식의 석면해체·제거작업 신고(변경) 증명서를 신청인에게 발급해야 한다. 다만, 현장 책임자 또는 작업근로자의 변경에 관한 사항인 경우에는 지체 없이 그 적합 여부를 확인하여 변경증명서를 신청인에게 발급해야 한다. ④ 지방고용노동관서의 장은 제3항에 따른 확인 결과 사실과 다르거나 첨부서류가 누락된 경우 등 필요하다고 인정하는 경우에는 해당 신고서의 보완을 명할 수 있다. ⑤ 고용노동부장관은 지방고용노동관서의 장

제123조 【석면해체·제거 작업기준의 준수】 ① 석면이 포함된 건축물이나 설비를 철거하거나 해체하는 자는 고용노동부령으로 정하는 석면해체·제거의 작업기준을 준수하여야 한다. (2020.5.26 개정)

② 근로자는 석면이 포함된 건축물이나 설비를 철거하거나 해체하는 자가 제1항의 작업기준에 따라 근로자에게 한 조치로서 고용노동부령으로 정하는 조치 사항을 준수하여야 한다. (2020.5.26 개정)

제124조 【석면농도기준의 준수】 ① 석면해체·제거업자는 제122조제1항에 따른 석면해체·제거작업이 완료된 후 해당 작업장의 공기 중 석면농도가 고용노동부령으로 정하는 기준 이하가 되도록 하고, 그 증명자료를 고용노동부장관에게 제출하여야 한다.

② 제1항에 따른 공기 중 석면농도를 측정할 수 있는 자의 자격 및 측정방법에 관한 사항은 고용노동부령으로 정한다.

③ 건축물·설비소유주등은 석면해체·제거작업

벌 법 제123조제1항을 위반한 자는 3년 이하의 징역 또는 3천만원 이하의 벌금에 처한다. (법 제169조제1호)

벌 법 제123조제2항을 위반한 자에게는 300만원 이하의 과태료를 부과한다. (법 제175조제6항제3호)

벌 법 제124조제1항에 따른 증명자료를 제출하지 아니한 자에게는 300만원 이하의 과태료를 부과한다. (법 제175조제6항제14호)

벌 법 제124조제1항(증명자료의 제출은 제외한다)을 위반한 자에게는 500만원 이하의 과태료를 부과한다. (법 제175조제5항제1호)

벌 법 제124조제3항을 위반하여 건축물 또는 설

이 제1항에 따른 석면해체·제거작업 신고서 또는 제2항에 따른 변경 신고서를 제출받았을 때에는 그 내용을 해당 석면해체·제거작업 대상 건축물 등의 소재지를 관할하는 시장·군수·구청장에게 전자적 방법 등으로 제공할 수 있다.

제182조 【석면해체·제거작업 완료 후의 석면농도기준】 법 제124조제1항에서 "고용노동부령으로 정하는 기준"이란 1 세제곱센티미터당 0.01개를 말한다.

제183조 【석면농도측정 결과의 제출】 석면해체·제거업자는 법 제124조제1항에 따라 석면해체·제거작업이 완료된 후에는 별지 제80호서식의 석면농도측정 결과보고서에 해당 기관이 작성한 별지 제81호서식의 석면농도측정 결

법률	시행령	시행규칙
완료 후에도 작업장의 공기 중 석면농도가 제1항의 기준을 초과한 경우 해당 건축물이나 설비를 철거하거나 해체해서는 아니 된다.	비를 철거하거나 해체한 자에게는 5천만원 이하의 과태료를 부과한다. (법 제175조제1항제2호)	과표를 첨부하여 지체 없이 석면농도기준의 준수 여부에 대한 증명자료를 관할 지방고용노동관서의 장에게 제출(전자문서로 제출하는 것을 포함한다)해야 한다. **제184조 【석면농도를 측정할 수 있는 자의 자격】** 법 제124조제2항에 따른 공기 중 석면농도를 측정할 수 있는 자는 다음 각 호의 어느 하나에 해당하는 자격을 가진 사람으로 한다. 1. 법 제120조제1항에 따른 석면조사기관에 소속된 산업위생관리산업기사 또는 대기환경산업기사 이상의 자격을 가진 사람 2. 법 제126조제1항에 따른 작업환경측정기관에 소속된 산업위생관리산업기사 이상의 자격을 가진 사람 **제185조 【석면농도의 측정방법】** ① 법 제124조제2항에 따른 석면농도의 측정방법은 다음 각 호와 같다. 1. 석면해체·제거작업장 내의 작업이 완료된 상태를 확인한 후 공기가 건조한 상태에서 측정할 것 2. 작업장 내에 침전된 분진을 흩날린 후 측정할 것 3. 시료채취기를 작업이 이루어진 장소에 고정하여 공기 중 입자상 물질을 채취하는 지역

제8장 근로자 보건관리

제1절 근로환경의 개선

제125조 【작업환경측정】 ① 사업주는 유해인자로부터 근로자의 건강을 보호하고 쾌적한 작업환경을 조성하기 위하여 인체에 해로운 작업을 하는 작업장으로서 고용노동부령으로 정하는 작업장에 대하여 고용노동부령으로 정하는 자격을 가진 자로 하여금 작업환경측정을 하도록 하여야 한다.

② 제1항에도 불구하고 도급인의 사업장에서 관계수급인 또는 관계수급인의 근로자가 작업을 하는 경우에는 도급인이 제1항에 따른 자격을 가진 자로 하여금 작업환경측정을 하도록 하여야 한다.

③ 사업주(제2항에 따른 도급인을 포함한다. 이하 이 조 및 제127조에서 같다)는 제1항에 따른 작업환경측정을 제126조에 따라 지정받은 기관(이하 "작업환경측정기관"이라 한다)에 위탁할 수 있다. 이 경우 필요한 때에는 작업환

제8장 근로자 보건관리

벌 법 제125조제1항·제2항에 따라 작업환경측정을 하지 아니한 자에게는 1천만원 이하의 과태료를 부과한다. (법 제175조제4항제6호)

벌 법 제125조제1항 및 제2항에 따른 작업환경측정 시 고용노동부령으로 정하는 작업환경측정의 방법을 준수하지 아니한 사업주(같은 조 제3항에 따라 작업환경측정기관에 위탁한 경우는 제외한다)에게는 500만원 이하의 과태료를 부과한다. (법 제175조제5항제13호)

시료채취방법으로 측정할 것

② 제1항에 따른 측정방법의 구체적인 사항, 그 밖의 시료채취 수, 분석방법 등에 관하여 필요한 사항은 고용노동부장관이 정하여 고시한다.

제8장 근로자 보건관리

제1절 근로환경의 개선

제186조 【작업환경측정 대상 작업장 등】 ① 법 제125조제1항에서 "고용노동부령으로 정하는 작업장"이란 별표 21의 작업환경측정 대상 유해인자에 노출되는 근로자가 있는 작업장을 말한다. 다만, 다음 각 호의 어느 하나에 해당하는 경우에는 작업환경측정을 하지 않을 수 있다.

1. 안전보건규칙 제420조제1호에 따른 관리대상 유해물질의 허용소비량을 초과하지 않는 작업장(그 관리대상 유해물질에 관한 작업환경측정만 해당한다)
2. 안전보건규칙 제420조제8호에 따른 임시 작업 및 같은 조 제9호에 따른 단시간 작업을 하는 작업장(고용노동부장관이 정하여 고시하는 물질을 취급하는 작업을 하는 경우는 제외한다)
3. 안전보건규칙 제605조제2호에 따른 분진작

법률

경측정 중 시료의 분석만을 위탁할 수 있다.

④ 사업주는 근로자대표(관계수급인의 근로자대표를 포함한다. 이하 이 조에서 같다)가 요구하면 작업환경측정 시 근로자대표를 참석시켜야 한다.

⑤ 사업주는 작업환경측정 결과를 기록하여 보존하고 고용노동부령으로 정하는 바에 따라 고용노동부장관에게 보고하여야 한다. 다만, 제3항에 따라 사업주로부터 작업환경측정을 위탁받은 작업환경측정기관이 작업환경측정을 한 후 그 결과를 고용노동부령으로 정하는 바에 따라 고용노동부장관에게 제출한 경우에는 작업환경측정 결과를 보고한 것으로 본다.

⑥ 사업주는 작업환경측정 결과를 해당 작업장의 근로자(관계수급인 및 관계수급인 근로자를 포함한다. 이하 이 항, 제127조 및 제175조제5항제15호에서 같다)에게 알려야 하며, 그 결과에 따라 근로자의 건강을 보호하기 위하여 해당 시설·설비의 설치·개선 또는 건강진단의 실시 등의 조치를 하여야 한다.

⑦ 사업주는 산업안전보건위원회 또는 근로자대표가 요구하면 작업환경측정 결과에 대한 설명회 등을 개최하여야 한다. 이 경우 제3항에 따라 작업환경측정을 위탁하여 실시한 경우에는 작업환경측정기관에 작업환경측정 결과에 대하여 설명하도록 할 수 있다.

시행령

벌 법 제125조제4항을 위반하여 근로자대표가 요구하였는데도 근로자대표를 참석시키지 아니한 자에게는 500만원 이하의 과태료를 부과한다. (법 제175조제5항제14호)

벌 법 제125조제5항에 따른 보고, 제출 또는 통보를 하지 아니하거나 거짓으로 보고, 제출 또는 통보한 자에게는 300만원 이하의 과태료를 부과한다. (법 제175조제6항제15호)

벌 법 제125조제6항을 위반하여 해당 시설·설비의 설치·개선 또는 건강진단의 실시 등의 조치를 하지 아니한 자는 1천만원 이하의 벌금에 처한다. (법 제171조제3호)

벌 법 제125조제6항을 위반하여 작업환경측정 결과를 해당 작업장 근로자에게 알리지 아니한 자에게는 500만원 이하의 과태료를 부과한다. (법 제175조제5항제15호)

벌 법 제125조제7항을 위반한 자에게는 500만원 이하의 과태료를 부과한다. (법 제175조제5항제1호)

시행규칙

업의 적용 제외 작업장(분진에 관한 작업환경측정만 해당한다)

4. 그 밖에 작업환경측정 대상 유해인자의 노출 수준이 노출기준에 비하여 현저히 낮은 경우로서 고용노동부장관이 정하여 고시하는 작업장

② 안전보건진단기관이 안전보건진단을 실시하는 경우에 제1항에 따른 작업장의 유해인자 전체에 대하여 고용노동부장관이 정하는 방법에 따라 작업환경을 측정하였을 때에는 사업주는 법 제125조에 따라 해당 측정주기에 실시해야 할 해당 작업장의 작업환경측정을 하지 않을 수 있다.

제187조【작업환경측정자의 자격】 법 제125조제1항에서 "고용노동부령으로 정하는 자격을 가진 자"란 그 사업장에 소속된 사람 중 산업위생관리산업기사 이상의 자격을 가진 사람을 말한다.

제188조【작업환경측정 결과의 보고】 ① 사업주는 법 제125조제1항에 따라 작업환경측정을 한 경우에는 별지 제82호서식의 작업환경측정 결과보고서에 별지 제83호서식의 작업환경측정 결과표를 첨부하여 제189조제1항제3호에 따른 시료채취방법으로 시료채취(이하 이 조

⑧ 제1항 및 제2항에 따른 작업환경측정의 방법·횟수, 그 밖에 필요한 사항은 고용노동부령으로 정한다.

에서 "시료채취"라 한다)를 마친 날부터 30일 이내에 관할 지방고용노동관서의 장에게 제출해야 한다. 다만, 시료분석 및 평가에 상당한 시간이 걸려 시료채취를 마친 날부터 30일 이내에 보고하는 것이 어려운 사업장의 사업주는 고용노동부장관이 정하여 고시하는 바에 따라 그 사실을 증명하여 관할 지방고용노동관서의 장에게 신고하면 30일의 범위에서 제출기간을 연장할 수 있다.

② 법 제125조제5항 단서에 따라 작업환경측정기관이 작업환경측정을 한 경우에는 시료채취를 마친 날부터 30일 이내에 작업환경측정 결과표를 전자적 방법으로 지방고용노동관서의 장에게 제출해야 한다. 다만, 시료분석 및 평가에 상당한 시간이 걸려 시료채취를 마친 날부터 30일 이내에 보고하는 것이 어려운 작업환경측정기관은 고용노동부장관이 정하여 고시하는 바에 따라 그 사실을 증명하여 관할 지방고용노동관서의 장에게 신고하면 30일의 범위에서 제출기간을 연장할 수 있다.

③ 사업주는 작업환경측정 결과 노출기준을 초과한 작업공정이 있는 경우에는 법 제125조제6항에 따라 해당 시설·설비의 설치·개선 또는 건강진단의 실시 등 적절한 조치를 하고 시료채취를 마친 날부터 60일 이내에 해당 작업공정의 개선을 증명할 수 있는 서류 또는 개선 계획을 관할 지방고용노동관서의 장에게 제출해

법 률	시 행 령	시 행 규 칙
		야 한다. ④ 제1항 및 제2항에 따른 작업환경측정 결과의 보고내용, 방식 및 절차에 관한 사항은 고용노동부장관이 정하여 고시한다. **제189조 【작업환경측정방법】** ① 사업주는 법 제125조제1항에 따른 작업환경측정을 할 때에는 다음 각 호의 사항을 지켜야 한다. 1. 작업환경측정을 하기 전에 예비조사를 할 것 2. 작업이 정상적으로 이루어져 작업시간과 유해인자에 대한 근로자의 노출 정도를 정확히 평가할 수 있을 때 실시할 것 3. 모든 측정은 개인 시료채취방법으로 하되, 개인 시료채취방법이 곤란한 경우에는 지역 시료채취방법으로 실시할 것. 이 경우 그 사유를 별지 제83호서식의 작업환경측정 결과표에 분명하게 밝혀야 한다. 4. 법 제125조제3항에 따라 작업환경측정기관에 위탁하여 실시하는 경우에는 해당 작업환경측정기관에 공정별 작업내용, 화학물질의 사용실태 및 물질안전보건자료 등 작업환경측정에 필요한 정보를 제공할 것 ② 사업주는 근로자대표 또는 해당 작업공정을 수행하는 근로자가 요구하면 제1항제1호에 따른 예비조사에 참석시켜야 한다.

③ 제1항에 따른 측정방법 외에 유해인자별 세부 측정방법 등에 관하여 필요한 사항은 고용노동부장관이 정한다.

제190조 【작업환경측정 주기 및 횟수】 ① 사업주는 작업장 또는 작업공정이 신규로 가동되거나 변경되는 등으로 제186조에 따른 작업환경측정 대상 작업장이 된 경우에는 그 날부터 30일 이내에 작업환경측정을 하고, 그 후 반기(半期)에 1회 이상 정기적으로 작업환경을 측정해야 한다. 다만, 작업환경측정 결과가 다음 각 호의 어느 하나에 해당하는 작업장 또는 작업공정은 해당 유해인자에 대하여 그 측정일부터 3개월에 1회 이상 작업환경측정을 해야 한다.

1. 별표 21 제1호에 해당하는 화학적 인자(고용노동부장관이 정하여 고시하는 물질만 해당한다)의 측정치가 노출기준을 초과하는 경우
2. 별표 21 제1호에 해당하는 화학적 인자(고용노동부장관이 정하여 고시하는 물질은 제외한다)의 측정치가 노출기준을 2배 이상 초과하는 경우

② 제1항에도 불구하고 사업주는 최근 1년간 작업공정에서 공정 설비의 변경, 작업방법의 변경, 설비의 이전, 사용 화학물질의 변경 등으로 작업환경측정 결과에 영향을 주는 변화가 없는 경우로서 다음 각 호의 어느 하나에 해당하는 경우에는 해당 유해인자에 대한 작업환경

법률	시행령	시행규칙
제126조 【작업환경측정기관】 ① 작업환경측정기관이 되려는 자는 대통령령으로 정하는 인력·시설 및 장비 등의 요건을 갖추어 고용노동부장관의 지정을 받아야 한다. ② 고용노동부장관은 작업환경측정기관의 측정·분석 결과에 대한 정확성과 정밀도를 확보하기 위하여 작업환경측정기관의 측정·분석능력을 확인하고, 작업환경측정기관을 지도하거나 교육할 수 있다. 이 경우 측정·분석능력의 확인, 작업환경측정기관에 대한 교육의 방법·절차, 그 밖에 필요한 사항은 고용노동부장관이 정하여 고시한다. ③ 고용노동부장관은 작업환경측정의 수준을 향상시키기 위하여 필요한 경우 작업환경측정기관을 평가하고 그 결과(제2항에 따른 측정·분석능력의 확인 결과를 포함한다)를 공개할 수 있다. 이 경우 평가기준·방법 및 결과의 공개, 그 밖에 필요한 사항은 고용노동부령으로 정한다. ④ 작업환경측정기관의 유형, 업무 범위 및 지정 절차, 그 밖에 필요한 사항은 고용노동부령으로 정한다. ⑤ 작업환경측정기관에 관하여는 제21조제4항 및 제5항을 준용한다. 이 경우 "안전관리전문기관 또는 보건관리전문기관"은 "작업환경측정기관"으로 본다.	**제95조 【작업환경측정기관의 지정 요건】** 법 제126조제1항에 따라 작업환경측정기관으로 지정받을 수 있는 자는 다음 각 호의 어느 하나에 해당하는 자로서 작업환경측정기관의 유형별로 별표 29에 따른 인력·시설 및 장비를 갖추고 법 제126조제2항에 따라 고용노동부장관이 실시하는 작업환경측정기관의 측정·분석능력 확인에서 적합 판정을 받은 자로 한다. 1. 국가 또는 지방자치단체의 소속기관 2. 「의료법」에 따른 종합병원 또는 병원 3. 「고등교육법」 제2조제1호부터 제6호까지의 규정에 따른 대학 또는 그 부속기관 4. 작업환경측정 업무를 하려는 법인 5. 작업환경측정 대상 사업장의 부속기관(해당 부속기관이 소속된 사업장 등 고용노동부령으로 정하는 범위로 한정하여 지정받으려는 경우로 한정한다) **제96조 【작업환경측정기관의 지정 취소 등의 사유】** 법 제126조제5항에 따라 준용되는 법 제21조제4항제5호에서 "대통령령으로 정하는 사유에 해당하는 경우"란 다음 각 호의 경우를	측정을 연(年) 1회 이상 할 수 있다. 다만, 고용노동부장관이 정하여 고시하는 물질을 취급하는 작업공정은 그렇지 않다. 1. 작업공정 내 소음의 작업환경측정 결과가 최근 2회 연속 85데시벨(dB) 미만인 경우 2. 작업공정 내 소음 외의 다른 모든 인자의 작업환경측정 결과가 최근 2회 연속 노출기준 미만인 경우 **제191조 【작업환경측정기관의 평가 등】** ① 공단이 법 제126조제3항에 따라 작업환경측정기관을 평가하는 기준은 다음 각 호와 같다. 1. 인력·시설 및 장비의 보유 수준과 그에 대한 관리능력 2. 작업환경측정 및 시료분석 능력과 그 결과의 신뢰도 3. 작업환경측정 대상 사업장의 만족도 ② 제1항에 따른 작업환경측정기관에 대한 평가 방법 및 평가 결과의 공개에 관하여는 제17조제2항부터 제8항까지의 규정을 준용한다. 이 경우 "안전관리전문기관 또는 보건관리전문기관"은 "작업환경측정기관"으로 본다.

말한다.

1. 작업환경측정 관련 서류를 거짓으로 작성한 경우
2. 정당한 사유 없이 작업환경측정 업무를 거부한 경우
3. 위탁받은 작업환경측정 업무에 차질을 일으킨 경우
4. 법 제125조제8항에 따라 고용노동부령으로 정하는 작업환경측정 방법 등을 위반한 경우
5. 법 제126조제2항에 따라 고용노동부장관이 실시하는 작업환경측정기관의 측정·분석능력 확인을 1년 이상 받지 않거나 작업환경측정기관의 측정·분석능력 확인에서 부적합 판정을 받은 경우
6. 작업환경측정 업무와 관련된 비치서류를 보존하지 않은 경우
7. 법에 따른 관계 공무원의 지도·감독을 거부·방해 또는 기피한 경우

제192조 【작업환경측정기관의 유형과 업무 범위】 작업환경측정기관의 유형 및 유형별 작업환경측정기관이 작업환경측정을 할 수 있는 사업장의 범위는 다음 각 호와 같다.

1. 사업장 위탁측정기관 : 위탁받은 사업장
2. 사업장 자체측정기관 : 그 사업장(계열회사 사업장을 포함한다) 또는 그 사업장 내에서 사업의 일부가 도급계약에 의하여 시행되는 경우에는 수급인의 사업장

제193조 【작업환경측정기관의 지정신청 등】 ① 법 제126조제1항에 따른 작업환경측정기관으로 지정받으려는 자는 같은 조 제2항에 따라 작업환경측정·분석 능력이 적합하다는 고용노동부장관의 확인을 받은 후 별지 제6호서식의 작업환경측정기관 지정신청서에 다음 각 호의 서류를 첨부하여 측정을 하려는 지역을 관할하는 지방고용노동관서의 장에게 제출해야 한다. 다만, 사업장 부속기관의 경우에는 작업환경측정기관으로 지정받으려는 사업장의 소재지를 관할하는 지방고용노동관서의 장에게 제출해야 한다.

1. 정관
2. 정관을 갈음할 수 있는 서류(법인이 아닌 경우만 해당한다)
3. 법인등기사항증명서를 갈음할 수 있는 서류(법인이 아닌 경우만 해당한다)
4. 영 별표 29에 따른 인력기준에 해당하는 사

법 률	시 행 령	시 행 규 칙
		람의 자격과 채용을 증명할 수 있는 자격증(국가기술자격증은 제외한다), 경력증명서 및 재직증명서 등의 서류 5. 건물임대차계약서 사본이나 그 밖에 사무실의 보유를 증명할 수 있는 서류와 시설·장비 명세서 6. 최초 1년간의 측정사업계획서(사업장 부속기관의 경우에는 측정대상 사업장의 명단 및 최종 작업환경측정 결과서 사본) ② 제1항에 따른 신청서를 제출받은 지방고용노동관서의 장은 「전자정부법」 제36조제1항에 따른 행정정보의 공동이용을 통하여 법인등기사항증명서(법인인 경우만 해당한다) 및 국가기술자격증을 확인해야 한다. 다만, 신청인이 국가기술자격증의 확인에 동의하지 않는 경우에는 그 사본을 첨부하도록 해야 한다. ③ 작업환경측정기관에 대한 지정서의 발급, 지정받은 사항의 변경, 지정서의 반납 등에 관하여는 제16조제3항부터 제6항까지의 규정을 준용한다. 이 경우 "고용노동부장관 또는 지방고용노동청장"은 "지방고용노동관서의 장"으로, "안전관리전문기관 또는 보건관리전문기관"은 "작업환경측정기관"으로 본다. ④ 작업환경측정기관의 수, 담당 지역, 그 밖에 필요한 사항은 고용노동부장관이 정하여 고시한다.

제127조 【작업환경측정 신뢰성 평가】 ① 고용노동부장관은 제125조제1항 및 제2항에 따른 작업환경측정 결과에 대하여 그 신뢰성을 평가할 수 있다.
② 사업주와 근로자는 고용노동부장관이 제1항에 따른 신뢰성을 평가할 때에는 적극적으로 협조하여야 한다.
③ 제1항에 따른 신뢰성 평가의 방법·대상 및 절차, 그 밖에 필요한 사항은 고용노동부령으로 정한다.

제128조 【작업환경전문연구기관의 지정】 ① 고용노동부장관은 작업장의 유해인자로부터 근로자의 건강을 보호하고 작업환경관리방법 등에 관한 전문연구를 촉진하기 위하여 유해인자별·업종별 작업환경전문연구기관을 지정하여 예산의 범위에서 필요한 지원을 할 수 있다.
② 제1항에 따른 유해인자별·업종별 작업환경전문연구기관의 지정기준, 그 밖에 필요한 사항은 고용노동부장관이 정하여 고시한다.

제128조의2 【휴게시설의 설치】 ① 사업주는 근로자(관계수급인의 근로자를 포함한다. 이하 이

벌 법 제128조의2제1항을 위반하여 휴게시설을 갖추지 아니한 자(같은 조 제2항에 따른 대통

제194조 【작업환경측정 신뢰성평가의 대상 등】 ① 공단은 다음 각 호의 어느 하나에 해당하는 경우에는 법 제127조제1항에 따른 작업환경측정 신뢰성평가(이하 "신뢰성평가"라 한다)를 할 수 있다.
1. 작업환경측정 결과가 노출기준 미만인데도 직업병 유소견자가 발생한 경우
2. 공정설비, 작업방법 또는 사용 화학물질의 변경 등 작업 조건의 변화가 없는데도 유해인자 노출수준이 현저히 달라진 경우
3. 제189조에 따른 작업환경측정방법을 위반하여 작업환경측정을 한 경우 등 신뢰성평가의 필요성이 인정되는 경우

② 공단이 제1항에 따라 신뢰성평가를 할 때에는 법 제125조제5항에 따른 작업환경측정 결과와 법 제164조제4항에 따른 작업환경측정 서류를 검토하고, 해당 작업공정 또는 사업장에 대하여 작업환경측정을 해야 하며, 그 결과를 해당 사업장의 소재지를 관할하는 지방고용노동관서의 장에게 보고해야 한다.
③ 지방고용노동관서의 장은 제2항에 따른 작업환경측정 결과 노출기준을 초과한 경우에는 사업주로 하여금 법 제125조제6항에 따라 해당 시설·설비의 설치·개선 또는 건강진단의 실시 등 적절한 조치를 하도록 해야 한다.

법률	시행령	시행규칙
조에서 같다)가 신체적 피로와 정신적 스트레스를 해소할 수 있도록 휴식시간에 이용할 수 있는 휴게시설을 갖추어야 한다. (2021.8.17 신설) ② 사업주 중 사업의 종류 및 사업장의 상시 근로자 수 등 대통령령으로 정하는 기준에 해당하는 사업장의 사업주는 제1항에 따라 휴게시설을 갖추는 경우 크기, 위치, 온도, 조명 등 고용노동부령으로 정하는 설치·관리기준을 준수하여야 한다. (2021.8.17 신설) 벌 법 제128조의2제2항을 위반하여 휴게시설의 설치·관리기준을 준수하지 아니한 자에게는 1천만원 이하의 과태료를 부과한다. (법 제175조제4항제6호의2)	령령으로 정하는 기준에 해당하는 사업장의 사업주로 한정한다)에게는 1천500만원 이하의 과태료를 부과한다. (법 제175조제3항제2호의3) **제96조의2【휴게시설 설치·관리기준 준수 대상 사업장의 사업주】** 법 제128조의2제2항에서 "사업의 종류 및 사업장의 상시 근로자 수 등 대통령령으로 정하는 기준에 해당하는 사업장"이란 다음 각 호의 어느 하나에 해당하는 사업장을 말한다. (2022.8.16 신설) 1. 상시근로자(관계수급인의 근로자를 포함한다. 이하 제2호에서 같다) 20명 이상을 사용하는 사업장(건설업의 경우에는 관계수급인의 공사금액을 포함한 해당 공사의 총공사금액이 20억원 이상인 사업장으로 한정한다) 2. 다음 각 목의 어느 하나에 해당하는 직종(「통계법」 제22조제1항에 따라 통계청장이 고시하는 한국표준직업분류에 따른다)의 상시근로자가 2명 이상인 사업장으로서 상시근로자 10명 이상 20명 미만을 사용하는 사업장(건설업은 제외한다) 가. 전화 상담원 나. 돌봄 서비스 종사원 다. 텔레마케터 라. 배달원 마. 청소원 및 환경미화원	 **제194조의2【휴게시설의 설치·관리기준】** 법 제128조의2제2항에서 "크기, 위치, 온도, 조명 등 고용노동부령으로 정하는 설치·관리기준"이란 별표 21의2의 휴게시설 설치·관리기준을 말한다. (2022.8.18 신설)

제2절 건강진단 및 건강관리

제129조 【일반건강진단】 ① 사업주는 상시 사용하는 근로자의 건강관리를 위하여 건강진단(이하 "일반건강진단"이라 한다)을 실시하여야 한다. 다만, 사업주가 고용노동부령으로 정하는 건강진단을 실시한 경우에는 그 건강진단을 받은 근로자에 대하여 일반건강진단을 실시한 것으로 본다.

② 사업주는 제135조제1항에 따른 특수건강진단기관 또는 「건강검진기본법」 제3조제2호에 따른 건강검진기관(이하 "건강진단기관"이라 한다)에서 일반건강진단을 실시하여야 한다.

③ 일반건강진단의 주기·항목·방법 및 비용, 그 밖에 필요한 사항은 고용노동부령으로 정한다.

바. 아파트 경비원
사. 건물 경비원

벌 법 제129조제1항의 규정에 따른 근로자 건강진단을 하지 아니한 자에게는 1천만원 이하의 과태료를 부과한다. (법 제175조제4항제7호)

제2절 건강진단 및 건강관리

제195조 【근로자 건강진단 실시에 대한 협력 등】 ① 사업주는 법 제135조제1항에 따른 특수건강진단기관 또는 「건강검진기본법」 제3조제2호에 따른 건강검진기관(이하 "건강진단기관"이라 한다)이 근로자의 건강진단을 위하여 다음 각 호의 정보를 요청하는 경우 해당 정보를 제공하는 등 근로자의 건강진단이 원활히 실시될 수 있도록 적극 협조해야 한다.

1. 근로자의 작업장소, 근로시간, 작업내용, 작업방식 등 근무환경에 관한 정보
2. 건강진단 결과, 작업환경측정 결과, 화학물질 사용 실태, 물질안전보건자료 등 건강진단에 필요한 정보

② 근로자는 사업주가 실시하는 건강진단 및 의학적 조치에 적극 협조해야 한다.

③ 건강진단기관은 사업주가 법 제129조부터 제131조까지의 규정에 따라 건강진단을 실시하기 위하여 출장검진을 요청하는 경우에는 출장검진을 할 수 있다.

제196조 【일반건강진단 실시의 인정】 법 제129조제1항 단서에서 "고용노동부령으로 정하는 건강진단"이란 다음 각 호 어느 하나에 해당하

법 률	시 행 령	시 행 규 칙
		는 건강진단을 말한다. 1. 「국민건강보험법」에 따른 건강검진 2. 「선원법」에 따른 건강진단 3. 「진폐의 예방과 진폐근로자의 보호 등에 관한 법률」에 따른 정기 건강진단 4. 「학교보건법」에 따른 건강검사 5. 「항공안전법」에 따른 신체검사 6. 그 밖에 제198조제1항에서 정한 법 제129조제1항에 따른 일반건강진단(이하 "일반건강진단"이라 한다)의 검사항목을 모두 포함하여 실시한 건강진단 **제197조【일반건강진단의 주기 등】** ① 사업주는 상시 사용하는 근로자 중 사무직에 종사하는 근로자(공장 또는 공사현장과 같은 구역에 있지 않은 사무실에서 서무·인사·경리·판매·설계 등의 사무업무에 종사하는 근로자를 말하며, 판매업무 등에 직접 종사하는 근로자는 제외한다)에 대해서는 2년에 1회 이상, 그 밖의 근로자에 대해서는 1년에 1회 이상 일반건강진단을 실시해야 한다. ② 법 제129조에 따라 일반건강진단을 실시해야 할 사업주는 일반건강진단 실시 시기를 안전보건관리규정 또는 취업규칙에 규정하는 등 일반건강진단이 정기적으로 실시되도록 노력해야 한다.

제198조 【일반건강진단의 검사항목 및 실시방법 등】 ① 일반건강진단의 제1차 검사항목은 다음 각 호와 같다.

1. 과거병력, 작업경력 및 자각·타각증상(시진·촉진·청진 및 문진)
2. 혈압·혈당·요당·요단백 및 빈혈검사
3. 체중·시력 및 청력
4. 흉부방사선 촬영
5. AST(SGOT) 및 ALT(SGPT), γ-GTP 및 총콜레스테롤

② 제1항에 따른 제1차 검사항목 중 혈당·γ-GTP 및 총콜레스테롤 검사는 고용노동부장관이 정하는 근로자에 대하여 실시한다.

③ 제1항에 따른 검사 결과 질병의 확진이 곤란한 경우에는 제2차 건강진단을 받아야 하며, 제2차 건강진단의 범위, 검사항목, 방법 및 시기 등은 고용노동부장관이 정하여 고시한다.

④ 제196조 각 호 및 제200조 각 호에 따른 법령과 그 밖에 다른 법령에 따라 제1항부터 제3항까지의 규정에서 정한 검사항목과 같은 항목의 건강진단을 실시한 경우에는 해당 항목에 한정하여 제1항부터 제3항에 따른 검사를 생략할 수 있다.

⑤ 제1항부터 제4항까지의 규정에서 정한 사항 외에 일반건강진단의 검사방법, 실시방법, 그 밖에 필요한 사항은 고용노동부장관이 정한다.

법 률	시 행 령	시 행 규 칙
		제199조 【일반건강진단 결과의 제출】 지방고용노동관서의 장은 근로자의 건강 유지를 위하여 필요하다고 인정되는 사업장의 경우 해당 사업주에게 별지 제84호서식의 일반건강진단 결과표를 제출하게 할 수 있다.
제130조 【특수건강진단 등】 ① 사업주는 다음 각 호의 어느 하나에 해당하는 근로자의 건강관리를 위하여 건강진단(이하 "특수건강진단"이라 한다)을 실시하여야 한다. 다만, 사업주가 고용노동부령으로 정하는 건강진단을 실시한 경우에는 그 건강진단을 받은 근로자에 대하여 해당 유해인자에 대한 특수건강진단을 실시한 것으로 본다. 1. 고용노동부령으로 정하는 유해인자에 노출되는 업무(이하 "특수건강진단대상업무"라 한다)에 종사하는 근로자 2. 제1호, 제3항 및 제131조에 따른 건강진단 실시 결과 직업병 소견이 있는 근로자로 판정받아 작업 전환을 하거나 작업 장소를 변경하여 해당 판정의 원인이 된 특수건강진단대상업무에 종사하지 아니하는 사람으로서 해당 유해인자에 대한 건강진단이 필요하다는 「의료법」 제2조에 따른 의사의 소견이 있는 근로자 ② 사업주는 특수건강진단대상업무에 종사할	벌 법 제130조제1항부터 제3항까지의 규정에 따른 근로자 건강진단을 하지 아니한 자에게는 1천만원 이하의 과태료를 부과한다. (법 제175조제4항제7호)	**제200조 【특수건강진단 실시의 인정】** 법 제130조제1항 단서에서 "고용노동부령으로 정하는 건강진단"이란 다음 각 호의 어느 하나에 해당하는 건강진단을 말한다. 1. 「원자력안전법」에 따른 건강진단(방사선만 해당한다) 2. 「진폐의 예방과 진폐근로자의 보호 등에 관한 법률」에 따른 정기 건강진단(광물성 분진만 해당한다) 3. 「진단용 방사선 발생장치의 안전관리에 관한 규칙」에 따른 건강진단(방사선만 해당한다) 3의2. 「동물 진단용 방사선발생장치의 안전관리에 관한 규칙」에 따른 건강진단(방사선만 해당한다) (2024.6.28 신설) 4. 그 밖에 다른 법령에 따라 별표 24에서 정한 법 제130조제1항에 따른 특수건강진단(이하 "특수건강진단"이라 한다)의 검사항목을 모두 포함하여 실시한 건강진단(해당하는 유해인자만 해당한다)

근로자의 배치 예정 업무에 대한 적합성 평가를 위하여 건강진단(이하 "배치전건강진단"이라 한다)을 실시하여야 한다. 다만, 고용노동부령으로 정하는 근로자에 대해서는 배치전건강진단을 실시하지 아니할 수 있다.

③ 사업주는 특수건강진단대상업무에 따른 유해인자로 인한 것이라고 의심되는 건강장해 증상을 보이거나 의학적 소견이 있는 근로자 중 보건관리자 등이 사업주에게 건강진단 실시를 건의하는 등 고용노동부령으로 정하는 근로자에 대하여 건강진단(이하 "수시건강진단"이라 한다)을 실시하여야 한다.

④ 사업주는 제135조제1항에 따른 특수건강진단기관에서 제1항부터 제3항까지의 규정에 따른 건강진단을 실시하여야 한다.

⑤ 제1항부터 제3항까지의 규정에 따른 건강진단의 시기·주기·항목·방법 및 비용, 그 밖에 필요한 사항은 고용노동부령으로 정한다.

제201조 【특수건강진단 대상업무】 법 제130조제1항제1호에서 "고용노동부령으로 정하는 유해인자"는 별표 22와 같다.

제202조 【특수건강진단의 실시 시기 및 주기 등】 ① 사업주는 법 제130조제1항제1호에 해당하는 근로자에 대해서는 별표 23에서 특수건강진단 대상 유해인자별로 정한 시기 및 주기에 따라 특수건강진단을 실시해야 한다.

② 제1항에도 불구하고 법 제125조에 따른 사업장의 작업환경측정 결과 또는 특수건강진단 실시 결과에 따라 다음 각 호의 어느 하나에 해당하는 근로자에 대해서는 다음 회에 한정하여 관련 유해인자별로 특수건강진단 주기를 2분의 1로 단축해야 한다.

1. 작업환경을 측정한 결과 노출기준 이상인 작업공정에서 해당 유해인자에 노출되는 모든 근로자
2. 특수건강진단, 법 제130조제3항에 따른 수시건강진단(이하 "수시건강진단"이라 한다) 또는 법 제131조제1항에 따른 임시건강진단(이하 "임시건강진단"이라 한다)을 실시한 결과 직업병 유소견자가 발견된 작업공정에서 해당 유해인자에 노출되는 모든 근로자. 다만, 고용노동부장관이 정하는 바에 따라 특수건강진단·수시건강진단 또는 임시건강진단을 실시한 의사로부터 특수건강진단 주기

법 률	시 행 령	시 행 규 칙
		를 단축하는 것이 필요하지 않다는 소견을 받은 경우는 제외한다. 3. 특수건강진단 또는 임시건강진단을 실시한 결과 해당 유해인자에 대하여 특수건강진단 실시 주기를 단축해야 한다는 의사의 소견을 받은 근로자 ③ 사업주는 법 제130조제1항제2호에 해당하는 근로자에 대해서는 직업병 유소견자 발생의 원인이 된 유해인자에 대하여 해당 근로자를 진단한 의사가 필요하다고 인정하는 시기에 특수건강진단을 실시해야 한다. ④ 법 제130조제1항에 따라 특수건강진단을 실시해야 할 사업주는 특수건강진단 실시 시기를 안전보건관리규정 또는 취업규칙에 규정하는 등 특수건강진단이 정기적으로 실시되도록 노력해야 한다. **제203조 【배치전건강진단 실시의 면제】** 법 제130조제2항 단서에서 "고용노동부령으로 정하는 근로자"란 다음 각 호의 어느 하나에 해당하는 근로자를 말한다. 1. 다른 사업장에서 해당 유해인자에 대하여 다음 각 목의 어느 하나에 해당하는 건강진단을 받고 6개월(별표 23 제4호부터 제6호까지의 유해인자에 대하여 건강진단을 받은 경우에는 12개월로 한다)이 지나지 않은 근

로자로서 건강진단 결과를 적은 서류(이하 "건강진단개인표"라 한다) 또는 그 사본을 제출한 근로자 (2024.6.28 개정)

가. 법 제130조제2항에 따른 배치전건강진단(이하 "배치전건강진단"이라 한다)

나. 배치전건강진단의 제1차 검사항목을 포함하는 특수건강진단, 수시건강진단 또는 임시건강진단

다. 배치전건강진단의 제1차 검사항목 및 제2차 검사항목을 포함하는 건강진단

2. 해당 사업장에서 해당 유해인자에 대하여 제1호 각 목의 어느 하나에 해당하는 건강진단을 받고 6개월(별표 23 제4호부터 제6호까지의 유해인자에 대하여 건강진단을 받은 경우에는 12개월로 한다)이 지나지 않은 근로자 (2024.6.28 개정)

제204조 【배치전건강진단의 실시 시기】 사업주는 특수건강진단대상업무에 근로자를 배치하려는 경우에는 해당 작업에 배치하기 전에 배치전건강진단을 실시해야 하고, 특수건강진단기관에 해당 근로자가 담당할 업무나 배치하려는 작업장의 특수건강진단 대상 유해인자 등 관련 정보를 미리 알려 주어야 한다.

제205조 【수시건강진단 대상 근로자 등】 ① 법 제130조제3항에서 "고용노동부령으로 정하는

법 률	시 행 령	시 행 규 칙
		근로자"란 특수건강진단대상업무로 인하여 해당 유해인자로 인한 것이라고 의심되는 직업성 천식, 직업성 피부염, 그 밖에 건강장해 증상을 보이거나 의학적 소견이 있는 근로자로서 다음 각 호의 어느 하나에 해당하는 근로자를 말한다. 다만, 사업주가 직전 특수건강진단을 실시한 특수건강진단기관의 의사로부터 수시건강진단이 필요하지 않다는 소견을 받은 경우는 제외한다. 1. 산업보건의, 보건관리자, 보건관리 업무를 위탁받은 기관이 필요하다고 판단하여 사업주에게 수시건강진단을 건의한 근로자 2. 해당 근로자나 근로자대표 또는 법 제23조에 따라 위촉된 명예산업안전감독관이 사업주에게 수시건강진단을 요청한 근로자 ② 사업주는 제1항에 해당하는 근로자에 대해서는 지체 없이 수시건강진단을 실시해야 한다. ③ 제1항 및 제2항에서 정한 사항 외에 수시건강진단의 실시방법, 그 밖에 필요한 사항은 고용노동부장관이 정한다. **제206조 【특수건강진단 등의 검사항목 및 실시방법 등】** ① 법 제130조에 따른 특수건강진단·배치전건강진단 및 수시건강진단의 검사항목은 제1차 검사항목과 제2차 검사항목으로 구분하며, 각 세부 검사항목은 별표 24와 같다. ② 제1항에 따른 제1차 검사항목은 특수건강

진단, 배치전건강진단 및 수시건강진단의 대상이 되는 근로자 모두에 대하여 실시한다.
③ 제1항에 따른 제2차 검사항목은 제1차 검사항목에 대한 검사 결과 건강수준의 평가가 곤란하거나 질병이 의심되는 사람에 대하여 고용노동부장관이 정하여 고시하는 바에 따라 실시해야 한다. 다만, 건강진단 담당 의사가 해당 유해인자에 대한 근로자의 노출 정도, 병력 등을 고려하여 필요하다고 인정하면 제2차 검사항목의 일부 또는 전부에 대하여 제1차 검사항목을 검사할 때에 추가하여 실시할 수 있다.
④ 제196조 각 호 및 제200조 각 호에 따른 법령과 그 밖에 다른 법령에 따라 제1항 및 제2항에서 정한 검사항목과 같은 항목의 건강진단을 실시한 경우에는 해당 항목에 한정하여 제1항 및 제2항에 따른 검사를 생략할 수 있다.
⑤ 제1항부터 제4항까지의 규정에서 정한 사항 외에 특수건강진단·배치전건강진단 및 수시건강진단의 검사방법, 실시방법, 그 밖에 필요한 사항은 고용노동부장관이 정한다.

제131조 【임시건강진단 명령 등】 ① 고용노동부장관은 같은 유해인자에 노출되는 근로자들에게 유사한 질병의 증상이 발생한 경우 등 고용노동부령으로 정하는 경우에는 근로자의 건강을 보호하기 위하여 사업주에게 특정 근로자에 대한 건강진단(이하 "임시건강진단"이라 한다)

벌 법 제131조제1항(제166조의2에서 준용하는 경우를 포함한다)에 따른 명령을 위반한 자는 3년 이하의 징역 또는 3천만원 이하의 벌금에 처한다. (법 제169조제2호)

제207조 【임시건강진단 명령 등】 ① 법 제131조제1항에서 "고용노동부령으로 정하는 경우"란 특수건강진단 대상 유해인자 또는 그 밖의 유해인자에 의한 중독 여부, 질병에 걸렸는지 여부 또는 질병의 발생 원인 등을 확인하기 위하여 필요하다고 인정되는 경우로서 다음 각

법 률	시 행 령	시 행 규 칙
의 실시나 작업전환, 그 밖에 필요한 조치를 명할 수 있다. ② 임시건강진단의 항목, 그 밖에 필요한 사항은 고용노동부령으로 정한다.		호에 어느 하나에 해당하는 경우를 말한다. 1. 같은 부서에 근무하는 근로자 또는 같은 유해인자에 노출되는 근로자에게 유사한 질병의 자각·타각 증상이 발생한 경우 2. 직업병 유소견자가 발생하거나 여러 명이 발생할 우려가 있는 경우 3. 그 밖에 지방고용노동관서의 장이 필요하다고 판단하는 경우 ② 임시건강진단의 검사항목은 별표 24에 따른 특수건강진단의 검사항목 중 전부 또는 일부와 건강진단 담당 의사가 필요하다고 인정하는 검사항목으로 한다. ③ 제2항에서 정한 사항 외에 임시건강진단의 검사방법, 실시방법, 그 밖에 필요한 사항은 고용노동부장관이 정한다. **제208조【건강진단비용】** 일반건강진단, 특수건강진단, 배치전건강진단, 수시건강진단, 임시건강진단의 비용은 「국민건강보험법」에서 정한 기준에 따른다. **제209조【건강진단 결과의 보고 등】** ① 건강진단기관이 법 제129조부터 제131조까지의 규정에 따른 건강진단을 실시하였을 때에는 그 결과를 고용노동부장관이 정하는 건강진단개인표에 기록하고, 건강진단을 실시한 날부터 30

일 이내에 근로자에게 송부해야 한다.

② 건강진단기관은 건강진단을 실시한 결과 질병 유소견자가 발견된 경우에는 건강진단을 실시한 날부터 30일 이내에 해당 근로자에게 의학적 소견 및 사후관리에 필요한 사항과 업무수행의 적합성 여부(특수건강진단기관인 경우만 해당한다)를 설명해야 한다. 다만, 해당 근로자가 소속한 사업장의 의사인 보건관리자에게 이를 설명한 경우에는 그렇지 않다.

③ 건강진단기관은 건강진단을 실시한 날부터 30일 이내에 다음 각 호의 구분에 따라 건강진단 결과표를 사업주에게 송부해야 한다.

1. 일반건강진단을 실시한 경우 : 별지 제84호 서식의 일반건강진단 결과표
2. 특수건강진단·배치전건강진단·수시건강진단 및 임시건강진단을 실시한 경우 : 별지 제85호 서식의 특수·배치전·수시·임시건강진단 결과표

④ 특수건강진단기관은 특수건강진단·배치전건강진단·수시건강진단 또는 임시건강진단을 실시한 경우에는 법 제134조제1항에 따라 건강진단을 실시한 날부터 30일 이내에 건강진단 결과표를 지방고용노동관서의 장에게 제출해야 한다. 다만, 건강진단개인표 전산입력자료를 고용노동부장관이 정하는 바에 따라 공단에 송부한 경우에는 그렇지 않다. (2024.6.28 개정)

⑤ 법 제129조제1항 단서에 따른 건강진단을

법률	시행령	시행규칙
제132조 【건강진단에 관한 사업주의 의무】 ① 사업주는 제129조부터 제131조까지의 규정에 따른 건강진단을 실시하는 경우 근로자대표가 요구하면 근로자대표를 참석시켜야 한다. ② 사업주는 산업안전보건위원회 또는 근로자대표가 요구할 때에는 직접 또는 제129조부터 제131조까지의 규정에 따른 건강진단을 한 건강진단기관에 건강진단 결과에 대하여 설명하도록 하여야 한다. 다만, 개별 근로자의 건강진단 결과는 본인의 동의 없이 공개해서는 아니 된다. ③ 사업주는 제129조부터 제131조까지의 규정에 따른 건강진단의 결과를 근로자의 건강 보호 및 유지 외의 목적으로 사용해서는 아니 된다. ④ 사업주는 제129조부터 제131조까지의 규정 또는 다른 법령에 따른 건강진단의 결과 근로자의 건강을 유지하기 위하여 필요하다고 인정할 때에는 작업장소 변경, 작업 전환, 근로시간 단축, 야간근로(오후 10시부터 다음 날 오전 6시까지 사이의 근로를 말한다)의 제한, 작업환경측정 또는 시설·설비의 설치·개선 등 고용노동부령으로 정하는 바에 따라 적절한 조치를 하여야 한다. ⑤ 제4항에 따라 적절한 조치를 하여야 하는 사업주로서 고용노동부령으로 정하는 사업주는 그 조치 결과를 고용노동부령으로 정하는 바에 따라 고용노동부장관에게 제출하여야 한다.	벌 법 제132조제1항을 위반하여 근로자대표가 요구하였는데도 근로자대표를 참석시키지 아니한 자에게는 500만원 이하의 과태료를 부과한다. (법 제175조제5항제14호) 벌 법 제132조제2항을 위반한 자에게는 500만원 이하의 과태료를 부과한다. (법 제175조제5항제1호) 벌 법 제132조제3항을 위반한 자에게는 300만원 이하의 과태료를 부과한다. (법 제175조제6항제3호) 벌 법 제132조제4항을 위반하여 작업장소 변경 등의 적절한 조치를 하지 아니한 자는 1천만원 이하의 벌금에 처한다. (법 제171조제4호) 벌 법 제132조제5항에 따른 보고, 제출 또는 통보를 하지 아니하거나 거짓으로 보고, 제출 또는 통보한 자에게는 300만원 이하의 과태료를 부과한다. (법 제175조제6항제15호)	한 기관은 사업주가 근로자의 건강보호를 위하여 건강진단 결과를 요청하는 경우 별지 제84호서식의 일반건강진단 결과표를 사업주에게 송부해야 한다. **제210조 【건강진단 결과에 따른 사후관리 등】** ① 사업주는 제209조제3항에 따른 건강진단 결과표에 따라 근로자의 건강을 유지하기 위하여 필요하면 법 제132조제4항에 따른 조치를 하고, 근로자에게 해당 조치 내용에 대하여 설명해야 한다. ② 고용노동부장관은 사업주가 제1항에 따른 조치를 하는 데 필요한 사항을 정하여 고시할 수 있다. ③ 법 제132조제5항에서 "고용노동부령으로 정하는 사업주"란 특수건강진단, 수시건강진단, 임시건강진단의 결과 특정 근로자에 대하여 근로 금지 및 제한, 작업전환, 근로시간 단축, 직업병 확진 의뢰 안내의 조치가 필요하다는 건강진단을 실시한 의사의 소견이 있는 건강진단 결과표를 송부받은 사업주를 말한다. ④ 제3항에 따른 사업주는 건강진단 결과표를 송부받은 날부터 30일 이내에 별지 제86호서식의 사후관리 조치결과 보고서에 건강진단 결과표, 제3항에 따른 조치의 실시를 증명할 수 있는 서류 또는 실시 계획 등을 첨부하여 관할

제133조 【건강진단에 관한 근로자의 의무】 근로자는 제129조부터 제131조까지의 규정에 따라 사업주가 실시하는 건강진단을 받아야 한다. 다만, 사업주가 지정한 건강진단기관이 아닌 건강진단기관으로부터 이에 상응하는 건강진단을 받아 그 결과를 증명하는 서류를 사업주에게 제출하는 경우에는 사업주가 실시하는 건강진단을 받은 것으로 본다.

벌 법 제133조를 위반한 자에게는 300만원 이하의 과태료를 부과한다. (법 제175조제6항제3호)

제134조 【건강진단기관 등의 결과보고 의무】 ① 건강진단기관은 제129조부터 제131조까지의 규정에 따른 건강진단을 실시한 때에는 고용노동부령으로 정하는 바에 따라 그 결과를 근로자 및 사업주에게 통보하고 고용노동부장관에게 보고하여야 한다.

② 제129조제1항 단서에 따라 건강진단을 실시한 기관은 사업주가 근로자의 건강보호를 위하여 그 결과를 요청하는 경우 고용노동부령으로 정하는 바에 따라 그 결과를 사업주에게 통보하여야 한다.

벌 법 제134조제1항·제2항에 따른 보고, 제출 또는 통보를 하지 아니하거나 거짓으로 보고, 제출 또는 통보한 자에게는 300만원 이하의 과태료를 부과한다. (법 제175조제6항제15호)

제135조 【특수건강진단기관】 ①「의료법」 제3조에 따른 의료기관이 특수건강진단, 배치전건강진단 또는 수시건강진단을 수행하려는 경우에는 고용노동부장관으로부터 건강진단을 할 수 있는 기관(이하 "특수건강진단기관"이라 한다)으로 지정받아야 한다.

제97조 【특수건강진단기관의 지정 요건】 ① 법 제135조제1항에 따라 특수건강진단기관으로 지정받을 수 있는 자는 「의료법」에 따른 의료기관으로서 별표 30에 따른 인력·시설 및 장비를 갖추고 법 제135조제3항에 따라 고용노동부장관이 실시하는 특수건강진단기관의 진단·

지방고용노동관서의 장에게 제출해야 한다.

⑤ 그 밖에 제4항에 따른 사후관리 조치결과 보고서 등의 제출에 필요한 사항은 고용노동부장관이 정한다.

제211조 【특수건강진단기관의 지정신청 등】 ① 법 제135조제1항에 따라 특수건강진단기관으로 지정받으려는 자는 별지 제6호서식의 특수건강진단기관 지정신청서에 다음 각 호의 구분에 따라 서류를 첨부하여 주된 사무소의 소재지를 관할하는 지방고용노동관서의 장에게 제출(전자

법률	시행령	시행규칙
② 특수건강진단기관으로 지정받으려는 자는 대통령령으로 정하는 요건을 갖추어 고용노동부장관에게 신청하여야 한다. ③ 고용노동부장관은 제1항에 따른 특수건강진단기관의 진단·분석 결과에 대한 정확성과 정밀도를 확보하기 위하여 특수건강진단기관의 진단·분석능력을 확인하고, 특수건강진단기관을 지도하거나 교육할 수 있다. 이 경우 진단·분석능력의 확인, 특수건강진단기관에 대한 지도 및 교육의 방법, 절차, 그 밖에 필요한 사항은 고용노동부장관이 정하여 고시한다. ④ 고용노동부장관은 특수건강진단기관을 평가하고 그 결과(제3항에 따른 진단·분석능력의 확인 결과를 포함한다)를 공개할 수 있다. 이 경우 평가 기준·방법 및 결과의 공개, 그 밖에 필요한 사항은 고용노동부령으로 정한다. ⑤ 특수건강진단기관의 지정 신청 절차, 업무 수행에 관한 사항, 업무를 수행할 수 있는 지역, 그 밖에 필요한 사항은 고용노동부령으로 정한다. ⑥ 특수건강진단기관에 관하여는 제21조제4항 및 제5항을 준용한다. 이 경우 "안전관리전문기관 또는 보건관리전문기관"은 "특수건강진단기관"으로 본다.	분석능력 확인에서 적합 판정을 받은 자로 한다. ② 제1항에도 불구하고 고용노동부장관은 법 제135조제1항에 따른 특수건강진단기관이 없는 시·군(「수도권정비계획법」 제2조제1호에 따른 수도권에 속하는 시는 제외한다) 또는 「제주특별자치도 설치 및 국제자유도시 조성을 위한 특별법」 제10조에 따른 행정시의 경우에는 고용노동부령으로 정하는 유해인자에 대하여 「건강검진기본법」 제3조제2호에 따른 건강검진기관 중 고용노동부령으로 정하는 건강검진기관으로서 해당 기관에 「의료법」에 따른 의사(특수건강진단과 관련하여 고용노동부장관이 정하는 교육을 이수한 의사를 말한다) 및 간호사가 각각 1명 이상 있는 의료기관을 해당 지역의 특수건강진단기관으로 지정할 수 있다. [2023.1.31.까지 유효.(대통령령 제30256호 부칙 제3조)] **제98조【특수건강진단기관의 지정 취소 등의 사유】** 법 제135조제6항에 따라 준용되는 법 제21조제4항제5호에서 "대통령령으로 정하는 사유에 해당하는 경우"란 다음 각 호의 경우를 말한다. 1. 고용노동부령으로 정하는 검사항목을 빠뜨리거나 검사방법 및 실시 절차를 준수하지	문서로 제출하는 것을 포함한다)해야 한다. 1. 영 제97조제1항에 따라 특수건강진단기관으로 지정받으려는 경우에는 다음 각 목의 서류 가. 영 별표 30에 따른 인력기준에 해당하는 사람의 자격과 채용을 증명할 수 있는 자격증(국가기술자격증, 의료면허증 또는 전문의자격증은 제외한다), 경력증명서 및 재직증명서 등의 서류 나. 건물임대차계약서 사본이나 그 밖에 사무실의 보유를 증명할 수 있는 서류와 시설·장비 명세서 다. 최초 1년간의 건강진단사업계획서 라. 법 제135조제3항에 따라 최근 1년 이내에 건강진단기관의 건강진단·분석 능력 평가 결과 적합판정을 받았음을 증명하는 서류(건강진단·분석 능력 평가 결과 적합판정을 받은 건강진단기관과 생물학적 노출지표 분석의뢰계약을 체결한 경우에는 그 계약서를 말한다) 2. 영 제97조제2항에 따라 특수건강진단기관으로 지정을 받으려는 경우에는 다음 각 목의 서류 가. 일반검진기관 지정서 및 일반검진기관으로서의 지정요건을 갖추었음을 입증할 수 있는 서류 나. 영 제97조제2항에 따른 인력기준에 해당

않고 건강진단을 하는 경우
2. 고용노동부령으로 정하는 건강진단의 비용을 줄이는 등의 방법으로 건강진단을 유인하거나 건강진단의 비용을 부당하게 징수한 경우
3. 법 제135조제3항에 따라 고용노동부장관이 실시하는 특수건강진단기관의 진단·분석 능력 확인에서 부적합 판정을 받은 경우
4. 건강진단 결과를 거짓으로 판정하거나 고용노동부령으로 정하는 건강진단 개인표 등 건강진단 관련 서류를 거짓으로 작성한 경우
5. 무자격자 또는 제97조에 따른 특수건강진단기관의 지정 요건을 충족하지 못하는 자가 건강진단을 한 경우
6. 정당한 사유 없이 건강진단의 실시를 거부하거나 중단한 경우
7. 정당한 사유 없이 법 제135조제4항에 따른 특수건강진단기관의 평가를 거부한 경우
8. 법에 따른 관계 공무원의 지도·감독을 거부·방해 또는 기피한 경우

하는 사람의 자격과 채용을 증명할 수 있는 자격증(의료면허증은 제외한다) 및 재직증명서 등의 서류
다. 소속 의사가 특수건강진단과 관련하여 고용노동부장관이 정하는 교육을 이수하였음을 입증할 수 있는 서류
라. 최초 1년간의 건강진단사업계획서

② 영 제97조제2항에 따른 "고용노동부령으로 정하는 유해인자"란 별표 22 제4호를 말한다.

③ 영 제97조제2항에 따른 "고용노동부령으로 정하는 건강검진기관"이란 「건강검진기본법 시행규칙」 제4조제1항제1호에 따른 일반검진기관으로서 해당 지정요건을 갖추고 있는 기관을 말한다.

④ 제1항에 따라 특수건강진단기관 지정신청을 받은 지방고용노동관서의 장은 같은 항 제2호에 따른 지정신청의 경우 「전자정부법」 제36조제1항에 따라 행정정보의 공동이용을 통하여 국가기술자격증, 의료면허증 또는 전문의 자격증을 확인해야 한다. 다만, 신청인이 확인에 동의하지 않는 경우에는 해당 서류의 사본을 첨부하도록 해야 한다.

⑤ 지방고용노동관서의 장은 제1항에 따른 지정신청을 받아 같은 항 제2호에 따른 특수건강진단기관을 지정하는 경우에는 다음 각 호의 기준을 모두 갖추도록 해야 한다. (2024.6.28 개정)

법 률	시 행 령	시 행 규 칙
		1. 의사 1명당 연간 특수건강진단 실시 인원이 1만명을 초과하지 않을 것 2. 의사 1명당 연간 특수건강진단 및 배치전건강진단의 실시 인원의 합이 1만3천명을 초과하지 않을 것 ⑥ 특수건강진단기관에 대한 지정서의 발급, 지정받은 사항의 변경, 지정서의 반납 등에 관하여는 제16조제3항부터 제6항까지의 규정을 준용한다. 이 경우 "고용노동부장관 또는 지방고용노동청장"은 "지방고용노동관서의 장"으로, "안전관리전문기관 또는 보건관리전문기관"은 "특수건강진단기관"으로 본다. ⑦ 제1항부터 제6항까지의 규정에서 정한 사항 외에 특수건강진단기관의 지정방법, 관할지역, 그 밖에 특수건강진단기관의 지정·관리에 필요한 사항은 고용노동부장관이 정하여 고시한다. **제212조 【특수건강진단기관의 평가 등】** ① 공단이 법 제135조제4항에 따라 특수건강진단기관을 평가하는 기준은 다음 각 호와 같다. 1. 인력·시설·장비의 보유 수준과 그에 관한 관리 능력 2. 건강진단·분석 능력, 건강진단 결과 및 판정의 신뢰도 등 건강진단 업무 수행능력 3. 건강진단을 받은 사업장과 근로자의 만족도 및 그 밖에 필요한 사항

제136조【유해인자별 특수건강진단 전문연구기관의 지정】 ① 고용노동부장관은 작업장의 유해인자에 관한 전문연구를 촉진하기 위하여 유해인자별 특수건강진단 전문연구기관을 지정하여 예산의 범위에서 필요한 지원을 할 수 있다.
② 제1항에 따른 유해인자별 특수건강진단 전문연구기관의 지정 기준 및 절차, 그 밖에 필요한 사항은 고용노동부장관이 정하여 고시한다.

제137조【건강관리카드】 ① 고용노동부장관은 고용노동부령으로 정하는 건강장해가 발생할 우려가 있는 업무에 종사하였거나 종사하고 있는 사람 중 고용노동부령으로 정하는 요건을 갖춘 사람의 직업병 조기발견 및 지속적인 건강관리를 위하여 건강관리카드를 발급하여야 한다.
② 건강관리카드를 발급받은 사람이 「산업재해보상보험법」 제41조에 따라 요양급여를 신청하는 경우에는 건강관리카드를 제출함으로써 해당 재해에 관한 의학적 소견을 적은 서류의 제출을 대신할 수 있다.
③ 건강관리카드를 발급받은 사람은 그 건강관

② 제1항에 따른 특수건강진단기관에 대한 평가 방법 및 평가 결과의 공개 등에 관하여는 제17조제2항부터 제8항까지의 규정을 준용한다. 이 경우 "안전관리전문기관 또는 보건관리전문기관"은 "특수건강진단기관"으로 본다.

제213조【특수건강진단 전문연구기관 지원업무의 대행】 고용노동부장관은 법 제136조제1항에 따른 특수건강진단 전문연구기관의 지원에 필요한 업무를 공단으로 하여금 대행하게 할 수 있다.

제214조【건강관리카드의 발급 대상】 법 제137조제1항에서 "고용노동부령으로 정하는 건강장해가 발생할 우려가 있는 업무" 및 "고용노동부령으로 정하는 요건을 갖춘 사람"은 별표 25와 같다.

제215조【건강관리카드 소지자의 건강진단】 ① 법 제137조제1항에 따른 건강관리카드(이하 "카드"라 한다)를 발급받은 근로자가 카드의 발급 대상 업무에 더 이상 종사하지 않는 경우에는 공단 또는 특수건강진단기관에서 실시하는 건강진단을 매년(카드 발급 대상 업무에서

법 률	시 행 령	시 행 규 칙
리카드를 타인에게 양도하거나 대여해서는 아니 된다. ④ 건강관리카드를 발급받은 사람 중 제1항에 따라 건강관리카드를 발급받은 업무에 종사하지 아니하는 사람은 고용노동부령으로 정하는 바에 따라 특수건강진단에 준하는 건강진단을 받을 수 있다. ⑤ 건강관리카드의 서식, 발급 절차, 그 밖에 필요한 사항은 고용노동부령으로 정한다. 벌 법 제137조제3항을 위반한 자에게는 500만원 이하의 과태료를 부과한다. (법 제175조제5항 제1호)		종사하지 않게 된 첫 해는 제외한다) 1회 받을 수 있다. 다만, 카드를 발급받은 근로자(이하 "카드소지자"라 한다)가 카드의 발급 대상 업무와 같은 업무에 재취업하고 있는 기간 중에는 그렇지 않다. ② 공단은 제1항 본문에 따라 건강진단을 받는 카드소지자에게 교통비 및 식비를 지급할 수 있다. ③ 카드소지자는 건강진단을 받을 때에 해당 건강진단을 실시하는 의료기관에 카드 또는 주민등록증 등 신분을 확인할 수 있는 증명서를 제시해야 한다. ④ 제3항에 따른 의료기관은 건강진단을 실시한 날부터 30일 이내에 건강진단 실시 결과를 카드소지자 및 공단에 송부해야 한다. ⑤ 제3항에 따른 의료기관은 건강진단 결과에 따라 카드소지자의 건강 유지를 위하여 필요하면 건강상담, 직업병 확진 의뢰 안내 등 고용노동부장관이 정하는 바에 따른 조치를 하고, 카드소지자에게 해당 조치 내용에 대하여 설명해야 한다. ⑥ 카드소지자에 대한 건강진단의 실시방법과 그 밖에 필요한 사항은 고용노동부장관이 정하여 고시한다. **제216조 【건강관리카드의 서식】** 법 제137조제5항에 따른 카드의 서식은 별지 제87호서식에 따른다.

제217조 【건강관리카드의 발급 절차】 ① 카드를 발급받으려는 사람은 공단에 발급신청을 해야 한다. 다만, 재직 중인 근로자가 사업주에게 의뢰하는 경우에는 사업주가 공단에 카드의 발급을 신청할 수 있다.

② 제1항에 따라 카드의 발급을 신청하려는 사람은 별지 제88호서식의 건강관리카드 발급신청서에 별표 25 각 호의 어느 하나에 해당하는 사실을 증명하는 서류와 사진 1장을 첨부하여 공단에 제출(전자문서로 제출하는 것을 포함한다)해야 한다.

③ 제2항에 따른 발급신청을 받은 공단은 제출된 서류를 확인한 후 카드발급 요건에 적합하다고 인정되는 경우에는 카드를 발급해야 한다.

④ 제1항 단서에 따라 카드발급을 신청한 사업주가 공단으로부터 카드를 발급받은 경우에는 지체 없이 해당 근로자에게 전달해야 한다.

제218조 【건강관리카드의 재발급 등】 ① 카드 소지자가 카드를 잃어버리거나 카드가 훼손된 경우에는 즉시 별지 제88호서식의 건강관리카드 재발급신청서를 공단에 제출하고 카드를 재발급받아야 한다. 카드가 훼손된 경우에는 해당 카드를 함께 제출해야 한다.

② 카드를 잃어버린 사유로 카드를 재발급받은 사람이 잃어버린 카드를 발견한 경우에는 즉시

법률	시행령	시행규칙
		공단에 반환하거나 폐기해야 한다. ③ 카드소지자가 주소지를 변경한 경우에는 변경한 날부터 30일 이내에 별지 제88호서식의 건강관리카드 기재내용 변경신청서에 해당 카드를 첨부하여 공단에 제출해야 한다. **제219조 【건강진단의 권고】** 공단은 카드를 발급한 경우에는 카드소지자에게 건강진단을 받게 하거나 그 밖에 건강보호를 위하여 필요한 조치를 권고할 수 있다.
제138조 【질병자의 근로 금지·제한】 ① 사업주는 감염병, 정신질환 또는 근로로 인하여 병세가 크게 악화될 우려가 있는 질병으로서 고용노동부령으로 정하는 질병에 걸린 사람에게는 「의료법」 제2조에 따른 의사의 진단에 따라 근로를 금지하거나 제한하여야 한다. ② 사업주는 제1항에 따라 근로가 금지되거나 제한된 근로자가 건강을 회복하였을 때에는 지체 없이 근로를 할 수 있도록 하여야 한다.	벌 법 제138조제1항(제166조의2에서 준용하는 경우를 포함한다)·제2항을 위반한 자는 1천만원 이하의 벌금에 처한다. (법 제171조제1호)	**제220조 【질병자의 근로금지】** ① 법 제138조제1항에 따라 사업주는 다음 각 호의 어느 하나에 해당하는 사람에 대해서는 근로를 금지해야 한다. 1. 전염될 우려가 있는 질병에 걸린 사람. 다만, 전염을 예방하기 위한 조치를 한 경우는 제외한다. 2. 조현병, 마비성 치매에 걸린 사람 3. 심장·신장·폐 등의 질환이 있는 사람으로서 근로에 의하여 병세가 악화될 우려가 있는 사람 4. 제1호부터 제3호까지의 규정에 준하는 질병으로서 고용노동부장관이 정하는 질병에 걸린 사람 ② 사업주는 제1항에 따라 근로를 금지하거나

근로를 다시 시작하도록 하는 경우에는 미리 보건관리자(의사인 보건관리자만 해당한다), 산업보건의 또는 건강진단을 실시한 의사의 의견을 들어야 한다.

제221조【질병자 등의 근로 제한】 ① 사업주는 법 제129조부터 제130조에 따른 건강진단 결과 유기화합물·금속류 등의 유해물질에 중독된 사람, 해당 유해물질에 중독될 우려가 있다고 의사가 인정하는 사람, 진폐의 소견이 있는 사람 또는 방사선에 피폭된 사람을 해당 유해물질 또는 방사선을 취급하거나 해당 유해물질의 분진·증기 또는 가스가 발산되는 업무 또는 해당 업무로 인하여 근로자의 건강을 악화시킬 우려가 있는 업무에 종사하도록 해서는 안 된다.
② 사업주는 다음 각 호의 어느 하나에 해당하는 질병이 있는 근로자를 고기압 업무에 종사하도록 해서는 안 된다.
1. 감압증이나 그 밖에 고기압에 의한 장해 또는 그 후유증
2. 결핵, 급성상기도감염, 진폐, 폐기종, 그 밖의 호흡기계의 질병
3. 빈혈증, 심장판막증, 관상동맥경화증, 고혈압증, 그 밖의 혈액 또는 순환기계의 질병
4. 정신신경증, 알코올중독, 신경통, 그 밖의 정신신경계의 질병
5. 메니에르씨병, 중이염, 그 밖의 이관(耳管)

법 률	시 행 령	시 행 규 칙
제139조【유해·위험작업에 대한 근로시간 제한 등】 ① 사업주는 유해하거나 위험한 작업으로서 높은 기압에서 하는 작업 등 대통령령으로 정하는 작업에 종사하는 근로자에게는 1일 6시간, 1주 34시간을 초과하여 근로하게 해서는 아니 된다. ② 사업주는 대통령령으로 정하는 유해하거나 위험한 작업에 종사하는 근로자에게 필요한 안전조치 및 보건조치 외에 작업과 휴식의 적정한 배분 및 근로시간과 관련된 근로조건의 개선을 통하여 근로자의 건강 보호를 위한 조치를 하여야 한다. 벌 법 제139조제1항을 위반한 자는 3년 이하의 징역 또는 3천만원 이하의 벌금에 처한다. (법 제169조제1호)	**제99조【유해·위험작업에 대한 근로시간 제한 등】** ① 법 제139조제1항에서 "높은 기압에서 하는 작업 등 대통령령으로 정하는 작업"이란 잠함(潛函) 또는 잠수 작업 등 높은 기압에서 하는 작업을 말한다. ② 제1항에 따른 작업에서 잠함·잠수 작업시간, 가압·감압방법 등 해당 근로자의 안전과 보건을 유지하기 위하여 필요한 사항은 고용노동부령으로 정한다. ③ 법 제139조제2항에서 "대통령령으로 정하는 유해하거나 위험한 작업"이란 다음 각 호의 어느 하나에 해당하는 작업을 말한다. 1. 갱(坑) 내에서 하는 작업 2. 다량의 고열물체를 취급하는 작업과 현저히 덥고 뜨거운 장소에서 하는 작업 3. 다량의 저온물체를 취급하는 작업과 현저히 춥고 차가운 장소에서 하는 작업 4. 라듐방사선이나 엑스선, 그 밖의 유해 방사선을 취급하는 작업 5. 유리·흙·돌·광물의 먼지가 심하게 날리는	협착을 수반하는 귀 질환 6. 관절염, 류마티스, 그 밖의 운동기계의 질병 7. 천식, 비만증, 바세도우씨병, 그 밖에 알레르기성·내분비계·물질대사 또는 영양장해 등과 관련된 질병 ③ 사업주는 다음 각 호의 어느 하나에 해당하는 경우에는 미리 보건관리자(의사인 보건관리자만 해당한다), 산업보건의 또는 건강진단을 실시한 의사의 의견을 들어야 한다. (2023. 9.27 신설) 1. 제1항 또는 제2항에 따라 근로를 제한하려는 경우 2. 제1항 또는 제2항에 따라 근로가 제한된 근로자 중 건강이 회복된 근로자를 다시 근로하게 하려는 경우

제140조 【자격 등에 의한 취업 제한 등】 ① 사업주는 유해하거나 위험한 작업으로서 상당한 지식이나 숙련도가 요구되는 고용노동부령으로 정하는 작업의 경우 그 작업에 필요한 자격·면허·경험 또는 기능을 가진 근로자가 아닌 사람에게 그 작업을 하게 해서는 아니 된다.
② 고용노동부장관은 제1항에 따른 자격·면허의 취득 또는 근로자의 기능 습득을 위하여 교육기관을 지정할 수 있다.
③ 제1항에 따른 자격·면허·경험·기능, 제2항에 따른 교육기관의 지정 요건 및 지정 절차, 그 밖에 필요한 사항은 고용노동부령으로 정한다.
④ 제2항에 따른 교육기관에 관하여는 제21조제4항 및 제5항을 준용한다. 이 경우 "안전관리전문기관 또는 보건관리전문기관"은 "제2항에 따른 교육기관"으로 본다.

장소에서 하는 작업
6. 강렬한 소음이 발생하는 장소에서 하는 작업
7. 착암기(바위에 구멍을 뚫는 기계) 등에 의하여 신체에 강렬한 진동을 주는 작업
8. 인력(人力)으로 중량물을 취급하는 작업
9. 납·수은·크롬·망간·카드뮴 등의 중금속 또는 이황화탄소·유기용제, 그 밖에 고용노동부령으로 정하는 특정 화학물질의 먼지·증기 또는 가스가 많이 발생하는 장소에서 하는 작업

벌 법 제140조제1항(제166조의2에서 준용하는 경우를 포함한다)을 위반한 자는 3년 이하의 징역 또는 3천만원 이하의 벌금에 처한다. (법 제169조제1호)

제100조 【교육기관의 지정 취소 등의 사유】 법 제140조제4항에 따라 준용되는 법 제21조제4항제5호에서 "대통령령으로 정하는 사유에 해당하는 경우"란 다음 각 호의 경우를 말한다.

법률	시행령	시행규칙
	1. 교육과 관련된 서류를 거짓으로 작성한 경우 2. 정당한 사유 없이 특정인에 대한 교육을 거부한 경우 3. 정당한 사유 없이 1개월 이상의 휴업으로 인하여 위탁받은 교육 업무의 수행에 차질을 일으킨 경우 4. 교육과 관련된 비치서류를 보존하지 않은 경우 5. 교육과 관련한 수수료 외의 금품을 받은 경우 6. 법에 따른 관계 공무원의 지도·감독을 거부·방해 또는 기피한 경우	
제141조 【역학조사】 ① 고용노동부장관은 직업성 질환의 진단 및 예방, 발생 원인의 규명을 위하여 필요하다고 인정할 때에는 근로자의 질환과 작업장의 유해요인의 상관관계에 관한 역학조사(이하 "역학조사"라 한다)를 할 수 있다. 이 경우 사업주 또는 근로자대표, 그 밖에 고용노동부령으로 정하는 사람이 요구할 때 고용노동부령으로 정하는 바에 따라 역학조사에 참석하게 할 수 있다. ② 사업주 및 근로자는 고용노동부장관이 역학조사를 실시하는 경우 적극 협조하여야 하며, 정당한 사유 없이 역학조사를 거부·방해하거나 기피해서는 아니 된다.	벌 법 제141조제2항을 위반하여 정당한 사유 없이 역학조사를 거부·방해하거나 기피한 자에게는 1천500만원 이하의 과태료를 부과한다. (법 제175조제3항제3호)	**제222조 【역학조사의 대상 및 절차 등】** ① 공단은 법 제141조제1항에 따라 다음 각 호의 어느 하나에 해당하는 경우에는 역학조사를 할 수 있다. 1. 법 제125조에 따른 작업환경측정 또는 법 제129조부터 제131조에 따른 건강진단의 실시 결과만으로 직업성 질환에 걸렸는지를 판단하기 곤란한 근로자의 질병에 대하여 사업주·근로자대표·보건관리자(보건관리전문기관을 포함한다) 또는 건강진단기관의 의사가 역학조사를 요청하는 경우 2. 「산업재해보상보험법」 제10조에 따른 근로복지공단이 고용노동부장관이 정하는 바에

③ 누구든지 제1항 후단에 따라 역학조사 참석이 허용된 사람의 역학조사 참석을 거부하거나 방해해서는 아니 된다.

④ 제1항 후단에 따라 역학조사에 참석하는 사람은 역학조사 참석과정에서 알게 된 비밀을 누설하거나 도용해서는 아니 된다.

⑤ 고용노동부장관은 역학조사를 위하여 필요하면 제129조부터 제131조까지의 규정에 따른 근로자의 건강진단 결과, 「국민건강보험법」에 따른 요양급여기록 및 건강검진 결과, 「고용보험법」에 따른 고용정보, 「암관리법」에 따른 질병정보 및 사망원인 정보 등을 관련 기관에 요청할 수 있다. 이 경우 자료의 제출을 요청받은 기관은 특별한 사유가 없으면 이에 따라야 한다.

⑥ 역학조사의 방법·대상·절차, 그 밖에 필요한 사항은 고용노동부령으로 정한다.

벌 법 제141조제3항을 위반하여 역학조사 참석이 허용된 사람의 역학조사 참석을 거부하거나 방해한 자에게는 1천500만원 이하의 과태료를 부과한다. (법 제175조제3항제4호)

벌 법 제141조제4항을 위반한 자는 1년 이하의 징역 또는 1천만원 이하의 벌금에 처한다. (법 제170조제4호)

따라 업무상 질병 여부의 결정을 위하여 역학조사를 요청하는 경우

3. 공단이 직업성 질환의 예방을 위하여 필요하다고 판단하여 제224조제1항에 따른 역학조사평가위원회의 심의를 거친 경우
4. 그 밖에 직업성 질환에 걸렸는지 여부로 사회적 물의를 일으킨 질병에 대하여 작업장 내 유해요인과의 연관성 규명이 필요한 경우 등으로서 지방고용노동관서의 장이 요청하는 경우

② 제1항제1호에 따라 사업주 또는 근로자대표가 역학조사를 요청하는 경우에는 산업안전보건위원회의 의결을 거치거나 각각 상대방의 동의를 받아야 한다. 다만, 관할 지방고용노동관서의 장이 역학조사의 필요성을 인정하는 경우에는 그렇지 않다.

③ 제1항에서 정한 사항 외에 역학조사의 방법 등에 필요한 사항은 고용노동부장관이 정하여 고시한다.

제223조 【역학조사에의 참석】 법 제141조제1항 후단에서 "고용노동부령으로 정하는 사람"이란 해당 질병에 대하여 「산업재해보상보험법」 제36조제1항제1호 및 제5호에 따른 요양급여 및 유족급여를 신청한 자 또는 그 대리인(제222조제1항제2호에 따른 역학조사에 한한다)을 말한다.

법 률	시 행 령	시 행 규 칙
		② 공단은 법 제141조제1항 후단에 따라 역학조사 참석을 요구받은 경우 사업주, 근로자대표 또는 제1항에 해당하는 사람에게 참석 시기와 장소를 통지한 후 해당 역학조사에 참석시킬 수 있다. **제224조 【역학조사평가위원회】** ① 공단은 역학조사 결과의 공정한 평가 및 그에 따른 근로자 건강보호방안 개발 등을 위하여 역학조사평가위원회를 설치·운영해야 한다. ② 제1항에 따른 역학조사평가위원회의 구성·기능 및 운영 등에 필요한 사항은 고용노동부장관이 정한다.
제9장 산업안전지도사 및 산업보건지도사	**제9장 산업안전지도사 및 산업보건지도사**	**제9장 산업안전지도사 및 산업보건지도사**
제142조 【산업안전지도사 등의 직무】 ① 산업안전지도사는 다음 각 호의 직무를 수행한다. 1. 공정상의 안전에 관한 평가·지도 2. 유해·위험의 방지대책에 관한 평가·지도 3. 제1호 및 제2호의 사항과 관련된 계획서 및 보고서의 작성 4. 그 밖에 산업안전에 관한 사항으로서 대통령령으로 정하는 사항 ② 산업보건지도사는 다음 각 호의 직무를 수	**제101조 【산업안전지도사 등의 직무】** ① 법 제142조제1항제4호에서 "대통령령으로 정하는 사항"이란 다음 각 호의 사항을 말한다. 1. 법 제36조에 따른 위험성평가의 지도 2. 법 제49조에 따른 안전보건개선계획서의 작성 3. 그 밖에 산업안전에 관한 사항의 자문에 대한 응답 및 조언 ② 법 제142조제2항제6호에서 "대통령령으로 정하는 사항"이란 다음 각 호의 사항을 말한다.	

행한다.
1. 작업환경의 평가 및 개선 지도
2. 작업환경 개선과 관련된 계획서 및 보고서의 작성
3. 근로자 건강진단에 따른 사후관리 지도
4. 직업성 질병 진단(「의료법」 제2조에 따른 의사인 산업보건지도사만 해당한다) 및 예방 지도
5. 산업보건에 관한 조사·연구
6. 그 밖에 산업보건에 관한 사항으로서 대통령령으로 정하는 사항

③ 산업안전지도사 또는 산업보건지도사(이하 "지도사"라 한다)의 업무 영역별 종류 및 업무 범위, 그 밖에 필요한 사항은 대통령령으로 정한다.

1. 법 제36조에 따른 위험성평가의 지도
2. 법 제49조에 따른 안전보건개선계획서의 작성
3. 그 밖에 산업보건에 관한 사항의 자문에 대한 응답 및 조언

제102조 【산업안전지도사 등의 업무 영역별 종류 등】 ① 법 제145조제1항에 따라 등록한 산업안전지도사의 업무 영역은 기계안전·전기안전·화공안전·건설안전 분야로 구분하고, 같은 항에 따라 등록한 산업보건지도사의 업무 영역은 직업환경의학·산업위생 분야로 구분한다.
② 법 제145조제1항에 따라 등록한 산업안전지도사 또는 산업보건지도사(이하 "지도사"라 한다)의 해당 업무 영역별 업무 범위는 별표 31과 같다.

제143조 【지도사의 자격 및 시험】 ① 고용노동부장관이 시행하는 지도사 자격시험에 합격한 사람은 지도사의 자격을 가진다.
② 대통령령으로 정하는 산업 안전 및 보건과 관련된 자격의 보유자에 대해서는 제1항에 따른 지도사 자격시험의 일부를 면제할 수 있다.
③ 고용노동부장관은 제1항에 따른 지도사 자격시험 실시를 대통령령으로 정하는 전문기관에 대행하게 할 수 있다. 이 경우 시험 실시에 드는 비용을 예산의 범위에서 보조할 수 있다.

제103조 【자격시험의 실시 등】 ① 법 제143조제1항에 따른 지도사 자격시험(이하 "지도사 자격시험"이라 한다)은 필기시험과 면접시험으로 구분하여 실시한다.
② 지도사 자격시험 중 필기시험의 업무 영역별 과목 및 범위는 별표 32와 같다.
③ 지도사 자격시험 중 필기시험은 제1차 시험과 제2차 시험으로 구분하여 실시하고 제1차 시험은 선택형, 제2차 시험은 논문형을 원칙으로 하되, 각각 주관식 단답형을 추가할 수 있다.

제225조 【자격시험의 공고】 「한국산업인력공단법」에 따른 한국산업인력공단(이하 "한국산업인력공단"이라 한다)이 지도사 자격시험을 시행하려는 경우에는 시험 응시자격, 시험과목, 일시, 장소, 응시 절차, 그 밖에 자격시험 응시에 필요한 사항을 시험 실시 90일 전까지 일간신문 등에 공고해야 한다.

제226조 【응시원서의 제출 등】 ① 영 제103조제1항에 따른 지도사 자격시험에 응시하려는

법 률	시 행 령	시 행 규 칙
(2020.5.26 개정) ④ 제3항에 따라 지도사 자격시험 실시를 대행하는 전문기관의 임직원은 「형법」 제129조부터 제132조까지의 규정을 적용할 때에는 공무원으로 본다. ⑤ 지도사 자격시험의 시험과목, 시험방법, 다른 자격 보유자에 대한 시험 면제의 범위, 그 밖에 필요한 사항은 대통령령으로 정한다.	④ 지도사 자격시험 중 제1차 시험은 별표 32에 따른 공통필수 I, 공통필수 II 및 공통필수 III의 과목 및 범위로 하고, 제2차 시험은 별표 32에 따른 전공필수의 과목 및 범위로 한다. ⑤ 지도사 자격시험 중 제2차 시험은 제1차 시험 합격자에 대해서만 실시한다. ⑥ 지도사 자격시험 중 면접시험은 필기시험 합격자 또는 면제자에 대해서만 실시하되, 다음 각 호의 사항을 평가한다. 1. 전문지식과 응용능력 2. 산업안전·보건제도에 관한 이해 및 인식 정도 3. 상담·지도능력 ⑦ 지도사 자격시험의 공고, 응시 절차, 그 밖에 시험에 필요한 사항은 고용노동부령으로 정한다.	사람은 별지 제89호서식의 응시원서를 작성하여 한국산업인력공단에 제출해야 한다. ② 한국산업인력공단은 제1항에 따른 응시원서를 접수하면 별지 제90호서식의 자격시험 응시자 명부에 해당 사항을 적고 응시자에게 별지 제89호서식 하단의 응시표를 발급해야 한다. 다만, 기재사항이나 첨부서류 등이 미비된 경우에는 그 보완을 명하고, 보완이 이루어지지 않는 경우에는 응시원서의 접수를 거부할 수 있다. ③ 한국산업인력공단은 법 제166조제1항제12호에 따라 응시수수료를 낸 사람이 다음 각 호의 어느 하나에 해당하는 경우에는 다음 각 호의 구분에 따라 응시수수료의 전부 또는 일부를 반환해야 한다. 1. 수수료를 과오납한 경우 : 과오납한 금액의 전부 2. 한국산업인력공단의 귀책사유로 시험에 응하지 못한 경우 : 납입한 수수료의 전부 3. 응시원서 접수기간 내에 접수를 취소한 경우 : 납입한 수수료의 전부 4. 응시원서 접수 마감일 다음 날부터 시험시행일 20일 전까지 접수를 취소한 경우 : 납입한 수수료의 100분의 60 5. 시험시행일 19일 전부터 시험시행일 10일 전까지 접수를 취소한 경우 : 납입한 수수료의 100분의 50

6. 사고 또는 질병으로 입원(시험시행일이 입원기간에 포함되는 경우로 한정한다)하여 시험에 응시하지 못한 경우 : 납입한 수수료의 전부 (2024.9.26 신설)
7. 「감염병의 예방 및 관리에 관한 법률」에 따른 치료·입원 또는 격리(시험시행일이 치료·입원 또는 격리 기간에 포함되는 경우로 한정한다) 처분을 받아 시험에 응시하지 못한 경우 : 납입한 수수료의 전부 (2024.9.26 신설)
8. 본인이 사망하거나 다음 각 목의 사람이 시험시행일 7일 전부터 시험시행일까지의 기간에 사망하여 시험에 응시하지 못한 경우 : 납입한 수수료의 전부 (2024.9.26 신설)
   가. 수수료를 낸 사람의 배우자
   나. 수수료를 낸 사람 본인 및 배우자의 자녀
   다. 수수료를 낸 사람 본인 및 배우자의 부모
   라. 수수료를 낸 사람 본인 및 배우자의 조부모·외조부모
   마. 수수료를 낸 사람 본인 및 배우자의 형제자매

④ 한국산업인력공단은 제227조제2호에 따른 경력증명서를 제출받은 경우 「전자정부법」 제36조제1항에 따른 행정정보의 공동이용을 통하여 신청인의 국민연금가입자가입증명 또는 건강보험자격득실확인서를 확인해야 한다. 다만, 신청인이 확인에 동의하지 않는 경우에는 해당 서류를 제출하도록 해야 한다.

법률	시행령	시행규칙
	제104조 【자격시험의 일부면제】 ① 법 제143조제2항에 따라 지도사 자격시험의 일부를 면제할 수 있는 자격 및 면제의 범위는 다음 각 호와 같다. 1. 「국가기술자격법」에 따른 건설안전기술사, 기계안전기술사, 산업위생관리기술사, 인간공학기술사, 전기안전기술사, 화공안전기술사 : 별표 32에 따른 전공필수·공통필수Ⅰ 및 공통필수Ⅱ 과목 2. 「국가기술자격법」에 따른 건설 직무분야(건축 중 직무분야 및 토목 중 직무분야로 한정한다), 기계 직무분야, 화학 직무분야, 전기·전자 직무분야(전기 중 직무분야로 한정한다)의 기술사 자격 보유자 : 별표 32에 따른 전공필수 과목 3. 「의료법」에 따른 직업환경의학과 전문의 : 별표 32에 따른 전공필수·공통필수Ⅰ 및 공통필수Ⅱ 과목 4. 공학(건설안전·기계안전·전기안전·화공안전 분야 전공으로 한정한다), 의학(직업환경의학 분야 전공으로 한정한다), 보건학(산업위생 분야 전공으로 한정한다) 박사학위 소지자 : 별표 32에 따른 전공필수 과목 5. 제2호 또는 제4호에 해당하는 사람으로서 각각의 자격 또는 학위 취득 후 산업안전·산업보건 업무에 3년 이상 종사한 경력이 있는	**제227조 【자격시험의 일부 면제의 신청】** 영 제104조제1항 각 호의 어느 하나에 해당하는 사람이 지도사 자격시험의 일부를 면제받으려는 경우에는 제226조제1항에 따라 응시원서를 제출할 때에 다음 각 호의 서류를 첨부해야 한다. 1. 해당 자격증 또는 박사학위증의 발급기관이 발급한 증명서(박사학위증의 경우에는 응시분야에 해당하는 박사학위 소지를 확인할 수 있는 증명서) 1부 2. 경력증명서(영 제104조제1항제5호에 해당하는 사람만 첨부하며, 박사학위 또는 자격증 취득일 이후 산업안전·산업보건 업무에 3년 이상 종사한 경력이 분명히 적힌 것이어야 한다) 1부

사람 : 별표 32에 따른 전공필수 및 공통필수Ⅱ 과목
6. 「공인노무사법」에 따른 공인노무사 : 별표 32에 따른 공통필수Ⅰ 과목
7. 법 제143조제1항에 따른 지도사 자격 보유자로서 다른 지도사 자격 시험에 응시하는 사람 : 별표 32에 따른 공통필수Ⅰ 및 공통필수Ⅲ 과목
8. 법 제143조제1항에 따른 지도사 자격 보유자로서 같은 지도사의 다른 분야 지도사 자격 시험에 응시하는 사람 : 별표 32에 따른 공통필수Ⅰ, 공통필수Ⅱ 및 공통필수Ⅲ 과목

② 제103조제3항에 따른 제1차 필기시험 또는 제2차 필기시험에 합격한 사람에 대해서는 다음 회의 자격시험에 한정하여 합격한 차수의 필기시험을 면제한다.

③ 제1항에 따른 지도사 자격시험 일부 면제의 신청에 관한 사항은 고용노동부령으로 정한다.

제105조 【합격자의 결정 등】 ① 지도사 자격시험 중 필기시험은 매 과목 100점을 만점으로 하여 40점 이상, 전과목 평균 60점 이상 득점한 사람을 합격자로 한다. (2023.6.27 개정)

② 지도사 자격시험 중 면접시험은 제103조제6항 각 호의 사항을 평가하되, 10점 만점에 6점 이상인 사람을 합격자로 한다.

③ 고용노동부장관은 지도사 자격시험에 합격

제228조 【합격자의 공고】 한국산업인력공단은 영 제105조에 따라 지도사 자격시험의 최종합격자가 결정되면 모든 응시자가 알 수 있는 방법으로 공고하고, 합격자에게는 합격사실을 알려야 한다.

제228조의2 【지도사 자격증의 발급 신청 등】 ① 영 제105조제3항에 따라 지도사 자격증을

법률	시행령	시행규칙
	한 사람에게 고용노동부령으로 정하는 바에 따라 지도사 자격증을 발급하고 관리해야 한다. (2023.6.27 신설) **제106조【자격시험 실시기관】** ① 법 제143조제3항 전단에서 "대통령령으로 정하는 전문기관"이란 「한국산업인력공단법」에 따른 한국산업인력공단(이하 "한국산업인력공단"이라 한다)을 말한다. ② 고용노동부장관은 법 제143조제3항에 따라 지도사 자격시험의 실시를 한국산업인력공단에 대행하게 하는 경우 필요하다고 인정하면 한국산업인력공단으로 하여금 자격시험위원회를 구성·운영하게 할 수 있다. ③ 자격시험위원회의 구성·운영 등에 필요한 사항은 고용노동부장관이 정한다.	발급받으려는 사람은 별지 제90호의2서식의 지도사 자격증 발급·재발급 신청서에 다음 각 호의 서류를 첨부하여 지방고용노동관서의 장에게 제출해야 한다. (2023.9.27 신설) 1. 주민등록증 사본 등 신분을 증명할 수 있는 서류 2. 신청일 전 6개월 이내에 찍은 모자를 쓰지 않은 상반신 명함판 사진 1장(디지털 파일로 제출하는 경우를 포함한다) 3. 이전에 발급 받은 지도사 자격증(재발급인 경우만 해당하며, 자격증을 잃어버린 경우는 제외한다) ② 영 제105조제3항에 따른 지도사의 자격증은 별지 제90호의3서식에 따른다. (2023.9.27 신설)
제144조【부정행위자에 대한 제재】 고용노동부장관은 지도사 자격시험에서 부정한 행위를 한 응시자에 대해서는 그 시험을 무효로 하고, 그 처분을 한 날부터 5년간 시험응시자격을 정지한다.		
제145조【지도사의 등록】 ① 지도사가 그 직무를 수행하려는 경우에는 고용노동부령으로 정하는 바에 따라 고용노동부장관에게 등록하여	벌 법 제145조제1항을 위반한 자에게는 500만원 이하의 과태료를 부과한다. (법 제175조제5항제1호)	**제229조【등록신청 등】** ① 법 제145조제1항 및 제4항에 따라 지도사의 등록 또는 갱신등록을 하려는 사람은 별지 제91호서식의 등록·갱신

야 한다.
② 제1항에 따라 등록한 지도사는 그 직무를 조직적·전문적으로 수행하기 위하여 법인을 설립할 수 있다.
③ 다음 각 호의 어느 하나에 해당하는 사람은 제1항에 따른 등록을 할 수 없다.

1. 피성년후견인 또는 피한정후견인
2. 파산선고를 받고 복권되지 아니한 사람
3. 금고 이상의 실형을 선고받고 그 집행이 끝나거나(집행이 끝난 것으로 보는 경우를 포함한다) 집행이 면제된 날부터 2년이 지나지 아니한 사람
4. 금고 이상의 형의 집행유예를 선고받고 그 유예기간 중에 있는 사람
5. 이 법을 위반하여 벌금형을 선고받고 1년이 지나지 아니한 사람
6. 제154조에 따라 등록이 취소(이 항 제1호 또는 제2호에 해당하여 등록이 취소된 경우는 제외한다)된 후 2년이 지나지 아니한 사람

④ 제1항에 따라 등록을 한 지도사는 고용노동부령으로 정하는 바에 따라 5년마다 등록을 갱신하여야 한다.
⑤ 고용노동부령으로 정하는 지도실적이 있는 지도사만이 제4항에 따른 갱신등록을 할 수 있다. 다만, 지도실적이 기준에 못 미치는 지도사는 고용노동부령으로 정하는 보수교육을 받은 경우 갱신등록을 할 수 있다.

신청서에 다음 각 호의 서류를 첨부하여 주사무소를 설치하려는 지역(사무소를 두지 않는 경우에는 주소지를 말한다)을 관할하는 지방고용노동관서의 장에게 제출해야 한다. 이 경우 등록신청은 이중으로 할 수 없다.

1. 신청일 전 6개월 이내에 촬영한 탈모 상반신의 증명사진(가로 3센티미터×세로 4센티미터) 1장
2. 제232조제4항에 따른 지도사 연수교육 이수증 또는 영 제107조에 따른 경력을 증명할 수 있는 서류(법 제145조제1항에 따른 등록의 경우만 해당한다)
3. 지도실적을 확인할 수 있는 서류 또는 제231조제4항에 따른 지도사 보수교육 이수증(법 제145조제4항에 따른 등록의 경우만 해당한다)

② 지방고용노동관서의 장은 제1항에 따라 등록·갱신 신청서를 접수한 경우에는 법 제145조제3항에 적합한지를 확인하여 해당 신청서를 접수한 날부터 30일 이내에 별지 제92호서식의 등록증을 신청인에게 발급해야 한다.
③ 지도사는 제2항에 따른 등록사항이 변경되었을 때에는 지체 없이 별지 제91호서식의 등록사항 변경신청서에 변경사항을 증명할 수 있는 서류와 등록증 원본을 첨부하여 지방고용노동관서의 장에게 제출해야 한다. (2024.6.28 개정)

법 률	시 행 령	시 행 규 칙
⑥ 제2항에 따른 법인에 관하여는 「상법」 중 합명회사에 관한 규정을 적용한다.		④ 지도사는 제2항에 따라 발급받은 등록증을 잃어버리거나 그 등록증이 훼손된 경우 또는 제3항에 따라 등록사항의 변경 신고를 한 경우에는 별지 제93호서식의 등록증 재발급신청서에 등록증(등록증을 잃어버린 경우는 제외한다)을 첨부하여 지방고용노동관서의 장에게 제출하고 등록증을 다시 발급받아야 한다. ⑤ 지방고용노동관서의 장은 제2항부터 제4항까지의 규정에 따라 등록증을 발급하거나 재발급하는 경우에는 별지 제94호서식의 등록부와 별지 제95호서식의 등록증 발급대장에 각각 해당 사실을 기재해야 한다. 이 경우 등록부와 등록증 발급대장은 전자적 처리가 불가능한 특별한 사유가 있는 경우를 제외하고는 전자적 방법으로 관리해야 한다. **제230조【지도실적 등】** ① 법 제145조제5항 본문에서 "고용노동부령으로 정하는 지도실적"이란 법 제145조제4항에 따른 지도사 등록의 갱신기간 동안 사업장 또는 고용노동부장관이 정하여 고시하는 산업안전·산업보건 관련 기관·단체에서 지도하거나 종사한 실적을 말한다. ② 법 제145조제5항 단서에서 "지도실적이 기준에 못 미치는 지도사"란 제1항에 따른 지도·종사 실적의 기간이 3년 미만인 지도사를 말한다. 이 경우 지도사가 둘 이상의 사업장 또는

제146조 【지도사의 교육】 지도사 자격이 있는 사람(제143조제2항에 해당하는 사람 중 대통령

제107조 【연수교육의 제외 대상】 법 제146조에서 "대통령령으로 정하는 실무경력이 있는 사

기관·단체에서 지도하거나 종사한 경우에는 각각의 지도·종사 기간을 합산한다.

제231조 【지도사 보수교육】 ① 법 제145조제5항 단서에서 "고용노동부령으로 정하는 보수교육"이란 업무교육과 직업윤리교육을 말한다.
② 제1항에 따른 보수교육의 시간은 업무교육 및 직업윤리교육의 교육시간을 합산하여 총 20시간 이상으로 한다. 다만, 법 제145조제4항에 따른 지도사 등록의 갱신기간 동안 제230조제1항에 따른 지도실적이 2년 이상인 지도사의 교육시간은 10시간 이상으로 한다.
③ 공단이 보수교육을 실시하였을 때에는 그 결과를 보수교육이 끝난 날부터 10일 이내에 고용노동부장관에게 보고해야 하며, 다음 각 호의 서류를 5년간 보존해야 한다.
1. 보수교육 이수자 명단
2. 이수자의 교육 이수를 확인할 수 있는 서류
④ 공단은 보수교육을 받은 지도사에게 별지 제96호서식의 지도사 보수교육 이수증을 발급해야 한다.
⑤ 보수교육의 절차·방법 및 비용 등 보수교육에 필요한 사항은 고용노동부장관의 승인을 거쳐 공단이 정한다.

제232조 【지도사 연수교육】 ① 법 제146조에 따른 "고용노동부령으로 정하는 연수교육"이란 업

법 률	시 행 령	시 행 규 칙
령으로 정하는 실무경력이 있는 사람은 제외한다)이 직무를 수행하려면 제145조에 따른 등록을 하기 전 1년의 범위에서 고용노동부령으로 정하는 연수교육을 받아야 한다. **제147조 【지도사에 대한 지도 등】** 고용노동부장관은 공단에 다음 각 호의 업무를 하게 할 수 있다. 1. 지도사에 대한 지도·연락 및 정보의 공동이용체제의 구축·유지 2. 제142조제1항 및 제2항에 따른 지도사의 직무 수행과 관련된 사업주의 불만·고충의 처리 및 피해에 관한 분쟁의 조정 3. 그 밖에 지도사 직무의 발전을 위하여 필요한 사항으로서 고용노동부령으로 정하는 사항	람"이란 산업안전 또는 산업보건 분야에서 5년 이상 실무에 종사한 경력이 있는 사람을 말한다.	무교육과 실무수습을 말한다. ② 제1항에 따른 연수교육의 기간은 업무교육 및 실무수습 기간을 합산하여 3개월 이상으로 한다. ③ 공단이 연수교육을 실시하였을 때에는 그 결과를 연수교육이 끝난 날부터 10일 이내에 고용노동부장관에게 보고해야 하며, 다음 각 호의 서류를 3년간 보존해야 한다. 1. 연수교육 이수자 명단 2. 이수자의 교육 이수를 확인할 수 있는 서류 ④ 공단은 연수교육을 받은 지도사에게 별지 제96호서식의 지도사 연수교육 이수증을 발급해야 한다. ⑤ 연수교육의 절차·방법 및 비용 등 연수교육에 필요한 사항은 고용노동부장관의 승인을 거쳐 공단이 정한다. **제233조 【지도사 업무발전 등】** 법 제147조제3호에서 "고용노동부령으로 정하는 사항"이란 다음 각 호와 같다. 1. 지도결과의 측정과 평가 2. 지도사의 기술지도능력 향상 지원 3. 중소기업 지도 시 지원 4. 불성실·불공정 지도행위를 방지하고 건실한 지도 수행을 촉진하기 위한 지도기준의 마련

제148조 【손해배상의 책임】 ① 지도사는 직무 수행과 관련하여 고의 또는 과실로 의뢰인에게 손해를 입힌 경우에는 그 손해를 배상할 책임이 있다.
② 제145조제1항에 따라 등록한 지도사는 제1항에 따른 손해배상책임을 보장하기 위하여 대통령령으로 정하는 바에 따라 보증보험에 가입하거나 그 밖에 필요한 조치를 하여야 한다.

제108조 【손해배상을 위한 보증보험 가입 등】
① 법 제145조제1항에 따라 등록한 지도사(같은 조 제2항에 따라 법인을 설립한 경우에는 그 법인을 말한다. 이하 이 조에서 같다)는 법 제148조제2항에 따라 보험금액이 2천만원(법 제145조제2항에 따른 법인인 경우에는 2천만원에 사원인 지도사의 수를 곱한 금액) 이상인 보증보험에 가입해야 한다.
② 지도사는 제1항의 보증보험금으로 손해배상을 한 경우에는 그 날부터 10일 이내에 다시 보증보험에 가입해야 한다.
③ 손해배상을 위한 보증보험 가입 및 지급에 관한 사항은 고용노동부령으로 정한다.

제234조 【손해배상을 위한 보험가입·지급 등】
① 영 제108조제1항에 따라 손해배상을 위한 보험에 가입한 지도사(법 제145조제2항에 따라 법인을 설립한 경우에는 그 법인을 말한다. 이하 이 조에서 같다)는 가입한 날부터 20일 이내에 별지 제97호서식의 보증보험가입 신고서에 증명서류를 첨부하여 해당 지도사의 주된 사무소의 소재지(사무소를 두지 않는 경우에는 주소지를 말한다. 이하 이 조에서 같다)를 관할하는 지방고용노동관서의 장에게 제출해야 한다.
② 지도사는 해당 보증보험의 보증기간이 만료되기 전에 다시 보증보험에 가입하고 가입한 날부터 20일 이내에 별지 제97호서식의 보증보험가입 신고서에 증명서류를 첨부하여 해당 지도사의 주된 사무소의 소재지를 관할하는 지방고용노동관서의 장에게 제출해야 한다.
③ 법 제148조제1항에 따른 의뢰인이 손해배상금으로 보증보험금을 지급받으려는 경우에는 별지 제98호서식의 보증보험금 지급사유 발생확인신청서에 해당 의뢰인과 지도사 간의 손해배상합의서, 화해조서, 법원의 확정판결문 사본, 그 밖에 이에 준하는 효력이 있는 서류를 첨부하여 해당 지도사의 주된 사무소의 소재지를 관할하는 지방고용노동관서의 장에게 제출해야 한다. 이 경우 지방고용노동관서의 장은 별지 제99호서식의 보증보험금

법률	시행령	시행규칙
		지급사유 발생확인서를 지체 없이 발급해야 한다.
제149조 【유사명칭의 사용 금지】 제145조제1항에 따라 등록한 지도사가 아닌 사람은 산업안전지도사, 산업보건지도사 또는 이와 유사한 명칭을 사용해서는 아니 된다.	벌 법 제149조를 위반한 자에게는 300만원 이하의 과태료를 부과한다. (법 제175조제6항제3호)	
제150조 【품위유지와 성실의무 등】 ① 지도사는 항상 품위를 유지하고 신의와 성실로써 공정하게 직무를 수행하여야 한다. ② 지도사는 제142조제1항 또는 제2항에 따른 직무와 관련하여 작성하거나 확인한 서류에 기명·날인하거나 서명하여야 한다.		
제151조 【금지 행위】 지도사는 다음 각 호의 행위를 해서는 아니 된다. 1. 거짓이나 그 밖의 부정한 방법으로 의뢰인에게 법령에 따른 의무를 이행하지 아니하게 하는 행위 2. 의뢰인에게 법령에 따른 신고·보고, 그 밖의 의무를 이행하지 아니하게 하는 행위 3. 법령에 위반되는 행위에 관한 지도·상담		
제152조 【관계 장부 등의 열람 신청】 지도사는 제142조제1항 및 제2항에 따른 직무를 수행하		

는 데 필요하면 사업주에게 관계 장부 및 서류의 열람을 신청할 수 있다. 이 경우 그 신청이 제142조제1항 또는 제2항에 따른 직무의 수행을 위한 것이면 열람을 신청받은 사업주는 정당한 사유 없이 이를 거부해서는 아니 된다.

제153조【자격대여행위 및 대여알선행위 등의 금지】 ① 지도사는 다른 사람에게 자기의 성명이나 사무소의 명칭을 사용하여 지도사의 직무를 수행하게 하거나 그 자격증이나 등록증을 대여해서는 아니 된다. (2020.3.31 개정)

② 누구든지 지도사의 자격을 취득하지 아니하고 그 지도사의 성명이나 사무소의 명칭을 사용하여 지도사의 직무를 수행하거나 자격증·등록증을 대여받아서는 아니 되며, 이를 알선하여서도 아니 된다. (2020.3.31 신설)

벌 법 제153조제1항을 위반하여 다른 사람에게 자기의 성명이나 사무소의 명칭을 사용하여 지도사의 직무를 수행하게 하거나 자격증·등록증을 대여한 사람은 1년 이하의 징역 또는 1천만원 이하의 벌금에 처한다. (법 제170조제7호)

벌 법 제153조제2항을 위반하여 지도사의 성명이나 사무소의 명칭을 사용하여 지도사의 직무를 수행하거나 자격증·등록증을 대여받거나 이를 알선한 사람은 1년 이하의 징역 또는 1천만원 이하의 벌금에 처한다. (법 제170조제8호)

제154조【등록의 취소 등】 고용노동부장관은 지도사가 다음 각 호의 어느 하나에 해당하는 경우에는 그 등록을 취소하거나 2년 이내의 기간을 정하여 그 업무의 정지를 명할 수 있다. 다만, 제1호부터 제3호까지의 규정에 해당할 때에는 그 등록을 취소하여야 한다.

1. 거짓이나 그 밖의 부정한 방법으로 등록 또는 갱신등록을 한 경우
2. 업무정지 기간 중에 업무를 수행한 경우
3. 업무 관련 서류를 거짓으로 작성한 경우

법률	시행령	시행규칙
4. 제142조에 따른 직무의 수행과정에서 고의 또는 과실로 인하여 중대재해가 발생한 경우 5. 제145조제3항제1호부터 제5호까지의 규정 중 어느 하나에 해당하게 된 경우 6. 제148조제2항에 따른 보증보험에 가입하지 아니하거나 그 밖에 필요한 조치를 하지 아니한 경우 7. 제150조제1항을 위반하거나 같은 조 제2항에 따른 기명·날인 또는 서명을 하지 아니한 경우 8. 제151조, 제153조제1항 또는 제162조를 위반한 경우 (2020.3.31 개정)		
제10장 근로감독관 등		**제10장 근로감독관 등**
제155조 【근로감독관의 권한】 ① 「근로기준법」 제101조에 따른 근로감독관(이하 "근로감독관"이라 한다)은 이 법 또는 이 법에 따른 명령을 시행하기 위하여 필요한 경우 다음 각 호의 장소에 출입하여 사업주, 근로자 또는 안전보건관리책임자 등(이하 "관계인"이라 한다)에게 질문을 하고, 장부, 서류, 그 밖의 물건의 검사 및 안전보건 점검을 하며, 관계 서류의 제출을 요구할 수 있다. 1. 사업장 2. 제21조제1항, 제33조제1항, 제48조제1항,	벌 법 제155조제1항(제166조의2에서 준용하는 경우를 포함한다)에 따른 질문에 대하여 답변을 거부·방해 또는 기피하거나 거짓으로 답변한 자에게는 300만원 이하의 과태료를 부과한다. (법 제175조제6항제16호) 벌 법 제155조제1항(제166조의2에서 준용하는 경우를 포함한다) 또는 제2항(제166조의2에서 준용하는 경우를 포함한다)에 따른 근로감독관의 검사·점검 또는 수거를 거부·방해 또는 기피한 자에게는 1천만원 이하의 과태료를 부과한다. (법 제175조제4항제8호)	**제235조 【감독기준】** 근로감독관은 다음 각 호의 어느 하나에 해당하는 경우 법 제155조제1항에 따라 질문·검사·점검하거나 관계 서류의 제출을 요구할 수 있다. 1. 산업재해가 발생하거나 산업재해 발생의 급박한 위험이 있는 경우 2. 근로자의 신고 또는 고소·고발 등에 대한 조사가 필요한 경우 3. 법 또는 법에 따른 명령을 위반한 범죄의 수사 등 사법경찰관리의 직무를 수행하기 위하여 필요한 경우

제74조제1항, 제88조제1항, 제96조제1항, 제100조제1항, 제120조제1항, 제126조제1항 및 제129조제2항에 따른 기관의 사무소
3. 석면해체·제거업자의 사무소
4. 제145조제1항에 따라 등록한 지도사의 사무소

② 근로감독관은 기계·설비등에 대한 검사를 할 수 있으며, 검사에 필요한 한도에서 무상으로 제품·원재료 또는 기구를 수거할 수 있다. 이 경우 근로감독관은 해당 사업주 등에게 그 결과를 서면으로 알려야 한다.

③ 근로감독관은 이 법 또는 이 법에 따른 명령의 시행을 위하여 관계인에게 보고 또는 출석을 명할 수 있다.

④ 근로감독관은 이 법 또는 이 법에 따른 명령을 시행하기 위하여 제1항 각 호의 어느 하나에 해당하는 장소에 출입하는 경우에 그 신분을 나타내는 증표를 지니고 관계인에게 보여 주어야 하며, 출입 시 성명, 출입시간, 출입 목적 등이 표시된 문서를 관계인에게 내주어야 한다.

제156조 【공단 소속 직원의 검사 및 지도 등】 ① 고용노동부장관은 제165조제2항에 따라 공단이 위탁받은 업무를 수행하기 위하여 필요하다고 인정할 때에는 공단 소속 직원에게 사업장에 출입하여 산업재해 예방에 필요한 검사

벌 법 제155조제3항(제166조의2에서 준용하는 경우를 포함한다)에 따른 명령을 위반하여 보고 또는 출석을 하지 아니하거나 거짓으로 보고한 자에게는 500만원 이하의 과태료를 부과한다. (법 제175조제5항제16호)

벌 법 제156조제1항(제166조의2에서 준용하는 경우를 포함한다)에 따른 검사·지도 등을 거부·방해 또는 기피한 자에게는 300만원 이하의 과태료를 부과한다. (법 제175조제6항제17호)

4. 그 밖에 고용노동부장관 또는 지방고용노동관서의 장이 법 또는 법에 따른 명령의 위반 여부를 조사하기 위하여 필요하다고 인정하는 경우

제236조 【보고·출석기간】 ① 지방고용노동관서의 장은 법 제155조제3항에 따라 보고 또는 출석의 명령을 하려는 경우에는 7일 이상의 기간을 주어야 한다. 다만, 긴급한 경우에는 그렇지 않다.

② 제1항에 따른 보고 또는 출석의 명령은 문서로 해야 한다.

법 률	시 행 령	시 행 규 칙
및 지도 등을 하게 하거나, 역학조사를 위하여 필요한 경우 관계자에게 질문하거나 필요한 서류의 제출을 요구하게 할 수 있다. ② 제1항에 따라 공단 소속 직원이 검사 또는 지도업무 등을 하였을 때에는 그 결과를 고용노동부장관에게 보고하여야 한다. ③ 공단 소속 직원이 제1항에 따라 사업장에 출입하는 경우에는 제155조제4항을 준용한다. 이 경우 "근로감독관"은 "공단 소속 직원"으로 본다. **제157조 【감독기관에 대한 신고】** ① 사업장에서 이 법 또는 이 법에 따른 명령을 위반한 사실이 있으면 근로자는 그 사실을 고용노동부장관 또는 근로감독관에게 신고할 수 있다. ② 「의료법」 제2조에 따른 의사·치과의사 또는 한의사는 3일 이상의 입원치료가 필요한 부상 또는 질병이 환자의 업무와 관련성이 있다고 판단할 경우에는 「의료법」 제19조제1항에도 불구하고 치료과정에서 알게 된 정보를 고용노동부장관에게 신고할 수 있다. ③ 사업주는 제1항에 따른 신고를 이유로 해당 근로자에 대하여 해고나 그 밖의 불리한 처우를 해서는 아니 된다.	벌 법 제157조제3항(제166조의2에서 준용하는 경우를 포함한다)을 위반한 자는 5년 이하의 징역 또는 5천만원 이하의 벌금에 처한다. (법 제168조제1호)	

제11장 보 칙

제158조 【산업재해 예방활동의 보조·지원】 ① 정부는 사업주, 사업주단체, 근로자단체, 산업재해 예방 관련 전문단체, 연구기관 등이 하는 산업재해 예방사업 중 대통령령으로 정하는 사업에 드는 경비의 전부 또는 일부를 예산의 범위에서 보조하거나 그 밖에 필요한 지원(이하 "보조·지원"이라 한다)을 할 수 있다. 이 경우 고용노동부장관은 보조·지원이 산업재해 예방사업의 목적에 맞게 효율적으로 사용되도록 관리·감독하여야 한다.

② 고용노동부장관은 보조·지원을 받은 자가 다음 각 호의 어느 하나에 해당하는 경우 보조·지원의 전부 또는 일부를 취소하여야 한다. 다만, 제1호 및 제2호의 경우에는 보조·지원의 전부를 취소하여야 한다.

1. 거짓이나 그 밖의 부정한 방법으로 보조·지원을 받은 경우
2. 보조·지원 대상자가 폐업하거나 파산한 경우
3. 보조·지원 대상을 임의매각·훼손·분실하는 등 지원 목적에 적합하게 유지·관리·사용하지 아니한 경우
4. 제1항에 따른 산업재해 예방사업의 목적에 맞게 사용되지 아니한 경우
5. 보조·지원 대상 기간이 끝나기 전에 보조·지원 대상 시설 및 장비를 국외로 이전한 경우

제10장 보 칙

제109조 【산업재해 예방사업의 지원】 법 제158조제1항 전단에서 "대통령령으로 정하는 사업"이란 다음 각 호의 어느 하나에 해당하는 업무와 관련된 사업을 말한다.

1. 산업재해 예방을 위한 방호장치, 보호구, 안전설비 및 작업환경개선 시설·장비 등의 제작, 구입, 보수, 시험, 연구, 홍보 및 정보제공 등의 업무
2. 사업장 안전·보건관리에 대한 기술지원 업무
3. 산업 안전·보건 관련 교육 및 전문인력 양성 업무
4. 산업재해예방을 위한 연구 및 기술개발 업무
5. 법 제11조제3호에 따른 노무를 제공하는 사람의 건강을 유지·증진하기 위한 시설의 운영에 관한 지원 업무 (2020.9.8 개정)
6. 안전·보건의식의 고취 업무
7. 법 제36조에 따른 위험성평가에 관한 지원 업무
8. 안전검사 지원 업무
9. 유해인자의 노출 기준 및 유해성·위험성 조사·평가 등에 관한 업무
10. 직업성 질환의 발생 원인을 규명하기 위한 역학조사·연구 또는 직업성 질환 예방에 필요하다고 인정되는 시설·장비 등의 구입 업무
11. 작업환경측정 및 건강진단 지원 업무

제11장 보 칙

<table>
<tr><th>법 률</th><th>시 행 령</th><th>시 행 규 칙</th></tr>
<tr><td>6. 보조·지원을 받은 사업주가 필요한 안전조치 및 보건조치 의무를 위반하여 산업재해를 발생시킨 경우로서 고용노동부령으로 정하는 경우
③ 고용노동부장관은 제2항에 따라 보조·지원의 전부 또는 일부를 취소한 경우, 같은 항 제1호 또는 제3호부터 제5호까지의 어느 하나에 해당하는 경우에는 해당 금액 또는 지원에 상응하는 금액을 환수하되 대통령령으로 정하는 바에 따라 지급받은 금액의 5배 이하의 금액을 추가로 환수할 수 있고, 같은 항 제2호(파산한 경우에는 환수하지 아니한다) 또는 제6호에 해당하는 경우에는 해당 금액 또는 지원에 상응하는 금액을 환수한다. (2021.5.18 개정)
④ 제2항에 따라 보조·지원의 전부 또는 일부가 취소된 자에 대해서는 고용노동부령으로 정하는 바에 따라 취소된 날부터 5년 이내의 기간을 정하여 보조·지원을 하지 아니할 수 있다. (2021.5.18 개정)
⑤ 보조·지원의 대상·방법·절차, 관리 및 감독, 제2항 및 제3항에 따른 취소 및 환수 방법, 그 밖에 필요한 사항은 고용노동부장관이 정하여 고시한다.</td>
<td>12. 법 제126조제2항에 따른 작업환경측정기관의 측정·분석 능력의 확인 및 법 제135조제3항에 따른 특수건강진단기관의 진단·분석 능력의 확인에 필요한 시설·장비 등의 구입 업무
13. 산업의학 분야의 학술활동 및 인력 양성 지원에 관한 업무
14. 그 밖에 산업재해 예방을 위한 업무로서 산업재해보상보험및예방심의위원회의 심의를 거쳐 고용노동부장관이 정하는 업무

제109조의2 【보조·지원의 취소에 따른 추가 환수】 ① 고용노동부장관이 법 제158조제3항에 따라 추가로 환수할 수 있는 금액은 다음 각 호의 구분에 따른 금액으로 한다. (2021.11.19 신설)
1. 법 제158조제2항제1호의 경우 : 지급받은 금액의 5배에 해당하는 금액
2. 법 제158조제2항제3호부터 제5호까지의 어느 하나에 해당하는 경우 : 지급받은 금액의 2배에 해당하는 금액
3. 법 제158조제2항제3호부터 제5호까지의 어느 하나에 해당하여 같은 조 제1항에 따른 보조·지원이 취소된 후 5년 이내에 같은 사유로 다시 보조·지원이 취소된 경우 : 지급받은 금액의 5배에 해당하는 금액</td>
<td>제237조 【보조·지원의 환수와 제한】 ① 법 제158조제2항제6호에서 "고용노동부령으로 정하는 경우"란 보조·지원을 받은 후 3년 이내에 해당 시설 및 장비의 중대한 결함이나 관리상 중대한 과실로 인하여 근로자가 사망한 경우를 말한다.
② 법 제158조제4항에 따라 보조·지원을 제한할 수 있는 기간은 다음 각 호와 같다.
1. 법 제158조제2항제1호의 경우 : 5년 (2021.11.19 개정)
2. 법 제158조제2항제2호부터 제6호까지의 어느 하나의 경우 : 3년 (2021.11.19 개정)
3. 법 제158조제2항제2호부터 제6호까지의 어느 하나를 위반한 후 5년 이내에 같은 항 제2호부터 제6호까지의 어느 하나를 위반한 경우 : 5년 (2021.11.19 개정)</td></tr>
</table>

제159조 【영업정지의 요청 등】 ① 고용노동부장관은 사업주가 다음 각 호의 어느 하나에 해당하는 산업재해를 발생시킨 경우에는 관계 행정기관의 장에게 관계 법령에 따라 해당 사업의 영업정지나 그 밖의 제재를 할 것을 요청하거나 「공공기관의 운영에 관한 법률」 제4조에 따른 공공기관의 장에게 그 기관이 시행하는 사업의 발주 시 필요한 제한을 해당 사업자에게 할 것을 요청할 수 있다.

1. 제38조, 제39조 또는 제63조를 위반하여 많은 근로자가 사망하거나 사업장 인근지역에 중대한 피해를 주는 등 대통령령으로 정하는 사고가 발생한 경우
2. 제53조제1항 또는 제3항에 따른 명령을 위반하여 근로자가 업무로 인하여 사망한 경우

② 제1항에 따라 요청을 받은 관계 행정기관의 장 또는 공공기관의 장은 정당한 사유가 없으면 이에 따라야 하며, 그 조치 결과를 고용노동부장관에게 통보하여야 한다.

② 고용노동부장관은 법 제158조제1항 전단에 따라 보조·지원을 받은 자가 같은 조 제2항제3호부터 제5호까지의 어느 하나에 해당하는 경우로서 그 위반행위가 경미한 부주의로 인한 것으로 인정되는 경우에는 제1항제2호에 따른 추가 환수금액을 2분의 1 범위에서 줄일 수 있다. (2021.11.19 신설)

제110조 【제재 요청 대상 등】 법 제159조제1항제1호에서 "많은 근로자가 사망하거나 사업장 인근지역에 중대한 피해를 주는 등 대통령령으로 정하는 사고"란 다음 각 호의 어느 하나를 말한다.

1. 동시에 2명 이상의 근로자가 사망하는 재해
2. 제43조제3항 각 호에 따른 사고

제238조 【영업정지의 요청 등】 ① 고용노동부장관은 사업주가 법 제159조제1항 각 호의 어느 하나에 해당하는 경우에는 관계 행정기관 또는 「공공기관의 운영에 관한 법률」 제6조에 따라 공기업으로 지정된 기관의 장에게 해당 사업주에 대하여 다음 각 호의 어느 하나에 해당하는 처분을 할 것을 요청할 수 있다.

1. 「건설산업기본법」 제82조제1항제7호에 따른 영업정지
2. 「국가를 당사자로 하는 계약에 관한 법률」 제27조, 「지방자치단체를 당사자로 하는 계약에 관한 법률」 제31조 및 「공공기관의 운영에 관한 법률」 제39조에 따른 입찰참가자격의 제한

② 영 제110조제1호에서 "동시에 2명 이상의 근로자가 사망하는 재해"란 해당 재해가 발생한 때부터 그 사고가 주원인이 되어 72시간 이내에 2명 이상이 사망하는 재해를 말한다.

법 률	시 행 령	시 행 규 칙
③ 제1항에 따른 영업정지 등의 요청 절차나 그 밖에 필요한 사항은 고용노동부령으로 정한다.		
제160조【업무정지 처분을 대신하여 부과하는 과징금 처분】 ① 고용노동부장관은 제21조제4항(제74조제4항, 제88조제5항, 제96조제5항, 제126조제5항 및 제135조제6항에 따라 준용되는 경우를 포함한다)에 따라 업무정지를 명하여야 하는 경우에 그 업무정지가 이용자에게 심한 불편을 주거나 공익을 해칠 우려가 있다고 인정되면 업무정지 처분을 대신하여 10억원 이하의 과징금을 부과할 수 있다. ② 고용노동부장관은 제1항에 따른 과징금을 징수하기 위하여 필요한 경우에는 다음 각 호의 사항을 적은 문서로 관할 세무관서의 장에게 과세 정보 제공을 요청할 수 있다. 1. 납세자의 인적사항 2. 사용 목적 3. 과징금 부과기준이 되는 매출 금액 4. 과징금 부과사유 및 부과기준 ③ 고용노동부장관은 제1항에 따른 과징금 부과처분을 받은 자가 납부기한까지 과징금을 내지 아니하면 국세 체납처분의 예에 따라 이를 징수한다. ④ 제1항에 따라 과징금을 부과하는 위반행위	**제111조【과징금의 부과기준】** 법 제160조제1항에 따라 부과하는 과징금의 부과기준은 별표 33과 같다. **제112조【과징금의 부과 및 납부】** ① 고용노동부장관은 법 제160조제1항에 따라 과징금을 부과하려는 경우에는 위반행위의 종류와 해당 과징금의 금액 등을 고용노동부령으로 정하는 바에 따라 구체적으로 밝혀 과징금을 낼 것을 서면으로 알려야 한다. ② 제1항에 따라 통지를 받은 자는 통지받은 날부터 30일 이내에 고용노동부장관이 정하는 수납기관에 과징금을 내야 한다. (2023.12.12 개정) ③ 제2항에 따라 과징금을 받은 수납기관은 납부자에게 영수증을 발급하고, 지체 없이 수납한 사실을 고용노동부장관에게 통보해야 한다. ④ 고용노동부장관이 「행정기본법」 제29조 단서에 따라 과징금의 납부기한을 연기하거나 분할 납부하게 하는 경우 납부기한의 연기는 그 납부기한의 다음 날부터 1년을 초과할 수 없고, 각 분할된 납부기한 간의 간격은 4개월 이	**제239조【과징금의 납부통지 등】** ① 영 제112조제1항에 따른 과징금의 부과·징수절차에 관하여는 「국고금 관리법 시행규칙」을 준용한다. 이 경우 납입고지서에는 이의신청방법 및 이의신청기간을 함께 기재해야 한다. ② 영 제112조제4항에 따른 과징금 납부기한 연기 또는 분할 납부 신청서는 별지 제100호 서식에 따른다. (2024.6.28 개정)

의 종류 및 위반 정도 등에 따른 과징금의 금액, 그 밖에 필요한 사항은 대통령령으로 정한다.

제161조 【도급금지 등 의무위반에 따른 과징금 부과】 ① 고용노동부장관은 사업주가 다음 각 호의 어느 하나에 해당하는 경우에는 10억원 이하의 과징금을 부과·징수할 수 있다.
1. 제58조제1항을 위반하여 도급한 경우
2. 제58조제2항제2호 또는 제59조제1항을 위반하여 승인을 받지 아니하고 도급한 경우
3. 제60조를 위반하여 승인을 받아 도급받은 작업을 재하도급한 경우

② 고용노동부장관은 제1항에 따른 과징금을 부과하는 경우에는 다음 각 호의 사항을 고려하여야 한다.
1. 도급 금액, 기간 및 횟수 등
2. 관계수급인 근로자의 산업재해 예방에 필요한 조치 이행을 위한 노력의 정도
3. 산업재해 발생 여부

③ 고용노동부장관은 제1항에 따른 과징금을 내야 할 자가 납부기한까지 내지 아니하면 납

내로 하며, 분할 납부의 횟수는 3회 이내로 한다. (2023.12.12 개정)
⑤ 삭제(2023.12.12)
⑥ 삭제(2023.12.12)
⑦ 삭제(2023.12.12)
⑧ 제1항부터 제4항까지에서 규정한 사항 외에 과징금의 부과·징수에 필요한 사항은 고용노동부령으로 정한다. (2023.12.12 개정)

제113조 【도급금지 등 의무위반에 따른 과징금 및 가산금】 ① 법 제161조제1항에 따라 부과하는 과징금의 금액은 같은 조 제2항 각 호의 사항을 고려하여 별표 34의 과징금 산정기준을 적용하여 산정한다.
② 법 제161조제3항 전단에서 "대통령령으로 정하는 가산금"이란 과징금 납부기한이 지난 날부터 매 1개월이 지날 때마다 체납된 과징금의 1천분의 5에 해당하는 금액을 말한다.

제114조 【도급금지 등 의무위반에 따른 과징금의 부과 및 납부】 법 제161조제1항 및 제3항에 따른 과징금 및 가산금의 부과와 납부에 관하여는 제112조를 준용한다.

법 률	시 행 령	시 행 규 칙
부기한의 다음 날부터 과징금을 납부한 날의 전날까지의 기간에 대하여 내지 아니한 과징금의 연 100분의 6의 범위에서 대통령령으로 정하는 가산금을 징수한다. 이 경우 가산금을 징수하는 기간은 60개월을 초과할 수 없다. ④ 고용노동부장관은 제1항에 따른 과징금을 내야 할 자가 납부기한까지 내지 아니하면 기간을 정하여 독촉을 하고, 그 기간 내에 제1항에 따른 과징금 및 제3항에 따른 가산금을 내지 아니하면 국세 체납처분의 예에 따라 징수한다. ⑤ 제1항 및 제3항에 따른 과징금 및 가산금의 징수와 제4항에 따른 체납처분 절차, 그 밖에 필요한 사항은 대통령령으로 정한다.		
제162조 【비밀 유지】 다음 각 호의 어느 하나에 해당하는 자는 업무상 알게 된 비밀을 누설하거나 도용해서는 아니 된다. 다만, 근로자의 건강장해를 예방하기 위하여 고용노동부장관이 필요하다고 인정하는 경우에는 그러하지 아니하다. 1. 제42조에 따라 제출된 유해위험방지계획서를 검토하는 자 2. 제44조에 따라 제출된 공정안전보고서를 검토하는 자 3. 제47조에 따른 안전보건진단을 하는 자	벌 법 제162조를 위반한 자는 1년 이하의 징역 또는 1천만원 이하의 벌금에 처한다. (법 제170조 제4호)	

4. 제84조에 따른 안전인증을 하는 자
5. 제89조에 따른 신고 수리에 관한 업무를 하는 자
6. 제93조에 따른 안전검사를 하는 자
7. 제98조에 따른 자율검사프로그램의 인정업무를 하는 자
8. 제108조제1항 및 제109조제1항에 따라 제출된 유해성·위험성 조사보고서 또는 조사결과를 검토하는 자
9. 제110조제1항부터 제3항까지의 규정에 따라 물질안전보건자료 등을 제출받는 자
10. 제112조제2항·제5항 및 제112조의2제2항에 따라 대체자료의 승인, 연장승인 여부를 검토하는 자 및 제112조제10항에 따라 물질안전보건자료의 대체자료를 제공받은 자 (2023.8.8 개정)
11. 제129조부터 제131조까지의 규정에 따라 건강진단을 하는 자
12. 제141조에 따른 역학조사를 하는 자
13. 제145조에 따라 등록한 지도사

제163조 【청문 및 처분기준】 ① 고용노동부장관은 다음 각 호의 어느 하나에 해당하는 처분을 하려면 청문을 하여야 한다.

1. 제21조제4항(제48조제4항, 제74조제4항, 제88조제5항, 제96조제5항, 제100조제4항, 제120조제5항, 제126조제5항, 제135조제6항

법 률	시 행 령	시 행 규 칙
및 제140조제4항에 따라 준용되는 경우를 포함한다)에 따른 지정의 취소 2. 제33조제4항, 제82조제4항, 제102조제3항, 제121조제4항 및 제154조에 따른 등록의 취소 3. 제58조제7항(제59조제2항에 따라 준용되는 경우를 포함한다. 이하 제2항에서 같다), 제112조제8항 및 제117조제3항에 따른 승인의 취소 4. 제86조제1항에 따른 안전인증의 취소 5. 제99조제1항에 따른 자율검사프로그램 인정의 취소 6. 제118조제5항에 따른 허가의 취소 7. 제158조제2항에 따른 보조·지원의 취소 ② 제21조제4항(제33조제4항, 제48조제4항, 제74조제4항, 제82조제4항, 제88조제5항, 제96조제5항, 제100조제4항, 제120조제5항, 제121조제4항, 제126조제5항, 제135조제6항 및 제140조제4항에 따라 준용되는 경우를 포함한다), 제58조제7항, 제86조제1항, 제91조제1항, 제99조제1항, 제102조제3항, 제112조제8항, 제117조제3항, 제118조제5항 및 제154조에 따른 취소, 정지, 사용 금지 또는 시정명령의 기준은 고용노동부령으로 정한다.		**제240조 【지정취소·업무정지 등의 기준】** ① 법 제163조제2항에 따른 지정 등의 취소 또는 업무 등의 정지 기준은 별표 26과 같다. ② 고용노동부장관 또는 지방고용노동관서의 장은 제1항의 기준에 따라 행정처분을 할 때에는 처분의 상대방의 고의·과실 여부와 그 밖의 사정을 고려하여 행정처분을 감경하거나 가중할 수 있다.
제164조 【서류의 보존】 ① 사업주는 다음 각 호	별 법 제164조제1항부터 제6항까지의 규정을 위	**제241조 【서류의 보존】** ① 법 제164조제1항 단

의 서류를 3년(제2호의 경우 2년을 말한다) 동안 보존하여야 한다. 다만, 고용노동부령으로 정하는 바에 따라 보존기간을 연장할 수 있다.
1. 안전보건관리책임자·안전관리자·보건관리자·안전보건관리담당자 및 산업보건의의 선임에 관한 서류
2. 제24조제3항 및 제75조제4항에 따른 회의록
3. 안전조치 및 보건조치에 관한 사항으로서 고용노동부령으로 정하는 사항을 적은 서류
4. 제57조제2항에 따른 산업재해의 발생 원인 등 기록
5. 제108조제1항 본문 및 제109조제1항에 따른 화학물질의 유해성·위험성 조사에 관한 서류
6. 제125조에 따른 작업환경측정에 관한 서류
7. 제129조부터 제131조까지의 규정에 따른 건강진단에 관한 서류

② 안전인증 또는 안전검사의 업무를 위탁받은 안전인증기관 또는 안전검사기관은 안전인증·안전검사에 관한 사항으로서 고용노동부령으로 정하는 서류를 3년 동안 보존하여야 하고, 안전인증을 받은 자는 제84조제5항에 따라 안전인증대상기계등에 대하여 기록한 서류를 3년 동안 보존하여야 하며, 자율안전확인대상기계등을 제조하거나 수입하는 자는 자율안전기준에 맞는 것임을 증명하는 서류를 2년 동안 보존하여야 하고, 제98조제1항에 따라 자율안전

반하여 서류를 보존하지 아니한 자에게는 300만원 이하의 과태료를 부과한다. (법 제175조 제6항제18호)

서에 따라 제188조에 따른 작업환경측정 결과를 기록한 서류는 보존(전자적 방법으로 하는 보존을 포함한다)기간을 5년으로 한다. 다만, 고용노동부장관이 정하여 고시하는 물질에 대한 기록이 포함된 서류는 그 보존기간을 30년으로 한다.

② 법 제164조제1항 단서에 따라 사업주는 제209조제3항에 따라 송부 받은 건강진단 결과표 및 법 제133조 단서에 따라 근로자가 제출한 건강진단 결과를 증명하는 서류(이들 자료가 전산입력된 경우에는 그 전산입력된 자료를 말한다)를 5년간 보존해야 한다. 다만, 고용노동부장관이 정하여 고시하는 물질을 취급하는 근로자에 대한 건강진단 결과의 서류 또는 전산입력 자료는 30년간 보존해야 한다.

③ 법 제164조제2항에서 "고용노동부령으로 정하는 서류"란 다음 각 호의 서류를 말한다.
1. 제108조제1항에 따른 안전인증 신청서(첨부서류를 포함한다) 및 제110조에 따른 심사와 관련하여 인증기관이 작성한 서류
2. 제124조에 따른 안전검사 신청서 및 검사와 관련하여 안전검사기관이 작성한 서류

④ 법 제164조제4항에서 "고용노동부령으로 정하는 사항"이란 다음 각 호를 말한다.
1. 측정 대상 사업장의 명칭 및 소재지
2. 측정 연월일
3. 측정을 한 사람의 성명

법 률	시 행 령	시 행 규 칙
전검사를 받은 자는 자율검사프로그램에 따라 실시한 검사 결과에 대한 서류를 2년 동안 보존하여야 한다. ③ 일반석면조사를 한 건축물·설비소유주등은 그 결과에 관한 서류를 그 건축물이나 설비에 대한 해체·제거작업이 종료될 때까지 보존하여야 하고, 기관석면조사를 한 건축물·설비소유주등과 석면조사기관은 그 결과에 관한 서류를 3년 동안 보존하여야 한다. ④ 작업환경측정기관은 작업환경측정에 관한 사항으로서 고용노동부령으로 정하는 사항을 적은 서류를 3년 동안 보존하여야 한다. ⑤ 지도사는 그 업무에 관한 사항으로서 고용노동부령으로 정하는 사항을 적은 서류를 5년 동안 보존하여야 한다. ⑥ 석면해체·제거업자는 제122조제3항에 따른 석면해체·제거작업에 관한 서류 중 고용노동부령으로 정하는 서류를 30년 동안 보존하여야 한다. ⑦ 제1항부터 제6항까지의 경우 전산입력자료가 있을 때에는 그 서류를 대신하여 전산입력자료를 보존할 수 있다.		4. 측정방법 및 측정 결과 5. 기기를 사용하여 분석한 경우에는 분석자·분석방법 및 분석자료 등 분석과 관련된 사항 ⑤ 법 제164조제5항에서 "고용노동부령으로 정하는 사항"이란 다음 각 호를 말한다. 1. 의뢰자의 성명(법인인 경우에는 그 명칭을 말한다) 및 주소 2. 의뢰를 받은 연월일 3. 실시항목 4. 의뢰자로부터 받은 보수액 ⑥ 법 제164조제6항에서 "고용노동부령으로 정하는 사항"이란 다음 각 호를 말한다. 1. 석면해체·제거작업장의 명칭 및 소재지 2. 석면해체·제거작업 근로자의 인적사항(성명, 생년월일 등을 말한다) 3. 작업의 내용 및 작업기간
제165조 【권한 등의 위임·위탁】 ① 이 법에 따른 고용노동부장관의 권한은 대통령령으로 정하는 바에 따라 그 일부를 지방고용노동관서의	**제115조 【권한의 위임】** 고용노동부장관은 법 제165조제1항에 따라 다음 각 호의 권한을 지방고용노동관서의 장에게 위임한다. (2020.9.8	

장에게 위임할 수 있다.

② 고용노동부장관은 이 법에 따른 업무 중 다음 각 호의 업무를 대통령령으로 정하는 바에 따라 공단 또는 대통령령으로 정하는 비영리법인 또는 관계 전문기관에 위탁할 수 있다.

1. 제4조제1항제2호부터 제7호까지 및 제9호의 사항에 관한 업무
2. 제11조제3호에 따른 시설의 설치·운영 업무
3. 제13조제2항에 따른 표준제정위원회의 구성·운영
4. 제21조제2항에 따른 기관에 대한 평가 업무
5. 제32조제1항 각 호 외의 부분 본문에 따른 직무와 관련한 안전보건교육
6. 제33조제1항에 따라 제31조제1항 본문에 따른 안전보건교육을 실시하는 기관의 등록 업무
7. 제33조제2항에 따른 평가에 관한 업무
8. 제42조에 따른 유해위험방지계획서의 접수·심사, 제43조제1항 및 같은 조 제2항 본문에 따른 확인
9. 제44조제1항 전단에 따른 공정안전보고서의 접수, 제45조제1항에 따른 공정안전보고서의 심사 및 제46조제2항에 따른 확인
10. 제48조제2항에 따른 안전보건진단기관에 대한 평가 업무
11. 제58조제3항 또는 제5항 후단(제59조제2

개정)

1. 법 제10조제3항에 따른 자료 제출의 요청
2. 법 제17조제4항, 제18조제4항 또는 제19조제3항에 따른 안전관리자, 보건관리자 또는 안전보건관리담당자의 선임 명령 또는 교체 명령 〈2021.11.19 개정〉
3. 법 제21조제1항 및 제4항에 따른 안전관리전문기관 또는 보건관리전문기관(이 영 제23조제1항에 따른 업종별·유해인자별 보건관리전문기관은 제외한다)의 지정, 지정 취소 및 업무정지 명령
4. 법 제23조제1항에 따른 명예산업안전감독관의 위촉
5. 법 제33조제1항 및 제4항에 따른 안전보건교육기관의 등록, 등록 취소 및 업무정지 명령
6. 법 제42조제4항 후단에 따른 작업 또는 건설공사의 중지 및 유해위험방지계획의 변경 명령
7. 법 제45조제1항 후단 및 제46조제4항·제5항에 따른 공정안전보고서의 변경 명령, 공정안전보고서의 이행 상태 평가 및 재제출 명령
8. 법 제47조제1항 및 제4항에 따른 안전보건진단 명령 및 안전보건진단 결과보고서의 접수
9. 법 제48조제1항 및 제4항에 따른 안전보건진단기관의 지정, 지정 취소 및 업무정지 명령
10. 법 제49조제1항에 따른 안전보건개선계획

법률	시행령	시행규칙
항에 따라 준용되는 경우를 포함한다)에 따른 안전 및 보건에 관한 평가 12. 제74조제3항에 따른 건설재해예방전문지도기관에 대한 평가 업무 13. 제84조제1항 및 제3항에 따른 안전인증 14. 제84조제4항 본문에 따른 안전인증의 확인 15. 제88조제3항에 따른 안전인증기관에 대한 평가 업무 16. 제89조제1항 각 호 외의 부분 본문에 따른 자율안전확인의 신고에 관한 업무 17. 제93조제1항에 따른 안전검사 18. 제96조제3항에 따른 안전검사기관에 대한 평가 업무 19. 제98조제1항에 따른 자율검사프로그램의 인정 20. 제98조제1항제2호에 따른 안전에 관한 성능검사 교육 및 제100조제2항에 따른 자율안전검사기관에 대한 평가 업무 21. 제101조에 따른 조사, 수거 및 성능시험 22. 제102조제1항에 따른 지원과 같은 조 제2항에 따른 등록 23. 제103조제1항에 따른 유해·위험기계등의 안전에 관한 정보의 종합관리 24. 제105조제1항에 따른 유해성·위험성 평가에 관한 업무	의 수립·시행 명령 11. 법 제50조제1항 및 제2항에 따른 안전보건개선계획서의 접수, 심사, 그 결과의 통보 및 안전보건개선계획서의 보완 명령 12. 법 제53조제1항에 따른 시정조치 명령 13. 법 제53조제3항 및 제55조제1항·제2항에 따른 작업중지 명령 14. 법 제53조제5항 및 제55조제3항에 따른 사용중지 또는 작업중지 해제 15. 법 제57조제3항에 따른 사업주의 산업재해 발생 보고의 접수·처리 16. 법 제58조제2항제2호, 같은 조 제5항·제6항·제7항에 따른 승인, 연장승인, 변경승인과 그 승인·연장승인·변경승인의 취소 및 법 제59조제1항에 따른 도급의 승인 17. 법 제74조제1항 및 제4항에 따른 건설재해예방전문지도기관의 지정, 지정 취소 및 업무정지 명령 18. 법 제82조제1항 및 제4항에 따른 타워크레인 설치·해체업의 등록, 등록 취소 및 업무정지 명령 19. 법 제84조제6항에 따른 자료 제출 명령 20. 법 제85조제4항에 따른 표시 제거 명령 21. 법 제86조제1항에 따른 안전인증 취소, 안전인증표시의 사용 금지 및 시정 명령 22. 법 제87조제2항에 따른 수거 또는 파기 명령	

25. 제110조제1항부터 제3항까지의 규정에 따른 물질안전보건자료 등의 접수 업무 26. 제112조제1항·제2항·제5항 및 제112조의2에 따른 물질안전보건자료의 일부 비공개 승인 등에 관한 업무 (2023.8.8 개정) 27. 제116조에 따른 물질안전보건자료와 관련된 자료의 제공 28. 제120조제2항에 따른 석면조사 능력의 확인 및 석면조사기관에 대한 지도·교육 업무 29. 제120조제3항에 따른 석면조사기관에 대한 평가 업무 30. 제121조제2항에 따른 석면해체·제거작업의 안전성 평가 업무 31. 제126조제2항에 따른 작업환경측정·분석능력의 확인 및 작업환경측정기관에 대한 지도·교육 업무 32. 제126조제3항에 따른 작업환경측정기관에 대한 평가 업무 33. 제127조제1항에 따른 작업환경측정 결과의 신뢰성 평가 업무 34. 제135조제3항에 따른 특수건강진단기관의 진단·분석능력의 확인 및 지도·교육 업무 35. 제135조제4항에 따른 특수건강진단기관에 대한 평가 업무 36. 제136조제1항에 따른 유해인자별 특수건강진단 전문연구기관 지정에 관한 업무 37. 제137조에 따른 건강관리카드에 관한 업무	23. 법 제90조제4항에 따른 표시 제거 명령 24. 법 제91조제1항에 따른 사용 금지 및 시정 명령 25. 법 제92조제2항에 따른 수거 또는 파기 명령 26. 법 제99조제1항에 따른 자율검사프로그램의 인정 취소와 시정 명령 27. 법 제100조제1항 및 제4항에 따른 자율안전검사기관의 지정, 지정 취소 및 업무정지 명령 28. 법 제102조제3항에 따른 등록 취소 및 지원 제한 29. 법 제112조제8항에 따른 승인 또는 연장 승인의 취소 30. 법 제113조제3항에 따른 선임 또는 해임 사실의 신고 접수·처리 31. 법 제117조제2항제1호 및 같은 조 제3항에 따른 제조등금지물질의 제조·수입 또는 사용의 승인 및 그 승인의 취소 32. 법 제118조제1항·제4항 및 제5항에 따른 허가대상물질의 제조·사용의 허가와 변경 허가, 수리·개조 등의 명령, 허가대상물질의 제조·사용 허가의 취소 및 영업정지 명령 33. 법 제119조제4항에 따른 일반석면조사 또는 기관석면조사의 이행 명령 및 이행 명령의 결과를 보고받을 때까지의 작업중지 명령 34. 법 제120조제1항 및 제5항에 따른 석면조사기관의 지정, 지정 취소 및 업무정지 명령	

법률	시행령	시행규칙
38. 제141조제1항에 따른 역학조사 39. 제145조제5항 단서에 따른 지도사 보수교육 40. 제146조에 따른 지도사 연수교육 41. 제158조제1항부터 제3항까지의 규정에 따른 보조·지원 및 보조·지원의 취소·환수 업무 ③ 제2항에 따라 업무를 위탁받은 비영리법인 또는 관계 전문기관의 임직원은 「형법」 제129조부터 제132조까지의 규정을 적용할 때에는 공무원으로 본다.	35. 법 제121조제1항 및 제4항에 따른 석면해체·제거업의 등록, 등록 취소 및 업무정지 명령 36. 법 제121조제2항에 따른 석면해체·제거작업의 안전성 평가 및 그 결과의 공개 37. 법 제122조제3항 및 제4항에 따른 석면해체·제거작업 신고의 접수 및 수리 38. 법 제124조제1항에 따라 제출된 석면농도 증명자료의 접수 39. 법 제125조제5항에 따른 작업환경측정 결과 보고의 접수·처리 40. 법 제126조제1항 및 제5항에 따른 작업환경측정기관의 지정, 지정 취소 및 업무정지 명령 41. 법 제131조제1항에 따른 임시건강진단 실시 등의 명령 42. 법 제132조제5항에 따른 조치 결과의 접수 43. 법 제134조제1항에 따른 건강진단 실시 결과 보고의 접수 44. 법 제135조제1항 및 제6항에 따른 특수건강진단기관의 지정, 지정 취소 및 업무정지 명령 45. 법 제140조제2항 및 제4항에 따른 교육기관의 지정, 지정 취소 및 업무정지 명령 46. 법 제145조제1항 및 제154조에 따른 지도사의 등록, 등록 취소 및 업무정지 명령 47. 법 제157조제1항 및 제2항에 따른 신고의	

접수·처리

48. 법 제160조에 따른 과징금의 부과·징수(위임된 권한에 관한 사항으로 한정한다)
49. 법 제161조에 따른 과징금 및 가산금의 부과·징수
50. 법 제163조제1항에 따른 청문(위임된 권한에 관한 사항으로 한정한다)
51. 법 제175조에 따른 과태료의 부과·징수(위임된 권한에 관한 사항으로 한정한다)
52. 제16조제6항, 제20조제3항 및 제29조제3항에 따른 서류의 접수

52의2. 제105조제3항에 따른 지도사 자격증(고용노동부장관 명의로 된 자격증을 말한다. 이하 같다)의 발급 및 관리 〈2023.6.27 신설〉

53. 그 밖에 제1호부터 제52호까지의 규정에 따른 권한을 행사하는 데 따르는 감독상의 조치

제116조【업무의 위탁】 ① 고용노동부장관은 법 제165조제2항제2호부터 제4호까지, 제6호부터 제10호까지, 제12호, 제15호, 제16호, 제18호부터 제30호까지, 제32호, 제33호 및 제35호부터 제41호까지의 업무를 공단에 위탁한다.

② 고용노동부장관은 법 제165조제2항제1호, 제11호, 제13호, 제14호, 제17호, 제31호 및 제34호의 업무를 다음 각 호의 법인 또는 기관에 위탁한다. 〈2021.11.19 개정〉

1. 공단

법 률	시 행 령	시 행 규 칙
	2. 다음 각 목의 법인 또는 기관 중에서 위탁업무를 수행할 수 있는 인력·시설 및 장비를 갖추어 고용노동부장관이 정하여 고시하는 바에 따라 지정을 받거나 등록한 법인 또는 기관 가. 산업안전·보건 또는 산업재해 예방을 목적으로 「민법」에 따라 설립된 비영리법인 나. 법 제21조제1항, 제48조제1항, 제74조제1항, 제120조제1항, 제126조제1항, 제135조제1항 또는 제140조제2항에 따라 고용노동부장관의 지정을 받은 법인 또는 기관 다. 「고등교육법」 제2조에 따른 학교 라. 「공공기관의 운영에 관한 법률」에 따른 공공기관 3. 그 밖에 고용노동부장관이 산업재해 예방 업무에 전문성이 있다고 인정하여 고시하는 법인 또는 기관 ③ 고용노동부장관은 제2항에 따라 공단, 법인 또는 기관에 그 업무를 위탁한 경우에는 위탁기관의 명칭과 위탁업무 등에 관한 사항을 관보 또는 고용노동부 인터넷 홈페이지 등에 공고해야 한다. ④ 공단은 제1항 및 제2항에 따라 위탁받은 업무의 일부를 제2항제2호 또는 제3호에 해당하는 법인 또는 기관에 고용노동부장관의 승인을 받아 재위탁할 수 있다. 이 경우 공단은 재위탁받은 법인 또는 기관과 재위탁 업무의 내용을	

인터넷 홈페이지에 게재해야 한다. (2021.11.19 신설)

제117조【민감정보 및 고유식별정보의 처리】 고용노동부장관(법 제143조제3항에 따라 지도사 자격시험 실시를 대행하는 자, 법 제165조에 따라 고용노동부장관의 권한을 위임받거나 업무를 위탁받은 자와 이 영 제116조제4항 전단에 따라 재위탁받은 자를 포함한다)은 다음 각 호의 사무를 수행하기 위해 불가피한 경우 「개인정보 보호법」 제23조의 건강에 관한 정보(제1호부터 제6호까지 및 제9호의 사무를 수행하는 경우로 한정한다), 같은 법 시행령 제18조제2호의 범죄경력자료에 해당하는 정보(제7호 및 제8호의 사무를 수행하는 경우로 한정한다) 및 같은 영 제19조제1호·제4호의 주민등록번호·외국인등록번호가 포함된 자료를 처리할 수 있다. (2023.6.27 개정)

1. 법 제8조에 따라 고용노동부장관이 협조를 요청한 사항으로서 산업재해 또는 건강진단 관련 자료의 처리에 관한 사무
2. 법 제57조에 따른 산업재해 발생 기록 및 보고 등에 관한 사무
3. 법 제129조부터 제136조까지의 규정에 따른 건강진단에 관한 사무
4. 법 제137조에 따른 건강관리카드 발급에 관한 사무

법률	시행령	시행규칙
	5. 법 제138조에 따른 질병자의 근로 금지·제한에 관한 지도, 감독에 관한 사무 6. 법 제141조에 따른 역학조사에 관한 사무 7. 법 제143조에 따른 지도사 자격시험에 관한 사무 8. 법 제145조에 따른 지도사의 등록에 관한 사무 9. 제7조제3호에 따른 직업성 질병의 예방 및 조기 발견에 관한 사무 (2022.8.16 신설) 10. 제105조제3항에 따른 지도사 자격증의 발급 및 관리 (2023.6.27 신설)	
제166조 【수수료 등】 ① 다음 각 호의 어느 하나에 해당하는 자는 고용노동부령으로 정하는 바에 따라 수수료를 내야 한다. 1. 제32조제1항 각 호의 사람에게 안전보건교육을 이수하게 하려는 사업주 2. 제42조제1항 본문에 따라 유해위험방지계획서를 심사받으려는 자 3. 제44조제1항 본문에 따라 공정안전보고서를 심사받으려는 자 4. 제58조제3항 또는 같은 조 제5항 후단(제59조제2항에 따라 준용되는 경우를 포함한다)에 따라 안전 및 보건에 관한 평가를 받으려는 자 5. 제84조제1항 및 제3항에 따라 안전인증을 받으려는 자		**제242조 【수수료 등】** ① 법 제166조제1항에 따른 수수료는 고용노동부장관이 정하여 고시한다. ② 제1항에 따른 수수료 중 공단 또는 비영리법인에 납부하는 수수료는 현금 또는 「전자정부법」 제14조에 따른 정보통신망을 이용하여 전자화폐·전자결제 등의 방법으로 납부할 수 있다.

6. 제84조제4항에 따라 확인을 받으려는 자
7. 제93조제1항에 따라 안전검사를 받으려는 자
8. 제98조제1항에 따라 자율검사프로그램의 인정을 받으려는 자
9. 제112조제1항 또는 제5항에 따라 물질안전보건자료의 일부 비공개 승인 또는 연장승인을 받으려는 자
10. 제118조제1항에 따라 허가를 받으려는 자
11. 제140조에 따른 자격·면허의 취득을 위한 교육을 받으려는 사람
12. 제143조에 따른 지도사 자격시험에 응시하려는 사람
13. 제145조에 따라 지도사의 등록을 하려는 자
14. 그 밖에 산업 안전 및 보건과 관련된 자로서 대통령령으로 정하는 자

② 공단은 고용노동부장관의 승인을 받아 공단의 업무 수행으로 인한 수익자로 하여금 그 업무 수행에 필요한 비용의 전부 또는 일부를 부담하게 할 수 있다.

제166조의2 【현장실습생에 대한 특례】 제2조제3호에도 불구하고 「직업교육훈련 촉진법」 제2조제7호에 따른 현장실습을 받기 위하여 현장실습산업체의 장과 현장실습계약을 체결한 직업교육훈련생(이하 "현장실습생"이라 한다)에게는 제5조, 제29조, 제38조부터 제41조까지, 제51조부터 제57조까지, 제63조, 제114조제3

법 률	시 행 령	시 행 규 칙
항, 제131조, 제138조제1항, 제140조, 제155조부터 제157조까지를 준용한다. 이 경우 "사업주"는 "현장실습산업체의 장"으로, "근로"는 "현장실습"으로, "근로자"는 "현장실습생"으로 본다. (2020.3.31 신설)		
	제118조 【규제의 재검토】 ① 고용노동부장관은 제96조의2에 따른 휴게시설 설치·관리기준 준수 대상 사업장의 사업주 범위에 대하여 2022년 8월 18일을 기준으로 4년마다(매 4년이 되는 해의 기준일과 같은 날 전까지를 말한다) 그 타당성을 검토하여 개선 등의 조치를 해야 한다. (2022.8.16 신설) ② 고용노동부장관은 다음 각 호의 사항에 대하여 다음 각 호의 기준일을 기준으로 3년마다(매 3년이 되는 해의 기준일과 같은 날 전까지를 말한다) 그 타당성을 검토하여 개선 등의 조치를 해야 한다. (2022.8.16 개정) 1. 제2조제1항 및 별표 1 제3호에 따른 대상사업의 범위 : 2019년 1월 1일 2. 제13조제1항에 따른 이사회 보고·승인 대상 회사 : 2022년 1월 1일 (2022.3.8 신설) 3. 제14조제1항 및 별표 2 제33호에 따른 안전보건관리책임자 선임 대상인 건설업의 건설공사 금액 : 2022년 1월 1일 (2022.3.8 신설) 4. 제24조에 따른 안전보건관리담당자의 선임	**제243조 【규제의 재검토】** ① 고용노동부장관은 별표 21의2에 따른 휴게시설 설치·관리기준에 대하여 2022년 8월 18일을 기준으로 4년마다(매 4년이 되는 해의 기준일과 같은 날 전까지를 말한다) 그 타당성을 검토하여 개선 등의 조치를 해야 한다. (2022.8.18 신설) ② 고용노동부장관은 다음 각 호의 사항에 대하여 다음 각 호의 기준일을 기준으로 3년마다(매 3년이 되는 해의 기준일과 같은 날 전까지를 말한다) 그 타당성을 검토하여 개선 등의 조치를 해야 한다. (2022.8.18 개정) 1. 제12조에 따른 안전관리자 등의 증원·교체임명 명령 : 2020년 1월 1일 2. 제220조에 따른 질병자의 근로금지 : 2020년 1월 1일 3. 제221조에 따른 질병자의 근로제한 : 2020년 1월 1일 4. 제229조에 따른 등록신청 등 : 2020년 1월 1일 5. 제241조제2항에 따른 건강진단 결과의 보

제12장 벌 칙

제167조 【벌칙】 ① 제38조제1항부터 제3항까지(제166조의2에서 준용하는 경우를 포함한다), 제39조제1항(제166조의2에서 준용하는 경우를 포함한다) 또는 제63조(제166조의2에서 준용하는 경우를 포함한다)를 위반하여 근로자를 사망에 이르게 한 자는 7년 이하의 징역 또는 1억원 이하의 벌금에 처한다. (2020.3.31 개정)
② 제1항의 죄로 형을 선고받고 그 형이 확정된 후 5년 이내에 다시 제1항의 죄를 저지른 자는 그 형의 2분의 1까지 가중한다. (2020.5.26 개정)

제168조 【벌칙】 다음 각 호의 어느 하나에 해당하는 자는 5년 이하의 징역 또는 5천만원 이하의 벌금에 처한다.
1. 제38조제1항부터 제3항까지(제166조의2에

대상사업 : 2019년 1월 1일 (2022.3.8 개정)
5. 제52조에 따른 안전보건총괄책임자 지정 대상사업 : 2020년 1월 1일 (2022.3.8 개정)
6. 제95조에 따른 작업환경측정기관의 지정 요건 : 2020년 1월 1일 (2022.3.8 개정)
7. 제100조에 따른 자격·면허 취득자의 양성 또는 근로자의 기능 습득을 위한 교육기관의 지정 취소 등의 사유 : 2020년 1월 1일

제11장 벌 칙

존 : 2020년 1월 1일

법 률	시 행 령	시 행 규 칙
서 준용하는 경우를 포함한다), 제39조제1항(제166조의2에서 준용하는 경우를 포함한다), 제51조(제166조의2에서 준용하는 경우를 포함한다), 제54조제1항(제166조의2에서 준용하는 경우를 포함한다), 제117조제1항, 제118조제1항, 제122조제1항 또는 제157조제3항(제166조의2에서 준용하는 경우를 포함한다)을 위반한 자 (2020.3.31 개정) 2. 제42조제4항 후단, 제53조제3항(제166조의2에서 준용하는 경우를 포함한다), 제55조제1항(제166조의2에서 준용하는 경우를 포함한다)·제2항(제166조의2에서 준용하는 경우를 포함한다) 또는 제118조제5항에 따른 명령을 위반한 자 (2020.6.9 개정) **제169조 【벌칙】** 다음 각 호의 어느 하나에 해당하는 자는 3년 이하의 징역 또는 3천만원 이하의 벌금에 처한다. 1. 제44조제1항 후단, 제63조(제166조의2에서 준용하는 경우를 포함한다), 제76조, 제81조, 제82조제2항, 제84조제1항, 제87조제1항, 제118조제3항, 제123조제1항, 제139조제1항 또는 제140조제1항(제166조의2에서 준용하는 경우를 포함한다)을 위반한 자 (2020.3.31 개정) 2. 제45조제1항 후단, 제46조제5항, 제53조제		

1항(제166조의2에서 준용하는 경우를 포함한다), 제87조제2항, 제118조제4항, 제119조제4항 또는 제131조제1항(제166조의2에서 준용하는 경우를 포함한다)에 따른 명령을 위반한 자 (2020.3.31 개정)

3. 제58조제3항 또는 같은 조 제5항 후단(제59조제2항에 따라 준용되는 경우를 포함한다)에 따른 안전 및 보건에 관한 평가 업무를 제165조제2항에 따라 위탁받은 자로서 그 업무를 거짓이나 그 밖의 부정한 방법으로 수행한 자
4. 제84조제1항 및 제3항에 따른 안전인증 업무를 제165조제2항에 따라 위탁받은 자로서 그 업무를 거짓이나 그 밖의 부정한 방법으로 수행한 자
5. 제93조제1항에 따른 안전검사 업무를 제165조제2항에 따라 위탁받은 자로서 그 업무를 거짓이나 그 밖의 부정한 방법으로 수행한 자
6. 제98조에 따른 자율검사프로그램에 따른 안전검사 업무를 거짓이나 그 밖의 부정한 방법으로 수행한 자

제170조 【벌칙】 다음 각 호의 어느 하나에 해당하는 자는 1년 이하의 징역 또는 1천만원 이하의 벌금에 처한다.

1. 제41조제3항(제166조의2에서 준용하는 경우를 포함한다)을 위반하여 해고나 그 밖의

법 률	시 행 령	시 행 규 칙
불리한 처우를 한 자 (2020.3.31 개정) 2. 제56조제3항(제166조의2에서 준용하는 경우를 포함한다)을 위반하여 중대재해 발생현장을 훼손하거나 고용노동부장관의 원인조사를 방해한 자 (2020.3.31 개정) 3. 제57조제1항(제166조의2에서 준용하는 경우를 포함한다)을 위반하여 산업재해 발생사실을 은폐한 자 또는 그 발생 사실을 은폐하도록 교사(敎唆)하거나 공모(共謀)한 자 (2020.3.31 개정) 4. 제65조제1항, 제80조제1항·제2항·제4항, 제85조제2항·제3항, 제92조제1항, 제141조제4항 또는 제162조를 위반한 자 5. 제85조제4항 또는 제92조제2항에 따른 명령을 위반한 자 6. 제101조에 따른 조사, 수거 또는 성능시험을 방해하거나 거부한 자 7. 제153조제1항을 위반하여 다른 사람에게 자기의 성명이나 사무소의 명칭을 사용하여 지도사의 직무를 수행하게 하거나 자격증·등록증을 대여한 사람 (2020.3.31 신설) 8. 제153조제2항을 위반하여 지도사의 성명이나 사무소의 명칭을 사용하여 지도사의 직무를 수행하거나 자격증·등록증을 대여받거나 이를 알선한 사람 (2020.3.31 신설)		

제170조의2 【벌칙】 제174조제1항에 따라 이수명령을 부과받은 사람이 보호관찰소의 장 또는 교정시설의 장의 이수명령 이행에 관한 지시에 따르지 아니하여 「보호관찰 등에 관한 법률」 또는 「형의 집행 및 수용자의 처우에 관한 법률」에 따른 경고를 받은 후 재차 정당한 사유 없이 이수명령 이행에 관한 지시에 따르지 아니한 경우에는 다음 각 호에 따른다. (2020. 3.31 신설)

1. 벌금형과 병과된 경우는 500만원 이하의 벌금에 처한다.
2. 징역형 이상의 실형과 병과된 경우에는 1년 이하의 징역 또는 1천만원 이하의 벌금에 처한다.

제171조 【벌칙】 다음 각 호의 어느 하나에 해당하는 자는 1천만원 이하의 벌금에 처한다.

1. 제69조제1항·제2항, 제89조제1항, 제90조제2항·제3항, 제108조제2항, 제109조제2항 또는 제138조제1항(제166조의2에서 준용하는 경우를 포함한다)·제2항을 위반한 자 (2020. 3.31 개정)
2. 제90조제4항, 제108조제4항 또는 제109조제3항에 따른 명령을 위반한 자
3. 제125조제6항을 위반하여 해당 시설·설비의 설치·개선 또는 건강진단의 실시 등의 조치를 하지 아니한 자
4. 제132조제4항을 위반하여 작업장소 변경 등

법 률	시 행 령	시 행 규 칙
의 적절한 조치를 하지 아니한 자		
제172조 【벌칙】 제64조제1항제1호부터 제5호까지, 제7호, 제8호 또는 같은 조 제2항을 위반한 자는 500만원 이하의 벌금에 처한다. (2021. 8.17 개정)		
제173조 【양벌규정】 법인의 대표자나 법인 또는 개인의 대리인, 사용인, 그 밖의 종업원이 그 법인 또는 개인의 업무에 관하여 제167조제1항 또는 제168조부터 제172조까지의 어느 하나에 해당하는 위반행위를 하면 그 행위자를 벌하는 외에 그 법인에게 다음 각 호의 구분에 따른 벌금형을, 그 개인에게는 해당 조문의 벌금형을 과(科)한다. 다만, 법인 또는 개인이 그 위반행위를 방지하기 위하여 해당 업무에 관하여 상당한 주의와 감독을 게을리하지 아니한 경우에는 그러하지 아니하다. 1. 제167조제1항의 경우 : 10억원 이하의 벌금 2. 제168조부터 제172조까지의 경우 : 해당 조문의 벌금형		
제174조 【형벌과 수강명령 등의 병과】 ① 법원은 제38조제1항부터 제3항까지(제166조의2에서 준용하는 경우를 포함한다), 제39조제1항(제166조의2에서 준용하는 경우를 포함한다)	벌 법 제174조제1항에 따라 이수명령을 부과받은 사람이 보호관찰소의 장 또는 교정시설의 장의 이수명령 이행에 관한 지시에 따르지 아니하여 「보호관찰 등에 관한 법률」 또는 「형의	

또는 제63조(제166조의2에서 준용하는 경우를 포함한다)를 위반하여 근로자를 사망에 이르게 한 사람에게 유죄의 판결(선고유예는 제외한다)을 선고하거나 약식명령을 고지하는 경우에는 200시간의 범위에서 산업재해 예방에 필요한 수강명령 또는 산업안전보건프로그램의 이수명령(이하 "이수명령"이라 한다)을 병과(倂科)할 수 있다. (2020.3.31 개정)

② 제1항에 따른 수강명령은 형의 집행을 유예할 경우에 그 집행유예기간 내에서 병과하고, 이수명령은 벌금 이상의 형을 선고하거나 약식명령을 고지할 경우에 병과한다. (2020.3.31.신설)

③ 제1항에 따른 수강명령 또는 이수명령은 형의 집행을 유예할 경우에는 그 집행유예기간 내에, 벌금형을 선고하거나 약식명령을 고지할 경우에는 형 확정일부터 6개월 이내에, 징역형 이상의 실형(實刑)을 선고할 경우에는 형기 내에 각각 집행한다. (2020.3.31 개정)

④ 제1항에 따른 수강명령 또는 이수명령이 벌금형 또는 형의 집행유예와 병과된 경우에는 보호관찰소의 장이 집행하고, 징역형 이상의 실형과 병과된 경우에는 교정시설의 장이 집행한다. 다만, 징역형 이상의 실형과 병과된 이수명령을 모두 이행하기 전에 석방 또는 가석방되거나 미결구금일수 산입 등의 사유로 형을 집행할 수 없게 된 경우에는 보호관찰소의 장이 남은 이수명령을 집행한다. (2020.3.31 개정)

집행 및 수용자의 처우에 관한 법률」에 따른 경고를 받은 후 재차 정당한 사유 없이 이수명령 이행에 관한 지시에 따르지 아니한 경우. 벌금형과 병과된 경우는 500만원 이하의 벌금에 처하고, 징역형 이상의 실형과 병과된 경우에는 1년 이하의 징역 또는 1천만원 이하의 벌금에 처한다. (법 제170조의2)

법 률	시 행 령	시 행 규 칙
⑤ 제1항에 따른 수강명령 또는 이수명령은 다음 각 호의 내용으로 한다. (2020.3.31 개정) 1. 안전 및 보건에 관한 교육 2. 그 밖에 산업재해 예방을 위하여 필요한 사항 ⑥ 수강명령 및 이수명령에 관하여 이 법에서 규정한 사항 외의 사항에 대해서는 「보호관찰 등에 관한 법률」을 준용한다. (2020.3.31 개정)		
제175조 【과태료】 ① 다음 각 호의 어느 하나에 해당하는 자에게는 5천만원 이하의 과태료를 부과한다. 1. 제119조제2항에 따라 기관석면조사를 하지 아니하고 건축물 또는 설비를 철거하거나 해체한 자 2. 제124조제3항을 위반하여 건축물 또는 설비를 철거하거나 해체한 자 ② 다음 각 호의 어느 하나에 해당하는 자에게는 3천만원 이하의 과태료를 부과한다. 1. 제29조제3항(제166조의2에서 준용하는 경우를 포함한다) 또는 제79조제1항을 위반한 자 (2020.3.31 개정) 2. 제54조제2항(제166조의2에서 준용하는 경우를 포함한다)을 위반하여 중대재해 발생 사실을 보고하지 아니하거나 거짓으로 보고한 자 (2020.3.31 개정) ③ 다음 각 호의 어느 하나에 해당하는 자에게	**제119조 【과태료의 부과기준】** 법 제175조제1항부터 제6항까지의 규정에 따른 과태료의 부과기준은 별표 35와 같다.	

는 1천500만원 이하의 과태료를 부과한다. 1. 제47조제3항 전단을 위반하여 안전보건진단을 거부·방해하거나 기피한 자 또는 같은 항 후단을 위반하여 안전보건진단에 근로자대표를 참여시키지 아니한 자 2. 제57조제3항(제166조의2에서 준용하는 경우를 포함한다)에 따른 보고를 하지 아니하거나 거짓으로 보고한 자 (2020.3.31 개정) 2의2. 제64조제1항제6호를 위반하여 위생시설 등 고용노동부령으로 정하는 시설의 설치 등을 위하여 필요한 장소의 제공을 하지 아니하거나 도급인이 설치한 위생시설 이용에 협조하지 아니한 자 (2021.8.17 신설) 2의3. 제128조의2제1항을 위반하여 휴게시설을 갖추지 아니한 자(같은 조 제2항에 따른 대통령령으로 정하는 기준에 해당하는 사업장의 사업주로 한정한다) (2021.8.17 신설) 3. 제141조제2항을 위반하여 정당한 사유 없이 역학조사를 거부·방해하거나 기피한 자 4. 제141조제3항을 위반하여 역학조사 참석이 허용된 사람의 역학조사 참석을 거부하거나 방해한 자 ④ 다음 각 호의 어느 하나에 해당하는 자에게는 1천만원 이하의 과태료를 부과한다. 1. 제10조제3항 후단을 위반하여 관계수급인에 관한 자료를 제출하지 아니하거나 거짓으로 제출한 자		

법률	시행령	시행규칙
2. 제14조제1항을 위반하여 안전 및 보건에 관한 계획을 이사회에 보고하지 아니하거나 승인을 받지 아니한 자 3. 제41조제2항(제166조의2에서 준용하는 경우를 포함한다), 제42조제1항·제5항·제6항, 제44조제1항 전단, 제45조제2항, 제46조제1항, 제67조제1항·제2항, 제70조제1항, 제70조제2항 후단, 제71조제3항 후단, 제71조제4항, 제72조제1항·제3항·제5항(건설공사도급인만 해당한다), 제77조제1항, 제78조, 제85조제1항, 제93조제1항 전단, 제95조, 제99조제2항 또는 제107조제1항 각 호 외의 부분 본문을 위반한 자 (2021.5.18 개정) 4. 제47조제1항 또는 제49조제1항에 따른 명령을 위반한 자 5. 제82조제1항 전단을 위반하여 등록하지 아니하고 타워크레인을 설치·해체하는 자 6. 제125조제1항·제2항에 따라 작업환경측정을 하지 아니한 자 (2020.6.9 개정) 6의2. 제128조의2제2항을 위반하여 휴게시설의 설치·관리기준을 준수하지 아니한 자 (2021.8.17 신설) 7. 제129조제1항 또는 제130조제1항부터 제3항까지의 규정에 따른 근로자 건강진단을 하지 아니한 자 8. 제155조제1항(제166조의2에서 준용하는		

경우를 포함한다) 또는 제2항(제166조의2에서 준용하는 경우를 포함한다)에 따른 근로감독관의 검사·점검 또는 수거를 거부·방해 또는 기피한 자 (2020.3.31 개정)

⑤ 다음 각 호의 어느 하나에 해당하는 자에게는 500만원 이하의 과태료를 부과한다.

1. 제15조제1항, 제16조제1항, 제17조제1항·제3항, 제18조제1항·제3항, 제19조제1항 본문, 제22조제1항 본문, 제24조제1항·제4항, 제25조제1항, 제26조, 제29조제1항·제2항(제166조의2에서 준용하는 경우를 포함한다), 제31조제1항, 제32조제1항(제1호부터 제4호까지의 경우만 해당한다), 제37조제1항, 제44조제2항, 제49조제2항, 제50조제3항, 제62조제1항, 제66조, 제68조제1항, 제75조제6항, 제77조제2항, 제90조제1항, 제94조제2항, 제122조제2항, 제124조제1항(증명자료의 제출은 제외한다), 제125조제7항, 제132조제2항, 제137조제3항 또는 제145조제1항을 위반한 자 (2021.5.18 개정)
2. 제17조제4항, 제18조제4항 또는 제19조제3항에 따른 명령을 위반한 자 (2021.5.18 개정)
3. 제34조 또는 제114조제1항을 위반하여 이 법 및 이 법에 따른 명령의 요지, 안전보건관리규정 또는 물질안전보건자료를 게시하지 아니하거나 갖추어 두지 아니한 자
4. 제53조제2항(제166조의2에서 준용하는 경

법률	시행령	시행규칙
우를 포함한다)을 위반하여 고용노동부장관으로부터 명령받은 사항을 게시하지 아니한 자 (2020.3.31 개정) 4의2. 제108조제1항에 따른 유해성·위험성 조사보고서를 제출하지 아니하거나 제109조제1항에 따른 유해성·위험성 조사 결과 또는 유해성·위험성 평가에 필요한 자료를 제출하지 아니한 자 (2021.5.18 신설) 5. 제110조제1항부터 제3항까지의 규정을 위반하여 물질안전보건자료, 화학물질의 명칭·함유량 또는 변경된 물질안전보건자료를 제출하지 아니한 자 6. 제110조제2항제2호를 위반하여 국외제조자로부터 물질안전보건자료에 적힌 화학물질 외에는 제104조에 따른 분류기준에 해당하는 화학물질이 없음을 확인하는 내용의 서류를 거짓으로 제출한 자 7. 제111조제1항을 위반하여 물질안전보건자료를 제공하지 아니한 자 8. 제112조제1항 본문을 위반하여 승인을 받지 아니하고 화학물질의 명칭 및 함유량을 대체자료로 적은 자 9. 제112조제1항 또는 제5항에 따른 비공개 승인 또는 연장승인 신청 시 영업비밀과 관련되어 보호사유를 거짓으로 작성하여 신청한 자 10. 제112조제10항 각 호 외의 부분 후단을		

위반하여 대체자료로 적힌 화학물질의 명칭 및 함유량 정보를 제공하지 아니한 자

11. 제113조제1항에 따라 선임된 자로서 같은 항 각 호의 업무를 거짓으로 수행한 자
12. 제113조제1항에 따라 선임된 자로서 같은 조 제2항에 따라 고용노동부장관에게 제출한 물질안전보건자료를 해당 물질안전보건자료대상물질을 수입하는 자에게 제공하지 아니한 자
13. 제125조제1항 및 제2항에 따른 작업환경측정 시 고용노동부령으로 정하는 작업환경측정의 방법을 준수하지 아니한 사업주(같은 조 제3항에 따라 작업환경측정기관에 위탁한 경우는 제외한다)
14. 제125조제4항 또는 제132조제1항을 위반하여 근로자대표가 요구하였는데도 근로자대표를 참석시키지 아니한 자
15. 제125조제6항을 위반하여 작업환경측정 결과를 해당 작업장 근로자에게 알리지 아니한 자
16. 제155조제3항(제166조의2에서 준용하는 경우를 포함한다)에 따른 명령을 위반하여 보고 또는 출석을 하지 아니하거나 거짓으로 보고한 자 (2020.3.31 개정)

⑥ 다음 각 호의 어느 하나에 해당하는 자에게는 300만원 이하의 과태료를 부과한다.

1. 제32조제1항(제5호의 경우만 해당한다)을 위반하여 소속 근로자로 하여금 같은 항 각

법 률	시 행 령	시 행 규 칙
호 외의 부분 본문에 따른 안전보건교육을 이수하도록 하지 아니한 자 2. 제35조를 위반하여 근로자대표에게 통지하지 아니한 자 3. 제40조(제166조의2에서 준용하는 경우를 포함한다), 제108조제5항, 제123조제2항, 제132조제3항, 제133조 또는 제149조를 위반한 자 (2020.3.31 개정) 4. 제42조제2항을 위반하여 자격이 있는 자의 의견을 듣지 아니하고 유해위험방지계획서를 작성·제출한 자 5. 제43조제1항 또는 제46조제2항을 위반하여 확인을 받지 아니한 자 6. 제73조제1항을 위반하여 지도계약을 체결하지 아니한 자 (2021.8.17 개정) 6의2. 제73조제2항을 위반하여 지도를 실시하지 아니한 자 또는 지도에 따라 적절한 조치를 하지 아니한 자 (2021.8.17 신설) 7. 제84조제6항에 따른 자료 제출 명령을 따르지 아니한 자 8. 삭제(2021.5.18) 9. 제111조제2항 또는 제3항을 위반하여 물질안전보건자료의 변경 내용을 반영하여 제공하지 아니한 자 10. 제114조제3항(제166조의2에서 준용하는 경우를 포함한다)을 위반하여 해당 근로자를		

산업안전보건법	시행령	시행규칙
교육하는 등 적절한 조치를 하지 아니한 자 (2020.3.31 개정) 11. 제115조제1항 또는 같은 조 제2항 본문을 위반하여 경고표시를 하지 아니한 자 12. 제119조제1항에 따라 일반석면조사를 하지 아니하고 건축물이나 설비를 철거하거나 해체한 자 13. 제122조제3항을 위반하여 고용노동부장관에게 신고하지 아니한 자 14. 제124조제1항에 따른 증명자료를 제출하지 아니한 자 15. 제125조제5항, 제132조제5항 또는 제134조제1항·제2항에 따른 보고, 제출 또는 통보를 하지 아니하거나 거짓으로 보고, 제출 또는 통보한 자 16. 제155조제1항(제166조의2에서 준용하는 경우를 포함한다)에 따른 질문에 대하여 답변을 거부·방해 또는 기피하거나 거짓으로 답변한 자 (2020.3.31 개정) 17. 제156조제1항(제166조의2에서 준용하는 경우를 포함한다)에 따른 검사·지도 등을 거부·방해 또는 기피한 자 (2020.3.31 개정) 18. 제164조제1항부터 제6항까지의 규정을 위반하여 서류를 보존하지 아니한 자 ⑦ 제1항부터 제6항까지의 규정에 따른 과태료는 대통령령으로 정하는 바에 따라 고용노동부장관이 부과·징수한다.		

부칙(2019.1.15 법률 제16272호)

제1조 【시행일】 이 법은 공포 후 1년이 경과한 날부터 시행한다. 다만, 제14조 및 제175조제4항제2호의 개정규정은 공포 후 1년이 경과한 날이 속한 해의 다음 해 1월 1일부터 시행하고, 제35조제5호, 제110조부터 제116조까지, 제162조제9호 및 제10호, 제163조제1항제3호 및 제2항(제112조제8항에 관한 부분에 한정한다), 제165조제2항제25호부터 제27호까지, 제166조제1항제9호, 제175조제5항제3호(제114조제1항에 관한 부분에 한정한다) 및 제5호부터 제12호까지, 같은 조 제6항제2호(제35조제5호에 관한 부분에 한정한다) 및 제9호부터 제11호까지의 개정규정은 공포 후 2년이 경과한 날부터 시행한다.

제2조 【산업재해 발생건수 등의 공표에 관한 적용례】 제10조제2항 및 제3항의 개정규정은 이 법 시행일이 속한 해의 다음해 1월 1일 이후 발생한 산업재해부터 적용한다.

제3조 【건설공사발주자의 산업재해 예방 조치에 관한 적용례】 제67조의 개정규정은 이 법 시행 이후 건설공사발주자가 건설공사의 설계에 관한 계약을 체결하는 경우부터 적용한다.

제4조 【타워크레인 설치·해체 작업에 관한 적용례】 제82조제2항의 개정규정은 이 법 시행 이후 사업주가 타워크레인 설치·해체 작업에 관

부칙(2019.12.24 대통령령 제30256호)

제1조 【시행일】 이 영은 2020년 1월 16일부터 시행한다. 다만, 제13조 및 별표 35 제4호나목의 개정규정은 2021년 1월 1일부터 시행하고, 제86조, 별표 35 제4호러목(법 제35조제5호에 관한 부분으로 한정한다) 및 트목부터 지목까지의 개정규정은 2021년 1월 16일부터 시행한다.

제2조 【공정안전보고서 제출 대상 등의 적용에 관한 일반적 적용례】 ① 제43조·제45조(별표 13과 관련되는 부분으로 한정한다) 및 별표 13의 개정규정은 다음 각 호의 구분에 따른 날부터 적용한다.

1. 상시근로자 5명 이상을 사용하는 사업장 : 2021년 1월 16일
2. 상시근로자 5명 미만을 사용하는 사업장 : 2021년 7월 16일

② 제71조(별표 21 제24호에 관련되는 부분으로 한정한다) 및 별표 21 제24호의 개정규정은 2020년 7월 16일부터 적용한다.

③ 제74조제1항제2호자목 및 제77조제1항제2호의 개정규정은 2021년 1월 16일부터 적용한다.

④ 별표 3 제46호의 개정규정은 다음 각 호의 구분에 따른 날부터 적용한다.

1. 공사금액 100억원 이상 공사의 경우 : 2020년 7월 1일
2. 공사금액 80억원 이상 100억원 미만 공사

부칙(2019.12.26 고용노동부령 제272호)

제1조 【시행일】 이 규칙은 2020년 1월 16일부터 시행한다. 다만, 제156조부터 제171조까지의 개정규정은 2021년 1월 16일부터 시행한다.

제2조 【특수건강진단 주기에 관한 적용례 등】 ① 제202조제2항제2호 단서의 개정규정은 2021년 1월 16일 이후 실시하는 특수건강진단부터 적용한다.

② 제202조제1항의 개정규정에도 불구하고 2021년 1월 1일 당시 별표 22 제1호가목22) 및 같은 호 나목14)의 개정규정에 따른 유해인자에 노출되는 업무에 종사하고 있는 근로자에 대해서는 2021년 3월 31일 전에 배치 후 첫 번째 특수건강진단을 실시해야 한다.

제3조 【건강진단 결과의 보고에 관한 적용례】 제209조제5항의 개정규정은 2021년 1월 16일 이후에 하는 건강진단부터 적용한다.

제4조 【건강진단에 따른 사후관리 조치결과 보고서 제출에 관한 특례】 제210조제4항의 개정규정에도 불구하고 2020년 6월 30일까지 실시되는 건강진단의 경우에는 제210조제4항 중 "30일 이내"를 "60일 이내"로 본다.

제5조 【자체심사 및 확인업체 선정기준에 관한 적용례】 별표 11의 개정규정은 이 규칙 시행 이후 자체심사 및 확인업체를 선정하는 경우부터 적용한다. 다만, 별표 11제1호의 직전 3년

법 률

한 계약을 체결하는 경우부터 적용한다.

제5조 【건강진단에 따른 조치결과 제출에 관한 적용례】 제132조제5항의 개정규정은 이 법 시행 이후 실시하는 건강진단부터 적용한다.

제6조 【역학조사 참석 등에 관한 적용례】 제141조제1항 후단, 같은 조 제3항 및 제4항의 개정규정은 이 법 시행 이후 실시하는 역학조사부터 적용한다.

제7조 【물질안전보건자료의 작성·제출에 관한 특례】 부칙 제1조 단서에 따른 시행일 당시 종전의 제41조제1항 또는 제6항에 따라 물질안전보건자료를 작성 또는 변경한 자(대상화학물질을 양도하거나 제공한 자 중 그 대상화학물질을 제조하거나 수입한 자로 한정한다)는 제110조제1항 또는 제2항의 개정규정에도 불구하고 부칙 제1조 단서에 따른 시행일 이후 5년을 넘지 아니하는 범위 내에서 고용노동부령으로 정하는 날까지 물질안전보건자료 및 제110조제2항 본문에 따른 화학물질의 명칭 및 함유량에 관한 자료(같은 항 제2호에 따라 물질안전보건자료에 적힌 화학물질 외에는 제104조에 따른 분류기준에 해당하는 화학물질이 없음을 확인하는 경우에는 그 확인에 관한 서류를 말한다)를 고용노동부장관에게 제출하여야 한다.

제8조 【물질안전보건자료의 제공에 관한 특례】 제111조제1항의 개정규정에도 불구하고 부칙

시 행 령

의 경우 : 2021년 7월 1일
3. 공사금액 60억원 이상 80억원 미만 공사의 경우 : 2022년 7월 1일
4. 공사금액 50억원 이상 60억원 미만 공사의 경우 : 2023년 7월 1일

제3조 【유효기간】 삭제(2022.8.16)

제4조 【산업재해 발생건수 등의 공표에 관한 적용례 등】 ① 제10조 및 제12조의 개정규정은 이 영 시행일이 속한 해의 다음해 1월 1일 이후 발생하는 산업재해부터 적용한다.

② 제1항에 따라 제10조 및 제12조의 개정규정이 적용되기 전까지는 종전의 「산업안전보건법 시행령」(대통령령 제30256호로 전부개정되기 전의 것을 말한다) 제8조의4를 적용한다.

제5조 【건설업의 안전관리자의 선임에 관한 적용례】 ① 대통령령 제16947호 산업안전보건법시행령중개정령 제12조제2항의 개정규정은 2001년 1월 1일 이후 착공하는 건설공사부터 적용한다.

② 대통령령 제19804호 산업안전보건법 시행령 일부개정령 별표 3의 개정규정은 2007년 7월 1일 이후 착공하는 건설공사부터 적용한다.

③ 대통령령 제21653호 산업안전보건법 시행령 일부개정령 별표 3 비고의 개정규정은 2009년 8월 7일 이후 최초로 계약하는 공사부터 적용한다.

시 행 규 칙

간의 평균산업재해발생률은 다음 각 호에 따라 적용한다.
1. 2020년도 : 직전 1년간의 사고사망만인율
2. 2021년도 : 직전 2년간의 사고사망만인율의 평균값. 단, 직전 2년도의 사고사망만인율을 산정하지 않은 경우에는 직전 1년도의 사고사망만인율로 한다.

제6조 【작업환경측정 및 특수건강진단 대상 유해인자에 관한 적용례】 별표 21 제1호가목24), 같은 호 나목16), 별표 22 제1호가목22) 및 같은 호 나목14)의 개정규정은 2021년 1월 1일부터 적용한다.

제7조 【특수건강진단 등의 검사항목에 관한 적용례】 별표 24 제1호가목1)의 91의 개정규정은 2020년 7월 1일부터 적용한다.

제8조 【유해성·위험성 조사보고서 제출에 관한 특례】 제147조제1항 단서의 개정규정에도 불구하고 100킬로그램 이상 1톤 미만의 신규화학물질을 제조하거나 수입하려는 신규화학물질제조자등은 「화학물질의 등록 및 평가 등에 관한 법률 시행령」 별표 3에 따른 기간까지는 고용노동부장관에게 유해성·위험성 조사보고서를 제출해야 한다.

제9조 【물질안전보건자료의 작성·제출에 관한 특례】 법률 제16272호 산업안전보건법 전부개정법률 부칙 제7조에서 "고용노동부령으로 정

제7조에 따라 고용노동부장관에게 물질안전보건자료를 제출한 자는 부칙 제1조 단서에 따른 시행일 이후 5년을 넘지 아니하는 기간 내에서 고용노동부령으로 정하는 날까지 물질안전보건자료대상물질을 양도받거나 제공받은 자에게 물질안전보건자료를 제공(종전의 제41조제1항 또는 제6항에 따라 제공된 물질안전보건자료의 기재사항에서 변경된 사항이 없는 경우는 제외한다)하여야 한다.

제9조 【물질안전보건자료의 일부 비공개 승인에 관한 특례】 부칙 제1조 단서에 따른 시행일 당시 종전의 제41조제2항에 따라 물질안전보건자료에 영업비밀로서 보호할 가치가 있다고 인정되는 화학물질 및 이를 함유한 제제의 사항을 적지 아니하고 같은 조 제1항에 따라 제공한 자(대상화학물질을 양도하거나 제공한 자 중 그 대상화학물질을 제조하거나 수입한 자로 한정한다)는 제112조의 개정규정에도 불구하고 부칙 제1조 단서에 따른 시행일 이후 5년을 넘지 아니하는 범위 내에서 고용노동부령으로 정하는 날까지 대체자료 기재에 관하여 고용노동부장관의 승인을 받아야 한다.

제10조 【유해한 작업의 도급금지에 관한 경과조치】 이 법 시행 당시 종전의 규정에 따라 도급인가를 받은 사업주는 그 인가의 남은 기간이 3년을 넘지 아니하는 경우에는 그 남은 기간 동안, 3년을 초과하거나 그 인가기간이 정해지

④ 대통령령 제26985호 산업안전보건법 시행령 일부개정령 별표 3 제41호의 개정규정은 2016년 8월 18일 이후 착공하는 공사부터 적용한다.

제6조 【유해·위험방지계획서 제출에 관한 적용례】 ① 대통령령 제20973호 산업안전보건법 시행령 일부개정령 제33조의2의 개정규정은 2009년 2월 1일 이후 해당 사업과 관계있는 건설물·기계·기구 및 설비 등을 설치·이전하거나 그 주요 구조부분을 변경하기 위한 공사를 시작하는 경우부터 적용한다.

② 대통령령 제23545호 산업안전보건법 시행령 일부개정령 제33조의2제3호부터 제10호까지의 개정규정은 2012년 7월 1일 이후 해당 개정규정에 따른 사업과 관련하여 건설물·기계·기구 및 설비 등을 설치·이전하거나 그 주요 구조부분을 변경하기 위한 작업을 시작하는 경우부터 적용한다.

제7조 【대여자 등이 안전조치 등을 해야 하는 기계·기구 등에 관한 적용례】 제71조 및 별표 21 제24호의 개정규정은 2020년 7월 16일 이후 고소작업대를 대여하거나 대여받는 자부터 적용한다.

제8조 【안전인증대상기계등에 관한 적용례】 제74조제1항제2호자목의 개정규정은 2021년 1월 16일 이후 제조·수입하는 산업용 로봇 방호장치부터 적용한다.

하는 날"이란 다음 각 호의 구분에 따른 날을 말한다. (2021.11.19 개정)

1. 종전의 법(법률 제16272호로 개정되기 전의 것을 말한다. 이하 제2호에서 같다) 제41조제1항 또는 제6항에 따라 물질안전보건자료를 작성 또는 변경한 자가 물질안전보건자료대상물질을 최초로 제조하거나 수입한 자인 경우
   가. 제조·수입한 물질안전보건자료대상물질의 연간 제조·수입량이 1,000톤 이상 : 2022년 1월 16일
   나. 제조·수입한 물질안전보건자료대상물질의 연간 제조·수입량이 100톤 이상 1,000톤 미만 : 2023년 1월 16일
   다. 제조·수입한 물질안전보건자료대상물질의 연간 제조·수입량이 10톤 이상 100톤 미만 : 2024년 1월 16일
   라. 제조·수입한 물질안전보건자료대상물질의 연간 제조·수입량이 1톤 이상 10톤 미만 : 2025년 1월 16일
   마. 제조·수입한 물질안전보건자료대상물질의 연간 제조·수입량이 1톤 미만 : 2026년 1월 16일
2. 종전의 법 제41조제1항 또는 제6항에 따라 물질안전보건자료를 작성 또는 변경한 자가 그 대상화학물질을 제조하거나 수입한 자로부터 해당 대상화학물질을 양도받거나 제공

법 률

지 아니한 경우에는 이 법 시행 이후 3년까지 제58조제1항의 개정규정에도 불구하고 종전의 규정에 따른다.

제11조 【안전보건조정자의 선임에 관한 경과조치】 이 법 시행 전에 건설공사에 관한 도급계약을 체결하여 건설공사가 행해지는 현장의 경우에는 제68조제1항의 개정규정에도 불구하고 종전의 규정에 따른다.

제12조 【타워크레인 설치·해체업의 등록 등에 관한 경과조치】 ① 이 법 시행 당시 타워크레인 설치·해체업을 영위하고 있는 자는 이 법 시행일부터 3개월까지는 등록을 하지 아니하고 타워크레인 설치·해체업을 영위할 수 있다.
② 제82조제2항의 개정규정에도 불구하고 사업주는 이 법 시행일부터 3개월까지는 타워크레인 설치·해체업을 등록하지 아니한 자로 하여금 타워크레인을 설치하거나 해체하는 작업을 하도록 할 수 있다.

제13조 【안전인증 신청에 관한 경과조치】 이 법 시행 전에 종전의 제34조의3에 따라 안전인증이 취소된 자는 제86조제3항의 개정규정에도 불구하고 종전의 규정에 따른다.

제14조 【물질안전보건자료의 작성·비치 등에 관한 경과조치】 이 법 시행 후 물질안전보건자료의 작성·비치 등에 관하여는 제110조부터 제116조까지의 개정규정 시행일 전까지 종전의

시 행 령

제9조 【특수건강진단기관의 지정 취소 등의 사유에 관한 적용례】 제98조제7호의 개정규정은 이 영 시행 이후 정당한 사유 없이 고용노동부장관이 법 제135조제4항에 따라 실시하는 평가를 거부하는 경우부터 적용한다.

제10조 【제재요청 등의 대상 확대에 관한 적용례】 대통령령 제18609호 산업안전보건법시행령중개정령 제33조의9제1호의 개정규정은 2006년 1월 1일 이후 해당 산업재해가 발생하는 경우부터 적용한다.

제11조 【과징금의 분할 납부 등에 관한 적용례】 제112조제4항부터 제7항까지의 개정규정은 이 영 시행 이후 부과하는 과징금부터 적용한다.

제12조 【공공행정 등에서의 도급인의 안전 및 보건 조치에 관한 적용례】 별표 1 제4호의 개정규정 중 도급인의 안전 및 보건 조치 관련 부분은 이 영 시행 이후 도급계약을 체결하는 경우부터 적용한다.

제13조 【건설업의 안전관리자 선임에 관한 적용례】 별표 3 제46호 및 비고의 개정규정은 부칙 제2조제4항 각 호의 구분에 따른 날 이후 착공하는 공사부터 적용한다.

제14조 【건설업의 보건관리자 선임에 관한 적용례】 대통령령 제24684호 산업안전보건법 시행령 일부개정령 별표 5 제40호의 개정규정은 2015년 1월 1일 이후 착공하는 공사부터 적용한다.

시 행 규 칙

받아 이를 혼합하는 방법으로 물질안전보건자료대상물질을 제조한 자인 경우 : 2026년 1월 16일. 다만, 종전의 법 제41조제1항 또는 제6항에 따라 물질안전보건자료를 작성 또는 변경한 자가 2021년 1월 16일 이후에 그 대상화학물질을 제조하거나 수입한 자로부터 해당 대상화학물질에 대한 물질안전보건자료를 제공받은 경우(제160조제1항에서 정하는 방법으로 제공받은 경우로 한정한다)에는 그 물질안전보건자료를 제공받은 날부터 2개월이 되는 날을 말한다.

제10조 【물질안전보건자료 제공에 관한 특례】 법률 제16272호 산업안전보건법 전부개정법률 부칙 제8조에서 "고용노동부령으로 정하는 날"이란 부칙 제9조 각 호의 구분에 따른 날을 말한다.

제11조 【물질안전보건자료의 일부 비공개 승인에 관한 특례】 법률 제16272호 산업안전보건법 전부개정법률 부칙 제9조에서 "고용노동부령으로 정하는 날"이란 부칙 제9조 각 호의 구분에 따른 날을 말한다.

제12조 【안전검사기관 종사자 등 직무교육에 관한 경과조치】 이 규칙 시행 당시 안전검사기관 및 자율안전검사기관에서 검사업무에 2년 이상 종사하고 있는 사람의 경우에는 제29조의 개정규정에도 불구하고 신규교육을 면제하되,

제11조제2항제4호, 제41조, 제63조(제41조에 관한 부분에 한정한다), 제65조제2항제12호, 제72조제4항제3호(제41조에 관한 부분에 한정한다), 같은 조 제5항제1호(제41조에 관한 부분에 한정한다) 및 제2호, 같은 조 제6항제1호(제11조제2항제4호에 관한 부분에 한정한다) 및 제8호에 따른다.

제15조【과징금에 관한 경과조치】 이 법 시행 전에 종전의 제15조의3(종전의 제16조제3항, 제30조의2제3항, 제34조의5제4항, 제36조제10항, 제42조제10항 및 제43조제11항에 따라 준용되는 경우를 포함한다)을 위반한 행위에 대하여 과징금에 관한 규정을 적용할 때에는 종전의 규정에 따른다.

제16조【안전관리대행기관 등에 관한 경과조치】 ① 법률 제4220호 산업안전보건법 시행일인 1990년 7월 14일 당시 노동부장관의 지정을 받은 안전관리대행기관 및 보건관리대행기관은 제21조의 개정규정에 따라 고용노동부장관의 지정을 받은 것으로 본다.

② 공단은 법률 제4220호 산업안전보건법에 따라 노동부장관이 지정하도록 되어 있는 지정교육·검사·측정 또는 진단기관으로 지정받은 것으로 본다.

제17조【산업위생지도사에 관한 경과조치】 법률 제11882호 산업안전보건법 일부개정법률 시행일인 2014년 3월 13일 당시 종전의 규정에

제15조【과징금에 관한 적용례】 대통령령 제23545호 산업안전보건법 시행령 일부개정령 별표 4의2의 개정규정은 2012년 1월 26일 이후 최초로 업무정지처분의 사유가 발생하는 경우부터 적용한다.

제16조【유해작업 도급금지에 관한 적용례】 대통령령 제16947호 산업안전보건법시행령중개정령 별표 1 제1호·제2호 및 제4호부터 제6호까지의 개정규정에 따라 새로 적용되는 유해작업 도급인가에 관한 「산업안전보건법」(법률 제6315호로 개정되기 전의 것을 말한다) 제28조는 대통령령 제16947호 산업안전보건법시행령중개정령 별표 1 제1호·제2호 및 제4호부터 제6호까지의 개정규정에 따른 대상사업이 2000년 8월 5일 이후 도급·하도급하는 작업부터 적용한다.

제17조【공표대상 사업장에 관한 특례】 대통령령 제28368호 산업안전보건법 시행령 일부개정령 제8조의4제3항의 개정규정에도 불구하고 2019년 12월 31일까지는 제12조 각 호 외의 부분 개정규정 중 "500명 이상"을 "1천명 이상"으로 본다.

제18조【재직 중인 안전관리자 등에 관한 경과조치】 ① 대통령령 제13053호 산업안전보건법시행령개정령 시행 당시 종전의 「산업안전보건법 시행령」(대통령령 제13053호로 전부개정되기 전의 것을 말한다)에 따라 안전관리자 선임을 신고한 사업주는 제16조제6항의 개정규

2020년 10월 31일까지 보수교육을 이수해야 하며, 그 보수교육을 이수한 날부터 매 2년이 되는 날을 기준으로 전후 3개월 사이에 보수교육을 받아야 한다.

제13조【건설업체 산업재해발생률 산정 기준에 관한 경과조치】 2018년 1월 1일부터 2018년 12월 31일까지 기간 동안의 건설업체 산업재해발생률의 산정 기준에 대해서는 별표 1의 개정규정에도 불구하고 종전의 「산업안전보건법 시행규칙」(고용노동부령 제239호로 개정되기 전의 것을 말한다)에 따른다.

제14조【타워크레인 신호업무 종사 근로자 교육에 관한 경과조치】 고용노동부령 제214호 산업안전보건법 시행규칙 일부개정령 시행 당시 종전의 「산업안전보건법 시행규칙」(고용노동부령 제214호로 개정되기 전의 것을 말한다)에 따라 크레인으로 하는 작업에 관한 특별교육을 받고 타워크레인 신호업무에 종사 중인 근로자를 계속하여 타워크레인 신호작업에 사용하려는 사업주가 고용노동부령 제214호 산업안전보건법 시행규칙 일부개정령 부칙 제1조 단서에 따른 같은 규칙 별표 8 및 별표 8의2의 개정규정의 시행일 이후 1개월 이내에 해당 근로자에게 같은 규칙 별표 8 및 별표 8의2의 개정규정에 따른 특별교육을 한 경우에는 별표 4 및 별표 5의 개정규정에 따른 특별교육을 한 것으로 본다.

법률

따른 산업위생지도사는 이 법에 따른 산업보건지도사로 본다.

제18조 【지도사 연수교육에 관한 경과조치】 법률 제11882호 산업안전보건법 일부개정법률 시행일인 2014년 3월 13일 전에 등록한 지도사는 제146조의 개정규정에 따른 연수교육을 받은 것으로 본다.

제19조 【벌칙과 과태료에 관한 경과조치】 이 법 시행 전의 행위에 대하여 벌칙이나 과태료에 관한 규정을 적용할 때에는 종전의 규정에 따른다. 다만, 제110조부터 제116조까지의 개정규정 시행 전의 행위에 대하여 제175조제5항제3호(제114조제1항에 관한 부분에 한정한다) 및 제5호부터 제12호까지, 같은 조 제6항제2호(제35조제5호에 관한 부분에 한정한다) 및 제9호부터 제11호까지에 관한 규정을 적용할 때에는 종전의 규정에 따른다.

제20조 【다른 법률의 개정】 생략

제21조 【다른 법령과의 관계】 이 법 시행 당시 다른 법령에서 종전의 「산업안전보건법」의 규정을 인용하고 있는 경우 이 법 중 그에 해당하는 규정이 있을 때에는 종전의 규정을 갈음하여 이 법의 해당 규정을 인용한 것으로 본다.

부칙(2020.3.31 법률 제17187호)

이 법은 공포한 날부터 시행한다. 다만, 제166조

시행령

정에 따라 안전관리자 선임을 증명할 수 있는 서류를 제출한 것으로 본다.

② 대통령령 제13053호 산업안전보건법시행령개정령 시행 당시 종전의 「산업안전보건법 시행령」(대통령령 제13053호로 전부개정되기 전의 것을 말한다)에 따라 보건관리자 선임을 신고한 사업주는 제20조제3항의 개정규정에 따라 준용되는 제16조제6항의 개정규정에 따라 보건관리자 선임을 증명할 수 있는 서류를 제출한 것으로 본다.

③ 대통령령 제13053호 산업안전보건법시행령개정령 시행일인 1990년 7월 14일 당시 종전의 「산업안전보건법 시행령」(대통령령 제13053호로 전부개정되기 전의 것을 말한다)에 따라 건강관리보건담당자로 재직하고 있는 사람은 이 영에 따른 자격기준에 따라 신규로 선임될 때까지는 제20조의 개정규정에 따라 선임된 보건관리자로 본다.

제19조 【보건관리대행기관 등에 관한 경과조치】

① 대통령령 제14787호 산업안전보건법시행령중개정령 시행 당시 종전의 「산업안전보건법 시행령」(대통령령 제14787호로 개정되기 전의 것을 말한다)에 따라 보건관리대행기관, 지정측정기관 또는 건설재해예방전문기관으로 지정을 받은 자는 각각 이 영에 따라 보건관리전문기관, 작업환경측정기관 또는 건설재해예

시행규칙

제15조 【재해예방 전문지도기관의 종사자에 대한 신규교육 면제에 관한 경과조치】 고용노동부령 제169호 산업안전보건법 시행규칙 일부개정령 시행 전에 채용된 재해예방 전문지도기관의 종사자에 대한 신규교육 면제는 종전의 「산업안전보건법 시행규칙」(고용노동부령 제169호로 개정되기 전의 것을 말한다)에 따른다.

제16조 【안전관리전문기관·보건관리전문기관 및 석면조사기관의 종사자의 직무교육에 관한 경과조치】 고용노동부령 제169호 산업안전보건법 시행규칙 일부개정령 시행 당시 안전관리전문기관·보건관리전문기관 및 석면조사기관에 재직하고 있는 종사자로서 2017년 10월 27일까지 보수교육을 이수한 사람은 최초 보수교육을 이수한 날부터 매 2년이 되는 날을 기준으로 전후 3개월 사이에 보수교육을 받아야 한다.

제17조 【유해·위험방지계획서 확인에 관한 경과조치】 고용노동부령 제18호 산업안전보건법 시행규칙 일부개정령 시행 전에 유해·위험방지계획서를 제출한 공사의 확인은 「산업안전보건법 시행규칙」(고용노동부령 제18호로 개정되기 전의 것을 말한다) 제124조제1항을 따른다.

제18조 【종전 부칙의 적용범위에 관한 경과조치】 종전의 「산업안전보건법 시행규칙」의 개정에

의2, 제167조제1항, 제168조, 제169조, 제170조제1호부터 제3호까지, 제171조제1호, 제174조제1항 본문(제166조의2를 준용하는 부분으로 한정한다) 및 제175조의 개정규정은 공포 후 6개월이 경과한 날부터 시행한다.

부칙(2020.5.26 법률 제17326호 : 법률용어 정비를 위한 환경노동위원회 소관 65개 법률 일부개정을 위한 법률)

이 법은 공포한 날부터 시행한다. 〈단서 생략〉

부칙(2020.6.9 법률 제17433호)

이 법은 공포한 날부터 시행한다. 다만, 제168조제2호와 제175조제4항제6호의 개정규정은 공포 후 3개월이 경과한 날부터 시행하고, 법률 제17187호 산업안전보건법 일부개정법률 제168조제2호의 개정규정은 10월 1일부터 시행한다.

부칙(2021.4.13 법률 제18039호)

이 법은 공포 후 6개월이 경과한 날부터 시행한다.

부칙(2021.5.18 법률 제18180호)

제1조 【시행일】 이 법은 공포 후 6개월이 경과한 날부터 시행한다.

제2조 【건설공사발주자의 산업재해 예방 조치 등 방전문지도기관으로 지정받은 것으로 본다.

② 대통령령 제15372호 산업안전보건법시행령중개정령 시행 당시 종전의 「산업안전보건법 시행령」(대통령령 제15372호로 개정되기 전의 것을 말한다)에 따라 지정을 받은 건설재해예방전문기관, 지정교육기관, 근로자 기능습득을 위한 교육기관 또는 안전·보건진단기관은 각각 이 영에 따라 건설재해예방전문지도기관, 근로자안전보건교육기관, 근로자 기능습득을 위한 교육기관 또는 안전보건진단기관으로 지정받은 것으로 본다.

제20조 【공정안전보고서 제출 대상에 관한 경과조치】 ① 제43조·제45조(별표 13과 관련되는 부분으로 한정한다) 및 별표 13의 개정규정에도 불구하고 부칙 제2조제1항 각 호의 구분에 따른 날 전에 종전의 「산업안전보건법 시행령」(대통령령 제30256호로 전부개정되기 전의 것을 말한다)에 따라 공정안전보고서 제출 대상이 아니었던 설비를 보유한 사업주가 별표 13의 개정규정에 따라 공정안전보고서 제출 대상이 되는 경우에는 부칙 제2조제1항 각 호의 구분에 따른 날부터 3개월 이내에 공정안전보고서를 제출해야 한다.

② 부칙 제2조제1항에 따라 제43조·제45조(별표 13과 관련되는 부분으로 한정한다) 및 별표 13의 개정규정이 적용되기 전까지는 종전의 「산업안전보건법 시행령」(대통령령 제30256 따라 규정했던 종전의 부칙은 이 규칙 시행 전에 그 효력이 이미 상실된 경우를 제외하고는 이 규칙의 규정에 위배되지 않는 범위에서 이 규칙 시행 이후에도 계속하여 적용한다.

제19조 【다른 법령의 개정】 생략

제20조 【다른 법령과의 관계】 이 규칙 시행 당시 다른 법령에서 종전의 「산업안전보건법 시행규칙」의 규정을 인용하고 있는 경우 이 규칙 중 그에 해당하는 규정이 있을 때에는 종전의 규정을 갈음하여 이 규칙의 해당 규정을 인용한 것으로 본다.

부칙(2021.1.19 고용노동부령 제308호)

이 규칙은 공포한 날부터 시행한다.

부칙(2021.7.13 고용노동부령 제328호 : 어려운 법령용어 정비를 위한 3개 법령의 일부개정에 관한 고용노동부령)

이 규칙은 공포한 날부터 시행한다.

부칙(2021.11.19 고용노동부령 제336호)

제1조 【시행일】 이 규칙은 2021년 11월 19일부터 시행한다.

제2조 【보조·지원의 제한에 관한 적용례】 제237조제2항의 개정규정은 이 규칙 시행 이후 보조·지원을 받는 경우부터 적용한다.

법 률

에 관한 적용례】 제67조제2항 및 제3항의 개정규정은 이 법 시행 이후 건설공사발주자가 건설공사의 설계에 관한 계약을 체결하는 경우부터 적용한다.

제3조 【산업재해 예방 활동의 보조·지원금 환수에 관한 적용례】 제158조제3항 및 제4항의 개정규정은 이 법 시행 이후 보조·지원을 받은 경우부터 적용한다.

부칙(2021.8.17 법률 제18426호)

제1조 【시행일】 이 법은 공포 후 1년이 경과한 날부터 시행한다.

제2조 【건설공사의 산업재해 예방지도에 관한 적용례】 제73조제1항·제2항의 개정규정은 이 법 시행 이후 건설 산업재해 예방을 위한 지도계약을 체결하는 경우부터 적용한다.

제3조 【벌칙에 관한 경과조치】 이 법 시행 전의 위반행위에 대하여 벌칙을 적용할 때에는 제172조 및 제175조제3항제2호의2의 개정규정에도 불구하고 종전의 규정에 따른다.

부칙(2023.8.8 법률 제19591호 : 문화재수리 등에 관한 법률)

제1조 【시행일】 이 법은 2024년 5월 17일부터 시행한다.

제2조부터 **제6조**까지 생략

시 행 령

호로 전부개정되기 전의 것을 말한다) 제33조의6·제33조의8(별표 10과 관련되는 부분으로 한정한다) 및 별표 10을 적용한다.

제21조 【안전인증대상기계등에 관한 경과조치】 부칙 제2조제3항에 따라 제77조제1항제2호의 개정규정이 적용되기 전까지는 종전의 「산업안전보건법 시행령」(대통령령 제30256호로 전부개정되기 전의 것을 말한다) 제28조의5제1항제2호를 적용한다.

제22조 【석면조사기관 지정취소 등에 관한 경과조치】 대통령령 제23545호 산업안전보건법 시행령 일부개정령 시행 전에 발생한 사유로 석면조사기관의 지정의 취소 등을 할 때에는 종전의 「산업안전보건법 시행령」(대통령령 제23545호로 개정되기 전의 것을 말한다) 제30조의6에 따른다.

제23조 【발전업을 하는 사업주의 안전관리자 선임에 관한 경과조치】 이 영 시행 당시 발전업을 하는 사업주(상시근로자 수 500명 이상 1천명 미만의 경우로 한정한다)로서 별표 3 제23호의 개정규정에 따른 안전관리자를 선임하고 있지 않은 자는 이 영 시행일부터 6개월 이내에 별표 3 제23호의 개정규정에 따라 안전관리자를 선임해야 한다.

제24조 【건설업의 안전관리자 선임에 관한 경과조치】 부칙 제2조제4항에 따라 별표 3 제46호

시 행 규 칙

부칙(2022.8.18 고용노동부령 제363호)

제1조 【시행일】 이 규칙은 공포한 날부터 시행한다. 다만, 별표 5 제2호의 개정규정은 2023년 1월 1일부터 시행한다.

제2조 【물질안전보건자료 비공개 승인 시 제출서류에 관한 적용례】 제161조제1항제5호 단서의 개정규정은 이 규칙 시행 전에 법 제112조제1항 본문에 따라 물질안전보건자료 비공개 승인 신청을 하여 승인 심사 중인 자에 대해서도 적용한다.

제3조 【자체심사 및 확인업체 즉시 제외에 관한 적용례】 별표 11 제1호 각 목 외의 부분 단서의 개정규정은 이 규칙 시행 이후 동시에 2명 이상의 근로자가 사망한 재해가 발생한 경우부터 적용한다.

제4조 【건설업 기초안전보건교육 이수에 관한 경과조치】 이 규칙 시행 당시 종전의 별표 5 제2호에 따른 건설업 기초안전보건교육을 이수한 사람은 별표 5 제2호의 개정규정에 따른 건설업 기초안전보건교육을 이수한 사람으로 본다.

부칙(2023.9.27 고용노동부령 제393호)

제1조 【시행일】 이 규칙은 공포한 날부터 시행한다. 다만, 제228조의2의 개정규정, 별지 제90호의2서식 및 제90호의3서식의 개정 서식은 2023년 9월 28일부터 시행한다.

부칙(2023.8.8 법률 제19611호)

제1조 【시행일】 이 법은 공포한 날부터 시행한다.

제2조 【이의신청 기간에 관한 적용례】 제112조의2제2항 및 제3항의 개정규정은 이 법 시행 이후 하는 처분부터 적용한다.

부칙(2024.10.22 법률 제20522호)

이 법은 2025년 6월 1일부터 시행한다.

의 개정규정이 적용되기 전까지는 종전의 「산업안전보건법 시행령」(대통령령 제30256호로 전부개정되기 전의 것을 말한다) 별표 3 제41호 및 같은 표 비고를 적용한다.

제25조 【육상운송 및 파이프라인 운송업을 하는 사업주의 보건관리자 선임에 관한 경과조치】 이 영 시행 당시 육상운송 및 파이프라인 운송업(도시철도 운송업은 제외한다)을 하는 사업주는 이 영 시행일부터 6개월 이내 별표 5 제27호의 개정규정에 따라 보건관리자를 선임해야 한다.

제26조 【보건관리자의 자격에 관한 경과조치】 ① 대통령령 제15372호 산업안전보건법시행령중개정령 시행 당시 종전의 「산업안전보건법 시행령」(대통령령 제15372호로 개정되기 전의 것을 말한다)에 따라 보건관리자로 재직하고 있는 자로서 별표 6 제6호의 개정규정에 따른 자격기준에 적합하지 않은 사람은 재직 중인 해당 사업장 재직기간 중에만 이 영에 따른 보건관리자로 본다.

② 대통령령 제28368호 산업안전보건법 시행령 일부개정령 시행 당시 종전의 「산업안전보건법 시행령」(대통령령 제28368호로 개정되기 전의 것을 말한다) 별표 6에 따라 보건관리자로 선임된 사람은 별표 6의 개정규정에 따라 보건관리자 자격을 가진 것으로 본다.

제27조 【안전관리전문기관 등에 재직 중인 사람에 관한 경과조치】 ① 이 영 시행 당시 안전관

제2조 【근로자 정기교육 시간 면제에 관한 적용례】 제27조제2항 전단의 개정규정은 이 규칙 시행 당시 종전의 규정에 따라 근로자 정기교육 시간을 면제받은 해당 분기가 종료되지 않은 근로자부터 적용한다.

제3조 【안전보건관리책임자 등에 대한 보수교육에 관한 적용례】 제29조제1항의 개정규정은 이 규칙 시행 6개월 이전에 보수교육 주기가 도래한 경우부터 적용한다.

제4조 【석면조사의 생략 등 확인 절차 특례의 적용례】 제175조제1항의 개정규정은 이 규칙 시행 이후 석면조사의 생략 등 확인신청서를 제출하는 경우부터 적용한다.

제5조 【교육 시간 및 내용에 관한 적용례】 별표 4 및 별표 5의 개정규정은 이 규칙 시행 이후 실시하는 교육부터 적용한다.

부칙(2024.6.28 고용노동부령 제419호)

제1조 【시행일】 이 규칙은 2024년 7월 1일부터 시행한다. 다만, 제203조제1호 및 제2호의 개정규정은 공포 후 6개월이 경과한 날부터 시행하고, 제209조제4항 및 제211조제5항의 개정규정은 2025년 1월 1일부터 시행하며, 제126조제1항제3호, 별표 5 제5호 및 별표 16의 개정규정은 2026년 6월 26일부터 시행한다.

제2조 【기본안전보건대장 등의 작성 등에 관한 적용례】 제86조제1항부터 제3항까지의 개정규

법률	시행령	시행규칙
	리전문기관에 재직하고 있는 사람으로서 별표 7의 개정규정에 따른 인력기준에 적합하지 않은 사람은 해당 기관에 재직하는 기간에 한정하여 별표 7의 개정규정에 따른 인력기준에 적합한 사람으로 본다. ② 이 영 시행 당시 보건관리전문기관에 재직하고 있는 사람으로서 별표 8의 개정규정에 따른 인력기준에 적합하지 않은 사람은 해당 기관에 재직하는 기간에 한정하여 별표 8의 개정규정에 따른 인력기준에 적합한 사람으로 본다. ③ 이 영 시행 당시 종합진단기관에 재직하고 있는 사람으로서 별표 15의 개정규정에 따른 인력기준에 적합하지 않은 사람은 해당 기관에 재직하는 기간에 한정하여 별표 15의 개정규정에 따른 인력기준에 적합한 사람으로 본다. ④ 이 영 시행 당시 보건진단기관에 재직하고 있는 사람으로서 별표 17의 개정규정에 따른 인력기준에 적합하지 않은 사람은 해당 기관에 재직하는 기간에 한정하여 별표 17의 개정규정에 따른 인력기준에 적합한 사람으로 본다. ⑤ 이 영 시행 당시 건설재해예방전문지도기관에 재직하고 있는 사람으로서 별표 19의 개정규정에 따른 인력기준에 적합하지 않은 사람은 해당 기관에 재직하는 기간에 한정하여 별표 19의 개정규정에 따른 인력기준에 적합한 사람으로 본다.	정은 이 규칙 시행 이후 건설공사발주자가 건설공사의 설계에 관한 계약을 체결하는 경우부터 적용한다. **제3조【건강진단 결과의 보고 등에 관한 적용례】** 제209조제4항의 개정규정은 2025년 1월 1일 이후 실시하는 건강진단부터 적용한다. **제4조【안전검사의 주기에 관한 특례】** 2026년 6월 26일 당시 사업장에 설치가 끝난 혼합기, 파쇄기 또는 분쇄기에 대해서는 제126조제1항제3호의 개정규정에도 불구하고 다음 각 호의 구분에 따라 최초 안전검사를 실시하되, 그 이후부터는 최초 안전검사를 받은 날부터 2년마다 안전검사를 받아야 한다. 1. 2013년 3월 1일 전에 사업장에 설치가 끝난 혼합기, 파쇄기 또는 분쇄기 : 2026년 6월 26일부터 2026년 12월 25일까지 2. 2013년 3월 1일부터 2023년 6월 26일까지 사업장에 설치가 끝난 혼합기, 파쇄기 또는 분쇄기 : 2026년 6월 26일부터 2027년 6월 25일까지 3. 2023년 6월 27일부터 2026년 6월 25일까지 설치가 끝난 혼합기, 파쇄기 또는 분쇄기 : 사업장에 설치가 끝난 날부터 3년이 되는 날을 기준으로 6개월 이내 **부칙**(2024.9.26 고용노동부령 제426호)

⑥ 이 영 시행 당시 작업환경측정기관에 재직하고 있는 사람으로서 별표 29의 개정규정에 따른 인력기준에 적합하지 않은 사람은 해당 기관에 재직하는 기간에 한정하여 별표 29의 개정규정에 따른 인력기준에 적합한 사람으로 본다.
⑦ 이 영 시행 당시 특수건강진단기관에 재직하고 있는 사람으로서 별표 30의 개정규정에 따른 인력기준에 적합하지 않은 사람은 해당 기관에 재직하는 기간에 한정하여 별표 30의 개정규정에 따른 인력기준에 적합한 사람으로 본다.

제28조【안전보건교육기관의 등록요건에 대한 경과조치】 ① 이 영 시행 당시 종전의 「산업안전보건법 시행령」(대통령령 제30256호로 전부개정되기 전의 것을 말한다) 제26조의10에 따라 등록한 안전보건교육위탁기관은 이 영에 따른 근로자안전보건교육기관으로 본다.
② 이 영 시행 당시 종전의 「산업안전보건법 시행령」(대통령령 제30256호로 전부개정되기 전의 것을 말한다)에 따라 등록된 안전보건교육위탁기관은 이 영 시행일부터 3개월 이내에 별표 10 제4호의 개정규정에 따라 사무직·비사무직 근로자용 교육교재를 보유해야 한다.

제29조【과징금 부과기준에 관한 경과조치】 대통령령 제28368호 산업안전보건법 시행령 일부개정령 시행 전의 위반행위에 대하여 과징금 부과기준을 적용할 때에는 종전의 「산업안전보건법 시행령」(대통령령 제28368호로 개정되기

이 규칙은 공포한 날부터 시행한다.

법률	시행령	시행규칙
	전의 것을 말한다) 별표 4의2에 따른다. **제30조【과태료 부과기준에 관한 경과조치】** 대통령령 제26985호 산업안전보건법 시행령 일부개정령 시행 전의 위반행위에 대하여 과태료 부과기준을 적용할 때에는 종전의 「산업안전보건법 시행령」(대통령령 제26985호로 개정되기 전의 것을 말한다) 별표 13 제4호조목 및 초목에 따른다. **제31조【종전 부칙의 적용범위에 관한 경과조치】** 종전의 「산업안전보건법 시행령」의 개정에 따라 규정했던 종전의 부칙은 이 영 시행 전에 그 효력이 이미 상실된 경우를 제외하고는 이 영의 규정에 위배되지 않는 범위에서 이 영 시행 이후에도 계속하여 적용한다. **제32조【다른 법령의 개정】** 생략 **제33조【다른 법령과의 관계】** 이 영 시행 당시 다른 법령에서 종전의 「산업안전보건법 시행령」의 규정을 인용하고 있는 경우 이 영 중 그에 해당하는 규정이 있을 때에는 종전의 규정을 갈음하여 이 영의 해당 규정을 인용한 것으로 본다. **부칙**(2020.3.3 대통령령 제30509호 : 규제 재검토기한 해제 등을 위한 144개 대통령령의 일부개정에 관한 대통령령) 이 영은 공포한 날부터 시행한다.	

부칙(2020.8.27 대통령령 제30979호 : 첨단재생의료 및 첨단바이오의약품 안전 및 지원에 관한 법률 시행령)

제1조【시행일】 이 영은 2020년 8월 28일부터 시행한다.

제2조부터 **제4조**까지 생략

부칙(2020.9.8 대통령령 제31004호)

이 영은 공포한 날부터 시행한다. 다만, 다음 각 호의 개정규정은 다음 각 호의 구분에 따른 날부터 시행한다.

1. 제45조제1항 후단의 개정규정 : 2021년 4월 1일
2. 별표 35 제4호라목의 개정규정 : 2020년 9월 10일
3. 별표 35 제4호(라목은 제외한다)의 개정규정 : 2020년 10월 1일
4. 대통령령 제30256호 산업안전보건법 시행령 전부개정령 별표 35 제4호이목의 개정규정 : 2021년 1월 16일

부칙(2021.1.5 대통령령 제31380호 : 어려운 법령용어 정비를 위한 473개 법령의 일부개정에 관한 대통령령)

이 영은 공포한 날부터 시행한다. 〈단서 생략〉

법 률	시 행 령	시 행 규 칙
	부칙(2021.1.12 대통령령 제31387호) 이 영은 공포한 날부터 시행한다. **부칙**(2021.3.30 대통령령 제31576호 : 전기안전관리법 시행령) **제1조 【시행일】** 이 영은 2021년 4월 1일부터 시행한다. 〈단서 생략〉 **제2조** 및 **제3조** 생략 **부칙**(2021.10.14 대통령령 제32051호) 이 영은 2021년 10월 14일부터 시행한다. **부칙**(2021.11.19 대통령령 제32132호) **제1조 【시행일】** 이 영은 2021년 11월 19일부터 시행한다. **제2조 【설계변경 요청 대상에 관한 적용례】** 제58조제1항제2호의 개정규정은 이 영 시행 이후 착공하는 건설공사부터 적용한다. **제3조 【기술지도계약 체결 시 전산시스템 사용에 관한 적용례】** 별표 18 제2호나목의 개정규정은 이 영 시행 이후 건설재해예방전문지도기관이 기술지도계약을 체결하는 경우부터 적용한다. **제4조 【소방시설공사 분야 지도 및 지정 요건에 관한 경과조치】** 이 영 시행 전에 법 제74조제1항에 따라 종전의 별표 18 제1호의 건설공사 지도 분야의 건설재해예방전문지도기관으로	

종전의 별표 19 제1호에 따른 지정 요건을 갖추어 지정받은 자가 이 영 시행 당시 소방시설공사 분야의 지도계약에 따라 지도를 수행 중인 경우에는 별표 18 제1호나목 및 별표 19 제2호의 개정규정에도 불구하고 그 지도계약에 따른 지도가 끝나는 날까지 소방시설공사 분야의 지도를 할 수 있다.

부칙(2022.3.8 대통령령 제32528호 : 규제 재검토기한 설정 해제 등을 위한 91개 법령의 일부개정에 관한 대통령령)

이 영은 공포한 날부터 시행한다.

부칙(2022.8.16 대통령령 제32873호)

제1조 【시행일】 이 영은 2022년 8월 18일부터 시행한다.

제2조 【휴게시설의 설치·관리기준 적용 사업장에 대한 적용례】 제96조의2의 개정규정은 다음 각 호의 구분에 따른 날부터 적용한다.

1. 상시근로자 50명 이상을 사용하는 사업장(건설업의 경우에는 관계수급인의 공사금액을 포함한 해당 공사의 총공사금액이 50억원 이상인 사업장으로 한정한다) : 2022년 8월 18일
2. 상시근로자 20명 이상 50명 미만을 사용하는 사업장(건설업의 경우에는 관계수급인의 공사금액을 포함한 해당 공사의 총공사금액

법 률	시 행 령	시 행 규 칙
	이 20억원 이상 50억원 미만인 사업장으로 한정한다) : 2023년 8월 18일 3. 제96조의2제2호의 개정규정에 따른 사업장 : 2023년 8월 18일 **제3조 【안전관리자 선임 수에 관한 적용례】** 별표 3 제3호·제21호·제23호·제24호 및 제27호의 개정규정은 상시근로자 수가 500명 이상 1천명 미만인 사업장의 경우에는 2023년 2월 19일부터 적용한다. **제4조 【석면해체·제거업자에 재직 중인 사람에 관한 경과조치】** 이 영 시행 당시 종전의 별표 28 제1호 각 목의 구분에 따라 석면해체·제거업자의 석면해체·제거 관련 업무를 전담하는 인력으로 재직하고 있는 사람으로서 별표 28 제1호 각 목의 개정규정에 따른 인력기준에 적합하지 않은 사람은 해당 석면해체·제거업자의 석면해체·제거 관련 업무를 전담하는 인력으로 재직하는 기간에 한정하여 다음 각 호의 구분에 따라 별표 28 제1호의 개정규정에 따른 인력기준에 적합한 사람으로 본다. 1. 종전의 별표 28 제1호가목1)에 해당하는 사람 : 별표 28 제1호가목의 개정규정에 따른 인력기준 2. 종전의 별표 28 제1호나목에 해당하는 사람 : 별표 28 제1호나목의 개정규정에 따른 인력기준	

	부칙(2023.6.27 대통령령 제33597호) 이 영은 공포한 날부터 시행한다. 다만, 제105조제3항, 제115조제52호의2 및 제117조제10호의 개정규정은 공포 후 3개월이 경과한 날부터 시행한다. **부칙**(2023.12.12 대통령령 제33913호 : 행정법제 혁신을 위한 가덕도신공항 건설을 위한 특별법 시행령 등 123개 법령의 일부개정에 관한 대통령령) 이 영은 공포한 날부터 시행한다. **부칙**(2024.3.12 대통령령 제34304호) 이 영은 공포한 날부터 시행한다. **부칙**(2024.6.25 대통령령 제34603호) 이 영은 2024년 7월 1일부터 시행한다. 다만, 제78조제1항제14호·제15호, 별표 24 제1호가목, 같은 표 제2호 번호 2 및 별표 25 번호 3의 개정규정은 공포 후 2년이 경과한 날부터 시행하고, 별표 30 제1호가목의 개정규정은 2025년 1월 1일부터 시행한다.	

산업안전보건법 시행령

[별표]

산업안전보건법 시행령 [별표]

[별표 1] (2024.6.25 개정)

법의 일부를 적용하지 않는 사업 또는 사업장 및 적용 제외 법 규정
(제2조제1항 관련)

대상 사업 또는 사업장	적용 제외 법 규정
1. 다음 각 목의 어느 하나에 해당하는 사업 가. 「광산안전법」 적용 사업(광업 중 광물의 채광·채굴·선광 또는 제련 등의 공정으로 한정하며, 제조공정은 제외한다) 나. 「원자력안전법」 적용 사업(발전업 중 원자력 발전설비를 이용하여 전기를 생산하는 사업장으로 한정한다) 다. 「항공안전법」 적용 사업(항공기, 우주선 및 부품 제조업과 창고 및 운송관련 서비스업, 여행사 및 기타 여행보조 서비스업 중 항공 관련 사업은 각각 제외한다) 라. 「선박안전법」 적용 사업(선박 및 보트 건조업은 제외한다)	제15조부터 제17조까지, 제20조제1호, 제21조(다른 규정에 따라 준용되는 경우는 제외한다), 제24조(다른 규정에 따라 준용되는 경우는 제외한다), 제2장제2절, 제29조(보건에 관한 사항은 제외한다), 제30조(보건에 관한 사항은 제외한다), 제31조, 제38조, 제51조(보건에 관한 사항은 제외한다), 제52조(보건에 관한 사항은 제외한다), 제53조(보건에 관한 사항은 제외한다), 제54조(보건에 관한 사항은 제외한다), 제55조, 제58조부터 제60조까지, 제62조, 제63조, 제64조(제1항제6호는 제외한다), 제65조, 제66조, 제72조, 제75조, 제88조, 제103조부터 제107조까지 및 제160조(제21조제4항 및 제88조제5항과 관련되는 과징금으로 한정한다)
2. 다음 각 목의 어느 하나에 해당하는 사업 가. 소프트웨어 개발 및 공급업 나. 컴퓨터 프로그래밍, 시스템 통합 및 관리업 다. 영상·오디오물 제공 서비스업 라. 정보서비스업 마. 금융 및 보험업 바. 기타 전문서비스업 사. 건축기술, 엔지니어링 및 기타 과학기술 서비스업 아. 기타 전문, 과학 및 기술 서비스업(사진 처리업은 제외한다) 자. 사업지원 서비스업 차. 사회복지 서비스업	제29조(제3항에 따른 추가교육은 제외한다) 및 제30조
3. 다음 각 목의 어느 하나에 해당하는 사업으로서 상시 근로자 50명 미만을 사용하는 사업장 가. 농업 나. 어업 다. 환경 정화 및 복원업 라. 소매업 ; 자동차 제외	

마. 영화, 비디오물, 방송프로그램 제작 및 배급업 바. 녹음시설 운영업 사. 라디오 방송업 및 텔레비전 방송업 아. 부동산업(부동산 관리업은 제외한다) 자. 임대업 ; 부동산 제외 차. 연구개발업 카. 보건업(병원은 제외한다) 타. 예술, 스포츠 및 여가관련 서비스업 파. 협회 및 단체 하. 기타 개인 서비스업(세탁업은 제외한다)	
4. 다음 각 목의 어느 하나에 해당하는 사업 가. 공공행정(청소, 시설관리, 조리 등 현업업무에 종사하는 사람으로서 고용노동부장관이 정하여 고시하는 사람은 제외한다), 국방 및 사회보장 행정 나. 교육 서비스업 중 초등·중등·고등 교육기관, 특수학교·외국인학교 및 대안학교(청소, 시설관리, 조리 등 현업업무에 종사하는 사람으로서 고용노동부장관이 정하여 고시하는 사람은 제외한다)	제2장제1절·제2절 및 제3장(다른 규정에 따라 준용되는 경우는 제외한다)
5. 다음 각 목의 어느 하나에 해당하는 사업 가. 초등·중등·고등 교육기관, 특수학교·외국인학교 및 대안학교 외의 교육서비스업(청소년수련시설 운영업은 제외한다) 나. 국제 및 외국기관 다. 사무직에 종사하는 근로자만을 사용하는 사업장(사업장이 분리된 경우로서 사무직에 종사하는 근로자만을 사용하는 사업장을 포함한다)	제2장제1절·제2절, 제3장 및 제5장제2절(제64조제1항제6호는 제외한다). 다만, 다른 규정에 따라 준용되는 경우는 해당 규정을 적용한다.
6. 상시 근로자 5명 미만을 사용하는 사업장	제2장제1절·제2절, 제3장(제29조제3항에 따른 추가교육은 제외한다), 제47조, 제49조, 제50조 및 제159조(다른 규정에 따라 준용되는 경우는 제외한다)

※ 비고 : 제1호부터 제6호까지의 규정에 따른 사업에 둘 이상 해당하는 사업의 경우에는 각각의 호에 따라 적용이 제외되는 규정은 모두 적용하지 않는다.

[별표 2] (2024.6.25 개정)

안전보건관리책임자를 두어야 하는 사업의 종류 및 사업장의 상시근로자 수
(제14조제1항 관련)

사업의 종류	사업장의 상시근로자 수
1. 토사석 광업 2. 식료품 제조업, 음료 제조업 3. 목재 및 나무제품 제조업 ; 가구 제외 4. 펄프, 종이 및 종이제품 제조업 5. 코크스, 연탄 및 석유정제품 제조업 6. 화학물질 및 화학제품 제조업 ; 의약품 제외 7. 의료용 물질 및 의약품 제조업 8. 고무 및 플라스틱제품 제조업 9. 비금속 광물제품 제조업 10. 1차 금속 제조업 11. 금속가공제품 제조업 ; 기계 및 가구 제외 12. 전자부품, 컴퓨터, 영상, 음향 및 통신장비 제조업 13. 의료, 정밀, 광학기기 및 시계 제조업 14. 전기장비 제조업 15. 기타 기계 및 장비 제조업 16. 자동차 및 트레일러 제조업 17. 기타 운송장비 제조업 18. 가구 제조업 19. 기타 제품 제조업 20. 서적, 잡지 및 기타 인쇄물 출판업 21. 해체, 선별 및 원료 재생업 22. 자동차 종합 수리업, 자동차 전문 수리업	상시 근로자 50명 이상
23. 농업 24. 어업 25. 소프트웨어 개발 및 공급업 26. 컴퓨터 프로그래밍, 시스템 통합 및 관리업 26의2. 영상·오디오물 제공 서비스업 27. 정보서비스업 28. 금융 및 보험업 29. 임대업 ; 부동산 제외 30. 전문, 과학 및 기술 서비스업(연구개발업은 제외한다) 31. 사업지원 서비스업 32. 사회복지 서비스업	상시 근로자 300명 이상
33. 건설업	공사금액 20억원 이상
34. 제1호부터 제26호까지, 제26호의2 및 제27호부터 제33호까지의 사업을 제외한 사업	상시 근로자 100명 이상

[별표 3] (2024.6.25 개정)

안전관리자를 두어야 하는 사업의 종류, 사업장의 상시근로자 수, 안전관리자의 수 및 선임방법

(제16조제1항 관련)

사업의 종류	사업장의 상시근로자 수	안전관리자의 수	안전관리자의 선임방법
1. 토사석 광업 2. 식료품 제조업, 음료 제조업 3. 섬유제품 제조업 ; 의복 제외 4. 목재 및 나무제품 제조업 ; 가구 제외 5. 펄프, 종이 및 종이제품 제조업 6. 코크스, 연탄 및 석유정제품 제조업 7. 화학물질 및 화학제품 제조업 ; 의약품 제외 8. 의료용 물질 및 의약품 제조업 9. 고무 및 플라스틱제품 제조업 10. 비금속 광물제품 제조업 11. 1차 금속 제조업 12. 금속가공제품 제조업 ; 기계 및 가구 제외 13. 전자부품, 컴퓨터, 영상, 음향 및 통신장비 제조업 14. 의료, 정밀, 광학기기 및 시계 제조업 15. 전기장비 제조업 16. 기타 기계 및 장비 제조업 17. 자동차 및 트레일러 제조업 18. 기타 운송장비 제조업 19. 가구 제조업 20. 기타 제품 제조업 21. 산업용 기계 및 장비 수리업 22. 서적, 잡지 및 기타 인쇄물 출판업 23. 폐기물 수집, 운반, 처리 및 원료 재생업	상시근로자 50명 이상 500명 미만	1명 이상	별표 4 제1호, 제2호, 제4호, 제5호, 제6호(상시근로자 300명 미만인 사업장만 해당한다), 제7호(이 표 제27호에 따른 사업만 해당한다), 제7호의2(상시근로자 300명 미만인 사업장만 해당한다) 및 제8호 중 어느 하나에 해당하는 사람을 선임해야 한다.
	상시근로자 500명 이상	2명 이상	별표 4 제1호부터 제5호까지, 제7호(이 표 제27호에 따른 사업으로서 상시근로자 1,000명 미만의 사업장만 해당한다) 및 제8호 중 어느 하나에 해당하는 사람을 선임해야 한다. 다만, 별표 4 제1호, 제2호(「국가기술자격법」에 따른 산업안전산업기사의 자격을 취득한 사람은 제외한다) 및 제4호 중 어느 하나에 해당하는 사람이 1명 이상 포함되어

24. 환경 정화 및 복원업 25. 자동차 종합 수리업, 자동차 전문 수리업 26. 발전업 27. 운수 및 창고업			야 한다.
28. 농업, 임업 및 어업 29. 제2호부터 제21호까지의 사업을 제외한 제조업 30. 전기, 가스, 증기 및 공기조절 공급업(발전업은 제외한다) 31. 수도, 하수 및 폐기물 처리, 원료 재생업(제23호 및 제24호에 해당하는 사업은 제외한다) 32. 도매 및 소매업 33. 숙박 및 음식점업 34. 영상·오디오 기록물 제작 및 배급업 35. 라디오 방송업 및 텔레비전 방송업 36. 우편 및 통신업 37. 부동산업 38. 임대업 ; 부동산 제외 39. 연구개발업 40. 사진처리업 41. 사업시설 관리 및 조경 서비스업 42. 청소년 수련시설 운영업 43. 보건업 44. 예술, 스포츠 및 여가 관련 서비스업 45. 개인 및 소비용품수리업(제25호에 해당하는 사업은 제외한다) 46. 기타 개인 서비스업 47. 공공행정(청소, 시설관리, 조리 등 현업업무에 종사하는 사람으로서 고용노동부장관이 정하여 고시하는 사람으로 한정한다) 48. 교육서비스업 중 초등·중등·고등 교육기관, 특수학교·외국	상시근로자 50명 이상 1천명 미만. 다만, 제37호의 사업(부동산 관리업은 제외한다)과 제40호의 사업의 경우에는 상시근로자 100명 이상 1천명 미만으로 한다.	1명 이상	별표 4 제1호, 제2호, 제3호(이 표 제28호, 제30호부터 제46호까지의 사업만 해당한다), 제4호, 제5호, 제6호(상시근로자 300명 미만인 사업장만 해당한다), 제7호(이 표 제36호에 따른 사업만 해당한다), 제7호의2(상시근로자 300명 미만인 사업장만 해당한다) 및 제8호 중 어느 하나에 해당하는 사람을 선임해야 한다.
	상시근로자 1천명 이상	2명 이상	별표 4 제1호부터 제5호까지 또는 제8호부터 제10호까지에 해당하는 사람을 선임해야 한다. 다만, 별표 4 제1호, 제2호, 제4호 및 제5호 중 어느 하나에 해당하는 사람이 1명 이상 포함되어야 한다.

인학교 및 대안학교(청소, 시설관리, 조리 등 현업업무에 종사하는 사람으로서 고용노동부장관이 정하여 고시하는 사람으로 한정한다)			
49. 건설업	공사금액 50억원 이상(관계수급인은 100억원 이상) 120억원 미만(「건설산업기본법 시행령」 별표 1 제1호가목의 토목공사업의 경우에는 150억원 미만)	1명 이상	별표 4 제1호부터 제7호까지 및 제10호부터 제12호까지의 어느 하나에 해당하는 사람을 선임해야 한다.
	공사금액 120억원 이상(「건설산업기본법 시행령」 별표 1 제1호가목의 토목공사업의 경우에는 150억원 이상) 800억원 미만		별표 4 제1호부터 제7호까지 및 제10호의 어느 하나에 해당하는 사람을 선임해야 한다.
	공사금액 800억원 이상 1,500억원 미만	2명 이상. 다만, 전체 공사기간을 100으로 할 때 공사 시작에서 15에 해당하는 기간과 공사 종료 전의 15에 해당하는 기간(이하 "전체 공사기간 중 전·후 15에 해당하는 기간"이라 한다) 동안은 1명 이상으로 한다.	별표 4 제1호부터 제7호까지 및 제10호의 어느 하나에 해당하는 사람을 선임하되, 같은 표 제1호부터 제3호까지의 어느 하나에 해당하는 사람이 1명 이상 포함되어야 한다.
	공사금액 1,500억원 이상 2,200억원 미만	3명 이상. 다만, 전체 공사기간 중 전·후 15에 해당하는 기간은 2명 이상으로 한다.	별표 4 제1호부터 제7호까지 및 제12호의 어느 하나에 해당하는 사람을 선임하되, 같은 표 제12호에 해당하는 사람은 1

<table>
<tr><td>공사금액
2,200억원
이상
3천억원
미만</td><td>4명 이상. 다만, 전체 공사기간 중 전·후 15에 해당하는 기간은 2명 이상으로 한다.</td><td>명만 포함될 수 있고, 같은 표 제1호 또는 「국가기술자격법」에 따른 건설안전기술사(건설안전기사 또는 산업안전기사의 자격을 취득한 후 7년 이상 건설안전 업무를 수행한 사람이거나 건설안전산업기사 또는 산업안전산업기사의 자격을 취득한 후 10년 이상 건설안전 업무를 수행한 사람을 포함한다) 자격을 취득한 사람(이하 "산업안전지도사등"이라 한다)이 1명 이상 포함되어야 한다.</td></tr>
<tr><td>공사금액
3천억원
이상
3,900억원
미만</td><td>5명 이상. 다만, 전체 공사기간 중 전·후 15에 해당하는 기간은 3명 이상으로 한다.</td><td rowspan="2">별표 4 제1호부터 제7호까지 및 제12호의 어느 하나에 해당하는 사람을 선임하되, 같은 표 제12호에 해당하는 사람이 1명만 포함될 수 있고, 산업안전지도사등이 2명 이상 포함되어야 한다. 다만, 전체 공사기간 중 전·후 15에 해당하는 기간에는 산업안전지도사등이 1명 이상 포함되어야 한다.</td></tr>
<tr><td>공사금액
3,900억원
이상
4,900억원
미만</td><td>6명 이상. 다만, 전체 공사기간 중 전·후 15에 해당하는 기간은 3명 이상으로 한다.</td></tr>
<tr><td>공사금액
4,900억원
이상
6천억원
미만</td><td>7명 이상. 다만, 전체 공사기간 중 전·후 15에 해당하는 기간은 4명 이상으로 한다.</td><td rowspan="2">별표 4 제1호부터 제7호까지 및 제12호의 어느 하나에 해당하는 사람을 선임하되, 같은 표 제12호에 해당하는 사람은 2명까지만 포함될 수 있고, 산업안전지도사등이 2명 이상 포함되어야 한다. 다만, 전체 공사기간 중 전·후 15에 해당하는 기간에는 산업안전지도사등이 2명 이상 포함되어야 한다.</td></tr>
<tr><td>공사금액
6천억원
이상
7,200억원
미만</td><td>8명 이상. 다만, 전체 공사기간 중 전·후 15에 해당하는 기간은 4명 이상으로 한다.</td></tr>
<tr><td>공사금액
7,200억원</td><td>9명 이상. 다만, 전체 공사기간 중</td><td>별표 4 제1호부터 제7호까지 및 제12호의 어느</td></tr>
</table>

이상 8,500억원 미만	전·후 15에 해당하는 기간은 5명 이상으로 한다.	하나에 해당하는 사람을 선임하되, 같은 표 제12호에 해당하는 사람은 2명까지만 포함될 수 있고, 산업안전지도사등이 3명 이상 포함되어야 한다. 다만, 전체 공사기간 중 전·후 15에 해당하는 기간에는 산업안전지도사등이 3명 이상 포함되어야 한다.
공사금액 8,500억원 이상 1조원 미만	10명 이상. 다만, 전체 공사기간 중 전·후 15에 해당하는 기간은 5명 이상으로 한다.	
1조원 이상	11명 이상[매 2천억원(2조원이상부터는 매 3천억원)마다 1명씩 추가한다]. 다만, 전체 공사기간 중 전·후 15에 해당하는 기간은 선임 대상 안전관리자 수의 2분의 1(소수점 이하는 올림한다) 이상으로 한다.	

※ 비고 :

1. 철거공사가 포함된 건설공사의 경우 철거공사만 이루어지는 기간은 전체 공사기간에는 산입되나 전체 공사기간 중 전·후 15에 해당하는 기간에는 산입되지 않는다. 이 경우 전체 공사기간 중 전·후 15에 해당하는 기간은 철거공사만 이루어지는 기간을 제외한 공사기간을 기준으로 산정한다.
2. 철거공사만 이루어지는 기간에는 공사금액별로 선임해야 하는 최소 안전관리자 수 이상으로 안전관리자를 선임해야 한다.

[별표 4] (2024.3.12 개정)

안전관리자의 자격

(제17조 관련)

안전관리자는 다음 각 호의 어느 하나에 해당하는 사람으로 한다.

1. 법 제143조제1항에 따른 산업안전지도사 자격을 가진 사람
2. 「국가기술자격법」에 따른 산업안전산업기사 이상의 자격을 취득한 사람
3. 「국가기술자격법」에 따른 건설안전산업기사 이상의 자격을 취득한 사람
4. 「고등교육법」에 따른 4년제 대학 이상의 학교에서 산업안전 관련 학위를 취득한 사람 또는 이와 같은 수준 이상의 학력을 가진 사람
5. 「고등교육법」에 따른 전문대학 또는 이와 같은 수준 이상의 학교에서 산업안전 관련 학위를 취득한 사람
6. 「고등교육법」에 따른 이공계 전문대학 또는 이와 같은 수준 이상의 학교에서 학위를 취득하고, 해당 사업의 관리감독자로서의 업무(건설업의 경우는 시공실무경력)를 3년(4년제 이공계 대학 학위 취득자는 1년) 이상 담당한 후 고용노동부장관이 지정하는 기관이 실시하는 교육(1998년 12월 31일까지의 교육만 해당한다)을 받고 정해진 시험에 합격한 사람. 다만, 관리감독자로 종사한 사업과 같은 업종(한국표준산업분류에 따른 대분류를 기준으로 한다)의 사업장이면서, 건설업의 경우를 제외하고는 상시근로자 300명 미만인 사업장에서만 안전관리자가 될 수 있다.
7. 「초·중등교육법」에 따른 공업계 고등학교 또는 이와 같은 수준 이상의 학교를 졸업하고, 해당 사업의 관리감독자로서의 업무(건설업의 경우는 시공실무경력)를 5년 이상 담당한 후 고용노동부장관이 지정하는 기관이 실시하는 교육(1998년 12월 31일까지의 교육만 해당한다)을 받고 정해진 시험에 합격한 사람. 다만, 관리감독자로 종사한 사업과 같은 종류인 업종(한국표준산업분류에 따른 대분류를 기준으로 한다)의 사업장이면서, 건설업의 경우를 제외하고는 별표 3 제27호 또는 제36호의 사업을 하는 사업장(상시근로자 50명 이상 1천명 미만인 경우만 해당한다)에서만 안전관리자가 될 수 있다.

7의2. 「초·중등교육법」에 따른 공업계 고등학교를 졸업하거나 「고등교육법」에 따른 학교에서 공학 또는 자연과학 분야 학위를 취득하고, 건설업을 제외한 사업에서 실무경력이 5년 이상인 사람으로서 고용노동부장관이 지정하는 기관이 실시하는 교육(2028년 12월 31일까지의 교육만 해당한다)을 받고 정해진 시험에 합격한 사람. 다만, 건설업을 제외한 사업의 사업장이면서 상시근로자 300명 미만인 사업장에서만 안전관리자가 될 수 있다.

8. 다음 각 목의 어느 하나에 해당하는 사람. 다만, 해당 법령을 적용받은 사업에서만 선임될 수 있다.
   가. 「고압가스 안전관리법」 제4조 및 같은 법 시행령 제3조제1항에 따른 허가를 받은 사업자 중 고압가스를 제조·저장 또는 판매하는 사업에서 같은 법 제15조 및 같은 법 시행령 제12조에 따라 선임하는 안전관리 책임자
   나. 「액화석유가스의 안전관리 및 사업법」 제5조 및 같은 법 시행령 제3조에 따른 허가를 받은 사업자 중 액화석유가스 충전사업·액화석유가스 집단공급사업 또는 액화석유가스 판매사업에서 같은 법 제34조 및 같은 법 시행령 제15조에 따라 선임하는 안전관리책임자
   다. 「도시가스사업법」 제29조 및 같은 법 시행령 제15조에 따라 선임하는 안전관리 책임자
   라. 「교통안전법」 제53조에 따라 교통안전관리자의 자격을 취득한 후 해당 분야에 채용된 교통

안전관리자

마. 「총포·도검·화약류 등의 안전관리에 관한 법률」 제2조제3항에 따른 화약류를 제조·판매 또는 저장하는 사업에서 같은 법 제27조 및 같은 법 시행령 제54조·제55조에 따라 선임하는 화약류제조보안책임자 또는 화약류관리보안책임자

바. 「전기안전관리법」 제22조에 따라 전기사업자가 선임하는 전기안전관리자

9. 제16조제2항에 따라 전담 안전관리자를 두어야 하는 사업장(건설업은 제외한다)에서 안전 관련 업무를 10년 이상 담당한 사람

10. 「건설산업기본법」 제8조에 따른 종합공사를 시공하는 업종의 건설현장에서 안전보건관리책임자로 10년 이상 재직한 사람

11. 「건설기술 진흥법」에 따른 토목·건축 분야 건설기술인 중 등급이 중급 이상인 사람으로서 고용노동부장관이 지정하는 기관이 실시하는 산업안전교육(2025년 12월 31일까지의 교육만 해당한다)을 이수하고 정해진 시험에 합격한 사람

12. 「국가기술자격법」에 따른 토목산업기사 또는 건축산업기사 이상의 자격을 취득한 후 해당 분야에서의 실무경력이 다음 각 목의 구분에 따른 기간 이상인 사람으로서 고용노동부장관이 지정하는 기관이 실시하는 산업안전교육(2025년 12월 31일까지의 교육만 해당한다)을 이수하고 정해진 시험에 합격한 사람

가. 토목기사 또는 건축기사 : 3년

나. 토목산업기사 또는 건축산업기사 : 5년

[별표 5] (2024.6.25 개정)

보건관리자를 두어야 하는 사업의 종류, 사업장의 상시근로자 수, 보건관리자의 수 및 선임방법

(제20조제1항 관련)

사업의 종류	사업장의 상시근로자 수	보건관리자의 수	보건관리자의 선임방법
1. 광업(광업 지원 서비스업은 제외한다) 2. 섬유제품 염색, 정리 및 마무리 가공업 3. 모피제품 제조업 4. 그 외 기타 의복액세서리 제조업(모피 액세서리에 한정한다) 5. 모피 및 가죽 제조업(원피가공 및 가죽 제조업은 제외한다) 6. 신발 및 신발부분품 제조업 7. 코크스, 연탄 및 석유정제품 제조업 8. 화학물질 및 화학제품 제조업 ; 의약품 제외 9. 의료용 물질 및 의약품 제조업 10. 고무 및 플라스틱제품 제조업 11. 비금속 광물제품 제조업 12. 1차 금속 제조업 13. 금속가공제품 제조업 ; 기계 및 가구 제외 14. 기타 기계 및 장비 제조업 15. 전자부품, 컴퓨터, 영상, 음향 및 통신장비 제조업 16. 전기장비 제조업 17. 자동차 및 트레일러 제조업 18. 기타 운송장비 제조업 19. 가구 제조업 20. 해체, 선별 및 원료 재생업 21. 자동차 종합 수리업, 자동차 전문 수리업 22. 제88조 각 호의 어느 하나에 해당하는 유해물질을 제조하는 사업과 그 유해물질을 사용하는	상시근로자 50명 이상 500명 미만	1명 이상	별표 6 각 호의 어느 하나에 해당하는 사람을 선임해야 한다.
	상시근로자 500명 이상 2천명 미만	2명 이상	별표 6 각 호의 어느 하나에 해당하는 사람을 선임해야 한다.
	상시근로자 2천명 이상	2명 이상	별표 6 각 호의 어느 하나에 해당하는 사람을 선임하되, 같은 표 제2호 또는 제3호에 해당하는 사람이 1명 이상 포함되어야 한다.

사업 중 고용노동부장관이 특히 보건관리를 할 필요가 있다고 인정하여 고시하는 사업			
23. 제2호부터 제22호까지의 사업을 제외한 제조업	상시근로자 50명 이상 1천명 미만	1명 이상	별표 6 각 호의 어느 하나에 해당하는 사람을 선임해야 한다.
	상시근로자 1천명 이상 3천명 미만	2명 이상	별표 6 각 호의 어느 하나에 해당하는 사람을 선임해야 한다.
	상시근로자 3천명 이상	2명 이상	별표 6 각 호의 어느 하나에 해당하는 사람을 선임하되, 같은 표 제2호 또는 제3호에 해당하는 사람이 1명 이상 포함되어야 한다.
24. 농업, 임업 및 어업 25. 전기, 가스, 증기 및 공기조절 공급업 26. 수도, 하수 및 폐기물 처리, 원료 재생업(제20호에 해당하는 사업은 제외한다) 27. 운수 및 창고업 28. 도매 및 소매업 29. 숙박 및 음식점업 30. 서적, 잡지 및 기타 인쇄물 출판업 31. 라디오 방송업 및 텔레비전 방송업 32. 우편 및 통신업 33. 부동산업 34. 연구개발업 35. 사진 처리업 36. 사업시설 관리 및 조경 서비스업 37. 공공행정(청소, 시설관리, 조리 등 현업업무에 종사하는 사람으로서 고용노동부장관이 정하여 고시하는 사람으로 한정한다) 38. 교육서비스업 중 초등·중등·고등 교육기관, 특수학교·외국인	상시근로자 50명 이상 5천명 미만. 다만, 제35호의 경우에는 상시근로자 100명 이상 5천명 미만으로 한다.	1명 이상	별표 6 각 호의 어느 하나에 해당하는 사람을 선임해야 한다.
	상시 근로자 5천명 이상	2명 이상	별표 6 각 호의 어느 하나에 해당하는 사람을 선임하되, 같은 표 제2호 또는 제3호에 해당하는 사람이 1명 이상 포함되어야 한다.

학교 및 대안학교(청소, 시설관리, 조리 등 현업업무에 종사하는 사람으로서 고용노동부장관이 정하여 고시하는 사람으로 한정한다) 39. 청소년 수련시설 운영업 40. 보건업 41. 골프장 운영업 42. 개인 및 소비용품수리업(제21호에 해당하는 사업은 제외한다) 43. 세탁업			
44. 건설업	공사금액 800억원 이상(「건설산업기본법 시행령」 별표 1의 종합공사를 시공하는 업종의 건설업종란 제1호에 따른 토목공사업에 속하는 공사의 경우에는 1천억 이상) 또는 상시 근로자 600명 이상	1명 이상[공사금액 800억원(「건설산업기본법 시행령」 별표 1의 종합공사를 시공하는 업종의 건설업종란 제1호에 따른 토목공사업은 1천억원)을 기준으로 1,400억원이 증가할 때마다 또는 상시 근로자 600명을 기준으로 600명이 추가될 때마다 1명씩 추가한다]	별표 6 각 호의 어느 하나에 해당하는 사람을 선임해야 한다.

[별표 6]

보건관리자의 자격

(제21조 관련)

보건관리자는 다음 각 호의 어느 하나에 해당하는 사람으로 한다.

1. 법 제143조제1항에 따른 산업보건지도사 자격을 가진 사람
2. 「의료법」에 따른 의사
3. 「의료법」에 따른 간호사
4. 「국가기술자격법」에 따른 산업위생관리산업기사 또는 대기환경산업기사 이상의 자격을 취득한 사람
5. 「국가기술자격법」에 따른 인간공학기사 이상의 자격을 취득한 사람
6. 「고등교육법」에 따른 전문대학 이상의 학교에서 산업보건 또는 산업위생 분야의 학위를 취득한 사람(법령에 따라 이와 같은 수준 이상의 학력이 있다고 인정되는 사람을 포함한다)

[별표 7] (2023.6.27 개정)

안전관리전문기관의 인력·시설 및 장비 기준
(제27조제1항 관련)

1. 법 제145조제1항에 따라 등록한 산업안전지도사의 경우
   가. 인력기준 : 법 제145조제1항에 따라 등록한 산업안전지도사(건설안전 분야는 제외한다) 1명 이상
   나. 시설기준 : 사무실(장비실을 포함한다)
   다. 장비기준 : 제2호가목 표에 따른 장비와 같음
   라. 업무수탁한계(법 제145조제1항에 따라 등록한 산업안전지도사 1명 기준) : 사업장 30개소 또는 근로자 수 2천명 이하

2. 안전관리 업무를 하려는 법인의 경우
   가. 기본 인력·시설 및 장비

인력	시설	장비	대상업종
1) 다음의 어느 하나에 해당하는 사람 1명 이상 가) 기계·전기·화공안전 분야의 산업안전지도사 또는 안전기술사 나) 산업안전산업기사 이상의 자격을 취득한 후 산업안전 실무경력(건설업에서의 경력은 제외한다. 이하 같다)이 산업안전기사 이상의 자격은 10년, 산업안전산업기사 자격은 12년 이상인 사람 2) 산업안전산업기사 이상의 자격을 취득한 후 산업안전 실무경력이 산업안전기사 이상의 자격은 5년, 산업안전산업기사 자격은 7년 이상인 사람 1명 이상 3) 다음의 어느 하나에 해당하는 사람 2명 이상. 이 경우 가)에 해당하는 사람이 전체 인원의 2분의 1 이상이어야 한다. 가) 산업안전산업기사 이상의 자격을 취득한 후 산업안전 실무경력이 산업안전기사 이상의 자격은 3년, 산업안전산업기사 자격은 5년 이상인 사람 나) 일반기계·전기·화공·가스 분야 산업기사 이상의 자격을 취득한 후 그 분야 실무경력 또는 산업안전 실무경력이 기사 이상의 자격은 4년, 산업기사 자격은 6년 이상인 사람 4) 다음의 어느 하나에 해당하는 사람 1명 이상. 이 경우 2명 이상인 경우에는 가)에 해당하는 사	사무실(장비실 포함)	1) 자분탐상비파괴시험기 또는 초음파두께측정기 2) 클램프미터 3) 소음측정기 4) 가스농도측정기 또는 가스검지기 5) 산소농도측정기 6) 가스누출탐지기(휴대용) 7) 절연저항측정기 8) 정전기전위측정기 9) 조도계 10) 멀티테스터 11) 접지저항측정기 12) 토크게이지 13) 검전기(저압용·고압용·특고압용) 14) 온도계(표면온도 측정용) 15) 시청각교육장비(VTR이나 OHP 또는 이와 같은 수준 이상의 성능을 가진 교육장비)	모든 사업(건설업은 제외한다)

람이 전체 인원의 2분의 1 이상이어야 한다. 가) 제17조에 따른 안전관리자의 자격(별표 4 제1호부터 제5호까지의 어느 하나에 해당하는 자격을 갖춘 사람만 해당한다)을 갖춘 후 산업안전 실무경력(「고등교육법」 제22조, 「직업교육훈련 촉진법」 제7조에 따른 현장실습과 이에 준하는 경력을 포함한다)이 6개월 이상인 사람 나) 「국가기술자격법」에 따른 직무분야 중 기계·금속·화공·전기·조선·섬유·안전관리(소방설비·가스 분야만 해당한다)·산업응용 분야의 산업기사 이상의 자격을 취득한 후 그 분야 실무경력 또는 산업안전 실무경력(「고등교육법」 제22조, 「직업교육훈련 촉진법」 제7조에 따른 현장실습과 이에 준하는 경력을 포함한다)이 3년 이상인 사람 ※ 다만, 안전관리 업무를 하려는 법인의 소재지가 제주특별자치도인 경우에는 1) 및 2)에 해당하는 사람 중 1명 이상과 3)에 해당하는 사람 2명 이상이어야 한다.			

나. 수탁하려는 사업장 또는 근로자의 수에 따른 인력 및 장비

1) 인력기준

가) 수탁하려는 사업장 또는 근로자 수의 수가 151개소 이상 또는 10,001명 이상인 경우 다음의 구분에 따라 가목1)부터 4)까지의 규정에 따른 인력을 추가로 갖추어야 한다.

나) 사업장 수에 따른 인력기준과 근로자 수에 따른 인력기준이 서로 다른 경우에는 그 중 더 중한 기준에 따라야 한다.

구분		자격별 인력기준[가목1)부터 4)까지]				
사업장 수(개소)	근로자 수(명)	계	가목1)	가목2)	가목3)	가목4)
151~180	10,001~12,000	6	1	1	3	1
181~210	12,001~14,000	7	1	1	3	2
211~240	14,001~16,000	8	1	1	4	2
241~270	16,001~18,000	9	1	2	4	2
271~300	18,001~20,000	11	1	2	5	3
301~330	20,001~22,000	12	2	2	5	3
331~360	22,001~24,000	13	2	2	6	3
361~390	24,001~26,000	14	2	2	7	3
391~420	26,001~28,000	15	2	2	7	4
421~450	28,001~30,000	16	2	2	8	4
451~480	30,001~32,000	17	2	3	8	4

481~510	32,001~34,000	18	2	3	9	4
511~540	34,001~36,000	19	3	3	9	4
541~570	36,001~38,000	20	3	3	10	4
571~600	38,001~40,000	22	3	4	10	5

※ 비고 : 사업장 수 600개소를 초과하거나 근로자 수 4만명을 초과하는 경우에는 사업장 수 30개소 또는 근로자 수 2천명을 초과할 때마다 자격별 인력기준 가목1)부터 4)까지의 어느 하나에 해당하는 사람 중 1명을 추가해야 한다. 이 경우 누적 사업장 수가 150개소 또는 누적 근로자 수가 1만명을 초과할 때마다 추가해야 하는 사람은 자격별 인력기준 가목1)부터 3)까지의 어느 하나에 해당하는 사람 중 1명으로 한다.

2) 장비기준 : 인력 3명을 기준으로 3명을 추가할 때마다 가목 표의 장비란 중 2)·5)·6) 및 13)(저압용 검전기만 해당한다)을 각각 추가로 갖추어야 한다.

[별표 8]

보건관리전문기관의 인력·시설 및 장비 기준
(제27조제2항 관련)

1. 제27조제2항제1호에 해당하는 자의 경우
  가. 인력기준
    1) 법 제145조제1항에 따라 등록한 산업보건지도사 1명 이상
    2) 제2호가목1)가)에 해당하는 사람(위촉을 포함한다) 1명 이상. 다만, 법 제145조제1항에 따라 등록한 산업보건지도사가 해당 자격을 보유하고 있는 경우는 제외한다.
  나. 시설기준 : 사무실(건강상담실·보건교육실을 포함한다)
  다. 장비기준 : 제2호가목3)의 장비와 같음
  라. 업무수탁한계(법 제145조제1항에 따라 등록한 산업보건지도사 1명 기준) : 사업장 30개소 또는 근로자 수 2천명 이하

2. 제27조제2항제2호부터 제5호까지의 규정에 해당하는 자
  가. 수탁하려는 사업장 또는 근로자의 수가 100개소 이하 또는 1만명 이하인 경우
    1) 인력기준
      가) 다음의 어느 하나에 해당하는 의사 1명 이상
        (1) 「의료법」에 따른 직업환경의학과 전문의 또는 직업환경의학과 레지던트 4년차의 수련과정에 있는 사람
        (2) 「의료법」에 따른 예방의학과 전문의(환경 및 산업보건 전공)
        (3) 직업환경의학 관련 기관의 직업환경의학 분야에서 또는 사업장의 전임 보건관리자로서 4년 이상 실무나 연구업무에 종사한 의사. 다만, 임상의학과 전문의 자격자는 직업환경의학 분야에서 2년간의 실무나 연구업무에 종사한 것으로 인정한다.
      나) 「의료법」에 따른 간호사 2명 이상
      다) 법 제143조제1항에 따른 산업보건지도사 자격을 가진 사람이나 산업위생관리기술사 1명 이상 또는 산업위생관리기사 자격을 취득한 후 산업보건 실무경력이 5년 이상인 사람 1명 이상
      라) 산업위생관리산업기사 이상인 사람 1명 이상
    2) 시설기준 : 사무실(건강상담실·보건교육실 포함)
    3) 장비기준
      가) 작업환경관리장비
        (1) 분진·유기용제·특정 화학물질·유해가스 등을 채취하기 위한 개인용 시료채취기 세트
        (2) 검지관(檢知管) 등 가스·증기농도 측정기 세트
        (3) 주파수분석이 가능한 소음측정기
        (4) 흑구·습구온도지수(WBGT) 산출이 가능한 온열조건 측정기 및 조도계
        (5) 직독식 유해가스농도측정기(산소 포함)
        (6) 국소배기시설 성능시험장비 : 스모크테스터(연기 측정관 : 연기를 발생시켜 기체의 흐름을 확인하는 도구), 청음기 또는 청음봉, 절연저항계, 표면온도계 또는 유리온도

계, 정압 프로브(압력 측정봉)가 달린 열선풍속계, 회전계(R.P.M측정기) 또는 이와 같은 수준 이상의 성능을 가진 장비

나) 건강관리장비

(1) 혈당검사용 간이검사기

(2) 혈압계

나. 수탁하려는 사업장 또는 근로자의 수가 101개소 이상 또는 10,001명 이상인 경우 다음의 구분에 따라 가목1)가)부터 라)까지에서 규정하는 인력을 추가로 갖추어야 한다.

구분		자격별 인력기준[가목1)가)부터 라)까지]					
사업장 수 (개소)	근로자 수 (명)	계	가목 1)가)	가목1)나)부터 라)까지			
				소계	가목1)나)	가목1)다)	가목1)라)
101~125	10,001~12,500	6	1	5	2 이상	1 이상	1 이상
126~150	12,501~15,000	7	1	6	2 이상	1 이상	1 이상
151~175	15,001~17,500	9	*2	7	2 이상	1 이상	1 이상
176~200	17,501~20,000	10	*2	8	2 이상	1 이상	1 이상
201~225	20,001~22,500	11	2	9	2 이상	1 이상	1 이상
226~250	22,501~25,000	12	2	10	2 이상	1 이상	1 이상
251~275	25,001~27,500	13	2	11	2 이상	1 이상	1 이상
276~300	27,501~30,000	14	2	12	2 이상	1 이상	1 이상
301~325	30,001~32,500	16	*3	13	2 이상	1 이상	1 이상
326~350	32,501~35,000	17	*3	14	2 이상	1 이상	1 이상
351~375	35,001~37,500	18	3	15	2 이상	1 이상	1 이상
376~400	37,501~40,000	19	3	16	2 이상	1 이상	1 이상
401~425	40,001~42,500	20	3	17	2 이상	1 이상	1 이상
426~450	42,501~45,000	21	3	18	2 이상	1 이상	1 이상

※ 비고 :

1. 사업장 수 451개소 이상 또는 근로자 수 45,001명 이상인 경우 사업장 150개소마다 또는 근로자 15,000명마다 가목1)가)에 해당하는 사람 1명을 추가해야 하며, 사업장 25개소마다 또는 근로자 2,500명마다 가목1)나)·다) 또는 라)에 해당하는 사람 중 1명을 추가해야 한다.
2. 사업장 수에 따른 인력기준과 근로자 수에 따른 인력기준이 서로 다른 경우에는 그 중 더 중한 기준에 따라야 한다.
3. "*"는 해당 기관이 특수건강진단기관으로 별도 지정·운영되고 있는 경우 의사 1명은 업무수행에 지장이 없는 범위에서 특수건강진단기관 의사를 활용할 수 있음을 나타낸다.

[별표 9] (2024.6.25 개정)

산업안전보건위원회를 구성해야 할 사업의 종류 및 사업장의 상시근로자 수

(제34조 관련)

사업의 종류	사업장의 상시근로자 수
1. 토사석 광업 2. 목재 및 나무제품 제조업 ; 가구제외 3. 화학물질 및 화학제품 제조업 ; 의약품 제외(세제, 화장품 및 광택제 제조업과 화학섬유 제조업은 제외한다) 4. 비금속 광물제품 제조업 5. 1차 금속 제조업 6. 금속가공제품 제조업 ; 기계 및 가구 제외 7. 자동차 및 트레일러 제조업 8. 기타 기계 및 장비 제조업(사무용 기계 및 장비 제조업은 제외한다) 9. 기타 운송장비 제조업(전투용 차량 제조업은 제외한다)	상시근로자 50명 이상
10. 농업 11. 어업 12. 소프트웨어 개발 및 공급업 13. 컴퓨터 프로그래밍, 시스템 통합 및 관리업 13의2. 영상·오디오물 제공 서비스업 14. 정보서비스업 15. 금융 및 보험업 16. 임대업 ; 부동산 제외 17. 전문, 과학 및 기술 서비스업(연구개발업은 제외한다) 18. 사업지원 서비스업 19. 사회복지 서비스업	상시근로자 300명 이상
20. 건설업	공사금액 120억원 이상(「건설산업기본법 시행령」 별표 1의 종합공사를 시공하는 업종의 건설업종란 제1호에 따른 토목공사업의 경우에는 150억원 이상)
21. 제1호부터 제13호까지, 제13호의2 및 제14호부터 제20호까지의 사업을 제외한 사업	상시근로자 100명 이상

[별표 10]

근로자안전보건교육기관의 인력·시설 및 장비 등 기준

(제40조제1항 관련)

1. 기본사항
   가. 기본인력은 근로자 안전보건교육 업무를 담당하면서 분기별 12시간 이상 강의를 하는 사람을 제2호에 따라 갖추어야 한다.
   나. 시설 및 장비는 항상 갖추어 두고 사용할 수 있도록 하되, 임대하여 사용할 수 있다. 이 경우 시설로 등록한 강의실이 아닌 장소에서 교육을 실시하는 경우에도 시설 및 장비를 갖추어야 한다.
   다. 근로자 안전보건교육을 하기 위하여 지부 또는 출장소 등을 설치하는 경우에는 각 지부 또는 출장소별로 해당 인력·시설 및 장비 기준을 갖추어야 한다.
   라. 관련 분야의 범위
      1) 산업안전 분야 : 기계안전, 전기안전, 화공안전, 건설안전
      2) 산업보건 분야 : 직업환경의학, 산업위생관리, 산업간호, 인간공학, 대기환경

2. 인력기준
   가. 총괄책임자 : 다음의 어느 하나에 해당하는 사람 1명 이상
      1) 법 제143조제1항에 따른 산업안전지도사·산업보건지도사 자격을 가진 사람 또는 산업안전·보건 분야 기술사
      2) 「의료법」 제77조에 따른 직업환경의학과 전문의
      3) 「의료법」 제78조에 따른 산업전문간호사 자격을 취득한 후 실무경력이 2년 이상인 사람
      4) 산업안전·보건 분야 기사 자격을 취득한 후 실무경력이 5년 이상인 사람
      5) 「고등교육법」에 따른 전문대학 또는 4년제 대학의 산업안전·보건 분야 관련 학과의 전임강사 이상인 사람
      6) 5급 이상 공무원(고위공무원단에 속하는 일반직공무원을 포함한다)으로 근무한 기간 중 산업재해 예방 행정 분야에 실제 근무한 기간이 3년 이상인 사람
   나. 강사 : 다음의 어느 하나에 해당하는 사람 2명 이상
      1) 가목에 따른 총괄책임자의 자격이 있는 사람
      2) 산업안전·보건 분야 기사 자격을 취득한 후 실무경력이 3년 이상인 사람
      3) 산업안전·보건 분야 산업기사 자격을 취득한 후 실무경력이 5년 이상인 사람
      4) 「의료법」에 따른 의사 또는 간호사 자격을 취득한 후 산업보건 분야 실무경력이 2년 이상인 사람
      5) 「고등교육법」 제2조(제2호, 제6호 및 제7호는 수업연한이 4년인 경우로 한정한다)에 따른 학교에서 산업안전·보건 분야 관련 학위를 취득한 후(다른 법령에서 이와 같은 수준 이상의 학력이 있다고 인정받은 경우를 포함한다) 해당 분야에서 실제 근무한 기간이 3년 이상인 사람
      6) 5)에 해당하지 않는 경우로서 산업안전·보건 분야 석사 이상의 학위를 취득한 후 산업안전·보건 분야에서 실제 근무한 기간이 3년 이상인 사람
      7) 7급 이상 공무원(고위공무원단에 속하는 일반직공무원을 포함한다)으로 근무한 기간 중

산업재해 예방 행정 분야에 실제 근무한 기간이 3년 이상인 사람

8) 공단 또는 비영리법인에서 산업안전·보건 분야에 실제 근무한 기간이 5년 이상인 사람

3. 시설 및 장비 기준

가. 사무실 : 연면적 30㎡ 이상일 것

나. 강의실 : 연면적 120㎡ 이상이고, 의자·탁자 및 교육용 비품을 갖출 것

4. 제조업, 건설업, 기타 사업(제조업·건설업을 제외한 사업을 말한다)에 대하여 사무직·비사무직 근로자용 교육교재를 각각 1개 이상 보유할 것

[별표 11]

건설업 기초안전보건교육을 하려는 기관의 인력·시설 및 장비 기준
(제40조제2항 관련)

1. 기본사항
  가. 시설 및 장비는 항상 갖추어 두고 사용할 수 있도록 하되, 임대하여 사용할 수 있다.
  나. 건설업 기초안전보건교육을 하기 위하여 지부 또는 출장소 등을 설치하는 경우에는 각 지부 또는 출장소별로 해당 인력·시설 및 장비를 갖추어야 한다.

2. 인력기준
  가. 다음의 어느 하나에 해당하는 사람 1명 이상
    1) 법 제143조제1항에 따른 산업안전지도사(건설안전 분야로 한정한다)·산업보건지도사 자격을 가진 사람, 건설안전기술사 또는 산업위생관리기술사
    2) 건설안전기사 또는 산업안전기사 자격을 취득한 후 건설안전 분야 실무경력이 7년 이상인 사람
    3) 대학의 조교수 이상으로서 건설안전 분야에 관한 학식과 경험이 풍부한 사람
    4) 5급 이상 공무원, 산업안전·보건 분야 석사 이상의 학위를 취득하거나 산업전문간호사 자격을 취득한 후 산업안전·보건 분야 실무경력이 3년 이상인 사람
  나. 다음의 어느 하나에 해당하는 사람 2명 이상(건설안전 및 산업보건·위생 분야별로 각 1명 이상)
    1) 법 제143조제1항에 따른 산업안전지도사(건설안전 분야로 한정한다)·산업보건지도사 자격을 가진 사람, 건설안전기술사 또는 산업위생관리기술사
    2) 건설안전기사 또는 산업위생관리기사 자격을 취득한 후 해당 실무경력이 1년 이상인 사람
    3) 건설안전산업기사 또는 산업위생관리산업기사 자격을 취득한 후 해당 실무경력이 3년 이상인 사람
    4) 산업안전산업기사 이상의 자격을 취득한 후 건설안전 실무경력이 산업안전기사 이상의 자격은 1년, 산업안전산업기사 자격은 3년 이상인 사람
    5) 건설 관련 기사 자격을 취득한 후 건설 관련 실무경력이 1년 이상인 사람
    6) 「건설기술 진흥법 시행령」 별표 1 제2호나목에 따른 특급건설기술인 또는 고급건설기술인
    7) 「고등교육법」 제2조에 따른 학교 중 4년제 대학의 건설안전 또는 산업보건·위생 관련 분야 학위를 취득한 후(다른 법령에 따라 이와 같은 수준 이상의 학력이 인정되는 경우를 포함한다) 해당 실무경력이 1년 이상인 사람
    8) 「고등교육법」 제2조에 따른 학교 중 전문대학의 건설안전 또는 산업보건·위생 관련 분야 학위를 취득한 후(다른 법령에 따라 이와 같은 수준 이상의 학력이 인정되는 사람을 포함한다) 해당 실무경력이 3년 이상인 사람

3. 시설 및 장비 기준
  가. 사무실 : 연면적 30㎡
  나. 강의실 : 연면적 120㎡이고, 의자, 책상, 빔 프로젝터 등 교육에 필요한 비품과 방음·채광·환기 및 냉난방을 위한 시설 또는 설비를 갖출 것

[별표 12]

직무교육기관의 인력·시설 및 장비 기준
(제40조제3항제2호 관련)

1. 기본사항

가. 기본인력은 직무교육기관의 업무만을 담당하면서 분기별 12시간 이상 강의를 하는 사람을 3명[총괄책임자 1명과 교육대상에 따른 관련 분야별 강사 2명(제2호가목에 따라 안전보건관리책임자와 안전보건관리담당자를 교육대상으로 하는 경우에는 산업안전 및 산업보건 분야의 강사 각 1명)] 이상으로 해야 하며, 제2호가목의 구분에 따른 교육대상을 달리하는 교육을 실시하는 경우에는 관련 분야의 강사 1명을 추가로 확보해야 한다.

나. 시설 및 장비는 항상 갖추어 두고 사용할 수 있도록 하되, 임대하여 사용할 수 있으며, 교육대상별로 보유해야 할 장비 중 중복되는 장비에 대해서는 공용으로 사용할 수 있다. 이 경우 등록한 강의실이 아닌 장소에서 교육을 실시하는 경우에도 시설 및 해당 교육과정에 적합한 장비를 갖추어야 한다.

다. 직무교육을 하기 위하여 지부 또는 출장소 등을 설치하는 경우에는 각 지부 또는 출장소별로 해당 인력·시설 및 장비를 갖추어야 한다.

라. 관련 분야의 범위

1) 산업안전 분야 : 기계안전, 전기안전, 화공안전, 건설안전

2) 산업보건 분야 : 직업환경의학, 산업위생관리, 산업간호, 인간공학, 대기환경

3) 안전검사 분야 : 기계안전, 전기안전, 화공안전, 산업안전, 산업위생관리

2. 인력기준

가. 교육대상별 관련 분야 구분

구분	교육대상	관련 분야
총괄	1) 안전보건관리책임자 2) 안전보건관리담당자	산업안전 및 산업보건
산업 안전	3) 안전관리자 4) 안전관리전문기관의 종사자 5) 건설재해예방전문지도기관의 종사자	산업안전
산업 보건	6) 보건관리자 7) 보건관리전문기관의 종사자 8) 석면조사기관의 종사자	산업보건 ※ 석면조사기관의 종사자에 대한 관련 분야는 산업보건 분야 중 산업위생관리로 한정한다.
안전 검사	9) 안전검사기관의 종사자 10) 자율안전검사기관의 종사자	안전검사

나. 인력별 기준

구분	자격기준
총괄 책임자	1) 교육대상별 관련 분야 지도사, 기술사 또는 박사학위 소지자 2) 「의료법」 제77조에 따른 직업환경의학과 전문의 3) 교육대상별 관련 분야의 기사 자격 또는 「의료법」 제78조에 따른 산업전문간호사 자격을 취득한 후 실무경력이 10년 이상인 사람 4) 「고등교육법」 제2조에 따른 학교의 교육대상별 관련 분야 학과 조교수 이상인 사람 5) 5급 이상 공무원(고위공무원단에 속하는 일반직공무원을 포함한다)으로 근무한 기간 중 산업재해 예방 행정 분야에 실제 근무한 기간이 3년 이상인 사람 6) 산업안전·보건 분야 석사 이상의 학위를 취득한 후 교육대상별 관련 분야에 실제 근무한 기간이 3년 이상인 사람
강사	1) 총괄책임자의 자격이 있는 사람 2) 교육대상별 관련 분야 기사 자격을 취득한 후 실무경력이 7년 이상인 사람 3) 교육대상별 관련 분야 산업기사 자격을 취득한 후 실무경력이 10년 이상인 사람 4) 「의료법」에 따른 간호사 자격을 취득한 후 관련 분야 실무경력이 7년 이상인 사람 5) 교육대상별 관련 분야 석사 학위를 취득한 후 실무경력이 5년 이상인 사람 6) 7급 이상 공무원(고위공무원단에 속하는 일반직공무원을 포함한다)으로 근무한 기간 중 산업재해 예방 행정 분야에 실제 근무한 기간이 5년 이상인 사람

3. 시설기준
   가. 사무실 : 연면적 30㎡ 이상일 것
   나. 강의실 : 연면적 120㎡ 이상이고, 의자·탁자 및 교육용 비품을 갖출 것

4. 교육대상별 장비 기준
   가. 안전관리자, 안전관리전문기관 및 재해예방 전문지도기관의 종사자

장비명	수량(대)
1) 회전속도측정기	1
2) 온도계측기(표면온도 측정용일 것)	1
3) 소음측정기	1
4) 절연저항측정기	1
5) 접지저항측정기	1
6) 정전기전하량측정기	1
7) 클램프미터	1
8) 검전기(저·고·특고압용일 것)	1
9) 직독식 유해가스농도측정기(산소농도의 측정도 가능할 것)	1

나. 보건관리자 및 보건관리전문기관의 종사자

장비명	수량(대)
1) 화학적 인자의 채취를 위한 개인용 시료채취기 세트	1
2) 분진의 채취를 위한 개인용 시료채취기 세트	1
3) 소음측정기	1

장비명	수량(대)
4) 습구·흑구온도지수(WBGT)의 산출이 가능한 온열조건 측정기	1
5) 검지관 등 가스·증기농도 측정기 세트	1
6) 직독식 유해가스농도측정기(산소농도의 측정도 가능할 것)	1
7) 청력검사기	1
8) 국소배기시설 성능시험을 위한 스모크테스터	1
9) 정압 프로브가 달린 열선풍속계	1
10) 심폐소생 인체모형	1
11) 혈압계	1
12) 혈당검사용 간이검사기	1
13) 혈중지질검사용 간이검사기	1

다. 안전보건관리담당자

장비명	수량(대)
1) 절연저항측정기	1
2) 접지저항측정기	1
3) 클램프미터	1
4) 검전기(저·고·특고압용일 것)	1
5) 소음측정기	1
6) 검지관 등 가스·증기농도 측정기 세트	1
7) 직독식 유해가스농도측정기(산소농도의 측정도 가능할 것)	1
8) 심폐소생 인체모형	1
9) 혈압계	1
10) 혈당검사용 간이검사기	1
11) 혈중지질검사용 간이검사기	1

라. 석면조사기관의 종사자

장비명	수량(대)
1) 지역시료 채취펌프	1
2) 유량보정계	1
3) 입체현미경	1
4) 편광현미경	1
5) 위상차현미경	1
6) 흄 후드[고성능필터(HEPA필터) 이상의 공기정화장치가 장착된 것일 것]	1
7) 진공청소기[고성능필터(HEPA필터) 이상의 공기정화장치가 장착된 것일 것]	1
8) 아세톤 증기화 장치	1
9) 필터 여과추출장치	1
10) 저울(최소 측정단위가 0.1㎎ 이하이어야 한다)	1
11) 송기마스크 또는 전동식 호흡보호구[전동식 방진마스크(전면형 특등급일 것), 전동식 후드 또는 전동식 보안면{분진·미스트(mist : 공기 중에 떠다니는 작은 액체방울)·흄(fume : 열이나 화학반응에 의하여 형성된 고체증기가 응축되어 생긴 미세입자)}에 대한 용도로 안면부 누설률이 0.05% 이하인 특등급일 것)]	1

마. 안전검사기관 및 자율안전검사기관의 종사자

장비명	수량(대)
1) 회전속도측정기	1
2) 비파괴시험장비	1
3) 와이어로프 테스터	1
4) 진동측정기	1
5) 초음파 두께측정기	1
6) 토크메타	1
7) 로드셀, 분동	1
8) 온도계측기(표면측정용일 것)	1
9) 소음측정기	1
10) 절연저항측정기	1
11) 접지저항측정기	1
12) 정전기전압측정기	1
13) 클램프미터	1
14) 검전기(저·고·특고압용일 것)	1
15) 직독식 유해가스농도측정기(산도농도의 측정이 가능할 것)	1

[별표 13]

유해·위험물질 규정량

(제43조제1항 관련)

번호	유해·위험물질	CAS번호	규정량(kg)
1	인화성 가스	–	제조·취급 : 5,000(저장 : 200,000)
2	인화성 액체	–	제조·취급 : 5,000(저장 : 200,000)
3	메틸 이소시아네이트	624-83-9	제조·취급·저장 : 1,000
4	포스겐	75-44-5	제조·취급·저장 : 500
5	아크릴로니트릴	107-13-1	제조·취급·저장 : 10,000
6	암모니아	7664-41-7	제조·취급·저장 : 10,000
7	염소	7782-50-5	제조·취급·저장 : 1,500
8	이산화황	7446-09-5	제조·취급·저장 : 10,000
9	삼산화황	7446-11-9	제조·취급·저장 : 10,000
10	이황화탄소	75-15-0	제조·취급·저장 : 10,000
11	시안화수소	74-90-8	제조·취급·저장 : 500
12	불화수소(무수불산)	7664-39-3	제조·취급·저장 : 1,000
13	염화수소(무수염산)	7647-01-0	제조·취급·저장 : 10,000
14	황화수소	7783-06-4	제조·취급·저장 : 1,000
15	질산암모늄	6484-52-2	제조·취급·저장 : 500,000
16	니트로글리세린	55-63-0	제조·취급·저장 : 10,000
17	트리니트로톨루엔	118-96-7	제조·취급·저장 : 50,000
18	수소	1333-74-0	제조·취급·저장 : 5,000
19	산화에틸렌	75-21-8	제조·취급·저장 : 1,000
20	포스핀	7803-51-2	제조·취급·저장 : 500
21	실란(Silane)	7803-62-5	제조·취급·저장 : 1,000
22	질산(중량 94.5% 이상)	7697-37-2	제조·취급·저장 : 50,000
23	발연황산 (삼산화황 중량 65% 이상 80% 미만)	8014-95-7	제조·취급·저장 : 20,000
24	과산화수소(중량 52% 이상)	7722-84-1	제조·취급·저장 : 10,000
25	톨루엔 디이소시아네이트	91-08-7, 584-84-9, 26471-62-5	제조·취급·저장 : 2,000
26	클로로술폰산	7790-94-5	제조·취급·저장 : 10,000
27	브롬화수소	10035-10-6	제조·취급·저장 : 10,000
28	삼염화인	7719-12-2	제조·취급·저장 : 10,000
29	염화 벤질	100-44-7	제조·취급·저장 : 2,000
30	이산화염소	10049-04-4	제조·취급·저장 : 500

31	염화 티오닐	7719-09-7	제조·취급·저장 : 10,000
32	브롬	7726-95-6	제조·취급·저장 : 1,000
33	일산화질소	10102-43-9	제조·취급·저장 : 10,000
34	붕소 트리염화물	10294-34-5	제조·취급·저장 : 10,000
35	메틸에틸케톤과산화물	1338-23-4	제조·취급·저장 : 10,000
36	삼불화 붕소	7637-07-2	제조·취급·저장 : 1,000
37	니트로아닐린	88-74-4, 99-09-2, 100-01-6, 29757-24-2	제조·취급·저장 : 2,500
38	염소 트리플루오르화	7790-91-2	제조·취급·저장 : 1,000
39	불소	7782-41-4	제조·취급·저장 : 500
40	시아누르 플루오르화물	675-14-9	제조·취급·저장 : 2,000
41	질소 트리플루오르화물	7783-54-2	제조·취급·저장 : 20,000
42	니트로 셀롤로오스 (질소 함유량 12.6% 이상)	9004-70-0	제조·취급·저장 : 100,000
43	과산화벤조일	94-36-0	제조·취급·저장 : 3,500
44	과염소산 암모늄	7790-98-9	제조·취급·저장 : 3,500
45	디클로로실란	4109-96-0	제조·취급·저장 : 1,000
46	디에틸 알루미늄 염화물	96-10-6	제조·취급·저장 : 10,000
47	디이소프로필 퍼옥시디카보네이트	105-64-6	제조·취급·저장 : 3,500
48	불산(중량 10% 이상)	7664-39-3	제조·취급·저장 : 10,000
49	염산(중량 20% 이상)	7647-01-0	제조·취급·저장 : 20,000
50	황산(중량 20% 이상)	7664-93-9	제조·취급·저장 : 20,000
51	암모니아수(중량 20% 이상)	1336-21-6	제조·취급·저장 : 50,000

※ 비고 :

1. "인화성 가스"란 인화한계 농도의 최저한도가 13% 이하 또는 최고한도와 최저한도의 차가 12% 이상인 것으로서 표준압력(101.3 ㎪)에서 20℃에서 가스 상태인 물질을 말한다.
2. 인화성 가스 중 사업장 외부로부터 배관을 통해 공급받아 최초 압력조정기 후단 이후의 압력이 0.1 MPa(계기압력) 미만으로 취급되는 사업장의 연료용 도시가스(메탄 중량성분 85% 이상으로 이 표에 따른 유해·위험물질이 없는 설비에 공급되는 경우에 한정한다)는 취급 규정량을 50,000kg으로 한다.
3. 인화성 액체란 표준압력(101.3 ㎪)에서 인화점이 60℃ 이하이거나 고온·고압의 공정운전조건으로 인하여 화재·폭발위험이 있는 상태에서 취급되는 가연성 물질을 말한다.
4. 인화점의 수치는 태그밀폐식 또는 펜스키마르테르식 등의 밀폐식 인화점 측정기로 표준압력(101.3 ㎪)에서 측정한 수치 중 작은 수치를 말한다.
5. 유해·위험물질의 규정량이란 제조·취급·저장 설비에서 공정과정 중에 저장되는 양을 포함하여 하루 동안 최대로 제조·취급 또는 저장할 수 있는 양을 말한다.
6. 규정량은 화학물질의 순도 100%를 기준으로 산출하되, 농도가 규정되어 있는 화학물질은

그 규정된 농도를 기준으로 한다.

7. 사업장에서 다음 각 목의 구분에 따라 해당 유해·위험물질을 그 규정량 이상 제조·취급·저장하는 경우에는 유해·위험설비로 본다.

가. 한 종류의 유해·위험물질을 제조·취급·저장하는 경우 : 해당 유해·위험물질의 규정량 대비 하루 동안 제조·취급 또는 저장할 수 있는 최대치 중 가장 큰 값$\left(\frac{C}{T}\right)$이 1 이상인 경우

나. 두 종류 이상의 유해·위험물질을 제조·취급·저장하는 경우 : 유해·위험물질별로 가목에 따른 가장 큰 값$\left(\frac{C}{T}\right)$을 각각 구하여 합산한 값(R)이 1 이상인 경우, 그 계산식은 다음과 같다.

$$R : \frac{C_1}{T_1} + \frac{C_2}{T_2} + \cdots \cdots \cdots \cdots \cdots + \frac{C_n}{T_n}$$

주) C_n : 유해·위험물질별(n) 규정량과 비교하여 하루 동안 제조·취급 또는 저장할 수 있는 최대치 중 가장 큰 값

T_n : 유해·위험물질별(n) 규정량

8. 가스를 전문으로 저장·판매하는 시설 내의 가스는 이 표의 규정량 산정에서 제외한다.

[별표 14]

안전보건진단의 종류 및 내용
(제46조제1항 관련)

종류	진단내용
종합진단	1. 경영·관리적 사항에 대한 평가 가. 산업재해 예방계획의 적정성 나. 안전·보건 관리조직과 그 직무의 적정성 다. 산업안전보건위원회 설치·운영, 명예산업안전감독관의 역할 등 근로자의 참여 정도 라. 안전보건관리규정 내용의 적정성 2. 산업재해 또는 사고의 발생 원인(산업재해 또는 사고가 발생한 경우만 해당한다) 3. 작업조건 및 작업방법에 대한 평가 4. 유해·위험요인에 대한 측정 및 분석 가. 기계·기구 또는 그 밖의 설비에 의한 위험성 나. 폭발성·물반응성·자기반응성·자기발열성 물질, 자연발화성 액체·고체 및 인화성 액체 등에 의한 위험성 다. 전기·열 또는 그 밖의 에너지에 의한 위험성 라. 추락, 붕괴, 낙하, 비래(飛來) 등으로 인한 위험성 마. 그 밖에 기계·기구·설비·장치·구축물·시설물·원재료 및 공정 등에 의한 위험성 바. 법 제118조제1항에 따른 허가대상물질, 고용노동부령으로 정하는 관리대상 유해물질 및 온도·습도·환기·소음·진동·분진, 유해광선 등의 유해성 또는 위험성 5. 보호구, 안전·보건장비 및 작업환경 개선시설의 적정성 6. 유해물질의 사용·보관·저장, 물질안전보건자료의 작성, 근로자 교육 및 경고표시 부착의 적정성 7. 그 밖에 작업환경 및 근로자 건강 유지·증진 등 보건관리의 개선을 위하여 필요한 사항
안전진단	종합진단 내용 중 제2호·제3호, 제4호가목부터 마목까지 및 제5호 중 안전 관련 사항
보건진단	종합진단 내용 중 제2호·제3호, 제4호바목, 제5호 중 보건 관련 사항, 제6호 및 제7호

[별표 15]

종합진단기관의 인력·시설 및 장비 등의 기준
(제47조 관련)

1. 인력기준

안전 분야	보건 분야
다음 각 목에 해당하는 전담 인력 보유 가. 기계·화공·전기 분야의 산업안전지도사 또는 안전기술사 1명 이상 나. 건설안전지도사 또는 건설안전기술사 1명 이상 다. 산업안전기사 이상의 자격을 취득한 사람 2명 이상 라. 기계기사 이상의 자격을 취득한 사람 1명 이상 마. 전기기사 이상의 자격을 취득한 사람 1명 이상 바. 화공기사 이상의 자격을 취득한 사람 1명 이상 사. 건설안전기사 이상의 자격을 취득한 1명 이상	다음 각 목에 해당하는 전담 인력 보유 가. 의사(별표 30 제1호의 특수건강진단기관의 인력기준에 해당하는 사람)·산업보건지도사 또는 산업위생관리기술사 1명 이상 나. 분석전문가(「고등교육법」에 따른 대학에서 화학, 화공학, 약학 또는 산업보건학 관련 학위를 취득한 사람 또는 이와 같은 수준 이상의 학력을 가진 사람) 2명 이상 다. 산업위생관리기사(산업위생관리기사 이상의 자격을 취득한 사람 또는 산업위생관리산업기사 이상의 자격을 취득한 사람 각 1명 이상) 2명 이상

2. 시설기준
   가. 안전 분야 : 사무실 및 장비실
   나. 보건 분야 : 작업환경상담실, 작업환경측정 준비 및 분석실험실

3. 장비기준
   가. 안전 분야 : 별표 16 제2호에 따라 일반안전진단기관이 갖추어야 할 장비
   나. 보건 분야 : 별표 17 제3호에 따라 보건진단기관이 갖추어야 할 장비

4. 장비의 공동활용
   별표 17 제3호아목부터 러목까지의 규정에 해당하는 장비는 해당 기관이 법 제126조에 따른 작업환경측정기관 또는 법 제135조에 따른 특수건강진단기관으로 지정을 받으려고 하거나 지정을 받아 같은 장비를 보유하고 있는 경우에는 분석 능력 등을 고려하여 이를 공동으로 활용할 수 있다.

[별표 16]

안전진단기관의 인력·시설 및 장비 등의 기준
(제47조 관련)

번호	종류	인력기준	시설·장비 기준	대상 업종
1	공통 사항		1. 사무실 2. 장비실	
2	일반 안전 진단 기관	다음 각 호에 해당하는 전담 인력 보유 1. 기계·화공·전기안전 분야의 산업안전지도사 또는 안전기술사 1명 이상 2. 산업안전기사 이상의 자격을 취득한 사람 2명 이상 3. 기계기사 이상의 자격을 취득한 사람 1명 이상 4. 전기기사 이상의 자격을 취득한 사람 1명 이상 5. 화공기사 이상의 자격을 취득한 사람 1명 이상	1. 회전속도측정기 2. 자동 탐상비파괴시험기 3. 재료강도시험기 4. 진동측정기 5. 표준압력계 6. 절연저항측정기 7. 만능회로측정기 8. 산업용 내시경 9. 경도측정기 10. 산소농도측정기 11. 두께측정기 12. 가스농도측정기 13. 가연성 가스 검지관 14. 수압시험기 15. 접지저항측정기 16. 계전기기시험기 17. 정전기전하량측정기 18. 정전전위측정기 19. 차압측정기	모든 사업(건설업은 제외한다)
3	건설 안전 진단 기관	다음 각 호에 해당하는 전담 인력 보유 1. 건설안전 분야의 산업안전지도사 또는 안전기술사 1명 이상 2. 건설안전기사 이상의 자격을 취득한 사람 2명 이상 3. 건설안전산업기사 또는 산업안전산업기사 이상의 자격을 취득한 사람 2명 이상	1. 재료강도시험기 2. 진동측정기 3. 산소농도측정기 4. 가스농도측정기	건설업

[별표 17]

보건진단기관의 인력·시설 및 장비 등의 기준
(제47조 관련)

1. 인력기준(보건진단 업무만을 전담하는 인력기준)

인력	인원	자격
의사, 산업보건지도사 또는 산업위생관리기술사	1명 이상	의사는 「의료법」에 따른 직업환경의학과 전문의
분석전문가	2명 이상	「고등교육법」에 따른 대학에서 화학, 화공학, 약학 또는 산업보건학 관련 학위를 취득한 사람 또는 이와 같은 수준 이상의 학력을 가진 사람
산업위생관리기사	2명 이상	산업위생관리기사 이상의 자격을 취득한 사람 및 산업위생관리산업기사 이상의 자격을 취득한 사람 각각 1명 이상

※ 비고 : 인원은 보건진단 대상 사업장 120개소를 기준으로 120개소를 초과할 때마다 인력별로 1명씩 추가한다.

2. 시설기준
   가. 작업환경상담실
   나. 작업환경측정 준비 및 분석실험실

3. 장비기준
   가. 분진, 특정 화학물질, 유기용제 및 유해가스의 시료 포집기
   나. 검지관 등 가스·증기농도 측정기 세트
   다. 분진측정기
   라. 옥타브 분석이 가능한 소음측정계 및 소음조사량측정기
   마. 대기의 온도·습도, 기류, 복사열, 조도(照度), 유해광선을 측정할 수 있는 기기
   바. 산소측정기
   사. 일산화탄소농도측정기
   아. 원자흡광광도계
   자. 가스크로마토그래피
   차. 자외선·가시광선 분광광도계
   카. 현미경
   타. 저울(최소 측정단위가 0.01㎎ 이하이어야 한다)
   파. 순수제조기
   하. 건조기
   거. 냉장고 및 냉동고
   너. 드래프트 체임버
   더. 화학실험대
   러. 배기 또는 배액의 처리를 위한 설비

머. 피토 튜브 등 국소배기시설의 성능시험장비

4. 시설 및 장비의 공동활용
제2호의 시설과 제3호아목부터 러목까지의 규정에 해당하는 장비는 해당 기관이 법 제126조에 따른 작업환경측정기관 또는 법 제135조 따른 특수건강진단기관으로 지정을 받으려고 하거나 지정을 받아 같은 장비를 보유하고 있는 경우에는 분석 능력 등을 고려하여 이를 공동으로 활용할 수 있다.

[별표 18] (2022.8.16 개정)

건설재해예방전문지도기관의 지도 기준
(제60조 관련)

1. 건설재해예방전문지도기관의 지도대상 분야
건설재해예방전문지도기관이 법 제73조제2항에 따라 건설공사도급인에 대하여 실시하는 지도(이하 "기술지도"라 한다)는 공사의 종류에 따라 다음 각 목의 지도 분야로 구분한다.
가. 건설공사(「전기공사업법」, 「정보통신공사업법」 및 「소방시설공사업법」에 따른 전기공사, 정보통신공사 및 소방시설공사는 제외한다) 지도 분야
나. 「전기공사업법」, 「정보통신공사업법」 및 「소방시설공사업법」에 따른 전기공사, 정보통신공사 및 소방시설공사 지도 분야

2. 기술지도계약
가. 건설재해예방전문지도기관은 건설공사발주자로부터 기술지도계약서 사본을 받은 날부터 14일 이내에 이를 건설현장에 갖춰 두도록 건설공사도급인(건설공사발주자로부터 해당 건설공사를 최초로 도급받은 수급인만 해당한다)을 지도하고, 건설공사의 시공을 주도하여 총괄·관리하는 자에 대해서는 기술지도계약을 체결한 날부터 14일 이내에 기술지도계약서 사본을 건설현장에 갖춰 두도록 지도해야 한다.
나. 건설재해예방전문지도기관이 기술지도계약을 체결할 때에는 고용노동부장관이 정하는 전산시스템(이하 "전산시스템"이라 한다)을 통해 발급한 계약서를 사용해야 하며, 기술지도계약을 체결한 날부터 7일 이내에 전산시스템에 건설업체명, 공사명 등 기술지도계약의 내용을 입력해야 한다.
다. 삭제(2022.8.16)
라. 삭제(2022.8.16)

3. 기술지도의 수행방법
가. 기술지도 횟수
1) 기술지도는 특별한 사유가 없으면 다음의 계산식에 따른 횟수로 하고, 공사시작 후 15일 이내마다 1회 실시하되, 공사금액이 40억원 이상인 공사에 대해서는 별표 19 제1호 및 제2호의 구분에 따른 분야 중 그 공사에 해당하는 지도 분야의 같은 표 제1호나목 지도인력기준란 1) 및 같은 표 제2호나목 지도인력기준란 1)에 해당하는 사람이 8회마다 한 번 이상 방문하여 기술지도를 해야 한다.

$$\text{기술지도 횟수(회)} = \frac{\text{공사기간(일)}}{\text{15일}}$$

※ 단, 소수점은 버린다.

2) 공사가 조기에 준공된 경우, 기술지도계약이 지연되어 체결된 경우 및 공사기간이 현저히 짧은 경우 등의 사유로 기술지도 횟수기준을 지키기 어려운 경우에는 그 공사의 공사감독자(공사감독자가 없는 경우에는 감리자를 말한다)의 승인을 받아 기술지도 횟수를 조정할 수 있다.

나. 기술지도 한계 및 기술지도 지역

1) 건설재해예방전문지도기관의 사업장 지도 담당 요원 1명당 기술지도 횟수는 1일당 최대 4회로 하고, 월 최대 80회로 한다.

2) 건설재해예방전문지도기관의 기술지도 지역은 건설재해예방전문지도기관으로 지정을 받은 지방고용노동관서 관할지역으로 한다.

4. 기술지도 업무의 내용

가. 기술지도 범위 및 준수의무

1) 건설재해예방전문지도기관은 기술지도를 할 때에는 공사의 종류, 공사 규모, 담당 사업장 수 등을 고려하여 건설재해예방전문지도기관의 직원 중에서 기술지도 담당자를 지정해야 한다.

2) 건설재해예방전문지도기관은 기술지도 담당자에게 건설업에서 발생하는 최근 사망사고 사례, 사망사고의 유형과 그 유형별 예방 대책 등에 대하여 연 1회 이상 교육을 실시해야 한다.

3) 건설재해예방전문지도기관은 「산업안전보건법」 등 관계 법령에 따라 건설공사도급인이 산업재해 예방을 위해 준수해야 하는 사항을 기술지도해야 하며, 기술지도를 받은 건설공사도급인은 그에 따른 적절한 조치를 해야 한다.

4) 건설재해예방전문지도기관은 건설공사도급인이 기술지도에 따라 적절한 조치를 했는지 확인해야 하며, 건설공사도급인 중 건설공사발주자로부터 해당 건설공사를 최초로 도급받은 수급인이 해당 조치를 하지 않은 경우에는 건설공사발주자에게 그 사실을 알려야 한다.

나. 기술지도 결과의 관리

1) 건설재해예방전문지도기관은 기술지도를 한 때마다 기술지도 결과보고서를 작성하여 지체 없이 다음의 구분에 따른 사람에게 알려야 한다.

가) 관계수급인의 공사금액을 포함한 해당 공사의 총공사금액이 20억원 이상인 경우 : 해당 사업장의 안전보건총괄책임자

나) 관계수급인의 공사금액을 포함한 해당 공사의 총공사금액이 20억원 미만인 경우 : 해당 사업장을 실질적으로 총괄하여 관리하는 사람

2) 건설재해예방전문지도기관은 기술지도를 한 날부터 7일 이내에 기술지도 결과를 전산시스템에 입력해야 한다.

3) 건설재해예방전문지도기관은 관계수급인의 공사금액을 포함한 해당 공사의 총공사금액이 50억원 이상인 경우에는 건설공사도급인이 속하는 회사의 사업주와 「중대재해 처벌 등에 관한 법률」에 따른 경영책임자등에게 매 분기 1회 이상 기술지도 결과보고서를 송부해야 한다.

4) 건설재해예방전문지도기관은 공사 종료 시 건설공사의 건설공사발주자 또는 건설공사도급인(건설공사도급인은 건설공사발주자로부터 건설공사를 최초로 도급받은 수급인은 제외한다)에게 고용노동부령으로 정하는 서식에 따른 기술지도 완료증명서를 발급해 주어야 한다.

5. 기술지도 관련 서류의 보존

건설재해예방전문지도기관은 기술지도계약서, 기술지도 결과보고서, 그 밖에 기술지도업무 수행에 관한 서류를 기술지도계약이 종료된 날부터 3년 동안 보존해야 한다.

[별표 19] (2023.6.27 개정)

건설재해예방전문지도기관의 인력·시설 및 장비 기준
(제61조 관련)

1. 건설공사(「전기공사업법」, 「정보통신공사업법」 및 「소방시설공사업법」에 따른 전기공사, 정보통신공사 및 소방시설공사는 제외한다) 지도 분야
   가. 법 제145조제1항에 따라 등록한 산업안전지도사의 경우
      1) 지도인력기준 : 법 제145조제1항에 따라 등록한 산업안전지도사(건설안전 분야)
      2) 시설기준 : 사무실(장비실을 포함한다)
      3) 장비기준 : 나목의 장비기준과 같음
   나. 건설 산업재해 예방 업무를 하려는 법인의 경우

지도인력기준	시설기준	장비기준
• 다음에 해당하는 인원 1) 산업안전지도사(건설 분야) 또는 건설안전기술사 1명 이상 2) 다음의 기술인력 중 2명 이상 가) 건설안전산업기사 이상의 자격을 취득한 후 건설안전 실무경력이 건설안전기사 이상의 자격은 5년, 건설안전산업기사 자격은 7년 이상인 사람 나) 토목·건축산업기사 이상의 자격을 취득한 후 건설 실무경력이 토목·건축기사 이상의 자격은 5년, 토목·건축산업기사 자격은 7년 이상이고 제17조에 따른 안전관리자의 자격을 갖춘 사람 3) 다음의 기술인력 중 2명 이상 가) 건설안전산업기사 이상의 자격을 취득한 후 건설안전 실무경력이 건설안전기사 이상의 자격은 1년, 건설안전산업기사 자격은 3년 이상인 사람 나) 토목·건축산업기사 이상의 자격을 취득한 후 건설 실무경력이 토목·건축기사 이상의 자격은 1년, 토목·건축산업기사 자격은 3년 이상이고 제17조에 따른 안전관리자의 자격을 갖춘 사람 4) 제17조에 따른 안전관리자의 자격(별표 4 제1호부터 제5호까지의 어느 하나에 해당하는 자격을 갖춘 사람만 해당한다)을 갖춘 후 건설안전 실무경력이 2년 이상인 사람 1명 이상	사무실 (장비실 포함)	지도인력 2명당 다음의 장비 각 1대 이상(지도인력이 홀수인 경우 지도인력 인원을 2로 나눈 나머지인 1명도 다음의 장비를 갖추어야 한다) 1) 가스농도측정기 2) 산소농도측정기 3) 접지저항측정기 4) 절연저항측정기 5) 조도계

※ 비고 : 지도인력기준란 3)과 4)를 합한 인력 수는 1)과 2)를 합한 인력의 3배를 초과할 수 없다.

2. 「전기공사업법」, 「정보통신공사업법」 및 「소방시설공사업법」에 따른 전기공사, 정보통신공사 및 소방시설공사 지도 분야
   가. 법 제145조제1항에 따라 등록한 산업안전지도사의 경우
      1) 지도인력기준 : 법 제145조제1항에 따라 등록한 산업안전지도사(전기안전 또는 건설안전 분야)

2) 시설기준 : 사무실(장비실을 포함한다)

3) 장비기준 : 나목의 장비기준과 같음

나. 건설 산업재해 예방 업무를 하려는 법인의 경우

지도인력기준	시설기준	장비기준
• 다음에 해당하는 인원 1) 다음의 기술인력 중 1명 이상 가) 산업안전지도사(건설 또는 전기 분야), 건설안전기술사 또는 전기안전기술사 나) 건설안전·산업안전기사 자격을 취득한 후 건설안전 실무경력이 9년 이상인 사람 2) 다음의 기술인력 중 2명 이상 가) 건설안전·산업안전산업기사 이상의 자격을 취득한 후 건설안전 실무경력이 건설안전·산업안전기사 이상의 자격은 5년, 건설안전·산업안전산업기사 자격은 7년 이상인 사람 나) 토목·건축·전기·전기공사 또는 정보통신산업기사 이상의 자격을 취득한 후 건설 실무경력이 토목·건축·전기·전기공사 또는 정보통신기사 이상의 자격은 5년, 토목·건축·전기·전기공사 또는 정보통신산업기사 자격은 7년 이상이고 제17조에 따른 안전관리자의 자격을 갖춘 사람 3) 다음의 기술인력 중 2명 이상 가) 건설안전·산업안전산업기사 이상의 자격을 취득한 후 건설안전 실무경력이 건설안전·산업안전기사 이상의 자격은 1년, 건설안전·산업안전산업기사 자격은 3년 이상인 사람 나) 토목·건축·전기·전기공사 또는 정보통신산업기사 이상의 자격을 취득한 후 건설 실무경력이 토목·건축·전기·전기공사 또는 정보통신기사 이상의 자격은 1년, 토목·건축·전기·전기공사 또는 정보통신산업기사 자격은 3년 이상이고 제17조에 따른 안전관리자의 자격을 갖춘 사람 4) 제17조에 따른 안전관리자의 자격(별표 4 제1호부터 제5호까지의 어느 하나에 해당하는 자격을 갖춘 사람만 해당한다)을 갖춘 후 건설안전 실무경력이 2년 이상인 사람 1명 이상	사무실(장비실 포함)	지도인력 2명당 다음의 장비 각 1대 이상(지도인력이 홀수인 경우 지도인력 인원을 2로 나눈 나머지인 1명도 다음의 장비를 갖추어야 한다) 1) 가스농도측정기 2) 산소농도측정기 3) 고압경보기 4) 검전기 5) 조도계 6) 접지저항측정기 7) 절연저항측정기

※ 비고 : 지도인력기준란 3)과 4)를 합한 인력의 수는 1)과 2)를 합한 인력의 수의 3배를 초과할 수 없다.

[별표 20]

유해·위험 방지를 위한 방호조치가 필요한 기계·기구

(제70조 관련)

1. 예초기
2. 원심기
3. 공기압축기
4. 금속절단기
5. 지게차
6. 포장기계(진공포장기, 래핑기로 한정한다)

[별표 21] (2021.1.5 개정)

대여자 등이 안전조치 등을 해야 하는 기계·기구·설비 및 건축물 등
(제71조 관련)

1. 사무실 및 공장용 건축물
2. 이동식 크레인
3. 타워크레인
4. 불도저
5. 모터 그레이더
6. 로더
7. 스크레이퍼
8. 스크레이퍼 도저
9. 파워 셔블
10. 드래그라인
11. 클램셸
12. 버킷굴착기
13. 트렌치
14. 항타기
15. 항발기
16. 어스드릴
17. 천공기
18. 어스오거
19. 페이퍼드레인머신
20. 리프트
21. 지게차
22. 롤러기
23. 콘크리트 펌프
24. 고소작업대
25. 그 밖에 산업재해보상보험및예방심의위원회 심의를 거쳐 고용노동부장관이 정하여 고시하는 기계, 기구, 설비 및 건축물 등

[별표 22]

타워크레인 설치·해체업의 인력·시설 및 장비 기준

(제72조제1항 관련)

1. 인력기준 : 다음 각 목의 어느 하나에 해당하는 사람 4명 이상을 보유할 것
   가. 「국가기술자격법」에 따른 판금제관기능사 또는 비계기능사의 자격을 가진 사람
   나. 법 제140조제2항에 따라 지정된 타워크레인 설치·해체작업 교육기관에서 지정된 교육을 이수하고 수료시험에 합격한 사람으로서 합격 후 5년이 지나지 않은 사람
   다. 법 제140조제2항에 따라 지정된 타워크레인 설치·해체작업 교육기관에서 보수교육을 이수한 후 5년이 지나지 않은 사람

2. 시설기준 : 사무실

3. 장비기준
   가. 렌치류(토크렌치, 함마렌치 및 전동임팩트렌치 등 볼트, 너트, 나사 등을 죄거나 푸는 공구)
   나. 드릴링머신(회전축에 드릴을 달아 구멍을 뚫는 기계)
   다. 버니어캘리퍼스(자로 재기 힘든 물체의 두께, 지름 따위를 재는 기구)
   라. 트랜싯(각도를 측정하는 측량기기로 같은 수준의 기능 및 성능의 측량기기를 갖춘 경우도 인정한다)
   마. 체인블록 및 레버블록(체인 또는 레버를 이용하여 중량물을 달아 올리거나 수직·수평·경사로 이동시키는데 사용하는 기구)
   바. 전기테스터기
   사. 송수신기

[별표 23]

안전인증기관의 인력·시설 및 장비 기준
(제75조제2호 관련)

1. 공통사항

가. 인력기준 : 안전인증 대상별 관련 분야 구분

안전인증 대상	관련 분야
크레인, 리프트, 고소작업대, 프레스, 전단기, 사출성형기, 롤러기, 절곡기, 곤돌라	기계, 전기·전자, 산업안전(기술사는 기계·전기안전으로 한정함)
압력용기	기계, 전기·전자, 화공, 금속, 에너지, 산업안전(기술사는 기계·화공안전으로 한정함)
방폭구조 전기기계·기구 및 부품	기계, 전기·전자, 금속, 화공, 가스
가설기자재	기계, 건축, 토목, 생산관리, 건설·산업안전(기술사는 건설·기계안전으로 한정함)

나. 시설 및 장비기준

1) 시설기준

가) 사무실

나) 장비보관실(냉난방 및 통풍시설이 되어 있어야 함)

2) 제2호에 따른 개별사항의 시설 및 장비기준란에 규정된 장비 중 둘 이상의 성능을 모두 가지는 장비를 보유한 경우에는 각각의 해당 장비를 갖춘 것으로 인정한다.

다. 안전인증을 행하기 위한 조직·인원 및 업무수행체계가 한국산업규격 KS A ISO Guide 65(제품인증시스템을 운영하는 기관을 위한 일반 요구사항)과 KS Q ISO/IEC 17025(시험기관 및 교정기관의 자격에 대한 일반 요구사항)에 적합해야 한다.

라. 안전인증기관이 지부를 설치하는 경우에는 고용노동부장관과 협의를 해야 한다.

2. 개별사항

번호	항목	인력기준	시설 및 장비기준
1	크레인·리프트·고소작업대·곤돌라	가. 다음의 어느 하나에 해당하는 사람 1명 이상 1) 「국가기술자격법」에 따른 관련 분야 기술사 자격을 취득한 사람 2) 관련 분야 석사 이상 학위를 취득한 후 해당 실무경력이 5년 이상인 사람 3) 「국가기술자격법」에 따른 관련 분야 기사 자격을 취득한 후 해당 실무경력이 7년 이상인 사람 나. 「국가기술자격법」에 따른 관련 분야 기사 이상의 자격을 취득한 후 해당 실무경력이 3년 이상인 사람 또는 관련 분야 전	가. 크레인·리프트(이삿짐 운반용 리프트는 제외한다)·고소작업대·곤돌라 1) 와이어로프테스터 2) 회전속도측정기 3) 진동측정기 4) 경도계 5) 로드셀(5톤 이상) 6) 분동(0.5톤 이상) 7) 초음파두께측정기 8) 비파괴시험장비(UT, MT) 9) 트랜시트

		문학사 이상의 학위를 취득한 후 해당 실무경력이 학사 이상의 학위는 5년, 전문학사 학위는 7년 이상인 사람을 관련 분야별로 각 2명 이상(총 6명 이상) 다. 용접·비파괴검사 분야 산업기사 이상의 자격을 취득한 후 해당 실무경력이 3년 이상인 사람을 분야별로 각 1명 이상(총 2명 이상)	10) 표면온도계 11) 절연저항측정기 12) 클램프미터 13) 만능회로시험기 14) 접지저항측정기 15) 레이저거리측정기 16) 수준기 ※ 비고 : 1. 1)부터 6)까지의 장비는 본부 및 지부 공용 2. 7)부터 9)까지의 장비는 각 지부별로 보유 3. 10)부터 16)까지의 장비는 제품심사 요원 2명당 1대 이상 보유 나. 이삿짐 운반용 리프트 1) 초음파두께측정기 2) 절연저항측정기 3) 비파괴시험장비(UT, MT)
2	프레스·전단기·사출성형기·롤러기·절곡기	가. 다음의 어느 하나에 해당하는 사람 1명 이상 1) 「국가기술자격법」에 따른 관련 분야 기술사 자격을 취득한 사람 2) 관련 분야 석사 이상의 학위를 취득한 후 해당 실무경력이 5년 이상인 사람 3) 「국가기술자격법」에 따른 관련 분야 기사 자격을 취득한 후 해당 실무경력이 7년 이상인 사람 나. 「국가기술자격법」에 따른 관련 분야 기사 이상의 자격을 취득한 후 해당 실무경력이 3년 이상인 사람 또는 관련 분야 학사 이상의 학위를 취득한 후 해당 실무경력 5년 이상인 사람을 관련 분야별로 각 2명 이상(총 6명 이상)	가. 회전속도측정기 나. 정지성능측정장치 다. 진동측정기 라. 경도계 마. 비파괴시험장비(UT, MT) 바. 표면온도계 사. 소음측정기 아. 절연저항측정기 자. 클램프미터 차. 만능회로시험기 카. 접지저항측정기 ※ 비고 : 1. 가목부터 마목까지의 장비는 본부 및 지부 공용 2. 바목 및 사목의 장비는 각 지부별로 보유 3. 아목부터 카목까지의 장비는 제품심사 요원 2명당 1대 이상 보유

3	압력용기	가. 다음의 어느 하나에 해당하는 사람 1명 이상 1) 「국가기술자격법」에 따른 관련 분야 기술사 자격을 취득한 사람 2) 관련 분야 석사 이상 학위를 취득한 후 해당 실무경력이 5년 이상인 사람 3) 「국가기술자격법」에 따른 관련 분야 기사 자격을 취득한 후 해당 실무경력이 7년 이상인 사람 나. 「국가기술자격법」에 따른 관련 분야 기사 이상의 자격을 취득한 후 해당 실무경력이 3년 이상인 사람 또는 관련 분야 전문학사 이상의 학위를 취득한 후 해당 실무경력이 학사 이상의 학위는 5년, 전문학사 학위는 7년 이상인 사람을 관련 분야별로 각 1명 이상(총 6명 이상) 다. 용접·비파괴검사 분야 산업기사 이상의 자격을 취득한 후 해당 실무경력이 3년 이상인 사람을 분야별로 각 1명 이상(총 2명 이상)	가. 수압시험기 나. 기밀시험장비 다. 비파괴시험장비(UT, MT) 라. 표준압력계 마. 안전밸브시험기구 바. 산업용내시경 사. 금속현미경 아. 경도계 자. 핀홀테스터기 차. 초음파두께측정기 카. 접지저항측정기 타. 산소농도측정기 파. 가스농도측정기 하. 표면온도계 거. 가스누설탐지기 너. 절연저항측정기 더. 만능회로시험기 ※ 비고 : 1. 가목부터 아목까지의 장비는 본부 및 지부 공용 2. 자목의 장비는 각 지부별 보유 3. 차목부터 더목까지의 장비는 제품심사 요원 2명당 1대 이상 보유
4	방폭용 전기기계·기구	가. 「국가기술자격법」에 따른 관련 분야 기술사의 자격 또는 박사 학위를 취득한 후 해당 실무경력이 5년 이상인 사람 1명 이상 나. 관련 분야별로 다음의 자격기준 이상인 사람 각 1명 이상(총 4명 이상) 1) 관련분야 기술사 자격 또는 박사학위를 취득한 사람 2) 관련 분야 전문학사 이상 학위를 취득한 후 해당 실무경력이 석사 이상의 학위는 5년, 학사학위는 7년, 전문학사 학위는 9년 이상인 사람 3) 관련 분야 산업기사 이상의 자격을 취득한 후 해당 실무경력이 7년(기사인 경우 5년) 이상인 사람	가. 시설기준 : 실험실(220㎡ 이상) 나. 장비기준 1) 폭발시험설비 2) 수압시험기 3) 충격시험기 4) 인유기능시험기 4) 고속온도기록계 5) 토크시험장비 6) 열안전성시험장비 7) 불꽃점화시험기 8) 구속시험장비 9) 살수시험기 10) 분진시험기 11) 트래킹시험기 12) 내부압력시험기

			13) 오실로스코프 14) 내광시험장비 15) 정전기시험장비 16) 내전압시험장비 17) 절연저항시험장비 18) 통기배기폭발시험장비 19) 밀봉시험장비 20) 동압력센서교정장비 21) 최대실험안전틈새시험 장비 또는 산소분석계 22) 휴대용압력계 23) 휴대용가스농도계 24) 램프홀더토크시험기 25) RLC측정기 26) 침수누설시험장비 27) 통기제한시험장비 28) 접점압력시험장비 29) 수분함유량측정기 30) 고무경도계(IRHD)
5	가설기자재	가. 다음 각 호의 어느 하나에 해당하는 사람 1명 이상 1) 「국가기술자격법」에 따른 관련 분야 기술사 자격을 취득한 사람 2) 산업안전지도사(건설안전, 기계안전 분야) 3) 관련 분야 석사 이상 학위를 취득한 후 해당 실무경력이 박사학위는 2년, 석사학위는 5년 이상인 사람 4) 「국가기술자격법」에 따른 관련 분야 기사 자격을 취득한 후 해당 실무경력이 7년 이상인 사람 나. 「국가기술자격법」에 따른 관련 분야의 산업기사 이상의 자격을 취득한 후 해당 실무경력이 기사 이상의 자격은 3년, 산업기사 자격은 5년 이상인 사람 1명 이상 다. 다음의 어느 하나에 해당하는 사람 1명 이상 1) 관련 분야 학사 이상의 학위를 취득한 사람 2) 관련 분야 전문학사 이상의 학위를 취득한 후 해당 실무경력이 2년 이상인 사람 3) 「초·중등교육법」에 따른 공업계 고등학	가. 시설기준 : 검정실(사무실 포함 200㎡이상) 나. 장비기준 1) 압축변형시험기 2) 인장시험기 3) 만능재료시험기 4) 낙하시험기 5) 초음파두께측정기 6) 경도기 7) 토크렌치 8) 마이크로미터 9) 버니어캘리퍼스

	교에서 관련 분야 학과를 졸업(다른 법령에서 이와 같은 수준 이상의 학력을 가진 사람으로 관련 학과를 졸업한 경우를 포함한다)한 후 해당 실무경력이 4년 이상인 사람	

※ 비고 : 위 표에서 "실무경력"이란 유해하거나 위험한 기계·기구 및 설비의 연구·제작, 안전인증 또는 안전검사 분야 실무에 종사한 경력을 말한다.

[별표 24] (2024.6.25 개정)

안전검사기관의 인력·시설 및 장비 기준
(제79조제2호 관련)

1. 공통사항

가. 인력기준 : 안전검사 대상별 관련 분야 구분

안전검사 대상	관련 분야
크레인, 리프트, 곤돌라, 프레스, 전단기, 사출성형기, 롤러기, 원심기, 화물자동차 또는 특수자동차에 탑재한 고소작업대, 컨베이어, 산업용 로봇 크레인, 리프트, 곤돌라, 프레스, 전단기, 사출성형기, 롤러기, 원심기, 화물자동차 또는 특수자동차에 탑재한 고소작업대, 컨베이어, 산업용 로봇, 혼합기, 파쇄기 또는 분쇄기 (2026.6.26 시행)	기계, 전기·전자, 산업안전(기술사는 기계·전기안전으로 한정함)
압력용기	기계, 전기·전자, 화공, 산업안전(기술사는 기계·화공안전으로 한정함)
국소배기장치	기계, 전기, 화공, 산업안전, 산업위생관리(기술사는 기계·화공안전, 산업위생관리로 한정함)
종합안전검사	기계, 전기·전자, 화공, 산업안전, 산업위생관리(기술사는 기계·전기·화공안전, 산업위생관리로 한정함)

나. 시설 및 장비기준

1) 시설기준

가) 사무실

나) 장비보관실(냉난방 및 통풍시설이 있어야 함)

2) 제2호에 따른 개별사항의 시설 및 장비기준란에 규정된 장비 중 둘 이상의 성능을 모두 가지는 장비를 보유한 경우에는 각각 해당 장비를 갖춘 것으로 인정한다.

3) 제2호에 따른 개별사항의 시설 및 장비기준에서 기관별로 본부 및 지부의 공용 장비 또는 지부별 보유 장비가 둘 이상 중복되는 경우에는 검사업무에 지장을 주지 않는 범위에서 공동으로 활용할 수 있다.

다. 안전검사기관이 지부를 설치할 때에는 고용노동부장관과 협의를 해야 한다.

2. 개별사항

번호	항목	인력기준	시설 및 장비기준
1	크레인, 리프트, 곤돌라, 화물자동차 또는 특수자동차	가. 다음의 어느 하나에 해당하는 사람 1명 이상 1) 「국가기술자격법」에 따른 관련 분야 기술사 자격을 취득한 사람 2) 관련 분야 석사 이상 학위를 취득한 후 해당 실무경력이 5년 이상인 사람	가. 크레인, 리프트(이삿짐운반용 리프트 제외), 곤돌라, 화물자동차 또는 특수자동차에 탑재한 고소작업대 1) 와이어로프테스터

	에 탑재한 고소작업대	3) 「국가기술자격법」에 따른 관련 분야 기사 자격을 취득한 후 해당 실무경력이 7년 이상인 사람 나. 「국가기술자격법」에 따른 관련 분야 기사 이상의 자격을 취득한 후 해당 실무경력이 3년 이상인 사람 또는 관련 분야 학사 이상의 학위를 취득한 후 해당 실무경력이 5년 이상인 사람을 관련 분야별로 각 3명 이상(총 9명 이상) 다. 「국가기술자격법」에 따른 관련 분야 산업기사 이상의 자격을 취득한 후 해당 실무경력이 5년 이상인 사람을 관련 분야별로 각 3명 이상(총 9명 이상) 라. 용접·비파괴검사 분야 산업기사 이상의 자격을 취득한 후 해당 실무경력이 3년 이상인 사람 2명 이상 마. 연간 검사대수가 21,000대를 초과할 때에는 1,000대 추가 시마다 나목 또는 다목에 해당하는 사람 1명 추가. 이 경우 2명 이상인 경우에는 나목에 해당하는 인원이 전체 인원의 2분의 1 이상이어야 한다.	2) 회전속도측정기 3) 로드셀(5톤 이상) 4) 분동(0.5톤 이상) 5) 초음파두께측정기 6) 비파괴시험장비(UT, MT) 7) 트랜시트 8) 절연저항측정기 9) 클램프미터 10) 만능회로시험기 11) 접지저항측정기 12) 레이저거리측정기 13) 수준기 ※ 비고 : 1. 1)부터 4)까지의 장비는 본부 및 지부 공용 2. 5)부터 7)까지의 장비는 각 지부별로 보유 3. 8)부터 13)까지의 장비는 2명당 1대 이상 보유 나. 이삿짐 운반용 리프트 1) 초음파두께측정기 2) 절연저항측정기 3) 비파괴시험장비(UT, MT) ※ 이동 출장검사 가능
2	프레스, 전단기, 사출성형기, 롤러기, 원심기, 컨베이어, 산업용 로봇 프레스, 전단기, 사출성형기, 롤러기, 원심기, 컨베이어, 산업용 로봇, 혼합기, 파쇄기 또는 분쇄기 (2026.6.26	가. 다음의 어느 하나에 해당하는 사람 1명 이상 1) 「국가기술자격법」에 따른 관련 분야 기술사 자격을 취득한 사람 2) 관련 분야 석사 이상의 학위를 취득한 후 해당 실무경력이 5년 이상인 사람 3) 「국가기술자격법」에 따른 관련 분야 기사 자격을 취득한 후 해당 실무경력이 7년 이상인 사람 나. 「국가기술자격법」에 따른 관련 분야 기사 이상의 자격을 취득한 후 해당 실무경력이 3년 이상인 사람 또는 관련 분야 학사 이상의 학위를 취득한 후 해당 실무경력이 5년 이상인 사람을 관련 분야별로 각 3명 이상(총 9명 이상) 다. 「국가기술자격법」에 따른 관련 분야 산업기사 이상의 자격을 취득한 후 해당 실무경력이 5년 이상인 사람을 관련 분야별로 각 3명 이상(총 9명 이상) 라. 용접·비파괴검사 분야 산업기사 이상의 자격	가. 회전속도측정기 나. 정지성능측정장치 다. 비파괴시험장비(UT, MT) 라. 소음측정기 마. 절연저항측정기 바. 클램프미터 사. 만능회로시험기 아. 접지저항측정기 ※ 비고 : 1. 가목부터 다목까지의 장비는 본부 및 지부 공용 2. 라목의 장비는 지부별로 보유 3. 바목부터 아목까지의 장비는 2명당 1대 이상 보유

	시행)	을 취득한 후 해당 실무경력이 3년 이상인 사람 2명 이상 마. 연간 검사대수가 22,800대를 초과할 때에는 1,200대 추가 시마다 나목 또는 다목에 해당하는 사람 1명 추가. 이 경우 2명 이상인 경우에는 나목에 해당하는 인원이 전체 인원의 2분의 1 이상이어야 한다.	
3	압력용기	가. 다음의 어느 하나에 해당하는 사람 1명 이상 1) 「국가기술자격법」에 따른 관련 분야 기술사 자격을 취득한 사람 2) 관련 분야 석사 이상의 학위를 취득한 후 해당 실무경력이 5년 이상인 사람 3) 「국가기술자격법」에 따른 관련 분야 기사 자격을 취득한 후 해당 실무경력이 7년 이상인 사람 나. 「국가기술자격법」에 따른 관련 분야 기사 이상의 자격을 취득한 후 해당 실무경력이 3년 이상인 사람 또는 관련 분야 학사 이상의 학위를 취득한 후 해당 실무경력이 5년 이상인 사람을 관련 분야별로 각 2명 이상(총 8명 이상) 다. 「국가기술자격법」에 따른 관련 분야 산업기사 이상의 자격을 취득한 후 해당 실무경력이 5년 이상인 사람을 관련 분야별로 각 2명 이상(총 8명 이상) 라. 연간 검사대수가 22,800대를 초과할 때에는 1,200대 추가 시마다 나목 또는 다목에 해당하는 사람 1명 추가. 이 경우 2명 이상인 경우에는 나목에 해당하는 인원이 전체 인원의 2분의 1 이상이어야 한다.	가. 수압시험기 나. 기밀시험장비 다. 비파괴시험장비(UT, MT) 라. 표준압력계 마. 안전밸브시험기구 바. 산업용내시경 사. 초음파두께측정기 아. 접지저항측정기 자. 산소농도측정기 차. 가스농도측정기 카. 표면온도계 타. 가스누설탐지기 파. 절연저항측정기 하. 만능회로시험기 ※ 비고 : 1. 가목부터 바목까지의 장비는 본부 및 지부 공용 2. 사목부터 하목까지의 장비는 2명당 1대 이상 보유
4	국소배기 장치	가. 다음의 어느 하나에 해당하는 사람 1명 이상 1) 「국가기술자격법」에 따른 관련 분야 기술사 자격을 취득한 사람 2) 관련 분야 석사 이상의 학위를 취득한 후 해당 실무경력이 5년 이상인 사람 3) 「국가기술자격법」에 따른 관련 분야 기사 자격을 취득한 후 해당 실무경력이 7년 이상인 사람 나. 「국가기술자격법」에 따른 관련 분야 기사 이상의 자격을 취득한 후 해당 실무경력이 3년 이상인 사람 또는 관련 분야 학사 이상의 학위를 취득한 후 해당 실무경력이 5년 이상인 사람 2명 이상 다. 「국가기술자격법」에 따른 관련 분야 산업기사 이상의 자격을 취득한 후 해당 실무경력이 5년 이상인 사람 2명 이상 마. 연간 검사대수가 5,000대를 초과할 때에는	가. 스모크테스터 나. 청음기 또는 청음봉 다. 절연저항측정기 라. 표면온도계 및 내부 온도측정기 마. 열선 풍속계 바. 회전속도측정기 사. 만능회로시험기 아. 접지저항측정기 자. 클램프미터 ※ 비고 : 가목부터 자목까지의 장비는 2명당 1대 이상 보유

		1,000대 추가 시마다 나목 및 다목에 해당하는 사람 1명 추가. 이 경우 2명 이상인 경우에는 나목에 해당하는 인원이 전체 인원의 2분의 1 이상이어야 한다.	
5	종합안전 검사기관	가. 다음의 어느 하나에 해당하는 사람 1명 이상 1) 「국가기술자격법」에 따른 관련 분야 기술사 자격을 취득한 사람 2) 관련 분야 석사 이상의 학위를 취득한 후 해당 실무경력이 5년 이상인 사람 3) 「국가기술자격법」에 따른 관련 분야 기사 자격을 취득한 후 해당 실무경력이 7년 이상인 사람 나. 제1호가목부터 라목까지, 제2호가목부터 다목까지, 제3호가목부터 다목까지 및 제4호가목부터 다목까지에 해당하는 사람 다. 국소배기장치를 제외한 연간 검사대수가 72,300대를 초과할 때에는 1,800대 추가 시마다 다음의 어느 하나에 해당하는 사람 1명 추가. 이 경우 2명 이상인 경우에는 1)에 해당하는 인원이 전체 인원의 2분의 1 이상이어야 한다. 1) 산업안전, 기계, 전기·전자 또는 화공분야 산업기사 이상의 자격을 취득한 후 해당 실무경력이 기사 이상의 자격은 3년, 산업기사 자격은 5년 이상인 사람 2) 산업안전, 기계, 전기·전자 또는 화공분야 학사 이상의 학위를 취득한 후 해당 실무경력이 5년 이상인 사람 라. 국소배기장치 연간 검사대수가 5,000대를 초과할 때에는 1,000대 추가 시마다 다음의 어느 하나에 해당하는 사람 1명 추가. 이 경우 2명 이상인 경우에는 1)에 해당하는 인원이 전체 인원의 2분의 1 이상이어야 한다. 1) 산업안전, 기계, 전기, 화공 또는 산업위생관리 분야 기사 이상의 자격을 취득한 후 해당 실무경력이 3년 이상인 사람 또는 학사 이상의 학위를 취득한 후 해당 기계·기구 및 설비의 연구·제작 또는 검사 분야 실무경력이 5년 이상인 사람 2) 산업안전, 기계, 전기, 화공 또는 산업위생관리 분야 산업기사 이상의 자격을 취득한 후 해당 실무경력이 5년 이상인 사람	제1호부터 제4호까지에 해당하는 모든 시설 및 장비

※ 비고 : 위 표에서 "실무경력"이란 유해하거나 위험한 기계·기구 및 설비의 연구·제작, 안전관리, 안전진단, 안전인증 또는 안전검사 분야 실무에 종사한 경력을 말한다.

[별표 25] (2024.6.25 개정)

자율안전검사기관의 인력·시설 및 장비 기준

(제81조 관련)

번호	구분	인력기준	시설·장비기준
1	공통사항	다음 각 목의 어느 하나에 해당하는 검사책임자 1명 가. 「국가기술자격법」에 따른 해당 기계·기구 및 설비 분야 또는 안전관리 분야의 기술사 자격을 취득한 사람 또는 법 제142조에 따른 지도사(건설 분야는 제외한다) 나. 「국가기술자격법」에 따른 해당 기계·기구 및 설비 분야 또는 안전관리 분야의 기사 자격을 취득한 후 해당 기계·기구 및 설비의 연구·설계·제작 또는 검사 분야에서 10년 이상(석사는 7년 이상) 실무경력이 있는 사람	사무실(장비실 포함)
2	종합자율안전검사기관	다음 각 목에 해당하는 검사자격자 중 가목부터 다목까지의 요건에 해당하는 사람 각 1명 이상, 라목에 해당하는 사람 2명 이상, 마목 및 바목에 해당하는 사람 각 1명 이상 가. 「국가기술자격법」에 따른 해당 기계·기구 및 설비 분야 또는 안전관리 분야의 산업기사 이상의 자격을 취득한 후 해당 기계·기구 및 설비의 검사 또는 취급업무에서 기사 이상의 자격은 5년, 산업기사 자격은 7년 이상 실무경력이 있는 사람 나. 「고등교육법」에 따른 학교 중 4년제 학교 또는 이와 같은 수준 이상의 학교에서 산업안전·기계·전기·전자·화공·산업위생·산업보건 또는 환경공학 분야 관련 학위를 취득한 후(법령에 따라 이와 같은 수준 이상의 학력이 있다고 인정되는 경우를 포함한다) 해당 기	가. 회전속도측정기 나. 비파괴시험장비(UT, MT, PT) 다. 와이어로프 테스터 라. 표준압력계 마. 소음측정기 바. 접지저항측정기 사. 진동측정기 아. 절연저항측정기 자. 정전기전하량측정기 차. 프레스급정지성능측정기 카. 만능회로시험기 타. 수압시험기 파. 로드셀 또는 분동 하. 분진측정기 거. 풍속계 너. 피치, 틈새 및 라운드 게이지, 버니어캘리퍼스, 마이크로미터 더. 수준기 러. 검사용 공구세트 머. 라인스피드미터 버. 가스농도측정기

		계·기구의 취급업무에 5년 이상 종사한 경력이 있는 사람 다. 「고등교육법」에 따른 학교 중 나목에 따른 학교 외의 학교 또는 이와 같은 수준 이상의 학교에서 산업안전·기계·전기·전자·화공·산업위생·산업보건 또는 환경공학 분야 관련 학위를 취득한 후(법령에 따라 이와 같은 수준 이상의 학력이 있다고 인정되는 경우를 포함한다) 해당 기계·기구의 취급업무에 7년 이상 종사한 경력이 있는 사람 라. 고등학교에서 기계·전기·전자 또는 화공 분야를 졸업하였거나 「국가기술자격법」에 따른 해당 기계·기구 및 설비 분야 또는 안전관리 분야의 기능사 이상의 자격을 취득한 후 해당 기계·기구의 취급업무에 9년 이상 종사한 경력이 있는 사람 또는 법 제98조제1항제2호에 따른 성능검사 교육을 이수하고, 해당 실무경력이 3년 이상인 사람 마. 「국가기술자격법」에 따른 비파괴검사 분야의 기능사 이상의 자격을 취득한 후 해당 분야 경력이 3년 이상인 사람 바. 「국가기술자격법」에 따른 승강기기능사 이상의 자격을 취득한 사람	서. 기밀시험장비 어. 안전밸브시험기구 저. 산업용 내시경 처. 조도계 커. 가스탐지기 터. 초음파 두께측정기 퍼. 스모크테스터 허. 청음기 또는 청음봉 고. 표면온도계 또는 초자온도계 노. 정압 프로브가 달린 열선풍속계 도. 연소가스분석기 로. 피토 튜브 모. 수주 마노미터 보. 줄자
3	기계 분야(제78조제1항제1호부터 제4호까지, 제6호, 제8호부터 제13호까지의 안전검사대상기계등으로 한정한다) 기계 분야(제78조제1항제1호부터 제4호까지, 제6호, 제8호부터 제15호까지의 안	제2호의 인력기준란 가목, 나목 및 라목부터 바목까지의 요건에 해당하는 사람 각 1명 이상	제2호의 시설·장비기준란 나목(UT만 해당한다), 라목, 타목, 하목, 버목부터 저목까지, 커목 및 퍼목부터 도목까지의 장비를 제외한 장비

	전검사대상기계등으로 한정한다) (2026.6.26 시행)		
4	장치 및 설비 분야(제78조제1항제5호의 안전검사대상기계등으로 한정한다)	제2호의 인력기준란 가목 및 나목의 요건에 해당하는 사람 각 1명 이상, 라목의 요건에 해당하는 사람 2명 이상, 마목의 요건에 해당하는 사람 1명 이상	제2호의 시설·장비기준란 가목, 다목, 사목, 차목, 파목 및 퍼목부터 노목까지의 장비를 제외한 장비
5	국소배기장치	제2호의 인력기준란 다목 및 라목의 요건에 해당하는 사람 각 1명 이상	1. 스모크테스터 2. 청음기 또는 청음봉 3. 절연저항계 4. 표면온도계 또는 초자온도계 5. 정압 프로브가 달린 열선풍속계 6. 회전계(RPM측정기)

[별표 26]

유해인자 허용기준 이하 유지 대상 유해인자

(제84조 관련)

1. 6가크롬[18540-29-9] 화합물(Chromium VI compounds)
2. 납[7439-92-1] 및 그 무기화합물(Lead and its inorganic compounds)
3. 니켈[7440-02-0] 화합물(불용성 무기화합물로 한정한다)(Nickel and its insoluble inorganic compounds)
4. 니켈카르보닐(Nickel carbonyl ; 13463-39-3)
5. 디메틸포름아미드(Dimethylformamide ; 68-12-2)
6. 디클로로메탄(Dichloromethane ; 75-09-2)
7. 1,2-디클로로프로판(1,2-Dichloropropane ; 78-87-5)
8. 망간[7439-96-5] 및 그 무기화합물(Manganese and its inorganic compounds)
9. 메탄올(Methanol ; 67-56-1)
10. 메틸렌 비스(페닐 이소시아네이트)(Methylene bis(phenyl isocyanate) ; 101-68-8 등)
11. 베릴륨[7440-41-7] 및 그 화합물(Beryllium and its compounds)
12. 벤젠(Benzene ; 71-43-2)
13. 1,3-부타디엔(1,3-Butadiene ; 106-99-0)
14. 2-브로모프로판(2-Bromopropane ; 75-26-3)
15. 브롬화 메틸(Methyl bromide ; 74-83-9)
16. 산화에틸렌(Ethylene oxide ; 75-21-8)
17. 석면(제조·사용하는 경우만 해당한다)(Asbestos ; 1332-21-4 등)
18. 수은[7439-97-6] 및 그 무기화합물(Mercury and its inorganic compounds)
19. 스티렌(Styrene ; 100-42-5)
20. 시클로헥사논(Cyclohexanone ; 108-94-1)
21. 아닐린(Aniline ; 62-53-3)
22. 아크릴로니트릴(Acrylonitrile ; 107-13-1)
23. 암모니아(Ammonia ; 7664-41-7 등)
24. 염소(Chlorine ; 7782-50-5)
25. 염화비닐(Vinyl chloride ; 75-01-4)
26. 이황화탄소(Carbon disulfide ; 75-15-0)
27. 일산화탄소(Carbon monoxide ; 630-08-0)
28. 카드뮴[7440-43-9] 및 그 화합물(Cadmium and its compounds)
29. 코발트[7440-48-4] 및 그 무기화합물(Cobalt and its inorganic compounds)
30. 콜타르피치[65996-93-2] 휘발물(Coal tar pitch volatiles)
31. 톨루엔(Toluene ; 108-88-3)
32. 톨루엔-2,4-디이소시아네이트(Toluene-2,4-diisocyanate ; 584-84-9 등)
33. 톨루엔-2,6-디이소시아네이트(Toluene-2,6-diisocyanate ; 91-08-7 등)
34. 트리클로로메탄(Trichloromethane ; 67-66-3)
35. 트리클로로에틸렌(Trichloroethylene ; 79-01-6)

36. 포름알데히드(Formaldehyde ; 50-00-0)
37. n-헥산(n-Hexane ; 110-54-3)
38. 황산(Sulfuric acid ; 7664-93-9)

[별표 27]

석면조사기관의 인력·시설 및 장비 기준
(제90조 관련)

1. 인력기준
   가. 다음의 어느 하나에 해당하는 사람 1명 이상
      1) 산업위생관리기사 또는 대기환경기사 이상인 사람
      2) 산업위생관리산업기사 또는 대기환경산업기사 자격을 취득한 후 해당 분야에서 2년 이상 실무에 종사한 사람
   나. 다음의 어느 하나에 해당하는 사람 1명 이상
      1) 「초·중등교육법」에 따른 공업계 고등학교 또는 이와 같은 수준 이상의 학교를 졸업한 사람
      2) 「고등교육법」 제2조제1호부터 제6호까지의 규정에 따른 대학 또는 이와 같은 수준 이상의 학교에서 산업보건(위생)학·환경보건(위생)학 관련 학위를 취득한 사람(법령에 따라 이와 같은 수준 이상의 학력이 있다고 인정되는 사람을 포함한다) 또는 그 분야에서 2년 이상 실무에 종사한 사람
   다. 「고등교육법」 제2조제1호부터 제6호까지의 규정에 따른 대학 또는 이와 같은 수준 이상의 학교에서 산업보건(위생)학·환경보건(위생)학·환경공학·위생공학·약학·화학·화학공학·광물학 또는 화학 관련 학위를 취득한 사람(법령에 따라 이와 같은 수준 이상의 학력이 있다고 인정되는 사람을 포함한다) 중 분석을 전담하는 사람 1명 이상

2. 시설기준 : 분석실 및 조사준비실

3. 장비기준
   가. 지역시료 채취펌프
   나. 유량보정계
   다. 입체현미경
   라. 편광현미경
   마. 위상차현미경
   바. 흄 후드[고성능필터(HEPA필터) 이상의 공기정화장치가 장착된 것]
   사. 진공청소기[고성능필터(HEPA필터) 이상의 공기정화장치가 장착된 것]
   아. 아세톤 증기화 장치
   자. 전기로(600℃ 이상까지 작동 가능한 것이어야 한다)
   차. 필터 여과추출장치
   카. 저울(최소 측정단위가 0.1㎎ 이하이어야 한다)

※ 비고 :
   1. 제1호가목에 해당하는 인력이 2명 이상인 경우에는 같은 호 나목에 해당하는 인력을 갖추지 않을 수 있다.
   2. 제2호의 시설과 제3호가목 및 나목을 제외한 장비는 해당 기관이 법 제48조에 따른 안전보

건진단기관, 법 제126조에 따른 작업환경측정기관, 법 제135조에 따른 특수건강진단기관으로 지정을 받으려고 하거나 지정을 받아 그 장비를 보유하고 있는 경우에는 분석능력 등을 고려하여 이를 공동으로 활용할 수 있다. 이 경우 공동으로 활용될 수 있는 시설 및 장비는 필요한 지정 기준에 포함되는 것으로 인정한다.

[별표 28] (2022.8.16 개정)

석면해체·제거업자의 인력·시설 및 장비 기준

(제92조 관련)

1. 인력기준

가. 「국가기술자격법」에 따른 산업안전산업기사, 건설안전산업기사, 산업위생관리산업기사, 대기환경산업기사 또는 폐기물처리산업기사 이상의 자격을 취득한 후 석면해체·제거작업 방법, 보호구 착용 방법 등에 관하여 고용노동부장관이 정하여 고시하는 교육(이하 "석면해체·제거관리자교육"이라 한다)을 이수하고 석면해체·제거 관련 업무를 전담하는 사람 1명 이상

나. 다음의 어느 하나에 해당하는 자격 또는 실무경력을 갖춘 후 석면해체·제거관리자교육을 이수하고 석면해체·제거 관련 업무를 전담하는 사람 1명 이상

1) 「건설기술 진흥법」에 따른 토목·건축 분야 건설기술인

2) 「국가기술자격법」에 따른 토목·건축 분야의 기술자격

3) 토목·건축 분야 2년 이상의 실무경력

2. 시설기준 : 사무실

3. 장비기준

가. 고성능필터(HEPA 필터)가 장착된 음압기(陰壓機 : 작업장 내의 기압을 인위적으로 떨어뜨리는 장비)

나. 음압기록장치

다. 고성능필터(HEPA 필터)가 장착된 진공청소기

라. 위생설비(평상복 탈의실, 샤워실 및 작업복 탈의실이 설치된 설비)

마. 송기마스크 또는 전동식 호흡보호구[전동식 방진마스크(전면형 특등급만 해당한다), 전동식 후드 또는 전동식 보안면(분진·미스트·흄에 대한 용도로 안면부 누설률이 0.05% 이하인 특등급에만 해당한다)]

바. 습윤장치(濕潤裝置)

※ 비고 : 제1호가목에 해당하는 인력이 2명 이상인 경우에는 같은 호 나목에 해당하는 인력을 갖추지 않을 수 있다.

[별표 29] (2024.6.25 개정)

작업환경측정기관의 유형별 인력·시설 및 장비 기준
(제95조 관련)

1. 사업장 위탁측정기관의 경우
 가. 인력기준
  1) 측정대상 사업장(매 반기 동안 측정하려는 사업장을 말한다. 이하 이 목에서 같다)이 총 240개소 미만이고 그 중 5명 이상 사업장이 120개소 미만인 경우
   가) 법 제143조제1항에 따른 산업보건지도사 자격을 가진 사람 또는 산업위생관리기술사 1명 이상
   나) 다음의 어느 하나에 해당하는 분석을 전담하는 사람 1명 이상
    (1) 대학 또는 이와 같은 수준 이상의 학교에서 산업보건(위생)학·환경보건(위생)학·환경공학·위생공학·약학·화학·화학공학 관련 학위를 취득한 사람(법령에 따라 이와 같은 수준 이상의 학력이 있다고 인정되는 사람을 포함한다)
    (2) 대학 또는 이와 같은 수준 이상의 학교에서 화학 관련 학위(화학과 및 화학공학과 학위는 제외한다)를 취득한 사람(법령에 따라 이와 같은 수준 이상의 학력이 있다고 인정되는 사람을 포함한다) 중 분석화학(실험)을 3학점 이상 이수한 사람
   다) 산업위생관리산업기사 이상인 사람 1명 이상
  2) 측정대상 사업장이 총 480개소 미만이고 그 중 5명 이상 사업장이 240개소 미만인 경우
   가) 법 제143조제1항에 따른 산업보건지도사 자격을 가진 사람 또는 산업위생관리기술사 1명 이상
   나) 다음의 어느 하나에 해당하는 분석을 전담하는 사람 1명 이상
    (1) 대학 또는 이와 같은 수준 이상의 학교에서 산업보건(위생)학·환경보건(위생)학·환경공학·위생공학·약학·화학·화학공학 관련 학위를 취득한 사람(법령에 따라 이와 같은 수준 이상의 학력이 있다고 인정되는 사람을 포함한다)
    (2) 대학 또는 이와 같은 수준 이상의 학교에서 화학 관련 학위(화학과 및 화학공학과 학위는 제외한다)를 취득한 사람(법령에 따라 이와 같은 수준 이상의 학력이 있다고 인정되는 사람을 포함한다) 중 분석화학(실험)을 3학점 이상 이수한 사람
   다) 산업위생관리기사 이상인 사람 1명 이상
   라) 산업위생관리산업기사 이상인 사람 2명 이상
  3) 측정대상 사업장이 총 720개소 미만이고 그 중 5명 이상 사업장이 360개소 미만인 경우
   가) 법 제143조제1항에 따른 산업보건지도사 자격을 가진 사람 또는 산업위생관리기술사 1명 이상
   나) 다음의 어느 하나에 해당하는 분석을 전담하는 사람 2명 이상
    (1) 대학 또는 이와 같은 수준 이상의 학교에서 산업보건(위생)학·환경보건(위생)학·환경공학·위생공학·약학·화학·화학공학 관련 학위를 취득한 사람(법령에 따라 이와 같은 수준 이상의 학력이 있다고 인정되는 사람을 포함한다)
    (2) 대학 또는 이와 같은 수준 이상의 학교에서 화학 관련 학위(화학과 및 화학공학과 학위는 제외한다)를 취득한 사람(법령에 따라 이와 같은 수준 이상의 학력이 있다고 인정되는 사람을 포함한다) 중 분석화학(실험)을 3학점 이상 이수한 사람

다) 산업위생관리기사 이상인 사람 1명 이상
라) 산업위생관리산업기사 이상인 사람 3명 이상
4) 상시근로자 5명 이상인 측정대상 사업장이 360개소 이상인 경우에는 60개소가 추가될 때마다 3)의 인력기준 외에 산업위생관리산업기사 이상인 사람을 1명 이상 추가한다.

나. 시설기준
작업환경측정 준비실 및 분석실험실

다. 장비기준
1) 화학적 인자·분진의 채취를 위한 개인용 시료채취기 세트
2) 광전분광광도계
3) 검지관 등 가스·증기농도 측정기 세트
4) 저울(최소 측정단위가 0.01㎎ 이하이어야 한다)
5) 소음측정기(누적소음폭로량 측정이 가능한 것이어야 한다)
6) 건조기 및 데시케이터
7) 순수제조기(2차 증류용), 드래프트 체임버 및 화학실험대
8) 대기의 온도·습도·기류·고열 및 조도 등을 측정할 수 있는 기기
9) 산소농도측정기
10) 가스크로마토그래피(GC)
11) 원자흡광광도계(AAS) 또는 유도결합 플라스마(ICP)
12) 국소배기시설 성능시험장비 : 스모크테스터, 청음기 또는 청음봉, 전열저항계, 표면온도계 또는 초자온도계, 정압 프로브가 달린 열선풍속계, 회전계(R.P.M측정기) 또는 이와 같은 수준 이상의 성능을 가진 설비
13) 분석을 할 때에 유해물질을 배출할 우려가 있는 경우 배기 또는 배액처리를 위한 설비
14) 다음 각 호의 어느 하나에 해당하는 유해인자를 측정하려는 때에는 해당 설비 또는 이와 같은 수준 이상의 성능이 있는 설비
가) 톨루엔 디이소시아네이트(TDI) 등 이소시아네이트 화합물 : 고속액체 크로마토그래피(HPLC)
나) 유리규산(SiO2) : X-ray회절분석기 또는 적외선분광분석기
다) 석면 : 위상차현미경 및 석면 분석에 필요한 부속품

2. 사업장 자체측정기관의 경우

가. 인력기준
1) 산업위생관리기사 이상의 자격을 취득한 사람 1명 또는 산업위생관리산업기사 자격을 취득한 후 산업위생 실무경력이 2년 이상인 사람 1명 이상
2) 대학 또는 이와 같은 수준 이상의 학교에서 산업보건(위생)학·환경보건(위생)학·환경공학·위생공학·약학·화학 또는 화학공학 관련 학위를 취득한 사람(법령에 따라 이와 같은 수준 이상의 학력이 있다고 인정되는 사람을 포함한다) 1명 이상(다만, 측정대상 사업장에서 실험실 분석이 필요하지 않은 유해인자만 발생하는 경우에는 제외할 수 있다)

나. 시설기준 : 작업환경측정 준비실 또는 분석실험실

다. 장비기준 : 해당 사업장이나 측정대상 사업장의 유해인자 측정·분석에 필요한 장비

※ 비고 :

1. 제1호다목2)·4)·6)·7)·10)·11)·13) 및 14)의 장비는 해당 기관이 법 제48조에 따른 안전보건진단기관, 법 제135조에 따른 특수건강진단기관으로 지정을 받으려고 하거나 지정을 받아 그 장비를 보유하고 있는 경우에는 분석능력 등을 고려하여 이를 공동활용할 수 있다.
2. 다음 각 목의 어느 하나에 해당하는 경우에는 작업환경측정 시 채취한 유해인자 시료의 분석을 해당 시료를 분석할 수 있는 다른 위탁측정기관 또는 유해인자별·업종별 작업환경전문연구기관에 의뢰할 수 있다.
   가. 제1호다목10) 또는 11)의 장비에 별도의 부속장치를 장착해야 분석이 가능한 유해인자의 시료를 채취하는 경우
   나. 제1호다목14)의 장비를 보유하지 않은 기관이 해당 장비로 분석이 가능한 유해인자의 시료를 채취하는 경우
   다. 그 밖에 고용노동부장관이 필요하다고 인정하여 고시하는 경우
3. 비고 제2호에 따라 분석을 의뢰할 수 있는 유해인자 시료의 종류, 분석의뢰 절차 및 그 밖에 필요한 사항은 고용노동부장관이 정하여 고시한다.

[별표 30] (2024.6.25 개정)

특수건강진단기관의 인력·시설 및 장비 기준
(제97조제1항 관련)

1. 인력기준
   가. 「의료법」에 따른 직업환경의학과 전문의(2015년 12월 31일 당시 특수건강진단기관에서 특수건강진단업무에 8년 이상 계속하여 종사하고 있는 의사를 포함한다. 이하 이 목에서 같다) 1명 이상. 다만, 다음의 기준에 따라 직업환경의학과 전문의를 추가하되, 1) 또는 2)를 적용한 직업환경의학과 전문의 추가 인원 수가 각각 같은 경우에는 해당 인원 수를 추가하고, 서로 다른 경우에는 더 큰 인원 수를 추가한다.
      1) 1년 동안 특수건강진단 실시 대상 근로자의 수가 1만명을 넘는 경우 : 근로자 1만명당 직업환경의학과 전문의 1명씩
      2) 1년 동안 특수건강진단 실시 대상 근로자의 수와 법 제130조제2항에 따른 배치전건강진단 실시 대상 근로자의 수의 합계가 1만3천명을 넘는 경우 : 근로자 1만3천명당 직업환경의학과 전문의 1명씩
   나. 「의료법」에 따른 간호사 2명 이상
   다. 「의료기사 등에 관한 법률」에 따른 임상병리사 1명 이상
   라. 「의료기사 등에 관한 법률」에 따른 방사선사 1명 이상
   마. 「고등교육법」에 따른 전문대학 또는 이와 같은 수준 이상의 학교에서 화학, 화공학, 약학 또는 산업보건학을 전공한 사람(법령에 따라 이와 같은 수준 이상의 학력이 있다고 인정되는 사람을 포함한다) 또는 산업위생관리산업기사 이상의 자격을 취득한 사람 1명 이상

2. 시설기준
   가. 진료실
   나. 방음실(청력검사용)
   다. 임상병리검사실
   라. 엑스선촬영실

3. 장비기준
   가. 시력검사기
   나. 청력검사기(오디오 체커는 제외한다)
   다. 현미경
   라. 백혈구 백분율 계산기(자동혈구계수기로 계산이 가능한 경우는 제외한다)
   마. 항온수조
   바. 원심분리기(원심력을 이용해 혼합액을 분리하는 기계)
   사. 간염검사용 기기
   아. 저울(최소 측정단위가 0.01㎎ 이하이어야 한다)
   자. 자외선-가시광선 분광 광도계(같은 기기보다 성능이 우수한 기기 보유 시에는 제외한다)
   차. 엑스선촬영기
   카. 자동 혈구계수기

타. 자동 혈액화학(생화학)분석기 또는 간기능검사·혈액화학검사·신장기능검사에 필요한 기기

파. 폐기능검사기

하. 냉장고

거. 원자흡광광도계(시료 속의 금속원자가 흡수하는 빛의 양을 측정하는 장치) 또는 그 이상의 성능을 가진 기기

너. 가스크로마토그래프(기체 상태의 혼합물을 분리하여 분석하는 장치) 또는 그 이상의 성능을 가지는 기기. 다만, 사업장 부속의료기관으로서 특수건강진단기관으로 지정을 받으려고 하거나 지정을 받은 경우에는 그 사업장의 유해인자 유무에 따라 거목 또는 너목의 기기 모두를 갖추지 않을 수 있다.

※ 비고 :

1. 제3호아목·자목·거목 및 너목의 장비는 해당 기관이 법 제48조에 따른 안전보건진단기관, 법 제126조에 따른 작업환경측정기관으로 지정을 받으려고 하거나 지정을 받아 같은 장비를 보유하고 있는 경우에는 분석 능력 등을 고려하여 이를 공동 활용할 수 있다.
2. 법 제135조제3항에 따라 고용노동부장관이 실시하는 특수건강진단기관의 진단·분석 능력 확인 결과 적합 판정을 받은 기관과 생물학적 노출지표 분석 의뢰계약을 체결한 경우에는 제1호마목의 인력과 제3호마목·아목·자목·거목 및 너목의 장비를 갖추지 않을 수 있다.

[별표 31]

지도사의 업무 영역별 업무 범위

(제102조제2항 관련)

1. 법 제145조제1항에 따라 등록한 산업안전지도사(기계안전·전기안전·화공안전 분야)
   가. 유해위험방지계획서, 안전보건개선계획서, 공정안전보고서, 기계·기구·설비의 작업계획서 및 물질안전보건자료 작성 지도
   나. 다음의 사항에 대한 설계·시공·배치·보수·유지에 관한 안전성 평가 및 기술 지도
      1) 전기
      2) 기계·기구·설비
      3) 화학설비 및 공정
   다. 정전기·전자파로 인한 재해의 예방, 자동화설비, 자동제어, 방폭전기설비 및 전력시스템 등에 대한 기술 지도
   라. 인화성 가스, 인화성 액체, 폭발성 물질, 급성독성 물질 및 방폭설비 등에 관한 안전성 평가 및 기술 지도
   마. 크레인 등 기계·기구, 전기작업의 안전성 평가
   바. 그 밖에 기계, 전기, 화공 등에 관한 교육 또는 기술 지도

2. 법 제145조제1항에 따라 등록한 산업안전지도사(건설안전 분야)
   가. 유해위험방지계획서, 안전보건개선계획서, 건축·토목 작업계획서 작성 지도
   나. 가설구조물, 시공 중인 구축물, 해체공사, 건설공사 현장의 붕괴우려 장소 등의 안전성 평가
   다. 가설시설, 가설도로 등의 안전성 평가
   라. 굴착공사의 안전시설, 지반붕괴, 매설물 파손 예방의 기술 지도
   마. 그 밖에 토목, 건축 등에 관한 교육 또는 기술 지도

3. 법 제145조제1항에 따라 등록한 산업보건지도사(산업위생 분야)
   가. 유해위험방지계획서, 안전보건개선계획서, 물질안전보건자료 작성 지도
   나. 작업환경측정 결과에 대한 공학적 개선대책 기술 지도
   다. 작업장 환기시설의 설계 및 시공에 필요한 기술 지도
   라. 보건진단결과에 따른 작업환경 개선에 필요한 직업환경의학적 지도
   마. 석면 해체·제거 작업 기술 지도
   바. 갱내, 터널 또는 밀폐공간의 환기·배기시설의 안전성 평가 및 기술 지도
   사. 그 밖에 산업보건에 관한 교육 또는 기술 지도

4. 법 제145조제1항에 따라 등록한 산업보건지도사(직업환경의학 분야)
   가. 유해위험방지계획서, 안전보건개선계획서 작성 지도
   나. 건강진단 결과에 따른 근로자 건강관리 지도
   다. 직업병 예방을 위한 작업관리, 건강관리에 필요한 지도
   라. 보건진단 결과에 따른 개선에 필요한 기술 지도
   마. 그 밖에 직업환경의학, 건강관리에 관한 교육 또는 기술 지도

[별표 32]

지도사 자격시험 중 필기시험의 업무 영역별 과목 및 범위

(제103조제2항 관련)

<table>
<tr><th colspan="2" rowspan="2">구분</th><th colspan="4">산업안전지도사</th><th colspan="2">산업보건지도사</th></tr>
<tr><th>기계안전 분야</th><th>전기안전 분야</th><th>화공안전 분야</th><th>건설안전 분야</th><th>직업환경 의학분야</th><th>산업위생 분야</th></tr>
<tr><td rowspan="2">전공필수</td><td>과목</td><td>기계안전 공학</td><td>전기안전 공학</td><td>화공안전 공학</td><td>건설안전 공학</td><td>직업환경 의학</td><td>산업위생 공학</td></tr>
<tr><td>시험범위</td><td>- 기계·기구·설비의 안전 등(위험기계·양중기·운반기계·압력용기 포함)
- 공장자동화설비의 안전기술 등
- 기계·기구·설비의 설계·배치·보수·유지기술 등</td><td>- 전기기계·기구 등으로 인한 위험 방지 등(전기방폭설비 포함)
- 정전기 및 전자파로 인한 재해예방 등
- 감전사고 방지기술 등
- 컴퓨터·계측제어 설비의 설계 및 관리기술 등</td><td>- 가스·방화 및 방폭설비 등, 화학장치·설비안전 및 방식기술 등
- 정성·정량적 위험성 평가, 위험물 누출·확산 및 피해 예측 등
- 유해위험물질 화재폭발 방지론, 화학공정 안전관리 등</td><td>- 건설공사용 가설구조물·기계·기구 등의 안전기술 등
- 건설공법 및 시공방법에 대한 위험성 평가 등
- 추락·낙하·붕괴·폭발 등 재해요인별 안전대책 등
- 건설현장의 유해·위험요인에 대한 안전기술 등</td><td>- 직업병의 종류 및 인체 발병경로, 직업병의 증상 판단 및 대책 등
- 역학조사의 연구방법, 조사 및 분석방법, 직종별 직업환경의학적 관리대책 등
- 유해인자별 특수건강진단 방법, 판정 및 사후관리대책 등
- 근골격계질환, 직무스트레스 등 업무상 질환의 대책 및 작업관리방법 등</td><td>- 산업환기설비의 설계, 시스템의 성능 검사·유지관리기술 등
- 유해인자별 작업환경측정방법, 산업위생통계 처리 및 해석, 공학적 대책 수립기술 등
- 유해인자별 인체에 미치는 영향·대사 및 축적, 인체의 방어기전 등
- 측정시료의 전처리 및 분석방법, 기기분석 및 정도관리기술 등</td></tr>
<tr><td colspan="2">공통필수 I</td><td colspan="6">산업안전보건법령</td></tr>
<tr><td></td><td>시험범위</td><td colspan="6">「산업안전보건법」, 「산업안전보건법 시행령」, 「산업안전보건법 시행규칙」, 「산업안전보건기준에 관한 규칙」</td></tr>
<tr><td colspan="2">공통필수 II</td><td colspan="3">산업안전 일반</td><td colspan="3">산업위생 일반</td></tr>
</table>

	시험 범위	산업안전교육론, 안전관리 및 손실방지론, 신뢰성공학, 시스템안전공학, 인간공학, 위험성평가, 산업재해 조사 및 원인 분석 등	산업위생개론, 작업관리, 산업위생보호구, 위험성평가, 산업재해 조사 및 원인 분석 등
공통필수 Ⅲ		기업진단·지도	
	시험 범위	경영학(인적자원관리, 조직관리, 생산관리), 산업심리학, 산업위생개론	경영학(인적자원관리, 조직관리, 생산관리), 산업심리학, 산업안전개론

[별표 33]

과징금의 부과기준

(제111조 관련)

1. 일반기준

가. 업무정지기간은 법 제163조제2항에 따른 업무정지의 기준에 따라 부과되는 기간을 말하며, 업무정지기간의 1개월은 30일로 본다.

나. 과징금 부과금액은 위반행위를 한 지정기관의 연간 총 매출금액의 1일 평균매출금액을 기준으로 제2호에 따라 산출한다.

다. 과징금 부과금액의 기초가 되는 1일 평균매출금액은 위반행위를 한 해당 지정기관에 대한 행정처분일이 속한 연도의 전년도 1년간의 총 매출금액을 365로 나눈 금액으로 한다. 다만, 신규 개설 또는 휴업 등으로 전년도 1년간의 총 매출금액을 산출할 수 없거나 1년간의 총 매출금액을 기준으로 하는 것이 타당하지 않다고 인정되는 경우에는 분기(90일을 말한다)별, 월별 또는 일별 매출금액을 해당 단위에 포함된 일수로 나누어 1일 평균매출금액을 산정한다.

라. 제2호에 따라 산출한 과징금 부과금액이 10억원을 넘는 경우에는 과징금 부과금액을 10억원으로 한다.

마. 고용노동부장관은 위반행위의 동기, 내용 및 횟수 등을 고려하여 제2호에 따른 과징금 부과금액의 2분의 1 범위에서 과징금을 늘리거나 줄일 수 있다. 다만, 늘리는 경우에도 과징금 부과금액의 총액은 10억원을 넘을 수 없다.

2. 과징금의 산정방법

과징금 부과금액=위반사업자 1일 평균매출금액×업무정지 일수×0.1

[별표 34]

도급금지 등 의무위반에 따른 과징금의 산정기준

(제113조제1항 관련)

1. 일반기준
   과징금은 법 제161조제1항 각 호의 경우, 같은 조 제2항 각 호의 사항 및 구체적인 위반행위의 내용 등을 종합적으로 고려하여 그 금액을 산정한다.

2. 과징금의 구체적 산정기준
   고용노동부장관은 제1호에 따라 과징금의 금액을 산정하되, 가목의 위반행위 및 도급금액에 따라 산출되는 금액(이하 "기본 산정금액"이라 한다)에 나목의 위반 기간 및 횟수에 따른 조정(이하 "1차 조정"이라 한다)과 다목의 관계수급인 근로자의 산업재해 예방에 필요한 조치 이행을 위한 노력의 정도 및 산업재해(도급인 및 관계수급인의 근로자가 사망한 경우 또는 3일 이상의 휴업이 필요한 부상을 입거나 질병에 걸린 경우로 한정한다. 이하 이 별표에서 같다)의 발생빈도에 따른 조정(이하 "2차 조정"이라 한다)을 거쳐 과징금 부과액을 산정한다. 다만, 산정된 과징금이 10억원을 초과하는 경우에는 10억원으로 한다.
   가. 위반행위 및 도급금액에 따른 산정기준

위반행위	근거 법조문	기본 산정금액
1) 법 제58조제1항을 위반하여 도급한 경우	법 제161조 제1항제1호	연간 도급금액의 100분의 50
2) 법 제58조제2항제2호를 위반하여 승인을 받지 않고 도급한 경우	법 제161조 제1항제2호	연간 도급금액의 100분의 40
3) 법 제59조제1항을 위반하여 승인을 받지 않고 도급한 경우	법 제161조 제1항제2호	연간 도급금액의 100분의 40
4) 법 제60조를 위반하여 승인을 받아 도급받은 작업을 재하도급한 경우	법 제161조 제1항제3호	연간 도급금액의 100분의 50

※ 비고 : 도급금액은 다음 각 호에 따라 산출한다.
1. 도급금지 등 의무위반이 있는 작업과 의무위반이 없는 작업을 함께 도급한 경우 각 작업별로 도급금액을 산출할 수 있으면 의무위반이 있는 작업의 금액만을 도급금액으로 하고, 각 작업을 분리할 수 없어 각 작업별로 도급금액을 산출할 수 없으면 해당 작업의 상시근로자 수에 따른 비율로 도급금액을 추계한다.
2. 도급금지와 도급승인을 함께 위반한 경우 등 2가지 이상 위반행위가 중복되는 경우에는 중대한 위반행위의 도급금액을 기준으로 한다.

   나. 1차 조정 기준
      1) 위반 기간에 따른 조정

위반 기간	가중치
1년 이내	-
1년 초과 2년 이내	기본 산정금액×100분의 20

2년 초과 3년 이내	기본 산정금액×100분의 50
3년 이상	기본 산정금액×100분의 80

2) 위반 횟수에 따른 조정

위반 기간	가중치
3년간 1회 위반	기본 산정금액×100분의 20
3년간 2회 위반	기본 산정금액×100분의 50
3년간 3회 위반	기본 산정금액×100분의 80

3) 위반 기간과 위반 횟수에 따른 조정에 모두 해당하는 경우에는 해당 가중치를 합산한다.

다. 2차 조정 기준

1) 관계수급인 근로자의 산업재해 예방에 필요한 조치 이행을 위한 노력의 정도

조치 이행의 노력	감경치
3년간 법 제63조부터 제66조까지의 규정에 따른 도급인의 의무사항 이행 여부에 대한 근로감독관의 점검을 받은 결과 해당 규정 위반을 이유로 행정처분을 받지 않은 경우	1차 조정 기준에 따른 금액×100분의 50
3년간 법 제63조부터 제66조까지의 규정에 따른 도급인의 의무사항 이행 여부에 대한 근로감독관의 점검을 받지 않은 경우 또는 해당 점검을 받은 결과 법 제63조부터 제66조까지의 규정 위반을 이유로 행정처분을 받은 경우	-

2) 산업재해 발생 빈도

산업재해 발생 빈도	가중치
3년간 미발생	-
3년간 1회 이상 발생	1차 조정 기준에 따른 금액×100분의 20

3) 산업재해 예방에 필요한 조치 이행을 위한 노력의 정도와 산업재해 발생 빈도에 따른 조정에 모두 해당하는 경우에는 해당 감경치와 가중치를 합산한다.

3. 비고

가. 이 표에서 "위반 기간"이란 위반행위가 있었던 날부터 위반행위가 적발된 날까지의 기간을 말한다.

나. 이 표에서 3년간이란 위반행위가 적발된 날부터 최근 3년간을 말한다.

[별표 35] (2023.6.27 개정)

과태료의 부과기준
(제119조 관련)

1. 일반기준
   가. 위반행위의 횟수에 따른 과태료의 가중된 부과기준은 최근 5년간 같은 위반행위로 과태료 부과처분을 받은 경우에 적용한다. 이 경우 기간의 계산은 위반행위에 대하여 과태료 부과처분을 받은 날과 그 처분 후 다시 같은 위반행위를 하여 적발한 날을 기준으로 한다.
   나. 가목에 따라 가중된 부과처분을 하는 경우 가중처분의 적용 차수는 그 위반행위 전 부과처분 차수(가목에 따른 기간 내에 과태료 부과처분이 둘 이상 있었던 경우에는 높은 차수를 말한다)의 다음 차수로 한다. 다만, 적발된 날부터 소급하여 5년이 되는 날 전에 한 부과처분은 가중처분의 차수 산정 대상에서 제외한다.
   다. 부과권자는 다음의 어느 하나에 해당하는 경우에는 제4호의 개별기준에 따른 과태료 부과금액의 2분의 1 범위에서 그 금액을 줄일 수 있다. 다만, 과태료를 체납하고 있는 위반행위자의 경우에는 그 금액을 줄일 수 없다.
      1) 위반행위자가 자연재해·화재 등으로 재산에 현저한 손실을 입었거나 사업 여건의 악화로 사업이 중대한 위기에 처하는 등의 사정이 있는 경우
      2) 그 밖에 위반행위의 동기와 결과, 위반 정도 등을 고려하여 그 금액을 줄일 필요가 있다고 인정되는 경우
   라. 위반행위에 대하여 다목 및 제3호에 따른 과태료 감경사유가 중복되는 경우에도 감경되는 과태료 부과금액의 총액은 제4호에 따른 과태료 부과금액의 2분의 1을 넘을 수 없다.
   마. 제4호에 따른 과태료 부과금액이 100만원 미만인 경우에는 다목 또는 제3호에 따라 줄이지 않고 제4호에 따라 과태료를 부과한다. 다만, 다목 또는 제3호에 따라 줄인 후 과태료 금액이 100만원 미만이 된 경우에는 100만원으로 부과한다.

2. 특정 사업장에 대한 과태료 부과기준
   다음 각 목의 어느 하나에 해당하는 재해 또는 사고가 발생한 사업장에 대하여 법 제56조제1항에 따라 실시하는 발생원인 조사 또는 이와 관련된 감독에서 적발된 위반행위에 대해서는 그 위반행위에 해당하는 제4호의 개별기준 중 3차 이상 위반 시의 금액에 해당하는 과태료를 부과한다.
   가. 중대재해
   나. 법 제44조제1항 전단에 따른 중대산업사고

3. 사업장 규모 또는 공사 규모에 따른 과태료 감경기준
   다음 각 목의 어느 하나에 해당하는 규모(건설공사의 경우에는 괄호 안의 공사금액)의 사업장에 대해서는 제4호에 따른 과태료 금액에 해당 목에서 규정한 비율을 곱하여 산출한 금액을 과태료로 부과한다.
   가. 상시근로자 50명(10억원) 이상 100명(40억원) 미만 : 100분의 90
   나. 상시근로자 10명(3억원) 이상 50명(10억원) 미만 : 100분의 80
   다. 상시근로자 10명(3억원) 미만 : 100분의 70

4. 개별기준

위반행위	근거 법조문	세부내용	과태료 금액(만원)		
			1차 위반	2차 위반	3차 이상 위반
가. 법 제10조제3항 후단을 위반하여 관계수급인에 관한 자료를 제출하지 않거나 거짓으로 제출한 경우	법 제175조 제4항 제1호		1,000	1,000	1,000
나. 법 제14조제1항을 위반하여 회사의 안전 및 보건에 관한 계획을 이사회에 보고하지 않거나 승인을 받지 않은 경우	법 제175조 제4항 제2호		1,000	1,000	1,000
다. 법 제15조제1항을 위반하여 사업장을 실질적으로 총괄하여 관리하는 사람으로 하여금 업무를 총괄하여 관리하도록 하지 않은 경우	법 제175조 제5항 제1호	1) 안전보건관리책임자를 선임하지 않은 경우	500	500	500
		2) 안전보건관리책임자로 하여금 업무를 총괄하여 관리하도록 하지 않은 경우	300	400	500
라. 법 제16조제1항을 위반하여 관리감독자에게 직무와 관련된 산업 안전 및 보건에 관한 업무를 수행하도록 하지 않은 경우	법 제175조 제5항 제1호		300	400	500
마. 법 제17조제1항, 제18조제1항 또는 제19조제1항 본문을 위반하여 안전관리자, 보건관리자 또는 안전보건관리담당자를 두지 않거나 이들로 하여금 업무를 수행하도록 하지 않은 경우	법 제175조 제5항 제1호	1) 안전관리자를 선임하지 않은 경우	500	500	500
		2) 선임된 안전관리자로 하여금 안전관리자의 업무를 수행하도록 하지 않은 경우	300	400	500
		3) 보건관리자를 선임하지 않은 경우	500	500	500
		4) 선임된 보건관리자로 하여금 보건관리자의 업무를 수행하도록 하지 않은 경우	300	400	500
		5) 안전보건관리담당자를 선임하지 않은 경우	500	500	500
		6) 선임된 안전보건관리담당자로 하여금 안전보건관리담당자의 업무를 수행하도록 하지 않은 경우	300	400	500
바. 법 제17조제3항 또는 제18조제3항을 위반하여 안전관리자 또는 보건관리자가 그 업무만을 전담하도록 하지 않은 경우	법 제175조 제5항 제1호		200	300	500

과태료

사. 법 제17조제4항, 제18조제4항 또는 제19조제3항에 따른 명령을 위반하여 안전관리자, 보건관리자 또는 안전보건관리담당자를 늘리지 않거나 교체하지 않은 경우	법 제175조 제5항 제2호		500	500	500
아. 법 제22조제1항 본문을 위반하여 산업보건의를 두지 않은 경우	법 제175조 제5항 제1호		300	400	500
자. 법 제24조제1항을 위반하여 산업안전보건위원회를 구성·운영하지 않은 경우(법 제75조에 따라 노사협의체를 구성·운영하지 않은 경우를 포함한다)	법 제175조 제5항 제1호	1) 산업안전보건위원회를 구성하지 않은 경우(법 제75조에 따라 노사협의체를 구성한 경우는 제외한다)	500	500	500
		2) 제37조를 위반하여 산업안전보건위원회(법 제75조에 따라 구성된 노사협의체를 포함한다)의 정기회의를 개최하지 않은 경우(1회당)	50	250	500
차. 법 제24조제4항을 위반하여 산업안전보건위원회가 심의·의결한 사항을 성실하게 이행하지 않은 경우	법 제175조 제5항 제1호	1) 사업주가 성실하게 이행하지 않은 경우	50	250	500
		2) 근로자가 성실하게 이행하지 않은 경우	10	20	30
카. 법 제25조제1항을 위반하여 안전보건관리규정을 작성하지 않은 경우	법 제175조 제5항 제1호		150	300	500
타. 법 제26조를 위반하여 안전보건관리규정을 작성하거나 변경할 때 산업안전보건위원회의 심의·의결을 거치지 않거나 근로자대표의 동의를 받지 않은 경우	법 제175조 제5항 제1호		50	250	500
파. 법 제29조제1항(법 제166조의2에서 준용하는 경우를 포함한다)을 위반하여 정기적으로 안전보건교육을 하지 않은 경우	법 제175조 제5항 제1호	1) 교육대상 근로자 1명당	10	20	50
		2) 교육대상 관리감독자 1명당	50	250	500
하. 법 제29조제2항(법 제166조의2에서 준용하는 경우를 포함한다)을 위반하여 근로자를 채용할 때와 작업내용	법 제175조 제5항 제1호	교육대상 근로자 1명당	10	20	50

을 변경할 때(현장실습생의 경우는 현장실습을 최초로 실시할 때와 실습내용을 변경할 때를 말한다) 안전보건교육을 하지 않은 경우					
거. 법 제29조제3항(법 제166조의2에서 준용하는 경우를 포함한다)을 위반하여 유해하거나 위험한 작업에 근로자를 사용할 때(현장실습생의 경우는 현장실습을 실시할 때를 말한다) 안전보건교육을 추가로 하지 않은 경우	법 제175조 제2항 제1호	교육대상 근로자 1명당	50	100	150
너. 법 제31조제1항을 위반하여 건설 일용근로자를 채용할 때 기초안전보건교육을 이수하도록 하지 않은 경우	법 제175조 제5항 제1호	교육대상 근로자 1명당	10	20	50
더. 법 제32조제1항을 위반하여 안전보건관리책임자 등으로 하여금 직무와 관련한 안전보건교육을 이수하도록 하지 않은 경우	법 제175조 제5항 제1호	1) 법 제32조제1항제1호부터 제3호까지의 규정에 해당하는 사람으로 하여금 안전보건교육을 이수하도록 하지 않은 경우	500	500	500
		2) 법 제32조제1항제4호에 해당하는 사람으로 하여금 안전보건교육을 이수하도록 하지 않은 경우	100	200	500
	법 제175조 제6항 제1호	3) 법 제32조제1항제5호에 해당하는 사람으로 하여금 안전보건교육을 이수하도록 하지 않은 경우	300	300	300
러. 법 제34조를 위반하여 법과 법에 따른 명령의 요지, 안전보건관리규정을 게시하지 않거나 갖추어 두지 않은 경우	법 제175조 제5항 제3호		50	250	500
머. 법 제35조를 위반하여 근로자대표의 요청 사항을 근로자대표에게 통지하지 않은 경우	법 제175조 제6항 제2호		30	150	300
버. 법 제37조제1항을 위반하여 안전보건표지를 설치·부착하지 않거나 설치·부착된 안전보건표지가 같은 항에 위배되는 경우	법 제175조 제5항 제1호	1개소당	10	30	50

서. 법 제40조(법 제166조의2에서 준용하는 경우를 포함한다)를 위반하여 조치 사항을 지키지 않은 경우	법 제175조 제6항 제3호		5	10	15
어. 법 제41조제2항(법 제166조의2에서 준용하는 경우를 포함한다)을 위반하여 필요한 조치를 하지 않은 경우	법 제175조 제4항 제3호		300	600	1,000
저. 법 제42조제1항·제5항·제6항을 위반하여 유해위험방지계획서 또는 심사결과서를 작성하여 제출하지 않거나 심사결과서를 갖추어 두지 않은 경우	법 제175조 제4항 제3호	1) 법 제42조제1항을 위반하여 유해위험방지계획서 또는 자체 심사결과서를 작성하여 제출하지 않은 경우			
		가) 법 제42조제1항제1호 또는 제2호에 해당하는 사업주	300	600	1,000
		나) 법 제42조제1항제3호에 해당하는 사업주	1,000	1,000	1,000
		2) 법 제42조제5항을 위반하여 유해위험방지계획서와 그 심사결과서를 사업장에 갖추어 두지 않은 경우	300	600	1,000
		3) 법 제42조제6항을 위반하여 변경할 필요가 있는 유해위험방지계획서를 변경하여 갖추어 두지 않은 경우			
		가) 유해위험방지계획서를 변경하지 않은 경우	1,000	1,000	1,000
		나) 유해위험방지계획서를 변경했으나 갖추어 두지 않은 경우	300	600	1,000
처. 법 제42조제2항을 위반하여 자격이 있는 자의 의견을 듣지 않고 유해위험방지계획서를 작성·제출한 경우	법 제175조 제6항 제4호		30	150	300
커. 법 제43조제1항을 위반하여 고용노동부장관의 확인을 받지 않은 경우	법 제175조 제6항 제5호		30	150	300
터. 법 제44조제1항 전단을 위반하여 공정안전보고서를 작성하여 제출하지 않은 경우	법 제175조 제4항 제3호		300	600	1,000

퍼. 법 제44조제2항을 위반하여 공정안전보고서 작성 시 산업안전보건위원회의 심의를 거치지 않거나 근로자대표의 의견을 듣지 않은 경우	법 제175조 제5항 제1호		50	250	500
허. 법 제45조제2항을 위반하여 공정안전보고서를 사업장에 갖추어 두지 않은 경우	법 제175조 제4항 제3호		300	600	1,000
고. 법 제46조제1항을 위반하여 공정안전보고서의 내용을 지키지 않은 경우	법 제175조 제4항 제3호	1) 사업주가 지키지 않은 경우(내용 위반 1건당)	10	20	30
		2) 근로자가 지키지 않은 경우(내용 위반 1건당)	5	10	15
노. 법 제46조제2항을 위반하여 공정안전보고서의 내용을 실제로 이행하고 있는지에 대하여 고용노동부장관의 확인을 받지 않은 경우	법 제175조 제6항 제5호		30	150	300
도. 법 제47조제1항에 따른 명령을 위반하여 안전보건진단기관이 실시하는 안전보건진단을 받지 않은 경우	법 제175조 제4항 제4호		1,000	1,000	1,000
로. 법 제47조제3항 전단을 위반하여 정당한 사유 없이 안전보건진단을 거부·방해 또는 기피하거나 같은 항 후단을 위반하여 근로자대표가 요구하였음에도 불구하고 안전보건진단에 근로자대표를 참여시키지 않은 경우	법 제175조 제3항 제1호	1) 거부·방해 또는 기피한 경우	1,500	1,500	1,500
		2) 근로자대표를 참여시키지 않은 경우	150	300	500
모. 법 제49조제1항에 따른 명령을 위반하여 안전보건개선계획을 수립하여 시행하지 않은 경우	법 제175조 제4항 제4호	1) 법 제49조제1항 전단에 따라 안전보건개선계획을 수립·시행하지 않은 경우	500	750	1,000
		2) 법 제49조제1항 후단에 따라 안전보건개선계획을 수립·시행하지 않은 경우	1,000	1,000	1,000
보. 법 제49조제2항을 위반하여 산업안전보건위원회의 심의를 거치지 않거나 근로자대표의 의견을 듣지 않은 경우	법 제175조 제5항 제1호		50	250	500
소. 법 제50조제3항을 위반하여 안전보건개선계획을 준수하지 않은 경우	법 제175조 제5항 제1호	1) 사업주가 준수하지 않은 경우	200	300	500
		2) 근로자가 준수하지 않은 경우	5	10	15

오. 법 제53조제2항(법 제166조의2에서 준용하는 경우를 포함한다)을 위반하여 고용노동부장관으로부터 명령받은 사항을 게시하지 않은 경우	법 제175조 제5항 제4호		50	250	500
조. 법 제54조제2항(법 제166조의2에서 준용하는 경우를 포함한다)을 위반하여 중대재해 발생 사실을 보고하지 않거나 거짓으로 보고한 경우	법 제175조 제2항 제2호	중대재해 발생 보고를 하지 않거나 거짓으로 보고한 경우(사업장 외 교통사고 등 사업주의 법 위반을 직접적인 원인으로 발생한 중대재해가 아닌 것이 명백한 경우는 제외한다)	3,000	3,000	3,000
초. 법 제57조제3항(법 제166조의2에서 준용하는 경우를 포함한다)을 위반하여 산업재해를 보고하지 않거나 거짓으로 보고한 경우(오목에 해당하는 경우는 제외한다)	법 제175조 제3항 제2호	1) 산업재해를 보고하지 않은 경우(사업장 외 교통사고 등 사업주의 법 위반을 직접적인 원인으로 발생한 산업재해가 아닌 것이 명백한 경우는 제외한다)	700	1,000	1,500
		2) 산업재해를 거짓으로 보고한 경우	1,500	1,500	1,500
코. 법 제62조제1항을 위반하여 안전보건총괄책임자를 지정하지 않은 경우	법 제175조 제5항 제1호		500	500	500
토. 법 제64조제1항제6호를 위반하여 위생시설 등 고용노동부령으로 정하는 시설의 설치 등을 위하여 필요한 장소의 제공을 하지 않거나 도급인이 설치한 위생시설 이용에 협조하지 않은 경우	법 제175조 제3항 제2호의2		500	1,000	1,500
포. 법 제66조제1항 후단을 위반하여 도급인의 조치에 따르지 않은 경우	법 제175조 제5항 제1호		150	300	500
호. 법 제66조제2항 후단을 위반하여 도급인의 조치에 따르지 않은 경우	법 제175조 제5항 제1호		150	300	500
구. 법 제67조제1항을 위반하여 건설공사의 계획, 설계 및 시공 단계에서 필요한 조치를 하지 않은 경우	법 제175조 제4항 제3호		1,000	1,000	1,000

누. 법 제67조제2항을 위반하여 안전보건 분야의 전문가에게 같은 조 제1항 각 호에 따른 안전보건대장에 기재된 내용의 적정성 등을 확인받지 않은 경우	법 제175조 제4항 제3호		1,000	1,000	1,000
두. 법 제68조제1항을 위반하여 안전보건조정자를 두지 않은 경우	법 제175조 제5항 제1호		500	500	500
루. 법 제70조제1항을 위반하여 특별한 사유 없이 공사기간 연장 조치를 하지 않은 경우	법 제175조 제4항 제3호		1,000	1,000	1,000
무. 법 제70조제2항 후단을 위반하여 특별한 사유 없이 공사기간을 연장하지 않거나 건설공사발주자에게 그 기간의 연장을 요청하지 않은 경우	법 제175조 제4항 제3호		1,000	1,000	1,000
부. 법 제71조제3항 후단을 위반하여 설계를 변경하지 않거나 건설공사발주자에게 설계변경을 요청하지 않은 경우	법 제175조 제4항 제3호		1,000	1,000	1,000
수. 법 제71조제4항을 위반하여 설계를 변경하지 않은 경우	법 제175조 제4항 제3호		1,000	1,000	1,000
우. 법 제72조제1항을 위반하여 산업안전보건관리비를 도급금액 또는 사업비에 계상하지 않거나 일부만 계상한 경우	법 제175조 제4항 제3호	1) 전액을 계상하지 않은 경우	계상하지 않은 금액(다만, 1,000만원을 초과할 경우 1,000만원)	계상하지 않은 금액(다만, 1,000만원을 초과할 경우 1,000만원)	계상하지 않은 금액(다만, 1,000만원을 초과할 경우 1,000만원)
		2) 50% 이상 100% 미만을 계상하지 않은 경우	계상하지 않은 금액(다만, 100만원을 초과할 경우 100만원)	계상하지 않은 금액(다만, 300만원을 초과할 경우 300만원)	계상하지 않은 금액(다만, 600만원을 초과할 경우 600만원)

		3) 50% 미만을 계상하지 않은 경우	계상하지 않은 금액(다만, 100만원을 초과할 경우 100만원)	계상하지 않은 금액(다만, 200만원을 초과할 경우 200만원)	계상하지 않은 금액(다만, 300만원을 초과할 경우 300만원)
주. 법 제72조제3항을 위반하여 산업안전보건관리비 사용명세서를 작성하지 않거나 보존하지 않은 경우	법 제175조 제4항 제3호	1) 작성하지 않은 경우 2) 공사 종료 후 1년간 보존하지 않은 경우	100 100	500 200	1,000 300
추. 법 제72조제5항을 위반하여 산업안전보건관리비를 다른 목적으로 사용한 경우(건설공사도급인만 해당한다)	법 제175조 제4항 제3호	1) 사용한 금액이 1천만원 이상인 경우 2) 사용한 금액이 1천만원 미만인 경우	1,000 목적 외 사용금액	1,000 목적 외 사용금액	1,000 목적 외 사용금액
쿠. 법 제73조제1항을 위반하여 지도계약을 체결하지 않은 경우	법 제175조 제6항 제6호		100	200	300
투. 법 제73조제2항을 위반하여 지도를 실시하지 않거나 지도에 따라 적절한 조치를 하지 않은 경우	법 제175조 제6항 제6호의2		100	200	300
푸. 법 제75조제6항을 위반하여 노사협의체가 심의·의결한 사항을 성실하게 이행하지 않은 경우	법 제175조 제5항 제1호	1) 건설공사도급인 또는 관계수급인이 성실하게 이행하지 않은 경우 2) 근로자가 성실하게 이행하지 않은 경우	50 10	250 20	500 30
후. 법 제77조제1항을 위반하여 안전조치 및 보건조치를 하지 않은 경우	법 제175조 제4항 제3호		500	700	1,000
그. 법 제77조제2항을 위반하여 안전보건에 관한 교육을 실시하지 않은 경우	법 제175조 제5항 제1호	1) 최초로 노무를 제공받았을 때 교육을 실시하지 않은 경우(1인당) 2) 고용노동부령으로 정하는 안전 및 보건에 관한 교육을 실시하지 않은 경우(1인당)	10 50	20 100	50 150
느. 법 제78조를 위반하여 안전조치 및 보건조치를 하지 않은 경우	법 제175조 제4항 제3호		500	700	1,000

드. 법 제79조제1항을 위반하여 가맹점의 안전·보건에 관한 프로그램을 마련·시행하지 않거나 가맹사업자에게 안전·보건에 관한 정보를 제공하지 않은 경우	법 제175조 제2항 제1호		1,500	2,000	3,000
르. 법 제82조제1항 전단을 위반하여 등록하지 않고 타워크레인을 설치·해체한 경우	법 제175조 제4항 제5호		500	700	1,000
므. 법 제84조제6항을 위반하여 안전인증대상기계등의 제조·수입 또는 판매에 관한 자료 제출 명령을 따르지 않은 경우	법 제175조 제6항 제7호		300	300	300
브. 법 제85조제1항을 위반하여 안전인증표시를 하지 않은 경우(안전인증대상별)	법 제175조 제4항 제3호		100	500	1,000
스. 법 제90조제1항을 위반하여 자율안전확인표시를 하지 않은 경우(자율안전확인대상별)	법 제175조 제5항 제1호		50	250	500
으. 법 제93조제1항 전단을 위반하여 안전검사를 받지 않은 경우(1대당)	법 제175조 제4항 제3호		200	600	1,000
즈. 법 제94조제2항을 위반하여 안전검사합격증명서를 안전검사대상기계등에 부착하지 않은 경우(1대당)	법 제175조 제5항 제1호		50	250	500
츠. 법 제95조를 위반하여 안전검사대상기계등을 사용한 경우(1대당)	법 제175조 제4항 제3호	1) 안전검사를 받지 않은 안전검사대상기계등을 사용한 경우	300	600	1,000
		2) 안전검사에 불합격한 안전검사대상기계등을 사용한 경우	300	600	1,000
크. 법 제99조제2항을 위반하여 자율검사프로그램의 인정이 취소된 안전검사대상기계등을 사용한 경우(1대당)	법 제175조 제4항 제3호		300	600	1,000

트. 법 제107조제1항 각 호 외의 부분 본문을 위반하여 작업장 내 유해인자의 노출 농도를 허용기준 이하로 유지하지 않은 경우	법 제175조 제4항 제3호		1,000	1,000	1,000
프. 법 제108조제1항에 따른 신규화학물질의 유해성·위험성 조사보고서를 제출하지 않은 경우	법 제175조 제5항 제4호의2		100	200	500
흐. 법 제108조제5항을 위반하여 근로자의 건강장해 예방을 위한 조치 사항을 기록한 서류를 제공하지 않은 경우	법 제175조 제6항 제3호		30	150	300
기. 법 제109조제1항에 따른 유해성·위험성 조사 결과 및 유해성·위험성 평가에 필요한 자료를 제출하지 않은 경우	법 제175조 제5항 제4호의2		500	500	500
니. 법 제110조제1항부터 제3항까지의 규정을 위반하여 물질안전보건자료, 화학물질의 명칭·함유량 또는 변경된 물질안전보건자료를 제출하지 않은 경우(물질안전보건자료대상물질 1종당)	법 제175조 제5항 제5호	1) 물질안전보건자료대상물질을 제조하거나 수입하려는 자가 물질안전보건자료를 제출하지 않은 경우	100	200	500
		2) 물질안전보건자료대상물질을 제조하거나 수입하려는 자가 화학물질의 명칭 및 함유량을 제출하지 않은 경우	100	200	500
		3) 물질안전보건자료대상물질을 제조하거나 수입한 자가 변경 사항을 반영한 물질안전보건자료를 제출하지 않은 경우	50	100	500
디. 법 제110조제2항제2호를 위반하여 국외제조자로부터 물질안전보건자료에 적힌 화학물질 외에는 법 제104조에 따른 분류기준에 해당하는 화학물질이 없음을 확인하는 내용의 서류를 거짓으로 제출한 경우(물질안전보건자료대상물질 1종당)	법 제175조 제5항 제6호		500	500	500

리. 법 제111조제1항을 위반하여 물질안전보건자료를 제공하지 않은 경우(물질안전보건자료대상물질 1종당)	법 제175조 제5항 제7호	1) 물질안전보건자료대상물질을 양도·제공하는 자가 물질안전보건자료를 제공하지 않은 경우(제공하지 않은 사업장 1개소당)			
		가) 물질안전보건자료대상물질을 양도·제공하는 자가 물질안전보건자료를 제공하지 않은 경우[나)에 해당하는 경우는 제외한다]	100	200	500
		나) 종전의 물질안전보건자료대상물질 양도·제공자로부터 물질안전보건자료를 제공받지 못하여 상대방에게 물질안전보건자료를 제공하지 않은 경우	10	20	50
		2) 물질안전보건자료의 기재사항을 잘못 작성하여 제공한 경우(제공한 사업장 1개소당)			
		가) 물질안전보건자료의 기재사항을 거짓으로 작성하여 제공한 경우	100	200	500
		나) 과실로 잘못 작성하거나 누락하여 제공한 경우	10	20	50
미. 법 제111조제2항 또는 제3항을 위반하여 물질안전보건자료의 변경 내용을 반영하여 제공하지 않은 경우(물질안전보건자료대상물질 1종당)	법 제175조 제6항 제9호	1) 물질안전보건자료대상물질을 제조·수입한 자가 변경사항을 반영한 물질안전보건자료를 제공하지 않은 경우(제공하지 않은 사업장 1개소당)	50	100	300
		2) 종전의 물질안전보건자료대상물질 양도·제공자로부터 변경된 물질안전보건자료를 제공받지 못하여 상대방에게 변경된 물질안전보건자료를 제공하지 않은 경우(제공하지 않은 사업장 1개소당)	10	20	30
비. 법 제112조제1항 본문을 위반하여 승인을 받지 않고 화학물질의 명칭 및 함유량을 대체자료로 적은 경우(물질안전보건자료대상물	법 제175조 제5항 제8호	1) 물질안전보건자료대상물질을 제조·수입하는 자가 승인을 받지 않은 경우	100	200	500
		2) 물질안전보건자료에 승인 결과를 거짓으로 적용한 경우	500	500	500

질 1종당)		3) 물질안전보건자료대상물질을 제조·수입한 자가 승인의 유효기간이 지났음에도 불구하고 대체자료가 아닌 명칭 및 함유량을 물질안전보건자료에 반영하지 않은 경우	100	200	500
시. 법 제112조제1항 또는 제5항에 따른 비공개 승인 또는 연장승인 신청 시 영업비밀과 관련되어 보호사유를 거짓으로 작성하여 신청한 경우(물질안전보건자료대상물질 1종당)	법 제175조 제5항 제9호		500	500	500
이. 법 제112조제10항 각 호 외의 부분 후단을 위반하여 대체자료로 적힌 화학물질의 명칭 및 함유량 정보를 제공하지 않은 경우	법 제175조 제5항 제10호		100	200	500
지. 법 제113조제1항에 따라 선임된 자로서 같은 항 각 호의 업무를 거짓으로 수행한 경우	법 제175조 제5항 제11호		500	500	500
치. 법 제113조제1항에 따라 선임된 자로서 같은 조 제2항에 따라 고용노동부장관에게 제출한 물질안전보건자료를 해당 물질안전보건자료대상물질을 수입하는 자에게 제공하지 않은 경우(물질안전보건자료대상물질 1종당)	법 제175조 제5항 제12호		100	200	500
키. 법 제114조제1항을 위반하여 물질안전보건자료를 게시하지 않거나 갖추어 두지 않은 경우(물질안전보건자료대상물질 1종당)	법 제175조 제5항 제3호	1) 작성한 물질안전보건자료를 게시하지 않거나 갖추어 두지 않은 경우(작업장 1개소당)	100	200	500
		2) 제공받은 물질안전보건자료를 게시하지 않거나 갖추어 두지 않은 경우(작업장 1개소당)	100	200	500
		3) 물질안전보건자료대상물질을 양도 또는 제공한 자로부터 물질안전보건자료를 제공받지 못하여 게시	10	20	50

		하지 않거나 갖추어 두지 않은 경우(작업장 1개소당)			
티. 법 제114조제3항(법 제166조의2에서 준용하는 경우를 포함한다)을 위반하여 해당 근로자 또는 현장실습생을 교육하는 등 적절한 조치를 하지 않은 경우	법 제175조 제6항 제10호	교육대상 근로자 1명당	50	100	300
피. 법 제115조제1항 또는 같은 조 제2항 본문을 위반하여 경고표시를 하지 않은 경우(물질안전보건자료대상물질 1종당)	법 제175조 제6항 제11호	1) 물질안전보건자료대상물질을 담은 용기 및 포장에 경고표시를 하지 않은 경우			
		가) 물질안전보건자료대상물질을 용기 및 포장에 담는 방법으로 양도·제공하는 자가 용기 및 포장에 경고표시를 하지 않은 경우(양도·제공받은 사업장 1개소당)	50	100	300
		나) 물질안전보건자료대상물질을 사용하는 사업주가 용기에 경고표시를 하지 않은 경우	50	100	300
		다) 종전의 물질안전보건자료대상물질 양도·제공자로부터 경고표시를 한 용기 및 포장을 제공받지 못해 경고표시를 하지 않은 채로 물질안전보건자료대상물질을 양도·제공한 경우(경고표시를 하지 않고 양도·제공받은 사업장 1개소당)	10	20	50
		라) 용기 및 포장의 경고표시가 제거되거나 경고표시의 내용을 알아볼 수 없을 정도로 훼손된 경우	10	20	50
		2) 물질안전보건자료대상물질을 용기 및 포장에 담는 방법이 아닌 방법으로 양도·제공하는 자가 경고표시 기재항목을 적은 자료를 제공하지 않는 경우(제공받지 않은 사업장 1개소당)	50	100	300

히. 법 제119조제1항을 위반하여 일반석면조사를 하지 않고 건축물이나 설비를 철거하거나 해체한 경우	법 제175조 제6항 제12호		철거 또는 해체 공사 금액의 100분의 5에 해당하는 금액. 다만, 해당 금액이 10만원 미만인 경우에는 10만원으로, 해당 금액이 100만원을 초과하는 경우에는 100만원으로 한다.	200	300
갸. 법 제119조제2항을 위반하여 기관석면조사를 하지 않고 건축물 또는 설비를 철거하거나 해체한 경우	법 제175조 제1항 제1호	1) 개인 소유의 단독주택(다중주택, 다가구주택, 공관은 제외한다)	철거 또는 해체 공사 금액의 100분의 5에 해당하는 금액. 다만, 해당 금액이 50만원 미만인 경우에는 50만원으로, 해당 금액이 500만원을 초과하는 경우에는 500만원으로 한다.	1,000	1,500
		2) 그 밖의 경우	철거 또는 해체 공사 금액의 100분의	3,000	5,000

			5에 해당하는 금액. 다만, 해당 금액이 150만원 미만인 경우에는 150만원으로, 해당 금액이 1,500만원을 초과하는 경우에는 1,500만원으로 한다.		
냐. 법 제122조제2항을 위반하여 기관석면조사를 실시한 기관으로 하여금 석면해체·제거를 하도록 한 경우	법 제175조 제5항 제1호		150	300	500
댜. 법 제122조제3항을 위반하여 석면해체·제거작업을 고용노동부장관에게 신고하지 않은 경우	법 제175조 제6항 제13호	1) 신고하지 않은 경우 2) 변경신고를 하지 않은 경우	100 50	200 100	300 150
랴. 법 제123조제2항을 위반하여 석면이 함유된 건축물이나 설비를 철거하거나 해체하는 자가 한 조치 사항을 준수하지 않은 경우	법 제175조 제6항 제3호		5	10	15
먀. 법 제124조제1항을 위반하여 공기 중 석면농도가 석면농도기준 이하가 되도록 하지 않은 경우	법 제175조 제5항 제1호		150	300	500
뱌. 법 제124조제1항을 위반하여 공기 중 석면농도가 석면농도기준 이하임을 증명하는 자료를 제출하지 않은 경우	법 제175조 제6항 제14호		100	200	300
샤. 법 제124조제3항을 위반하여 공기 중 석면농도가 석면농도기준을 초과함에도 건축물 또는 설비를 철거하거나 해체한 경우	법 제175조 제1항 제2호		1,500	3,000	5,000

야. 법 제125조제1항 및 제2항에 따라 작업환경측정을 하지 않은 경우	법 제175조 제4항 제6호	측정대상 작업장의 근로자 1명당	20	50	100
쟈. 법 제125조제1항 및 제2항을 위반하여 작업환경측정 시 고용노동부령으로 정한 작업환경측정의 방법을 준수하지 않은 경우	법 제175조 제5항 제13호		100	300	500
챠. 법 제125조제4항을 위반하여 작업환경측정 시 근로자대표가 요구하였는 데도 근로자대표를 참석시키지 않은 경우	법 제175조 제5항 제14호		500	500	500
캬. 법 제125조제5항을 위반하여 작업환경측정 결과를 보고하지 않거나 거짓으로 보고한 경우	법 제175조 제6항 제15호	1) 보고하지 않은 경우 2) 거짓으로 보고한 경우	50 300	150 300	300 300
탸. 법 제125조제6항을 위반하여 작업환경측정의 결과를 해당 작업장 근로자에게 알리지 않은 경우	법 제175조 제5항 제15호		100	300	500
퍄. 법 제125조제7항을 위반하여 산업안전보건위원회 또는 근로자대표가 작업환경측정 결과에 대한 설명회의 개최를 요구했음에도 이에 따르지 않은 경우	법 제175조 제5항 제1호		100	300	500
햐. 법 제128조의2제1항을 위반하여 휴게시설을 갖추지 않은 경우(이 영 제96조의2에 따른 사업장의 사업주로 한정한다)	법 제175조 제3항 제2호의3		1,500	1,500	1,500
겨. 법 제128조의2제2항을 위반하여 휴게시설의 설치·관리기준을 준수하지 않은 경우	법 제175조 제4항 제6호의2	고용노동부령으로 정하는 휴게시설 설치·관리기준의 내용 위반 1건당	50	250	500
녀. 법 제129조제1항 또는 제130조제1항부터 제3항까지의 규정을 위반하여 근로자의 건강진단을 하지 않은 경우	법 제175조 제4항 제7호	건강진단 대상 근로자 1명당	10	20	30

뎌. 법 제132조제1항을 위반하여 건강진단을 할 때 근로자대표가 요구하였는데도 근로자대표를 참석시키지 않은 경우	법 제175조 제5항 제14호		500	500	500
려. 법 제132조제2항 전단을 위반하여 산업안전보건위원회 또는 근로자대표가 건강진단 결과에 대한 설명을 요구했음에도 이에 따르지 않은 경우	법 제175조 제5항 제1호		100	300	500
며. 법 제132조제3항을 위반하여 건강진단 결과를 근로자 건강 보호 및 유지 외의 목적으로 사용한 경우	법 제175조 제6항 제3호		300	300	300
벼. 법 제132조제5항을 위반하여 조치결과를 제출하지 않거나 거짓으로 제출한 경우	법 제175조 제6항 제15호	1) 제출하지 않은 경우 2) 거짓으로 제출한 경우	50 300	150 300	300 300
셔. 법 제133조를 위반하여 건강진단을 받지 않은 경우	법 제175조 제6항 제3호		5	10	15
여. 법 제134조제1항을 위반하여 건강진단의 실시결과를 통보·보고하지 않거나 거짓으로 통보·보고한 경우	법 제175조 제6항 제15호	1) 통보 또는 보고하지 않은 경우 2) 거짓으로 통보 또는 보고한 경우	50 300	150 300	300 300
져. 법 제134조제2항을 위반하여 건강진단의 실시결과를 통보하지 않거나 거짓으로 통보한 경우	법 제175조 제6항 제15호	1) 통보하지 않은 경우 2) 거짓으로 통보한 경우	50 300	150 300	300 300
쳐. 법 제137조제3항을 위반하여 건강관리카드를 타인에게 양도하거나 대여한 경우	법 제175조 제5항 제1호		500	500	500
켜. 법 제141조제2항을 위반하여 정당한 사유 없이 역학조사를 거부·방해·기피한 경우	법 제175조 제3항 제3호	1) 사업주가 거부·방해·기피한 경우 2) 근로자가 거부·방해·기피한 경우	1,500 5	1,500 10	1,500 15
텨. 법 제141조제3항을 위반하여 역학조사 참석이 허용된 사람의 역학조사 참석을 거부하거나 방해한 경우	법 제175조 제3항 제4호		1,500	1,500	1,500

펴. 법 제145제1항을 위반하여 등록 없이 지도사 직무를 시작한 경우	법 제175조 제5항 제1호		150	300	500
혀. 법 제149조를 위반하여 지도사 또는 이와 유사한 명칭을 사용한 경우	법 제175조 제6항 제3호	1) 등록한 지도사가 아닌 사람이 지도사 명칭을 사용한 경우	100	200	300
		2) 등록한 지도사가 아닌 사람이 지도사와 유사한 명칭을 사용한 경우	30	150	300
규. 법 제155조제1항(법 제166조의2에서 준용하는 경우를 포함한다)에 따른 질문에 답변을 거부·방해 또는 기피하거나 거짓으로 답변한 경우	법 제175조 제6항 제16호		300	300	300
뉴. 법 제155조제1항(법 제166조의2에서 준용하는 경우를 포함한다) 또는 제2항(법 제166조의2에서 준용하는 경우를 포함한다)에 따른 근로감독관의 검사·점검 또는 수거를 거부·방해 또는 기피한 경우	법 제175조 제4항 제8호		1,000	1,000	1,000
듀. 법 제155조제3항(법 제166조의2에서 준용하는 경우를 포함한다)에 따른 명령을 위반하여 보고·출석을 하지 않거나 거짓으로 보고한 경우	법 제175조 제5항 제16호	1) 보고 또는 출석을 하지 않은 경우	150	300	500
		2) 거짓으로 보고한 경우	500	500	500
류. 법 제156조제1항(법 제166조의2에서 준용하는 경우를 포함한다)에 따른 검사·지도 등을 거부·방해 또는 기피한 경우	법 제175조 제6항 제17호		300	300	300
뮤. 법 제164조제1항부터 제6항까지의 규정을 위반하여 보존해야 할 서류를 보존기간 동안 보존하지 않은 경우(각 서류당)	법 제175조 제6항 제18호		30	150	300

산업안전보건법 시행규칙 [별표]

산업안전보건법 시행규칙 [별표]

[별표 1] (2021.11.19 개정)

건설업체 산업재해발생률 및 산업재해 발생 보고의무 위반건수의 산정 기준과 방법

(제4조 관련)

1. 산업재해발생률 및 산업재해 발생 보고의무 위반에 따른 가감점 부여대상이 되는 건설업체는 매년 「건설산업기본법」 제23조에 따라 국토교통부장관이 시공능력을 고려하여 공시하는 건설업체 중 고용노동부장관이 정하는 업체로 한다.

2. 건설업체의 산업재해발생률은 다음의 계산식에 따른 업무상 사고사망만인율(이하 "사고사망만인율"이라 한다)로 산출하되, 소수점 셋째 자리에서 반올림한다.

$$\text{사고사망만인율(‱)} = \frac{\text{사고사망자 수}}{\text{상시근로자 수}} \times 10,000$$

3. 제2호의 계산식에서 사고사망자 수는 다음과 같은 기준과 방법에 따라 산출한다.
   가. 사고사망자 수는 사고사망만인율 산정 대상 연도의 1월 1일부터 12월 31일까지의 기간 동안 해당 업체가 시공하는 국내의 건설 현장(자체사업의 건설 현장은 포함한다. 이하 같다)에서 사고사망재해를 입은 근로자 수를 합산하여 산출한다. 다만, 별표 18 제2호마목에 따른 이상기온에 기인한 질병사망자는 포함한다.
      1) 「건설산업기본법」 제8조에 따른 종합공사를 시공하는 업체의 경우에는 해당 업체의 소속 사고사망자 수에 그 업체가 시공하는 건설현장에서 그 업체로부터 도급을 받은 업체(그 도급을 받은 업체의 하수급인을 포함한다. 이하 같다)의 사고사망자 수를 합산하여 산출한다.
      2) 「건설산업기본법」 제29조제3항에 따라 종합공사를 시공하는 업체(A)가 발주자의 승인을 받아 종합공사를 시공하는 업체(B)에 도급을 준 경우에는 해당 도급을 받은 종합공사를 시공하는 업체(B)의 사고사망자 수와 그 업체로부터 도급을 받은 업체(C)의 사고사망자 수를 도급을 한 종합공사를 시공하는 업체(A)와 도급을 받은 종합공사를 시공하는 업체(B)에 반으로 나누어 각각 합산한다. 다만, 그 산업재해와 관련하여 법원의 판결이 있는 경우에는 산업재해에 책임이 있는 종합공사를 시공하는 업체의 사고사망자 수에 합산한다.
      3) 제73조제1항에 따른 산업재해조사표를 제출하지 않아 고용노동부장관이 산업재해 발생 연도 이후에 산업재해가 발생한 사실을 알게 된 경우에는 그 알게 된 연도의 사고사망자 수로 산정한다.
   나. 둘 이상의 업체가 「국가를 당사자로 하는 계약에 관한 법률」 제25조에 따라 공동계약을 체결하여 공사를 공동이행 방식으로 시행하는 경우 해당 현장에서 발생하는 사고사망자 수는 공동수급업체의 출자 비율에 따라 분배한다.
   다. 건설공사를 하는 자(도급인, 자체사업을 하는 자 및 그의 수급인을 포함한다)와 설치, 해체, 장비 임대 및 물품 납품 등에 관한 계약을 체결한 사업주의 소속 근로자가 그 건설공사와 관련된 업무를 수행하는 중 사고사망재해를 입은 경우에는 건설공사를 하는 자의 사고사망자 수로 산정한다.

라. 사고사망자 중 다음의 어느 하나에 해당하는 경우로서 사업주의 법 위반으로 인한 것이 아니라고 인정되는 재해에 의한 사고사망자는 사고사망자 수 산정에서 제외한다.

1) 방화, 근로자간 또는 타인간의 폭행에 의한 경우
2) 「도로교통법」에 따라 도로에서 발생한 교통사고에 의한 경우(해당 공사의 공사용 차량·장비에 의한 사고는 제외한다)
3) 태풍·홍수·지진·눈사태 등 천재지변에 의한 불가항력적인 재해의 경우
4) 작업과 관련이 없는 제3자의 과실에 의한 경우(해당 목적물 완성을 위한 작업자간의 과실은 제외한다)
5) 그 밖에 야유회, 체육행사, 취침·휴식 중의 사고 등 건설작업과 직접 관련이 없는 경우

마. 재해 발생 시기와 사망 시기의 연도가 다른 경우에는 재해 발생 연도의 다음연도 3월 31일 이전에 사망한 경우에만 산정 대상 연도의 사고사망자수로 산정한다.

4. 제2호의 계산식에서 상시근로자 수는 다음과 같이 산출한다.

$$\text{상시근로자 수} = \frac{\text{연간 국내공사 실적액} \times \text{노무비율}}{\text{건설업 월평균임금} \times 12}$$

가. '연간 국내공사 실적액'은 「건설산업기본법」에 따라 설립된 건설업자의 단체, 「전기공사업법」에 따라 설립된 공사업자단체, 「정보통신공사업법」에 따라 설립된 정보통신공사협회, 「소방시설공사업법」에 따라 설립된 한국소방시설협회에서 산정한 업체별 실적액을 합산하여 산정한다.

나. '노무비율'은 「고용보험 및 산업재해보상보험의 보험료징수 등에 관한 법률 시행령」 제11조제1항에 따라 고용노동부장관이 고시하는 일반 건설공사의 노무비율(하도급 노무비율은 제외한다)을 적용한다.

다. '건설업 월평균임금'은 「고용보험 및 산업재해보상보험의 보험료징수 등에 관한 법률 시행령」 제2조제1항제3호가목에 따라 고용노동부장관이 고시하는 건설업 월평균임금을 적용한다.

5. 고용노동부장관은 제3호라목에 따른 사고사망자 수 산정 여부 등을 심사하기 위하여 다음 각 목의 어느 하나에 해당하는 사람 각 1명 이상으로 심사단을 구성·운영할 수 있다.

가. 전문대학 이상의 학교에서 건설안전 관련 분야를 전공하는 조교수 이상인 사람
나. 공단의 전문직 2급 이상 임직원
다. 건설안전기술사 또는 산업안전지도사(건설안전 분야에만 해당한다) 등 건설안전 분야에 학식과 경험이 있는 사람

6. 산업재해 발생 보고의무 위반건수는 다음 각 목에서 정하는 바에 따라 산정한다.

가. 건설업체의 산업재해 발생 보고의무 위반건수는 국내의 건설현장에서 발생한 산업재해의 경우 법 제57조제3항에 따른 보고의무를 위반(제73조제1항에 따른 보고기한을 넘겨 보고의무를 위반한 경우는 제외한다)하여 과태료 처분을 받은 경우만 해당한다.

나. 「건설산업기본법」 제8조에 따른 종합공사를 시공하는 업체의 산업재해 발생 보고의무 위반건수에는 해당 업체로부터 도급받은 업체(그 도급을 받은 업체의 하수급인을 포함한다)의 산업재해 발생 보고의무 위반건수를 합산한다.

다. 「건설산업기본법」 제29조제3항에 따라 종합공사를 시공하는 업체(A)가 발주자의 승인을 받아 종합공사를 시공하는 업체(B)에 도급을 준 경우에는 해당 도급을 받은 종합공사를 시

공하는 업체(B)의 산업재해 발생 보고의무 위반건수와 그 업체로부터 도급을 받은 업체(C)의 산업재해 발생 보고의무 위반건수를 도급을 준 종합공사를 시공하는 업체(A)와 도급을 받은 종합공사를 시공하는 업체(B)에 반으로 나누어 각각 합산한다.

라. 둘 이상의 건설업체가 「국가를 당사자로 하는 계약에 관한 법률」 제25조에 따라 공동계약을 체결하여 공사를 공동이행 방식으로 시행하는 경우 산업재해 발생 보고의무 위반건수는 공동수급업체의 출자비율에 따라 분배한다.

[별표 2] (2024.6.28 개정)

안전보건관리규정을 작성해야 할 사업의 종류 및 상시근로자 수
(제25조제1항 관련)

사업의 종류	상시근로자 수
1. 농업 2. 어업 3. 소프트웨어 개발 및 공급업 4. 컴퓨터 프로그래밍, 시스템 통합 및 관리업 4의2. 영상·오디오물 제공 서비스업 5. 정보서비스업 6. 금융 및 보험업 7. 임대업 ; 부동산 제외 8. 전문, 과학 및 기술 서비스업(연구개발업은 제외한다) 9. 사업지원 서비스업 10. 사회복지 서비스업	300명 이상
11. 제1호부터 제4호까지, 제4호의2 및 제5호부터 제10호까지의 사업을 제외한 사업	100명 이상

[별표 3]

안전보건관리규정의 세부 내용

(제25조제2항 관련)

1. 총칙
   가. 안전보건관리규정 작성의 목적 및 적용 범위에 관한 사항
   나. 사업주 및 근로자의 재해 예방 책임 및 의무 등에 관한 사항
   다. 하도급 사업장에 대한 안전·보건관리에 관한 사항

2. 안전·보건 관리조직과 그 직무
   가. 안전·보건 관리조직의 구성방법, 소속, 업무 분장 등에 관한 사항
   나. 안전보건관리책임자(안전보건총괄책임자), 안전관리자, 보건관리자, 관리감독자의 직무 및 선임에 관한 사항
   다. 산업안전보건위원회의 설치·운영에 관한 사항
   라. 명예산업안전감독관의 직무 및 활동에 관한 사항
   마. 작업지휘자 배치 등에 관한 사항

3. 안전·보건교육
   가. 근로자 및 관리감독자의 안전·보건교육에 관한 사항
   나. 교육계획의 수립 및 기록 등에 관한 사항

4. 작업장 안전관리
   가. 안전·보건관리에 관한 계획의 수립 및 시행에 관한 사항
   나. 기계·기구 및 설비의 방호조치에 관한 사항
   다. 유해·위험기계등에 대한 자율검사프로그램에 의한 검사 또는 안전검사에 관한 사항
   라. 근로자의 안전수칙 준수에 관한 사항
   마. 위험물질의 보관 및 출입 제한에 관한 사항
   바. 중대재해 및 중대산업사고 발생, 급박한 산업재해 발생의 위험이 있는 경우 작업중지에 관한 사항
   사. 안전표지·안전수칙의 종류 및 게시에 관한 사항과 그 밖에 안전관리에 관한 사항

5. 작업장 보건관리
   가. 근로자 건강진단, 작업환경측정의 실시 및 조치절차 등에 관한 사항
   나. 유해물질의 취급에 관한 사항
   다. 보호구의 지급 등에 관한 사항
   라. 질병자의 근로 금지 및 취업 제한 등에 관한 사항
   마. 보건표지·보건수칙의 종류 및 게시에 관한 사항과 그 밖에 보건관리에 관한 사항

6. 사고 조사 및 대책 수립
   가. 산업재해 및 중대산업사고의 발생 시 처리 절차 및 긴급조치에 관한 사항

나. 산업재해 및 중대산업사고의 발생원인에 대한 조사 및 분석, 대책 수립에 관한 사항
다. 산업재해 및 중대산업사고 발생의 기록·관리 등에 관한 사항

7. 위험성평가에 관한 사항
가. 위험성평가의 실시 시기 및 방법, 절차에 관한 사항
나. 위험성 감소대책 수립 및 시행에 관한 사항

8. 보칙
가. 무재해운동 참여, 안전·보건 관련 제안 및 포상·징계 등 산업재해 예방을 위하여 필요하다고 판단하는 사항
나. 안전·보건 관련 문서의 보존에 관한 사항
다. 그 밖의 사항 : 사업장의 규모·업종 등에 적합하게 작성하며, 필요한 사항을 추가하거나 그 사업장에 관련되지 않는 사항은 제외할 수 있다.

[별표 4] (2023.9.27 개정)

안전보건교육 교육과정별 교육시간

(제26조제1항 등 관련)

1. 근로자 안전보건교육(제26조제1항, 제28조제1항 관련)

<table>
<tr><th>교육과정</th><th colspan="2">교육대상</th><th>교육시간</th></tr>
<tr><td rowspan="3">가. 정기교육</td><td colspan="2">1) 사무직 종사 근로자</td><td>매반기 6시간 이상</td></tr>
<tr><td rowspan="2">2) 그 밖의 근로자</td><td>가) 판매업무에 직접 종사하는 근로자</td><td>매반기 6시간 이상</td></tr>
<tr><td>나) 판매업무에 직접 종사하는 근로자 외의 근로자</td><td>매반기 12시간 이상</td></tr>
<tr><td rowspan="3">나. 채용 시 교육</td><td colspan="2">1) 일용근로자 및 근로계약기간이 1주일 이하인 기간제근로자</td><td>1시간 이상</td></tr>
<tr><td colspan="2">2) 근로계약기간이 1주일 초과 1개월 이하인 기간제근로자</td><td>4시간 이상</td></tr>
<tr><td colspan="2">3) 그 밖의 근로자</td><td>8시간 이상</td></tr>
<tr><td rowspan="2">다. 작업내용 변경 시 교육</td><td colspan="2">1) 일용근로자 및 근로계약기간이 1주일 이하인 기간제근로자</td><td>1시간 이상</td></tr>
<tr><td colspan="2">2) 그 밖의 근로자</td><td>2시간 이상</td></tr>
<tr><td rowspan="3">라. 특별교육</td><td colspan="2">1) 일용근로자 및 근로계약기간이 1주일 이하인 기간제근로자 : 별표 5 제1호라목(제39호는 제외한다)에 해당하는 작업에 종사하는 근로자에 한정한다.</td><td>2시간 이상</td></tr>
<tr><td colspan="2">2) 일용근로자 및 근로계약기간이 1주일 이하인 기간제근로자 : 별표 5 제1호라목제39호에 해당하는 작업에 종사하는 근로자에 한정한다.</td><td>8시간 이상</td></tr>
<tr><td colspan="2">3) 일용근로자 및 근로계약기간이 1주일 이하인 기간제근로자를 제외한 근로자 : 별표 5 제1호라목에 해당하는 작업에 종사하는 근로자에 한정한다.</td><td>가) 16시간 이상(최초 작업에 종사하기 전 4시간 이상 실시하고 12시간은 3개월 이내에서 분할하여 실시 가능)
나) 단기간 작업 또는 간헐적 작업인 경우에는 2시간 이상</td></tr>
<tr><td>마. 건설업 기초 안전·보건교육</td><td colspan="2">건설 일용근로자</td><td>4시간 이상</td></tr>
</table>

※ 비고 :

1. 위 표의 적용을 받는 "일용근로자"란 근로계약을 1일 단위로 체결하고 그 날의 근로가 끝나면 근로관계가 종료되어 계속 고용이 보장되지 않는 근로자를 말한다.

2. 일용근로자가 위 표의 나목 또는 라목에 따른 교육을 받은 날 이후 1주일 동안 같은 사업장에서 같은 업무의 일용근로자로 다시 종사하는 경우에는 이미 받은 위 표의 나목 또는 라목에 따른 교육을 면제한다.
3. 다음 각 목의 어느 하나에 해당하는 경우는 위 표의 가목부터 라목까지의 규정에도 불구하고 해당 교육과정별 교육시간의 2분의 1 이상을 그 교육시간으로 한다.
   가. 영 별표 1 제1호에 따른 사업
   나. 상시근로자 50명 미만의 도매업, 숙박 및 음식점업
4. 근로자가 다음 각 목의 어느 하나에 해당하는 안전교육을 받은 경우에는 그 시간만큼 위 표의 가목에 따른 해당 반기의 정기교육을 받은 것으로 본다.
   가. 「원자력안전법 시행령」 제148조제1항에 따른 방사선작업종사자 정기교육
   나. 「항만안전특별법 시행령」 제5조제1항제2호에 따른 정기안전교육
   다. 「화학물질관리법 시행규칙」 제37조제4항에 따른 유해화학물질 안전교육
5. 근로자가 「항만안전특별법 시행령」 제5조제1항제1호에 따른 신규안전교육을 받은 때에는 그 시간만큼 위 표의 나목에 따른 채용 시 교육을 받은 것으로 본다.
6. 방사선 업무에 관계되는 작업에 종사하는 근로자가 「원자력안전법 시행규칙」 제138조제1항제2호에 따른 방사선작업종사자 신규교육 중 직장교육을 받은 때에는 그 시간만큼 위 표의 라목에 따른 특별교육 중 별표 5 제1호라목의 33.란에 따른 특별교육을 받은 것으로 본다.

1의2. 관리감독자 안전보건교육(제26조제1항 관련)

교육과정	교육시간
가. 정기교육	연간 16시간 이상
나. 채용 시 교육	8시간 이상
다. 작업내용 변경 시 교육	2시간 이상
라. 특별교육	16시간 이상(최초 작업에 종사하기 전 4시간 이상 실시하고, 12시간은 3개월 이내에서 분할하여 실시 가능)
	단기간 작업 또는 간헐적 작업인 경우에는 2시간 이상

2. 안전보건관리책임자 등에 대한 교육(제29조제2항 관련)

교육대상	교육시간	
	신규교육	보수교육
가. 안전보건관리책임자	6시간 이상	6시간 이상
나. 안전관리자, 안전관리전문기관의 종사자	34시간 이상	24시간 이상
다. 보건관리자, 보건관리전문기관의 종사자	34시간 이상	24시간 이상
라. 건설재해예방전문지도기관의 종사자	34시간 이상	24시간 이상
마. 석면조사기관의 종사자	34시간 이상	24시간 이상
바. 안전보건관리담당자	-	8시간 이상
사. 안전검사기관, 자율안전검사기관의 종사자	34시간 이상	24시간 이상

3. 특수형태근로종사자에 대한 안전보건교육(제95조제1항 관련)

교육과정	교육시간
가. 최초 노무제공 시 교육	2시간 이상(단기간 작업 또는 간헐적 작업에 노무를 제공하는 경우에는 1시간 이상 실시하고, 특별교육을 실시한 경우는 면제)
나. 특별교육	16시간 이상(최초 작업에 종사하기 전 4시간 이상 실시하고 12시간은 3개월 이내에서 분할하여 실시가능)
	단기간 작업 또는 간헐적 작업인 경우에는 2시간 이상

※ 비고 : 영 제67조제13호라목에 해당하는 사람이 「화학물질관리법」 제33조제1항에 따른 유해화학물질 안전교육을 받은 경우에는 그 시간만큼 가목에 따른 최초 노무제공 시 교육을 실시하지 않을 수 있다.

4. 검사원 성능검사 교육(제131조제2항 관련)

교육과정	교육대상	교육시간
성능검사 교육	-	28시간 이상

[별표 5] (2024.6.28 개정)

안전보건교육 교육대상별 교육내용

(제26조제1항 등 관련)

1. 근로자 안전보건교육(제26조제1항 관련)

가. 정기교육

교육내용
• 산업안전 및 사고 예방에 관한 사항 • 산업보건 및 직업병 예방에 관한 사항 • 위험성 평가에 관한 사항 • 건강증진 및 질병 예방에 관한 사항 • 유해·위험 작업환경 관리에 관한 사항 • 산업안전보건법령 및 산업재해보상보험 제도에 관한 사항 • 직무스트레스 예방 및 관리에 관한 사항 • 직장 내 괴롭힘, 고객의 폭언 등으로 인한 건강장해 예방 및 관리에 관한 사항

나. 삭제(2023.9.27)

다. 채용 시 교육 및 작업내용 변경 시 교육

교육내용
• 산업안전 및 사고 예방에 관한 사항 • 산업보건 및 직업병 예방에 관한 사항 • 위험성 평가에 관한 사항 • 산업안전보건법령 및 산업재해보상보험 제도에 관한 사항 • 직무스트레스 예방 및 관리에 관한 사항 • 직장 내 괴롭힘, 고객의 폭언 등으로 인한 건강장해 예방 및 관리에 관한 사항 • 기계·기구의 위험성과 작업의 순서 및 동선에 관한 사항 • 작업 개시 전 점검에 관한 사항 • 정리정돈 및 청소에 관한 사항 • 사고 발생 시 긴급조치에 관한 사항 • 물질안전보건자료에 관한 사항

라. 특별교육 대상 작업별 교육

작업명	교육내용
〈공통내용〉 제1호부터 제39호까지의 작업	다목과 같은 내용
〈개별내용〉 1. 고압실 내 작업(잠함공법이나 그 밖의 압기공법으로 대기압을 넘는 기압인 작업실 또는 수갱 내부에서 하는 작업만 해당한다)	• 고기압 장해의 인체에 미치는 영향에 관한 사항 • 작업의 시간·작업 방법 및 절차에 관한 사항 • 압기공법에 관한 기초지식 및 보호구 착용에 관한 사항 • 이상 발생 시 응급조치에 관한 사항 • 그 밖에 안전·보건관리에 필요한 사항

2. 아세틸렌 용접장치 또는 가스 집합 용접장치를 사용하는 금속의 용접·용단 또는 가열작업(발생기·도관 등에 의하여 구성되는 용접장치만 해당한다)	• 용접 흄, 분진 및 유해광선 등의 유해성에 관한 사항 • 가스용접기, 압력조정기, 호스 및 취관두(불꽃이 나오는 용접기의 앞부분) 등의 기기점검에 관한 사항 • 작업방법·순서 및 응급처치에 관한 사항 • 안전기 및 보호구 취급에 관한 사항 • 화재예방 및 초기대응에 관한사항 • 그 밖에 안전·보건관리에 필요한 사항
3. 밀폐된 장소(탱크 내 또는 환기가 극히 불량한 좁은 장소를 말한다)에서 하는 용접작업 또는 습한 장소에서 하는 전기용접 작업	• 작업순서, 안전작업방법 및 수칙에 관한 사항 • 환기설비에 관한 사항 • 전격 방지 및 보호구 착용에 관한 사항 • 질식 시 응급조치에 관한 사항 • 작업환경 점검에 관한 사항 • 그 밖에 안전·보건관리에 필요한 사항
4. 폭발성·물반응성·자기반응성·자기발열성 물질, 자연발화성 액체·고체 및 인화성 액체의 제조 또는 취급작업(시험연구를 위한 취급작업은 제외한다)	• 폭발성·물반응성·자기반응성·자기발열성 물질, 자연발화성 액체·고체 및 인화성 액체의 성질이나 상태에 관한 사항 • 폭발 한계점, 발화점 및 인화점 등에 관한 사항 • 취급방법 및 안전수칙에 관한 사항 • 이상 발견 시의 응급처치 및 대피 요령에 관한 사항 • 화기·정전기·충격 및 자연발화 등의 위험방지에 관한 사항 • 작업순서, 취급주의사항 및 방호거리 등에 관한 사항 • 그 밖에 안전·보건관리에 필요한 사항
5. 액화석유가스·수소가스 등 인화성 가스 또는 폭발성 물질 중 가스의 발생장치 취급 작업	• 취급가스의 상태 및 성질에 관한 사항 • 발생장치 등의 위험 방지에 관한 사항 • 고압가스 저장설비 및 안전취급방법에 관한 사항 • 설비 및 기구의 점검 요령 • 그 밖에 안전·보건관리에 필요한 사항
6. 화학설비 중 반응기, 교반기·추출기의 사용 및 세척작업	• 각 계측장치의 취급 및 주의에 관한 사항 • 투시창·수위 및 유량계 등의 점검 및 밸브의 조작주의에 관한 사항 • 세척액의 유해성 및 인체에 미치는 영향에 관한 사항 • 작업 절차에 관한 사항 • 그 밖에 안전·보건관리에 필요한 사항
7. 화학설비의 탱크 내 작업	• 차단장치·정지장치 및 밸브 개폐장치의 점검에 관한 사항 • 탱크 내의 산소농도 측정 및 작업환경에 관한 사항 • 안전보호구 및 이상 발생 시 응급조치에 관한 사항 • 작업절차·방법 및 유해·위험에 관한 사항 • 그 밖에 안전·보건관리에 필요한 사항
8. 분말·원재료 등을 담은 호퍼(하부가 깔대기 모양으로 된 저장통)·저장창고 등 저장탱크의	• 분말·원재료의 인체에 미치는 영향에 관한 사항 • 저장탱크 내부작업 및 복장보호구 착용에 관한 사항 • 작업의 지정·방법·순서 및 작업환경 점검에 관한 사항

내부작업	• 팬·풍기(風旗) 조작 및 취급에 관한 사항 • 분진 폭발에 관한 사항 • 그 밖에 안전·보건관리에 필요한 사항
9. 다음 각 목에 정하는 설비에 의한 물건의 가열·건조작업 가. 건조설비 중 위험물 등에 관계되는 설비로 속부피가 1세제곱미터 이상인 것 나. 건조설비 중 가목의 위험물 등 외의 물질에 관계되는 설비로서, 연료를 열원으로 사용하는 것(그 최대연소소비량이 매 시간당 10킬로그램 이상인 것만 해당한다) 또는 전력을 열원으로 사용하는 것(정격소비전력이 10킬로와트 이상인 경우만 해당한다)	• 건조설비 내외면 및 기기기능의 점검에 관한 사항 • 복장보호구 착용에 관한 사항 • 건조 시 유해가스 및 고열 등이 인체에 미치는 영향에 관한 사항 • 건조설비에 의한 화재·폭발 예방에 관한 사항
10. 다음 각 목에 해당하는 집재장치(집재기·가선·운반기구·지주 및 이들에 부속하는 물건으로 구성되고, 동력을 사용하여 원목 또는 장작과 숯을 담아 올리거나 공중에서 운반하는 설비를 말한다)의 조립, 해체, 변경 또는 수리작업 및 이들 설비에 의한 집재 또는 운반 작업 가. 원동기의 정격출력이 7.5킬로와트를 넘는 것 나. 지간의 경사거리 합계가 350미터 이상인 것 다. 최대사용하중이 200킬로그램 이상인 것	• 기계의 브레이크 비상정지장치 및 운반경로, 각종 기능 점검에 관한 사항 • 작업 시작 전 준비사항 및 작업방법에 관한 사항 • 취급물의 유해·위험에 관한 사항 • 구조상의 이상 시 응급처치에 관한 사항 • 그 밖에 안전·보건관리에 필요한 사항
11. 동력에 의하여 작동되는 프레스기계를 5대 이상 보유한 사업장에서 해당 기계로 하는 작업	• 프레스의 특성과 위험성에 관한 사항 • 방호장치 종류와 취급에 관한 사항 • 안전작업방법에 관한 사항 • 프레스 안전기준에 관한 사항 • 그 밖에 안전·보건관리에 필요한 사항
12. 목재가공용 기계[둥근톱기계, 띠톱기계, 대패기계, 모떼기기계 및 라우터기(목재를 자르거나 홈을 파는 기계)만 해당하며,	• 목재가공용 기계의 특성과 위험성에 관한 사항 • 방호장치의 종류와 구조 및 취급에 관한 사항 • 안전기준에 관한 사항 • 안전작업방법 및 목재 취급에 관한 사항

휴대용은 제외한다]를 5대 이상 보유한 사업장에서 해당 기계로 하는 작업	• 그 밖에 안전·보건관리에 필요한 사항
13. 운반용 등 하역기계를 5대 이상 보유한 사업장에서의 해당 기계로 하는 작업	• 운반하역기계 및 부속설비의 점검에 관한 사항 • 작업순서와 방법에 관한 사항 • 안전운전방법에 관한 사항 • 화물의 취급 및 작업신호에 관한 사항 • 그 밖에 안전·보건관리에 필요한 사항
14. 1톤 이상의 크레인을 사용하는 작업 또는 1톤 미만의 크레인 또는 호이스트를 5대 이상 보유한 사업장에서 해당 기계로 하는 작업(제40호의 작업은 제외한다)	• 방호장치의 종류, 기능 및 취급에 관한 사항 • 걸고리·와이어로프 및 비상정지장치 등의 기계·기구 점검에 관한 사항 • 화물의 취급 및 안전작업방법에 관한 사항 • 신호방법 및 공동작업에 관한 사항 • 인양 물건의 위험성 및 낙하·비래(飛來)·충돌재해 예방에 관한 사항 • 인양물이 적재될 지반의 조건, 인양하중, 풍압 등이 인양물과 타워크레인에 미치는 영향 • 그 밖에 안전·보건관리에 필요한 사항
15. 건설용 리프트·곤돌라를 이용한 작업	• 방호장치의 기능 및 사용에 관한 사항 • 기계, 기구, 달기체인 및 와이어 등의 점검에 관한 사항 • 화물의 권상·권하 작업방법 및 안전작업 지도에 관한 사항 • 기계·기구에 특성 및 동작원리에 관한 사항 • 신호방법 및 공동작업에 관한 사항 • 그 밖에 안전·보건관리에 필요한 사항
16. 주물 및 단조(금속을 두들기거나 눌러서 형체를 만드는 일) 작업	• 고열물의 재료 및 작업환경에 관한 사항 • 출탕·주조 및 고열물의 취급과 안전작업방법에 관한 사항 • 고열작업의 유해·위험 및 보호구 착용에 관한 사항 • 안전기준 및 중량물 취급에 관한 사항 • 그 밖에 안전·보건관리에 필요한 사항
17. 전압이 75볼트 이상인 정전 및 활선작업	• 전기의 위험성 및 전격 방지에 관한 사항 • 해당 설비의 보수 및 점검에 관한 사항 • 정전작업·활선작업 시의 안전작업방법 및 순서에 관한 사항 • 절연용 보호구, 절연용 보호구 및 활선작업용 기구 등의 사용에 관한 사항 • 그 밖에 안전·보건관리에 필요한 사항
18. 콘크리트 파쇄기를 사용하여 하는 파쇄작업(2미터 이상인 구축물의 파쇄작업만 해당한다)	• 콘크리트 해체 요령과 방호거리에 관한 사항 • 작업안전조치 및 안전기준에 관한 사항 • 파쇄기의 조작 및 공통작업 신호에 관한 사항 • 보호구 및 방호장비 등에 관한 사항 • 그 밖에 안전·보건관리에 필요한 사항
19. 굴착면의 높이가 2미터 이상	• 지반의 형태·구조 및 굴착 요령에 관한 사항

이 되는 지반 굴착(터널 및 수직갱 외의 갱 굴착은 제외한다)작업	• 지반의 붕괴재해 예방에 관한 사항 • 붕괴 방지용 구조물 설치 및 작업방법에 관한 사항 • 보호구의 종류 및 사용에 관한 사항 • 그 밖에 안전·보건관리에 필요한 사항
20. 흙막이 지보공의 보강 또는 동바리를 설치하거나 해체하는 작업	• 작업안전 점검 요령과 방법에 관한 사항 • 동바리의 운반·취급 및 설치 시 안전작업에 관한 사항 • 해체작업 순서와 안전기준에 관한 사항 • 보호구 취급 및 사용에 관한 사항 • 그 밖에 안전·보건관리에 필요한 사항
21. 터널 안에서의 굴착작업(굴착용 기계를 사용하여 하는 굴착작업 중 근로자가 칼날 밑에 접근하지 않고 하는 작업은 제외한다) 또는 같은 작업에서의 터널 거푸집 지보공의 조립 또는 콘크리트 작업	• 작업환경의 점검 요령과 방법에 관한 사항 • 붕괴 방지용 구조물 설치 및 안전작업 방법에 관한 사항 • 재료의 운반 및 취급·설치의 안전기준에 관한 사항 • 보호구의 종류 및 사용에 관한 사항 • 소화설비의 설치장소 및 사용방법에 관한 사항 • 그 밖에 안전·보건관리에 필요한 사항
22. 굴착면의 높이가 2미터 이상이 되는 암석의 굴착작업	• 폭발물 취급 요령과 대피 요령에 관한 사항 • 안전거리 및 안전기준에 관한 사항 • 방호물의 설치 및 기준에 관한 사항 • 보호구 및 신호방법 등에 관한 사항 • 그 밖에 안전·보건관리에 필요한 사항
23. 높이가 2미터 이상인 물건을 쌓거나 무너뜨리는 작업(하역기계로만 하는 작업은 제외한다)	• 원부재료의 취급 방법 및 요령에 관한 사항 • 물건의 위험성·낙하 및 붕괴재해 예방에 관한 사항 • 적재방법 및 전도 방지에 관한 사항 • 보호구 착용에 관한 사항 • 그 밖에 안전·보건관리에 필요한 사항
24. 선박에 짐을 쌓거나 부리거나 이동시키는 작업	• 하역 기계·기구의 운전방법에 관한 사항 • 운반·이송경로의 안전작업방법 및 기준에 관한 사항 • 중량물 취급 요령과 신호 요령에 관한 사항 • 작업안전 점검과 보호구 취급에 관한 사항 • 그 밖에 안전·보건관리에 필요한 사항
25. 거푸집 동바리의 조립 또는 해체작업	• 동바리의 조립방법 및 작업 절차에 관한 사항 • 조립재료의 취급방법 및 설치기준에 관한 사항 • 조립 해체 시의 사고 예방에 관한 사항 • 보호구 착용 및 점검에 관한 사항 • 그 밖에 안전·보건관리에 필요한 사항
26. 비계의 조립·해체 또는 변경작업	• 비계의 조립순서 및 방법에 관한 사항 • 비계작업의 재료 취급 및 설치에 관한 사항 • 추락재해 방지에 관한 사항 • 보호구 착용에 관한 사항

	• 비계상부 작업 시 최대 적재하중에 관한 사항 • 그 밖에 안전·보건관리에 필요한 사항
27. 건축물의 골조, 다리의 상부 구조 또는 탑의 금속제의 부재로 구성되는 것(5미터 이상인 것만 해당한다)의 조립·해체 또는 변경작업	• 건립 및 버팀대의 설치순서에 관한 사항 • 조립 해체 시의 추락재해 및 위험요인에 관한 사항 • 건립용 기계의 조작 및 작업신호 방법에 관한 사항 • 안전장비 착용 및 해체순서에 관한 사항 • 그 밖에 안전·보건관리에 필요한 사항
28. 처마 높이가 5미터 이상인 목조건축물의 구조 부재의 조립이나 건축물의 지붕 또는 외벽 밑에서의 설치작업	• 붕괴·추락 및 재해 방지에 관한 사항 • 부재의 강도·재질 및 특성에 관한 사항 • 조립·설치 순서 및 안전작업방법에 관한 사항 • 보호구 착용 및 작업 점검에 관한 사항 • 그 밖에 안전·보건관리에 필요한 사항
29. 콘크리트 인공구조물(그 높이가 2미터 이상인 것만 해당한다)의 해체 또는 파괴작업	• 콘크리트 해체기계의 점검에 관한 사항 • 파괴 시의 안전거리 및 대피 요령에 관한 사항 • 작업방법·순서 및 신호 방법 등에 관한 사항 • 해체·파괴 시의 작업안전기준 및 보호구에 관한 사항 • 그 밖에 안전·보건관리에 필요한 사항
30. 타워크레인을 설치(상승작업을 포함한다)·해체하는 작업	• 붕괴·추락 및 재해 방지에 관한 사항 • 설치·해체 순서 및 안전작업방법에 관한 사항 • 부재의 구조·재질 및 특성에 관한 사항 • 신호방법 및 요령에 관한 사항 • 이상 발생 시 응급조치에 관한 사항 • 그 밖에 안전·보건관리에 필요한 사항
31. 보일러(소형 보일러 및 다음 각 목에서 정하는 보일러는 제외한다)의 설치 및 취급 작업 가. 몸통 반지름이 750밀리미터 이하이고 그 길이가 1,300밀리미터 이하인 증기보일러 나. 전열면적이 3제곱미터 이하인 증기보일러 다. 전열면적이 14제곱미터 이하인 온수보일러 라. 전열면적이 30제곱미터 이하인 관류보일러(물관을 사용하여 가열시키는 방식의 보일러)	• 기계 및 기기 점화장치 계측기의 점검에 관한 사항 • 열관리 및 방호장치에 관한 사항 • 작업순서 및 방법에 관한 사항 • 그 밖에 안전·보건관리에 필요한 사항
32. 게이지 압력을 제곱센티미터당 1킬로그램 이상으로 사용하는 압력용기의 설치 및 취급작업	• 안전시설 및 안전기준에 관한 사항 • 압력용기의 위험성에 관한 사항 • 용기 취급 및 설치기준에 관한 사항 • 작업안전 점검 방법 및 요령에 관한 사항

	• 그 밖에 안전·보건관리에 필요한 사항
33. 방사선 업무에 관계되는 작업(의료 및 실험용은 제외한다)	• 방사선의 유해·위험 및 인체에 미치는 영향 • 방사선의 측정기기 기능의 점검에 관한 사항 • 방호거리·방호벽 및 방사선물질의 취급 요령에 관한 사항 • 응급처치 및 보호구 착용에 관한 사항 • 그 밖에 안전·보건관리에 필요한 사항
34. 밀폐공간에서의 작업	• 산소농도 측정 및 작업환경에 관한 사항 • 사고 시의 응급처치 및 비상 시 구출에 관한 사항 • 보호구 착용 및 보호 장비 사용에 관한 사항 • 작업내용·안전작업방법 및 절차에 관한 사항 • 장비·설비 및 시설 등의 안전점검에 관한 사항 • 그 밖에 안전·보건관리에 필요한 사항
35. 허가 또는 관리 대상 유해물질의 제조 또는 취급작업	• 취급물질의 성질 및 상태에 관한 사항 • 유해물질이 인체에 미치는 영향 • 국소배기장치 및 안전설비에 관한 사항 • 안전작업방법 및 보호구 사용에 관한 사항 • 그 밖에 안전·보건관리에 필요한 사항
36. 로봇작업	• 로봇의 기본원리·구조 및 작업방법에 관한 사항 • 이상 발생 시 응급조치에 관한 사항 • 안전시설 및 안전기준에 관한 사항 • 조작방법 및 작업순서에 관한 사항
37. 석면해체·제거작업	• 석면의 특성과 위험성 • 석면해체·제거의 작업방법에 관한 사항 • 장비 및 보호구 사용에 관한 사항 • 그 밖에 안전·보건관리에 필요한 사항
38. 가연물이 있는 장소에서 하는 화재위험작업	• 작업준비 및 작업절차에 관한 사항 • 작업장 내 위험물, 가연물의 사용·보관·설치 현황에 관한 사항 • 화재위험작업에 따른 인근 인화성 액체에 대한 방호조치에 관한 사항 • 화재위험작업으로 인한 불꽃, 불티 등의 흩날림 방지 조치에 관한 사항 • 인화성 액체의 증기가 남아 있지 않도록 환기 등의 조치에 관한 사항 • 화재감시자의 직무 및 피난교육 등 비상조치에 관한 사항 • 그 밖에 안전·보건관리에 필요한 사항
39. 타워크레인을 사용하는 작업 시 신호업무를 하는 작업	• 타워크레인의 기계적 특성 및 방호장치 등에 관한 사항 • 화물의 취급 및 안전작업방법에 관한 사항 • 신호방법 및 요령에 관한 사항 • 인양 물건의 위험성 및 낙하·비래·충돌재해 예방에 관한

	사항 • 인양물이 적재될 지반의 조건, 인양하중, 풍압 등이 인양물과 타워크레인에 미치는 영향 • 그 밖에 안전·보건관리에 필요한 사항

1의2. 관리감독자 안전보건교육(제26조제1항 관련)

가. 정기교육

교육내용
• 산업안전 및 사고 예방에 관한 사항 • 산업보건 및 직업병 예방에 관한 사항 • 위험성평가에 관한 사항 • 유해·위험 작업환경 관리에 관한 사항 • 산업안전보건법령 및 산업재해보상보험 제도에 관한 사항 • 직무스트레스 예방 및 관리에 관한 사항 • 직장 내 괴롭힘, 고객의 폭언 등으로 인한 건강장해 예방 및 관리에 관한 사항 • 작업공정의 유해·위험과 재해 예방대책에 관한 사항 • 사업장 내 안전보건관리체제 및 안전·보건조치 현황에 관한 사항 • 표준안전 작업방법 결정 및 지도·감독 요령에 관한 사항 • 현장근로자와의 의사소통능력 및 강의능력 등 안전보건교육 능력 배양에 관한 사항 • 비상시 또는 재해 발생 시 긴급조치에 관한 사항 • 그 밖의 관리감독자의 직무에 관한 사항

나. 채용 시 교육 및 작업내용 변경 시 교육

교육내용
• 산업안전 및 사고 예방에 관한 사항 • 산업보건 및 직업병 예방에 관한 사항 • 위험성평가에 관한 사항 • 산업안전보건법령 및 산업재해보상보험 제도에 관한 사항 • 직무스트레스 예방 및 관리에 관한 사항 • 직장 내 괴롭힘, 고객의 폭언 등으로 인한 건강장해 예방 및 관리에 관한 사항 • 기계·기구의 위험성과 작업의 순서 및 동선에 관한 사항 • 작업 개시 전 점검에 관한 사항 • 물질안전보건자료에 관한 사항 • 사업장 내 안전보건관리체제 및 안전·보건조치 현황에 관한 사항 • 표준안전 작업방법 결정 및 지도·감독 요령에 관한 사항 • 비상시 또는 재해 발생 시 긴급조치에 관한 사항 • 그 밖의 관리감독자의 직무에 관한 사항

다. 특별교육 대상 작업별 교육

작업명	교육내용
〈공통내용〉	나목과 같은 내용
〈개별내용〉	제1호라목에 따른 교육내용(공통내용은 제외한다)과 같음

2. 건설업 기초안전보건교육에 대한 내용 및 시간(제28조제1항 관련)

교육 내용	시간
가. 건설공사의 종류(건축·토목 등) 및 시공 절차	1시간
나. 산업재해 유형별 위험요인 및 안전보건조치	2시간
다. 안전보건관리체제 현황 및 산업안전보건 관련 근로자 권리·의무	1시간

3. 안전보건관리책임자 등에 대한 교육(제29조제2항 관련)

교육대상	교육내용	
	신규과정	보수과정
가. 안전보건관리책임자	1) 관리책임자의 책임과 직무에 관한 사항 2) 산업안전보건법령 및 안전·보건조치에 관한 사항	1) 산업안전·보건정책에 관한 사항 2) 자율안전·보건관리에 관한 사항
나. 안전관리자 및 안전관리전문기관 종사자	1) 산업안전보건법령에 관한 사항 2) 산업안전보건개론에 관한 사항 3) 인간공학 및 산업심리에 관한 사항 4) 안전보건교육방법에 관한 사항 5) 재해 발생 시 응급처치에 관한 사항 6) 안전점검·평가 및 재해 분석기법에 관한 사항 7) 안전기준 및 개인보호구 등 분야별 재해예방 실무에 관한 사항 8) 산업안전보건관리비 계상 및 사용기준에 관한 사항 9) 작업환경 개선 등 산업위생 분야에 관한 사항 10) 무재해운동 추진기법 및 실무에 관한 사항 11) 위험성평가에 관한 사항 12) 그 밖에 안전관리자의 직무 향상을 위하여 필요한 사항	1) 산업안전보건법령 및 정책에 관한 사항 2) 안전관리계획 및 안전보건개선계획의 수립·평가·실무에 관한 사항 3) 안전보건교육 및 무재해운동 추진실무에 관한 사항 4) 산업안전보건관리비 사용기준 및 사용방법에 관한 사항 5) 분야별 재해 사례 및 개선 사례에 관한 연구와 실무에 관한 사항 6) 사업장 안전 개선기법에 관한 사항 7) 위험성평가에 관한 사항 8) 그 밖에 안전관리자 직무 향상을 위하여 필요한 사항
다. 보건관리자 및 보건관리전문기관 종사자	1) 산업안전보건법령 및 작업환경측정에 관한 사항 2) 산업안전보건개론에 관한 사항 3) 안전보건교육방법에 관한 사항 4) 산업보건관리계획 수립·평가 및 산업역학에 관한 사항 5) 작업환경 및 직업병 예방에 관한	1) 산업안전보건법령, 정책 및 작업환경관리에 관한 사항 2) 산업보건관리계획 수립·평가 및 안전보건교육 추진 요령에 관한 사항 3) 근로자 건강 증진 및 구급환자 관리에 관한 사항 4) 산업위생 및 산업환기에 관한 사항

	사항 6) 작업환경 개선에 관한 사항(소음·분진·관리대상 유해물질 및 유해광선 등) 7) 산업역학 및 통계에 관한 사항 8) 산업환기에 관한 사항 9) 안전보건관리의 체제·규정 및 보건관리자 역할에 관한 사항 10) 보건관리계획 및 운용에 관한 사항 11) 근로자 건강관리 및 응급처치에 관한 사항 12) 위험성평가에 관한 사항 13) 감염병 예방에 관한 사항 14) 자살 예방에 관한 사항 15) 그 밖에 보건관리자의 직무 향상을 위하여 필요한 사항	5) 직업병 사례 연구에 관한 사항 6) 유해물질별 작업환경 관리에 관한 사항 7) 위험성평가에 관한 사항 8) 감염병 예방에 관한 사항 9) 자살 예방에 관한 사항 10) 그 밖에 보건관리자 직무 향상을 위하여 필요한 사항
라. 건설재해예방전문지도기관 종사자	1) 산업안전보건법령 및 정책에 관한 사항 2) 분야별 재해사례 연구에 관한 사항 3) 새로운 공법 소개에 관한 사항 4) 사업장 안전관리기법에 관한 사항 5) 위험성평가의 실시에 관한 사항 6) 그 밖에 직무 향상을 위하여 필요한 사항	1) 산업안전보건법령 및 정책에 관한 사항 2) 분야별 재해사례 연구에 관한 사항 3) 새로운 공법 소개에 관한 사항 4) 사업장 안전관리기법에 관한 사항 5) 위험성평가의 실시에 관한 사항 6) 그 밖에 직무 향상을 위하여 필요한 사항
마. 석면조사기관 종사자	1) 석면 제품의 종류 및 구별 방법에 관한 사항 2) 석면에 의한 건강유해성에 관한 사항 3) 석면 관련 법령 및 제도(법, 「석면안전관리법」 및 「건축법」 등)에 관한 사항 4) 법 및 산업안전보건 정책방향에 관한 사항 5) 석면 시료채취 및 분석 방법에 관한 사항 6) 보호구 착용 방법에 관한 사항 7) 석면조사결과서 및 석면지도 작성 방법에 관한 사항 8) 석면 조사 실습에 관한 사항	1) 석면 관련 법령 및 제도(법, 「석면안전관리법」 및 「건축법」 등)에 관한 사항 2) 실내공기오염 관리(또는 작업환경측정 및 관리)에 관한 사항 3) 산업안전보건 정책방향에 관한 사항 4) 건축물·설비 구조의 이해에 관한 사항 5) 건축물·설비 내 석면함유 자재 사용 및 시공·제거 방법에 관한 사항 6) 보호구 선택 및 관리방법에 관한 사항 7) 석면해체·제거작업 및 석면 흩날림 방지 계획 수립 및 평가에 관한 사항 8) 건축물 석면조사 시 위해도평가 및 석면지도 작성·관리 실무에 관한 사항 9) 건축 자재의 종류별 석면조사실무에 관한 사항

바. 안전보건관리담당자		1) 위험성평가에 관한 사항 2) 안전·보건교육방법에 관한 사항 3) 사업장 순회점검 및 지도에 관한 사항 4) 기계·기구의 적격품 선정에 관한 사항 5) 산업재해 통계의 유지·관리 및 조사에 관한 사항 6) 그 밖에 안전보건관리담당자 직무 향상을 위하여 필요한 사항
사. 안전검사기관 및 자율안전검사기관	1) 산업안전보건법령에 관한 사항 2) 기계, 장비의 주요장치에 관한 사항 3) 측정기기 작동 방법에 관한 사항 4) 공통점검 사항 및 주요 위험요인별 점검내용에 관한 사항 5) 기계, 장비의 주요안전장치에 관한 사항 6) 검사시 안전보건 유의사항 7) 기계·전기·화공 등 공학적 기초 지식에 관한 사항 8) 검사원의 직무윤리에 관한 사항 9) 그 밖에 종사자의 직무 향상을 위하여 필요한 사항	1) 산업안전보건법령 및 정책에 관한 사항 2) 주요 위험요인별 점검내용에 관한 사항 3) 기계, 장비의 주요장치와 안전장치에 관한 심화과정 4) 검사시 안전보건 유의 사항 5) 구조해석, 용접, 피로, 파괴, 피해예측, 작업환기, 위험성평가 등에 관한 사항 6) 검사대상 기계별 재해 사례 및 개선사례에 관한 연구와 실무에 관한 사항 7) 검사원의 직무윤리에 관한 사항 8) 그 밖에 종사자의 직무 향상을 위하여 필요한 사항

4. 특수형태근로종사자에 대한 안전보건교육(제95조제1항 관련)

가. 최초 노무제공 시 교육

교육내용
아래의 내용 중 특수형태근로종사자의 직무에 적합한 내용을 교육해야 한다. • 산업안전 및 사고 예방에 관한 사항 • 산업보건 및 직업병 예방에 관한 사항 • 건강증진 및 질병 예방에 관한 사항 • 유해·위험 작업환경 관리에 관한 사항 • 산업안전보건법령 및 산업재해보상보험 제도에 관한 사항 • 직무스트레스 예방 및 관리에 관한 사항 • 직장 내 괴롭힘, 고객의 폭언 등으로 인한 건강장해 예방 및 관리에 관한 사항 • 기계·기구의 위험성과 작업의 순서 및 동선에 관한 사항 • 작업 개시 전 점검에 관한 사항 • 정리정돈 및 청소에 관한 사항 • 사고 발생 시 긴급조치에 관한 사항 • 물질안전보건자료에 관한 사항 • 교통안전 및 운전안전에 관한 사항 • 보호구 착용에 관한 사항

나. 특별교육 대상 작업별 교육 : 제1호 라목과 같다.

5. 검사원 성능검사 교육(제131조제2항 관련)

설비명	교육과정	교육내용
가. 프레스 및 전단기	성능검사 교육	• 관계 법령 • 프레스 및 전단기 개론 • 프레스 및 전단기 구조 및 특성 • 검사기준 • 방호장치 • 검사장비 용도 및 사용방법 • 검사실습 및 체크리스트 작성 요령 • 위험검출 훈련
나. 크레인	성능검사 교육	• 관계 법령 • 크레인 개론 • 크레인 구조 및 특성 • 검사기준 • 방호장치 • 검사장비 용도 및 사용방법 • 검사실습 및 체크리스트 작성 요령 • 위험검출 훈련 • 검사원 직무
다. 리프트	성능검사 교육	• 관계 법령 • 리프트 개론 • 리프트 구조 및 특성 • 검사기준 • 방호장치 • 검사장비 용도 및 사용방법 • 검사실습 및 체크리스트 작성 요령 • 위험검출 훈련 • 검사원 직무
라. 곤돌라	성능검사 교육	• 관계 법령 • 곤돌라 개론 • 곤돌라 구조 및 특성 • 검사기준 • 방호장치 • 검사장비 용도 및 사용방법 • 검사실습 및 체크리스트 작성 요령 • 위험검출 훈련 • 검사원 직무
마. 국소배기장치	성능검사 교육	• 관계 법령 • 산업보건 개요

		• 산업환기의 기본원리 • 국소환기장치의 설계 및 실습 • 국소배기장치 및 제진장치 검사기준 • 검사실습 및 체크리스트 작성 요령 • 검사원 직무
바. 원심기	성능검사 교육	• 관계 법령 • 원심기 개론 • 원심기 종류 및 구조 • 검사기준 • 방호장치 • 검사장비 용도 및 사용방법 • 검사실습 및 체크리스트 작성 요령
사. 롤러기	성능검사 교육	• 관계 법령 • 롤러기 개론 • 롤러기 구조 및 특성 • 검사기준 • 방호장치 • 검사장비의 용도 및 사용방법 • 검사실습 및 체크리스트 작성 요령
아. 사출성형기	성능검사 교육	• 관계 법령 • 사출성형기 개론 • 사출성형기 구조 및 특성 • 검사기준 • 방호장치 • 검사장비 용도 및 사용방법 • 검사실습 및 체크리스트 작성 요령
자. 고소작업대	성능검사 교육	• 관계 법령 • 고소작업대 개론 • 고소작업대 구조 및 특성 • 검사기준 • 방호장치 • 검사장비의 용도 및 사용방법 • 검사실습 및 체크리스트 작성 요령
차. 컨베이어	성능검사 교육	• 관계 법령 • 컨베이어 개론 • 컨베이어 구조 및 특성 • 검사기준 • 방호장치 • 검사장비의 용도 및 사용방법 • 검사실습 및 체크리스트 작성 요령

카. 산업용 로봇	성능검사 교육	• 관계 법령 • 산업용 로봇 개론 • 산업용 로봇 구조 및 특성 • 검사기준 • 방호장치 • 검사장비 용도 및 사용방법 • 검사실습 및 체크리스트 작성 요령
타. 압력용기	성능검사 교육	• 관계 법령 • 압력용기 개론 • 압력용기의 종류, 구조 및 특성 • 검사기준 • 방호장치 • 검사장비 용도 및 사용방법 • 검사실습 및 체크리스트 작성 요령 • 이상 시 응급조치
파. 혼합기(2024.6.28 신설 : 2026.6.26 시행)	성능검사 교육	• 관계 법령 • 혼합기 개론 • 혼합기 구조 및 특성 • 검사기준 • 방호장치 • 검사장비 용도 및 사용방법 • 검사실습 및 체크리스트 작성 요령
하. 파쇄기 또는 분쇄기(2024.6.28 신설 : 2026.6.26 시행)	성능검사 교육	• 관계 법령 • 파쇄기 또는 분쇄기 개론 • 파쇄기 또는 분쇄기 구조 및 특성 • 검사기준 • 방호장치 • 검사장비 용도 및 사용방법 • 검사실습 및 체크리스트 작성 요령

6. 물질안전보건자료에 관한 교육(제169조제1항 관련)

교육내용
• 대상화학물질의 명칭(또는 제품명) • 물리적 위험성 및 건강 유해성 • 취급상의 주의사항 • 적절한 보호구 • 응급조치 요령 및 사고시 대처방법 • 물질안전보건자료 및 경고표지를 이해하는 방법

[별표 6]

안전보건표지의 종류와 형태
(제38조제1항 관련)

1 금지표지	101 출입금지	102 보행금지	103 차량통행 금지	104 사용금지	105 탑승금지	106 금연

107 화기금지	108 물체이동 금지	2 경고표지	201 인화성 물질 경고	202 산화성 물질 경고	203 폭발성 물질 경고	204 급성독성 물질 경고

205 부식성 물질 경고	206 방사성 물질 경고	207 고압전기 경고	208 매달린 물체 경고	209 낙하물 경고	210 고온 경고	211 저온 경고

212 몸균형 상실 경고	213 레이저 광선 경고	214 발암성·변이원성·생식독성·전신독성·호흡기 과민성 물질 경고	215 위험장소 경고	3 지시표지	301 보안경 착용	302 방독 마스크 착용

303 방진마스크 착용	304 보안면 착용	305 안전모 착용	306 귀마개 착용	307 안전화 착용	308 안전장갑 착용	309 안전복 착용

4 안내 표지	401 녹십자 표지	402 응급구호 표지	403 들것	404 세안 장치	405 비상용 기구	406 비상구

407 좌측 비상구	408 우측 비상구	**5 관계자외 출입금지**	501 허가대상 물질 작업장	502 석면취급/해체 작업장	503 금지대상 물질의 취급 실험실 등
			**관계자외 출입금지** (허가물질명칭) 제조/사용/보관 중 보호구/보호복 착용 흡연 및 음식물 섭취 금지	**관계자외 출입금지** 석면 취급/해체 중 보호구/보호복 착용 흡연 및 음식물 섭취 금지	**관계자외 출입금지** 발암물질 취급 중 보호구/보호복 착용 흡연 및 음식물 섭취 금지

6 문자 추가시 예시문		• 내 자신의 건강과 복지를 위하여 안전을 늘 생각한다. • 내 가정의 행복과 화목을 위하여 안전을 늘 생각한다. • 내 자신의 실수로써 동료를 해치지 않도록 안전을 늘 생각한다. • 내 자신이 일으킨 사고로 인한 회사의 재산과 손실을 방지하기 위하여 안전을 늘 생각한다. • 내 자신의 방심과 불안전한 행동이 조국의 번영에 장애가 되지 않도록 하기 위하여 안전을 늘 생각한다.

※ 비고 : 아래 표의 각각의 안전·보건표지(28종)는 다음과 같이 「산업표준화법」에 따른 한국산업표준(KS S ISO 7010)의 안전표지로 대체할 수 있다.

안전·보건 표지	한국산업표준	안전·보건표지	한국산업표준
102	P004	302	M017
103	P006	303	M016
106	P002	304	M019
107	P003	305	M014
206	W003, W005, W027	306	M003
207	W012	307	M008
208	W015	308	M009
209	W035	309	M010
210	W017	402	E003
211	W010	403	E013
212	W011	404	E011
213	W004	406	E001, E002
215	W001	407	E001
301	M004	408	E002

[별표 7]

안전보건표지의 종류별 용도, 설치·부착 장소, 형태 및 색채

(제38조제1항, 제39조제1항 및 제40조제1항 관련)

분류	종류	용도 및 설치·부착 장소	설치·부착 장소 예시	형태		색채
				기본모형 번호	안전·보건표지 일람표 번호	
금지표지	1. 출입금지	출입을 통제해야할 장소	조립·해체 작업장 입구	1	101	바탕은 흰색, 기본모형은 빨간색, 관련 부호 및 그림은 검은색
	2. 보행금지	사람이 걸어 다녀서는 안 될 장소	중장비 운전작업장	1	102	
	3. 차량통행금지	제반 운반기기 및 차량의 통행을 금지시켜야 할 장소	집단보행 장소	1	103	
	4. 사용금지	수리 또는 고장 등으로 만지거나 작동시키는 것을 금지해야 할 기계·기구 및 설비	고장난 기계	1	104	
	5. 탑승금지	엘리베이터 등에 타는 것이나 어떤 장소에 올라가는 것을 금지	고장난 엘리베이터	1	105	
	6. 금연	담배를 피워서는 안 될 장소		1	106	
	7. 화기금지	화재가 발생할 염려가 있는 장소로서 화기 취급을 금지하는 장소	화학물질 취급 장소	1	107	
	8. 물체이동금지	정리 정돈 상태의 물체나 움직여서는 안 될 물체를 보존하기 위하여 필요한 장소	절전스위치 옆	1	108	
경고표지	1. 인화성 물질 경고	휘발유 등 화기의 취급을 극히 주의해야 하는 물질이 있는 장소	휘발유 저장탱크	2	201	바탕은 노란색, 기본모형, 관련 부호 및 그림은 검은색 다만, 인화성물질 경고, 산화성 물질 경고, 폭발
	2. 산화성 물질 경고	가열·압축하거나 강산·알칼리 등을 첨가하면 강한 산화성을 띠는 물질이 있는 장소	질산 저장탱크	2	202	

	3. 폭발성 물질 경고	폭발성 물질이 있는 장소	폭발물 저장실	2	203	성물질 경고, 급성독성물질 경고, 부식성물질 경고 및 발암성·변이원성·생식독성·전신독성·호흡기과민성 물질 경고의 경우 바탕은 무색, 기본모형은 빨간색(검은색도 가능)
	4. 급성독성 물질 경고	급성독성 물질이 있는 장소	농약 제조·보관소	2	204	
	5. 부식성 물질 경고	신체나 물체를 부식시키는 물질이 있는 장소	황산 저장소	2	205	
	6. 방사성 물질 경고	방사능물질이 있는 장소	방사성 동위원소 사용실	2	206	
	7. 고압전기 경고	발전소나 고전압이 흐르는 장소	감전우려 지역 입구	2	207	
	8. 매달린 물질 경고	머리 위에 크레인 등과 같이 매달린 물체가 있는 장소	크레인이 있는 작업장 입구	2	208	
	9. 낙하물체 경고	돌 및 블록 등 떨어질 우려가 있는 물체가 있는 장소	비계 설치 장소 입구	2	209	
	10. 고온 경고	고도의 열을 발하는 물체 또는 온도가 아주 높은 장소	주물작업장 입구	2	210	
	11. 저온 경고	아주 차가운 물체 또는 온도가 아주 낮은 장소	냉동작업장 입구	2	211	
	12. 몸균형 상실 경고	미끄러운 장소 등 넘어지기 쉬운 장소	경사진 통로 입구	2	212	
	13. 레이저 광선 경고	레이저광선에 노출될 우려가 있는 장소	레이저실험실 입구	2	213	
	14. 발암성·변이원성·생식독성·전신독성·호흡기과민성 물질 경고	발암성·변이원성·생식독성·전신독성·호흡기과민성 물질이 있는 장소	납 분진 발생장소	2	214	
	15. 위험 장소 경고	그 밖에 위험한 물체 또는 그 물체가 있는 장소	맨홀 앞 고열 금속찌꺼기 폐기장소	2	215	
지시표지	1. 보안경 착용	보안경을 착용해야만 작업 또는 출입을 할 수 있는 장소	그라인더 작업장 입구	3	301	바탕은 파란색, 관련 그림은 흰색
	2. 방독 마스크 착용	방독마스크를 착용해야만 작업 또는 출입을 할 수 있는 장소	유해물질 작업장 입구	3	302	

	3. 방진 마스크 착용	방진마스크를 착용해야만 작업 또는 출입을 할 수 있는 장소	분진이 많은 곳	3	303	
	4. 보안면 착용	보안면을 착용해야만 작업 또는 출입을 할 수 있는 장소	용접실 입구	3	304	
	5. 안전모 착용	헬멧 등 안전모를 착용해야만 작업 또는 출입을 할 수 있는 장소	갱도의 입구	3	305	
	6. 귀마개 착용	소음장소 등 귀마개를 착용해야만 작업 또는 출입을 할 수 있는 장소	판금작업장 입구	3	306	
	7. 안전화 착용	안전화를 착용해야만 작업 또는 출입을 할 수 있는 장소	채탄작업장 입구	3	307	
	8. 안전장갑 착용	안전장갑을 착용해야 작업 또는 출입을 할 수 있는 장소	고온 및 저온물 취급작업장 입구	3	308	
	9. 안전복 착용	방열복 및 방한복 등의 안전복을 착용해야만 작업 또는 출입을 할 수 있는 장소	단조작업장 입구	3	309	
안내표지	1. 녹십자 표지	안전의식을 북돋우기 위하여 필요한 장소	공사장 및 사람들이 많이 볼 수 있는 장소	1 (사선 제외)	401	바탕은 흰색, 기본모형 및 관련 부호는 녹색, 바탕은 녹색, 관련 부호 및 그림은 흰색
	2. 응급구호 표지	응급구호설비가 있는 장소	위생구호실 앞	4	402	
	3. 들것	구호를 위한 들것이 있는 장소	위생구호실 앞	4	403	
	4. 세안장치	세안장치가 있는 장소	위생구호실 앞	4	404	
	5. 비상용 기구	비상용기구가 있는 장소	비상용기구 설치장소 앞	4	405	
	6. 비상구	비상출입구	위생구호실 앞	4	406	
	7. 좌측 비상구	비상구가 좌측에 있음을 알려야 하는 장소	위생구호실 앞	4	407	
	8. 우측 비상구	비상구가 우측에 있음을 알려야 하는 장소	위생구호실 앞	4	408	

<table>
<tr><td rowspan="3">출입
금지
표지</td><td>1. 허가대상
유해물질
취급</td><td>허가대상유해물질 제조, 사용 작업장</td><td rowspan="3">출입구(단, 실외 또는 출입구가 없을 시 근로자가 보기 쉬운 장소)</td><td>5</td><td>501</td><td rowspan="3">글자는 흰색바탕에 흑색 다음 글자는 적색
-○○○제조/
사용/보관 중
-석면취급/
해체 중
-발암물질
취급 중</td></tr>
<tr><td>2. 석면취급
및 해체·제거</td><td>석면 제조, 사용, 해체·제거 작업장</td><td>5</td><td>502</td></tr>
<tr><td>3. 금지유해
물질 취급</td><td>금지유해물질 제조·사용설비가 설치된 장소</td><td>5</td><td>503</td></tr>
</table>

[별표 8]

안전보건표지의 색도기준 및 용도

(제38조제3항 관련)

<table>
<tr><th>색채</th><th>색도기준</th><th>용도</th><th>사용례</th></tr>
<tr><td rowspan="2">빨간색</td><td rowspan="2">7.5R 4/14</td><td>금지</td><td>정지신호, 소화설비 및 그 장소, 유해행위의 금지</td></tr>
<tr><td>경고</td><td>화학물질 취급장소에서의 유해·위험 경고</td></tr>
<tr><td>노란색</td><td>5Y 8.5/12</td><td>경고</td><td>화학물질 취급장소에서의 유해·위험경고 이외의 위험경고, 주의표지 또는 기계방호물</td></tr>
<tr><td>파란색</td><td>2.5PB 4/10</td><td>지시</td><td>특정 행위의 지시 및 사실의 고지</td></tr>
<tr><td>녹색</td><td>2.5G 4/10</td><td>안내</td><td>비상구 및 피난소, 사람 또는 차량의 통행표지</td></tr>
<tr><td>흰색</td><td>N9.5</td><td></td><td>파란색 또는 녹색에 대한 보조색</td></tr>
<tr><td>검은색</td><td>N0.5</td><td></td><td>문자 및 빨간색 또는 노란색에 대한 보조색</td></tr>
</table>

※ 참고 :

1. 허용 오차 범위 H=±2, V=±0.3, C=±1(H는 색상, V는 명도, C는 채도를 말한다)
2. 위의 색도기준은 한국산업규격(KS)에 따른 색의 3속성에 의한 표시방법(KSA 0062 기술표준원 고시 제2008-0759)에 따른다.

[별표 9]

안전보건표지의 기본모형

(제40조제1항 관련)

번호	기본모형	규격비율(크기)	표시사항
1	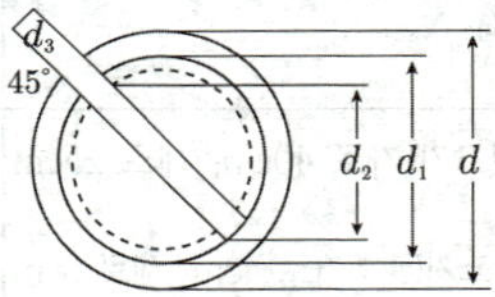	$d \geqq 0.025L$ $d_1 = 0.8d$ $0.7d < d_2 < 0.8d$ $d_3 = 0.1d$	금지
2	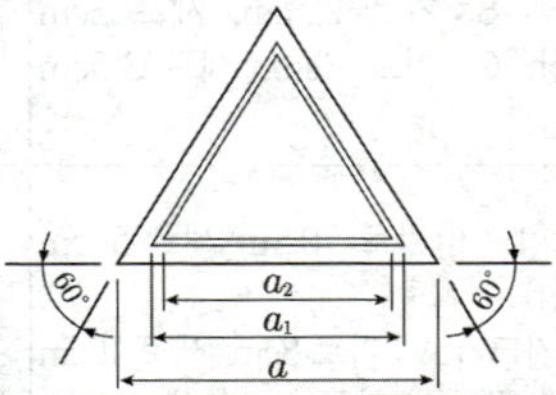	$a \geqq 0.034L$ $a_1 = 0.8a$ $0.7a < a_2 < 0.8a$	경고
	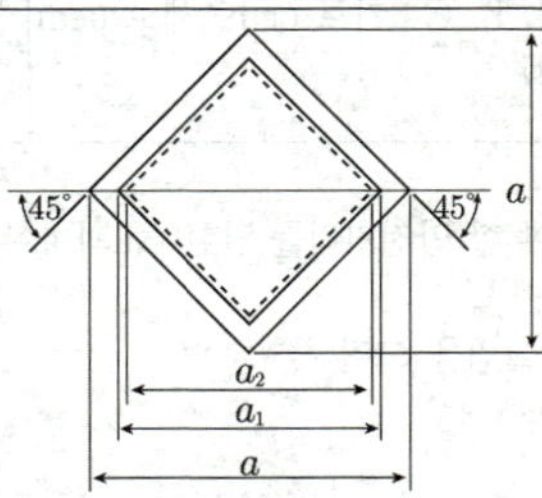	$a \geqq 0.025L$ $a_1 = 0.8a$ $0.7a < a_2 < 0.8a$	
3	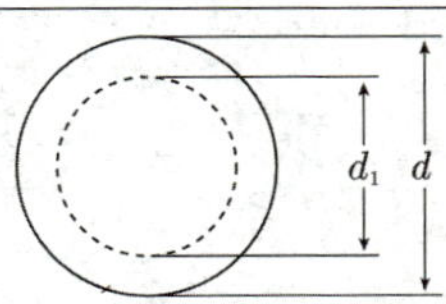	$d \geqq 0.025L$ $d_1 = 0.8d$	지시
4	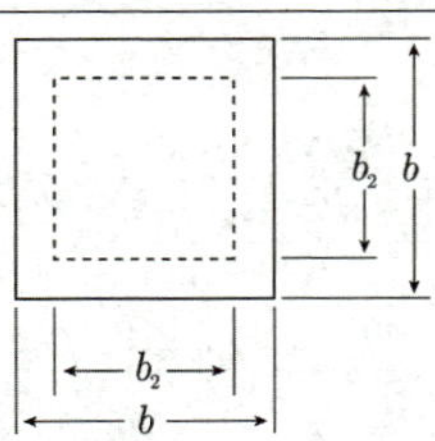	$b \geqq 0.0224L$ $b_2 = 0.8b$	안내

<table>
<tr>
<td>5</td>
<td>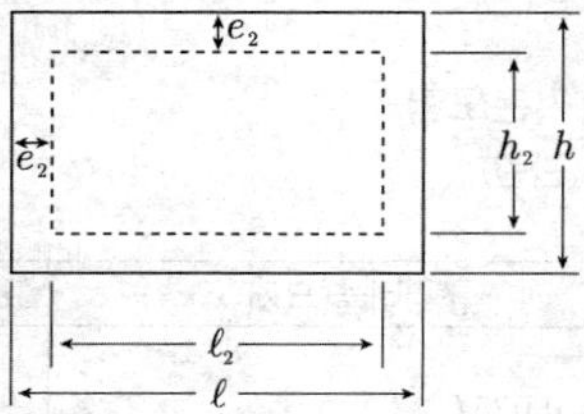
</td>
<td>$h < \ell$
$h_2 = 0.8h$
$\ell \times h \geqq 0.0005L^2$
$h - h_2 = \ell - \ell_2 = 2e_2$
$\frac{\ell}{h} = 1, 2, 4, 8$
(4종류)</td>
<td>안내</td>
</tr>
<tr>
<td>6</td>
<td>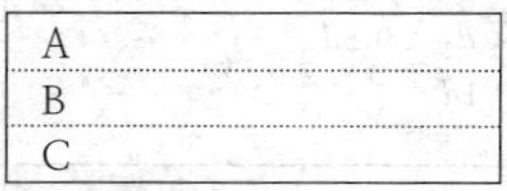

모형 안쪽에는 A, B, C로 3가지 구역으로 구분하여 글씨를 기재한다.</td>
<td>1. 모형크기(가로 40cm, 세로 25cm 이상)
2. 글자크기(A : 가로 4cm, 세로 5cm 이상, B : 가로 2.5cm, 세로 3cm 이상, C : 가로 3cm, 세로 3.5cm 이상)</td>
<td>관계자외 출입금지</td>
</tr>
<tr>
<td>7</td>
<td>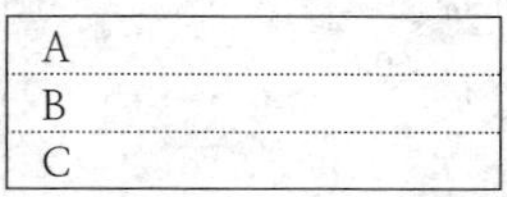

모형 안쪽에는 A, B, C로 3가지 구역으로 구분하여 글씨를 기재한다.</td>
<td>1. 모형크기(가로 70cm, 세로 50cm 이상)
2. 글자크기(A : 가로 8cm, 세로 10cm 이상, B, C : 가로 6cm, 세로 6cm 이상)</td>
<td>관계자외 출입금지</td>
</tr>
</table>

※ 참고 :

1. L은 안전·보건표지를 인식할 수 있거나 인식해야 할 안전거리를 말한다(L과 a, b, d, e, h, ℓ은 같은 단위로 계산해야 한다).
2. 점선 안 쪽에는 표시사항과 관련된 부호 또는 그림을 그린다.

[별표 10] (2021.11.19 개정)

유해위험방지계획서 첨부서류

(제42조제3항 관련)

1. 공사 개요 및 안전보건관리계획
   가. 공사 개요서(별지 제101호서식)
   나. 공사현장의 주변 현황 및 주변과의 관계를 나타내는 도면(매설물 현황을 포함한다)
   다. 전체 공정표
   라. 산업안전보건관리비 사용계획서(별지 제102호서식)
   마. 안전관리 조직표
   바. 재해 발생 위험 시 연락 및 대피방법

2. 작업 공사 종류별 유해위험방지계획

대상 공사	작업 공사 종류	주요 작성대상	첨부 서류
영 제42조제3항제1호에 따른 건축물 또는 시설 등의 건설·개조 또는 해체(이하 "건설등"이라 한다) 공사	1. 가설공사 2. 구조물공사 3. 마감공사 4. 기계 설비공사 5. 해체공사	가. 비계 조립 및 해체 작업(외부비계 및 높이 3미터 이상 내부비계만 해당한다) 나. 높이 4미터를 초과하는 거푸집 동바리[동바리가 없는 공법(무지주공법으로 데크플레이트, 호리빔 등)과 옹벽 등 벽체를 포함한다] 조립 및 해체작업 또는 비탈면 슬래브(판 형상의 구조부재로서 구조물의 바닥이나 천장)의 거푸집 동바리 조립 및 해체 작업 다. 작업발판 일체형 거푸집 조립 및 해체 작업 라. 철골 및 PC(Precast Concrete) 조립 작업 마. 양중기 설치·연장·해체 작업 및 천공·항타 작업 바. 밀폐공간 내 작업 사. 해체 작업 아. 우레탄폼 등 단열재 작업[취급장소와 인접한 장소에서 이루어지는 화기(火器) 작업을 포함한다] 자. 같은 장소(출입구를 공동으로 이용하는 장소를 말한다)에서 둘 이상의 공정이 동시에 진행되는 작업	1. 해당 작업공사 종류별 작업개요 및 재해예방 계획 2. 위험물질의 종류별 사용량과 저장·보관 및 사용 시의 안전작업계획 ※ 비고 : 1. 바목의 작업에 대한 유해위험방지계획에는 질식·화재 및 폭발 예방 계획이 포함되어야 한다. 2. 각 목의 작업과정에서 통풍이나 환기가 충분하지 않거나 가연성 물질이 있는 건축물 내부나 설비 내부에서 단열재 취급·용접·용단 등과 같은 화기작업이 포함되어 있는 경우에는 세부계획이 포함되어야 한다.

영 제42조제3항제2호에 따른 냉동·냉장 창고시설의 설비공사 및 단열공사	1. 가설공사 2. 단열공사 3. 기계 설비공사	가. 밀폐공간 내 작업 나. 우레탄폼 등 단열재 작업(취급장소와 인접한 곳에서 이루어지는 화기 작업을 포함한다) 다. 설비 작업 라. 같은 장소(출입구를 공동으로 이용하는 장소를 말한다)에서 둘 이상의 공정이 동시에 진행되는 작업	1. 해당 작업공사 종류별 작업개요 및 재해예방 계획 2. 위험물질의 종류별 사용량과 저장·보관 및 사용 시의 안전작업계획 ※ 비고 : 1. 가목의 작업에 대한 유해위험방지계획에는 질식·화재 및 폭발 예방계획이 포함되어야 한다. 2. 각 목의 작업과정에서 통풍이나 환기가 충분하지 않거나 가연성 물질이 있는 건축물 내부나 설비 내부에서 단열재 취급·용접·용단 등과 같은 화기작업이 포함되어 있는 경우에는 세부계획이 포함되어야 한다.
영 제42조제3항제3호에 따른 다리 건설 등의 공사	1. 가설공사 2. 다리 하부(하부공) 공사 3. 다리 상부(상부공) 공사	가. 하부공 작업 1) 작업발판 일체형 거푸집 조립 및 해체 작업 2) 양중기 설치·연장·해체 작업 및 천공·항타 작업 3) 교대·교각 기초 및 벽체 철근조립 작업 4) 해상·하상 굴착 및 기초 작업 나. 상부공 작업 1) 상부공 가설작업[압출공법(ILM), 캔틸레버공법(FCM), 동바리설치공법(FSM), 이동지보공법(MSS), 프리캐스트 세그먼트 가설공법(PSM) 등을 포함한다] 2) 양중기 설치·연장·해체 작업 3) 상부슬래브 거푸집동바리 조립 및 해체(특수작업대를 포함한다) 작업	1. 해당 작업공사 종류별 작업개요 및 재해예방 계획 2. 위험물질의 종류별 사용량과 저장·보관 및 사용 시의 안전작업계획
영 제42조제3항제4호에 따	1. 가설공사 2. 굴착 및	가. 터널굴진(掘進)공법(NATM) 1) 굴진(갱구부, 본선, 수직갱, 수직	1. 해당 작업공사 종류별 작업개요 및 재해예방

른 터널 건설 등의 공사	발파 공사 3. 구조물공사	구 등을 말한다) 및 막장내 붕괴·낙석방지 계획 2) 화약 취급 및 발파 작업 3) 환기 작업 4) 작업대(굴진, 방수, 철근, 콘크리트 타설을 포함한다) 사용 작업 나. 기타 터널공법[(TBM)공법, 쉴드(Shield)공법, 추진(Front Jacking)공법, 침매공법 등을 포함한다] 1) 환기 작업 2) 막장내 기계·설비 유지·보수 작업	계획 2. 위험물질의 종류별 사용량과 저장·보관 및 사용 시의 안전작업계획 ※ 비고 : 1. 나목의 작업에 대한 유해위험방지계획에는 굴진(갱구부, 본선, 수직갱, 수직구 등을 말한다) 및 막장 내 붕괴·낙석 방지 계획이 포함되어야 한다.
영 제42조제3항제5호에 따른 댐 건설등의 공사	1. 가설공사 2. 굴착 및 발파 공사 3. 댐 축조공사	가. 굴착 및 발파 작업 나. 댐 축조[가(假)체절 작업을 포함한다] 작업 1) 기초처리 작업 2) 둑 비탈면 처리 작업 3) 본체 축조 관련 장비 작업(흙쌓기 및 다짐만 해당한다) 4) 작업발판 일체형 거푸집 조립 및 해체 작업(콘크리트 댐만 해당한다)	1. 해당 작업공사 종류별 작업개요 및 재해예방 계획 2. 위험물질의 종류별 사용량과 저장·보관 및 사용 시의 안전작업계획
영 제42조제3항제6호에 따른 굴착공사	1. 가설공사 2. 굴착 및 발파 공사 3. 흙막이 지보공(支保工) 공사	가. 흙막이 가시설 조립 및 해체 작업(복공작업을 포함한다) 나. 굴착 및 발파 작업 다. 양중기 설치·연장·해체 작업 및 천공·항타 작업	1. 해당 작업공사 종류별 작업개요 및 재해예방 계획 2. 위험물질의 종류별 사용량과 저장·보관 및 사용 시의 안전작업계획

※ 비고 : 작업 공사 종류란의 공사에서 이루어지는 작업으로서 주요 작성대상란에 포함되지 않은 작업에 대해서도 유해위험방지계획서를 작성하고, 첨부서류란의 해당 서류를 첨부해야 한다.

[별표 11] (2022.8.18 개정)

자체심사 및 확인업체의 기준, 자체심사 및 확인방법

(제42조제5항·제6항 및 제47조제1항 관련)

1. 자체심사 및 확인업체의 기준 : 다음 각 목의 요건을 모두 충족할 것. 다만, 영 제110조제1호 및 이 규칙 제238조제2항에 따른 동시에 2명 이상의 근로자가 사망한 재해(별표 1 제3호라목의 재해는 제외한다. 이하 이 표에서 같다)가 발생하거나 그 밖에 부실한 안전관리 문제로 사회적 물의를 일으켜 더 이상 자체심사 및 확인업체로 둘 수 없다고 고용노동부장관이 인정하는 경우에는 즉시 자체심사 및 확인업체에서 제외된다.
   가. 「건설산업기본법」 제8조 및 같은 법 시행령 별표 1 제1호다목에 따른 토목건축공사업에 대해 같은 법 제23조에 따라 평가하여 공시된 시공능력의 순위가 상위 200위 이내인 건설업체
   나. 별표 1에 따라 산정한 직전 3년간의 평균산업재해발생률(직전 3년간의 사고사망만인율 중 산정하지 않은 연도가 있을 경우 산정한 연도의 평균값을 말한다)이 가목에 따른 건설업체 전체의 직전 3년간 평균산업재해발생률 이하인 건설업체
   다. 영 제17조에 따른 안전관리자의 자격을 갖춘 사람(영 별표 4 제8호에 해당하는 사람은 제외한다) 1명 이상을 포함하여 3명 이상의 안전전담직원으로 구성된 안전만을 전담하는 과 또는 팀 이상의 별도조직을 갖춘 건설업체
   라. 제4조제1항제7호나목에 따른 직전년도 건설업체 산업재해예방활동 실적 평가 점수가 70점 이상인 건설업체
   마. 해당 연도 8월 1일을 기준으로 직전 2년간 근로자가 사망한 재해가 없는 건설업체

2. 자체심사 및 확인방법
   가. 자체심사는 임직원 및 외부 전문가 중 다음에 해당하는 사람 1명 이상이 참여하도록 해야 한다.
      1) 산업안전지도사(건설안전 분야만 해당한다)
      2) 건설안전기술사
      3) 건설안전기사(산업안전기사 이상의 자격을 취득한 후 건설안전 실무경력이 3년 이상인 사람을 포함한다)로서 공단에서 실시하는 유해위험방지계획서 심사전문화 교육과정을 28시간 이상 이수한 사람
   나. 자체확인은 가목의 인력기준에 해당하는 사람이 실시하도록 해야 한다.
   다. 자체확인을 실시한 사업주는 별지 제103호서식의 유해위험방지계획서 자체확인 결과서를 작성하여 해당 사업장에 갖추어 두어야 한다.

[별표 12]

안전 및 보건에 관한 평가의 내용

(제74조제2항 및 제78조제4항 관련)

종류	평가항목
종합평가	1. 작업조건 및 작업방법에 대한 평가 2. 유해·위험요인에 대한 측정 및 분석 가. 기계·기구 또는 그 밖의 설비에 의한 위험성 나. 폭발성·물반응성·자기반응성·자기발열성 물질, 자연발화성 액체·고체 및 인화성 액체 등에 의한 위험성 다. 전기·열 또는 그 밖의 에너지에 의한 위험성 라. 추락, 붕괴, 낙하, 비래 등으로 인한 위험성 마. 그 밖에 기계·기구·설비·장치·구축물·시설물·원재료 및 공정 등에 의한 위험성 바. 영 제88조에 따른 허가 대상 유해물질, 고용노동부령으로 정하는 관리 대상 유해물질 및 온도·습도·환기·소음·진동·분진, 유해광선 등의 유해성 또는 위험성 3. 보호구, 안전·보건장비 및 작업환경 개선시설의 적정성 4. 유해물질의 사용·보관·저장, 물질안전보건자료의 작성, 근로자 교육 및 경고표시 부착의 적정성 가. 화학물질 안전보건 정보의 제공 나. 수급인 안전보건교육 지원에 관한 사항 다. 화학물질 경고표시 부착에 관한 사항 등 5. 수급인의 안전보건관리 능력의 적정성 가. 안전보건관리체제(안전·보건관리자, 안전보건관리담당자, 관리감독자 선임관계 등) 나. 건강검진 현황(신규자는 배치전건강진단 실시여부 확인 등) 다. 특별안전보건교육 실시 여부 등 6. 그 밖에 작업환경 및 근로자 건강 유지·증진 등 보건관리의 개선을 위하여 필요한 사항
안전평가	종합평가 항목 중 제1호의 사항, 제2호가목부터 마목까지의 사항, 제3호 중 안전 관련 사항, 제5호의 사항
보건평가	종합평가 항목 중 제1호의 사항, 제2호바목의 사항, 제3호 중 보건 관련 사항, 제4호·제5호 및 제6호의 사항

※ 비고 : 세부 평가항목별로 평가 내용을 작성하고, 최종 의견('적정', '조건부 적정', '부적정' 등)을 첨부해야 한다.

[별표 13]

안전인증을 위한 심사종류별 제출서류

(제108조제1항 관련)

심사 종류	법 제84조제1항 및 제3항에 따른 기계·기구 및 설비	법 제84조제1항 및 제3항에 따른 방호장치·보호구
예비 심사	1. 인증대상 제품의 용도·기능에 관한 자료 2. 제품설명서 3. 제품의 외관도 및 배치도	왼쪽란과 같음
서면 심사	다음 각 호의 서류 각 2부 1. 사업자등록증 사본 2. 수입을 증명할 수 있는 서류(수입하는 경우로 한정한다) 3. 대리인임을 증명하는 서류(제108조제1항 후단에 해당하는 경우로 한정한다) 4. 기계·기구 및 설비의 명세서 및 사용방법설명서 5. 기계·기구 및 설비를 구성하는 부품 목록이 포함된 조립도 6. 기계·기구 및 설비에 포함된 방호장치 명세서 및 방호장치와 관련된 도면 7. 기계·기구 및 설비에 포함된 부품·재료 및 동체 등의 강도계산서와 관련된 도면(고용노동부장관이 정하여 고시하는 것만 해당한다)	다음 각 호의 서류 각 2부 1. 사업자등록증 사본 2. 수입을 증명할 수 있는 서류(수입하는 경우로 한정한다) 3. 대리인임을 증명하는 서류(제108조제1항 후단에 해당하는 경우로 한정한다) 4. 방호장치 및 보호구의 명세서 및 사용방법설명서 5. 방호장치 및 보호구의 조립도·부품도·회로도와 관련된 도면 6. 방호장치 및 보호구의 앞면·옆면 사진 및 주요 부품 사진
기술능력 및 생산체계 심사	다음 각 호의 내용을 포함한 서류 1부 1. 품질경영시스템의 수립 및 이행 방법 2. 구매한 제품의 안전성 확인 절차 및 내용 3. 공정 생산·관리 및 제품 출하 전후의 사후관리 절차 및 내용 4. 생산 및 서비스 제공에 대한 보완시스템 절차 5. 부품 및 제품의 식별관리체계 및 제품의 보존방법 6. 제품 생산 공정의 모니터링, 측정시험장치 및 장비의 관리방법 7. 공정상의 데이터 분석방법 및 문제점 발생 시 시정 및 예방에 필요한 조치방법 8. 부적합품 발생 시 처리 절차	왼쪽란과 같음

<table>
<tr>
<td rowspan="2">제품심사</td>
<td>개별 제품 심사</td>
<td>다음 각 호의 서류 각 1부
1. 서면심사결과 통지서
2. 기계·기구 및 설비에 포함된 재료의 시험성적서
3. 기계·기구 및 설비의 배치도(설치되는 경우만 해당한다)
4. 크레인 지지용 구조물의 안전성을 증명할 수 있는 서류(구조물에 지지되는 경우만 해당하며, 정격하중 10톤 미만인 경우는 제외한다)</td>
<td>해당 없음</td>
</tr>
<tr>
<td>형식별 제품 심사</td>
<td>다음 각 호의 서류 각 1부
1. 서면심사결과 통지서
2. 기술능력 및 생산체계 심사결과통지서
3. 기계·기구 및 설비에 포함된 재료의 시험성적서</td>
<td>다음 각 호의 서류 각 1부
1. 서면심사결과 통지서
2. 기술능력 및 생산체계 심사결과 통지서(제110조제1항제3호 각 목에 해당하는 경우는 제외한다)
3. 방호장치 및 보호구에 포함된 재료의 시험성적서</td>
</tr>
</table>

[별표 14]

안전인증 및 자율안전확인의 표시 및 표시방법

(제114조제1항 및 제121조 관련)

1. 표시

2. 표시방법
   가. 표시는 「국가표준기본법 시행령」 제15조의7제1항에 따른 표시기준 및 방법에 따른다.
   나. 표시를 하는 경우 인체에 상해를 입힐 우려가 있는 재질이나 표면이 거친 재질을 사용해서는 안 된다.

[별표 15]

안전인증대상기계등이 아닌 유해·위험기계등의 안전인증의 표시 및 표시방법

(제114조제2항 관련)

1. 표시

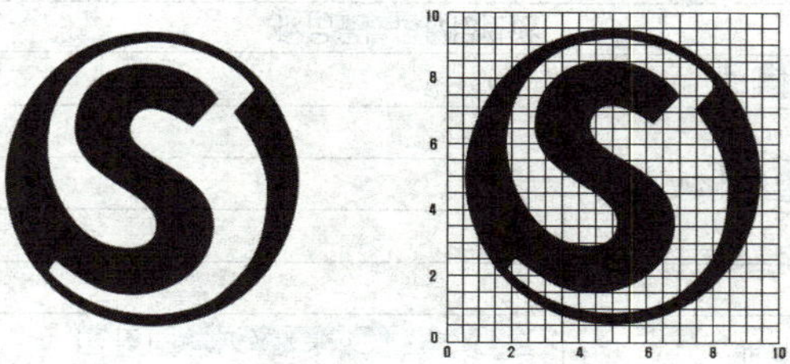

2. 표시방법

가. 표시의 크기는 유해·위험기계등의 크기에 따라 조정할 수 있다.

나. 표시의 표상을 명백히 하기 위하여 필요한 경우에는 표시 주위에 한글·영문 등의 글자로 필요한 사항을 덧붙여 적을 수 있다.

다. 표시는 유해·위험기계등이나 이를 담은 용기 또는 포장지의 적당한 곳에 붙이거나 인쇄하거나 새기는 등의 방법으로 해야 한다.

라. 표시는 테두리와 문자를 파란색, 그 밖의 부분을 흰색으로 표현하는 것을 원칙으로 하되, 안전인증표시의 바탕색 등을 고려하여 테두리와 문자를 흰색, 그 밖의 부분을 파란색으로 표현할 수 있다. 이 경우 파란색의 색도는 2.5PB 4/10으로, 흰색의 색도는 N9.5로 한다[색도기준은 한국산업표준(KS)에 따른 색의 3속성에 의한 표시방법(KS A 0062)에 따른다].

마. 표시를 하는 경우에 인체에 상해를 입힐 우려가 있는 재질이나 표면이 거친 재질을 사용해서는 안 된다.

[별표 16]

안전검사 합격표시 및 표시방법
(제126조제2항 및 제127조 관련)

1. 합격표시

안전검사합격증명서	
① 안전검사대상기계명	
② 신청인	
③ 형식번(기)호(설치장소)	
④ 합격번호	
⑤ 검사유효기간	
⑥ 검사기관(실시기관)	○ ○ ○ ○ ○ ○ (직인) 검 사 원 : ○ ○ ○

고 용 노 동 부 장 관 [직인 생략]

2. 표시방법

가. ② 신청인은 사용자의 명칭 등의 상호명을 기입한다.

나. ③ 형식번호는 안전검사대상기계등을 특정 짓는 형식번호나 기호 등을 기입하며, 설치장소는 필요한 경우 기입한다.

다. ④ 합격번호는 안전검사기관이 아래와 같이 부여한 번호를 적는다.

□□	-	□□	□□	-	□	-	□□□□
㉠ 합격연도		㉡ 검사기관	㉢ 지역(시·도)		㉣ 안전검사대상품		㉤ 일련번호

㉠ 합격연도 : 해당 연도의 끝 두 자리 수(예시 : 2015 → 15, 2016 → 16)

㉡ 검사기관별 구분(A, B, C, D ……)

㉢ 지역(시·도)은 해당 번호를 적는다.

<table>
<tr><th>지역명</th><th>구분</th><th>지역명</th><th>구분</th><th>지역명</th><th>구분</th><th>지역명</th><th>구분</th></tr>
<tr><td>서울특별시</td><td>02</td><td>광주광역시</td><td>62</td><td>강원도</td><td>33</td><td>경상남도</td><td>55</td></tr>
<tr><td>부산광역시</td><td>51</td><td>대전광역시</td><td>42</td><td>충청북도</td><td>43</td><td>전라북도</td><td>63</td></tr>
<tr><td>대구광역시</td><td>53</td><td>울산광역시</td><td>52</td><td>충청남도</td><td>41</td><td>전라남도</td><td>61</td></tr>
<tr><td rowspan="2">인천광역시</td><td rowspan="2">32</td><td>세종시</td><td>44</td><td rowspan="2">경상북도</td><td rowspan="2">54</td><td rowspan="2">제주도</td><td rowspan="2">64</td></tr>
<tr><td>경기도</td><td>31</td></tr>
</table>

㉣ 안전검사대상품 : 검사대상품의 종류 및 표시부호

순번	종류	표시부호
1	프레스	A
2	전단기	B
3	크레인	C
4	리프트	D
5	압력용기	E
6	곤돌라	F
7	국소배기장치	G
8	원심기	H
9	롤러기	I
10	사출성형기	J
11	화물자동차 또는 특수자동차에 탑재한 고소작업대	K
12	컨베이어	L
13	산업용 로봇	M

㉤ 일련번호 : 각 실시기관별 합격 일련번호 4자리

라. ⑤ 유효기간은 합격 연·월·일과 효력만료 연·월·일을 기입한다.

마. 합격표시의 규격은 가로 90mm 이상, 세로 60mm 이상의 장방형 또는 직경 70mm 이상의 원형으로 하며, 필요 시 안전검사대상기계등에 따라 조정할 수 있다.

바. 합격표시는 안전검사대상기계등에 부착·인쇄 등의 방법으로 표시하며 쉽게 내용을 알아볼 수 있으며 지워지거나 떨어지지 않도록 표시해야 한다.

사. 검사연도 등에 따라 색상을 다르게 할 수 있다.

[별표 16] (2024.6.28 개정 : 2026.6.26 시행)

안전검사 합격표시 및 표시방법
(제126조제2항 및 제127조 관련)

1. 합격표시

안전검사합격증명서	
① 안전검사대상기계명	
② 신청인	
③ 형식번(기)호(설치장소)	
④ 합격번호	
⑤ 검사유효기간	
⑥ 검사기관(실시기관)	○ ○ ○ ○ ○ ○ (직인) 검 사 원 : ○ ○ ○

고 용 노 동 부 장 관 [직인 생략]

2. 표시방법

가. ② 신청인은 사용자의 명칭 등의 상호명을 기입한다.

나. ③ 형식번호는 안전검사대상기계등을 특정 짓는 형식번호나 기호 등을 기입하며, 설치장소는 필요한 경우 기입한다.

다. ④ 합격번호는 안전검사기관이 아래와 같이 부여한 번호를 적는다.

□□	-	□□	□□	-	□	-	□□□□
㉠ 합격연도		㉡ 검사기관	㉢ 지역(시·도)		㉣ 안전검사대상품		㉤ 일련번호

㉠ 합격연도 : 해당 연도의 끝 두 자리 수(예시 : 2015 → 15, 2016 → 16)

㉡ 검사기관별 구분(A, B, C, D ……)

㉢ 지역(시·도)은 해당 번호를 적는다.

지역명	구분	지역명	구분	지역명	구분	지역명	구분
서울특별시	02	광주광역시	62	강원도	33	경상남도	55
부산광역시	51	대전광역시	42	충청북도	43	전라북도	63
대구광역시	53	울산광역시	52	충청남도	41	전라남도	61
인천광역시	32	세종시	44	경상북도	54	제주도	64
		경기도	31				

㉣ 안전검사대상품 : 검사대상품의 종류 및 표시부호

순번	종류	표시부호
1	프레스	A
2	전단기	B
3	크레인	C
4	리프트	D
5	압력용기	E
6	곤돌라	F
7	국소배기장치	G
8	원심기	H
9	롤러기	I
10	사출성형기	J
11	화물자동차 또는 특수자동차에 탑재한 고소작업대	K
12	컨베이어	L
13	산업용 로봇	M
14	혼합기	N
15	파쇄기 또는 분쇄기	O

㉤ 일련번호 : 각 실시기관별 합격 일련번호 4자리

라. ⑤ 유효기간은 합격 연·월·일과 효력만료 연·월·일을 기입한다.

마. 합격표시의 규격은 가로 90mm 이상, 세로 60mm 이상의 장방형 또는 직경 70mm 이상의 원형으로 하며, 필요 시 안전검사대상기계등에 따라 조정할 수 있다.

바. 합격표시는 안전검사대상기계등에 부착·인쇄 등의 방법으로 표시하며 쉽게 내용을 알아볼 수 있으며 지워지거나 떨어지지 않도록 표시해야 한다.

사. 검사연도 등에 따라 색상을 다르게 할 수 있다.

[별표 17]

유해·위험기계등 제조사업 등의 지원 및 등록 요건
(제137조 관련)

1. 법 제84조제1항에 따른 안전인증대상기계등의 제조업체 또는 법 제89조제1항에 따른 자율안전확인대상기계등의 제조업체 또는 산업재해가 많이 발생하는 기계·기구 및 설비의 제조업체로서 자체적으로 생산체계 및 품질관리시스템을 갖추고 이를 준수하는 업체일 것. 다만, 다음 각 목의 어느 하나에 해당하는 업체는 제외한다.
   가. 지원신청일 직전 2년간 법 제86조제1항에 따라 안전인증이 취소된 사실이 있는 업체
   나. 지원신청일 직전 2년간 법 제87조제2항 또는 법 제92조제2항에 따라 수거·파기된 사실이 있는 업체
   다. 지원신청일 직전 2년간 법 제91조제1항에 따라 자율안전확인 표시 사용이 금지된 사실이 있는 업체

2. 국소배기장치 및 전체환기장치 시설업체

인력	시설 및 장비
가. 산업보건지도사·산업위생관리기술사·대기관리기술사 중 1명 이상 나. 산업위생관리기사·대기환경기사 중 1명 이상 다. 다음 1)부터 3)까지 중 2개 항목 이상 1) 일반·정밀·건설기계 또는 공정설계기사 1명 이상 2) 화공 또는 공업화학기사 1명 이상 3) 전기·전기공사기사 또는 전기기기·전기공사기능장 1명 이상	가. 사무실 나. 산업환기시설 성능검사 장비 1) 스모크테스터 2) 정압 프로브가 달린 열선풍속계 3) 청음기 또는 청음봉 4) 절연저항계 5) 표면온도계 6) 회전계(R.P.M측정기)

※ 비고 :
   가. 인력 중 가목의 산업보건지도사·산업위생관리기술사는 산업위생 전공 박사학위 소지자 또는 산업위생관리기사 자격을 취득한 후 그 전문기술 분야에서 5년 이상 실무경력이 있는 사람으로 대체할 수 있으며, 대기관리기술사는 화학장치설비기술사·화학공장설계기술사·유체기계기술사·공조냉동기계기술사 또는 환경공학 전공 박사학위 소지자로 대체하거나 대기환경기사 자격을 취득한 후 그 전문기술 분야에서 5년 이상 실무경력이 있는 사람으로 대체할 수 있다.
   나. 인력 중 나목의 인력은 가목의 대기관리기술사 자격을 보유한 경우에는 산업위생관리기사 자격을 보유해야 한다.
   다. 기사는 해당 분야 산업기사의 자격을 취득한 후 해당 분야에 4년 이상 종사한 사람으로 대체할 수 있다.

3. 소음·진동 방지장치 시설업체

인력	시설 및 장비
가. 산업보건지도사·산업위생관리기술사·소음진동기술사 중 1명 이상 나. 산업위생관리기사·소음진동기사 중 1명 이상 다. 다음 각 목 중 2개 항목 이상 1) 일반기계기사 1명 이상 2) 건축기사 1명 이상 3) 토목기사 1명 이상 4) 전기기사·전기공사기사·전기기기기능장 또는 전기공사기능장 1명 이상	가. 사무실 나. 장비 1) 소음측정기(주파수분석이 가능한 것이어야 한다) 2) 누적소음 폭로량측정기 : 2대 이상

※ 비고 :

가. 인력 중 가목의 산업보건지도사·산업위생관리기술사는 산업위생전공 박사학위 소지자 또는 산업위생관리기사 자격을 취득한 후 그 전문기술 분야에서 5년 이상 실무경력이 있는 사람으로 대체할 수 있으며, 소음진동기술사는 기계제작기술사, 전자응용기술사, 환경공학전공 박사학위 소지자 또는 소음진동기사 자격을 취득한 후 그 전문기술 분야에서 5년 이상 실무경력이 있는 사람으로 대체할 수 있다.

나. 인력 중 나목의 인력은 가목에서 소음진동기술사 자격을 보유한 경우에는 산업위생관리기사 자격을 보유해야 한다.

다. 기사는 해당 분야 산업기사의 자격을 취득한 후 해당 분야에 4년 이상 종사한 사람으로 대체할 수 있다.

라. 국소배기장치 및 전체환기장치 시설업체와 소음·진동방지장치 시설업체를 같이 경영하는 경우에는 공통되는 기술인력·시설 및 장비를 중복하여 갖추지 않을 수 있다.

[별표 18]

유해인자의 유해성·위험성 분류기준
(제141조 관련)

1. 화학물질의 분류기준
  가. 물리적 위험성 분류기준
    1) 폭발성 물질 : 자체의 화학반응에 따라 주위환경에 손상을 줄 수 있는 정도의 온도·압력 및 속도를 가진 가스를 발생시키는 고체·액체 또는 혼합물
    2) 인화성 가스 : 20℃, 표준압력(101.3㎪)에서 공기와 혼합하여 인화되는 범위에 있는 가스와 54℃ 이하 공기 중에서 자연발화하는 가스를 말한다.(혼합물을 포함한다)
    3) 인화성 액체 : 표준압력(101.3㎪)에서 인화점이 93℃ 이하인 액체
    4) 인화성 고체 : 쉽게 연소되거나 마찰에 의하여 화재를 일으키거나 촉진할 수 있는 물질
    5) 에어로졸 : 재충전이 불가능한 금속·유리 또는 플라스틱 용기에 압축가스·액화가스 또는 용해가스를 충전하고 내용물을 가스에 현탁시킨 고체나 액상입자로, 액상 또는 가스상에서 폼·페이스트·분말상으로 배출되는 분사장치를 갖춘 것
    6) 물반응성 물질 : 물과 상호작용을 하여 자연발화되거나 인화성 가스를 발생시키는 고체·액체 또는 혼합물
    7) 산화성 가스 : 일반적으로 산소를 공급함으로써 공기보다 다른 물질의 연소를 더 잘 일으키거나 촉진하는 가스
    8) 산화성 액체 : 그 자체로는 연소하지 않더라도, 일반적으로 산소를 발생시켜 다른 물질을 연소시키거나 연소를 촉진하는 액체
    9) 산화성 고체 : 그 자체로는 연소하지 않더라도 일반적으로 산소를 발생시켜 다른 물질을 연소시키거나 연소를 촉진하는 고체
    10) 고압가스 : 20℃, 200킬로파스칼(kpa) 이상의 압력 하에서 용기에 충전되어 있는 가스 또는 냉동액화가스 형태로 용기에 충전되어 있는 가스(압축가스, 액화가스, 냉동액화가스, 용해가스로 구분한다)
    11) 자기반응성 물질 : 열적(熱的)인 면에서 불안정하여 산소가 공급되지 않아도 강렬하게 발열·분해하기 쉬운 액체·고체 또는 혼합물
    12) 자연발화성 액체 : 적은 양으로도 공기와 접촉하여 5분 안에 발화할 수 있는 액체
    13) 자연발화성 고체 : 적은 양으로도 공기와 접촉하여 5분 안에 발화할 수 있는 고체
    14) 자기발열성 물질 : 주위의 에너지 공급 없이 공기와 반응하여 스스로 발열하는 물질(자기발화성 물질은 제외한다)
    15) 유기과산화물 : 2가의 -O-O-구조를 가지고 1개 또는 2개의 수소 원자가 유기라디칼에 의하여 치환된 과산화수소의 유도체를 포함한 액체 또는 고체 유기물질
    16) 금속 부식성 물질 : 화학적인 작용으로 금속에 손상 또는 부식을 일으키는 물질
  나. 건강 및 환경 유해성 분류기준
    1) 급성 독성 물질 : 입 또는 피부를 통하여 1회 투여 또는 24시간 이내에 여러 차례로 나누어 투여하거나 호흡기를 통하여 4시간 동안 흡입하는 경우 유해한 영향을 일으키는 물질
    2) 피부 부식성 또는 자극성 물질 : 접촉 시 피부조직을 파괴하거나 자극을 일으키는 물질(피부 부식성 물질 및 피부 자극성 물질로 구분한다)

3) 심한 눈 손상성 또는 자극성 물질 : 접촉 시 눈 조직의 손상 또는 시력의 저하 등을 일으키는 물질(눈 손상성 물질 및 눈 자극성 물질로 구분한다)
4) 호흡기 과민성 물질 : 호흡기를 통하여 흡입되는 경우 기도에 과민반응을 일으키는 물질
5) 피부 과민성 물질 : 피부에 접촉되는 경우 피부 알레르기 반응을 일으키는 물질
6) 발암성 물질 : 암을 일으키거나 그 발생을 증가시키는 물질
7) 생식세포 변이원성 물질 : 자손에게 유전될 수 있는 사람의 생식세포에 돌연변이를 일으킬 수 있는 물질
8) 생식독성 물질 : 생식기능, 생식능력 또는 태아의 발생·발육에 유해한 영향을 주는 물질
9) 특정 표적장기 독성 물질(1회 노출) : 1회 노출로 특정 표적장기 또는 전신에 독성을 일으키는 물질
10) 특정 표적장기 독성 물질(반복 노출) : 반복적인 노출로 특정 표적장기 또는 전신에 독성을 일으키는 물질
11) 흡인 유해성 물질 : 액체 또는 고체 화학물질이 입이나 코를 통하여 직접적으로 또는 구토로 인하여 간접적으로, 기관 및 더 깊은 호흡기관으로 유입되어 화학적 폐렴, 다양한 폐 손상이나 사망과 같은 심각한 급성 영향을 일으키는 물질
12) 수생 환경 유해성 물질 : 단기간 또는 장기간의 노출로 수생생물에 유해한 영향을 일으키는 물질
13) 오존층 유해성 물질 : 「오존층 보호를 위한 특정물질의 제조규제 등에 관한 법률」 제2조 제1호에 따른 특정물질

2. 물리적 인자의 분류기준

가. 소음 : 소음성난청을 유발할 수 있는 85데시벨(A) 이상의 시끄러운 소리
나. 진동 : 착암기, 손망치 등의 공구를 사용함으로써 발생되는 백랍병·레이노 현상·말초순환장애 등의 국소 진동 및 차량 등을 이용함으로써 발생되는 관절통·디스크·소화장애 등의 전신 진동
다. 방사선 : 직접·간접으로 공기 또는 세포를 전리하는 능력을 가진 알파선·베타선·감마선·엑스선·중성자선 등의 전자선
라. 이상기압 : 게이지 압력이 제곱센티미터당 1킬로그램 초과 또는 미만인 기압
마. 이상기온 : 고열·한랭·다습으로 인하여 열사병·동상·피부질환 등을 일으킬 수 있는 기온

3. 생물학적 인자의 분류기준

가. 혈액매개 감염인자 : 인간면역결핍바이러스, B형·C형간염바이러스, 매독바이러스 등 혈액을 매개로 다른 사람에게 전염되어 질병을 유발하는 인자
나. 공기매개 감염인자 : 결핵·수두·홍역 등 공기 또는 비말감염 등을 매개로 호흡기를 통하여 전염되는 인자
다. 곤충 및 동물매개 감염인자 : 쯔쯔가무시증, 렙토스피라증, 유행성출혈열 등 동물의 배설물 등에 의하여 전염되는 인자 및 탄저병, 브루셀라병 등 가축 또는 야생동물로부터 사람에게 감염되는 인자

※ 비고 : 제1호에 따른 화학물질의 분류기준 중 가목에 따른 물리적 위험성 분류기준별 세부 구분기준과 나목에 따른 건강 및 환경 유해성 분류기준의 단일물질 분류기준별 세부 구분기준 및 혼합물질의 분류기준은 고용노동부장관이 정하여 고시한다.

[별표 19]

유해인자별 노출 농도의 허용기준

(제145조제1항 관련)

유해인자		허용기준			
		시간가중 평균값(TWA)		단시간 노출값 (STEL)	
		ppm	mg/㎥	ppm	mg/㎥
1. 6가크롬[18540-29-9] 화합물 (Chromium VI compounds)	불용성		0.01		
	수용성		0.05		
2. 납[7439-92-1] 및 그 무기화합물 (Lead and its inorganic compounds)			0.05		
3. 니켈[7440-02-0] 화합물(불용성 무기화합물로 한정한다)(Nickel and its insoluble inorganic compounds)			0.2		
4. 니켈카르보닐(Nickel carbonyl ; 13463-39-3)		0.001			
5. 디메틸포름아미드(Dimethylformamide ; 68-12-2)		10			
6. 디클로로메탄(Dichloromethane ; 75-09-2)		50			
7. 1,2-디클로로프로판(1,2-Dichloro propane ; 78-87-5)		10		110	
8. 망간[7439-96-5] 및 그 무기화합물 (Manganese and its inorganic compounds)			1		
9. 메탄올(Methanol ; 67-56-1)		200		250	
10. 메틸렌 비스(페닐 이소시아네이트) [Methylene bis(phenyl isocya nate) ; 101-68-8 등]		0.005			
11. 베릴륨[7440-41-7] 및 그 화합물 (Beryllium and its compounds)			0.002		0.01
12. 벤젠(Benzene ; 71-43-2)		0.5		2.5	
13. 1,3-부타디엔(1,3-Butadiene ; 106-99-0)		2		10	
14. 2-브로모프로판(2-Bromopropane ; 75-26-3)		1			
15. 브롬화 메틸(Methyl bromide ; 74-83-9)		1			
16. 산화에틸렌(Ethylene oxide ; 75-21-8)		1			
17. 석면(제조·사용하는 경우만 해당한다) (Asbestos ; 1332-21-4 등)			0.1개/㎤		
18. 수은[7439-97-6] 및 그 무기화합물 (Mercury and its inorganic compounds)			0.025		
19. 스티렌(Styrene ; 100-42-5)		20		40	
20. 시클로헥사논(Cyclohexanone ; 108-94-1)		25		50	
21. 아닐린(Aniline ; 62-53-3)		2			

22. 아크릴로니트릴(Acrylonitrile ; 107-13-1)	2			
23. 암모니아(Ammonia ; 7664-41-7 등)	25		35	
24. 염소(Chlorine ; 7782-50-5)	0.5		1	
25. 염화비닐(Vinyl chloride ; 75-01-4)	1			
26. 이황화탄소(Carbon disulfide ; 75-15-0)	1			
27. 일산화탄소(Carbon monoxide ; 630-08-0)	30		200	
28. 카드뮴[7440-43-9] 및 그 화합물 (Cadmium and its compounds)		0.01 (호흡성 분진인 경우 0.002)		
29. 코발트[7440-48-4] 및 그 무기화합물 (Cobalt and its inorganic compounds)		0.02		
30. 콜타르피치[65996-93-2] 휘발물(Coal tar pitch volatiles)		0.2		
31. 톨루엔(Toluene ; 108-88-3)	50		150	
32. 톨루엔-2,4-디이소시아네이트 (Toluene-2,4-diisocyanate ; 584-84-9 등)	0.005		0.02	
33. 톨루엔-2,6-디이소시아네이트 (Toluene-2,6-diisocyanate ; 91-08-7 등)	0.005		0.02	
34. 트리클로로메탄(Trichloromethane ; 67-66-3)	10			
35. 트리클로로에틸렌(Trichloroethylene ; 79-01-6)	10		25	
36. 포름알데히드(Formaldehyde ; 50-00-0)	0.3			
37. n-헥산(n-Hexane ; 110-54-3)	50			
38. 황산(Sulfuric acid ; 7664-93-9)		0.2		0.6

※ 비고 :

1. "시간가중평균값(TWA, Time-Weighted Average)"이란 1일 8시간 작업을 기준으로 한 평균노출농도로서 산출공식은 다음과 같다.

$$TWA = \frac{C_1 \cdot T_1 + C_2 \cdot T_2 + \cdots + C_n \cdot T_n}{8}$$

주) C : 유해인자의 측정농도(단위 : ppm, mg/㎥ 또는 개/㎤)

T : 유해인자의 발생시간(단위 : 시간)

2. "단시간 노출값(STEL, Short-Term Exposure Limit)"이란 15분 간의 시간가중평균값으로서 노출농도가 시간가중평균값을 초과하고 단시간 노출값 이하인 경우에는 ① 1회 노출 지속시간이 15분 미만이어야 하고, ② 이러한 상태가 1일 4회 이하로 발생해야 하며, ③ 각 회의 간격은 60분 이상이어야 한다.
3. "등"이란 해당 화학물질에 이성질체 등 동일 속성을 가지는 2개 이상의 화합물이 존재할 수 있는 경우를 말한다.

[별표 20]

신규화학물질의 유해성·위험성 조사보고서 첨부서류
(제147조제1항 관련)

1. 법 제110조에 따른 물질안전보건자료

2. 다음 각 목 모두의 서류
   가. 급성경구독성 또는 급성흡입독성 시험성적서. 다만, 조사보고서나 제조 또는 취급 방법을 검토한 결과 주요 노출경로가 흡입으로 판단되는 경우 급성흡입독성 시험성적서를 제출해야 한다.
   나. 복귀돌연변이 시험성적서
   다. 시험동물을 이용한 소핵 시험성적서

3. 제조 또는 사용·취급방법을 기록한 서류

4. 제조 또는 사용 공정도

5. 제조를 위탁한 경우 그 위탁 계약서 사본 등 위탁을 증명하는 서류(신규화학물질 제조를 위탁한 경우만 해당한다)

6. 제2호에도 불구하고 다음 각 목의 경우에는 다음 각 목의 구분에 따른 시험성적서를 제출하지 않을 수 있다.
   가. 신규화학물질의 연간 제조·수입량이 100킬로그램 이상 1톤 미만인 경우 : 복귀돌연변이 시험성적서 및 시험동물을 이용한 소핵 시험성적서
   나. 신규화학물질의 연간 제조·수입량이 1톤 이상 10톤 미만인 경우 : 시험동물을 이용한 소핵 시험성적서. 다만, 복귀돌연변이에 관한 시험결과가 양성인 경우에는 시험동물을 이용한 소핵 시험성적서를 제출해야 한다.

7. 제6호에도 불구하고 고분자화합물의 경우에는 제2호 각 목에 따른 시험성적서 모두와 다음 각 목에 따른 사항이 포함된 고분자특성에 관한 시험성적서를 제출해야 한다.
   가. 수평균분자량 및 분자량 분포
   나. 해당 고분자화합물 제조에 사용한 단량체의 화학물질명, 고유번호 및 함량비(%)
   다. 잔류단량체의 함량(%)
   라. 분자량 1,000 이하의 함량(%)
   마. 산 및 알칼리 용액에서의 안정성

8. 제7호에도 불구하고 다음 각 목의 경우에는 각 목의 구분에 따른 시험성적서를 제출하지 않을 수 있다.
   가. 고분자화합물의 연간 제조·수입량이 10톤 미만인 경우 : 제2호 각 목에 따른 시험성적서
   나. 고분자화합물의 연간 제조·수입량이 10톤 이상 1,000톤 미만인 경우 : 시험동물을 이용한

소핵 시험성적서. 다만, 연간 제조·수입량이 100톤 이상 1,000톤 미만인 경우로서 복귀돌연변이에 관한 시험결과가 양성인 경우에는 시험동물을 이용한 소핵 시험성적서를 제출해야 한다.

9. 제1호부터 제8호까지의 규정에도 불구하고 신규화학물질의 물리·화학적 특성상 시험이나 시험 결과의 도출이 어려운 경우로서 고용노동부장관이 정하여 고시하는 경우에는 해당 서류를 제출하지 않을 수 있다.

※ 비고 : 제1호부터 제9호까지의 규정에 따른 첨부서류 작성방법 및 제출생략 조건 등에 관한 세부사항은 고용노동부장관이 정하여 고시한다.

[별표 21]

작업환경측정 대상 유해인자
(제186조제1항 관련)

1. 화학적 인자
  가. 유기화합물(114종)
    1) 글루타르알데히드(Glutaraldehyde ; 111-30-8)
    2) 니트로글리세린(Nitroglycerin ; 55-63-0)
    3) 니트로메탄(Nitromethane ; 75-52-5)
    4) 니트로벤젠(Nitrobenzene ; 98-95-3)
    5) p-니트로아닐린(p-Nitroaniline ; 100-01-6)
    6) p-니트로클로로벤젠(p-Nitrochlorobenzene ; 100-00-5)
    7) 디니트로톨루엔(Dinitrotoluene ; 25321-14-6 등)
    8) N,N-디메틸아닐린(N,N-Dimethylaniline ; 121-69-7)
    9) 디메틸아민(Dimethylamine ; 124-40-3)
    10) N,N-디메틸아세트아미드(N,N-Dimethylacetamide ; 127-19-5)
    11) 디메틸포름아미드(Dimethylformamide ; 68-12-2)
    12) 디에탄올아민(Diethanolamine ; 111-42-2)
    13) 디에틸 에테르(Diethyl ether ; 60-29-7)
    14) 디에틸렌트리아민(Diethylenetriamine ; 111-40-0)
    15) 2-디에틸아미노에탄올(2-Diethylaminoethanol ; 100-37-8)
    16) 디에틸아민(Diethylamine ; 109-89-7)
    17) 1,4-디옥산(1,4-Dioxane ; 123-91-1)
    18) 디이소부틸케톤(Diisobutylketone ; 108-83-8)
    19) 1,1-디클로로-1-플루오로에탄(1,1-Dichloro-1-fluoroethane ; 1717-00-6)
    20) 디클로로메탄(Dichloromethane ; 75-09-2)
    21) o-디클로로벤젠(o-Dichlorobenzene ; 95-50-1)
    22) 1,2-디클로로에탄(1,2-Dichloroethane ; 107-06-2)
    23) 1,2-디클로로에틸렌(1,2-Dichloroethylene ; 540-59-0 등)
    24) 1,2-디클로로프로판(1,2-Dichloropropane ; 78-87-5)
    25) 디클로로플루오로메탄(Dichlorofluoromethane ; 75-43-4)
    26) p-디히드록시벤젠(p-Dihydroxybenzene ; 123-31-9)
    27) 메탄올(Methanol ; 67-56-1)
    28) 2-메톡시에탄올(2-Methoxyethanol ; 109-86-4)
    29) 2-메톡시에틸 아세테이트(2-Methoxyethyl acetate ; 110-49-6)
    30) 메틸 n-부틸 케톤(Methyl n-butyl ketone ; 591-78-6)
    31) 메틸 n-아밀 케톤(Methyl n-amyl ketone ; 110-43-0)
    32) 메틸 아민(Methyl amine ; 74-89-5)
    33) 메틸 아세테이트(Methyl acetate ; 79-20-9)
    34) 메틸 에틸 케톤(Methyl ethyl ketone ; 78-93-3)

35) 메틸 이소부틸 케톤(Methyl isobutyl ketone ; 108-10-1)
36) 메틸 클로라이드(Methyl chloride ; 74-87-3)
37) 메틸 클로로포름(Methyl chloroform ; 71-55-6)
38) 메틸렌 비스(페닐 이소시아네이트)[Methylene bis(phenyl isocyanate) ; 101-68-8 등]
39) o-메틸시클로헥사논(o-Methylcyclohexanone ; 583-60-8)
40) 메틸시클로헥사놀(Methylcyclohexanol ; 25639-42-3 등)
41) 무수 말레산(Maleic anhydride ; 108-31-6)
42) 무수 프탈산(Phthalic anhydride ; 85-44-9)
43) 벤젠(Benzene ; 71-43-2)
44) 1,3-부타디엔(1,3-Butadiene ; 106-99-0)
45) n-부탄올(n-Butanol ; 71-36-3)
46) 2-부탄올(2-Butanol ; 78-92-2)
47) 2-부톡시에탄올(2-Butoxyethanol ; 111-76-2)
48) 2-부톡시에틸 아세테이트(2-Butoxyethyl acetate ; 112-07-2)
49) n-부틸 아세테이트(n-Butyl acetate ; 123-86-4)
50) 1-브로모프로판(1-Bromopropane ; 106-94-5)
51) 2-브로모프로판(2-Bromopropane ; 75-26-3)
52) 브롬화 메틸(Methyl bromide ; 74-83-9)
53) 비닐 아세테이트(Vinyl acetate ; 108-05-4)
54) 사염화탄소(Carbon tetrachloride ; 56-23-5)
55) 스토다드 솔벤트(Stoddard solvent ; 8052-41-3)
56) 스티렌(Styrene ; 100-42-5)
57) 시클로헥사논(Cyclohexanone ; 108-94-1)
58) 시클로헥사놀(Cyclohexanol ; 108-93-0)
59) 시클로헥산(Cyclohexane ; 110-82-7)
60) 시클로헥센(Cyclohexene ; 110-83-8)
61) 아닐린[62-53-3] 및 그 동족체(Aniline and its homologues)
62) 아세토니트릴(Acetonitrile ; 75-05-8)
63) 아세톤(Acetone ; 67-64-1)
64) 아세트알데히드(Acetaldehyde ; 75-07-0)
65) 아크릴로니트릴(Acrylonitrile ; 107-13-1)
66) 아크릴아미드(Acrylamide ; 79-06-1)
67) 알릴 글리시딜 에테르(Allyl glycidyl ether ; 106-92-3)
68) 에탄올아민(Ethanolamine ; 141-43-5)
69) 2-에톡시에탄올(2-Ethoxyethanol ; 110-80-5)
70) 2-에톡시에틸 아세테이트(2-Ethoxyethyl acetate ; 111-15-9)
71) 에틸 벤젠(Ethyl benzene ; 100-41-4)
72) 에틸 아세테이트(Ethyl acetate ; 141-78-6)
73) 에틸 아크릴레이트(Ethyl acrylate ; 140-88-5)
74) 에틸렌 글리콜(Ethylene glycol ; 107-21-1)
75) 에틸렌 글리콜 디니트레이트(Ethylene glycol dinitrate ; 628-96-6)

76) 에틸렌 클로로히드린(Ethylene chlorohydrin ; 107-07-3)
77) 에틸렌이민(Ethyleneimine ; 151-56-4)
78) 에틸아민(Ethylamine ; 75-04-7)
79) 2,3-에폭시-1-프로판올(2,3-Epoxy-1-propanol ; 556-52-5 등)
80) 1,2-에폭시프로판(1,2-Epoxypropane ; 75-56-9 등)
81) 에피클로로히드린(Epichlorohydrin ; 106-89-8 등)
82) 요오드화 메틸(Methyl iodide ; 74-88-4)
83) 이소부틸 아세테이트(Isobutyl acetate ; 110-19-0)
84) 이소부틸 알코올(Isobutyl alcohol ; 78-83-1)
85) 이소아밀 아세테이트(Isoamyl acetate ; 123-92-2)
86) 이소아밀 알코올(Isoamyl alcohol ; 123-51-3)
87) 이소프로필 아세테이트(Isopropyl acetate ; 108-21-4)
88) 이소프로필 알코올(Isopropyl alcohol ; 67-63-0)
89) 이황화탄소(Carbon disulfide ; 75-15-0)
90) 크레졸(Cresol ; 1319-77-3 등)
91) 크실렌(Xylene ; 1330-20-7 등)
92) 클로로벤젠(Chlorobenzene ; 108-90-7)
93) 1,1,2,2-테트라클로로에탄(1,1,2,2-Tetrachloroethane ; 79-34-5)
94) 테트라히드로푸란(Tetrahydrofuran ; 109-99-9)
95) 톨루엔(Toluene ; 108-88-3)
96) 톨루엔-2,4-디이소시아네이트(Toluene-2,4-diisocyanate ; 584-84-9 등)
97) 톨루엔-2,6-디이소시아네이트(Toluene-2,6-diisocyanate ; 91-08-7 등)
98) 트리에틸아민(Triethylamine ; 121-44-8)
99) 트리클로로메탄(Trichloromethane ; 67-66-3)
100) 1,1,2-트리클로로에탄(1,1,2-Trichloroethane ; 79-00-5)
101) 트리클로로에틸렌(Trichloroethylene ; 79-01-6)
102) 1,2,3-트리클로로프로판(1,2,3-Trichloropropane ; 96-18-4)
103) 퍼클로로에틸렌(Perchloroethylene ; 127-18-4)
104) 페놀(Phenol ; 108-95-2)
105) 펜타클로로페놀(Pentachlorophenol ; 87-86-5)
106) 포름알데히드(Formaldehyde ; 50-00-0)
107) 프로필렌이민(Propyleneimine ; 75-55-8)
108) n-프로필 아세테이트(n-Propyl acetate ; 109-60-4)
109) 피리딘(Pyridine ; 110-86-1)
110) 헥사메틸렌 디이소시아네이트(Hexamethylene diisocyanate ; 822-06-0)
111) n-헥산(n-Hexane ; 110-54-3)
112) n-헵탄(n-Heptane ; 142-82-5)
113) 황산 디메틸(Dimethyl sulfate ; 77-78-1)
114) 히드라진(Hydrazine ; 302-01-2)
115) 1)부터 114)까지의 물질을 용량비율 1퍼센트 이상 함유한 혼합물

나. 금속류(24종)

1) 구리(Copper ; 7440-50-8) (분진, 미스트, 흄)
2) 납[7439-92-1] 및 그 무기화합물(Lead and its inorganic compounds)
3) 니켈[7440-02-0] 및 그 무기화합물, 니켈 카르보닐[13463-39-3](Nickel and its inorganic compounds, Nickel carbonyl)
4) 망간[7439-96-5] 및 그 무기화합물(Manganese and its inorganic compounds)
5) 바륨[7440-39-3] 및 그 가용성 화합물(Barium and its soluble compounds)
6) 백금[7440-06-4] 및 그 가용성 염(Platinum and its soluble salts)
7) 산화마그네슘(Magnesium oxide ; 1309-48-4)
8) 산화아연(Zinc oxide ; 1314-13-2) (분진, 흄)
9) 산화철(Iron oxide ; 1309-37-1 등) (분진, 흄)
10) 셀레늄[7782-49-2] 및 그 화합물(Selenium and its compounds)
11) 수은[7439-97-6] 및 그 화합물(Mercury and its compounds)
12) 안티몬[7440-36-0] 및 그 화합물(Antimony and its compounds)
13) 알루미늄[7429-90-5] 및 그 화합물(Aluminum and its compounds)
14) 오산화바나듐(Vanadium pentoxide ; 1314-62-1) (분진, 흄)
15) 요오드[7553-56-2] 및 요오드화물(Iodine and iodides)
16) 인듐[7440-74-6] 및 그 화합물(Indium and its compounds)
17) 은[7440-22-4] 및 그 가용성 화합물(Silver and its soluble compounds)
18) 이산화티타늄(Titanium dioxide ; 13463-67-7)
19) 주석[7440-31-5] 및 그 화합물(Tin and its compounds)(수소화 주석은 제외한다)
20) 지르코늄[7440-67-7] 및 그 화합물(Zirconium and its compounds)
21) 카드뮴[7440-43-9] 및 그 화합물(Cadmium and its compounds)
22) 코발트[7440-48-4] 및 그 무기화합물(Cobalt and its inorganic compounds)
23) 크롬[7440-47-3] 및 그 무기화합물(Chromium and its inorganic compounds)
24) 텅스텐[7440-33-7] 및 그 화합물(Tungsten and its compounds)
25) 1)부터 24)까지의 규정에 따른 물질을 중량비율 1퍼센트 이상 함유한 혼합물

다. 산 및 알칼리류(17종)

1) 개미산(Formic acid ; 64-18-6)
2) 과산화수소(Hydrogen peroxide ; 7722-84-1)
3) 무수 초산(Acetic anhydride ; 108-24-7)
4) 불화수소(Hydrogen fluoride ; 7664-39-3)
5) 브롬화수소(Hydrogen bromide ; 10035-10-6)
6) 수산화 나트륨(Sodium hydroxide ; 1310-73-2)
7) 수산화 칼륨(Potassium hydroxide ; 1310-58-3)
8) 시안화 나트륨(Sodium cyanide ; 143-33-9)
9) 시안화 칼륨(Potassium cyanide ; 151-50-8)
10) 시안화 칼슘(Calcium cyanide ; 592-01-8)
11) 아크릴산(Acrylic acid ; 79-10-7)
12) 염화수소(Hydrogen chloride ; 7647-01-0)
13) 인산(Phosphoric acid ; 7664-38-2)

14) 질산(Nitric acid ; 7697-37-2)
15) 초산(Acetic acid ; 64-19-7)
16) 트리클로로아세트산(Trichloroacetic acid ; 76-03-9)
17) 황산(Sulfuric acid ; 7664-93-9)
18) 1)부터 17)까지의 물질을 중량비율 1퍼센트 이상 함유한 혼합물

라. 가스 상태 물질류(15종)
1) 불소(Fluorine ; 7782-41-4)
2) 브롬(Bromine ; 7726-95-6)
3) 산화에틸렌(Ethylene oxide ; 75-21-8)
4) 삼수소화 비소(Arsine ; 7784-42-1)
5) 시안화 수소(Hydrogen cyanide ; 74-90-8)
6) 암모니아(Ammonia ; 7664-41-7 등)
7) 염소(Chlorine ; 7782-50-5)
8) 오존(Ozone ; 10028-15-6)
9) 이산화질소(nitrogen dioxide ; 10102-44-0)
10) 이산화황(Sulfur dioxide ; 7446-09-5)
11) 일산화질소(Nitric oxide ; 10102-43-9)
12) 일산화탄소(Carbon monoxide ; 630-08-0)
13) 포스겐(Phosgene ; 75-44-5)
14) 포스핀(Phosphine ; 7803-51-2)
15) 황화수소(Hydrogen sulfide ; 7783-06-4)
16) 1)부터 15)까지의 물질을 용량비율 1퍼센트 이상 함유한 혼합물

마. 영 제88조에 따른 허가 대상 유해물질(12종)
1) α-나프틸아민[134-32-7] 및 그 염(α-naphthylamine and its salts)
2) 디아니시딘[119-90-4] 및 그 염(Dianisidine and its salts)
3) 디클로로벤지딘[91-94-1] 및 그 염(Dichlorobenzidine and its salts)
4) 베릴륨[7440-41-7] 및 그 화합물(Beryllium and its compounds)
5) 벤조트리클로라이드(Benzotrichloride ; 98-07-7)
6) 비소[7440-38-2] 및 그 무기화합물(Arsenic and its inorganic compounds)
7) 염화비닐(Vinyl chloride ; 75-01-4)
8) 콜타르피치[65996-93-2] 휘발물(Coal tar pitch volatiles as benzene soluble aerosol)
9) 크롬광 가공[열을 가하여 소성(변형된 형태 유지) 처리하는 경우만 해당한다] (Chromite ore processing)
10) 크롬산 아연(Zinc chromates ; 13530-65-9 등)
11) o-톨리딘[119-93-7] 및 그 염(o-Tolidine and its salts)
12) 황화니켈류(Nickel sulfides ; 12035-72-2, 16812-54-7)
13) 1)부터 4)까지 및 6)부터 12)까지의 어느 하나에 해당하는 물질을 중량비율 1퍼센트 이상 함유한 혼합물
14) 5)의 물질을 중량비율 0.5퍼센트 이상 함유한 혼합물

바. 금속가공유[Metal working fluids(MWFs), 1종]

2. 물리적 인자(2종)
   가. 8시간 시간가중평균 80dB 이상의 소음
   나. 안전보건규칙 제558조에 따른 고열

3. 분진(7종)
   가. 광물성 분진(Mineral dust)
      1) 규산(Silica)
         가) 석영(Quartz ; 14808-60-7 등)
         나) 크리스토발라이트(Cristobalite ; 14464-46-1)
         다) 트리디마이트(Trydimite ; 15468-32-3)
      2) 규산염(Silicates, less than 1% crystalline silica)
         가) 소우프스톤(Soapstone ; 14807-96-6)
         나) 운모(Mica ; 12001-26-2)
         다) 포틀랜드 시멘트(Portland cement ; 65997-15-1)
         라) 활석(석면 불포함)[Talc(Containing no asbestos fibers) ; 14807-96-6]
         마) 흑연(Graphite ; 7782-42-5)
      3) 그 밖의 광물성 분진(Mineral dusts)
   나. 곡물 분진(Grain dusts)
   다. 면 분진(Cotton dusts)
   라. 목재 분진(Wood dusts)
   마. 석면 분진(Asbestos dusts ; 1332-21-4 등)
   바. 용접 흄(Welding fume)
   사. 유리섬유(Glass fibers)

4. 그 밖에 고용노동부장관이 정하여 고시하는 인체에 해로운 유해인자

※ 비고 : "등"이란 해당 화학물질에 이성질체 등 동일 속성을 가지는 2개 이상의 화합물이 존재할 수 있는 경우를 말한다.

[별표 21의2] (2022.8.18 신설)

휴게시설 설치·관리기준
(제194조의2 관련)

1. 크기
   가. 휴게시설의 최소 바닥면적은 6제곱미터로 한다. 다만, 둘 이상의 사업장의 근로자가 공동으로 같은 휴게시설(이하 이 표에서 "공동휴게시설"이라 한다)을 사용하게 하는 경우 공동휴게시설의 바닥면적은 6제곱미터에 사업장의 개수를 곱한 면적 이상으로 한다.
   나. 휴게시설의 바닥에서 천장까지의 높이는 2.1미터 이상으로 한다.
   다. 가목 본문에도 불구하고 근로자의 휴식 주기, 이용자 성별, 동시 사용인원 등을 고려하여 최소면적을 근로자대표와 협의하여 6제곱미터가 넘는 면적으로 정한 경우에는 근로자대표와 협의한 면적을 최소 바닥면적으로 한다.
   라. 가목 단서에도 불구하고 근로자의 휴식 주기, 이용자 성별, 동시 사용인원 등을 고려하여 공동휴게시설의 바닥면적을 근로자대표와 협의하여 정한 경우에는 근로자대표와 협의한 면적을 공동휴게시설의 최소 바닥면적으로 한다.

2. 위치 : 다음 각 목의 요건을 모두 갖춰야 한다.
   가. 근로자가 이용하기 편리하고 가까운 곳에 있어야 한다. 이 경우 공동휴게시설은 각 사업장에서 휴게시설까지의 왕복 이동에 걸리는 시간이 휴식시간의 20퍼센트를 넘지 않는 곳에 있어야 한다.
   나. 다음의 모든 장소에서 떨어진 곳에 있어야 한다.
      1) 화재·폭발 등의 위험이 있는 장소
      2) 유해물질을 취급하는 장소
      3) 인체에 해로운 분진 등을 발산하거나 소음에 노출되어 휴식을 취하기 어려운 장소

3. 온도
   적정한 온도(18℃~28℃)를 유지할 수 있는 냉난방 기능이 갖춰져 있어야 한다.

4. 습도
   적정한 습도(50%~55%. 다만, 일시적으로 대기 중 상대습도가 현저히 높거나 낮아 적정한 습도를 유지하기 어렵다고 고용노동부장관이 인정하는 경우는 제외한다)를 유지할 수 있는 습도 조절 기능이 갖춰져 있어야 한다.

5. 조명
   적정한 밝기(100럭스~200럭스)를 유지할 수 있는 조명 조절 기능이 갖춰져 있어야 한다.

6. 창문 등을 통하여 환기가 가능해야 한다.

7. 의자 등 휴식에 필요한 비품이 갖춰져 있어야 한다.

8. 마실 수 있는 물이나 식수 설비가 갖춰져 있어야 한다.

9. 휴게시설임을 알 수 있는 표지가 휴게시설 외부에 부착돼 있어야 한다.

10. 휴게시설의 청소·관리 등을 하는 담당자가 지정돼 있어야 한다. 이 경우 공동휴게시설은 사업장마다 각각 담당자가 지정돼 있어야 한다.

11. 물품 보관 등 휴게시설 목적 외의 용도로 사용하지 않도록 한다.

※ 비고 : 다음 각 목에 해당하는 경우에는 다음 각 목의 구분에 따라 제1호부터 제6호까지의 규정에 따른 휴게시설 설치·관리기준의 일부를 적용하지 않는다.

가. 사업장 전용면적의 총 합이 300제곱미터 미만인 경우 : 제1호 및 제2호의 기준

나. 작업장소가 일정하지 않거나 전기가 공급되지 않는 등 작업특성상 실내에 휴게시설을 갖추기 곤란한 경우로서 그늘막 등 간이 휴게시설을 설치한 경우 : 제3호부터 제6호까지의 규정에 따른 기준

다. 건조 중인 선박 등에 휴게시설을 설치하는 경우 : 제4호의 기준

[별표 22] (2021.11.19 개정)

특수건강진단 대상 유해인자

(제201조 관련)

1. 화학적 인자

가. 유기화합물(109종)

1) 가솔린(Gasoline ; 8006-61-9)
2) 글루타르알데히드(Glutaraldehyde ; 111-30-8)
3) β-나프틸아민(β-Naphthylamine ; 91-59-8)
4) 니트로글리세린(Nitroglycerin ; 55-63-0)
5) 니트로메탄(Nitromethane ; 75-52-5)
6) 니트로벤젠(Nitrobenzene ; 98-95-3)
7) p-니트로아닐린(p-Nitroaniline ; 100-01-6)
8) p-니트로클로로벤젠(p-Nitrochlorobenzene ; 100-00-5)
9) 디니트로톨루엔(Dinitrotoluene ; 25321-14-6 등)
10) N,N-디메틸아닐린(N,N-Dimethylaniline ; 121-69-7)
11) p-디메틸아미노아조벤젠(p-Dimethylaminoazobenzene ; 60-11-7)
12) N,N-디메틸아세트아미드(N,N-Dimethylacetamide ; 127-19-5)
13) 디메틸포름아미드(Dimethylformamide ; 68-12-2)
14) 디에틸 에테르(Diethyl ether ; 60-29-7)
15) 디에틸렌트리아민(Diethylenetriamine ; 111-40-0)
16) 1,4-디옥산(1,4-Dioxane ; 123-91-1)
17) 디이소부틸케톤(Diisobutylketone ; 108-83-8)
18) 디클로로메탄(Dichloromethane ; 75-09-2)
19) o-디클로로벤젠(o-Dichlorobenzene ; 95-50-1)
20) 1,2-디클로로에탄(1,2-Dichloroethane ; 107-06-2)
21) 1,2-디클로로에틸렌(1,2-Dichloroethylene ; 540-59-0 등)
22) 1,2-디클로로프로판(1,2-Dichloropropane ; 78-87-5)
23) 디클로로플루오로메탄(Dichlorofluoromethane ; 75-43-4)
24) p-디히드록시벤젠(p-dihydroxybenzene ; 123-31-9)
25) 마젠타(Magenta ; 569-61-9)
26) 메탄올(Methanol ; 67-56-1)
27) 2-메톡시에탄올(2-Methoxyethanol ; 109-86-4)
28) 2-메톡시에틸 아세테이트(2-Methoxyethyl acetate ; 110-49-6)
29) 메틸 n-부틸 케톤(Methyl n-butyl ketone ; 591-78-6)
30) 메틸 n-아밀 케톤(Methyl n-amyl ketone ; 110-43-0)
31) 메틸 에틸 케톤(Methyl ethyl ketone ; 78-93-3)
32) 메틸 이소부틸 케톤(Methyl isobutyl ketone ; 108-10-1)
33) 메틸 클로라이드(Methyl chloride ; 74-87-3)
34) 메틸 클로로포름(Methyl chloroform ; 71-55-6)

35) 메틸렌 비스(페닐 이소시아네이트)[Methylene bis(phenyl isocyanate) ; 101-68-8 등]
36) 4,4'-메틸렌 비스(2-클로로아닐린)[4,4'-Methylene bis(2-chloroaniline) ; 101-14-4]
37) o-메틸시클로헥사논(o-Methylcyclohexanone ; 583-60-8)
38) 메틸시클로헥사놀(Methylcyclohexanol ; 25639-42-3 등)
39) 무수 말레산(Maleic anhydride ; 108-31-6)
40) 무수 프탈산(Phthalic anhydride ; 85-44-9)
41) 벤젠(Benzene ; 71-43-2)
42) 벤지딘 및 그 염(Benzidine and its salts ; 92-87-5)
43) 1,3-부타디엔(1,3-Butadiene ; 106-99-0)
44) n-부탄올(n-Butanol ; 71-36-3)
45) 2-부탄올(2-Butanol ; 78-92-2)
46) 2-부톡시에탄올(2-Butoxyethanol ; 111-76-2)
47) 2-부톡시에틸 아세테이트(2-Butoxyethyl acetate ; 112-07-2)
48) 1-브로모프로판(1-Bromopropane ; 106-94-5)
49) 2-브로모프로판(2-Bromopropane ; 75-26-3)
50) 브롬화 메틸(Methyl bromide ; 74-83-9)
51) 비스(클로로메틸) 에테르(bis(Chloromethyl) ether ; 542-88-1)
52) 사염화탄소(Carbon tetrachloride ; 56-23-5)
53) 스토다드 솔벤트(Stoddard solvent ; 8052-41-3)
54) 스티렌(Styrene ; 100-42-5)
55) 시클로헥사논(Cyclohexanone ; 108-94-1)
56) 시클로헥사놀(Cyclohexanol ; 108-93-0)
57) 시클로헥산(Cyclohexane ; 110-82-7)
58) 시클로헥센(Cyclohexene ; 110-83-8)
59) 아닐린[62-53-3] 및 그 동족체(Aniline and its homologues)
60) 아세토니트릴(Acetonitrile ; 75-05-8)
61) 아세톤(Acetone ; 67-64-1)
62) 아세트알데히드(Acetaldehyde ; 75-07-0)
63) 아우라민(Auramine ; 492-80-8)
64) 아크릴로니트릴(Acrylonitrile ; 107-13-1)
65) 아크릴아미드(Acrylamide ; 79-06-1)
66) 2-에톡시에탄올(2-Ethoxyethanol ; 110-80-5)
67) 2-에톡시에틸 아세테이트(2-Ethoxyethyl acetate ; 111-15-9)
68) 에틸 벤젠(Ethyl benzene ; 100-41-4)
69) 에틸 아크릴레이트(Ethyl acrylate ; 140-88-5)
70) 에틸렌 글리콜(Ethylene glycol ; 107-21-1)
71) 에틸렌 글리콜 디니트레이트(Ethylene glycol dinitrate ; 628-96-6)
72) 에틸렌 클로로히드린(Ethylene chlorohydrin ; 107-07-3)
73) 에틸렌이민(Ethyleneimine ; 151-56-4)
74) 2,3-에폭시-1-프로판올(2,3-Epoxy-1-propanol ; 556-52-5 등)
75) 에피클로로히드린(Epichlorohydrin ; 106-89-8 등)

76) 염소화비페닐(Polychlorobiphenyls ; 53469-21-9, 11097-69-1)
77) 요오드화 메틸(Methyl iodide ; 74-88-4)
78) 이소부틸 알코올(Isobutyl alcohol ; 78-83-1)
79) 이소아밀 아세테이트(Isoamyl acetate ; 123-92-2)
80) 이소아밀 알코올(Isoamyl alcohol ; 123-51-3)
81) 이소프로필 알코올(Isopropyl alcohol ; 67-63-0)
82) 이황화탄소(Carbon disulfide ; 75-15-0)
83) 콜타르(Coal tar ; 8007-45-2)
84) 크레졸(Cresol ; 1319-77-3 등)
85) 크실렌(Xylene ; 1330-20-7 등)
86) 클로로메틸 메틸 에테르(Chloromethyl methyl ether ; 107-30-2)
87) 클로로벤젠(Chlorobenzene ; 108-90-7)
88) 테레빈유(Turpentine oil ; 8006-64-2)
89) 1,1,2,2-테트라클로로에탄(1,1,2,2-Tetrachloroethane ; 79-34-5)
90) 테트라히드로푸란(Tetrahydrofuran ; 109-99-9)
91) 톨루엔(Toluene ; 108-88-3)
92) 톨루엔-2,4-디이소시아네이트(Toluene-2,4-diisocyanate ; 584-84-9 등)
93) 톨루엔-2,6-디이소시아네이트(Toluene-2,6-diisocyanate ; 91-08-7 등)
94) 트리클로로메탄(Trichloromethane ; 67-66-3)
95) 1,1,2-트리클로로에탄(1,1,2-Trichloroethane ; 79-00-5)
96) 트리클로로에틸렌(Trichloroethylene(TCE) ; 79-01-6)
97) 1,2,3-트리클로로프로판(1,2,3-Trichloropropane ; 96-18-4)
98) 퍼클로로에틸렌(Perchloroethylene ; 127-18-4)
99) 페놀(Phenol ; 108-95-2)
100) 펜타클로로페놀(Pentachlorophenol ; 87-86-5)
101) 포름알데히드(Formaldehyde ; 50-00-0)
102) β-프로피오락톤(β-Propiolactone ; 57-57-8)
103) o-프탈로디니트릴(o-Phthalodinitrile ; 91-15-6)
104) 피리딘(Pyridine ; 110-86-1)
105) 헥사메틸렌 디이소시아네이트(Hexamethylene diisocyanate ; 822-06-0)
106) n-헥산(n-Hexane ; 110-54-3)
107) n-헵탄(n-Heptane ; 142-82-5)
108) 황산 디메틸(Dimethyl sulfate ; 77-78-1)
109) 히드라진(Hydrazine ; 302-01-2)
110) 1)부터 109)까지의 물질을 용량비율 1퍼센트 이상 함유한 혼합물

나. 금속류(20종)

1) 구리(Copper ; 7440-50-8)(분진, 미스트, 흄)
2) 납[7439-92-1] 및 그 무기화합물(Lead and its inorganic compounds)
3) 니켈[7440-02-0] 및 그 무기화합물, 니켈 카르보닐[13463-39-3](Nickel and its inorganic compounds, Nickel carbonyl)
4) 망간[7439-96-5] 및 그 무기화합물(Manganese and its inorganic compounds)

5) 사알킬납(Tetraalkyl lead ; 78-00-2 등)
6) 산화아연(Zinc oxide ; 1314-13-2)(분진, 흄)
7) 산화철(Iron oxide ; 1309-37-1 등)(분진, 흄)
8) 삼산화비소(Arsenic trioxide ; 1327-53-3)
9) 수은[7439-97-6] 및 그 화합물(Mercury and its compounds)
10) 안티몬[7440-36-0] 및 그 화합물(Antimony and its compounds)
11) 알루미늄[7429-90-5] 및 그 화합물(Aluminum and its compounds)
12) 오산화바나듐(Vanadium pentoxide ; 1314-62-1)(분진, 흄)
13) 요오드[7553-56-2] 및 요오드화물(Iodine and iodides)
14) 인듐[7440-74-6] 및 그 화합물(Indium and its compounds)
15) 주석[7440-31-5] 및 그 화합물(Tin and its compounds)
16) 지르코늄[7440-67-7] 및 그 화합물(Zirconium and its compounds)
17) 카드뮴[7440-43-9] 및 그 화합물(Cadmium and its compounds)
18) 코발트(Cobalt ; 7440-48-4)(분진, 흄)
19) 크롬[7440-47-3] 및 그 화합물(Chromium and its compounds)
20) 텅스텐[7440-33-7] 및 그 화합물(Tungsten and its compounds)
21) 1)부터 20)까지의 물질을 중량비율 1퍼센트 이상 함유한 혼합물

다. 산 및 알카리류(8종)
1) 무수 초산(Acetic anhydride ; 108-24-7)
2) 불화수소(Hydrogen fluoride ; 7664-39-3)
3) 시안화 나트륨(Sodium cyanide ; 143-33-9)
4) 시안화 칼륨(Potassium cyanide ; 151-50-8)
5) 염화수소(Hydrogen chloride ; 7647-01-0)
6) 질산(Nitric acid ; 7697-37-2)
7) 트리클로로아세트산(Trichloroacetic acid ; 76-03-9)
8) 황산(Sulfuric acid ; 7664-93-9)
9) 1)부터 8)까지의 물질을 중량비율 1퍼센트 이상 함유한 혼합물

라. 가스 상태 물질류(14종)
1) 불소(Fluorine ; 7782-41-4)
2) 브롬(Bromine ; 7726-95-6)
3) 산화에틸렌(Ethylene oxide ; 75-21-8)
4) 삼수소화 비소(Arsine ; 7784-42-1)
5) 시안화 수소(Hydrogen cyanide ; 74-90-8)
6) 염소(Chlorine ; 7782-50-5)
7) 오존(Ozone ; 10028-15-6)
8) 이산화질소(nitrogen dioxide ; 10102-44-0)
9) 이산화황(Sulfur dioxide ; 7446-09-5)
10) 일산화질소(Nitric oxide ; 10102-43-9)
11) 일산화탄소(Carbon monoxide ; 630-08-0)
12) 포스겐(Phosgene ; 75-44-5)
13) 포스핀(Phosphine ; 7803-51-2)

14) 황화수소(Hydrogen sulfide ; 7783-06-4)
15) 1)부터 14)까지의 규정에 따른 물질을 용량비율 1퍼센트 이상 함유한 혼합물

마. 영 제88조에 따른 허가 대상 유해물질(12종)
1) α-나프틸아민[134-32-7] 및 그 염(α-naphthylamine and its salts)
2) 디아니시딘[119-90-4] 및 그 염(Dianisidine and its salts)
3) 디클로로벤지딘[91-94-1] 및 그 염(Dichlorobenzidine and its salts)
4) 베릴륨[7440-41-7] 및 그 화합물(Beryllium and its compounds)
5) 벤조트리클로라이드(Benzotrichloride ; 98-07-7)
6) 비소[7440-38-2] 및 그 무기화합물(Arsenic and its inorganic compounds)
7) 염화비닐(Vinyl chloride ; 75-01-4)
8) 콜타르피치[65996-93-2] 휘발물(코크스 제조 또는 취급업무)(Coal tar pitch volatiles)
9) 크롬광 가공[열을 가하여 소성(변형된 형태 유지) 처리하는 경우만 해당한다](Chromite ore processing)
10) 크롬산 아연(Zinc chromates ; 13530-65-9 등)
11) o-톨리딘[119-93-7] 및 그 염(o-Tolidine and its salts)
12) 황화니켈류(Nickel sulfides ; 12035-72-2, 16812-54-7)
13) 1)부터 4)까지 및 6)부터 11)까지의 물질을 중량비율 1퍼센트 이상 함유한 혼합물
14) 5)의 물질을 중량비율 0.5퍼센트 이상 함유한 혼합물

바. 금속가공유(Metal working fluids) ; 미네랄 오일 미스트(광물성 오일, Oil mist, mineral)

2. 분진(7종)

가. 곡물 분진(Grain dusts)
나. 광물성 분진(Mineral dusts)
다. 면 분진(Cotton dusts)
라. 목재 분진(Wood dusts)
마. 용접 흄(Welding fume)
바. 유리 섬유(Glass fiber dusts)
사. 석면 분진(Asbestos dusts ; 1332-21-4 등)

3. 물리적 인자(8종)

가. 안전보건규칙 제512조제1호부터 제3호까지의 규정의 소음작업, 강렬한 소음작업 및 충격소음작업에서 발생하는 소음
나. 안전보건규칙 제512조제4호의 진동작업에서 발생하는 진동
다. 안전보건규칙 제573조제1호의 방사선
라. 고기압
마. 저기압
바. 유해광선
1) 자외선
2) 적외선
3) 마이크로파 및 라디오파

4. 야간작업(2종)
  가. 6개월간 밤 12시부터 오전 5시까지의 시간을 포함하여 계속되는 8시간 작업을 월 평균 4회 이상 수행하는 경우
  나. 6개월간 오후 10시부터 다음날 오전 6시 사이의 시간 중 작업을 월 평균 60시간 이상 수행하는 경우

※ 비고 : "등"이란 해당 화학물질에 이성질체 등 동일 속성을 가지는 2개 이상의 화합물이 존재할 수 있는 경우를 말한다.

[별표 23]

특수건강진단의 시기 및 주기
(제202조제1항 관련)

구분	대상 유해인자	시기(배치 후 첫 번째 특수건강진단)	주기
1	N,N-디메틸아세트아미드 디메틸포름아미드	1개월 이내	6개월
2	벤젠	2개월 이내	6개월
3	1,1,2,2-테트라클로로에탄 사염화탄소 아크릴로니트릴 염화비닐	3개월 이내	6개월
4	석면, 면 분진	12개월 이내	12개월
5	광물성 분진 목재 분진 소음 및 충격소음	12개월 이내	24개월
6	제1호부터 제5호까지의 대상 유해인자를 제외한 별표22의 모든 대상 유해인자	6개월 이내	12개월

[별표 24] (2024.6.28 개정)

특수건강진단·배치전건강진단·수시건강진단의 검사항목
(제206조 관련)

1. 유해인자별 특수건강진단·배치전건강진단·수시건강진단의 검사항목

가. 화학적 인자

1) 유기화합물(109종)

번호	유해인자	제1차 검사항목	제2차 검사항목
1	가솔린 (Gasoline; 8006-61-9)	(1) 직업력 및 노출력 조사 (2) 주요 표적기관과 관련된 병력조사 (3) 임상검사 및 진찰 ① 간담도계 : AST(SGOT), ALT(SGPT), γ-GTP ② 비뇨기계 : 요검사 10종 ③ 신경계 : 신경계 증상 문진, 신경증상에 유의하여 진찰	임상검사 및 진찰 ① 간담도계 : AST(SGOT), ALT(SGPT), γ-GTP, 총단백, 알부민, 총빌리루빈, 직접빌리루빈, 알카리포스파타아제, 알파피토단백, B형간염 표면항원, B형간염 표면항체, C형간염 항체, A형간염 항체, 초음파 검사 ② 비뇨기계 : 단백뇨정량, 혈청 크레아티닌, 요소질소 ③ 신경계 : 신경행동검사, 임상심리검사, 신경학적 검사
2	글루타르알데히드 (Glutaraldehyde; 111-30-8)	(1) 직업력 및 노출력 조사 (2) 주요 표적기관과 관련된 병력조사 (3) 임상검사 및 진찰 ① 호흡기계 : 청진, 폐활량검사 ② 눈, 피부, 비강(鼻腔), 인두(咽頭) : 점막자극증상 문진	임상검사 및 진찰 ① 호흡기계 : 흉부방사선(측면), 흉부방사선(후전면), 작업 중 최대날숨유량 연속측정, 비특이 기도과민검사 ② 눈, 피부, 비강, 인두 : 세극 등현미경검사, 비강 및 인두 검사, 면역글로불린 정량(IgE), 피부첩포시험(皮膚貼布試驗), 피부단자시험, KOH검사
3	β-나프틸아민 (β-Naphthyl amine;91-59-8)	(1) 직업력 및 노출력 조사 (2) 주요 표적기관과 관련된 병력조사 (3) 임상검사 및 진찰 ① 비뇨기계 : 요검사 10종, 소변세포병리검사(아침 첫 소변 채취) ② 눈, 피부 : 관련 증상 문진	임상검사 및 진찰 ① 비뇨기계 : 단백뇨정량, 혈청 크레아티닌, 요소질소, 비뇨기과 진료 ② 눈, 피부 : 면역글로불린 정량(IgE), 피부첩포시험, 피부단자시험, KOH검사
4	니트로글리세린 (Nitroglycerin; 55-63-0)	(1) 직업력 및 노출력 조사 (2) 주요 표적기관과 관련된 병력조사 (3) 임상검사 및 진찰 ① 조혈기계 : 혈색소량, 혈구용적치, 적혈구 수, 백혈구 수, 혈소판 수, 백	

		혈구 백분율 ② 심혈관계 : 흉부방사선 검사, 심전도 검사, 총콜레스테롤, HDL콜레스테롤, 트리글리세라이드	
5	니트로메탄 (Nitromethane; 75-52-5)	(1) 직업력 및 노출력 조사 (2) 주요 표적기관과 관련된 병력조사 (3) 임상검사 및 진찰 간담도계 : AST(SGOT), ALT(SGPT), γ-GTP	임상검사 및 진찰 간담도계 : AST(SGOT), ALT(SGPT), γ-GTP, 총단백, 알부민, 총빌리루빈, 직접빌리루빈, 알칼리포스파타아제, 알파피토단백, B형간염 표면항원, B형간염 표면항체, C형간염 항체, A형간염 항체, 초음파검사
6	니트로벤젠 (Nitrobenzene; 98-95-3)	(1) 직업력 및 노출력 조사 (2) 주요 표적기관과 관련된 병력조사 (3) 임상검사 및 진찰 ① 조혈기계 : 혈색소량, 혈구용적치, 적혈구 수, 백혈구 수, 혈소판 수, 백혈구 백분율, 망상적혈구 수 ② 간담도계 : AST(SGOT), ALT(SGPT), γ-GTP ③ 눈, 피부 : 점막자극증상 문진	임상검사 및 진찰 ① 조혈기계 : 혈액도말검사 ② 간담도계 : AST(SGOT), ALT(SGPT), γ-GTP, 총단백, 알부민, 총빌리루빈, 직접빌리루빈, 알칼리포스파타아제, 알파피토단백, B형간염 표면항원, B형간염 표면항체, C형간염 항체, A형간염 항체, 초음파 검사 ③ 눈, 피부 : 세극등현미경검사, 면역글로불린 정량(IgE), 피부첩포시험, 피부단자시험, KOH검사
7	p-니트로아닐린 (p-Nitroaniline; 100-01-6)	(1) 직업력 및 노출력 조사 (2) 주요 표적기관과 관련된 병력조사 (3) 임상검사 및 진찰 ① 조혈기계 : 혈색소량, 혈구용적치 ② 간담도계 : AST(SGOT), ALT(SGPT), γ-GTP (4) 생물학적 노출지표 검사 : 혈중 메트헤모글로빈(작업 중 또는 작업 종료 시)	임상검사 및 진찰 간담도계 : AST(SGOT), ALT(SGPT), γ-GTP, 총단백, 알부민, 총빌리루빈, 직접빌리루빈, 알칼리포스파타아제, 알파피토단백, B형간염 표면항원, B형간염 표면항체, C형간염 항체, A형간염 항체, 초음파검사
8	p-니트로클로로벤젠 (p-Nitrochlorobenzene;100-00-5)	(1) 직업력 및 노출력 조사 (2) 주요 표적기관과 관련된 병력조사 (3) 임상검사 및 진찰 ① 조혈기계 : 혈색소량, 혈구용적치 ② 간담도계 : AST(SGOT), ALT(SGPT), γ-GTP ③ 비뇨기계 : 요검사 10종 (4) 생물학적 노출지표 검사 : 혈중 메트헤모글로빈(작업 중 또는 작업종료 시)	임상검사 및 진찰 ① 간담도계 : AST(SGOT), ALT(SGPT), γ-GTP, 총단백, 알부민, 총빌리루빈, 직접빌리루빈, 알칼리포스파타아제, 알파피토단백, B형간염 표면항원, B형간염 표면항체, C형간염 항체, A형간염 항체, 초음파 검사 ② 비뇨기계 : 단백뇨정량, 혈청 크레아티닌, 요소질소

9	디니트로톨루엔 (Dinitrotoluene; 25321-14-6 등)	(1) 직업력 및 노출력 조사 (2) 주요 표적기관과 관련된 병력조사 (3) 임상검사 및 진찰 ① 조혈기계 : 혈색소량, 혈구용적치 ② 간담도계 : AST(SGOT), ALT(SGPT), γ-GTP ③ 생식계 : 생식계 증상 문진 (4) 생물학적 노출지표 검사 : 혈중 메트헤모글로빈(작업 중 또는 작업 종료 시)	임상검사 및 진찰 ① 간담도계 : AST(SGOT), ALT(SGPT), γ-GTP, 총단백, 알부민, 총빌리루빈, 직접빌리루빈, 알칼리포스파타아제, 알파피토단백, B형간염 표면항원, B형간염 표면항체, C형간염 항체, A형간염 항체, 초음파 검사 ② 생식계 : 에스트로겐(여), 황체형성호르몬, 난포자극호르몬, 테스토스테론(남)
10	N,N-디메틸아닐린 (N,N-Dimethylaniline;121-69-7)	(1) 직업력 및 노출력 조사 (2) 주요 표적기관과 관련된 병력조사 (3) 임상검사 및 진찰 ① 조혈기계 : 혈색소량, 혈구용적치 ② 간담도계 : AST(SGOT), ALT(SGPT), γ-GTP (4) 생물학적 노출지표 검사 : 혈중 메트헤모글로빈(작업 중 또는 작업종료 시)	임상검사 및 진찰 간담도계 : AST(SGOT), ALT(SGPT), γ-GTP, 총단백, 알부민, 총빌리루빈, 직접빌리루빈, 알칼리포스파타아제, 알파피토단백, B형간염 표면항원, B형간염 표면항체, C형간염 항체, A형간염 항체, 초음파 검사
11	p-디메틸아미노아조벤젠 (p-Dimethylaminoazobenzene; 60-11-7)	(1) 직업력 및 노출력 조사 (2) 주요 표적기관과 관련된 병력조사 (3) 임상검사 및 진찰 ① 간담도계 : AST(SGOT), ALT(SGPT), γ-GTP ② 비뇨기계 : 요검사 10종 ③ 피부·비강·인두 : 점막자극증상 문진	(1) 임상검사 및 진찰 ① 간담도계 : AST(SGOT), ALT(SGPT), γ-GTP, 총단백, 알부민, 총빌리루빈, 직접빌리루빈, 알칼리포스파타아제, 알파피토단백, B형간염 표면항원, B형간염 표면항체, C형간염 항체, A형간염 항체, 초음파 검사 ② 비뇨기계 : 단백뇨정량, 혈청 크레아티닌, 요소질소 ③ 피부·비강·인두 : 면역글로불린 정량(IgE), 피부첩포시험, 피부단자시험, KOH검사 (2) 생물학적 노출지표 검사 : 혈중 메트헤모글로빈
12	N,N-디메틸아세트아미드 (N,N-Dimethylacetamide; 127-19-5)	(1) 직업력 및 노출력 조사 (2) 주요 표적기관과 관련된 병력조사 (3) 임상검사 및 진찰 ① 간담도계 : AST(SGOT), ALT(SGPT), γ-GTP ② 신경계 : 신경계 증상 문진, 신경증상에 유의하여 진찰 (4) 생물학적 노출지표 검사 : 소변 중 N-메틸아세트아미드(작업 종료 시)	임상검사 및 진찰 ① 간담도계 : AST(SGOT), ALT(SGPT), γ-GTP, 총단백, 알부민, 총빌리루빈, 직접빌리루빈, 알칼리포스파타아제, 알파피토단백, B형간염 표면항원, B형간염 표면항체, C형간염 항체, A형간염 항체, 초음파 검사 ② 신경계 : 신경행동검사, 임상심리검사, 신경학적 검사

13	디메틸포름아미드 (Dimethylformamide;68-12-2)	(1) 직업력 및 노출력 조사 (2) 주요 표적기관과 관련된 병력조사 (3) 임상검사 및 진찰 ① 간담도계 : AST(SGOT), ALT(SGPT), γ-GTP ② 눈, 피부, 비강, 인두 : 점막자극증상 문진 (4) 생물학적 노출지표 검사 : 소변 중 N-메틸포름아미드(NMF)(작업 종료 시 채취)	임상검사 및 진찰 ① 간담도계 : AST(SGOT), ALT(SGPT), γ-GTP, 총단백, 알부민, 총빌리루빈, 직접빌리루빈, 알칼리포스파타아제, 알파피토단백, B형간염 표면항원, B형간염 표면항체, C형간염 항체, A형간염 항체, 초음파 검사 ② 눈, 피부, 비강, 인두 : 세극등현미경검사, 비강 및 인두 검사, 면역글로불린 정량(IgE), 피부첩포시험, 피부단자시험, KOH검사
14	디에틸에테르 (Diethylether;60-29-7)	(1) 직업력 및 노출력 조사 (2) 주요 표적기관과 관련된 병력조사 (3) 임상검사 및 진찰 신경계 : 신경계 증상 문진, 신경증상에 유의하여 진찰	임상검사 및 진찰 신경계 : 신경행동검사, 임상심리검사, 신경학적 검사
15	디에틸렌트리아민 (Diethylenetriamine;111-40-0)	(1) 직업력 및 노출력 조사 (2) 주요 표적기관과 관련된 병력조사 (3) 임상검사 및 진찰 ① 호흡기계 : 청진, 폐활량검사 ② 눈, 피부 : 점막자극증상 문진	임상검사 및 진찰 ① 호흡기계 : 흉부방사선(측면), 흉부방사선(후전면), 작업 중 최대날숨유량 연속측정, 비특이 기도과민검사 ② 눈, 피부 : 세극등현미경검사, 면역글로불린 정량(IgE), 피부첩포시험, 피부단자시험, KOH검사
16	1,4-디옥산 (1,4-Dioxane;123-91-1)	(1) 직업력 및 노출력 조사 (2) 주요 표적기관과 관련된 병력조사 (3) 임상검사 및 진찰 ① 간담도계 : AST(SGOT), ALT(SGPT), γ-GTP ② 비뇨기계 : 요검사 10종 ③ 눈, 피부, 비강, 인두 : 점막자극증상 문진	임상검사 및 진찰 ① 간담도계 : AST(SGOT), ALT(SGPT), γ-GTP, 총단백, 알부민, 총빌리루빈, 직접빌리루빈, 알칼리포스파타아제, 알파피토단백, B형간염 표면항원, B형간염 표면항체, C형간염 항체, A형간염 항체, 초음파 검사 ② 비뇨기계 : 단백뇨정량, 혈청 크레아티닌, 요소질소 ③ 눈, 피부, 비강, 인두 : 세극등현미경검사, KOH검사, 피부단자시험, 비강 및 인두 검사
17	디이소부틸케톤 (Diisobutylketone;108-83-8)	(1) 직업력 및 노출력 조사 (2) 주요 표적기관과 관련된 병력조사 (3) 임상검사 및 진찰 신경계 : 신경계 증상 문진, 신경증상에 유의하여 진찰	임상검사 및 진찰 신경계 : 신경행동검사, 임상심리검사, 신경학적 검사

18	디클로로메탄 (Dichloromethane; 75-09-2)	(1) 직업력 및 노출력 조사 (2) 주요 표적기관과 관련된 병력조사 (3) 임상검사 및 진찰 ① 심혈관계 : 흉부방사선 검사, 심전도 검사, 총콜레스테롤, HDL콜레스테롤, 트리글리세라이드 ② 신경계 : 신경계 증상 문진, 신경증상에 유의하여 진찰	(1) 임상검사 및 진찰 신경계 : 신경행동검사, 임상심리검사, 신경학적 검사 (2) 생물학적 노출지표 검사 : 혈중 카복시헤모글로빈 측정(작업 종료 시 채혈)
19	o-디클로로벤젠 (o-Dichlorobenzene;95-50-1)	(1) 직업력 및 노출력 조사 (2) 주요 표적기관과 관련된 병력조사 (3) 임상검사 및 진찰 ① 간담도계 : AST(SGOT), ALT(SGPT), γ-GTP ② 비뇨기계 : 요검사 10종 ③ 눈, 피부, 비강, 인두 : 점막자극증상 문진	임상검사 및 진찰 ① 간담도계 : AST(SGOT), ALT(SGPT), γ-GTP, 총단백, 알부민, 총빌리루빈, 직접빌리루빈, 알칼리포스파타아제, 알파피토단백, B형간염 표면항원, B형간염 표면항체, C형간염 항체, A형간염 항체, 초음파 검사 ② 비뇨기계 : 단백뇨정량, 혈청 크레아티닌, 요소질소 ③ 눈, 피부, 비강, 인두 : 세극등현미경검사, 비강 및 인두 검사, 면역글로불린 정량(IgE), 피부첩포시험, 피부단자시험, KOH검사
20	1,2-디클로로에탄 (1,2-Dichloroethane;107-06-2)	(1) 직업력 및 노출력 조사 (2) 주요 표적기관과 관련된 병력조사 (3) 임상검사 및 진찰 ① 간담도계 : AST(SGOT), ALT(SGPT), γ-GTP ② 비뇨기계 : 요검사 10종 ③ 신경계 : 신경계 증상 문진, 신경증상에 유의하여 진찰 ④ 눈, 피부, 비강, 인두 : 점막자극증상 문진	임상검사 및 진찰 ① 간담도계 : AST(SGOT), ALT(SGPT), γ-GTP, 총단백, 알부민, 총빌리루빈, 직접빌리루빈, 알칼리포스파타아제, 알파피토단백, B형간염 표면항원, B형간염 표면항체, C형간염 항체, A형간염 항체, 초음파 검사 ② 비뇨기계 : 단백뇨정량, 혈청 크레아티닌, 요소질소 ③ 신경계 : 신경행동검사, 임상심리검사, 신경학적 검사 ④ 눈, 피부, 비강, 인두 : 세극등현미경검사, KOH검사, 피부단자시험, 비강 및 인두 검사
21	1,2-디클로로에틸렌 (1,2-Dichloroethylene;540-59-0 등)	(1) 직업력 및 노출력 조사 (2) 주요 표적기관과 관련된 병력조사 (3) 임상검사 및 진찰 신경계 : 신경계 증상 문진, 신경증상에 유의하여 진찰	임상검사 및 진찰 신경계 : 신경행동검사, 임상심리검사, 신경학적 검사
22	1,2-디클로로프로판	(1) 직업력 및 노출력 조사 (2) 주요 표적기관과 관련된 과거병력	임상검사 및 진찰 ① 간담도계 : AST(SGOT), ALT(

	(1,2-Dichloropropane;78-87-5)	조사 (3) 임상검사 및 진찰 : ① 간담도계 : AST(SGOT) 및 ALT (SGPT), γ-GTP ② 비뇨기계 : 요검사 10종 ③ 조혈기계 : 혈색소량, 혈구용적치, 적혈구 수, 백혈구 수, 혈소판 수, 백혈구 백분율, ④ 신경계 : 신경계 증상 문진, 신경증상에 유의하여 진찰 (4) 생물학적 노출지표검사 : 소변 중 1,2-디클로로프로판(작업 종료 시)	SGPT), γ-GTP, 총단백, 알부민, 총빌리루빈, 직접빌리루빈, 알카리포스파타아제, B형간염 표면항원, B형간염 표면항체, C형간염 항체, A형간염 항체, CA19-9, 간담도계 초음파 검사 ② 비뇨기계 : 단백뇨정량, 혈청 크레아티닌, 요소질소 ③ 조혈기계 : 혈액도말검사, 망상적혈구수 ④ 신경계 : 신경행동검사, 임상심리검사, 신경학적 검사
23	디클로로플루오로메탄 (Dichlorofluoromethane;75-43-4)	(1) 직업력 및 노출력 조사 (2) 주요 표적기관과 관련된 병력조사 (3) 임상검사 및 진찰 심혈관계 : 흉부방사선 검사, 심전도검사, 총콜레스테롤, HDL콜레스테롤, 트리글리세라이드	
24	p-디히드록시벤젠 (p-dihydroxybenzene;123-31-9)	(1) 직업력 및 노출력 조사 (2) 주요 표적기관과 관련된 병력조사 (3) 임상검사 및 진찰 ① 신경계 : 신경계 증상 문진, 신경증상에 유의하여 진찰 ② 눈, 피부, 비강, 인두 : 점막자극증상 문진	임상검사 및 진찰 ① 신경계 : 신경행동검사, 임상심리검사, 신경학적 검사 ② 눈, 피부, 비강, 인두 : 세극등현미경검사, KOH검사, 피부단자시험, 비강 및 인두 검사, 면역글로불린 정량(IgE), 피부첩포시험
25	마젠타 (Magenta; 569-61-9)	(1) 직업력 및 노출력 조사 (2) 주요 표적기관과 관련된 병력조사 (3) 임상검사 및 진찰 비뇨기계 : 요검사 10종, 소변세포병리검사(아침 첫 소변 채취)	임상검사 및 진찰 비뇨기계 : 단백뇨정량, 혈청 크레아티닌, 요소질소, 비뇨기과 진료
26	메탄올 (Methanol; 67-56-1)	(1) 직업력 및 노출력 조사 (2) 주요 표적기관과 관련된 병력조사 (3) 임상검사 및 진찰 ① 신경계 : 신경계 증상 문진, 신경증상에 유의하여 진찰 ② 눈, 피부, 비강, 인두 : 점막자극증상 문진	(1) 임상검사 및 진찰 ① 신경계 : 신경행동검사, 임상심리검사, 신경학적 검사 ② 눈, 피부, 비강, 인두 : 세극등현미경검사, KOH검사, 피부단자시험, 비강 및 인두 검사, 정밀안저검사, 정밀안압측정, 시신경정밀검사, 안과 진찰 (2) 생물학적 노출지표 검사 : 혈중 또는 소변 중 메타놀(작업 종료 시 채취)
27	2-메톡시에탄올 (2-Methoxyethanol;109-86-4)	(1) 직업력 및 노출력 조사 (2) 주요 표적기관과 관련된 병력조사 (3) 임상검사 및 진찰	임상검사 및 진찰 ① 조혈기계 : 혈액도말검사, 유산탈수소효소, 총빌리루빈, 직접빌리루

		① 조혈기계 : 혈색소량, 혈구용적치, 적혈구 수, 백혈구 수, 혈소판 수, 백혈구 백분율, 망상적혈구 수 ② 신경계 : 신경계 증상 문진, 신경증상에 유의하여 진찰 ③ 생식계 : 생식계 증상 문진	빈 ② 신경계 : 신경행동검사, 임상심리검사, 신경학적 검사 ③ 생식계 : 에스트로겐(여), 황체형성호르몬, 난포자극호르몬, 테스토스테론(남)
28	2-메톡시에틸아세테이트 (2-Methoxyethylacetate;110-49-6)	(1) 직업력 및 노출력 조사 (2) 주요 표적기관과 관련된 병력조사 (3) 임상검사 및 진찰 ① 조혈기계 : 혈색소량, 혈구용적치, 적혈구 수, 백혈구 수, 혈소판 수, 백혈구 백분율, 망상적혈구 수 ② 생식계 : 생식계 증상 문진	임상검사 및 진찰 ① 조혈기계 : 혈액도말검사 ② 생식계 : 에스트로겐(여), 황체형성호르몬, 난포자극호르몬, 테스토스테론(남)
29	메틸 n-부틸 케톤 (Methyl n-butyl ketone;591-78-6)	(1) 직업력 및 노출력 조사 (2) 주요 표적기관과 관련된 병력조사 (3) 임상검사 및 진찰 신경계 : 신경계 증상 문진, 신경증상에 유의하여 진찰	(1) 임상검사 및 진찰 신경계 : 근전도 검사, 신경전도 검사, 신경학적 검사 (2) 생물학적 노출지표 검사 : 소변 중 2, 5-헥산디온(작업 종료 시 채취)
30	메틸 n-아밀 케톤 (Methyl n-amyl ketone; 110-43-0)	(1) 직업력 및 노출력 조사 (2) 주요 표적기관과 관련된 병력조사 (3) 임상검사 및 진찰 ① 신경계 : 신경계 증상 문진, 신경증상에 유의하여 진찰 ② 피부 : 관련 증상 문진	임상검사 및 진찰 ① 신경계 : 신경행동검사, 임상심리검사, 신경학적 검사 ② 피부 : 면역글로불린 정량(IgE), 피부첩포시험, 피부단자시험, KOH검사
31	메틸 에틸 케톤 (Methyl ethyl ketone;78-93-3)	(1) 직업력 및 노출력 조사 (2) 주요 표적기관과 관련된 병력조사 (3) 임상검사 및 진찰 ① 신경계 : 신경계 증상 문진, 신경증상에 유의하여 진찰 ② 호흡기계 : 청진, 흉부방사선(후전면)	(1) 임상검사 및 진찰 ① 신경계 : 근전도 검사, 신경전도검사, 신경행동검사, 임상심리검사, 신경학적 검사 ② 호흡기계 : 흉부방사선(측면), 폐활량검사 (2) 생물학적 노출지표 검사 : 소변 중 메틸에틸케톤(작업 종료 시 채취)
32	메틸 이소부틸 케톤 (Methyl isobutyl ketone;108-10-1)	(1) 직업력 및 노출력 조사 (2) 주요 표적기관과 관련된 병력조사 (3) 임상검사 및 진찰 ① 간담도계 : AST(SGOT), ALT(SGPT), γ-GTP ② 호흡기계 : 청진, 흉부방사선(후전면) ③ 신경계 : 신경계 증상 문진, 신경증상에 유의하여 진찰 ④ 피부 : 관련 증상 문진	(1) 임상검사 및 진찰 ① 간담도계 : AST(SGOT), ALT(SGPT), γ-GTP, 총단백, 알부민, 총빌리루빈, 직접빌리루빈, 알칼리포스파타아제, 알파피토단백, B형간염 표면항원, B형간염 표면항체, C형간염 항체, A형간염 항체, 초음파 검사 ② 호흡기계 : 흉부방사선(측면), 폐활량검사 ③ 신경계 : 신경행동검사, 임상심리검사, 신경학적 검사

			④ 피부 : 면역글로불린 정량(IgE), 피부첩포시험, 피부단자시험, KOH검사 (2) 생물학적 노출지표 검사 : 소변 중 메틸이소부틸케톤(작업 종료 시 채취)
33	메틸 클로라이드 (Methyl chloride; 74-87-3)	(1) 직업력 및 노출력 조사 (2) 주요 표적기관과 관련된 병력조사 (3) 임상검사 및 진찰 ① 간담도계 : AST(SGOT), ALT(SGPT), γ-GTP ② 신경계 : 신경계 증상 문진, 신경증상에 유의하여 진찰 ③ 생식계 : 생식계 증상 문진	임상검사 및 진찰 ① 간담도계 : AST(SGOT), ALT(SGPT), γ-GTP, 총단백, 알부민, 총빌리루빈, 직접빌리루빈, 알칼리포스파타아제, 알파피토단백, B형간염 표면항원, B형간염 표면항체, C형간염 항체, A형간염 항체, 초음파 검사 ② 신경계 : 신경행동검사, 임상심리검사, 신경학적 검사 ③ 생식계 : 에스트로겐(여), 황체형성호르몬, 난포자극호르몬, 테스토스테론(남)
34	메틸 클로로포름 (Methyl chloroform; 71-55-6)	(1) 직업력 및 노출력 조사 (2) 주요 표적기관과 관련된 병력조사 (3) 임상검사 및 진찰 ① 간담도계 : AST(SGOT), ALT(SGPT), γ-GTP ② 심혈관계 : 흉부방사선 검사, 심전도 검사, 총콜레스테롤, HDL콜레스테롤, 트리글리세라이드 ③ 신경 : 신경계 증상 문진, 신경증상에 유의하여 진찰 (4) 생물학적 노출지표 검사 : 소변 중 총삼염화에탄올 또는 삼염화초산(주말작업 종료 시 채취)	임상검사 및 진찰 ① 간담도계 : AST(SGOT), ALT(SGPT), γ-GTP, 총단백, 알부민, 총빌리루빈, 직접빌리루빈, 알칼리포스파타아제, 알파피토단백, B형간염 표면항원, B형간염 표면항체, C형간염 항체, A형간염 항체, 초음파 검사 ② 신경계 : 신경행동검사, 임상심리검사, 신경학적 검사
35	메틸렌 비스(페닐 이소시아네이트) (Methylene bis (phenyl isocyanate); 101-68-8 등)	(1) 직업력 및 노출력 조사 (2) 주요 표적기관과 관련된 병력조사 (3) 임상검사 및 진찰 호흡기계 : 청진, 폐활량검사	임상검사 및 진찰 호흡기계 : 흉부방사선(측면), 흉부방사선(후전면), 작업 중 최대날숨유량 연속측정, 비특이 기도과민검사
36	4,4'-메틸렌 비스(2-클로로아닐린) [4,4'-Methylene bis(2-chloroaniline);101-14-4]	(1) 직업력 및 노출력 조사 (2) 주요 표적기관과 관련된 병력조사 (3) 임상검사 및 진찰 ① 간담도계 : AST(SGOT), ALT(SGPT), γ-GTP ② 호흡기계 : 청진, 흉부방사선(후	임상검사 및 진찰 ① 간담도계 : AST(SGOT), ALT(SGPT), γ-GTP, 총단백, 알부민, 총빌리루빈, 직접빌리루빈, 알칼리포스파타아제, 알파피토단백, B형간염 표면항원, B형간염 표면항체,

		전면) ③ 비뇨기계 : 요검사 10종	C형간염 항체, A형간염 항체, 초음파 검사 ② 호흡기계 : 흉부방사선(측면) ③ 비뇨기계 : 단백뇨정량, 혈청 크레아티닌, 요소질소
37	o-메틸 시클로헥사논 (o-Methylcyclohexanone;583-60-8)	(1) 직업력 및 노출력 조사 (2) 주요 표적기관과 관련된 병력조사 (3) 임상검사 및 진찰 ① 간담도계 : AST(SGOT), ALT(SGPT), γ-GTP ② 신경계 : 신경계 증상 문진, 신경증상에 유의하여 진찰	임상검사 및 진찰 ① 간담도계 : AST(SGOT), ALT(SGPT), γ-GTP, 총단백, 알부민, 총빌리루빈, 직접빌리루빈, 알칼리포스파타아제, 알파피토단백, B형간염 표면항원, B형간염 표면항체, C형간염 항체, A형간염 항체, 초음파 검사 ② 신경계 : 신경행동검사, 임상심리검사, 신경학적 검사
38	메틸 시클로헥사놀 (Methylcyclohexanol;25639-42-3 등)	(1) 직업력 및 노출력 조사 (2) 주요 표적기관과 관련된 병력조사 (3) 임상검사 및 진찰 ① 간담도계 : AST(SGOT), ALT(SGPT), γ-GTP ② 신경계 : 신경계 증상 문진, 신경증상에 유의하여 진찰	임상검사 및 진찰 ① 간담도계 : AST(SGOT), ALT(SGPT), γ-GTP, 총단백, 알부민, 총빌리루빈, 직접빌리루빈, 알칼리포스파타아제, 알파피토단백, B형간염 표면항원, B형간염 표면항체, C형간염 항체, A형간염 항체, 초음파 검사 ② 신경계 : 신경행동검사, 임상심리검사, 신경학적 검사
39	무수 말레산 (Maleic anhydride; 108-31-6)	(1) 직업력 및 노출력 조사 (2) 주요 표적기관과 관련된 병력조사 (3) 임상검사 및 진찰 ① 호흡기계 : 청진, 폐활량검사 ② 눈, 피부, 비강, 인두 : 관련 증상 문진	임상검사 및 진찰 ① 호흡기계 : 흉부방사선(측면), 흉부방사선(후전면), 작업 중 최대날숨유량 연속측정, 비특이 기도과민검사 ② 눈, 피부, 비강, 인두 : 세극등현미경검사, 비강 및 인두 검사, 면역글로불린 정량(IgE), 피부첩포시험, 피부단자시험, KOH검사
40	무수 프탈산 (Phthalic anhydride; 85-44-9)	(1) 직업력 및 노출력 조사 (2) 주요 표적기관과 관련된 병력조사 (3) 임상검사 및 진찰 ① 호흡기계 : 청진, 폐활량검사 ② 눈. 피부, 비강, 인두 : 점막자극증상 문진	임상검사 및 진찰 ① 호흡기계 : 흉부방사선(측면), 흉부방사선(후전면), 작업 중 최대날숨유량 연속측정, 비특이 기도과민검사 ② 눈, 피부, 비강, 인두 : 세극등현미경검사, 비강 및 인두 검사, 면역글로불린 정량(IgE), 피부첩포시험, 피부단자시험, KOH검사

41	벤젠 (Benzene;71-43-2)	(1) 직업력 및 노출력 조사 (2) 주요 표적기관과 관련된 병력조사 (3) 임상검사 및 진찰 ① 조혈기계 : 혈색소량, 혈구용적치, 적혈구 수, 백혈구 수, 혈소판 수, 백혈구 백분율 ② 신경계 : 신경계 증상 문진, 신경증상에 유의하여 진찰 ③ 눈, 피부, 비강, 인두 : 점막자극증상 문진	(1) 임상검사 및 진찰 ① 조혈기계 : 혈액도말검사, 망상적혈구 수 ② 신경계 : 신경행동검사, 임상심리검사, 신경학적 검사 ③ 눈, 피부, 비강, 인두 : 세극등현미경검사, KOH검사, 피부단자시험, 비강 및 인두 검사 (2) 생물학적 노출지표 검사 : 혈중 벤젠·소변 중 페놀·소변 중 뮤콘산 중 택 1(작업 종료 시 채취)
42	벤지딘과 그 염 (Benzidine and its salts;92-87-5)	(1) 직업력 및 노출력 조사 (2) 주요 표적기관과 관련된 병력조사 (3) 임상검사 및 진찰 ① 간담도계 : AST(SGOT), ALT(SGPT), γ-GTP ② 비뇨기계 : 요검사 10종, 소변세포병리검사(아침 첫 소변 채취) ③ 피부 : 관련 증상 문진	임상검사 및 진찰 ① 간담도계 : AST(SGOT), ALT(SGPT), γ-GTP, 총단백, 알부민, 총빌리루빈, 직접빌리루빈, 알칼리포스파타아제, 알파피토단백, B형간염 표면항원, B형간염 표면항체, C형간염 항체, A형간염 항체, 초음파 검사 ② 비뇨기계 : 단백뇨정량, 혈청 크레아티닌, 요소질소, 비뇨기과 진료 ③ 피부 : 면역글로불린 정량(IgE), 피부첩포시험, 피부단자시험, KOH검사
43	1,3-부타디엔 (1,3-Butadiene; 106-99-0)	(1) 직업력 및 노출력 조사 (2) 주요 표적기관과 관련된 병력조사 (3) 임상검사 및 진찰 ① 신경계 : 신경계 증상 문진, 신경증상에 유의하여 진찰 ② 생식계 : 생식계 증상 문진	임상검사 및 진찰 ① 신경계 : 신경행동검사, 임상심리검사, 신경학적 검사 ② 생식계 : 에스트로겐(여), 황체형성호르몬, 난포자극호르몬, 테스토스테론(남)
44	n-부탄올 (n-Butanol; 71-36-3)	(1) 직업력 및 노출력 조사 (2) 주요 표적기관과 관련된 병력조사 (3) 임상검사 및 진찰 ① 신경계 : 신경계 증상 문진, 신경증상에 유의하여 진찰 ② 눈, 피부, 비강, 인두 : 점막자극증상 문진	임상검사 및 진찰 ① 신경계 : 신경행동검사, 임상심리검사, 신경학적 검사 ② 눈, 피부, 비강, 인두 : 세극등현미경검사, KOH검사, 피부단자시험, 비강 및 인두 검사
45	2-부탄올 (2-Butanol; 78-92-2)	(1) 직업력 및 노출력 조사 (2) 주요 표적기관과 관련된 병력조사 (3) 임상검사 및 진찰 ① 신경계 : 신경계 증상 문진, 신경증상에 유의하여 진찰 ② 눈, 피부, 비강, 인두 : 점막자극증상 문진	임상검사 및 진찰 ① 신경계 : 신경행동검사, 임상심리검사, 신경학적 검사 ② 눈, 피부, 비강, 인두 : 세극등현미경검사, KOH검사, 피부단자시험, 비강 및 인두 검사

46	2-부톡시에탄올 (2-Butoxyethanol; 111-76-2)	(1) 직업력 및 노출력 조사 (2) 주요 표적기관과 관련된 병력조사 (3) 임상검사 및 진찰 ① 조혈기계 : 혈색소량, 혈구용적치, 적혈구 수, 백혈구 수, 혈소판 수, 백혈구 백분율, 망상적혈구 수 ② 간담도계 : AST(SGOT), ALT(SGPT), γ-GTP ③ 신경계 : 신경계 증상 문진, 신경증상에 유의하여 진찰 ④ 눈, 피부, 비강, 인두 : 점막자극증상 문진	임상검사 및 진찰 ① 조혈기계 : 혈액도말검사, 유산탈수소효소, 총빌리루빈, 직접빌리루빈 ② 간담도계 : AST(SGOT), ALT(SGPT), γ-GTP, 총단백, 알부민, 총빌리루빈, 직접빌리루빈, 알칼리포스파타아제, 알파피토단백, B형간염 표면항원, B형간염 표면항체, C형간염 항체, A형간염 항체, 초음파 검사 ③ 신경계 : 신경행동검사, 임상심리검사, 신경학적 검사 ④ 눈, 피부, 비강, 인두 : 세극등현미경검사, KOH검사, 피부단자시험, 비강 및 인두 검사
47	2-부톡시에틸 아세테이트 (2-Butoxyethyl acetate; 112-07-2)	(1) 직업력 및 노출력 조사 (2) 주요 표적기관과 관련된 병력조사 (3) 임상검사 및 진찰 ① 조혈기계 : 혈색소량, 혈구용적치, 적혈구 수, 백혈구 수, 혈소판 수, 백혈구 백분율, 망상적혈구 수 ② 간담도계 : AST(SGOT), ALT(SGPT), γ-GTP ③ 신경계 : 신경계 증상 문진, 신경증상에 유의하여 진찰	임상검사 및 진찰 ① 조혈기계 : 혈액도말검사, 유산탈수소효소, 총빌리루빈, 직접빌리루빈 ② 간담도계 : AST(SGOT), ALT(SGPT), γ-GTP, 총단백, 알부민, 총빌리루빈, 직접빌리루빈, 알칼리포스파타아제, 알파피토단백, B형간염 표면항원, B형간염 표면항체, C형간염 항체, A형간염 항체, 초음파 검사 ③ 신경계 : 신경행동검사, 임상심리검사, 신경학적 검사
48	1-브로모프로판 (1-Bromopropane;106-94-5)	(1) 직업력 및 노출력 조사 (2) 주요 표적기관과 관련된 병력조사 (3) 임상검사 및 진찰 ① 신경계 : 신경계 증상 문진, 신경증상에 유의하여 진찰 ② 조혈기계 : 혈색소량, 혈구용적치, 적혈구 수, 백혈구 수, 혈소판 수, 백혈구 백분율, 망상적혈구 수 ③ 생식계 : 생식계 증상 문진	임상검사 및 진찰 ① 신경계 : 신경행동검사, 임상심리검사, 신경학적 검사 ② 조혈기계 : 혈액도말검사 ③ 생식계 : 에스트로겐(여), 황체형성호르몬, 난포자극호르몬, 테스토스테론(남)
49	2-브로모프로판 (2-Bromopropane;75-26-3)	(1) 직업력 및 노출력 조사 (2) 주요 표적기관과 관련된 병력조사 (3) 임상검사 및 진찰 ① 조혈기계 : 혈색소량, 혈구용적치, 적혈구 수, 백혈구 수, 혈소판 수, 백혈구 백분율, 망상적혈구 수 ② 생식계 : 생식계 증상 문진	임상검사 및 진찰 ① 조혈기계 : 혈액도말검사 ② 생식계 : 에스트로겐(여), 황체형성호르몬, 난포자극호르몬, 테스토스테론(남)

50	브롬화메틸 (Methyl bromide; 74-83-9)	(1) 직업력 및 노출력 조사 (2) 주요 표적기관과 관련된 병력조사 (3) 임상검사 및 진찰 ① 호흡기계 : 청진, 흉부방사선(후전면) ② 신경계 : 신경계 증상 문진, 신경증상에 유의하여 진찰 ③ 눈, 피부, 비강, 인두 : 점막자극증상 문진	임상검사 및 진찰 ① 호흡기계 : 흉부방사선(측면), 폐활량검사 ② 신경계 : 근전도 검사, 신경전도검사, 신경행동검사, 임상심리검사, 신경학적 검사 ③ 눈, 피부, 비강, 인두 : 세극등현미경검사, KOH검사, 피부단자시험, 비강 및 인두 검사
51	비스(클로로메틸)에테르 [bis(Chloromethyl) ether;542-88-1]	(1) 직업력 및 노출력 조사 (2) 주요 표적기관과 관련된 병력조사 (3) 임상검사 및 진찰 ① 호흡기계 : 청진, 흉부방사선(후전면) ② 눈, 피부, 비강, 인두 : 점막자극증상 문진	임상검사 및 진찰 ① 호흡기계 : 흉부방사선(측면), 흉부 전산화 단층촬영, 객담세포검사 ② 눈, 피부, 비강, 인두 : 세극등현미경검사, KOH검사, 피부단자시험, 비강 및 인두 검사
52	사염화탄소 (Carbon tetrachloride; 56-23-5)	(1) 직업력 및 노출력 조사 (2) 주요 표적기관과 관련된 병력조사 (3) 임상검사 및 진찰 ① 간담도계 : AST(SGOT), ALT(SGPT), γ-GTP ② 비뇨기계 : 요검사 10종 ③ 신경계 : 신경계 증상 문진, 신경증상에 유의하여 진찰 ④ 눈, 피부 : 점막자극증상 문진	임상검사 및 진찰 ① 간담도계 : AST(SGOT), ALT(SGPT), γ-GTP, 총단백, 알부민, 총빌리루빈, 직접빌리루빈, 알칼리포스파타아제, 알파피토단백, B형간염 표면항원, B형간염 표면항체, C형간염 항체, A형간염 항체, 초음파 검사 ② 비뇨기계 : 단백뇨정량, 혈청 크레아티닌, 요소질소 ③ 신경계 : 신경행동검사, 임상심리검사, 신경학적 검사 ④ 눈, 피부 : 세극등현미경검사, KOH검사, 피부단자시험
53	스토다드 솔벤트 (Stoddard solvent; 8052-41-3)	(1) 직업력 및 노출력 조사 (2) 주요 표적기관과 관련된 병력조사 (3) 임상검사 및 진찰 ① 비뇨기계 : 요검사 10종 ② 신경계 : 신경계 증상 문진, 신경증상에 유의하여 진찰 ③ 눈, 피부, 비강, 인두 : 점막자극증상 문진	임상검사 및 진찰 ① 비뇨기계 : 단백뇨정량, 혈청 크레아티닌, 요소질소 ② 신경계 : 신경행동검사, 임상심리검사, 신경학적 검사 ③ 눈, 피부, 비강, 인두 : 세극등현미경검사, KOH검사, 피부단자시험, 비강 및 인두 검사
54	스티렌 (Styrene; 100-42-5)	(1) 직업력 및 노출력 조사 (2) 주요 표적기관과 관련된 병력조사 (3) 임상검사 및 진찰 ① 간담도계 : AST(SGOT), ALT(SGPT), γ-GTP ② 호흡기계 : 청진, 흉부방사선(후	임상검사 및 진찰 ① 간담도계 : AST(SGOT), ALT(SGPT), γ-GTP, 총단백, 알부민, 총빌리루빈, 직접빌리루빈, 알칼리포스파타아제, 알파피토단백, B형간염 표면항원, B형간염 표면항체,

		전면) ③ 신경계 : 신경계 증상 문진, 신경 증상에 유의하여 진찰 ④ 생식계 : 생식계 증상 문진	C형간염 항체, A형간염 항체, 초음파 검사 ② 호흡기계 : 흉부방사선(측면), 폐활량검사 ③ 신경계 : 근전도 검사, 신경전도검사, 신경행동검사, 임상심리검사, 신경학적 검사 ④ 생식계 : 에스트로겐(여), 황체형성호르몬, 난포자극호르몬, 테스토스테론(남)
55	시클로헥사논 (Cyclohexanone; 108-94-1)	(1) 직업력 및 노출력 조사 (2) 주요 표적기관과 관련된 병력조사 (3) 임상검사 및 진찰 ① 간담도계 : AST(SGOT), ALT(SGPT), γ-GTP ② 신경계 : 신경계 증상 문진, 신경 증상에 유의하여 진찰 ③ 눈, 피부, 비강, 인두 : 점막자극 증상 문진	임상검사 및 진찰 ① 간담도계 : AST(SGOT), ALT(SGPT), γ-GTP, 총단백, 알부민, 총빌리루빈, 직접빌리루빈, 알칼리포스파타아제, 알파피토단백, B형간염 표면항원, B형간염 표면항체, C형간염 항체, A형간염 항체, 초음파 검사 ② 신경계 : 신경행동검사, 임상심리검사, 신경학적 검사 ③ 눈, 피부, 비강, 인두 : 세극등현미경검사, KOH검사, 피부단자시험, 비강 및 인두 검사
56	시클로헥사놀 (Cyclohexanol; 108-93-0)	(1) 직업력 및 노출력 조사 (2) 주요 표적기관과 관련된 병력조사 (3) 임상검사 및 진찰 눈, 피부, 비강, 인두 : 점막자극증상 문진	임상검사 및 진찰 눈, 피부, 비강, 인두 : 세극등현미경검사, KOH검사, 피부단자시험, 비강 및 인두 검사
57	시클로헥산 (Cyclohexane; 110-82-7)	(1) 직업력 및 노출력 조사 (2) 주요 표적기관과 관련된 병력조사 (3) 임상검사 및 진찰 신경계 : 신경계 증상 문진, 신경증상에 유의하여 진찰	임상검사 및 진찰 신경계 : 신경행동검사, 임상심리검사, 신경학적 검사
58	시클로헥센 (Cyclohexene; 110-83-8)	(1) 직업력 및 노출력 조사 (2) 주요 표적기관과 관련된 병력조사 (3) 임상검사 및 진찰 신경계 : 신경계 증상 문진, 신경증상에 유의하여 진찰	임상검사 및 진찰 신경계 : 신경행동검사, 임상심리검사, 신경학적 검사
59	아닐린 [62-53-3] 및 그 동족체 (Aniline and its homolo gues)	(1) 직업력 및 노출력 조사 (2) 주요 표적기관과 관련된 병력조사 (3) 임상검사 및 진찰 ① 조혈기계 : 혈색소량, 혈구용적치 ② 간담도계 : AST(SGOT), ALT(SGPT), γ-GTP	임상검사 및 진찰 ① 간담도계 : AST(SGOT), ALT(SGPT), γ-GTP, 총단백, 알부민, 총빌리루빈, 직접빌리루빈, 알칼리포스파타아제, 알파피토단백, B형간염 표면항원, B형간염 표면항체,

		③ 비뇨기계 : 요검사 10종 (4) 생물학적 노출지표 검사 : 혈중 메트헤모글로빈(작업 중 또는 작업 종료 시)	C형간염 항체, A형간염 항체, 초음파 검사 ② 비뇨기계 : 단백뇨정량, 혈청 크레아티닌, 요소질소
60	아세토니트릴 (Acetonitrile; 75-05-8)	(1) 직업력 및 노출력 조사 (2) 주요 표적기관과 관련된 병력조사 (3) 임상검사 및 진찰 ① 간담도계 : AST(SGOT), ALT(SGPT), γ-GTP ② 심혈관계 : 흉부방사선 검사, 심전도 검사, 총콜레스테롤, HDL콜레스테롤, 트리글리세라이드 ③ 신경계 : 신경계 증상 문진, 신경증상에 유의하여 진찰	임상검사 및 진찰 ① 간담도계 : AST(SGOT), ALT(SGPT), γ-GTP, 총단백, 알부민, 총빌리루빈, 직접빌리루빈, 알칼리포스파타아제, 알파피토단백, B형간염 표면항원, B형간염 표면항체, C형간염 항체, A형간염 항체, 초음파 검사 ② 신경계 : 신경행동검사, 임상심리검사, 신경학적 검사
61	아세톤 (Acetone; 67-64-1)	(1) 직업력 및 노출력 조사 (2) 주요 표적기관과 관련된 병력조사 (3) 임상검사 및 진찰 ① 호흡기계 : 청진, 흉부방사선(후전면) ② 신경계 : 신경계 증상 문진, 신경증상에 유의하여 진찰	(1) 임상검사 및 진찰 ① 호흡기계 : 흉부방사선(측면), 폐활량검사 ② 신경계 : 신경행동검사, 임상심리검사, 신경학적 검사 (2) 생물학적 노출지표 검사 : 소변 중 아세톤(작업 종료 시 채취)
62	아세트알데히드 (Acetaldehyde; 75-07-0)	(1) 직업력 및 노출력 조사 (2) 주요 표적기관과 관련된 병력조사 (3) 임상검사 및 진찰 ① 신경계 : 신경계 증상 문진, 신경증상에 유의하여 진찰 ② 눈, 피부, 비강, 인두 : 점막자극증상 문진	임상검사 및 진찰 ① 신경계 : 신경행동검사, 임상심리검사, 신경학적 검사 ② 눈, 피부, 비강, 인두 : 세극등현미경검사, KOH검사, 피부단자시험, 비강 및 인두 검사
63	아우라민 (Auramine; 492-80-8)	(1) 직업력 및 노출력 조사 (2) 주요 표적기관과 관련된 병력조사 (3) 임상검사 및 진찰 비뇨기계 : 요검사 10종, 소변세포병리검사(아침 첫 소변 채취)	임상검사 및 진찰 비뇨기계 : 단백뇨정량, 혈청 크레아티닌, 요소질소, 비뇨기과 진료
64	아크릴로니트릴 (Acrylonitrile; 107-13-1)	(1) 직업력 및 노출력 조사 (2) 주요 표적기관과 관련된 병력조사 (3) 임상검사 및 진찰 ① 간담도계 : AST(SGOT), ALT(SGPT), γ-GTP ② 신경계 : 신경계 증상 문진, 신경증상에 유의하여 진찰 ③ 눈, 피부 : 점막자극증상 문진	임상검사 및 진찰 ① 간담도계 : AST(SGOT), ALT(SGPT), γ-GTP, 총단백, 알부민, 총빌리루빈, 직접빌리루빈, 알칼리포스파타아제, 알파피토단백, B형간염 표면항원, B형간염 표면항체, C형간염 항체, A형간염 항체, 초음파 검사 ② 신경계 : 신경행동검사, 임상심리검사, 신경학적 검사 ③ 눈, 피부 : 세극등현미경검사, 면역글로불린 정량(IgE), 피부첩포시험, 피부단자시험, KOH검사

65	아크릴아미드 (Acrylamide; 79-06-1)	(1) 직업력 및 노출력 조사 (2) 주요 표적기관과 관련된 병력조사 (3) 임상검사 및 진찰 ① 신경계 : 신경계 증상 문진, 신경증상에 유의하여 진찰 ② 눈, 피부 : 점막자극증상 문진	임상검사 및 진찰 ① 신경계 : 근전도 검사, 신경전도검사, 신경행동검사, 임상심리검사, 신경학적 검사 ② 눈, 피부 : 세극등현미경검사, KOH검사, 피부단자시험
66	2-에톡시에탄올 (2-Ethoxyethanol; 110-80-5)	(1) 직업력 및 노출력 조사 (2) 주요 표적기관과 관련된 병력조사 (3) 임상검사 및 진찰 ① 조혈기계 : 혈색소량, 혈구용적치, 적혈구 수, 백혈구 수, 혈소판 수, 백혈구 백분율 ② 간담도계 : AST(SGOT), ALT(SGPT), γ-GTP ③ 생식계 : 생식계 증상 문진	(1) 임상검사 및 진찰 ① 조혈기계 : 망상적혈구 수, 혈액도말검사 ② 간담도계 : AST(SGOT), ALT(SGPT), γ-GTP, 총단백, 알부민, 총빌리루빈, 직접빌리루빈, 알칼리포스파타아제, 알파피토단백, B형간염 표면항원, B형간염 표면항체, C형간염 항체, A형간염 항체, 초음파 검사 ③ 생식계 : 에스트로겐(여), 황체형성호르몬, 난포자극호르몬, 테스토스테론(남) (2) 생물학적 노출지표 검사 : 소변 중 2-에톡시초산(주말작업 종료 시 채취)
67	2-에톡시에틸 아세테이트 (2-Ethoxyethyl acetate; 111-15-9)	(1) 직업력 및 노출력 조사 (2) 주요 표적기관과 관련된 병력조사 (3) 임상검사 및 진찰 ① 조혈기계 : 혈색소량, 혈구용적치, 적혈구 수, 백혈구 수, 혈소판 수, 백혈구 백분율, 망상적혈구 수 ② 생식계 : 생식계 증상 문진 ③ 눈, 피부, 비강, 인두 : 점막자극증상 문진	임상검사 및 진찰 ① 조혈기계 : 혈액도말검사 ② 생식계 : 에스트로겐(여), 황체형성호르몬, 난포자극호르몬, 테스토스테론(남) ③ 눈, 피부, 비강, 인두 : 세극등현미경검사, KOH검사, 피부단자시험, 비강 및 인두 검사
68	에틸벤젠 (Ethyl benzene; 100-41-4)	(1) 직업력 및 노출력 조사 (2) 주요 표적기관과 관련된 병력조사 (3) 임상검사 및 진찰 신경계 : 신경계 증상 문진, 신경증상에 유의하여 진찰	임상검사 및 진찰 신경계 : 신경행동검사, 임상심리검사, 신경학적 검사
69	에틸아크릴레이트 (Ethyl acrylate; 140-88-5)	(1) 직업력 및 노출력 조사 (2) 주요 표적기관과 관련된 병력조사 (3) 임상검사 및 진찰 눈, 피부·비강·인 : 점막자극증상 문진	임상검사 및 진찰 눈, 피부, 비강, 인두 : 세극등현미경검사, KOH검사, 피부단자시험, 비강 및 인두 검사
70	에틸렌 글리콜 (Ethylene glycol; 107-21-1)	(1) 직업력 및 노출력 조사 (2) 주요 표적기관과 관련된 병력조사 (3) 임상검사 및 진찰 신경계 : 신경계 증상 문진, 신경증상에 유의하여 진찰	임상검사 및 진찰 신경계 : 신경행동검사, 임상심리검사, 신경학적 검사

71	에틸렌 글리콜 디니트레이트 (Ethylene glycol dinitrate; 628-96-6)	(1) 직업력 및 노출력 조사 (2) 주요 표적기관과 관련된 병력조사 (3) 임상검사 및 진찰 ① 조혈기계 : 혈색소량, 혈구용적치 ② 간담도계 : AST(SGOT), ALT(SGPT), γ-GTP ③ 심혈관계 : 흉부방사선 검사, 심전도 검사, 총콜레스테롤, HDL콜레스테롤, 트리글리세라이드 (4) 생물학적 노출지표 검사 : 혈중 메트헤모글로빈(작업 중 또는 작업 종료 시)	임상검사 및 진찰 간담도계 : AST(SGOT), ALT(SGPT), γ-GTP, 총단백, 알부민, 총빌리루빈, 직접빌리루빈, 알칼리포스파타아제, 알파피토단백, B형간염 표면항원, B형간염 표면항체, C형간염 항체, A형간염 항체, 초음파 검사
72	에틸렌 클로로히드린 (Ethylene chlorohydrin; 107-07-3)	(1) 직업력 및 노출력 조사 (2) 주요 표적기관과 관련된 병력조사 (3) 임상검사 및 진찰 ① 간담도계 : AST(SGOT), ALT(SGPT), γ-GTP ② 비뇨기계 : 요검사 10종 ③ 신경계 : 신경계 증상 문진, 신경증상에 유의하여 진찰 ④ 눈·비강·인두 : 점막자극증상 문진	임상검사 및 진찰 ① 간담도계 : AST(SGOT), ALT(SGPT), γ-GTP, 총단백, 알부민, 총빌리루빈, 직접빌리루빈, 알칼리포스파타아제, 알파피토단백, B형간염 표면항원, B형간염 표면항체, C형간염 항체, A형간염 항체, 초음파 검사 ② 비뇨기계 : 단백뇨정량, 혈청 크레아티닌, 요소질소 ③ 신경계 : 신경행동검사, 임상심리검사, 신경학적 검사 ④ 눈·비강·인두 : 세극등현미경검사, 정밀안저검사, 정밀안압측정, 안과 진찰, 비강 및 인두 검사
73	에틸렌이민 (Ethyleneimine; 151-56-4)	(1) 직업력 및 노출력 조사 (2) 주요 표적기관과 관련된 병력조사 (3) 임상검사 및 진찰 ① 간담도계 : AST(SGOT), ALT(SGPT), γ-GTP ② 비뇨기계 : 요검사 10종 ③ 눈, 피부, 비강, 인두 : 점막자극증상 문진	임상검사 및 진찰 ① 간담도계 : AST(SGOT), ALT(SGPT), γ-GTP, 총단백, 알부민, 총빌리루빈, 직접빌리루빈, 알칼리포스파타아제, 알파피토단백, B형간염 표면항원, B형간염 표면항체, C형간염 항체, A형간염 항체, 초음파 검사 ② 비뇨기계 : 단백뇨정량, 혈청 크레아티닌, 요소질소 ③ 눈, 피부, 비강, 인두 : 세극등현미경검사, 비강 및 인두 검사, 면역글로불린 정량(IgE), 피부첩포시험, 피부단자시험, KOH검사
74	2,3-에폭시-1-프로판올 (2,3-Epoxy-1-pr	(1) 직업력 및 노출력 조사 (2) 주요 표적기관과 관련된 병력조사 (3) 임상검사 및 진찰	임상검사 및 진찰 신경계 : 신경행동검사, 임상심리검사, 신경학적 검사

	opanol; 556-52-5 등)	신경계 : 신경계 증상 문진, 신경증상에 유의하여 진찰	
75	에피클로로히드린 (Epichlorohydrin; 106-89-8 등)	(1) 직업력 및 노출력 조사 (2) 주요 표적기관과 관련된 병력조사 (3) 임상검사 및 진찰 ① 간담도계 : AST(SGOT), ALT(SGPT), γ-GTP ② 비뇨기계 : 요검사 10종 ③ 생식계 : 생식계 증상 문진 ④ 눈, 피부, 비강, 인두 : 점막자극증상 문진	임상검사 및 진찰 ① 간담도계 : AST(SGOT), ALT(SGPT), γ-GTP, 총단백, 알부민, 총빌리루빈, 직접빌리루빈, 알칼리포스파타아제, 알파피토단백, B형간염 표면항원, B형간염 표면항체, C형간염 항체, A형간염 항체, 초음파 검사 ② 비뇨기계 : 단백뇨정량, 혈청 크레아티닌, 요소질소 ③ 생식계 : 에스트로겐(여), 황체형성호르몬, 난포자극호르몬, 테스토스테론(남) ④ 눈, 피부, 비강, 인두 : 세극등현미경검사, 비강 및 인두 검사, 면역글로불린 정량(IgE), 피부첩포시험, 피부단자시험, KOH검사
76	염소화비페닐 (Polychlorobiphenyls;53469-21-9, 11097-69-1)	(1) 직업력 및 노출력 조사 (2) 주요 표적기관과 관련된 병력조사 (3) 임상검사 및 진찰 ① 간담도계 : AST(SGOT), ALT(SGPT), γ-GTP ② 생식계 : 생식계 증상 문진 ③ 눈, 피부 : 점막자극증상 문진	임상검사 및 진찰 ① 간담도계 : AST(SGOT), ALT(SGPT), γ-GTP, 총단백, 알부민, 총빌리루빈, 직접빌리루빈, 알칼리포스파타아제, 알파피토단백, B형간염 표면항원, B형간염 표면항체, C형간염 항체, A형간염 항체, 초음파 검사 ② 생식계 : 에스트로겐(여), 황체형성호르몬, 난포자극호르몬, 테스토스테론(남) ③ 눈, 피부 : 세극등현미경검사, KOH검사, 피부단자시험
77	요오드화 메틸 (Methyl iodide; 74-88-4)	(1) 직업력 및 노출력 조사 (2) 주요 표적기관과 관련된 병력조사 (3) 임상검사 및 진찰 ① 신경계 : 신경계 증상 문진, 신경증상에 유의하여 진찰 ② 눈, 피부, 비강, 인두 : 점막자극증상 문진	임상검사 및 진찰 ① 신경계 : 근전도 검사, 신경전도검사, 신경행동검사, 임상심리검사, 신경학적 검사 ② 눈, 피부, 비강, 인두 : 세극등현미경검사, KOH검사, 피부단자시험, 비강 및 인두 검사
78	이소부틸 알코올 (Isobutyl alcohol; 78-83-1)	(1) 직업력 및 노출력 조사 (2) 주요 표적기관과 관련된 병력조사 (3) 임상검사 및 진찰 ① 신경계 : 신경계 증상 문진, 신경증상에 유의하여 진찰	임상검사 및 진찰 ① 신경계 : 신경행동검사, 임상심리검사, 신경학적 검사 ② 눈, 피부, 비강, 인두 : 세극등현미경검사, KOH검사, 피부단자시

		② 눈, 피부, 비강, 인두 : 점막자극 증상 문진	험, 비강 및 인두 검사
79	이소아밀 아세테이트 (Isoamyl acetate; 123-92-2)	(1) 직업력 및 노출력 조사 (2) 주요 표적기관과 관련된 병력조사 (3) 임상검사 및 진찰 ① 신경계 : 신경계 증상 문진, 신경증상에 유의하여 진찰 ② 눈, 피부, 비강, 인두 : 점막자극증상 문진	임상검사 및 진찰 ① 신경계 : 신경행동검사, 임상심리검사, 신경학적 검사 ② 눈, 피부, 비강, 인두 : 세극등현미경검사, KOH검사, 피부단자시험, 비강 및 인두 검사
80	이소아밀 알코올 (Isoamyl alcohol; 123-51-3)	(1) 직업력 및 노출력 조사 (2) 주요 표적기관과 관련된 병력조사 (3) 임상검사 및 진찰 신경계 : 신경계 증상 문진, 신경증상에 유의하여 진찰	임상검사 및 진찰 신경계 : 신경행동검사, 임상심리검사, 신경학적 검사
81	이소프로필 알코올 (Isopropyl alcohol;67-63-0)	(1) 직업력 및 노출력 조사 (2) 주요 표적기관과 관련된 병력조사 (3) 임상검사 및 진찰 눈, 피부, 비강, 인두 : 점막자극증상 문진	(1) 임상검사 및 진찰 눈, 피부, 비강, 인두 : 세극등현미경검사, KOH검사, 피부단자시험, 비강 및 인두 검사 (2) 생물학적 노출지표 검사 : 혈중 또는 소변 중 아세톤(작업 종료 시 채취)
82	이황화탄소 (Carbon disulfide; 75-15-0)	(1) 직업력 및 노출력 조사 (2) 주요 표적기관과 관련된 병력조사 (3) 임상검사 및 진찰 ① 간담도계 : AST(SGOT), ALT(SGPT), γ-GTP ② 심혈관계 : 흉부방사선 검사, 심전도 검사, 총콜레스테롤, HDL콜레스테롤, 트리글리세라이드 ③ 비뇨기계 : 요검사 10종 ④ 신경계 : 신경계 증상 문진, 신경증상에 유의하여 진찰 ⑤ 생식계 : 생식계 증상 문진 ⑥ 눈 : 관련 증상 문진, 진찰 ⑦ 귀 : 순음(純音) 청력검사(양측 기도), 정밀 진찰[이경검사(耳鏡檢査)]	임상검사 및 진찰 ① 간담도계 : AST(SGOT), ALT(SGPT), γ-GTP, 총단백, 알부민, 총빌리루빈, 직접빌리루빈, 알칼리포스파타아제, 알파피토단백, B형간염 표면항원, B형간염 표면항체, C형간염 항체, A형간염 항체, 초음파 검사 ② 비뇨기계 : 단백뇨정량, 혈청 크레아티닌, 요소질소 ③ 신경계 : 근전도 검사, 신경전도검사, 신경행동검사, 임상심리검사, 신경학적 검사 ④ 생식계 : 에스트로겐(여), 황체형성호르몬, 난포자극호르몬, 테스토스테론(남) ⑤ 눈 : 세극등현미경검사, 정밀안저검사, 정밀안압측정, 시신경정밀검사, 안과 진찰 ⑥ 귀 : 순음 청력검사[양측 기도 및 골도(骨導)], 중이검사(고막운동성검사)

83	콜타르 (Coal tar; 8007-45-2)	(1) 직업력 및 노출력 조사 (2) 주요 표적기관과 관련된 병력조사 (3) 임상검사 및 진찰 ① 호흡기계 : 청진, 흉부방사선(후전면) ② 비뇨기계 : 요검사 10종, 소변세포병리검사(아침 첫 소변 채취) ③ 피부·비강·인두 : 관련 증상 문진	(1) 임상검사 및 진찰 ① 호흡기계 : 흉부방사선(측면), 흉부 전산화 단층촬영, 객담세포검사 ② 비뇨기계 : 단백뇨정량, 혈청 크레아티닌, 요소질소, 비뇨기과 진료 ③ 피부·비강·인두 : 면역글로불린정량(IgE), 피부첩포시험, 피부단자시험, KOH검사, 비강 및 인두검사 (2) 생물학적 노출지표 검사 : 소변 중 1-하이드록시파이렌
84	크레졸 (Cresol; 1319-77-3 등)	(1) 직업력 및 노출력 조사 (2) 주요 표적기관과 관련된 병력조사 (3) 임상검사 및 진찰 ① 간담도계 : AST(SGOT), ALT(SGPT), γ-GTP ② 비뇨기계 : 요검사 10종 ③ 신경계 : 신경계 증상 문진, 신경증상에 유의하여 진찰 ④ 눈, 피부, 비강, 인두 : 점막자극증상 문진	임상검사 및 진찰 ① 간담도계 : AST(SGOT), ALT(SGPT), γ-GTP, 총단백, 알부민, 총빌리루빈, 직접빌리루빈, 알칼리포스파타아제, 알파피토단백, B형간염 표면항원, B형간염 표면항체, C형간염 항체, A형간염 항체, 초음파 검사 ② 비뇨기계 : 단백뇨정량, 혈청 크레아티닌, 요소질소 ③ 신경계 : 신경행동검사, 임상심리검사, 신경학적 검사 ④ 눈, 피부, 비강, 인두 : 세극등현미경검사, KOH검사, 피부단자시험, 비강 및 인두 검사
85	크실렌 (Xylene; 1330-20-7 등)	(1) 직업력 및 노출력 조사 (2) 주요 표적기관과 관련된 병력조사 (3) 임상검사 및 진찰 ① 간담도계 : AST(SGOT), ALT(SGPT), γ-GTP ② 신경계 : 신경계 증상 문진, 신경증상에 유의하여 진찰 ③ 눈, 피부, 비강, 인두 : 점막자극증상 문진 (4) 생물학적 노출지표 검사 : 소변 중 메틸마뇨산(작업 종료 시 채취)	임상검사 및 진찰 ① 간담도계 : AST(SGOT), ALT(SGPT), γ-GTP, 총단백, 알부민, 총빌리루빈, 직접빌리루빈, 알칼리포스파타아제, 알파피토단백, B형간염 표면항원, B형간염 표면항체, C형간염 항체, A형간염 항체, 초음파 검사 ② 신경계 : 신경행동검사, 임상심리검사, 신경학적 검사 ③ 눈, 피부, 비강, 인두 : 세극등현미경검사, KOH검사, 피부단자시험, 비강 및 인두 검사
86	클로로메틸 메틸 에테르 (Chloromethyl methyl ether; 107-30-2)	(1) 직업력 및 노출력 조사 (2) 주요 표적기관과 관련된 병력조사 (3) 임상검사 및 진찰 호흡기계 : 청진, 흉부방사선(후전면)	임상검사 및 진찰 호흡기계 : 흉부방사선(측면), 흉부 전산화 단층촬영, 객담세포검사

87	클로로벤젠 (Chlorobenzene; 108-90-7)	(1) 직업력 및 노출력 조사 (2) 주요 표적기관과 관련된 병력조사 (3) 임상검사 및 진찰 ① 간담도계 : AST(SGOT), ALT(SGPT), γ-GTP ② 신경계 : 신경계 증상 문진, 신경증상에 유의하여 진찰 ③ 눈, 피부, 비강, 인두 : 점막자극증상 문진	(1) 임상검사 및 진찰 ① 간담도계 : AST(SGOT), ALT(SGPT), γ-GTP, 총단백, 알부민, 총빌리루빈, 직접빌리루빈, 알칼리포스파타아제, 알파피토단백, B형간염 표면항원, B형간염 표면항체, C형간염 항체, A형간염 항체, 초음파 검사 ② 신경계 : 신경행동검사, 임상심리검사, 신경학적 검사 ③ 눈, 피부, 비강, 인두 : 세극등현미경검사, KOH검사, 피부단자시험, 비강 및 인두 검사 (2) 생물학적 노출지표 검사 : 소변 중 총 클로로카테콜(작업 종료 시 채취)
88	테레빈유 (Turpentine oil; 8006-64-2)	(1) 직업력 및 노출력 조사 (2) 주요 표적기관과 관련된 병력조사 (3) 임상검사 및 진찰 ① 신경계 : 신경계 증상 문진, 신경증상에 유의하여 진찰 ② 눈, 피부 : 관련 증상 문진	임상검사 및 진찰 ① 신경계 : 신경행동검사, 임상심리검사, 신경학적 검사 ② 눈, 피부 : 세극등현미경검사, 면역글로불린 정량(IgE), 피부첩포시험, 피부단자시험, KOH검사
89	1,1,2,2-테트라클로로에탄 (1,1,2,2-Tetrachloroethane; 79-34-5)	(1) 직업력 및 노출력 조사 (2) 주요 표적기관과 관련된 병력조사 (3) 임상검사 및 진찰 ① 간담도계 : AST(SGOT), ALT(SGPT), γ-GTP ② 비뇨기계 : 요검사 10종 ③ 신경계 : 신경계 증상 문진, 신경증상에 유의하여 진찰 ④ 피부 : 점막자극증상 문진	임상검사 및 진찰 ① 간담도계 : AST(SGOT), ALT(SGPT), γ-GTP, 총단백, 알부민, 총빌리루빈, 직접빌리루빈, 알칼리포스파타아제, 알파피토단백, B형간염 표면항원, B형간염 표면항체, C형간염 항체, A형간염 항체, 초음파 검사 ② 비뇨기계 : 단백뇨정량, 혈청 크레아티닌, 요소질소 ③ 신경계 : 신경행동검사, 임상심리검사, 신경학적 검사 ④ 피부 : KOH검사, 피부단자시험
90	테트라하이드로퓨란 (Tetrahydrofuran; 109-99-9)	(1) 직업력 및 노출력 조사 (2) 주요 표적기관과 관련된 병력조사 (3) 임상검사 및 진찰 신경계 : 신경계 증상 문진, 신경증상에 유의하여 진찰	임상검사 및 진찰 신경계 : 신경행동검사, 임상심리검사, 신경학적 검사
91	톨루엔 (Toluene; 108-88-3)	(1) 직업력 및 노출력 조사 (2) 주요 표적기관과 관련된 병력조사 (3) 임상검사 및 진찰 ① 간담도계 : AST(SGOT), ALT(S	임상검사 및 진찰 ① 간담도계 : AST(SGOT), ALT(SGPT), γ-GTP, 총단백, 알부민, 총빌리루빈, 직접빌리루빈, 알칼리

		GPT), γ-GTP ② 비뇨기계 : 요검사 10종 ③ 신경계 : 신경계 증상 문진, 신경 증상에 유의하여 진찰 ④ 눈, 피부, 비강, 인두 : 점막자극 증상 문진, 진찰 (4) 생물학적 노출지표 검사 : 소변 중 o-크레졸(작업 종료 시 채취)	포스파타아제, 알파피토단백, B형간염 표면항원, B형간염 표면항체, C형간염 항체, A형간염 항체, 초음파 검사 ② 비뇨기계 : 단백뇨정량, 혈청 크레아티닌, 요소질소 ③ 신경계 : 근전도 검사, 신경전도 검사, 신경행동검사, 임상심리검사, 신경학적 검사 ④ 눈, 피부, 비강, 인두 : 세극등현미경검사, KOH검사, 피부단자시험, 비강 및 인두 검사
92	톨루엔-2,4-디이소시아네이트 (Toluene-2,4-diisocyanate; 584-84-9 등)	(1) 직업력 및 노출력 조사 (2) 주요 표적기관과 관련된 병력조사 (3) 임상검사 및 진찰 ① 호흡기계 : 청진, 폐활량검사 ② 피부 : 관련 증상 문진	임상검사 및 진찰 ① 호흡기계 : 흉부방사선(후전면, 측면), 작업 중 최대날숨유량 연속측정, 비특이 기도과민검사 ② 피부 : 면역글로불린 정량(IgE), 피부첩포시험, 피부단자시험, KOH검사
93	톨루엔-2,6-디이소시아네이트 (Toluene-2,6-diisocyanate; 91-08-7 등)	(1) 직업력 및 노출력 조사 (2) 주요 표적기관과 관련된 병력조사 (3) 임상검사 및 진찰 ① 호흡기계 : 청진, 폐활량검사 ② 피부 : 관련 증상 문진	임상검사 및 진찰 ① 호흡기계 : 흉부방사선(후전면, 측면), 작업 중 최대날숨유량 연속측정, 비특이 기도과민검사 ② 피부 : 면역글로불린 정량(IgE), 피부첩포시험, 피부단자시험, KOH검사
94	트리클로로메탄 (Trichloromethane;67-66-3)	(1) 직업력 및 노출력 조사 (2) 주요 표적기관과 관련된 병력조사 (3) 임상검사 및 진찰 ① 간담도계 : AST(SGOT), ALT(SGPT), γ-GTP ② 비뇨기계 : 요검사 10종 ③ 신경계 : 신경계 증상 문진, 신경 증상에 유의하여 진찰 ④ 눈, 피부, 비강, 인두 : 점막자극 증상 문진	임상검사 및 진찰 ① 간담도계 : AST(SGOT), ALT(SGPT), γ-GTP, 총단백, 알부민, 총빌리루빈, 직접빌리루빈, 알칼리포스파타아제, 알파피토단백, B형간염 표면항원, B형간염 표면항체, C형간염 항체, A형간염 항체, 초음파 검사 ② 비뇨기계 : 단백뇨정량, 혈청 크레아티닌, 요소질소 ③ 신경계 : 신경행동검사, 임상심리검사, 신경학적 검사 ④ 눈, 피부, 비강, 인두 : 세극등현미경검사, KOH검사, 피부단자시험, 비강 및 인두 검사
95	1,1,2-트리클로로에탄 (1,1,2-Trichloroet	(1) 직업력 및 노출력 조사 (2) 주요 표적기관과 관련된 병력조사 (3) 임상검사 및 진찰	임상검사 및 진찰 ① 간담도계 : AST(SGOT), ALT(SGPT), γ-GTP, 총단백, 알부민,

	hane;79-00-5)	① 간담도계 : AST(SGOT), ALT(SGPT), γ-GTP ② 비뇨기계 : 요검사 10종 ③ 신경계 : 신경계 증상 문진, 신경증상에 유의하여 진찰	총빌리루빈, 직접빌리루빈, 알칼리포스파타아제, 알파피토단백, B형간염 표면항원, B형간염 표면항체, C형간염 항체, A형간염 항체, 초음파 검사 ② 비뇨기계 : 단백뇨정량, 혈청 크레아티닌, 요소질소 ③ 신경계 : 신경행동검사, 임상심리검사, 신경학적 검사
96	트리클로로에틸렌(Trichloroethylene;79-01-6)	(1) 직업력 및 노출력 조사 (2) 주요 표적기관과 관련된 병력조사 (3) 임상검사 및 진찰 ① 간담도계 : AST(SGOT), ALT(SGPT), γ-GTP ② 심혈관계 : 흉부방사선 검사, 심전도 검사, 총콜레스테롤, HDL콜레스테롤, 트리글리세라이드 ③ 비뇨기계 : 요검사 10종 ④ 신경계 : 신경계 증상 문진, 신경증상에 유의하여 진찰 ⑤ 눈, 피부, 비강, 인두 : 점막자극증상 문진 (4) 생물학적 노출지표 검사 : 소변 중 총삼염화물 또는 삼염화초산(주말 작업 종료 시 채취)	임상검사 및 진찰 ① 간담도계 : AST(SGOT), ALT(SGPT), γ-GTP, 총단백, 알부민, 총빌리루빈, 직접빌리루빈, 알칼리포스파타아제, 알파피토단백, B형간염 표면항원, B형간염 표면항체, C형간염 항체, A형간염 항체, 초음파 검사 ② 비뇨기계 : 단백뇨정량, 혈청 크레아티닌, 요소질소 ③ 신경계 : 신경행동검사, 임상심리검사, 신경학적 검사 ④ 눈, 피부, 비강, 인두 : 세극등현미경검사, KOH검사, 피부단자시험, 비강 및 인두 검사
97	1,2,3-트리클로로프로판(1,2,3-Trichloro propane;96-18-4)	(1) 직업력 및 노출력 조사 (2) 주요 표적기관과 관련된 병력조사 (3) 임상검사 및 진찰 ① 간담도계 : AST(SGOT), ALT(SGPT), γ-GTP ② 비뇨기계 : 요검사 10종 ③ 신경계 : 신경계 증상 문진, 신경증상에 유의하여 진찰	임상검사 및 진찰 ① 간담도계 : AST(SGOT), ALT(SGPT), γ-GTP, 총단백, 알부민, 총빌리루빈, 직접빌리루빈, 알칼리포스파타아제, 알파피토단백, B형간염 표면항원, B형간염 표면항체, C형간염 항체, A형간염 항체, 초음파 검사 ② 비뇨기계 : 단백뇨정량, 혈청 크레아티닌, 요소질소 ③ 신경계 : 신경행동검사, 임상심리검사, 신경학적 검사
98	퍼클로로에틸렌(Perchloroethylene;127-18-4)	(1) 직업력 및 노출력 조사 (2) 주요 표적기관과 관련된 병력조사 (3) 임상검사 및 진찰 ① 간담도계 : AST(SGOT), ALT(SGPT), γ-GTP ② 비뇨기계 : 요검사 10종 ③ 신경계 : 신경계 증상 문진, 신경	임상검사 및 진찰 ① 간담도계 : AST(SGOT), ALT(SGPT), γ-GTP, 총단백, 알부민, 총빌리루빈, 직접빌리루빈, 알칼리포스파타아제, 알파피토단백, B형간염 표면항원, B형간염 표면항체, C형간염 항체, A형간염 항체, 초

		증상에 유의하여 진찰 ④ 눈, 피부, 비강, 인두 : 점막자극 증상 문진, 진찰 (4) 생물학적 노출지표 검사 : 소변 중 총삼염화물 또는 삼염화초산(주말 작업 종료 시 채취)	음파 검사 ② 비뇨기계 : 단백뇨정량, 혈청 크레아티닌, 요소질소 ③ 신경계 : 근전도 검사, 신경전도 검사, 신경행동검사, 임상심리검사, 신경학적 검사 ④ 눈, 피부, 비강, 인두 : 세극등현미경검사, KOH검사, 피부단자시험, 비강 및 인두 검사
99	페놀 (Phenol;108-95-2)	(1) 직업력 및 노출력 조사 (2) 주요 표적기관과 관련된 병력조사 (3) 임상검사 및 진찰 ① 간담도계 : AST(SGOT), ALT(SGPT), γ-GTP ② 비뇨기계 : 요검사 10종 ③ 눈, 피부, 비강, 인두 : 점막자극 증상 문진	(1) 임상검사 및 진찰 ① 간담도계 : AST(SGOT), ALT(SGPT), γ-GTP, 총단백, 알부민, 총빌리루빈, 직접빌리루빈, 알칼리포스파타아제, 알파피토단백, B형간염 표면항원, B형간염 표면항체, C형간염 항체, A형간염 항체, 초음파 검사 ② 비뇨기계 : 단백뇨정량, 혈청 크레아티닌, 요소질소 ③ 눈, 피부, 비강, 인두 : 세극등현미경검사, KOH검사, 피부단자시험, 비강 및 인두 검사 (2) 생물학적 노출지표 검사 : 소변 중 총페놀(작업 종료 시)
100	펜타클로로페놀 (Pentachlorophenol;87-86-5)	(1) 직업력 및 노출력 조사 (2) 주요 표적기관과 관련된 병력조사 (3) 임상검사 및 진찰 ① 간담도계 : AST(SGOT), ALT(SGPT), γ-GTP ② 비뇨기계 : 요검사 10종 ③ 신경계 : 신경계 증상 문진, 신경증상에 유의하여 진찰 ④ 눈, 피부, 비강, 인두 : 점막자극 증상 문진	(1) 임상검사 및 진찰 ① 간담도계 : AST(SGOT), ALT(SGPT), γ-GTP, 총단백, 알부민, 총빌리루빈, 직접빌리루빈, 알칼리포스파타아제, 알파피토단백, B형간염 표면항원, B형간염 표면항체, C형간염 항체, A형간염 항체, 초음파 검사 ② 비뇨기계 : 단백뇨정량, 혈청 크레아티닌, 요소질소 ③ 신경계 : 신경행동검사, 임상심리검사, 신경학적 검사 ④ 눈, 피부, 비강, 인두 : 세극등현미경검사, KOH검사, 피부단자시험, 비강 및 인두 검사 (2) 생물학적 노출지표 검사 : 소변 중 펜타클로로페놀(주말작업 종료 시), 혈중 유리펜타클로로페놀(작업 종료 시)

101	포름알데히드 (Formaldehyde; 50-00-0)	(1) 직업력 및 노출력 조사 (2) 주요 표적기관과 관련된 병력조사 (3) 임상검사 및 진찰 ① 호흡기계 : 청진, 흉부방사선(후전면) ② 눈, 피부, 비강, 인두 : 점막자극증상 문진	임상검사 및 진찰 ① 호흡기계 : 흉부방사선(측면), 폐활량검사 ② 눈, 피부, 비강, 인두 : 세극등현미경검사, 면역글로불린 정량(IgE), 피부첩포시험, 피부단자시험, KOH검사, 비강 및 인두 검사
102	β-프로피오락톤 (β-Propiolac tone; 57-57-8)	(1) 직업력 및 노출력 조사 (2) 주요 표적기관과 관련된 병력조사 (3) 임상검사 및 진찰 눈, 피부 : 점막자극증상 문진	임상검사 및 진찰 눈, 피부 : 세극등현미경검사, KOH검사, 피부단자시험
103	o-프탈로디니트릴 (o-Phthalodinitrile;91-15-6)	(1) 직업력 및 노출력 조사 (2) 주요 표적기관과 관련된 병력조사 (3) 임상검사 및 진찰 ① 조혈기계 : 혈색소량, 혈구용적치, 적혈구 수, 백혈구 수, 혈소판 수, 백혈구 백분율, 망상적혈구 수 ② 신경계 : 신경계 증상 문진, 신경증상에 유의하여 진찰	임상검사 및 진찰 ① 조혈기계 : 혈액도말검사 ② 신경계 : 신경행동검사, 임상심리검사, 신경학적 검사
104	피리딘 (Pyridine; 110-86-1)	(1) 직업력 및 노출력 조사 (2) 주요 표적기관과 관련된 병력조사 (3) 임상검사 및 진찰 ① 간담도계 : AST(SGOT), ALT(SGPT), γ-GTP ② 비뇨기계 : 요검사 10종 ③ 신경계 : 신경계 증상 문진, 신경증상에 유의하여 진찰	임상검사 및 진찰 ① 간담도계 : AST(SGOT), ALT(SGPT), γ-GTP, 총단백, 알부민, 총빌리루빈, 직접빌리루빈, 알카리포스파타아제, 알파피토단백, B형간염 표면항원, B형간염 표면항체, C형간염 항체, A형간염 항체, 초음파 검사 ② 비뇨기계 : 단백뇨정량, 혈청 크레아티닌, 요소질소 ③ 신경계 : 신경행동검사, 임상심리검사, 신경학적 검사
105	헥사메틸렌 디이소시아네이트 (Hexamethylene diiso cyanate; 822-06-0)	(1) 직업력 및 노출력 조사 (2) 주요 표적기관과 관련된 병력조사 (3) 임상검사 및 진찰 호흡기계 : 청진, 폐활량검사	임상검사 및 진찰 호흡기계 : 흉부방사선(측면), 흉부방사선(후전면), 작업 중 최대날숨유량 연속측정, 비특이 기도과민검사
106	n-헥산 (n-Hexane; 110-54-3)	(1) 직업력 및 노출력 조사 (2) 주요 표적기관과 관련된 병력조사 (3) 임상검사 및 진찰 ① 신경계 : 신경계 증상 문진, 신경증상에 유의하여 진찰 ② 눈, 피부, 비강, 인두 : 점막자극증상 문진 (4) 생물학적 노출지표 검사 : 소변 중 2,5-헥산디온(작업 종료 시 채취)	임상검사 및 진찰 ① 신경계 : 근전도 검사, 신경전도검사, 신경행동검사, 임상심리검사, 신경학적 검사 ② 눈, 피부, 비강, 인두 : 세극등현미경검사, 정밀안저검사, 정밀안압측정, 안과 진찰, KOH검사, 피부단자시험, 비강 및 인두 검사

107	n-헵탄 (n-Heptane; 142-82-5)	(1) 직업력 및 노출력 조사 (2) 주요 표적기관과 관련된 병력조사 (3) 임상검사 및 진찰 신경계 : 신경계 증상 문진, 신경증상에 유의하여 진찰	임상검사 및 진찰 신경계 : 근전도 검사, 신경전도 검사, 신경행동검사, 임상심리검사, 신경학적 검사
108	황산디메틸 (Dimethyl sulfate; 77-78-1)	(1) 직업력 및 노출력 조사 (2) 주요 표적기관과 관련된 병력조사 (3) 임상검사 및 진찰 ① 간담도계 : AST(SGOT), ALT(SGPT), γ-GTP ② 비뇨기계 : 요검사 10종 ③ 신경계 : 신경계 증상 문진, 신경증상에 유의하여 진찰 ④ 눈, 피부, 비강, 인두 : 점막자극증상 문진	임상검사 및 진찰 ① 간담도계 : AST(SGOT), ALT(SGPT), γ-GTP, 총단백, 알부민, 총빌리루빈, 직접빌리루빈, 알칼리포스파타아제, 알파피토단백, B형간염 표면항원, B형간염 표면항체, C형간염 항체, A형간염 항체, 초음파 검사 ② 비뇨기계 : 단백뇨정량, 혈청 크레아티닌, 요소질소 ③ 신경계 : 근전도 검사, 신경전도 검사, 신경행동검사, 임상심리검사, 신경학적 검사 ④ 눈, 피부, 비강, 인두 : 세극등현미경검사, KOH검사, 피부단자시험, 비강 및 인두 검사
109	히드라진 (Hydrazine; 302-01-2)	(1) 직업력 및 노출력 조사 (2) 주요 표적기관과 관련된 병력조사 (3) 임상검사 및 진찰 ① 간담도계 : AST(SGOT), ALT(SGPT), γ-GTP ② 신경계 : 신경계 증상 문진, 신경증상에 유의하여 진찰 ③ 눈, 피부, 비강, 인두 : 점막자극증상 문진	임상검사 및 진찰 ① 간담도계 : AST(SGOT), ALT(SGPT), γ-GTP, 총단백, 알부민, 총빌리루빈, 직접빌리루빈, 알칼리포스파타아제, 알파피토단백, B형간염 표면항원, B형간염 표면항체, C형간염 항체, A형간염 항체, 초음파 검사 ② 신경계 : 신경행동검사, 임상심리검사, 신경학적 검사 ③ 눈, 피부, 비강, 인두 : 세극등현미경검사, 비강 및 인두 검사, 면역글로불린 정량(IgE), 피부첩포시험, 피부단자시험, KOH검사

※ 검사항목 중 "생물학적 노출지표 검사"는 해당 작업에 처음 배치되는 근로자에 대해서는 실시하지 않는다.

2) 금속류(20종)

번호	유해인자	제1차 검사항목	제2차 검사항목
1	구리 (Copper; 7440-50-8)	(1) 직업력 및 노출력 조사 (2) 주요 표적기관과 관련된 병력조사 (3) 임상검사 및 진찰	임상검사 및 진찰 ① 간담도계 : AST(SGOT), ALT(SGPT), γ-GTP, 총단백, 알부민,

	(분진, 흄, 미스트)	① 간담도계 : AST(SGOT), ALT(SGPT), γ-GTP ② 눈, 피부, 비강, 인두 : 점막자극 증상 문진	총빌리루빈, 직접빌리루빈, 알칼리 포스파타아제, 알파피토단백, B형간염 표면항원, B형간염 표면항체, C형간염 항체, A형간염 항체, 초음파 검사 ② 눈, 피부, 비강, 인두 : 세극등현미경검사, KOH검사, 피부단자시험, 비강 및 인두 검사
2	납[7439-92-1] 및 그 무기화합물 (Lead and its inorganic compounds)	(1) 직업력 및 노출력 조사 (2) 주요 표적기관과 관련된 병력조사 (3) 임상검사 및 진찰 ① 조혈기계 : 혈색소량, 혈구용적치, 적혈구 수, 백혈구 수, 혈소판 수, 백혈구 백분율 ② 비뇨기계 : 요검사 10종, 혈압측정 ③ 신경계 및 위장관계 : 관련 증상 문진, 진찰 (4) 생물학적 노출지표 검사 : 혈중 납	(1) 임상검사 및 진찰 ① 조혈기계 : 혈액도말검사, 철, 총철결합능력, 혈청페리틴 ② 비뇨기계 : 단백뇨정량, 혈청 크레아티닌, 요소질소, 베타 2 마이크로글로불린 ③ 신경계 : 근전도검사, 신경전도검사, 신경행동검사, 임상심리검사, 신경학적 검사 (2) 생물학적 노출지표 검사 ① 혈중 징크프로토포피린 ② 소변 중 델타아미노레뷸린산 ③ 소변 중 납
3	니켈 [7440-02-0] 및 그 무기화합물, 니켈 카르보닐 (Nickel and its inorganic compounds, Nickel carbonyl)	(1) 직업력 및 노출력 조사 (2) 주요 표적기관과 관련된 병력조사 (3) 임상검사 및 진찰 ① 호흡기계 : 청진, 흉부방사선(후전면), 폐활량검사 ② 피부, 비강, 인두 : 관련 증상 문진	(1) 임상검사 및 진찰 ① 호흡기계 : 흉부방사선(측면), 작업 중 최대날숨유량 연속측정, 비특이 기도과민검사, 흉부 전산화 단층촬영, 객담세포검사 ② 피부, 비강, 인두 : 면역글로불린정량(IgE), 피부첩포시험, 피부단자시험, KOH검사, 비강 및 인두 검사 (2) 생물학적 노출지표 검사 : 소변 중 니켈
4	망간 [7439-96-5] 및 그 무기화합물 (Manganese and its inorganic compounds)	(1) 직업력 및 노출력 조사 (2) 주요 표적기관과 관련된 병력조사 (3) 임상검사 및 진찰 ① 호흡기계 : 청진, 흉부방사선(후전면) ② 신경계 : 신경계 증상 문진, 신경증상에 유의하여 진찰	임상검사 및 진찰 ① 호흡기계 : 흉부방사선(측면), 폐활량검사 ② 신경계 : 신경행동검사, 임상심리검사, 신경학적 검사
5	사알킬납 (Tetraalkyl lead;78-00-2 등)	(1) 직업력 및 노출력 조사 (2) 주요 표적기관과 관련된 병력조사 (3) 임상검사 및 진찰 ① 비뇨기계 : 요검사 10종, 혈압 측정 ② 신경계 : 신경계 증상 문진, 신경증상에 유의하여 진찰	임상검사 및 진찰 ① 비뇨기계 : 단백뇨정량, 혈청 크레아티닌, 요소질소, 베타 2 마이크로글로불린 ② 신경계 : 신경행동검사, 임상심리검사, 신경학적 검사

		(4) 생물학적 노출지표 검사 : 혈중 납	(2) 생물학적 노출지표 검사 ① 혈중 징크프로토포피린 ② 소변 중 델타아미노레불린산 ③ 소변 중 납
6	산화아연 (Zinc oxide; 1314-13-2) (분진, 흄)	(1) 직업력 및 노출력 조사 (2) 주요 표적기관과 관련된 병력조사 (3) 임상검사 및 진찰 호흡기계 : 금속열 증상 문진, 청진, 흉부방사선(후전면)	임상검사 및 진찰 호흡기계 : 흉부방사선(측면)
7	산화철 (Iron oxide; 1309-37-1 등) (분진, 흄)	(1) 직업력 및 노출력 조사 (2) 주요 표적기관과 관련된 병력조사 (3) 임상검사 및 진찰 호흡기계 : 청진, 흉부방사선(후전면), 폐활량검사	임상검사 및 진찰 호흡기계 : 흉부방사선(측면), 결핵도말검사
8	삼산화비소 (Arsenic trioxide; 1327-53-3)	(1) 직업력 및 노출력 조사 (2) 주요 표적기관과 관련된 병력조사 (3) 임상검사 및 진찰 ① 조혈기계 : 혈색소량, 혈구용적치, 적혈구 수, 백혈구 수, 혈소판 수, 백혈구 백분율, 망상적혈구 수 ② 간담도계 : AST(SGOT), ALT(SGPT), γ-GTP ③ 호흡기계 : 청진 ④ 비뇨기계 : 요검사 10종 ⑤ 눈, 피부, 비강, 인두 : 점막자극 증상 문진	(1) 임상검사 및 진찰 ① 조혈기계 : 혈액도말검사, 총철결합능력, 혈청페리틴, 유산탈수소효소, 총빌리루빈, 직접빌리루빈 ② 간담도계 : AST(SGOT), ALT(SGPT), γ-GTP, 총단백, 알부민, 총빌리루빈, 직접빌리루빈, 알칼리포스파타아제, 알파피토단백, B형간염 표면항원, B형간염 표면항체, C형간염 항체, A형간염 항체, 초음파 검사 ③ 호흡기계 : 흉부방사선(후전면), 폐활량검사, 흉부 전산화 단층촬영 ④ 비뇨기계 : 단백뇨정량, 혈청 크레아티닌, 요소질소 ⑤ 눈, 피부, 비강, 인두 : 세극등현미경검사, 비강 및 인두 검사, 면역글로불린 정량(IgE), 피부첩포시험, 피부단자시험, KOH검사 (2) 생물학적 노출지표 검사 : 소변 중 또는 혈중 비소
9	수은 [7439-97-6] 및 그 화합물 (Mercury and its compounds)	(1) 직업력 및 노출력 조사 (2) 주요 표적기관과 관련된 병력조사 (3) 임상검사 및 진찰 ① 비뇨기계 : 요검사 10종, 혈압 측정 ② 신경계 : 신경계 증상 문진, 신경증상에 유의하여 진찰 ③ 눈, 피부, 비강, 인두 : 점막자극 증상 문진	(1) 임상검사 및 진찰 ① 비뇨기계 : 단백뇨정량, 혈청 크레아티닌, 요소질소, 베타 2 마이크로글로불린 ② 신경계 : 신경행동검사, 임상심리검사, 신경학적 검사 ③ 눈, 피부, 비강, 인두 : 세극등현미경검사, KOH검사, 피부단자시험, 비강 및 인두 검사

		(4) 생물학적 노출지표 검사 : 소변 중 수은	(2) 생물학적 노출지표 검사 : 혈중 수은
10	안티몬 [7440-36-0] 및 그 화합물 (Antimony and its compounds)	(1) 직업력 및 노출력 조사 (2) 주요 표적기관과 관련된 병력조사 (3) 임상검사 및 진찰 ① 심혈관계 : 흉부방사선 검사, 심전도 검사, 총콜레스테롤, HDL콜레스테롤, 트리글리세라이드 ② 호흡기계 : 청진, 흉부방사선(후전면), 폐활량검사 ③ 눈, 피부, 비강, 인두 : 점막자극증상 문진	(1) 임상검사 및 진찰 ① 호흡기계 : 흉부방사선(측면), 결핵도말검사 ② 눈, 피부, 비강, 인두 : 세극등현미경검사, KOH검사, 피부단자시험, 비강 및 인두 검사 (2) 생물학적 노출지표 검사 : 소변 중 안티몬
11	알루미늄 [7429-90-5] 및 그 화합물 (Aluminum and its compounds)	(1) 직업력 및 노출력 조사 (2) 주요 표적기관과 관련된 병력조사 (3) 임상검사 및 진찰 호흡기계 : 청진, 흉부방사선(후전면), 폐활량검사	임상검사 및 진찰 호흡기계 : 흉부방사선(측면), 작업 중 최대날숨유량 연속측정, 비특이 기도과민검사
12	오산화바나듐 (Vanadium pentoxide; 1314-62-1) (분진, 흄)	(1) 직업력 및 노출력 조사 (2) 주요 표적기관과 관련된 병력조사 (3) 임상검사 및 진찰 ① 호흡기계 : 청진, 흉부방사선(후전면) ② 눈, 피부, 비강, 인두 : 점막자극증상 문진	(1) 임상검사 및 진찰 ① 호흡기계 : 흉부방사선(측면), 폐활량검사 ② 눈, 피부, 비강, 인두 : 세극등현미경검사, 비강 및 인두 검사, 면역글로불린 정량(IgE), 피부첩포시험, 피부단자시험, KOH검사 (2) 생물학적 노출지표 검사 : 소변 중 바나듐
13	요오드 [7553-56-2] 및 요오드화물 (Iodine and iodides)	(1) 직업력 및 노출력 조사 (2) 주요 표적기관과 관련된 병력조사 (3) 임상검사 및 진찰 ① 호흡기계 : 청진 ② 신경계 : 신경계 증상 문진, 신경증상에 유의하여 진찰 ③ 눈, 피부, 비강, 인두 : 점막자극증상 문진	임상검사 및 진찰 ① 호흡기계 : 흉부방사선(후전면), 폐활량검사 ② 신경계 : 신경행동검사, 임상심리검사, 신경학적 검사 ③ 눈, 피부, 비강, 인두 : 세극등현미경검사, KOH검사, 피부단자시험, 비강 및 인두 검사
14	인듐 [7440-74-6] 및 그 화합물 (Indium and its compounds)	(1) 직업력 및 노출력 조사 (2) 주요 표적기관과 관련된 병력조사 (3) 임상검사 및 진찰 호흡기계 : 청진, 흉부방사선(후전면, 측면), (4) 생물학적 노출 지표검사 : 혈청 중 인듐	임상검사 및 진찰 호흡기계 : 폐활량검사, 흉부 고해상도 전산화 단층촬영

15	주석 및 그 화합물 [7440-31-5] 및 그 화합물 (Tin and its compounds)	주석과 그 무기 화합물	(1) 직업력 및 노출력 조사 (2) 주요 표적기관과 관련된 병력조사 (3) 임상검사 및 진찰 ① 호흡기계 : 청진, 흉부방사선(후전면), 폐활량검사 ② 눈, 피부, 비강, 인두 : 점막자극증상 문진	임상검사 및 진찰 ① 호흡기계 : 흉부방사선(측면), 결핵도말검사 ② 눈, 피부, 비강, 인두 : 세극등현미경검사, KOH검사, 피부단자시험, 비강 및 인두 검사
		유기 주석	(1) 직업력 및 노출력 조사 (2) 주요 표적기관과 관련된 병력조사 (3) 임상검사 및 진찰 ① 신경계 : 신경계 증상 문진, 신경증상에 유의하여 진찰 ② 눈 : 관련 증상 문진	임상검사 및 진찰 ① 신경계 : 신경행동검사, 임상심리검사, 신경학적 검사 ② 눈 : 세극등현미경검사, 정밀안저검사, 정밀안압측정, 안과 진찰
16	지르코늄 [7440-67-7] 및 그 화합물 (Zirconium and its compounds)		(1) 직업력 및 노출력 조사 (2) 주요 표적기관과 관련된 병력조사 (3) 임상검사 및 진찰 ① 호흡기계 : 청진, 흉부방사선(후전면) ② 피부, 비강, 인두 : 관련 증상 문진	임상검사 및 진찰 ① 호흡기계 : 흉부방사선(측면), 폐활량검사 ② 피부, 비강, 인두 : KOH검사, 피부단자시험, 비강 및 인두 검사
17	카드뮴 [7440-43-9] 및 그 화합물 (Cadmium and its compounds)		(1) 직업력 및 노출력 조사 (2) 주요 표적기관과 관련된 병력조사 (3) 임상검사 및 진찰 ① 비뇨기계 : 요검사 10종, 혈압 측정, 전립선 증상 문진 ② 호흡기계 : 청진, 흉부방사선(후전면), 폐활량검사 (4) 생물학적 노출지표 검사 : 혈중 카드뮴	(1) 임상검사 및 진찰 ① 비뇨기계 : 단백뇨정량, 혈청 크레아티닌, 요소질소, 전립선특이항원(남), 베타 2 마이크로글로불린 ② 호흡기계 : 흉부방사선(측면), 흉부 전산화 단층촬영, 객담세포검사 (2) 생물학적 노출지표 검사 : 소변 중 카드뮴
18	코발트 (Cobalt; 7440-48-4) (분진 및 흄만 해당한다)		(1) 직업력 및 노출력 조사 (2) 주요 표적기관과 관련된 병력조사 (3) 임상검사 및 진찰 ① 호흡기계 : 청진, 흉부방사선(후전면), 폐활량검사 ② 피부, 비강, 인두 : 관련 증상 문진	임상검사 및 진찰 ① 호흡기계 : 흉부방사선(측면), 작업 중 최대날숨유량 연속측정, 비특이 기도과민검사, 결핵도말검사 ② 피부·비강·인두 : 면역글로불린 정량(IgE), 피부첩포시험, 피부단자시험, KOH검사, 비강 및 인두 검사
19	크롬 [7440-47-3] 및 그 화합물 (Chromium and its compounds)		(1) 직업력 및 노출력 조사 (2) 주요 표적기관과 관련된 병력조사 (3) 임상검사 및 진찰 ① 호흡기계 : 청진, 흉부방사선(후전면), 폐활량검사 ② 눈, 피부, 비강, 인두 : 관련 증상 문진	(1) 임상검사 및 진찰 ① 호흡기계(천식, 폐암) : 흉부방사선(측면), 작업 중 최대날숨유량연속측정, 비특이 기도과민검사, 흉부 전산화 단층촬영, 객담세포검사 ② 눈, 피부, 비강, 인두 : 세극등현미경검사, 면역글로불린 정량(IgE),

			피부첩포시험, 피부단자시험, KOH검사, 비강 및 인두 검사 (2) 생물학적 노출지표 검사 : 소변 중 또는 혈중 크롬
20	텅스텐 [7440-33-7] 및 그 화합물 (Tungsten and its compounds)	(1) 직업력 및 노출력 조사 (2) 주요 표적기관과 관련된 병력조사 (3) 임상검사 및 진찰 호흡기계 : 청진, 흉부방사선(후전면), 폐활량검사	임상검사 및 진찰 호흡기계 : 흉부방사선(측면), 결핵도말검사

※ 검사항목 중 "생물학적 노출지표 검사"는 해당 작업에 처음 배치되는 근로자에 대해서는 실시하지 않는다.

3) 산 및 알칼리류(8종)

번호	유해인자	제1차 검사항목	제2차 검사항목
1	무수초산 (Acetic anhydride; 108-24-7)	(1) 직업력 및 노출력 조사 (2) 주요 표적기관과 관련된 병력조사 (3) 임상검사 및 진찰 눈, 피부, 비강, 인두 : 점막자극증상 문진	임상검사 및 진찰 눈, 피부, 비강, 인두 : 세극등현미경검사, KOH검사, 피부단자시험, 비강 및 인두 검사
2	불화수소 (Hydrogen fluoride; 7664-39-3)	(1) 직업력 및 노출력 조사 (2) 주요 표적기관과 관련된 병력조사 (3) 임상검사 및 진찰 ① 눈, 피부, 비강, 인두 : 점막자극증상 문진 ② 악구강계 : 치과의사에 의한 치아부식증 검사	(1) 임상검사 및 진찰 눈, 피부, 비강, 인두 : 세극등현미경검사, KOH검사, 피부단자시험, 비강 및 인두 검사 (2) 생물학적 노출지표 검사 : 소변 중 불화물(작업 전후를 측정하여 그 차이를 비교)
3	시안화 나트륨 (Sodium cyanide; 143-33-9)	(1) 직업력 및 노출력 조사 (2) 주요 표적기관과 관련된 병력조사 (3) 임상검사 및 진찰 ① 심혈관계 : 흉부방사선 검사, 심전도 검사, 총콜레스테롤, HDL콜레스테롤, 트리글리세라이드 ② 신경계 : 신경계 증상 문진, 신경증상에 유의하여 진찰 ③ 눈, 피부, 비강, 인두 : 점막자극증상 문진	임상검사 및 진찰 ① 신경계 : 신경행동검사, 임상심리검사, 신경학적 검사 ② 눈, 피부, 비강, 인두 : 세극등현미경검사, KOH검사, 피부단자시험, 비강 및 인두 검사
4	시안화칼륨 (Potassium cyanide; 151-50-8)	(1) 직업력 및 노출력 조사 (2) 주요 표적기관과 관련된 병력조사 (3) 임상검사 및 진찰 ① 심혈관계 : 흉부방사선 검사, 심전도검사, 총콜레스테롤, HDL콜레스테롤, 트리글리세라이드	임상검사 및 진찰 ① 신경계 : 신경행동검사, 임상심리검사, 신경학적 검사 ② 눈, 피부, 비강, 인두 : 세극등현미경검사, KOH검사, 피부단자시험, 비강 및 인두 검사

		② 신경계 : 신경계 증상 문진, 신경증상에 유의하여 진찰 ③ 눈, 피부, 비강, 인두 : 점막자극증상 문진	
5	염화수소 (Hydrogen chloride; 7647-01-0)	(1) 직업력 및 노출력 조사 (2) 주요 표적기관과 관련된 병력조사 (3) 임상검사 및 진찰 ① 호흡기계 : 청진, 흉부방사선(후전면) ② 눈, 피부, 비강, 인두 : 점막자극증상 문진 ③ 악구강계 : 치과의사에 의한 치아부식증 검사	임상검사 및 진찰 ① 호흡기계 : 흉부방사선(측면), 폐활량검사 ② 눈, 피부, 비강, 인두 : 세극등현미경검사, KOH검사, 피부단자시험, 비강 및 인두 검사
6	질산 (Nitric acid; 7697-37-2)	(1) 직업력 및 노출력 조사 (2) 주요 표적기관과 관련된 병력조사 (3) 임상검사 및 진찰 ① 호흡기계 : 청진, 흉부방사선(후전면) ② 눈, 피부, 비강, 인두 : 점막자극증상 문진 ③ 악구강계 : 치과의사에 의한 치아부식증 검사	임상검사 및 진찰 ① 호흡기계 : 흉부방사선(측면), 폐활량검사 ② 눈, 피부, 비강, 인두 : 세극등현미경검사, KOH검사, 피부단자시험, 비강 및 인두 검사
7	트리클로로아세트산 (Trichloroacetic acid;76-03-9)	(1) 직업력 및 노출력 조사 (2) 주요 표적기관과 관련된 병력조사 (3) 임상검사 및 진찰 눈, 피부, 비강, 인두 : 점막자극증상 문진	임상검사 및 진찰 눈, 피부, 비강, 인두 : 세극등현미경검사, KOH검사, 피부단자시험, 비강 및 인두 검사
8	황산 (Sulfuric acid; 7664-93-9)	(1) 직업력 및 노출력 조사 (2) 주요 표적기관과 관련된 병력조사 (3) 임상검사 및 진찰 ① 호흡기계 : 청진, 흉부방사선(후전면) ② 눈, 피부, 비강, 인두·후두 : 점막자극증상 문진 ③ 악구강계 : 치과의사에 의한 치아부식증 검사	임상검사 및 진찰 ① 호흡기계 : 흉부방사선(측면), 폐활량검사 ② 눈, 피부, 비강, 인두 : 세극등현미경검사, KOH검사, 피부단자시험, 비강 및 인두 검사, 후두경검사

※ 검사항목 중 "생물학적 노출지표 검사"는 해당 작업에 처음 배치되는 근로자에 대해서는 실시하지 않는다.

4) 가스 상태 물질류(14종)

번호	유해인자	제1차 검사항목	제2차 검사항목
1	불소 (Fluorine; 7782-41-4)	(1) 직업력 및 노출력 조사 (2) 주요 표적기관과 관련된 병력조사 (3) 임상검사 및 진찰 ① 간담도계 : AST(SGOT), ALT(SGPT), γ-GTP ② 호흡기계 : 청진, 흉부방사선(후전면) ③ 눈, 피부, 비강, 인두 : 점막자극증상 문진	임상검사 및 진찰 ① 간담도계 : AST(SGOT), ALT(SGPT), γ-GTP, 총단백, 알부민, 총빌리루빈, 직접빌리루빈, 알카리포스파타아제, 유산탈수소효소, 알파피토단백, B형간염 표면항원, B형간염 표면항체, C형간염 항체, A형간염 항체, 초음파 검사 ② 호흡기계 : 흉부방사선(측면), 폐활량검사 ③ 눈, 피부, 비강, 인두 : 세극등현미경검사, KOH검사, 피부단자시험, 비강 및 인두 검사
2	브롬 (Bromine; 7726-95-6)	(1) 직업력 및 노출력 조사 (2) 주요 표적기관과 관련된 병력조사 (3) 임상검사 및 진찰 ① 호흡기계 : 청진 ② 신경계 : 신경계 증상 문진, 신경증상에 유의하여 진찰	(1) 임상검사 및 진찰 ① 호흡기계 : 흉부방사선(후전면), 폐활량검사 ② 신경계 : 신경행동검사, 임상심리검사, 신경학적 검사 (2) 생물학적 노출지표 검사 : 혈중 브롬이온 검사
3	산화에틸렌 (Ethylene oxide;75-21-8)	(1) 직업력 및 노출력 조사 (2) 주요 표적기관과 관련된 병력조사 (3) 임상검사 및 진찰 ① 조혈기계 : 혈색소량, 혈구용적치, 적혈구 수, 백혈구 수, 혈소판 수, 백혈구 백분율, 망상적혈구 수 ② 간담도계 : AST(SGOT), ALT(SGPT), γ-GTP ③ 호흡기계 : 청진 ④ 신경계 : 신경계 증상 문진, 신경증상에 유의하여 진찰 ⑤ 생식계 : 생식계 증상 문진 ⑥ 눈, 피부, 비강, 인두 : 점막자극증상 문진	임상검사 및 진찰 ① 조혈기계 : 혈액도말검사 ② 간담도계 : AST(SGOT), ALT(SGPT), γ-GTP, 총단백, 알부민, 총빌리루빈, 직접빌리루빈, 알카리포스파타아제, 알파피토단백, B형간염 표면항원, B형간염 표면항체, C형간염 항체, A형간염 항체, 초음파 검사 ③ 호흡기계 : 흉부방사선(후전면), 폐활량검사 ④ 신경계 : 신경행동검사, 임상심리검사, 신경학적 검사 ⑤ 생식계 : 에스트로겐(여), 황체형성호르몬, 난포자극호르몬, 테스토스테론(남) ⑥ 눈, 피부, 비강, 인두 : 세극등현미경검사, 비강 및 인두 검사, 면역글로불린 정량(IgE), 피부첩포시험, 피부단자시험, KOH검사
4	삼수소화비소 (Arsine;	(1) 직업력 및 노출력 조사 (2) 주요 표적기관과 관련된 병력조사	(1) 임상검사 및 진찰 ① 조혈기계 : 혈액도말검사, 유산

	7784-42-1)	(3) 임상검사 및 진찰 ① 조혈기계 : 혈색소량, 혈구용적치, 적혈구 수, 백혈구 수, 혈소판 수, 백혈구 백분율, 망상적혈구 수 ② 간담도계 : AST(SGOT), ALT(SGPT), γ-GTP ③ 호흡기계 : 청진 ④ 비뇨기계 : 요검사 10종 ⑤ 눈, 피부, 비강, 인두 : 점막자극증상 문진	탈수소효소, 총빌리루빈, 직접빌리루빈 ② 간담도계 : AST(SGOT), ALT(SGPT), γ-GTP, 총단백, 알부민, 총빌리루빈, 직접빌리루빈, 알카리포스파타아제, 알파피토단백, B형간염 표면항원, B형간염 표면항체, C형간염 항체, A형간염 항체, 초음파 검사 ③ 호흡기계 : 흉부방사선(후전면), 폐활량검사, 흉부 전산화 단층촬영 ④ 비뇨기계 : 단백뇨정량, 혈청 크레아티닌, 요소질소 ⑤ 눈, 피부, 비강, 인두 : 세극등현미경검사, KOH검사, 피부단자시험, 비강 및 인두 검사 (2) 생물학적 노출지표 검사 : 소변 중 비소(주말작업 종료 시)
5	시안화수소 (Hydrogen cyanide; 74-90-8)	(1) 직업력 및 노출력 조사 (2) 주요 표적기관과 관련된 병력조사 (3) 임상검사 및 진찰 ① 심혈관계 : 흉부방사선 검사, 심전도검사, 총콜레스테롤, HDL콜레스테롤, 트리글리세라이드 ② 신경계 : 신경계 증상 문진, 신경증상에 유의하여 진찰	임상검사 및 진찰 신경계 : 신경행동검사, 임상심리검사, 신경학적 검사
6	염소 (Chlorine; 7782-50-5)	(1) 직업력 및 노출력 조사 (2) 주요 표적기관과 관련된 병력조사 (3) 임상검사 및 진찰 ① 호흡기계 : 청진, 흉부방사선(후전면) ② 눈, 피부, 비강, 인두 : 점막자극증상 문진 ③ 악구강계 : 치과의사에 의한 치아부식증 검사	임상검사 및 진찰 ① 호흡기계 : 흉부방사선(측면), 폐활량검사 ② 눈, 피부, 비강, 인두 : 세극등현미경검사, KOH검사, 피부단자시험, 비강 및 인두 검사
7	오존(Ozone; 10028-15-6)	(1) 직업력 및 노출력 조사 (2) 과거병력조사 : 주요 표적기관과 관련된 질병력조사 (3) 임상검사 및 진찰 호흡기계 : 청진, 흉부방사선(후전면)	임상검사 및 진찰 호흡기계 : 흉부방사선(측면), 폐활량검사
8	이산화질소 (nitrogen dioxide; 10102-44-0)	(1) 직업력 및 노출력 조사 (2) 주요 표적기관과 관련된 병력조사 (3) 임상검사 및 진찰 ① 심혈관 : 흉부방사선 검사, 심전	임상검사 및 진찰 호흡기계 : 흉부방사선(측면), 폐활량검사

		도검사, 총콜레스테롤, HDL콜레스테롤, 트리글리세라이드 ② 호흡기계 : 청진, 흉부방사선(후전면)	
9	이산화황 (Sulfur dioxide; 7446-09-5)	(1) 직업력 및 노출력 조사 (2) 주요 표적기관과 관련된 병력조사 (3) 임상검사 및 진찰 호흡기계 : 청진, 흉부방사선(후전면)	임상검사 및 진찰 ① 호흡기계 : 흉부방사선(측면), 폐활량검사 ② 악구강계 : 치과의사에 의한 치아부식증 검사
10	일산화질소 (Nitric oxide; 10102-43-9)	(1) 직업력 및 노출력 조사 (2) 주요 표적기관과 관련된 병력조사 (3) 임상검사 및 진찰 호흡기계 : 청진, 흉부방사선(후전면)	임상검사 및 진찰 호흡기계 : 흉부방사선(측면), 폐활량검사
11	일산화탄소 (Carbon monoxide; 630-08-0)	(1) 직업력 및 노출력 조사 (2) 주요 표적기관과 관련된 병력조사 (3) 임상검사 및 진찰 ① 심혈관계 : 흉부방사선 검사, 심전도검사, 총콜레스테롤, HDL콜레스테롤, 트리글리세라이드 ② 신경계 : 신경계 증상 문진, 신경증상에 유의하여 진찰	(1) 임상검사 및 진찰 신경계 : 신경행동검사, 임상심리검사, 신경학적 검사 (2) 생물학적 노출지표 검사 : 혈중 카복시헤모글로빈(작업 종료 후 10~15분 이내에 채취) 또는 호기 중 일산화탄소 농도(작업 종료 후 10~15분 이내, 마지막 호기 채취)
12	포스겐 (Phosgene; 75-44-5)	(1) 직업력 및 노출력 조사 (2) 주요 표적기관과 관련된 병력조사 (3) 임상검사 및 진찰 호흡기계 : 청진, 흉부방사선(후전면)	임상검사 및 진찰 호흡기계 : 흉부방사선(측면), 폐활량검사
13	포스핀 (Phosphine; 7803-51-2)	(1) 직업력 및 노출력 조사 (2) 주요 표적기관과 관련된 병력조사 (3) 임상검사 및 진찰 호흡기계 : 청진, 흉부방사선(후전면)	임상검사 및 진찰 호흡기계 : 흉부방사선(측면), 폐활량검사
14	황화수소 (Hydrogen sulfide;7783-06-4)	(1) 직업력 및 노출력 조사 (2) 주요 표적기관과 관련된 병력조사 (3) 임상검사 및 진찰 ① 호흡기계 : 청진, 흉부방사선(후전면) ② 신경계 : 신경계 증상 문진, 신경증상에 유의하여 진찰	임상검사 및 진찰 ① 호흡기계 : 흉부방사선(측면), 폐활량검사 ② 신경계 : 신경행동검사, 임상심리검사, 신경학적 검사 ③ 악구강계 : 치과의사에 의한 치아부식증 검사

※ 검사항목 중 "생물학적 노출지표 검사"는 해당 작업에 처음 배치되는 근로자에 대해서는 실시하지 않는다.

5) 영 제88조에 따른 허가 대상 유해물질(12종)

번호	유해인자	제1차 검사항목	제2차 검사항목
1	α-나프틸아민 [134-32-7] 및 그 염 (α-naphthyl amine and its salts)	(1) 직업력 및 노출력 조사 (2) 주요 표적기관과 관련된 병력조사 (3) 임상검사 및 진찰 ① 비뇨기계 : 요검사 10종, 소변세포병리검사(아침 첫 소변 채취) ② 피부 : 관련 증상 문진	임상검사 및 진찰 ① 비뇨기계 : 단백뇨정량, 혈청 크레아티닌, 요소질소, 비뇨기과 진료 ② 피부 : 면역글로불린 정량(IgE), 피부첩포시험, 피부단자시험, KOH검사
2	디아니시딘 [119-90-4] 및 그 염 (Dianisidine and its salts)	(1) 직업력 및 노출력 조사 (2) 주요 표적기관과 관련된 병력조사 (3) 임상검사 및 진찰 ① 간담도계 : AST(SGOT), ALT(SGPT), γ-GTP ② 비뇨기계 : 요검사 10종, 소변세포병리검사(아침 첫 소변 채취)	임상검사 및 진찰 ① 간담도계 : AST(SGOT), ALT(SGPT), γ-GTP, 총단백, 알부민, 총빌리루빈, 직접빌리루빈, 알카리포스파타아제, 알파피토단백, B형간염 표면항원, B형간염 표면항체, C형간염 항체, A형간염 항체, 초음파 검사 ② 비뇨기계 : 단백뇨정량, 혈청 크레아티닌, 요소질소, 비뇨기과 진료
3	디클로로벤지딘 [91-94-1] 및 그 염 (Dichlorobenzidine and its salts)	(1) 직업력 및 노출력 조사 (2) 주요 표적기관과 관련된 병력조사 (3) 임상검사 및 진찰 ① 간담도계 : AST(SGOT), ALT(SGPT), γ-GTP ② 비뇨기계 : 요검사 10종, 소변세포병리검사(아침 첫 소변 채취) ③ 피부 : 관련 증상 문진	임상검사 및 진찰 ① 간담도계 : AST(SGOT), ALT(SGPT), γ-GTP, 총단백, 알부민, 총빌리루빈, 직접빌리루빈, 알카리포스파타아제, 알파피토단백, B형간염 표면항원, B형간염 표면항체, C형간염 항체, A형간염 항체, 초음파 검사 ② 비뇨기계 : 단백뇨정량, 혈청 크레아티닌, 요소질소, 비뇨기과 진료 ③ 피부 : 면역글로불린 정량(IgE), 피부첩포시험, 피부단자시험, KOH검사
4	베릴륨 [7440-41-7] 및 그 화합물 (Beryllium and its compounds)	(1) 직업력 및 노출력 조사 (2) 주요 표적기관과 관련된 병력조사 (3) 임상검사 및 진찰 ① 호흡기계 : 청진, 흉부방사선(후전면), 폐활량검사 ② 눈, 피부, 비강, 인두 : 점막자극증상 문진	임상검사 및 진찰 ① 호흡기계 : 흉부방사선(측면), 결핵도말검사, 흉부 전산화 단층촬영, 객담세포검사 ② 눈, 피부, 비강, 인두 : 세극등현미경검사, 비강 및 인두 검사, 면역글로불린 정량(IgE), 피부첩포시험, 피부단자시험, KOH검사
5	벤조트리클로라이드 (Benzotrichloride; 98-07-7)	(1) 직업력 및 노출력 조사 (2) 주요 표적기관과 관련된 병력조사 (3) 임상검사 및 진찰	임상검사 및 진찰 ① 호흡기계 : 흉부방사선(측면), 흉부 전산화 단층촬영, 객담세포검사

		① 호흡기계 : 청진, 흉부방사선(후전면) ② 신경계 : 신경계 증상 문진, 신경증상에 유의하여 진찰	② 신경계 : 신경행동검사, 임상심리검사, 신경학적 검사
6	비소 [7440- 38-2] 및 그 무기화합물 (Arsenic and its inorganic compounds)	(1) 직업력 및 노출력 조사 (2) 주요 표적기관과 관련된 병력조사 (3) 임상검사 및 진찰 ① 조혈기계 : 혈색소량, 혈구용적치, 적혈구 수, 백혈구 수, 혈소판 수, 백혈구 백분율, 망상적혈구 수 ② 간담도계 : AST(SGOT), ALT(SGPT), γ-GTP ③ 호흡기계 : 청진, 흉부방사선(후전면) ④ 비뇨기계 : 요검사 10종 ⑤ 눈, 피부, 비강, 인두 : 점막자극증상 문진	(1) 임상검사 및 진찰 ① 조혈기계 : 혈액도말검사, 유산탈수소효소, 총빌리루빈, 직접빌리루빈 ② 간담도계 : AST(SGOT), ALT(SGPT), γ-GTP, 총단백, 알부민, 총빌리루빈, 직접빌리루빈, 알카리포스파타아제, 알파피토단백, B형간염 표면항원, B형간염 표면항체, C형간염 항체, A형간염 항체, 초음파 검사 ③ 호흡기계 : 흉부방사선(후전면), 폐활량검사, 흉부 전산화 단층촬영, 객담세포검사 ④ 비뇨기계 : 단백뇨정량, 혈청 크레아티닌, 요소질소 ⑤ 눈, 피부, 비강, 인두 : 세극등현미경검사, 비강 및 인두 검사, 면역글로불린 정량(IgE), 피부첩포시험, 피부단자시험, KOH검사 (2) 생물학적 노출지표 검사 : 소변 중 비소(주말 작업 종료 시)
7	염화비닐 (Vinyl chloride; 75-01-4)	(1) 직업력 및 노출력 조사 (2) 주요 표적기관과 관련된 병력조사 (3) 임상검사 및 진찰 ① 간담도계 : AST(SGOT), ALT(SGPT), γ-GTP ② 신경계 : 신경계 증상 문진, 신경증상에 유의하여 진찰, 레이노현상 진찰 ③ 눈, 피부, 비강, 인두 : 점막자극증상 문진	임상검사 및 진찰 ① 간담도계 : AST(SGOT), ALT(SGPT), γ-GTP, 총단백, 알부민, 총빌리루빈, 직접빌리루빈, 알카리포스파타아제, 알파피토단백, B형간염 표면항원, B형간염 표면항체, C형간염 항체, A형간염 항체, 초음파 검사 ② 신경계 : 신경행동검사, 임상심리검사, 신경학적 검사 ③ 눈, 피부, 비강, 인두 : 세극등현미경검사, KOH검사, 피부단자시험, 비강 및 인두 검사
8	콜타르피치 [65996-93-2] 휘발물(코크스 제조 또는 취급업무) (Coal tar	(1) 직업력 및 노출력 조사 (2) 주요 표적기관과 관련된 병력조사 (3) 임상검사 및 진찰 ① 호흡기계 : 청진, 흉부방사선(후전면)	(1) 임상검사 및 진찰 ① 호흡기계 : 흉부방사선(측면), 흉부 전산화 단층촬영, 객담세포검사 ② 비뇨기계 : 단백뇨정량, 혈청 크레아티닌, 요소질소, 비뇨기과 진료

	pitch volatiles)	② 비뇨기계 : 요검사 10종, 소변세포병리검사(아침 첫 소변 채취) ③ 눈, 피부, 비강, 인두 : 점막자극증상 문진	③ 눈, 피부, 비강, 인두 : 세극등현미경검사, 비강 및 인두 검사, 면역글로불린 정량(IgE), 피부첩포시험, 피부단자시험, KOH검사 (2) 생물학적 노출지표 검사 : 소변 중 방향족 탄화수소의 대사산물(1-하이드록시파이렌 또는 1-하이드록시파이렌 글루크로나이드)(작업 종료 후 채취)
9	크롬광 가공 [열을 가하여 소성(변형된 형태 유지) 처리하는 경우만 해당한다] (Chromite ore processing)	(1) 직업력 및 노출력 조사 (2) 주요 표적기관과 관련된 병력조사 (3) 임상검사 및 진찰 ① 간담도계 : AST(SGOT), ALT(SGPT), γ-GTP ② 호흡기계 : 청진, 흉부방사선(후전면), ③ 눈, 피부, 비강, 인두 : 점막자극증상 문진	임상검사 및 진찰 ① 간담도계 : AST(SGOT), ALT(SGPT), γ-GTP, 총단백, 알부민, 총빌리루빈, 직접빌리루빈, 알카리포스파타아제, 알파피토단백, B형간염 표면항원, B형간염 표면항체, C형간염 항체, A형간염 항체, 초음파 검사 ② 호흡기계 : 흉부방사선(측면), 흉부 전산화 단층촬영, 객담세포검사 ③ 눈, 피부, 비강, 인두 : 세극등현미경검사, 비강 및 인두 검사, 면역글로불린 정량(IgE), 피부첩포시험, 피부단자시험, KOH검사
10	크롬산아연 (Zinc chromates; 13530-65-9 등)	(1) 직업력 및 노출력 조사 (2) 주요 표적기관과 관련된 병력조사 (3) 임상검사 및 진찰 ① 간담도계 : AST(SGOT), ALT(SGPT), γ-GTP ② 호흡기계 : 청진, 흉부방사선(후전면) ③ 눈, 피부, 비강, 인두 : 점막자극증상 문진	임상검사 및 진찰 ① 간담도계 : AST(SGOT), ALT(SGPT), γ-GTP, 총단백, 알부민, 총빌리루빈, 직접빌리루빈, 알카리포스파타아제, 알파피토단백, B형간염 표면항원, B형간염 표면항체, C형간염 항체, A형간염 항체, 초음파 검사 ② 호흡기계 : 흉부방사선(측면), 흉부 전산화 단층촬영, 객담세포검사 ③ 눈, 피부, 비강, 인두 : 세극등현미경검사, 비강 및 인두 검사, 면역글로불린 정량(IgE), 피부첩포시험, 피부단자시험, KOH검사
11	o-톨리딘 [119-93-7] 및 그 염 (o-Tolidine and its salts)	(1) 직업력 및 노출력 조사 (2) 주요 표적기관과 관련된 병력조사 (3) 임상검사 및 진찰 ① 간담도계 : AST(SGOT), ALT(SGPT), γ-GTP ② 비뇨기계 : 요검사 10종, 소변세포병리검사(아침 첫 소변 채취)	임상검사 및 진찰 ① 간담도계 : AST(SGOT), ALT(SGPT), γ-GTP, 총단백, 알부민, 총빌리루빈, 직접빌리루빈, 알카리포스파타아제, 알파피토단백, B형간염 표면항원, B형간염 표면항체, C형간염 항체, A형간염 항체, 초

			음파 검사 ② 비뇨기계 : 단백뇨정량, 혈청 크레아티닌, 요소질소, 비뇨기과 진료
12	황화니켈류 (Nickel sulfides; 12035-72-2, 16812-54-7)	(1) 직업력 및 노출력 조사 (2) 주요 표적기관과 관련된 병력조사 (3) 임상검사 및 진찰 ① 호흡기계 : 청진, 흉부방사선(후전면), 폐활량검사 ② 피부, 비강, 인두 : 관련 증상 문진	(1) 임상검사 및 진찰 ① 호흡기계 : 흉부방사선(측면), 작업 중 최대날숨유량 연속측정, 비특이 기도과민검사, 흉부 전산화 단층촬영, 객담세포검사 ② 피부, 비강, 인두 : 면역글로불린 정량(IgE), 피부첩포시험, 피부단자시험, KOH검사, 비강 및 인두 검사 (2) 생물학적 노출지표 검사 : 소변 중 니켈

※ 휘발성 콜타르피치의 검사항목 중 "생물학적 노출지표 검사"는 해당 작업에 처음 배치되는 근로자에 대해서는 실시하지 않는다.

6) 금속가공유 : 미네랄 오일미스트(광물성 오일)

번호	유해인자	제1차 검사항목	제2차 검사항목
1	금속가공유 : 미네랄 오일미스트 (광물성오일, Oil mist, mineral)	(1) 직업력 및 노출력 조사 (2) 과거병력조사 : 주요 표적기관과 관련된 질병력조사 (3) 임상검사 및 진찰 ① 호흡기계 : 청진, 폐활량검사 ② 눈, 피부, 비강, 인두 : 점막자극증상 문진	임상검사 및 진찰 ① 호흡기계 : 흉부방사선(후전면, 측면), 작업 중 최대날숨유량 연속측정, 비특이 기도과민검사 ② 눈, 피부, 비강, 인두 : 세극등현미경검사, 비강 및 인두 검사, 면역글로불린 정량(IgE), 피부첩포시험, 피부단자시험, KOH검사

나. 분진(7종)

번호	유해인자	제1차 검사항목	제2차 검사항목
1	곡물 분진 (Grain dusts)	(1) 직업력 및 노출력 조사 (2) 주요 표적기관과 관련된 병력조사 (3) 임상검사 및 진찰 호흡기계 : 청진, 폐활량검사	임상검사 및 진찰 호흡기계 : 흉부방사선(후전면, 측면), 작업 중 최대날숨유량 연속측정, 비특이 기도과민검사
2	광물성 분진 (Mineral dusts)	(1) 직업력 및 노출력 조사 (2) 주요 표적기관과 관련된 병력조사 (3) 임상검사 및 진찰 ① 호흡기계 : 청진, 흉부방사선(후전면), 폐활량검사 ② 눈, 피부, 비강, 인두 : 점막자극증상 문진	임상검사 및 진찰 ① 호흡기계 : 흉부방사선(측면), 결핵도말검사, 흉부 전산화 단층촬영, 객담세포검사 ② 눈, 피부, 비강, 인두 : 세극등현미경검사, KOH검사, 피부단자시험, 비강 및 인두 검사
3	면 분진 (Cotton dusts)	(1) 직업력 및 노출력 조사 (2) 주요 표적기관과 관련된 병력조사	임상검사 및 진찰 호흡기계 : 흉부방사선(측면), 흉부방

		(3) 임상검사 및 진찰 호흡기계 : 청진, 폐활량검사	사선(후전면), 작업 중 최대날숨유량 연속측정, 비특이 기도과민검사
4	목재 분진 (Wood dusts)	(1) 직업력 및 노출력 조사 (2) 과거병력조사 : 주요 표적기관과 관련된 질병력조사 (3) 임상검사 및 진찰 ① 호흡기계 : 청진, 흉부방사선(후전면), 폐활량검사 ② 눈, 피부, 비강, 인두 : 점막자극증상 문진	임상검사 및 진찰 ① 호흡기계 : 흉부방사선(측면), 작업 중 최대날숨유량 연속측정, 비특이 기도과민검사, 결핵도말검사 ② 눈, 피부, 비강, 인두 : 세극등현미경검사, 비강 및 인두 검사, 면역글로불린 정량(IgE), 피부첩포시험, 피부단자시험, KOH검사
5	용접 흄 (Welding fume)	(1) 직업력 및 노출력 조사 (2) 주요 표적기관과 관련된 병력조사 (3) 임상검사 및 진찰 ① 호흡기계 : 청진, 흉부방사선(후전면), 폐활량검사 ② 신경계 : 신경계 증상 문진, 신경증상에 유의하여 진찰 ③ 피부 : 관련 증상 문진	임상검사 및 진찰 ① 호흡기계 : 흉부방사선(측면), 작업 중 최대날숨유량 연속측정, 비특이 기도과민검사, 결핵도말검사 ② 신경계 : 신경행동검사, 임상심리검사, 신경학적 검사 ③ 피부 : 면역글로불린 정량(IgE), 피부첩포시험, 피부단자시험, KOH검사
6	유리 섬유 (Glass fiber dusts)	(1) 직업력 및 노출력 조사 (2) 주요 표적기관과 관련된 병력조사 (3) 임상검사 및 진찰 ① 호흡기계 : 청진, 흉부방사선(후전면), 폐활량검사 ② 눈, 피부, 비강, 인두 : 점막자극증상 문진	임상검사 및 진찰 ① 호흡기계 : 흉부방사선(측면), 폐활량검사, 결핵도말검사 ② 눈, 피부, 비강, 인두 : 세극등현미경검사, KOH검사, 피부단자시험, 비강 및 인두 검사
7	석면분진 (Asbestos dusts; 1332-21-4 등)	(1) 직업력 및 노출력 조사 (2) 주요 표적기관과 관련된 병력조사 (3) 임상검사 및 진찰 호흡기계 : 청진, 흉부방사선(후전면), 폐활량검사	임상검사 및 진찰 호흡기계 : 흉부방사선(측면), 결핵도말검사, 흉부 전산화 단층촬영, 객담세포검사

다. 물리적 인자(8종)

번호	유해인자	제1차 검사항목	제2차 검사항목
1	안전보건규칙 제512조제1호부터 제3호까지의 규정에 따른 소음작업, 강렬한 소음작업 및 충격소음작업에서 발생하는 소음	(1) 직업력 및 노출력 조사 (2) 주요 표적기관과 관련된 병력조사 (3) 임상검사 및 진찰 이비인후 : 순음 청력검사(양측 기도), 정밀 진찰(이경검사)	임상검사 및 진찰 이비인후 : 순음 청력검사(양측 기도 및 골도), 중이검사(고막운동성검사)
2	안전보건규칙 제512조제4호에 따른 진동작업에서 발생하	(1) 직업력 및 노출력 조사 (2) 주요 표적기관과 관련된 병력조사 (3) 임상검사 및 진찰	임상검사 및 진찰 ① 신경계 : 근전도검사, 신경전도검사, 신경행동검사, 임상심리검사,

	는 진동	① 신경계 : 신경계 증상 문진, 신경 증상에 유의하여 진찰, 사지의 말초 순환기능(손톱압박)·신경기능[통각, 진동각]·운동기능[악력] 등에 유의하여 진찰 ② 심혈관계 : 관련 증상 문진	신경학적 검사, 냉각부하검사, 운동기능검사 ② 심혈관계 : 심전도검사, 정밀안저검사
3	안전보건규칙 제573조제1호에 따른 방사선	(1) 직업력 및 노출력 조사 (2) 주요 표적기관과 관련된 병력조사 (3) 임상검사 및 진찰 ① 조혈기계 : 혈색소량, 혈구용적치, 적혈구 수, 백혈구 수, 혈소판 수, 백혈구 백분율 ② 눈, 피부, 신경계, 조혈기계 : 관련 증상 문진	임상검사 및 진찰 ① 조혈기계 : 혈액도말검사, 망상적혈구 수 ② 눈 : 세극등현미경검사
4	고기압	(1) 직업력 및 노출력 조사 (2) 주요 표적기관과 관련된 병력조사 (3) 임상검사 및 진찰 ① 이비인후 : 순음 청력검사(양측 기도), 정밀 진찰(이경검사) ② 눈, 이비인후, 피부, 호흡기계, 근골격계, 심혈관계, 치과 : 관련 증상 문진	임상검사 및 진찰 ① 이비인후 : 순음 청력검사(양측 기도 및 골도), 중이검사(고막운동성검사) ② 호흡기계 : 폐활량검사 ③ 근골격계 : 골 및 관절 방사선검사 ④ 심혈관계 : 심전도검사 ⑤ 치과 : 치과의사에 의한 치은염검사, 치주염 검사
5	저기압	(1) 직업력 및 노출력 조사 (2) 주요 표적기관과 관련된 병력조사 (3) 임상검사 및 진찰 ① 눈, 심혈관계, 호흡기계 : 관련 증상 문진 ② 이비인후 : 순음 청력검사(양측 기도), 정밀 진찰(이경검사)	임상검사 및 진찰 ① 눈 : 정밀안저검사 ② 호흡기계 : 흉부 방사선검사, 폐활량검사 ③ 심혈관계 : 심전도검사 ④ 이비인후 : 순음 청력검사(양측 기도 및 골도), 중이검사(고막운동성검사)
6	자외선	(1) 직업력 및 노출력 조사 (2) 주요 표적기관과 관련된 병력조사 (3) 임상검사 및 진찰 ① 피부 : 관련 증상 문진 ② 눈 : 관련 증상 문진	임상검사 및 진찰 ① 피부 : 면역글로불린 정량(IgE), 피부첩포시험, 피부단자시험, KOH검사 ② 눈 : 세극등현미경검사, 정밀안저검사, 정밀안압측정, 안과 진찰
7	적외선	(1) 직업력 및 노출력 조사 (2) 주요 표적기관과 관련된 병력조사 (3) 임상검사 및 진찰 ① 피부 : 관련 증상 문진 ② 눈 : 관련 증상 문진	임상검사 및 진찰 ① 피부 : 면역글로불린 정량(IgE), 피부첩포시험, 피부단자시험, KOH검사 ② 눈 : 세극등현미경검사, 정밀안저검사, 정밀안압측정, 안과 진찰

8	마이크로파 및 라디오파	(1) 직업력 및 노출력 조사 (2) 주요 표적기관과 관련된 병력조사 (3) 임상검사 및 진찰 ① 신경계 : 신경계 증상 문진, 신경증상에 유의하여 진찰 ② 생식계 : 생식계 증상 문진 ③ 눈 : 관련 증상 문진	임상검사 및 진찰 ① 신경계 : 신경행동검사, 임상심리검사, 신경학적 검사 ② 생식계 : 에스트로겐(여), 황체형성호르몬, 난포자극호르몬, 테스토스테론(남) ③ 눈 : 세극등현미경검사, 정밀안저검사, 정밀안압측정, 안과 진찰

라. 야간작업

유해인자	제1차 검사항목	제2차 검사항목
야간작업	(1) 직업력 및 노출력 조사 (2) 주요 표적기관과 관련된 병력조사 (3) 임상검사 및 진찰 ① 신경계 : 불면증 증상 문진 ② 심혈관계 : 복부둘레, 혈압, 공복혈당, 총콜레스테롤, 트리글리세라이드, HDL 콜레스테롤 ③ 위장관계 : 관련 증상 문진 ④ 내분비계 : 관련 증상 문진	임상검사 및 진찰 ① 신경계 : 심층면담 및 문진 ② 심혈관계 : 혈압, 공복혈당, 당화혈색소, 총콜레스테롤, 트리글리세라이드, HDL 콜레스테롤, LDL콜레스테롤, 24시간 심전도, 24시간 혈압 ③ 위장관계 : 위내시경 ④ 내분비계 : 유방촬영, 유방초음파

2. 직업성 천식 및 직업성 피부염이 의심되는 근로자에 대한 수시건강진단의 검사항목

번호	유해인자	제1차 검사항목	제2차 검사항목
1	천식 유발물질	(1) 직업력 및 노출력 조사 (2) 주요 표적기관과 관련된 병력조사 (3) 임상검사 및 진찰 호흡기계 : 천식에 유의하여 진찰	임상검사 및 진찰 호흡기계 : 작업 중 최대날숨유량 연속측정, 폐활량검사, 흉부 방사선(후전면, 측면), 비특이 기도과민검사
2	피부장해 유발물질	(1) 직업력 및 노출력 조사 (2) 주요 표적기관과 관련된 병력조사 (3) 임상검사 및 진찰 피부 : 피부 병변의 종류, 발병 모양, 분포 상태, 피부묘기증, 니콜스키 증후 등에 유의하여 진찰	임상검사 및 진찰 피부 : 피부첩포시험

[별표 25] (2021.11.19 개정)

건강관리카드의 발급 대상
(제214조 관련)

구분	건강장해가 발생할 우려가 있는 업무	대상 요건
1	베타-나프틸아민 또는 그 염(같은 물질이 함유된 화합물의 중량 비율이 1퍼센트를 초과하는 제제를 포함한다)을 제조하거나 취급하는 업무	3개월 이상 종사한 사람
2	벤지딘 또는 그 염(같은 물질이 함유된 화합물의 중량 비율이 1퍼센트를 초과하는 제제를 포함한다)을 제조하거나 취급하는 업무	3개월 이상 종사한 사람
3	베릴륨 또는 그 화합물(같은 물질이 함유된 화합물의 중량 비율이 1퍼센트를 초과하는 제제를 포함한다) 또는 그 밖에 베릴륨 함유물질(베릴륨이 함유된 화합물의 중량 비율이 3퍼센트를 초과하는 물질만 해당한다)을 제조하거나 취급하는 업무	제조하거나 취급하는 업무에 종사한 사람 중 양쪽 폐부분에 베릴륨에 의한 만성 결절성 음영이 있는 사람
4	비스-(클로로메틸)에테르(같은 물질이 함유된 화합물의 중량 비율이 1퍼센트를 초과하는 제제를 포함한다)를 제조하거나 취급하는 업무	3년 이상 종사한 사람
5	가. 석면 또는 석면방직제품을 제조하는 업무	3개월 이상 종사한 사람
	나. 다음의 어느 하나에 해당하는 업무 1) 석면함유제품(석면방직제품은 제외한다)을 제조하는 업무 2) 석면함유제품(석면이 1퍼센트를 초과하여 함유된 제품만 해당한다. 이하 다목에서 같다)을 절단하는 등 석면을 가공하는 업무 3) 설비 또는 건축물에 분무된 석면을 해체·제거 또는 보수하는 업무 4) 석면이 1퍼센트 초과하여 함유된 보온재 또는 내화피복제(耐火被覆劑)를 해체·제거 또는 보수하는 업무	1년 이상 종사한 사람
	다. 설비 또는 건축물에 포함된 석면시멘트, 석면마찰제품 또는 석면개스킷제품 등 석면함유제품을 해체·제거 또는 보수하는 업무	10년 이상 종사한 사람
	라. 나목 또는 다목 중 하나 이상의 업무에 중복하여 종사한 경우	다음의 계산식으로 산출한 숫자가 120을 초과하는 사람 : (나목의 업무에 종사한 개월 수)×10+(다목의 업무에 종사한 개월 수)
	마. 가목부터 다목까지의 업무로서 가목부터 다목까지의 규정에서 정한 종사기간에 해당하지 않는 경우	흉부방사선상 석면으로 인한 질병 징후(흉막반 등)가 있는 사람

6	벤조트리클로라이드를 제조(태양광선에 의한 염소화 반응에 의하여 제조하는 경우만 해당한다)하거나 취급하는 업무	3년 이상 종사한 사람
7	가. 갱내에서 동력을 사용하여 토석(土石)·광물 또는 암석(습기가 있는 것은 제외한다. 이하 "암석등"이라 한다)을 굴착 하는 작업 나. 갱내에서 동력(동력 수공구(手工具)에 의한 것은 제외한다)을 사용하여 암석 등을 파쇄(破碎)·분쇄 또는 체질하는 장소에서의 작업 다. 갱내에서 암석 등을 차량계 건설기계로 싣거나 내리거나 쌓아두는 장소에서의 작업 라. 갱내에서 암석 등을 컨베이어(이동식 컨베이어는 제외한다)에 싣거나 내리는 장소에서의 작업 마. 옥내에서 동력을 사용하여 암석 또는 광물을 조각하거나 마무리하는 장소에서의 작업 바. 옥내에서 연마재를 분사하여 암석 또는 광물을 조각하는 장소에서의 작업 사. 옥내에서 동력을 사용하여 암석·광물 또는 금속을 연마·주물 또는 추출하거나 금속을 재단하는 장소에서의 작업 아. 옥내에서 동력을 사용하여 암석등·탄소원료 또는 알미늄박을 파쇄·분쇄 또는 체질하는 장소에서의 작업 자. 옥내에서 시멘트, 티타늄, 분말상의 광석, 탄소원료, 탄소제품, 알미늄 또는 산화티타늄을 포장하는 장소에서의 작업 차. 옥내에서 분말상의 광석, 탄소원료 또는 그 물질을 함유한 물질을 혼합·혼입 또는 살포하는 장소에서의 작업 카. 옥내에서 원료를 혼합하는 장소에서의 작업 중 다음의 어느 하나에 해당하는 작업 1) 유리 또는 법랑을 제조하는 공정에서 원료를 혼합하는 작업이나 원료 또는 혼합물을 용해로에 투입하는 작업(수중에서 원료를 혼합하는 작업은 제외한다) 2) 도자기·내화물·형상토제품(형상을 본떠 흙으로 만든 제품) 또는 연마재를 제조하는 공정에서 원료를 혼합 또는 성형하거나, 원료 또는 반제품을 건조하거나, 반제품을 차에 싣거나 쌓아 두는 장소에서의 작업 또는 가마 내부에서의 작업(도자기를 제조하는 공정에서 원료를 투입 또는 성형하여 반제품을 완성하거나 제품을 내리고 쌓아 두는 장	3년 이상 종사한 사람으로서 흉부방사선 사진 상 진폐증이 있다고 인정되는 사람(「진폐의 예방과 진폐근로자의 보호 등에 관한 법률」에 따라 건강관리수첩을 발급받은 사람은 제외한다). 다만, 너목의 업무에 대해서는 5년 이상 종사한 사람(「진폐의 예방과 진폐근로자의 보호 등에 관한 법률」에 따라 건강관리수첩을 발급받은 사람은 제외한다)으로 한다.

	소에서의 작업과 수중에서 원료를 혼합하는 장소에서의 작업은 제외한다) 3) 탄소제품을 제조하는 공정에서 탄소원료를 혼합하거나 성형하여 반제품을 노(爐 : 가공할 원료를 녹이거나 굽는 시설)에 넣거나 반제품 또는 제품을 노에서 꺼내거나 제작하는 장소에서의 작업 타. 옥내에서 내화 벽돌 또는 타일을 제조하는 작업 중 동력을 사용하여 원료(습기가 있는 것은 제외한다)를 성형하는 장소에서의 작업 파. 옥내에서 동력을 사용하여 반제품 또는 제품을 다듬질하는 장소에서의 작업 중 다음의 의 어느 하나에 해당하는 작업 1) 도자기·내화물·형상토제품 또는 연마재를 제조하는 공정에서 원료를 혼합 또는 성형하거나, 원료 또는 반제품을 건조하거나, 반제품을 차에 싣거나 쌓은 장소에서의 작업또는 가마 내부에서의 작업(도자기를 제조하는 공정에서 원료를 투입 또는 성형하여 반제품을 완성하거나 제품을 내리고 쌓아 두는 장소에서의 작업과 수중에서 원료를 혼합하는 장소에서의 작업은 제외한다) 2) 탄소제품을 제조하는 공정에서 탄소원료를 혼합하거나 성형하여 반제품을 노에 넣거나 반제품 또는 제품을 노에서 꺼내거나 제작하는 장소에서의 작업 하. 옥내에서 거푸집을 해체하거나, 분해장치를 이용하여 사형(似形 : 광물의 결정형태)을 부수거나, 모래를 털어 내거나 동력을 사용하여 주물모래를 재생하거나 혼련(열과 기계를 사용하여 내용물을 고르게 섞는 것)하거나 주물품을 절삭(切削)하는 장소에서의 작업 거. 옥내에서 수지식(手指式) 용융분사기를 이용하지 않고 금속을 용융분사하는 장소에서의 작업 너. 석탄을 원료로 사용하는 발전소에서 발전을 위한 공정[하역, 이송, 저장, 혼합, 분쇄, 연소, 집진(集塵), 재처리 등의 과정을 말한다] 및 관련 설비의 운전·정비가 이루어지는 장소에서의 작업	
8	가. 염화비닐을 중합(결합 화합물화)하는 업무 또는 밀폐되어 있지 않은 원심분리기를 사용하여 폴리염화비닐(염화비닐의 중합체를 말한다)의 현탁액(懸濁液)에서 물을 분리시키는 업무 나. 염화비닐을 제조하거나 사용하는 석유화학설비를 유지·보수하는 업무	4년 이상 종사한 사람

9	크롬산·중크롬산 또는 이들 염(같은 물질이 함유된 화합물의 중량 비율이 1퍼센트를 초과하는 제제를 포함한다)을 광석으로부터 추출하여 제조하거나 취급하는 업무	4년 이상 종사한 사람
10	삼산화비소를 제조하는 공정에서 배소(낮은 온도로 가열하여 변화를 일으키는 과정) 또는 정제를 하는 업무나 비소가 함유된 화합물의 중량 비율이 3퍼센트를 초과하는 광석을 제련하는 업무	5년 이상 종사한 사람
11	니켈(니켈카보닐을 포함한다) 또는 그 화합물을 광석으로부터 추출하여 제조하거나 취급하는 업무	5년 이상 종사한 사람
12	카드뮴 또는 그 화합물을 광석으로부터 추출하여제조하거나 취급하는 업무	5년 이상 종사한 사람
13	가. 벤젠을 제조하거나 사용하는 업무(석유화학 업종만 해당한다) 나. 벤젠을 제조하거나 사용하는 석유화학설비를 유지·보수하는 업무	6년 이상 종사한 사람
14	제철용 코크스 또는 제철용 가스발생로를 제조하는 업무(코크스로 또는 가스발생로 상부에서의 업무 또는 코크스로에 접근하여 하는 업무만 해당한다)	6년 이상 종사한 사람
15	비파괴검사(X-선) 업무	1년 이상 종사한 사람 또는 연간 누적선량이 20mSv 이상이었던 사람

[별표 26] (2021.11.19 개정)

행정처분기준(제240조 관련)

1. 일반기준
  가. 위반행위가 둘 이상인 경우에는 그 중 무거운 처분기준에 따르며, 그에 대한 처분기준이 같은 업무정지인 경우에는 무거운 처분기준에 나머지 각각의 처분기준의 2분의 1을 더하여 처분한다.
  나. 위반행위의 횟수에 따른 행정처분기준은 최근 2년간 같은 위반행위로 행정처분을 받은 경우에 적용한다. 이 경우 기간의 계산은 위반행위에 대하여 행정처분을 받은 날과 그 처분 후 다시 같은 위반행위를 하여 적발된 날을 기준으로 한다.
  다. 나목에 따라 가중된 행정처분을 하는 경우 행정처분의 적용 차수는 그 위반행위 전 부과처분 차수(나목에 따른 기간 내에 행정처분이 둘 이상 있었던 경우에는 높은 차수를 말한다)의 다음 차수로 한다.
  라. 업무정지(영업정지)기간이 지난 후에도 그 정지 사유가 소멸되지 않은 경우에는 그 기간을 연장할 수 있다.
  마. 업무정지(영업정지)기간 중에 업무를 수행한 경우 또는 업무정지(영업정지)를 최근 2년간 3회 받은 자가 다시 업무정지(영업정지)의 사유에 해당하게 된 경우에는 지정 등을 취소한다.
  바. 위반사항이 위반자의 업무수행지역에 국한되어 있고, 그 지역에 대해서만 처분하는 것이 적합하다고 인정되는 경우에는 그 지역에 대해서만 처분(지정 등의 일부 취소, 일부 업무정지)할 수 있다.
  사. 위반의 정도가 경미하고 단기간에 위반을 시정할 수 있다고 인정되는 경우에는 1차 위반의 경우에 한정하여 개별기준의 업무정지를 갈음하여 시정조치를 명할 수 있다.
  아. 개별기준에 열거되어 있지 않은 위반사항에 대해서는 개별기준에 열거된 유사한 위법사항의 처분기준에 준하여 처분해야 한다.
  자. 안전관리전문기관 또는 보건관리전문기관에 대한 업무정지를 명할 때 위반의 내용이 경미하고 일부 대행사업장에 한정된 경우에는 1차 위반 처분 시에 한정하여 그 일부 사업장만 처분할 수 있다.
  차. 건설재해예방전문지도기관에 대한 업무정지는 신규지도계약 체결의 정지에 한정하여 처분할 수 있다.

2. 개별기준

위반사항	행정처분 기준		
	1차 위반	2차 위반	3차 이상 위반
가. 안전관리전문기관 또는 보건관리전문기관(법 제21조제4항 관련)			
1) 거짓이나 그 밖의 부정한 방법으로 지정을 받은 경우	지정취소		
2) 업무정지 기간 중에 업무를 수행한 경우	지정취소		
3) 법 제21조제1항에 따른 지정 요건을 충족하지 못한 경우	업무정지 3개월	업무정지 6개월	지정취소

4) 지정받은 사항을 위반하여 업무를 수행한 경우	업무정지 1개월	업무정지 3개월	업무정지 6개월
5) 안전관리 또는 보건관리 업무 관련 서류를 거짓으로 작성한 경우	지정취소		
6) 정당한 사유 없이 안전관리 또는 보건관리 업무의 수탁을 거부한 경우	업무정지 1개월	업무정지 3개월	업무정지 6개월
7) 위탁받은 안전관리 또는 보건관리 업무에 차질을 일으키거나 업무를 게을리한 경우			
가) 위탁받은 사업장에 대하여 최근 1년간 3회 이상 수탁 업무를 게을리한 경우	업무정지 1개월	업무정지 2개월	업무정지 3개월
나) 인력기준에 해당되지 않는 사람이 수탁 업무를 수행한 경우	업무정지 3개월	업무정지 6개월	지정취소
다) 위탁받은 사업장 전체의 직전 연도 말의 업무상 사고재해율(전국 사업장 모든 업종의 평균재해율 이상인 경우에만 해당한다)이 그 직전 연도 말의 업무상 사고재해율 보다 증가한 경우(안전관리전문기관만 해당한다)			
(1) 30퍼센트 이상 50퍼센트 미만 증가한 경우	업무정지 1개월		
(2) 50퍼센트 이상 70퍼센트 미만 증가한 경우	업무정지 2개월		
(3) 70퍼센트 이상 증가한 경우	업무정지 3개월		
라) 위탁받은 사업장 중에서 연도 중 안전조치에 대한 기술지도 소홀이 원인이 되어 중대재해가 발생한 경우(사업장 외부에 출장 중 발생한 재해 또는 재해 발생 직전 3회 방문점검 기간에 그 작업이 없었거나 재해의 원인에 대한 기술지도를 실시하였음에도 사업주가 이를 이행하지 않아 발생한 재해는 제외한다)		업무정지 1개월	업무정지 3개월
마) 고용노동부장관이 정하는 전산시스템에 안전관리·보건관리 상태에 관한 보고서를 3회 이상 입력하지 않은 경우	업무정지 1개월	업무정지 2개월	업무정지 3개월
8) 안전관리 또는 보건관리 업무를 수행하지 않고 위탁 수수료를 받은 경우	업무정지 3개월	업무정지 6개월	지정취소
9) 안전관리 또는 보건관리 업무와 관련된 비치서류를 보존하지 않은 경우	업무정지 1개월	업무정지 3개월	업무정지 6개월
10) 안전관리 또는 보건관리 업무 수행과 관련한 대가 외의 금품을 받은 경우	업무정지 1개월	업무정지 3개월	업무정지 6개월
11) 법에 따른 관계 공무원의 지도·감독을 거부·방해 또는 기피한 경우	업무정지 3개월	업무정지 6개월	지정취소

나. 직무교육기관(법 제33조제4항 관련)			
1) 거짓이나 그 밖의 부정한 방법으로 등록한 경우	등록취소		
2) 업무정지 기간 중에 업무를 수행한 경우	등록취소		
3) 법 제33조제1항에 따른 등록 요건을 충족하지 못한 경우	업무정지 3개월	업무정지 6개월	등록취소
4) 등록한 사항을 위반하여 업무를 수행한 경우	업무정지 1개월	업무정지 3개월	업무정지 6개월
5) 교육 관련 서류를 거짓으로 작성한 경우	업무정지 3개월	등록취소	
6) 정당한 사유 없이 교육 실시를 거부한 경우	업무정지 1개월	업무정지 3개월	업무정지 6개월
7) 교육을 실시하지 않고 수수료를 받은 경우	업무정지 3개월	업무정지 6개월	등록취소
8) 법 제32조제1항 각 호 외의 부분 본문에 따른 교육의 내용 및 방법을 위반한 경우	업무정지 1개월	업무정지 3개월	업무정지 6개월
다. 근로자안전보건교육기관(법 제33조제4항 관련)			
1) 거짓이나 그 밖의 부정한 방법으로 등록한 경우	등록취소		
2) 업무정지 기간 중에 업무를 수행한 경우	등록취소		
3) 법 제33조제1항에 따른 등록 요건을 충족하지 못한 경우	업무정지 3개월	업무정지 6개월	등록취소
4) 등록한 사항을 위반하여 업무를 수행한 경우	업무정지 1개월	업무정지 3개월	업무정지 6개월
5) 교육 관련 서류를 거짓으로 작성한 경우	업무정지 3개월	등록취소	
6) 정당한 사유 없이 교육 실시를 거부한 경우	업무정지 1개월	업무정지 3개월	업무정지 6개월
7) 교육을 실시하지 않고 수수료를 받은 경우	업무정지 3개월	업무정지 6개월	등록취소
8) 법 제29조제1항부터 제3항까지의 규정에 따른 교육의 내용 및 방법을 위반한 경우	업무정지 1개월	업무정지 3개월	업무정지 6개월
라. 건설업 기초안전·보건교육기관(법 제33조제4항 관련)			
1) 거짓이나 그 밖의 부정한 방법으로 등록한 경우	등록취소		
2) 업무정지 기간 중에 업무를 수행한 경우	등록취소		
3) 법 제33조제1항에 따른 등록 요건을 충족하지 못한 경우	업무정지 3개월	업무정지 6개월	등록취소
4) 등록한 사항을 위반하여 업무를 수행한 경우	업무정지 1개월	업무정지 3개월	업무정지 6개월
5) 교육 관련 서류를 거짓으로 작성한 경우	업무정지 3개월	등록취소	
6) 정당한 사유 없이 교육 실시를 거부한 경우	업무정지 1개월	업무정지 3개월	업무정지 6개월

위반행위			
7) 교육을 실시하지 않고 수수료를 받은 경우	업무정지 3개월	업무정지 6개월	등록취소
8) 법 제31조제1항 본문에 따른 교육의 내용 및 방법을 위반한 경우	업무정지 1개월	업무정지 3개월	업무정지 6개월
마. 안전보건진단기관(법 제48조제4항 관련)			
1) 거짓이나 그 밖의 부정한 방법으로 지정을 받은 경우	지정취소		
2) 업무정지 기간 중에 업무를 수행한 경우	지정취소		
3) 법 제48조제1항에 따른 지정 요건에 미달한 경우	업무정지 3개월	업무정지 6개월	지정취소
4) 지정받은 사항을 위반하여 안전보건진단업무를 수행한 경우	업무정지 1개월	업무정지 3개월	업무정지 6개월
5) 안전보건진단 업무 관련 서류를 거짓으로 작성한 경우	지정취소		
6) 정당한 사유 없이 안전보건진단 업무의 수탁을 거부한 경우	업무정지 1개월	업무정지 3개월	업무정지 6개월
7) 영 제47조에 따른 인력기준에 해당하지 않는 사람에게 안전보건진단 업무를 수행하게 한 경우	업무정지 3개월	업무정지 6개월	지정취소
8) 안전보건진단 업무를 수행하지 않고 위탁 수수료를 받은 경우	업무정지 3개월	업무정지 6개월	지정취소
9) 안전보건진단 업무와 관련된 비치서류를 보존하지 않은 경우	업무정지 1개월	업무정지 3개월	업무정지 6개월
10) 안전보건진단 업무 수행과 관련한 대가 외의 금품을 받은 경우	업무정지 1개월	업무정지 3개월	업무정지 6개월
11) 법에 따른 관계 공무원의 지도·감독을 거부·방해 또는 기피한 경우	업무정지 3개월	업무정지 6개월	지정취소
바. 건설재해예방전문지도기관(법 제74조제4항 관련)			
1) 거짓이나 그 밖의 부정한 방법으로 지정을 받은 경우	지정취소		
2) 업무정지 기간 중에 업무를 수행한 경우	지정취소		
3) 법 제74조제1항에 따른 지정 요건을 충족하지 못한 경우	업무정지 3개월	업무정지 6개월	지정취소
4) 지정받은 사항을 위반하여 업무를 수행한 경우	업무정지 1개월	업무정지 3개월	업무정지 6개월
5) 지도업무 관련 서류를 거짓으로 작성한 경우	지정취소		
6) 정당한 사유 없이 지도업무를 거부한 경우	업무정지 3개월	업무정지 6개월	지정취소
7) 지도업무를 게을리하거나 지도업무에 차질을 일으킨 경우			
가) 지도 대상 전체 사업장에 대하여 최근 1년간 3회 이상 지도 업무의 수행을 게을리 한 경우	업무정지 1개월	업무정지 2개월	업무정지 3개월

(각 사업장별로 지도 업무의 수행을 게을리 한 횟수를 모두 합산한다)			
나) 인력기준에 해당하지 않는 사람이 지도 업무를 수행한 경우	업무정지 3개월	업무정지 6개월	지정취소
다) 지도 업무를 수행하지 않고 부당하게 대가를 받은 경우	업무정지 3개월	업무정지 6개월	지정취소
라) 지도사업장에서 중대재해 발생 시 그 재해의 직접적인 원인이 지도 소홀로 인정되는 경우	업무정지 1개월	업무정지 2개월	업무정지 3개월
8) 영 별표 18에 따른 지도업무의 내용, 지도대상 분야, 지도의 수행방법을 위반한 경우	업무정지 1개월	업무정지 2개월	업무정지 3개월
9) 지도를 실시하고 그 결과를 고용노동부장관이 정하는 전산시스템에 3회 이상 입력하지 않은 경우	업무정지 1개월	업무정지 2개월	업무정지 3개월
10) 지도업무와 관련된 비치서류를 보존하지 않은 경우	업무정지 1개월	업무정지 3개월	업무정지 6개월
11) 법에 따른 관계 공무원의 지도·감독을 거부·방해 또는 기피한 경우	업무정지 3개월	업무정지 6개월	지정취소
사. 타워크레인 설치·해체업을 등록한 자(법 제82조제4항 관련)			
1) 거짓이나 그 밖의 부정한 방법으로 등록을 한 경우	등록취소		
2) 업무정지 기간 중에 업무를 수행한 경우	등록취소		
3) 법 제82조제1항에 따른 등록 요건을 충족하지 못한 경우	업무정지 3개월	업무정지 6개월	등록취소
4) 등록한 사항을 위반하여 업무를 수행한 경우	업무정지 1개월	업무정지 3개월	업무정지 6개월
5) 법 제38조에 따른 안전조치를 준수하지 않아 벌금형 또는 금고 이상의 형의 선고를 받은 경우	업무정지 6개월	등록취소	
6) 법에 따른 관계 공무원의 지도·감독 업무를 거부·방해 또는 기피한 경우	업무정지 3개월	업무정지 6개월	등록취소
아. 안전인증의 취소 등(법 제86조제1항 관련)			
1) 거짓이나 그 밖의 부정한 방법으로 안전인증을 받은 경우	안전인증 취소		
2) 안전인증을 받은 유해·위험기계등의 안전에 관한 성능 등이 안전인증기준에 맞지 않게 된 경우			
가) 안전인증기준에 맞지 않게 된 경우	개선명령 및 6개월의 범위에서 안전인증기준에 맞게 될 때까지 안전인증표시 사용금지	안전인증 취소	

나) 가)에 따라 개선명령 및 안전인증표시 사용금지처분을 받은 자가 6개월의 사용금지기간이 지날 때까지 안전인증기준에 맞지 않게 된 경우	안전인증 취소		
3) 정당한 사유 없이 법 제84조제4항에 따른 확인을 거부, 방해 또는 기피하는 경우	안전인증표시 사용금지 3개월	안전인증표시 사용금지 6개월	안전인증 취소
자. 안전인증기관(법 제88조제5항 관련)			
1) 거짓이나 그 밖의 부정한 방법으로 지정받은 경우	지정취소		
2) 업무정지 기간 중에 업무를 수행한 경우	지정취소		
3) 법 제88조제1항에 따른 지정요건을 충족하지 못한 경우	업무정지 3개월	업무정지 6개월	지정취소
4) 지정받은 사항을 위반하여 업무를 수행한 경우	업무정지 1개월	업무정지 3개월	업무정지 6개월
5) 안전인증 관련 서류를 거짓으로 작성한 경우	지정취소		
6) 정당한 사유 없이 안전인증 업무를 거부한 경우	업무정지 1개월	업무정지 3개월	업무정지 6개월
7) 안전인증 업무를 게을리하거나 차질을 일으킨 경우			
가) 인력기준에 해당되지 않는 사람이 안전인증 업무를 수행한 경우	업무정지 3개월	업무정지 6개월	지정취소
나) 안전인증기준에 적합한지에 대한 심사 소홀이 원인이 되어 중대재해가 발생한 경우	업무정지 1개월	업무정지 3개월	업무정지 6개월
다) 안전인증 면제를 위한 심사 또는 상호인정협정 체결 소홀이 원인이 되어 중대재해가 발생한 경우	업무정지 1개월	업무정지 3개월	업무정지 6개월
8) 안전인증·확인의 방법 및 절차를 위반한 경우	업무정지 1개월	업무정지 3개월	업무정지 6개월
9) 법에 따른 관계 공무원의 지도·감독을 거부·방해 또는 기피한 경우	업무정지 3개월	업무정지 6개월	지정취소
차. 자율안전확인표시 사용금지 등(법 제91조 관련)			
• 신고된 자율안전확인대상기계등의 안전에 관한 성능이 자율안전기준에 맞지 않게 된 경우	시정명령 또는 6개월의 범위에서 자율안전기준에 맞게 될 때까지 자율안전확인표시 사용금지		
카. 안전검사기관(법 제96조제5항 관련)			
1) 거짓이나 그 밖의 부정한 방법으로 지정받은 경우	지정취소		

2) 업무정지 기간 중에 업무를 수행한 경우	지정취소		
3) 법 제96조제2항에 따른 지정요건을 충족하지 못한 경우	업무정지 3개월	업무정지 6개월	지정취소
4) 지정받은 사항을 위반하여 업무를 수행한 경우	업무정지 1개월	업무정지 3개월	업무정지 6개월
5) 안전검사 관련 서류를 거짓으로 작성한 경우	지정취소		
6) 정당한 사유 없이 안전검사 업무를 거부한 경우	업무정지 1개월	업무정지 3개월	업무정지 6개월
9) 안전검사 업무를 게을리하거나 업무에 차질을 일으킨 경우			
가) 인력기준에 해당되지 않는 사람이 안전검사 업무를 수행한 경우	업무정지 3개월	업무정지 6개월	지정취소
나) 안전검사기준에 적합한지에 대한 확인 소홀이 원인이 되어 중대재해가 발생한 경우	업무정지 1개월	업무정지 3개월	업무정지 6개월
6) 안전검사·확인의 방법 및 절차를 위반한 경우	업무정지 1개월	업무정지 3개월	업무정지 6개월
7) 법에 따른 관계 공무원의 지도·감독을 거부·방해 또는 기피한 경우	업무정지 3개월	업무정지 6개월	지정취소
타. 자율검사프로그램 인정의 취소 등(법 제99조제1항 관련)			
1) 거짓이나 그 밖의 부정한 방법으로 자율검사프로그램을 인정받은 경우	자율검사프로그램인정취소		
2) 자율검사프로그램을 인정받고도 검사를 하지 않은 경우	개선명령	개선명령	자율검사프로그램인정취소
3) 인정받은 자율검사프로그램의 내용에 따라 검사를 하지 않은 경우	개선명령	개선명령	자율검사프로그램인정취소
4) 법 제98조제1항 각 호의 어느 하나에 해당하는 사람 또는 자율안전검사기관이 검사를 하지 않은 경우	개선명령	개선명령	자율검사프로그램인정취소
파. 자율안전검사기관의 지정취소 등(법 제100조제4항 관련)			
1) 거짓이나 그 밖의 부정한 방법으로 지정을 받은 경우	지정취소		
2) 업무정지 기간 중에 업무를 수행한 경우	지정취소		
3) 법 제100조제1항에 따른 지정 요건을 충족하지 못한 경우	업무정지 3개월	업무정지 6개월	지정취소
4) 지정받은 사항을 위반하여 검사업무를 수행한 경우	업무정지 1개월	업무정지 3개월	업무정지 6개월
5) 검사 관련 서류를 거짓으로 작성한 경우	지정취소		
6) 정당한 사유 없이 검사업무의 수탁을 거부한 경우	업무정지 1개월	업무정지 3개월	업무정지 6개월

7) 검사업무를 하지 않고 위탁 수수료를 받은 경우	업무정지 3개월	업무정지 6개월	지정취소
8) 검사 항목을 생략하거나 검사방법을 준수하지 않은 경우	업무정지 1개월	업무정지 3개월	업무정지 6개월
9) 검사 결과의 판정기준을 준수하지 않거나 검사 결과에 따른 안전조치 의견을 제시하지 않은 경우	업무정지 1개월	업무정지 3개월	업무정지 6개월
하. 등록지원기관(법 제102조제3항 관련)			
1) 거짓이나 그 밖의 부정한 방법으로 등록받은 경우	등록취소		
2) 법 제102조제2항에 따른 등록요건에 적합하지 아니하게 된 경우	지원제한 1년	등록취소	
3) 법 제86조제1항제1호에 따라 안전인증이 취소된 경우	등록취소		
거. 허가대상물질의 제조·사용허가(법 제118조제5항 관련)			
1) 거짓이나 그 밖의 부정한 방법으로 허가를 받은 경우	허가취소		
2) 법 제118조제2항에 따른 허가기준에 맞지 않게 된 경우	영업정지 3개월	영업정지 6개월	허가취소
3) 법 제118조제3항을 위반한 경우			
가) 제조·사용 설비를 법 제118조제2항에 따른 허가기준에 적합하도록 유지하기 않거나, 그 기준에 적합하지 않은 작업방법으로 허가대상물질을 제조·사용한 경우(나)부터 라)까지의 규정에 해당하는 경우는 제외한다)	영업정지 3개월	영업정지 6개월	허가취소
나) 허가대상물질을 취급하는 근로자에게 적절한 보호구(保護區)를 지급하지 않은 경우	영업정지 2개월	영업정지 3개월	영업정지 6개월
다) 허가대상물질에 대한 작업수칙을 지키지 않거나 취급근로자가 보호구를 착용하지 않았는데도 작업을 계속한 경우	영업정지 2개월	영업정지 3개월	영업정지 6개월
라) 그 밖에 법 또는 법에 따른 명령을 위반한 경우			
(1) 국소배기장치에 법 제93조에 따른 안전검사를 하지 않은 경우	영업정지 2개월	영업정지 3개월	영업정지 6개월
(2) 비치서류를 보존하지 않은 경우	영업정지 1개월	영업정지 3개월	영업정지 6개월
(3) 법에 따른 관계 공무원의 지도·감독을 거부·방해 또는 기피한 경우	영업정지 4개월	영업정지 6개월	허가취소
(4) 관련 서류를 거짓으로 작성한 경우	허가취소		
4) 법 제118조제4항에 따른 명령을 위반한 경우	영업정지 6개월	허가취소	

5) 자체검사 결과 이상을 발견하고도 즉시 보수 및 필요한 조치를 하지 않은 경우	영업정지 2개월	영업정지 3개월	영업정지 6개월
너. 석면조사기관(법 제120조제5항 관련)			
1) 거짓이나 그 밖의 부정한 방법으로 지정을 받은 경우	지정취소		
2) 업무정지 기간 중에 업무를 수행한 경우	지정취소		
3) 법 제120조제1항에 따른 지정 요건을 충족하지 못한 경우	업무정지 3개월	업무정지 6개월	지정취소
4) 지정받은 사항을 위반하여 업무를 수행한 경우	업무정지 1개월	업무정지 3개월	업무정지 6개월
5) 법 제119조제2항의 기관석면조사 또는 법 제124조제1항의 공기 중 석면농도 관련 서류를 거짓으로 작성한 경우	지정취소		
6) 정당한 사유 없이 석면조사 업무를 거부한 경우	업무정지 1개월	업무정지 3개월	업무정지 6개월
7) 영 제90조에 따른 인력기준에 해당하지 않는 사람에게 석면조사 업무를 수행하게 한 경우	업무정지 3개월	업무정지 6개월	지정취소
8) 법 제119조제5항 및 이 규칙 제176조에 따른 석면조사 방법과 그 밖에 필요한 사항을 위반한 경우	업무정지 6개월	지정취소	
9) 법 제120조제2항에 따라 고용노동부장관이 실시하는 석면조사기관의 석면조사 능력 확인을 받지 않거나 부적합 판정을 받은 경우(연속 2회에 한함)	향후 석면조사 능력 확인에서 적합 판정을 받을 때까지 업무정지		
10) 법 제124조제2항에 따른 자격을 갖추지 않은 자에게 석면농도를 측정하게 한 경우	업무정지 3개월	업무정지 6개월	지정취소
11) 법 제124조제2항에 따른 석면농도 측정방법을 위반한 경우	업무정지 1개월	업무정지 3개월	업무정지 6개월
12) 법에 따른 관계 공무원의 지도·감독을 거부·방해 또는 기피한 경우	업무정지 3개월	업무정지 6개월	지정취소
더. 석면해체·제거업자(법 제121조제4항 관련)			
1) 거짓이나 그 밖의 부정한 방법으로 등록을 한 경우	등록취소		
2) 업무정지 기간 중에 업무를 수행한 경우	등록취소		
3) 법 제121조제1항에 따른 등록 요건을 충족하지 못한 경우	업무정지 3개월	업무정지 6개월	등록취소
4) 등록한 사항을 위반하여 업무를 수행한 경우	업무정지 1개월	업무정지 3개월	업무정지 6개월
5) 법 제122조제3항에 따른 서류를 거짓이나 그 밖의 부정한 방법으로 작성한 경우	등록취소		

6) 법 제122조제3항에 따른 신고(변경신고는 제외한다) 또는 서류 보존 의무를 이행하지 않은 경우	업무정지 1개월	업무정지 2개월	업무정지 3개월
7) 법 제123조제1항 및 안전보건규칙 제489조부터 제497조까지, 제497조의2, 제497조의3에서 정하는 석면해체·제거의 작업기준을 준수하지 않아 벌금형의 선고 또는 금고 이상의 형의 선고를 받은 경우	업무정지 6개월	등록취소	
8) 법에 따른 관계 공무원의 지도·감독을 거부·방해 또는 기피한 경우	업무정지 3개월	업무정지 6개월	등록취소
러. 작업환경측정기관(법 제126조제5항 관련)			
1) 거짓이나 그 밖의 부정한 방법으로 지정을 받은 경우	지정취소		
2) 업무정지 기간 중에 업무를 수행한 경우	지정취소		
3) 법 제126조제1항에 따른 지정 요건을 충족하지 못한 경우	업무정지 3개월	업무정지 6개월	지정취소
4) 지정받은 사항을 위반하여 작업환경측정업무를 수행한 경우	업무정지 1개월	업무정지 3개월	업무정지 6개월
5) 작업환경측정 관련 서류를 거짓으로 작성한 경우	지정취소		
6) 정당한 사유 없이 작업환경측정 업무를 거부한 경우	업무정지 1개월	업무정지 3개월	업무정지 6개월
7) 위탁받은 작업환경측정 업무에 차질을 일으킨 경우			
• 인력기준에 해당하지 않는 사람이 측정한 경우	업무정지 3개월	업무정지 6개월	지정취소
8) 법 제125조제8항 및 이 규칙 제189조에 따른 작업환경측정 방법 등을 위반한 경우	업무정지 1개월	업무정지 3개월	업무정지 6개월
9) 법 제126조제2항에 따라 고용노동부장관이 실시하는 작업환경측정기관의 측정·분석 능력 확인을 1년 이상 받지 않거나 작업환경측정기관의 측정·분석능력 확인에서 부적합 판정(2회 연속 부적합에 한함.단, 특별정도관리의 경우 1회 부적합 판정인 경우임)을 받은 경우	향후 작업환경측정기관의 측정·분석능력 확인에서 적합 판정을 받을 때까지 업무정지		
10) 작업환경측정 업무와 관련된 비치서류를 보존하지 않은 경우	업무정지 1개월	업무정지 3개월	업무정지 6개월
11) 법에 따른 관계 공무원의 지도·감독을 거부·방해 또는 기피한 경우	업무정지 3개월	업무정지 6개월	지정취소
머. 특수건강진단기관(법 제135조제6항 관련)			
1) 거짓이나 그 밖의 부정한 방법으로 지정을 받은 경우	지정취소		

2) 업무정지 기간 중에 업무를 수행한 경우	지정취소		
3) 법 제135조제2항에 따른 지정 요건을 충족하지 못한 경우	업무정지 3개월	업무정지 6개월	지정취소
4) 지정받은 사항을 위반하여 건강진단업무를 수행한 경우	업무정지 1개월	업무정지 3개월	업무정지 6개월
5) 고용노동부령으로 정하는 검사항목을 빠뜨리거나 검사방법 및 실시 절차를 준수하지 않고 건강진단을 하는 경우			
가) 검사항목을 빠뜨린 경우	업무정지 1개월	업무정지 3개월	업무정지 6개월
나) 검사방법을 준수하지 않은 경우	업무정지 1개월	업무정지 3개월	업무정지 6개월
다) 실시 절차를 준수하지 않은 경우	업무정지 1개월	업무정지 3개월	업무정지 6개월
6) 고용노동부령으로 정하는 건강진단의 비용을 줄이는 등의 방법으로 건강진단을 유인하거나 건강진단의 비용을 부당하게 징수한 경우	업무정지 3개월	업무정지 6개월	지정취소
7) 법 제135조제3항에 따라 고용노동부장관이 실시하는 특수건강진단기관의 진단·분석 능력의 확인에서 부적합 판정을 받은 경우	향후 특수건강진단기관의 진단·분석 능력의 확인에서 적합 판정을 받을 때까지 해당 검사의 업무정지		
8) 건강진단 결과를 거짓으로 판정하거나 고용노동부령으로 정하는 건강진단개인표 등 건강진단 관련 서류를 거짓으로 작성한 경우	지정취소		
9) 무자격자 또는 영 제97조에 따른 특수건강진단기관의 지정 요건을 충족하지 못하는 자가 건강진단을 한 경우			
가) 「의료법」에 따른 의사가 아닌 사람이 진찰·판정 업무를 수행한 경우	지정취소		
나) 「의료법」에 따른 직업환경의학과 전문의가 아닌 의사가 진찰·판정 업무를 수행한 경우	업무정지 3개월	업무정지 6개월	지정취소
다) 지정기준에 적합하지 않은 사람이 진찰·판정을 제외한 건강진단업무를 수행한 경우	업무정지 1개월	업무정지 3개월	업무정지 6개월
10) 정당한 사유 없이 건강진단의 실시를 거부하거나 중단한 경우			
가) 건강진단 실시를 거부한 경우	업무정지 1개월	업무정지 3개월	업무정지 6개월

나) 건강진단 실시를 중단한 경우	업무정지 3개월	업무정지 6개월	지정취소
11) 정당한 사유 없이 법 제135조제4항에 따른 특수건강진단기관의 평가를 거부한 경우	업무정지 3개월	업무정지 6개월	지정취소
12) 법에 따른 관계 공무원의 지도·감독 업무를 거부·방해 또는 기피한 경우	업무정지 3개월	업무정지 6개월	지정취소
버. 유해·위험작업 자격 취득 등을 위한 교육기관(법 제140조제4항 관련)			
1) 거짓이나 그 밖의 부정한 방법으로 지정을 받은 경우	지정취소		
2) 업무정지 기간 중에 업무를 수행한 경우	지정취소		
3) 「유해·위험작업의 취업제한에 관한 규칙」 제4조제1항에 따른 지정 요건을 충족하지 못한 경우	업무정지 3개월	업무정지 6개월	지정취소
4) 지정받은 사항을 위반하여 업무를 수행한 경우	업무정지 1개월	업무정지 3개월	업무정지 6개월
5) 교육과 관련된 서류를 거짓으로 작성한 경우	업무정지 3개월	지정취소	
6) 정당한 사유 없이 특정인에 대한 교육을 거부한 경우	업무정지 1개월	업무정지 3개월	업무정지 6개월
7) 정당한 사유 없이 1개월 이상 휴업으로 인하여 위탁받은 교육업무의 수행에 차질을 일으킨 경우	지정취소		
8) 교육과 관련된 비치서류를 보존하지 않은 경우	업무정지 1개월	업무정지 3개월	업무정지 6개월
9) 교육과 관련하여 고용노동부장관이 정하는 수수료 외의 금품을 받은 경우	업무정지 1개월	업무정지 3개월	업무정지 6개월
10) 법에 따른 관계 공무원의 지도·감독을 방해·거부 또는 기피한 경우	업무정지 3개월	업무정지 6개월	지정취소
서. 산업안전지도사 등(법 제154조 관련)			
1) 거짓이나 그 밖의 부정한 방법으로 등록 또는 갱신등록을 한 경우	등록취소		
2) 업무정지 기간 중에 업무를 한 경우	등록취소		
3) 업무 관련 서류를 거짓으로 작성한 경우	등록취소		
4) 법 제142조에 따른 직무의 수행과정에서 고의 또는 과실로 인하여 중대재해가 발생한 경우	업무정지 3개월	업무정지 6개월	업무정지 12개월
5) 법 제145조제3항제1호부터 제5호까지의 규정 중 어느 하나에 해당하게 된 경우	등록취소		
6) 법 제148조제2항에 따른 보증보험에 가입하지 않거나 그 밖에 필요한 조치를 하지 않은 경우	업무정지 3개월	업무정지 6개월	업무정지 12개월
7) 법 제150조제1항을 위반하여 같은 조 제2항에 따른 기명·날인 또는 서명을 한 경우	업무정지 3개월	업무정지 6개월	업무정지 12개월
8) 법 제151조, 제153조 또는 제162조를 위반한 경우	업무정지 12개월	등록취소	

산업안전보건법 시행규칙 [별지 서식]

산업안전보건법 시행규칙 [별지 서식]

■ 산업안전보건법 시행규칙 [별지 제1호서식]

통합 산업재해 현황 조사표

※ 제2쪽의 작성 요령을 읽고, 아래의 각 항목을 작성합니다.

(제1쪽)

Ⅰ. 도급인 사업장 정보

① 사업장명	② 사업자등록번호	③ 사업장관리번호	사업개시번호	사업장 소재지	④ 근로자수	⑤ 재해 현황				⑥ 업종
						사고사망자수	질병사망자수	사고재해자 수(사망포함)	질병재해자 수(사망포함)	

Ⅱ. 수급인 사업장 정보

⑦ 사업장명	사업자등록번호	⑧ 사업장관리번호	사업개시번호	사업장 소재지	⑨ 근로자수	⑩ 재해 현황			
						사고사망자 수	질병사망자 수	사고재해자 수(사망포함)	질병재해자 수(사망 포함)
⑪합계	총 ( ) 개소				명	명	명	명	명

Ⅲ. 도급인과 수급인의 통합 산업재해발생건수등의 정보

⑫ 도급인ㆍ수급인 통합 근로자 수	⑬ 도급인ㆍ수급인 통합 사고사망자 수	⑭ 도급인ㆍ수급인 통합 재해자 수
명	명	명

⑮ 도급인ㆍ수급인 통합 사고사망만인율(‱)	⑯ 도급인ㆍ수급인 통합 산업재해율(%)
‱	%

작성자 소속 및 성명:

작성자 전화번호: 작성일 년 월 일

원도급 사업주 (서명 또는 인)

고용노동부 (지)청장 귀하

210㎜×297㎜[일반용지 60g/㎡(재활용품)]

(제2쪽)

작성방법

I. 도급인 사업장 정보

① 사업장명: 도급인 사업장명을 적습니다.

② 사업자 등록번호: 국세청에 등록된 도급인 사업장 사업자 등록번호를 적습니다.

③ 사업장 관리번호(사업개시번호): 근로복지공단의 산업재해보상보험 가입 시 부여된 도급인 사업장 관리번호(사업개시번호)를 적습니다.

④ 근로자 수: 근로복지공단에 신고된 해당 연도의 도급인 사업장의 산재보험 근로자 수를 적습니다.

⑤ 재해현황: 해당 연도에 도급인 사업장에서 발생한 도급인 사업장 소속 근로자의 산업재해*를 사고사망자 수, 질병사망자 수, 사고재해자 수(사망포함), 질병재해자 수(사망포함)로 각각 구분하여 인원수를 적습니다.

* '산업재해'란 「산업안전보건법」 제2조제1호의 '산업재해' 중 사망재해와 3일 이상 휴업재해에 해당되는 재해를 말합니다.

○ 사고사망자 수: 업무상 사고로 인해 발생한 사망자 수를 적습니다.

* 사고사망자 수에는 사업장 밖의 교통사고(운수업, 음식숙박업의 교통사고 사망자는 포함)·체육행사·폭력행위에 의한 사망, 통근 중 사망, 사고발생일로부터 1년을 경과하여 사망한 경우는 제외

○ 질병사망자 수: 업무상 질병으로 인해 발생한 사망자 수를 적습니다.

○ 사고재해자 수(사망 포함): 업무상 사고로 인해 발생한 재해자 수(사고사망자 수 포함)를 적습니다.

* 사고재해자 수(사망 포함)는 위 제외되는 사고사망자 수를 포함한 모든 사고사망자 수를 의미

○ 질병재해자 수(사망 포함): 업무상 질병으로 인해 발생한 재해자 수(질병사망자 수 포함)를 적습니다.

⑥ 업종: 통계청(www.kostat.go.kr)의 한국표준산업분류표 상의 세세분류(5자리) 업종명을 적습니다. 다만, 한국표준산업분류 세세분류 업종명을 알 수 없는 경우 근로복지공단 산재보험요율표 상의 소분류(5자리) 업종명을 적습니다.

II. 수급 사업장 정보

⑦ 사업장명: 해당 연도에 도급인의 사업장과 같은 장소에서 작업한 모든 수급인(하수급인 포함)의 사업장명을 적습니다.

⑧ 사업장 관리번호(사업개시번호): 근로복지공단의 산업재해보상보험 가입 시 부여된 수급인 사업장 관리번호(사업개시번호)를 적습니다.

* 수급인 사업장에서 산재보험 가입을 하나로 한 경우에는 그 사업장 관리번호를 적고, 해당 도급인 사업장별로 산재보험 가입한 경우이거나 사업개시신고를 한 경우에는 해당 도급인 사업장에 해당되는 사업장 관리번호(사업개시번호)를 적습니다.

⑨ 근로자 수*

* 통합 산정 대상이 되는 수급인 근로자는 도급인의 근로자와 같은 장소에서 작업하는 수급인 근로자를 말합니다.

○ 해당 도급인 사업장과 연 단위로 1:1 계약한 경우: 해당연도(1~12월) 전 기간에 걸쳐 도급인의 사업장 내에서 작업하는 수급인 사업장은 12월말 기준으로 근로복지공단에 신고한 산재보험 근로자 수를 적습니다.

○ 하나의 수급인 사업장이 여러 개의 도급인 사업장과 계약한 경우: 해당 도급인 사업장에서 작업한 모든 수급인 사업장의 근로자 수를 아래의 산식에 따라 계산하여 적습니다.

[산식] (근로자 수×근로일수) + (근로자 수×근로일수) + ··········+ (근로자 수×근로일수) / 365일

(작성 예) 10일은 10명, 20일은 20명, 5일은 30명이 작업을 한 경우

(10 × 10) + (20 × 20) + (5 × 30) = 650(일·명) / 365(일) = 2명(소수점 첫째자리에서 반올림)

* 위의 근로일수는 작업시간과 상관없이 일(日) 기준으로 작성합니다. 즉, 10시간을 작업한 경우도 1일로 계산하고, 1시간을 작업한 경우도 1일로 계산합니다.

⑩ 재해현황

○ 해당 연도에 해당 도급인 사업장에서 발생한 수급인 소속 근로자의 모든 산업재해*를 사고사망자 수, 질병사망자 수, 사고재해자 수(사고사망자 수 포함), 질병재해자 수(질병사망자 수 포함)로 각각 구분하여 인원수를 적습니다.

* '재해현황' 세부기준은 위의 도급인 사업장 '재해현황' 참고

⑪ 합계: 총 수급업체 수, 도급인 사업장 내에서 작업을 수행한 수급인 근로자 및 사망자·재해자 등의 합계를 각각 적습니다.

III. 도급인·수급인 통합 산업재해발생건수등의 정보

⑫ 도급인·수급인 통합 근로자 수: ④(도급인 근로자 수)+⑪(수급인 근로자 수 합계)

⑬ 도급인·수급인 통합 사고사망자 수: ⑤(도급인 사고사망자 수)+⑪(수급인 사고사망자 수 합계)

⑭ 도급인·수급인 통합 재해자 수: ⑤(도급인 사고재해자 수+질병재해자 수)+⑪(수급인 사고재해자 수 합계+질병재해자 수 합계)

⑮ 도급인·수급인 통합 사고사망만인율(‱): ⑬(도급인·수급인 통합 사고사망자 수)/⑫(도급인·수급인 통합 근로자 수) × 10,000

⑯ 도급인·수급인 통합 산업재해율(%): ⑭(도급인·수급인 통합 재해자 수)/⑫(도급인·수급인 통합 근로자 수) × 100

■ 산업안전보건법 시행규칙 [별지 제2호서식] (2022.8.18 개정)

안전관리자·보건관리자·산업보건의 선임 등 보고서

<table>
<tr><td rowspan="3">사업체</td><td colspan="2">사업장명</td><td>업종 또는 주요생산품명</td></tr>
<tr><td colspan="2">소재지</td><td>사업자등록번호</td></tr>
<tr><td colspan="2">근로자 수
총 명 (남 명 /여 명)</td><td>전화번호</td></tr>
<tr><td rowspan="11">안전관리자
(안전관리
전문기관)</td><td colspan="2">성명 생년월일</td><td>기관명</td></tr>
<tr><td colspan="2">전자우편 주소</td><td>전화번호</td></tr>
<tr><td colspan="3">자격/면허번호</td></tr>
<tr><td rowspan="3">경력</td><td>기관명</td><td>기간</td></tr>
<tr><td></td><td></td></tr>
<tr><td></td><td></td></tr>
<tr><td rowspan="2">학력</td><td>학교</td><td>학과</td></tr>
<tr><td></td><td></td></tr>
<tr><td colspan="3">선임 등 연·월·일</td></tr>
<tr><td colspan="3">전담·겸임 구분</td></tr>
<tr><td colspan="3"></td></tr>
<tr><td rowspan="10">보건관리자
(보건관리
전문기관)</td><td colspan="2">성명 생년월일</td><td>기관명</td></tr>
<tr><td colspan="2">전자우편 주소</td><td>전화번호</td></tr>
<tr><td colspan="3">자격/면허번호</td></tr>
<tr><td rowspan="3">경력</td><td>기관명</td><td>기간</td></tr>
<tr><td></td><td></td></tr>
<tr><td></td><td></td></tr>
<tr><td rowspan="2">학력</td><td>학교</td><td>학과</td></tr>
<tr><td></td><td></td></tr>
<tr><td colspan="3">선임 등 연·월·일</td></tr>
<tr><td colspan="3">전담·겸임 구분</td></tr>
<tr><td rowspan="10">산업보건의</td><td colspan="2">성명 생년월일</td><td>기관명</td></tr>
<tr><td colspan="2">전자우편 주소</td><td>전화번호</td></tr>
<tr><td colspan="3">자격/면허번호</td></tr>
<tr><td rowspan="3">경력</td><td>기관명</td><td>기간</td></tr>
<tr><td></td><td></td></tr>
<tr><td></td><td></td></tr>
<tr><td rowspan="2">학력</td><td>학교</td><td>학과</td></tr>
<tr><td></td><td></td></tr>
<tr><td colspan="3">선임 등 연·월·일</td></tr>
<tr><td colspan="3">전담·겸임 구분</td></tr>
</table>

「산업안전보건법 시행규칙」 제11조 및 제23조에 따라 위와 같이 보고서를 제출합니다.

년 월 일

보고인(사업주 또는 대표자) (서명 또는 인)

지방고용노동청(지청)장 귀하

공지사항

이 건 민원처리결과에 만족도 조사 및 관련 제도 개선에 필요한 의견조사를 위해 귀하의 전화번호(휴대전화)로 전화조사를 실시할 수 있습니다.

210mm×297mm[백상지(80g/㎡) 또는 중질지(80g/㎡)]

■ 산업안전보건법 시행규칙 [별지 제3호서식] (2023.9.27 개정)

안전관리자 · 보건관리자 · 산업보건의 선임 등 보고서(건설업)

<table>
<tr><td rowspan="3">본사</td><td colspan="2">사업장명</td><td colspan="2">사업자등록번호</td></tr>
<tr><td colspan="2">사업주 또는 대표자</td><td colspan="2">전화번호</td></tr>
<tr><td colspan="4">소재지</td></tr>
<tr><td rowspan="9">현장개요</td><td colspan="2">현장명(사업개시번호)</td><td colspan="2">도급인 또는 건설공사시공주도총괄 · 관리자</td></tr>
<tr><td colspan="2">전화번호</td><td colspan="2">소재지</td></tr>
<tr><td colspan="2">공사기간</td><td colspan="2">공사금액(상시근로자 수) (명)</td></tr>
<tr><td rowspan="6">유해위험
방지계획서
대상 분류</td><td colspan="2">[ ] 지상높이 31미터 이상 건축물 또는 인공구조물 건설 등</td><td>[ ] 연면적 3만제곱미터 이상인 건축물 건설 등</td></tr>
<tr><td colspan="2">[ ] 연면적 5천제곱미터 이상인 문화 및 집회시설 등 건설 등</td><td>[ ] 연면적 5천제곱미터 이상인 냉동 · 냉장 창고시설의 설비공사 및 단열공사</td></tr>
<tr><td colspan="2">[ ] 최대 지간 길이 50미터 이상인 다리 건설 등</td><td>[ ] 터널의 건설등 공사</td></tr>
<tr><td colspan="2">[ ] 다목적댐 등 댐 건설 등</td><td>[ ] 깊이 10미터 이상인 굴착공사</td></tr>
<tr><td colspan="3">[ ] 유해위험 방지계획서 제출 대상 아님</td></tr>
<tr><td colspan="3"></td></tr>
<tr><td rowspan="4">건설공사 발주자 또는 건설공사 시공주도 총괄 · 관리자</td><td colspan="2">성명 또는 사업자명</td><td colspan="2">대표자</td></tr>
<tr><td colspan="2">법인등록번호(사업자등록번호)</td><td colspan="2">사업장관리번호</td></tr>
<tr><td colspan="2">주소</td><td colspan="2">연락처</td></tr>
<tr><td>유형</td><td colspan="3">(공공) [ ] 정부 [ ] 지방자치단체 [ ] 공공기관 [ ] 지방공기업 [ ] 기타 국가기관
(민간) [ ] 기업 [ ] 개인</td></tr>
</table>

※ 아래의 안전관리자, 보건관리자, 산업보건의가 2명 이상인 경우에는 별지에 추가로 적습니다.

<table>
<tr><td rowspan="8">안전관리자</td><td colspan="2">성명 생년월일</td><td>기관명</td></tr>
<tr><td colspan="2">전자우편주소</td><td>전화번호</td></tr>
<tr><td colspan="3">자격/면허번호</td></tr>
<tr><td rowspan="2">경력</td><td>기관명</td><td></td></tr>
<tr><td>기간</td><td></td></tr>
<tr><td rowspan="2">학력</td><td>학교</td><td></td></tr>
<tr><td>학과</td><td></td></tr>
<tr><td colspan="3">선임 등 연 · 월 · 일 (전담 [ ] 겸임 [ ])</td></tr>
<tr><td rowspan="10">보건관리자</td><td colspan="2">성명 생년월일</td><td>기관명</td></tr>
<tr><td colspan="2">전자우편주소</td><td>전화번호</td></tr>
<tr><td colspan="3">자격/면허번호</td></tr>
<tr><td rowspan="3">경력</td><td>기관명</td><td>기간</td></tr>
<tr><td></td><td></td></tr>
<tr><td></td><td></td></tr>
<tr><td rowspan="2">학력</td><td>학교</td><td>학과</td></tr>
<tr><td></td><td></td></tr>
<tr><td colspan="3">선임 등 연 · 월 · 일 (전담 [ ] 겸임 [ ])</td></tr>
<tr><td colspan="3"></td></tr>
<tr><td rowspan="9">산업보건의</td><td colspan="2">성명 생년월일</td><td>기관명</td></tr>
<tr><td colspan="2">전자우편 주소</td><td>전화번호</td></tr>
<tr><td colspan="3">자격/면허번호</td></tr>
<tr><td rowspan="3">경력</td><td>기관명</td><td>기간</td></tr>
<tr><td></td><td></td></tr>
<tr><td></td><td></td></tr>
<tr><td rowspan="2">학력</td><td>학교</td><td>학과</td></tr>
<tr><td></td><td></td></tr>
<tr><td colspan="3">선임 등 연 · 월 · 일 (전담 [ ] 겸임 [ ])</td></tr>
</table>

「산업안전보건법」 제17조 · 제18조, 제22조, 제42조, 같은 법 시행령 제16조 · 제20조 · 제29조, 제42조제3항 및 같은 법 시행규칙 제11조 · 제23조에 따라 위와 같이 제출합니다.

년 월 일

보고인(사업주 또는 대표자) (서명 또는 인)

지방고용노동청장(지청장) 귀하

공지사항

이 건의 민원처리 결과에 대한 만족도 조사 및 관련 제도 개선에 필요한 의견조사를 위하여 귀하의 연락처로 전화조사를 실시할 수 있습니다.

210mm×297mm[백상지(80g/㎡) 또는 중질지(80g/㎡)]

■ 산업안전보건법 시행규칙 [별지 제4호서식]

관리자 [ ]증원 [ ]교체 명령서

※ [ ]에는 해당되는 곳에 √ 표시를 합니다.

<table>
<tr><td rowspan="2">사업체</td><td>사업장명</td><td>사업주 성명</td></tr>
<tr><td colspan="2">사업장 소재지</td></tr>
<tr><td rowspan="3">내용</td><td colspan="2">사유</td></tr>
<tr><td colspan="2">인원</td></tr>
<tr><td colspan="2">기간</td></tr>
</table>

「산업안전보건법」 [ ] 제17조 [ ] 제18조 [ ] 제19조 에 따라 [ ]안전관리자 [ ]보건관리자 [ ]안전보건관리담당자 의 [ ]증원 [ ]교체 을(를) 명합니다.

년 월 일

지방고용노동청(지청)장 직인

210㎜×297㎜(일반용지 60g/㎡(재활용품))

■ 산업안전보건법 시행규칙 [별지 제5호서식]

안전 · 보건관리 업무계약서

※ 작성방법을 읽고 작성하여 주시기 바라며, [ ]에는 해당하는 곳에 √ 표시를 합니다.

<table>
<tr><td rowspan="6">위탁 사업장</td><td colspan="4">사업체명</td><td colspan="2">업종명(업종코드번호)
(□□□□□)</td></tr>
<tr><td colspan="2">전화</td><td colspan="2">대표자</td><td colspan="2">생산품</td></tr>
<tr><td colspan="2">「산업안전보건법」 제17조에 따른 안전관리자 선임대상 여부
예[ ], 아니오[ ]</td><td colspan="2">「산업안전보건법」 제18조에 따른 보건관리자 선임대상 여부
예[ ], 아니오[ ]</td><td colspan="2">「산업안전보건법」 제19조에 따른 안전보건관리담당자 선임대상 여부 예[ ], 아니오[ ]</td></tr>
<tr><td colspan="6">소재지</td></tr>
<tr><td rowspan="3">근로자 수
(명)</td><td colspan="2">생산직</td><td colspan="2">사무직</td><td colspan="2">계</td></tr>
<tr><td>남</td><td></td><td>남</td><td></td><td>남</td><td></td></tr>
<tr><td></td><td>여</td><td></td><td>여</td><td></td><td>여</td><td></td></tr>
<tr><td rowspan="3">전문기관</td><td colspan="4">기관명</td><td colspan="2">대표자</td></tr>
<tr><td colspan="4">소재지</td><td colspan="2">전화</td></tr>
<tr><td colspan="6">담당요원명</td></tr>
<tr><td rowspan="4">업무 내용</td><td colspan="6">[ ]안전: 「산업안전보건법 시행령」 제18조제1항에 따른 안전관리자의 업무에 관한 사항</td></tr>
<tr><td colspan="6">[ ]보건: 「산업안전보건법 시행령」 제22조제1항에 따른 보건관리자의 업무에 관한 사항</td></tr>
<tr><td colspan="6">[ ]안전보건: 「산업안전보건법 시행령」 제25조에 따른 안전보건관리담당자의 업무에 관한 사항</td></tr>
<tr><td colspan="6">[ ]위에 기재한 사항 외의 업무:</td></tr>
<tr><td>업무수수료</td><td colspan="6">근로자 1명당 월( )원</td></tr>
<tr><td rowspan="2">근무일</td><td colspan="2">주</td><td colspan="2">요일</td><td colspan="2">시간</td></tr>
<tr><td colspan="2"></td><td colspan="2"></td><td colspan="2"></td></tr>
<tr><td>계약기간</td><td colspan="6">년 월 일부터 년 월 일까지</td></tr>
</table>

위탁사업주 및 전문기관은 위와 같이 업무계약을 체결하고, 성실하게 계약사항을 준수하기로 하며,

위탁사업주는 전문기관이 [ ]영 제18조 / [ ]영 제22조 / [ ]영 제25조 에 따른 [ ]안전관리자 / [ ]보건관리자 / [ ]안전보건관리담당자

의 업무를 원활하게 수행할 수 있도록 건강상담 및 안전 · 보건교육 등에 필요한 장소와 시간을 제공하고 해당 사업장에 안전업무 담당자 및 보건업무 담당자를 지정하는 등 전문기관의 업무에 적극 협조해야 합니다.

년 월 일

위탁사업주 사업체명
대표자 (서명 또는 인)

전문기관 명칭
대표자 (서명 또는 인)

작성방법

1. 업종명(업종코드번호)은 한국표준산업분류(통계청 고시)에 따라 적습니다.
2. 업무 내용란에서 그 밖의 업무가 있는 경우는 「[ ]위에 기재한 사항 외의 업무」 란에 서술식으로 적습니다.

210mm×297mm(일반용지 60g/㎡(재활용품))

■ 산업안전보건법 시행규칙 [별지 제6호서식] (2024.6.28 개정)

지정신청서(법인 등 신청용)

[ ]안전관리전문기관 [ ]보건관리전문기관 [ ]건설재해예방전문지도기관
[ ]자율안전검사기관 [ ]안전인증기관 [ ]안전검사기관
[ ]특수건강진단기관 [ ]작업환경측정기관(위탁/자체) [ ]종합진단기관
[ ]안전진단기관 [ ]안전보건진단기관 [ ]석면조사기관

※ [ ]에는 해당되는 곳에 √ 표시를 합니다.

접수번호	접수일자	처리일자	처리기간 20일

신청인	기관명	전화번호
	소재지	
	대표자 성명	
	업무지역	

「산업안전보건법」, 같은 법 시행령 및 같은 법 시행규칙의 관련 규정에 따라 위와 같이 신청합니다.

년 월 일

신청인(대표자) (서명 또는 인)

고용노동부장관 · 지방고용노동청(지청)장 귀하

신청인(대표자) 제출서류	1. 정관 2. 법인이 아닌 경우 정관을 갈음할 수 있는 서류와 법인등기사항증명서를 갈음할 수 있는 서류(보건관리전문기관만 해당합니다) 3. 해당 기관에 따른 인력기준에 해당하는 사람의 자격과 채용을 증명할 수 있는 자격증(국가기술자격증, 의료면허증 및 전문의자격증은 제외합니다), 경력증명서 및 재직증명서 등의 서류 4. 건물임대차계약서 사본이나 그 밖에 사무실 보유를 증명할 수 있는 서류와 시설·장비 명세서 5. 최초 1년간의 사업계획서(건설재해예방전문지도기관 및 석면조사기관은 제외하며 사업장 자체 측정기관의 경우에는 측정대상 사업장의 명단 및 최종 작업환경측정 결과서 사본) 6. 법 제135조제3항에 따라 최근 1년 이내에 건강진단기관의 건강진단·분석능력 평가결과 적합판정을 받았음을 증명하는 서류. 다만, 건강진단·분석능력 평가 결과 적합판정을 받은 건강진단기관과 생물학적 노출지표 분석의뢰계약을 체결하고 계약서를 제출하는 경우에는 그 계약서(제211조제1항에 따라 특수건강진단기관 지정을 신청하는 경우만 해당합니다) 7. 「건강검진기본법」에 따른 검진기관지정서, 일반건강검진기관으로서의 지정요건을 갖추었음을 입증할 수 있는 서류 및 고용노동부장관이 정하는 교육을 이수하였음을 입증할 수 있는 서류(제211조제1항제2호에 따라 특수건강진단기관 지정을 신청하는 경우만 해당합니다) 8. 법 제120조제2항에 따른 최근 1년 이내의 석면조사 능력평가 적합판정서(석면조사기관만 해당합니다)	수수료 없음
담당 공무원 확인사항	법인등기사항증명서, 국가기술자격증, 의료면허증 또는 전문의자격증 (해당 기관의 인력기준 확인을 위하여 필요한 경우로서 신청인이 확인에 동의한 경우에만 해당합니다.)	

행정정보 공동이용 동의서

본인은 이 건 업무처리와 관련하여 담당 공무원이 「전자정부법」 제36조에 따른 행정정보의 공동이용을 통하여 위의 담당 공무원 확인 사항을 확인하는 것에 동의합니다. *동의하지 않는 경우에는 신청인이 직접 관련 서류를 제출해야 합니다.

신청인 (서명 또는 인)

공지사항

본 민원의 처리결과에 대한 만족도 조사 및 관련 제도 개선에 필요한 의견조사를 위해 귀하의 전화번호(휴대전화)로 전화조사를 실시할 수 있습니다.

처리절차

신청서 작성	→	접 수	→	확인·검토	→	결 재	→	시 행	→	지정 통보
신청인		문서 접수 담당부서		산업안전·보건 업무 담당부서		장관·지방고용노동청(지청)장		문서 발송 담당부서		

210mm×297mm(일반용지 60g/㎡(재활용품))

■ 산업안전보건법 시행규칙 [별지 제6호의2서식] (2024.6.28 신설)

[ ]안전관리전문기관
[ ]보건관리전문기관
[ ]건설재해예방전문지도기관

지정신청서
(산업안전 · 보건지도사 신청용)

※ 색상이 어두운 칸은 신청인이 작성하지 않으며, [ ]에는 해당되는 곳에 √표를 합니다.

접수번호	접수일시	처리일자	처리기간 20일

<table>
<tr><td rowspan="5">신청인</td><td colspan="3">성명</td></tr>
<tr><td colspan="3">업무지역</td></tr>
<tr><td rowspan="3">사무소</td><td>사무소 명칭</td><td>전화번호</td></tr>
<tr><td colspan="2">소재지</td></tr>
<tr><td colspan="2">대표자 성명(지정신청하는 지도사와 대표자가 다른 경우만 기입합니다)</td></tr>
</table>

「산업안전보건법」, 같은 법 시행령 및 같은 법 시행규칙의 관련 규정에 따라 위와 같이 신청합니다.

년 월 일

신청인 (서명 또는 인)

고용노동부장관 · 지방고용노동청장 귀하

첨부서류	1. 「산업안전보건법 시행규칙」 제229조제2항에 따른 등록증 사본 2. 건물임대차계약서 사본이나 그 밖에 사무실 보유를 증명할 수 있는 서류와 시설 · 장비 명세서 3. 최초 1년간의 사업계획서(건설재해예방전문지도기관은 제외합니다)	수수료 없음

공지사항
본 민원의 처리결과에 대한 만족도 조사 및 관련 제도 개선에 필요한 의견조사를 위해 귀하의 전화번호(휴대전화)로 전화조사를 실시할 수 있습니다.

처리절차					
신청서 작성 →	접 수 →	확인 · 검토 →	결 재 →	시 행 →	지정 통보
신청인	문서 접수 담당부서	산업안전 · 보건업무 담당부서	장관 · 지방고용노동청장	문서 발송 담당부서	

■ 산업안전보건법 시행규칙 [별지 제7호서식] (2024.6.28 개정)

제　　　호

(　　　　　　　) 지정서(법인 등)

사업체	기관명	
	소재지	
	대표자 성명	
지정사항	총 업무(지정) 한계 사업장 (　　)개소, 근로자 (　　)명	
	관할지역 업무(지정)한계 사업장 (　　)개소, 근로자 (　　)명	
	업무(지정) 지역	

※ 준수사항

1. (　　)기관은 고용노동부장관 또는 지방고용노동관서장의 자료 제출 요구 및 점검에 적극 협조해야 한다.
2. (　　)기관으로 지정받은 기관은 「산업안전보건법」에서 정하는 사항을 준수해야 한다.
3. 그 밖의 사항

※ "지정사항" 및 "준수사항"에는 지정기관의 종류에 따라 필요한 사항을 추가로 적거나 필요 없는 사항은 삭제합니다.

「산업안전보건법」 제　　조에 따라　　　　　기관으로 지정합니다.

년　　월　　일

고 용 노 동 부 장 관
지방고용노동청(지청)장　[직인]

210mm×297mm(보존용지(1종) 120g/㎡)

■ 산업안전보건법 시행규칙 [별지 제7호의2서식] (2024.6.28 신설)

제 호

(　　　　　) 지정서(산업안전 · 보건지도사)

성명		
사무소	사무소 명칭	
	소재지	
	대표자 성명	
지정사항		총 업무(지정) 한계 사업장 (　　　)개소, 근로자 (　　　)명
		관할지역 업무(지정)한계 사업장 (　　　)개소, 근로자 (　　　)명
		업무(지정) 지역

※ 준수사항
1. (　　)기관은 고용노동부장관 또는 지방고용노동관서장의 자료 제출 요구 및 점검에 적극 협조해야 합니다.
2. (　　)기관으로 지정받은 기관은 「산업안전보건법」에서 정하는 사항을 준수해야 합니다.
3. 그 밖의 사항

※ "지정사항" 및 "준수사항"에는 지정기관의 종류에 따라 필요한 사항을 추가로 적거나 필요 없는 사항은 삭제합니다.

「산업안전보건법」 제　　조에 따라　　　　　기관으로 지정합니다.

년　　월　　일

고 용 노 동 부 장 관
지 방 고 용 노 동 청 장　　직인

210mm×297mm(보존용지(1종) 120g/㎡)

■ 산업안전보건법 시행규칙 [별지 제8호서식] (2024.6.28 개정)

변경신청서(법인 등 신청용)

[ ]안전관리전문기관 [ ]보건관리전문기관 [ ]건설재해예방전문지도기관
[ ]자율안전검사기관 [ ]안전인증기관 [ ]안전검사기관
[ ]특수건강진단기관 [ ]작업환경측정기관(위탁/자체) [ ]종합진단기관
[ ]안전진단기관(일반안전 · 건설안전진단기관) [ ]안전보건진단기관 [ ]석면조사기관

※ [ ]에는 해당되는 곳에 √ 표시를 합니다.

접수번호	접수일자	처리일자	처리기간 20일

신청인	기관명		전화번호
	소재지		
	대표자 성명		
	업무지역		
변경사항	변경 전	변경 후	
변경 사유 발생일			

「산업안전보건법」, 같은 법 시행령 및 같은 법 시행규칙의 관련 규정에 따라 위와 같이 변경사항을 신청합니다.

년 월 일

신청인(대표자) (서명 또는 인)

고용노동부장관 · 지방고용노동청(지청)장 귀하

첨부서류	1. 변경을 증명하는 서류 1부 2. 지정서 원본	수수료 없음
담당 공무원 확인사항	국가기술자격증(신청인이 국가기술자격증 확인에 동의한 경우에만 해당합니다.)	

공지사항

본 민원의 처리결과에 대한 만족도 조사 및 관련 제도 개선에 필요한 의견조사를 위해 귀하의 전화번호(휴대전화)로 전화조사를 실시할 수 있습니다.

처리절차

신청서 작성	→	접 수	→	확인 · 검토	→	결 재	→	시 행	→	지정 통보
신청인		문서 접수 담당부서		산업안전 · 보건 업무 담당부서		장관 · 지방고용노동청(지청)장		문서 발송 담당부서		

210mm×297mm(일반용지 60g/㎡(재활용품))

■ 산업안전보건법 시행규칙 [별지 제8호의2서식] (2024.6.28 신설)

[ ]안전관리전문기관
[ ]보건관리전문기관
[ ]건설재해예방전문지도기관 변경신청서 (산업안전 · 보건지도사 신청용)

※ 색상이 어두운 칸은 신청인이 작성하지 않으며, [ ]에는 해당되는 곳에 √표를 합니다.

접수번호	접수일시	처리일자	처리기간
			20일

구분		내용	
신청인	성명		
	업무지역		
	사무소	사무소 명칭	전화번호
		소재지	
		대표자 성명(변경신청하는 지도사와 대표자가 다른 경우만 기입합니다)	
변경사항	변경 전	변경 후	
변경 사유 발생일			

「산업안전보건법」, 같은 법 시행령 및 같은 법 시행규칙의 관련 규정에 따라 위와 같이 변경사항을 신청합니다.

년 월 일

신청인 (서명 또는 인)

고용노동부장관 · 지방고용노동청장 귀하

첨부서류	1. 변경을 증명하는 서류 1부 2. 지정서 원본	수수료 없음

공지사항

본 민원의 처리결과에 대한 만족도 조사 및 관련 제도 개선에 필요한 의견조사를 위해 귀하의 전화번호(휴대전화)로 전화조사를 실시할 수 있습니다.

처리절차

신청서 작성	→	접 수	→	확인 · 검토	→	결 재	→	시 행	→	지정 통보
신청인		문서 접수 담당부서		산업안전 · 보건업무 담당부서		장관 · 지방고용노동청장		문서 발송 담당부서		

■ 산업안전보건법 시행규칙 [별지 제9호서식]

근로자안전보건교육기관 [ ]등록 [ ]변경등록 신청서

※ [ ]에는 해당하는 곳에 √ 표시를 합니다.

접수번호	접수일자	처리일자	처리기간 20일

신청인	교육기관명(상호)	
	대표자 성명	생년월일
	소재지	전화번호
변경사항 (등록사항 변경 신청 시 작성)	변경 전	
	변경 후	

「산업안전보건법」 제33조제1항, 같은 법 시행규칙 제31조제1항제1호 또는 제5항에 따라 위와 같이 신청합니다.

년 월 일

신청인(대표자) (서명 또는 인)

지방고용노동청장 귀하

첨부서류	등록신청 하는 경우	1. 영 제40조제1항에 따른 법인 또는 산업안전ㆍ보건 관련 학과가 있는 「고등교육법」 제2조에 따른 학교에 해당함을 증명하는 서류 2. 영 별표 10에 따른 인력기준을 갖추었음을 증명할 수 있는 자격증(국가기술자격증은 제외), 졸업증명서, 경력증명서 또는 재직증명서 등 서류 3. 영 별표 10에 따른 시설ㆍ장비기준을 갖추었음을 증명할 수 있는 서류(건물임대차계약서 사본이나 그 밖에 사무실의 보유를 증명할 수 있는 서류 등)와 시설ㆍ장비 명세서 4. 최초 1년간의 교육사업계획서	수수료 없음
	변경등록 신청하는 경우	1. 변경내용을 증명하는 서류 2. 등록증	
담당 공무원 확인사항	1. 영 별표 10에 따른 인력기준을 갖추었음을 증명할 수 있는 국가기술자격증 2. 법인등기사항 증명서(법인만 해당합니다) 3. 사업자등록증(개인만 해당합니다)		

행정정보 공동이용 동의서

본인은 이 건 업무처리와 관련하여 담당 공무원이 「전자정부법」 제36조제1항에 따른 행정정보의 공동이용을 통하여 위의 담당 공무원 확인사항을 확인하는 것에 동의합니다. * 동의하지 않는 경우에는 신청인이 직접 관련 서류를 제출해야 합니다.

사업자(주민)등록번호: 신청인 (서명 또는 인)

공지사항

민원의 처리결과에 대한 만족도 조사 및 관련 제도 개선에 필요한 의견조사를 위해 귀하의 연락처로 전화조사를 실시할 수 있습니다.

처리절차

신청서 작성	→	접수	→	검토	→	결재	→	등록증 발급
신청인		지방고용노동청		지방고용노동청		지방고용노동청장		

210㎜×297㎜[백상지(80g/㎡) 또는 중질지(80g/㎡)]

■ 산업안전보건법 시행규칙 [별지 제10호서식]

직무교육기관 [ ]등록 [ ]변경등록 신청서

※ [ ]에는 해당하는 곳에 √ 표시를 합니다.

접수번호	접수일자	처리일자	처리기간 30일

신청인	교육기관명(상호)		
	대표자 성명	생년월일	
	소재지	전화번호	

직무교육 종류 (최초 등록하는 경우에 작성)	□ 안전보건관리책임자 (□신규, □보수) □ 안전관리자 (□신규, □보수) □ 산업안전일반 □ 제조업 분야 □ 건설업 분야 □ 기타 서비스 분야 □ 건설재해예방전문기관의 종사자 (□신규, □보수) □ 안전관리전문기관의 종사자 (□신규, □보수) □ 보건관리자 (□신규, □보수) □ 산업보건일반 □ 산업위생 □ 산업간호 □ 직업환경의학 □ 보건관리전문기관의 종사자 (□신규, □보수) □ 석면조사기관의 종사자 (□신규, □보수) □ 안전보건관리담당자 (□보수) □ 안전검사기관의 종사자 (□신규, □보수) □ 자율안전검사기관의 종사자 (□신규, □보수)
변경사항 (등록사항 변경 신청 시 작성)	변경 전 변경 후

「산업안전보건법」 제33조제1항, 같은 법 시행규칙 제31조제1항제2호 또는 제5항에 따라 위와 같이 신청합니다.

년 월 일

신청인(대표자) (서명 또는 인)

지방고용노동청장 귀하

첨부서류	등록신청하는 경우	1. 영 제40조제3항 각 호의 어느 하나에 해당함을 증명하는 서류 2. 영 별표 12에 따른 인력기준을 갖추었음을 증명할 수 있는 자격증(국가기술자격증은 제외), 졸업증명서, 경력증명서 및 재직증명서 등 서류 3. 영 별표 12에 따른 시설·장비기준을 갖추었음을 증명할 수 있는 서류(건물임대차계약서 사본이나 그 밖에 사무실의 보유를 증명할 수 있는 서류 등)와 시설·장비 명세서 4. 최초 1년간의 교육사업계획서	수수료 없음
	변경등록 신청하는 경우	1. 변경내용을 증명하는 서류 2. 등록증	
담당공무원 확인사항	1. 영 별표 12에 따른 인력기준을 갖추었음을 증명할 수 있는 국가기술자격증 2. 법인등기사항 증명서(법인만 해당한다) 3. 사업자등록증(개인만 해당한다)		

행정정보 공동이용 동의서

본인은 이 건 업무처리와 관련하여 담당 공무원이 「전자정부법」 제36조제1항에 따른 행정정보의 공동이용을 통하여 위의 담당 공무원 확인사항을 확인하는 것에 동의합니다. * 동의하지 않는 경우에는 신청인이 직접 관련 서류를 제출해야 합니다.

신청인 (서명 또는 인)

공지사항

민원의 처리결과에 대한 만족도 조사 및 관련 제도 개선에 필요한 의견조사를 위해 귀하의 연락처로 전화조사를 실시할 수 있습니다.

처리절차

신청서 작성	→	접수	→	검토	→	결재	→	등록증 발급
신청인		지방고용노동청		지방고용노동청		지방고용노동청장		

210㎜×297㎜[백상지(80g/㎡) 또는 중질지(80g/㎡)]

■ 산업안전보건법 시행규칙 [별지 제11호서식]

제 호

근로자안전보건교육기관 등록증

교육기관명
(상호)

대표자
성명

생년월일

소재지

전화번호

「산업안전보건법」 제33조제1항 및 같은 법 시행규칙 제31조제3항에 따라 안전보건교육기관으로 등록하였음을 증명합니다.

년 월 일

지방고용노동청장 직인

210mm×297mm[백상지(150g/㎡)]

■ 산업안전보건법 시행규칙 [별지 제12호서식]

제　　호

직무교육기관 등록증

교육기관명 (상호)			
대표자 성명		생년월일	
소 재 지		전화번호	
직무교육 종류	□ 안전보건관리책임자 (□신규, □보수) □ 안전관리자 (□신규, □보수) □ 산업안전일반　□ 제조업 분야　□ 건설업 분야　□ 기타 서비스 분야 □ 건설재해예방전문기관의 종사자 (□신규, □보수) □ 안전관리전문기관의 종사자 (□신규, □보수) □ 보건관리자 (□신규, □보수) □ 산업보건일반　□ 산업위생　□ 산업간호　□ 직업환경의학 □ 보건관리전문기관의 종사자 (□신규, □보수) □ 석면조사기관의 종사자 (□신규, □보수) □ 안전보건관리담당자 (□보수) □ 안전검사기관의 종사자 (□신규, □보수) □ 자율안전검사기관의 종사자 (□신규, □보수)		

「산업안전보건법」 제33조제1항 및 같은 법 시행규칙 제31조제3항에 따라 직무교육기관으로 등록하였음을 증명합니다.

년　　월　　일

지방고용노동청장 직인

210㎜×297㎜[백상지(150g/㎡)]

■ 산업안전보건법 시행규칙 [별지 제13호서식]

건설업 기초안전 · 보건교육기관 [ ]등록 [ ]변경 신청서

접수번호	접수일자	처리일자	처리기간 30일

신청인	기관명		전화번호
	소재지		
	대표자 성명		
변경사항 (등록사항 변경시 작성)	변경 전	변경 후	
	변경 사유 발생일		

「산업안전보건법」 제33조, 같은 법 시행령 제40조제2항 및 같은 법 시행규칙 제33조제1항 또는 제5항에 따라 위와 같이 신청합니다.

년 월 일

신청인(대표자) (서명 또는 인)

한국산업안전보건공단이사장 귀하

첨부서류	등록신청하는 경우	1. 영 제40조제2항 어느 하나에 해당함을 증명하는 서류 2. 영 별표 11에 따른 인력기준을 갖추었음을 증명할 수 있는 자격증(국가기술자격증은 제외한다), 졸업증명서, 경력증명서 및 재직증명서 등 서류 3. 영 별표 11에 따른 시설 · 장비기준을 갖추었음을 증명할 수 있는 서류와 시설 · 장비 명세서	수수료 없음
	등록변경하는 경우	1. 변경을 증명하는 서류 2. 등록증	
공단 확인사항	1. 영 별표 11에 따른 인력기준을 갖추었음을 증명할 수 있는 국가기술자격증 2. 법인등기사항 증명서(법인만 해당한다) 3. 사업자등록증(개인만 해당한다)		

행정정보 공동이용 동의서

본인은 이 건 업무처리와 관련하여 담당 직원이 「전자정부법」 제36조에 따른 행정정보의 공동이용을 통하여 위의 담당 직원 확인 사항 제2호를 확인하는 것에 동의합니다. *동의하지 않는 경우에는 신청인이 직접 관련 서류를 제출해야 합니다.

신청인 (서명 또는 인)

처리절차

신청서 작성	→	접 수	→	확인 · 검토	→	결 재	→	시 행	→	등록 통보
신청인		문서접수 담당부서		업무담당부서		한국산업안전보건공단이사장		문서 발송 담당부서		

210mm×297mm(일반용지 60g/㎡(재활용품))

■ 산업안전보건법 시행규칙 [별지 제14호서식]

제　　　호

건설업 기초안전 · 보건교육기관 등록증

1. 기관명:

2. 대표자 성명:

3. 소재지:

「산업안전보건법」 제33조, 같은 법 시행령 제40조제2항 및 같은 법 시행규칙 제33조제4항에 따라 기초안전 · 보건교육기관으로 위와 같이 등록하였음을 증명합니다.

년　　　월　　　일

한국산업안전보건공단이사장　직인

210㎜×297㎜[일반용지 60g/㎡(재활용품)]

■ 산업안전보건법 시행규칙 [별지 제15호서식]

직무교육 수강신청서

※ [ ]에는 해당하는 곳에 √ 표시를 합니다.

신청기관	사업장명		사업종류
	소재지		
	전화번호		팩스번호
	대표자	근로자 수	관할 지방고용노동관서명

교육 대상자	성명	직책
	휴대전화번호	전자우편주소
	지방고용노동관서 선임신고일(관계 전문기관의 종사자의 경우는 채용일)	
	국가기술 자격 종목 및 등급	

「산업안전보건법」 제32조 및 같은 법 시행규칙 제29조제1항에 따라

[ ]관리책임자
[ ]안전관리자
[ ]보건관리자
[ ]안전보건관리담당자
[ ]건설재해예방전문지도기관 종사자
[ ]안전관리전문기관 종사자
[ ]보건관리전문기관 종사자
[ ]석면조사기관 종사자
[ ]안전검사기관 종사자
[ ]자율안전검사기관의 종사자

[ ]신규
[ ]보수
[ ]전문
[ ]인터넷

교육의 수강을 신청합니다.

년 월 일

(서명 또는 인)

귀하

처리절차			
신청서 작성 →	접수 →	확인 →	교육일시 및 장소 통보
신청인	직무교육기관	직무교육기관	직무교육기관

210mm×297mm[백상지(80g/㎡) 또는 중질지(80g/㎡)]

■ 산업안전보건법 시행규칙 [별지 제16호서식]

제조업 등 유해위험방지계획서

접수번호	접수일자	처리일자	처리기간 15일

제출자	사업장 명		업종
	사업주 성명		근로자 수
	전화번호		
	소재지		
계획사항	공사금액		
	작업 시작 예정일	공장(또는 설비)시운전 예정일	
	심사대상 공사종류		
	예정 총동원 근로자 수	참여 예정 협력업체 수	참여 예정 협력업체 근로자 수
계획서 작성자	성명		
	작성자 보유 자격		
계획서 평가자	성명		
	지도사 등록 번호		

「산업안전보건법 시행규칙」 제42조제1항 및 제2항에 따라 제조업 등 유해위험방지계획서를 제출합니다.

년 월 일

제출자(사업주 또는 대표자) (서명 또는 인)

한국산업안전보건공단 이사장 귀하

첨부서류	「산업안전보건법 시행규칙」 제42조제1항	1. 건축물 각 층의 평면도 2. 기계·설비의 개요를 나타내는 서류 3. 기계·설비의 배치도면 4. 원재료 및 제품의 취급, 제조 등의 작업방법의 개요 5. 그 밖에 고용노동부장관이 정하는 도면 및 서류	수수료 고용노동부장관이 정하는 수수료 참조
	「산업안전보건법 시행규칙」 제42조제2항	1. 설치장소의 개요를 나타내는 서류 2. 설비의 도면 3. 그 밖에 고용노동부장관이 정하는 도면 및 서류	

처리절차 [한국산업안전보건공단(지역본부, 지도원)]

계획서	→	접 수	→	확인·검토	→	결 재	→	시 행	→	통 보
신청인		문서접수 담당부서		유해위험방지 계획서 업무 담당부서		지역본부·지도원장		문서 발송 담당부서		문서발송 담당부서

210mm×297mm(일반용지 60g/㎡(재활용품))

■ 산업안전보건법 시행규칙 [별지 제17호서식]

건설공사 유해위험방지계획서

접수번호	접수일자	처리일자	처리기간 15일

계획서 내용 등	공사종류		
	대상공사		
	발주처		공사도급 금액
	공사착공 예정일		공사준공 예정일
	공사개요		
	본사소재지		
	예정 총동원 근로자 수	참여 예정 협력업체 수	참여 예정 협력업체 근로자 수

계획서 작성자	성명
	작성자 주요경력

계획서 검토자	성명 (서명 또는 인)
	검토자 주요경력

「산업안전보건법」 제42조 및 같은 법 시행규칙 제42조 제3항에 따라 건설공사 유해위험방지계획서를 제출합니다.

년 월 일

제출자(사업주 또는 대표자) (서명 또는 인)

한국산업안전보건공단 이사장 귀하

첨부서류	「산업안전보건법 시행규칙」 별표 10에 따른 서류	수수료 고용노동부장관이 정하는 수수료 참조

공지사항

본 민원의 처리결과에 대한 만족도 조사 및 관련 제도 개선에 필요한 의견 조사를 위해 귀하의 전화번호(휴대전화)로 전화조사를 실시할 수 있습니다.

처리절차 [한국산업안전보건공단(지역본부, 지도원)]

계획서 제출	→	접 수	→	검토 · 확인	→	결 재	→	결과 통지
제출자		문서접수 담당부서		유해위험방지계획서 업무 담당부서		지역본부 · 지도원장		문서발송 담당부서

210mm×297mm[일반용지 60g/㎡(재활용품)]

■ 산업안전보건법 시행규칙 [별지 제18호서식]

유해위험방지계획서 자체심사서

회사명			
전화번호		팩스번호	
현장명		대상공사	
공사기간	. . . ~ . . .	공사금액	원
소재지		심사일	
심사 총평			

본사는 자체심사 및 확인업체로서 유해위험방지계획서를 자체심사할 때 「산업안전보건법」 등 관계 규정을 근거로 성실히 심사하고, 심사서를 제출합니다.

년 월 일

심사자 (서명 또는 인)

(서명 또는 인)

(서명 또는 인)

현장소장 (서명 또는 인)

OO건설(주) (서명 또는 인)

사업주 또는 대표자 (서명 또는 인)

210㎜×297㎜[일반용지 60g/㎡(재활용품)]

■ 산업안전보건법 시행규칙 [별지 제19호서식]

유해위험방지계획서 산업안전지도사 · 산업보건지도사 평가결과서

사업장명			
평가대상설비(공사)		팩스번호	
현장명		전화번호	
공사기간	. . . ~ . . .	공사금액	원
소재지		평가일	
평가 총평			

「산업안전보건법 시행규칙」 제44조제4항에 따라 평가하고, 평가결과서를 제출합니다.

년 월 일

평가자 (서명 또는 인)

사업주 (서명 또는 인)

첨부서류	1. 평가자의 자격을 증명할 수 있는 서류 2. 유해위험방지계획서 3. 세부 평가 내용

210㎜×297㎜[일반용지 60g/㎡(재활용품)]

■ 산업안전보건법 시행규칙 [별지 제20호서식]

유해위험방지계획서 심사 결과 통지서

사업장명			
업 종		전화번호	
소재지			
사업주 성명			
심사대상 공사 종류			

「산업안전보건법 시행규칙」 제45조제2항에 따라 유해위험방지계획서에 대한 심사 결과 적정함(붙임과 같이 조건부 적정함)을 통지합니다.

년 월 일

한국산업안전보건공단
○○지역본부(산업안전기술지도원)장 직인

첨부서류	1. 계획서 1부 2. 보완사항 기재서 1부(조건부 적정판정을 한 경우만 해당합니다)

210㎜×297㎜[일반용지 60g/㎡(재활용품)]

■ 산업안전보건법 시행규칙 [별지 제21호서식]

유해위험방지계획서 심사 결과(부적정) 통지서

사업장명			
업종		전화번호	
소재지			
사업주 성명			
심사대상 공사 종류			

이유 및 개선사항:

「산업안전보건법 시행규칙」 제45조제3항에 따라 유해위험방지계획서에 대한 심사 결과 부적정으로 판정되어 아래와 같이 통지합니다.

년 월 일

한국산업안전보건공단
○○지역본부(산업안전기술지도원)장 직인

지방노동청(지청)장 귀하

공지사항
이유 및 개선사항에 적을 내용이 많을 경우 별지를 사용하셔도 됩니다.

210㎜×297㎜[일반용지 60g/㎡(재활용품)]

■ 산업안전보건법 시행규칙 [별지 제22호서식]

유해위험방지계획서 산업안전지도사 · 산업보건지도사 확인 결과서

(앞 쪽)

사업장명					
현장명			전화번호		
확인대상설비 (공사)					
공사기간	. . . ~ . . .		공사금액		원
소재지			확인일자		
확인자	소속(지도사)	직위		성명	
입회자	소속(사업장)	직위		성명	
확인결과 요약					

「산업안전보건법 시행규칙」 제46조제3항에 따른 확인 결과를 제출합니다.

년 월 일

확 인 자 (서명 또는 인)

사업주 (서명 또는 인)

첨부서류	확인자의 자격을 증명할 수 있는 서류

210㎜×297㎜[일반용지 60g/㎡(재활용품)]

(뒤 쪽)

확인결과 지적사항 및 개선사항 기재서

세부 설비 · 공정 · 작업	지적사항	개선결과

○ 완료사항:

○ 향후조치사항:

○ 미조치사항:

■ 산업안전보건법 시행규칙 [별지 제23호서식]

확인 결과 통지서

사업장명					
업종			전화번호		
소재지					
사업주 성명					
대상 공사 종류					
확인기간	(일간)				
확인자	소속(공단)	직위		성명	
입회자	소속(사업장)	직위		성명	
확인결과 요약					

「산업안전보건법」 제43조제1항 및 같은 법 시행규칙 제48조제1항에 따라 확인 결과 적정함(붙임과 같이 조건부 적정함)을 통지합니다.

년 월 일

한국산업안전보건공단
○○지역본부(산업안전기술지도원)장 직인

지방노동청(지청)장 귀하

첨부서류	개선사항 기재서 1부(조건부 적정판정을 한 경우만 해당합니다)

210㎜×297㎜[일반용지 60g/㎡(재활용품)]

■ 산업안전보건법 시행규칙 [별지 제24호서식]

확인결과 조치 요청서

사업장명					
업종			전화번호		
소재지					
사업주 성명					
계획서 접수일		심사 완료일		심사결과	

확인기간	(일간)		
확인자	소속(공단)	직위	성명
입회자	소속(사업장)	직위	성명

「산업안전보건법」 제43조제1항 및 같은 법 시행규칙 제48조제1항 또는 제2항에 따른 확인 결과 아래와 같이 요청합니다.

요청사항:

년 월 일

한국산업안전보건공단
○○지역본부(산업안전기술지도원)장 직인

지방노동청(지청)장 귀하

첨부서류	이유서 1부

210㎜×297㎜[일반용지 60g/㎡(재활용품)]

■ 산업안전보건법 시행규칙 [별지 제25호서식]

[ ]종합 [ ]안전 [ ]보건 진단명령서

사업장명:

소재지:

대표자:

「산업안전보건법」에 따라 (종합, 안전, 보건)진단을 명하니 (종합, 안전, 보건)진단을 실시하고, 그 결과를 년 월 일까지 보고하시기 바랍니다. 사업주는 안전보건진단 업무에 적극 협조해야 하고 정당한 사유 없이 이를 거부하거나 방해 또는 기피해서는 아니 되며 이를 위반한 경우에는 같은 법 제175조에 따라 1천500만원 이하의 과태료가 부과됨을 알려드립니다.

선정이유	
진단 구분 (해당란에 ○표)	종합진단, 안전진단(일반, 건설), 보건진단

※ 이 명령에 대하여 불복이 있는 경우에는「행정심판법」이 정하는 내용에 따라 처분이 있음을 안 날부터 90일 이내에 관할 고용노동(지)청에 행정심판을 청구할 수 있으며(처분이 있었던 날부터 180일이 지나면 청구하지 못함),「행정소송법」에 따라 지방행정법원에 행정소송을 제기할 수 있음을 알려드립니다.

년 월 일

지방고용노동청(지청)장 직인

210mm×297mm(일반용지 60g/㎡(재활용품))

■ 산업안전보건법 시행규칙 [별지 제26호서식]

안전보건개선계획 수립·시행명령서

사업장명:

소재지:

대표자:

「산업안전보건법」 제49조에 따라 안전보건개선계획을 수립·시행할 것을 명령하니 구체적 개선계획을 작성하여 　　년 　　월 　　일까지 보고하시기 바라며, 재해율이 감소되도록 모든 노력을 다해 주시기 바랍니다.

구분	개선항목
일반사항	
중점 개선사항	
그 밖의 사항	

※ 이 명령에 대하여 불복이 있는 경우에는 「행정심판법」이 정하는 내용에 따라 처분이 있음을 안 날부터 90일 이내에 관할 고용노동(지)청에 행정심판을 청구할 수 있으며(처분이 있었던 날부터 180일이 지나면 청구하지 못함), 「행정소송법」에 따라 지방행정법원에 행정소송을 제기할 수 있음을 알려드립니다.

년 　　월 　　일

지방고용노동청(지청)장 직인

210mm×297mm(일반용지 60g/㎡(재활용품))

■ 산업안전보건법 시행규칙 [별지 제27호서식]

제　　　호

[ ]사용중지 [ ]작업중지 명령서

사업장명:

소재지:

전화번호:

「산업안전보건법」 제53조 [ ]제1항 [ ]제3항 에 따라 다음 대상에 [ ]사용중지 [ ]작업중지 를 명하니 안전조치를 완료한 후

지방고용노동관서장의 확인을 받아 사용(또는 작업)을 재개하기 바라며, 만일 이를 위반할 경우에는 같은 법

[ ]제169조 [ ]제168조 에 따라 [ ]3년 이하의 징역 또는 3천만원 이하의 [ ]5년 이하의 징역 또는 5천만원 이하의 벌금에 처하게 됩니다.

사용중지 또는 작업중지 대상	
안전·보건기준 위반내용	

※ 이 명령은 근로자에게 현저한 유해·위험이 있어 긴급히 시행하는 처분으로 「행정절차법」 제21조제4항에 따라 사전 통지를 생략합니다. 이 명령에 대하여 불복이 있는 경우에는 「행정심판법」이 정하는 내용에 따라 처분이 있음을 안 날부터 90일 이내에 관할 고용노동(지)청에 행정심판을 청구할 수 있으며(처분이 있었던 날부터 180일이 지나면 청구하지 못함), 「행정소송법」에 따라 지방행정법원에 행정소송을 제기할 수 있음을 알려드립니다.

지방고용노동청(지청)장 [직인]

210mm×297mm(일반용지 60g/㎡(재활용품))

■ 산업안전보건법 시행규칙 [별지 제28호서식]

제　　　호

중대재해 시 작업중지 명령서

사업장명:

소재지:

전화번호:

아래 작업은 산업재해 또는 작업 중 질병발생의 급박한 위험이 있으므로 「산업안전보건법」 제55조제1항 및 제2항에 따라 작업중지를 명합니다.

지방고용노동관서장의 해제 결정 없이 작업을 재개할 때에는 같은 법 제168조에 따라 5년 이하의 징역 또는 5천만원 이하의 벌금의 처분을 받게 됩니다.

작업중지 범위	[ ] 전면　[ ]부분(구체적으로 기재)
작업중지 사유	[ ] 「산업안전보건법 시행규칙」 제3조에 따른 중대재해 발생 [ ] 기타(구체적 사유 기재)

※ 이 명령은 근로자에게 현저한 유해위험이 있어 긴급히 시행하는 처분으로 「행정절차법」 제21조제4항에 따라 사전통지를 생략합니다. 이 명령에 대하여 불복이 있는 경우에는 「행정심판법」이 정하는 내용에 따라 처분이 있음을 안 날부터 90일 인에 관할 고용노동(지)청에 행정심판을 청구할 수 있으며(처분이 있었던 날부터 180일이 지나면 청구하지 못함), 「행정소송법」에 따라 지방행정법원에 행정소송을 제기할 수 있음을 알려드립니다.

지방고용노동청(지청)장 직인

근로감독관　　　　(인)

※ 표지에 발부번호가 없는 것은 효력이 없으며, 이 표지는 지방고용노동관서장의 허가 없이 제거할 수 없습니다.

210mm×297mm[백상지(80g/㎡)]

■ 산업안전보건법 시행규칙 [별지 제29호서식]

작업중지명령 [ ] 전부 [ ] 일부 해제신청서

접수번호	접수일시	처리일	처리기간 4일

구분	항목	항목	항목
사 업 장 (건설현장) 개 요	사업장명(건설업체명)	공사명	
	전화번호	팩스번호	
	소 재 지		
	근로자 수(공사금액)	공사기간	
	발주자		
작업중지 해제요청 범위 및 개선사항	작업중지 해제요청 범위[별지작성 가능]		
	안전・보건조치 개선사항 [별지작성 가능]		
확인자	소속:	직책:	성명 (서명 또는 인) (전화번호:)
	소속:	직책:	성명 (서명 또는 인) (전화번호:)
	소속:	직책:	성명 (서명 또는 인) (전화번호:)

작업중지명령에 따른 개선조치를 완료하여 작업중지 해제신청서를 제출합니다.

년 월 일

제출자(사업주 또는 대표자) (서명 또는 인)

지방고용노동청(지청)장 귀하

붙임 서류	1. 안전・보건조치 개선내용 증빙서류(사진 등) 2. 작업노동자 의견서	수수료 없음

처리절차

해제신청서 제출	→	현장 확인 및 검토	→	작업중지 해제 심의위원회	→	해제서 작성	→	통보
신청인		산업안전・보건 업무 담당부서		지방고용노동(지)청		산업안전・보건 업무 담당부서		문서 발송 담당부서

210㎜×297㎜[백상지(80g/㎡) 또는 중질지(80g/㎡)]

■ 산업안전보건법 시행규칙 [별지 제30호서식] (2021.11.19 개정)

산업재해조사표

※ 뒤쪽의 작성방법을 읽고 작성하시기 바라며, [ ]에는 해당하는 곳에 √ 표시를 합니다. (앞쪽)

Ⅰ. 사업장 정보	①산재관리번호(사업개시번호)			사업자등록번호		
	②사업장명			③근로자 수		
	④업종			소재지	(-)	
	⑤재해자가 사내 수급인 소속인 경우(건설업 제외)	원도급인 사업장명		⑥재해자가 파견근로자인 경우	파견사업주 사업장명	
		사업장 산재관리번호(사업개시번호)			사업장 산재관리번호(사업개시번호)	
	건설업만 작성	발주자		[ ]민간 [ ]국가·지방자치단체 [ ]공공기관		
		⑦원수급 사업장명				
		⑧원수급 사업장 산재관리번호(사업개시번호)		공사현장 명		
		⑨공사종류		공정률	%	공사금액 백만원

※ 아래 항목은 재해자별로 각각 작성하되, 같은 재해로 재해자가 여러 명이 발생한 경우에는 별지에 추가로 적습니다.

Ⅱ. 재해 정보	성명		주민등록번호(외국인등록번호)		성별	[ ]남 [ ]여
	주소				휴대전화	- -
	국적	[ ]내국인 [ ]외국인 [국적: ⑩체류자격:]			⑪직업	
	입사일	년 월 일	⑫같은 종류업무 근속기간		년 월	
	⑬고용형태	[ ]상용 [ ]임시 [ ]일용 [ ]무급가족종사자 [ ]자영업자 [ ]그 밖의 사항 [ ]				
	⑭근무형태	[ ]정상 [ ]2교대 [ ]3교대 [ ]4교대 [ ]시간제 [ ]그 밖의 사항 [ ]				
	⑮상해종류(질병명)		⑯상해부위(질병부위)		⑰휴업예상일수	휴업 [ ]일
					사망 여부	[ ] 사망

Ⅲ. 재해발생 개요 및 원인	⑱ 재해발생 개요	발생일시	[ ]년 [ ]월 [ ]일 [ ]요일 [ ]시 [ ]분
		발생장소	
		재해관련 작업유형	
		재해발생 당시 상황	
	⑲재해발생원인		
Ⅳ. ⑳재발방지 계획			

※ ⑳재발방지 계획 이행을 위한 안전보건교육 및 기술지도 등을 한국산업안전보건공단에서 무료로 제공하고 있으니 즉시 기술지원 서비스를 받으려는 경우 오른쪽에 √ 표시를 하시기 바랍니다.	즉시 기술지원 서비스 요청 [ ]
※ 근로복지공단은 재해자의 개인정보를 활용하는 것에 동의하는 사람에 한정하여 해당 재해자에게 산재보험급여의 신청방법을 안내하고 있으니 관련 안내를 받으려는 재해자는 오른쪽에 √ 표시를 하시기 바랍니다.	산재보험급여 신청방법 안내를 위한 재해자의 개인정보 활용 동의 [ ]

작성자 성명
작성자 전화번호

작성일 년 월 일

사업주 (서명 또는 인)

근로자대표(재해자) (서명 또는 인)

( )지방고용노동청장(지청장) 귀하

재해 분류자 기입란 (사업장에서는 적지 않습니다)	발생형태	□□□	기인물	□□□□□
	작업지역·공정	□□□	작업내용	□□□

210mm×297mm[백상지(80g/㎡) 또는 중질지(80g/㎡)]

(뒤쪽)

작 성 방 법

Ⅰ. 사업장 정보

①산재관리번호(사업개시번호): 근로복지공단에 산업재해보상보험 가입이 되어 있으면 그 가입번호를 적고 사업장등록번호 기입란에는 국세청의 사업자등록번호를 적습니다. 다만, 근로복지공단의 산업재해보상보험에 가입이 되어 있지 않은 경우 사업자등록번호만 적습니다.

※ 산재보험 일괄 적용 사업장은 산재관리번호와 사업개시번호를 모두 적습니다.

②사업장명 : 재해자가 사업주와 근로계약을 체결하여 실제로 급여를 받는 사업장명을 적습니다. 파견근로자가 재해를 입은 경우에는 실제적으로 지휘・명령을 받는 사용사업주의 사업장명을 적습니다. [예: 아파트를 건설하는 종합건설업의 하수급 사업장 소속 근로자가 작업 중 재해를 입은 경우 재해자가 실제로 하수급 사업장의 사업주와 근로계약을 체결하였다면 하수급 사업장명을 적습니다.]

③근로자 수: 사업장의 최근 근로자 수를 적습니다(정규직, 일용직・임시직 근로자, 훈련생 등 포함).

④업종: 통계청(www.kostat.go.kr)의 통계분류 항목에서 한국표준산업분류를 참조하여 세세분류(5자리)를 적습니다. 다만, 한국표준산업분류 세세분류를 알 수 없는 경우 아래와 같이 한국표준산업명과 주요 생산품을 추가로 적습니다.

[예: 제철업, 시멘트제조업, 아파트건설업, 공작기계도매업, 일반화물자동차 운송업, 중식음식점업, 건축물 일반청소업 등]

⑤재해자가 사내 수급인 소속인 경우(건설업 제외): 원도급인 사업장명과 산재관리번호(사업개시번호)를 적습니다.

※ 원도급인 사업장이 산재보험 일괄 적용 사업장인 경우에는 원도급인 사업장 산재관리번호와 사업개시번호를 모두 적습니다.

⑥재해자가 파견근로자인 경우: 파견사업주의 사업장명과 산재관리번호(사업개시번호)를 적습니다.

※ 파견사업주의 사업장이 산재보험 일괄 적용 사업장인 경우에는 파견사업주의 사업장 산재관리번호와 사업개시번호를 모두 적습니다.

⑦원수급 사업장명: 재해자가 소속되거나 관리되고 있는 사업장이 하수급 사업장인 경우에만 적습니다.

⑧원수급 사업장 산재관리번호(사업개시번호): 원수급 사업장이 산재보험 일괄 적용 사업장인 경우에는 원수급 사업장 산재관리번호와 사업개시번호를 모두 적습니다.

⑨공사 종류, 공정률, 공사금액 : 수급 받은 단위공사에 대한 현황이 아닌 원수급 사업장의 공사 현황을 적습니다.

가. 공사 종류: 재해 당시 진행 중인 공사 종류를 말합니다. [예: 아파트, 연립주택, 상가, 도로, 공장, 댐, 플랜트시설, 전기공사 등]

나. 공정률: 재해 당시 건설 현장의 공사 진척도로 전체 공정률을 적습니다.(단위공정률이 아님)

Ⅱ. 재해자 정보

⑩체류자격: 「출입국관리법 시행령」 별표 1에 따른 체류자격(기호)을 적습니다.(예: E-1, E-7, E-9 등)

⑪직업: 통계청(www.kostat.go.kr)의 통계분류 항목에서 한국표준직업분류를 참조하여 세세분류(5자리)를 적습니다. 다만, 한국표준직업분류 세세분류를 알 수 없는 경우 알고 있는 직업명을 적고, 재해자가 평소 수행하는 주요 업무내용 및 직위를 추가로 적습니다.

[예: 토목감리기술자, 전문간호사, 인사 및 노무사무원, 한식조리사, 철근공, 미장공, 프레스조작원, 선반기조작원, 시내버스 운전원, 건물내부청소원 등]

⑫같은 종류 업무 근속기간: 과거 다른 회사의 경력부터 현직 경력(동일・유사 업무 근무경력)까지 합하여 적습니다.(질병의 경우 관련 작업근무기간)

⑬고용형태: 근로자가 사업장 또는 타인과 명시적 또는 내재적으로 체결한 고용계약 형태를 적습니다.

가. 상용: 고용계약기간을 정하지 않았거나 고용계약기간이 1년 이상인 사람

나. 임시: 고용계약기간을 정하여 고용된 사람으로서 고용계약기간이 1개월 이상 1년 미만인 사람

다. 일용: 고용계약기간이 1개월 미만인 사람 또는 매일 고용되어 근로의 대가로 일급 또는 일당제 급여를 받고 일하는 사람

라. 자영업자: 혼자 또는 그 동업자로서 근로자를 고용하지 않은 사람

마. 무급가족종사자: 사업주의 가족으로 임금을 받지 않는 사람

바. 그 밖의 사항: 교육・훈련생 등

⑭근무형태 : 평소 근로자의 작업 수행시간 등 업무를 수행하는 형태를 적습니다.

가. 정상: 사업장의 정규 업무 개시시각과 종료시각(통상 오전 9시 전후에 출근하여 오후 6시 전후에 퇴근하는 것) 사이에 업무수행하는 것을 말합니다.

나. 2교대, 3교대, 4교대: 격일제근무, 같은 작업에 2개조, 3개조, 4개조로 순환하면서 업무수행하는 것을 말합니다.

다. 시간제 : 가목의 '정상' 근무형태에서 규정하고 있는 주당 근무시간보다 짧은 근로시간 동안 업무수행하는 것을 말합니다.

다. 그 밖의 사항: 고정적인 심야(야간)근무 등을 말합니다.

⑮상해종류(질병명): 재해로 발생된 신체적 특성 또는 상해 형태를 적습니다.

[예: 골절, 절단, 타박상, 찰과상, 중독・질식, 화상, 감전, 뇌진탕, 고혈압, 뇌졸중, 피부염, 진폐, 수근관증후군 등]

⑯상해부위(질병부위): 재해로 피해가 발생된 신체 부위를 적습니다.

[예: 머리, 눈, 목, 어깨, 팔, 손, 손가락, 등, 척추, 몸통, 다리, 발, 발가락, 전신, 신체내부기관(소화・신경・순환・호흡배설) 등]

※ 상해종류 및 상해부위가 둘 이상이면 상해 정도가 심한 것부터 적습니다.

⑰휴업예상일수: 재해발생일을 제외한 3일 이상의 결근 등으로 회사에 출근하지 못한 일수를 적습니다.(추정 시 의사의 진단 소견을 참조)

Ⅲ. 재해발생정보

⑱재해발생 개요: 재해원인의 상세한 분석이 가능하도록 발생일시[년, 월, 일, 요일, 시(24시 기준), 분], 발생 장소(공정 포함), 재해관련 작업유형(누가 어떤 기계・설비를 다루면서 무슨 작업을 하고 있었는지), 재해발생 당시 상황[재해 발생 당시 기계・설비・구조물이나 작업환경 등의 불안전한 상태(예시: 떨어짐, 무너짐 등)와 재해자나 동료 근로자가 어떠한 불안전한 행동(예시: 넘어짐, 끼임 등)을 했는지]을 상세히 적습니다.

[작성예시]

발생일시	2013년 5월 30일 금요일 14시 30분
발생장소	사출성형부 플라스틱 용기 생산 1팀 사출공정에서
재해관련 작업유형	재해자 000가 사출성형기 2호기에서 플라스틱 용기를 꺼낸 후 금형을 점검하던 중
재해발생 당시 상황	재해자가 점검중임을 모르던 동료 근로자 000가 사출성형기 조작 스위치를 가동하여 금형 사이에 재해자가 끼어 사망하였음

⑲재해발생 원인: 재해가 발생한 사업장에서 재해발생 원인을 인적 요인(무의식 행동, 착오, 피로, 연령, 커뮤니케이션 등), 설비적 요인(기계・설비의 설계상 결함, 방호장치의 불량, 작업표준화의 부족, 점검・정비의 부족 등), 작업・환경적 요인(작업정보의 부적절, 작업자세・동작의 결함, 작업방법의 부적절, 작업환경 조건의 불량 등), 관리적 요인(관리조직의 결함, 규정・매뉴얼의 불비・불철저, 안전교육의 부족, 지도감독의 부족 등)을 적습니다.

Ⅳ. 재발방지계획

⑳ "19. 재해발생 원인"을 토대로 재발방지 계획을 적습니다.

■ 산업안전보건법 시행규칙 [별지 제31호서식]

유해·위험작업 도급승인 신청서

접수번호	접수일시	처리일	처리기간 14일

신청인	성명	전화번호
	주소	
도급인	사업장 명칭	
	소재지	
	업종	주요생산품
	대표자 성명	근로자 수
수급인	사업장 명칭	업종
	소재지	
	대표자 성명	근로자 수
도급내용	도급 작업공정	도급공정 근로자 수
	도급공정 사용 최대 유해화학 물질량(월)	
	도급기간	
비고		

「산업안전보건법」 제58조 제3항, 제59조제1항 및 같은 법 시행규칙 제75조제1항 및 제78조제1항에 따라 유해하거나 위험한 작업의 도급 승인을 신청합니다.

년 월 일

신청인 (서명 또는 인)

지방고용노동청(지청)장 귀하

붙임 서류	1. 도급대상 작업의 공정관련 서류 일체(기계·설비의 종류 및 운전조건, 유해·위험물질의 종류·사용량, 유해·위험요인의 발생 실태 및 종사 근로자 수 등에 관한 사항을 포함해야 합니다) 2. 도급작업 안전보건관리계획서(안전작업절차, 도급 시의 안전·보건관리 및 도급작업에 대한 안전·보건시설 등에 관한 사항을 포함해야 합니다) 3. 안전 및 보건에 관한 평가 결과	수수료 없음

처리절차								
신청서 작성	→	검토	→	결 재	→	승인서 작성	→	통보
신청인		산업안전·보건 업무 담당부서		지방고용노동청(지청)장		산업안전·보건 업무 담당부서		문서 발송 담당부서

210㎜×297㎜[백상지(80g/㎡) 또는 중질지(80g/㎡)]

■ 산업안전보건법 시행규칙 [별지 제32호서식]

유해·위험작업 도급승인 연장신청서

접수번호	접수일시	처리일	처리기간 14일

신청인	성명	전화번호
	주소	
도급인	사업장 명칭	
	소재지	
	업종	주요생산품
	대표자 성명	근로자 수
수급인	사업장 명칭	업종
	소재지	
	대표자 성명	근로자 수
도급내용	도급 작업공정	도급공정 근로자 수
	도급공정 사용 최대 유해화학 물질량(월)	
	도급승인 기간	
	도급승인 연장 기간	
도급연장 사유		

「산업안전보건법」 제58조 제5항 및 같은 법 시행규칙 제75조제1항 및 제78조제1항에 따라 유해하거나 위험한 작업의 도급승인의 연장을 신청합니다.

년 월 일

신청인 (서명 또는 인)

지방고용노동청(지청)장 귀하

붙임 서류	1.도급대상 작업의 공정관련 서류 일체(기계·설비의 종류 및 운전조건, 유해·위험물질의 종류·사용량, 유해·위험요인의 발생 실태 및 종사 근로자 수 등에 관한 사항을 포함해야 합니다) 2.도급작업 안전보건관리계획서(안전작업절차, 도급 시의 안전·보건관리 및 도급작업에 대한 안전·보건시설 등에 관한 사항을 포함해야 합니다) 3.안전 및 보건에 관한 평가 결과	수수료 없음

처리절차

신청서 작성	→	검토	→	결 재	→	승인서 작성	→	통보
신청인		산업안전·보건 업무 담당부서		지방고용노동청(지청)장		산업안전·보건 업무 담당부서		문서 발송 담당부서

210㎜×297㎜[백상지(80g/㎡) 또는 중질지(80g/㎡)]

■ 산업안전보건법 시행규칙 [별지 제33호서식]

유해·위험작업 도급승인 변경신청서

접수번호	접수일시	처리일	처리기간 14일

구분	항목	항목
신청인	성명	전화번호
	주소	
도급인	사업장 명칭	
	소재지	
	업종	주요생산품
	대표자 성명	근로자 수
수급인	사업장 명칭	업종
	소재지	
	대표자 성명	근로자 수
도급	도급 작업공정	도급공정 근로자 수
	도급공정 사용 최대 유해화학 물질량(월)	
	도급승인 기간	

변경사항	변경 전	변경 후

「산업안전보건법」 제58조제6항 및 같은 법 시행규칙 제75조제1항 및 제78조제1항에 따라 유해하거나 위험한 작업의 도급승인의 변경을 신청합니다.

년 월 일

신청인 (서명 또는 인)

지방고용노동청(지청)장 귀하

붙임 서류	1. 도급대상 작업의 공정관련 서류 일체(기계·설비의 종류 및 운전조건, 유해·위험물질의 종류·사용량, 유해·위험요인의 발생 실태 및 종사 근로자 수 등에 관한 사항을 포함해야 합니다) 2. 도급작업 안전보건관리계획서(안전작업절차, 도급 시의 안전·보건관리 및 도급작업에 대한 안전·보건시설 등에 관한 사항을 포함해야 합니다)	수수료 없음

처리절차

신청서 작성	→	검토	→	결 재	→	승인서 작성	→	통보
신청인		산업안전·보건 업무 담당부서		지방고용노동청(지청)장		산업안전·보건 업무 담당부서		문서 발송 담당부서

210mm×297mm[백상지(80g/㎡) 또는 중질지(80g/㎡)]

■ 산업안전보건법 시행규칙 [별지 제34호서식]

유해 · 위험작업 도급승인서

도급인	사업장 명칭	
	소재지	
	업종	주요 생산품
	대표자	근로자 수
수급인	사업장 명칭	
	소재지	
	업종	주요 생산품
	대표자	근로자 수

도급공정	도급계약기간
	도급승인기간
비고	

「산업안전보건법」 제58조, 제59조에 따라 위와 같이 도급을 승인합니다.

년 월 일

지방고용노동청(지청)장 직인

210㎜×297㎜[백상지(120g/㎡)]

■ 산업안전보건법 시행규칙 [별지 제35호서식]

공사기간 연장 요청서

건설현장 개요	건설업체명		공사명
	전화번호		팩스번호
	소재지		
	공사금액		공사기간
	발주자		

공사기간 연장 요청사항	연장 일수	
	변경 공사기간	
공사기간 연장사유		

「산업안전보건법」 제70조 및 같은 법 시행규칙 제87조제1항 또는 제2항에 따라 공사기간 연장 요청서를 제출합니다.

년 월 일

제출자(사업주 또는 대표자) (서명 또는 인)

귀 하

첨부서류	1. 공사기간 연장 요청 사유 및 공사 지연 사실 증빙 서류 2. 공사기간 연장 요청 기간 산정 근거 및 공사 지연에 따른 공정 관리 변경에 관한 서류	수수료 없음

210㎜×297㎜[백상지(80g/㎡) 또는 중질지(80g/㎡)]

■ 산업안전보건법 시행규칙 [별지 제36호서식]

건설공사 설계변경 요청서

건설현장 개 요	건설업체명		공사명	
	전화번호		팩스번호	
	소 재 지			
	공사금액		공사기간	
	발주자			
설계변경 요청사항	대상공사			
	변경내용			
검토자	성명(기관명)			(서명 또는 인)
	지격			
	소속			(전화번호 :)

「산업안전보건법」 제71조 및 같은 법 시행규칙 제88조제1항부터 제3항까지의 규정에 따라 건설공사 설계변경 요청서를 제출합니다.

년 월 일

제출자(사업주 또는 대표자) (서명 또는 인)

귀 하

첨부서류	내용	수수료
첨부서류	1. 「산업안전보건법 시행규칙」 제88조제1항 및 제3항에 따라 설계변경을 요청하는 경우 가. 설계변경 요청 대상 공사의 도면 나. 당초 설계의 문제점 및 변경요청 이유서 다. 가설구조물의 구조계산서 등 당초 설계의 안전성에 관한 전문가의 검토 의견서 및 그 전문가(전문가가 공단인 경우는 제외합니다)의 자격증 사본 라. 그 밖에 재해발생의 위험이 높아 설계변경이 필요함을 증명할 수 있는 서류 2. 「산업안전보건법 시행규칙」 제88조제2항에 따라 설계변경을 요청하는 경우 가. 「산업안전보건법」 제42조제4항에 따른 유해위험방지계획서 심사결과 통지서 나. 「산업안전보건법」 제42조제4항에 따라 지방고용노동관서의 장이 명령한 공사착공중지명령 또는 계획변경명령 등의 내용 다. 「산업안전보건법 시행규칙」 제88조제1항제1호·제2호 및 제4호의 서류	수수료 없 음

210㎜×297㎜[백상지 80g/㎡(재활용품)]

■ 산업안전보건법 시행규칙 [별지 제37호서식]

건설공사 설계변경 승인 통지서

<table>
<tr><td rowspan="4">수급인</td><td>건설업체명</td><td>공사명</td></tr>
<tr><td colspan="2">소재지</td></tr>
<tr><td>공사금액</td><td>공사기간</td></tr>
<tr><td colspan="2">대표</td></tr>
<tr><td rowspan="2">설계변경
사항</td><td>변경 전</td><td>변경 후</td></tr>
<tr><td></td><td></td></tr>
</table>

「산업안전보건법」 제71조 및 같은 법 시행규칙 제88조 제4항 및 제5항에 따라 건설공사 설계변경 승인을 통지합니다.

년 월 일

도급인

(서명 또는 인)

귀 하

210㎜×297㎜[백상지 80g/㎡(재활용품)]

■ 산업안전보건법 시행규칙 [별지 제38호서식]

건설공사 설계변경 불승인 통지서

<table>
<tr><td rowspan="4">수급인</td><td>건설업체명</td><td>공사명</td></tr>
<tr><td colspan="2">소재지</td></tr>
<tr><td>공사금액</td><td>공사기간</td></tr>
<tr><td colspan="2">대표자</td></tr>
<tr><td>설계변경
요청사항</td><td colspan="2"></td></tr>
<tr><td>불승인 사유</td><td colspan="2"></td></tr>
</table>

「산업안전보건법」 제71조 및 같은 법 시행규칙 제88조제5항에 따라 건설공사 설계변경 불승인을 통지합니다.

년 월 일

도급인 (서명 또는 인)

귀 하

첨부서류	설계를 변경할 수 없는 사유를 증명하는 서류	수수료 없 음

210㎜×297㎜[백상지 80g/㎡(재활용품)]

■ 산업안전보건법 시행규칙 [별지 제39호서식]

기계등 대여사항 기록부

사업체	사업체명	사업장관리번호
	사업자등록번호	전화번호
	대표자 성명	생년월일
	소재지	

대여 연월일	대여 기계명	보유 대수	대여 횟수	재해건수(사망자수)	비고

210㎜×297㎜[일반용지 60g/㎡(재활용품)]

■ 산업안전보건법 시행규칙 [별지 제40호서식]

타워크레인 설치·해체업 [ ] 등록 [ ] 변경 신청서

※ 색상이 어두운 칸은 신청인이 적지 않으며, [ ]에는 해당되는 곳에 √표를 합니다.

접수번호	접수일시	처리기간 20일

신청인	업체명(상호)	
	대표자 성명	전화번호
	소재지	

등록 또는 변경 내용

「산업안전보건법 시행규칙」 제106조제1항에 따라 위와 같이 [ ]등록 [ ]변경을 신청합니다.

년 월 일

신청인 (서명 또는 인)

지방고용노동청(지청)장 귀하

신청인 제출서류	1. 「산업안전보건법 시행령」 별표 22에 따른 인력기준에 해당하는 사람의 자격과 채용을 증명할 수 있는 서류 2. 건물임대차계약서 사본이나 그 밖에 사무실의 보유를 증명할 수 있는 서류와 장비 명세서 각 1부 ※ 변경의 경우에는 변경을 증명하는 서류	수수료 없 음
담당 공무원 확인사항	1. 법인: 법인등기사항증명서 2. 개인: 사업자등록증(확인에 동의하지 않는 경우 해당 서류를 직접 제출합니다)	

행정정보 공동이용 동의서

본인은 이 건 업무처리와 관련하여 담당 공무원이 「전자정부법」 제36조에 따른 행정정보의 공동이용을 통하여 위의 담당 공무원 확인 사항중 제2호를 확인하는 것에 동의합니다. *동의하지 않는 경우에는 신청인이 직접 관련 서류를 제출해야 합니다.

신청인 (서명 또는 인)

공지사항

본 민원의 처리결과에 대한 만족도 조사 및 관련 제도 개선에 필요한 의견조사를 위해 귀하의 전화번호(휴대전화)로 전화조사를 실시할 수 있습니다.

처리절차

신청서 작성	→	접 수	→	검 토	→	결 재	→	시행	→	등록증 발급
신청인		문서 접수 담당부서		산업안전·보건 업무 담당부서		지방고용노동청(지청)장		산업안전·보건업무 담당부서		산업안전·보건업무 담당부서

210㎜×297㎜[백상지(80g/㎡) 또는 중질지(80g/㎡)]

■ 산업안전보건법 시행규칙 [별지 제41호서식]

제 호

타워크레인 설치·해체업 (변경)등록증

1. 업체명(상호):

2. 대표자 성명:

3. 소재지:

4. 최초 등록번호 및 등록일(※ 변경 등록증 발급에 한함):

「산업안전보건법 시행규칙」 제106조제2항에 따라 위와 같이 등록하였음을 증명합니다.

년 월 일

지방고용노동청(지청)장 직인

210mm×297mm[백상지 150g/㎡]

■ 산업안전보건법 시행규칙 [별지 제42호서식]

[ ] 예비심사 [ ] 서면심사 [ ] 개별 제품심사 [ ] 형식별 제품심사 [ ] 기술능력 및 생산체계심사 안전인증신청서

※ [ ]에는 해당되는 곳에 √ 표시를 합니다.

접수번호	접수일자	처리일자	처리기간 예비심사: 7일 서면심사: 15일/30일 기술능력 및 생산체계심사: 30일/45일 개별 제품심사: 15일 형식별 제품심사: 30일/60일

구분			
신청인	사업장명		사업장관리번호
	사업자등록번호		전화번호
	소재지		
	대표자 성명		
	담당자	성명	휴대전화번호
		전자우편 주소	
제품현황	안전인증대상 기계·기구명 (국내품, 수입품)		
	형식(규격)번호		용량(등급)
신청부문	제품심사희망일		설치사업장명
	설시사업장 소재지		
	각종압력용기 개별제품심사 희망일	재료심사	
		용접심사	
		내압심사	

「산업안전보건법」 제84조 및 같은 법 시행규칙 제108조제1항에 따라 안전인증을 신청합니다.

년 월 일

신청인 (서명 또는 인)

안전인증기관의 장 귀하

		수수료
첨부서류	「산업안전보건법 시행규칙」 별표 13 참조	고용노동부장관이 정하는 수수료 참조
담당직원 확인사항	사업자등록증	수수료 없음

행정정보 공동이용 동의서

본인은 이 건 업무처리와 관련하여 담당직원이 「전자정부법」 제36조에 따른 행정정보의 공동이용을 통하여 위의 담당 직원 확인 사항을 확인하는 것에 동의합니다.

*동의하지 않는 경우에는 신청인이 직접 관련 서류를 제출해야 합니다.

신청인 (서명 또는 인)

공지사항

본 민원의 처리결과에 대한 만족도 조사 및 관련 제도 개선에 필요한 의견 조사를 위해 귀하의 전화번호(휴대전화)로 전화조사를 실시할 수 있습니다.

처리절차

신청서 작성	→	접수	→	서류검토	→	심사	→	결과통지
신청인		안전인증기관		안전인증기관		안전인증기관		안전인증기관

210㎜×297㎜[일반용지 60g/㎡(재활용품)]

■ 산업안전보건법 시행규칙 [별지 제43호서식]

안전인증 면제신청서

접수번호	접수일자	처리일자	처리기간 전부면제 - 15일 일부면제 - 15/30/45/60일 (제품별심사기간)

신청인	사업장명		사업장관리번호
	사업자등록번호		전화번호
	소재지		
	대표자 성명		
	담당자	성명	휴대전화번호
		전자우편 주소	
제품현황	안전인증대상 기계·기구명 (국내품, 수입품)		
	형식(규격)		용량(등급)
신청부문	면제 항목		
	면제 사유 (관련 법령 등)		인증(시험) 종류
	인증(시험)번호		인증(시험)기관
	인증(시험)취득일		인증(시험)유효기간

「산업안전보건법」 제84조제2항 및 같은 법 시행규칙 제109조제3항에 따라 안전인증의 면제를 신청합니다.

년 월 일

신청인 (서명 또는 인)

안전인증기관의 장 귀하

첨부서류	1. 제품 및 용도설명서 2. 연구·개발을 목적으로 사용되는 것임을 증명하는 서류(「산업안전보건법 시행규칙」 제109조제1항제1호만 해당합니다) 3. 다른 법령에 따른 인증 또는 검사를 받았음을 증명하는 서류 및 시험성적서(「산업안전보건법 시행규칙」 제109조제1항제2호부터 제12호까지 및 제2항제2호부터 제5호까지만 해당합니다)	수수료 없음

처리절차

신청서 작성	▶	접 수	▶	서류검토	▶	심 사	▶	결과통지
신청인		안전인증기관		안전인증기관		안전인증기관		안전인증기관

210㎜×297㎜[일반용지 60g/㎡(재활용품)]

■ 산업안전보건법 시행규칙 [별지 제44호서식]

안전인증 면제확인서

신청인	사업장명	사업장관리번호
	사업자등록번호	대표자 성명
	소재지	

면제 확인번호	
인증번호	
안전인증대상 기계ㆍ기구명	
형식(규격)	용량(등급)

면제내용	면제 항목
	면제 사유 (관련 법령 등)
	안전인증면제 유효기간

「산업안전보건법」 제84조 및 같은 법 시행규칙 제109조제4항에 따라 안전인증 면제확인서를 발급합니다.

년 월 일

안전인증기관의 장 직인

210㎜×297㎜[일반용지 60g/㎡(재활용품)]

■ 산업안전보건법 시행규칙 [별지 제45호서식]

심사결과 통지서

<table>
<tr><td rowspan="3">신청인</td><td>사업장명</td><td>사업장관리번호</td></tr>
<tr><td>사업자등록번호</td><td>대표자 성명</td></tr>
<tr><td colspan="2">소재지</td></tr>
<tr><td colspan="3">안전인증대상 기계ㆍ기구명</td></tr>
<tr><td colspan="2">형식(규격)</td><td>용량(등급)</td></tr>
</table>

「산업안전보건법」 제84조 및 같은 법 시행규칙 제110조에 따라 실시한

[ ]예비심사
[ ]서면심사
[ ]기술능력 및 생산체계 심사 결과가 [ ] 적 합 [ ] 부적합 함을 통지합니다.
[ ]개별 제품심사
[ ]형식별 제품심사

년 월 일

인증심사원 (서명 또는 인)

안전인증기관의 장 직인

210㎜×297㎜[일반용지 60g/㎡(재활용품)]

■ 산업안전보건법 시행규칙 [별지 제46호서식]

(앞 쪽)

제 호

안 전 인 증 서

(사업장명)

(소 재 지)

위 사업장에서 제조하는 아래의 품목이 「산업안전보건법」 제84조 및 같은 법 시행규칙 제110조제1항에 따른 안전인증 심사 결과 안전·보건기준에 적합하므로 안전인증 표시의 사용을 인증합니다.

품 목

형식·모델(용량·등급) / 인증번호

인 증 기 준

인 증 조 건

년 월 일

안전인증기관의 장 직인

210㎜×297㎜[일반용지 60g/㎡(재활용품)]

(뒤 쪽)

인 증 조 건

1. 제조공장:

'000시 00구 00'에서 생산하는 제품에 한함

2. 제품개요

작성 예) 에어리시버 탱크

3. 인증범위: 본 인증서는 아래의 형식번호에 한하여 유효함

작성 예) HAT - a 0 0 b - c d
a = 1, 5
b = 0, 1, 2, 3, 4
c = W, E
d = 2, S

4. 안전한 사용을 위한 조건

- 작성 예) 주위온도 -20~60℃의 범위내에 설치되어야 함.

5. 인증(변경)사항

6. 그 밖의 사항

- 안전인증품의 품질관리. 확인심사 수검, 변경사항 신고 등 인증 받은 자의 의무 준수

■ 산업안전보건법 시행규칙 [별지 제47호서식]

안전인증확인 통지서

신청인	사업장명	사업장관리번호
	사업자등록번호	대표자 성명
	소재지	

안전인증대상 기계ㆍ기구명
형식(규격)

「산업안전보건법」 제84조 및 같은 법 시행규칙 제111조제3항에 따라 안전인증을 확인한 결과 [ ]적합 [ ]부적합 함을 통지합니다

년 월 일

인증심사원 (서명 또는 인)

안전인증기관의 장 직인

210㎜×297㎜[일반용지 60g/㎡(재활용품)]

■ 산업안전보건법 시행규칙 [별지 제48호서식]

자율안전확인 신고서

신청인	사업장명		사업장관리번호
	사업자등록번호		전화번호
	소재지		
	대표자 성명		
	담당자	성명	휴대전화번호
		전자우편 주소	

자율안전확인대상 기계 · 기구명 (국내품, 수입품)	
형식(규격)	용량(등급)
제조자 · 소재지	

「산업안전보건법」 제89조 및 같은 법 시행규칙 제120조제1항에 따라 자율안전기준에 적합한 제품임을 신고합니다.

년 월 일

신청인 (서명 또는 인)

자율안전확인기관의 장 귀하

신청인 제출서류	1. 제품의 설명서 2. 자율안전확인대상 기계등의 자율안전기준을 충족함을 증명하는 서류	수수료 없음
담당 직원 확인 사항	1. 법인: 법인등기사항증명서 2. 개인: 사업자등록증	

행정정보 공동이용 동의서

본인은 이 건 업무처리와 관련하여 담당직원이 「전자정부법」 제36조에 따른 행정정보의 공동이용을 통하여 위의 담당 직원 확인 사항 제2호를 확인하는 것에 동의합니다. *동의하지 않는 경우에는 신청인이 직접 관련 서류를 제출해야 합니다.

신청인 (서명 또는 인)

공지사항

본 민원의 처리결과에 대한 만족도 조사 및 관련 제도 개선에 필요한 의견조사를 위해 귀하의 전화번호(휴대전화)로 전화조사를 실시할 수 있습니다.

210mm×297mm[일반용지 60g/㎡(재활용품)]

■ 산업안전보건법 시행규칙 [별지 제49호서식]

자율안전확인 신고증명서

신청인	사업장명	사업장관리번호
	사업자등록번호	대표자 성명
	소재지	

자율안전인증대상 기계・기구명	
형식(규격)	용량(등급)
자율안전확인번호	
제조자 ・ 소재지	

「산업안전보건법」 제89조제1항 및 같은 법 시행규칙 제120조제3항에 따라 자율안전확인 신고증명서를 발급합니다.

년 월 일

자율안전확인기관의 장 직인

210㎜×297㎜[일반용지 60g/㎡(재활용품)]

■ 산업안전보건법 시행규칙 [별지 제50호서식]

안전검사 신청서

접수번호	접수일자	처리일자	처리기간 30일

신청인	사업장명		사업장관리번호	
	사업자등록번호		전화번호	
	소재지			
	대표자 성명			
	담당자	성명	휴대전화번호	
		전자우편 주소		

설치장소	검사 희망일

안전검사대상 기계명	형식(규격)	용량	전 검사일	검사합격번호

「산업안전보건법」 제93조 및 같은 법 시행규칙 제124조제1항에 따라 안전검사를 신청합니다.

년 월 일

신청인 (서명 또는 인)

안전검사기관의 장 귀하

첨부서류	없음	수수료 고용노동부장관이 정하는 수수료 참조

공지사항

본 민원의 처리결과에 대한 만족도 조사 및 관련 제도 개선에 필요한 의견 조사를 위해 귀하의 전화번호(휴대전화)로 전화조사를 실시할 수 있습니다.

처리절차

신청서 작성	→	접수	→	서류검토	→	심사	→	결과통지
신청인		안전검사기관		안전검사기관		안전검사기관		안전검사기관

210㎜×297㎜[일반용지 60g/㎡(재활용품)]

■ 산업안전보건법 시행규칙 [별지 제51호서식]

안전검사 불합격 통지서

신청인	사업장명	
	사업장관리번호	사업자등록번호
	대표자 성명	전화번호
	소재지	

안전검사대상 기계명
형식(규격)

검사 불합격 내용(별지 사용 가능)

검사 항목	검사 결과	판정/조치사항	근거 조항

검사원 (서명 또는 인)

「산업안전보건법」 제93조 및 같은 법 시행규칙 제127조에 따라 안전검사 결과를 알려 드리오니 기준치에 미치지 못하는 부분을 보완한 후 다시 검사를 받으시기 바랍니다.

년 월 일

안전검사기관의 장 직인

210㎜×297㎜[일반용지 60g/㎡(재활용품)]

■ 산업안전보건법 시행규칙 [별지 제52호서식]

자율검사프로그램 인정신청서

접수번호	접수일자	처리일자	처리기간 15일

신청인	사업장명		사업장관리번호
	사업자등록번호		전화번호
	소재지		
	대표자 성명		
	담당자	성명	휴대전화번호
		전자우편 주소	

「산업안전보건법」 제98조제1항 및 같은 법 시행규칙 제132조제3항에 따라 자율검사프로그램 인정을 신청합니다.

년 월 일

신청인 (서명 또는 인)

한국산업안전보건공단 이사장 귀하

신청인 제출서류	1. 안전검사대상기계등의 보유현황 2. 검사원 보유 현황과 검사를 할 수 있는 장비 및 장비 관리방법(자율안전검사기관에 위탁한 경우에는 위탁을 증명할 수 있는 서류를 제출한다) 3. 안전검사대상계등의 검사 주기 및 검사기준 4. 향후 2년간 안전검사대상기계등의 검사수행계획 5. 과거 2년간 자율검사프로그램 수행 실적(재신청의 경우만 해당합니다)	수수료 고용노동부장관이 정하는 수수료 참조
담당 직원 확인사항	1. 법인: 법인등기사항증명서 2. 개인: 사업자등록증	

행정정보 공동이용 동의서

본인은 이 건 업무처리와 관련하여 담당 직원이 「전자정부법」 제36조에 따른 행정정보의 공동이용을 통하여 위의 담당 직원 확인 사항 제2호를 확인하는 것에 동의합니다. *동의하지 않는 경우에는 신청인이 직접 관련 서류를 제출해야 합니다.

신청인 (서명 또는 인)

공지사항

본 민원의 처리결과에 대한 만족도 조사 및 관련 제도 개선에 필요한 의견조사를 위해 귀하의 전화번호(휴대전화)로 전화조사를 실시할 수 있습니다.

처리절차

신청서 작성	→	접수	→	서류검토	→	심사	→	결과통지
신청인		공단		공단		공단		공단

210㎜×297㎜[일반용지 60g/㎡(재활용품)]

■ 산업안전보건법 시행규칙 [별지 제53호서식]

자율검사프로그램 인정서

신청인	사업장명		
	사업장관리번호	사업자등록번호	
	대표자 성명	전화번호	
	소재지		
인정유효기간	~		
	심사원 (서명 또는 인)		

「산업안전보건법」 제98조 및 같은 법 시행규칙 제132조제6항에 따라 자율검사프로그램 인정서를 발급합니다.

년 월 일

한국산업안전보건공단 이사장 직인

210㎜×297㎜[일반용지 120g/㎡]

■ 산업안전보건법 시행규칙 [별지 제54호서식]

자율검사프로그램 부적합 통지서

<table>
<tr><td rowspan="4">신청인</td><td colspan="2">사업장명</td></tr>
<tr><td>사업장관리번호</td><td>사업자등록번호</td></tr>
<tr><td>대표자 성명</td><td>전화번호</td></tr>
<tr><td colspan="2">소재지</td></tr>
</table>

부적합 내용(별지 사용가능)

심사 항목	심사 결과	판정/조치사항	근거 조항

심사원 (서명 또는 인)

「산업안전보건법」 제98조 및 같은 법 시행규칙 제132조제7항에 따라 실시한 자율검사프로그램 심사 결과를 알려 드리오니 같은 법 제93조 및 같은 법 시행규칙 제124조제1항에 따라 즉시 안전검사를 신청해 주시기 바랍니다.

년 월 일

한국산업안전보건공단 이사장 직인

210㎜×297㎜[일반용지 60g/㎡(재활용품)]

■ 산업안전보건법 시행규칙 [별지 제55호서식]

[ ]안전인증대상기계등 제조업체 [ ]자율안전확인대상기계등 제조업체 [ ]산업재해다발 기계·기구 및 설비등제조업체 [ ]국소배기장치 및 전체환기장치 시설업체 [ ]소음·진동 방지장치 시설업체 [ ]등록 [ ]변경 신청서

※ [ ]에는 해당되는 곳에 √ 표시를 합니다.

접수번호	접수일자	처리일자	처리기간 30일

신청인	업체명(상호)		
	대표자 성명		
	전화번호		사무실 면적(㎡)
	소재지		

등록 또는 변경 내용

「산업안전보건법 시행규칙」 제138조제1항 및 제4항에 따라 위와 같이 [ ]등록 [ ]변경하고자 신청합니다.

년 월 일

신청인 (서명 또는 인)

등록지원기관의 장 귀하

신청인 제출서류	1. 「산업안전보건법 시행규칙」 별표 17에 따른 인력기준에 해당하는 사람의 자격과 채용을 증명할 수 있는 자격증(국가기술자격증은 제외합니다), 졸업증명서, 경력증명서 및 재직증명서 등의 서류 2. 건물임대차계약서 사본이나 그 밖의 사무실의 보유를 증명할 수 있는 서류와 시설·장비 명세서 각 1부 3. 제조 인력, 주요 부품 및 완제품 조립·생산용 시설 및 자체 품질관리시스템 운영에 관한 서류(국소배기장치 및 전체환기장치 시설업체, 소음·진동 방지장치 시설업체의 경우는 제외합니다)	수수료 없음
담당공무원 확인사항	1. 법인: 법인등기사항증명서 2. 개인: 사업자등록증 및 국가기술자격증(신청인이 국가기술자격증 확인에 동의한 경우에만 해당합니다.)	

행정정보 공동이용 동의서

본인은 이 건 업무처리와 관련하여 담당 공무원이 「전자정부법」 제36조에 따른 행정정보의 공동이용을 통하여 위의 담당 공무원 확인 사항 제2호를 확인하는 것에 동의합니다. *동의하지 않는 경우에는 신청인이 직접 관련 서류를 제출해야 합니다.

신청인 (서명 또는 인)

공지사항

본 민원의 처리결과에 대한 만족도 조사 및 관련 제도 개선에 필요한 의견조사를 위해 귀하의 전화번호(휴대전화)로 전화조사를 실시할 수 있습니다.

210mm×297mm(일반용지 60g/㎡(재활용품))

■ 산업안전보건법 시행규칙 [별지 제56호서식]

제　　호

(　　　　　　　　) 등록증

1. 업체명(상호):

2. 대표자 성명:

3. 소재지:

4. 등록조건:

「산업안전보건법 시행규칙」 제138조제3항에 따라 위와 같이 등록하였음을 증명합니다.

년　　월　　일

등록지원기관의 장 직인

210㎜×297㎜[일반용지 60g/㎡(재활용품)]

■ 산업안전보건법 시행규칙 [별지 제57호서식]

신규화학물질의 유해성·위험성 조사보고서

※ 뒤쪽의 작성방법을 읽고 작성해 주시기 바라며, [ ]에는 해당하는 곳에 √ 표시를 합니다. (앞쪽)

신청인	사업장명(상호)	성명(대표자)
	①업종	전화번호
	근로자 수 총 명(남성: , 여성:)	신규화학물질 취급 근로자 수 총 명(남성: , 여성:)
	②주소	
수탁 제조자 (신청인이 신규화학물질 제조를 위탁한 경우만 작성)	사업장명(상호)	성명(대표자)
	①업종	전화번호
	근로자 수 총 명(남성: , 여성:)	신규화학물질 취급 근로자 수 총 명(남성: , 여성:)
	②주소	

③신규화학물질 명칭

④신규화학물질의 구조식 또는 시성식

⑤신규화학물질의 물리적·화학적 성질과 상태	외 관	분자량	녹는점	끓는점	그 밖의 사항
⑥제조 또는 수입 예정일	년 월 일				
⑦연간 제조 또는 수입 예정량(단위: 킬로그램 또는 톤)					
	[ ]100킬로그램 이상 1톤 미만 [ ]1톤 이상 10톤 미만 [ ]10톤 이상 100톤 미만 [ ]100톤 이상 1,000톤 미만 [ ]1,000톤 이상				
고분자화합물 해당 여부	[ ]해당 [ ]해당 없음				

⑧신규화학물질의 용도

⑨신규화학물질 제조지역 주소(수입 시 수입국명)

⑩참고사항

「산업안전보건법」 제108조제1항 및 같은 법 시행규칙 제147조제1항에 따라 신규화학물질 [ ] 제조 [ ]수입 [ ]사용 유해성·위험성 조사보고서를 제출합니다.

년 월 일

사업주 대표 (서명 또는 인)

고용노동부장관 귀하

첨부서류	1. 「산업안전보건법」 제110조에 따른 물질안전보건자료 2. 신규화학물질의 시험성적서(「산업안전보건법 시행규칙」 별표 20에 따른다) 3. 신규화학물질의 제조 또는 사용·취급방법을 기록한 서류 4. 신규화학물질의 제조 또는 사용 공정도 5. 신규화학물질 제조를 위탁한 경우 위탁을 증명하는 서류(신규화학물질 제조를 위탁한 경우만 해당합니다)

210mm×297mm[백상지(80g/㎡) 또는 중질지(80g/㎡)]

(뒤쪽)

작성방법

1. "①업종"란에는 노동통계 작성 시의 한국표준산업분류에 따른 사업의 종류를 적습니다.
2. "②주소"란에는 제조의 경우에는 제조시설의 소재지를, 수입의 경우에는 수입하여 사용되는 시설의 소재지를 적습니다.
3. "③신규화학물질명칭"란에는 IUPAC(International Union of Pure and Applied Chemistry)명 또는 CA(Chemical Abstracts)명을 적고 괄호 안에 CAS(Chemical Abstracts Service)번호 또는 RTECS(Registry of Toxic Effects of Chemical Substances)번호와 관용명 및 상품명 등을 적어 병기합니다.
4. "④신규화학물질의 구조식 또는 시성식"란에는 분자 내 각 원자의 결합 상태를 원소기호와 결합기호로 도해적으로 표시합니다.
5. "⑤신규화학물질의 물리·화학적 성질과 상태"란 중 "그 밖의 사항"란에는 신규화학물질의 인화점, 승화성, 조해성(고체가 공기 중의 수분을 흡수하여 녹는 성질), 휘발성 등 특징적인 성질과 상태가 있는 경우 그 내용을 적습니다.
6. "⑥제조 또는 수입 예정일"란에는 제조 또는 수입 예정일을 적습니다.
7. "⑦연간 제조 도는 수입 예정란"에는 제조 또는 수입 예정량을 킬로그램(㎏) 또는 톤(ton) 단위로 적습니다.
8. "⑧신규화학물질의 용도"란에는 그 용도를 자세히 적고, 또한 신규화학물질이 제조 중간체로 있는 경우에는 그 내용과 최종 제품의 명칭 및 용도를 적습니다.
9. "⑨신규화학물질 제조 지역 주소(수입 시 수입국명)"란에는 해당 화학물질이 선적되는 나라명을 적습니다. 다만, 제조국과 수입국이 다른 경우에는 제조국과 수입국을 구분하여 모두 적습니다.
10. "⑩참고사항"란에는 해당 화학물질에 대한 외국의 규제 및 관리 상황 등을 적습니다.

첨부서류 작성방법

1. 「산업안전보건법」 제110조에 따른 물질안전보건자료
  가. 신규화학물질의 안전·보건에 관한 자료에 포함돼야 할 사항은 다음 각 호와 같습니다.

① 화학제품과 회사에 관한 정보	② 유해성·위험성	③ 구성성분의 명칭 및 함유량
④ 응급조치 요령	⑤ 폭발·화재시 대처방법	⑥ 누출 사고 시의 대처방법
⑦ 취급 및 저장방법	⑧ 노출방지 및 개인보호구	⑨ 물리화학적 특성
⑩ 안전성 및 반응성	⑪ 독성에 관한 정보	⑫ 환경에 미치는 영향
⑬ 폐기 시 주의사항	⑭ 운송에 필요한 정보	⑮ 법적 규제현황
⑯ 그 밖의 참고사항(자료의 출처, 작성일자 등)		

  나. 수입 시 외국의 사업주로부터 신규화학물질의 안전·보건에 관한 자료를 제공받는 경우 그에 관한 내용을 검토·평가하고 그 내용이 위(가목)의 규정을 만족하는 경우에는 자료의 원본을 제출합니다. 다만, 자료가 영어 외의 외국어인 경우에는 한글 번역본을 함께 제출합니다.
2. 신규화학물질의 시험성적서
  가. 급성경구독성 또는 급성흡입독성 시험성적서, 복귀돌연변이 시험성적서 및 시험동물을 이용한 소핵 시험성적서는 우수실험실(Good Laboratory Practice)인증을 받은 시험기관에서 작성한 시험성적서를 제출합니다.
  나. 고분자화합물인 경우 겔투과크로마토그래피(GPC, Gel Permeation Chromatography)법을 이용하여 수평균분자량 및 분자량 분포, 단량체의 함량비율 등을 결정하는 시험과 교반 등을 통해 시험 전후 화학물질의 변화 정도를 분석한 시험성적서를 제출합니다.
  다. 신규화학물질의 시험성적서가 영어 외의 외국어인 경우에는 시험요약서의 한글 번역본을 함께 제출합니다.
3. 신규화학물질의 제조 또는 사용·취급방법을 기록한 서류
  가. 제조의 경우에는 해당 물질의 공정별 생성과정, 취급근로자의 노출 상태 및 최종 생성물의 유통경로 등의 내용을 상세히 적습니다.
  나. 수입의 경우에는 해당 물질의 사용·취급을 위한 운송방법, 공정별 사용과정, 취급 근로자의 노출상태 등 그 내용을 상세히 적습니다.
4. 신규화학물질의 제조 또는 사용 공정도
  가. 제조의 경우에는 원료의 투입지점에서부터 해당 물질이 생산되기까지의 모든 공정의 흐름도와 공정별 흐름도를 작성합니다.
  나. 수입의 경우에는 해당 화학물질을 사용하는 모든 공정의 흐름도와 공정별 흐름도를 작성합니다(사용 및 취급 공정이 여러 가지인 경우에는 대표적인 공정을 둘 이상 적습니다).

■ 산업안전보건법 시행규칙 [별지 제58호서식]

■ 산업안전보건법 시행규칙 [별지 제58호서식]

신규화학물질의 유해성·위험성 조사보고서 검토 자료제출 요청서

<table>
<tr><td colspan="2">사업장명(상호)</td><td>대표자 성명</td><td>업종</td><td>근로자 수</td></tr>
<tr><td colspan="2"></td><td></td><td></td><td></td></tr>
<tr><td colspan="3">주소</td><td colspan="2">전화번호</td></tr>
<tr><td>신규화학물질 명칭</td><td colspan="4"></td></tr>
<tr><td>조사보고서 제출일</td><td colspan="4"></td></tr>
<tr><td rowspan="2">요청내용</td><td>시험성적서</td><td>자료제출 요청 사유</td><td colspan="2">제출기한</td></tr>
<tr><td></td><td></td><td colspan="2"></td></tr>
</table>

「산업안전보건법」 제108조제1항 및 같은 법 시행규칙 제147조제3항에 따라 위 신규화학물질의 유해성·위험성 조사보고서 검토에 필요한 자료의 제출을 요청합니다.

년 월 일

고용노동부장관 직인

210mm×297mm[백상지(80g/㎡) 또는 중질지(80g/㎡)]

■ 산업안전보건법 시행규칙 [별지 제59호서식]

■산업안전보건법 시행규칙 [별지 제59호서식]

신규화학물질의 유해성·위험성 조치사항 통지서

※ 뒤쪽의 작성방법을 참고하기 바랍니다.

사업장명(상호)	대표자 성명	업종	근로자 수
주소		전화번호	

신규화학물질 명칭	

조사결과	근로자 건강장해 예방을 위하여 조치해야 할 사항	
	그 밖의 사항	
	유해성·위험성 분류	그림문자와 신호어
	유해·위험 문구	예방조치 문구

「산업안전보건법」 제108조제4항 및 같은 법 시행규칙 제147조제4항에 따라 위 신규화학물질의 유해성·위험성 조사 결과를 통지합니다.

년 월 일

고용노동부장관 직인

210mm×297mm(일반용지 60g/㎡(재활용품))

■ 산업안전보건법 시행규칙 [별지 제60호서식]

신규화학물질의 유해성 · 위험성 조사 제외 확인 신청서

※ 아래의 작성방법 및 첨부서류 작성방법을 읽고 작성하여 주시기 바라며 [ ]에는 해당하는 곳에 √ 표시를 합니다.

접수번호	접수일자	처리일자	처리기간 20일

사업장명(상호)	성명(대표자)
업종	전화번호
근로자 수 총 명(남: , 녀:)	신규화학물질 취급 근로자 수 총 명(남: , 녀:)
주소	

신규화학물질 명칭					
신규화학물질의 구조식 또는 시성식					
신규화학물질의 물리적 · 화학적 성질 및 상태	외 관	분자량	녹는점	끓는점	그 밖의 사항
제외확인을 받으려는 기간(제149조에 해당)	~				
신규화학물질의 제조량 또는 수입량					
신규화학물질의 용도					
신규화학물질 제조지역 주소(수입 시 수입국명)					
참고사항					

「산업안전보건법 시행규칙」 [ ]제148조 [ ]제149조 [ ]제150조에 따라 신규화학물질의 유해성 · 위험성의 조사 제외 확인을 신청합니다.

년 월 일

신청인(대표자) (서명 또는 인)

고용노동부장관 귀하

첨부서류	1. 「산업안전보건법 시행규칙」 제148조 및 제150조에 따른 확인신청의 경우: 제148조제1항 각 호 및 제150조제1항 각 호의 어느 하나에 해당하는 사실을 증명하는 서류 2. 「산업안전보건법 시행규칙」 제149조에 따른 확인신청의 경우: 연간 수입량을 증명하는 서류	수수료 없음

작성방법

1. "업종"란에는 노동통계 작성 시의 한국표준산업분류에 따른 사업의 종류를 적습니다.
2. "주소"란에는 제조의 경우에는 제조시설의 소재지를 적고, 수입의 경우에는 수입되어 사용되는 시설의 소재지를 적습니다.
3. "신규화학물질 명칭"란에는 IUPAC(International Union of Pure and Applied Chemistry)명 또는 CA(Chemical Abstracts)명을 적고, 괄호 안에 CAS(Chemical Abstracts Service)번호 또는 RTECS(Registry of Toxic Effects of Chemical Substances)번호와 관용명 또는 상품명 등을 적어 병기합니다.
4. "신규화학물질의 구조식 또는 시성식"란에는 분자 내 각 원자의 결합 상태를 원소기호와 결합기호로 도해적으로 표시합니다.
5. "신규화학물질의 물리 · 화학적 성질 및 상태"란 중 "그 밖의 사항"란에는 신규화학물질의 인화점 · 승화성 · 조해성 · 휘발성 등 특징적인 성질 및 상태가 있는 경우 그 내용을 적습니다.
6. "제외 확인을 받으려는 기간(「산업안전보건법 시행규칙」 제149조에 해당)"란에서 연간 수입량이 100킬로그램 미만인 경우에 대한 제외 확인을 받으려는 경우에는 그 확인 기간이 1년 단위로 유효하므로 신청기간을 1년으로 합니다.
7. "신규화학물질의 용도"란에는 그 용도를 자세히 적고 또한 신규화학물질이 제조 중간체로 있는 경우에는 그 내용과 최종 제품의 명칭 및 용도를 적습니다.
8. "신규화학물질 제조지역 주소(수입 시 수입국명)"란에는 해당 화학물질이 선적되는 나라명을 적습니다. 다만, 제조국과 수입국이 다른 경우에는 제조국과 수입국을 구분하여 모두 적습니다.

210mm×297mm(일반용지 60g/㎡(재활용품))

■ 산업안전보건법 시행규칙 [별지 제61호서식]

화학물질의 유해성 · 위험성 조사결과서

※ 뒤쪽의 작성방법을 읽고 작성하여 주시기 바랍니다. (앞쪽)

사업장명(상호)						성명(대표자)					
① 업종						전화번호					
근로자 수 총 명(남: , 녀:)						화학물질 취급 근로자 수 총 명(남: , 녀:)					
② 주소											
③ 화학물질 명칭(상품명)											
④ 화학물질의 구조식 또는 시성식											
⑤ 화학물질의 물리적 · 화학적 성질 및 상태	외 관		분자량		녹는점		끓는점		그 밖의 사항		
⑥ 최근 3년간 화학물질의 제조 · 수입 또는 사용량	년				년				년		
⑦ 화학물질 취급 현황	부서 또는 공정명		제조·수입또는사용여부		국소배기장치 유무		월 취급량		월 작업일수		1일 작업시간
⑧ 화학물질의 용도											
⑨ 화학물질 제조 지역의 주소(수입 시 수출국명)											
⑩ 참고사항											

「산업안전보건법」 제109조제1항 및 같은 법 시행규칙 제155조에 따라 화학물질 제조[ ], 수입[ ], 사용[ ] 유해성 · 위험성 조사결과서를 제출합니다.

년 월 일

사업주 대표 (서명 또는 인)

고용노동부장관 귀하

첨부서류	1. 해당 화학물질의 안전 · 보건에 관한 자료 2. 해당 화학물질의 독성시험 성적서 3. 해당 화학물질의 제조 또는 사용 · 취급방법을 기록한 서류 및 제조 또는 사용 공정도(工程圖) 4. 그 밖에 해당 화학물질의 유해성 · 유험성과 관련된 서류 및 자료

210mm×297mm(일반용지 60g/㎡(재활용품))

(뒤쪽)

작성방법

1. "①업종"란에는 노동통계 작성 시의 한국표준산업분류에 따른 사업의 종류를 적습니다.
2. "②주소"란에는 제조의 경우에는 제조시설의 주소를, 수입 및 사용의 경우에는 수입하여 사용하는 시설의 주소를 적습니다.
3. "③화학물질 명칭(상품명)"란에는 IUPAC(International Union of Pure and Applied Chemistry)명 또는 CA(Chemical Abstracts)명을 적고 괄호 안에 CAS(Chemical Abstracts Service)번호 또는 RTECS(Registry of Toxic Effects of Chemical Substances)번호와 관용명 및 상품명 등을 병기합니다.
4. "④화학물질의 구조식 또는 시성식"란에는 분자 내 각 원자의 결합 상태를 원소기호와 결합기호로 도해적으로 표시합니다.
5. "⑤화학물질의 물리적·화학적 성질 및 상태"란 중 "그 밖의 사항"란에는 화학물질의 인화점, 승화성·조해성·휘발성 등 특징적인 성질과 상태가 있는 경우 그 내용을 적습니다.
6. "⑥최근 3년간 화학물질의 제조·수입 또는 사용량"란에서 제조·수입 또는 사용량의 단위는 kg 또는 ton으로 적습니다.
7. "⑦화학물질 취급 현황"란에는 화학물질을 사용하는 부서 또는 공정명을 적고, 또한 화학물질의 취급형태에 따라 제조·수입·사용 여부와 월 작업일수(일) 및 1일 작업시간(시간)을 기재하고, 월 취급량(사용량)의 단위는 kg 또는 ton으로 적습니다.
8. "⑧화학물질의 용도"란에는 그 용도를 자세히 적고, 또한 화학물질이 제조 중간체로 있는 경우에는 그 내용과 최종 제품의 명칭 및 용도를 적습니다.
9. "⑨화학물질 제조 지역 주소(수입 시 수출국명)"란에는 해당 화학물질을 제조하는 시설의 주소를, 수입의 경우에는 해당 화학물질이 선적되는 나라명을 적습니다. 다만, 제조국과 수출국이 다른 경우에는 제조국과 수출국을 구분하여 모두 적습니다.
10. "⑩참고사항"란에는 해당 화학물질에 대한 외국의 규제 및 관리 상황 등을 적습니다.

첨부서류 작성방법

1. 화학물질의 안전·보건에 관한 자료
   가. 화학물질의 안전·보건에 관한 자료에 포함되어야 할 사항은 다음 각 호와 같습니다.
      ① 화학제품과 회사에 관한 정보 ② 유해성·위험성 ③ 구성성분의 명칭 및 함유량
      ④ 응급조치 요령 ⑤ 폭발·화재 시 대처방법 ⑥ 누출 사고 시의 대처방법
      ⑦ 취급 및 저장방법 ⑧ 노출방지 및 개인보호구 ⑨ 물리·화학적 특성
      ⑩ 안전성 및 반응성 ⑪ 독성에 관한 정보 ⑫ 환경에 미치는 영향
      ⑬ 폐기 시 주의사항 ⑭ 운송에 필요한 정보 ⑮ 법적 규제현황
      ⑯ 그 밖의 참고사항(자료의 출처, 작성일자 등)
   나. 수입 시 외국의 사업주로부터 화학물질의 안전·보건에 관한 자료를 제공받는 경우 그에 관한 내용을 검토·평가하고 그 내용이 위(가목)의 규정을 만족하는 경우에는 자료의 원본과 한글 번역본을 함께 제출할 수 있습니다.
2. 화학물질의 독성시험 성적서(제조·수입하는 자에 한하여 제출)
   가. 급성독성 및 유전독성 시험성적서: 급성독성 시험성적서는 우수실험실(Good Laboratory Practice)인증을 받은 시험기관에서 작성된 급성흡입독성 시험성적서를 주로 하되 이를 작성할 수 없는 경우 급성경구독성 시험성적서로 대체할 수 있습니다. 유전독성 시험성적서는 우수실험실(Good Laboratory Practice)인증을 받은 시험기관에서 작성된 미생물을 이용한 복귀돌연변이시험 및 시험 동물(Rat)을 이용한 소핵시험 성적서를 제출합니다.
   나. 수입 시 외국의 사업주로부터 화학물질의 독성시험 성적서를 제공받는 경우에는 자료의 원본과 한글 번역본을 함께 제출합니다.
3. 화학물질의 제조 또는 사용·취급 방법을 기록한 서류
   가. 제조의 경우에는 해당 물질의 공정별 생성과정, 취급근로자의 노출 상태 및 최종 생성물의 유통경로 등 그 내용을 상세히 적습니다.
   나. 수입 및 사용의 경우에는 해당 물질의 사용·취급을 위한 운송방법, 공정별 사용과정, 취급 근로자의 노출상태 등 그 내용을 상세히 적습니다.
4. 제조 또는 사용(취급) 공정도
   가. 제조의 경우에는 원료의 투입지점에서부터 해당 화학물질이 생산되기까지의 모든 공정의 흐름도와 공정별 흐름도를 작성합니다.
   나. 사용의 경우에는 해당 화학물질을 사용하는 모든 공정의 흐름도와 공정별 흐름도를 작성합니다(사용 및 취급 공정이 여러 가지인 경우에는 대표적인 공정을 둘 이상 적습니다).

■ 산업안전보건법 시행규칙 [별지 제62호서식] (2022.8.18 개정)

화학물질 확인서류

※ 색상이 어두운 칸은 신청인이 적지 않으며, [ ]에는 해당되는 곳에 √표를 합니다.

접수번호	접수일시	처리일	처리기간 즉시

구분	내용		
수입자	①선임인 [ ]해당 – 신고번호( ) [ ]비해당		
	사업장명	대표자	②업종
	사업자등록번호	근로자 수	
	주소 (전자우편주소:)		
	전화번호	팩스번호	
③구분	[ ] 연구개발용 [ ] 비연구개발용		
④제품명	※ 물질안전보건자료(MSDS) 상의 제품명과 동일한 제품명을 기재		
국외 제조자	사업장명(명칭)	제조국	
	주소 (전화번호:)		
⑤확인 내용	동 화학제품을 구성하는 화학물질(또는 단일 화학물질)에는 물질안전보건자료에 적힌 화학물질 외에는 「산업안전보건법」 제104조에 따른 분류기준에 해당하는 화학물질이 없음을 확인합니다.		

「산업안전보건법」 제110조제2항제2호 및 같은 법 시행규칙 제157조·제161조에 따른 화학물질 확인서류를 제출합니다.

년 월 일

수입자: (서명 또는 인)

한국산업안전보건공단 이사장 귀하

붙임 서류	수수료
1. 국외제조자로부터 확인받은 화학물질 관련 확인 서류(Letter of confirmation, LOC)	없음

작성방법

1. ①란은 신청인이 법 제113조에 따른 선임인에 해당하는 지 여부를 표시합니다.
1. ②란은 한국표준산업분류에 따른 사업의 종류를 적습니다.
2. ③란은 연구개발용 및 비연구개발용 중 하나를 표시합니다.
3. ④란은 화학제품의 명칭을 기재합니다.(물질안전보건자료(MSDS) 상의 제품명과 동일한 제품명을 기재합니다.)
4. 붙임 서류(LOC)에는 ⑤의 확인내용이 반드시 기재되어야 하며, 이를 증빙할 수 있도록 국외제조자의 직인(또는 서명/인)을 받아 제출해야 합니다.

210㎜×297㎜[백상지(80g/㎡) 또는 중질지(80g/㎡)]

■ 산업안전보건법 시행규칙 [별지 제63호서식] (2022.8.18 개정)

물질안전보건자료 비공개 [ ]승인 [ ]연장승인 신청서

※ 색상이 어두운 칸은 신청인이 적지 않으며, [ ]에는 해당되는 곳에 √표를 합니다. (앞쪽)

접수번호	접수일시	처리일	처리기간 1개월(2주)

신청인	①선임인 [ ]해당 – 신고번호( ) [ ]비해당		
	사업장명	대표자	②업종
	사업자등록번호(법인등록번호)	근로자 수	
	소재지 (전자우편주소:)		
	전화번호	팩스번호	
③구분	[ ] 제조 [ ] 수입	[ ] 연구개발용 [ ] 비연구개발용	
④제품명			

⑤제품 내 구성성분의 명칭·함유량 및 신청 여부 등	물질안전 보건자료 대상물질 해당 여부	명칭(CAS No.)	신청 여부	함유량	신청 여부	건강·환경유해성 및 물리적 위험성 정보
	[ ]해당 [ ]비해당 – [ ]해당없음 [ ]자료없음	1.	[ ]신청 [ ]비신청		[ ]신청 [ ]비신청	
	[ ]해당 [ ]비해당 – [ ]해당없음 [ ]자료없음	2.	[ ]신청 [ ]비신청		[ ]신청 [ ]비신청	
	[ ]해당 [ ]비해당 – [ ]해당없음 [ ]자료없음	3.	[ ]신청 [ ]비신청		[ ]신청 [ ]비신청	
	[ ]해당 [ ]비해당 – [ ]해당없음 [ ]자료없음	4.	[ ]신청 [ ]비신청		[ ]신청 [ ]비신청	
	- 제품 내 구성성분의 수: 종 - 물질안전보건자료대상물질에 해당하는 구성성분의 수: 종 - 신청하는 구성성분의 수: 종					

⑥대체자료	대체명칭	대체함유량
	1.	
	2.	
	3.	
	※ 비공개를 신청하는 명칭 및 함유량에 대하여만 작성	
⑦제품의 건강·환경 유해성 및 물리적 위험성 정보		
⑧기승인 정보	※ 최초로 승인받은 물질안전보건자료의 승인번호 및 승인기간 기재(연장승인 신청서인 경우만 기재)	

「산업안전보건법」 제112조제1항 및 같은 법 시행규칙 제161조에 따라 물질안전보건자료 비공개 [ ]승인 [ ]연장승인을 신청합니다.

년 월 일

신청인 (서명 또는 인)

한국산업안전보건공단 이사장 귀하

210mm×297mm[백상지(80g/㎡) 또는 중질지(80g/㎡)]

(뒤 쪽)

제출 서류	1. 대체자료로 적으려는 화학물질의 명칭 및 함유량이 「부정경쟁방지 및 영업비밀 보호에 관한 법률」 제2조제2호에 따른 영업비밀에 해당함을 입증하는 자료로서 고용노동부장관이 정하여 고시하는 자료(연구개발용인 경우는 제출하지 않아도 됩니다) 2. 제품의 물질안전보건자료 3. 대체자료로 적으려는 화학물질의 건강 및 환경에 대한 유해성, 물리적 위험성 정보. 다만, 해당 정보가 제2호의 제품의 물질안전보건자료에 출처와 함께 적혀있거나, 구성성분의 물질안전보건자료에 출처와 함께 적혀있는 경우 그 자료로 대신할 수 있습니다. 4. 「산업안전보건법」 제104조에 따른 분류기준에 해당하지 않는 화학물질의 명칭 및 함유량에 관한 자료나 서류. 다만, 해당 정보가 제2호의 제품의 물질안전보건자료에 적혀 있는 경우 제2호의 자료로 대신할 수 있으며, 별지 제62호서식의 화학물질 확인서류와 국외제조자로부터 확인받은 화학물질 관련 확인 서류를 제출하는 경우에는 그 서류로 대신할 수 있습니다. 5. 그 밖에 화학물질의 명칭 및 함유량을 대체자료로 적도록 승인하기 위해 필요한 정보로서 고용노동부장관이 정하여 고시하는 서류	수수료 고용노동부 장관이 정하는 수수료 참조
담당공무원 확인사항	1. 사업자등록증명(개인의 경우만 해당합니다) 2. 법인등기사항증명서(법인의 경우만 해당합니다)	

행정정보 공동이용 동의서

본인은 이 건 업무처리와 관련하여 담당직원이 「전자정부법」 제36조제1항에 따른 행정정보의 공동이용을 통하여 위의 담당직원 확인사항 중 제1호를 확인하는 것에 동의합니다. * 동의하지 않는 경우에는 신청인이 직접 관련 서류를 제출해야 합니다.

신청인 (서명 또는 인)

작성방법

1. ①란은 신청인이 법 제113조에 따른 선임인에 해당하는 지 여부를 표시합니다.
1. ②란은 한국표준산업분류에 따른 사업의 종류를 적습니다.
2. ③란은 화학물질의 제조 및 수입 중 하나를, 연구개발용 및 비연구개발용 중 하나를 표시합니다.
3. ④란은 화학제품의 명칭을 기재합니다.
4. ⑤란은 제품 내 구성성분에 대한 명칭(CAS No. 포함) 및 함유량 정보를 기재합니다.
   - 구성성분별로 법 제104조에 따른 분류기준에 해당하는 화학물질인지 여부를 표시한 후 이에 해당하는 구성성분 중 비공개를 신청하고자 하는 명칭 및 함유량을 표시합니다.(명칭과 함유량 모두를 신청하거나 또는 그 중 어느 하나만을 신청할 수 있습니다)
   - 법 제104조에 따른 분류기준에 해당하는 화학물질에 대해서는 구성성분별로 건강·환경 유해성 및 물리적 위험성 정보를 게재합니다.
   - 제품 내 구성성분 및 비공개를 신청하는 구성성분의 수 등을 기재합니다.(하나의 구성성분에 대해 명칭과 함유량 모두를 신청하거나 또는 그 중 어느 하나만을 신청하여도 1건으로 기재)
5. ⑥란은 ⑤란에서 비공개를 신청한 구성성분에 대해 고용노동부장관이 정하는 기재방법을 참고하여 승인받을 대체명칭 및 대체함유량을 기재합니다.
6. ⑦란은 화학제품에 대한 건강·환경 유해성 및 물리적 위험성 정보를 기재합니다.
7. ⑧란은 연장승인 신청서에 한하여 최초로 승인받은 물질안전보건자료의 승인번호 및 승인기간을 기재합니다.

처리절차

신청서 작성	➔	접수	➔	비공개 승인 심사	➔	결재	➔	통지
신청인		한국산업안전보건공단		한국산업안전보건공단		한국산업안전보건공단		한국산업안전보건공단

210㎜×297㎜[백상지(80g/㎡) 또는 중질지(80g/㎡)]

■ 산업안전보건법 시행규칙 [별지 제64호서식]

물질안전보건자료 비공개 [ ]승인 [ ]연장승인 결과 통지서

<table>
<tr><td rowspan="3">신청인</td><td colspan="6">선임인
[ ]해당 [ ]비해당</td></tr>
<tr><td colspan="6">사업장명</td></tr>
<tr><td colspan="6">주소</td></tr>
<tr><td>제품명</td><td colspan="2"></td><td colspan="4">[ ] 연구개발용 [ ] 비연구개발용</td></tr>
<tr><td>결 과</td><td colspan="2">[ ] 승인 [ ] 부분승인 [ ] 불승인</td><td colspan="2">승인번호</td><td colspan="2">※ 불승인시 승인번호 미부여</td></tr>
<tr><td rowspan="5">세부 승인결과</td><td colspan="2">신청물질</td><td colspan="2">검토결과</td><td colspan="2" rowspan="2">세부 승인결과</td></tr>
<tr><td>대체명칭</td><td>대체함유량</td><td>대체명칭</td><td>대체함유량</td></tr>
<tr><td>1.</td><td></td><td></td><td></td><td colspan="2">[ ] 승인 [ ] 불승인</td></tr>
<tr><td>2.</td><td></td><td></td><td></td><td colspan="2">[ ] 승인 [ ] 불승인</td></tr>
<tr><td>3.</td><td></td><td></td><td></td><td colspan="2">[ ] 승인 [ ] 불승인</td></tr>
<tr><td>물질안전보건자료의 적정성 등 검토</td><td colspan="6">※ 연구개발용인 경우 제외</td></tr>
</table>

「산업안전보건법」 제112조제2항, 같은 법 시행규칙 제162조에 따라 물질안전보건자료의 비공개 [ ]승인 [ ]연장승인 결과를 통지합니다.

※ 승인결과에 대해 이의가 있는 신청인은 같은 법 제112조제6항에 따라 이의신청할 수 있음을 알려드립니다.

년 월 일

한국산업안전보건공단 이사장 직인

210mm×297mm[백상지(80g/㎡) 또는 중질지(80g/㎡)]

■ 산업안전보건법 시행규칙 [별지 제65호서식] (2023.9.27 개정)

물질안전보건자료 비공개 승인 이의신청서

※ 색상이 어두운 칸은 신청인이 적지 않으며, [ ]에는 해당되는 곳에 √표를 합니다.

접수번호	접수일시	처리일	처리기간 14일

<table>
<tr><td rowspan="6">신청인</td><td colspan="3">①선임인
[ ]해당 - 신고번호( ) [ ]비해당</td></tr>
<tr><td>사업장명</td><td>대표자</td><td>②업종</td></tr>
<tr><td>사업자등록번호(법인등록번호)</td><td colspan="2">근로자 수</td></tr>
<tr><td colspan="3">소재지
(전자우편주소:)</td></tr>
<tr><td>전화번호</td><td colspan="2">팩스번호</td></tr>
<tr><td>③구분</td><td colspan="3">[ ] 최초 신청(승인번호:) [ ] 연장승인 신청(승인번호:)</td></tr>
<tr><td>④제품명</td><td colspan="3"></td></tr>
</table>

<table>
<tr><td rowspan="7">⑤ 이의 신청의 취지 및 사유 등</td><td colspan="3">신청물질</td><td colspan="2">검토결과</td><td rowspan="2">이의신청의 취지 및 사유</td></tr>
<tr><td>명칭</td><td>(CAS No.)</td><td>함유량</td><td>대체명칭</td><td>대체함유량</td></tr>
<tr><td>1.</td><td></td><td></td><td></td><td></td><td></td></tr>
<tr><td>2.</td><td></td><td></td><td></td><td></td><td></td></tr>
<tr><td>3.</td><td></td><td></td><td></td><td></td><td></td></tr>
<tr><td colspan="6">※ 이의신청의 취지 및 사유가 개별 물질별로 다른 경우 각각 기재</td></tr>
</table>

「산업안전보건법」 제112조의2제1항 및 같은 법 시행규칙 제163조제1항에 따라 물질안전보건자료 비공개 승인 결과에 대하여 이의를 신청합니다.

년 월 일

신청인 (서명 또는 인)

한국산업안전보건공단 이사장 귀하

붙임 서류	1. 이의신청의 취지 및 사유의 설명에 필요한 경우 그 밖의 자료를 첨부할 수 있음	수수료 없음

작성방법

※ 신청인은 비공개 승인 또는 연장승인 결과에 대해 1회에 한하여 이의신청할 수 있습니다.

1. ①란은 신청인이 법 제113조에 따른 선임인에 해당하는 지 여부를 표시합니다.
2. ②란은 한국표준산업분류에 따른 사업의 종류를 적습니다.
3. ③란은 최초 신청 결과에 대한 이의신청인지 또는 연장승인 신청 결과에 대한 이의신청인지 여부를 승인번호와 함께 기재합니다.
4. ④란은 화학제품의 명칭을 기재합니다.
5. ⑤란은 불승인 된 화학물질의 정보와 이의신청의 취지 및 사유를 함께 작성합니다.

처리절차

이의신청서 작성	→	접수	→	비공개 승인 재심사	→	결재	→	통지
신청인		한국산업안전보건공단		한국산업안전보건공단		한국산업안전보건공단		한국산업안전보건공단

210㎜×297㎜[백상지(80g/㎡) 또는 중질지(80g/㎡)]

■ 산업안전보건법 시행규칙 [별지 제66호서식] (2023.9.27 개정)

물질안전보건자료 비공개 승인 이의신청 결과 통지서

신청인	선임인 [ ]해당 [ ]비해당				
	사업장명				
	주소				
제품명			[ ] 연구개발용 [ ] 비연구개발용		
결 과	[ ] 승인 [ ] 부분승인 [ ] 불승인		승인번호	※ 불승인시 승인번호 미부여	
세부 승인결과	신청물질		검토결과		세부 승인결과
	대체명칭	대체함유량	대체명칭	대체함유량	
	1.				[ ] 승인 [ ] 불승인
	2.				[ ] 승인 [ ] 불승인
	3.				[ ] 승인 [ ] 불승인
기 타					

「산업안전보건법」 제112조의2제2항, 같은 법 시행규칙 제163조제2항에 따라 물질안전보건자료의 비공개 승인 이의신청 결과를 통지합니다.

년 월 일

한국산업안전보건공단 이사장 직인

210mm×297mm[백상지(80g/㎡) 또는 중질지(80g/㎡)]

■ 산업안전보건법 시행규칙 [별지 제67호서식]

물질안전보건자료 비공개 승인 취소 결정 통지서

<table>
<tr><td rowspan="3">신청인</td><td>선임인
[ ] 해당 [ ] 비해당</td></tr>
<tr><td>사업장명</td></tr>
<tr><td>주소</td></tr>
<tr><td>승인번호</td><td></td></tr>
<tr><td>제품명</td><td></td></tr>
<tr><td>취소 결정</td><td>
<table>
<tr><td>명칭(대체명칭)</td><td>(CAS No.)</td><td>함유량 (대체함유량)</td><td>취소 결정</td><td>취소사유</td></tr>
<tr><td>1.</td><td></td><td></td><td>[ ] 해당 [ ] 비해당</td><td></td></tr>
<tr><td>2.</td><td></td><td></td><td>[ ] 해당 [ ] 비해당</td><td></td></tr>
<tr><td>3.</td><td></td><td></td><td>[ ] 해당 [ ] 비해당</td><td></td></tr>
</table>
※ 취소 결정한 구성성분에 대해서는 명칭과 함유량을 기재(그 외 구성성분은 대체자료 기재)</td></tr>
</table>

「산업안전보건법」 제112조제8항, 같은 법 시행규칙 제164조제1항에 따라 물질안전보건자료의 비공개 승인 취소 결정 사실을 통지합니다.

년 월 일

지방고용노동청(지청)장 직인

210㎜×297㎜[백상지(80g/㎡) 또는 중질지(80g/㎡)]

■ 산업안전보건법 시행규칙 [별지 제68호서식]

국외제조자에 의한 [ ] 선임서 [ ] 해임서

※ 색상이 어두운 칸은 신청인이 적지 않으며, [ ]에는 해당되는 곳에 √표를 합니다.

접수번호	접수일시	처리일	처리기간 7일

<table>
<tr><td rowspan="3">①국외제조자</td><td colspan="2">사업장명</td><td colspan="2">제조(생산)국</td></tr>
<tr><td colspan="4">담당자 성명 및 연락처
(전자우편 주소:)</td></tr>
<tr><td colspan="4">주소
(전화번호:)
(팩스번호:)</td></tr>
<tr><td rowspan="4">②선임(해임) 대상자</td><td colspan="2">사업장명</td><td colspan="2">사업자등록번호</td></tr>
<tr><td colspan="2">성명(대표자)</td><td>담당자 성명 및 연락처</td><td>(이메일주소:)</td></tr>
<tr><td colspan="4">주소
(전화번호:)
(팩스번호:)</td></tr>
<tr><td>③선임(해임) 분야</td><td colspan="3">1. [ ] 물질안전보건자료의 작성・제출(법 제110조제1항 또는 제3항)
2. [ ] 화학물질의 명칭・함유량 또는 확인서류 제출(법 제110조제2항
3. [ ] 대체자료 기재, 유효기간 연장승인 또는 이의신청(법제112조제1항, 제5항, 제6항)</td></tr>
<tr><td>④선임인 경우 선임 기간</td><td colspan="4"></td></tr>
<tr><td>⑤해임인 경우 선임번호</td><td colspan="4"></td></tr>
</table>

「산업안전보건법」 제113조제1항 및 동법 시행규칙 제166조제2항에 따라 국외제조자는 위와 같이 물질안전보건자료대상물질을 수입하는 자를 갈음하여 업무를 수행할 수 있는 자를 [ ] 선임 [ ] 해임 하였음을 신고합니다.

년 월 일

국외제조자 : (서명 또는 인)

선임(해임) 대상자 : (서명 또는 인)

지방고용노동청(지청)장 귀하

붙임 서류	1. 「산업안전보건법 시행규칙」 제166조제1항 각 호의 요건 증명서류 1부 2. 선임계약서 사본 등 선임(해임) 여부 증명서류 1부

작성방법

1. ①란은 물질안전보건자료를 제조한 자로서 수입하는 자를 갈음하는 자를 선임하고자 하는 국외제조자의 정보를 기재합니다.
2. ②란은 국외제조자가 수입하는 자를 갈음하여 선임(해임)하고자 하는 선임(해임) 대상자의 정보를 기재합니다.
3. ③란에서 1(물질안전보건자료의 작성・제출)~2(화학물질의 명칭・함유량 또는 확인서류 제출)는 함께 선임해야 하며, 3(대체자료 기재, 유효기간 연장 승인 또는 이의신청)을 선임하는 경우에도 1(물질안전보건자료의 작성・제출)~2(화학물질의 명칭・함유량 또는 확인서류 제출)은 함께 선임해야 합니다.
4. ④란은 선임하는 경우(해임서인 경우는 제외) 선임계약서 등을 통해 확인 가능한 선임기간을 기재합니다.(선임계약서에 별도의 선임기간이 없는 경우 최대 5년을 경과할 수 없음)

처리절차

선임(해임)서 작성	→	접수	→	검토	→	결재	→	통지
신청인		지방고용노동청(지청)		지방고용노동청(지청)		지방고용노동청(지청)		지방고용노동청(지청)

210㎜×297㎜[백상지(80g/㎡) 또는 중질지(80g/㎡)]

■ 산업안전보건법 시행규칙 [별지 제69호서식]

제　　호

국외제조자에 의한 선임(해임) 사실 신고증

1. 사업장명:
2. 사업자등록번호:
3. 성명(대표자):
4. 소재지:
5. 신고내용: [ ] 선임 – 선임번호(　　　　) [ ] 해임
6. 국외제조자:
7. 선임기간(선임인 경우):

「산업안전보건법」 제113조제1항 및 동법 시행규칙 제166조제4항에 따라 물질안전보건자료대상물질의 국외제조자는 이를 수입하는 자를 갈음하여 업무를 수행할 수 있는 자를 [ ] 선임 [ ] 해임하였음을 확인합니다.

년　　월　　일

지방고용노동청(지청)장 직인

210㎜×297㎜[백상지(150g/㎡)]

■ 산업안전보건법 시행규칙 [별지 제70호서식] (2024.6.28 개정)

제조등금지물질 [ ]제조 [ ]수입 [ ]사용 승인신청서

※ 공지사항과 작성방법을 확인하고 작성하여 주시기 바라며, [ ]에는 해당되는 곳에 √ 표시를 합니다. (앞 쪽)

접수번호	접수일자	처리일자	처리기간 20일

신청인	성명			
	주소			
제조등 금지물질	금지물질 명칭 및 화학물질 식별번호(Cas No.)			
	제품명			
	제조·수입·사용의 목적			
	제조·사용 기간 또는 수입일	제조기간 년 월 ~ 년 월		
		사용기간 년 월 ~ 년 월		
		수입일 년 월		
	제품의 양(g)			
	금지물질 함유량(%)			
종사 근로자 수	제조(명)		사용(명)	
제조설비등	건물 개요	바닥면적		
		구조(바닥 포함)		
	제조설비 개요			
	사용설비 개요			
보관	대상 물질을 넣는 용기			
	대상 물질 보관 장소			
보호구	불침투성 보호앞치마	종류	재질	개수
	불침투성 보호장갑	종류	재질	개수
	그 밖의 보호구	종류	재질	개수
시험연구 기관	명칭		대표자 성명	
	주소			
	참고사항			

「산업안전보건법 시행규칙」 제172조제1항에 따라 [ ]제조 [ ]수입 [ ]사용 승인을 신청합니다.

년 월 일

신청인 (서명 또는 인)

지방고용노동청(지청)장 귀하

210mm×297mm(보존용지(2종) 70g/㎡)

(뒤 쪽)

첨부서류	1. 시험 · 연구계획서(제조 · 수입 · 사용의 목적 · 양 등에 관한 사항을 포함해야 합니다) 2. 산업보건 관련 조치를 위한 시설 · 장비의 명칭 · 구조 · 성능 등에 관한 서류 3. 해당 시험 · 연구실(작업장)의 전체 작업공정도, 각 공정별로 취급하는 물질의 종류 · 취급량 및 공정별 종사 근로자 수에 관한 서류	수수료 없음

작성방법

1. 서식 제목 중 제조 · 사용 · 수입의 해당란에 [√] 표시를 합니다.
2. 제품의 양란에는 제조·사용 기간의 총량을 적습니다.
3. 건물 개요란에는 제조등금지물질을 제조 · 사용하는 작업장을 적습니다.
4. 구조(바닥 포함)란에는 철근콘크리트조, 목조 등의 구분과 바닥의 재질을 적습니다.
5. 제조설비 개요란에는 주요 제조설비를 적고, 주요 제조설비 등의 밀폐 상태 및 배관의 접속부를 나타내는 도면 또는 드래프트 체임버의 구조를 나타내는 도면을 첨부합니다.
6. 제조등금지물질을 넣는 용기란에는 용기의 재질과 용량을 적습니다.
7. 불침투성 보호앞치마란과 불침투성 보호장갑란에는 해당 보호구의 재질과 개수를 적습니다.
8. 그 밖의 보호구란에는 방진마스크, 방독마스크 등의 종류와 개수를 적습니다.
9. 참고사항란에는 정기건강진단의 실시 여부와 실시기관명을 적되, 제조등금지물질을 수입하는 경우에는 수입 사무를 대행하는 기관명과 주소를 적습니다.

공지사항

본 민원의 처리결과에 대한 만족도 조사 및 관련 제도 개선에 필요한 의견조사를 위해 귀하의 전화번호(휴대전화)로 전화조사를 실시할 수 있습니다.

처리절차

승인신청서 작성	→	접 수	→	검 토	→	결 재	→	시행	→	승인서 발급
신청인		문서 접수 담당부서		산업안전 · 보건 업무 담당부서		지방고용노동청(지청)장		문서 발송 담당부서		

■ 산업안전보건법 시행규칙 [별지 제71호서식]

제 호

제조등금지물질 [ ]제조[ ]수입[ ]사용 승인서

물질의 명칭			
사업장 명칭			
신청인	성명		
	주소		
신청기관	명칭		
	주소		
승인내용	승인기간	제조기간	년 월 ~ 년 월
		사용기간	년 월 ~ 년 월
		수입일	년 월
	승인량		g/승인기간

「산업안전보건법」 제117조, 같은 법 시행령 제87조 및 시행규칙 제172조제2항에 따라 신청한 위 물질의 [ ]제조 [ ]수입 [ ]사용을 승인합니다.

년 월 일

지방고용노동청(지청)장 직인

210mm×297mm(일반용지 60g/㎡(재활용품))

■ 산업안전보건법 시행규칙 [별지 제72호서식]

[ ]제조 [ ]사용 허가신청서

접수번호	접수일자	처리일자	처리기간 20일

신청인	성명	대표자 성명
	사업장 명칭	
	주소	
물질의 명칭		
제조 및 시설	시설종류	공정명
	사용물질	사용량
	비고	

「산업안전보건법 시행규칙」 제173조제1항에 따라 [ ]제조 [ ]사용 허가를 신청합니다.

년 월 일

(서명 또는 인)

지방고용노동청(지청)장 귀하

수입인지 첨부란

첨부서류	1. 사업계획서(제조·사용의 목적·양 등에 관한 사항을 포함해야 합니다) 2. 산업보건 관련 조치를 위한 시설·장치의 명칭·구조·성능 등에 관한 서류 3. 해당 사업장의 전체 작업공정도, 각 공정별로 취급하는 물질의 종류·취급량 및 공정별 종사 근로자 수에 관한 서류	수수료 고용노동부 장관이 정하는 수수료 참조

공지사항

본 민원의 처리결과에 대한 만족도 조사 및 관련 제도 개선에 필요한 의견조사를 위해 귀하의 전화번호(휴대전화)로 전화조사를 실시할 수 있습니다.

처리절차

허가신청서 작성	→	접 수	→	검 토	→	결 재	→	시행	→	허가증 발급
신청인		기획총괄과 민원실		산업안전·보건 업무 담당부서		지방고용노동청(지청)장		문서 발송 담당부서		

210mm×297mm(일반용지 60g/㎡(재활용품))

■ 산업안전보건법 시행규칙 [별지 제73호서식]

제　　호

허가대상물질 [ ]제조 [ ]사용 허가증

※ [ ]에는 해당되는 곳에 √ 표시를 합니다.

<table>
<tr><td rowspan="3">신청인</td><td colspan="2">성명</td><td>대표자 성명</td></tr>
<tr><td colspan="3">사업장 명칭</td></tr>
<tr><td colspan="3">주소</td></tr>
<tr><td>물질의 명칭</td><td colspan="3"></td></tr>
<tr><td rowspan="3">제조 및 사용 시설</td><td>시설종류</td><td colspan="2">공정명</td></tr>
<tr><td>사용물질</td><td colspan="2">사용량</td></tr>
<tr><td colspan="3">비고</td></tr>
</table>

「산업안전보건법」 제118조에 따라 신청된 상기 물질의 [ ]제조 [ ]사용(허가된 공정에서의 [ ]제조 [ ]사용에 해당한다)를(을) 허가합니다.

년　　월　　일

지방고용노동청(지청)장 [직인]

210mm×297mm(일반용지 120g/㎡)

■ 산업안전보건법 시행규칙 [별지 제74호서식] (2023.9.27 개정)

석면조사의 생략 등 확인신청서

[ ] 석면이 함유되어 있지 않음 [ ] 석면이 1퍼센트 초과하여 함유되어 있음
[ ] 「석면안전관리법」에 따라 석면조사를 함

※ 뒤쪽의 작성방법과 공지사항을 확인하고 작성하여 주시기 바라며, [ ]에는 해당되는 곳에 √ 표시를 합니다. (앞쪽)

접수번호	접수일	처리일	처리기간 20일

소유자	성명	전화번호
	주소	
대상 건축물 또는 설비 개요	건물명(설비명)	건축(설치)연도
	위치(소재지)	
	용도	
	구조	연면적
	건축물 수	세대 수

	위 치 (설비의 경우는 설비명 포함)	종 류	재 질(또는 자재명)	면적(m^2) 또는 부피(㎥) 또는 길이(m)
해체·제거 대상 [ ]건축물 [ ]설비 (작성방법 뒤쪽 참조)		분무재		
		내화피복재		
		천장재		
		지붕재		
		벽재 (벽체의 마감재)		
		바닥재		
		파이프 보온재		
		단열재		
		개스킷		
		기 타 (칸이 부족할 경우 별첨)		

「산업안전보건법」 제119조제2항 및 제3항, 같은 법 시행령 제91조제2항, 같은 법 시행규칙 제175조제1항 및 제2항에 따라 석면조사의 생략 등을 확인 신청합니다.

년 월 일

신청인 (서명 또는 인)

지방고용노동청(지청)장 귀하

210mm×297mm(보존용지(2종) 70g/㎡)

(뒤 쪽)

첨부서류	1. 건축물이나 설비에 석면이 함유되어 있지 않은 경우: 이를 증명할 수 있는 설계도서 사본, 건축자재의 목록·사진·성분분석표, 건축물 안팎의 사진 등의 서류. ※ 성분분석표는 건축자재 생산회사가 발급한 것으로 제출합니다. 2. 건축물이 2017년 7월 1일 이후 「건축법」 제21조에 따른 착공신고를 한 신축 건축물인 경우: 건축물대장 사본 3. 건축물이나 설비에 석면이 1퍼센트(무게 퍼센트) 초과하여 함유되어 있는 경우: 공사계약서 사본(자체공사인 경우에는 공사계획서) 4. 「석면안전관리법」에 따라 석면조사를 실시한 경우: 석면조사 결과서	수수료 없음

작성방법

"해체·제거 대상"란 중

가. 건축물, 설비는 구분하여 해당란에 [√] 표시를 합니다.

나. "위치"란에는 건축물의 경우 건물의 호수(실)나 층수를 적되, 동을 달리하는 경우에는 각 위치별(동·층수·호수별)로 구분하여 작성하고, 설비의 경우에도 설비의 위치 및 설비별로 구분하여 작성한 후 별지로 첨부해야 합니다.

※ 위치(설비)별로 종류 및 재질이 같은 경우에는 함께 작성 가능

다. "종류"란에는 해체·제거를 하는 건축물이나 설비의 각 구조부분을 빠짐없이 적어야 합니다.

라. "재질"란에는 해당 재질의 이름이나 상품명 등을 적습니다.

※ 예시) 시멘트, 목재, 석고보드, 슬레이트, ○○텍스 등

마. 각 란에 해당 사항이 없으면 "없음"으로 적습니다.

공지사항

1. 2017년 7월 1일 이후에 착공신고를 한 신축 건축물에 해당하여 첨부서류로 건축물대장 사본을 제출한 경우에는 이 신청서 제출로 석면조사의 생략 등 확인 절차가 완료됩니다.
2. 「석면안전관리법 시행규칙」 제26조에 따라 건축물석면조사 결과를 지방자치단체 등 관계 행정기관의 장에게 제출한 경우에는 이 신청서(석면조사의 생략 등 확인신청서)를 제출하지 않아도 됩니다.
3. 이 신청의 처리결과에 대한 만족도 조사 및 관련 제도 개선에 필요한 의견조사를 위해 귀하의 전화번호(휴대전화)로 전화조사를 실시할 수 있습니다.

처리절차

신청서 작성	→	접 수	→	검 토	→	결 재	→	시행	→	통보 (문서 발송)
신청인		문서 접수 담당부서		산업안전·보건 업무 담당부서		지방고용노동청(지청)장		산업안전·보건 업무 담당부서		산업안전·보건 업무 담당부서

210mm×297mm(일반용지 60g/㎡(재활용품))

■ 산업안전보건법 시행규칙 [별지 제75호서식]

석면해체 · 제거업 [ ]등록 [ ]변경 신청서

접수번호	접수일자	처리기간 20일

신청인	업체명(상호)	
	대표자 성명	전화번호
	소재지	

등록 또는 변경 내용

「산업안전보건법 시행규칙」 제179조제1항 및 제3항에 따라 위와 같이 [ ]등록 [ ]변경을 신청합니다.

년 월 일

신청인 (서명 또는 인)

지방고용노동청(지청)장 귀하

신청인 제출서류	1. 「산업안전보건법 시행령」 별표 28에 따른 인력기준에 해당하는 사람의 자격과 채용을 증명할 수 있는 서류 2. 건물임대차계약서 사본이나 그 밖에 사무실의 보유를 증명할 수 있는 서류와 시설·장비 명세서 각 1부 ※ 변경의 경우에는 변경을 증명하는 서류	수수료 없 음
담당 공무원 확인사항	1. 법인: 법인등기사항증명서 2. 개인: 사업자등록증(확인에 동의하지 않는 경우 해당 서류를 직접 제출합니다)	

행정정보 공동이용 동의서

본인은 이 건 업무처리와 관련하여 담당 공무원이 「전자정부법」 제36조에 따른 행정정보의 공동이용을 통하여 위의 담당 공무원 확인 사항을 확인하는 것에 동의합니다. *동의하지 않는 경우에는 신청인이 직접 관련 서류를 제출해야 합니다.

신청인 (서명 또는 인)

공지사항

본 민원의 처리결과에 대한 만족도 조사 및 관련 제도 개선에 필요한 의견조사를 위해 귀하의 전화번호(휴대전화)로 전화조사를 실시할 수 있습니다.

210㎜x297㎜[일반용지 60g/㎡(재활용품)]

■ 산업안전보건법 시행규칙 [별지 제76호서식]

제　　호

석면해체·제거업 (변경)등록증

업 체 명(상호)	
대표자 성명	
소 재 지	
최초 등록번호 및 등록일	※변경 등록증 발급에 한함

「산업안전보건법 시행규칙」 제179조제2항에 따라 위와 같이 등록하였음을 증명합니다.

년　　월　　일

지방고용노동청(지청)장 직인

210mm×297mm(일반용지 60g/㎡(재활용품))

■ 산업안전보건법 시행규칙 [별지 제77호서식] (2023.9.27 개정)

석면해체 · 제거작업 신고서

※ 우의사항을 읽고 작성하여 주시기 바라며 [ ]에는 √ 표시를 합니다. (앞쪽)

신고번호	(지방고용노동관서명) - 호		처리기간 7 일
구분	[ ] 건축물 [ ] 설비	위치(소재지)	건축물등록번호
		용도	건물명(설비명)
	[ ] 유치원 또는 학교 [ ] 정비사업 [ ] 기타	건축물수	구조
		세대수	연면적
소유자	성명		전화번호
	주소		
석면 해체·제거업자	업체명(상호)		대표자 성명
	고용노동부 등록번호		
	전화번호		휴대전화번호
작업장	공사현장명(공사명·작업명)		전화번호
해체 사유 및 기간	해체사유		
	해체기간	년 월 일부터 년 월 일까지	

석면함유 자재(물질)의 종류 및 면적	종 류	면적(㎡)·부피(㎥)·길이(m)
	분무재(뿜칠재)	
	내화피복재	
	천장재	
	지붕재	
	벽재(벽체의 마감재)	
	바닥재	
	파이프보온재	
	단열재	
	개스킷	
	기타	

현장책임자	성명		전화번호	
작업근로자 인적사항	성명	생년월일	주소	전화번호

※ 석면함유자재(물질)의 종류 및 면적의 내용이나 작업근로자가 많을 경우 별첨하여 제출합니다.

「산업안전보건법」 제122조제3항 및 같은 법 시행규칙 제181조제1항에 따라 위와 같이 신고합니다.

년 월 일

신고인 (서명 또는 인)

지방고용노동청장(지청장) 귀하

210mm×297mm[백상지(80g/㎡) 또는 중질지(80g/㎡)]

(뒤쪽)

첨부서류	1. 공사계약서 사본 1부 2. 석면해체·제거작업 계획서(석면 흩날림 방지 및 폐기물 처리방법을 포함합니다) 1부 3. 석면조사 결과서 1부 4. 「산업안전보건법 시행령」 별표 28에 따른 인력, 시설 및 장비를 갖추고 있음을 증명하는 서류 1부(석면해체·제거작업을 스스로 하려는 사람만 해당합니다)	수수료 없음

유의사항

1. 「유아교육법」 제2조제2호에 따른 유치원, 「초·중등교육법」 제2조에 따른 학교 또는 「고등교육법」 제2조에 따른 학교 건축물이나 설비에 대하여 해체·제거작업을 수행할 경우에는 유치원 또는 학교에 √ 표시를 합니다.
2. 「도시 및 주거환경정비법」 제2조에 따른 주택재개발사업, 주택재건축사업 등 정비사업으로 인해 건축물이나 설비에 대하여 해체·제거작업을 수행할 경우에는 정비사업에 √ 표시를 합니다.
3. 제1호 및 제2호에 해당하지 않는 건축물이나 설비에 대하여 해체·제거작업을 수행할 경우에는 기타에 √ 표시를 합니다.
4. 현장책임자는 「산업안전보건법 시행규칙」 제186조에 따라 석면해체·제거업자가 등록한 인력 중 실제로 석면해체·제거작업 현장을 총괄·관리하는 사람으로 적습니다.
5. 해체기간, 석면함유자재(물질)의 종류 및 면적, 현장책임자, 작업근로자가 변경된 경우에는 별지 78호서식의 석면해체·제거작업 변경 신고서를 제출해야 합니다. 다만, 석면함유자재(물질)의 종류가 감소하거나 석면함유자재(물질)의 종류별 석면해체·제거작업 면적이 축소되는 경우에는 변경 신고서를 제출하지 않습니다.

공지사항

본 민원의 처리결과에 대한 만족도 조사 및 관련 제도 개선에 필요한 의견조사를 위해 신고인의 전화번호(휴대전화)로 전화조사를 실시할 수 있습니다.

처리절차

신고서 작성	→	접 수	→	검 토	→	결 재	→	시행	→	증명서 발급
신고인		지방고용노동청장·지청장		지방고용노동청장·지청장, 한국산업안전보건공단		지방고용노동청장·지청장		지방고용노동청장·지청장		지방고용노동청장·지청장

210mm×297mm[백상지(80g/㎡) 또는 중질지(80g/㎡)]

■ 산업안전보건법 시행규칙 [별지 제78호서식]

석면해체 · 제거작업 변경 신고서

접수번호	접수일자	처리기간 7일 (현장책임자 또는 작업근로자 변경시 즉시)

석면해체 · 제거작업 신고번호			
현장명(공사명 · 작업명)			
소재지			
석면해체 · 제거업자	업체명(상호)	전화번호	
변경사유 발생일			
변경사항	항목	변경 전	변경 후

「산업안전보건법 시행규칙」 제181조제2항에 따라 위와 같이 변경사항을 신고합니다.

년 월 일

신고인 (서명 또는 인)

지방고용노동청(지청)장 귀하

첨부서류	변경을 증명하는 서류 1부	수수료 없음

공지사항

본 민원의 처리결과에 대한 만족도 조사 및 관련 제도 개선에 필요한 의견조사를 위해 귀하의 전화번호(휴대전화)로 전화조사를 실시할 수 있습니다.

210mm×297mm(일반용지 60g/㎡(재활용품))

■ 산업안전보건법 시행규칙 [별지 제79호서식]

석면해체 · 제거작업 [ ]신고[ ]변경 증명서

신고작업	신고번호	현장명(공사명, 작업명)
	소재지	전화번호
	작업기간	
신고인	석면해체 · 제거업체명(상호)	고용노동부 등록번호
	소재지	
	대표자 성명	전화번호

변경내용(변경신고 증명서 발급인 경우에 한함)

「산업안전보건법 시행규칙」 제181조제3항에 따라 석면해체 · 제거작업 신고(변경)증명서를 발급합니다.

년 월 일

지방고용노동청(지청)장 직인

210mm×297mm(일반용지 60g/㎡(재활용품))

■ 산업안전보건법 시행규칙 [별지 제80호서식]

석면농도측정 결과보고서

<table>
<tr><td colspan="2">석면해체・제거작업 신고번호</td><td colspan="2"></td></tr>
<tr><td rowspan="2">신고현장</td><td colspan="2">현장명(공사명・작업명)</td><td>전화번호</td></tr>
<tr><td colspan="3">소재지</td></tr>
<tr><td>신 고 인</td><td colspan="2">석면해체・제거업체명(상호)</td><td>고용노동부 등록번호</td></tr>
</table>

「산업안전보건법 시행규칙」 제183조에 따라 석면농도측정 결과를 붙임과 같이 보고합니다.

년 월 일

신고인(석면해체・제거업자) (서명 또는 인)

지방고용노동청(지청)장 귀하

첨부서류	별지 제81호서식의 석면농도측정 결과표

210mm×297mm(일반용지 60g/㎡(재활용품))

■ 산업안전보건법 시행규칙 [별지 제81호서식]

석면농도측정 결과표

1. 작업장 개요

<table>
<tr><td rowspan="4">측정의뢰자
(석면해체 · 제거업자)</td><td colspan="2">현장명(공사명 · 작업명)</td></tr>
<tr><td colspan="2">현장 소재지</td></tr>
<tr><td>석면해체 · 제거작업 신고번호</td><td>업자명(상호)</td></tr>
<tr><td>전화번호</td><td>대표자</td></tr>
</table>

2. 측정기간 – 년 월 일 ~ 년 월 일 (일간)

3. 측정자(분석자 포함)

성명	자격종목 및 등급	자격등록번호	비고

4. 측정결과

측정위치	측정시간(분)	유량(ℓ/min)	측정농도(개/㎤)	초과여부

5. 측정 위치도(측정 장소)

「산업안전보건법 시행규칙」 제183조에 따라 석면농도를 측정하고 그 결과를 위와 같이 제출합니다.

년 월 일

측정기관(측정기관 장) (직인)

석면해체 · 제거업자 귀하

210mm×297mm(일반용지 60g/㎡(재활용품))

■ 산업안전보건법 시행규칙 [별지 제82호서식]

작업환경측정 결과보고서(　　연도 [ ]상 [ ]하반기)

※ [ ]에는 해당하는 곳에 √ 표시를 합니다.

1. 사업장 개요

사업장명		대표자	
소재지(우편번호)			
전화번호		팩스번호	
근로자 수		업종	
주요 생산품			

2. 측정기관명:

3. 측정일:　　년　월　일 ~　　년　월　일(　일간)

4. 측정 결과

유해인자	측정 공정수	측정 최고치	노출기준 초과공정(부서) 수				개선 내용
			계	개선 완료	개선 중	미개선	

5. 측정주기(해당 항목 √ 표 및 관련 항목 기재)

최근 1년간 작업장 또는 작업 공정의 신규 가동 또는 변경 여부		[ ]없음, [ ]있음(　년　월　일)
최근 2회 모든 공정 측정결과		[ ]2회 연속 초과　[ ]1회 초과, [ ]1회 미만　[ ]2회 연속 미만
화학물질 측정 결과	발암성 물질 노출기준 초과	[ ]없음 [ ]있음
	화학적 인자 노출기준 2배 초과	[ ]없음 [ ]있음
향후 측정주기		[ ]3개월, [ ]6개월, [ ]1년
향후 측정 예상일		년　월　일

「산업안전보건법」 제125조제1항 및 같은 법 시행규칙 제188조제1항에 따라 작업환경측정 결과를 위와 같이 보고합니다.

년　월　일

사업주　(서명 또는 인)

지방고용노동청(지청)장 귀하

첨부서류	1. 별지 제83호서식의 작업환경측정 결과표 2. 노출기준 초과부서는 개선 완료 또는 개선 중인 경우 이를 인정할 수 있는 증명서류를, 미개선인 경우는 개선계획서를 제출

210mm×297mm(일반용지 60g/㎡(재활용품))

■ 산업안전보건법 시행규칙 [별지 제83호서식]

작업환경측정 결과표(　　　연도 [ ]상 [ ]하반기)

(표 지)

1. 사업장 개요

사업장명	대표자
소재지(우편번호)	
전화번호	팩스번호
근로자 수	업종
주요 생산품	

2. 작업환경측정 일시

가. 측정기간:　　년　　월　　일 ~　　년　　월　　일 (　　일간)

나. 측정시간:　　:　　~　　:　　(　　시간)

3. 작업환경측정자(분석자 포함)

성명	자격 종목 및 등급	자격 등록번호	비고

4. 지정 한계 및 측정 실적

측정기관명	지정 한계	측정 실시 사업장 일련번호(반기 기준) (총누적 / 5명 이상 누적)
		(　　/　　)

5. 작업환경측정 결과 및 종합의견: 붙임

「산업안전보건법」 제125조제1항 및 같은 법 시행규칙 제188조제1항에 따라 작업환경을 측정하고 그 결과를 통지합니다.

년　　월　　일

측정자(측정기관의 장) 직인

사업주 · 지방고용노동청(지청)장 귀하

210mm×297mm(일반용지 60g/㎡(재활용품))

(제1쪽)

작업환경측정 결과 및 종합의견

1. 예비조사 결과

가. 작업공정별 유해요인 분포 실태

작성 방법: 원재료 투입과정부터 최종 제품 생산공정까지의 주요 공정을 도식하고, 해당 공정별 작업내용을 기술함

나. 작업환경 측정대상 공정별 및 유해인자별 측정계획

○ 작업환경측정에 걸리는 기간:

측정대상 공정	측정대상 유해인자	유해인자 발생주기	근로자 수	작업시간 (폭로시간)	측정방법 (개인/지역)	예상 시료 채취건수 또는 측정건수

다. 공정별 화학물질 사용 상태

부서 또는 공정명	화학물질명 (상품명)	제조 또는 사용 여부	사용 용도	월 취급량 (㎥ · 톤)	비고

※ 회사에 비치된 물질안전보건자료(MSDS)를 이용하여 자세히 적습니다.

(제2쪽)

2. 작업환경측정 개요

가. 단위작업 장소별 유해인자의 측정 위치도(측정 장소)

※ 측정대상 부서의 평면도와 단위작업 장소별 측정 위치를 표시

(제3쪽)

나-1. 단위작업 장소별 작업환경측정 결과(소음 제외)

○ 작업장 기온:　　　○ 작업장 습도:　　　○ 전회 측정일:

부서 또는 공정	단위 작업 장소	유해 인자	근로 자 수	근로 형태 및 실제 근로시간	유해 인자 발생 시간 (주기)	측정 위치 (근로 자 명)	측정 시간 (시작 ~ 종료)	측정 횟수	측정 치	시간가중 평균치 (TWA)		노출 기준	측정 농도 평가 결과	측정 방법	비고
										전회	금회				

작성방법

1. 유해인자란에는 분진, 유기용제, 특정화학물질 등으로 막연하게 표기하지 말고 석탄 분진, 톨루엔, 암모니아 등 인자의 명칭을 구체적으로 적습니다.

2. 근로자 수란에는 근로자 수를 단위 작업 장소별로 적습니다.

3. 근로 형태 및 실제 근로시간란에는 ○교대, ○시간으로 적습니다.

4. 유해인자 발생시간(주기)란에는 1일 작업시간 동안 유해인자의 실제 발생시간을 적습니다.

5. 측정 위치(근로자명)란에는 개인시료 채취의 경우에는 시료채취기를 부착한 근로자명을 적고, 지역시료 채취의 경우에는 측정지점의 위치를 문자 또는 기호로 표시합니다.

6. 측정시간(시작~종료)란에는 측정위치에서 최초 측정을 시작한 시간과 종료한 시간을 적습니다.

7. 측정치란에는 각 측정 횟수별 측정치를 적습니다.

8. 시간가중평균치(TWA)란에는 측정시간 동안의 유해인자농도의 가중평균치를 8시간 작업 시의 농도로 환산한 수치를 적습니다. 이 경우 전회 측정위치(근로자)와 금회 측정 위치(근로자)가 일치하지 않는 경우에는 가장 유사한 측정 위치(근로자)와 상호 대비시켜 적습니다.

9. 측정농도 평가 결과란에는 8시간 작업 시의 환산치를 고용노동부장관이 정하는 측정농도 평가방법에 따라 평가하여 노출기준 초과 여부를 적습니다.

10. 측정방법란에는 측정기기 및 분석기기를 적습니다.

11. 측정대상 공정이나 횟수 조정 등으로 인하여 측정을 하지 않은 공정은 부서 또는 공정란 또는 유해인자란을 적고, 비고란에 횟수 조정 등 미실시 사유를 적습니다.

(제4쪽)

나-2. 단위작업 장소별 작업환경측정 결과(소음)

단위: dB(A)

부서 또는 공정	단위작업 장소 (주요 발생 원인)	근로자 수	작업 내용	근로 형태 및 실제 근로시간	발생 형태 및 발생 시간 (주기)	측정 위치 (근로자명)	측정 시간 (시작 ~ 종료)	측정 횟수	측정치	시간가중 평균치 (TWA)		노출 기준	노출 기준 초과 여부	측정 방법
										전회	금회			

작성 방법

1. 단위작업 장소(주요 발생원인)란에는 그라인딩, 500톤 프레스 등 구체적으로 적습니다.
2. 발생 형태 및 발생시간(주기)란의 발생 형태는 연속음, 단속음, 불규칙 소음 등 발생시간은 소음의 실제 발생시간을 구체적으로 적습니다.
3. 측정치란에는 실제 측정시간 동안의 측정치를 적습니다.
4. 시간가중평균치(TWA)란에는 고용노동부장관이 정하는 소음 수준의 평가방법에 따라 평가한 수치를 적습니다.

(제5쪽)

3. 측정 결과에 따른 종합의견

작성 방법

※ 측정농도의 평가 결과 노출기준을 초과한 유해인자를 중심으로 다음과 같이 작성합니다.

1) 측정 결과의 평가: 고용노동부장관이 정하는 측정농도의 평가방법으로 평가하여 노출기준 초과 여부를 상세히 적습니다.

2) 작업환경설비 실태 및 문제점

3) 대책: 공학적 · 관리적 · 개인위생적 측면으로 제시하되, 필요 시 별지에 작성합니다.

■ 산업안전보건법 시행규칙 [별지 제84호서식]

일반건강진단 결과표

(제1쪽)

총 근로자 수	계	
	남	
	여	

실시기간	제1차	-
	제2차	-

사업장관리번호	
사업장등록번호	
업종코드번호	

사업장명:

소 재 지: (전화번호:)

주요 생산품:

건강진단 현황

구 분	대상 근로자			건강진단을 받은 근로자			질병 건수			질병 유소견자							요관찰자			제2차건강진단 미 수 검 자		
										계			일반병		직업병							
	계	남	여	계	남	여	계	남	여	계	남	여	남	여	남	여	계	남	여	계	남	여
계																						
사무직																						
기타																						

질병 유소견자 현황(다른 면 기재 가능)	구분 / 질병코드	계			직업경력별								나이별							
					1년 미만		1-4년		5-9년		10년 이상		30세 미만		30-39세		40-49세		50세 이상	
		계	남	여	남	여	남	여	남	여	남	여	남	여	남	여	남	여	남	여
	합 계																			

사후 관리 현황	구분 / 질병별			계	근로 금지 및 제한	직업 전환	근로시간 단축	근무 중 치료	추적 검사	보호구 착용	그 밖의 사항
	질병 유소견자	계	계								
			남								
			여								
		일반 질병	계								
			남								
			여								
		직업병	계								
			남								
			여								
	요관찰자		계								
			남								
			여								

작성일자: 년 월 일

검진기관명:

사업주: (서명 또는 인)

210mm×297mm(일반용지 60g/㎡(재활용품)

근로자 건강진단 사후관리 소견서[1)]

사업장명: 실시기간:

공정(부서)	성명	성별	나이	근속 연수	건강 구분	검진 소견[2)]	사후관리 소견[2)]	업무수행 적합 여부[2)]

년 월 일

건강진단 기관명: 건강진단 의사명: (서명 또는 인)

작성방법

1) 이 법에 해당하는 건강진단 항목만 기재

2) 검진 소견, 사후관리 소견, 업무를 수행하는 데 적합 여부는 요관찰자, 유소견자 등 이상 소견이 있는 검진자의 경우만 기재

(제3쪽)

질 병 소 견 코 드 표

구분		질병코드	질 병 소 견
일반질병소견		A	특정 감염성 질환
		B	바이러스성 및 기생충성 질환
		C	악성신생물
		D	양성신생물 및 혈액질환과 면역장해
		E	내분비, 영양 및 대사질환
		F	정신 및 행동장해
		G	신경계의 질환
		H	눈, 눈 부속기와 귀 및 유양돌기의 질환
		I	순환기계의 질환
		J	호흡기계의 질환
		K	소화기계의 질환
		L	피부 및 피하조직의 질환
		M	근골격계 및 결합조직의 질환
		N	비뇨생식기계의 질환
		O	임신, 출산 및 산욕
		P	주산기에 기원한 특정 병태
		Q	선천성기형, 변형 및 염색체 이상
		R	그 밖에 증상·징후와 임상검사의 이상소견
		S	손상
		T	다발성 및 그 밖의 손상, 중독 및 그 결과
		V	운수사고
		W	불의의 손상에 대한 그 밖의 요인
		X	고온장해 및 자해
		Y	가해, 치료의 합병증 및 후유증
		Z	건강 상태에 영향을 주는 원인
직업성 질병소견	물리적인 자에 의한 장해	110	소음성난청
		121	광물성 분진
		122	면 분진
		123	석면 분진
		124	용접 분진
		129	그 밖의 분진
		130	진동장해
		141	고기압
		142	저기압
		151	전리방사선
		152	자외선
		153	적외선
		154	마이크로파 또는 라디오파
		190	그 밖의 물리적 인자에 의한 장해
	유기화합물에 의한 중독	201	노말헥산
		202	N,N-디메틸포름아미드
		203	메틸부틸케톤
		204	메틸에틸케톤
		205	메틸이소부틸케톤
		206	벤젠
		207	사염화탄소
		208	아세톤
		209	오르토디클로로벤젠
		210	이소부틸알코올
		211	이소프로필알코올
		212	이황화탄소
		213	크실렌
		214	클로로포름
		215	톨루엔
		216	1,1,1-트리클로로에탄
		217	1,1,2,2-테트라클로로에탄
		218	트리클로로에틸렌
		299	그 밖의 유기화합물에 의한 장해
	금속류에 의한 중독	301	니켈(니켈카르보닐 포함)
		302	망간
		303	베릴륨
		304	삼산비소
		305	수은
		306	연(4알킬연 포함)
		307	오산화바나듐
		308	카드뮴
		309	크롬
		399	그 밖의 금속에 의한 장해
	산·알카리·가스상태물질류에 의한 장해	401	벤지딘(염산염 포함)
		402	불화수소
		403	시안화물
		404	아황산가스
		405	암모니아
		406	염소화비페닐
		407	염소
		408	염화비닐
		409	염화수소
		410	일산화탄소
		411	질산
		412	콜타르
		413	톨루엔2,4-디이소시아네이트
		414	페놀
		415	포름알데히드
		416	포스겐
		417	황산
		418	황화수소
		499	그 밖의 산·알카리·가스상태류에 의한 장해
	코크스	500	휘발성 콜타르 피치 (코크스 제조·취급에 의한 장애)
	그 밖의 사항	600	그 밖의 유해인자에 의한 장해

■ 산업안전보건법 시행규칙 [별지 제85호서식]

[ ]특수 [ ] 배치전 [ ]수시 [ ]임시 건강진단 결과표

(제1쪽)

총근로자수	
계	
남	
여	

실시기간	
	–
	–

사업장관리번호	
사업자등록번호	
업종코드번호	

주요생산품:

구분		대상 근로자			건강진단을 받은 근로자			질병 유소견자									직업성 요관찰자		
								계			직업병		작업 관련 질병(야간작업)		일반질병				
		계	남	여	계	남	여	계	남	여	남	여	남	여	남	여	계	남	여
건강진단 현황	계 건수																		
	계 실인원																		
	야간작업																		
	소 음																		
	이상기압																		
	분진 광물성																		
	분진 석 면																		
	분진 그 밖의 분진																		
	유기화합물																		
	금속 연																		
	금속 수 은																		
	금속 크 롬																		
	금속 카드뮴																		
	금속 그 밖의 금속																		
	산·알카리·가스																		
	진 동																		
	유해광선																		
	기 타																		

질병 유소견자 현황	질병 코드	계	남	여	질병 코드	계	남	여	질병 코드	계	남	여	질병 코드	계	남	여

질병별 \ 구분			계	근로금지 및 제한	작업전환	근로시간단축	근무중치료	추적검사	보호구착용	직업병확진의뢰 안내	그 밖의 사항
조치 현황	질병유소견자	계									
		남									
		여									
	직 업 병	남									
		여									
	작업 관련 질병(야간작업)	남									
		여									
	일반질병	남									
		여									
	요관찰자	계									
		남									
		여									
	직 업 병	남									
		여									
	작업 관련 질병(야간작업)	남									
		여									
	일반질병	남									
		여									

작성일: 년 월 일

송부일: 년 월 일

검진기관명:

사 업 주: (서명 또는 인)

고용노동부
지방고용노동청(지청)장 귀하

210mm×297mm(일반용지 60g/㎡(재활용품))

(제2쪽)

질병 유소견자 현황

구분	질병코드	질병 유소견자	계	남	여	직력별								연령별							
						1년미만		1~4년		5~9년		10년이상		30세미만		30~39		40~49		50세이상	
						남	여	남	여	남	여	남	여	남	여	남	여	남	여	남	여
총계																					
일반질병 유소견자	소계																				
	A	특정 감염성 질환																			
	B	바이러스성 및 기생충성 질환																			
	C	악성신생물																			
	D	양성신생물 및 혈액질환과 면역장해																			
	E	내분비, 영양 및 대사질환																			
	F	정신 및 행동장해																			
	G	신경계의 질환																			
	H	눈, 눈 부속기와 귀 및 유양돌기의 질환																			
	I	순환기계의 질환																			
	J	호흡기계의 질환																			
	K	소화기계의 질환																			
	L	피부 및 피하조직의 질환																			
	M	근골격계 및 결합조직의 질환																			
	N	비뇨생식기계의 질환																			
	O	임신, 출산 및 산욕																			
	P	주산기에 기원한 특정 병태																			
	Q	선천성기형, 변형 및 염색체 이상																			
	R	그 밖에 증상·징후와 임상검사의 이상 소견																			
	S	손 상																			
	T	다발성 및 그 밖의 손상 중독 및 그 결과																			
	V	운수사고																			
	W	불의의 손상에 대한 그 밖의 요인																			
	X	고은장해 및 자해																			
	Y	가해, 치료의 합병증 및 후유증																			
	Z	건강상태에 영향을 주는 원인																			
직업병 유소견자	소계																				
물리적 인자에 의한 장해	110	소음성난청																			
	121	광물성 분진																			
	122	면 분진																			
	123	석면 분진																			
	124	용접 분진																			
	129	그 밖의 분진																			
	130	진동장해																			
	141	고기압																			
	142	저기압																			
	151	전리방사선																			
	152	자외선																			
	153	적외선																			
	154	마이크로파 또는 라디오파																			
	190	그 밖의 물리적 인자에 의한 장해																			
유기화합물에 의한 장해	201	노말헥산																			
	202	N,N-디메틸포름아미드																			
	203	메틸부틸케톤																			
	204	메틸에틸케톤																			
	205	메틸이소부틸케톤																			
	206	벤 젠																			
	207	사염화탄소																			
	208	아세톤																			
	209	오르토디클로로벤젠																			
	210	이소부틸알코올																			
	211	이소프로필알코올																			
	212	이황화탄소																			
	213	크실렌																			
	214	클로로포름																			
	215	톨루엔																			
	216	1.1.1-트리클로로에탄																			
	217	1.1.2.2-테트라클로로에탄																			
	218	트리클로로에틸렌																			
	219	벤지딘과 그 염																			
	220	염소화비페닐																			
	221	콜타르																			
	222	톨루엔2,4-디이소시아네이트																			
	223	페놀																			
	224	포름알데히드																			
	299	그 밖의 유기화합물에 의한 장해																			
금속류	301	니켈																			
	302	망간																			
	305	수은																			
	306	납																			
	307	오산화바나듐																			
	308	카드뮴																			
	309	크롬																			
	399	그 밖의 금속에 의한 장해																			
산·알칼리·가스상 물질류	402	불화수소																			
	403	시안화물																			
	404	아황산가스																			
	407	염소																			
	409	염화수소																			
	410	일산화탄소																			
	411	질산																			
	416	포스겐																			
	417	황산																			
	418	황화수소																			
	419	삼산화비소																			
	499	그 밖의 산·알칼리·가스상태류에 의한 장해																			
허가대상 물질	500	휘발성 콜타르피치(코크스 제조·취급에 의한 장해)																			
	501	베릴륨																			
	502	염화비닐																			
	599	그 밖의 허가대상 물질에 의한 장해																			
그 밖의	600	그 밖의 유해인자에 의한 장해																			

(제3쪽)

근로자 건강진단 사후관리 소견서[1)]

※ 사업주는 특수건강진단·수시건강진단·임시건강진단 결과, 근로금지 및 제한, 작업전환, 근로시간 단축, 직업병 확진 의뢰 안내가 필요하다는 건강진단 의사의 소견이 있는 근로자에 대해서는 「산업안전보건법」 제132조제5항에 따라 건강진단결과를 송부 받은 날로부터 30일 이내에 조치 결과 또는 조치계획을 지방고용노동관서에 제출해야 하며, 제출하지 않은 경우에는 같은 법 제175조제6항제15호에 따라 300만원 이하의 과태료를 부과하게 됩니다.

사업장명: 실시기간:

공정	성명	성별	나이	근속 연수	유해 인자	생물학적 노출지표 (참고치)[2)]	건강 구분	검진 소견[3)]	사후관리 소견[3)]	업무수행 적합 여부[3)]

년 월 일

건강진단 기관명: 건강진단 의사명: (서명 또는 인)

작성방법

1) 이 법에 해당하는 건강진단 항목만 기재
2) 생물학적 노출지표(BEI) 검사 결과는 해당 근로자만 기재
3) 검진 소견, 사후관리 소견, 업무수행 적합 여부는 요관찰자, 유소견자 등 이상 소견이 있는 검진자의 경우만 적음

■ 산업안전보건법 시행규칙 [별지 제86호서식]

사후관리 조치결과 보고서

사업체	사업장명		대표자
	소재지		
	전화번호		팩스번호
	업종		사업장 관리번호

			합계	근로금지 및 제한	작업 전환	근로시간 단축	직업병 확진 의뢰 안내
사후관리 조치 소견 현황	유소견자						
		직업병					
		직업 관련 질병 (야간작업)					
		일반질병					
	요관찰자						
		직업병					
		직업 관련 질병 (야간작업)					
		일반질병					
	건강진단결과 통보일						

	성명	성별	나이	유해인자	건강구분	사후관리 소견	건강진단결과를 송부받은 날	사후관리 조치일	조치결과 또는 조치계획
사후관리 조치결과									

「산업안전보건법 시행규칙」 제210조제4항에 따라 위와 같이 보고서를 제출합니다.

년 월 일

보고인(사업주 또는 대표자) (서명 또는 인)

지방고용노동청(지청)장 귀하

붙임 서류	1. 건강진단결과표 2. 건강진단결과표를 통보받은 날 또는 건강진단결과를 송부받은 날을 확인할 수 있는 서류 3. 사후관리조치 실시를 증명할 수 있는 서류 또는 실시계획

작성방법

1. 사후관리조치 소견 현황은 송부 받은 건강진단결과표와 동일하게 작성
2. 사후관리조치 결과 중 성명, 성별, 나이, 유해인자, 건강구분, 사후관리소견은 송부 받은 건강진단결과표와 동일하게 작성
3. 송부받은 날은 기관으로부터 건강진단결과를 송부 받은 일자 작성

210㎜×297㎜[백상지(80g/㎡) 또는 중질지(80g/㎡)]

■ 산업안전보건법 시행규칙 [별지 제87호서식]

근로자 건강관리카드

(앞면)

발급번호 :

사진
2.5㎝×3㎝

성　　명 :
생년월일 :
주　　소 :
물 질 명 :

「산업안전보건법」 제137조에 따라 근로자 건강관리카드를 발급합니다.

년　　월　　일

한국산업안전보건공단 이사장 직인

(뒷면)

주 의 사 항

1. 이 카드는 「산업안전보건법」 제137조에 따라 발급한 건강관리카드입니다.

2. 이 카드를 소지하신 분은 매년 1회 정기적으로 무료 건강진단을 받을 수 있습니다.

3. 이 카드는 다른 사람에게 양도하거나 대여할 수 없으며, 카드의 기재내용은 사실과 달리 수정・변경해서는 안 됩니다.

4. 이 카드는 여러분의 건강관리를 위한 귀중한 자료이며 「산업재해보상보험법」에 따른 요양급여 신청 시 증명자료가 될 수 있으므로 소중히 보관해 주시기 바랍니다.

5. 카드를 분실하거나 손상된 경우에는 카드를 발급받은 한국산업안전보건공단에 신고하여 재발급 받으시기 바랍니다.(www.kosha.or.kr)

■ 산업안전보건법 시행규칙 [별지 제88호서식]

건강관리카드 [ ]발급[ ]재발급[ ]기재내용 변경 신청서

접수번호	접수일자	처리일자	처리기간 30일

신청인	성명		생년월일
	주소		전화번호
재발급 또는 기재내용 변경사유			대상 물질

작업 경력(건강관리수첩 발급 대상 업무만 기재)

근무기간	사업장명	사업장 소재지	종사 업무내용
~ (개월)			
~ (개월)			
~ (개월)			
~ (개월)			
~ (개월)			
~ (개월)			
~ (개월)			

「산업안전보건법 시행규칙」[ ]제217조 [ ]제218조에 따라 건강관리카드의 [ ]발급 [ ]재발급 [ ]기재내용 변경을 신청합니다.

년 월 일

신청인(사업주 또는 본인) (서명 또는 인)

한국산업안전보건공단 이사장 귀하

첨부서류	1. 「산업안전보건법 시행규칙」 별표 25 각 호의 어느 하나에 해당하는 사실(건강관리카드 발급대상 업무 종사 경력)을 증명할 수 있는 서류 2. 사진(2.5㎝×3㎝) 1장	수수료 없음

처리절차 [한국산업안전보건공단(지역본부, 지도원)]

신 청	→	접 수	→	확인 · 검토	→	결 재	→	시 행	→	발급
신청인		문서접수 담당부서		건강관리카드 업무 담당부서		지역본부장 지도원장		문서발송 담당부서		

210mm×297mm(일반용지 60g/㎡(재활용품)

■ 산업안전보건법 시행규칙 [별지 제89호서식]

제 회 지도사 자격시험 응시원서

(앞쪽)

<table>
<tr><td>응시지역</td><td colspan="2"></td><td>응시번호</td><td colspan="2"></td></tr>
<tr><td rowspan="4">응시자</td><td colspan="2">성명</td><td colspan="2">한자</td><td rowspan="5">사 진
3cm× 4cm</td></tr>
<tr><td colspan="4">생년월일</td></tr>
<tr><td colspan="4">주소</td></tr>
<tr><td colspan="4">전화번호</td></tr>
<tr><td>응시
업무영역</td><td colspan="4">[ ]기계안전 [ ]전기안전 [ ]화공안전 [ ]건설안전 [ ]직업환경의학 [ ]산업위생</td></tr>
<tr><td>시험의 일부
면제
(해당자만 표시)</td><td colspan="4">「산업안전보건법 시행령」 제104조제1항( )호에 해당</td><td>* 확인</td></tr>
</table>

「산업안전보건법 시행규칙」 제226조제1항에 따라 산업안전지도사·산업보건지도사 시험에 위와 같이 응시합니다.

년 월 일

응시자 (서명 또는 인)

한국산업인력공단 이사장 귀하

자르는 선

제 회 산업안전지도사·산업보건지도사 시험 응시표

<table>
<tr><td>응시자격</td><td></td><td>성 명</td><td>(한자)</td></tr>
<tr><td>응시번호</td><td></td><td>생년월일</td><td></td></tr>
<tr><td>응시업무영역</td><td colspan="3">[ ]기계안전 [ ]전기안전 [ ]화공안전 [ ]건설안전 [ ]직업환경의학 [ ]산업위생</td></tr>
</table>

년 월 일

한국산업인력공단 이사장 직인

210mm×297mm(보존용지(1종) 120g/㎡)

(뒤쪽)

<table>
<tr><td>시험 일부 면제자 첨부서류</td><td>1. 해당 자격증 또는 박사학위증의 발급기관이 발급한 증명서(박사학위증의 경우에는 응시분야에 해당하는 박사학위 소지를 확인할 수 있는 증명서) 1부
2. 경력증명서(영 제104조제1항제5호에 해당하는 사람만 첨부하며, 박사학위 또는 자격증 취득일 이후 산업안전·산업보건 업무에 3년 이상 종사한 경력이 분명히 적힌 것이어야 합니다) 1부</td><td rowspan="2">수수료

고용노동부 장관이 정하는 비에 따름</td></tr>
<tr><td>담당 직원 확인사항 (경력증명서 제출자만 해당)</td><td>국민연금가입자가입증명
건강보험자격득실확인서</td></tr>
</table>

행정정보 공동이용 동의서(경력증명서 제출자만 해당)

본인은 이 건의 업무처리와 관련하여 담당 직원이 「전자정부법」 제36조제1항에 따른 행정정보의 공동이용을 통하여 담당 직원이 위의 확인사항([ ]국민연금가입자가입증명, [ ]건강보험자격득실확인서)을 확인하는 것에 동의합니다.

* 동의하지 않는 경우에는 제출인이 직접 관련 서류를 제출하여야 합니다.

본인 (서명 또는 인)

작성시 유의사항

1. ※표란은 응시자가 적지 않습니다.
2. 응시자는 응시업무영역 란에 「산업안전보건법 시행령」 제102조의 업무영역별 종류 중 하나를 선정하여 ○표시하십시오.
3. 시험일부 면제 란은 면제사유를 가진 사람만 해당하며 「산업안전보건법 시행령」 제104조제1항 각 호 중 해당 호를 적으십시오.
4. 첨부서류란 제1호의 발급기관의 증명서에는 박사학위가 기계·전기·화공·건설·위생 분야 중 어느 분야인지 분명히 적혀 있어야 합니다.
5. 첨부서류란 제2호 경력증명서에는 박사학위 취득일 이후 산업안전 분야에 3년 이상 종사한 경력이나 산업보건 분야에 3년 이상 종사한 경력이 분명히 적혀 있어야 합니다.
6. 사진은 응시일부터 6개월 이내에 찍은 탈모 상반신의 증명사진(가로 3cm× 세로 4cm)입니다.

.... 자르는 선 ....

응시자 주의사항

1. 응시표를 받는 즉시 응시번호(부호 및 번호)를 확인해야 합니다.
2. 응시표가 없는 사람은 응시할 수 없으며, 분실하였을 경우에는 재발급 받아야 합니다.
3. 시험 당일은 매 시험 시작 40분 전까지 지정된 좌석에 앉고 책상 위 오른쪽에 응시표 및 주민등록증을 놓아 감독관의 확인을 받아야 하며, 검은색 또는 파란색 필기구를 사용해야 합니다.

■ 산업안전보건법 시행규칙 [별지 제90호서식]

지도사 자격시험 응시자 명부

접수일	응시지역	응시번호	응시자 성명	생년월일	응시영역	비고(일부면제사유 등)

210mm×297mm(일반용지 60g/㎡(재활용품))

■ 산업안전보건법 시행규칙 [별지 제90호의2서식] (2023.9.27 신설)

지도사 자격증 [ ] 발 급 [ ] 재발급 신청서

접수번호	접수일자	처리일자	처리기간 5일

신청인	성명		한자	전화번호
	주소			휴대전화번호
	업무영역	산업안전지도사	[ ] 기계안전 [ ] 전기안전 [ ] 화공안전 [ ] 건설안전	
		산업보건지도사	[ ] 직업환경의학 [ ] 산업위생	

「산업안전보건법」 제143조, 같은 법 시행령 제105조제3항 및 같은 법 시행규칙 제228조의2제1항에 따라 위와 같이 산업안전지도사 자격증(산업보건지도사 자격증) 발급・재발급을 신청합니다.

년 월 일

신청인 (서명 또는 인)

00지방고용노동청장(지청장) 귀하

첨부서류	내용	수수료
첨부서류	1. 최초로 발급 신청을 하는 경우 가. 주민등록증 사본 등 신분을 증명할 수 있는 서류 나. 신청일 전 6개월 이내에 찍은 모자를 쓰지 않은 상반신 명함판 사진 1장(디지털 파일로 제출하는 경우를 포함합니다) 2. 재발급 신청을 하는 경우 가. 주민등록증 사본 등 신분을 증명할 수 있는 서류 나. 신청일 전 6개월 이내에 찍은 모자를 쓰지 않은 상반신 명함판 사진 1장(디지털 파일로 제출하는 경우를 포함합니다) 다. 이전에 발급 받은 자격증(자격증을 잃어버린 경우는 제외합니다)	수수료 없음

공지사항

본 민원의 처리결과에 대한 만족도 조사 및 관련 제도 개선에 필요한 의견조사를 위해 귀하의 전화번호(휴대전화)로 전화조사를 실시할 수 있습니다.

처리절차

신청서 작성	→	접 수	→	확 인	→	결 재	→	자격증 발급
신청인		지방고용노동청장・지청장		지방고용노동청장・지청장		지방고용노동청장・지청장		지방고용노동청장・지청장

210mm×297mm[백상지(80g/㎡) 또는 중질지(80g/㎡)]

■ 산업안전보건법 시행규칙 [별지 제90호의3서식] (2023.9.27 신설)

제　　　호

지도사 자격증

1. 성　　명:
2. 생 년 월 일:
3. 자격 취득일:
4. 업 무 영 역:

(사 진)

5㎝×7㎝

위 사람은 「산업안전보건법」 제143조에 따른 산업안전지도사(산업보건지도사)의 자격이 있음을 증명합니다.

년　　월　　일

고용노동부장관 직인

발급기관: 00지방고용노동청장(지청장)

210㎜×297㎜[인쇄용지(특급) 120g/㎡]

■ 산업안전보건법 시행규칙 [별지 제91호서식] (2024.6.28 개정)

지도사의 [ ]등록 [ ]갱신 [ ]변경 신청서

접수번호		접수일자	처리일자	처리기간 30일
신청인	성명		한자	전화번호
	주소			휴대전화번호
	업무영역			
	시험합격	제 회		
사무소 (예정)	명칭			법인명
	소재지			전화번호
변경사항	등록번호			변경사유 발생일
	변경내용 및 사유			

「산업안전보건법 시행규칙」 제229조제1항 및 제3항에 따라 위와 같이 지도사 [ ]등록 [ ]갱신 [ ]변경을 신청합니다.

년 월 일

신청인 (서명 또는 인)

지방고용노동청(지청)장 귀하

첨부서류			수수료
첨부서류	등록·갱신 신청하는 경우	1. 신청일 전 6개월 이내에 촬영한 탈모 상반신의 증명사진(가로 3센티미터 × 세로 4센티미터) 1장 2. 「산업안전보건법 시행규칙」 제232조제4항에 따른 지도사 연수교육 이수증 또는 「산업안전보건법 시행령」 제107조에 따른 경력을 증명할 수 있는 서류(「산업안전보건법」 제145조제1항에 따른 등록의 경우만 해당합니다) 3. 지도실적을 확인할 수 있는 서류 또는 「산업안전보건법 시행규칙」 제231조제4항에 따른 지도사 보수교육 이수증(「산업안전보건법」 제145조제4항에 따른 등록의 경우만 해당합니다)	수수료 없음
	변경 신청하는 경우	1. 변경사항을 증명할 수 있는 서류 2. 등록증 원본	

공지사항

본 민원의 처리결과에 대한 만족도 조사 및 관련 제도 개선에 필요한 의견조사를 위해 귀하의 전화번호(휴대전화)로 전화조사를 실시할 수 있습니다.

처리절차

신청서 작성	→	접 수	→	확 인	→	결 재	→	등록증 작성, 등록부 및 발급대장 기재	→	등록증 발급
신청인		문서접수 담당부서		산업안전·보건 업무 담당부서		지방고용노동청(지청)장		산업안전·보건 업무 담당부서		문서 발송 담당부서

210mm×297mm(일반용지 60g/㎡(재활용품))

■ 산업안전보건법 시행규칙 [별지 제92호서식]

등록번호: 제　　　호

지도사 등록증

1. 성명(대표자):

2. 업무영역:

3. 사무소(법인):

4. 사무소 명칭:

5. 소재지:

(사 진)
3.5㎝×4.5㎝

「산업안전보건법」 제145조 및 같은 법 시행규칙 제229조제2항에 따라 등록증을 발급합니다.

년　　　월　　　일

지방고용노동청(지청)장 직인

210mm×297mm(보존용지 120g/㎡)

■ 산업안전보건법 시행규칙 [별지 제93호서식]

지도사 등록증 재발급신청서

접수번호	접수일자	처리일자	처리기간 7일

신청인	성명		한자	
	등록번호		업무영역	
	사무소		전화번호	
	소재지			

재발급 사유

「산업안전보건법 시행규칙」 제229조제4항에 따라 위와 같이 신청합니다.

년 월 일

신청인 (서명 또는 인)

지방고용노동청(지청)장 귀하

첨부서류	등록증(등록증을 잃어버린 경우는 제외합니다)	수수료 없음

처리절차

신청서 작성 →	접 수 →	확 인 →	결 재 →	등록증 작성, 등록부 및 발급대장 기재 →	등록증 발급
신청인	문서 접수 담당부서	산업안전·보건 업무 담당부서	지방고용노동청(지청)장	산업안전·보건 업무 담당부서	문서 발송 담당부서

210mm×297mm(일반용지 60g/㎡(재활용품))

■ 산업안전보건법 시행규칙 [별지 제94호서식]

지도사 등록부

(앞 쪽)

등록번호		변경등록번호		사진 3.5㎝×4.5㎝
등록 연월일		변경 연월일		
성명(한글)		성명(한자)		
생년월일		전화번호		
주소				
업무영역				
시험합격 연월일		교육이수연월일		
사무소 명칭				
법인명		전화번호		
소재지				

개업 휴업 폐업	구분	날짜	사유

학력				
	. . .		. . .	
	. . .		. . .	
	. . .		. . .	
	. . .		. . .	
	. . .		. . .	

경력		
	. . . ~ . . .	
	. . . ~ . . .	
	. . . ~ . . .	
	. . . ~ . . .	
	. . . ~ . . .	
	. . . ~ . . .	

210mm×297mm(인쇄용지(특급) 120g/㎡)

(뒤 쪽)

구분	날짜	변경내용
등록사항 변경		

구분	날짜	징계사항	징계사유
징계 (업무정지 등)			

구분	교육기관	교육과정	교육기간
지도사교육			

구분	성명	구분	임면 연월일	최종학력	주요 경력
직무보조원 현황					

■ 산업안전보건법 시행규칙 [별지 제95호서식]

지도사 등록증 발급대장

결재	신청일	성명	생년월일	교육이수 연월일	주소 (전화번호)	등록 번호	업무 영역	등록 연월일	구분 (신규/재발급)

297mm×210mm(인쇄용지(2급) 60g/㎡)

■ 산업안전보건법 시행규칙 [별지 제96호서식]

제　　호

지도사 [ ] 연수교육 [ ] 보수교육 이수증

성　　명:

생년월일:

위 사람은 「산업안전보건법」 제145조제5항 및 제146조, 같은 법 시행규칙 제231조 및 제232조에 따라　년　월　일부터　년　월　일까지　　　에서 실시한

[　] 산업안전지도사 [　] 연수교육
[　] 산업보건지도사 [　] 보수교육
과정을 이수하였으므로 이 증서를 수여합니다.

년　　월　　일

한국산업안전보건공단 이사장 직인

210㎜×297㎜[백상지 120g/㎡]

■ 산업안전보건법 시행규칙 [별지 제97호서식]

보증보험가입 신고서

신고인	성명	지도사 등록번호
	주소	
사무소	명칭	법인명
	전화번호	
	소재지	
보험 관계 사항	보험회사명	가입 연월일
	가입금액	보증기간

「산업안전보건법」 제148조제2항 및 같은 법 시행규칙 제234조제1항 또는 제2항에 따라 위와 같이 신고합니다.

년 월 일

신고인 (서명 또는 인)

지방고용노동청(지청)장 귀하

첨부서류	보증보험에 가입한 것을 증명할 수 있는 서류 사본 1부

210mm×297mm(일반용지 60g/㎡(재활용품))

■ 산업안전보건법 시행규칙 [별지 제98호서식]

보증보험금 지급사유 발생확인신청서

접수번호	접수일자	처리일자	처리기간 5일

지급 신청인	성명		
	주소		
개업 지도사	성명(대표자)		
	주소		
	사무소 명칭	등록번호	
	사무소 소재지		
보험금 지급 내용	보험회사명	손해배상금액	원
	지급사유		

「산업안전보건법」 제148조제2항 및 같은 법 시행규칙 제234조제3항에 따라 위와 같이 신청합니다.

년 월 일

신청인 (서명 또는 인)

지방고용노동청(지청)장 귀하

첨부서류	손해배상합의서, 화해조서, 법원의 확정판결문 사본, 그 밖에 이에 준하는 효력이 있는 서류 1부	수수료 없음

처리절차

신청서 작성	→	접 수	→	검 토	→	결 재	→	발생확인서 작성	→	발생확인서 발급
신청인		문서 접수 담당부서		산업안전·보건 업무 담당부서		지방고용노동청(지청)장		산업안전·보건 업무 담당부서		문서 발송 담당부서

210mm×297mm(일반용지 60g/㎡(재활용품))

■ 산업안전보건법 시행규칙 [별지 제99호서식]

보증보험금 지급사유 발생확인서

접수번호	접수일자	처리일자	처리기간 7일

지급 신청인	성명		
	주소		
개업 지도사	성명(대표자)		
	주소		
	사무소 명칭	등록번호	
	사무소 소재지		
보험금 지급 내용	보험회사명	손해배상금액	원
	지급사유		

「산업안전보건법」 제148조제2항 및 같은 법 시행규칙 제234조제3항에 따라 위 신청인에 대한 보증보험금 지급사유 발생 사실을 확인합니다.

년 월 일

지방고용노동청(지청)장 직인

210mm×297mm(일반용지 60g/㎡(재활용품))

■ 산업안전보건법 시행규칙 [별지 제100호서식]

과징금 [ ]납부기한 연장 [ ]분할 납부 신청서

※ 색상이 어두운 칸은 신청인이 적지 않으며, [ ]에는 해당되는 곳에 √표를 합니다.

접수번호	접수일시	처리기간

신청인	성명	사업자등록번호(법인등록번호)
	주소	전화번호
과징금 부과내용	납부통지서 발행번호	
	과징금 부과금액	
	납부기한	
신청 사유		
신청 내용		

「산업안전보건법」 제160조 및 같은 법 시행령 제111조제6항에 따라 과징금의 [ ]납부기한 연장
[ ]분할 납부를(을) 신청합니다.

년 월 일

신청인 (서명 또는 인)

지방고용노동청(지청)장 귀하

붙임 서류	납부기한 연장 또는 분할 납부를 신청하는 사유를 증명하는 서류	수수료 없 음

처 리 절 차

신청서 작성	→	접수	→	검토	→	통보
신청인		처리기관: 고용노동부				

210㎜×297㎜[백상지(80g/㎡) 또는 중질지(80g/㎡)]

■ 산업안전보건법 시행규칙 [별지 제101호서식]

공사 개요서

<table>
<tr><td rowspan="3">건설업체</td><td colspan="6">회사명</td><td colspan="3">전화번호</td></tr>
<tr><td colspan="9">대표자</td></tr>
<tr><td colspan="9">본사 소재지</td></tr>
<tr><td rowspan="3">현장</td><td colspan="6">현장명</td><td colspan="3">현장소장</td></tr>
<tr><td colspan="9">현장 소재지</td></tr>
<tr><td colspan="6">공사기간</td><td colspan="3">공사금액</td></tr>
<tr><td>발주자</td><td colspan="6">성명</td><td colspan="3">전화번호</td></tr>
<tr><td>설계자</td><td colspan="6">성명</td><td colspan="3">전화번호</td></tr>
<tr><td>감리자</td><td colspan="6">성명</td><td colspan="3">전화번호</td></tr>
<tr><td rowspan="3">공사개요</td><td rowspan="2">대상구조물</td><td rowspan="2">구조</td><td rowspan="2">개소</td><td colspan="2">층수</td><td rowspan="2">굴착깊이
(m)</td><td rowspan="2">최고높이
(m)</td><td rowspan="2" colspan="2">비고</td></tr>
<tr><td>지하</td><td>지상</td></tr>
<tr><td></td><td></td><td></td><td></td><td></td><td></td><td></td><td colspan="2"></td></tr>
<tr><td colspan="2">그 밖의 특수구조물 개요</td><td></td><td></td><td></td><td></td><td></td><td></td><td colspan="2"></td></tr>
<tr><td colspan="2">주요 공법</td><td></td><td></td><td></td><td></td><td></td><td></td><td colspan="2"></td></tr>
<tr><td colspan="2">폴리우레탄 폼 및
주요 마감재 사용 현황</td><td></td><td></td><td></td><td></td><td></td><td></td><td colspan="2"></td></tr>
</table>

210mm×297mm[일반용지 60g/m²(재활용품)]

■ 산업안전보건법 시행규칙 [별지 제102호서식]

산업안전보건관리비 사용계획서

(앞 쪽)

1. 일반사항

<table>
<tr><td>발주자</td><td></td><td rowspan="5">공사
금액</td><td>계</td><td></td></tr>
<tr><td rowspan="4">공사종류
(해당란에 √ 표)</td><td rowspan="4">[ ]일반건설(갑)
[ ]일반건설(을)
[ ]중건설
[ ]철도 또는 궤도신설
[ ]특수 및 기타건설</td><td>① 재료비(관급별도)</td><td></td></tr>
<tr><td>② 관급재료비</td><td></td></tr>
<tr><td>③ 직접노무비</td><td></td></tr>
<tr><td>④ 그 밖의 사항</td><td></td></tr>
<tr><td>산업안전보건관리비</td><td></td><td colspan="2">산업안전보건관리비 계상
대상금액
[공사금액 중 ①+②+③]</td><td></td></tr>
</table>

2. 항목별 실행계획

항목	금액	비율(%)
안전관리자 등의 인건비 및 각종 업무수당 등		%
안전시설비 등		%
개인보호구 및 안전장구 구입비 등		%
안전진단비 등		%
안전·보건교육비 및 행사비 등		%
근로자 건강관리비 등		%
건설재해 예방 기술지도비		%
본사 사용비		%
총계		100%

210㎜×297㎜[일반용지 60g/㎡(재활용품)]

(뒤쪽)

3. 세부 사용계획

항목	세부항목	단위	수 량	금액	산출 명세	사용시기
안전관리자 등의 인건비 및 각종 업무수당 등						
안전시설비 등						
개인보호구 및 안전장구 구입비 등						
안전진단비 등						
안전·보건교육비 및 행사비 등						
근로자 건강관리비 등						
건설재해 예방 기술 지도비						
본사 사용비						

■ 산업안전보건법 시행규칙 [별지 제103호서식]

유해위험방지계획서 자체확인 결과서

(앞 쪽)

회사명					
현장명			전화번호		
대상공사					
공사기간	. . .~ . . .		공사금액	원	
소재지			확인일자		
확인자	소속(공단)	직위		성명	
입회자	소속(사업장)	직위		성명	
확인결과 요약					

「산업안전보건법」 제43조제2항, 같은 법 시행규칙 제47조제1항 및 별표 11에 따른 자체확인 결과서임.

년 월 일

확 인 자 (서명 또는 인)

현장소장 (서명 또는 인)

210㎜×297㎜[일반용지 60g/㎡(재활용품)]

(뒤 쪽)

확인결과 지적사항 및 개선사항 기재서

세부작업	지적사항	개선결과

○ 완료사항:

○ 향후조치사항:

○ 미조치사항:

■ 산업안전보건법 시행규칙 [별지 제104호서식] (2023.9.27 개정)

기술지도계약서

<table>
<tr><td rowspan="4">건설공사 발주자 또는 건설 공사시공주도 총괄·관리자</td><td colspan="2">성명 또는 사업자명</td><td colspan="2">대표자</td></tr>
<tr><td colspan="2">법인등록번호
(사업자등록번호)</td><td colspan="2">사업장관리번호</td></tr>
<tr><td colspan="2">주소</td><td colspan="2">연락처</td></tr>
<tr><td colspan="4">유형 (공공) [ ]정부 [ ]지방자치단체 [ ]공공기관 [ ]지방공기업 [ ]기타 국가기관
(민간) [ ]기업 [ ]개인</td></tr>
<tr><td rowspan="7">기술지도 위탁 사업장</td><td rowspan="4">현장</td><td>공사명</td><td colspan="2">사업개시번호</td></tr>
<tr><td>공사기간</td><td colspan="2">공사금액</td></tr>
<tr><td>현장책임자</td><td colspan="2">연락처</td></tr>
<tr><td colspan="3">소재지</td></tr>
<tr><td rowspan="3">본사</td><td>건설업체명</td><td colspan="2">대표자</td></tr>
<tr><td>법인등록번호
(사업자등록번호)</td><td colspan="2">건설면허번호</td></tr>
<tr><td>주소</td><td colspan="2">연락처</td></tr>
<tr><td rowspan="3">건설재해 예방전문 지도기관</td><td colspan="2">명칭</td><td colspan="2">대표자</td></tr>
<tr><td colspan="2">소재지</td><td colspan="2">지정서 발급번호</td></tr>
<tr><td colspan="2">담당자</td><td colspan="2">전화번호</td></tr>
<tr><td rowspan="3">기술지도</td><td>기술지도 구분</td><td colspan="3">[ ]건설공사 [ ]전기 및 정보통신 공사</td></tr>
<tr><td>기술지도 대가</td><td>원</td><td>기술지도 횟수</td><td>총( )회</td></tr>
<tr><td>계약기간</td><td colspan="3">년 월 일부터 년 월 일까지</td></tr>
</table>

「산업안전보건법」 제73조제1항, 같은 법 시행령 제59조제2항·제60조, 별표 18 및 같은 법 시행규칙 제89조의2 제1항에 따라 기술지도계약을 체결하고 성실하게 계약사항을 준수하기로 한다.

년 월 일

건설공사발주자 또는 건설공사시공주도총괄·관리자

사업주 또는 대표자 (서명 또는 인)

건설재해예방전문지도기관 명칭

건설재해예방전문지도기관 대표자 (서명 또는 인)

210mm×297mm[백상지(80g/㎡) 또는 중질지(80g/㎡)]

■ 산업안전보건법 시행규칙 [별지 제105호서식] (2022.8.18 개정)

기술지도 완료증명서

구분	항목	항목
건설공사 발주자 또는 건설공사시공주도 총괄·관리자	성명 또는 사업자명	대표자
	법인등록번호 (사업자등록번호)	사업장관리번호
	주소	연락처
	유형 (공공) [ ]정부 [ ]지방자치단체 [ ]공공기관 [ ]지방공기업 [ ]기타 국가기관 (민간) [ ]기업 [ ]개인	
기술지도 위탁 사업장	건설업체명	대표자
	공사명	사업개시번호
	소재지	공사기간
	공사금액	
건설재해 예방전문 지도기관	명칭	대표자
	소재지	
	담당자	전화번호

기술지도														
기술지도 구분		[ ]건설공사 [ ]전기 및 정보통신 공사												
기술지도 대가		원				기술지도 횟수		총( )회						
계약기간		년 월 일부터 년 월 일까지												
실시 내용	회차	1	2	3	4	5	6	7	8	9	10	11	12	
	실시일자	00월/ 00일	00월/ 00일	00월/ 00일	00월/ 00일	00월/ 00일	00월/ 00일	00월/ 00일	00월/ 00일	00월/ 00일	00월/ 00일	00월/ 00일	00월/ 00일	

「산업안전보건법 시행령」 제60조, 별표 18 및 같은 법 시행규칙 제89조의2제2항에 따라 기술지도를 실시하였음을 증명합니다.

년 월 일

건설공사발주자 또는 건설공사시공주도총괄·관리자

사업주 또는 대표자 (서명 또는 인)

건설재해예방전문지도기관 명칭

건설재해예방전문지도기관 대표자 (서명 또는 인)

210mm×297mm[백상지(80g/㎡) 또는 중질지(80g/㎡)]

산업안전보건기준에 관한 규칙

산업안전보건기준에 관한 규칙

전부개정 2011. 7. 6 고용노동부령 제 30호
개정 2012. 3. 5 고용노동부령 제 49호
〈생략〉
2019.12.23 고용노동부령 제270호
2019.12.26 고용노동부령 제273호
2021. 5.28 고용노동부령 제321호
2021.11.19 고용노동부령 제337호
2022. 8.10 고용노동부령 제362호
2022.10.18 고용노동부령 제367호
2023.11.14 고용노동부령 제399호
2024. 6.12 고용노동부령 제416호
2024. 6.28 고용노동부령 제417호

제1편 총 칙

제1장 통 칙

제1조 【목적】 이 규칙은 「산업안전보건법」 제5조, 제16조, 제37조부터 제40조까지, 제63조부터 제66조까지, 제76조부터 제78조까지, 제80조, 제81조, 제83조, 제84조, 제89조, 제93조, 제117조부터 제119조까지 및 제123조 등에서 위임한 산업안전보건기준에 관한 사항과 그 시행에 필요한 사항을 규정함을 목적으로 한다. (2019.12.26 개정)

제2조 【정의】 이 규칙에서 사용하는 용어의 뜻은 이 규칙에 특별한 규정이 없으면 「산업안전보건법」(이하 "법"이라 한다), 「산업안전보건법 시행령」(이하 "영"이라 한다) 및 「산업안전보건법 시행규칙」에서 정하는 바에 따른다.

제2장 작업장

제3조 【전도의 방지】 ① 사업주는 근로자가 작업장에서 넘어지거나 미끄러지는 등의 위험이 없도록 작업장 바닥 등을 안전하고 청결한 상태로 유지하여야 한다.
② 사업주는 제품, 자재, 부재(部材) 등이 넘어지지 않도록 붙들어 지탱하게 하는 등 안전 조치를 하여야 한다. 다만, 근로자가 접근하지 못하도록 조치한 경우에는 그러하지 아니하다.

제4조 【작업장의 청결】 사업주는 근로자가 작업하는 장소를 항상 청결하게 유지·관리하여야 하며, 폐기물은 정해진 장소에만 버려야 한다.

제4조의2 【분진의 흩날림 방지】 사업주는 분진이 심하게 흩날리는 작업장에 대하여 물을 뿌리는 등 분진이 흩날리는 것을 방지하기 위하여 필요한 조치를 하여야 한다. (2012.3.5 개정)

제5조 【오염된 바닥의 세척 등】 ① 사업주는 인체에 해로운 물질, 부패하기 쉬운 물질 또는 악취가 나는 물질 등에 의하여 오염될 우려가 있는 작업장의 바닥이나 벽을 수시로 세척하고 소독하여야 한다.
② 사업주는 제1항에 따른 세척 및 소독을 하는 경우에 물이나 그 밖의 액체를 다량으로 사용함으로써 습기가 찰 우려가 있는 작업장의 바닥이나 벽은 불침투성(不浸透性) 재료로 칠하고 배수(排水)에 편리한 구조로 하여야 한다.

제6조 【오물의 처리 등】 ① 사업주는 해당 작업장에서 배출하거나 폐기하는 오물을 일정한 장소에서 노출되지 않도록 처리하고, 병원체(病原體)로 인하여 오염될 우려가 있는 바닥·벽 및 용기 등을 수시로 소독하여야 한다.
② 사업주는 폐기물을 소각 등의 방법으로 처리하려는 경우 해당 근로자가 다이옥신 등 유해물질에 노출되지 않도록 작업공정 개선, 개인보호구(個人保護具) 지급·착용 등 적절한 조치를 하여야 한다.

③ 근로자는 제2항에 따라 지급된 개인보호구를 사업주의 지시에 따라 착용하여야 한다.

제7조 【채광 및 조명】 사업주는 근로자가 작업하는 장소에 채광 및 조명을 하는 경우 명암의 차이가 심하지 않고 눈이 부시지 않은 방법으로 하여야 한다.

제8조 【조도】 사업주는 근로자가 상시 작업하는 장소의 작업면 조도(照度)를 다음 각 호의 기준에 맞도록 하여야 한다. 다만, 갱내(坑內) 작업장과 감광재료(感光材料)를 취급하는 작업장은 그러하지 아니하다.

1. 초정밀작업 : 750럭스(lux) 이상
2. 정밀작업 : 300럭스 이상
3. 보통작업 : 150럭스 이상
4. 그 밖의 작업 : 75럭스 이상

제9조 【작업발판 등】 사업주는 선반·롤러기 등 기계·설비의 작업 또는 조작 부분이 그 작업에 종사하는 근로자의 키 등 신체조건에 비하여 지나치게 높거나 낮은 경우 안전하고 적당한 높이의 작업발판을 설치하거나 그 기계·설비를 적정 작업높이로 조절하여야 한다.

제10조 【작업장의 창문】 ① 작업장의 창문은 열었을 때 근로자가 작업하거나 통행하는 데에 방해가 되지 않도록 하여야 한다.
② 사업주는 근로자가 안전한 방법으로 창문을 여닫거나 청소할 수 있도록 보조도구를 사용하게 하는 등 필요한 조치를 하여야 한다.

제11조 【작업장의 출입구】 사업주는 작업장에 출입구(비상구는 제외한다. 이하 같다)를 설치하는 경우 다음 각 호의 사항을 준수하여야 한다.

1. 출입구의 위치, 수 및 크기가 작업장의 용도와 특성에 맞도록 할 것
2. 출입구에 문을 설치하는 경우에는 근로자가 쉽게 열고 닫을 수 있도록 할 것
3. 주된 목적이 하역운반기계용인 출입구에는 인접하여 보행자용 출입구를 따로 설치할 것
4. 하역운반기계의 통로와 인접하여 있는 출입구에서 접촉에 의하여 근로자에게 위험을 미칠 우려가 있는 경우에는 비상등·비상벨 등 경보장치를 할 것
5. 계단이 출입구와 바로 연결된 경우에는 작업자의 안전한 통행을 위하여 그 사이에 1.2미터 이상 거리를 두거나 안내표지 또는 비상벨 등을 설치할 것. 다만, 출입구에 문을 설치하지 아니한 경우에는 그러하지 아니하다.

제12조 【동력으로 작동되는 문의 설치 조건】 사업주는 동력으로 작동되는 문을 설치하는 경우 다음 각 호의 기준에 맞는 구조로 설치하여야 한다.

1. 동력으로 작동되는 문에 근로자가 끼일 위험이 있는 2.5미터 높이까지는 위급하거나 위험한 사태가 발생한 경우에 문의 작동을 정지시킬 수 있도록 비상정지장치 설치 등 필요한 조치를 할 것. 다만, 위험구역에 사람이 없어야만 문이 작동되도록 안전장치가 설치되어 있거나 운전자가 특별히 지정되어 상시 조작하는 경우에는 그러하지 아니하다.
2. 동력으로 작동되는 문의 비상정지장치는 근로자가 잘 알아볼 수 있고 쉽게 조작할 수 있을 것
3. 동력으로 작동되는 문의 동력이 끊어진 경우에는 즉시 정지되도록 할 것. 다만, 방화문의 경우에는 그러하지 아니하다.
4. 수동으로 열고 닫을 수 있도록 할 것. 다만, 동력으로 작동되는 문에 수동으로 열고 닫을 수 있는 문을 별도로 설치하여 근로자가 통행할 수 있도록 한 경우에는 그러하지 아니하다. (2014.9.30 개정)
5. 동력으로 작동되는 문을 수동으로 조작하는 경우에는 제어장치에 의하여 즉시 정지시킬 수 있는 구조일 것

제13조 【안전난간의 구조 및 설치요건】 사업주는 근로자의 추락 등의 위험을 방지하기 위

하여 안전난간을 설치하는 경우 다음 각 호의 기준에 맞는 구조로 설치해야 한다. (2023.11.14 개정)

1. 상부 난간대, 중간 난간대, 발끝막이판 및 난간기둥으로 구성할 것. 다만, 중간 난간대, 발끝막이판 및 난간기둥은 이와 비슷한 구조와 성능을 가진 것으로 대체할 수 있다.
2. 상부 난간대는 바닥면·발판 또는 경사로의 표면(이하 "바닥면등"이라 한다)으로부터 90센티미터 이상 지점에 설치하고, 상부 난간대를 120센티미터 이하에 설치하는 경우에는 중간 난간대는 상부 난간대와 바닥면등의 중간에 설치해야 하며, 120센티미터 이상 지점에 설치하는 경우에는 중간 난간대를 2단 이상으로 균등하게 설치하고 난간의 상하 간격은 60센티미터 이하가 되도록 할 것. 다만, 난간기둥 간의 간격이 25센티미터 이하인 경우에는 중간 난간대를 설치하지 않을 수 있다. (2023.11.14 개정)
3. 발끝막이판은 바닥면등으로부터 10센티미터 이상의 높이를 유지할 것. 다만, 물체가 떨어지거나 날아올 위험이 없거나 그 위험을 방지할 수 있는 망을 설치하는 등 필요한 예방 조치를 한 장소는 제외한다.
4. 난간기둥은 상부 난간대와 중간 난간대를 견고하게 떠받칠 수 있도록 적정한 간격을 유지할 것
5. 상부 난간대와 중간 난간대는 난간 길이 전체에 걸쳐 바닥면등과 평행을 유지할 것
6. 난간대는 지름 2.7센티미터 이상의 금속제 파이프나 그 이상의 강도가 있는 재료일 것
7. 안전난간은 구조적으로 가장 취약한 지점에서 가장 취약한 방향으로 작용하는 100킬로그램 이상의 하중에 견딜 수 있는 튼튼한 구조일 것

제14조【낙하물에 의한 위험의 방지】 ① 사업주는 작업장의 바닥, 도로 및 통로 등에서 낙하물이 근로자에게 위험을 미칠 우려가 있는 경우 보호망을 설치하는 등 필요한 조치를 하여야 한다.

② 사업주는 작업으로 인하여 물체가 떨어지거나 날아올 위험이 있는 경우 낙하물 방지망, 수직보호망 또는 방호선반의 설치, 출입금지구역의 설정, 보호구의 착용 등 위험을 방지하기 위하여 필요한 조치를 하여야 한다. 이 경우 낙하물 방지망 및 수직보호망은 「산업표준화법」 제12조에 따른 한국산업표준(이하 "한국산업표준"이라 한다)에서 정하는 성능기준에 적합한 것을 사용하여야 한다. (2022.10.18 개정)

③ 제2항에 따라 낙하물 방지망 또는 방호선반을 설치하는 경우에는 다음 각 호의 사항을 준수하여야 한다.

1. 높이 10미터 이내마다 설치하고, 내민 길이는 벽면으로부터 2미터 이상으로 할 것
2. 수평면과의 각도는 20도 이상 30도 이하를 유지할 것

제15조【투하설비 등】 사업주는 높이가 3미터 이상인 장소로부터 물체를 투하하는 경우 적당한 투하설비를 설치하거나 감시인을 배치하는 등 위험을 방지하기 위하여 필요한 조치를 하여야 한다.

제16조【위험물 등의 보관】 사업주는 별표 1에 규정된 위험물질을 작업장 외의 별도의 장소에 보관하여야 하며, 작업장 내부에는 작업에 필요한 양만 두어야 한다.

제17조【비상구의 설치】 ① 사업주는 별표 1에 규정된 위험물질을 제조·취급하는 작업장(이하 이 항에서 "작업장"이라 한다)과 그 작업장이 있는 건축물에 제11조에 따른 출입구 외에 안전한 장소로 대피할 수 있는 비상구 1개 이상을 다음 각 호의 기준을 모두 충족하는 구조로 설치해야 한다. 다만, 작업장 바닥면의 가로 및 세로가 각 3미터 미만인 경우에는 그렇지 않다. (2023.11.14 개정)

1. 출입구와 같은 방향에 있지 아니하고, 출입구로부터 3미터 이상 떨어져 있을 것
2. 작업장의 각 부분으로부터 하나의 비상구 또는 출입구까지의 수평거리가 50미터 이

하가 되도록 할 것. 다만, 작업장이 있는 층에 「건축법 시행령」 제34조제1항에 따라 피난층(직접 지상으로 통하는 출입구가 있는 층과 「건축법 시행령」 제34조제3항 및 제4항에 따른 피난안전구역을 말한다) 또는 지상으로 통하는 직통계단(경사로를 포함한다)을 설치한 경우에는 그 부분에 한정하여 본문에 따른 기준을 충족한 것으로 본다. (2023.11.14 개정)

3. 비상구의 너비는 0.75미터 이상으로 하고, 높이는 1.5미터 이상으로 할 것
4. 비상구의 문은 피난 방향으로 열리도록 하고, 실내에서 항상 열 수 있는 구조로 할 것

② 사업주는 제1항에 따른 비상구에 문을 설치하는 경우 항상 사용할 수 있는 상태로 유지하여야 한다.

제18조【비상구 등의 유지】 사업주는 비상구·비상통로 또는 비상용 기구를 쉽게 이용할 수 있도록 유지하여야 한다.

제19조【경보용 설비 등】 사업주는 연면적이 400제곱미터 이상이거나 상시 50명 이상의 근로자가 작업하는 옥내작업장에는 비상시에 근로자에게 신속하게 알리기 위한 경보용 설비 또는 기구를 설치하여야 한다.

제20조【출입의 금지 등】 사업주는 다음 각 호의 작업 또는 장소에 울타리를 설치하는 등 관계 근로자가 아닌 사람의 출입을 금지해야 한다. 다만, 제2호 및 제7호의 장소에서 수리 또는 점검 등을 위하여 그 암(arm) 등의 움직임에 의한 하중을 충분히 견딜 수 있는 안전지지대 또는 안전블록 등을 사용하도록 한 경우에는 그렇지 않다. (2023.11.14 개정)

1. 추락에 의하여 근로자에게 위험을 미칠 우려가 있는 장소
2. 유압(流壓), 체인 또는 로프 등에 의하여 지탱되어 있는 기계·기구의 덤프, 램(ram), 리프트, 포크(fork) 및 암 등이 갑자기 작동함으로써 근로자에게 위험을 미칠 우려가 있는 장소
3. 케이블 크레인을 사용하여 작업을 하는 경우에는 권상용(卷上用) 와이어로프 또는 횡행용(横行用) 와이어로프가 통하고 있는 도르래 또는 그 부착부의 파손에 의하여 위험을 발생시킬 우려가 있는 그 와이어로프의 내각측(內角側)에 속하는 장소
4. 인양전자석(引揚電磁石) 부착 크레인을 사용하여 작업을 하는 경우에는 달아 올려진 화물의 아래쪽 장소
5. 인양전자석 부착 이동식 크레인을 사용하여 작업을 하는 경우에는 달아 올려진 화물의 아래쪽 장소
6. 리프트를 사용하여 작업을 하는 다음 각 목의 장소
   가. 리프트 운반구가 오르내리다가 근로자에게 위험을 미칠 우려가 있는 장소
   나. 리프트의 권상용 와이어로프 내각측에 그 와이어로프가 통하고 있는 도르래 또는 그 부착부가 떨어져 나감으로써 근로자에게 위험을 미칠 우려가 있는 장소
7. 지게차·구내운반차(작업장 내 운반을 주목적으로 하는 차량으로 한정한다. 이하 같다)·화물자동차 등의 차량계 하역운반기계 및 고소(高所)작업대(이하 "차량계 하역운반기계등"이라 한다)의 포크·버킷(bucket)·암 또는 이들에 의하여 지탱되어 있는 화물의 밑에 있는 장소. 다만, 구조상 갑작스러운 하강을 방지하는 장치가 있는 것은 제외한다. (2024.6.28 개정)
8. 운전 중인 항타기(杭打機) 또는 항발기(杭拔機)의 권상용 와이어로프 등의 부착 부분의 파손에 의하여 와이어로프가 벗겨지거나 드럼(drum), 도르래 뭉치 등이 떨어져 근로자에게 위험을 미칠 우려가 있는 장소
9. 화재 또는 폭발의 위험이 있는 장소
10. 낙반(落磐) 등의 위험이 있는 다음 각 목의 장소
   가. 부석의 낙하에 의하여 근로자에게 위험을 미칠 우려가 있는 장소
   나. 터널 지보공(支保工)의 보강작업 또는 보수작업을 하고 있는 장소로서 낙반 또

는 낙석 등에 의하여 근로자에게 위험을 미칠 우려가 있는 장소
11. 토사·암석 등(이하 "토사등"이라 한다)의 붕괴 또는 낙하로 인하여 근로자에게 위험을 미칠 우려가 있는 토사등의 굴착작업 또는 채석작업을 하는 장소 및 그 아래 장소 (2023.11.14 개정)
12. 암석 채취를 위한 굴착작업, 채석에서 암석을 분할가공하거나 운반하는 작업, 그 밖에 이러한 작업에 수반(隨伴)한 작업(이하 "채석작업"이라 한다)을 하는 경우에는 운전 중인 굴착기계·분할기계·적재기계 또는 운반기계(이하 "굴착기계등"이라 한다)에 접촉함으로써 근로자에게 위험을 미칠 우려가 있는 장소
13. 해체작업을 하는 장소
14. 하역작업을 하는 경우에는 쌓아놓은 화물이 무너지거나 화물이 떨어져 근로자에게 위험을 미칠 우려가 있는 장소
15. 다음 각 목의 항만하역작업 장소
가. 해치커버[(해치보드(hatch board) 및 해치빔(hatch beam)을 포함한다)]의 개폐·설치 또는 해체작업을 하고 있어 해치 보드 또는 해치빔 등이 떨어져 근로자에게 위험을 미칠 우려가 있는 장소
나. 양화장치(揚貨裝置) 붐(boom)이 넘어짐으로써 근로자에게 위험을 미칠 우려가 있는 장소
다. 양화장치, 데릭(derrick), 크레인, 이동식 크레인(이하 "양화장치등"이라 한다)에 매달린 화물이 떨어져 근로자에게 위험을 미칠 우려가 있는 장소
16. 벌목, 목재의 집하 또는 운반 등의 작업을 하는 경우에는 벌목한 목재 등이 아래 방향으로 굴러 떨어지는 등의 위험이 발생할 우려가 있는 장소
17. 양화장치등을 사용하여 화물의 적하[부두 위의 화물에 훅(hook)을 걸어 선(船) 내에 적재하기까지의 작업을 말한다] 또는 양하(선 내의 화물을 부두 위에 내려 놓고 훅을 풀기까지의 작업을 말한다)를 하는 경우에는 통행하는 근로자에게 화물이 떨어지거나 충돌할 우려가 있는 장소
18. 굴착기 붐·암·버킷 등의 선회(旋回)에 의하여 근로자에게 위험을 미칠 우려가 있는 장소 (2022.10.18 신설)

제3장 통 로

제21조 【통로의 조명】 사업주는 근로자가 안전하게 통행할 수 있도록 통로에 75럭스 이상의 채광 또는 조명시설을 하여야 한다. 다만, 갱도 또는 상시 통행을 하지 아니하는 지하실 등을 통행하는 근로자에게 휴대용 조명기구를 사용하도록 한 경우에는 그러하지 아니하다.

제22조 【통로의 설치】 ① 사업주는 작업장으로 통하는 장소 또는 작업장 내에 근로자가 사용할 안전한 통로를 설치하고 항상 사용할 수 있는 상태로 유지하여야 한다.

② 사업주는 통로의 주요 부분에 통로표시를 하고, 근로자가 안전하게 통행할 수 있도록 하여야 한다. (2016.7.11 개정)

③ 사업주는 통로면으로부터 높이 2미터 이내에는 장애물이 없도록 하여야 한다. 다만, 부득이하게 통로면으로부터 높이 2미터 이내에 장애물을 설치할 수밖에 없거나 통로면으로부터 높이 2미터 이내의 장애물을 제거하는 것이 곤란하다고 고용노동부장관이 인정하는 경우에는 근로자에게 발생할 수 있는 부상 등의 위험을 방지하기 위한 안전 조치를 하여야 한다. (2016.7.11 개정)

제23조 【가설통로의 구조】 사업주는 가설통로를 설치하는 경우 다음 각 호의 사항을 준수하여야 한다.
1. 견고한 구조로 할 것
2. 경사는 30도 이하로 할 것. 다만, 계단을 설치하거나 높이 2미터 미만의 가설통로로서 튼튼한 손잡이를 설치한 경우에는 그러하지 아니하다.
3. 경사가 15도를 초과하는 경우에는 미끄러지지 아니하는 구조로 할 것

4. 추락할 위험이 있는 장소에는 안전난간을 설치할 것. 다만, 작업상 부득이한 경우에는 필요한 부분만 임시로 해체할 수 있다.
5. 수직갱에 가설된 통로의 길이가 15미터 이상인 경우에는 10미터 이내마다 계단참을 설치할 것
6. 건설공사에 사용하는 높이 8미터 이상인 비계다리에는 7미터 이내마다 계단참을 설치할 것

제24조【사다리식 통로 등의 구조】 ① 사업주는 사다리식 통로 등을 설치하는 경우 다음 각 호의 사항을 준수하여야 한다.
1. 견고한 구조로 할 것
2. 심한 손상·부식 등이 없는 재료를 사용할 것
3. 발판의 간격은 일정하게 할 것
4. 발판과 벽과의 사이는 15센티미터 이상의 간격을 유지할 것
5. 폭은 30센티미터 이상으로 할 것
6. 사다리가 넘어지거나 미끄러지는 것을 방지하기 위한 조치를 할 것
7. 사다리의 상단은 걸쳐놓은 지점으로부터 60센티미터 이상 올라가도록 할 것
8. 사다리식 통로의 길이가 10미터 이상인 경우에는 5미터 이내마다 계단참을 설치할 것
9. 사다리식 통로의 기울기는 75도 이하로 할 것. 다만, 고정식 사다리식 통로의 기울기는 90도 이하로 하고, 그 높이가 7미터 이상인 경우에는 다음 각 목의 구분에 따른 조치를 할 것 (2024.6.28 개정)
   가. 등받이울이 있어도 근로자 이동에 지장이 없는 경우 : 바닥으로부터 높이가 2.5미터 되는 지점부터 등받이울을 설치할 것
   나. 등받이울이 있으면 근로자가 이동이 곤란한 경우 : 한국산업표준에서 정하는 기준에 적합한 개인용 추락 방지 시스템을 설치하고 근로자로 하여금 한국산업표준에서 정하는 기준에 적합한 전신안전대를 사용하도록 할 것
10. 접이식 사다리 기둥은 사용 시 접혀지거나 펼쳐지지 않도록 철물 등을 사용하여 견고하게 조치할 것

② 잠함(潛函) 내 사다리식 통로와 건조·수리 중인 선박의 구명줄이 설치된 사다리식 통로(건조·수리작업을 위하여 임시로 설치한 사다리식 통로는 제외한다)에 대해서는 제1항제5호부터 제10호까지의 규정을 적용하지 아니한다.

제25조【갱내통로 등의 위험 방지】 사업주는 갱내에 설치한 통로 또는 사다리식 통로에 권상장치(卷上裝置)가 설치된 경우 권상장치와 근로자의 접촉에 의한 위험이 있는 장소에 판자벽이나 그 밖에 위험 방지를 위한 격벽(隔壁)을 설치하여야 한다.

제26조【계단의 강도】 ① 사업주는 계단 및 계단참을 설치하는 경우 매제곱미터당 500킬로그램 이상의 하중에 견딜 수 있는 강도를 가진 구조로 설치하여야 하며, 안전율[안전의 정도를 표시하는 것으로서 재료의 파괴응력도(破壞應力度)와 허용응력도(許容應力度)의 비율을 말한다)]은 4 이상으로 하여야 한다.

② 사업주는 계단 및 승강구 바닥을 구멍이 있는 재료로 만드는 경우 렌치나 그 밖의 공구 등이 낙하할 위험이 없는 구조로 하여야 한다.

제27조【계단의 폭】 ① 사업주는 계단을 설치하는 경우 그 폭을 1미터 이상으로 하여야 한다. 다만, 급유용·보수용·비상용 계단 및 나선형 계단이거나 높이 1미터 미만의 이동식 계단인 경우에는 그러하지 아니하다. (2014.9.30 개정)

② 사업주는 계단에 손잡이 외의 다른 물건 등을 설치하거나 쌓아 두어서는 아니 된다.

제28조【계단참의 설치】 사업주는 높이가 3미터를 초과하는 계단에 높이 3미터 이내마다 진행방향으로 길이 1.2미터 이상의 계단참을 설치해야 한다. (2023.11.14 개정)

제29조 【천장의 높이】 사업주는 계단을 설치하는 경우 바닥면으로부터 높이 2미터 이내의 공간에 장애물이 없도록 하여야 한다. 다만, 급유용·보수용·비상용 계단 및 나선형 계단인 경우에는 그러하지 아니하다.

제30조 【계단의 난간】 사업주는 높이 1미터 이상인 계단의 개방된 측면에 안전난간을 설치하여야 한다.

제4장 보호구

제31조 【보호구의 제한적 사용】 ① 사업주는 보호구를 사용하지 아니하더라도 근로자가 유해·위험작업으로부터 보호를 받을 수 있도록 설비개선 등 필요한 조치를 하여야 한다.
② 사업주는 제1항의 조치를 하기 어려운 경우에만 제한적으로 해당 작업에 맞는 보호구를 사용하도록 하여야 한다.

제32조 【보호구의 지급 등】 ① 사업주는 다음 각 호의 어느 하나에 해당하는 작업을 하는 근로자에 대해서는 다음 각 호의 구분에 따라 그 작업조건에 맞는 보호구를 작업하는 근로자 수 이상으로 지급하고 착용하도록 하여야 한다.
1. 물체가 떨어지거나 날아올 위험 또는 근로자가 추락할 위험이 있는 작업 : 안전모
2. 높이 또는 깊이 2미터 이상의 추락할 위험이 있는 장소에서 하는 작업 : 안전대(安全帶)
3. 물체의 낙하·충격, 물체에의 끼임, 감전 또는 정전기의 대전(帶電)에 의한 위험이 있는 작업 : 안전화
4. 물체가 흩날릴 위험이 있는 작업 : 보안경
5. 용접 시 불꽃이나 물체가 흩날릴 위험이 있는 작업 : 보안면
6. 감전의 위험이 있는 작업 : 절연용 보호구
7. 고열에 의한 화상 등의 위험이 있는 작업 : 방열복
8. 선창 등에서 분진(粉塵)이 심하게 발생하는 하역작업 : 방진마스크
9. 섭씨 영하 18도 이하인 급냉동어창에서 하는 하역작업 : 방한모·방한복·방한화·방한장갑
10. 물건을 운반하거나 수거·배달하기 위하여 「도로교통법」 제2조제18호가목5)에 따른 이륜자동차 또는 같은 법 제2조제19호에 따른 원동기장치자전거를 운행하는 작업 : 「도로교통법 시행규칙」 제32조제1항 각 호의 기준에 적합한 승차용 안전모 (2024.6.28 개정)
11. 물건을 운반하거나 수거·배달하기 위해 「도로교통법」 제2조제21호의2에 따른 자전거등을 운행하는 작업 : 「도로교통법 시행규칙」 제32조제2항의 기준에 적합한 안전모 (2024.6.28 신설)

② 사업주로부터 제1항에 따른 보호구를 받거나 착용지시를 받은 근로자는 그 보호구를 착용하여야 한다.

제33조 【보호구의 관리】 ① 사업주는 이 규칙에 따라 보호구를 지급하는 경우 상시 점검하여 이상이 있는 것은 수리하거나 다른 것으로 교환해 주는 등 늘 사용할 수 있도록 관리하여야 하며, 청결을 유지하도록 하여야 한다. 다만, 근로자가 청결을 유지하는 안전화, 안전모, 보안경의 경우에는 그러하지 아니하다.
② 사업주는 방진마스크의 필터 등을 언제나 교환할 수 있도록 충분한 양을 갖추어 두어야 한다.

제34조 【전용 보호구 등】 사업주는 보호구를 공동사용 하여 근로자에게 질병이 감염될 우려가 있는 경우 개인 전용 보호구를 지급하고 질병 감염을 예방하기 위한 조치를 하여야 한다.

제5장 관리감독자의 직무, 사용의 제한 등

제35조【관리감독자의 유해·위험 방지 업무 등】 ① 사업주는 법 제16조제1항에 따른 관리감독자(건설업의 경우 직장·조장 및 반장의 지위에서 그 작업을 직접 지휘·감독하는 관리감독자를 말하며, 이하 "관리감독자"라 한다)로 하여금 별표 2에서 정하는 바에 따라 유해·위험을 방지하기 위한 업무를 수행하도록 하여야 한다. (2019.12.26 개정)
② 사업주는 별표 3에서 정하는 바에 따라 작업을 시작하기 전에 관리감독자로 하여금 필요한 사항을 점검하도록 하여야 한다.
③ 사업주는 제2항에 따른 점검 결과 이상이 발견되면 즉시 수리하거나 그 밖에 필요한 조치를 하여야 한다.

제36조【사용의 제한】 사업주는 법 제80조·제81조에 따른 방호조치 등의 조치를 하지 않거나 법 제83조제1항에 따른 안전인증기준, 법 제89조제1항에 따른 자율안전기준 또는 법 제93조제1항에 따른 안전검사기준에 적합하지 않은 기계·기구·설비 및 방호장치·보호구 등을 사용해서는 아니 된다. (2021.5.28 개정)

제37조【악천후 및 강풍 시 작업 중지】 ① 사업주는 비·눈·바람 또는 그 밖의 기상상태의 불안정으로 인하여 근로자가 위험해질 우려가 있는 경우 작업을 중지하여야 한다. 다만, 태풍 등으로 위험이 예상되거나 발생되어 긴급 복구작업을 필요로 하는 경우에는 그러하지 아니하다.
② 사업주는 순간풍속이 초당 10미터를 초과하는 경우 타워크레인의 설치·수리·점검 또는 해체 작업을 중지하여야 하며, 순간풍속이 초당 15미터를 초과하는 경우에는 타워크레인의 운전작업을 중지하여야 한다. (2017.3.3 개정)

제38조【사전조사 및 작업계획서의 작성 등】
① 사업주는 다음 각 호의 작업을 하는 경우 근로자의 위험을 방지하기 위하여 별표 4에 따라 해당 작업, 작업장의 지형·지반 및 지층 상태 등에 대한 사전조사를 하고 그 결과를 기록·보존해야 하며, 조사결과를 고려하여 별표 4의 구분에 따른 사항을 포함한 작업계획서를 작성하고 그 계획에 따라 작업을 하도록 해야 한다. (2023.11.14 개정)
1. 타워크레인을 설치·조립·해체하는 작업
2. 차량계 하역운반기계등을 사용하는 작업(화물자동차를 사용하는 도로상의 주행작업은 제외한다. 이하 같다)
3. 차량계 건설기계를 사용하는 작업
4. 화학설비와 그 부속설비를 사용하는 작업
5. 제318조에 따른 전기작업(해당 전압이 50볼트를 넘거나 전기에너지가 250볼트암페어를 넘는 경우로 한정한다)
6. 굴착면의 높이가 2미터 이상이 되는 지반의 굴착작업 (2023.11.14 개정)
7. 터널굴착작업
8. 교량(상부구조가 금속 또는 콘크리트로 구성되는 교량으로서 그 높이가 5미터 이상이거나 교량의 최대 지간 길이가 30미터 이상인 교량으로 한정한다)의 설치·해체 또는 변경 작업
9. 채석작업
10. 구축물, 건축물, 그 밖의 시설물 등(이하 "구축물등"이라 한다)의 해체작업 (2023.11.14 개정)
11. 중량물의 취급작업
12. 궤도나 그 밖의 관련 설비의 보수·점검작업
13. 열차의 교환·연결 또는 분리 작업(이하 "입환작업"이라 한다)

② 사업주는 제1항에 따라 작성한 작업계획서의 내용을 해당 근로자에게 알려야 한다.
③ 사업주는 항타기나 항발기를 조립·해체·변경 또는 이동하는 작업을 하는 경우 그 작업방법과 절차를 정하여 근로자에게 주지시켜야 한다.
④ 사업주는 제1항제12호의 작업에 모터카(motor car), 멀티플타이탬퍼(multiple tie tamper), 밸러스트 콤팩터(ballast compactor, 철도자갈다짐기), 궤도안정기 등의 작업차량(이하 "궤도작업차량"이라 한다)을 사용하는

경우 미리 그 구간을 운행하는 열차의 운행관계자와 협의하여야 한다. (2019.10.15 개정)

제39조 【작업지휘자의 지정】 ① 사업주는 제38조제1항제2호·제6호·제8호·제10호 및 제11호의 작업계획서를 작성한 경우 작업지휘자를 지정하여 작업계획서에 따라 작업을 지휘하도록 해야 한다. 다만, 제38조제1항제2호의 작업에 대하여 작업장소에 다른 근로자가 접근할 수 없거나 한 대의 차량계 하역운반기계등을 운전하는 작업으로서 주위에 근로자가 없어 충돌 위험이 없는 경우에는 작업지휘자를 지정하지 않을 수 있다. (2023.11.14 개정)

② 사업주는 항타기나 항발기를 조립·해체·변경 또는 이동하여 작업을 하는 경우 작업지휘자를 지정하여 지휘·감독하도록 하여야 한다.

제40조 【신호】 ① 사업주는 다음 각 호의 작업을 하는 경우 일정한 신호방법을 정하여 신호하도록 하여야 하며, 운전자는 그 신호에 따라야 한다.

1. 양중기(揚重機)를 사용하는 작업
2. 제171조 및 제172조제1항 단서에 따라 유도자를 배치하는 작업
3. 제200조제1항 단서에 따라 유도자를 배치하는 작업
4. 항타기 또는 항발기의 운전작업
5. 중량물을 2명 이상의 근로자가 취급하거나 운반하는 작업
6. 양화장치를 사용하는 작업
7. 제412조에 따라 유도자를 배치하는 작업
8. 입환작업(入換作業)

② 운전자나 근로자는 제1항에 따른 신호방법이 정해진 경우 이를 준수하여야 한다.

제41조 【운전위치의 이탈금지】 ① 사업주는 다음 각 호의 기계를 운전하는 경우 운전자가 운전위치를 이탈하게 해서는 아니 된다.

1. 양중기
2. 항타기 또는 항발기(권상장치에 하중을 건 상태)
3. 양화장치(화물을 적재한 상태)

② 제1항에 따른 운전자는 운전 중에 운전위치를 이탈해서는 아니 된다.

제6장 추락 또는 붕괴에 의한 위험 방지

제1절 추락에 의한 위험 방지

제42조 【추락의 방지】 ① 사업주는 근로자가 추락하거나 넘어질 위험이 있는 장소[작업발판의 끝·개구부(開口部) 등을 제외한다]또는 기계·설비·선박블록 등에서 작업을 할 때에 근로자가 위험해질 우려가 있는 경우 비계(飛階)를 조립하는 등의 방법으로 작업발판을 설치하여야 한다.

② 사업주는 제1항에 따른 작업발판을 설치하기 곤란한 경우 다음 각 호의 기준에 맞는 추락방호망을 설치해야 한다. 다만, 추락방호망을 설치하기 곤란한 경우에는 근로자에게 안전대를 착용하도록 하는 등 추락위험을 방지하기 위해 필요한 조치를 해야 한다. (2021.5.28 개정)

1. 추락방호망의 설치위치는 가능하면 작업면으로부터 가까운 지점에 설치하여야 하며, 작업면으로부터 망의 설치지점까지의 수직거리는 10미터를 초과하지 아니할 것 (2017.12.28 개정)
2. 추락방호망은 수평으로 설치하고, 망의 처짐은 짧은 변 길이의 12퍼센트 이상이 되도록 할 것 (2017.12.28 개정)
3. 건축물 등의 바깥쪽으로 설치하는 경우 추락방호망의 내민 길이는 벽면으로부터 3미터 이상 되도록 할 것. 다만, 그물코가 20밀리미터 이하인 추락방호망을 사용한 경우에는 제14조제3항에 따른 낙하물 방지망을 설치한 것으로 본다. (2021.5.28 개정)

③ 사업주는 추락방호망을 설치하는 경우에는 한국산업표준에서 정하는 성능기준에 적합한 추락방호망을 사용하여야 한다. (2022.10.18 개정)

④ 사업주는 제1항 및 제2항에도 불구하고 작업발판 및 추락방호망을 설치하기 곤란한 경우에는 근로자로 하여금 3개 이상의 버팀대를 가지고 지면으로부터 안정적으로 세울 수 있는 구조를 갖춘 이동식 사다리를 사용하여 작업을 하게 할 수 있다. 이 경우 사업주는 근로자가 다음 각 호의 사항을 준수하도록 조치해야 한다. (2024.6.28 신설)

1. 평탄하고 견고하며 미끄럽지 않은 바닥에 이동식 사다리를 설치할 것
2. 이동식 사다리의 넘어짐을 방지하기 위해 다음 각 목의 어느 하나 이상에 해당하는 조치를 할 것
   가. 이동식 사다리를 견고한 시설물에 연결하여 고정할 것
   나. 아웃트리거(outrigger, 전도방지용 지지대)를 설치하거나 아웃트리거가 붙어 있는 이동식 사다리를 설치할 것
   다. 이동식 사다리를 다른 근로자가 지지하여 넘어지지 않도록 할 것
3. 이동식 사다리의 제조사가 정하여 표시한 이동식 사다리의 최대사용하중을 초과하지 않는 범위 내에서만 사용할 것
4. 이동식 사다리를 설치한 바닥면에서 높이 3.5미터 이하의 장소에서만 작업할 것
5. 이동식 사다리의 최상부 발판 및 그 하단 디딤대에 올라서서 작업하지 않을 것. 다만, 높이 1미터 이하의 사다리는 제외한다.
6. 안전모를 착용하되, 작업 높이가 2미터 이상인 경우에는 안전모와 안전대를 함께 착용할 것
7. 이동식 사다리 사용 전 변형 및 이상 유무 등을 점검하여 이상이 발견되면 즉시 수리하거나 그 밖에 필요한 조치를 할 것

제43조【개구부 등의 방호 조치】 ① 사업주는 작업발판 및 통로의 끝이나 개구부로서 근로자가 추락할 위험이 있는 장소에는 안전난간, 울타리, 수직형 추락방망 또는 덮개 등(이하 이 조에서 "난간등"이라 한다)의 방호 조치를 충분한 강도를 가진 구조로 튼튼하게 설치하여야 하며, 덮개를 설치하는 경우에는 뒤집히거나 떨어지지 않도록 설치하여야 한다. 이 경우 어두운 장소에서도 알아볼 수 있도록 개구부임을 표시해야 하며, 수직형 추락방망은 한국산업표준에서 정하는 성능기준에 적합한 것을 사용해야 한다. (2022.10.18 개정)

② 사업주는 난간등을 설치하는 것이 매우 곤란하거나 작업의 필요상 임시로 난간등을 해체하여야 하는 경우 제42조제2항 각 호의 기준에 맞는 추락방호망을 설치하여야 한다. 다만, 추락방호망을 설치하기 곤란한 경우에는 근로자에게 안전대를 착용하도록 하는 등 추락할 위험을 방지하기 위하여 필요한 조치를 하여야 한다. (2017.12.28 개정)

제44조【안전대의 부착설비 등】 ① 사업주는 추락할 위험이 있는 높이 2미터 이상의 장소에서 근로자에게 안전대를 착용시킨 경우 안전대를 안전하게 걸어 사용할 수 있는 설비 등을 설치하여야 한다. 이러한 안전대 부착설비로 지지로프 등을 설치하는 경우에는 처지거나 풀리는 것을 방지하기 위하여 필요한 조치를 하여야 한다.

② 사업주는 제1항에 따른 안전대 및 부속설비의 이상 유무를 작업을 시작하기 전에 점검하여야 한다.

제45조【지붕 위에서의 위험 방지】 ① 사업주는 근로자가 지붕 위에서 작업을 할 때에 추락하거나 넘어질 위험이 있는 경우에는 다음 각 호의 조치를 해야 한다. (2021.11.19 개정)

1. 지붕의 가장자리에 제13조에 따른 안전난간을 설치할 것
2. 채광창(skylight)에는 견고한 구조의 덮개를 설치할 것
3. 슬레이트 등 강도가 약한 재료로 덮은 지붕에는 폭 30센티미터 이상의 발판을 설치할 것

② 사업주는 작업 환경 등을 고려할 때 제1항제1호에 따른 조치를 하기 곤란한 경우에는 제42조제2항 각 호의 기준을 갖춘 추락방호망을 설치해야 한다. 다만, 사업주는 작

업 환경 등을 고려할 때 추락방호망을 설치하기 곤란한 경우에는 근로자에게 안전대를 착용하도록 하는 등 추락 위험을 방지하기 위하여 필요한 조치를 해야 한다. (2021.11.19 개정)

제46조 【승강설비의 설치】 사업주는 높이 또는 깊이가 2미터를 초과하는 장소에서 작업하는 경우 해당 작업에 종사하는 근로자가 안전하게 승강하기 위한 건설용 리프트 등의 설비를 설치해야 한다. 다만, 승강설비를 설치하는 것이 작업의 성질상 곤란한 경우에는 그렇지 않다. (2022.10.18 개정)

제47조 【구명구 등】 사업주는 수상 또는 선박건조 작업에 종사하는 근로자가 물에 빠지는 등 위험의 우려가 있는 경우 그 작업을 하는 장소에 구명을 위한 배 또는 구명장구(救命裝具)의 비치 등 구명을 위하여 필요한 조치를 하여야 한다.

제48조 【울타리의 설치】 사업주는 근로자에게 작업 중 또는 통행 시 굴러 떨어짐으로 인하여 근로자가 화상·질식 등의 위험에 처할 우려가 있는 케틀(kettle, 가열 용기), 호퍼(hopper, 깔때기 모양의 출입구가 있는 큰 통), 피트(pit, 구덩이) 등이 있는 경우에 그 위험을 방지하기 위하여 필요한 장소에 높이 90센티미터 이상의 울타리를 설치하여야 한다. (2019.10.15 개정)

제49조 【조명의 유지】 사업주는 근로자가 높이 2미터 이상에서 작업을 하는 경우 그 작업을 안전하게 하는 데에 필요한 조명을 유지하여야 한다.

제2절 붕괴 등에 의한 위험 방지

제50조 【토사등에 의한 위험 방지】 사업주는 토사등 또는 구축물의 붕괴 또는 낙하 등에 의하여 근로자가 위험해질 우려가 있는 경우 그 위험을 방지하기 위하여 다음 각 호의 조치를 해야 한다. (2023.11.14 개정)

1. 지반은 안전한 경사로 하고 낙하의 위험이 있는 토석을 제거하거나 옹벽, 흙막이 지보공 등을 설치할 것
2. 토사등의 붕괴 또는 낙하 원인이 되는 빗물이나 지하수 등을 배제할 것 (2023.11.14 개정)
3. 갱내의 낙반·측벽(側壁) 붕괴의 위험이 있는 경우에는 지보공을 설치하고 부석을 제거하는 등 필요한 조치를 할 것

제51조 【구축물등의 안전 유지】 사업주는 구축물등이 고정하중, 적재하중, 시공·해체 작업 중 발생하는 하중, 적설, 풍압(風壓), 지진이나 진동 및 충격 등에 의하여 전도·폭발하거나 무너지는 등의 위험을 예방하기 위하여 설계도면, 시방서(示方書), 「건축물의 구조기준 등에 관한 규칙」 제2조제15호에 따른 구조설계도서, 해체계획서 등 설계도서를 준수하여 필요한 조치를 해야 한다. (2023.11.14 개정)

1. 삭제(2023.11.14)
2. 삭제(2023.11.14)
3. 삭제(2023.11.14)

제52조 【구축물등의 안전성 평가】 사업주는 구축물등이 다음 각 호의 어느 하나에 해당하는 경우에는 구축물등에 대한 구조검토, 안전진단 등의 안전성 평가를 하여 근로자에게 미칠 위험성을 미리 제거해야 한다. (2023.11.14 개정)

1. 구축물등의 인근에서 굴착·항타작업 등으로 침하·균열 등이 발생하여 붕괴의 위험이 예상될 경우 (2023.11.14 개정)
2. 구축물등에 지진, 동해(凍害), 부동침하(不同沈下) 등으로 균열·비틀림 등이 발생했을 경우 (2023.11.14 개정)
3. 구축물등이 그 자체의 무게·적설·풍압 또는 그 밖에 부가되는 하중 등으로 붕괴 등의 위험이 있을 경우 (2023.11.14 개정)
4. 화재 등으로 구축물등의 내력(耐力)이 심하게 저하됐을 경우 (2023.11.14 개정)

5. 오랜 기간 사용하지 않던 구축물등을 재사용하게 되어 안전성을 검토해야 하는 경우 (2023.11.14 개정)
6. 구축물등의 주요구조부(「건축법」 제2조제1항제7호에 따른 주요구조부를 말한다. 이하 같다)에 대한 설계 및 시공 방법의 전부 또는 일부를 변경하는 경우 (2023.11.14 신설)
7. 그 밖의 잠재위험이 예상될 경우 (2023.11.14 개정)

제53조【계측장치의 설치 등】 사업주는 다음 각 호의 어느 하나에 해당하는 경우에는 그에 필요한 계측장치를 설치하여 계측결과를 확인하고 그 결과를 통하여 안전성을 검토하는 등 위험을 방지하기 위한 조치를 해야 한다. (2023.11.14 개정)
1. 영 제42조제3항제1호 또는 제2호에 따른 건설공사에 대한 유해위험방지계획서 심사 시 계측시공을 지시받은 경우
2. 영 제42조제3항제3호부터 제6호까지의 규정에 따른 건설공사에서 토사등이나 구축물등의 붕괴로 근로자가 위험해질 우려가 있는 경우 (2024.6.28 개정)
3. 설계도서에서 계측장치를 설치하도록 하고 있는 경우

제7장 비 계

제1절 재료 및 구조 등

제54조【비계의 재료】 ① 사업주는 비계의 재료로 변형·부식 또는 심하게 손상된 것을 사용해서는 아니 된다.
② 사업주는 강관비계(鋼管飛階)의 재료로 한국산업표준에서 정하는 기준 이상의 것을 사용해야 한다. (2022.10.18 개정)

제55조【작업발판의 최대적재하중】 사업주는 비계의 구조 및 재료에 따라 작업발판의 최대적재하중을 정하고, 이를 초과하여 실어서는 안 된다. (2024.6.28 개정)

제56조【작업발판의 구조】 사업주는 비계(달비계, 달대비계 및 말비계는 제외한다)의 높이가 2미터 이상인 작업장소에 다음 각 호의 기준에 맞는 작업발판을 설치하여야 한다.
1. 발판재료는 작업할 때의 하중을 견딜 수 있도록 견고한 것으로 할 것
2. 작업발판의 폭은 40센티미터 이상으로 하고, 발판재료 간의 틈은 3센티미터 이하로 할 것. 다만, 외줄비계의 경우에는 고용노동부장관이 별도로 정하는 기준에 따른다.
3. 제2호에도 불구하고 선박 및 보트 건조작업의 경우 선박블록 또는 엔진실 등의 좁은 작업공간에 작업발판을 설치하기 위하여 필요하면 작업발판의 폭을 30센티미터 이상으로 할 수 있고, 걸침비계의 경우 강관기둥 때문에 발판재료 간의 틈을 3센티미터 이하로 유지하기 곤란하면 5센티미터 이하로 할 수 있다. 이 경우 그 틈 사이로 물체 등이 떨어질 우려가 있는 곳에는 출입금지 등의 조치를 하여야 한다. (2012.5.31 신설)
4. 추락의 위험이 있는 장소에는 안전난간을 설치할 것. 다만, 작업의 성질상 안전난간을 설치하는 것이 곤란한 경우, 작업의 필요상 임시로 안전난간을 해체할 때에 추락방호망을 설치하거나 근로자로 하여금 안전대를 사용하도록 하는 등 추락위험 방지 조치를 한 경우에는 그러하지 아니하다. (2017.12.28 개정)
5. 작업발판의 지지물은 하중에 의하여 파괴될 우려가 없는 것을 사용할 것 (2012.5.31 개정)
6. 작업발판재료는 뒤집히거나 떨어지지 않도록 둘 이상의 지지물에 연결하거나 고정시킬 것 (2012.5.31 개정)
7. 작업발판을 작업에 따라 이동시킬 경우에는 위험 방지에 필요한 조치를 할 것 (2012.5.31 개정)

제2절 조립·해체 및 점검 등

제57조 【비계 등의 조립·해체 및 변경】 ① 사업주는 달비계 또는 높이 5미터 이상의 비계를 조립·해체하거나 변경하는 작업을 하는 경우 다음 각 호의 사항을 준수하여야 한다.
1. 근로자가 관리감독자의 지휘에 따라 작업하도록 할 것
2. 조립·해체 또는 변경의 시기·범위 및 절차를 그 작업에 종사하는 근로자에게 주지시킬 것
3. 조립·해체 또는 변경 작업구역에는 해당 작업에 종사하는 근로자가 아닌 사람의 출입을 금지하고 그 내용을 보기 쉬운 장소에 게시할 것
4. 비, 눈, 그 밖의 기상상태의 불안정으로 날씨가 몹시 나쁜 경우에는 그 작업을 중지시킬 것
5. 비계재료의 연결·해체작업을 하는 경우에는 폭 20센티미터 이상의 발판을 설치하고 근로자로 하여금 안전대를 사용하도록 하는 등 추락을 방지하기 위한 조치를 할 것
6. 재료·기구 또는 공구 등을 올리거나 내리는 경우에는 근로자가 달줄, 또는 달포대 등을 사용하게 할 것

② 사업주는 강관비계 또는 통나무비계를 조립하는 경우 쌍줄로 하여야 한다. 다만, 별도의 작업발판을 설치할 수 있는 시설을 갖춘 경우에는 외줄로 할 수 있다.

제58조 【비계의 점검 및 보수】 사업주는 비, 눈, 그 밖의 기상상태의 악화로 작업을 중지시킨 후 또는 비계를 조립·해체하거나 변경한 후에 그 비계에서 작업을 하는 경우에는 해당 작업을 시작하기 전에 다음 각 호의 사항을 점검하고, 이상을 발견하면 즉시 보수하여야 한다.
1. 발판 재료의 손상 여부 및 부착 또는 걸림 상태
2. 해당 비계의 연결부 또는 접속부의 풀림 상태
3. 연결 재료 및 연결 철물의 손상 또는 부식 상태
4. 손잡이의 탈락 여부
5. 기둥의 침하, 변형, 변위(變位) 또는 흔들림 상태
6. 로프의 부착 상태 및 매단 장치의 흔들림 상태

제3절 강관비계 및 강관틀비계

제59조 【강관비계 조립 시의 준수사항】 사업주는 강관비계를 조립하는 경우에 다음 각 호의 사항을 준수해야 한다. (2023.11.14 개정)
1. 비계기둥에는 미끄러지거나 침하하는 것을 방지하기 위하여 밑받침철물을 사용하거나 깔판·받침목 등을 사용하여 밑둥잡이를 설치하는 등의 조치를 할 것 (2023.11.14 개정)
2. 강관의 접속부 또는 교차부(交叉部)는 적합한 부속철물을 사용하여 접속하거나 단단히 묶을 것
3. 교차 가새로 보강할 것
4. 외줄비계·쌍줄비계 또는 돌출비계에 대해서는 다음 각 목에서 정하는 바에 따라 벽이음 및 버팀을 설치할 것. 다만, 창틀의 부착 또는 벽면의 완성 등의 작업을 위하여 벽이음 또는 버팀을 제거하는 경우, 그 밖에 작업의 필요상 부득이한 경우로서 해당 벽이음 또는 버팀 대신 비계기둥 또는 띠장에 사재(斜材)를 설치하는 등 비계가 넘어지는 것을 방지하기 위한 조치를 한 경우에는 그러하지 아니하다.
   가. 강관비계의 조립 간격은 별표 5의 기준에 적합하도록 할 것
   나. 강관·통나무 등의 재료를 사용하여 견고한 것으로 할 것
   다. 인장재(引張材)와 압축재로 구성된 경우에는 인장재와 압축재의 간격을 1미터 이내로 할 것
5. 가공전로(架空電路)에 근접하여 비계를 설치하는 경우에는 가공전로를 이설(移設)하거나 가공전로에 절연용 방호구를 장착하는 등 가공전로와의 접촉을 방지하기 위한 조치를 할 것

제60조【강관비계의 구조】 사업주는 강관을 사용하여 비계를 구성하는 경우 다음 각 호의 사항을 준수해야 한다. (2023.11.14 개정)

1. 비계기둥의 간격은 띠장 방향에서는 1.85미터 이하, 장선(長線) 방향에서는 1.5미터 이하로 할 것. 다만, 다음 각 목의 어느 하나에 해당하는 작업의 경우에는 안전성에 대한 구조검토를 실시하고 조립도를 작성하면 띠장 방향 및 장선 방향으로 각각 2.7미터 이하로 할 수 있다. (2023.11.14 개정)
   가. 선박 및 보트 건조작업 (2023.11.14 신설)
   나. 그 밖에 장비 반입·반출을 위하여 공간 등을 확보할 필요가 있는 등 작업의 성질상 비계기둥 간격에 관한 기준을 준수하기 곤란한 작업 (2023.11.14 신설)
2. 띠장 간격은 2.0미터 이하로 할 것. 다만, 작업의 성질상 이를 준수하기가 곤란하여 쌍기둥틀 등에 의하여 해당 부분을 보강한 경우에는 그러하지 아니하다. (2019.12.26 개정)
3. 비계기둥의 제일 윗부분으로부터 31미터 되는 지점 밑부분의 비계기둥은 2개의 강관으로 묶어 세울 것. 다만, 브라켓(bracket, 까치발) 등으로 보강하여 2개의 강관으로 묶을 경우 이상의 강도가 유지되는 경우에는 그러하지 아니하다. (2019.10.15 개정)
4. 비계기둥 간의 적재하중은 400킬로그램을 초과하지 않도록 할 것

제61조【강관의 강도 식별】 사업주는 바깥지름 및 두께가 같거나 유사하면서 강도가 다른 강관을 같은 사업장에서 사용하는 경우 강관에 색 또는 기호를 표시하는 등 강관의 강도를 알아볼 수 있는 조치를 하여야 한다.

제62조【강관틀비계】 사업주는 강관틀 비계를 조립하여 사용하는 경우 다음 각 호의 사항을 준수하여야 한다.

1. 비계기둥의 밑둥에는 밑받침 철물을 사용하여야 하며 밑받침에 고저차(高低差)가 있는 경우에는 조절형 밑받침철물을 사용하여 각각의 강관틀비계가 항상 수평 및 수직을 유지하도록 할 것
2. 높이가 20미터를 초과하거나 중량물의 적재를 수반하는 작업을 할 경우에는 주틀 간의 간격을 1.8미터 이하로 할 것
3. 주틀 간에 교차 가새를 설치하고 최상층 및 5층 이내마다 수평재를 설치할 것
4. 수직방향으로 6미터, 수평방향으로 8미터 이내마다 벽이음을 할 것
5. 길이가 띠장 방향으로 4미터 이하이고 높이가 10미터를 초과하는 경우에는 10미터 이내마다 띠장 방향으로 버팀기둥을 설치할 것

제4절 달비계, 달대비계 및 걸침비계

제63조【달비계의 구조】 ① 사업주는 곤돌라형 달비계를 설치하는 경우에는 다음 각 호의 사항을 준수해야 한다. (2021.11.19 개정)

1. 다음 각 목의 어느 하나에 해당하는 와이어로프를 달비계에 사용해서는 아니 된다.
   가. 이음매가 있는 것
   나. 와이어로프의 한 꼬임[(스트랜드(strand)를 말한다. 이하 같다)]에서 끊어진 소선(素線)[필러(pillar)선은 제외한다)]의 수가 10퍼센트 이상(비자전로프의 경우에는 끊어진 소선의 수가 와이어로프 호칭지름의 6배 길이 이내에서 4개 이상이거나 호칭지름 30배 길이 이내에서 8개 이상)인 것
   다. 지름의 감소가 공칭지름의 7퍼센트를 초과하는 것
   라. 꼬인 것
   마. 심하게 변형되거나 부식된 것
   바. 열과 전기충격에 의해 손상된 것
2. 다음 각 목의 어느 하나에 해당하는 달기체인을 달비계에 사용해서는 아니 된다.
   가. 달기 체인의 길이가 달기 체인이 제조된 때의 길이의 5퍼센트를 초과한 것

나. 링의 단면지름이 달기 체인이 제조된 때의 해당 링의 지름의 10퍼센트를 초과하여 감소한 것
다. 균열이 있거나 심하게 변형된 것
3. 삭제(2021.11.19)
4. 달기 강선 및 달기 강대는 심하게 손상·변형 또는 부식된 것을 사용하지 않도록 할 것
5. 달기 와이어로프, 달기 체인, 달기 강선, 달기 강대는 한쪽 끝을 비계의 보 등에, 다른 쪽 끝을 내민 보, 앵커볼트 또는 건축물의 보 등에 각각 풀리지 않도록 설치할 것 (2021.11.19 개정)
6. 작업발판은 폭을 40센티미터 이상으로 하고 틈새가 없도록 할 것
7. 작업발판의 재료는 뒤집히거나 떨어지지 않도록 비계의 보 등에 연결하거나 고정시킬 것
8. 비계가 흔들리거나 뒤집히는 것을 방지하기 위하여 비계의 보·작업발판 등에 버팀을 설치하는 등 필요한 조치를 할 것
9. 선반 비계에서는 보의 접속부 및 교차부를 철선·이음철물 등을 사용하여 확실하게 접속시키거나 단단하게 연결시킬 것
10. 근로자의 추락 위험을 방지하기 위하여 다음 각 목의 조치를 할 것 (2021.11.19 개정)
가. 달비계에 구명줄을 설치할 것
나. 근로자에게 안전대를 착용하도록 하고 근로자가 착용한 안전줄을 달비계의 구명줄에 체결(締結)하도록 할 것
다. 달비계에 안전난간을 설치할 수 있는 구조인 경우에는 달비계에 안전난간을 설치할 것

② 사업주는 작업의자형 달비계를 설치하는 경우에는 다음 각 호의 사항을 준수해야 한다. (2021.11.19 신설)
1. 달비계의 작업대는 나무 등 근로자의 하중을 견딜 수 있는 강도의 재료를 사용하여 견고한 구조로 제작할 것
2. 작업대의 4개 모서리에 로프를 매달아 작업대가 뒤집히거나 떨어지지 않도록 연결할 것
3. 작업용 섬유로프는 콘크리트에 매립된 고리, 건축물의 콘크리트 또는 철재 구조물 등 2개 이상의 견고한 고정점에 풀리지 않도록 결속(結束)할 것
4. 작업용 섬유로프와 구명줄은 다른 고정점에 결속되도록 할 것
5. 작업하는 근로자의 하중을 견딜 수 있을 정도의 강도를 가진 작업용 섬유로프, 구명줄 및 고정점을 사용할 것
6. 근로자가 작업용 섬유로프에 작업대를 연결하여 하강하는 방법으로 작업을 하는 경우 근로자의 조종 없이는 작업대가 하강하지 않도록 할 것
7. 작업용 섬유로프 또는 구명줄이 결속된 고정점의 로프는 다른 사람이 풀지 못하게 하고 작업 중임을 알리는 경고표지를 부착할 것
8. 작업용 섬유로프와 구명줄이 건물이나 구조물의 끝부분, 날카로운 물체 등에 의하여 절단되거나 마모(磨耗)될 우려가 있는 경우에는 로프에 이를 방지할 수 있는 보호 덮개를 씌우는 등의 조치를 할 것
9. 달비계에 다음 각 목의 작업용 섬유로프 또는 안전대의 섬유벨트를 사용하지 않을 것
가. 꼬임이 끊어진 것
나. 심하게 손상되거나 부식된 것
다. 2개 이상의 작업용 섬유로프 또는 섬유벨트를 연결한 것
라. 작업높이보다 길이가 짧은 것
10. 근로자의 추락 위험을 방지하기 위하여 다음 각 목의 조치를 할 것
가. 달비계에 구명줄을 설치할 것
나. 근로자에게 안전대를 착용하도록 하고 근로자가 착용한 안전줄을 달비계의 구명줄에 체결(締結)하도록 할 것

제64조 【달비계의 점검 및 보수】 사업주는 달비계에서 근로자에게 작업을 시키는 경우에 작업을 시작하기 전에 그 달비계에 대하여 제58조 각 호의 사항을 점검하고 이상을 발견하면 즉시 보수하여야 한다.

제65조【달대비계】 사업주는 달대비계를 조립하여 사용하는 경우 하중에 충분히 견딜 수 있도록 조치하여야 한다.

제66조【높은 디딤판 등의 사용금지】 사업주는 달비계 또는 달대 비계 위에서 높은 디딤판, 사다리 등을 사용하여 근로자에게 작업을 시켜서는 아니 된다.

제66조의2【걸침비계의 구조】 사업주는 선박 및 보트 건조작업에서 걸침비계를 설치하는 경우에는 다음 각 호의 사항을 준수하여야 한다. (2012.5.31 신설)

1. 지지점이 되는 매달림부재의 고정부는 구조물로부터 이탈되지 않도록 견고히 고정할 것
2. 비계재료 간에는 서로 움직임, 뒤집힘 등이 없어야 하고, 재료가 분리되지 않도록 철물 또는 철선으로 충분히 결속할 것. 다만, 작업발판 밑 부분에 띠장 및 장선으로 사용되는 수평부재 간의 결속은 철선을 사용하지 않을 것
3. 매달림부재의 안전율은 4 이상일 것
4. 작업발판에는 구조검토에 따라 설계한 최대적재하중을 초과하여 적재하여서는 아니 되며, 그 작업에 종사하는 근로자에게 최대적재하중을 충분히 알릴 것

제5절 말비계 및 이동식비계

제67조【말비계】 사업주는 말비계를 조립하여 사용하는 경우에 다음 각 호의 사항을 준수하여야 한다.

1. 지주부재(支柱部材)의 하단에는 미끄럼 방지장치를 하고, 근로자가 양측 끝부분에 올라서서 작업하지 않도록 할 것
2. 지주부재와 수평면의 기울기를 75도 이하로 하고, 지주부재와 지주부재 사이를 고정시키는 보조부재를 설치할 것
3. 말비계의 높이가 2미터를 초과하는 경우에는 작업발판의 폭을 40센티미터 이상으로 할 것

제68조【이동식비계】 사업주는 이동식비계를 조립하여 작업을 하는 경우에는 다음 각 호의 사항을 준수하여야 한다.

1. 이동식비계의 바퀴에는 뜻밖의 갑작스러운 이동 또는 전도를 방지하기 위하여 브레이크·쐐기 등으로 바퀴를 고정시킨 다음 비계의 일부를 견고한 시설물에 고정하거나 아웃트리거를 설치하는 등 필요한 조치를 할 것 (2024.6.28 개정)
2. 승강용사다리는 견고하게 설치할 것
3. 비계의 최상부에서 작업을 하는 경우에는 안전난간을 설치할 것
4. 작업발판은 항상 수평을 유지하고 작업발판 위에서 안전난간을 딛고 작업을 하거나 받침대 또는 사다리를 사용하여 작업하지 않도록 할 것
5. 작업발판의 최대적재하중은 250킬로그램을 초과하지 않도록 할 것

제6절 시스템 비계

제69조【시스템 비계의 구조】 사업주는 시스템 비계를 사용하여 비계를 구성하는 경우에 다음 각 호의 사항을 준수하여야 한다.

1. 수직재·수평재·가새재를 견고하게 연결하는 구조가 되도록 할 것
2. 비계 밑단의 수직재와 받침철물은 밀착되도록 설치하고, 수직재와 받침철물의 연결부의 겹침길이는 받침철물 전체길이의 3분의 1 이상이 되도록 할 것
3. 수평재는 수직재와 직각으로 설치하여야 하며, 체결 후 흔들림이 없도록 견고하게 설치할 것
4. 수직재와 수직재의 연결철물은 이탈되지 않도록 견고한 구조로 할 것
5. 벽 연결재의 설치간격은 제조사가 정한 기준에 따라 설치할 것

제70조【시스템비계의 조립 작업 시 준수사항】 사업주는 시스템 비계를 조립 작업하는

경우 다음 각 호의 사항을 준수하여야 한다.

1. 비계 기둥의 밑둥에는 밑받침 철물을 사용하여야 하며, 밑받침에 고저차가 있는 경우에는 조절형 밑받침 철물을 사용하여 시스템 비계가 항상 수평 및 수직을 유지하도록 할 것
2. 경사진 바닥에 설치하는 경우에는 피벗형 받침 철물 또는 쐐기 등을 사용하여 밑받침 철물의 바닥면이 수평을 유지하도록 할 것
3. 가공전로에 근접하여 비계를 설치하는 경우에는 가공전로를 이설하거나 가공전로에 절연용 방호구를 설치하는 등 가공전로와의 접촉을 방지하기 위하여 필요한 조치를 할 것
4. 비계 내에서 근로자가 상하 또는 좌우로 이동하는 경우에는 반드시 지정된 통로를 이용하도록 주지시킬 것
5. 비계 작업 근로자는 같은 수직면상의 위와 아래 동시 작업을 금지할 것
6. 작업발판에는 제조사가 정한 최대적재하중을 초과하여 적재해서는 아니 되며, 최대적재하중이 표기된 표지판을 부착하고 근로자에게 주지시키도록 할 것

제7절 통나무 비계(삭제 2024.6.28)

제71조【통나무 비계의 구조】 삭제(2024.6.28)

제8장 환기장치

제72조【후드】 사업주는 인체에 해로운 분진, 흄(fume, 열이나 화학반응에 의하여 형성된 고체증기가 응축되어 생긴 미세입자), 미스트(mist, 공기 중에 떠다니는 작은 액체방울), 증기 또는 가스 상태의 물질(이하 "분진등"이라 한다)을 배출하기 위하여 설치하는 국소배기장치의 후드가 다음 각 호의 기준에 맞도록 하여야 한다. (2019.10.15 개정)

1. 유해물질이 발생하는 곳마다 설치할 것
2. 유해인자의 발생형태와 비중, 작업방법 등을 고려하여 해당 분진등의 발산원(發散源)을 제어할 수 있는 구조로 설치할 것
3. 후드(hood) 형식은 가능하면 포위식 또는 부스식 후드를 설치할 것
4. 외부식 또는 리시버식 후드는 해당 분진등의 발산원에 가장 가까운 위치에 설치할 것

제73조【덕트】 사업주는 분진등을 배출하기 위하여 설치하는 국소배기장치(이동식은 제외한다)의 덕트(duct)가 다음 각 호의 기준에 맞도록 하여야 한다.

1. 가능하면 길이는 짧게 하고 굴곡부의 수는 적게 할 것
2. 접속부의 안쪽은 돌출된 부분이 없도록 할 것
3. 청소구를 설치하는 등 청소하기 쉬운 구조로 할 것
4. 덕트 내부에 오염물질이 쌓이지 않도록 이송속도를 유지할 것
5. 연결 부위 등은 외부 공기가 들어오지 않도록 할 것

제74조【배풍기】 사업주는 국소배기장치에 공기정화장치를 설치하는 경우 정화 후의 공기가 통하는 위치에 배풍기(排風機)를 설치하여야 한다. 다만, 빨아들여진 물질로 인하여 폭발할 우려가 없고 배풍기의 날개가 부식될 우려가 없는 경우에는 정화 전의 공기가 통하는 위치에 배풍기를 설치할 수 있다.

제75조【배기구】 사업주는 분진등을 배출하기 위하여 설치하는 국소배기장치(공기정화장치가 설치된 이동식 국소배기장치는 제외한다)의 배기구를 직접 외부로 향하도록 개방하여 실외에 설치하는 등 배출되는 분진등이 작업장으로 재유입되지 않는 구조로 하여야 한다.

제76조【배기의 처리】 사업주는 분진등을 배출하는 장치나 설비에는 그 분진등으로 인하여 근로자의 건강에 장해가 발생하지 않도록 흡수·연소·집진(集塵) 또는 그 밖의 적절한 방식에 의한 공기정화장치를 설치하여야 한다.

제77조【전체환기장치】 사업주는 분진등을 배출하기 위하여 설치하는 전체환기장치가 다음 각 호의 기준에 맞도록 하여야 한다.
1. 송풍기 또는 배풍기(덕트를 사용하는 경우에는 그 덕트의 흡입구를 말한다)는 가능하면 해당 분진등의 발산원에 가장 가까운 위치에 설치할 것
2. 송풍기 또는 배풍기는 직접 외부로 향하도록 개방하여 실외에 설치하는 등 배출되는 분진등이 작업장으로 재유입되지 않는 구조로 할 것

제78조【환기장치의 가동】 ① 사업주는 분진등을 배출하기 위하여 국소배기장치나 전체환기장치를 설치한 경우 그 분진등에 관한 작업을 하는 동안 국소배기장치나 전체환기장치를 가동하여야 한다.
② 사업주는 국소배기장치나 전체환기장치를 설치한 경우 조정판을 설치하여 환기를 방해하는 기류를 없애는 등 그 장치를 충분히 가동하기 위하여 필요한 조치를 하여야 한다.

제9장 휴게시설 등

제79조【휴게시설】 ① 사업주는 근로자들이 신체적 피로와 정신적 스트레스를 해소할 수 있도록 휴식시간에 이용할 수 있는 휴게시설을 갖추어야 한다.
② 사업주는 제1항에 따른 휴게시설을 인체에 해로운 분진등을 발산하는 장소나 유해물질을 취급하는 장소와 격리된 곳에 설치하여야 한다. 다만, 갱내 등 작업장소의 여건상 격리된 장소에 휴게시설을 갖출 수 없는 경우에는 그러하지 아니하다.

제79조의2【세척시설 등】 사업주는 근로자로 하여금 다음 각 호의 어느 하나에 해당하는 업무에 상시적으로 종사하도록 하는 경우 근로자가 접근하기 쉬운 장소에 세면·목욕시설, 탈의 및 세탁시설을 설치하고 필요한 용품과 용구를 갖추어 두어야 한다. (2012.3.5 신설)
1. 환경미화 업무
2. 음식물쓰레기·분뇨 등 오물의 수거·처리 업무
3. 폐기물·재활용품의 선별·처리 업무
4. 그 밖에 미생물로 인하여 신체 또는 피복이 오염될 우려가 있는 업무

제80조【의자의 비치】 사업주는 지속적으로 서서 일하는 근로자가 작업 중 때때로 앉을 수 있는 기회가 있으면 해당 근로자가 이용할 수 있도록 의자를 갖추어 두어야 한다.

제81조【수면장소 등의 설치】 ① 사업주는 야간에 작업하는 근로자에게 수면을 취하도록 할 필요가 있는 경우에는 적당한 수면을 취할 수 있는 장소를 남녀 각각 구분하여 설치하여야 한다.
② 사업주는 제1항의 장소에 침구(寢具)와 그 밖에 필요한 용품을 갖추어 두고 청소·세탁 및 소독 등을 정기적으로 하여야 한다.

제82조【구급용구】 ① 사업주는 부상자의 응급처치에 필요한 다음 각 호의 구급용구를 갖추어 두고, 그 장소와 사용방법을 근로자에게 알려야 한다.
1. 붕대재료·탈지면·핀셋 및 반창고
2. 외상(外傷)용 소독약
3. 지혈대·부목 및 들것
4. 화상약(고열물체를 취급하는 작업장이나 그 밖에 화상의 우려가 있는 작업장에만 해당한다)
② 사업주는 제1항에 따른 구급용구를 관리하는 사람을 지정하여 언제든지 사용할 수 있도록 청결하게 유지하여야 한다.

제10장 잔재물 등의 조치기준

제83조【가스 등의 발산 억제 조치】 사업주는 가스·증기·미스트·흄 또는 분진 등(이하 "가스등"이라 한다)이 발산되는 실내작업장에 대하여 근로자의 건강장해가 발생하지 않도

록 해당 가스등의 공기 중 발산을 억제하는 설비나 발산원을 밀폐하는 설비 또는 국소배기장치나 전체환기장치를 설치하는 등 필요한 조치를 하여야 한다. (2012.3.5 개정)

제84조 【공기의 부피와 환기】 사업주는 근로자가 가스등에 노출되는 작업을 수행하는 실내작업장에 대하여 공기의 부피와 환기를 다음 각 호의 기준에 맞도록 하여야 한다. (2012.3.5 개정)

1. 바닥으로부터 4미터 이상 높이의 공간을 제외한 나머지 공간의 공기의 부피는 근로자 1명당 10세제곱미터 이상이 되도록 할 것
2. 직접 외부를 향하여 개방할 수 있는 창을 설치하고 그 면적은 바닥면적의 20분의 1 이상으로 할 것(근로자의 보건을 위하여 충분한 환기를 할 수 있는 설비를 설치한 경우는 제외한다)
3. 기온이 섭씨 10도 이하인 상태에서 환기를 하는 경우에는 근로자가 매초 1미터 이상의 기류에 닿지 않도록 할 것

제85조 【잔재물등의 처리】 ① 사업주는 인체에 해로운 기체, 액체 또는 잔재물 등(이하 "잔재물등"이라 한다)을 근로자의 건강에 장해가 발생하지 않도록 중화·침전·여과 또는 그 밖의 적절한 방법으로 처리하여야 한다. (2012.3.5 개정)

② 사업주는 병원체에 의하여 오염된 기체나 잔재물등에 대하여 해당 병원체로 인하여 근로자의 건강에 장해가 발생하지 않도록 소독·살균 또는 그 밖의 적절한 방법으로 처리하여야 한다.

③ 사업주는 제1항 및 제2항에 따른 기체나 잔재물등을 위탁하여 처리하는 경우에는 그 기체나 잔재물등의 주요 성분, 오염인자의 종류와 그 유해·위험성 등에 대한 정보를 위탁처리자에게 제공하여야 한다.

제2편 안전기준

제1장 기계·기구 및 그 밖의 설비에 의한 위험예방

제1절 기계 등의 일반기준

제86조 【탑승의 제한】 ① 사업주는 크레인을 사용하여 근로자를 운반하거나 근로자를 달아 올린 상태에서 작업에 종사시켜서는 아니 된다. 다만, 크레인에 전용 탑승설비를 설치하고 추락 위험을 방지하기 위하여 다음 각 호의 조치를 한 경우에는 그러하지 아니하다.

1. 탑승설비가 뒤집히거나 떨어지지 않도록 필요한 조치를 할 것
2. 안전대나 구명줄을 설치하고, 안전난간을 설치할 수 있는 구조인 경우에는 안전난간을 설치할 것
3. 탑승설비를 하강시킬 때에는 동력하강방법으로 할 것

② 사업주는 이동식 크레인을 사용하여 근로자를 운반하거나 근로자를 달아 올린 상태에서 작업에 종사시켜서는 안 된다. 다만, 작업장소의 구조, 지형 등으로 고소작업대를 사용하기가 곤란하여 이동식 크레인 중 기중기를 한국산업표준에서 정하는 안전기준에 따라 사용하는 경우는 제외한다. (2022.10.18 개정)

③ 사업주는 내부에 비상정지장치·조작스위치 등 탑승조작장치가 설치되어 있지 아니한 리프트의 운반구에 근로자를 탑승시켜서는 아니 된다. 다만, 리프트의 수리·조정 및 점검 등의 작업을 하는 경우로서 그 작업에 종사하는 근로자가 추락할 위험이 없도록 조치를 한 경우에는 그러하지 아니하다.

④ 사업주는 자동차정비용 리프트에 근로자를 탑승시켜서는 아니 된다. 다만, 자동차정비용 리프트의 수리·조정 및 점검 등의 작업을 할 때에 그 작업에 종사하는 근로자가 위험해질 우려가 없도록 조치한 경우에는 그러하지 아니하다. (2019.4.19 개정)

⑤ 사업주는 곤돌라의 운반구에 근로자를 탑승시켜서는 아니 된다. 다만, 추락 위험을 방지하기 위하여 다음 각 호의 조치를 한 경우에는 그러하지 아니하다.

1. 운반구가 뒤집히거나 떨어지지 않도록 필요한 조치를 할 것
2. 안전대나 구명줄을 설치하고, 안전난간을 설치할 수 있는 구조인 경우이면 안전난간을 설치할 것

⑥ 사업주는 소형화물용 엘리베이터에 근로자를 탑승시켜서는 아니 된다. 다만, 소형화물용 엘리베이터의 수리·조정 및 점검 등의 작업을 하는 경우에는 그러하지 아니하다. (2019.4.19 개정)

⑦ 사업주는 차량계 하역운반기계(화물자동차는 제외한다)를 사용하여 작업을 하는 경우 승차석이 아닌 위치에 근로자를 탑승시켜서는 아니 된다. 다만, 추락 등의 위험을 방지하기 위한 조치를 한 경우에는 그러하지 아니하다.

⑧ 사업주는 화물자동차 적재함에 근로자를 탑승시켜서는 아니 된다. 다만, 화물자동차에 울 등을 설치하여 추락을 방지하는 조치를 한 경우에는 그러하지 아니하다.

⑨ 사업주는 운전 중인 컨베이어 등에 근로자를 탑승시켜서는 아니 된다. 다만, 근로자를 운반할 수 있는 구조를 갖춘 컨베이어 등으로서 추락·접촉 등에 의한 위험을 방지할 수 있는 조치를 한 경우에는 그러하지 아니하다.

⑩ 사업주는 이삿짐운반용 리프트 운반구에 근로자를 탑승시켜서는 아니 된다. 다만, 이삿짐운반용 리프트의 수리·조정 및 점검 등의 작업을 할 때에 그 작업에 종사하는 근로자가 추락할 위험이 없도록 조치한 경우에는 그러하지 아니하다.

⑪ 사업주는 전조등, 제동등, 후미등, 후사경 또는 제동장치가 정상적으로 작동되지 아니하는 이륜자동차(「자동차관리법」 제3조제1항제5호에 따른 이륜자동차를 말한다. 이하 같다)"에 근로자를 탑승시켜서는 아니 된다. (2024.6.28 개정)

제87조【원동기·회전축 등의 위험 방지】 ① 사업주는 기계의 원동기·회전축·기어·풀리·플라이휠·벨트 및 체인 등 근로자가 위험에 처할 우려가 있는 부위에 덮개·울·슬리브 및 건널다리 등을 설치하여야 한다.

② 사업주는 회전축·기어·풀리 및 플라이휠 등에 부속되는 키·핀 등의 기계요소는 묻힘형으로 하거나 해당 부위에 덮개를 설치하여야 한다.

③ 사업주는 벨트의 이음 부분에 돌출된 고정구를 사용해서는 아니 된다.

④ 사업주는 제1항의 건널다리에는 안전난간 및 미끄러지지 아니하는 구조의 발판을 설치하여야 한다.

⑤ 사업주는 연삭기(研削機) 또는 평삭기(平削機)의 테이블, 형삭기(形削機) 램 등의 행정끝이 근로자에게 위험을 미칠 우려가 있는 경우에 해당 부위에 덮개 또는 울 등을 설치하여야 한다.

⑥ 사업주는 선반 등으로부터 돌출하여 회전하고 있는 가공물이 근로자에게 위험을 미칠 우려가 있는 경우에 덮개 또는 울 등을 설치하여야 한다.

⑦ 사업주는 원심기(원심력을 이용하여 물질을 분리하거나 추출하는 일련의 작업을 하는 기기를 말한다. 이하 같다)에는 덮개를 설치하여야 한다.

⑧ 사업주는 분쇄기·파쇄기·마쇄기·미분기·혼합기 및 혼화기 등(이하 "분쇄기등"이라 한다)을 가동하거나 원료가 흩날리거나 하여 근로자가 위험해질 우려가 있는 경우 해당 부위에 덮개를 설치하는 등 필요한 조치를 하여야 한다.

⑧ 사업주는 분쇄기·파쇄기·마쇄기·미분기·혼합기 및 혼화기 등(이하 "분쇄기등"이라 한다)을 가동하거나 원료가 흩날리거나 하여 근로자가 위험해질 우려가 있는 경우 해당 부위에 덮개를 설치하는 등 필요한 조치를 해야 하며, 분쇄기등의 가동 중 덮개를 열어야 하는 경우에는 다음 각 호의 어느 하나 이상에 해당하는 조치를 해야 한다. (2024.6.28 개정 : 2025.6.29 시행)

1. 근로자가 덮개를 열기 전에 분쇄기등의 가동을 정지하도록 할 것 (2024.6.28 신설 : 2025.6.29 시행)

2. 분쇄기등과 덮개 간에 연동장치를 설치하여 덮개가 열리면 분쇄기등이 자동으로 멈추도록 할 것 (2024.6.28 신설 : 2025.6.29 시행)
3. 분쇄기등에 광전자식 방호장치 등 감응형(感應形) 방호장치를 설치하여 근로자의 신체가 위험한계에 들어가게 되면 분쇄기등이 자동으로 멈추도록 할 것 (2024.6.28 신설 : 2025.6.29 시행)

⑨ 사업주는 근로자가 분쇄기등의 개구부로부터 가동 부분에 접촉함으로써 위해(危害)를 입을 우려가 있는 경우 덮개 또는 울 등을 설치하여야 한다.

⑨ 사업주는 근로자가 분쇄기등의 개구부로부터 가동 부분에 접촉함으로써 위해(危害)를 입을 우려가 있는 경우 덮개 또는 울 등을 설치해야 하며, 분쇄기등의 가동 중 덮개 또는 울 등을 열어야 하는 경우에는 다음 각 호의 어느 하나 이상에 해당하는 조치를 해야 한다. (2024.6.28 개정 : 2025.6.29 시행)

1. 근로자가 덮개 또는 울 등을 열기 전에 분쇄기등의 가동을 정지하도록 할 것 (2024.6.28 신설 : 2025.6.29 시행)
2. 분쇄기등과 덮개 또는 울 등 간에 연동장치를 설치하여 덮개 또는 울 등이 열리면 분쇄기등이 자동으로 멈추도록 할 것 (2024.6.28 신설 : 2025.6.29 시행)
3. 분쇄기등에 광전자식 방호장치 등 감응형 방호장치를 설치하여 근로자의 신체가 위험한계에 들어가게 되면 분쇄기등이 자동으로 멈추도록 할 것 (2024.6.28 신설 : 2025.6.29 시행)

⑩ 사업주는 종이·천·비닐 및 와이어 로프 등의 감김통 등에 의하여 근로자가 위험해질 우려가 있는 부위에 덮개 또는 울 등을 설치하여야 한다.

⑪ 사업주는 압력용기 및 공기압축기 등(이하 "압력용기등"이라 한다)에 부속하는 원동기·축이음·벨트·풀리의 회전 부위 등 근로자가 위험에 처할 우려가 있는 부위에 덮개 또는 울 등을 설치하여야 한다.

제88조 【기계의 동력차단장치】 ① 사업주는 동력으로 작동되는 기계에 스위치·클러치(clutch) 및 벨트이동장치 등 동력차단장치를 설치하여야 한다. 다만, 연속하여 하나의 집단을 이루는 기계로서 공통의 동력차단장치가 있거나 공정 도중에 인력(人力)에 의한 원재료의 공급과 인출(引出) 등이 필요 없는 경우에는 그러하지 아니하다.

② 사업주는 제1항에 따라 동력차단장치를 설치할 때에는 제1항에 따른 기계 중 절단·인발(引拔)·압축·꼬임·타발(打拔) 또는 굽힘 등의 가공을 하는 기계에 설치하되, 근로자가 작업위치를 이동하지 아니하고 조작할 수 있는 위치에 설치하여야 한다.

③ 제1항의 동력차단장치는 조작이 쉽고 접촉 또는 진동 등에 의하여 갑자기 기계가 움직일 우려가 없는 것이어야 한다.

④ 사업주는 사용 중인 기계·기구 등의 클러치·브레이크, 그 밖에 제어를 위하여 필요한 부위의 기능을 항상 유효한 상태로 유지하여야 한다.

제89조 【운전 시작 전 조치】 ① 사업주는 기계의 운전을 시작할 때에 근로자가 위험해질 우려가 있으면 근로자 배치 및 교육, 작업방법, 방호장치 등 필요한 사항을 미리 확인한 후 위험 방지를 위하여 필요한 조치를 하여야 한다.

② 사업주는 제1항에 따라 기계의 운전을 시작하는 경우 일정한 신호방법과 해당 근로자에게 신호할 사람을 정하고, 신호방법에 따라 그 근로자에게 신호하도록 하여야 한다.

제90조 【날아오는 가공물 등에 의한 위험의 방지】 사업주는 가공물 등이 절단되거나 절삭편(切削片)이 날아오는 등 근로자가 위험해질 우려가 있는 기계에 덮개 또는 울 등을 설치하여야 한다. 다만, 해당 작업의 성질상 덮개 또는 울 등을 설치하기가 매우 곤란하여 근로자에게 보호구를 사용하도록 한 경우에는 그러하지 아니하다.

제91조【고장난 기계의 정비 등】 ① 사업주는 기계 또는 방호장치의 결함이 발견된 경우 반드시 정비한 후에 근로자가 사용하도록 하여야 한다.
② 제1항의 정비가 완료될 때까지는 해당 기계 및 방호장치 등의 사용을 금지하여야 한다.

제92조【정비 등의 작업 시의 운전정지 등】 ① 사업주는 동력으로 작동되는 기계의 정비·청소·급유·검사·수리·교체 또는 조정 작업 또는 그 밖에 이와 유사한 작업을 할 때에 근로자가 위험해질 우려가 있으면 해당 기계의 운전을 정지하여야 한다. 다만, 덮개가 설치되어 있는 등 기계의 구조상 근로자가 위험해질 우려가 없는 경우에는 그렇지 않다. (2024.6.28 개정)
② 사업주는 제1항에 따라 기계의 운전을 정지한 경우에 다른 사람이 그 기계를 운전하는 것을 방지하기 위하여 기계의 기동장치에 잠금장치를 하고 그 열쇠를 별도 관리하거나 표지판을 설치하는 등 필요한 방호 조치를 하여야 한다.
③ 사업주는 작업하는 과정에서 적절하지 아니한 작업방법으로 인하여 기계가 갑자기 가동될 우려가 있는 경우 작업지휘자를 배치하는 등 필요한 조치를 하여야 한다.
④ 사업주는 기계·기구 및 설비 등의 내부에 압축된 기체 또는 액체 등이 방출되어 근로자가 위험해질 우려가 있는 경우에 제1항부터 제3항까지의 규정 따른 조치 외에도 압축된 기체 또는 액체 등을 미리 방출시키는 등 위험 방지를 위하여 필요한 조치를 하여야 한다.

제93조【방호장치의 해체 금지】 ① 사업주는 기계·기구 또는 설비에 설치한 방호장치를 해체하거나 사용을 정지해서는 아니 된다. 다만, 방호장치의 수리·조정 및 교체 등의 작업을 하는 경우에는 그러하지 아니하다.
② 제1항의 방호장치에 대하여 수리·조정 또는 교체 등의 작업을 완료한 후에는 즉시 방호장치가 정상적인 기능을 발휘할 수 있도록 하여야 한다.

제94조【작업모 등의 착용】 사업주는 동력으로 작동되는 기계에 근로자의 머리카락 또는 의복이 말려 들어갈 우려가 있는 경우에는 해당 근로자에게 작업에 알맞은 작업모 또는 작업복을 착용하도록 하여야 한다.

제95조【장갑의 사용 금지】 사업주는 근로자가 날·공작물 또는 축이 회전하는 기계를 취급하는 경우 그 근로자의 손에 밀착이 잘되는 가죽 장갑 등과 같이 손이 말려 들어갈 위험이 없는 장갑을 사용하도록 하여야 한다.

제96조【작업도구 등의 목적 외 사용 금지 등】 ① 사업주는 기계·기구·설비 및 수공구 등을 제조 당시의 목적 외의 용도로 사용하도록 해서는 아니 된다.
② 사업주는 레버풀러(lever puller) 또는 체인블록(chain block)을 사용하는 경우 다음 각 호의 사항을 준수하여야 한다.

1. 정격하중을 초과하여 사용하지 말 것
2. 레버풀러 작업 중 훅이 빠져 튕길 우려가 있을 경우에는 훅을 대상물에 직접 걸지 말고 피벗클램프(pivot clamp)나 러그(lug)를 연결하여 사용할 것
3. 레버풀러의 레버에 파이프 등을 끼워서 사용하지 말 것
4. 체인블록의 상부 훅(top hook)은 인양하중에 충분히 견디는 강도를 갖고, 정확히 지탱될 수 있는 곳에 걸어서 사용할 것
5. 훅의 입구(hook mouth) 간격이 제조자가 제공하는 제품사양서 기준으로 10퍼센트 이상 벌어진 것은 폐기할 것
6. 체인블록은 체인의 꼬임과 헝클어지지 않도록 할 것
7. 훅은 변형, 파손, 부식, 마모되거나 균열된 것을 사용하지 않도록 조치할 것 (2024.6.28 개정)
8. 다음 각 목의 어느 하나에 해당하는 체인을 사용하지 않도록 조치할 것 (2024.6.28 개정)

가. 변형, 파손, 부식, 마모되거나 균열된 것
나. 체인의 길이가 체인이 제조된 때의 길이의 5퍼센트를 초과한 것
다. 링의 단면지름이 체인이 제조된 때의 해당 링의 지름의 10퍼센트를 초과하여 감소한 것

제97조【볼트·너트의 풀림 방지】 사업주는 기계에 부속된 볼트·너트가 풀릴 위험을 방지하기 위하여 그 볼트·너트가 적정하게 조여져 있는지를 수시로 확인하는 등 필요한 조치를 하여야 한다.

제98조【제한속도의 지정 등】 ① 사업주는 차량계 하역운반기계, 차량계 건설기계(최대제한속도가 시속 10킬로미터 이하인 것은 제외한다)를 사용하여 작업을 하는 경우 미리 작업장소의 지형 및 지반 상태 등에 적합한 제한속도를 정하고, 운전자로 하여금 준수하도록 하여야 한다.
② 사업주는 궤도작업차량을 사용하는 작업, 입환기(입환작업에 이용되는 열차를 말한다. 이하 같다)로 입환작업을 하는 경우에 작업에 적합한 제한속도를 정하고, 운전자로 하여금 준수하도록 해야 한다. (2023.11.14 개정)
③ 운전자는 제1항과 제2항에 따른 제한속도를 초과하여 운전해서는 아니 된다.

제99조【운전위치 이탈 시의 조치】 ① 사업주는 차량계 하역운반기계등, 차량계 건설기계의 운전자가 운전위치를 이탈하는 경우 해당 운전자에게 다음 각 호의 사항을 준수하도록 하여야 한다.
1. 포크, 버킷, 디퍼 등의 장치를 가장 낮은 위치 또는 지면에 내려 둘 것
2. 원동기를 정지시키고 브레이크를 확실히 거는 등 차량계 하역운반기계등, 차량계 건설기계의 갑작스러운 이동을 방지하기 위한 조치를 할 것 (2024.6.28 개정)
3. 운전석을 이탈하는 경우에는 시동키를 운전대에서 분리시킬 것. 다만, 운전석에 잠금장치를 하는 등 운전자가 아닌 사람이 운전하지 못하도록 조치한 경우에는 그러하지 아니하다.

② 차량계 하역운반기계등, 차량계 건설기계의 운전자는 운전위치에서 이탈하는 경우 제1항 각 호의 조치를 하여야 한다.

제2절 공작기계

제100조【띠톱기계의 덮개 등】 사업주는 띠톱기계(목재가공용 띠톱기계는 제외한다)의 절단에 필요한 톱날 부위 외의 위험한 톱날 부위에 덮개 또는 울 등을 설치하여야 한다.

제101조【원형톱기계의 톱날접촉예방장치】 사업주는 원형톱기계(목재가공용 둥근톱기계는 제외한다)에는 톱날접촉예방장치를 설치하여야 한다.

제102조【탑승의 금지】 사업주는 운전 중인 평삭기의 테이블 또는 수직선반 등의 테이블에 근로자를 탑승시켜서는 아니 된다. 다만, 테이블에 탑승한 근로자 또는 배치된 근로자가 즉시 기계를 정지할 수 있도록 하는 등 우려되는 위험을 방지하기 위하여 필요한 조치를 한 경우에는 그러하지 아니하다.

제3절 프레스 및 전단기

제103조【프레스 등의 위험 방지】 ① 사업주는 프레스 또는 전단기(剪斷機)(이하 "프레스등"이라 한다)를 사용하여 작업하는 근로자의 신체 일부가 위험한계에 들어가지 않도록 해당 부위에 덮개를 설치하는 등 필요한 방호 조치를 하여야 한다. 다만, 슬라이드 또는 칼날에 의한 위험을 방지하는 구조로 되어 있는 프레스등에 대해서는 그러하지 아니하다.
② 사업주는 작업의 성질상 제1항에 따른 조치가 곤란한 경우에 프레스등의 종류, 압력능력, 분당 행정의 수, 행정의 길이 및 작업방법에 상응하는 성능(양수조작식 안전장치

및 감응형 안전장치의 경우에는 프레스등의 정지성능에 상응하는 성능)을 갖는 방호장치를 설치하는 등 필요한 조치를 하여야 한다. (2024.6.28 개정)

③ 사업주는 제1항 및 제2항의 조치를 하기 위하여 행정의 전환스위치, 방호장치의 전환스위치 등을 부착한 프레스등에 대하여 해당 전환스위치 등을 항상 유효한 상태로 유지하여야 한다.

④ 사업주는 제2항의 조치를 한 경우 해당 방호장치의 성능을 유지하여야 하며, 발 스위치를 사용함으로써 방호장치를 사용하지 아니할 우려가 있는 경우에 발 스위치를 제거하는 등 필요한 조치를 하여야 한다. 다만, 제1항의 조치를 한 경우에는 발 스위치를 제거하지 아니할 수 있다.

제104조【금형조정작업의 위험 방지】 사업주는 프레스등의 금형을 부착·해체 또는 조정하는 작업을 할 때에 해당 작업에 종사하는 근로자의 신체가 위험한계 내에 있는 경우 슬라이드가 갑자기 작동함으로써 근로자에게 발생할 우려가 있는 위험을 방지하기 위하여 안전블록을 사용하는 등 필요한 조치를 하여야 한다.

제4절 목재가공용 기계

제105조【둥근톱기계의 반발예방장치】 사업주는 목재가공용 둥근톱기계[(가로 절단용 둥근톱기계 및 반발(反撥)에 의하여 근로자에게 위험을 미칠 우려가 없는 것은 제외한다)]에 분할날 등 반발예방장치를 설치하여야 한다.

제106조【둥근톱기계의 톱날접촉예방장치】 사업주는 목재가공용 둥근톱기계(휴대용 둥근톱을 포함하되, 원목제재용 둥근톱기계 및 자동이송장치를 부착한 둥근톱기계를 제외한다)에는 톱날접촉예방장치를 설치하여야 한다.

제107조【띠톱기계의 덮개】 사업주는 목재가공용 띠톱기계의 절단에 필요한 톱날 부위 외의 위험한 톱날 부위에 덮개 또는 울 등을 설치하여야 한다.

제108조【띠톱기계의 날접촉예방장치 등】 사업주는 목재가공용 띠톱기계에서 스파이크가 붙어 있는 이송롤러 또는 요철형 이송롤러에 날접촉예방장치 또는 덮개를 설치하여야 한다. 다만, 스파이크가 붙어 있는 이송롤러 또는 요철형 이송롤러에 급정지장치가 설치되어 있는 경우에는 그러하지 아니하다.

제109조【대패기계의 날접촉예방장치】 사업주는 작업대상물이 수동으로 공급되는 동력식 수동대패기계에 날접촉예방장치를 설치하여야 한다.

제110조【모떼기기계의 날접촉예방장치】 사업주는 모떼기기계(자동이송장치를 부착한 것은 제외한다)에 날접촉예방장치를 설치하여야 한다. 다만, 작업의 성질상 날접촉예방장치를 설치하는 것이 곤란하여 해당 근로자에게 적절한 작업공구 등을 사용하도록 한 경우에는 그러하지 아니하다.

제5절 원심기 및 분쇄기등

제111조【운전의 정지】 사업주는 원심기 또는 분쇄기등으로부터 내용물을 꺼내거나 원심기 또는 분쇄기등의 정비·청소·검사·수리 또는 그 밖에 이와 유사한 작업을 하는 경우에 그 기계의 운전을 정지하여야 한다. 다만, 내용물을 자동으로 꺼내는 구조이거나 그 기계의 운전 중에 정비·청소·검사·수리 또는 그 밖에 이와 유사한 작업을 하여야 하는 경우로서 안전한 보조기구를 사용하거나 위험한 부위에 필요한 방호 조치를 한 경우에는 그러하지 아니하다.

제112조【최고사용회전수의 초과 사용 금지】 사업주는 원심기의 최고사용회전수를 초과

하여 사용해서는 아니 된다.

제113조【폭발성 물질 등의 취급 시 조치】 사업주는 분쇄기등으로 별표 1 제1호에서 정하는 폭발성 물질, 유기과산화물을 취급하거나 분진이 발생할 우려가 있는 작업을 하는 경우 폭발 등에 의한 산업재해를 예방하기 위하여 제225조제1호의 행위를 제한하는 등 필요한 조치를 하여야 한다.

제6절 고속회전체

제114조【회전시험 중의 위험 방지】 사업주는 고속회전체[(터빈로터·원심분리기의 버킷 등의 회전체로서 원주속도(圓周速度)가 초당 25미터를 초과하는 것으로 한정한다. 이하 이 조에서 같다)]의 회전시험을 하는 경우 고속회전체의 파괴로 인한 위험을 방지하기 위하여 전용의 견고한 시설물의 내부 또는 견고한 장벽 등으로 격리된 장소에서 하여야 한다. 다만, 고속회전체(제115조에 따른 고속회전체는 제외한다)의 회전시험으로서 시험설비에 견고한 덮개를 설치하는 등 그 고속회전체의 파괴에 의한 위험을 방지하기 위하여 필요한 조치를 한 경우에는 그러하지 아니하다.

제115조【비파괴검사의 실시】 사업주는 고속회전체(회전축의 중량이 1톤을 초과하고 원주속도가 초당 120미터 이상인 것으로 한정한다)의 회전시험을 하는 경우 미리 회전축의 재질 및 형상 등에 상응하는 종류의 비파괴검사를 해서 결함 유무(有無)를 확인하여야 한다.

제7절 보일러 등

제116조【압력방출장치】 ① 사업주는 보일러의 안전한 가동을 위하여 보일러 규격에 맞는 압력방출장치를 1개 또는 2개 이상 설치하고 최고사용압력(설계압력 또는 최고허용압력을 말한다. 이하 같다) 이하에서 작동되도록 하여야 한다. 다만, 압력방출장치가 2개 이상 설치된 경우에는 최고사용압력 이하에서 1개가 작동되고, 다른 압력방출장치는 최고사용압력 1.05배 이하에서 작동되도록 부착하여야 한다.

② 제1항의 압력방출장치는 매년 1회 이상 「국가표준기본법」 제14조제3항에 따라 산업통상자원부장관의 지정을 받은 국가교정업무 전담기관(이하 "국가교정기관"이라 한다)에서 교정을 받은 압력계를 이용하여 설정압력에서 압력방출장치가 적정하게 작동하는지를 검사한 후 납으로 봉인하여 사용하여야 한다. 다만, 영 제43조에 따른 공정안전보고서 제출 대상으로서 고용노동부장관이 실시하는 공정안전보고서 이행상태 평가결과가 우수한 사업장은 압력방출장치에 대하여 4년마다 1회 이상 설정압력에서 압력방출장치가 적정하게 작동하는지를 검사할 수 있다. (2019.12.26 개정)

제117조【압력제한스위치】 사업주는 보일러의 과열을 방지하기 위하여 최고사용압력과 상용압력 사이에서 보일러의 버너 연소를 차단할 수 있도록 압력제한스위치를 부착하여 사용하여야 한다.

제118조【고저수위 조절장치】 사업주는 고저수위(高低水位) 조절장치의 동작 상태를 작업자가 쉽게 감시하도록 하기 위하여 고저수위지점을 알리는 경보등·경보음장치 등을 설치하여야 하며, 자동으로 급수되거나 단수되도록 설치하여야 한다.

제119조【폭발위험의 방지】 사업주는 보일러의 폭발 사고를 예방하기 위하여 압력방출장치, 압력제한스위치, 고저수위 조절장치, 화염 검출기 등의 기능이 정상적으로 작동될 수 있도록 유지·관리하여야 한다.

제120조【최고사용압력의 표시 등】 사업주는 압력용기등을 식별할 수 있도록 하기 위하여 그 압력용기등의 최고사용압력, 제조연월일,

제조회사명 등이 지워지지 않도록 각인(刻印) 표시된 것을 사용하여야 한다.

제8절 사출성형기 등

제121조 【사출성형기 등의 방호장치】 ① 사업주는 사출성형기(射出成形機)·주형조형기(鑄型造形機) 및 형단조기(프레스등은 제외한다) 등에 근로자의 신체 일부가 말려들어갈 우려가 있는 경우 게이트가드(gate guard) 또는 양수조작식 등에 의한 방호장치, 그 밖에 필요한 방호 조치를 하여야 한다.
② 제1항의 게이트가드는 닫지 아니하면 기계가 작동되지 아니하는 연동구조(連動構造)여야 한다.
③ 사업주는 제1항에 따른 기계의 히터 등의 가열 부위 또는 감전 우려가 있는 부위에는 방호덮개를 설치하는 등 필요한 안전 조치를 하여야 한다.

제122조 【연삭숫돌의 덮개 등】 ① 사업주는 회전 중인 연삭숫돌(지름이 5센티미터 이상인 것으로 한정한다)이 근로자에게 위험을 미칠 우려가 있는 경우에 그 부위에 덮개를 설치하여야 한다.
② 사업주는 연삭숫돌을 사용하는 작업의 경우 작업을 시작하기 전에는 1분 이상, 연삭숫돌을 교체한 후에는 3분 이상 시험운전을 하고 해당 기계에 이상이 있는지를 확인하여야 한다.
③ 제2항에 따른 시험운전에 사용하는 연삭숫돌은 작업시작 전에 결함이 있는지를 확인한 후 사용하여야 한다.
④ 사업주는 연삭숫돌의 최고 사용회전속도를 초과하여 사용하도록 해서는 아니 된다.
⑤ 사업주는 측면을 사용하는 것을 목적으로 하지 않는 연삭숫돌을 사용하는 경우 측면을 사용하도록 해서는 아니 된다.

제123조 【롤러기의 울 등 설치】 사업주는 합판·종이·천 및 금속박 등을 통과시키는 롤러기로서 근로자가 위험해질 우려가 있는 부위에는 울 또는 가이드롤러(guide roller) 등을 설치하여야 한다.

제124조 【직기의 북이탈방지장치】 사업주는 북(shuttle)이 부착되어 있는 직기(織機)에 북이탈방지장치를 설치하여야 한다.

제125조 【신선기의 인발블록의 덮개 등】 사업주는 신선기의 인발블록(drawing block) 또는 꼬는 기계의 케이지(cage)로서 근로자가 위험해질 우려가 있는 경우 해당 부위에 덮개 또는 울 등을 설치하여야 한다. (2019.10.15 개정)

제126조 【버프연마기의 덮개】 사업주는 버프연마기(천 또는 코르크 등을 사용하는 버프연마기는 제외한다)의 연마에 필요한 부위를 제외하고는 덮개를 설치하여야 한다.

제127조 【선풍기 등에 의한 위험의 방지】 사업주는 선풍기·송풍기 등의 회전날개에 의하여 근로자가 위험해질 우려가 있는 경우 해당 부위에 망 또는 울 등을 설치하여야 한다.

제128조 【포장기계의 덮개 등】 사업주는 종이상자·자루 등의 포장기 또는 충진기 등의 작동 부분이 근로자를 위험하게 할 우려가 있는 경우 덮개 설치 등 필요한 조치를 해야 한다. (2021.5.28 개정)

제129조 【정련기에 의한 위험 방지】 ① 정련기(精練機)를 이용한 작업에 관하여는 제111조를 준용한다. 이 경우 제111조 중 원심기는 정련기로 본다.
② 사업주는 정련기의 배출구 뚜껑 등을 여는 경우에 내통(內筒)의 회전이 정지되었는지와 내부의 압력과 온도가 근로자를 위험하게 할 우려가 없는지를 미리 확인하여야 한다.

제130조 【식품가공용 기계에 의한 위험 방지】 ① 사업주는 식품 등을 손으로 직접 넣어 분쇄하는 기계의 작동 부분이 근로자를 위험하

게 할 우려가 있는 경우 식품 등을 분쇄기에 넣거나 꺼내는 데에 필요한 부위를 제외하고는 덮개를 설치하고, 분쇄물투입용 보조기구를 사용하도록 하는 등 근로자의 손 등이 말려 들어가지 않도록 필요한 조치를 하여야 한다. (2024.6.28 개정)

② 사업주는 식품을 제조하는 과정에서 내용물이 담긴 용기를 들어올려 부어주는 기계를 작동할 때 근로자에게 위험이 발생할 우려가 있는 경우에는 근로자가 잘 볼 수 있는 곳에 즉시 기계의 작동을 정지시킬 수 있는 비상정지장치를 설치하고, 근로자의 안전을 확보하기 위해 다음 각 호의 어느 하나 이상의 조치를 해야 한다. (2024.6.28 신설)

1. 고정식 가드 또는 울타리를 설치하여 근로자의 신체가 위험한계에 들어가는 것을 방지할 것
2. 센서 등 감응형 방호장치를 설치하여 근로자의 신체가 위험한계에 들어가면 기계가 자동으로 멈추도록 할 것
3. 기계의 용기를 올리거나 내리는 버튼을 근로자가 직접 누르고 있는 동안에만 운반기계가 작동하도록 기능 변경 등 필요한 조치를 할 것

제131조 【농업용기계에 의한 위험 방지】 사업주는 농업용기계를 이용하여 작업을 하는 경우에 「농업기계화 촉진법」 제9조에 따라 검정을 받은 농업기계를 사용해야 한다. (2021.5.28 개정)

제9절 양중기

제1관 총 칙

제132조 【양중기】 ① 양중기란 다음 각 호의 기계를 말한다.

1. 크레인[호이스트(hoist)를 포함한다]
2. 이동식 크레인
3. 리프트(이삿짐운반용 리프트의 경우에는 적재하중이 0.1톤 이상인 것으로 한정한다)
4. 곤돌라
5. 승강기 (2019.4.19 개정)

② 제1항 각 호의 기계의 뜻은 다음 각 호와 같다.

1. "크레인"이란 동력을 사용하여 중량물을 매달아 상하 및 좌우(수평 또는 선회를 말한다)로 운반하는 것을 목적으로 하는 기계 또는 기계장치를 말하며, "호이스트"란 훅이나 그 밖의 달기구 등을 사용하여 화물을 권상 및 횡행 또는 권상동작만을 하여 양중하는 것을 말한다. (2022.10.18 개정)
2. "이동식 크레인"이란 원동기를 내장하고 있는 것으로서 불특정 장소에 스스로 이동할 수 있는 크레인으로 동력을 사용하여 중량물을 매달아 상하 및 좌우(수평 또는 선회를 말한다)로 운반하는 설비로서 「건설기계관리법」을 적용 받는 기중기 또는 「자동차관리법」 제3조에 따른 화물·특수자동차의 작업부에 탑재하여 화물운반 등에 사용하는 기계 또는 기계장치를 말한다.
3. "리프트"란 동력을 사용하여 사람이나 화물을 운반하는 것을 목적으로 하는 기계설비로서 다음 각 목의 것을 말한다.
   가. 건설용 리프트 : 동력을 사용하여 가이드레일(운반구를 지지하여 상승 및 하강 동작을 안내하는 레일)을 따라 상하로 움직이는 운반구를 매달아 사람이나 화물을 운반할 수 있는 설비 또는 이와 유사한 구조 및 성능을 가진 것으로 건설현장에서 사용하는 것 (2021.11.19 개정)
   나. 산업용 리프트 : 동력을 사용하여 가이드레일을 따라 상하로 움직이는 운반구를 매달아 화물을 운반할 수 있는 설비 또는 이와 유사한 구조 및 성능을 가진 것으로 건설현장 외의 장소에서 사용하는 것 (2021.11.19 신설)
   다. 자동차정비용 리프트 : 동력을 사용하여 가이드레일을 따라 움직이는 지지대로 자동차 등을 일정한 높이로 올리거나 내리는 구조의 리프트로서 자동차 정비에 사용하는 것 (2019.4.19 개정)
   라. 이삿짐운반용 리프트 : 연장 및 축소가 가능하고 끝단을 건축물 등에 지지하는

구조의 사다리형 붐에 따라 동력을 사용하여 움직이는 운반구를 매달아 화물을 운반하는 설비로서 화물자동차 등 차량 위에 탑재하여 이삿짐 운반 등에 사용하는 것

4. "곤돌라"란 달기발판 또는 운반구, 승강장치, 그 밖의 장치 및 이들에 부속된 기계부품에 의하여 구성되고, 와이어로프 또는 달기강선에 의하여 달기발판 또는 운반구가 전용 승강장치에 의하여 오르내리는 설비를 말한다.
5. "승강기"란 건축물이나 고정된 시설물에 설치되어 일정한 경로에 따라 사람이나 화물을 승강장으로 옮기는 데에 사용되는 설비로서 다음 각 목의 것을 말한다. (2019.4.19 개정)
   가. 승객용 엘리베이터 : 사람의 운송에 적합하게 제조·설치된 엘리베이터
   나. 승객화물용 엘리베이터 : 사람의 운송과 화물 운반을 겸용하는데 적합하게 제조·설치된 엘리베이터
   다. 화물용 엘리베이터 : 화물 운반에 적합하게 제조·설치된 엘리베이터로서 조작자 또는 화물취급자 1명은 탑승할 수 있는 것(적재용량이 300킬로그램 미만인 것은 제외한다)
   라. 소형화물용 엘리베이터 : 음식물이나 서적 등 소형 화물의 운반에 적합하게 제조·설치된 엘리베이터로서 사람의 탑승이 금지된 것
   마. 에스컬레이터 : 일정한 경사로 또는 수평로를 따라 위·아래 또는 옆으로 움직이는 디딤판을 통해 사람이나 화물을 승강장으로 운송시키는 설비

제133조【정격하중 등의 표시】 사업주는 양중기(승강기는 제외한다) 및 달기구를 사용하여 작업하는 운전자 또는 작업자가 보기 쉬운 곳에 해당 기계의 정격하중, 운전속도, 경고표시 등을 부착하여야 한다. 다만, 달기구는 정격하중만 표시한다.

제134조【방호장치의 조정】 ① 사업주는 다음 각 호의 양중기에 과부하방지장치, 권과방지장치(捲過防止裝置), 비상정지장치 및 제동장치, 그 밖의 방호장치[(승강기의 파이널 리미트 스위치(final limit switch), 속도조절기, 출입문 인터 록(inter lock) 등을 말한다]가 정상적으로 작동될 수 있도록 미리 조정해 두어야 한다. (2017.3.3 개정)

1. 크레인
2. 이동식 크레인
3. 삭제(2019.4.19)
4. 리프트 (2019.4.19 개정)
5. 곤돌라
6. 승강기

② 제1항제1호 및 제2호의 양중기에 대한 권과방지장치는 훅·버킷 등 달기구의 윗면(그 달기구에 권상용 도르래가 설치된 경우에는 권상용 도르래의 윗면)이 드럼, 상부 도르래, 트롤리프레임 등 권상장치의 아랫면과 접촉할 우려가 있는 경우에 그 간격이 0.25미터 이상[(직동식(直動式) 권과방지장치는 0.05미터 이상으로 한다)]이 되도록 조정하여야 한다.

③ 제2항의 권과방지장치를 설치하지 않은 크레인에 대해서는 권상용 와이어로프에 위험표시를 하고 경보장치를 설치하는 등 권상용 와이어로프가 지나치게 감겨서 근로자가 위험해질 상황을 방지하기 위한 조치를 하여야 한다.

제135조【과부하의 제한 등】 사업주는 제132조제1항 각 호의 양중기에 그 적재하중을 초과하는 하중을 걸어서 사용하도록 해서는 아니 된다.

제2관 크레인

제136조【안전밸브의 조정】 사업주는 유압을 동력으로 사용하는 크레인의 과도한 압력상승을 방지하기 위한 안전밸브에 대하여 정격하중(지브 크레인은 최대의 정격하중으로 한다)을 건 때의 압력 이하로 작동되도록 조정

하여야 한다. 다만, 하중시험 또는 안전도시험을 하는 경우 그러하지 아니하다.

제137조【해지장치의 사용】 사업주는 훅걸이용 와이어로프 등이 훅으로부터 벗겨지는 것을 방지하기 위한 장치(이하 "해지장치"라 한다)를 구비한 크레인을 사용하여야 하며, 그 크레인을 사용하여 짐을 운반하는 경우에는 해지장치를 사용하여야 한다.

제138조【경사각의 제한】 사업주는 지브 크레인을 사용하여 작업을 하는 경우에 크레인 명세서에 적혀 있는 지브의 경사각(인양하중이 3톤 미만인 지브 크레인의 경우에는 제조한 자가 지정한 지브의 경사각)의 범위에서 사용하도록 하여야 한다.

제139조【크레인의 수리 등의 작업】 ① 사업주는 같은 주행로에 병렬로 설치되어 있는 주행 크레인의 수리·조정 및 점검 등의 작업을 하는 경우, 주행로상이나 그 밖에 주행 크레인이 근로자와 접촉할 우려가 있는 장소에서 작업을 하는 경우 등에 주행 크레인끼리 충돌하거나 주행 크레인이 근로자와 접촉할 위험을 방지하기 위하여 감시인을 두고 주행로상에 스토퍼(stopper)를 설치하는 등 위험 방지 조치를 하여야 한다.

② 사업주는 갠트리 크레인 등과 같이 작업장 바닥에 고정된 레일을 따라 주행하는 크레인의 새들(saddle) 돌출부와 주변 구조물 사이의 안전공간이 40센티미터 이상 되도록 바닥에 표시를 하는 등 안전공간을 확보하여야 한다.

제140조【폭풍에 의한 이탈 방지】 사업주는 순간풍속이 초당 30미터를 초과하는 바람이 불어올 우려가 있는 경우 옥외에 설치되어 있는 주행 크레인에 대하여 이탈방지장치를 작동시키는 등 이탈 방지를 위한 조치를 하여야 한다.

제141조【조립 등의 작업 시 조치사항】 사업주는 크레인의 설치·조립·수리·점검 또는 해체 작업을 하는 경우 다음 각 호의 조치를 하여야 한다.

1. 작업순서를 정하고 그 순서에 따라 작업을 할 것
2. 작업을 할 구역에 관계 근로자가 아닌 사람의 출입을 금지하고 그 취지를 보기 쉬운 곳에 표시할 것
3. 비, 눈, 그 밖에 기상상태의 불안정으로 날씨가 몹시 나쁜 경우에는 그 작업을 중지시킬 것
4. 작업장소는 안전한 작업이 이루어질 수 있도록 충분한 공간을 확보하고 장애물이 없도록 할 것
5. 들어올리거나 내리는 기자재는 균형을 유지하면서 작업을 하도록 할 것
6. 크레인의 성능, 사용조건 등에 따라 충분한 응력(應力)을 갖는 구조로 기초를 설치하고 침하 등이 일어나지 않도록 할 것
7. 규격품인 조립용 볼트를 사용하고 대칭되는 곳을 차례로 결합하고 분해할 것

제142조【타워크레인의 지지】 ① 사업주는 타워크레인을 자립고(自立高) 이상의 높이로 설치하는 경우 건축물 등의 벽체에 지지하도록 하여야 한다. 다만, 지지할 벽체가 없는 등 부득이한 경우에는 와이어로프에 의하여 지지할 수 있다. (2013.3.21 개정)

② 사업주는 타워크레인을 벽체에 지지하는 경우 다음 각 호의 사항을 준수하여야 한다.

1. 「산업안전보건법 시행규칙」 제110조제1항제2호에 따른 서면심사에 관한 서류(「건설기계관리법」 제18조에 따른 형식승인서류를 포함한다) 또는 제조사의 설치작업설명서 등에 따라 설치할 것 (2019.12.26 개정)
2. 제1호의 서면심사 서류 등이 없거나 명확하지 아니한 경우에는 「국가기술자격법」에 따른 건축구조·건설기계·기계안전·건설안전기술사 또는 건설안전분야 산업안전지도사의 확인을 받아 설치하거나 기종별·모델별 공인된 표준방법으로 설치할 것
3. 콘크리트구조물에 고정시키는 경우에는 매

립이나 관통 또는 이와 같은 수준 이상의 방법으로 충분히 지지되도록 할 것 (2019. 1.31 개정)
4. 건축 중인 시설물에 지지하는 경우에는 그 시설물의 구조적 안정성에 영향이 없도록 할 것

③ 사업주는 타워크레인을 와이어로프로 지지하는 경우 다음 각 호의 사항을 준수해야 한다. (2022.10.18 개정)
1. 제2항제1호 또는 제2호의 조치를 취할 것
2. 와이어로프를 고정하기 위한 전용 지지프레임을 사용할 것
3. 와이어로프 설치각도는 수평면에서 60도 이내로 하되, 지지점은 4개소 이상으로 하고, 같은 각도로 설치할 것 (2013.3.21 개정)
4. 와이어로프와 그 고정부위는 충분한 강도와 장력을 갖도록 설치하고, 와이어로프를 클립·샤클(shackle, 연결고리) 등의 고정기구를 사용하여 견고하게 고정시켜 풀리지 않도록 하며, 사용 중에는 충분한 강도와 장력을 유지하도록 할 것. 이 경우 클립·샤클 등의 고정기구는 한국산업표준 제품이거나 한국산업표준이 없는 제품의 경우에는 이에 준하는 규격을 갖춘 제품이어야 한다. (2022.10.18 개정)
5. 와이어로프가 가공전선(架空電線)에 근접하지 않도록 할 것

제143조 【폭풍 등으로 인한 이상 유무 점검】 사업주는 순간풍속이 초당 30미터를 초과하는 바람이 불거나 중진(中震) 이상 진도의 지진이 있은 후에 옥외에 설치되어 있는 양중기를 사용하여 작업을 하는 경우에는 미리 기계 각 부위에 이상이 있는지를 점검하여야 한다.

제144조 【건설물 등과의 사이 통로】 ① 사업주는 주행 크레인 또는 선회 크레인과 건설물 또는 설비와의 사이에 통로를 설치하는 경우 그 폭을 0.6미터 이상으로 하여야 한다. 다만, 그 통로 중 건설물의 기둥에 접촉하는 부분에 대해서는 0.4미터 이상으로 할 수 있다.

② 사업주는 제1항에 따른 통로 또는 주행궤도 상에서 정비·보수·점검 등의 작업을 하는 경우 그 작업에 종사하는 근로자가 주행하는 크레인에 접촉될 우려가 없도록 크레인의 운전을 정지시키는 등 필요한 안전 조치를 하여야 한다.

제145조 【건설물 등의 벽체와 통로의 간격 등】 사업주는 다음 각 호의 간격을 0.3미터 이하로 하여야 한다. 다만, 근로자가 추락할 위험이 없는 경우에는 그 간격을 0.3미터 이하로 유지하지 아니할 수 있다.
1. 크레인의 운전실 또는 운전대를 통하는 통로의 끝과 건설물 등의 벽체의 간격
2. 크레인 거더(girder)의 통로 끝과 크레인 거더의 간격
3. 크레인 거더의 통로로 통하는 통로의 끝과 건설물 등의 벽체의 간격

제146조 【크레인 작업 시의 조치】 ① 사업주는 크레인을 사용하여 작업을 하는 경우 다음 각 호의 조치를 준수하고, 그 작업에 종사하는 관계 근로자가 그 조치를 준수하도록 하여야 한다.
1. 인양할 하물(荷物)을 바닥에서 끌어당기거나 밀어내는 작업을 하지 아니할 것
2. 유류드럼이나 가스통 등 운반 도중에 떨어져 폭발하거나 누출될 가능성이 있는 위험물 용기는 보관함(또는 보관고)에 담아 안전하게 매달아 운반할 것
3. 고정된 물체를 직접 분리·제거하는 작업을 하지 아니할 것
4. 미리 근로자의 출입을 통제하여 인양 중인 하물이 작업자의 머리 위로 통과하지 않도록 할 것
5. 인양할 하물이 보이지 아니하는 경우에는 어떠한 동작도 하지 아니할 것(신호하는 사람에 의하여 작업을 하는 경우는 제외한다)

② 사업주는 조종석이 설치되지 아니한 크레인에 대하여 다음 각 호의 조치를 하여야 한다.
1. 고용노동부장관이 고시하는 크레인의 제작기준과 안전기준에 맞는 무선원격제어

기 또는 펜던트 스위치를 설치·사용할 것
2. 무선원격제어기 또는 펜던트 스위치를 취급하는 근로자에게는 작동요령 등 안전조작에 관한 사항을 충분히 주지시킬 것
③ 사업주는 타워크레인을 사용하여 작업을 하는 경우 타워크레인마다 근로자와 조종 작업을 하는 사람 간에 신호업무를 담당하는 사람을 각각 두어야 한다. (2018.3.30 신설)

제3관 이동식 크레인

제147조【설계기준 준수】 사업주는 이동식 크레인을 사용하는 경우에 그 이동식 크레인이 넘어지거나 그 이동식 크레인의 구조 부분을 구성하는 강재 등이 변형되거나 부러지는 일 등을 방지하기 위하여 해당 이동식 크레인의 설계기준(제조자가 제공하는 사용설명서)을 준수하여야 한다. (2024.6.28 개정)

제148조【안전밸브의 조정】 사업주는 유압을 동력으로 사용하는 이동식 크레인의 과도한 압력상승을 방지하기 위한 안전밸브에 대하여 최대의 정격하중을 건 때의 압력 이하로 작동되도록 조정하여야 한다. 다만, 하중시험 또는 안전도시험을 실시할 때에 시험하중에 맞는 압력으로 작동될 수 있도록 조정한 경우에는 그러하지 아니하다.

제149조【해지장치의 사용】 사업주는 이동식 크레인을 사용하여 하물을 운반하는 경우에는 해지장치를 사용하여야 한다.

제150조【경사각의 제한】 사업주는 이동식 크레인을 사용하여 작업을 하는 경우 이동식 크레인 명세서에 적혀 있는 지브의 경사각(인양하중이 3톤 미만인 이동식 크레인의 경우에는 제조한 자가 지정한 지브의 경사각)의 범위에서 사용하도록 하여야 한다.

제4관 리프트

제151조【권과 방지 등】 사업주는 리프트(자동차정비용 리프트는 제외한다. 이하 이 관에서 같다)의 운반구 이탈 등의 위험을 방지하기 위하여 권과방지장치, 과부하방지장치, 비상정지장치 등을 설치하는 등 필요한 조치를 하여야 한다. (2019.4.19 개정)

제152조【무인작동의 제한】 ① 사업주는 운반구의 내부에만 탑승조작장치가 설치되어 있는 리프트를 사람이 탑승하지 아니한 상태로 작동하게 해서는 아니 된다.
② 사업주는 리프트 조작반(盤)에 잠금장치를 설치하는 등 관계 근로자가 아닌 사람이 리프트를 임의로 조작함으로써 발생하는 위험을 방지하기 위하여 필요한 조치를 하여야 한다.

제153조【피트 청소 시의 조치】 사업주는 리프트의 피트 등의 바닥을 청소하는 경우 운반구의 낙하에 의한 근로자의 위험을 방지하기 위하여 다음 각 호의 조치를 하여야 한다.
1. 승강로에 각재 또는 원목 등을 걸칠 것
2. 제1호에 따라 걸친 각재(角材) 또는 원목 위에 운반구를 놓고 역회전방지기가 붙은 브레이크를 사용하여 구동모터 또는 윈치(winch)를 확실하게 제동해 둘 것

제154조【붕괴 등의 방지】 ① 사업주는 지반침하, 불량한 자재사용 또는 헐거운 결선(結線) 등으로 리프트가 붕괴되거나 넘어지지 않도록 필요한 조치를 하여야 한다.
② 사업주는 순간풍속이 초당 35미터를 초과하는 바람이 불어올 우려가 있는 경우 건설용 리프트(지하에 설치되어 있는 것은 제외한다)에 대하여 받침의 수를 증가시키는 등 그 붕괴 등을 방지하기 위한 조치를 하여야 한다. (2022.10.18 개정)

제155조【운반구의 정지위치】 사업주는 리프트 운반구를 주행로 위에 달아 올린 상태로 정지시켜 두어서는 아니 된다.

제156조【조립 등의 작업】 ① 사업주는 리프트

의 설치·조립·수리·점검 또는 해체 작업을 하는 경우 다음 각 호의 조치를 하여야 한다.

1. 작업을 지휘하는 사람을 선임하여 그 사람의 지휘하에 작업을 실시할 것
2. 작업을 할 구역에 관계 근로자가 아닌 사람의 출입을 금지하고 그 취지를 보기 쉬운 장소에 표시할 것
3. 비, 눈, 그 밖에 기상상태의 불안정으로 날씨가 몹시 나쁜 경우에는 그 작업을 중지시킬 것

② 사업주는 제1항제1호의 작업을 지휘하는 사람에게 다음 각 호의 사항을 이행하도록 하여야 한다.

1. 작업방법과 근로자의 배치를 결정하고 해당 작업을 지휘하는 일
2. 재료의 결함 유무 또는 기구 및 공구의 기능을 점검하고 불량품을 제거하는 일
3. 작업 중 안전대 등 보호구의 착용 상황을 감시하는 일

제157조 【이삿짐운반용 리프트 운전방법의 주지】 사업주는 이삿짐운반용 리프트를 사용하는 근로자에게 운전방법 및 고장이 났을 경우의 조치방법을 주지시켜야 한다.

제158조 【이삿짐 운반용 리프트 전도의 방지】 사업주는 이삿짐 운반용 리프트를 사용하는 작업을 하는 경우 이삿짐 운반용 리프트의 전도를 방지하기 위하여 다음 각 호를 준수하여야 한다.

1. 아웃트리거가 정해진 작동위치 또는 최대 전개위치에 있지 않는 경우(아웃트리거 발이 닿지 않는 경우를 포함한다)에는 사다리 붐 조립체를 펼친 상태에서 화물 운반작업을 하지 않을 것
2. 사다리 붐 조립체를 펼친 상태에서 이삿짐 운반용 리프트를 이동시키지 않을 것
3. 지반의 부동침하 방지 조치를 할 것

제159조 【화물의 낙하 방지】 사업주는 이삿짐 운반용 리프트 운반구로부터 화물이 빠지거나 떨어지지 않도록 다음 각 호의 낙하방지 조치를 하여야 한다.

1. 화물을 적재시 하중이 한쪽으로 치우치지 않도록 할 것
2. 적재화물이 떨어질 우려가 있는 경우에는 화물에 로프를 거는 등 낙하 방지 조치를 할 것

제5관 곤돌라

제160조 【운전방법 등의 주지】 사업주는 곤돌라의 운전방법 또는 고장이 났을 때의 처치방법을 그 곤돌라를 사용하는 근로자에게 주지시켜야 한다.

제6관 승강기

제161조 【폭풍에 의한 무너짐 방지】 사업주는 순간풍속이 초당 35미터를 초과하는 바람이 불어 올 우려가 있는 경우 옥외에 설치되어 있는 승강기에 대하여 받침의 수를 증가시키는 등 승강기가 무너지는 것을 방지하기 위한 조치를 하여야 한다. (2019.1.31 개정)

제162조 【조립 등의 작업】 ① 사업주는 사업장에 승강기의 설치·조립·수리·점검 또는 해체 작업을 하는 경우 다음 각 호의 조치를 해야 한다. (2022.10.18 개정)

1. 작업을 지휘하는 사람을 선임하여 그 사람의 지휘하에 작업을 실시할 것 (2022.10.18 개정)
2. 작업을 할 구역에 관계 근로자가 아닌 사람의 출입을 금지하고 그 취지를 보기 쉬운 장소에 표시할 것
3. 비, 눈, 그 밖에 기상상태의 불안정으로 날씨가 몹시 나쁜 경우에는 그 작업을 중지시킬 것

② 사업주는 제1항제1호의 작업을 지휘하는 사람에게 다음 각 호의 사항을 이행하도록 하여야 한다.

1. 작업방법과 근로자의 배치를 결정하고 해당 작업을 지휘하는 일
2. 재료의 결함 유무 또는 기구 및 공구의 기

능을 점검하고 불량품을 제거하는 일
3. 작업 중 안전대 등 보호구의 착용 상황을 감시하는 일

제7관 양중기의 와이어로프 등

제163조【와이어로프 등 달기구의 안전계수】 ① 사업주는 양중기의 와이어로프 등 달기구의 안전계수(달기구 절단하중의 값을 그 달기구에 걸리는 하중의 최대값으로 나눈 값을 말한다)가 다음 각 호의 구분에 따른 기준에 맞지 아니한 경우에는 이를 사용해서는 아니 된다.
1. 근로자가 탑승하는 운반구를 지지하는 달기와이어로프 또는 달기체인의 경우 : 10 이상
2. 화물의 하중을 직접 지지하는 달기와이어로프 또는 달기체인의 경우 : 5 이상
3. 훅, 샤클, 클램프, 리프팅 빔의 경우 : 3 이상
4. 그 밖의 경우 : 4 이상

② 사업주는 달기구의 경우 최대허용하중 등의 표식이 견고하게 붙어 있는 것을 사용하여야 한다.

제164조【고리걸이 훅 등의 안전계수】 사업주는 양중기의 달기 와이어로프 또는 달기 체인과 일체형인 고리걸이 훅 또는 샤클의 안전계수(훅 또는 샤클의 절단하중 값을 각각 그 훅 또는 샤클에 걸리는 하중의 최대값으로 나눈 값을 말한다)가 사용되는 달기 와이어로프 또는 달기체인의 안전계수와 같은 값 이상의 것을 사용하여야 한다.

제165조【와이어로프의 절단방법 등】 ① 사업주는 와이어로프를 절단하여 양중(揚重)작업용구를 제작하는 경우 반드시 기계적인 방법으로 절단하여야 하며, 가스용단(溶斷) 등 열에 의한 방법으로 절단해서는 아니 된다.
② 사업주는 아크(arc), 화염, 고온부 접촉 등으로 인하여 열영향을 받은 와이어로프를 사용해서는 아니 된다.

제166조【이음매가 있는 와이어로프 등의 사용 금지】 와이어 로프의 사용에 관하여는 제63조제1항제1호를 준용한다. 이 경우 "달비계"는 "양중기"로 본다. (2022.10.18 개정)

제167조【늘어난 달기체인 등의 사용 금지】 달기 체인 사용에 관하여는 제63조제1항제2호를 준용한다. 이 경우 "달비계"는 "양중기"로 본다. (2022.10.18 개정)

제168조【변형되어 있는 훅·샤클 등의 사용금지 등】 ① 사업주는 훅·샤클·클램프 및 링 등의 철구로서 변형되어 있는 것 또는 균열이 있는 것을 크레인 또는 이동식 크레인의 고리걸이용구로 사용해서는 아니 된다.
② 사업주는 중량물을 운반하기 위해 제작하는 지그, 훅의 구조를 운반 중 주변 구조물과의 충돌로 슬링이 이탈되지 않도록 하여야 한다.
③ 사업주는 안전성 시험을 거쳐 안전율이 3 이상 확보된 중량물 취급용구를 구매하여 사용하거나 자체 제작한 중량물 취급용구에 대하여 비파괴시험을 하여야 한다.

제169조【꼬임이 끊어진 섬유로프 등의 사용금지】 섬유로프 사용에 관하여는 제63조제2항제9호를 준용한다. 이 경우 "달비계"는 "양중기"로 본다. (2022.10.18 개정)

제170조【링 등의 구비】 ① 사업주는 엔드리스(endless)가 아닌 와이어로프 또는 달기체인에 대하여 그 양단에 훅·샤클·링 또는 고리를 구비한 것이 아니면 크레인 또는 이동식 크레인의 고리걸이용구로 사용해서는 아니 된다.
② 제1항에 따른 고리는 꼬아넣기[(아이 스플라이스(eye splice)를 말한다. 이하 같다)], 압축멈춤 또는 이러한 것과 같은 정도 이상의 힘을 유지하는 방법으로 제작된 것이어야 한다. 이 경우 꼬아넣기는 와이어로프의 모든 꼬임을 3회 이상 끼워 짠 후 각각의 꼬임의 소선 절반을 잘라내고 남은 소선을 다시

2회 이상(모든 꼬임을 4회 이상 끼워 짠 경우에는 1회 이상) 끼워 짜야 한다.

제10절 차량계 하역운반기계등

제1관 총 칙

제171조 【전도 등의 방지】 사업주는 차량계 하역운반기계등을 사용하는 작업을 할 때에 그 기계가 넘어지거나 굴러떨어짐으로써 근로자에게 위험을 미칠 우려가 있는 경우에는 그 기계를 유도하는 사람(이하 "유도자"라 한다)을 배치하고 지반의 부동침하 및 갓길 붕괴를 방지하기 위한 조치를 해야 한다. (2023.11.14 개정)

제172조 【접촉의 방지】 ① 사업주는 차량계 하역운반기계등을 사용하여 작업을 하는 경우에 하역 또는 운반 중인 화물이나 그 차량계 하역운반기계등에 접촉되어 근로자가 위험해질 우려가 있는 장소에는 근로자를 출입시켜서는 아니 된다. 다만, 제39조에 따른 작업지휘자 또는 유도자를 배치하고 그 차량계 하역운반기계등을 유도하는 경우에는 그러하지 아니하다.
② 차량계 하역운반기계등의 운전자는 제1항 단서의 작업지휘자 또는 유도자가 유도하는 대로 따라야 한다.

제173조 【화물적재 시의 조치】 ① 사업주는 차량계 하역운반기계등에 화물을 적재하는 경우에 다음 각 호의 사항을 준수하여야 한다.
1. 하중이 한쪽으로 치우치지 않도록 적재할 것
2. 구내운반차 또는 화물자동차의 경우 화물의 붕괴 또는 낙하에 의한 위험을 방지하기 위하여 화물에 로프를 거는 등 필요한 조치를 할 것
3. 운전자의 시야를 가리지 않도록 화물을 적재할 것

② 제1항의 화물을 적재하는 경우에는 최대적재량을 초과해서는 아니 된다.

제174조 【차량계 하역운반기계등의 이송】 사업주는 차량계 하역운반기계등을 이송하기 위하여 자주(自走) 또는 견인에 의하여 화물자동차에 싣거나 내리는 작업을 할 때에 발판·성토 등을 사용하는 경우에는 해당 차량계 하역운반기계등의 전도 또는 굴러 떨어짐에 의한 위험을 방지하기 위하여 다음 각 호의 사항을 준수하여야 한다. (2019.10.15 개정)
1. 싣거나 내리는 작업은 평탄하고 견고한 장소에서 할 것
2. 발판을 사용하는 경우에는 충분한 길이·폭 및 강도를 가진 것을 사용하고 적당한 경사를 유지하기 위하여 견고하게 설치할 것
3. 가설대 등을 사용하는 경우에는 충분한 폭 및 강도와 적당한 경사를 확보할 것
4. 지정운전자의 성명·연락처 등을 보기 쉬운 곳에 표시하고 지정운전자 외에는 운전하지 않도록 할 것

제175조 【주용도 외의 사용 제한】 사업주는 차량계 하역운반기계등을 화물의 적재·하역 등 주된 용도에만 사용하여야 한다. 다만, 근로자가 위험해질 우려가 없는 경우에는 그러하지 아니하다.

제176조 【수리 등의 작업 시 조치】 사업주는 차량계 하역운반기계등의 수리 또는 부속장치의 장착 및 해체작업을 하는 경우 해당 작업의 지휘자를 지정하여 다음 각 호의 사항을 준수하도록 하여야 한다.
1. 작업순서를 결정하고 작업을 지휘할 것
2. 제20조 각 호 외의 부분 단서의 안전지지대 또는 안전블록 등의 사용 상황 등을 점검할 것 (2019.10.15 개정)

제177조 【싣거나 내리는 작업】 사업주는 차량계 하역운반기계등에 단위화물의 무게가 100킬로그램 이상인 화물을 싣는 작업(로프 걸이 작업 및 덮개 덮기 작업을 포함한다. 이하 같다) 또는 내리는 작업(로프 풀기 작업 또는 덮개 벗기기 작업을 포함한다. 이하 같다)을 하는 경우에 해당 작업의 지휘자에게 다

음 각 호의 사항을 준수하도록 하여야 한다.

1. 작업순서 및 그 순서마다의 작업방법을 정하고 작업을 지휘할 것
2. 기구와 공구를 점검하고 불량품을 제거할 것
3. 해당 작업을 하는 장소에 관계 근로자가 아닌 사람이 출입하는 것을 금지할 것
4. 로프 풀기 작업 또는 덮개 벗기기 작업은 적재함의 화물이 떨어질 위험이 없음을 확인한 후에 하도록 할 것

제178조【허용하중 초과 등의 제한】 ① 사업주는 지게차의 허용하중(지게차의 구조, 재료 및 포크·램 등 화물을 적재하는 장치에 적재하는 화물의 중심위치에 따라 실을 수 있는 최대하중을 말한다)을 초과하여 사용해서는 아니 되며, 안전한 운행을 위한 유지·관리 및 그 밖의 사항에 대하여 해당 지게차를 제조한 자가 제공하는 제품설명서에서 정한 기준을 준수하여야 한다.

② 사업주는 구내운반차, 화물자동차를 사용할 때에는 그 최대적재량을 초과해서는 아니 된다.

제2관 지게차

제179조【전조등 등의 설치】 ① 사업주는 전조등과 후미등을 갖추지 아니한 지게차를 사용해서는 아니 된다. 다만, 작업을 안전하게 수행하기 위하여 필요한 조명이 확보되어 있는 장소에서 사용하는 경우에는 그러하지 아니하다. (2019.12.26 개정)

② 사업주는 지게차 작업 중 근로자와 충돌할 위험이 있는 경우에는 지게차에 후진경보기와 경광등을 설치하거나 후방감지기를 설치하는 등 후방을 확인할 수 있는 조치를 해야 한다. (2019.12.26 신설)

제180조【헤드가드】 사업주는 다음 각 호에 따른 적합한 헤드가드(head guard)를 갖추지 아니한 지게차를 사용해서는 안 된다. 다만, 화물의 낙하에 의하여 지게차의 운전자에게 위험을 미칠 우려가 없는 경우에는 그렇지 않다. (2022.10.18 개정)

1. 강도는 지게차의 최대하중의 2배 값(4톤을 넘는 값에 대해서는 4톤으로 한다)의 등분포정하중(等分布靜荷重)에 견딜 수 있을 것
2. 상부틀의 각 개구의 폭 또는 길이가 16센티미터 미만일 것
3. 운전자가 앉아서 조작하거나 서서 조작하는 지게차의 헤드가드는 한국산업표준에서 정하는 높이 기준 이상일 것 (2022.10.18 개정)
4. 삭제(2019.1.31)

제181조【백레스트】 사업주는 백레스트(back rest)를 갖추지 아니한 지게차를 사용해서는 아니 된다. 다만, 마스트의 후방에서 화물이 낙하함으로써 근로자가 위험해질 우려가 없는 경우에는 그러하지 아니하다.

제182조【팔레트 등】 사업주는 지게차에 의한 하역운반작업에 사용하는 팔레트(pallet) 또는 스키드(skid)는 다음 각 호에 해당하는 것을 사용하여야 한다.

1. 적재하는 화물의 중량에 따른 충분한 강도를 가질 것
2. 심한 손상·변형 또는 부식이 없을 것

제183조【좌석 안전띠의 착용 등】 ① 사업주는 앉아서 조작하는 방식의 지게차를 운전하는 근로자에게 좌석 안전띠를 착용하도록 하여야 한다.

② 제1항에 따른 지게차를 운전하는 근로자는 좌석 안전띠를 착용하여야 한다.

제3관 구내운반차

제184조【제동장치 등】 사업주는 구내운반차를 사용하는 경우에 다음 각 호의 사항을 준수해야 한다. (2024.6.28 개정)

1. 주행을 제동하거나 정지상태를 유지하기 위하여 유효한 제동장치를 갖출 것

2. 경음기를 갖출 것
3. 운전석이 차 실내에 있는 것은 좌우에 한 개씩 방향지시기를 갖출 것 (2021.11.19 개정)
4. 전조등과 후미등을 갖출 것. 다만, 작업을 안전하게 하기 위하여 필요한 조명이 있는 장소에서 사용하는 구내운반차에 대해서는 그러하지 아니하다. (2021.11.19 개정)
5. 구내운반차가 후진 중에 주변의 근로자 또는 차량계하역운반기계등과 충돌할 위험이 있는 경우에는 구내운반차에 후진경보기와 경광등을 설치할 것 (2024.6.28 신설 : 2025.6.29 시행)

제185조【연결장치】 사업주는 구내운반차에 피견인차를 연결하는 경우에는 적합한 연결장치를 사용하여야 한다.

제4관 고소작업대

제186조【고소작업대 설치 등의 조치】 ① 사업주는 고소작업대를 설치하는 경우에는 다음 각 호에 해당하는 것을 설치하여야 한다.
1. 작업대를 와이어로프 또는 체인으로 올리거나 내릴 경우에는 와이어로프 또는 체인이 끊어져 작업대가 떨어지지 아니하는 구조여야 하며, 와이어로프 또는 체인의 안전율은 5 이상일 것
2. 작업대를 유압에 의해 올리거나 내릴 경우에는 작업대를 일정한 위치에 유지할 수 있는 장치를 갖추고 압력의 이상저하를 방지할 수 있는 구조일 것
3. 권과방지장치를 갖추거나 압력의 이상상승을 방지할 수 있는 구조일 것
4. 붐의 최대 지면경사각을 초과 운전하여 전도되지 않도록 할 것
5. 작업대에 정격하중(안전율 5 이상)을 표시할 것
6. 작업대에 끼임·충돌 등 재해를 예방하기 위한 가드 또는 과상승방지장치를 설치할 것
7. 조작반의 스위치는 눈으로 확인할 수 있도록 명칭 및 방향표시를 유지할 것

② 사업주는 고소작업대를 설치하는 경우에는 다음 각 호의 사항을 준수하여야 한다.
1. 바닥과 고소작업대는 가능하면 수평을 유지하도록 할 것
2. 갑작스러운 이동을 방지하기 위하여 아웃트리거 또는 브레이크 등을 확실히 사용할 것

③ 사업주는 고소작업대를 이동하는 경우에는 다음 각 호의 사항을 준수해야 한다. (2023.11.14 개정)
1. 작업대를 가장 낮게 내릴 것
2. 작업자를 태우고 이동하지 말 것. 다만, 이동 중 전도 등의 위험예방을 위하여 유도하는 사람을 배치하고 짧은 구간을 이동하는 경우에는 제1호에 따라 작업대를 가장 낮게 내린 상태에서 작업자를 태우고 이동할 수 있다. (2023.11.14 개정)
3. 이동통로의 요철상태 또는 장애물의 유무 등을 확인할 것

④ 사업주는 고소작업대를 사용하는 경우에는 다음 각 호의 사항을 준수하여야 한다.
1. 작업자가 안전모·안전대 등의 보호구를 착용하도록 할 것
2. 관계자가 아닌 사람이 작업구역에 들어오는 것을 방지하기 위하여 필요한 조치를 할 것
3. 안전한 작업을 위하여 적정수준의 조도를 유지할 것
4. 전로(電路)에 근접하여 작업을 하는 경우에는 작업감시자를 배치하는 등 감전사고를 방지하기 위하여 필요한 조치를 할 것
5. 작업대를 정기적으로 점검하고 붐·작업대 등 각 부위의 이상 유무를 확인할 것
6. 전환스위치는 다른 물체를 이용하여 고정하지 말 것
7. 작업대는 정격하중을 초과하여 물건을 싣거나 탑승하지 말 것
8. 작업대의 붐대를 상승시킨 상태에서 탑승자는 작업대를 벗어나지 말 것. 다만, 작업대에 안전대 부착설비를 설치하고 안전대를 연결하였을 때에는 그러하지 아니하다.

제5관 화물자동차

제187조 【승강설비】 사업주는 바닥으로부터 짐 윗면까지의 높이가 2미터 이상인 화물자동차에 짐을 싣는 작업 또는 내리는 작업을 하는 경우에는 근로자의 추가 위험을 방지하기 위하여 해당 작업에 종사하는 근로자가 바닥과 적재함의 짐 윗면 간을 안전하게 오르내리기 위한 설비를 설치하여야 한다.

제188조 【꼬임이 끊어진 섬유로프 등의 사용 금지】 사업주는 다음 각 호의 어느 하나에 해당하는 섬유로프 등을 화물자동차의 짐걸이로 사용해서는 아니 된다.

1. 꼬임이 끊어진 것
2. 심하게 손상되거나 부식된 것

제189조 【섬유로프 등의 점검 등】 ① 사업주는 섬유로프 등을 화물자동차의 짐걸이에 사용하는 경우에는 해당 작업을 시작하기 전에 다음 각 호의 조치를 하여야 한다.

1. 작업순서와 순서별 작업방법을 결정하고 작업을 직접 지휘하는 일
2. 기구와 공구를 점검하고 불량품을 제거하는 일
3. 해당 작업을 하는 장소에 관계 근로자가 아닌 사람의 출입을 금지하는 일
4. 로프 풀기 작업 및 덮개 벗기기 작업을 하는 경우에는 적재함의 화물에 낙하 위험이 없음을 확인한 후에 해당 작업의 착수를 지시하는 일

② 사업주는 제1항에 따른 섬유로프 등에 대하여 이상 유무를 점검하고 이상이 발견된 섬유로프 등을 교체하여야 한다.

제190조 【화물 중간에서 빼내기 금지】 사업주는 화물자동차에서 화물을 내리는 작업을 하는 경우에는 그 작업을 하는 근로자에게 쌓여있는 화물의 중간에서 화물을 빼내도록 해서는 아니 된다.

제11절 컨베이어

제191조 【이탈 등의 방지】 사업주는 컨베이어, 이송용 롤러 등(이하 "컨베이어등"이라 한다)을 사용하는 경우에는 정전·전압강하 등에 따른 화물 또는 운반구의 이탈 및 역주행을 방지하는 장치를 갖추어야 한다. 다만, 무동력상태 또는 수평상태로만 사용하여 근로자가 위험해질 우려가 없는 경우에는 그러하지 아니하다.

제192조 【비상정지장치】 사업주는 컨베이어 등에 해당 근로자의 신체의 일부가 말려드는 등 근로자가 위험해질 우려가 있는 경우 및 비상시에는 즉시 컨베이어등의 운전을 정지시킬 수 있는 장치를 설치하여야 한다. 다만, 무동력상태로만 사용하여 근로자가 위험해질 우려가 없는 경우에는 그러하지 아니하다.

제193조 【낙하물에 의한 위험 방지】 사업주는 컨베이어등으로부터 화물이 떨어져 근로자가 위험해질 우려가 있는 경우에는 해당 컨베이어등에 덮개 또는 울을 설치하는 등 낙하 방지를 위한 조치를 하여야 한다.

제194조 【트롤리 컨베이어】 사업주는 트롤리 컨베이어(trolley conveyor)를 사용하는 경우에는 트롤리와 체인·행거(hanger)가 쉽게 벗겨지지 않도록 서로 확실하게 연결하여 사용하도록 하여야 한다.

제195조 【통행의 제한 등】 ① 사업주는 운전 중인 컨베이어등의 위로 근로자를 넘어가도록 하는 경우에는 위험을 방지하기 위하여 건널다리를 설치하는 등 필요한 조치를 하여야 한다.

② 사업주는 동일선상에 구간별 설치된 컨베이어에 중량물을 운반하는 경우에는 중량물 충돌에 대비한 스토퍼를 설치하거나 작업자 출입을 금지하여야 한다.

제12절 건설기계 등

제1관 차량계 건설기계 등

제196조【차량계 건설기계의 정의】 "차량계 건설기계"란 동력원을 사용하여 특정되지 아니한 장소로 스스로 이동할 수 있는 건설기계로서 별표 6에서 정한 기계를 말한다

제197조【전조등의 설치】 사업주는 차량계 건설기계에 전조등을 갖추어야 한다. 다만, 작업을 안전하게 수행하기 위하여 필요한 조명이 있는 장소에서 사용하는 경우에는 그러하지 아니하다.

제198조【낙하물 보호구조】 사업주는 토사등이 떨어질 우려가 있는 등 위험한 장소에서 차량계 건설기계[불도저, 트랙터, 굴착기, 로더(loader : 흙 따위를 퍼올리는 데 쓰는 기계), 스크레이퍼(scraper : 흙을 절삭·운반하거나 펴 고르는 등의 작업을 하는 토공기계), 덤프트럭, 모터그레이더(motor grader : 땅 고르는 기계), 롤러(roller : 지반 다짐용 건설기계), 천공기, 항타기 및 항발기로 한정한다]를 사용하는 경우에는 해당 차량계 건설기계에 견고한 낙하물 보호구조를 갖춰야 한다. (2024.6.28 개정)

제199조【전도 등의 방지】 사업주는 차량계 건설기계를 사용하는 작업할 때에 그 기계가 넘어지거나 굴러떨어짐으로써 근로자가 위험해질 우려가 있는 경우에는 유도하는 사람을 배치하고 지반의 부동침하 방지, 갓길의 붕괴 방지 및 도로 폭의 유지 등 필요한 조치를 하여야 한다.

제200조【접촉 방지】 ① 사업주는 차량계 건설기계를 사용하여 작업을 하는 경우에는 운전 중인 해당 차량계 건설기계에 접촉되어 근로자가 부딪칠 위험이 있는 장소에 근로자를 출입시켜서는 아니 된다. 다만, 유도자를 배치하고 해당 차량계 건설기계를 유도하는 경우에는 그러하지 아니하다.

② 차량계 건설기계의 운전자는 제1항 단서의 유도자가 유도하는 대로 따라야 한다.

제201조【차량계 건설기계의 이송】 사업주는 차량계 건설기계를 이송하기 위해 자주 또는 견인에 의해 화물자동차 등에 싣거나 내리는 작업을 할 때에 발판·성토 등을 사용하는 경우에는 해당 차량계 건설기계의 전도 또는 굴러 떨어짐에 의한 위험을 방지하기 위해 다음 각 호의 사항을 준수해야 한다. (2021.5.28 개정)

1. 싣거나 내리는 작업은 평탄하고 견고한 장소에서 할 것
2. 발판을 사용하는 경우에는 충분한 길이·폭 및 강도를 가진 것을 사용하고 적당한 경사를 유지하기 위하여 견고하게 설치할 것
3. 자루·가설대 등을 사용하는 경우에는 충분한 폭 및 강도와 적당한 경사를 확보할 것 (2021.5.28 개정)

제202조【승차석 외의 탑승금지】 사업주는 차량계 건설기계를 사용하여 작업을 하는 경우 승차석이 아닌 위치에 근로자를 탑승시켜서는 아니 된다.

제203조【안전도 등의 준수】 사업주는 차량계 건설기계를 사용하여 작업을 하는 경우 그 차량계 건설기계가 넘어지거나 붕괴될 위험 또는 붐·암 등 작업장치가 파괴될 위험을 방지하기 위하여 그 기계의 구조 및 사용상 안전도 및 최대사용하중을 준수하여야 한다.

제204조【주용도 외의 사용 제한】 사업주는 차량계 건설기계를 그 기계의 주된 용도에만 사용하여야 한다. 다만, 근로자가 위험해질 우려가 없는 경우에는 그러하지 아니하다.

제205조【붐 등의 강하에 의한 위험 방지】 사업주는 차량계 건설기계의 붐·암 등을 올리고 그 밑에서 수리·점검작업 등을 하는 경우 붐·암 등이 갑자기 내려옴으로써 발생하는 위험을 방지하기 위하여 해당 작업에 종사하는 근로자에게 안전지지대 또는 안전블록 등

을 사용하도록 하여야 한다. (2019.10.15 개정)

제206조【수리 등의 작업 시 조치】 사업주는 차량계 건설기계의 수리나 부속장치의 장착 및 제거작업을 하는 경우 그 작업을 지휘하는 사람을 지정하여 다음 각 호의 사항을 준수하도록 하여야 한다.
1. 작업순서를 결정하고 작업을 지휘할 것
2. 제205조의 안전지지대 또는 안전블록 등의 사용상황 등을 점검할 것 (2019.10.15 개정)

제2관 항타기 및 항발기

제207조【조립·해체 시 점검사항】 ① 사업주는 항타기 또는 항발기를 조립하거나 해체하는 경우 다음 각 호의 사항을 준수해야 한다. (2022.10.18 신설)
1. 항타기 또는 항발기에 사용하는 권상기에 쐐기장치 또는 역회전방지용 브레이크를 부착할 것
2. 항타기 또는 항발기의 권상기가 들리거나 미끄러지거나 흔들리지 않도록 설치할 것
3. 그 밖에 조립·해체에 필요한 사항은 제조사에서 정한 설치·해체 작업 설명서에 따를 것

② 사업주는 항타기 또는 항발기를 조립하거나 해체하는 경우 다음 각 호의 사항을 점검해야 한다. (2022.10.18 개정)
1. 본체 연결부의 풀림 또는 손상의 유무
2. 권상용 와이어로프·드럼 및 도르래의 부착상태의 이상 유무
3. 권상장치의 브레이크 및 쐐기장치 기능의 이상 유무
4. 권상기의 설치상태의 이상 유무
5. 리더(leader)의 버팀 방법 및 고정상태의 이상 유무 (2022.10.18 개정)
6. 본체·부속장치 및 부속품의 강도가 적합한지 여부 (2022.10.18 신설)
7. 본체·부속장치 및 부속품에 심한 손상·마모·변형 또는 부식이 있는지 여부 (2022.10.18 신설)

제208조【강도 등】 삭제(2022.10.18)

제209조【무너짐의 방지】 사업주는 동력을 사용하는 항타기 또는 항발기에 대하여 무너짐을 방지하기 위하여 다음 각 호의 사항을 준수해야 한다. (2022.10.18 개정)
1. 연약한 지반에 설치하는 경우에는 아웃트리거·받침 등 지지구조물의 침하를 방지하기 위하여 깔판·받침목 등을 사용할 것 (2023.11.14 개정)
2. 시설 또는 가설물 등에 설치하는 경우에는 그 내력을 확인하고 내력이 부족하면 그 내력을 보강할 것
3. 아웃트리거·받침 등 지지구조물이 미끄러질 우려가 있는 경우에는 말뚝 또는 쐐기 등을 사용하여 해당 지지구조물을 고정시킬 것 (2022.10.18 개정)
4. 궤도 또는 차로 이동하는 항타기 또는 항발기에 대해서는 불시에 이동하는 것을 방지하기 위하여 레일 클램프(rail clamp) 및 쐐기 등으로 고정시킬 것
5. 상단 부분은 버팀대·버팀줄로 고정하여 안정시키고, 그 하단 부분은 견고한 버팀·말뚝 또는 철골 등으로 고정시킬 것 (2022.10.18 개정)
6. 삭제(2022.10.18)
7. 삭제(2022.10.18)

제210조【이음매가 있는 권상용 와이어로프의 사용 금지】 사업주는 항타기 또는 항발기의 권상용 와이어로프로 제63조제1항제1호 각 목에 해당하는 것을 사용해서는 안 된다. (2022.10.18 개정)

제211조【권상용 와이어로프의 안전계수】 사업주는 항타기 또는 항발기의 권상용 와이어로프의 안전계수가 5 이상이 아니면 이를 사용해서는 아니 된다.

제212조【권상용 와이어로프의 길이 등】 사업

주는 항타기 또는 항발기에 권상용 와이어로프를 사용하는 경우에 다음 각 호의 사항을 준수해야 한다. (2022.10.18 개정)

1. 권상용 와이어로프는 추 또는 해머가 최저의 위치에 있을 때 또는 널말뚝을 빼내기 시작할 때를 기준으로 권상장치의 드럼에 적어도 2회 감기고 남을 수 있는 충분한 길이일 것
2. 권상용 와이어로프는 권상장치의 드럼에 클램프·클립 등을 사용하여 견고하게 고정할 것
3. 권상용 와이어로프에서 추·해머 등과의 연결은 클램프·클립 등을 사용하여 견고하게 할 것 (2022.10.18 개정)
4. 제2호 및 제3호의 클램프·클립 등은 한국산업표준 제품이거나 한국산업표준이 없는 제품의 경우에는 이에 준하는 규격을 갖춘 제품을 사용할 것 (2022.10.18 신설)

제213조【널말뚝 등과의 연결】 사업주는 항발기의 권상용 와이어로프·도르래 등은 충분한 강도가 있는 샤클·고정철물 등을 사용하여 말뚝·널말뚝 등과 연결시켜야 한다.

제214조【브레이크의 부착 등】 삭제(2022.10.18)

제215조【권상기의 설치】 삭제(2022.10.18)

제216조【도르래의 부착 등】 ① 사업주는 항타기나 항발기에 도르래나 도르래 뭉치를 부착하는 경우에는 부착부가 받는 하중에 의하여 파괴될 우려가 없는 브라켓·샤클 및 와이어로프 등으로 견고하게 부착하여야 한다.

② 사업주는 항타기 또는 항발기의 권상장치의 드럼축과 권상장치로부터 첫 번째 도르래의 축 간의 거리를 권상장치 드럼폭의 15배 이상으로 하여야 한다.

③ 제2항의 도르래는 권상장치의 드럼 중심을 지나야 하며 축과 수직면상에 있어야 한다.

④ 항타기나 항발기의 구조상 권상용 와이어로프가 꼬일 우려가 없는 경우에는 제2항과 제3항을 적용하지 아니한다.

제217조【사용 시의 조치 등】 ① 사업주는 압축공기를 동력원으로 하는 항타기나 항발기를 사용하는 경우에는 다음 각 호의 사항을 준수하여야 한다. (2022.10.18 개정)

1. 해머의 운동에 의하여 공기호스와 해머의 접속부가 파손되거나 벗겨지는 것을 방지하기 위하여 그 접속부가 아닌 부위를 선정하여 공기호스를 해머에 고정시킬 것 (2022.10.18 개정)
2. 공기를 차단하는 장치를 해머의 운전자가 쉽게 조작할 수 있는 위치에 설치할 것 (2022.10.18 개정)

② 사업주는 항타기나 항발기의 권상장치의 드럼에 권상용 와이어로프가 꼬인 경우에는 와이어로프에 하중을 걸어서는 아니 된다.

③ 사업주는 항타기나 항발기의 권상장치에 하중을 건 상태로 정지하여 두는 경우에는 쐐기장치 또는 역회전방지용 브레이크를 사용하여 제동하는 등 확실하게 정지시켜 두어야 한다.

제218조【말뚝 등을 끌어올릴 경우의 조치】 ① 사업주는 항타기를 사용하여 말뚝 및 널말뚝 등을 끌어올리는 경우에는 그 훅 부분이 드럼 또는 도르래의 바로 아래에 위치하도록 하여 끌어올려야 한다.

② 항타기에 체인블록 등의 장치를 부착하여 말뚝 또는 널말뚝 등을 끌어 올리는 경우에는 제1항을 준용한다.

제219조【버팀줄을 늦추는 경우의 조치】 삭제(2022.10.18)

제220조【항타기 등의 이동】 사업주는 두 개의 지주 등으로 지지하는 항타기 또는 항발기를 이동시키는 경우에는 이들 각 부위를 당김으로 인하여 항타기 또는 항발기가 넘어지는 것을 방지하기 위하여 반대측에서 윈치로 장력와이어로프를 사용하여 확실히 제동하여야 한다.

제221조 【가스배관 등의 손상 방지】 사업주는 항타기를 사용하여 작업할 때에 가스배관, 지중전선로 및 그 밖의 지하공작물의 손상으로 근로자가 위험에 처할 우려가 있는 경우에는 미리 작업장소에 가스배관·지중전선로 등이 있는지를 조사하여 이전 설치나 매달기 보호 등의 조치를 하여야 한다.

제3관 굴착기

제221조의2 【충돌위험 방지조치】 ① 사업주는 굴착기에 사람이 부딪히는 것을 방지하기 위해 후사경과 후방영상표시장치 등 굴착기를 운전하는 사람이 좌우 및 후방을 확인할 수 있는 장치를 굴착기에 갖춰야 한다. (2022.10.18 신설)

② 사업주는 굴착기로 작업을 하기 전에 후사경과 후방영상표시장치 등의 부착상태와 작동 여부를 확인해야 한다. (2022.10.18 신설)

제221조의3 【좌석안전띠의 착용】 ① 사업주는 굴착기를 운전하는 사람이 좌석안전띠를 착용하도록 해야 한다. (2022.10.18 신설)

② 굴착기를 운전하는 사람은 좌석안전띠를 착용해야 한다. (2022.10.18 신설)

제221조의4 【잠금장치의 체결】 사업주는 굴착기 퀵커플러(quick coupler)에 버킷, 브레이커(breaker), 크램셸(clamshell) 등 작업장치(이하 "작업장치"라 한다)를 장착 또는 교환하는 경우에는 안전핀 등 잠금장치를 체결하고 이를 확인해야 한다. (2022.10.18 신설)

제221조의5 【인양작업 시 조치】 ① 사업주는 다음 각 호의 사항을 모두 갖춘 굴착기의 경우에는 굴착기를 사용하여 화물 인양작업을 할 수 있다. (2022.10.18 신설)

1. 굴착기의 퀵커플러 또는 작업장치에 달기구(훅, 걸쇠 등을 말한다)가 부착되어 있는 등 인양작업이 가능하도록 제작된 기계일 것
2. 굴착기 제조사에서 정한 정격하중이 확인되는 굴착기를 사용할 것
3. 달기구에 해지장치가 사용되는 등 작업 중 인양물의 낙하 우려가 없을 것

② 사업주는 굴착기를 사용하여 인양작업을 하는 경우에는 다음 각 호의 사항을 준수해야 한다. (2022.10.18 신설)

1. 굴착기 제조사에서 정한 작업설명서에 따라 인양할 것
2. 사람을 지정하여 인양작업을 신호하게 할 것
3. 인양물과 근로자가 접촉할 우려가 있는 장소에 근로자의 출입을 금지시킬 것
4. 지반의 침하 우려가 없고 평평한 장소에서 작업할 것
5. 인양 대상 화물의 무게는 정격하중을 넘지 않을 것

③ 굴착기를 이용한 인양작업 시 와이어로프 등 달기구의 사용에 관해서는 제163조부터 제170조까지의 규정(제166조, 제167조 및 제169조에 따라 준용되는 경우를 포함한다)을 준용한다. 이 경우 "양중기" 또는 "크레인"은 "굴착기"로 본다. (2022.10.18 신설)

제13절 산업용 로봇

제222조 【교시 등】 사업주는 산업용 로봇(이하 "로봇"이라 한다)의 작동범위에서 해당 로봇에 대하여 교시(教示) 등[매니퓰레이터(manipulator)의 작동순서, 위치·속도의 설정·변경 또는 그 결과를 확인하는 것을 말한다. 이하 같다]의 작업을 하는 경우에는 해당 로봇의 예기치 못한 작동 또는 오(誤)조작에 의한 위험을 방지하기 위하여 다음 각 호의 조치를 하여야 한다. 다만, 로봇의 구동원을 차단하고 작업을 하는 경우에는 제2호와 제3호의 조치를 하지 아니할 수 있다. (2016.4.7 개정)

1. 다음 각 목의 사항에 관한 지침을 정하고 그 지침에 따라 작업을 시킬 것
   가. 로봇의 조작방법 및 순서
   나. 작업 중의 매니퓰레이터의 속도
   다. 2명 이상의 근로자에게 작업을 시킬

경우의 신호방법
라. 이상을 발견한 경우의 조치
마. 이상을 발견하여 로봇의 운전을 정지시킨 후 이를 재가동시킬 경우의 조치
바. 그 밖에 로봇의 예기치 못한 작동 또는 오조작에 의한 위험을 방지하기 위하여 필요한 조치
2. 작업에 종사하고 있는 근로자 또는 그 근로자를 감시하는 사람은 이상을 발견하면 즉시 로봇의 운전을 정지시키기 위한 조치를 할 것
3. 작업을 하고 있는 동안 로봇의 기동스위치 등에 작업 중이라는 표시를 하는 등 작업에 종사하고 있는 근로자가 아닌 사람이 그 스위치 등을 조작할 수 없도록 필요한 조치를 할 것

제223조【운전 중 위험 방지】 사업주는 로봇의 운전(제222조에 따른 교시 등을 위한 로봇의 운전과 제224조 단서에 따른 로봇의 운전은 제외한다)으로 인하여 근로자에게 발생할 수 있는 부상 등의 위험을 방지하기 위하여 높이 1.8미터 이상의 울타리(로봇의 가동범위 등을 고려하여 높이로 인한 위험성이 없는 경우에는 높이를 그 이하로 조절할 수 있다)를 설치해야 하며, 컨베이어 시스템의 설치 등으로 울타리를 설치할 수 없는 일부 구간에 대해서는 안전매트 또는 광전자식 방호장치 등 감응형 방호장치를 설치해야 한다. 다만, 고용노동부장관이 해당 로봇의 안전기준이 한국산업표준에서 정하고 있는 안전기준 또는 국제적으로 통용되는 안전기준에 부합한다고 인정하는 경우에는 본문에 따른 조치를 하지 않을 수 있다. (2024.6.28 개정)

제224조【수리 등 작업 시의 조치 등】 사업주는 로봇의 작동범위에서 해당 로봇의 수리·검사·조정(교시 등에 해당하는 것은 제외한다)·청소·급유 또는 결과에 대한 확인작업을 하는 경우에는 해당 로봇의 운전을 정지함과 동시에 그 작업을 하고 있는 동안 로봇의 기동스위치를 열쇠로 잠근 후 열쇠를 별도 관리하거나 해당 로봇의 기동스위치에 작업 중이란 내용의 표지판을 부착하는 등 해당 작업에 종사하고 있는 근로자가 아닌 사람이 해당 기동스위치를 조작할 수 없도록 필요한 조치를 하여야 한다. 다만, 로봇의 운전 중에 작업을 하지 아니하면 안되는 경우로서 해당 로봇의 예기치 못한 작동 또는 오조작에 의한 위험을 방지하기 위하여 제222조 각 호의 조치를 한 경우에는 그러하지 아니하다.

제2장 폭발·화재 및 위험물누출에 의한 위험방지

제1절 위험물 등의 취급 등

제225조【위험물질 등의 제조 등 작업 시의 조치】 사업주는 별표 1의 위험물질(이하 "위험물"이라 한다)을 제조하거나 취급하는 경우에 폭발·화재 및 누출을 방지하기 위한 적절한 방호조치를 하지 아니하고 다음 각 호의 행위를 해서는 아니 된다.
1. 폭발성 물질, 유기과산화물을 화기나 그 밖에 점화원이 될 우려가 있는 것에 접근시키거나 가열하거나 마찰시키거나 충격을 가하는 행위
2. 물반응성 물질, 인화성 고체를 각각 그 특성에 따라 화기나 그 밖에 점화원이 될 우려가 있는 것에 접근시키거나 발화를 촉진하는 물질 또는 물에 접촉시키거나 가열하거나 마찰시키거나 충격을 가하는 행위
3. 산화성 액체·산화성 고체를 분해가 촉진될 우려가 있는 물질에 접촉시키거나 가열하거나 마찰시키거나 충격을 가하는 행위
4. 인화성 액체를 화기나 그 밖에 점화원이 될 우려가 있는 것에 접근시키거나 주입 또는 가열하거나 증발시키는 행위
5. 인화성 가스를 화기나 그 밖에 점화원이 될 우려가 있는 것에 접근시키거나 압축·가열 또는 주입하는 행위
6. 부식성 물질 또는 급성 독성물질을 누출

시키는 등으로 인체에 접촉시키는 행위
7. 위험물을 제조하거나 취급하는 설비가 있는 장소에 인화성 가스 또는 산화성 액체 및 산화성 고체를 방치하는 행위

제226조 【물과의 접촉 금지】 사업주는 별표 1 제2호의 물반응성 물질·인화성 고체를 취급하는 경우에는 물과의 접촉을 방지하기 위하여 완전 밀폐된 용기에 저장 또는 취급하거나 빗물 등이 스며들지 아니하는 건축물 내에 보관 또는 취급하여야 한다.

제227조 【호스 등을 사용한 인화성 액체 등의 주입】 사업주는 위험물을 액체 상태에서 호스 또는 배관 등을 사용하여 별표 7의 화학설비, 탱크로리, 드럼 등에 주입하는 작업을 하는 경우에는 그 호스 또는 배관 등의 결합부를 확실히 연결하고 누출이 없는지를 확인한 후에 작업을 하여야 한다.

제228조 【가솔린이 남아 있는 설비에 등유 등의 주입】 사업주는 별표 7의 화학설비로서 가솔린이 남아 있는 화학설비(위험물을 저장하는 것으로 한정한다. 이하 이 조와 제229조에서 같다), 탱크로리, 드럼 등에 등유나 경유를 주입하는 작업을 하는 경우에는 미리 그 내부를 깨끗하게 씻어내고 가솔린의 증기를 불활성 가스로 바꾸는 등 안전한 상태로 되어 있는지를 확인한 후에 그 작업을 하여야 한다. 다만, 다음 각 호의 조치를 하는 경우에는 그러하지 아니하다.
1. 등유나 경유를 주입하기 전에 탱크·드럼 등과 주입설비 사이에 접속선이나 접지선을 연결하여 전위차를 줄이도록 할 것
2. 등유나 경유를 주입하는 경우에는 그 액표면의 높이가 주입관의 선단의 높이를 넘을 때까지 주입속도를 초당 1미터 이하로 할 것

제229조 【산화에틸렌 등의 취급】 ① 사업주는 산화에틸렌, 아세트알데히드 또는 산화프로필렌을 별표 7의 화학설비, 탱크로리, 드럼 등에 주입하는 작업을 하는 경우에는 미리 그 내부의 불활성가스가 아닌 가스나 증기를 불활성가스로 바꾸는 등 안전한 상태로 되어 있는 지를 확인한 후에 해당 작업을 하여야 한다.
② 사업주는 산화에틸렌, 아세트알데히드 또는 산화프로필렌을 별표 7의 화학설비, 탱크로리, 드럼 등에 저장하는 경우에는 항상 그 내부의 불활성가스가 아닌 가스나 증기를 불활성가스로 바꾸어 놓는 상태에서 저장하여야 한다.

제230조 【폭발위험이 있는 장소의 설정 및 관리】 ① 사업주는 다음 각 호의 장소에 대하여 폭발위험장소의 구분도(區分圖)를 작성하는 경우에는 한국산업표준으로 정하는 기준에 따라 가스폭발 위험장소 또는 분진폭발 위험장소로 설정하여 관리해야 한다. (2022.10.18 개정)
1. 인화성 액체의 증기나 인화성 가스 등을 제조·취급 또는 사용하는 장소
2. 인화성 고체를 제조·사용하는 장소
② 사업주는 제1항에 따른 폭발위험장소의 구분도를 작성·관리하여야 한다.

제231조 【인화성 액체 등을 수시로 취급하는 장소】 ① 사업주는 인화성 액체, 인화성 가스 등을 수시로 취급하는 장소에서는 환기가 충분하지 않은 상태에서 전기기계·기구를 작동시켜서는 아니 된다.
② 사업주는 수시로 밀폐된 공간에서 스프레이 건을 사용하여 인화성 액체로 세척·도장 등의 작업을 하는 경우에는 다음 각 호의 조치를 하고 전기기계·기구를 작동시켜야 한다.
1. 인화성 액체, 인화성 가스 등으로 폭발위험 분위기가 조성되지 않도록 해당 물질의 공기 중 농도가 인화하한계값의 25퍼센트를 넘지 않도록 충분히 환기를 유지할 것
2. 조명등은 고무, 실리콘 등의 패킹이나 실링재료를 사용하여 완전히 밀봉할 것
3. 가열성 전기기계·기구를 사용하는 경우에는 세척 또는 도장용 스프레이 건과 동시

에 작동되지 않도록 연동장치 등의 조치를 할 것

4. 방폭구조 외의 스위치와 콘센트 등의 전기기기는 밀폐 공간 외부에 설치되어 있을 것

③ 사업주는 제1항과 제2항에도 불구하고 방폭성능을 갖는 전기기계·기구에 대해서는 제1항의 상태 및 제2항 각 호의 조치를 하지 아니한 상태에서도 작동시킬 수 있다.

제232조【폭발 또는 화재 등의 예방】 ① 사업주는 인화성 액체의 증기, 인화성 가스 또는 인화성 고체가 존재하여 폭발이나 화재가 발생할 우려가 있는 장소에서 해당 증기·가스 또는 분진에 의한 폭발 또는 화재를 예방하기 위해 환풍기, 배풍기(排風機) 등 환기장치를 적절하게 설치해야 한다. (2021.5.28 개정)

② 사업주는 제1항에 따른 증기나 가스에 의한 폭발이나 화재를 미리 감지하기 위하여 가스 검지 및 경보 성능을 갖춘 가스 검지 및 경보 장치를 설치해야 한다. 다만, 한국산업표준에 따른 0종 또는 1종 폭발위험장소에 해당하는 경우로서 제311조에 따라 방폭구조 전기기계·기구를 설치한 경우에는 그렇지 않다. (2022.10.18 개정)

제233조【가스용접 등의 작업】 사업주는 인화성 가스, 불활성 가스 및 산소(이하 "가스등"이라 한다)를 사용하여 금속의 용접·용단 또는 가열작업을 하는 경우에는 가스등의 누출 또는 방출로 인한 폭발·화재 또는 화상을 예방하기 위해 다음 각 호의 사항을 준수해야 한다. (2021.5.28 개정)

1. 가스등의 호스와 취관(吹管)은 손상·마모 등에 의하여 가스등이 누출할 우려가 없는 것을 사용할 것
2. 가스등의 취관 및 호스의 상호 접촉부분은 호스밴드, 호스클립 등 조임기구를 사용하여 가스등이 누출되지 않도록 할 것
3. 가스등의 호스에 가스등을 공급하는 경우에는 미리 그 호스에서 가스등이 방출되지 않도록 필요한 조치를 할 것
4. 사용 중인 가스등을 공급하는 공급구의 밸브나 콕에는 그 밸브나 콕에 접속된 가스등의 호스를 사용하는 사람의 이름표를 붙이는 등 가스등의 공급에 대한 오조작을 방지하기 위한 표시를 할 것 (2021.5.28 개정)
5. 용단작업을 하는 경우에는 취관으로부터 산소의 과잉방출로 인한 화상을 예방하기 위하여 근로자가 조절밸브를 서서히 조작하도록 주지시킬 것
6. 작업을 중단하거나 마치고 작업장소를 떠날 경우에는 가스등의 공급구의 밸브나 콕을 잠글 것
7. 가스등의 분기관은 전용 접속기구를 사용하여 불량체결을 방지하여야 하며, 서로 이어지지 않는 구조의 접속기구 사용, 서로 다른 색상의 배관·호스의 사용 및 꼬리표 부착 등을 통하여 서로 다른 가스배관과의 불량체결을 방지할 것

제234조【가스등의 용기】 사업주는 금속의 용접·용단 또는 가열에 사용되는 가스등의 용기를 취급하는 경우에 다음 각 호의 사항을 준수하여야 한다.

1. 다음 각 목의 어느 하나에 해당하는 장소에서 사용하거나 해당 장소에 설치·저장 또는 방치하지 않도록 할 것
   가. 통풍이나 환기가 불충분한 장소
   나. 화기를 사용하는 장소 및 그 부근
   다. 위험물 또는 제236조에 따른 인화성 액체를 취급하는 장소 및 그 부근
2. 용기의 온도를 섭씨 40도 이하로 유지할 것
3. 전도의 위험이 없도록 할 것
4. 충격을 가하지 않도록 할 것
5. 운반하는 경우에는 캡을 씌울 것
6. 사용하는 경우에는 용기의 마개에 부착되어 있는 유류 및 먼지를 제거할 것
7. 밸브의 개폐는 서서히 할 것
8. 사용 전 또는 사용 중인 용기와 그 밖의 용기를 명확히 구별하여 보관할 것
9. 용해아세틸렌의 용기는 세워 둘 것
10. 용기의 부식·마모 또는 변형상태를 점검

한 후 사용할 것

제235조【서로 다른 물질의 접촉에 의한 발화 등의 방지】 사업주는 서로 다른 물질끼리 접촉함으로 인하여 해당 물질이 발화하거나 폭발할 위험이 있는 경우에는 해당 물질을 가까이 저장하거나 동일한 운반기에 적재해서는 아니 된다. 다만, 접촉방지를 위한 조치를 한 경우에는 그러하지 아니하다.

제236조【화재 위험이 있는 작업의 장소 등】 ① 사업주는 합성섬유·합성수지·면·양모·천조각·톱밥·짚·종이류 또는 인화성이 있는 액체(1기압에서 인화점이 섭씨 250도 미만의 액체를 말한다)를 다량으로 취급하는 작업을 하는 장소·설비 등은 화재예방을 위하여 적절한 배치 구조로 하여야 한다. (2019.12.26 개정)

② 사업주는 근로자에게 용접·용단 및 금속의 가열 등 화기를 사용하는 작업이나 연삭숫돌에 의한 건식연마작업 등 그 밖에 불꽃이 발생될 우려가 있는 작업(이하 "화재위험작업"이라 한다)을 하도록 하는 경우 제1항에 따른 물질을 화재위험이 없는 장소에 별도로 보관·저장해야 하며, 작업장 내부에는 해당 작업에 필요한 양만 두어야 한다. (2019.12.26 신설)

제237조【자연발화의 방지】 사업주는 질화면, 알킬알루미늄 등 자연발화의 위험이 있는 물질을 쌓아 두는 경우 위험한 온도로 상승하지 못하도록 화재예방을 위한 조치를 하여야 한다.

제238조【유류 등이 묻어 있는 걸레 등의 처리】 사업주는 기름 또는 인쇄용 잉크류 등이 묻은 천조각이나 휴지 등은 뚜껑이 있는 불연성 용기에 담아 두는 등 화재예방을 위한 조치를 하여야 한다.

제2절 화기 등의 관리

제239조【위험물 등이 있는 장소에서 화기 등의 사용 금지】 사업주는 위험물이 있어 폭발이나 화재가 발생할 우려가 있는 장소 또는 그 상부에서 불꽃이나 아크를 발생하거나 고온으로 될 우려가 있는 화기·기계·기구 및 공구 등을 사용해서는 아니 된다.

제240조【유류 등이 있는 배관이나 용기의 용접 등】 사업주는 위험물, 위험물 외의 인화성 유류 또는 인화성 고체가 있을 우려가 있는 배관·탱크 또는 드럼 등의 용기에 대하여 미리 위험물 외의 인화성 유류, 인화성 고체 또는 위험물을 제거하는 등 폭발이나 화재의 예방을 위한 조치를 한 후가 아니면 화재위험작업을 시켜서는 아니 된다. (2019.12.26 개정)

제241조【화재위험작업 시의 준수사항】 ① 사업주는 통풍이나 환기가 충분하지 않은 장소에서 화재위험작업을 하는 경우에는 통풍 또는 환기를 위하여 산소를 사용해서는 아니 된다. (2019.12.26 개정)

② 사업주는 가연성물질이 있는 장소에서 화재위험작업을 하는 경우에는 화재예방에 필요한 다음 각 호의 사항을 준수하여야 한다. (2019.12.26 개정)

1. 작업 준비 및 작업 절차 수립
2. 작업장 내 위험물의 사용·보관 현황 파악
3. 화기작업에 따른 인근 가연성물질에 대한 방호조치 및 소화기구 비치 (2019.12.26 개정)
4. 용접불티 비산방지덮개, 용접방화포 등 불꽃, 불티 등 비산방지조치
5. 인화성 액체의 증기 및 인화성 가스가 남아 있지 않도록 환기 등의 조치 (2019.12.26 개정)
6. 작업근로자에 대한 화재예방 및 피난교육 등 비상조치

③ 사업주는 작업시작 전에 제2항 각 호의 사항을 확인하고 불꽃·불티 등의 비산을 방지하기 위한 조치 등 안전조치를 이행한 후 근로자에게 화재위험작업을 하도록 해야 한

다. (2019.12.26 신설)

④ 사업주는 화재위험작업이 시작되는 시점부터 종료 될 때까지 작업내용, 작업일시, 안전점검 및 조치에 관한 사항 등을 해당 작업장소에 서면으로 게시해야 한다. 다만, 같은 장소에서 상시·반복적으로 화재위험작업을 하는 경우에는 생략할 수 있다. (2019.12.26 신설)

제241조의2 【화재감시자】 ① 사업주는 근로자에게 다음 각 호의 어느 하나에 해당하는 장소에서 용접·용단 작업을 하도록 하는 경우에는 화재감시자를 지정하여 화재위험작업 장소에 배치해야 한다. 다만, 같은 장소에서 상시·반복적으로 용접·용단작업을 할 때 경보용 설비·기구, 소화설비 또는 소화기가 갖추어진 경우에는 화재감시자를 지정·배치하지 않을 수 있다. (2019.12.26 개정)

1. 작업반경 11미터 이내에 건물구조 자체나 내부(개구부 등으로 개방된 부분을 포함한다)에 가연성물질이 있는 장소 (2019.12.26 개정)
2. 작업반경 11미터 이내의 바닥 하부에 가연성물질이 11미터 이상 떨어져 있지만 불꽃에 의해 쉽게 발화될 우려가 있는 장소 (2019.12.26 개정)
3. 가연성물질이 금속으로 된 칸막이·벽·천장 또는 지붕의 반대쪽 면에 인접해 있어 열전도나 열복사에 의해 발화될 우려가 있는 장소 (2019.12.26 개정)

② 제1항 본문에 따른 화재감시자는 다음 각 호의 업무를 수행한다. (2021.5.28 신설)

1. 제1항 각 호에 해당하는 장소에 가연성물질이 있는지 여부의 확인
2. 제232조제2항에 따른 가스 검지, 경보 성능을 갖춘 가스 검지 및 경보 장치의 작동 여부의 확인
3. 화재 발생 시 사업장 내 근로자의 대피 유도

③ 사업주는 제1항 본문에 따라 배치된 화재감시자에게 업무 수행에 필요한 확성기, 휴대용 조명기구 및 화재 대피용 마스크(한국산업표준 제품이거나 「소방산업의 진흥에 관한 법률」에 따른 한국소방산업기술원이 정하는 기준을 충족하는 것이어야 한다) 등 대피용 방연장비를 지급해야 한다. (2022.10.18 개정)

제242조 【화기사용 금지】 사업주는 화재 또는 폭발의 위험이 있는 장소에서 다음 각 호의 화재 위험이 있는 물질을 취급하는 경우에는 화기의 사용을 금지해야 한다. (2021.5.28 개정)

1. 제236조제1항에 따른 물질
2. 별표 1 제1호·제2호 및 제5호에 따른 위험물질

제243조 【소화설비】 ① 사업주는 건축물, 별표 7의 화학설비 또는 제5절의 위험물 건조설비가 있는 장소, 그 밖에 위험물이 아닌 인화성 유류 등 폭발이나 화재의 원인이 될 우려가 있는 물질을 취급하는 장소(이하 이 조에서 "건축물등"이라 한다)에는 소화설비를 설치하여야 한다.

② 제1항의 소화설비는 건축물등의 규모·넓이 및 취급하는 물질의 종류 등에 따라 예상되는 폭발이나 화재를 예방하기에 적합하여야 한다.

제244조 【방화조치】 사업주는 화로, 가열로, 가열장치, 소각로, 철제굴뚝, 그 밖에 화재를 일으킬 위험이 있는 설비 및 건축물과 그 밖에 인화성 액체와의 사이에는 방화에 필요한 안전거리를 유지하거나 불연성 물체를 차열(遮熱)재료로 하여 방호하여야 한다.

제245조 【화기사용 장소의 화재 방지】 ① 사업주는 흡연장소 및 난로 등 화기를 사용하는 장소에 화재예방에 필요한 설비를 하여야 한다.

② 화기를 사용한 사람은 불티가 남지 않도록 뒤처리를 확실하게 하여야 한다.

제246조 【소각장】 사업주는 소각장을 설치하

는 경우 화재가 번질 위험이 없는 위치에 설치하거나 불연성 재료로 설치하여야 한다.

제3절 용융고열물 등에 의한 위험예방

제247조【고열물 취급설비의 구조】 사업주는 화로 등 다량의 고열물을 취급하는 설비에 대하여 화재를 예방하기 위한 구조로 하여야 한다.

제248조【용융고열물 취급 피트의 수증기 폭발방지】 사업주는 용융(鎔融)한 고열의 광물(이하 "용융고열물"이라 한다)을 취급하는 피트(고열의 금속찌꺼기를 물로 처리하는 것은 제외한다)에 대하여 수증기 폭발을 방지하기 위하여 다음 각 호의 조치를 하여야 한다.

1. 지하수가 내부로 새어드는 것을 방지할 수 있는 구조로 할 것. 다만, 내부에 고인 지하수를 배출할 수 있는 설비를 설치한 경우에는 그러하지 아니하다.
2. 작업용수 또는 빗물 등이 내부로 새어드는 것을 방지할 수 있는 격벽 등의 설비를 주위에 설치할 것

제249조【건축물의 구조】 사업주는 용융고열물을 취급하는 설비를 내부에 설치한 건축물에 대하여 수증기 폭발을 방지하기 위하여 다음 각 호의 조치를 하여야 한다.

1. 바닥은 물이 고이지 아니하는 구조로 할 것
2. 지붕·벽·창 등은 빗물이 새어들지 아니하는 구조로 할 것

제250조【용융고열물의 취급작업】 사업주는 용융고열물을 취급하는 작업(고열의 금속찌꺼기를 물로 처리하는 작업과 폐기하는 작업은 제외한다)을 하는 경우에는 수증기 폭발을 방지하기 위하여 제248조에 따른 피트, 제249조에 따른 건축물의 바닥, 그 밖에 해당 용융고열물을 취급하는 설비에 물이 고이거나 습윤 상태에 있지 않음을 확인한 후 작업하여야 한다.

제251조【고열의 금속찌꺼기 물처리 등】 사업주는 고열의 금속찌꺼기를 물로 처리하거나 폐기하는 작업을 하는 경우에는 수증기 폭발을 방지하기 위하여 배수가 잘되는 장소에서 작업을 하여야 한다. 다만, 수쇄(水碎)처리를 하는 경우에는 그러하지 아니하다.

제252조【고열 금속찌꺼기 처리작업】 사업주는 고열의 금속찌꺼기를 물로 처리하거나 폐기하는 작업을 하는 경우에는 수증기 폭발을 방지하기 위하여 제251조 본문의 장소에 물이 고이지 않음을 확인한 후에 작업을 하여야 한다. 다만, 수쇄처리를 하는 경우에는 그러하지 아니하다.

제253조【금속의 용해로에 금속부스러기를 넣는 작업】 사업주는 금속의 용해로에 금속부스러기를 넣는 작업을 하는 경우에는 수증기 등의 폭발을 방지하기 위하여 금속부스러기에 물·위험물 및 밀폐된 용기 등이 들어있지 않음을 확인한 후에 작업을 하여야 한다.

제254조【화상 등의 방지】 ① 사업주는 용광로, 용선로 또는 유리 용해로, 그 밖에 다량의 고열물을 취급하는 작업을 하는 장소에 대하여 해당 고열물의 비산 및 유출 등으로 인한 화상이나 그 밖의 위험을 방지하기 위하여 적절한 조치를 하여야 한다.
② 사업주는 제1항의 장소에서 화상, 그 밖의 위험을 방지하기 위하여 근로자에게 방열복 또는 적합한 보호구를 착용하도록 하여야 한다.

제4절 화학설비·압력용기 등

제255조【화학설비를 설치하는 건축물의 구조】 사업주는 별표 7의 화학설비(이하 "화학설비"라 한다) 및 그 부속설비를 건축물 내부에 설치하는 경우에는 건축물의 바닥·벽·기둥·계단 및 지붕 등에 불연성 재료를 사용하여야 한다.

제256조 【부식 방지】 사업주는 화학설비 또는 그 배관(화학설비 또는 그 배관의 밸브나 콕은 제외한다) 중 위험물 또는 인화점이 섭씨 60도 이상인 물질(이하 "위험물질등"이라 한다)이 접촉하는 부분에 대해서는 위험물질등에 의하여 그 부분이 부식되어 폭발·화재 또는 누출되는 것을 방지하기 위하여 위험물질등의 종류·온도·농도 등에 따라 부식이 잘 되지 않는 재료를 사용하거나 도장(塗裝) 등의 조치를 하여야 한다.

제257조 【덮개 등의 접합부】 사업주는 화학설비 또는 그 배관의 덮개·플랜지·밸브 및 콕의 접합부에 대해서는 접합부에서 위험물질등이 누출되어 폭발·화재 또는 위험물이 누출되는 것을 방지하기 위하여 적절한 개스킷(gasket)을 사용하고 접합면을 서로 밀착시키는 등 적절한 조치를 하여야 한다.

제258조 【밸브 등의 개폐방향의 표시 등】 사업주는 화학설비 또는 그 배관의 밸브·콕 또는 이것들을 조작하기 위한 스위치 및 누름버튼 등에 대하여 오조작으로 인한 폭발·화재 또는 위험물의 누출을 방지하기 위하여 열고 닫는 방향을 색채 등으로 표시하여 구분되도록 하여야 한다.

제259조 【밸브 등의 재질】 사업주는 화학설비 또는 그 배관의 밸브나 콕에는 개폐의 빈도, 위험물질등의 종류·온도·농도 등에 따라 내구성이 있는 재료를 사용하여야 한다.

제260조 【공급 원재료의 종류 등의 표시】 사업주는 화학설비에 원재료를 공급하는 근로자의 오조작으로 인하여 발생하는 폭발·화재 또는 위험물의 누출을 방지하기 위하여 그 근로자가 보기 쉬운 위치에 원재료의 종류, 원재료가 공급되는 설비명 등을 표시하여야 한다.

제261조 【안전밸브 등의 설치】 ① 사업주는 다음 각 호의 어느 하나에 해당하는 설비에 대해서는 과압에 따른 폭발을 방지하기 위하여 폭발 방지 성능과 규격을 갖춘 안전밸브 또는 파열판(이하 "안전밸브등"이라 한다)을 설치하여야 한다. 다만, 안전밸브등에 상응하는 방호장치를 설치한 경우에는 그러하지 아니하다.

1. 압력용기(안지름이 150밀리미터 이하인 압력용기는 제외하며, 압력 용기 중 관형 열교환기의 경우에는 관의 파열로 인하여 상승한 압력이 압력용기의 최고사용압력을 초과할 우려가 있는 경우만 해당한다)
2. 정변위 압축기
3. 정변위 펌프(토출측에 차단밸브가 설치된 것만 해당한다) (2024.6.28 개정)
4. 배관(2개 이상의 밸브에 의하여 차단되어 대기온도에서 액체의 열팽창에 의하여 파열될 우려가 있는 것으로 한정한다)
5. 그 밖의 화학설비 및 그 부속설비로서 해당 설비의 최고사용압력을 초과할 우려가 있는 것

② 제1항에 따라 안전밸브등을 설치하는 경우에는 다단형 압축기 또는 직렬로 접속된 공기압축기에 대해서는 각 단 또는 각 공기압축기별로 안전밸브등을 설치하여야 한다.

③ 제1항에 따라 설치된 안전밸브에 대해서는 다음 각 호의 구분에 따른 검사주기마다 국가교정기관에서 교정을 받은 압력계를 이용하여 설정압력에서 안전밸브가 적정하게 작동하는지를 검사한 후 납으로 봉인하여 사용하여야 한다. 다만, 공기나 질소취급용기 등에 설치된 안전밸브 중 안전밸브 자체에 부착된 레버 또는 고리를 통하여 수시로 안전밸브가 적정하게 작동하는지를 확인할 수 있는 경우에는 검사하지 아니할 수 있고 납으로 봉인하지 아니할 수 있다.

1. 화학공정 유체와 안전밸브의 디스크 또는 시트가 직접 접촉될 수 있도록 설치된 경우 : 2년마다 1회 이상 (2024.6.28 개정)
2. 안전밸브 전단에 파열판이 설치된 경우 : 3년마다 1회 이상 (2024.6.28 개정)
3. 영 제43조에 따른 공정안전보고서 제출

대상으로서 고용노동부장관이 실시하는 공정안전보고서 이행상태 평가결과가 우수한 사업장의 안전밸브의 경우 : 4년마다 1회 이상 (2019.12.26 개정)

④ 제3항 각 호에 따른 검사주기에도 불구하고 안전밸브가 설치된 압력용기에 대하여 「고압가스 안전관리법」 제17조제2항에 따라 시장·군수 또는 구청장의 재검사를 받는 경우로서 압력용기의 재검사주기에 대하여 같은 법 시행규칙 별표22 제2호에 따라 산업통상자원부장관이 정하여 고시하는 기법에 따라 산정하여 그 적합성을 인정받은 경우에는 해당 안전밸브의 검사주기는 그 압력용기의 재검사주기에 따른다. (2014.9.30 신설)

⑤ 사업주는 제3항에 따라 납으로 봉인된 안전밸브를 해체하거나 조정할 수 없도록 조치하여야 한다. (2014.9.30 개정)

제262조 【파열판의 설치】 사업주는 제261조제1항 각 호의 설비가 다음 각 호의 어느 하나에 해당하는 경우에는 파열판을 설치하여야 한다.

1. 반응 폭주 등 급격한 압력 상승 우려가 있는 경우
2. 급성 독성물질의 누출로 인하여 주위의 작업환경을 오염시킬 우려가 있는 경우
3. 운전 중 안전밸브에 이상 물질이 누적되어 안전밸브가 작동되지 아니할 우려가 있는 경우

제263조 【파열판 및 안전밸브의 직렬설치】 사업주는 급성 독성물질이 지속적으로 외부에 유출될 수 있는 화학설비 및 그 부속설비에 파열판과 안전밸브를 직렬로 설치하고 그 사이에는 압력지시계 또는 자동경보장치를 설치하여야 한다.

제264조 【안전밸브등의 작동요건】 사업주는 제261조제1항에 따라 설치한 안전밸브등이 안전밸브등을 통하여 보호하려는 설비의 최고사용압력 이하에서 작동되도록 하여야 한다. 다만, 안전밸브등이 2개 이상 설치된 경우에 1개는 최고사용압력의 1.05배(외부화재를 대비한 경우에는 1.1배) 이하에서 작동되도록 설치할 수 있다.

제265조 【안전밸브등의 배출용량】 사업주는 안전밸브등에 대하여 배출용량은 그 작동원인에 따라 각각의 소요분출량을 계산하여 가장 큰 수치를 해당 안전밸브등의 배출용량으로 하여야 한다.

제266조 【차단밸브의 설치 금지】 사업주는 안전밸브등의 전단·후단에 차단밸브를 설치해서는 아니 된다. 다만, 다음 각 호의 어느 하나에 해당하는 경우에는 자물쇠형 또는 이에 준하는 형식의 차단밸브를 설치할 수 있다.

1. 인접한 화학설비 및 그 부속설비에 안전밸브등이 각각 설치되어 있고, 해당 화학설비 및 그 부속설비의 연결배관에 차단밸브가 없는 경우
2. 안전밸브등의 배출용량의 2분의 1 이상에 해당하는 용량의 자동압력조절밸브(구동용 동력원의 공급을 차단하는 경우 열리는 구조인 것으로 한정한다)와 안전밸브등이 병렬로 연결된 경우
3. 화학설비 및 그 부속설비에 안전밸브등이 복수방식으로 설치되어 있는 경우
4. 예비용 설비를 설치하고 각각의 설비에 안전밸브등이 설치되어 있는 경우
5. 열팽창에 의하여 상승된 압력을 낮추기 위한 목적으로 안전밸브가 설치된 경우
6. 하나의 플레어 스택(flare stack)에 둘 이상의 단위공정의 플레어 헤더(flare header)를 연결하여 사용하는 경우로서 각각의 단위공정의 플레어헤더에 설치된 차단밸브의 열림·닫힘 상태를 중앙제어실에서 알 수 있도록 조치한 경우

제267조 【배출물질의 처리】 사업주는 안전밸브등으로부터 배출되는 위험물은 연소·흡수·세정(洗淨)·포집(捕集) 또는 회수 등의 방법으로 처리하여야 한다. 다만, 다음 각 호의 어느 하나에 해당하는 경우에는 배출되는

위험물을 안전한 장소로 유도하여 외부로 직접 배출할 수 있다.

1. 배출물질을 연소·흡수·세정·포집 또는 회수 등의 방법으로 처리할 때에 파열판의 기능을 저해할 우려가 있는 경우
2. 배출물질을 연소처리할 때에 유해성가스를 발생시킬 우려가 있는 경우
3. 고압상태의 위험물이 대량으로 배출되어 연소·흡수·세정·포집 또는 회수 등의 방법으로 완전히 처리할 수 없는 경우
4. 공정설비가 있는 지역과 떨어진 인화성 가스 또는 인화성 액체 저장탱크에 안전밸브등이 설치될 때에 저장탱크에 냉각설비 또는 자동소화설비 등 안전상의 조치를 하였을 경우
5. 그 밖에 배출량이 적거나 배출 시 급격히 분산되어 재해의 우려가 없으며, 냉각설비 또는 자동소화설비를 설치하는 등 안전상의 조치를 하였을 경우

제268조 【통기설비】 ① 사업주는 인화성 액체를 저장·취급하는 대기압탱크에는 통기관 또는 통기밸브(breather valve) 등(이하 "통기설비"라 한다)을 설치하여야 한다.

② 제1항에 따른 통기설비는 정상운전 시에 대기압탱크 내부가 진공 또는 가압되지 않도록 충분한 용량의 것을 사용하여야 하며, 철저하게 유지·보수를 하여야 한다.

제269조 【화염방지기의 설치 등】 ① 사업주는 인화성 액체 및 인화성 가스를 저장·취급하는 화학설비에서 증기나 가스를 대기로 방출하는 경우에는 외부로부터의 화염을 방지하기 위하여 화염방지기를 그 설비 상단에 설치해야 한다. 다만, 대기로 연결된 통기관에 화염방지 기능이 있는 통기밸브가 설치되어 있거나, 인화점이 섭씨 38도 이상 60도 이하인 인화성 액체를 저장·취급할 때에 화염방지 기능을 가지는 인화방지망을 설치한 경우에는 그렇지 않다. (2022.10.18 개정)

② 사업주는 제1항의 화염방지기를 설치하는 경우에는 한국산업표준에서 정하는 화염방지장치 기준에 적합한 것을 설치하여야 하며, 항상 철저하게 보수·유지하여야 한다. (2022.10.18 개정)

제270조 【내화기준】 ① 사업주는 제230조제1항에 따른 가스폭발 위험장소 또는 분진폭발 위험장소에 설치되는 건축물 등에 대해서는 다음 각 호에 해당하는 부분을 내화구조로 하여야 하며, 그 성능이 항상 유지될 수 있도록 점검·보수 등 적절한 조치를 하여야 한다. 다만, 건축물 등의 주변에 화재에 대비하여 물 분무시설 또는 폼 헤드(foam head)설비 등의 자동소화설비를 설치하여 건축물 등이 화재시에 2시간 이상 그 안전성을 유지할 수 있도록 한 경우에는 내화구조로 하지 아니할 수 있다.

1. 건축물의 기둥 및 보 : 지상 1층(지상 1층의 높이가 6미터를 초과하는 경우에는 6미터)까지
2. 위험물 저장·취급용기의 지지대(높이가 30센티미터 이하인 것은 제외한다) : 지상으로부터 지지대의 끝부분까지
3. 배관·전선관 등의 지지대 : 지상으로부터 1단(1단의 높이가 6미터를 초과하는 경우에는 6미터)까지

② 내화재료는 한국산업표준으로 정하는 기준에 적합하거나 그 이상의 성능을 가지는 것이어야 한다. (2022.10.18 개정)

제271조 【안전거리】 사업주는 별표 1 제1호부터 제5호까지의 위험물을 저장·취급하는 화학설비 및 그 부속설비를 설치하는 경우에는 폭발이나 화재에 따른 피해를 줄일 수 있도록 별표 8에 따라 설비 및 시설 간에 충분한 안전거리를 유지하여야 한다. 다만, 다른 법령에 따라 안전거리 또는 보유공지를 유지하거나, 법 제44조에 따른 공정안전보고서를 제출하여 피해최소화를 위한 위험성 평가를 통하여 그 안전성을 확인받은 경우에는 그러하지 아니하다. (2019.12.26 개정)

제272조 【방유제 설치】 사업주는 별표 1 제4

호부터 제7호까지의 위험물을 액체상태로 저장하는 저장탱크를 설치하는 경우에는 위험물질이 누출되어 확산되는 것을 방지하기 위하여 방유제(防油堤)를 설치하여야 한다.

제273조 【계측장치 등의 설치】 사업주는 별표 9에 따른 위험물을 같은 표에서 정한 기준량 이상으로 제조하거나 취급하는 다음 각 호의 어느 하나에 해당하는 화학설비(이하 "특수화학설비"라 한다)를 설치하는 경우에는 내부의 이상 상태를 조기에 파악하기 위하여 필요한 온도계·유량계·압력계 등의 계측장치를 설치하여야 한다.

1. 발열반응이 일어나는 반응장치
2. 증류·정류·증발·추출 등 분리를 하는 장치
3. 가열시켜 주는 물질의 온도가 가열되는 위험물질의 분해온도 또는 발화점보다 높은 상태에서 운전되는 설비
4. 반응폭주 등 이상 화학반응에 의하여 위험물질이 발생할 우려가 있는 설비
5. 온도가 섭씨 350도 이상이거나 게이지 압력이 980킬로파스칼 이상인 상태에서 운전되는 설비
6. 가열로 또는 가열기

제274조 【자동경보장치의 설치 등】 사업주는 특수화학설비를 설치하는 경우에는 그 내부의 이상 상태를 조기에 파악하기 위하여 필요한 자동경보장치를 설치하여야 한다. 다만, 자동경보장치를 설치하는 것이 곤란한 경우에는 감시인을 두고 그 특수화학설비의 운전 중 설비를 감시하도록 하는 등의 조치를 하여야 한다.

제275조 【긴급차단장치의 설치 등】 ① 사업주는 특수화학설비를 설치하는 경우에는 이상 상태의 발생에 따른 폭발·화재 또는 위험물의 누출을 방지하기 위하여 원재료 공급의 긴급차단, 제품 등의 방출, 불활성가스의 주입이나 냉각용수 등의 공급을 위하여 필요한 장치 등을 설치하여야 한다.

② 제1항의 장치 등은 안전하고 정확하게 조작할 수 있도록 보수·유지되어야 한다.

제276조 【예비동력원 등】 사업주는 특수화학설비와 그 부속설비에 사용하는 동력원에 대하여 다음 각 호의 사항을 준수하여야 한다.

1. 동력원의 이상에 의한 폭발이나 화재를 방지하기 위하여 즉시 사용할 수 있는 예비동력원을 갖추어 둘 것
2. 밸브·콕·스위치 등에 대해서는 오조작을 방지하기 위하여 잠금장치를 하고 색채표시 등으로 구분할 것

제277조 【사용 전의 점검 등】 ① 사업주는 다음 각 호의 어느 하나에 해당하는 경우에는 화학설비 및 그 부속설비의 안전검사내용을 점검한 후 해당 설비를 사용하여야 한다.

1. 처음으로 사용하는 경우
2. 분해하거나 개조 또는 수리를 한 경우
3. 계속하여 1개월 이상 사용하지 아니한 후 다시 사용하는 경우

② 사업주는 제1항의 경우 외에 해당 화학설비 또는 그 부속설비의 용도를 변경하는 경우(사용하는 원재료의 종류를 변경하는 경우를 포함한다)에도 해당 설비의 다음 각 호의 사항을 점검한 후 사용하여야 한다.

1. 그 설비 내부에 폭발이나 화재의 우려가 있는 물질이 있는지 여부
2. 안전밸브·긴급차단장치 및 그 밖의 방호장치 기능의 이상 유무
3. 냉각장치·가열장치·교반장치·압축장치·계측장치 및 제어장치 기능의 이상 유무

제278조 【개조·수리 등】 사업주는 화학설비와 그 부속설비의 개조·수리 및 청소 등을 위하여 해당 설비를 분해하거나 해당 설비의 내부에서 작업을 하는 경우에는 다음 각 호의 사항을 준수하여야 한다.

1. 작업책임자를 정하여 해당 작업을 지휘하도록 할 것
2. 작업장소에 위험물 등이 누출되거나 고온의 수증기가 새어나오지 않도록 할 것

3. 작업장 및 그 주변의 인화성 액체의 증기나 인화성 가스의 농도를 수시로 측정할 것

제279조【대피 등】 ① 사업주는 폭발이나 화재에 의한 산업재해발생의 급박한 위험이 있는 경우에는 즉시 작업을 중지하고 근로자를 안전한 장소로 대피시켜야 한다.

② 사업주는 제1항의 경우에 근로자가 산업재해를 입을 우려가 없음이 확인될 때까지 해당 작업장에 관계자가 아닌 사람의 출입을 금지하고, 그 취지를 보기 쉬운 장소에 표시하여야 한다.

제5절 건조설비

제280조【위험물 건조설비를 설치하는 건축물의 구조】 사업주는 다음 각 호의 어느 하나에 해당하는 위험물 건조설비(이하 "위험물 건조설비"라 한다) 중 건조실을 설치하는 건축물의 구조는 독립된 단층건물로 하여야 한다. 다만, 해당 건조실을 건축물의 최상층에 설치하거나 건축물이 내화구조인 경우에는 그러하지 아니하다.

1. 위험물 또는 위험물이 발생하는 물질을 가열·건조하는 경우 내용적이 1세제곱미터 이상인 건조설비
2. 위험물이 아닌 물질을 가열·건조하는 경우로서 다음 각 목의 어느 하나의 용량에 해당하는 건조설비
   가. 고체 또는 액체연료의 최대사용량이 시간당 10킬로그램 이상
   나. 기체연료의 최대사용량이 시간당 1세제곱미터 이상
   다. 전기사용 정격용량이 10킬로와트 이상

제281조【건조설비의 구조 등】 사업주는 건조설비를 설치하는 경우에 다음 각 호와 같은 구조로 설치하여야 한다. 다만, 건조물의 종류, 가열건조의 정도, 열원(熱源)의 종류 등에 따라 폭발이나 화재가 발생할 우려가 없는 경우에는 그러하지 아니하다.

1. 건조설비의 바깥 면은 불연성 재료로 만들 것
2. 건조설비(유기과산화물을 가열 건조하는 것은 제외한다)의 내면과 내부의 선반이나 틀은 불연성 재료로 만들 것
3. 위험물 건조설비의 측벽이나 바닥은 견고한 구조로 할 것
4. 위험물 건조설비는 그 상부를 가벼운 재료로 만들고 주위상황을 고려하여 폭발구를 설치할 것
5. 위험물 건조설비는 건조하는 경우에 발생하는 가스·증기 또는 분진을 안전한 장소로 배출시킬 수 있는 구조로 할 것
6. 액체연료 또는 인화성 가스를 열원의 연료로 사용하는 건조설비는 점화하는 경우에는 폭발이나 화재를 예방하기 위하여 연소실이나 그 밖에 점화하는 부분을 환기시킬 수 있는 구조로 할 것
7. 건조설비의 내부는 청소하기 쉬운 구조로 할 것
8. 건조설비의 감시창·출입구 및 배기구 등과 같은 개구부는 발화 시에 불이 다른 곳으로 번지지 아니하는 위치에 설치하고 필요한 경우에는 즉시 밀폐할 수 있는 구조로 할 것
9. 건조설비는 내부의 온도가 부분적으로 상승하지 아니하는 구조로 설치할 것 (2019. 10.15 개정)
10. 위험물 건조설비의 열원으로서 직화를 사용하지 아니할 것
11. 위험물 건조설비가 아닌 건조설비의 열원으로서 직화를 사용하는 경우에는 불꽃 등에 의한 화재를 예방하기 위하여 덮개를 설치하거나 격벽을 설치할 것

제282조【건조설비의 부속전기설비】 ① 사업주는 건조설비에 부속된 전열기·전동기 및 전등 등에 접속된 배선 및 개폐기를 사용하는 경우에는 그 건조설비 전용의 것을 사용하여야 한다.

② 사업주는 위험물 건조설비의 내부에서 전기불꽃의 발생으로 위험물의 점화원이 될 우

려가 있는 전기기계·기구 또는 배선을 설치해서는 아니 된다.

제283조【건조설비의 사용】 사업주는 건조설비를 사용하여 작업을 하는 경우에 폭발이나 화재를 예방하기 위하여 다음 각 호의 사항을 준수하여야 한다.

1. 위험물 건조설비를 사용하는 경우에는 미리 내부를 청소하거나 환기할 것
2. 위험물 건조설비를 사용하는 경우에는 건조로 인하여 발생하는 가스·증기 또는 분진에 의하여 폭발·화재의 위험이 있는 물질을 안전한 장소로 배출시킬 것
3. 위험물 건조설비를 사용하여 가열건조하는 건조물은 쉽게 이탈되지 않도록 할 것
4. 고온으로 가열건조한 인화성 액체는 발화의 위험이 없는 온도로 냉각한 후에 격납시킬 것
5. 건조설비(바깥 면이 현저히 고온이 되는 설비만 해당한다)에 가까운 장소에는 인화성 액체를 두지 않도록 할 것

제284조【건조설비의 온도 측정】 사업주는 건조설비에 대하여 내부의 온도를 수시로 측정할 수 있는 장치를 설치하거나 내부의 온도가 자동으로 조정되는 장치를 설치하여야 한다.

제6절 아세틸렌 용접장치 및 가스집합 용접장치

제1관 아세틸렌 용접장치

제285조【압력의 제한】 사업주는 아세틸렌 용접장치를 사용하여 금속의 용접·용단 또는 가열작업을 하는 경우에는 게이지 압력이 127킬로파스칼을 초과하는 압력의 아세틸렌을 발생시켜 사용해서는 아니 된다.

제286조【발생기실의 설치장소 등】 ① 사업주는 아세틸렌 용접장치의 아세틸렌 발생기(이하 "발생기"라 한다)를 설치하는 경우에는 전용의 발생기실에 설치하여야 한다.
② 제1항의 발생기실은 건물의 최상층에 위치하여야 하며, 화기를 사용하는 설비로부터 3미터를 초과하는 장소에 설치하여야 한다.
③ 제1항의 발생기실을 옥외에 설치한 경우에는 그 개구부를 다른 건축물로부터 1.5미터 이상 떨어지도록 하여야 한다.

제287조【발생기실의 구조 등】 사업주는 발생기실을 설치하는 경우에 다음 각 호의 사항을 준수하여야 한다.

1. 벽은 불연성 재료로 하고 철근 콘크리트 또는 그 밖에 이와 같은 수준이거나 그 이상의 강도를 가진 구조로 할 것 (2019.1.31 개정)
2. 지붕과 천장에는 얇은 철판이나 가벼운 불연성 재료를 사용할 것
3. 바닥면적의 16분의 1 이상의 단면적을 가진 배기통을 옥상으로 돌출시키고 그 개구부를 창이나 출입구로부터 1.5미터 이상 떨어지도록 할 것
4. 출입구의 문은 불연성 재료로 하고 두께 1.5밀리미터 이상의 철판이나 그 밖에 그 이상의 강도를 가진 구조로 할 것
5. 벽과 발생기 사이에는 발생기의 조정 또는 카바이드 공급 등의 작업을 방해하지 않도록 간격을 확보할 것

제288조【격납실】 사업주는 사용하지 않고 있는 이동식 아세틸렌 용접장치를 보관하는 경우에는 전용의 격납실에 보관하여야 한다. 다만, 기종을 분리하고 발생기를 세척한 후 보관하는 경우에는 임의의 장소에 보관할 수 있다.

제289조【안전기의 설치】 ① 사업주는 아세틸렌 용접장치의 취관마다 안전기를 설치하여야 한다. 다만, 주관 및 취관에 가장 가까운 분기관(分岐管)마다 안전기를 부착한 경우에는 그러하지 아니하다.
② 사업주는 가스용기가 발생기와 분리되어 있는 아세틸렌 용접장치에 대하여 발생기와

가스용기 사이에 안전기를 설치하여야 한다.

제290조【아세틸렌 용접장치의 관리 등】 사업주는 아세틸렌 용접장치를 사용하여 금속의 용접·용단(溶斷) 또는 가열작업을 하는 경우에 다음 각 호의 사항을 준수하여야 한다.

1. 발생기(이동식 아세틸렌 용접장치의 발생기는 제외한다)의 종류, 형식, 제작업체명, 매 시 평균 가스발생량 및 1회 카바이드 공급량을 발생기실 내의 보기 쉬운 장소에 게시할 것
2. 발생기실에는 관계 근로자가 아닌 사람이 출입하는 것을 금지할 것
3. 발생기에서 5미터 이내 또는 발생기실에서 3미터 이내의 장소에서는 흡연, 화기의 사용 또는 불꽃이 발생할 위험한 행위를 금지시킬 것
4. 도관에는 산소용과 아세틸렌용의 혼동을 방지하기 위한 조치를 할 것
5. 아세틸렌 용접장치의 설치장소에는 소화기 한 대 이상을 갖출 것 (2024.6.28 개정)
6. 이동식 아세틸렌용접장치의 발생기는 고온의 장소, 통풍이나 환기가 불충분한 장소 또는 진동이 많은 장소 등에 설치하지 않도록 할 것

제2관 가스집합 용접장치

제291조【가스집합장치의 위험 방지】 ① 사업주는 가스집합장치에 대해서는 화기를 사용하는 설비로부터 5미터 이상 떨어진 장소에 설치하여야 한다.

② 사업주는 제1항의 가스집합장치를 설치하는 경우에는 전용의 방(이하 "가스장치실"이라 한다)에 설치하여야 한다. 다만, 이동하면서 사용하는 가스집합장치의 경우에는 그러하지 아니하다.

③ 사업주는 가스장치실에서 가스집합장치의 가스용기를 교환하는 작업을 할 때 가스장치실의 부속설비 또는 다른 가스용기에 충격을 줄 우려가 있는 경우에는 고무판 등을 설치하는 등 충격방지 조치를 하여야 한다.

제292조【가스장치실의 구조 등】 사업주는 가스장치실을 설치하는 경우에 다음 각 호의 구조로 설치하여야 한다.

1. 가스가 누출된 경우에는 그 가스가 정체되지 않도록 할 것
2. 지붕과 천장에는 가벼운 불연성 재료를 사용할 것
3. 벽에는 불연성 재료를 사용할 것

제293조【가스집합용접장치의 배관】 사업주는 가스집합용접장치(이동식을 포함한다)의 배관을 하는 경우에는 다음 각 호의 사항을 준수하여야 한다.

1. 플랜지·밸브·콕 등의 접합부에는 개스킷을 사용하고 접합면을 상호 밀착시키는 등의 조치를 할 것
2. 주관 및 분기관에는 안전기를 설치할 것. 이 경우 하나의 취관에 2개 이상의 안전기를 설치하여야 한다.

제294조【구리의 사용 제한】 사업주는 용해아세틸렌의 가스집합용접장치의 배관 및 부속기구는 구리나 구리 함유량이 70퍼센트 이상인 합금을 사용해서는 아니 된다.

제295조【가스집합용접장치의 관리 등】 사업주는 가스집합용접장치를 사용하여 금속의 용접·용단 및 가열작업을 하는 경우에는 다음 각 호의 사항을 준수하여야 한다.

1. 사용하는 가스의 명칭 및 최대가스저장량을 가스장치실의 보기 쉬운 장소에 게시할 것
2. 가스용기를 교환하는 경우에는 관리감독자가 참여한 가운데 할 것
3. 밸브·콕 등의 조작 및 점검요령을 가스장치실의 보기 쉬운 장소에 게시할 것
4. 가스장치실에는 관계근로자가 아닌 사람의 출입을 금지할 것
5. 가스집합장치로부터 5미터 이내의 장소에서는 흡연, 화기의 사용 또는 불꽃을 발생할 우려가 있는 행위를 금지할 것

6. 도관에는 산소용과의 혼동을 방지하기 위한 조치를 할 것
7. 가스집합장치의 설치장소에는 소화설비[「소방시설 설치 및 관리에 관한 법률 시행령」 별표 1에 따른 소화설비(간이소화용구를 제외한다)를 말한다] 중 어느 하나 이상을 갖출 것 (2024.6.28 개정)
8. 이동식 가스집합용접장치의 가스집합장치는 고온의 장소, 통풍이나 환기가 불충분한 장소 또는 진동이 많은 장소에 설치하지 않도록 할 것
9. 해당 작업을 행하는 근로자에게 보안경과 안전장갑을 착용시킬 것

제7절 폭발·화재 및 위험물 누출에 의한 위험방지

제296조【지하작업장 등】 사업주는 인화성 가스가 발생할 우려가 있는 지하작업장에서 작업하는 경우(제350조에 따른 터널 등의 건설작업의 경우는 제외한다) 또는 가스도관에서 가스가 발산될 위험이 있는 장소에서 굴착작업(해당 작업이 이루어지는 장소 및 그와 근접한 장소에서 이루어지는 지반의 굴삭 또는 이에 수반한 토사등의 운반 등의 작업을 말한다)을 하는 경우에는 폭발이나 화재를 방지하기 위해 다음 각 호의 조치를 해야 한다. (2023.11.14 개정)

1. 가스의 농도를 측정하는 사람을 지명하고 다음 각 목의 경우에 그로 하여금 해당 가스의 농도를 측정하도록 할 것
   가. 매일 작업을 시작하기 전
   나. 가스의 누출이 의심되는 경우
   다. 가스가 발생하거나 정체할 위험이 있는 장소가 있는 경우
   라. 장시간 작업을 계속하는 경우(이 경우 4시간마다 가스 농도를 측정하도록 하여야 한다)
2. 가스의 농도가 인화하한계 값의 25퍼센트 이상으로 밝혀진 경우에는 즉시 근로자를 안전한 장소에 대피시키고 화기나 그 밖에 점화원이 될 우려가 있는 기계·기구 등의 사용을 중지하며 통풍·환기 등을 할 것

제297조【부식성 액체의 압송설비】 사업주는 별표 1의 부식성 물질을 동력을 사용하여 호스로 압송(壓送)하는 작업을 하는 경우에는 해당 압송에 사용하는 설비에 대하여 다음 각 호의 조치를 하여야 한다.

1. 압송에 사용하는 설비를 운전하는 사람(이하 이 조에서 "운전자"라 한다)이 보기 쉬운 위치에 압력계를 설치하고 운전자가 쉽게 조작할 수 있는 위치에 동력을 차단할 수 있는 조치를 할 것
2. 호스와 그 접속용구는 압송하는 부식성 액체에 대하여 내식성(耐蝕性), 내열성 및 내한성을 가진 것을 사용할 것
3. 호스에 사용정격압력을 표시하고 그 사용정격압력을 초과하여 압송하지 아니할 것
4. 호스 내부에 이상압력이 가하여져 위험할 경우에는 압송에 사용하는 설비에 과압방지장치를 설치할 것
5. 호스와 호스 외의 관 및 호스 간의 접속부분에는 접속용구를 사용하여 누출이 없도록 확실히 접속할 것
6. 운전자를 지정하고 압송에 사용하는 설비의 운전 및 압력계의 감시를 하도록 할 것
7. 호스 및 그 접속용구는 매일 사용하기 전에 점검하고 손상·부식 등의 결함에 의하여 압송하는 부식성 액체가 날아 흩어지거나 새어나갈 위험이 있으면 교환할 것

제298조【공기 외의 가스 사용 제한】 사업주는 압축한 가스의 압력을 사용하여 별표 1의 부식성 액체를 압송하는 작업을 하는 경우에는 공기가 아닌 가스를 해당 압축가스로 사용해서는 안 된다. 다만, 해당 작업을 마친 후 즉시 해당 가스를 배출한 경우 또는 해당 가스가 남아있음을 표시하는 등 근로자가 압송에 사용한 설비의 내부에 출입하여도 질식 위험이 발생할 우려가 없도록 조치한 경우에는 질소나 이산화탄소를 사용할 수 있다. (2023.11.14 개정)

제299조【독성이 있는 물질의 누출 방지】 사업주는 급성 독성물질의 누출로 인한 위험을 방지하기 위하여 다음 각 호의 조치를 하여야 한다.

1. 사업장 내 급성 독성물질의 저장 및 취급량을 최소화할 것
2. 급성 독성물질을 취급 저장하는 설비의 연결 부분은 누출되지 않도록 밀착시키고 매월 1회 이상 연결부분에 이상이 있는지를 점검할 것
3. 급성 독성물질을 폐기·처리하여야 하는 경우에는 냉각·분리·흡수·흡착·소각 등의 처리공정을 통하여 급성 독성물질이 외부로 방출되지 않도록 할 것
4. 급성 독성물질 취급설비의 이상 운전으로 급성 독성물질이 외부로 방출될 경우에는 저장·포집 또는 처리설비를 설치하여 안전하게 회수할 수 있도록 할 것
5. 급성 독성물질을 폐기·처리 또는 방출하는 설비를 설치하는 경우에는 자동으로 작동될 수 있는 구조로 하거나 원격조정할 수 있는 수동조작구조로 설치할 것
6. 급성 독성물질을 취급하는 설비의 작동이 중지된 경우에는 근로자가 쉽게 알 수 있도록 필요한 경보설비를 근로자와 가까운 장소에 설치할 것
7. 급성 독성물질이 외부로 누출된 경우에는 감지·경보할 수 있는 설비를 갖출 것

제300조【기밀시험시의 위험 방지】 ① 사업주는 배관, 용기, 그 밖의 설비에 대하여 질소·이산화탄소 등 불활성가스의 압력을 이용하여 기밀(氣密)시험을 하는 경우에는 지나친 압력의 주입 또는 불량한 작업방법 등으로 발생할 수 있는 파열에 의한 위험을 방지하기 위하여 국가교정기관에서 교정을 받은 압력계를 설치하고 내부압력을 수시로 확인해야 한다. (2023.11.14 개정)

② 제1항의 압력계는 기밀시험을 하는 배관 등의 내부압력을 항상 확인할 수 있도록 작업자가 보기 쉬운 장소에 설치하여야 한다.

③ 기밀시험을 종료한 후 설비 내부를 점검할 때에는 반드시 환기를 하고 불활성가스가 남아 있는지를 측정하여 안전한 상태를 확인한 후 점검하여야 한다.

④ 사업주는 기밀시험장비가 주입압력에 충분히 견딜 수 있도록 견고하게 설치하여야 하며, 이상압력에 의한 연결파이프 등의 파열방지를 위한 안전조치를 하고 그 상태를 미리 확인하여야 한다.

제3장 전기로 인한 위험 방지

제1절 전기 기계·기구 등으로 인한 위험 방지

제301조【전기 기계·기구 등의 충전부 방호】 ① 사업주는 근로자가 작업이나 통행 등으로 인하여 전기기계, 기구 [전동기·변압기·접속기·개폐기·분전반(分電盤)·배전반(配電盤) 등 전기를 통하는 기계·기구, 그 밖의 설비 중 배선 및 이동전선 외의 것을 말한다. 이하 같다)] 또는 전로 등의 충전부분(전열기의 발열체 부분, 저항접속기의 전극 부분 등 전기기계·기구의 사용 목적에 따라 노출이 불가피한 충전부분은 제외한다. 이하 같다)에 접촉(충전부분과 연결된 도전체와의 접촉을 포함한다. 이하 이 장에서 같다)하거나 접근함으로써 감전 위험이 있는 충전부분에 대하여 감전을 방지하기 위하여 다음 각 호의 방법 중 하나 이상의 방법으로 방호하여야 한다.

1. 충전부가 노출되지 않도록 폐쇄형 외함(外函)이 있는 구조로 할 것
2. 충전부에 충분한 절연효과가 있는 방호망이나 절연덮개를 설치할 것
3. 충전부는 내구성이 있는 절연물로 완전히 덮어 감쌀 것
4. 발전소·변전소 및 개폐소 등 구획되어 있는 장소로서 관계 근로자가 아닌 사람의 출입이 금지되는 장소에 충전부를 설치하고, 위험표시 등의 방법으로 방호를 강화할 것
5. 전주 위 및 철탑 위 등 격리되어 있는 장소로서 관계 근로자가 아닌 사람이 접근할

우려가 없는 장소에 충전부를 설치할 것

② 사업주는 근로자가 노출 충전부가 있는 맨홀 또는 지하실 등의 밀폐공간에서 작업하는 경우에는 노출 충전부와의 접촉으로 인한 전기위험을 방지하기 위하여 덮개, 울타리 또는 절연 칸막이 등을 설치하여야 한다. (2019.10.15 개정)

③ 사업주는 근로자의 감전위험을 방지하기 위하여 개폐되는 문, 경첩이 있는 패널 등(분전반 또는 제어반 문)을 견고하게 고정시켜야 한다.

제302조【전기 기계·기구의 접지】 ① 사업주는 누전에 의한 감전의 위험을 방지하기 위하여 다음 각 호의 부분에 대하여 접지를 해야 한다. (2021.11.19 개정)

1. 전기 기계·기구의 금속제 외함, 금속제 외피 및 철대
2. 고정 설치되거나 고정배선에 접속된 전기기계·기구의 노출된 비충전 금속체 중 충전될 우려가 있는 다음 각 목의 어느 하나에 해당하는 비충전 금속체
   가. 지면이나 접지된 금속체로부터 수직거리 2.4미터, 수평거리 1.5미터 이내인 것
   나. 물기 또는 습기가 있는 장소에 설치되어 있는 것
   다. 금속으로 되어 있는 기기접지용 전선의 피복·외장 또는 배선관 등
   라. 사용전압이 대지전압 150볼트를 넘는 것
3. 전기를 사용하지 아니하는 설비 중 다음 각 목의 어느 하나에 해당하는 금속체
   가. 전동식 양중기의 프레임과 궤도
   나. 전선이 붙어 있는 비전동식 양중기의 프레임
   다. 고압(1.5천볼트 초과 7천볼트 이하의 직류전압 또는 1천볼트 초과 7천볼트 이하의 교류전압을 말한다. 이하 같다) 이상의 전기를 사용하는 전기 기계·기구 주변의 금속제 칸막이·망 및 이와 유사한 장치 (2021.11.19 개정)
4. 코드와 플러그를 접속하여 사용하는 전기기계·기구 중 다음 각 목의 어느 하나에 해당하는 노출된 비충전 금속체
   가. 사용전압이 대지전압 150볼트를 넘는 것
   나. 냉장고·세탁기·컴퓨터 및 주변기기 등과 같은 고정형 전기기계·기구
   다. 고정형·이동형 또는 휴대형 전동기계·기구
   라. 물 또는 도전성(導電性)이 높은 곳에서 사용하는 전기기계·기구, 비접지형 콘센트
   마. 휴대형 손전등
5. 수중펌프를 금속제 물탱크 등의 내부에 설치하여 사용하는 경우 그 탱크(이 경우 탱크를 수중펌프의 접지선과 접속하여야 한다)

② 사업주는 다음 각 호의 어느 하나에 해당하는 경우에는 제1항을 적용하지 않을 수 있다. (2021.11.19 개정)

1. 「전기용품 및 생활용품 안전관리법」이 적용되는 이중절연 또는 이와 같은 수준 이상으로 보호되는 구조로 된 전기기계·기구 (2021.11.19 개정)
2. 절연대 위 등과 같이 감전 위험이 없는 장소에서 사용하는 전기기계·기구
3. 비접지방식의 전로(그 전기기계·기구의 전원측의 전로에 설치한 절연변압기의 2차 전압이 300볼트 이하, 정격용량이 3킬로볼트암페어 이하이고 그 절연전압기의 부하측의 전로가 접지되어 있지 아니한 것으로 한정한다)에 접속하여 사용되는 전기기계·기구

③ 사업주는 특별고압(7천볼트를 초과하는 직교류전압을 말한다. 이하 같다)의 전기를 취급하는 변전소·개폐소, 그 밖에 이와 유사한 장소에서 지락(地絡) 사고가 발생하는 경우에는 접지극의 전위상승에 의한 감전위험을 줄이기 위한 조치를 하여야 한다.

④ 사업주는 제1항에 따라 설치된 접지설비에 대하여 항상 적정상태가 유지되는지를 점검하고 이상이 발견되면 즉시 보수하거나 재설치하여야 한다.

제303조【전기 기계·기구의 적정설치 등】 ① 사업주는 전기기계·기구를 설치하려는 경우에는 다음 각 호의 사항을 고려하여 적절하게 설치해야 한다. (2021.5.28 개정)

1. 전기기계·기구의 충분한 전기적 용량 및 기계적 강도 (2021.5.28 개정)
2. 습기·분진 등 사용장소의 주위 환경
3. 전기적·기계적 방호수단의 적정성

② 사업주는 전기 기계·기구를 사용하는 경우에는 국내외의 공인된 인증기관의 인증을 받은 제품을 사용하되, 제조자의 제품설명서 등에서 정하는 조건에 따라 설치하고 사용하여야 한다.

제304조【누전차단기에 의한 감전방지】 ① 사업주는 다음 각 호의 전기 기계·기구에 대하여 누전에 의한 감전위험을 방지하기 위하여 해당 전로의 정격에 적합하고 감도(전류 등에 반응하는 정도)가 양호하며 확실하게 작동하는 감전방지용 누전차단기를 설치해야 한다. (2021.11.19 개정)

1. 대지전압이 150볼트를 초과하는 이동형 또는 휴대형 전기기계·기구
2. 물 등 도전성이 높은 액체가 있는 습윤장소에서 사용하는 저압(1.5천볼트 이하 직류전압이나 1천볼트 이하의 교류전압을 말한다)용 전기기계·기구 (2021.11.19 개정)
3. 철판·철골 위 등 도전성이 높은 장소에서 사용하는 이동형 또는 휴대형 전기기계·기구
4. 임시배선의 전로가 설치되는 장소에서 사용하는 이동형 또는 휴대형 전기기계·기구

② 사업주는 제1항에 따라 감전방지용 누전차단기를 설치하기 어려운 경우에는 작업시작 전에 접지선의 연결 및 접속부 상태 등이 적합한지 확실하게 점검하여야 한다.

③ 다음 각 호의 어느 하나에 해당하는 경우에는 제1항과 제2항을 적용하지 않는다. (2021.11.19 개정)

1. 「전기용품 및 생활용품 안전관리법」이 적용되는 이중절연 또는 이와 같은 수준 이상으로 보호되는 구조로 된 전기기계·기구 (2021.11.19 개정)
2. 절연대 위 등과 같이 감전위험이 없는 장소에서 사용하는 전기기계·기구
3. 비접지방식의 전로

④ 사업주는 제1항에 따라 전기기계·기구를 사용하기 전에 해당 누전차단기의 작동상태를 점검하고 이상이 발견되면 즉시 보수하거나 교환하여야 한다.

⑤ 사업주는 제1항에 따라 설치한 누전차단기를 접속하는 경우에 다음 각 호의 사항을 준수하여야 한다.

1. 전기기계·기구에 설치되어 있는 누전차단기는 정격감도전류가 30밀리암페어 이하이고 작동시간은 0.03초 이내일 것. 다만, 정격전부하전류가 50암페어 이상인 전기기계·기구에 접속되는 누전차단기는 오작동을 방지하기 위하여 정격감도전류는 200밀리암페어 이하로, 작동시간은 0.1초 이내로 할 수 있다.
2. 분기회로 또는 전기기계·기구마다 누전차단기를 접속할 것. 다만, 평상시 누설전류가 매우 적은 소용량부하의 전로에는 분기회로에 일괄하여 접속할 수 있다.
3. 누전차단기는 배전반 또는 분전반 내에 접속하거나 꽂음접속기형 누전차단기를 콘센트에 접속하는 등 파손이나 감전사고를 방지할 수 있는 장소에 접속할 것
4. 지락보호전용 기능만 있는 누전차단기는 과전류를 차단하는 퓨즈나 차단기 등과 조합하여 접속할 것

제305조【과전류 차단장치】 사업주는 과전류[(정격전류를 초과하는 전류로서 단락(短絡)사고전류, 지락사고전류를 포함하는 것을 말한다. 이하 같다)]로 인한 재해를 방지하기 위하여 다음 각 호의 방법으로 과전류차단장치[(차단기·퓨즈 또는 보호계전기 등과 이에 수반되는 변성기(變成器)를 말한다. 이하 같다)]를 설치하여야 한다.

1. 과전류차단장치는 반드시 접지선이 아닌 전로에 직렬로 연결하여 과전류 발생 시 전로를 자동으로 차단하도록 설치할 것
2. 차단기·퓨즈는 계통에서 발생하는 최대

과전류에 대하여 충분하게 차단할 수 있는 성능을 가질 것
3. 과전류차단장치가 전기계통상에서 상호 협조·보완되어 과전류를 효과적으로 차단하도록 할 것

제306조 【교류아크용접기 등】 ① 사업주는 아크용접 등(자동용접은 제외한다)의 작업에 사용하는 용접봉의 홀더에 대하여 한국산업표준에 적합하거나 그 이상의 절연내력 및 내열성을 갖춘 것을 사용하여야 한다. (2022.10.18 개정)
② 사업주는 다음 각 호의 어느 하나에 해당하는 장소에서 교류아크용접기(자동으로 작동되는 것은 제외한다)를 사용하는 경우에는 교류아크용접기에 자동전격방지기를 설치하여야 한다. (2013.3.21 신설)
1. 선박의 이중 선체 내부, 밸러스트 탱크(ballast tank, 평형수 탱크), 보일러 내부 등 도전체에 둘러싸인 장소 (2019.10.15 개정)
2. 추락할 위험이 있는 높이 2미터 이상의 장소로 철골 등 도전성이 높은 물체에 근로자가 접촉할 우려가 있는 장소
3. 근로자가 물·땀 등으로 인하여 도전성이 높은 습윤 상태에서 작업하는 장소

제307조 【단로기 등의 개폐】 사업주는 부하전류를 차단할 수 없는 고압 또는 특별고압의 단로기(斷路機) 또는 선로개폐기(이하 "단로기등"이라 한다)를 개로(開路)·폐로(閉路)하는 경우에는 그 단로기등의 오조작을 방지하기 위하여 근로자에게 해당 전로가 무부하(無負荷)임을 확인한 후에 조작하도록 주의 표지판 등을 설치하여야 한다. 다만, 그 단로기등에 전로가 무부하로 되지 아니하면 개로·폐로할 수 없도록 하는 연동장치를 설치한 경우에는 그러하지 아니하다.

제308조 【비상전원】 ① 사업주는 정전에 의한 기계·설비의 갑작스러운 정지로 인하여 화재·폭발 등 재해가 발생할 우려가 있는 경우에는 해당 기계·설비에 비상발전기, 비상전원용 수전(受電)설비, 축전지 설비, 전기저장장치 등 비상전원을 접속하여 정전 시 비상전력이 공급되도록 하여야 한다. (2017.3.3 개정)
② 비상전원의 용량은 연결된 부하를 각각의 필요에 따라 충분히 가동할 수 있어야 한다.

제309조 【임시로 사용하는 전등 등의 위험 방지】 ① 사업주는 이동전선에 접속하여 임시로 사용하는 전등이나 가설의 배선 또는 이동전선에 접속하는 가공매달기식 전등 등을 접촉함으로 인한 감전 및 전구의 파손에 의한 위험을 방지하기 위하여 보호망을 부착하여야 한다.
② 제1항의 보호망을 설치하는 경우에는 다음 각 호의 사항을 준수하여야 한다.
1. 전구의 노출된 금속 부분에 근로자가 쉽게 접촉되지 아니하는 구조로 할 것
2. 재료는 쉽게 파손되거나 변형되지 아니하는 것으로 할 것

제310조 【전기 기계·기구의 조작 시 등의 안전조치】 ① 사업주는 전기기계·기구의 조작 부분을 점검하거나 보수하는 경우에는 근로자가 안전하게 작업할 수 있도록 전기 기계·기구로부터 폭 70센티미터 이상의 작업공간을 확보하여야 한다. 다만, 작업공간을 확보하는 것이 곤란하여 근로자에게 절연용 보호구를 착용하도록 한 경우에는 그러하지 아니하다.
② 사업주는 전기적 불꽃 또는 아크에 의한 화상의 우려가 있는 고압 이상의 충전전로 작업에 근로자를 종사시키는 경우에는 방염처리된 작업복 또는 난연(難燃)성능을 가진 작업복을 착용시켜야 한다.

제311조 【폭발위험장소에서 사용하는 전기 기계·기구의 선정 등】 ① 사업주는 제230조제1항에 따른 가스폭발 위험장소 또는 분진폭발 위험장소에서 전기 기계·기구를 사용하는 경우에는 한국산업표준에서 정하는 기준

으로 그 증기, 가스 또는 분진에 대하여 적합한 방폭성능을 가진 방폭구조 전기 기계·기구를 선정하여 사용하여야 한다. (2022.10.18 개정)

② 사업주는 제1항의 방폭구조 전기 기계·기구에 대하여 그 성능이 항상 정상적으로 작동될 수 있는 상태로 유지·관리되도록 하여야 한다.

제312조 【변전실 등의 위치】 사업주는 제230조제1항에 따른 가스폭발 위험장소 또는 분진폭발 위험장소에는 변전실, 배전반실, 제어실, 그 밖에 이와 유사한 시설(이하 이 조에서 "변전실등"이라 한다)을 설치해서는 아니 된다. 다만, 변전실등의 실내기압이 항상 양압(25파스칼 이상의 압력을 말한다. 이하 같다)을 유지하도록 하고 다음 각 호의 조치를 하거나, 가스폭발 위험장소 또는 분진폭발 위험장소에 적합한 방폭성능을 갖는 전기 기계·기구를 변전실등에 설치·사용한 경우에는 그러하지 아니하다.

1. 양압을 유지하기 위한 환기설비의 고장 등으로 양압이 유지되지 아니한 경우 경보를 할 수 있는 조치
2. 환기설비가 정지된 후 재가동하는 경우 변전실등에 가스 등이 있는지를 확인할 수 있는 가스검지기 등 장비의 비치
3. 환기설비에 의하여 변전실등에 공급되는 공기는 제230조제1항에 따른 가스폭발 위험장소 또는 분진폭발 위험장소가 아닌 곳으로부터 공급되도록 하는 조치

제2절 배선 및 이동전선으로 인한 위험 방지

제313조 【배선 등의 절연피복 등】 ① 사업주는 근로자가 작업 중에나 통행하면서 접촉하거나 접촉할 우려가 있는 배선 또는 이동전선에 대하여 절연피복이 손상되거나 노화됨으로 인한 감전의 위험을 방지하기 위하여 필요한 조치를 하여야 한다.

② 사업주는 전선을 서로 접속하는 경우에는 해당 전선의 절연성능 이상으로 절연될 수 있는 것으로 충분히 피복하거나 적합한 접속기구를 사용하여야 한다.

제314조 【습윤한 장소의 이동전선 등】 사업주는 물 등의 도전성이 높은 액체가 있는 습윤한 장소에서 근로자가 작업 중에나 통행하면서 이동전선 및 이에 부속하는 접속기구(이하 이 조와 제315조에서 "이동전선등"이라 한다)에 접촉할 우려가 있는 경우에는 충분한 절연효과가 있는 것을 사용하여야 한다.

제315조 【통로바닥에서의 전선 등 사용 금지】 사업주는 통로바닥에 전선 또는 이동전선등을 설치하여 사용해서는 아니 된다. 다만, 차량이나 그 밖의 물체의 통과 등으로 인하여 해당 전선의 절연피복이 손상될 우려가 없거나 손상되지 않도록 적절한 조치를 하여 사용하는 경우에는 그러하지 아니하다.

제316조 【꽂음접속기의 설치·사용 시 준수사항】 사업주는 꽂음접속기를 설치하거나 사용하는 경우에는 다음 각 호의 사항을 준수하여야 한다.

1. 서로 다른 전압의 꽂음 접속기는 서로 접속되지 아니한 구조의 것을 사용할 것
2. 습윤한 장소에 사용되는 꽂음 접속기는 방수형 등 그 장소에 적합한 것을 사용할 것
3. 근로자가 해당 꽂음 접속기를 접속시킬 경우에는 땀 등으로 젖은 손으로 취급하지 않도록 할 것
4. 해당 꽂음 접속기에 잠금장치가 있는 경우에는 접속 후 잠그고 사용할 것

제317조 【이동 및 휴대장비 등의 사용 전기 작업】 ① 사업주는 이동중에나 휴대장비 등을 사용하는 작업에서 다음 각 호의 조치를 하여야 한다.

1. 근로자가 착용하거나 취급하고 있는 도전성 공구·장비 등이 노출 충전부에 닿지 않도록 할 것
2. 근로자가 사다리를 노출 충전부가 있는

곳에서 사용하는 경우에는 도전성 재질의 사다리를 사용하지 않도록 할 것
3. 근로자가 젖은 손으로 전기기계·기구의 플러그를 꽂거나 제거하지 않도록 할 것
4. 근로자가 전기회로를 개방, 변환 또는 투입하는 경우에는 전기 차단용으로 특별히 설계된 스위치, 차단기 등을 사용하도록 할 것
5. 차단기 등의 과전류 차단장치에 의하여 자동 차단된 후에는 전기회로 또는 전기기계·기구가 안전하다는 것이 증명되기 전까지는 과전류 차단장치를 재투입하지 않도록 할 것

② 제1항에 따라 사업주가 작업지시를 하면 근로자는 이행하여야 한다.

제3절 전기작업에 대한 위험 방지

제318조【전기작업자의 제한】 사업주는 근로자가 감전위험이 있는 전기기계·기구 또는 전로(이하 이 조와 제319조에서 "전기기기등"이라 한다)의 설치·해체·정비·점검(설비의 유효성을 장비, 도구를 이용하여 확인하는 점검으로 한정한다) 등의 작업(이하 "전기작업"이라 한다)을 하는 경우에는「유해·위험작업의 취업 제한에 관한 규칙」제3조에 따른 자격·면허·경험 또는 기능을 갖춘 사람(이하 "유자격자"라 한다)이 작업을 수행하도록 해야 한다. 〈2021.5.28 개정〉

제319조【정전전로에서의 전기작업】 ① 사업주는 근로자가 노출된 충전부 또는 그 부근에서 작업함으로써 감전될 우려가 있는 경우에는 작업에 들어가기 전에 해당 전로를 차단하여야 한다. 다만, 다음 각 호의 경우에는 그러하지 아니하다.
1. 생명유지장치, 비상경보설비, 폭발위험장소의 환기설비, 비상조명설비 등의 장치·설비의 가동이 중지되어 사고의 위험이 증가되는 경우
2. 기기의 설계상 또는 작동상 제한으로 전로차단이 불가능한 경우
3. 감전, 아크 등으로 인한 화상, 화재·폭발의 위험이 없는 것으로 확인된 경우

② 제1항의 전로 차단은 다음 각 호의 절차에 따라 시행하여야 한다.
1. 전기기기등에 공급되는 모든 전원을 관련 도면, 배선도 등으로 확인할 것
2. 전원을 차단한 후 각 단로기 등을 개방하고 확인할 것
3. 차단장치나 단로기 등에 잠금장치 및 꼬리표를 부착할 것
4. 개로된 전로에서 유도전압 또는 전기에너지가 축적되어 근로자에게 전기위험을 끼칠 수 있는 전기기기등은 접촉하기 전에 잔류전하를 완전히 방전시킬 것
5. 검전기를 이용하여 작업 대상 기기가 충전되었는지를 확인할 것
6. 전기기기등이 다른 노출 충전부와의 접촉, 유도 또는 예비동력원의 역송전 등으로 전압이 발생할 우려가 있는 경우에는 충분한 용량을 가진 단락 접지기구를 이용하여 접지할 것

③ 사업주는 제1항 각 호 외의 부분 본문에 따른 작업 중 또는 작업을 마친 후 전원을 공급하는 경우에는 작업에 종사하는 근로자 또는 그 인근에서 작업하거나 정전된 전기기기등(고정 설치된 것으로 한정한다)과 접촉할 우려가 있는 근로자에게 감전의 위험이 없도록 다음 각 호의 사항을 준수하여야 한다.
1. 작업기구, 단락 접지기구 등을 제거하고 전기기기등이 안전하게 통전될 수 있는지를 확인할 것
2. 모든 작업자가 작업이 완료된 전기기기등에서 떨어져 있는지를 확인할 것
3. 잠금장치와 꼬리표는 설치한 근로자가 직접 철거할 것
4. 모든 이상 유무를 확인한 후 전기기기등의 전원을 투입할 것

제320조【정전전로 인근에서의 전기작업】 사업주는 근로자가 전기위험에 노출될 수 있는 정전전로 또는 그 인근에서 작업하거나 정전된 전기기기 등(고정 설치된 것으로 한정한다)

과 접촉할 우려가 있는 경우에 작업 전에 제319조제2항제3호의 조치를 확인하여야 한다.

제321조【충전전로에서의 전기작업】 ① 사업주는 근로자가 충전전로를 취급하거나 그 인근에서 작업하는 경우에는 다음 각 호의 조치를 하여야 한다.

1. 충전전로를 정전시키는 경우에는 제319조에 따른 조치를 할 것
2. 충전전로를 방호, 차폐하거나 절연 등의 조치를 하는 경우에는 근로자의 신체가 전로와 직접 접촉하거나 도전재료, 공구 또는 기기를 통하여 간접 접촉되지 않도록 할 것
3. 충전전로를 취급하는 근로자에게 그 작업에 적합한 절연용 보호구를 착용시킬 것
4. 충전전로에 근접한 장소에서 전기작업을 하는 경우에는 해당 전압에 적합한 절연용 방호구를 설치할 것. 다만, 저압인 경우에는 해당 전기작업자가 절연용 보호구를 착용하되, 충전전로에 접촉할 우려가 없는 경우에는 절연용 방호구를 설치하지 아니할 수 있다.
5. 고압 및 특별고압의 전로에서 전기작업을 하는 근로자에게 활선작업용 기구 및 장치를 사용하도록 할 것
6. 근로자가 절연용 방호구의 설치·해체작업을 하는 경우에는 절연용 보호구를 착용하거나 활선작업용 기구 및 장치를 사용하도록 할 것
7. 유자격자가 아닌 근로자가 충전전로 인근의 높은 곳에서 작업할 때에 근로자의 몸 또는 긴 도전성 물체가 방호되지 않은 충전전로에서 대지전압이 50킬로볼트 이하인 경우에는 300센티미터 이내로, 대지전압이 50킬로볼트를 넘는 경우에는 10킬로볼트당 10센티미터씩 더한 거리 이내로 각각 접근할 수 없도록 할 것
8. 유자격자가 충전전로 인근에서 작업하는 경우에는 다음 각 목의 경우를 제외하고는 노출 충전부에 다음 표에 제시된 접근한계거리 이내로 접근하거나 절연 손잡이가 없는 도전체에 접근할 수 없도록 할 것
   가. 근로자가 노출 충전부로부터 절연된 경우 또는 해당 전압에 적합한 절연장갑을 착용한 경우
   나. 노출 충전부가 다른 전위를 갖는 도전체 또는 근로자와 절연된 경우
   다. 근로자가 다른 전위를 갖는 모든 도전체로부터 절연된 경우

충전전로의 선간전압 (단위 : 킬로볼트)	충전전로에 대한 접근 한계거리 (단위 : 센티미터)
0.3 이하	접촉금지
0.3 초과 0.75 이하	30
0.75 초과 2 이하	45
2 초과 15 이하	60
15 초과 37 이하	90
37 초과 88 이하	110
88 초과 121 이하	130
121 초과 145 이하	150
145 초과 169 이하	170
169 초과 242 이하	230
242 초과 362 이하	380
362 초과 550 이하	550
550 초과 800 이하	790

② 사업주는 절연이 되지 않은 충전부나 그 인근에 근로자가 접근하는 것을 막거나 제한할 필요가 있는 경우에는 울타리를 설치하고 근로자가 쉽게 알아볼 수 있도록 하여야 한다. 다만, 전기와 접촉할 위험이 있는 경우에는 도전성이 있는 금속제 울타리를 사용하거나, 제1항의 표에 정한 접근 한계거리 이내에 설치해서는 아니 된다. (2019.10.15 개정)

③ 사업주는 제2항의 조치가 곤란한 경우에는 근로자를 감전위험에서 보호하기 위하여 사전에 위험을 경고하는 감시인을 배치하여야 한다.

제322조【충전전로 인근에서의 차량·기계장치 작업】 ① 사업주는 충전전로 인근에서 차량, 기계장치 등(이하 이 조에서 "차량등"이라 한다)의 작업이 있는 경우에는 차량등을 충전전로의 충전부로부터 300센티미터 이

상 이격시켜 유지시키되, 대지전압이 50킬로볼트를 넘는 경우 이격시켜 유지하여야 하는 거리(이하 이 조에서 "이격거리"라 한다)는 10킬로볼트 증가할 때마다 10센티미터씩 증가시켜야 한다. 다만, 차량등의 높이를 낮춘 상태에서 이동하는 경우에는 이격거리를 120센티미터 이상(대지전압이 50킬로볼트를 넘는 경우에는 10킬로볼트 증가할 때마다 이격거리를 10센티미터씩 증가)으로 할 수 있다.

② 제1항에도 불구하고 충전전로의 전압에 적합한 절연용 방호구 등을 설치한 경우에는 이격거리를 절연용 방호구 앞면까지로 할 수 있으며, 차량등의 가공 붐대의 버킷이나 끝부분 등이 충전전로의 전압에 적합하게 절연되어 있고 유자격자가 작업을 수행하는 경우에는 붐대의 절연되지 않은 부분과 충전전로 간의 이격거리는 제321조제1항제8호의 표에 따른 접근 한계거리까지로 할 수 있다. (2021.5.28 개정)

③ 사업주는 다음 각 호의 경우를 제외하고는 근로자가 차량등의 그 어느 부분과도 접촉하지 않도록 울타리를 설치하거나 감시인 배치 등의 조치를 하여야 한다. (2019.10.15 개정)

1. 근로자가 해당 전압에 적합한 제323조제1항의 절연용 보호구등을 착용하거나 사용하는 경우
2. 차량등의 절연되지 않은 부분이 제321조제1항의 표에 따른 접근 한계거리 이내로 접근하지 않도록 하는 경우

④ 사업주는 충전전로 인근에서 접지된 차량등이 충전전로와 접촉할 우려가 있을 경우에는 지상의 근로자가 접지점에 접촉하지 않도록 조치하여야 한다.

제323조【절연용 보호구 등의 사용】 ① 사업주는 다음 각 호의 작업에 사용하는 절연용 보호구, 절연용 방호구, 활선작업용 기구, 활선작업용 장치(이하 이 조에서 "절연용 보호구등"이라 한다)에 대하여 각각의 사용목적에 적합한 종별·재질 및 치수의 것을 사용해야 한다. (2021.5.28 개정)

1. 제301조제2항에 따른 밀폐공간에서의 전기작업
2. 제317조에 따른 이동 및 휴대장비 등을 사용하는 전기작업
3. 제319조 및 제320조에 따른 정전전로 또는 그 인근에서의 전기작업 (2021.5.28 개정)
4. 제321조의 충전전로에서의 전기작업
5. 제322조의 충전전로 인근에서의 차량·기계장치 등의 작업

② 사업주는 절연용 보호구등이 안전한 성능을 유지하고 있는지를 정기적으로 확인하여야 한다.

③ 사업주는 근로자가 절연용 보호구등을 사용하기 전에 흠·균열·파손, 그 밖의 손상 유무를 발견하여 정비 또는 교환을 요구하는 경우에는 즉시 조치하여야 한다.

제324조【적용 제외】 제38조제1항제5호, 제301조부터 제310조까지 및 제313조부터 제323조까지의 규정은 대지전압이 30볼트 이하인 전기기계·기구·배선 또는 이동전선에 대해서는 적용하지 아니한다.

제4절 정전기 및 전자파로 인한 재해 예방

제325조【정전기로 인한 화재 폭발 등 방지】 ① 사업주는 다음 각 호의 설비를 사용할 때에 정전기에 의한 화재 또는 폭발 등의 위험이 발생할 우려가 있는 경우에는 해당 설비에 대하여 확실한 방법으로 접지를 하거나, 도전성 재료를 사용하거나 가습 및 점화원이 될 우려가 없는 제전(除電)장치를 사용하는 등 정전기의 발생을 억제하거나 제거하기 위하여 필요한 조치를 하여야 한다.

1. 위험물을 탱크로리·탱크차 및 드럼 등에 주입하는 설비
2. 탱크로리·탱크차 및 드럼 등 위험물저장설비
3. 인화성 액체를 함유하는 도료 및 접착제

등을 제조·저장·취급 또는 도포(塗布)하는 설비
4. 위험물 건조설비 또는 그 부속설비
5. 인화성 고체를 저장하거나 취급하는 설비
6. 드라이클리닝설비, 염색가공설비 또는 모피류 등을 씻는 설비 등 인화성유기용제를 사용하는 설비
7. 유압, 압축공기 또는 고전위정전기 등을 이용하여 인화성 액체나 인화성 고체를 분무하거나 이송하는 설비
8. 고압가스를 이송하거나 저장·취급하는 설비
9. 화약류 제조설비
10. 발파공에 장전된 화약류를 점화시키는 경우에 사용하는 발파기(발파공을 막는 재료로 물을 사용하거나 갱도발파를 하는 경우는 제외한다)

② 사업주는 인체에 대전된 정전기에 의한 화재 또는 폭발 위험이 있는 경우에는 정전기 대전방지용 안전화 착용, 제전복(除電服) 착용, 정전기 제전용구 사용 등의 조치를 하거나 작업장 바닥 등에 도전성을 갖추도록 하는 등 필요한 조치를 하여야 한다.

③ 생산공정상 정전기에 의한 감전 위험이 발생할 우려가 있는 경우의 조치에 관하여는 제1항과 제2항을 준용한다.

제326조 【피뢰설비의 설치】 ① 사업주는 화약류 또는 위험물을 저장하거나 취급하는 시설물에 낙뢰에 의한 산업재해를 예방하기 위하여 피뢰설비를 설치하여야 한다.

② 사업주는 제1항에 따라 피뢰설비를 설치하는 경우에는 한국산업표준에 적합한 피뢰설비를 사용하여야 한다. (2022.10.18 개정)

제327조 【전자파에 의한 기계·설비의 오작동 방지】 사업주는 전기 기계·기구 사용에 의하여 발생하는 전자파로 인하여 기계·설비의 오작동을 초래함으로써 산업재해가 발생할 우려가 있는 경우에는 다음 각 호의 조치를 하여야 한다.

1. 전기기계·기구에서 발생하는 전자파의 크기가 다른 기계·설비가 원래 의도된 대로 작동하는 것을 방해하지 않도록 할 것
2. 기계·설비는 원래 의도된 대로 작동할 수 있도록 적절한 수준의 전자파 내성을 가지도록 하거나, 이에 준하는 전자파 차폐조치를 할 것

제4장 건설작업 등에 의한 위험 예방

제1절 거푸집 및 동바리

제1관 재료 및 구조

제328조 【재료】 사업주는 콘크리트 구조물이 일정 강도에 이르기까지 그 형상을 유지하기 위하여 설치하는 거푸집 및 동바리의 재료로 변형·부식 또는 심하게 손상된 것을 사용해서는 안 된다. (2023.11.14 개정)

제329조 【부재의 재료 사용기준】 사업주는 거푸집 및 동바리에 사용하는 부재의 재료는 한국산업표준에서 정하는 기준 이상의 것을 사용해야 한다. (2023.11.14 개정)

제330조 【거푸집 및 동바리의 구조】 사업주는 거푸집 및 동바리를 사용하는 경우에는 거푸집의 형상 및 콘크리트 타설(打設)방법 등에 따른 견고한 구조의 것을 사용해야 한다. (2023.11.14 개정)

제2관 조립 등

제331조 【조립도】 ① 사업주는 거푸집 및 동바리를 조립하는 경우에는 그 구조를 검토한 후 조립도를 작성하고, 그 조립도에 따라 조립하도록 해야 한다. (2023.11.14 개정)

② 제1항의 조립도에는 거푸집 및 동바리를 구성하는 부재의 재질·단면규격·설치간격 및 이음방법 등을 명시해야 한다. (2023.11.14 개정)

제331조의2 【거푸집 조립 시의 안전조치】 사

업주는 거푸집을 조립하는 경우에는 다음 각 호의 사항을 준수해야 한다. (2023.11.14 신설)

1. 거푸집을 조립하는 경우에는 거푸집이 콘크리트 하중이나 그 밖의 외력에 견딜 수 있거나, 넘어지지 않도록 견고한 구조의 긴결재(콘크리트를 타설할 때 거푸집이 변형되지 않게 연결하여 고정하는 재료를 말한다), 버팀대 또는 지지대를 설치하는 등 필요한 조치를 할 것
2. 거푸집이 곡면인 경우에는 버팀대의 부착 등 그 거푸집의 부상(浮上)을 방지하기 위한 조치를 할 것

제331조의3 【작업발판 일체형 거푸집의 안전조치】 ① "작업발판 일체형 거푸집"이란 거푸집의 설치·해체, 철근 조립, 콘크리트 타설, 콘크리트 면처리 작업 등을 위하여 거푸집을 작업발판과 일체로 제작하여 사용하는 거푸집으로서 다음 각 호의 거푸집을 말한다. (2023.11.14 개정)

1. 갱 폼(gang form)
2. 슬립 폼(slip form)
3. 클라이밍 폼(climbing form)
4. 터널 라이닝 폼(tunnel lining form)
5. 그 밖에 거푸집과 작업발판이 일체로 제작된 거푸집 등

② 제1항제1호의 갱 폼의 조립·이동·양중·해체(이하 이 조에서 "조립등"이라 한다) 작업을 하는 경우에는 다음 각 호의 사항을 준수해야 한다. (2023.11.14 개정)

1. 조립등의 범위 및 작업절차를 미리 그 작업에 종사하는 근로자에게 주지시킬 것
2. 근로자가 안전하게 구조물 내부에서 갱 폼의 작업발판으로 출입할 수 있는 이동통로를 설치할 것
3. 갱 폼의 지지 또는 고정철물의 이상 유무를 수시점검하고 이상이 발견된 경우에는 교체하도록 할 것
4. 갱 폼을 조립하거나 해체하는 경우에는 갱 폼을 인양장비에 매단 후에 작업을 실시하도록 하고, 인양장비에 매달기 전에 지지 또는 고정철물을 미리 해체하지 않도록 할 것 (2023.11.14 개정)
5. 갱 폼 인양 시 작업발판용 케이지에 근로자가 탑승한 상태에서 갱폼의 인양작업을 하지 않을 것 (2023.11.14 개정)

③ 사업주는 제1항제2호부터 제5호까지의 조립등의 작업을 하는 경우에는 다음 각 호의 사항을 준수하여야 한다.

1. 조립등 작업 시 거푸집 부재의 변형 여부와 연결 및 지지재의 이상 유무를 확인할 것
2. 조립등 작업과 관련한 이동·양중·운반 장비의 고장·오조작 등으로 인해 근로자에게 위험을 미칠 우려가 있는 장소에는 근로자의 출입을 금지하는 등 위험 방지 조치를 할 것
3. 거푸집이 콘크리트면에 지지될 때에 콘크리트의 굳기정도와 거푸집의 무게, 풍압 등의 영향으로 거푸집의 갑작스런 이탈 또는 낙하로 인해 근로자가 위험해질 우려가 있는 경우에는 설계도서에서 정한 콘크리트의 양생기간을 준수하거나 콘크리트면에 견고하게 지지하는 등 필요한 조치를 할 것
4. 연결 또는 지지 형식으로 조립된 부재의 조립등 작업을 하는 경우에는 거푸집을 인양장비에 매단 후에 작업을 하도록 하는 등 낙하·붕괴·전도의 위험 방지를 위하여 필요한 조치를 할 것

제332조 【동바리 조립 시의 안전조치】 사업주는 동바리를 조립하는 경우에는 하중의 지지상태를 유지할 수 있도록 다음 각 호의 사항을 준수해야 한다. (2023.11.14 개정)

1. 받침목이나 깔판의 사용, 콘크리트 타설, 말뚝박기 등 동바리의 침하를 방지하기 위한 조치를 할 것
2. 동바리의 상하 고정 및 미끄러짐 방지 조치를 할 것
3. 상부·하부의 동바리가 동일 수직선상에 위치하도록 하여 깔판·받침목에 고정시킬 것

4. 개구부 상부에 동바리를 설치하는 경우에는 상부하중을 견딜 수 있는 견고한 받침대를 설치할 것
5. U헤드 등의 단판이 없는 동바리의 상단에 멍에 등을 올릴 경우에는 해당 상단에 U헤드 등의 단판을 설치하고, 멍에 등이 전도되거나 이탈되지 않도록 고정시킬 것
6. 동바리의 이음은 같은 품질의 재료를 사용할 것
7. 강재의 접속부 및 교차부는 볼트·클램프 등 전용철물을 사용하여 단단히 연결할 것
8. 거푸집의 형상에 따른 부득이한 경우를 제외하고는 깔판이나 받침목은 2단 이상 끼우지 않도록 할 것
9. 깔판이나 받침목을 이어서 사용하는 경우에는 그 깔판·받침목을 단단히 연결할 것

제332조의2 【동바리 유형에 따른 동바리 조립 시의 안전조치】 사업주는 동바리를 조립할 때 동바리의 유형별로 다음 각 호의 구분에 따른 각 목의 사항을 준수해야 한다. (2023.11.14 신설)

1. 동바리로 사용하는 파이프 서포트의 경우
   가. 파이프 서포트를 3개 이상 이어서 사용하지 않도록 할 것
   나. 파이프 서포트를 이어서 사용하는 경우에는 4개 이상의 볼트 또는 전용철물을 사용하여 이을 것
   다. 높이가 3.5미터를 초과하는 경우에는 높이 2미터 이내마다 수평연결재를 2개 방향으로 만들고 수평연결재의 변위를 방지할 것
2. 동바리로 사용하는 강관틀의 경우
   가. 강관틀과 강관틀 사이에 교차가새를 설치할 것
   나. 최상단 및 5단 이내마다 동바리의 측면과 틀면의 방향 및 교차가새의 방향에서 5개 이내마다 수평연결재를 설치하고 수평연결재의 변위를 방지할 것
   다. 최상단 및 5단 이내마다 동바리의 틀면의 방향에서 양단 및 5개틀 이내마다 교차가새의 방향으로 띠장틀을 설치할 것
3. 동바리로 사용하는 조립강주의 경우 : 조립강주의 높이가 4미터를 초과하는 경우에는 높이 4미터 이내마다 수평연결재를 2개 방향으로 설치하고 수평연결재의 변위를 방지할 것
4. 시스템 동바리(규격화·부품화된 수직재, 수평재 및 가새재 등의 부재를 현장에서 조립하여 거푸집을 지지하는 지주 형식의 동바리를 말한다)의 경우
   가. 수평재는 수직재와 직각으로 설치해야 하며, 흔들리지 않도록 견고하게 설치할 것
   나. 연결철물을 사용하여 수직재를 견고하게 연결하고, 연결부위가 탈락 또는 꺾어지지 않도록 할 것
   다. 수직 및 수평하중에 대해 동바리의 구조적 안정성이 확보되도록 조립도에 따라 수직재 및 수평재에는 가새재를 견고하게 설치할 것
   라. 동바리 최상단과 최하단의 수직재와 받침철물은 서로 밀착되도록 설치하고 수직재와 받침철물의 연결부의 겹침길이는 받침철물 전체길이의 3분의 1 이상 되도록 할 것
5. 보 형식의 동바리[강제 갑판(steel deck), 철재트러스 조립 보 등 수평으로 설치하여 거푸집을 지지하는 동바리를 말한다]의 경우
   가. 접합부는 충분한 걸침 길이를 확보하고 못, 용접 등으로 양끝을 지지물에 고정시켜 미끄러짐 및 탈락을 방지할 것
   나. 양끝에 설치된 보 거푸집을 지지하는 동바리 사이에는 수평연결재를 설치하거나 동바리를 추가로 설치하는 등 보 거푸집이 옆으로 넘어지지 않도록 견고하게 할 것
   다. 설계도면, 시방서 등 설계도서를 준수하여 설치할 것

제333조 【조립·해체 등 작업 시의 준수사항】 ① 사업주는 기둥·보·벽체·슬래브 등의

거푸집 및 동바리를 조립하거나 해체하는 작업을 하는 경우에는 다음 각 호의 사항을 준수해야 한다. (2023.11.14 개정)

1. 해당 작업을 하는 구역에는 관계 근로자가 아닌 사람의 출입을 금지할 것
2. 비, 눈, 그 밖의 기상상태의 불안정으로 날씨가 몹시 나쁜 경우에는 그 작업을 중지할 것
3. 재료, 기구 또는 공구 등을 올리거나 내리는 경우에는 근로자로 하여금 달줄·달포대 등을 사용하도록 할 것
4. 낙하·충격에 의한 돌발적 재해를 방지하기 위하여 버팀목을 설치하고 거푸집 및 동바리를 인양장비에 매단 후에 작업을 하도록 하는 등 필요한 조치를 할 것 (2023.11.14 개정)

② 사업주는 철근조립 등의 작업을 하는 경우에는 다음 각 호의 사항을 준수하여야 한다.

1. 양중기로 철근을 운반할 경우에는 두 군데 이상 묶어서 수평으로 운반할 것
2. 작업위치의 높이가 2미터 이상일 경우에는 작업발판을 설치하거나 안전대를 착용하게 하는 등 위험 방지를 위하여 필요한 조치를 할 것

제3관 콘크리트 타설 등

제334조 【콘크리트의 타설작업】 사업주는 콘크리트 타설작업을 하는 경우에는 다음 각 호의 사항을 준수해야 한다. (2023.11.14 개정)

1. 당일의 작업을 시작하기 전에 해당 작업에 관한 거푸집 및 동바리의 변형·변위 및 지반의 침하 유무 등을 점검하고 이상이 있으면 보수할 것 (2023.11.14 개정)
2. 작업 중에는 감시자를 배치하는 등의 방법으로 거푸집 및 동바리의 변형·변위 및 침하 유무 등을 확인해야 하며, 이상이 있으면 작업을 중지하고 근로자를 대피시킬 것 (2023.11.14 개정)
3. 콘크리트 타설작업 시 거푸집 붕괴의 위험이 발생할 우려가 있으면 충분한 보강조치를 할 것
4. 설계도서상의 콘크리트 양생기간을 준수하여 거푸집 및 동바리를 해체할 것 (2023.11.14 개정)
5. 콘크리트를 타설하는 경우에는 편심이 발생하지 않도록 골고루 분산하여 타설할 것

제335조 【콘크리트 타설장비 사용 시의 준수사항】 사업주는 콘크리트 타설작업을 하기 위하여 콘크리트 플레이싱 붐(placing boom), 콘크리트 분배기, 콘크리트 펌프카 등(이하 이 조에서 "콘크리트타설장비"라 한다)을 사용하는 경우에는 다음 각 호의 사항을 준수해야 한다. (2023.11.14 개정)

1. 작업을 시작하기 전에 콘크리트타설장비를 점검하고 이상을 발견하였으면 즉시 보수할 것 (2023.11.14 개정)
2. 건축물의 난간 등에서 작업하는 근로자가 호스의 요동·선회로 인하여 추락하는 위험을 방지하기 위하여 안전난간 설치 등 필요한 조치를 할 것
3. 콘크리트타설장비의 붐을 조정하는 경우에는 주변의 전선 등에 의한 위험을 예방하기 위한 적절한 조치를 할 것 (2023.11.14 개정)
4. 작업 중에 지반의 침하나 아웃트리거 등 콘크리트타설장비 지지구조물의 손상 등에 의하여 콘크리트타설장비가 넘어질 우려가 있는 경우에는 이를 방지하기 위한 적절한 조치를 할 것 (2023.11.14 개정)

제336조 〈종전 제336조는 제333조로 이동〉 (2023.11.14)

제337조 〈종전 제337조는 제331조의3으로 이동〉 (2023.11.14)

제2절 굴착작업 등의 위험 방지

제1관 노천굴착작업

제1속 굴착면의 기울기 등

제338조 【굴착작업 사전조사 등】 사업주는 굴착작업을 할 때에 토사등의 붕괴 또는 낙하에 의한 위험을 미리 방지하기 위하여 다음 각 호의 사항을 점검해야 한다. (2023.11.14 개정)
1. 작업장소 및 그 주변의 부석·균열의 유무
2. 함수(含水)·용수(湧水) 및 동결의 유무 또는 상태의 변화

제339조 【굴착면의 붕괴 등에 의한 위험방지】 ① 사업주는 지반 등을 굴착하는 경우 굴착면의 기울기를 별표 11의 기준에 맞도록 해야 한다. 다만, 「건설기술 진흥법」 제44조제1항에 따른 건설기준에 맞게 작성한 설계도서상의 굴착면의 기울기를 준수하거나 흙막이 등 기울기면의 붕괴 방지를 위하여 적절한 조치를 한 경우에는 그렇지 않다. (2023.11.14 개정)
② 사업주는 비가 올 경우를 대비하여 측구(側溝)를 설치하거나 굴착경사면에 비닐을 덮는 등 빗물 등의 침투에 의한 붕괴재해를 예방하기 위하여 필요한 조치를 해야 한다. (2023.11.14 개정)

제340조 【굴착작업 시 위험방지】 사업주는 굴착작업 시 토사등의 붕괴 또는 낙하에 의하여 근로자에게 위험을 미칠 우려가 있는 경우에는 미리 흙막이 지보공의 설치, 방호망의 설치 및 근로자의 출입 금지 등 그 위험을 방지하기 위하여 필요한 조치를 해야 한다. (2023.11.14 개정)

제341조 【매설물 등 파손에 의한 위험방지】 ① 사업주는 매설물·조적벽·콘크리트벽 또는 옹벽 등의 건설물에 근접한 장소에서 굴착작업을 할 때에 해당 가설물의 파손 등에 의하여 근로자가 위험해질 우려가 있는 경우에는 해당 건설물을 보강하거나 이설하는 등 해당 위험을 방지하기 위한 조치를 하여야 한다.
② 사업주는 굴착작업에 의하여 노출된 매설물 등이 파손됨으로써 근로자가 위험해질 우려가 있는 경우에는 해당 매설물 등에 대한 방호조치를 하거나 이설하는 등 필요한 조치를 하여야 한다.
③ 사업주는 제2항의 매설물 등의 방호작업에 대하여 관리감독자에게 해당 작업을 지휘하도록 하여야 한다. (2019.12.26 개정)

제342조 【굴착기계등에 의한 위험방지】 사업주는 굴착작업 시 굴착기계등을 사용하는 경우 다음 각 호의 조치를 해야 한다. (2023.11.14 개정)
1. 굴착기계등의 사용으로 가스도관, 지중전선로, 그 밖에 지하에 위치한 공작물이 파손되어 그 결과 근로자가 위험해질 우려가 있는 경우에는 그 기계를 사용한 굴착작업을 중지할 것
2. 굴착기계등의 운행경로 및 토석(土石) 적재장소의 출입방법을 정하여 관계 근로자에게 주지시킬 것

제343조 【운행경로 등의 주지】 삭제(2023.11.14)

제344조 【굴착기계등의 유도】 ① 사업주는 굴착작업을 할 때에 굴착기계등이 근로자의 작업장소로 후진하여 근로자에게 접근하거나 굴러 떨어질 우려가 있는 경우에는 유도자를 배치하여 굴착기계등을 유도하도록 해야 한다. (2023.11.14 개정)
② 운반기계등의 운전자는 유도자의 유도에 따라야 한다.

제2속 흙막이 지보공

제345조 【흙막이지보공의 재료】 사업주는 흙막이 지보공의 재료로 변형·부식되거나 심하게 손상된 것을 사용해서는 아니 된다.

제346조 【조립도】 ① 사업주는 흙막이 지보공을 조립하는 경우 미리 그 구조를 검토한

후 조립도를 작성하여 그 조립도에 따라 조립하도록 해야 한다. (2023.11.14 개정)

② 제1항의 조립도는 흙막이판·말뚝·버팀대 및 띠장 등 부재의 배치·치수·재질 및 설치 방법과 순서가 명시되어야 한다.

제347조【붕괴 등의 위험 방지】 ① 사업주는 흙막이 지보공을 설치하였을 때에는 정기적으로 다음 각 호의 사항을 점검하고 이상을 발견하면 즉시 보수하여야 한다.

1. 부재의 손상·변형·부식·변위 및 탈락의 유무와 상태
2. 버팀대의 긴압(緊壓)의 정도
3. 부재의 접속부·부착부 및 교차부의 상태
4. 침하의 정도

② 사업주는 제1항의 점검 외에 설계도서에 따른 계측을 하고 계측 분석 결과 토압의 증가 등 이상한 점을 발견한 경우에는 즉시 보강조치를 하여야 한다.

제2관 발파작업의 위험방지

제348조【발파의 작업기준】 사업주는 발파작업에 종사하는 근로자에게 다음 각 호의 사항을 준수하도록 하여야 한다.

1. 얼어붙은 다이나마이트는 화기에 접근시키거나 그 밖의 고열물에 직접 접촉시키는 등 위험한 방법으로 융해되지 않도록 할 것
2. 화약이나 폭약을 장전하는 경우에는 그 부근에서 화기를 사용하거나 흡연을 하지 않도록 할 것
3. 장전구(裝塡具)는 마찰·충격·정전기 등에 의한 폭발의 위험이 없는 안전한 것을 사용할 것
4. 발파공의 충진재료는 점토·모래 등 발화성 또는 인화성의 위험이 없는 재료를 사용할 것
5. 점화 후 장전된 화약류가 폭발하지 아니한 경우 또는 장전된 화약류의 폭발 여부를 확인하기 곤란한 경우에는 다음 각 목의 사항을 따를 것
   가. 전기뇌관에 의한 경우에는 발파모선을 점화기에서 떼어 그 끝을 단락시켜 놓는 등 재점화되지 않도록 조치하고 그 때부터 5분 이상 경과한 후가 아니면 화약류의 장전장소에 접근시키지 않도록 할 것
   나. 전기뇌관 외의 것에 의한 경우에는 점화한 때부터 15분 이상 경과한 후가 아니면 화약류의 장전장소에 접근시키지 않도록 할 것
6. 전기뇌관에 의한 발파의 경우 점화하기 전에 화약류를 장전한 장소로부터 30미터 이상 떨어진 안전한 장소에서 전선에 대하여 저항측정 및 도통(導通)시험을 할 것

제349조【작업중지 및 피난】 ① 사업주는 벼락이 떨어질 우려가 있는 경우에는 화약 또는 폭약의 장전 작업을 중지하고 근로자들을 안전한 장소로 대피시켜야 한다.

② 사업주는 발파작업 시 근로자가 안전한 거리로 피난할 수 없는 경우에는 앞면과 상부를 견고하게 방호한 피난장소를 설치하여야 한다. (2019.1.31 개정)

제3관 터널작업

제1속 조사 등

제350조【인화성 가스의 농도측정 등】 ① 사업주는 터널공사 등의 건설작업을 할 때에 인화성 가스가 발생할 위험이 있는 경우에는 폭발이나 화재를 예방하기 위하여 인화성 가스의 농도를 측정할 담당자를 지명하고, 그 작업을 시작하기 전에 가스가 발생할 위험이 있는 장소에 대하여 그 인화성 가스의 농도를 측정하여야 한다.

② 사업주는 제1항에 따라 측정한 결과 인화성 가스가 존재하여 폭발이나 화재가 발생할 위험이 있는 경우에는 인화성 가스 농도의 이상 상승을 조기에 파악하기 위하여 그 장소에 자동경보장치를 설치하여야 한다.

③ 지하철도공사를 시행하는 사업주는 터널 굴착[개착식(開鑿式)을 포함한다)] 등으로

인하여 도시가스관이 노출된 경우에 접속부 등 필요한 장소에 자동경보장치를 설치하고, 「도시가스사업법」에 따른 해당 도시가스사업자와 합동으로 정기적 순회점검을 하여야 한다.

④ 사업주는 제2항 및 제3항에 따른 자동경보장치에 대하여 당일 작업 시작 전 다음 각 호의 사항을 점검하고 이상을 발견하면 즉시 보수하여야 한다.

1. 계기의 이상 유무
2. 검지부의 이상 유무
3. 경보장치의 작동상태

제2속 낙반 등에 의한 위험의 방지

제351조【낙반 등에 의한 위험의 방지】 사업주는 터널 등의 건설작업을 하는 경우에 낙반 등에 의하여 근로자가 위험해질 우려가 있는 경우에 터널 지보공 및 록볼트의 설치, 부석(浮石)의 제거 등 위험을 방지하기 위하여 필요한 조치를 하여야 한다.

제352조【출입구 부근 등의 지반 붕괴 등에 의한 위험의 방지】 사업주는 터널 등의 건설작업을 할 때에 터널 등의 출입구 부근의 지반의 붕괴나 토사등의 낙하에 의하여 근로자가 위험해질 우려가 있는 경우에는 흙막이 지보공이나 방호망을 설치하는 등 위험을 방지하기 위하여 필요한 조치를 해야 한다. (2023.11.14 개정)

제353조【시계의 유지】 사업주는 터널건설작업을 할 때에 터널 내부의 시계(視界)가 배기가스나 분진 등에 의하여 현저하게 제한되는 경우에는 환기를 하거나 물을 뿌리는 등 시계를 유지하기 위하여 필요한 조치를 하여야 한다.

제354조【굴착기계등의 사용 금지 등】 터널건설작업에 관하여는 제342조 및 제344조를 준용한다. (2023.11.14 개정)

제355조【가스제거 등의 조치】 사업주는 터널 등의 굴착작업을 할 때에 인화성 가스가 분출할 위험이 있는 경우에는 그 인화성 가스에 의한 폭발이나 화재를 예방하기 위하여 보링(boring)에 의한 가스 제거 및 그 밖에 인화성 가스의 분출을 방지하는 등 필요한 조치를 하여야 한다.

제356조【용접 등 작업 시의 조치】 사업주는 터널건설작업을 할 때에 그 터널 등의 내부에서 금속의 용접·용단 또는 가열작업을 하는 경우에는 화재를 예방하기 위하여 다음 각 호의 조치를 하여야 한다.

1. 부근에 있는 넝마, 나무부스러기, 종이부스러기, 그 밖의 인화성 액체를 제거하거나, 그 인화성 액체에 불연성 물질의 덮개를 하거나, 그 작업에 수반하는 불티 등이 날아 흩어지는 것을 방지하기 위한 격벽을 설치할 것
2. 해당 작업에 종사하는 근로자에게 소화설비의 설치장소 및 사용방법을 주지시킬 것
3. 해당 작업 종료 후 불티 등에 의하여 화재가 발생할 위험이 있는지를 확인할 것

제357조【점화물질 휴대 금지】 사업주는 작업의 성질상 부득이한 경우를 제외하고는 터널 내부에서 근로자가 화기, 성냥, 라이터, 그 밖에 발화위험이 있는 물건을 휴대하는 것을 금지하고, 그 내용을 터널의 출입구 부근의 보기 쉬운 장소에 게시하여야 한다.

제358조【방화담당자의 지정 등】 사업주는 터널건설작업을 하는 경우에는 그 터널 내부의 화기나 아크를 사용하는 장소에 방화담당자를 지정하여 다음 각 호의 업무를 이행하도록 하여야 한다. 다만, 제356조에 따른 조치를 완료한 작업장소에 대해서는 그러하지 아니하다.

1. 화기나 아크 사용 상황을 감시하고 이상을 발견한 경우에는 즉시 필요한 조치를 하는 일
2. 불 찌꺼기가 있는지를 확인하는 일

제359조 【소화설비 등】 사업주는 터널건설작업을 하는 경우에는 해당 터널 내부의 화기나 아크를 사용하는 장소 또는 배전반, 변압기, 차단기 등을 설치하는 장소에 소화설비를 설치하여야 한다.

제360조 【작업의 중지 등】 ① 사업주는 터널건설작업을 할 때에 낙반·출수(出水) 등에 의하여 산업재해가 발생할 급박한 위험이 있는 경우에는 즉시 작업을 중지하고 근로자를 안전한 장소로 대피시켜야 한다.

② 사업주는 제1항에 따른 재해발생위험을 관계 근로자에게 신속히 알리기 위한 비상벨 등 통신설비 등을 설치하고, 그 설치장소를 관계 근로자에게 알려 주어야 한다.

제3속 터널 지보공

제361조 【터널 지보공의 재료】 사업주는 터널 지보공의 재료로 변형·부식 또는 심하게 손상된 것을 사용해서는 아니 된다.

제362조 【터널 지보공의 구조】 사업주는 터널 지보공을 설치하는 장소의 지반과 관계되는 지질·지층·함수·용수·균열 및 부식의 상태와 굴착 방법에 상응하는 견고한 구조의 터널 지보공을 사용하여야 한다.

제363조 【조립도】 ① 사업주는 터널 지보공을 조립하는 경우에는 미리 그 구조를 검토한 후 조립도를 작성하고, 그 조립도에 따라 조립하도록 하여야 한다.

② 제1항의 조립도에는 재료의 재질, 단면규격, 설치간격 및 이음방법 등을 명시하여야 한다.

제364조 【조립 또는 변경시의 조치】 사업주는 터널 지보공을 조립하거나 변경하는 경우에는 다음 각 호의 사항을 조치하여야 한다.

1. 주재(主材)를 구성하는 1세트의 부재는 동일 평면 내에 배치할 것
2. 목재의 터널 지보공은 그 터널 지보공의 각 부재의 긴압 정도가 균등하게 되도록 할 것
3. 기둥에는 침하를 방지하기 위하여 받침목을 사용하는 등의 조치를 할 것
4. 강(鋼)아치 지보공의 조립은 다음 각 목의 사항을 따를 것
   가. 조립간격은 조립도에 따를 것
   나. 주재가 아치작용을 충분히 할 수 있도록 쐐기를 박는 등 필요한 조치를 할 것
   다. 연결볼트 및 띠장 등을 사용하여 주재 상호간을 튼튼하게 연결할 것
   라. 터널 등의 출입구 부분에는 받침대를 설치할 것
   마. 낙하물이 근로자에게 위험을 미칠 우려가 있는 경우에는 널판 등을 설치할 것
5. 목재 지주식 지보공은 다음 각 목의 사항을 따를 것
   가. 주기둥은 변위를 방지하기 위하여 쐐기 등을 사용하여 지반에 고정시킬 것
   나. 양끝에는 받침대를 설치할 것
   다. 터널 등의 목재 지주식 지보공에 세로 방향의 하중이 걸림으로써 넘어지거나 비틀어질 우려가 있는 경우에는 양끝 외의 부분에도 받침대를 설치할 것
   라. 부재의 접속부는 꺾쇠 등으로 고정시킬 것
6. 강아치 지보공 및 목재지주식 지보공 외의 터널 지보공에 대해서는 터널 등의 출입구 부분에 받침대를 설치할 것

제365조 【부재의 해체】 사업주는 하중이 걸려 있는 터널 지보공의 부재를 해체하는 경우에는 해당 부재에 걸려있는 하중을 터널 거푸집 및 동바리가 받도록 조치를 한 후에 그 부재를 해체해야 한다. (2023.11.14 개정)

제366조 【붕괴 등의 방지】 사업주는 터널 지보공을 설치한 경우에 다음 각 호의 사항을 수시로 점검하여야 하며, 이상을 발견한 경우에는 즉시 보강하거나 보수하여야 한다.

1. 부재의 손상·변형·부식·변위 탈락의 유무

및 상태
2. 부재의 긴압 정도
3. 부재의 접속부 및 교차부의 상태
4. 기둥침하의 유무 및 상태

제4속 터널 거푸집 및 동바리

제367조【터널 거푸집 및 동바리의 재료】 사업주는 터널 거푸집 및 동바리의 재료로 변형·부식되거나 심하게 손상된 것을 사용해서는 안 된다. (2023.11.14 개정)

제368조【터널 거푸집 및 동바리의 구조】 사업주는 터널 거푸집 및 동바리에 걸리는 하중 또는 거푸집의 형상 등에 상응하는 견고한 구조의 터널 거푸집 및 동바리를 사용해야 한다. (2023.11.14 개정)

제4관 교량작업

제369조【작업 시 준수사항】 사업주는 제38조제1항제8호에 따른 교량의 설치·해체 또는 변경작업을 하는 경우에는 다음 각 호의 사항을 준수하여야 한다.
1. 작업을 하는 구역에는 관계 근로자가 아닌 사람의 출입을 금지할 것
2. 재료, 기구 또는 공구 등을 올리거나 내릴 경우에는 근로자로 하여금 달줄, 달포대 등을 사용하도록 할 것
3. 중량물 부재를 크레인 등으로 인양하는 경우에는 부재에 인양용 고리를 견고하게 설치하고, 인양용 로프는 부재에 두 군데 이상 결속하여 인양하여야 하며, 중량물이 안전하게 거치되기 전까지는 걸이로프를 해제시키지 아니할 것
4. 자재나 부재의 낙하·전도 또는 붕괴 등에 의하여 근로자에게 위험을 미칠 우려가 있을 경우에는 출입금지구역의 설정, 자재 또는 가설시설의 좌굴(挫屈) 또는 변형 방지를 위한 보강재 부착 등의 조치를 할 것

제5관 채석작업

제370조【지반 붕괴 등의 위험방지】 사업주는 채석작업을 하는 경우 지반의 붕괴 또는 토사등의 낙하로 인하여 근로자에게 발생할 우려가 있는 위험을 방지하기 위하여 다음 각 호의 조치를 해야 한다. (2023.11.14 개정)
1. 점검자를 지명하고 당일 작업 시작 전에 작업장소 및 그 주변 지반의 부석과 균열의 유무와 상태, 함수·용수 및 동결상태의 변화를 점검할 것
2. 점검자는 발파 후 그 발파 장소와 그 주변의 부석 및 균열의 유무와 상태를 점검할 것

제371조【인접채석장과의 연락】 사업주는 지반의 붕괴, 토사등의 비래(飛來) 등으로 인한 근로자의 위험을 방지하기 위하여 인접한 채석장에서의 발파 시기·부석 제거 방법 등 필요한 사항에 관하여 그 채석장과 연락을 유지해야 한다. (2023.11.14 개정)

제372조【붕괴 등에 의한 위험 방지】 사업주는 채석작업(갱내에서의 작업은 제외한다)을 하는 경우에 붕괴 또는 낙하에 의하여 근로자를 위험하게 할 우려가 있는 토석·입목 등을 미리 제거하거나 방호망을 설치하는 등 위험을 방지하기 위하여 필요한 조치를 하여야 한다.

제373조【낙반 등에 의한 위험 방지】 사업주는 갱내에서 채석작업을 하는 경우로서 토사등의 낙하 또는 측벽의 붕괴로 인하여 근로자에게 위험이 발생할 우려가 있는 경우에 동바리 또는 버팀대를 설치한 후 천장을 아치형으로 하는 등 그 위험을 방지하기 위한 조치를 해야 한다. (2023.11.14 개정)

제374조【운행경로 등의 주지】 ① 사업주는 채석작업을 하는 경우에 미리 굴착기계등의 운행경로 및 토석의 적재장소에 대한 출입방법을 정하여 관계 근로자에게 주지시켜야 한다.

② 사업주는 제1항의 작업을 하는 경우에 운행경로의 보수, 그밖에 경로를 유효하게 유지하기 위하여 감시인을 배치하거나 작업 중임을 표시하여야 한다.

제375조【굴착기계등의 유도】 ① 사업주는 채석작업을 할 때에 굴착기계등이 근로자의 작업장소에 후진하여 접근하거나 굴러 떨어질 우려가 있는 경우에는 유도자를 배치하고 굴착기계등을 유도하여야 한다. (2019.10.15 개정)
② 굴착기계등의 운전자는 유도자의 유도에 따라야 한다.

제6관 잠함 내 작업 등

제376조【급격한 침하로 인한 위험 방지】 사업주는 잠함 또는 우물통의 내부에서 근로자가 굴착작업을 하는 경우에 잠함 또는 우물통의 급격한 침하에 의한 위험을 방지하기 위하여 다음 각 호의 사항을 준수하여야 한다.
1. 침하관계도에 따라 굴착방법 및 재하량(載荷量) 등을 정할 것
2. 바닥으로부터 천장 또는 보까지의 높이는 1.8미터 이상으로 할 것

제377조【잠함 등 내부에서의 작업】 ① 사업주는 잠함, 우물통, 수직갱, 그 밖에 이와 유사한 건설물 또는 설비(이하 "잠함등"이라 한다)의 내부에서 굴착작업을 하는 경우에 다음 각 호의 사항을 준수하여야 한다.
1. 산소 결핍 우려가 있는 경우에는 산소의 농도를 측정하는 사람을 지명하여 측정하도록 할 것
2. 근로자가 안전하게 오르내리기 위한 설비를 설치할 것
3. 굴착 깊이가 20미터를 초과하는 경우에는 해당 작업장소와 외부와의 연락을 위한 통신설비 등을 설치할 것

② 사업주는 제1항제1호에 따른 측정 결과 산소 결핍이 인정되거나 굴착 깊이가 20미터를 초과하는 경우에는 송기(送氣)를 위한 설비를 설치하여 필요한 양의 공기를 공급해야 한다.

제378조【작업의 금지】 사업주는 다음 각 호의 어느 하나에 해당하는 경우에 잠함등의 내부에서 굴착작업을 하도록 해서는 아니 된다.
1. 제377조제1항제2호·제3호 및 같은 조 제2항에 따른 설비에 고장이 있는 경우
2. 잠함등의 내부에 많은 양의 물 등이 스며들 우려가 있는 경우

제7관 가설도로

제379조【가설도로】 사업주는 공사용 가설도로를 설치하는 경우에 다음 각 호의 사항을 준수하여야 한다.
1. 도로는 장비와 차량이 안전하게 운행할 수 있도록 견고하게 설치할 것
2. 도로와 작업장이 접하여 있을 경우에는 울타리 등을 설치할 것 (2019.10.15 개정)
3. 도로는 배수를 위하여 경사지게 설치하거나 배수시설을 설치할 것
4. 차량의 속도제한 표지를 부착할 것

제3절 철골작업 시의 위험방지

제380조【철골조립 시의 위험 방지】 사업주는 철골을 조립하는 경우에 철골의 접합부가 충분히 지지되도록 볼트를 체결하거나 이와 같은 수준 이상의 견고한 구조가 되기 전에는 들어 올린 철골을 걸이로프 등으로부터 분리해서는 아니 된다. (2019.1.31 개정)

제381조【승강로의 설치】 사업주는 근로자가 수직방향으로 이동하는 철골부재(鐵骨部材)에는 답단(踏段) 간격이 30센티미터 이내인 고정된 승강로를 설치하여야 하며, 수평방향 철골과 수직방향 철골이 연결되는 부분에는 연결작업을 위하여 작업발판 등을 설치하여야 한다.

제382조【가설통로의 설치】 사업주는 철골작

업을 하는 경우에 근로자의 주요 이동통로에 고정된 가설통로를 설치하여야 한다. 다만, 제44조에 따른 안전대의 부착설비 등을 갖춘 경우에는 그러하지 아니하다.

제383조【작업의 제한】 사업주는 다음 각 호의 어느 하나에 해당하는 경우에 철골작업을 중지하여야 한다.
1. 풍속이 초당 10미터 이상인 경우
2. 강우량이 시간당 1밀리미터 이상인 경우
3. 강설량이 시간당 1센티미터 이상인 경우

제4절 해체작업 시 위험방지

제384조【해체작업 시 준수사항】 ① 사업주는 구축물등의 해체작업 시 구축물등을 무너뜨리는 작업을 하기 전에 구축물등이 넘어지는 위치, 파편의 비산거리 등을 고려하여 해당 작업 반경 내에 사람이 없는지 미리 확인한 후 작업을 실시해야 하고, 무너뜨리는 작업 중에는 해당 작업 반경 내에 관계 근로자가 아닌 사람의 출입을 금지해야 한다. (2023.11.14 개정)
② 사업주는 건축물 해체공법 및 해체공사 구조 안전성을 검토한 결과 「건축물관리법」 제30조제3항에 따른 해체계획서대로 해체되지 못하고 건축물이 붕괴할 우려가 있는 경우에는 「건축물관리법 시행규칙」 제12조제3항 및 국토교통부장관이 정하여 고시하는 바에 따라 구조보강계획을 작성해야 한다. (2023.11.14 신설)

제5장 중량물 취급 시의 위험방지

제385조【중량물 취급】 사업주는 중량물을 운반하거나 취급하는 경우에 하역운반기계·운반용구(이하 "하역운반기계등"이라 한다)를 사용하여야 한다. 다만, 작업의 성질상 하역운반기계등을 사용하기 곤란한 경우에는 그러하지 아니하다.

제386조【중량물의 구름 위험방지】 사업주는 드럼통 등 구를 위험이 있는 중량물을 보관하거나 작업 중 구를 위험이 있는 중량물을 취급하는 경우에는 다음 각 호의 사항을 준수해야 한다. (2023.11.14 개정)
1. 구름멈춤대, 쐐기 등을 이용하여 중량물의 동요나 이동을 조절할 것
2. 중량물이 구를 위험이 있는 방향 앞의 일정거리 이내로는 근로자의 출입을 제한할 것. 다만, 중량물을 보관하거나 작업 중인 장소가 경사면인 경우에는 경사면 아래로는 근로자의 출입을 제한해야 한다. (2023.11.14 개정)

제6장 하역작업 등에 의한 위험방지

제1절 화물취급 작업 등

제387조【꼬임이 끊어진 섬유로프 등의 사용 금지】 사업주는 다음 각 호의 어느 하나에 해당하는 섬유로프 등을 화물운반용 또는 고정용으로 사용해서는 아니 된다.
1. 꼬임이 끊어진 것
2. 심하게 손상되거나 부식된 것

제388조【사용 전 점검 등】 사업주는 섬유로프 등을 사용하여 화물취급작업을 하는 경우에 해당 섬유로프 등을 점검하고 이상을 발견한 섬유로프 등을 즉시 교체하여야 한다.

제389조【화물 중간에서 화물 빼내기 금지】 사업주는 차량 등에서 화물을 내리는 작업을 하는 경우에 해당 작업에 종사하는 근로자에게 쌓여 있는 화물 중간에서 화물을 빼내도록 해서는 아니 된다.

제390조【하역작업장의 조치기준】 사업주는 부두·안벽 등 하역작업을 하는 장소에 다음 각 호의 조치를 하여야 한다.
1. 작업장 및 통로의 위험한 부분에는 안전하게 작업할 수 있는 조명을 유지할 것
2. 부두 또는 안벽의 선을 따라 통로를 설치하는 경우에는 폭을 90센티미터 이상으로

할 것

3. 육상에서의 통로 및 작업장소로서 다리 또는 선거(船渠) 갑문(閘門)을 넘는 보도(步道) 등의 위험한 부분에는 안전난간 또는 울타리 등을 설치할 것

제391조 【하적단의 간격】 사업주는 바닥으로부터의 높이가 2미터 이상 되는 하적단(포대·가마니 등으로 포장된 화물이 쌓여 있는 것만 해당한다)과 인접 하적단 사이의 간격을 하적단의 밑부분을 기준하여 10센티미터 이상으로 하여야 한다.

제392조 【하적단의 붕괴 등에 의한 위험방지】 ① 사업주는 하적단의 붕괴 또는 화물의 낙하에 의하여 근로자가 위험해질 우려가 있는 경우에는 그 하적단을 로프로 묶거나 망을 치는 등 위험을 방지하기 위하여 필요한 조치를 하여야 한다.

② 하적단을 쌓는 경우에는 기본형을 조성하여 쌓아야 한다.

③ 하적단을 헐어내는 경우에는 위에서부터 순차적으로 층계를 만들면서 헐어내어야 하며, 중간에서 헐어내어서는 아니 된다.

제393조 【화물의 적재】 사업주는 화물을 적재하는 경우에 다음 각 호의 사항을 준수하여야 한다.

1. 침하 우려가 없는 튼튼한 기반 위에 적재할 것
2. 건물의 칸막이나 벽 등이 화물의 압력에 견딜 만큼의 강도를 지니지 아니한 경우에는 칸막이나 벽에 기대어 적재하지 않도록 할 것
3. 불안정할 정도로 높이 쌓아 올리지 말 것
4. 하중이 한쪽으로 치우치지 않도록 쌓을 것

제2절 항만하역작업

제394조 【통행설비의 설치 등】 사업주는 갑판의 윗면에서 선창(船倉) 밑바닥까지의 깊이가 1.5미터를 초과하는 선창의 내부에서 화물취급작업을 하는 경우에 그 작업에 종사하는 근로자가 안전하게 통행할 수 있는 설비를 설치하여야 한다. 다만, 안전하게 통행할 수 있는 설비가 선박에 설치되어 있는 경우에는 그러하지 아니하다.

제395조 【급성 중독물질 등에 의한 위험 방지】 사업주는 항만하역작업을 시작하기 전에 그 작업을 하는 선창 내부, 갑판 위 또는 안벽 위에 있는 화물 중에 별표 1의 급성 독성물질이 있는지를 조사하여 안전한 취급방법 및 누출 시 처리방법을 정하여야 한다.

제396조 【무포장 화물의 취급방법】 ① 사업주는 선창 내부의 밀·콩·옥수수 등 무포장 화물을 내리는 작업을 할 때에는 시프팅보드(shifting board), 피더박스(feeder box) 등 화물 이동 방지를 위한 칸막이벽이 넘어지거나 떨어짐으로써 근로자가 위험해질 우려가 있는 경우에는 그 칸막이벽을 해체한 후 작업을 하도록 하여야 한다.

② 사업주는 진공흡입식 언로더(unloader) 등의 하역기계를 사용하여 무포장 화물을 하역할 때 그 하역기계의 이동 또는 작동에 따른 흔들림 등으로 인하여 근로자가 위험해질 우려가 있는 경우에는 근로자의 접근을 금지하는 등 필요한 조치를 하여야 한다.

제397조 【선박승강설비의 설치】 ① 사업주는 300톤급 이상의 선박에서 하역작업을 하는 경우에 근로자들이 안전하게 오르내릴 수 있는 현문(舷門) 사다리를 설치하여야 하며, 이 사다리 밑에 안전망을 설치하여야 한다.

② 제1항에 따른 현문 사다리는 견고한 재료로 제작된 것으로 너비는 55센티미터 이상이어야 하고, 양측에 82센티미터 이상의 높이로 울타리를 설치하여야 하며, 바닥은 미끄러지지 않도록 적합한 재질로 처리되어야 한다. (2019.10.15 개정)

③ 제1항의 현문 사다리는 근로자의 통행에만 사용하여야 하며, 화물용 발판 또는 화물

용 보판으로 사용하도록 해서는 아니 된다.

제398조【통선 등에 의한 근로자 수송 시의 위험 방지】 사업주는 통선(通船) 등에 의하여 근로자를 작업장소로 수송(輸送)하는 경우 그 통선 등이 정하는 탑승정원을 초과하여 근로자를 승선시켜서는 아니 되며, 통선 등에 구명용구를 갖추어 두는 등 근로자의 위험 방지에 필요한 조치를 취하여야 한다.

제399조【수상의 목재·뗏목 등의 작업 시 위험 방지】 사업주는 물 위의 목재·원목·뗏목 등에서 작업을 하는 근로자에게 구명조끼를 착용하도록 하여야 하며, 인근에 인명구조용 선박을 배치하여야 한다.

제400조【베일포장화물의 취급】 사업주는 양화장치를 사용하여 베일포장으로 포장된 화물을 하역하는 경우에 그 포장에 사용된 철사·로프 등에 훅을 걸어서는 아니 된다.

제401조【동시 작업의 금지】 사업주는 같은 선창 내부의 다른 층에서 동시에 작업을 하도록 해서는 아니 된다. 다만, 방망(防網) 및 방포(防布) 등 화물의 낙하를 방지하기 위한 설비를 설치한 경우에는 그러하지 아니하다.

제402조【양하작업 시의 안전조치】 ① 사업주는 양화장치등을 사용하여 양하작업을 하는 경우에 선창 내부의 화물을 안전하게 운반할 수 있도록 미리 해치(hatch)의 수직하부에 옮겨 놓아야 한다.

② 제1항에 따라 화물을 옮기는 경우에는 대차(臺車) 또는 스내치 블록(snatch block)을 사용하는 등 안전한 방법을 사용하여야 하며, 화물을 슬링 로프(sling rope)로 연결하여 직접 끌어내는 등 안전하지 않은 방법을 사용해서는 아니 된다.

제403조【훅부착슬링의 사용】 사업주는 양화장치등을 사용하여 드럼통 등의 화물권상작업을 하는 경우에 그 화물이 벗어지거나 탈락하는 것을 방지하는 구조의 해지장치가 설치된 훅부착슬링을 사용하여야 한다. 다만, 작업의 성질상 보조슬링을 연결하여 사용하는 경우 화물에 직접 연결하는 훅은 그러하지 아니하다.

제404조【로프 탈락 등에 의한 위험방지】 사업주는 양화장치등을 사용하여 로프로 화물을 잡아당기는 경우에 로프나 도르래가 떨어져 나감으로써 근로자가 위험해질 우려가 있는 장소에 근로자를 출입시켜서는 아니 된다.

제7장 벌목작업에 의한 위험 방지

제405조【벌목작업 시 등의 위험 방지】 ① 사업주는 벌목작업 등을 하는 경우에 다음 각 호의 사항을 준수하도록 해야 한다. 다만, 유압식 벌목기를 사용하는 경우에는 그렇지 않다. (2021.11.19 개정)

1. 벌목하려는 경우에는 미리 대피로 및 대피장소를 정해 둘 것
2. 벌목하려는 나무의 가슴높이지름이 20센티미터 이상인 경우에는 수구(베어지는 쪽의 밑동 부근에 만드는 쐐기 모양의 절단면)의 상면·하면의 각도를 30도 이상으로 하며, 수구 깊이는 뿌리부분 지름의 4분의 1 이상 3분의 1 이하로 만들 것 (2021.11.19 개정)
3. 벌목작업 중에는 벌목하려는 나무로부터 해당 나무 높이의 2배에 해당하는 직선거리 안에서 다른 작업을 하지 않을 것 (2021.11.19 신설)
4. 나무가 다른 나무에 걸려있는 경우에는 다음 각 목의 사항을 준수할 것 (2021.11.19 신설)
   가. 걸려있는 나무 밑에서 작업을 하지 않을 것
   나. 받치고 있는 나무를 벌목하지 않을 것

② 사업주는 유압식 벌목기에는 견고한 헤드가드(head guard)를 부착하여야 한다.

제406조【벌목의 신호 등】 ① 사업주는 벌목

작업을 하는 경우에는 일정한 신호방법을 정하여 그 작업에 종사하는 근로자에게 주지시켜야 한다.

② 사업주는 벌목작업에 종사하는 근로자가 아닌 사람에게 벌목에 의한 위험이 발생할 우려가 있는 경우에는 벌목작업에 종사하는 근로자에게 미리 제1항의 신호를 하도록 하여 다른 근로자가 대피한 것을 확인한 후에 벌목하도록 하여야 한다.

제8장 궤도 관련 작업 등에 의한 위험 방지

제1절 운행열차 등으로 인한 위험방지

제407조 【열차운행감시인의 배치 등】 ① 사업주는 열차 운행에 의한 충돌사고가 발생할 우려가 있는 궤도를 보수·점검하는 경우에 열차운행감시인을 배치하여야 한다. 다만, 선로순회 등 선로를 이동하면서 하는 단순점검의 경우에는 그러하지 아니하다.

② 사업주는 열차운행감시인을 배치한 경우에 위험을 즉시 알릴 수 있도록 확성기·경보기·무선통신기 등 그 작업에 적합한 신호장비를 지급하고, 열차운행 감시 중에는 감시 외의 업무에 종사하게 해서는 아니 된다.

제408조 【열차통행 중의 작업 제한】 사업주는 열차가 운행하는 궤도(인접궤도를 포함한다)상에서 궤도와 그 밖의 관련 설비의 보수·점검작업 등을 하는 중 위험이 발생할 때에 작업자들이 안전하게 대피할 수 있도록 열차통행의 시간간격을 충분히 하고, 작업자들이 안전하게 대피할 수 있는 공간이 확보된 것을 확인한 후에 작업에 종사하도록 하여야 한다.

제409조 【열차의 점검·수리 등】 ① 사업주는 열차 운행 중에 열차를 점검·수리하거나 그 밖에 이와 유사한 작업을 할 때에 열차에 의하여 근로자에게 접촉·충돌·감전 또는 추락 등의 위험이 발생할 우려가 있는 경우에는 다음 각 호의 조치를 하여야 한다.

1. 열차의 운전이 정지된 후 작업을 하도록 하고, 점검 등의 작업 완료 후 열차 운전을 시작하기 전에 반드시 작업자와 신호하여 접촉위험이 없음을 확인하고 운전을 재개하도록 할 것
2. 열차의 유동 방지를 위하여 차바퀴막이 등 필요한 조치를 할 것 (2019.1.31 개정)
3. 노출된 열차충전부에 잔류전하 방전조치를 하거나 근로자에게 절연보호구를 지급하여 착용하도록 할 것
4. 열차의 상판에서 작업을 하는 경우에는 그 주변에 작업발판 또는 안전매트를 설치할 것

② 열차의 정기적인 점검·정비 등의 작업은 지정된 정비차고지 또는 열차에 근로자가 끼이거나 열차와 근로자가 충돌할 위험이 없는 유치선(留置線) 등의 장소에서 하여야 한다.

제2절 궤도 보수·점검작업의 위험 방지

제410조 【안전난간 및 울타리의 설치 등】 ① 사업주는 궤도작업차량으로부터 작업자가 떨어지는 등의 위험이 있는 경우에 해당 부위에 견고한 구조의 안전난간 또는 이에 준하는 설비를 설치하거나 안전대를 사용하도록 하는 등의 위험 방지 조치를 하여야 한다. (2019.10.15 개정)

② 사업주는 궤도작업차량에 의한 작업을 하는 경우 그 궤도작업차량의 상판 등 감전발생위험이 있는 장소에 울타리를 설치하거나 그 장소의 충전전로에 절연용 방호구를 설치하는 등 감전재해예방에 필요한 조치를 하여야 한다. (2019.10.15 개정)

제411조 【자재의 붕괴·낙하 방지】 사업주는 궤도작업차량을 이용하여 받침목·자갈과 그 밖의 궤도 관련 작업 자재를 운반·설치·살포하는 등의 작업을 하는 경우 자재의 붕괴·낙하 등으로 인한 위험을 방지하기 위하여 버팀목이나 보호망을 설치하거나 로프를 거는 등의 위험 방지 조치를 하여야 한다. (2014.

9.30 개정)

제412조 【접촉의 방지】 사업주는 궤도작업차량을 이용하는 작업을 하는 경우 유도하는 사람을 지정하여 궤도작업차량을 유도하여야 하며, 운전 중인 궤도작업차량 또는 자재에 근로자가 접촉될 위험이 있는 장소에는 관계 근로자가 아닌 사람을 출입시켜서는 아니 된다.

제413조 【제동장치의 구비 등】 ① 사업주는 궤도를 단독으로 운행하는 트롤리에 반드시 제동장치를 구비하여야 하며 사용하기 전에 제동상태를 확인하여야 한다.

② 궤도작업차량에 견인용 트롤리를 연결하는 경우에는 적합한 연결장치를 사용하여야 한다.

제3절 입환작업 시의 위험방지

제414조 【유도자의 지정 등】 ① 입환기 운전자와 유도하는 사람 사이에는 서로 팔이나 기(旗) 또는 등(燈)에 의한 신호를 맨눈으로 확인하여 안전하게 작업하도록 하여야 하고, 맨눈으로 신호를 확인할 수 없는 곳에서의 입환작업은 연계(連繫) 유도자를 두어 작업하도록 하여야 한다. 다만, 정확히 의사를 전달할 수 있는 무전기 등의 통신수단을 지급한 경우에는 연계 유도자를 따로 두지 아니할 수 있다. (2019.10.15 개정)

② 사업주는 입환기 운행 시 제1항 본문에 따른 유도하는 사람이 근로자의 추락·충돌·끼임 등의 위험요인을 감시하면서 입환기를 유도하도록 하여야 하며, 다른 근로자에게 위험을 알릴 수 있도록 확성기·경보기·무선통신기 등 경보장비를 지급하여야 한다.

제415조 【추락·충돌·협착 등의 방지】 ① 사업주는 입환기(入換機)를 사용하는 작업의 경우에는 다음 각 호의 조치를 하여야 한다. (2019.4.19 개정)

1. 열차운행 중에 열차에 뛰어오르거나 뛰어내리지 않도록 근로자에게 알릴 것
2. 열차에 오르내리기 위한 수직사다리에는 미끄러짐을 방지할 수 있는 견고한 손잡이를 설치할 것
3. 열차에 오르내리기 위한 수직사다리에 근로자가 매달린 상태에서는 열차를 운행하지 않도록 할 것
4. 근로자가 탑승하는 위치에는 안전난간을 설치할 것. 다만, 열차의 구조적인 문제로 안전난간을 설치할 수 없는 경우에는 발받침과 손잡이 등을 설치하여야 한다.

② 사업주는 입환기 운행선로로 다른 열차가 운행하는 것을 제한하여 운행열차와 근로자가 충돌할 위험을 방지하여야 한다. 다만, 유도하는 사람에 의하여 안전하게 작업을 하도록 하는 경우에는 그러하지 아니하다.

③ 사업주는 열차를 연결하거나 분리하는 작업을 할 때에 그 작업에 종사하는 근로자가 차량 사이에 끼이는 등의 위험이 발생할 우려가 있는 경우에는 입환기를 안전하게 정지시키도록 하여야 한다.

④ 사업주는 입환작업 시 그 작업장소에 관계자가 아닌 사람이 출입하도록 해서는 아니 된다. 다만, 작업장소에 안전한 통로가 설치되어 열차와의 접촉위험이 없는 경우에는 그러하지 아니하다.

제416조 【작업장 등의 시설 정비】 사업주는 근로자가 안전하게 입환작업을 할 수 있도록 그 작업장소의 시설을 자주 정비하여 정상적으로 이용할 수 있는 안전한 상태로 유지하고 관리하여야 한다.

제4절 터널·지하구간 및 교량 작업 시의 위험방지

제417조 【대피공간】 ① 사업주는 궤도를 설치한 터널·지하구간 및 교량 등에서 근로자가 통행하거나 작업을 하는 경우에 적당한 간격마다 대피소를 설치하여야 한다. 다만, 궤도 옆에 상당한 공간이 있거나 손쉽게 교량을 건널 수 있어 그 궤도를 운행하는 차량에 접

측할 위험이 없는 경우에는 그러하지 아니하다.

② 제1항에 따른 대피소는 작업자가 작업도구 등을 소지하고 대피할 수 있는 충분한 공간을 확보하여야 한다.

제418조 【교량에서의 추락 방지】 사업주는 교량에서 궤도와 그 밖의 관련 설비의 보수·점검 등의 작업을 하는 경우에 추락 위험을 방지할 수 있도록 안전난간 또는 안전망을 설치하거나 안전대를 지급하여 착용하게 하여야 한다.

제419조 【받침목교환작업 등】 사업주는 터널·지하구간 또는 교량에서 받침목교환작업 등을 하는 동안 열차의 운행을 중지시키고, 작업공간을 충분히 확보하여 근로자가 안전하게 작업을 하도록 하여야 한다. (2014.9.30 개정)

제3편 보건기준

제1장 관리대상 유해물질에 의한 건강장해의 예방

제1절 통 칙

제420조 【정의】 이 장에서 사용하는 용어의 뜻은 다음과 같다.

1. "관리대상 유해물질"이란 근로자에게 상당한 건강장해를 일으킬 우려가 있어 법 제39조에 따라 건강장해를 예방하기 위한 보건상의 조치가 필요한 원재료·가스·증기·분진·흄, 미스트로서 별표 12에서 정한 유기화합물, 금속류, 산·알칼리류, 가스상태 물질류를 말한다. (2019.12.26 개정)
2. "유기화합물"이란 상온·상압(常壓)에서 휘발성이 있는 액체로서 다른 물질을 녹이는 성질이 있는 유기용제(有機溶劑)를 포함한 탄화수소계화합물 중 별표 12 제1호에 따른 물질을 말한다.
3. "금속류"란 고체가 되었을 때 금속광택이 나고 전기·열을 잘 전달하며, 전성(展性)과 연성(延性)을 가진 물질 중 별표 12 제2호에 따른 물질을 말한다.
4. "산·알칼리류"란 수용액(水溶液) 중에서 해리(解離)하여 수소이온을 생성하고 염기와 중화하여 염을 만드는 물질과 산을 중화하는 수산화화합물로서 물에 녹는 물질 중 별표 12 제3호에 따른 물질을 말한다.
5. "가스상태 물질류"란 상온·상압에서 사용하거나 발생하는 가스 상태의 물질로서 별표 12 제4호에 따른 물질을 말한다.
6. "특별관리물질"이란 「산업안전보건법 시행규칙」 별표 18 제1호나목에 따른 발암성 물질, 생식세포 변이원성 물질, 생식독성(生殖毒性) 물질 등 근로자에게 중대한 건강장해를 일으킬 우려가 있는 물질로서 별표 12에서 특별관리물질로 표기된 물질을 말한다. (2019.12.26 개정)
7. "유기화합물 취급 특별장소"란 유기화합물을 취급하는 다음 각 목의 어느 하나에 해당하는 장소를 말한다.
   가. 선박의 내부
   나. 차량의 내부
   다. 탱크의 내부(반응기 등 화학설비 포함)
   라. 터널이나 갱의 내부
   마. 맨홀의 내부
   바. 피트의 내부
   사. 통풍이 충분하지 않은 수로의 내부
   아. 덕트의 내부
   자. 수관(水管)의 내부
   차. 그 밖에 통풍이 충분하지 않은 장소
8. "임시작업"이란 일시적으로 하는 작업 중 월 24시간 미만인 작업을 말한다. 다만, 월 10시간 이상 24시간 미만인 작업이 매월 행하여지는 작업은 제외한다.
9. "단시간작업"이란 관리대상 유해물질을 취급하는 시간이 1일 1시간 미만인 작업을 말한다. 다만, 1일 1시간 미만인 작업이 매일 수행되는 경우는 제외한다.

제421조 【적용 제외】 ① 사업주가 관리대상 유해물질의 취급업무에 근로자를 종사하도

록 하는 경우로서 작업시간 1시간당 소비하는 관리대상 유해물질의 양(그램)이 작업장 공기의 부피(세제곱미터)를 15로 나눈 양(이하 "허용소비량"이라 한다) 이하인 경우에는 이 장의 규정을 적용하지 아니한다. 다만, 유기화합물 취급 특별장소, 특별관리물질 취급장소, 지하실 내부, 그 밖에 환기가 불충분한 실내작업장인 경우에는 그러하지 아니하다. (2012.3.5 개정)

② 제1항 본문에 따른 작업장 공기의 부피는 바닥에서 4미터가 넘는 높이에 있는 공간을 제외한 세제곱미터를 단위로 하는 실내작업장의 공간부피를 말한다. 다만, 공기의 부피가 150세제곱미터를 초과하는 경우에는 150세제곱미터를 그 공기의 부피로 한다.

제2절 설비기준 등

제422조【관리대상 유해물질과 관계되는 설비】 사업주는 근로자가 실내작업장에서 관리대상 유해물질을 취급하는 업무에 종사하는 경우에 그 작업장에 관리대상 유해물질의 가스·증기 또는 분진의 발산원을 밀폐하는 설비 또는 국소배기장치를 설치하여야 한다. 다만, 분말상태의 관리대상 유해물질을 습기가 있는 상태에서 취급하는 경우에는 그러하지 아니하다.

제423조【임시작업인 경우의 설비 특례】 ① 사업주는 실내작업장에서 관리대상 유해물질 취급업무를 임시로 하는 경우에 제422조에 따른 밀폐설비나 국소배기장치를 설치하지 아니할 수 있다.

② 사업주는 유기화합물 취급 특별장소에서 근로자가 유기화합물 취급업무를 임시로 하는 경우로서 전체환기장치를 설치한 경우에 제422조에 따른 밀폐설비나 국소배기장치를 설치하지 아니할 수 있다.

③ 제1항 및 제2항에도 불구하고 관리대상 유해물질 중 별표 12에 따른 특별관리물질을 취급하는 작업장에는 제422조에 따른 밀폐설비나 국소배기장치를 설치하여야 한다. (2012.3.5 개정)

제424조【단시간작업인 경우의 설비 특례】 ① 사업주는 근로자가 전체환기장치가 설치되어 있는 실내작업장에서 단시간 동안 관리대상 유해물질을 취급하는 작업에 종사하는 경우에 제422조에 따른 밀폐설비나 국소배기장치를 설치하지 아니할 수 있다.

② 사업주는 유기화합물 취급 특별장소에서 단시간 동안 유기화합물을 취급하는 작업에 종사하는 근로자에게 송기마스크를 지급하고 착용하도록 하는 경우에 제422조에 따른 밀폐설비나 국소배기장치를 설치하지 아니할 수 있다.

③ 제1항 및 제2항에도 불구하고 관리대상 유해물질 중 별표 12에 따른 특별관리물질을 취급하는 작업장에는 제422조에 따른 밀폐설비나 국소배기장치를 설치하여야 한다. (2012.3.5 개정)

제425조【국소배기장치의 설비 특례】 사업주는 다음 각 호의 어느 하나에 해당하는 경우로서 급기(給氣)·배기(排氣) 환기장치를 설치한 경우에 제422조에 따른 밀폐설비나 국소배기장치를 설치하지 아니할 수 있다.

1. 실내작업장의 벽·바닥 또는 천장에 대하여 관리대상 유해물질 취급업무를 수행할 때 관리대상 유해물질의 발산 면적이 넓어 제422조에 따른 설비를 설치하기 곤란한 경우
2. 자동차의 차체, 항공기의 기체, 선체(船體) 블록(block) 등 표면적이 넓은 물체의 표면에 대하여 관리대상 유해물질 취급업무를 수행할 때 관리대상 유해물질의 증기 발산 면적이 넓어 제422조에 따른 설비를 설치하기 곤란한 경우

제426조【다른 실내 작업장과 격리되어 있는 작업장에 대한 설비 특례】 사업주는 다른 실내작업장과 격리되어 근로자가 상시 출입할 필요가 없는 작업장으로서 관리대상 유해물질 취급업무를 하는 실내작업장에 전체환

기장치를 설치한 경우에 제422조에 따른 밀폐설비나 국소배기장치를 설치하지 아니할 수 있다.

제427조【대체설비의 설치에 따른 특례】 사업주는 발산원 밀폐설비, 국소배기장치 또는 전체환기장치 외의 방법으로 적정 처리를 할 수 있는 설비(이하 이 조에서 "대체설비"라 한다)를 설치하고 고용노동부장관이 해당 대체설비가 적정하다고 인정하는 경우에 제422조에 따른 밀폐설비나 국소배기장치 또는 전체환기장치를 설치하지 아니할 수 있다.

제428조【유기화합물의 설비 특례】 사업주는 전체환기장치가 설치된 유기화합물 취급작업장으로서 다음 각 호의 요건을 모두 갖춘 경우에 제422조에 따른 밀폐설비나 국소배기장치를 설치하지 아니할 수 있다.

1. 유기화합물의 노출기준이 100피피엠(ppm) 이상인 경우
2. 유기화합물의 발생량이 대체로 균일한 경우
3. 동일한 작업장에 다수의 오염원이 분산되어 있는 경우
4. 오염원이 이동성(移動性)이 있는 경우

제3절 국소배기장치의 성능 등

제429조【국소배기장치의 성능】 사업주는 국소배기장치를 설치하는 경우에 별표 13에 따른 제어풍속을 낼 수 있는 성능을 갖춘 것을 설치하여야 한다.

제430조【전체환기장치의 성능 등】 ① 사업주는 단일 성분의 유기화합물이 발생하는 작업장에 전체환기장치를 설치하려는 경우에 다음 계산식에 따라 계산한 환기량(이하 이 조에서 "필요환기량"이라 한다) 이상으로 설치하여야 한다.

작업시간 1시간당 필요환기량 = 24.1×비중×유해물질의 시간당 사용량×K/(분자량×유해물질의 노출기준)×10^6

주) 1. 시간당 필요환기량 단위 : m^3/hr 2. 유해물질의 시간당 사용량 단위 : L/hr 3. K : 안전계수로서 가. K=1 : 작업장 내의 공기 혼합이 원활한 경우 나. K=2 : 작업장 내의 공기 혼합이 보통인 경우 다. K=3 : 작업장 내의 공기 혼합이 불완전한 경우

② 제1항에도 불구하고 유기화합물의 발생이 혼합물질인 경우에는 각각의 환기량을 모두 합한 값을 필요환기량으로 적용한다. 다만, 상가작용(相加作用)이 없을 경우에는 필요환기량이 가장 큰 물질의 값을 적용한다.
③ 사업주는 전체환기장치를 설치하려는 경우에 전체환기장치의 배풍기(덕트를 사용하는 전체환기장치의 경우에는 해당 덕트의 개구부를 말한다)를 관리대상 유해물질의 발산원에 가장 가까운 위치에 설치하여야 한다.

제431조【작업장의 바닥】 사업주는 관리대상 유해물질을 취급하는 실내작업장의 바닥에 불침투성의 재료를 사용하고 청소하기 쉬운 구조로 하여야 한다.

제432조【부식의 방지조치】 사업주는 관리대상 유해물질의 접촉설비를 녹슬지 않는 재료로 만드는 등 부식을 방지하기 위하여 필요한 조치를 하여야 한다.

제433조【누출의 방지조치】 사업주는 관리대상 유해물질 취급설비의 뚜껑·플랜지(flange)·밸브 및 콕(cock) 등의 접합부에 대하여 관리대상 유해물질이 새지 않도록 개스킷(gasket)을 사용하는 등 누출을 방지하기 위하여 필요한 조치를 하여야 한다.

제434조【경보설비 등】 ① 사업주는 관리대상 유해물질 중 금속류, 산·알칼리류, 가스상태 물질류를 1일 평균 합계 100리터(기체인 경우에는 해당 기체의 용적 1세제곱미터를 2리터로 환산한다) 이상 취급하는 사업장

에서 해당 물질이 샐 우려가 있는 경우에 경보설비를 설치하거나 경보용 기구를 갖추어 두어야 한다.

② 사업주는 제1항에 따른 사업장에 관리대상 유해물질 등이 새는 경우에 대비하여 그 물질을 제거하기 위한 약제·기구 또는 설비를 갖추거나 설치하여야 한다.

제435조 【긴급 차단장치의 설치 등】 ① 사업주는 관리대상 유해물질 취급설비 중 발열반응 등 이상화학반응에 의하여 관리대상 유해물질이 샐 우려가 있는 설비에 대하여 원재료의 공급을 막거나 불활성가스와 냉각용수 등을 공급하기 위한 장치를 설치하는 등 필요한 조치를 하여야 한다.

② 사업주는 제1항에 따른 장치에 설치한 밸브나 콕을 정상적인 기능을 발휘할 수 있는 상태로 유지하여야 하며, 관계 근로자가 이를 안전하고 정확하게 조작할 수 있도록 색깔로 구분하는 등 필요한 조치를 하여야 한다.

③ 사업주는 관리대상 유해물질을 내보내기 위한 장치는 밀폐식 구조로 하거나 내보내지는 관리대상 유해물질을 안전하게 처리할 수 있는 구조로 하여야 한다.

제4절 작업방법 등

제436조 【작업수칙】 사업주는 관리대상 유해물질 취급설비나 그 부속설비를 사용하는 작업을 하는 경우에 관리대상 유해물질이 새지 않도록 다음 각 호의 사항에 관한 작업수칙을 정하여 이에 따라 작업하도록 하여야 한다.

1. 밸브·콕 등의 조작(관리대상 유해물질을 내보내는 경우에만 해당한다)
2. 냉각장치, 가열장치, 교반장치 및 압축장치의 조작
3. 계측장치와 제어장치의 감시·조정
4. 안전밸브, 긴급 차단장치, 자동경보장치 및 그 밖의 안전장치의 조정
5. 뚜껑·플랜지·밸브 및 콕 등 접합부가 새는지 점검
6. 시료(試料)의 채취
7. 관리대상 유해물질 취급설비의 재가동 시 작업방법
8. 이상사태가 발생한 경우의 응급조치
9. 그 밖에 관리대상 유해물질이 새지 않도록 하는 조치

제437조 【탱크 내 작업】 ① 사업주는 근로자가 관리대상 유해물질이 들어 있던 탱크 등을 개조·수리 또는 청소를 하거나 해당 설비나 탱크 등의 내부에 들어가서 작업하는 경우에 다음 각 호의 조치를 하여야 한다.

1. 관리대상 유해물질에 관하여 필요한 지식을 가진 사람이 해당 작업을 지휘하도록 할 것
2. 관리대상 유해물질이 들어올 우려가 없는 경우에는 작업을 하는 설비의 개구부를 모두 개방할 것
3. 근로자의 신체가 관리대상 유해물질에 의하여 오염된 경우나 작업이 끝난 경우에는 즉시 몸을 씻게 할 것
4. 비상시에 작업설비 내부의 근로자를 즉시 대피시키거나 구조하기 위한 기구와 그 밖의 설비를 갖추어 둘 것
5. 작업을 하는 설비의 내부에 대하여 작업 전에 관리대상 유해물질의 농도를 측정하거나 그 밖의 방법에 따라 근로자가 건강에 장해를 입을 우려가 있는지를 확인할 것
6. 제5호에 따른 설비 내부에 관리대상 유해물질이 있는 경우에는 설비 내부를 환기장치로 충분히 환기시킬 것
7. 유기화합물을 넣었던 탱크에 대하여 제1호부터 제6호까지의 규정에 따른 조치 외에 작업 시작 전에 다음 각 목의 조치를 할 것
   가. 유기화합물이 탱크로부터 배출된 후 탱크 내부에 재유입되지 않도록 할 것
   나. 물이나 수증기 등으로 탱크 내부를 씻은 후 그 씻은 물이나 수증기 등을 탱크로부터 배출시킬 것
   다. 탱크 용적의 3배 이상의 공기를 채웠다가 내보내거나 탱크에 물을 가득 채웠다가 배출시킬 것

② 사업주는 제1항제7호에 따른 조치를 확

인할 수 없는 설비에 대하여 근로자가 그 설비의 내부에 머리를 넣고 작업하지 않도록 하고 작업하는 근로자에게 주의하도록 미리 알려야 한다.

제438조【사고 시의 대피 등】 ① 사업주는 관리대상 유해물질을 취급하는 근로자에게 다음 각 호의 어느 하나에 해당하는 상황이 발생하여 관리대상 유해물질에 의한 중독이 발생할 우려가 있을 경우에 즉시 작업을 중지하고 근로자를 그 장소에서 대피시켜야 한다.
1. 해당 관리대상 유해물질을 취급하는 장소의 환기를 위하여 설치한 환기장치의 고장으로 그 기능이 저하되거나 상실된 경우
2. 해당 관리대상 유해물질을 취급하는 장소의 내부가 관리대상 유해물질에 의하여 오염되거나 관리대상 유해물질이 새는 경우

② 사업주는 제1항 각 호에 따른 상황이 발생하여 작업을 중지한 경우에 관리대상 유해물질에 의하여 오염되거나 새어 나온 것이 제거될 때까지 관계자가 아닌 사람의 출입을 금지하고, 그 내용을 보기 쉬운 장소에 게시하여야 한다. 다만, 안전한 방법에 따라 인명구조 또는 유해방지에 관한 작업을 하도록 하는 경우에는 그러하지 아니하다.
③ 근로자는 제2항에 따라 출입이 금지된 장소에 사업주의 허락 없이 출입해서는 아니 된다.

제439조【특별관리물질 취급 시 적어야 하는 사항】 법 제164조제1항제3호에서 "안전조치 및 보건조치에 관한 사항으로서 고용노동부령으로 정하는 사항"이란 근로자가 별표 12에 따른 특별관리물질을 취급하는 경우에는 다음 각 호의 사항을 말한다. (2021.11.19 개정)
1. 근로자의 이름
2. 특별관리물질의 명칭
3. 취급량
4. 작업내용
5. 작업 시 착용한 보호구
6. 누출, 오염, 흡입 등의 사고가 발생한 경우 피해 내용 및 조치 사항

제440조【특별관리물질의 고지】 사업주는 근로자가 별표 12에 따른 특별관리물질을 취급하는 경우에는 그 물질이 특별관리물질이라는 사실과 「산업안전보건법 시행규칙」 별표 18 제1호나목에 따른 발암성 물질, 생식세포 변이원성 물질 또는 생식독성 물질 등 중 어느 것에 해당하는지에 관한 내용을 게시판 등을 통하여 근로자에게 알려야 한다. (2019.12.26 개정)

제5절 관리 등

제441조【사용 전 점검 등】 ① 사업주는 국소배기장치를 설치한 후 처음으로 사용하는 경우 또는 국소배기장치를 분해하여 개조하거나 수리한 후 처음으로 사용하는 경우에는 다음 각 호에서 정하는 사항을 사용 전에 점검하여야 한다.
1. 덕트와 배풍기의 분진 상태
2. 덕트 접속부가 헐거워졌는지 여부
3. 흡기 및 배기 능력
4. 그 밖에 국소배기장치의 성능을 유지하기 위하여 필요한 사항

② 사업주는 제1항에 따른 점검 결과 이상이 발견되었을 때에는 즉시 청소·보수 또는 그 밖에 필요한 조치를 하여야 한다.
③ 제1항에 따른 점검을 한 후 그 기록의 보존에 관하여는 제555조를 준용한다.

제442조【명칭 등의 게시】 ① 사업주는 관리대상 유해물질을 취급하는 작업장의 보기 쉬운 장소에 다음 각 호의 사항을 게시하여야 한다. 다만, 법 제114조제2항에 따른 작업공정별 관리요령을 게시한 경우에는 그러하지 아니하다. (2019.12.26 개정)
② 제1항 각 호의 사항을 게시하는 경우에는 「산업안전보건법 시행규칙」 별표 18 제1호나목에 따른 건강 및 환경 유해성 분류기준에 따라 인체에 미치는 영향이 유사한 관리대상 유해물질별로 분류하여 게시할 수 있

다. (2019.12.26 개정)
1. 관리대상 유해물질의 명칭
2. 인체에 미치는 영향
3. 취급상 주의사항
4. 착용하여야 할 보호구
5. 응급조치와 긴급 방재 요령

제443조【관리대상 유해물질의 저장】 ① 사업주는 관리대상 유해물질을 운반하거나 저장하는 경우에 그 물질이 새거나 발산될 우려가 없는 뚜껑 또는 마개가 있는 튼튼한 용기를 사용하거나 단단하게 포장을 하여야 하며, 그 저장장소에는 다음 각 호의 조치를 하여야 한다.
1. 관계 근로자가 아닌 사람의 출입을 금지하는 표시를 할 것
2. 관리대상 유해물질의 증기를 실외로 배출시키는 설비를 설치할 것

② 사업주는 관리대상 유해물질을 저장할 경우에 일정한 장소를 지정하여 저장하여야 한다.

제444조【빈 용기 등의 관리】 사업주는 관리대상 유해물질의 운반·저장 등을 위하여 사용한 용기 또는 포장을 밀폐하거나 실외의 일정한 장소를 지정하여 보관하여야 한다.

제445조【청소】 사업주는 관리대상 유해물질을 취급하는 실내작업장, 휴게실 또는 식당 등에 관리대상 유해물질로 인한 오염을 제거하기 위하여 청소 등을 하여야 한다.

제446조【출입의 금지 등】 ① 사업주는 관리대상 유해물질을 취급하는 실내작업장에 관계 근로자가 아닌 사람의 출입을 금지하고, 그 내용을 보기 쉬운 장소에 게시하여야 한다. 다만, 관리대상 유해물질 중 금속류, 산·알칼리류, 가스상태 물질류를 1일 평균 합계 100리터(기체인 경우에는 그 기체의 부피 1세제곱미터를 2리터로 환산한다) 미만을 취급하는 작업장은 그러하지 아니하다.

② 사업주는 관리대상 유해물질이나 이에 따라 오염된 물질은 일정한 장소를 정하여 폐기·저장 등을 하여야 하며, 그 장소에는 관계 근로자가 아닌 사람의 출입을 금지하고, 그 내용을 보기 쉬운 장소에 게시하여야 한다.

③ 근로자는 제1항 또는 제2항에 따라 출입이 금지된 장소에 사업주의 허락 없이 출입해서는 아니 된다.

제447조【흡연 등의 금지】 ① 사업주는 관리대상 유해물질을 취급하는 실내작업장에서 근로자가 담배를 피우거나 음식물을 먹지 않도록 하여야 하며, 그 내용을 보기 쉬운 장소에 게시하여야 한다.

② 근로자는 제1항에 따라 흡연 또는 음식물의 섭취가 금지된 장소에서 흡연 또는 음식물 섭취를 해서는 아니 된다.

제448조【세척시설 등】 ① 사업주는 근로자가 관리대상 유해물질을 취급하는 작업을 하는 경우에 세면·목욕·세탁 및 건조를 위한 시설을 설치하고 필요한 용품과 용구를 갖추어 두어야 한다.

② 사업주는 제1항에 따라 시설을 설치할 경우에 오염된 작업복과 평상복을 구분하여 보관할 수 있는 구조로 하여야 한다.

제449조【유해성 등의 주지】 ① 사업주는 관리대상 유해물질을 취급하는 작업에 근로자를 종사하도록 하는 경우에 근로자를 작업에 배치하기 전에 다음 각 호의 사항을 근로자에게 알려야 한다.
1. 관리대상 유해물질의 명칭 및 물리적·화학적 특성
2. 인체에 미치는 영향과 증상
3. 취급상의 주의사항
4. 착용하여야 할 보호구와 착용방법
5. 위급상황 시의 대처방법과 응급조치 요령
6. 그 밖에 근로자의 건강장해 예방에 관한 사항

② 사업주는 근로자가 별표 12 제1호13)·46)·59)·71)·101)·111)의 물질을 취급하는 경우에 근로자가 작업을 시작하기 전에 해당

물질이 급성 독성을 일으키는 물질임을 근로자에게 알려야 한다. (2022.10.18 개정)

제6절 보호구 등

제450조 【호흡용 보호구의 지급 등】 ① 사업주는 근로자가 다음 각 호의 어느 하나에 해당하는 업무를 하는 경우에 해당 근로자에게 송기마스크를 지급하여 착용하도록 하여야 한다.

1. 유기화합물을 넣었던 탱크(유기화합물의 증기가 발산할 우려가 없는 탱크는 제외한다) 내부에서의 세척 및 페인트칠 업무
2. 제424조제2항에 따라 유기화합물 취급 특별장소에서 유기화합물을 취급하는 업무

② 사업주는 근로자가 다음 각 호의 어느 하나에 해당하는 업무를 하는 경우에 해당 근로자에게 송기마스크나 방독마스크를 지급하여 착용하도록 하여야 한다.

1. 제423조제1항 및 제2항, 제424조제1항, 제425조, 제426조 및 제428조제1항에 따라 밀폐설비나 국소배기장치가 설치되지 아니한 장소에서의 유기화합물 취급업무
2. 유기화합물 취급 장소에 설치된 환기장치 내의 기류가 확산될 우려가 있는 물체를 다루는 유기화합물 취급업무
3. 유기화합물 취급 장소에서 유기화합물의 증기 발산원을 밀폐하는 설비(청소 등으로 유기화합물이 제거된 설비는 제외한다)를 개방하는 업무

③ 사업주는 제1항과 제2항에 따라 근로자에게 송기마스크를 착용시키려는 경우에 신선한 공기를 공급할 수 있는 성능을 가진 장치가 부착된 송기마스크를 지급하여야 한다.

④ 사업주는 금속류, 산·알칼리류, 가스상태 물질류 등을 취급하는 작업장에서 근로자의 건강장해 예방에 적절한 호흡용 보호구를 근로자에게 지급하여 필요시 착용하도록 하고, 호흡용 보호구를 공동으로 사용하여 근로자에게 질병이 감염될 우려가 있는 경우에는 개인 전용의 것을 지급하여야 한다.

⑤ 근로자는 제1항, 제2항 및 제4항에 따라 지급된 보호구를 사업주의 지시에 따라 착용하여야 한다.

제451조 【보호복 등의 비치 등】 ① 사업주는 근로자가 피부 자극성 또는 부식성 관리대상 유해물질을 취급하는 경우에 불침투성 보호복·보호장갑·보호장화 및 피부보호용 바르는 약품을 갖추어 두고, 이를 사용하도록 하여야 한다.

② 사업주는 근로자가 관리대상 유해물질이 흩날리는 업무를 하는 경우에 보안경을 지급하고 착용하도록 하여야 한다.

③ 사업주는 관리대상 유해물질이 근로자의 피부나 눈에 직접 닿을 우려가 있는 경우에 즉시 물로 씻어낼 수 있도록 세면·목욕 등에 필요한 세척시설을 설치하여야 한다.

④ 근로자는 제1항 및 제2항에 따라 지급된 보호구를 사업주의 지시에 따라 착용하여야 한다.

제2장 허가대상 유해물질 및 석면에 의한 건강장해의 예방

제1절 통 칙

제452조 【정의】 이 장에서 사용하는 용어의 뜻은 다음과 같다.

1. "허가대상 유해물질"이란 고용노동부장관의 허가를 받지 않고는 제조·사용이 금지되는 물질로서 영 제88조에 따른 물질을 말한다. (2019.12.26 개정)
2. "제조"란 화학물질 또는 그 구성요소에 물리적·화학적 작용을 가하여 허가대상 유해물질로 전환하는 과정을 말한다.
3. "사용"이란 새로운 제품 또는 물질을 만들기 위하여 허가대상 유해물질을 원재료로 이용하는 것을 말한다.
4. "석면해체·제거작업"이란 석면함유 설비 또는 건축물의 파쇄(破碎), 개·보수 등으로 인하여 석면분진이 흩날릴 우려가 있고 작은 입자의 석면폐기물이 발생하는 작업을 말한다. (2012.3.5 개정)

5. “가열응착(加熱凝着)”이란 허가대상 유해물질에 압력을 가하여 성형한 것을 가열하였을 때 가루가 서로 밀착·굳어지는 현상을 말한다.
6. “가열탈착(加熱脫着)”이란 허가대상 유해물질을 고온으로 가열하여 휘발성 성분의 일부 또는 전부를 제거하는 조작을 말한다.

제2절 설비기준 및 성능 등

제453조【설비기준 등】 ① 사업주는 허가대상 유해물질(베릴륨 및 석면은 제외한다)을 제조하거나 사용하는 경우에 다음 각 호의 사항을 준수하여야 한다.

1. 허가대상 유해물질을 제조하거나 사용하는 장소는 다른 작업장소와 격리시키고 작업장소의 바닥과 벽은 불침투성의 재료로 하되, 물청소로 할 수 있는 구조로 하는 등 해당 물질을 제거하기 쉬운 구조로 할 것
2. 원재료의 공급·이송 또는 운반은 해당 작업에 종사하는 근로자의 신체에 그 물질이 직접 닿지 않는 방법으로 할 것
3. 반응조(batch reactor)는 발열반응 또는 가열을 동반하는 반응에 의하여 교반기(攪拌機) 등의 덮개부분으로부터 가스나 증기가 새지 않도록 개스킷 등으로 접합부를 밀폐시킬 것
4. 가동 중인 선별기 또는 진공여과기의 내부를 점검할 필요가 있는 경우에는 밀폐된 상태에서 내부를 점검할 수 있는 구조로 할 것
5. 분말 상태의 허가대상 유해물질을 근로자가 직접 사용하는 경우에는 그 물질을 습기가 있는 상태로 사용하거나 격리실에서 원격조작하거나 분진이 흩날리지 않는 방법을 사용하도록 할 것

② 사업주는 근로자가 허가대상 유해물질(베릴륨 및 석면은 제외한다)을 제조하거나 사용하는 경우에 허가대상 유해물질의 가스·증기 또는 분진의 발산원을 밀폐하는 설비나 포위식 후드 또는 부스식 후드의 국소배기장치를 설치하여야 한다. 다만, 작업의 성질상 밀폐설비나 포위식 후드 또는 부스식 후드를 설치하기 곤란한 경우에는 외부식 후드의 국소배기장치(상방 흡인형은 제외한다)를 설치할 수 있다.

제454조【국소배기장치의 설치·성능】 제453조제2항에 따라 설치하는 국소배기장치의 성능은 물질의 상태에 따라 아래 표에서 정하는 제어풍속 이상이 되도록 하여야 한다.

물질의 상태	제어풍속(미터/초)
가스상태	0.5
입자상태	1.0

비고
1. 이 표에서 제어풍속이란 국소배기장치의 모든 후드를 개방한 경우의 제어 풍속을 말한다.
2. 이 표에서 제어풍속은 후드의 형식에 따라 다음에서 정한 위치에서의 풍속을 말한다.
   가. 포위식 또는 부스식 후드에서는 후드의 개구면에서의 풍속
   나. 외부식 또는 리시버식 후드에서는 유해물질의 가스·증기 또는 분진이 빨려 들어가는 범위에서 해당 개구면으로부터 가장 먼 작업 위치에서의 풍속

제455조【배출액의 처리】 사업주는 허가대상 유해물질의 제조·사용 설비로부터 오염물이 배출되는 경우에 이로 인한 근로자의 건강장해를 예방할 수 있도록 배출액을 중화·침전·여과 또는 그 밖의 적절한 방식으로 처리하여야 한다.

제3절 작업관리 기준 등

제456조【사용 전 점검 등】 ① 사업주는 국소배기장치를 설치한 후 처음으로 사용하는 경우 또는 국소배기장치를 분해하여 개조하거나 수리를 한 후 처음으로 사용하는 경우에 다음 각 호의 사항을 사용 전에 점검하여야

한다.
1. 덕트와 배풍기의 분진상태
2. 덕트 접속부가 헐거워졌는지 여부
3. 흡기 및 배기 능력
4. 그 밖에 국소배기장치의 성능을 유지하기 위하여 필요한 사항

② 사업주는 제1항에 따른 점검 결과 이상이 발견되었을 경우에 즉시 청소·보수 또는 그 밖에 필요한 조치를 하여야 한다.

③ 제1항에 따른 점검을 한 후 그 기록의 보존에 관하여는 제555조를 준용한다.

제457조 【출입의 금지】 ① 사업주는 허가대상 유해물질을 제조하거나 사용하는 작업장에 관계 근로자가 아닌 사람의 출입을 금지하고, 「산업안전보건법 시행규칙」 별표 6 중 일람표 번호 501에 따른 표지를 출입구에 붙여야 한다. 다만, 석면을 제조하거나 사용하는 작업장에는 「산업안전보건법 시행규칙」 별표 6 중 일람표 번호 502에 따른 표지를 붙여야 한다. (2019.12.26 개정)

② 사업주는 허가대상 유해물질이나 이에 의하여 오염된 물질은 일정한 장소를 정하여 저장하거나 폐기하여야 하며, 그 장소에는 관계 근로자가 아닌 사람의 출입을 금지하고, 그 내용을 보기 쉬운 장소에 게시하여야 한다.

③ 근로자는 제1항 또는 제2항에 따라 출입이 금지된 장소에 사업주의 허락 없이 출입해서는 아니 된다.

제458조 【흡연 등의 금지】 ① 사업주는 허가대상 유해물질을 제조하거나 사용하는 작업장에서 근로자가 담배를 피우거나 음식물을 먹지 않도록 하고, 그 내용을 보기 쉬운 장소에 게시하여야 한다.

② 근로자는 제1항에 따라 흡연 또는 음식물의 섭취가 금지된 장소에서 흡연 또는 음식물 섭취를 해서는 아니 된다.

제459조 【명칭 등의 게시】 사업주는 허가대상 유해물질을 제조하거나 사용하는 작업장에 다음 각 호의 사항을 보기 쉬운 장소에 게시하여야 한다.
1. 허가대상 유해물질의 명칭
2. 인체에 미치는 영향
3. 취급상의 주의사항
4. 착용하여야 할 보호구
5. 응급처치와 긴급 방재 요령

제460조 【유해성 등의 주지】 사업주는 근로자가 허가대상 유해물질을 제조하거나 사용하는 경우에 다음 각 호의 사항을 근로자에게 알려야 한다.
1. 물리적·화학적 특성
2. 발암성 등 인체에 미치는 영향과 증상
3. 취급상의 주의사항
4. 착용하여야 할 보호구와 착용방법
5. 위급상황 시의 대처방법과 응급조치 요령
6. 그 밖에 근로자의 건강장해 예방에 관한 사항

제461조 【용기 등】 ① 사업주는 허가대상 유해물질을 운반하거나 저장하는 경우에 그 물질이 샐 우려가 없는 견고한 용기를 사용하거나 단단하게 포장을 하여야 한다.

② 사업주는 제1항에 따른 용기 또는 포장의 보기 쉬운 위치에 해당 물질의 명칭과 취급상의 주의사항을 표시하여야 한다.

③ 사업주는 허가대상 유해물질을 보관할 경우에 일정한 장소를 지정하여 보관하여야 한다.

④ 사업주는 허가대상 유해물질의 운반·저장 등을 위하여 사용한 용기 또는 포장을 밀폐하거나 실외의 일정한 장소를 지정하여 보관하여야 한다.

제462조 【작업수칙】 사업주는 근로자가 허가대상 유해물질(베릴륨 및 석면은 제외한다)을 제조·사용하는 경우에 다음 각 호의 사항에 관한 작업수칙을 정하고, 이를 해당 작업근로자에게 알려야 한다.
1. 밸브·콕 등(허가대상 유해물질을 제조하거나 사용하는 설비에 원재료를 공급하는

경우 또는 그 설비로부터 제품 등을 추출하는 경우에 사용되는 것만 해당한다)의 조작
2. 냉각장치, 가열장치, 교반장치 및 압축장치의 조작
3. 계측장치와 제어장치의 감시·조정
4. 안전밸브, 긴급 차단장치, 자동경보장치 및 그 밖의 안전장치의 조정
5. 뚜껑·플랜지·밸브 및 콕 등 접합부가 새는지 점검
6. 시료의 채취 및 해당 작업에 사용된 기구 등의 처리
7. 이상 상황이 발생한 경우의 응급조치
8. 보호구의 사용·점검·보관 및 청소
9. 허가대상 유해물질을 용기에 넣거나 꺼내는 작업 또는 반응조 등에 투입하는 작업
10. 그 밖에 허가대상 유해물질이 새지 않도록 하는 조치

제463조 【잠금장치 등】 사업주는 허가대상 유해물질이 보관된 장소에 잠금장치를 설치하는 등 관계근로자가 아닌 사람이 임의로 출입할 수 없도록 적절한 조치를 하여야 한다.

제464조 【목욕설비 등】 ① 사업주는 허가대상 유해물질을 제조·사용하는 경우에 해당 작업장소와 격리된 장소에 평상복 탈의실, 목욕실 및 작업복 탈의실을 설치하고 필요한 용품과 용구를 갖추어 두어야 한다. (2019. 12.26 개정)

② 사업주는 제1항에 따라 목욕 및 탈의 시설을 설치하려는 경우에 입구, 평상복 탈의실, 목욕실, 작업복 탈의실 및 출구 등의 순으로 설치하여 근로자가 그 순서대로 작업장에 들어가고 작업이 끝난 후에는 반대의 순서대로 나올 수 있도록 하여야 한다. (2019. 12.26 개정)

③ 사업주는 허가대상 유해물질 취급근로자가 착용하였던 작업복, 보호구 등은 오염을 방지할 수 있는 장소에서 벗도록 하고 오염 제거를 위한 세탁 등 필요한 조치를 하여야 한다. 이 경우 오염된 작업복 등은 세탁을 위하여 정해진 장소 밖으로 내가서는 아니 된다.

제465조 【긴급 세척시설 등】 사업주는 허가대상 유해물질을 제조·사용하는 작업장에 근로자가 쉽게 사용할 수 있도록 긴급 세척시설과 세안설비를 설치하고, 이를 사용하는 경우에는 배관 찌꺼기와 녹물 등이 나오지 않고 맑은 물이 나올 수 있도록 유지하여야 한다.

제466조 【누출 시 조치】 사업주는 허가대상 유해물질을 제조·사용하는 작업장에서 해당 물질이 샐 경우에 즉시 해당 물질이 흩날리지 않는 방법으로 제거하는 등 필요한 조치를 하여야 한다.

제467조 【시료의 채취】 사업주는 허가대상 유해물질(베릴륨은 제외한다)의 제조설비로부터 시료를 채취하는 경우에 다음 각 호의 사항을 따라야 한다.
1. 시료의 채취에 사용하는 용기 등은 시료 채취 전용으로 할 것
2. 시료의 채취는 미리 지정된 장소에서 하고 시료가 흩날리거나 새지 않도록 할 것
3. 시료의 채취에 사용한 용기 등은 세척한 후 일정한 장소에 보관할 것

제468조 【허가대상 유해물질의 제조·사용 시 적어야 하는 사항】 법 제164조제1항제3호에서 "안전조치 및 보건조치에 관한 사항으로서 고용노동부령으로 정하는 사항"이란 근로자가 허가대상 유해물질을 제조·사용하는 경우에는 다음 각 호의 사항을 말한다. (2021.11.19 개정)
1. 근로자의 이름
2. 허가대상 유해물질의 명칭
3. 제조량 또는 사용량
4. 작업내용
5. 작업 시 착용한 보호구
6. 누출, 오염, 흡입 등의 사고가 발생한 경우 피해 내용 및 조치 사항

제4절 방독마스크 등

제469조【방독마스크의 지급 등】 ① 사업주는 근로자가 허가대상 유해물질을 제조하거나 사용하는 작업을 하는 경우에 개인 전용의 방진마스크나 방독마스크 등(이하 "방독마스크등"이라 한다)을 지급하여 착용하도록 하여야 한다.

② 사업주는 제1항에 따라 지급하는 방독마스크등을 보관할 수 있는 보관함을 갖추어야 한다.

③ 근로자는 제1항에 따라 지급된 방독마스크등을 사업주의 지시에 따라 착용하여야 한다.

제470조【보호복 등의 비치】 ① 사업주는 근로자가 피부장해 등을 유발할 우려가 있는 허가대상 유해물질을 취급하는 경우에 불침투성 보호복·보호장갑·보호장화 및 피부보호용 약품을 갖추어 두고 이를 사용하도록 하여야 한다.

② 근로자는 제1항에 따라 지급된 보호구를 사업주의 지시에 따라 착용하여야 한다.

제5절 베릴륨 제조·사용 작업의 특별 조치

제471조【설비기준】 사업주는 베릴륨을 제조하거나 사용하는 경우에 다음 각 호의 사항을 지켜야 한다.

1. 베릴륨을 가열응착하거나 가열탈착하는 설비(수산화베릴륨으로부터 고순도 산화베릴륨을 제조하는 설비는 제외한다)는 다른 작업장소와 격리된 실내에 설치하고 국소배기장치를 설치할 것
2. 베릴륨 제조설비(베릴륨을 가열응착 또는 가열탈착하는 설비, 아크로(爐) 등에 의하여 녹은 베릴륨으로 베릴륨합금을 제조하는 설비 및 수산화베릴륨으로 고순도 산화베릴륨을 제조하는 설비는 제외한다)는 밀폐식 구조로 하거나 위쪽·아래쪽 및 옆쪽에 덮개 등을 설치할 것
3. 제2호에 따른 설비로서 가동 중 내부를 점검할 필요가 있는 것은 덮여 있는 상태로 내부를 관찰할 것
4. 베릴륨을 제조하거나 사용하는 작업장소의 바닥과 벽은 불침투성 재료로 할 것
5. 아크로 등에 의하여 녹은 베릴륨으로 베릴륨합금을 제조하는 작업장소에는 국소배기장치를 설치할 것
6. 수산화베릴륨으로 고순도 산화베릴륨을 제조하는 설비는 다음 각 목의 사항을 갖출 것
   가. 열분해로(熱分解爐)는 다른 작업장소와 격리된 실내에 설치할 것
   나. 그 밖의 설비는 밀폐식 구조로 하고 위쪽·아래쪽 및 옆쪽에 덮개를 설치하거나 뚜껑을 설치할 수 있는 형태로 할 것
7. 베릴륨의 공급·이송 또는 운반은 해당 작업에 종사하는 근로자의 신체에 해당 물질이 직접 닿지 않는 방법으로 할 것
8. 분말 상태의 베릴륨을 사용(공급·이송 또는 운반하는 경우는 제외한다)하는 경우에는 격리실에서 원격조작방법으로 할 것
9. 분말 상태의 베릴륨을 계량하는 작업, 용기에 넣거나 꺼내는 작업, 포장하는 작업을 하는 경우로서 제8호에 따른 방법을 지키는 것이 현저히 곤란한 경우에는 해당 작업을 하는 근로자의 신체에 베릴륨이 직접 닿지 않는 방법으로 할 것

제472조【아크로에 대한 조치】 사업주는 베릴륨과 그 물질을 함유하는 제제(製劑)로서 함유된 중량의 비율이 1퍼센트를 초과하는 물질을 녹이는 아크로 등은 삽입한 부분의 간격을 작게 하기 위하여 모래차단막을 설치하거나 이에 준하는 조치를 하여야 한다.

제473조【가열응착 제품 등의 추출】 사업주는 가열응착 또는 가열탈착을 한 베릴륨을 흡입 방법으로 꺼내도록 하여야 한다.

제474조【가열응착 제품 등의 파쇄】 사업주는 가열응착 또는 가열탈착된 베릴륨이 함유된 제품을 파쇄하려면 다른 작업장소로부터 격리된 실내에서 하고, 파쇄를 하는 장소에

는 국소배기장치의 설치 및 그 밖에 근로자의 건강장해 예방을 위하여 적절한 조치를 하여야 한다.

제475조 【시료의 채취】 사업주는 근로자가 베릴륨의 제조설비로부터 시료를 채취하는 경우에 다음 각 호의 사항을 따라야 한다.
1. 시료의 채취에 사용하는 용기 등은 시료채취 전용으로 할 것
2. 시료의 채취는 미리 지정된 장소에서 하고 시료가 날리지 않도록 할 것
3. 시료의 채취에 사용한 용기 등은 세척한 후 일정한 장소에 보관할 것

제476조 【작업수칙】 사업주는 베릴륨의 제조·사용 작업에 근로자를 종사하도록 하는 경우에 베릴륨 분진의 발산과 근로자의 오염을 방지하기 위하여 다음 각 호의 사항에 관한 작업수칙을 정하고 이를 해당 작업근로자에게 알려야 한다.
1. 용기에 베릴륨을 넣거나 꺼내는 작업
2. 베릴륨을 담은 용기의 운반
3. 베릴륨을 공기로 수송하는 장치의 점검
4. 여과집진방식(濾過集塵方式) 집진장치의 여과재(濾過材) 교환
5. 시료의 채취 및 그 작업에 사용된 용기 등의 처리
6. 이상사태가 발생한 경우의 응급조치
7. 보호구의 사용·점검·보관 및 청소
8. 그 밖에 베릴륨 분진의 발산을 방지하기 위하여 필요한 조치

제6절 석면의 해체·제거 작업 및 유지·관리 등의 조치기준

제477조 【격리】 삭제(2024.6.28)
제478조 【바닥】 삭제(2024.6.28)
제479조 【밀폐 등】 삭제(2024.6.28)
제480조 【국소배기장치의 설치 등】 삭제(2024.6.28)
제481조 【석면분진의 흩날림 방지 등】 삭제(2024.6.28)
제482조 【작업수칙】 삭제(2024.6.28)
제483조 【작업복 관리】 삭제(2024.6.28)
제484조 【보관용기】 삭제(2024.6.28)
제485조 【석면오염 장비 등의 처리】 삭제(2024.6.28)

제486조 【직업성 질병의 주지】 사업주는 석면으로 인한 직업성 질병의 발생 원인, 재발방지 방법 등을 석면을 취급하는 근로자에게 알려야 한다.

제487조 【유지·관리】 사업주는 건축물이나 설비의 천장재, 벽체 재료 및 보온재 등의 손상, 노후화 등으로 석면분진을 발생시켜 근로자가 그 분진에 노출될 우려가 있을 경우에는 해당 자재를 제거하거나 다른 자재로 대체하거나 안정화(安定化)하거나 씌우는 등 필요한 조치를 하여야 한다.

제488조 【일반석면조사】 ① 법 제119조제1항에 따라 건축물·설비를 철거하거나 해체하려는 건축물·설비의 소유주 또는 임차인 등은 그 건축물이나 설비의 석면함유 여부를 맨눈, 설계도서, 자재이력(履歷) 등 적절한 방법을 통하여 조사하여야 한다. (2019.12.26 개정)
② 제1항에 따른 조사에도 불구하고 해당 건축물이나 설비의 석면 함유 여부가 명확하지 않은 경우에는 석면의 함유 여부를 성분분석하여 조사하여야 한다.
③ 삭제(2012.3.5)

제489조 【석면해체·제거작업 계획 수립】 ① 사업주는 석면해체·제거작업을 하기 전에 법 제119조에 따른 일반석면조사 또는 기관석면조사 결과를 확인한 후 다음 각 호의 사항이 포함된 석면해체·제거작업 계획을 수립하고, 이에 따라 작업을 수행하여야 한다. (2019.12.26 개정)
1. 석면해체·제거작업의 절차와 방법 (2012.3.5 개정)
2. 석면 흩날림 방지 및 폐기방법

3. 근로자 보호조치
② 사업주는 제1항에 따른 석면해체·제거작업 계획을 수립한 경우에 이를 해당 근로자에게 알려야 하며, 작업장에 대한 석면조사 방법 및 종료일자, 석면조사 결과의 요지를 해당 근로자가 보기 쉬운 장소에 게시하여야 한다. (2012.3.5 개정)

제490조【경고표지의 설치】 사업주는 석면해체·제거작업을 하는 장소에 「산업안전보건법 시행규칙」 별표 6 중 일람표 번호 502에 따른 표지를 출입구에 게시하여야 한다. 다만, 작업이 이루어지는 장소가 실외이거나 출입구가 설치되어 있지 아니한 경우에는 근로자가 보기 쉬운 장소에 게시하여야 한다. (2019.12.26 개정)

제491조【개인보호구의 지급·착용】 ① 사업주는 석면해체·제거작업에 근로자를 종사하도록 하는 경우에 다음 각 호의 개인보호구를 지급하여 착용하도록 하여야 한다. 다만, 제2호의 보호구는 근로자의 눈 부분이 노출될 경우에만 지급한다. (2012.3.5 개정)
1. 방진마스크(특등급만 해당한다)나 송기마스크 또는 「산업안전보건법 시행령」 별표 28 제3호마목에 따른 전동식 호흡보호구. 다만, 제495조제1호의 작업에 종사하는 경우에는 송기마스크 또는 전동식 호흡보호구를 지급하여 착용하도록 하여야 한다. (2019.12.26 개정)
2. 고글(Goggles)형 보호안경
3. 신체를 감싸는 보호복, 보호장갑 및 보호신발 (2012.3.5 개정)

② 근로자는 제1항에 따라 지급된 개인보호구를 사업주의 지시에 따라 착용하여야 한다.

제492조【출입의 금지】 ① 사업주는 제489조제1항에 따른 석면해체·제거작업 계획을 숙지하고 제491조제1항 각 호의 개인보호구를 착용한 사람 외에는 석면해체·제거작업을 하는 작업장(이하 "석면해체·제거작업장"이라 한다)에 출입하게 해서는 아니 된다. (2012.3.5 개정)
② 근로자는 제1항에 따라 출입이 금지된 장소에 사업주의 허락 없이 출입해서는 아니 된다.

제493조【흡연 등의 금지】 ① 사업주는 석면해체·제거작업장에서 근로자가 담배를 피우거나 음식물을 먹지 않도록 하고 그 내용을 보기 쉬운 장소에 게시하여야 한다. (2012.3.5 개정)
② 근로자는 제1항에 따라 흡연 또는 음식물의 섭취가 금지된 장소에서 흡연 또는 음식물 섭취를 해서는 아니 된다.

제494조【위생설비의 설치 등】 ① 사업주는 석면해체·제거작업장과 연결되거나 인접한 장소에 평상복 탈의실, 샤워실 및 작업복 탈의실 등의 위생설비를 설치하고 필요한 용품 및 용구를 갖추어 두어야 한다. (2019.12.26 개정)
② 사업주는 석면해체·제거작업에 종사한 근로자에게 제491조제1항 각 호의 개인보호구를 작업복 탈의실에서 벗어 밀폐용기에 보관하도록 하여야 한다. (2019.12.26 개정)
③ 사업주는 석면해체·제거작업을 하는 근로자가 작업 도중 일시적으로 작업장 밖으로 나가는 경우에는 고성능 필터가 장착된 진공청소기를 사용하는 방법 등으로 제491조제2항에 따라 착용한 개인보호구에 부착된 석면분진을 제거한 후 나가도록 하여야 한다. (2012.3.5 신설)
④ 사업주는 제2항에 따라 보관 중인 개인보호구를 폐기하거나 세척하는 등 석면분진을 제거하기 위하여 필요한 조치를 하여야 한다. (2012.3.5 개정)

제495조【석면해체·제거작업 시의 조치】 사업주는 석면해체·제거작업에 근로자를 종사하도록 하는 경우에 다음 각 호의 구분에 따른 조치를 하여야 한다. 다만, 사업주가 다른 조치를 한 경우로서 지방고용노동관서의 장이 다음 각 호의 조치와 같거나 그 이상의 효

과를 가진다고 인정하는 경우에는 다음 각 호의 조치를 한 것으로 본다. (2012.3.5 개정)

1. 분무(噴霧)된 석면이나 석면이 함유된 보온재 또는 내화피복재(耐火被覆材)의 해체·제거작업
   가. 창문·벽·바닥 등은 비닐 등 불침투성 차단재로 밀폐하고 해당 장소를 음압(陰壓)으로 유지하고 그 결과를 기록·보존할 것(작업장이 실내인 경우에만 해당한다) (2019.12.26 개정)
   나. 작업 시 석면분진이 흩날리지 않도록 고성능 필터가 장착된 석면분진 포집장치를 가동하는 등 필요한 조치를 할 것(작업장이 실외인 경우에만 해당한다)
   다. 물이나 습윤제(濕潤劑)를 사용하여 습식(濕式)으로 작업할 것
   라. 평상복 탈의실, 샤워실 및 작업복 탈의실 등의 위생설비를 작업장과 연결하여 설치할 것(작업장이 실내인 경우에만 해당한다) (2019.12.26 개정)
2. 석면이 함유된 벽체, 바닥타일 및 천장재의 해체·제거작업[천공(穿孔)작업 등 석면이 적게 흩날리는 작업을 하는 경우에는 나목의 조치로 한정한다] (2012.3.5 개정)
   가. 창문·벽·바닥 등은 비닐 등 불침투성 차단재로 밀폐할 것
   나. 물이나 습윤제를 사용하여 습식으로 작업할 것
   다. 작업장소를 음압으로 유지하고 그 결과를 기록·보존할 것(석면함유 벽체·바닥타일·천장재를 물리적으로 깨거나 기계 등을 이용하여 절단하는 작업인 경우에만 해당한다) (2019.12.26 개정)
3. 석면이 함유된 지붕재의 해체·제거작업
   가. 해체된 지붕재는 직접 땅으로 떨어뜨리거나 던지지 말 것
   나. 물이나 습윤제를 사용하여 습식으로 작업할 것(습식작업 시 안전상 위험이 있는 경우는 제외한다)
   다. 난방이나 환기를 위한 통풍구가 지붕 근처에 있는 경우에는 이를 밀폐하고 환기설비의 가동을 중단할 것
4. 석면이 함유된 그 밖의 자재의 해체·제거작업
   가. 창문·벽·바닥 등은 비닐 등 불침투성 차단재로 밀폐할 것(작업장이 실내인 경우에만 해당한다)
   나. 석면분진이 흩날리지 않도록 석면분진 포집장치를 가동하는 등 필요한 조치를 할 것(작업장이 실외인 경우에만 해당한다)
   다. 물이나 습윤제를 사용하여 습식으로 작업할 것

제496조【석면함유 잔재물 등의 처리】 ① 사업주는 석면해체·제거작업이 완료된 후 그 작업 과정에서 발생한 석면함유 잔재물 등이 해당 작업장에 남지 아니하도록 청소 등 필요한 조치를 하여야 한다. (2019.1.31 개정)

② 사업주는 석면해체·제거작업 및 제1항에 따른 조치 중에 발생한 석면함유 잔재물 등을 비닐이나 그 밖에 이와 유사한 재질의 포대에 담아 밀봉한 후 별지 제3호서식에 따른 표지를 붙여 「폐기물관리법」에 따라 처리하여야 한다. (2019.1.31 개정)

제497조【잔재물의 흩날림 방지】 ① 사업주는 석면해체·제거작업에서 발생된 석면을 함유한 잔재물은 습식으로 청소하거나 고성능필터가 장착된 진공청소기를 사용하여 청소하는 등 석면분진이 흩날리지 않도록 하여야 한다. (2012.3.5 개정)

② 사업주는 제1항에 따라 청소하는 경우에 압축공기를 분사하는 방법으로 청소해서는 아니 된다.

제497조의2【석면해체·제거작업 기준의 적용 특례】 석면해체·제거작업 중 석면의 함유율이 1퍼센트 이하인 경우의 작업에 관해서는 제489조부터 제497조까지의 규정에 따른 기준을 적용하지 아니한다. (2012.3.5 신설)

제497조의3【석면함유 폐기물 처리작업 시 조치】 ① 사업주는 석면을 1퍼센트 이상 함유한 폐기물(석면의 제거작업 등에 사용된 비닐시트·방진마스크·작업복 등을 포함한다)을 처리하는 작업으로서 석면분진이 발생할 우려가 있는 작업에 근로자를 종사하도록 하는 경우에는 석면분진 발산원을 밀폐하거나 국소배기장치를 설치하거나 습식방법으로 작업하도록 하는 등 석면분진이 발생하지 않도록 필요한 조치를 하여야 한다. 〈2017.3.3 개정〉

② 제1항에 따른 사업주에 관하여는 제464조, 제491조제1항, 제492조, 제493조, 제494조제2항부터 제4항까지 및 제500조를 준용하고, 제1항에 따른 근로자에 관하여는 제491조제2항을 준용한다. 〈2012.3.5 신설〉

제3장 금지유해물질에 의한 건강장해의 예방

제1절 통 칙

제498조【정의】 이 장에서 사용하는 용어의 뜻은 다음과 같다.

1. "금지유해물질"이란 영 제87조에 따른 유해물질을 말한다. 〈2019.12.26 개정〉
2. "시험·연구 또는 검사 목적"이란 실험실·연구실 또는 검사실에서 물질분석 등을 위하여 금지유해물질을 시약으로 사용하거나 그 밖의 용도로 조제하는 경우를 말한다. 〈2019.12.26 개정〉
3. "실험실등"이란 금지유해물질을 시험·연구 또는 검사용으로 제조·사용하는 장소를 말한다. 〈2019.12.26 개정〉

제2절 시설·설비기준 및 성능 등

제499조【설비기준 등】 ① 법 제117조제2항에 따라 금지유해물질을 시험·연구 또는 검사 목적으로 제조하거나 사용하는 자는 다음 각 호의 조치를 하여야 한다. 〈2019.12.26 개정〉

1. 제조·사용 설비는 밀폐식 구조로서 금지유해물질의 가스, 증기 또는 분진이 새지 않도록 할 것. 다만, 밀폐식 구조로 하는 것이 작업의 성질상 현저히 곤란하여 부스식 후드의 내부에 그 설비를 설치한 경우는 제외한다.
2. 금지유해물질을 제조·저장·취급하는 설비는 내식성의 튼튼한 구조일 것
3. 금지유해물질을 저장하거나 보관하는 양은 해당 시험·연구에 필요한 최소량으로 할 것
4. 금지유해물질의 특성에 맞는 적절한 소화설비를 갖출 것
5. 제조·사용·취급 조건이 해당 금지유해물질의 인화점 이상인 경우에는 사용하는 전기 기계·기구는 적절한 방폭구조(防爆構造)로 할 것
6. 실험실등에서 가스·액체 또는 잔재물을 배출하는 경우에는 안전하게 처리할 수 있는 설비를 갖출 것

② 사업주는 제1항제1호에 따라 설치한 밀폐식 구조라도 금지유해물질을 넣거나 꺼내는 작업 등을 하는 경우에 해당 작업장소에 국소배기장치를 설치하여야 한다. 다만, 금지유해물질의 가스·증기 또는 분진이 새지 않는 방법으로 작업하는 경우에는 그러하지 아니하다.

제500조【국소배기장치의 성능 등】 사업주는 제499조제1항제1호 단서에 따라 부스식 후드의 내부에 해당 설비를 설치하는 경우에 다음 각 호의 기준에 맞도록 하여야 한다.

1. 부스식 후드의 개구면 외의 곳으로부터 금지유해물질의 가스·증기 또는 분진 등이 새지 않는 구조로 할 것
2. 부스식 후드의 적절한 위치에 배풍기를 설치할 것
3. 제2호에 따른 배풍기의 성능은 부스식 후드 개구면에서의 제어풍속이 아래 표에서 정한 성능 이상이 되도록 할 것

물질의 상태	제어풍속(미터/초)
가스상태	0.5
입자상태	1.0

비고 : 이 표에서 제어풍속이란 모든 부스식 후드의 개구면을 완전 개방했을 때의 풍속을 말한다.

제501조 【바닥】 사업주는 금지유해물질의 제조·사용 설비가 설치된 장소의 바닥과 벽은 불침투성 재료로 하되, 물청소를 할 수 있는 구조로 하는 등 해당 물질을 제거하기 쉬운 구조로 하여야 한다.

제3절 관리 등

제502조 【유해성 등의 주지】 사업주는 근로자가 금지유해물질을 제조·사용하는 경우에 다음 각 호의 사항을 근로자에게 알려야 한다.
1. 물리적·화학적 특성
2. 발암성 등 인체에 미치는 영향과 증상
3. 취급상의 주의사항
4. 착용하여야 할 보호구와 착용방법
5. 위급상황 시의 대처방법과 응급처치 요령
6. 그 밖에 근로자의 건강장해 예방에 관한 사항

제503조 【용기】 ① 사업주는 금지유해물질의 보관용기는 해당 물질이 새지 않도록 다음 각 호의 기준에 맞도록 하여야 한다.
1. 뒤집혀 파손되지 않는 재질일 것
2. 뚜껑은 견고하고 뒤집혀 새지 않는 구조일 것

② 제1항에 따른 용기는 전용 용기를 사용하고 사용한 용기는 깨끗이 세척하여 보관하여야 한다.

③ 제1항에 따른 용기에는 법 제115조제2항에 따라 경고표지를 붙여야 한다. (2019.12.26 개정)

제504조 【보관】 ① 사업주는 금지유해물질을 관계 근로자가 아닌 사람이 취급할 수 없도록 일정한 장소에 보관하고, 그 사실을 보기 쉬운 장소에 게시하여야 한다.

② 제1항에 따라 보관하고 게시하는 경우에는 다음 각 호의 기준에 맞도록 하여야 한다.
1. 실험실등의 일정한 장소나 별도의 전용장소에 보관할 것
2. 금지유해물질 보관장소에는 다음 각 목의 사항을 게시할 것
   가. 금지유해물질의 명칭
   나. 인체에 미치는 영향
   다. 위급상황 시의 대처방법과 응급처치 방법
3. 금지유해물질 보관장소에는 잠금장치를 설치하는 등 시험·연구 외의 목적으로 외부로 내가지 않도록 할 것

제505조 【출입의 금지 등】 ① 사업주는 금지유해물질 제조·사용 설비가 설치된 실험실등에는 관계근로자가 아닌 사람의 출입을 금지하고, 「산업안전보건법 시행규칙」 별표 6 중 일람표 번호 503에 따른 표지를 출입구에 붙여야 한다. (2019.12.26 개정)

② 사업주는 금지유해물질 또는 이에 의하여 오염된 물질은 일정한 장소를 정하여 저장하거나 폐기하여야 하며, 그 장소에는 관계 근로자가 아닌 사람의 출입을 금지하고, 그 내용을 보기 쉬운 장소에 게시하여야 한다.

③ 근로자는 제1항 및 제2항에 따라 출입이 금지된 장소에 사업주의 허락 없이 출입해서는 아니 된다.

제506조 【흡연 등의 금지】 ① 사업주는 금지유해물질을 제조·사용하는 작업장에서 근로자가 담배를 피우거나 음식물을 먹지 않도록 하고, 그 내용을 보기 쉬운 장소에 게시하여야 한다.

② 근로자는 제1항에 따라 흡연 또는 음식물의 섭취가 금지된 장소에서 흡연 또는 음식물 섭취를 해서는 아니 된다.

제507조 【누출 시 조치】 사업주는 금지유해물질이 실험실등에서 새는 경우에 흩날리지

않도록 흡착제를 이용하여 제거하는 등 필요한 조치를 하여야 한다.

제508조 【세안설비 등】 사업주는 응급 시 근로자가 쉽게 사용할 수 있도록 실험실등에 긴급 세척시설과 세안설비를 설치하여야 한다.

제509조 【금지유해물질의 제조·사용 시 적어야 하는 사항】 법 제164조제1항제3호에서 "안전조치 및 보건조치에 관한 사항으로서 고용노동부령으로 정하는 사항"이란 근로자가 금지유해물질을 제조·사용하는 경우에는 다음 각 호의 사항을 말한다. (2021.11.19 개정)

1. 근로자의 이름
2. 금지유해물질의 명칭
3. 제조량 또는 사용량
4. 작업내용
5. 작업 시 착용한 보호구
6. 누출, 오염, 흡입 등의 사고가 발생한 경우 피해 내용 및 조치 사항

제4절 보호구 등

제510조 【보호복 등】 ① 사업주는 근로자가 금지유해물질을 취급하는 경우에 피부노출을 방지할 수 있는 불침투성 보호복·보호장갑 등을 개인전용의 것으로 지급하고 착용하도록 하여야 한다.

② 사업주는 제1항에 따라 지급하는 보호복과 보호장갑 등을 평상복과 분리하여 보관할 수 있도록 전용 보관함을 갖추고 필요시 오염 제거를 위하여 세탁을 하는 등 필요한 조치를 하여야 한다.

③ 근로자는 제1항에 따라 지급된 보호구를 사업주의 지시에 따라 착용하여야 한다.

제511조 【호흡용 보호구】 ① 사업주는 근로자가 금지유해물질을 취급하는 경우에 근로자에게 별도의 정화통을 갖춘 근로자 전용 호흡용 보호구를 지급하고 착용하도록 하여야 한다.

② 근로자는 제1항에 따라 지급된 보호구를 사업주의 지시에 따라 착용하여야 한다.

제4장 소음 및 진동에 의한 건강장해의 예방

제1절 통 칙

제512조 【정의】 이 장에서 사용하는 용어의 뜻은 다음과 같다.

1. "소음작업"이란 1일 8시간 작업을 기준으로 85데시벨 이상의 소음이 발생하는 작업을 말한다.
2. "강렬한 소음작업"이란 다음 각목의 어느 하나에 해당하는 작업을 말한다.
   가. 90데시벨 이상의 소음이 1일 8시간 이상 발생하는 작업
   나. 95데시벨 이상의 소음이 1일 4시간 이상 발생하는 작업
   다. 100데시벨 이상의 소음이 1일 2시간 이상 발생하는 작업
   라. 105데시벨 이상의 소음이 1일 1시간 이상 발생하는 작업
   마. 110데시벨 이상의 소음이 1일 30분 이상 발생하는 작업
   바. 115데시벨 이상의 소음이 1일 15분 이상 발생하는 작업
3. "충격소음작업"이란 소음이 1초 이상의 간격으로 발생하는 작업으로서 다음 각 목의 어느 하나에 해당하는 작업을 말한다.
   가. 120데시벨을 초과하는 소음이 1일 1만회 이상 발생하는 작업
   나. 130데시벨을 초과하는 소음이 1일 1천회 이상 발생하는 작업
   다. 140데시벨을 초과하는 소음이 1일 1백회 이상 발생하는 작업
4. "진동작업"이란 다음 각 목의 어느 하나에 해당하는 기계·기구를 사용하는 작업을 말한다.
   가. 착암기(鑿巖機)
   나. 동력을 이용한 해머
   다. 체인톱

라. 엔진 커터(engine cutter)
마. 동력을 이용한 연삭기
바. 임팩트 렌치(impact wrench)
사. 그 밖에 진동으로 인하여 건강장해를 유발할 수 있는 기계·기구

5. "청력보존 프로그램"이란 다음 각 목의 사항이 포함된 소음성 난청을 예방·관리하기 위한 종합적인 계획을 말한다. 〈2024.6.28 개정〉
가. 소음노출 평가
나. 소음노출에 대한 공학적 대책
다. 청력보호구의 지급과 착용
라. 소음의 유해성 및 예방 관련 교육
마. 정기적 청력검사
바. 청력보존 프로그램 수립 및 시행 관련 기록·관리체계
사. 그 밖에 소음성 난청 예방·관리에 필요한 사항

제2절 강렬한 소음작업 등의 관리기준

제513조 【소음 감소 조치】 사업주는 강렬한 소음작업이나 충격소음작업 장소에 대하여 기계·기구 등의 대체, 시설의 밀폐·흡음(吸音) 또는 격리 등 소음 감소를 위한 조치를 하여야 한다. 다만, 작업의 성질상 기술적·경제적으로 소음 감소를 위한 조치가 현저히 곤란하다는 관계 전문가의 의견이 있는 경우에는 그러하지 아니하다.

제514조 【소음수준의 주지 등】 사업주는 근로자가 소음작업, 강렬한 소음작업 또는 충격소음작업에 종사하는 경우에 다음 각 호의 사항을 근로자에게 알려야 한다.
1. 해당 작업장소의 소음 수준
2. 인체에 미치는 영향과 증상
3. 보호구의 선정과 착용방법
4. 그 밖에 소음으로 인한 건강장해 방지에 필요한 사항

제515조 【난청발생에 따른 조치】 사업주는 소음으로 인하여 근로자에게 소음성 난청 등의 건강장해가 발생하였거나 발생할 우려가 있는 경우에 다음 각 호의 조치를 하여야 한다.
1. 해당 작업장의 소음성 난청 발생 원인 조사
2. 청력손실을 감소시키고 청력손실의 재발을 방지하기 위한 대책 마련
3. 제2호에 따른 대책의 이행 여부 확인
4. 작업전환 등 의사의 소견에 따른 조치

제3절 보호구 등

제516조 【청력보호구의 지급 등】 ① 사업주는 근로자가 소음작업, 강렬한 소음작업 또는 충격소음작업에 종사하는 경우에 근로자에게 청력보호구를 지급하고 착용하도록 하여야 한다.
② 제1항에 따른 청력보호구는 근로자 개인 전용의 것으로 지급하여야 한다.
③ 근로자는 제1항에 따라 지급된 보호구를 사업주의 지시에 따라 착용하여야 한다.

제517조 【청력보존 프로그램 시행 등】 사업주는 다음 각 호의 어느 하나에 해당하는 경우에 청력보존 프로그램을 수립하여 시행해야 한다. 〈2021.11.19 개정〉
1. 근로자가 소음작업, 강렬한 소음작업 또는 충격소음작업에 종사하는 사업장 〈2024.6.28 개정〉
2. 소음으로 인하여 근로자에게 건강장해가 발생한 사업장

제4절 진동작업 관리

제518조 【진동보호구의 지급 등】 ① 사업주는 진동작업에 근로자를 종사하도록 하는 경우에 방진장갑 등 진동보호구를 지급하여 착용하도록 하여야 한다.
② 근로자는 제1항에 따라 지급된 진동보호구를 사업주의 지시에 따라 착용하여야 한다.

제519조 【유해성 등의 주지】 사업주는 근로자가 진동작업에 종사하는 경우에 다음 각 호

의 사항을 근로자에게 충분히 알려야 한다.
1. 인체에 미치는 영향과 증상
2. 보호구의 선정과 착용방법
3. 진동 기계·기구 관리 및 사용 방법 (2024.6.28 개정)
4. 진동 장해 예방방법

제520조 【진동 기계·기구 사용설명서의 비치 등】 삭제(2024.6.28)

제521조 【진동기계·기구의 관리】 사업주는 진동 기계·기구가 정상적으로 유지될 수 있도록 상시 점검하여 보수하는 등 관리를 하여야 한다.

제5장 이상기압에 의한 건강장해의 예방

제1절 통 칙

제522조 【정의】 이 장에서 사용하는 용어의 뜻은 다음과 같다.
1. 삭제(2017.12.28)
2. "고압작업"이란 고기압(압력이 제곱센티미터당 1킬로그램 이상인 기압을 말한다. 이하 같다)에서 잠함공법(潛函工法)이나 그 외의 압기공법(壓氣工法)으로 하는 작업을 말한다. (2017.12.28 개정)
3. "잠수작업"이란 물속에서 하는 다음 각 목의 작업을 말한다. (2017.12.28 개정)
   가. 표면공급식 잠수작업 : 수면 위의 공기압축기 또는 호흡용 기체통에서 압축된 호흡용 기체를 공급받으면서 하는 작업
   나. 스쿠버 잠수작업 : 호흡용 기체통을 휴대하고 하는 작업
4. "기압조절실"이란 고압작업을 하는 근로자(이하 "고압작업자"라 한다) 또는 잠수작업을 하는 근로자(이하 "잠수작업자"라 한다)가 가압 또는 감압을 받는 장소를 말한다. (2017.12.28 개정)
5. "압력"이란 게이지 압력을 말한다.
6. "비상기체통"이란 주된 기체공급 장치가 고장난 경우 잠수작업자가 안전한 지역으로 대피하기 위하여 필요한 충분한 양의 호흡용 기체를 저장하고 있는 압력용기와 부속장치를 말한다. (2017.12.28 신설)

제2절 설비 등

제523조 【작업실 공기의 부피】 사업주는 근로자가 고압작업을 하는 경우에는 작업실의 공기의 부피가 고압작업자 1명당 4세제곱미터 이상이 되도록 하여야 한다. (2017.12.28 개정)

제524조 【기압조절실 공기의 부피와 환기 등】 ① 사업주는 기압조절실의 바닥면적과 공기의 부피를 그 기압조절실에서 가압이나 감압을 받는 근로자 1인당 각각 0.3제곱미터 이상 및 0.6세제곱미터 이상이 되도록 하여야 한다.
② 사업주는 기압조절실 내의 이산화탄소로 인한 건강장해를 방지하기 위하여 이산화탄소의 분압이 제곱센티미터당 0.005킬로그램을 초과하지 않도록 환기 등 그 밖에 필요한 조치를 해야 한다. (2023.11.14 개정)

제525조 【공기청정장치】 ① 사업주는 공기압축기에서 작업실, 기압조절실 또는 잠수작업자에게 공기를 보내는 송기관의 중간에 공기를 청정하게 하기 위한 공기청정장치를 설치하여야 한다. (2017.12.28 개정)
② 제1항에 따른 공기청정장치의 성능은 「산업표준화법」에 따른 단체표준인 스쿠버용 압축공기 기준에 맞아야 한다. (2017.12.28 개정)

제526조 【배기관】 ① 사업주는 작업실이나 기압조절실에 전용 배기관을 각각 설치하여야 한다.
② 고압작업자에게 기압을 낮추기 위한 기압조절실의 배기관은 내경(內徑)을 53밀리미터 이하로 하여야 한다.

제527조 【압력계】 ① 사업주는 공기를 작업실로 보내는 밸브나 콕을 외부에 설치하는 경우에 그 장소에 작업실 내의 압력을 표시하는 압력계를 함께 설치하여야 한다.
② 사업주는 제1항에 따른 밸브나 콕을 내부에 설치하는 경우에 이를 조작하는 사람에게 휴대용 압력계를 지니도록 하여야 한다.
③ 사업주는 고압작업자에게 가압이나 감압을 하기 위한 밸브나 콕을 기압조절실 외부에 설치하는 경우에 그 장소에 기압조절실 내의 압력을 표시하는 압력계를 함께 설치하여야 한다.
④ 사업주는 제3항에 따른 밸브나 콕을 기압조절실 내부에 설치하는 경우에 이를 조작하는 사람에게 휴대용 압력계를 지니도록 하여야 한다.
⑤ 제1항부터 제4항까지의 규정에 따른 압력계는 한 눈금이 제곱센티미터당 0.2킬로그램 이하인 것이어야 한다.
⑥ 사업주는 잠수작업자에게 압축기체를 보내는 경우에 압력계를 설치하여야 한다. (2017.12.28 개정)

제528조 【자동경보장치 등】 ① 사업주는 작업실 또는 기압조절실로 불어넣는 공기압축기의 공기나 그 공기압축기에 딸린 냉각장치를 통과한 공기의 온도가 비정상적으로 상승한 경우에 그 공기압축기의 운전자 또는 그 밖의 관계자에게 이를 신속히 알릴 수 있는 자동경보장치를 설치하여야 한다.
② 사업주는 기압조절실 내부를 관찰할 수 있는 창을 설치하는 등 외부에서 기압조절실 내부의 상태를 파악할 수 있는 설비를 갖추어야 한다.

제529조 【피난용구】 사업주는 근로자가 고압작업에 종사하는 경우에 호흡용 보호구, 섬유로프, 그 밖에 비상시 고압작업자를 피난시키거나 구출하기 위하여 필요한 용구를 갖추어 두어야 한다.

제530조 【공기조】 ① 사업주는 잠수작업자에게 공기압축기에서 공기를 보내는 경우에 공기량을 조절하기 위한 공기조와 사고 시에 필요한 공기를 저장하기 위한 공기조(이하 “예비공기조”라 한다)를 설치하여야 한다. (2017.12.28 개정)
② 사업주는 잠수작업자에게 호흡용 기체통에서 기체를 보내는 경우에 사고 시 필요한 기체를 저장하기 위한 예비 호흡용 기체통을 설치하여야 한다. (2017.12.28 신설)
③ 제1항에 따른 예비공기조 및 제2항에 따른 예비 호흡용 기체통(이하 “예비공기조등”이라 한다)은 다음 각 호의 기준에 맞는 것이어야 한다. (2017.12.28 개정)
1. 예비공기조등 안의 기체압력은 항상 최고 잠수심도(潛水深度) 압력의 1.5배 이상일 것 (2017.12.28 개정)
2. 예비공기조등의 내용적(內容積)은 다음의 계산식으로 계산한 값 이상일 것 (2017.12.28 개정)

- $V = 60(0.3D+4)/P$
  V : 예비공기조등의 내용적(단위 : 리터)
  D : 최고 잠수심도(단위 : 미터)
  P : 예비공기조등 내의 기체압력(단위 : 제곱센티미터 당 킬로그램)

제531조 【압력조절기】 사업주는 기체압력이 제곱센티미터당 10킬로그램 이상인 호흡용 기체통의 기체를 잠수작업자에게 보내는 경우에 2단 이상의 감압방식에 의한 압력조절기를 잠수작업자에게 사용하도록 하여야 한다. (2017.12.28 개정)

제3절 작업방법 등

제532조 【가압의 속도】 사업주는 기압조절실에서 고압작업자 또는 잠수작업자에게 가압을 하는 경우 1분에 제곱센티미터당 0.8킬로그램 이하의 속도로 하여야 한다. (2017.12.28 개정)

제533조 【감압의 속도】 사업주는 기압조절실

에서 고압작업자 또는 잠수작업자에게 감압을 하는 경우에 고용노동부장관이 정하여 고시하는 기준에 맞도록 하여야 한다. (2017.12.28 개정)

제534조 【감압의 특례 등】 ① 사업주는 사고로 인하여 고압작업자를 대피시키거나 건강에 이상이 발생한 고압작업자를 구출할 경우에 필요하면 제533조에 따라 고용노동부장관이 정하는 기준보다 감압속도를 빠르게 하거나 감압정지시간을 단축할 수 있다.
② 사업주는 제1항에 따라 감압속도를 빠르게 하거나 감압정지시간을 단축한 경우에 해당 고압작업자를 빨리 기압조절실로 대피시키고 그 고압작업자가 작업한 고압실 내의 압력과 같은 압력까지 가압을 하여야 한다. (2017.12.28 개정)

제535조 【감압 시의 조치】 ① 사업주는 기압조절실에서 고압작업자 또는 잠수작업자에게 감압을 하는 경우에 다음 각 호의 조치를 하여야 한다. (2017.12.28 개정)
1. 기압조절실 바닥면의 조도를 20럭스 이상이 되도록 할 것
2. 기압조절실 내의 온도가 섭씨 10도 이하가 되는 경우에 고압작업자 또는 잠수작업자에게 모포 등 적절한 보온용구를 지급하여 사용하도록 할 것 (2017.12.28 개정)
3. 감압에 필요한 시간이 1시간을 초과하는 경우에 고압작업자 또는 잠수작업자에게 의자 또는 그 밖의 휴식용구를 지급하여 사용하도록 할 것 (2017.12.28 개정)

② 사업주는 기압조절실에서 고압작업자 또는 잠수작업자에게 감압을 하는 경우에 그 감압에 필요한 시간을 해당 고압작업자 또는 잠수작업자에게 미리 알려야 한다. (2017.12.28 개정)

제536조 【감압상황의 기록 등】 ① 사업주는 이상기압에서 근로자에게 고압작업을 하도록 하는 경우 기압조절실에 자동기록 압력계를 갖추어 두어야 한다.
② 사업주는 해당 고압작업자에게 감압을 할 때마다 그 감압의 상황을 기록한 서류, 그 고압작업자의 성명과 감압일시 등을 기록한 서류를 작성하여 3년간 보존하여야 한다. (2017.12.28 개정)

제536조의2 【잠수기록의 작성·보존】 사업주는 근로자가 잠수작업을 하는 경우에는 다음 각 호의 사항을 적은 잠수기록표를 작성하여 3년간 보존하여야 한다. (2017.12.28 신설)
1. 다음 각 목의 사람에 관한 인적 사항
   가. 잠수작업을 지휘·감독하는 사람
   나. 잠수작업자
   다. 감시인
   라. 대기 잠수작업자
   마. 잠수기록표를 작성하는 사람
2. 잠수의 시작·종료 일시 및 장소
3. 시계(視界), 수온, 유속(流速) 등 수중환경
4. 잠수방법, 사용된 호흡용 기체 및 잠수수심
5. 수중체류 시간 및 작업내용
6. 감압과 관련된 다음 각 목의 사항
   가. 감압의 시작 및 종료 일시
   나. 사용된 감압표 및 감압계획
   다. 감압을 위하여 정지한 수심과 그 정지한 수심마다의 도착시간 및 해당 수심에서의 출발시간(물속에서 감압하는 경우만 해당한다)
   라. 감압을 위하여 정지한 압력과 그 정지한 압력을 가한 시작시간 및 종료시간(기압조절실에서 감압하는 경우만 해당한다)
7. 잠수작업자의 건강상태, 응급 처치 및 치료 결과 등

제537조 【부상의 속도 등】 사업주는 잠수작업자를 수면 위로 올라오게 하는 경우에 그 속도는 고용노동부장관이 정하여 고시하는 기준에 따라야 한다.

제538조 【부상의 특례 등】 ① 사업주는 사고

로 인하여 잠수작업자를 수면 위로 올라오게 하는 경우에 제537조에도 불구하고 그 속도를 조절할 수 있다.

② 사업주는 사고를 당한 잠수작업자를 수면 위로 올라오게 한 경우에 다음 각 호 구분에 따른 조치를 하여야 한다. (2017.12.28 개정)

1. 해당 잠수작업자가 의식이 있는 경우
   가. 인근에 사용할 수 있는 기압조절실이 있는 경우 : 즉시 해당 잠수작업자를 기압조절실로 대피시키고 그 잠수작업자가 잠수업무를 수행하던 최고수심의 압력과 같은 압력까지 가압하도록 조치를 하여야 한다.
   나. 인근에 사용할 수 있는 기압조절실이 없는 경우 : 해당 잠수작업자가 잠수업무를 수행하던 최고수심까지 다시 잠수하도록 조치하여야 한다.
2. 해당 잠수작업자가 의식이 없는 경우 : 잠수작업자의 상태에 따라 적절한 응급처치(「응급의료에 관한 법률」 제2조제3호에 따른 응급처치를 말한다) 등을 받을 수 있도록 조치하여야 한다. 다만, 의사의 의학적 판단에 따라 제1호의 조치를 할 수 있다.

제539조 【연락】 ① 사업주는 근로자가 고압작업을 하는 경우 그 작업 중에 고압작업자 및 공기압축기 운전자와의 연락 또는 그 밖에 필요한 조치를 하기 위한 감시인을 기압조절실 부근에 상시 배치하여야 한다.

② 사업주는 고압작업자 및 공기압축기 운전자와 감시인이 서로 통화할 수 있도록 통화장치를 설치하여야 한다.

③ 사업주는 제2항에 따른 통화장치가 고장난 경우에 다른 방법으로 연락할 수 있는 설비를 갖추어야 하며, 그 설비를 고압작업자, 공기압축기 운전자 및 감시인이 보기 쉬운 곳에 갖추어 두어야 한다.

제540조 【배기·침하 시의 조치】 ① 사업주는 물 속에서 작업을 하기 위하여 만들어진 구조물(이하 "잠함(潛函)"이라 한다)을 물 속으로 가라앉히는 경우에 우선 고압작업자를 잠함의 밖으로 대피시키고 내부의 공기를 바깥으로 내보내야 한다.

② 제1항에 따라 잠함을 가라앉히는 경우에는 유해가스의 발생 여부 또는 그 밖의 사항을 점검하고 고압작업자에게 건강장해를 일으킬 우려가 없는지를 확인한 후에 작업하도록 하여야 한다.

제541조 【발파하는 경우의 조치】 사업주는 작업실 내에서 발파(發破)를 하는 경우에 작업실 내의 기압이 발파 전의 상태와 같아질 때까지는 고압실 내에 근로자가 들어가도록 해서는 아니 된다.

제542조 【화상 등의 방지】 ① 사업주는 고압작업을 하는 경우에 대기압을 초과하는 기압에서의 가연성물질의 연소위험성에 대하여 근로자에게 알리고, 고압작업자의 화상이나 그 밖의 위험을 방지하기 위하여 다음 각 호의 조치를 하여야 한다.

1. 전등은 보호망이 부착되어 있거나, 전구가 파손되어 가연성물질에 떨어져 불이 날 우려가 없는 것을 사용할 것
2. 전류가 흐르는 차단기는 불꽃이 발생하지 않는 것을 사용할 것
3. 난방을 할 때는 고온으로 인하여 가연성물질의 점화원이 될 우려가 없는 것을 사용할 것

② 사업주는 고압작업을 하는 경우에는 용접·용단 작업이나 화기 또는 아크를 사용하는 작업(이하 이 조에서 "용접등의 작업"이라 한다)을 해서는 아니 된다. 다만, 작업실 내의 압력이 제곱센티미터당 1킬로그램 미만인 장소에서는 용접등의 작업을 할 수 있다.

③ 사업주는 고압작업을 하는 경우에 근로자가 화기 등 불이 날 우려가 있는 물건을 지니고 출입하는 것을 금지하고, 그 취지를 기압조절실 외부의 보기 쉬운 장소에 게시하여야 한다. 다만, 작업의 성질상 부득이한 경우로서 작업실 내의 압력이 제곱센티미터당 1킬로그램 미만인 장소에서 용접등의 작업을 하는 경우에는 그러하지 아니하다.

④ 근로자는 고압작업장소에 화기 등 불이 날 우려가 있는 물건을 지니고 출입해서는 아니 된다.

제543조【잠함작업실 굴착의 제한】 사업주는 잠함의 급격한 침하(沈下)에 따른 고압실 내 고압작업자의 위험을 방지하기 위하여 잠함 작업실 아랫부분을 50센티미터 이상 파서는 아니 된다. (2017.12.28 개정)

제544조【송기량】 사업주는 표면공급식 잠수작업을 하는 잠수작업자에게 공기를 보내는 경우에 잠수작업자마다 그 수심의 압력 아래에서 분당 송기량을 60리터 이상이 되도록 하여야 한다. (2017.12.28 개정)

제545조【스쿠버 잠수작업 시 조치】 ① 사업주는 근로자가 스쿠버 잠수작업을 하는 경우에는 잠수작업자 2명을 1조로 하여 잠수작업을 하도록 하여야 하며, 잠수작업을 하는 곳에 감시인을 두어 잠수작업자의 이상 유무를 감시하게 하여야 한다. (2017.12.28 개정)
② 사업주는 스쿠버 잠수작업(실내에서 잠수작업을 하는 경우는 제외한다)을 하는 잠수작업자에게 비상기체통을 제공하여야 한다. (2017.12.28 개정)
③ 사업주는 호흡용 기체통 및 비상기체통의 기능의 이상 유무 및 해당 기체통에 저장된 호흡용 기체량 등을 확인하여 그 내용을 잠수작업자에게 알려야 하며, 이상이 있는 호흡용 기체통이나 비상기체통을 잠수작업자에게 제공해서는 아니 된다. (2017.12.28 개정)
④ 사업주는 스쿠버 잠수작업을 하는 잠수작업자에게 수중시계, 수중압력계, 예리한 칼 등을 제공하여 잠수작업자가 이를 지니도록 하여야 하며, 잠수작업자에게 부력조절기를 착용하게 하여야 한다. (2017.12.28 개정)
⑤ 스쿠버 잠수작업을 하는 잠수작업자는 잠수작업을 하는 동안 비상기체통을 휴대하여야 한다. 다만, 해당 잠수작업의 특성상 휴대가 어려운 경우에는 위급상황 시 바로 사용할 수 있도록 잠수작업을 하는 곳 인근 장소에 두어야 한다. (2017.12.28 개정)

제546조【고농도 산소의 사용 제한】 사업주는 잠수작업자에게 고농도의 산소만을 들이마시도록 해서는 아니 된다. 다만, 급부상(急浮上) 등으로 중대한 신체상의 장해가 발생한 잠수작업자를 치유하거나 감압하기 위하여 다시 잠수하도록 하는 경우에는 고농도의 산소만을 들이마시도록 할 수 있으며, 이 경우에는 고용노동부장관이 정하는 바에 따라야 한다. (2017.12.28 개정)

제547조【표면공급식 잠수작업 시 조치】 ① 사업주는 근로자가 표면공급식 잠수작업을 하는 경우 잠수작업자가 1명인 경우에는 감시인을 1명 배치하고, 잠수작업자가 2명 이상인 경우에는 감시인 1명당 잠수작업자가 2명을 초과하지 않도록 감시인을 배치해야 한다. (2024.6.28 개정)
② 사업주는 제1항에 따라 배치한 감시인이 다음 각 호의 사항을 준수하도록 해야 한다. (2024.6.28 신설)
1. 잠수작업자를 적정하게 잠수시키거나 수면 위로 올라오게 할 것
2. 잠수작업자에 대한 송기조절을 위한 밸브나 콕을 조작하는 사람과 연락하여 잠수작업자에게 필요한 양의 호흡용 기체를 보내도록 할 것
3. 송기설비의 고장이나 그 밖의 사고로 인하여 잠수작업자에게 위험이나 건강장해가 발생할 우려가 있는 경우에는 신속히 잠수작업자에게 연락할 것
4. 잠수작업 전에 잠수작업자가 사용할 잠수장비의 이상 유무를 점검할 것

③ 사업주는 다음 각 호의 어느 하나에 해당하는 표면공급식 잠수작업을 하는 잠수작업자에게 제4항 각 호의 잠수장비를 제공하여야 한다. (2024.6.28 개정)
1. 18미터 이상의 수심에서 하는 잠수작업
2. 수면으로 부상하는 데에 제한이 있는 장소에서의 잠수작업
3. 감압계획에 따를 때 감압정지가 필요한

잠수작업

④ 제3항에 따라 사업주가 잠수작업자에게 제공하여야 하는 잠수장비는 다음 각 호와 같다. (2024.6.28 개정)

1. 비상기체통
2. 비상기체공급밸브, 역지밸브(non return valve) 등이 달려있는 잠수마스크 또는 잠수헬멧
3. 감시인과 잠수작업자 간에 연락할 수 있는 통화장치

⑤ 사업주는 표면공급식 잠수작업을 하는 잠수작업자에게 신호밧줄, 수중시계, 수중압력계 및 예리한 칼 등을 제공하여 잠수작업자가 이를 지니도록 하여야 한다. 다만, 통화장치에 따라 잠수작업자가 감시인과 통화할 수 있는 경우에는 신호밧줄, 수중시계 및 수중압력계를 제공하지 아니할 수 있다. (2024.6.28 개정)

⑥ 제3항 각 호에 해당하는 곳에서 표면공급식 잠수작업을 하는 잠수작업자는 잠수작업을 하는 동안 비상기체통을 휴대하여야 한다. 다만, 해당 잠수작업의 특성상 휴대가 어려운 경우에는 위급상황 시 즉시 사용할 수 있도록 잠수작업을 하는 곳 인근 장소에 두어야 한다. (2024.6.28 개정)

제548조【잠수신호기의 게양】 사업주는 잠수작업(실내에서 하는 경우는 제외한다)을 하는 장소에 「해사안전법」 제85조제5항제2호에 따른 표시를 하여야 한다. (2017.12.28 개정)

제4절 관리 등

제549조【관리감독자의 휴대기구】 사업주는 고압작업의 관리감독자에게 휴대용압력계·손전등, 이산화탄소 등 유해가스농도측정기 및 비상시에 사용할 수 있는 신호용 기구를 지니도록 하여야 한다. (2012.3.5 개정)

제550조【출입의 금지】 ① 사업주는 기압조절실을 설치한 장소와 조작하는 장소에 관계근로자가 아닌 사람의 출입을 금지하고, 그 내용을 보기 쉬운 장소에 게시하여야 한다.

② 근로자는 제1항에 따라 출입이 금지된 장소에 사업주의 허락 없이 출입해서는 아니 된다.

제551조【고압작업설비의 점검 등】 ① 사업주는 고압작업을 위한 설비나 기구에 대하여 다음 각 호에서 정하는 바에 따라 점검하여야 한다.

1. 다음 각 목의 시설이나 장치에 대하여 매일 1회 이상 점검할 것
   가. 제526조에 따른 배기관과 제539조제2항에 따른 통화장치
   나. 작업실과 기압조절실의 공기를 조절하기 위한 밸브나 콕
   다. 작업실과 기압조절실의 배기를 조절하기 위한 밸브나 콕
   라. 작업실과 기압조절실에 공기를 보내기 위한 공기압축기에 부속된 냉각장치
2. 다음 각 목의 장치와 기구에 대하여 매주 1회 이상 점검할 것
   가. 제528조에 따른 자동경보장치
   나. 제529조에 따른 용구
   다. 작업실과 기압조절실에 공기를 보내기 위한 공기압축기
3. 다음 각 목의 장치와 기구를 매월 1회 이상 점검할 것
   가. 제527조와 제549조에 따른 압력계
   나. 제525조에 따른 공기청정장치

② 사업주는 제1항에 따른 점검 결과 이상을 발견한 경우에 즉시 보수, 교체, 그 밖에 필요한 조치를 하여야 한다.

제552조【잠수작업 설비의 점검 등】 ① 사업주는 잠수작업자가 잠수작업을 하기 전에 다음 각 호의 구분에 따라 잠수기구 등을 점검하여야 한다. (2017.12.28 개정)

1. 스쿠버 잠수작업을 하는 경우 : 잠수기, 압력조절기 및 제545조에 따라 잠수작업자가 사용할 잠수기구
2. 표면공급식 잠수작업을 하는 경우 : 잠수

기, 송기관, 압력조절기 및 제547조에 따라 잠수작업자가 사용할 잠수기구

② 사업주는 표면공급식 잠수작업의 경우 잠수작업자가 사용할 다음 각 호의 설비를 다음 각 호에서 정하는 바에 따라 점검하여야 한다. (2017.12.28 개정)

1. 공기압축기 또는 수압펌프 : 매주 1회 이상(공기압축기에서 공기를 보내는 잠수작업의 경우만 해당한다)
2. 수중압력계 : 매월 1회 이상
3. 수중시계 : 3개월에 1회 이상
4. 산소발생기 : 6개월에 1회 이상(호흡용 기체통에서 기체를 보내는 잠수작업의 경우만 해당한다)

③ 사업주는 제1항과 제2항에 따른 점검 결과 이상을 발견한 경우에 즉시 보수, 교체, 그 밖에 필요한 조치를 하여야 한다.

제553조【사용 전 점검 등】 ① 사업주는 송기설비를 설치한 후 처음으로 사용하는 경우, 송기설비를 분해하여 개조하거나 수리를 한 후 처음으로 사용하는 경우 또는 1개월 이상 사용하지 아니한 송기설비를 다시 사용하는 경우에 해당 송기설비를 점검한 후 사용하여야 한다.

② 사업주는 제1항에 따른 점검 결과 이상을 발견한 경우에 즉시 보수, 교체, 그 밖에 필요한 조치를 하여야 한다.

제554조【사고가 발생한 경우의 조치】 ① 사업주는 송기설비의 고장이나 그 밖의 사고로 인하여 고압작업자에게 건강장해가 발생할 우려가 있는 경우에 즉시 고압작업자를 외부로 대피시켜야 한다.

② 제1항에 따른 사고가 발생한 경우에 송기설비의 이상 유무, 잠함 등의 이상 침하 또는 기울어진 상태 등을 점검하여 고압작업자에게 건강장해가 발생할 우려가 없음을 확인한 후에 출입하도록 하여야 한다.

제555조【점검 결과의 기록】 사업주는 제551조부터 제553조까지의 규정에 따른 점검을 한 경우에 다음 각 호의 사항을 기록하여 3년간 보존하여야 한다. (2017.12.28 개정)

1. 점검연월일
2. 점검 방법
3. 점검 구분
4. 점검 결과
5. 점검자의 성명
6. 점검 결과에 따른 필요한 조치사항

제556조【고기압에서의 작업시간】 사업주는 근로자가 고압작업을 하는 경우에 고용노동부장관이 정하여 고시하는 시간에 따라야 한다.

제557조【잠수시간】 사업주는 근로자가 잠수작업을 하는 경우에 고용노동부장관이 정하여 고시하는 시간에 따라야 한다.

제6장 온도·습도에 의한 건강장해의 예방

제1절 통 칙

제558조【정의】 이 장에서 사용하는 용어의 뜻은 다음과 같다.

1. "고열"이란 열에 의하여 근로자에게 열경련·열탈진 또는 열사병 등의 건강장해를 유발할 수 있는 더운 온도를 말한다.
2. "한랭"이란 냉각원(冷却源)에 의하여 근로자에게 동상 등의 건강장해를 유발할 수 있는 차가운 온도를 말한다.
3. "다습"이란 습기로 인하여 근로자에게 피부질환 등의 건강장해를 유발할 수 있는 습한 상태를 말한다.

제559조【고열작업 등】 ① "고열작업"이란 다음 각 호의 어느 하나에 해당하는 장소에서의 작업을 말한다.

1. 용광로, 평로(平爐), 전로 또는 전기로에 의하여 광물이나 금속을 제련하거나 정련하는 장소
2. 용선로(鎔船爐) 등으로 광물·금속 또는

유리를 용해하는 장소
3. 가열로(加熱爐) 등으로 광물·금속 또는 유리를 가열하는 장소
4. 도자기나 기와 등을 소성(燒成)하는 장소
5. 광물을 배소(焙燒) 또는 소결(燒結)하는 장소
6. 가열된 금속을 운반·압연 또는 가공하는 장소
7. 녹인 금속을 운반하거나 주입하는 장소
8. 녹인 유리로 유리제품을 성형하는 장소
9. 고무에 황을 넣어 열처리하는 장소
10. 열원을 사용하여 물건 등을 건조시키는 장소
11. 갱내에서 고열이 발생하는 장소
12. 가열된 노(爐)를 수리하는 장소
13. 그 밖에 고용노동부장관이 인정하는 장소

② "한랭작업"이란 다음 각 호의 어느 하나에 해당하는 장소에서의 작업을 말한다.
1. 다량의 액체공기·드라이아이스 등을 취급하는 장소
2. 냉장고·제빙고·저빙고 또는 냉동고 등의 내부
3. 그 밖에 고용노동부장관이 인정하는 장소

③ "다습작업"이란 다음 각 호의 어느 하나에 해당하는 장소에서의 작업을 말한다.
1. 다량의 증기를 사용하여 염색조로 염색하는 장소
2. 다량의 증기를 사용하여 금속·비금속을 세척하거나 도금하는 장소
3. 방적 또는 직포(織布) 공정에서 가습하는 장소
4. 다량의 증기를 사용하여 가죽을 탈지(脫脂)하는 장소
5. 그 밖에 고용노동부장관이 인정하는 장소

제2절 설비기준과 성능 등

제560조【온도·습도 조절】 ① 사업주는 고열·한랭 또는 다습작업이 실내인 경우에 냉난방 또는 통풍 등을 위하여 적절한 온도·습도 조절장치를 설치하여야 한다. 다만, 작업의 성질상 온도·습도 조절장치를 설치하는 것이 매우 곤란하여 별도의 건강장해 방지 조치를 한 경우에는 그러하지 아니하다.

② 사업주는 제1항에 따른 냉방장치를 설치하는 경우에 외부의 대기온도보다 현저히 낮게 해서는 아니 된다. 다만, 작업의 성질상 냉방장치를 가동하여 일정한 온도를 유지하여야 하는 장소로서 근로자에게 보온을 위하여 필요한 조치를 하는 경우에는 그러하지 아니하다.

제561조【환기장치의 설치 등】 사업주는 실내에서 고열작업을 하는 경우에 고열을 감소시키기 위하여 환기장치 설치, 열원과의 격리, 복사열 차단 등 필요한 조치를 하여야 한다.

제3절 작업관리 등

제562조【고열장해 예방 조치】 사업주는 근로자가 고열작업을 하는 경우에 열경련·열탈진 등의 건강장해를 예방하기 위하여 다음 각 호의 조치를 하여야 한다.
1. 근로자를 새로 배치할 경우에는 고열에 순응할 때까지 고열작업시간을 매일 단계적으로 증가시키는 등 필요한 조치를 할 것
2. 근로자가 온도·습도를 쉽게 알 수 있도록 온도계 등의 기기를 작업장소에 상시 갖추어 둘 것

제563조【한랭장해 예방 조치】 사업주는 근로자가 한랭작업을 하는 경우에 동상 등의 건강장해를 예방하기 위하여 다음 각 호의 조치를 하여야 한다.
1. 혈액순환을 원활히 하기 위한 운동지도를 할 것
2. 적절한 지방과 비타민 섭취를 위한 영양지도를 할 것
3. 체온 유지를 위하여 더운물을 준비할 것
4. 젖은 작업복 등은 즉시 갈아입도록 할 것

제564조【다습장해 예방 조치】 ① 사업주는 근로자가 다습작업을 하는 경우에 습기 제거

를 위하여 환기하는 등 적절한 조치를 하여야 한다. 다만, 작업의 성질상 습기 제거가 어려운 경우에는 그러하지 아니하다.
② 사업주는 제1항 단서에 따라 작업의 성질상 습기 제거가 어려운 경우에 다습으로 인한 건강장해가 발생하지 않도록 개인위생관리를 하도록 하는 등 필요한 조치를 하여야 한다.
③ 사업주는 실내에서 다습작업을 하는 경우에 수시로 소독하거나 청소하는 등 미생물이 번식하지 않도록 필요한 조치를 하여야 한다.

제565조 【가습】 사업주는 작업의 성질상 가습을 하여야 하는 경우에 근로자의 건강에 유해하지 않도록 깨끗한 물을 사용하여야 한다.

제566조 【휴식 등】 사업주는 근로자가 다음 각 호의 어느 하나에 해당하는 경우에는 적절하게 휴식하도록 하는 등 근로자 건강장해를 예방하기 위하여 필요한 조치를 해야 한다. (2022.8.10 개정)
1. 고열·한랭·다습 작업을 하는 경우 (2022.8.10 신설)
2. 폭염에 노출되는 장소에서 작업하여 열사병 등의 질병이 발생할 우려가 있는 경우 (2022.8.10 신설)

제567조 【휴게시설의 설치】 ① 사업주는 근로자가 고열·한랭·다습 작업을 하는 경우에 근로자들이 휴식시간에 이용할 수 있는 휴게시설을 갖추어야 한다.
② 사업주는 근로자가 폭염에 직접 노출되는 옥외 장소에서 작업을 하는 경우에 휴식시간에 이용할 수 있는 그늘진 장소를 제공하여야 한다. (2017.12.28 신설)
③ 사업주는 제1항에 따른 휴게시설을 설치하는 경우에 고열·한랭 또는 다습작업과 격리된 장소에 설치하여야 한다. (2017.12.28 개정)

제568조 【갱내의 온도】 제559조제1항제11호에 따른 갱내의 기온은 섭씨 37도 이하로 유지하여야 한다. 다만, 인명구조 작업이나 유해·위험 방지작업을 할 때 고열로 인한 근로자의 건강장해를 방지하기 위하여 필요한 조치를 한 경우에는 그러하지 아니하다.

제569조 【출입의 금지】 ① 사업주는 다음 각 호의 어느 하나에 해당하는 장소에 관계 근로자가 아닌 사람의 출입을 금지하고, 그 내용을 보기 쉬운 장소에 게시하여야 한다.
1. 다량의 고열물체를 취급하는 장소나 매우 뜨거운 장소
2. 다량의 저온물체를 취급하는 장소나 매우 차가운 장소
② 근로자는 제1항에 따라 출입이 금지된 장소에 사업주의 허락 없이 출입해서는 아니 된다.

제570조 【세척시설 등】 사업주는 작업 중 근로자의 작업복이 심하게 젖게 되는 작업장에 탈의시설, 목욕시설, 세탁시설 및 작업복을 말릴 수 있는 시설을 설치하여야 한다.

제571조 【소금과 음료수 등의 비치】 사업주는 근로자가 작업 중 땀을 많이 흘리게 되는 장소에 소금과 깨끗한 음료수 등을 갖추어 두어야 한다.

제4절 보호구 등

제572조 【보호구의 지급 등】 ① 사업주는 다음 각 호의 어느 하나에서 정하는 바에 따라 근로자에게 적절한 보호구를 지급하고, 이를 착용하도록 하여야 한다.
1. 다량의 고열물체를 취급하거나 매우 더운 장소에서 작업하는 근로자 : 방열장갑과 방열복
2. 다량의 저온물체를 취급하거나 현저히 추운 장소에서 작업하는 근로자 : 방한모, 방한화, 방한장갑 및 방한복
② 제1항에 따라 보호구를 지급하는 경우에는 근로자 개인 전용의 것을 지급하여야

한다.

③ 근로자는 제1항에 따라 지급된 보호구를 사업주의 지시에 따라 착용하여야 한다.

제7장 방사선에 의한 건강장해의 예방

제1절 통 칙

제573조【정의】 이 장에서 사용하는 용어의 뜻은 다음과 같다.

1. "방사선"이란 전자파나 입자선 중 직접 또는 간접적으로 공기를 전리(電離)하는 능력을 가진 것으로서 알파선, 중양자선, 양자선, 베타선, 그 밖의 중하전입자선, 중성자선, 감마선, 엑스선 및 5만 전자볼트 이상(엑스선 발생장치의 경우에는 5천 전자볼트 이상)의 에너지를 가진 전자선을 말한다.
2. "방사성물질"이란 핵연료물질, 사용 후의 핵연료, 방사성동위원소 및 원자핵분열 생성물을 말한다.
3. "방사선관리구역"이란 방사선에 노출될 우려가 있는 업무를 하는 장소를 말한다.

제2절 방사성물질 관리시설 등

제574조【방사성물질의 밀폐 등】 ① 사업주는 근로자가 다음 각 호에 해당하는 방사선 업무를 하는 경우에 방사성물질의 밀폐, 차폐물(遮蔽物)의 설치, 국소배기장치의 설치, 경보시설의 설치 등 근로자의 건강장해를 예방하기 위하여 필요한 조치를 하여야 한다. 〈2017.3.3 개정〉

1. 엑스선 장치의 제조·사용 또는 엑스선이 발생하는 장치의 검사업무
2. 선형가속기(線形加速器), 사이크로트론(cyclotron) 및 신크로트론(synchrotron) 등 하전입자(荷電粒子)를 가속하는 장치(이하 "입자가속장치"라 한다)의 제조·사용 또는 방사선이 발생하는 장치의 검사 업무
3. 엑스선관과 케노트론(kenotron)의 가스 제거 또는 엑스선이 발생하는 장비의 검사 업무
4. 방사성물질이 장치되어 있는 기기의 취급 업무
5. 방사성물질 취급과 방사성물질에 오염된 물질의 취급 업무
6. 원자로를 이용한 발전업무
7. 갱내에서의 핵원료물질의 채굴 업무
8. 그 밖에 방사선 노출이 우려되는 기기 등의 취급 업무

② 사업주는 「원자력안전법」 제2조제23호의 방사선투과검사를 위하여 같은 법 제2조제6호의 방사성동위원소 또는 같은 법 제2조제9호의 방사선발생장치를 이동사용하는 작업에 근로자를 종사하도록 하는 경우에는 근로자에게 다음 각 호에 따른 장비를 지급하고 착용하도록 하여야 한다. 〈2017.3.3 신설〉

1. 「원자력안전법 시행규칙」 제2조제3호에 따른 개인선량계
2. 방사선 경보기

③ 근로자는 제2항에 따라 지급받은 장비를 착용하여야 한다. 〈2017.3.3 신설〉

제575조【방사선관리구역의 지정 등】 ① 사업주는 근로자가 방사선업무를 하는 경우에 건강장해를 예방하기 위하여 방사선 관리구역을 지정하고 다음 각 호의 사항을 게시하여야 한다.

1. 방사선량 측정용구의 착용에 관한 주의사항
2. 방사선 업무상 주의사항
3. 방사선 피폭(被曝) 등 사고 발생 시의 응급조치에 관한 사항
4. 그 밖에 방사선 건강장해 방지에 필요한 사항

② 사업주는 방사선업무를 하는 관계근로자가 아닌 사람이 방사선 관리구역에 출입하는 것을 금지하여야 한다.

③ 근로자는 제2항에 따라 출입이 금지된 장소에 사업주의 허락 없이 출입해서는 아니 된다.

제576조【방사선 장치실】 사업주는 다음 각 호의 장치나 기기(이하 "방사선장치"라 한다)를 설치하려는 경우에 전용의 작업실(이하 "방사선장치실"이라 한다)에 설치하여야 한다. 다만, 적절히 차단되거나 밀폐된 구조의 방사선장치를 설치한 경우, 방사선장치를 수시로 이동하여 사용하여야 하는 경우 또는 사용목적이나 작업의 성질상 방사선장치를 방사선장치실 안에 설치하기가 곤란한 경우에는 그러하지 아니하다.
1. 엑스선장치
2. 입자가속장치
3. 엑스선관 또는 케노트론의 가스추출 및 엑스선 이용 검사장치
4. 방사성물질을 내장하고 있는 기기

제577조【방사성물질 취급 작업실】 사업주는 근로자가 밀봉되어 있지 아니한 방사성물질을 취급하는 경우에 방사성물질 취급 작업실에서 작업하도록 하여야 한다. 다만, 다음 각 호의 경우에는 그러하지 아니하다.
1. 누수의 조사
2. 곤충을 이용한 역학적 조사
3. 원료물질 생산 공정에서의 이동상황 조사
4. 핵원료물질을 채굴하는 경우
5. 그 밖에 방사성물질을 널리 분산하여 사용하거나 그 사용이 일시적인 경우

제578조【방사성물질 취급 작업실의 구조】 사업주는 방사성물질 취급 작업실 안의 벽·책상 등 오염 우려가 있는 부분을 다음 각 호의 구조로 하여야 한다.
1. 기체나 액체가 침투하거나 부식되기 어려운 재질로 할 것
2. 표면이 편평하게 다듬어져 있을 것
3. 돌기가 없고 파이지 않거나 틈이 작은 구조로 할 것

제3절 시설 및 작업관리

제579조【게시 등】 사업주는 방사선 발생장치나 기기에 대하여 다음 각 호의 구분에 따른 내용을 근로자가 보기 쉬운 장소에 게시하여야 한다.
1. 입자가속장치
   가. 장치의 종류
   나. 방사선의 종류와 에너지
2. 방사성물질을 내장하고 있는 기기
   가. 기기의 종류
   나. 내장하고 있는 방사성물질에 함유된 방사성 동위원소의 종류와 양(단위 : 베크렐)
   다. 해당 방사성물질을 내장한 연월일
   라. 소유자의 성명 또는 명칭

제580조【차폐물 설치 등】 사업주는 근로자가 방사선장치실, 방사성물질 취급작업실, 방사성물질 저장시설 또는 방사성물질 보관·폐기 시설에 상시 출입하는 경우에 차폐벽(遮蔽壁), 방호물 또는 그 밖의 차폐물을 설치하는 등 필요한 조치를 하여야 한다.

제581조【국소배기장치 등】 사업주는 방사성물질이 가스·증기 또는 분진으로 발생할 우려가 있을 경우에 발산원을 밀폐하거나 국소배기장치 등을 설치하여 가동하여야 한다.

제582조【방지설비】 사업주는 근로자가 신체 또는 의복, 신발, 보호장구 등에 방사성물질이 부착될 우려가 있는 작업을 하는 경우에 판 또는 막 등의 방지설비를 설치하여야 한다. 다만, 작업의 성질상 방지설비의 설치가 곤란한 경우로서 적절한 보호조치를 한 경우에는 그러하지 아니하다.

제583조【방사성물질 취급용구】 ① 사업주는 방사성물질 취급에 사용되는 국자, 집게 등의 용구에는 방사성물질 취급에 사용되는 용구임을 표시하고, 다른 용도로 사용해서는 아니 된다.
② 사업주는 제1항의 용구를 사용한 후에 오염을 제거하고 전용의 용구걸이와 설치대 등을 사용하여 보관하여야 한다.

제584조【용기 등】 사업주는 방사성물질을 보관·저장 또는 운반하는 경우에 녹슬거나 새지 않는 용기를 사용하고, 겉면에는 방사성물질을 넣은 용기임을 표시하여야 한다.

제585조【오염된 장소에서의 조치】 사업주는 분말 또는 액체 상태의 방사성물질에 오염된 장소에 대하여 즉시 그 오염이 퍼지지 않도록 조치한 후 오염된 지역임을 표시하고 그 오염을 제거하여야 한다.

제586조【방사성물질의 폐기물 처리】 사업주는 방사성물질의 폐기물은 방사선이 새지 않는 용기에 넣어 밀봉하고 용기 겉면에 그 사실을 표시한 후 적절하게 처리하여야 한다.

제4절 보호구 등

제587조【보호구의 지급 등】 ① 사업주는 근로자가 분말 또는 액체 상태의 방사성물질에 오염된 지역에서 작업을 하는 경우에 개인전용의 적절한 호흡용 보호구를 지급하고 착용하도록 하여야 한다.
② 사업주는 방사성물질을 취급하는 때에 방사성물질이 흩날림으로써 근로자의 신체가 오염될 우려가 있는 경우에 보호복, 보호장갑, 신발덮개, 보호모 등의 보호구를 지급하고 착용하도록 하여야 한다.
③ 근로자는 제1항에 따라 지급된 보호구를 사업주의 지시에 따라 착용하여야 한다.

제588조【오염된 보호구 등의 폐기】 사업주는 방사성물질에 오염된 보호복, 보호장갑, 호흡용 보호구 등을 즉시 적절하게 폐기하여야 한다.

제589조【세척시설 등】 사업주는 근로자가 방사성물질 취급작업을 하는 경우에 세면·목욕·세탁 및 건조를 위한 시설을 설치하고 필요한 용품과 용구를 갖추어 두어야 한다.

제590조【흡연 등의 금지】 ① 사업주는 방사성물질 취급 작업실 또는 그 밖에 방사성물질을 들이마시거나 섭취할 우려가 있는 작업장에 대하여 근로자가 담배를 피우거나 음식물을 먹지 않도록 하고 그 내용을 보기 쉬운 장소에 게시하여야 한다.
② 근로자는 제1항에 따라 흡연 또는 음식물 섭취가 금지된 장소에서 흡연 또는 음식물 섭취를 해서는 아니 된다.

제591조【유해성 등의 주지】 사업주는 근로자가 방사선업무를 하는 경우에 방사선이 인체에 미치는 영향, 안전한 작업방법, 건강관리 요령 등에 관한 내용을 근로자에게 알려야 한다.

제8장 병원체에 의한 건강장해의 예방

제1절 통 칙

제592조【정의】 이 장에서 사용하는 용어의 뜻은 다음과 같다.
1. "혈액매개 감염병"이란 후천성면역결핍증(AIDS), B형간염 및 C형간염, 매독 등 혈액 및 체액을 매개로 타인에게 전염되어 질병을 유발하는 감염병을 말한다. (2024.6.28 개정)
2. "공기매개 감염병"이란 결핵·수두·홍역 등 공기 또는 비말핵 등을 매개로 호흡기를 통하여 전염되는 감염병을 말한다.
3. "곤충 및 동물매개 감염병"이란 쯔쯔가무시증, 렙토스피라증, 신증후군출혈열 등 동물의 배설물 등에 의하여 전염되는 감염병과 탄저병, 브루셀라증 등 가축이나 야생동물로부터 사람에게 감염되는 인수공통(人獸共通) 감염병을 말한다.
4. "곤충 및 동물매개 감염병 고위험작업"이란 다음 각 목의 작업을 말한다.
가. 습지 등에서의 실외 작업
나. 야생 설치류와의 직접 접촉 및 배설물을 통한 간접 접촉이 많은 작업
다. 가축 사육이나 도살 등의 작업

5. "혈액노출"이란 눈, 구강, 점막, 손상된 피부 또는 주사침 등에 의한 침습적 손상을 통하여 혈액 또는 병원체가 들어 있는 것으로 의심이 되는 혈액 등에 노출되는 것을 말한다.

제593조 【적용 범위】 이 장의 규정은 근로자가 세균·바이러스·곰팡이 등 법 제39조제1항제1호에 따른 병원체에 노출될 위험이 있는 다음 각 호의 작업을 하는 사업 또는 사업장에 대하여 적용한다. (2019.12.26 개정)
1. 「의료법」상 의료행위를 하는 작업
2. 혈액의 검사 작업
3. 환자의 가검물(可檢物)을 처리하는 작업
4. 연구 등의 목적으로 병원체를 다루는 작업
5. 보육시설 등 집단수용시설에서의 작업
6. 곤충 및 동물매개 감염 고위험작업

제2절 일반적 관리기준

제594조 【감염병 예방 조치 등】 사업주는 근로자의 혈액매개 감염병, 공기매개 감염병, 곤충 및 동물매개 감염병(이하 "감염병"이라 한다)을 예방하기 위하여 다음 각 호의 조치를 하여야 한다.
1. 감염병 예방을 위한 계획의 수립
2. 보호구 지급, 예방접종 등 감염병 예방을 위한 조치
3. 감염병 발생 시 원인 조사와 대책 수립
4. 감염병 발생 근로자에 대한 적절한 처치

제595조 【유해성 등의 주지】 사업주는 근로자가 병원체에 노출될 수 있는 위험이 있는 작업을 하는 경우에 다음 각 호의 사항을 근로자에게 알려야 한다.
1. 감염병의 종류와 원인
2. 전파 및 감염 경로
3. 감염병의 증상과 잠복기
4. 감염되기 쉬운 작업의 종류와 예방방법
5. 노출 시 보고 등 노출과 감염 후 조치

제596조 【환자의 가검물 등에 의한 오염 방지 조치】 ① 사업주는 근로자가 환자의 가검물을 처리(검사·운반·청소 및 폐기를 말한다)하는 작업을 하는 경우에 보호앞치마, 보호장갑 및 보호마스크 등의 보호구를 지급하고 착용하도록 하는 등 오염 방지를 위하여 필요한 조치를 하여야 한다.
② 근로자는 제1항에 따라 지급된 보호구를 사업주의 지시에 따라 착용하여야 한다.

제3절 혈액매개 감염 노출 위험작업 시 조치기준

제597조 【혈액노출 예방 조치】 ① 사업주는 근로자가 혈액노출의 위험이 있는 작업을 하는 경우에 다음 각 호의 조치를 하여야 한다.
1. 혈액노출의 가능성이 있는 장소에서는 음식물을 먹거나 담배를 피우는 행위, 화장 및 콘택트렌즈의 교환 등을 금지할 것
2. 혈액 또는 환자의 혈액으로 오염된 가검물, 주사침, 각종 의료 기구, 솜 등의 혈액오염물(이하 "혈액오염물"이라 한다)이 보관되어 있는 냉장고 등에 음식물 보관을 금지할 것
3. 혈액 등으로 오염된 장소나 혈액오염물은 적절한 방법으로 소독할 것
4. 혈액오염물은 별도로 표기된 용기에 담아서 운반할 것
5. 혈액노출 근로자는 즉시 소독약품이 포함된 세척제로 접촉 부위를 씻도록 할 것

② 사업주는 근로자가 주사 및 채혈 작업을 하는 경우에 다음 각 호의 조치를 하여야 한다.
1. 안정되고 편안한 자세로 주사 및 채혈을 할 수 있는 장소를 제공할 것
2. 채취한 혈액을 검사 용기에 옮기는 경우에는 주사침 사용을 금지하도록 할 것
3. 사용한 주사침은 바늘을 구부리거나, 자르거나, 뚜껑을 다시 씌우는 등의 행위를 금지할 것(부득이하게 뚜껑을 다시 씌워야 하는 경우에는 한 손으로 씌우도록 한다)
4. 사용한 주사침은 안전한 전용 수거용기에 모아 튼튼한 용기를 사용하여 폐기할 것

③ 근로자는 제1항에 따라 흡연 또는 음식물

등의 섭취 등이 금지된 장소에서 흡연 또는 음식물 섭취 등의 행위를 해서는 아니 된다.

제598조【혈액노출 조사 등】 ① 사업주는 혈액노출과 관련된 사고가 발생한 경우에 즉시 다음 각 호의 사항을 조사하고 이를 기록하여 보존하여야 한다.

1. 노출자의 인적사항
2. 노출 현황
3. 노출 원인제공자(환자)의 상태
4. 노출자의 처치 내용
5. 노출자의 검사 결과

② 사업주는 제1항에 따른 사고조사 결과에 따라 혈액에 노출된 근로자의 면역상태를 파악하여 별표 14에 따른 조치를 하고, 혈액매개 감염의 우려가 있는 근로자는 별표 15에 따라 조치하여야 한다.

③ 사업주는 제1항과 제2항에 따른 조사 결과와 조치 내용을 즉시 해당 근로자에게 알려야 한다.

④ 사업주는 제1항과 제2항에 따른 조사 결과와 조치 내용을 감염병 예방을 위한 조치 외에 해당 근로자에게 불이익을 주거나 다른 목적으로 이용해서는 아니 된다.

제599조【세척시설 등】 사업주는 근로자가 혈액매개 감염의 우려가 있는 작업을 하는 경우에 세면·목욕 등에 필요한 세척시설을 설치하여야 한다.

제600조【개인보호구의 지급 등】 ① 사업주는 근로자가 혈액노출이 우려되는 작업을 하는 경우에 다음 각 호에 따른 보호구를 지급하고 착용하도록 하여야 한다.

1. 혈액이 분출되거나 분무될 가능성이 있는 작업 : 보안경과 보호마스크
2. 혈액 또는 혈액오염물을 취급하는 작업 : 보호장갑
3. 다량의 혈액이 의복을 적시고 피부에 노출될 우려가 있는 작업 : 보호앞치마

② 근로자는 제1항에 따라 지급된 보호구를 사업주의 지시에 따라 착용하여야 한다.

제4절 공기매개 감염 노출 위험작업 시 조치기준

제601조【예방 조치】 ① 사업주는 근로자가 공기매개 감염병이 있는 환자와 접촉하는 경우에 감염을 방지하기 위하여 다음 각 호의 조치를 하여야 한다.

1. 근로자에게 결핵균 등을 방지할 수 있는 보호마스크를 지급하고 착용하도록 할 것
2. 면역이 저하되는 등 감염의 위험이 높은 근로자는 전염성이 있는 환자와의 접촉을 제한할 것
3. 가래를 배출할 수 있는 결핵환자에게 시술을 하는 경우에는 적절한 환기가 이루어지는 격리실에서 하도록 할 것
4. 임신한 근로자는 풍진·수두 등 선천성 기형을 유발할 수 있는 감염병 환자와의 접촉을 제한할 것

② 사업주는 공기매개 감염병에 노출되는 근로자에 대하여 해당 감염병에 대한 면역상태를 파악하고 의학적으로 필요하다고 판단되는 경우에 예방접종을 하여야 한다.

③ 근로자는 제1항제1호에 따라 지급된 보호구를 사업주의 지시에 따라 착용하여야 한다.

제602조【노출 후 관리】 사업주는 공기매개 감염병 환자에 노출된 근로자에 대하여 다음 각 호의 조치를 하여야 한다.

1. 공기매개 감염병의 증상 발생 즉시 감염 확인을 위한 검사를 받도록 할 것
2. 감염이 확인되면 적절한 치료를 받도록 조치할 것
3. 풍진, 수두 등에 감염된 근로자가 임신부인 경우에는 태아에 대하여 기형 여부를 검사받도록 할 것
4. 감염된 근로자가 동료 근로자 등에게 전염되지 않도록 적절한 기간 동안 접촉을 제한하도록 할 것

제5절 곤충 및 동물매개 감염 노출 위험작업 시 조치기준

제603조 【예방 조치】 사업주는 근로자가 곤충 및 동물매개 감염병 고 위험작업을 하는 경우에 다음 각 호의 조치를 하여야 한다.

1. 긴 소매의 옷과 긴 바지의 작업복을 착용하도록 할 것
2. 곤충 및 동물매개 감염병 발생 우려가 있는 장소에서는 음식물 섭취 등을 제한할 것
3. 작업 장소와 인접한 곳에 오염원과 격리된 식사 및 휴식 장소를 제공할 것
4. 작업 후 목욕을 하도록 지도할 것
5. 곤충이나 동물에 물렸는지를 확인하고 이상증상 발생 시 의사의 진료를 받도록 할 것

제604조 【노출 후 관리】 사업주는 곤충 및 동물매개 감염병 고위험작업을 수행한 근로자에게 다음 각 호의 증상이 발생하였을 경우에 즉시 의사의 진료를 받도록 하여야 한다.

1. 고열·오한·두통
2. 피부발진·피부궤양·부스럼 및 딱지 등
3. 출혈성 병변(病變)

제9장 분진에 의한 건강장해의 예방

제1절 통 칙

제605조 【정의】 이 장에서 사용하는 용어의 뜻은 다음과 같다.

1. "분진"이란 근로자가 작업하는 장소에서 발생하거나 흩날리는 미세한 분말 상태의 물질[황사, 미세먼지(PM-10, PM-2.5)를 포함한다]을 말한다. (2017.12.28 개정)
2. "분진작업"이란 별표 16에서 정하는 작업을 말한다.
3. "호흡기보호 프로그램"이란 분진노출에 대한 평가, 분진노출기준 초과에 따른 공학적 대책, 호흡용 보호구의 지급 및 착용, 분진의 유해성과 예방에 관한 교육, 정기적 건강진단, 기록·관리 사항 등이 포함된 호흡기질환 예방·관리를 위한 종합적인 계획을 말한다.

제606조 【적용 제외】 ① 다음 각 호의 어느 하나에 해당하는 작업으로서 살수(撒水)설비나 주유설비를 갖추고 물을 뿌리거나 주유를 하면서 분진이 흩날리지 않도록 작업하는 경우에는 이 장의 규정을 적용하지 아니한다.

1. 별표 16 제3호에 따른 작업 중 갱내에서 토석·암석·광물 등(이하 "암석등"이라 한다)을 체로 거르는 장소에서의 작업
2. 별표 16 제5호에 따른 작업
3. 별표 16 제6호에 따른 작업 중 연마재 또는 동력을 사용하여 암석·광물 또는 금속을 연마하거나 재단하는 장소에서의 작업
4. 별표 16 제7호에 따른 작업 중 동력을 사용하여 암석등 또는 탄소를 주성분으로 하는 원료를 체로 거르는 장소에서의 작업
5. 별표 16 제7호에 따른 작업 중 동력을 사용하여 실외에서 암석등 또는 탄소를 주성분으로 하는 원료를 파쇄하거나 분쇄하는 장소에서의 작업
6. 별표 16 제7호에 따른 작업 중 암석등·탄소원료 또는 알루미늄박을 물이나 기름 속에서 파쇄·분쇄하거나 체로 거르는 장소에서의 작업

② 작업시간이 월 24시간 미만인 임시 분진작업에 대하여 사업주가 근로자에게 적절한 호흡용 보호구를 지급하여 착용하도록 하는 경우에는 이 장의 규정을 적용하지 아니한다. 다만, 월 10시간 이상 24시간 미만의 임시 분진작업을 매월 하는 경우에는 그러하지 아니하다.

③ 제11장의 규정에 따른 사무실에서 작업하는 경우에는 이 장의 규정을 적용하지 아니한다.

제2절 설비 등의 기준

제607조 【국소배기장치의 설치】 사업주는 별표 16 제5호부터 제25호까지의 규정에 따른 분진작업을 하는 실내작업장(갱내를 포함한다)에 대하여 해당 분진작업에 따른 분진을 줄이기 위하여 밀폐설비나 국소배기장치를 설치하여야 한다.

제608조【전체환기장치의 설치】 사업주는 분진작업을 하는 때에 분진 발산 면적이 넓어 제607조에 따른 설비를 설치하기 곤란한 경우에 전체환기장치를 설치할 수 있다.

제609조【국소배기장치의 성능】 제607조 또는 제617조제1항 단서에 따라 설치하는 국소배기장치는 별표 17에서 정하는 제어풍속 이상의 성능을 갖춘 것이어야 한다.

제610조【분진의 흩날림 방지】 제4조의2로 이동

제611조【설비에 의한 습기 유지】 사업주는 제617조제1항 단서에 따라 분진작업장소에 습기 유지 설비를 설치한 경우에 분진작업을 하고 있는 동안 그 설비를 사용하여 해당 분진작업장소를 습한 상태로 유지하여야 한다.

제3절 관리 등

제612조【사용 전 점검 등】 ① 사업주는 제607조와 제617조제1항 단서에 따라 설치한 국소배기장치를 처음으로 사용하는 경우나 국소배기장치를 분해하여 개조하거나 수리를 한 후 처음으로 사용하는 경우에 다음 각 호에서 정하는 바에 따라 사용 전에 점검하여야 한다.

1. 국소배기장치
   가. 덕트와 배풍기의 분진 상태
   나. 덕트 접속부가 헐거워졌는지 여부
   다. 흡기 및 배기 능력
   라. 그 밖에 국소배기장치의 성능을 유지하기 위하여 필요한 사항
2. 공기정화장치
   가. 공기정화장치 내부의 분진상태
   나. 여과제진장치(濾過除塵裝置)의 여과재 파손 여부
   다. 공기정화장치의 분진 처리능력
   라. 그 밖에 공기정화장치의 성능 유지를 위하여 필요한 사항

② 사업주는 제1항에 따른 점검 결과 이상을 발견한 경우에 즉시 청소, 보수, 그 밖에 필요한 조치를 하여야 한다.

제613조【청소의 실시】 ① 사업주는 분진작업을 하는 실내작업장에 대하여 매일 작업을 시작하기 전에 청소를 하여야 한다.

② 분진작업을 하는 실내작업장의 바닥·벽 및 설비와 휴게시설이 설치되어 있는 장소의 마루 등(실내만 해당한다)에 대해서는 쌓인 분진을 제거하기 위하여 매월 1회 이상 정기적으로 진공청소기나 물을 이용하여 분진이 흩날리지 않는 방법으로 청소하여야 한다. 다만, 분진이 흩날리지 않는 방법으로 청소하는 것이 곤란한 경우로서 그 청소작업에 종사하는 근로자에게 적절한 호흡용 보호구를 지급하여 착용하도록 한 경우에는 그러하지 아니하다.

제614조【분진의 유해성 등의 주지】 사업주는 근로자가 상시 분진작업에 관련된 업무를 하는 경우에 다음 각 호의 사항을 근로자에게 알려야 한다.

1. 분진의 유해성과 노출경로
2. 분진의 발산 방지와 작업장의 환기 방법
3. 작업장 및 개인위생 관리
4. 호흡용 보호구의 사용 방법
5. 분진에 관련된 질병 예방 방법

제615조【세척시설 등】 사업주는 근로자가 분진작업(별표 16 제26호에 따른 분진작업은 제외한다)을 하는 경우에 목욕시설 등 필요한 세척시설을 설치하여야 한다. (2017.12.28 개정)

제616조【호흡기보호 프로그램 시행 등】 사업주는 다음 각 호의 어느 하나에 해당하는 경우에 호흡기보호 프로그램을 수립하여 시행하여야 한다.

1. 법 제125조에 따른 분진의 작업환경 측정 결과 노출기준을 초과하는 사업장 (2019.12.26 개정)
2. 분진작업으로 인하여 근로자에게 건강장

해가 발생한 사업장

제4절 보호구

제617조 【호흡용 보호구의 지급 등】 ① 사업주는 근로자가 분진작업을 하는 경우에 해당 작업에 종사하는 근로자에게 적절한 호흡용 보호구를 지급하여 착용하도록 하여야 한다. 다만, 해당 작업장소에 분진 발생원을 밀폐하는 설비나 국소배기장치를 설치하거나 해당 분진작업장소를 습기가 있는 상태로 유지하기 위한 설비를 갖추어 가동하는 등 필요한 조치를 한 경우에는 그러하지 아니하다.
② 사업주는 제1항에 따라 보호구를 지급하는 경우에 근로자 개인전용 보호구를 지급하고, 보관함을 설치하는 등 오염 방지를 위하여 필요한 조치를 하여야 한다.
③ 근로자는 제1항에 따라 지급된 보호구를 사업주의 지시에 따라 착용하여야 한다.

제10장 밀폐공간 작업으로 인한 건강장해의 예방

제1절 통 칙

제618조 【정의】 이 장에서 사용하는 용어의 뜻은 다음과 같다.
1. "밀폐공간"이란 산소결핍, 유해가스로 인한 질식·화재·폭발 등의 위험이 있는 장소로서 별표 18에서 정한 장소를 말한다. (2017.3.3 개정)
2. "유해가스"란 이산화탄소·일산화탄소·황화수소 등의 기체로서 인체에 유해한 영향을 미치는 물질을 말한다. (2023.11.14 개정)
3. "적정공기"란 산소농도의 범위가 18퍼센트 이상 23.5퍼센트 미만, 이산화탄소의 농도가 1.5퍼센트 미만, 일산화탄소의 농도가 30피피엠 미만, 황화수소의 농도가 10피피엠 미만인 수준의 공기를 말한다. (2023.11.14 개정)
4. "산소결핍"이란 공기 중의 산소농도가 18퍼센트 미만인 상태를 말한다.
5. "산소결핍증"이란 산소가 결핍된 공기를 들이마심으로써 생기는 증상을 말한다.

제2절 밀폐공간 내 작업 시의 조치 등

제619조 【밀폐공간 작업 프로그램의 수립·시행】 ① 사업주는 밀폐공간에서 근로자에게 작업을 하도록 하는 경우 다음 각 호의 내용이 포함된 밀폐공간 작업 프로그램을 수립하여 시행하여야 한다. (2017.3.3 개정)
1. 사업장 내 밀폐공간의 위치 파악 및 관리 방안
2. 밀폐공간 내 질식·중독 등을 일으킬 수 있는 유해·위험 요인의 파악 및 관리 방안
3. 제2항에 따라 밀폐공간 작업 시 사전 확인이 필요한 사항에 대한 확인 절차
4. 안전보건교육 및 훈련
5. 그 밖에 밀폐공간 작업 근로자의 건강장해 예방에 관한 사항

② 사업주는 근로자가 밀폐공간에서 작업을 시작하기 전에 다음 각 호의 사항을 확인하여 근로자가 안전한 상태에서 작업하도록 하여야 한다. (2017.3.3 개정)
1. 작업 일시, 기간, 장소 및 내용 등 작업 정보
2. 관리감독자, 근로자, 감시인 등 작업자 정보
3. 산소 및 유해가스 농도의 측정결과 및 후속조치 사항
4. 작업 중 불활성가스 또는 유해가스의 누출·유입·발생 가능성 검토 및 후속조치 사항
5. 작업 시 착용하여야 할 보호구의 종류
6. 비상연락체계

③ 사업주는 밀폐공간에서의 작업이 종료될 때까지 제2항 각 호의 내용을 해당 작업장 출입구에 게시하여야 한다. (2017.3.3 개정)

제619조의2 【산소 및 유해가스 농도의 측정】 ① 사업주는 밀폐공간에서 근로자에게 작업을 하도록 하는 경우 작업을 시작(작업을 일시 중단하였다가 다시 시작하는 경우를 포함

한다. 이하 이 조에서 같다)하기 전에 밀폐공간의 산소 및 유해가스 농도의 측정 및 평가에 관한 지식과 실무경험이 있는 자를 지정하여 그로 하여금 해당 밀폐공간의 산소 및 유해가스 농도를 측정(「전파법」 제2조제1항제5호·제5호의2에 따른 무선설비 또는 무선통신을 이용한 원격 측정을 포함한다. 이하 제629조, 제638조 및 제641조에서 같다)하여 적정공기가 유지되고 있는지를 평가하도록 해야 한다. (2024.6.28 개정)

② 사업주는 제1항에 따라 밀폐공간의 산소 및 유해가스 농도를 측정 및 평가하는 자에 대하여 밀폐공간에서 작업을 시작하기 전에 다음 각 호의 사항의 숙지여부를 확인하고 필요한 교육을 실시해야 한다. (2024.6.28 신설)

1. 밀폐공간의 위험성
2. 측정장비의 이상 유무 확인 및 조작 방법
3. 밀폐공간 내에서의 산소 및 유해가스 농도 측정방법
4. 적정공기의 기준과 평가 방법

③ 사업주는 제1항에 따라 산소 및 유해가스 농도를 측정한 결과 적정공기가 유지되고 있지 아니하다고 평가된 경우에는 작업장을 환기시키거나, 근로자에게 공기호흡기 또는 송기마스크를 지급하여 착용하도록 하는 등 근로자의 건강장해 예방을 위하여 필요한 조치를 하여야 한다. (2024.6.28 개정)

제620조 【환기 등】 ① 사업주는 근로자가 밀폐공간에서 작업을 하는 경우에 작업을 시작하기 전과 작업 중에 해당 작업장을 적정공기 상태가 유지되도록 환기하여야 한다. 다만, 폭발이나 산화 등의 위험으로 인하여 환기할 수 없거나 작업의 성질상 환기하기가 매우 곤란한 경우에는 근로자에게 공기호흡기 또는 송기마스크를 지급하여 착용하도록 하고 환기하지 아니할 수 있다. (2017.3.3 개정)

② 근로자는 제1항 단서에 따라 지급된 보호구를 착용하여야 한다. (2017.3.3 신설)

제621조 【인원의 점검】 사업주는 근로자가 밀폐공간에서 작업을 하는 경우에 그 장소에 근로자를 입장시킬 때와 퇴장시킬 때마다 인원을 점검하여야 한다.

제622조 【출입의 금지】 ① 사업주는 사업장 내 밀폐공간을 사전에 파악하여 밀폐공간에는 관계 근로자가 아닌 사람의 출입을 금지하고, 별지 제4호서식에 따른 출입금지 표지를 밀폐공간 근처의 보기 쉬운 장소에 게시하여야 한다. (2017.3.3 개정)

② 근로자는 제1항에 따라 출입이 금지된 장소에 사업주의 허락 없이 출입해서는 아니 된다.

제623조 【감시인의 배치 등】 ① 사업주는 근로자가 밀폐공간에서 작업을 하는 동안 작업 상황을 감시할 수 있는 감시인을 지정하여 밀폐공간 외부에 배치하여야 한다. (2017.3.3 개정)

② 제1항에 따른 감시인은 밀폐공간에 종사하는 근로자에게 이상이 있을 경우에 구조요청 등 필요한 조치를 한 후 이를 즉시 관리감독자에게 알려야 한다. (2017.3.3 개정)

③ 사업주는 근로자가 밀폐공간에서 작업을 하는 동안 그 작업장과 외부의 감시인 간에 항상 연락을 취할 수 있는 설비를 설치하여야 한다. (2017.3.3 개정)

제624조 【안전대 등】 ① 사업주는 밀폐공간에서 작업하는 근로자가 산소결핍이나 유해가스로 인하여 추락할 우려가 있는 경우에는 해당 근로자에게 안전대나 구명밧줄, 공기호흡기 또는 송기마스크를 지급하여 착용하도록 하여야 한다. (2017.3.3 개정)

② 사업주는 제1항에 따라 안전대나 구명밧줄을 착용하도록 하는 경우에 이를 안전하게 착용할 수 있는 설비 등을 설치하여야 한다. (2017.3.3 개정)

③ 근로자는 제1항에 따라 지급된 보호구를 착용하여야 한다. (2017.3.3 개정)

제625조 【대피용 기구의 비치】 사업주는 근로자가 밀폐공간에서 작업을 하는 경우에 공기호흡기 또는 송기마스크, 사다리 및 섬유로프 등 비상시에 근로자를 피난시키거나 구출하기 위하여 필요한 기구를 갖추어 두어야 한다. (2017.3.3 개정)

제626조 【상시 가동되는 급·배기 환기장치를 설치한 경우의 특례】 ① 사업주가 밀폐공간에 상시 가동되는 급·배기 환기장치(이하 이 조에서 "상시환기장치"라 한다)를 설치하고 이를 24시간 상시 작동하게 하여 질식·화재·폭발 등의 위험이 없도록 한 경우에는 해당 밀폐공간(별표 18 제10호 및 제11호에 따른 밀폐공간은 제외한다)에 대하여 제619조제2항 및 제3항, 제620조, 제621조, 제623조, 제624조 및 제640조를 적용하지 않는다. (2022.10.18 신설)

② 사업주는 상시환기장치의 작동 및 사용상태와 밀폐공간 내 적정공기 유지상태를 월 1회 이상 정기적으로 점검하고, 이상이 발견된 경우에는 즉시 필요한 조치를 해야 한다. (2022.10.18 신설)

③ 사업주는 제2항에 따른 점검결과(점검일자, 점검자, 환기장치 작동상태, 적정공기 유지상태 및 조치사항을 말한다)를 해당 밀폐공간의 출입구에 상시 게시해야 한다. (2022.10.18 신설)

제3절 유해가스 발생장소 등에 대한 조치기준

제627조 【유해가스의 처리 등】 사업주는 근로자가 터널·갱 등을 파는 작업을 하는 경우에 근로자가 유해가스에 노출되지 않도록 미리 그 농도를 조사하고, 유해가스의 처리방법, 터널·갱 등을 파는 시기 등을 정한 후 이에 따라 작업을 하도록 하여야 한다.

제628조 【이산화탄소를 사용하는 소화기에 대한 조치】 사업주는 지하실, 기관실, 선창(船倉), 그 밖에 통풍이 불충분한 장소에 비치한 소화기에 이산화탄소를 사용하는 경우에 다음 각 호의 조치를 해야 한다. (2022.10.18 개정)

1. 해당 소화기가 쉽게 뒤집히거나 손잡이가 쉽게 작동되지 않도록 할 것 (2022.10.18 개정)
2. 소화를 위하여 작동하는 경우 외에 소화기를 임의로 작동하는 것을 금지하고, 그 내용을 보기 쉬운 장소에 게시할 것 (2022.10.18 개정)

제628조의2 【이산화탄소를 사용하는 소화설비 및 소화용기에 대한 조치】 사업주는 이산화탄소를 사용한 소화설비를 설치한 지하실, 전기실, 옥내 위험물 저장창고 등 방호구역과 소화약제로 이산화탄소가 충전된 소화용기 보관장소(이하 이 조에서 "방호구역등"이라 한다)에 다음 각 호의 조치를 해야 한다. (2022.10.18 신설)

1. 방호구역등에는 점검, 유지·보수 등(이하 이 조에서 "점검등"이라 한다)을 수행하는 관계 근로자가 아닌 사람의 출입을 금지할 것
2. 점검등을 수행하는 근로자를 사전에 지정하고, 출입일시, 점검기간 및 점검내용 등의 출입기록을 작성하여 관리하게 할 것. 다만, 다음 각 목의 어느 하나에 해당하는 경우는 제외한다.
   가. 「개인정보보호법」에 따른 영상정보처리기기를 활용하여 관리하는 경우
   나. 카드키 출입방식 등 구조적으로 지정된 사람만이 출입하도록 한 경우
3. 방호구역등에 점검등을 위해 출입하는 경우에는 미리 다음 각 목의 조치를 할 것
   가. 적정공기 상태가 유지되도록 환기할 것
   나. 소화설비의 수동밸브나 콕을 잠그거나 차단판을 설치하고 기동장치에 안전핀을 꽂아야 하며, 이를 임의로 개방하거나 안전핀을 제거하는 것을 금지한다는 내용을 보기 쉬운 장소에 게시할 것. 다만, 육안 점검만을 위하여 짧은 시간 출입하는 경우에는 그렇지 않다.
   다. 방호구역등에 출입하는 근로자를 대상

으로 이산화탄소의 위험성, 소화설비의 작동 시 확인방법, 대피방법, 대피로 등을 주지시키기 위해 반기 1회 이상 교육을 실시할 것. 다만, 처음 출입하는 근로자에 대해서는 출입 전에 교육을 하여 그 내용을 주지시켜야 한다.

라. 소화용기 보관장소에서 소화용기 및 배관·밸브 등의 교체 등의 작업을 하는 경우에는 작업자에게 공기호흡기 또는 송기마스크를 지급하고 착용하도록 할 것

마. 소화설비 작동과 관련된 전기, 배관 등에 관한 작업을 하는 경우에는 작업일정, 소화설비 설치도면 검토, 작업방법, 소화설비 작동금지 조치, 출입금지 조치, 작업 근로자 교육 및 대피로 확보 등이 포함된 작업계획서를 작성하고 그 계획에 따라 작업을 하도록 할 것

4. 점검등을 완료한 후에는 방호구역등에 사람이 없는 것을 확인하고 소화설비를 작동할 수 있는 상태로 변경할 것
5. 소화를 위하여 작동하는 경우 외에는 소화설비를 임의로 작동하는 것을 금지하고, 그 내용을 방호구역등의 출입구 및 수동조작반 등에 누구든지 볼 수 있도록 게시할 것
6. 출입구 또는 비상구까지의 이동거리가 10m 이상인 방호구역과 이산화탄소가 충전된 소화용기를 100개 이상(45kg 용기 기준) 보관하는 소화용기 보관장소에는 산소 또는 이산화탄소 감지 및 경보 장치를 설치하고 항상 유효한 상태로 유지할 것
7. 소화설비가 작동되거나 이산화탄소의 누출로 인한 질식의 우려가 있는 경우에는 근로자가 질식 등 산업재해를 입을 우려가 없는 것으로 확인될 때까지 관계 근로자가 아닌 사람의 방호구역등 출입을 금지하고 그 내용을 방호구역등의 출입구에 누구든지 볼 수 있도록 게시할 것

제629조【용접 등에 관한 조치】 ① 사업주는 근로자가 탱크·보일러 또는 반응탑의 내부 등 통풍이 충분하지 않은 장소에서 용접·용단 작업을 하는 경우에 다음 각 호의 조치를 하여야 한다. (2012.3.5 개정)

1. 작업장소는 가스농도를 측정(아르곤 등 불활성가스를 이용하는 작업장의 경우에는 산소농도 측정을 말한다)하고 환기시키는 등의 방법으로 적정공기 상태를 유지할 것 (2012.3.5 개정)
2. 제1호에 따른 환기 등의 조치로 해당 작업장소의 적정공기 상태를 유지하기 어려운 경우 해당 작업 근로자에게 공기호흡기 또는 송기마스크를 지급하여 착용하도록 할 것 (2017.3.3 개정)

② 근로자는 제1항제2호에 따라 지급된 보호구를 사업주의 지시에 따라 착용하여야 한다.

제630조【불활성기체의 누출】 사업주는 근로자가 별표 18 제13호에 따른 기체(이하 "불활성기체"라 한다)를 내보내는 배관이 있는 보일러·탱크·반응탑 또는 선창 등의 장소에서 작업을 하는 경우에 다음 각 호의 조치를 하여야 한다.

1. 밸브나 콕을 잠그거나 차단판을 설치할 것
2. 제1호에 따른 밸브나 콕과 차단판에는 잠금장치를 하고, 이를 임의로 개방하는 것을 금지한다는 내용을 보기 쉬운 장소에 게시할 것
3. 불활성기체를 내보내는 배관의 밸브나 콕 또는 이를 조작하기 위한 스위치나 누름단추 등에는 잘못된 조작으로 인하여 불활성기체가 새지 않도록 배관 내의 불활성기체의 명칭과 개폐의 방향 등 조작방법에 관한 표지를 게시할 것

제631조【불활성기체의 유입 방지】 사업주는 근로자가 탱크나 반응탑 등 용기의 안전판으로부터 불활성기체가 배출될 우려가 있는 작업을 하는 경우에 해당 안전판으로부터 배출되는 불활성기체를 직접 외부로 내보내기 위한 설비를 설치하는 등 해당 불활성기체가 해당 작업장소에 잔류하는 것을 방지하기 위한 조치를 하여야 한다.

제632조【냉장실 등의 작업】 ① 사업주는 근

로자가 냉장실·냉동실 등의 내부에서 작업을 하는 경우에 근로자가 작업하는 동안 해당 설비의 출입문이 임의로 잠기지 않도록 조치하여야 한다. 다만, 해당 설비의 내부에 외부와 연결된 경보장치가 설치되어 있는 경우에는 그러하지 아니하다.

② 사업주는 냉장실·냉동실 등 밀폐하여 사용하는 시설이나 설비의 출입문을 잠그는 경우에 내부에 작업자가 있는지를 반드시 확인하여야 한다.

제633조【출입구의 임의잠김 방지】 사업주는 근로자가 탱크·반응탑 또는 그 밖의 밀폐시설에서 작업을 하는 경우에 근로자가 작업하는 동안 해당 설비의 출입뚜껑이나 출입문이 임의로 잠기지 않도록 조치하고 작업하게 하여야 한다.

제634조【가스배관공사 등에 관한 조치】 ① 사업주는 근로자가 지하실이나 맨홀의 내부 또는 그 밖에 통풍이 불충분한 장소에서 가스를 공급하는 배관을 해체하거나 부착하는 작업을 하는 경우에 다음 각 호의 조치를 하여야 한다.

1. 배관을 해체하거나 부착하는 작업장소에 해당 가스가 들어오지 않도록 차단할 것
2. 해당 작업을 하는 장소는 적정공기 상태가 유지되도록 환기를 하거나 근로자에게 공기호흡기 또는 송기마스크를 지급하여 착용하도록 할 것 (2017.3.3 개정)

② 근로자는 제1항제2호에 따라 지급된 보호구를 사업주의 지시에 따라 착용하여야 한다.

제635조【압기공법에 관한 조치】 ① 사업주는 근로자가 별표 18 제1호에 따른 지층(地層)이나 그와 인접한 장소에서 압기공법(壓氣工法)으로 작업을 하는 경우에 그 작업에 의하여 유해가스가 샐 우려가 있는지 여부 및 공기 중의 산소농도를 조사하여야 한다.

② 사업주는 제1항에 따른 조사 결과 유해가스가 새고 있거나 공기 중에 산소가 부족한 경우에 즉시 작업을 중지하고 출입을 금지하는 등 필요한 조치를 하여야 한다.

③ 근로자는 제2항에 따라 출입이 금지된 장소에 사업주의 허락 없이 출입해서는 아니 된다.

제636조【지하실 등의 작업】 ① 사업주는 근로자가 밀폐공간의 내부를 통하는 배관이 설치되어 있는 지하실이나 피트 등의 내부에서 작업을 하는 경우에 그 배관을 통하여 산소가 결핍된 공기나 유해가스가 새지 않도록 조치하여야 한다. (2019.10.15 개정)

② 사업주는 제1항에 따른 작업장소에서 산소가 결핍된 공기나 유해가스가 새는 경우에 이를 직접 외부로 내보낼 수 있는 설비를 설치하는 등 적정공기 상태를 유지하기 위한 조치를 하여야 한다. (2017.3.3 개정)

제637조【설비 개조 등의 작업】 사업주는 근로자가 분뇨·오수·펄프액 및 부패하기 쉬운 물질에 오염된 펌프·배관 또는 그 밖의 부속설비에 대하여 분해·개조·수리 또는 청소 등을 하는 경우에 다음 각 호의 조치를 하여야 한다.

1. 작업 방법 및 순서를 정하여 이를 미리 해당 작업에 종사하는 근로자에게 알릴 것
2. 황화수소 중독 방지에 필요한 지식을 가진 사람을 해당 작업의 지휘자로 지정하여 작업을 지휘하도록 할 것

제4절 관리 및 사고 시의 조치 등

제638조【사후조치】 사업주는 관리감독자가 별표 2 제20호나목부터 라목까지의 규정에 따른 측정 또는 점검 결과 이상을 발견하여 보고했을 경우에는 즉시 환기, 보호구 지급, 설비 보수 등 근로자의 안전을 위해 필요한 조치를 해야 한다. (2024.6.28 개정)

제639조【사고 시의 대피 등】 ① 사업주는 근로자가 밀폐공간에서 작업을 하는 경우에 산소결핍이나 유해가스로 인한 질식·화재·폭발 등의 우려가 있으면 즉시 작업을 중단시

키고 해당 근로자를 대피하도록 하여야 한다. (2017.3.3 개정)
② 사업주는 제1항에 따라 근로자를 대피시킨 경우 적정공기 상태임이 확인될 때까지 그 장소에 관계자가 아닌 사람이 출입하는 것을 금지하고, 그 내용을 해당 장소의 보기 쉬운 곳에 게시하여야 한다. (2017.3.3 개정)
③ 근로자는 제2항에 따라 출입이 금지된 장소에 사업주의 허락 없이 출입하여서는 아니 된다. (2017.3.3 개정)

제640조【긴급 구조훈련】 사업주는 긴급상황 발생 시 대응할 수 있도록 밀폐공간에서 작업하는 근로자에 대하여 비상연락체계 운영, 구조용 장비의 사용, 공기호흡기 또는 송기마스크의 착용, 응급처치 등에 관한 훈련을 6개월에 1회 이상 주기적으로 실시하고, 그 결과를 기록하여 보존하여야 한다. (2017.3.3 개정)

제641조【안전한 작업방법 등의 주지】 사업주는 근로자가 밀폐공간에서 작업을 하는 경우에 작업을 시작할 때마다 사전에 다음 각 호의 사항을 작업근로자(제623조에 따른 감시인을 포함한다)에게 알려야 한다. (2019.12.26 개정)
1. 산소 및 유해가스농도 측정에 관한 사항
2. 환기설비의 가동 등 안전한 작업방법에 관한 사항 (2019.12.26 개정)
3. 보호구의 착용과 사용방법에 관한 사항 (2019.12.26 개정)
4. 사고 시의 응급조치 요령 (2019.12.26 개정)
5. 구조요청을 할 수 있는 비상연락처, 구조용 장비의 사용 등 비상시 구출에 관한 사항 (2019.12.26 개정)

제642조【의사의 진찰】 사업주는 근로자가 산소결핍증이 있거나 유해가스에 중독되었을 경우에 즉시 의사의 진찰이나 처치를 받도록 하여야 한다.

제643조【구출 시 공기호흡기 또는 송기마스크의 사용】 ① 사업주는 밀폐공간에서 위급한 근로자를 구출하는 작업을 하는 경우 그 구출작업에 종사하는 근로자에게 공기호흡기 또는 송기마스크를 지급하여 착용하도록 하여야 한다. (2017.3.3 개정)
② 근로자는 제1항에 따라 지급된 보호구를 착용하여야 한다. (2017.3.3 개정)

제644조【보호구의 지급 등】 사업주는 공기호흡기 또는 송기마스크를 지급하는 때에 근로자에게 질병 감염의 우려가 있는 경우에는 개인전용의 것을 지급하여야 한다. (2017.3.3 개정)

제645조【안전대 등】 삭제(2017.3.3)

제11장 사무실에서의 건강장해 예방

제1절 통 칙

제646조【정의】 이 장에서 사용하는 용어의 뜻은 다음과 같다.
1. "사무실"이란 근로자가 사무를 처리하는 실내 공간(휴게실·강당·회의실 등의 공간을 포함한다)을 말한다.
2. "사무실오염물질"이란 법 제39조제1항제1호에 따른 가스·증기·분진 등과 곰팡이·세균·바이러스 등 사무실의 공기 중에 떠다니면서 근로자에게 건강장해를 유발할 수 있는 물질을 말한다. (2019.12.26 개정)
3. "공기정화설비등"이란 사무실오염물질을 바깥으로 내보내거나 바깥의 신선한 공기를 실내로 끌어들이는 급기·배기 장치, 오염물질을 제거하거나 줄이는 여과제나 온도·습도·기류 등을 조절하여 공급할 수 있는 냉난방장치, 그 밖에 이에 상응하는 장치 등을 말한다.

제2절 설비의 성능 등

제647조【공기정화설비등의 가동】 ① 사업주는 근로자가 중앙관리 방식의 공기정화설비

등을 갖춘 사무실에서 근무하는 경우에 사무실 오염을 방지할 수 있도록 공기정화설비등을 적절히 가동하여야 한다.
② 사업주는 공기정화설비등에 의하여 사무실로 들어오는 공기가 근로자에게 직접 닿지 않도록 하고, 기류속도는 초당 0.5미터 이하가 되도록 하여야 한다.

제648조 【공기정화설비등의 유지관리】 사업주는 제646조제3호에 따른 공기정화설비등을 수시로 점검하여 필요한 경우에 청소하거나 개·보수하는 등 적절한 조치를 해야 한다. (2021.5.28 개정)

제3절 사무실공기 관리와 작업기준 등

제649조 【사무실공기 평가】 사업주는 근로자 건강장해 방지를 위하여 필요한 경우에 해당 사무실의 공기를 측정·평가하고, 그 결과에 따라 공기정화설비등을 설치하거나 개·보수하는 등 필요한 조치를 하여야 한다.

제650조 【실외 오염물질의 유입 방지】 사업주는 실외로부터 자동차매연, 그 밖의 오염물질이 실내로 들어올 우려가 있는 경우에 통풍구·창문·출입문 등의 공기유입구를 재배치하는 등 적절한 조치를 하여야 한다.

제651조 【미생물오염 관리】 사업주는 미생물로 인한 사무실공기 오염을 방지하기 위하여 다음 각 호의 조치를 하여야 한다.
1. 누수 등으로 미생물의 생장을 촉진할 수 있는 곳을 주기적으로 검사하고 보수할 것
2. 미생물이 증식된 곳은 즉시 건조·제거 또는 청소할 것
3. 건물 표면 및 공기정화설비등에 오염되어 있는 미생물은 제거할 것

제652조 【건물 개·보수 시 공기오염 관리】 사업주는 건물 개·보수 중 사무실의 공기질이 악화될 우려가 있을 경우에 그 작업내용을 근로자에게 알리고 공사장소를 격리하거나, 사무실오염물질의 억제 및 청소 등 적절한 조치를 하여야 한다.

제653조 【사무실의 청결 관리】 ① 사업주는 사무실을 항상 청결하게 유지·관리하여야 하며, 분진 발생을 최대한 억제할 수 있는 방법을 사용하여 청소하여야 한다.
② 사업주는 미생물로 인한 오염과 해충 발생의 우려가 있는 목욕시설·화장실 등을 소독하는 등 적절한 조치를 하여야 한다.

제4절 공기정화설비등의 개·보수 시 조치

제654조 【보호구의 지급 등】 ① 사업주는 근로자가 공기정화설비등의 청소, 개·보수작업을 하는 경우에 보안경, 방진마스크 등 적절한 보호구를 지급하고 착용하도록 하여야 한다.
② 제1항에 따라 보호구를 지급하는 경우에 근로자 개인 전용의 것을 지급하여야 한다.
③ 근로자는 제1항에 따라 지급된 보호구를 사업주의 지시에 따라 착용하여야 한다.

제655조 【유해성 등의 주지】 사업주는 근로자가 공기정화설비등의 청소, 개·보수 작업을 하는 경우에 다음 각 호의 사항을 근로자에게 알려야 한다.
1. 발생하는 사무실오염물질의 종류 및 유해성
2. 사무실오염물질 발생을 억제할 수 있는 작업방법
3. 착용하여야 할 보호구와 착용방법
4. 응급조치 요령
5. 그 밖에 근로자의 건강장해의 예방에 관한 사항

제12장 근골격계부담작업으로 인한 건강장해의 예방

제1절 통 칙

제656조 【정의】 이 장에서 사용하는 용어의

뜻은 다음과 같다.

1. "근골격계부담작업"이란 법 제39조제1항 제5호에 따른 작업으로서 작업량·작업속도·작업강도 및 작업장 구조 등에 따라 고용노동부장관이 정하여 고시하는 작업을 말한다. 〈2019.12.26 개정〉
2. "근골격계질환"이란 반복적인 동작, 부적절한 작업자세, 무리한 힘의 사용, 날카로운 면과의 신체접촉, 진동 및 온도 등의 요인에 의하여 발생하는 건강장해로서 목, 어깨, 허리, 팔·다리의 신경·근육 및 그 주변 신체조직 등에 나타나는 질환을 말한다.
3. "근골격계질환 예방관리 프로그램"이란 유해요인 조사, 작업환경 개선, 의학적 관리, 교육·훈련, 평가에 관한 사항 등이 포함된 근골격계질환을 예방관리하기 위한 종합적인 계획을 말한다.

제2절 유해요인 조사 및 개선 등

제657조 【유해요인 조사】 ① 사업주는 근로자가 근골격계부담작업을 하는 경우에 3년마다 다음 각 호의 사항에 대한 유해요인조사를 하여야 한다. 다만, 신설되는 사업장의 경우에는 신설일부터 1년 이내에 최초의 유해요인 조사를 하여야 한다.

1. 설비·작업공정·작업량·작업속도 등 작업장 상황
2. 작업시간·작업자세·작업방법 등 작업조건
3. 작업과 관련된 근골격계질환 징후와 증상 유무 등

② 사업주는 다음 각 호의 어느 하나에 해당하는 사유가 발생하였을 경우에 제1항에도 불구하고 1개월 이내에 조사대상 및 조사방법 등을 검토하여 유해요인 조사를 해야 한다. 다만, 제1호에 해당하는 경우로서 해당 근골격계질환에 대하여 최근 1년 이내에 유해요인 조사를 하고 그 결과를 반영하여 제659조에 따른 작업환경 개선에 필요한 조치를 한 경우는 제외한다. 〈2024.6.28 개정〉

1. 법에 따른 임시건강진단 등에서 근골격계질환자가 발생하였거나 근로자가 근골격계질환으로 「산업재해보상보험법 시행령」 별표 3 제2호가목·마목 및 제12호라목에 따라 업무상 질병으로 인정받은 경우(근골격계부담작업이 아닌 작업에서 근골격계질환자가 발생하였거나 근골격계부담작업이 아닌 작업에서 발생한 근골격계질환에 대해 업무상 질병으로 인정 받은 경우를 포함한다) 〈2024.6.28 개정〉
2. 근골격계부담작업에 해당하는 새로운 작업·설비를 도입한 경우
3. 근골격계부담작업에 해당하는 업무의 양과 작업공정 등 작업환경을 변경한 경우

③ 사업주는 유해요인 조사에 근로자 대표 또는 해당 작업 근로자를 참여시켜야 한다.

제658조 【유해요인 조사 방법 등】 사업주는 유해요인 조사를 하는 경우에 근로자와의 면담, 증상 설문조사, 인간공학적 측면을 고려한 조사 등 적절한 방법으로 하여야 한다. 이 경우 제657조제2항제1호에 해당하는 경우에는 고용노동부장관이 정하여 고시하는 방법에 따라야 한다. 〈2017.12.28 개정〉

제659조 【작업환경 개선】 사업주는 유해요인 조사 결과 근골격계질환이 발생할 우려가 있는 경우에 인간공학적으로 설계된 인력작업 보조설비 및 편의설비를 설치하는 등 작업환경 개선에 필요한 조치를 하여야 한다.

제660조 【통지 및 사후조치】 ① 근로자는 근골격계부담작업으로 인하여 운동범위의 축소, 쥐는 힘의 저하, 기능의 손실 등의 징후가 나타나는 경우 그 사실을 사업주에게 통지할 수 있다.

② 사업주는 근골격계부담작업으로 인하여 제1항에 따른 징후가 나타난 근로자에 대하여 의학적 조치를 하고 필요한 경우에는 제659조에 따른 작업환경 개선 등 적절한 조치를 하여야 한다.

제661조 【유해성 등의 주지】 ① 사업주는 근로자가 근골격계부담작업을 하는 경우에 다

음 각 호의 사항을 근로자에게 알려야 한다.
1. 근골격계부담작업의 유해요인
2. 근골격계질환의 징후와 증상
3. 근골격계질환 발생 시의 대처요령
4. 올바른 작업자세와 작업도구, 작업시설의 올바른 사용방법
5. 그 밖에 근골격계질환 예방에 필요한 사항

② 사업주는 제657조제1항과 제2항에 따른 유해요인 조사 및 그 결과, 제658조에 따른 조사방법 등을 해당 근로자에게 알려야 한다.

③ 사업주는 근로자대표의 요구가 있으면 설명회를 개최하여 제657조제2항제1호에 따른 유해요인 조사 결과를 해당 근로자와 같은 방법으로 작업하는 근로자에게 알려야 한다. (2017.12.28 신설)

제662조【근골격계질환 예방관리 프로그램 시행】 ① 사업주는 다음 각 호의 어느 하나에 해당하는 경우에 근골격계질환 예방관리 프로그램을 수립하여 시행하여야 한다.
1. 근골격계질환으로 「산업재해보상보험법 시행령」 별표 3 제2호가목·마목 및 제12호라목에 따라 업무상 질병으로 인정받은 근로자가 연간 10명 이상 발생한 사업장 또는 5명 이상 발생한 사업장으로서 발생 비율이 그 사업장 근로자 수의 10퍼센트 이상인 경우 (2017.3.3 개정)
2. 근골격계질환 예방과 관련하여 노사 간 이견(異見)이 지속되는 사업장으로서 고용노동부장관이 필요하다고 인정하여 근골격계질환 예방관리 프로그램을 수립하여 시행할 것을 명령한 경우

② 사업주는 근골격계질환 예방관리 프로그램을 작성·시행할 경우에 노사협의를 거쳐야 한다.

③ 사업주는 근골격계질환 예방관리 프로그램을 작성·시행할 경우에 인간공학·산업의학·산업위생·산업간호 등 분야별 전문가로부터 필요한 지도·조언을 받을 수 있다.

제3절 중량물을 인력(人力)으로 들어올리는 작업에 관한 특별 조치

제663조【중량물의 제한】 사업주는 근로자가 중량물을 인력으로 들어올리는 작업을 하는 경우에 과도한 무게로 인하여 근로자의 목·허리 등 근골격계에 무리한 부담을 주지 않도록 최대한 노력해야 한다. (2024.6.28 개정)

제664조【작업 시간과 휴식시간 등의 배분】 사업주는 근로자가 중량물을 인력으로 들어올리거나 운반하는 작업을 하는 경우에 근로자가 취급하는 물품의 중량·취급빈도·운반거리·운반속도 등 인체에 부담을 주는 작업의 조건에 따라 작업시간과 휴식시간 등을 적정하게 배분해야 한다. (2024.6.28 개정)

제665조【중량의 표시 등】 사업주는 근로자가 5킬로그램 이상의 중량물을 인력으로 들어올리는 작업을 하는 경우에 다음 각 호의 조치를 해야 한다. (2024.6.28 개정)
1. 주로 취급하는 물품에 대하여 근로자가 쉽게 알 수 있도록 물품의 중량과 무게중심에 대하여 작업장 주변에 안내표시를 할 것
2. 취급하기 곤란한 물품은 손잡이를 붙이거나 갈고리, 진공빨판 등 적절한 보조도구를 활용할 것

제666조【작업자세 등】 사업주는 근로자가 중량물을 인력으로 들어올리는 작업을 하는 경우에 무게중심을 낮추거나 대상물에 몸을 밀착하도록 하는 등 근로자에게 신체의 부담을 줄일 수 있는 자세에 대하여 알려야 한다. (2024.6.28 개정)

제13장 그 밖의 유해인자에 의한 건강장해의 예방

제667조【컴퓨터 단말기 조작업무에 대한 조치】 사업주는 근로자가 컴퓨터 단말기의 조작업무를 하는 경우에 다음 각 호의 조치를

하여야 한다.
1. 실내는 명암의 차이가 심하지 않도록 하고 직사광선이 들어오지 않는 구조로 할 것
2. 저휘도형(低輝度型)의 조명기구를 사용하고 창·벽면 등은 반사되지 않는 재질을 사용할 것
3. 컴퓨터 단말기와 키보드를 설치하는 책상과 의자는 작업에 종사하는 근로자에 따라 그 높낮이를 조절할 수 있는 구조로 할 것
4. 연속적으로 컴퓨터 단말기 작업에 종사하는 근로자에 대하여 작업시간 중에 적절한 휴식시간을 부여할 것

제668조 【비전리전자기파에 의한 건강장해 예방 조치】 사업주는 사업장에서 발생하는 유해광선·초음파 등 비전리전자기파(컴퓨터 단말기에서 발생하는 전자파는 제외한다)로 인하여 근로자에게 심각한 건강장해가 발생할 우려가 있는 경우에 다음 각 호의 조치를 하여야 한다.
1. 발생원의 격리·차폐·보호구 착용 등 적절한 조치를 할 것
2. 비전리전자기파 발생장소에는 경고 문구를 표시할 것
3. 근로자에게 비전리전자기파가 인체에 미치는 영향, 안전작업 방법 등을 알릴 것

제669조 【직무스트레스에 의한 건강장해 예방 조치】 사업주는 근로자가 장시간 근로, 야간작업을 포함한 교대작업, 차량운전[전업(專業)으로 하는 경우에만 해당한다] 및 정밀기계 조작작업 등 신체적 피로와 정신적 스트레스 등(이하 "직무스트레스"라 한다)이 높은 작업을 하는 경우에 법 제5조제1항에 따라 직무스트레스로 인한 건강장해 예방을 위하여 다음 각 호의 조치를 하여야 한다.
1. 작업환경·작업내용·근로시간 등 직무스트레스 요인에 대하여 평가하고 근로시간 단축, 장·단기 순환작업 등의 개선대책을 마련하여 시행할 것
2. 작업량·작업일정 등 작업계획 수립 시 해당 근로자의 의견을 반영할 것
3. 작업과 휴식을 적절하게 배분하는 등 근로시간과 관련된 근로조건을 개선할 것
4. 근로시간 외의 근로자 활동에 대한 복지차원의 지원에 최선을 다할 것
5. 건강진단 결과, 상담자료 등을 참고하여 적절하게 근로자를 배치하고 직무스트레스 요인, 건강문제 발생가능성 및 대비책 등에 대하여 해당 근로자에게 충분히 설명할 것
6. 뇌혈관 및 심장질환 발병위험도를 평가하여 금연, 고혈압 관리 등 건강증진 프로그램을 시행할 것

제670조 【농약원재료 방제작업 시의 조치】 ① 사업주는 근로자가 농약원재료를 살포·훈증·주입 등의 업무를 하는 경우에 다음 각 호에 따른 조치를 하여야 한다.
1. 작업을 시작하기 전에 농약의 방제기술과 지켜야 할 안전조치에 대하여 교육을 할 것
2. 방제기구에 농약을 넣는 경우에는 넘쳐흐르거나 역류하지 않도록 할 것
3. 농약원재료를 혼합하는 경우에는 화학반응 등의 위험성이 있는지를 확인할 것
4. 농약원재료를 취급하는 경우에는 담배를 피우거나 음식물을 먹지 않도록 할 것
5. 방제기구의 막힌 분사구를 뚫기 위하여 입으로 불어내지 않도록 할 것
6. 농약원재료가 들어 있는 용기와 기기는 개방된 상태로 내버려두지 말 것
7. 압축용기에 들어있는 농약원재료를 취급하는 경우에는 폭발 등의 방지조치를 할 것
8. 농약원재료를 훈증하는 경우에는 유해가스가 새지 않도록 할 것

② 사업주는 근로자가 농약원재료를 배합하는 작업을 하는 경우에 측정용기, 깔때기, 섞는 기구 등 배합기구들의 사용방법과 배합비율 등을 근로자에게 알리고, 농약원재료의 분진이나 미스트의 발생을 최소화하여야 한다.
③ 사업주는 농약원재료를 다른 용기에 옮겨 담는 경우에 동일한 농약원재료를 담았던 용기를 사용하거나 안전성이 확인된 용기를 사용하고, 담는 용기에는 적합한 경고표지를

붙여야 한다.

제671조 【규제의 재검토】 삭제(2019.12.23.)

제4편 특수형태근로종사자 등에 대한 안전조치 및 보건조치

제672조 【특수형태근로종사자에 대한 안전조치 및 보건조치】 ① 법 제77조제1항에 따른 특수형태근로종사자(이하 "특수형태근로종사자"라 한다) 중 영 제67조제1호·제3호·제7호, 제8호 및 제10호에 해당하는 사람에 대한 안전조치 및 보건조치는 다음 각 호와 같다. (2021.11.19 개정)

1. 제79조, 제647조부터 제653조까지 및 제667조에 따른 조치 (2021.5.28 개정)
2. 법 제41조제1항에 따른 고객의 폭언등(이하 이 조에서 "고객의 폭언등"이라 한다)에 대한 대처방법 등이 포함된 대응지침의 제공 및 관련 교육의 실시

② 특수형태근로종사자 중 영 제67조제2호에 해당하는 사람에 대한 안전조치 및 보건조치는 제3조, 제4조, 제4조의2, 제5조부터 제62조까지, 제67조부터 제70조까지, 제86조부터 제99조까지, 제132조부터 제190조까지, 제196조부터 제221조까지, 제221조의2부터 제221조의5까지, 제328조부터 제393조까지, 제405조부터 제413조까지 및 제417조부터 제419조까지의 규정에 따른 조치를 말한다. (2024.6.28 개정)

③ 특수형태근로종사자 중 영 제67조제4호에 해당하는 사람에 대한 안전조치 및 보건조치는 다음 각 호와 같다. (2019.12.26 신설)

1. 제38조, 제79조, 제79조의2, 제80조부터 제82조까지, 제86조제7항, 제89조, 제171조, 제172조 및 제316조에 따른 조치
2. 미끄러짐을 방지하기 위한 신발을 착용했는지 확인 및 지시
3. 고객의 폭언등에 대한 대처방법 등이 포함된 대응지침의 제공
4. 고객의 폭언등에 의한 건강장해가 발생하거나 발생할 현저한 우려가 있는 경우 : 영 제41조 각 호의 조치 중 필요한 조치

④ 특수형태근로종사자 중 영 제67조제5호에 해당하는 사람에 대한 안전조치 및 보건조치는 다음 각 호와 같다. (2019.12.26 신설)

1. 제3조, 제4조, 제4조의2, 제5조부터 제22조까지, 제26조부터 제30조까지, 제38조 제1항제2호, 제86조, 제89조, 제98조, 제99조, 제171조부터 제178조까지, 제191조부터 제195조까지, 제385조, 제387조부터 제393조까지 및 제657조부터 제666조까지의 규정에 따른 조치 (2021.5.28 개정)
2. 업무에 이용하는 자동차의 제동장치가 정상적으로 작동되는지 정기적으로 확인
3. 고객의 폭언등에 대한 대처방법 등이 포함된 대응지침의 제공

⑤ 특수형태근로종사자 중 영 제67조제6호에 해당하는 사람에 대한 안전조치 및 보건조치는 다음 각 호와 같다. (2019.12.26 신설)

1. 제32조제1항제10호 또는 제11호에 따른 안전모를 착용하도록 지시 (2024.6.28 개정)
2. 제86조제11항에 따른 탑승 제한 지시
3. 업무에 이용하는 이륜자동차의 전조등, 제동등, 후미등, 후사경 또는 제동장치가 정상적으로 작동되는지 정기적으로 확인
4. 고객의 폭언등에 대한 대처방법 등이 포함된 대응지침의 제공

⑥ 특수형태근로종사자 중 영 제67조제9호에 해당하는 사람에 대한 안전조치 및 보건조치는 고객의 폭언등에 대한 대처방법 등이 포함된 대응지침을 제공하는 것을 말한다. (2019.12.26 신설)

⑦ 특수형태근로종사자 중 영 제67조제11호에 해당하는 사람에 대한 안전조치 및 보건조치는 다음 각 호와 같다. (2021.11.19 신설)

1. 제31조부터 제33조까지 및 제663조부터 제666조까지의 규정에 따른 조치
2. 고객의 폭언등에 대한 대처방법 등이 포함된 대응지침의 제공 및 관련 교육의 실시

⑧ 특수형태근로종사자 중 영 제67조제12호에 해당하는 사람에 대한 안전조치 및 보건조

치는 다음 각 호와 같다. (2021.11.19 신설)
1. 제31조부터 제33조까지, 제38조, 제42조, 제44조, 제86조, 제95조, 제96조, 제147조부터 제150조까지, 제173조, 제177조, 제186조, 제233조, 제301조부터 제305조까지, 제313조, 제316조, 제317조, 제319조, 제323조 및 제656조부터 제666조까지의 규정에 따른 조치
2. 고객의 폭언등에 대한 대처방법 등이 포함된 대응지침의 제공 및 관련 교육의 실시

⑨ 특수형태근로종사자 중 영 제67조제13호에 해당하는 사람에 대한 안전조치 및 보건조치는 다음 각 호와 같다. (2021.11.19 신설)
1. 제32조, 제33조, 제38조, 제171조부터 제173조까지, 제177조, 제178조, 제187조부터 제189조까지, 제227조, 제279조, 제297조, 제298조 및 제663조부터 제666조까지의 규정에 따른 조치
2. 고객의 폭언등에 대한 대처방법 등이 포함된 대응지침의 제공

⑩ 특수형태근로종사자 중 영 제67조제14호에 해당하는 사람에 대한 안전조치 및 보건조치는 제79조, 제646조부터 제653조까지 및 제656조부터 제667조까지의 규정에 따른 조치로 한다. (2021.11.19 신설)

⑪ 제1항부터 제10항까지의 규정에 따른 안전조치 및 보건조치에 관한 규정을 적용하는 경우에는 "사업주"는 "특수형태근로종사자의 노무를 제공받는 자"로, "근로자"는 "특수형태근로종사자"로 본다. (2021.11.19 개정)

제673조【배달종사자에 대한 안전조치 등】
① 법 제78조에 따라 「이동통신단말장치 유통구조 개선에 관한 법률」 제2조제4호에 따른 이동통신단말장치로 물건의 수거·배달 등을 중개하는 자는 이륜자동차로 물건의 수거·배달 등을 하는 사람의 산업재해 예방을 위하여 다음 각 호의 조치를 해야 한다. (2019.12.26 신설)
1. 이륜자동차로 물건의 수거·배달 등을 하는 사람이 이동통신단말장치의 소프트웨어에 등록하는 경우 이륜자동차를 운행할 수 있는 면허 및 제32조제1항제10호 또는 제11호에 따른 안전모의 보유 여부 확인 (2024.6.28 개정)
2. 이동통신단말장치의 소프트웨어를 통하여 「도로교통법」 제49조에 따른 운전자의 준수사항 등 안전운행 및 산업재해 예방에 필요한 사항에 대한 정기적 고지

② 제1항에 따른 물건의 수거·배달 등을 중개하는 자는 물건의 수거·배달 등에 소요되는 시간에 대해 산업재해를 유발할 수 있을 정도로 제한해서는 안 된다. (2019.12.26 신설)

부칙(2011.7.6 고용노동부령 제30호)

제1조【시행일】 이 규칙은 공포한 날부터 시행한다.

제2조【다른법령의 폐지】 「산업보건기준에 관한 규칙」은 폐지한다.

제3조【안전밸브의 검사주기에 관한 적용례】 고용노동부령 제25호 산업안전기준에 관한 규칙 일부개정령 제288조제4항의 개정규정은 고용노동부령 제25호 산업안전기준에 관한 규칙 일부개정령 시행 후 최초로 검사주기가 도래한 경우부터 적용한다.

제4조【피뢰침 설치에 관한 경과조치】 노동부령 제293호 산업안전기준에 관한 규칙 일부개정령(이하 이 조에서 "같은 규칙"이라 한다) 시행일인 2008년 1월 16일 당시 종전 규칙(같은 규칙 시행 전의 「산업안전기준에 관한 규칙」을 말한다)에 따라 설치된 피뢰침은 같은 규칙 제357조의 개정규정에 따라 설치된 피뢰침으로 본다.

제5조【다른 법령의 개정】 생략

제6조【다른 법령과의 관계】 이 규칙 시행 당시 다른 법령에서 종전의 「산업안전기준에 관한 규칙」 또는 그 규정 및 「산업보건기준에 관한 규칙」 또는 그 규정을 인용한 경우에 이 규칙 가운데 그에 해당하는 규정이 있으면 종전의 「산업안전기준에 관한 규칙」 또는 그 규정 및 종전의 「산업보건기준에 관한 규칙」 또는 그 규정을 갈음하여 이 규칙 또는 이 규칙의 해당 규정을 인용한 것으로 본다.

부칙(2012.3.5 고용노동부령 제49호)
이 규칙은 공포한 날부터 시행한다. 다만, 제79조의2의 개정규정은 공포 후 6개월이 경과한 날부터 시행한다.

부칙(2012.5.31 고용노동부령 제54호)
이 규칙은 공포한 날부터 시행한다.

부칙(2013.3.21 고용노동부령 제77호)
제1조 【시행일】 이 규칙은 공포한 날부터 시행한다. 다만, 제142조 및 별표 12의 개정규정은 2013년 7월 1일부터 시행한다.
제2조 【타워크레인의 지지에 관한 적용례】 제142조의 개정규정은 이 규칙 시행 이후 설치되는 타워크레인부터 적용한다.

부칙(2013.3.23 고용노동부령 제78호 : 고용노동부와 그 소속기관 직제 시행규칙)
제1조 【시행일】 이 영은 공포한 날부터 시행한다.
제2조 및 **제3조** 생략

부칙(2014.9.30 고용노동부령 제111호)
제1조 【시행일】 이 규칙은 공포한 날부터 시행한다.
제2조 【안전밸브 검사주기에 관한 적용례】 제261조제4항의 개정규정은 이 규칙 시행 후 검사주기가 도래하는 안전밸브부터 적용한다.

부칙(2014.12.31 고용노동부령 제117호 : 규제 재검토기한 설정을 위한 건설근로자의 고용개선 등에 관한 법률 시행규칙 등 일부개정령)
이 규칙은 2015년 1월 1일부터 시행한다.

부칙(2015.12.31 고용노동부령 제144호)
이 규칙은 공포한 날부터 시행한다.

부칙(2016.4.7 고용노동부령 제153호)
이 규칙은 공포한 날부터 시행한다.

부칙(2016.7.11 고용노동부령 제160호)
이 규칙은 공포한 날부터 시행한다.

부칙(2017.2.3 고용노동부령 제179호 : 규제 재검토기한 설정 등을 위한 노동조합 및 노동관계조정법 시행규칙 등 일부개정령)
이 규칙은 공포한 날부터 시행한다.

부칙(2017.3.3 고용노동부령 제182호)
제1조 【시행일】 이 규칙은 공포한 날부터 시행한다.
제2조 【사업주의 보호조치에 관한 경과조치】
① 이 규칙 시행 당시 방사선투과검사를 위하여 방사성동위원소 및 방사선발생장치를 이동사용하는 작업에 근로자를 종사하도록 하고 있는 사업주는 이 규칙 시행일부터 2개월 이내에 제574조제2항의 개정규정에 따른 장비를 근로자에게 지급하고 착용하도록 하여야 한다.
② 이 규칙 시행 당시 별표 12 제1호, 제2호 자목 및 처목의 개정규정에 따라 새로 관리대상 유해물질 또는 특별관리물질에 포함되는 물질을 취급하고 있는 사업주는 이 규칙 시행일부터 6개월 이내에 제422조, 제423조제3항, 제424조제3항, 제431조, 제432조, 제434조, 제435조, 제448조 및 제451조제3항에 따른 설비 또는 장비의 설치 및 필요한 조치를 하여야 한다.
③ 이 규칙 시행 당시 밀폐공간에서 근로자에게 작업을 하도록 하고 있는 사업주는 이 규칙 시행일부터 2개월 이내에 제619조 각 호의 내용이 포함된 밀폐공간 작업 프로그램을 수립하여 시행하여야 한다.

부칙(2017.12.28 고용노동부령 제206호)
제1조 【시행일】 이 규칙은 공포한 날부터 시행한다. 다만, 제536조의2, 제545조부터 제547조까지, 제548조 및 제552조의 개정규정은 공포 후 6개월이 경과한 날부터 시행하고, 제14조제2항 후단 및 제42조제3항의 개정규정은 공포 후 1년이 경과한 날부터 시행

한다.

제2조 【유해요인 조사방법 및 유해성 등의 주지에 관한 적용례】 제658조 후단 및 제661조제3항의 개정규정은 이 규칙 시행 이후 제658조에 따른 조사를 실시하는 경우부터 적용한다.

부칙(2018.3.30 고용노동부령 제215호)

이 규칙은 공포한 날부터 시행한다.

부칙(2018.8.14 고용노동부령 제225호)

이 규칙은 공포한 날부터 시행한다.

부칙(2019.1.31 고용노동부령 제242호)

이 규칙은 공포한 날부터 시행한다.

부칙(2019.4.19 고용노동부령 제251호)

제1조 【시행일】 이 규칙은 공포한 날부터 시행한다. 다만, 제415조의 개정규정은 공포 후 1년이 경과한 날부터 시행한다.

제2조 【리프트에 관한 경과조치】 이 규칙 시행 당시 설치되어 있는 일반작업용 리프트와 간이리프트(자동차정비용 리프트는 제외한다)는 제86조제4항, 제132조제2항제3호, 제134조제1항제3호·제4호, 제151조 및 별표 3 제6호의 개정규정에도 불구하고 종전의 규정에 따른다.

제3조 【승강기에 관한 경과조치】 이 규칙 시행 당시 설치되어 있는 승강기는 제132조제1항제5호의 개정규정에도 불구하고 종전의 규정에 따른다.

제4조 【사업주의 보호조치에 관한 경과규정】 별표 12 제1호저목 및 제2호너목의 개정규정에도 불구하고 이 규칙 시행 당시 별표 12 제1호저목 또는 제2호너목의 개정규정에 따른 물질을 취급하고 있는 사업주는 이 규칙 시행일부터 6개월 이내에 제422조, 제423조제3항, 제424조제3항, 제431조, 제432조, 제434조, 제435조, 제448조 및 제451조제3항에 따른 설비 또는 장비의 설치 및 필요한 조치를 하여야 한다.

부칙(2019.10.15 고용노동부령 제263호 : 어려운 법령용어 정비를 위한 9개 법령의 일부개정에 관한 고용노동부령)

이 규칙은 공포한 날부터 시행한다.

부칙(2019.12.23 고용노동부령 제270호 : 규제 재검토기한 설정 해제를 위한 9개 고용노동부령의 일부개정에 관한 고용노동부령)

이 규칙은 공포한 날부터 시행한다.

부칙(2019.12.26 고용노동부령 제273호)

제1조 【시행일】 이 규칙은 2020년 1월 16일부터 시행한다. 다만, 제43조제1항 후단, 제179조, 제442조제1항 각 호 외의 부분 단서 및 제503조제3항의 개정규정은 2021년 1월 16일부터 시행한다.

제2조 【석면해체·제거작업 시의 조치에 관한 적용례】 제495조제1호가목 및 같은 조 제2호다목의 개정규정은 이 규칙 시행 이후 석면해체·제거작업을 하는 경우부터 적용한다.

부칙(2021.5.28 고용노동부령 제321호)

이 규칙은 공포한 날부터 시행한다.

부칙(2021.11.19 고용노동부령 제337호)

이 규칙은 2021년 11월 19일부터 시행한다.

부칙(2022.8.10 고용노동부령 제362호)

이 규칙은 공포한 날부터 시행한다.

부칙(2022.10.18 고용노동부령 제367호)

제1조 【시행일】 이 규칙은 공포한 날부터 시행한다. 다만, 제221조의2부터 제221조의4까지의 개정규정은 2023년 7월 1일부터 시행하며, 제449조제2항 및 별표 12 제1호부터 제3호까지의 개정규정은 공포 후 1년이 경과한 날부터 시행한다.

제2조 【출입 금지에 관한 적용례】 제20조제18호의 개정규정은 이 규칙 시행 당시 굴착기를 사용한 작업이 진행 중인 경우에도 적용한다.

제3조【항타기·항발기의 조립·해체 시 점검사항에 관한 적용례】 제207조의 개정규정은 이 규칙 시행 이후 항타기 또는 항발기를 조립하거나 해체하는 경우부터 적용한다.

제4조【굴착기 후사경 등의 부착에 관한 적용례】 제221조의2제1항의 개정규정은 이 규칙 시행 이후 굴착기를 이용한 작업을 하는 경우부터 적용한다.

제5조【화재대피용 마스크에 관한 적용례】 제241조의2제3항의 개정규정은 이 규칙 시행 이후 화재감시자에게 대피용 방연장비를 지급하는 경우부터 적용한다.

제6조【이동식 크레인 탑승의 제한에 관한 경과조치】 이 규칙 시행 전의 위반행위에 대하여 행정처분의 기준, 벌칙, 수강명령 및 산업안전보건프로그램 이수명령을 적용할 때에는 제86조제2항 단서의 개정규정에도 불구하고 종전의 규정에 따른다.

제7조【화염방지기능이 있는 통기밸브 설치에 관한 경과조치】 이 규칙 시행 당시 인화성 액체 및 인화성 가스를 저장·취급하는 화학설비에서 대기로 연결된 통기관에 화염방지 기능이 없는 통기밸브를 설치하여 운영 중인 자는 이 규칙 시행일부터 3년 이내에 제269조제1항 단서의 개정규정에 따라 화염방지 기능이 있는 통기밸브를 설치해야 한다. 다만, 화염방지 기능을 가지는 인화방지망(인화점이 섭씨 38도 이상 60도 이하인 인화성 액체를 저장·취급하는 경우에만 해당한다)을 설치하거나 인화성 액체 및 인화성 가스를 저장·취급하는 화학설비 상단에 화염방지기를 설치한 경우는 제외하며, 해당 화학설비가 「위험물안전관리법」 제18조제3항에 따른 정기검사 대상에 해당하는 경우에는 2025년 10월 18일 이후 최초로 실시하는 정밀정기검사일 전까지 화염방지 기능이 있는 통기밸브를 설치해야 한다. (2024.6.12 개정)

제8조【산소 또는 이산화탄소 감지 및 경보장치 설치에 관한 경과조치】 이 규칙 시행 당시 이산화탄소를 사용한 소화설비나 이산화탄소가 충전된 소화용기를 보관하는 소화용기 보관장소를 갖추고 운영 중인 자는 제628조의2제6호의 개정규정에도 불구하고 이 규칙 시행일부터 2년 이내에 같은 규정에 따라 산소 또는 이산화탄소 감지 및 경보 장치를 설치해야 한다.

부칙(2023.11.14. 고용노동부령 제399호)

제1조【시행일】 이 규칙은 공포한 날부터 시행한다. 다만, 제39조제1항 본문의 개정규정은 2024년 1월 1일부터 시행한다.

제2조【작업지휘자의 지정에 관한 적용례】 제39조제1항 본문의 개정규정은 제1조 단서에 따른 시행일 이후 구축물등의 해체작업에 착공하는 공사부터 적용한다.

제3조【안전성 평가에 관한 적용례】 제52조제6호의 개정규정은 이 규칙 시행 이후 구축물등의 주요구조부에 대한 설계 및 시공 방법의 전부 또는 일부를 변경하는 경우부터 적용하다.

부칙(2024.6.12 고용노동부령 제416호 : 한시적 규제유예 등 민생경제 활력 제고를 위한 5개 법령의 일부개정에 관한 고용노동부령)

이 규칙은 공포한 날부터 시행한다.

부칙(2024.6.28 고용노동부령 제417호)

이 규칙은 공포한 날부터 시행한다. 다만, 제130조의 개정규정은 공포 후 6개월이 경과한 날부터 시행하고, 제87조제8항 및 제9항, 제184조제5호의 개정규정은 공포 후 1년이 경과한 날부터 시행한다.

산업안전보건기준에 관한 규칙

[별표·별지 서식]

산업안전보건기준에 관한 규칙 [별표 · 별지 서식]

[별표 1] (2019.12.26 개정)

위험물질의 종류
(제16조·제17조 및 제225조 관련)

1. 폭발성 물질 및 유기과산화물
   가. 질산에스테르류
   나. 니트로화합물
   다. 니트로소화합물
   라. 아조화합물
   마. 디아조화합물
   바. 하이드라진 유도체
   사. 유기과산화물
   아. 그 밖에 가목부터 사목까지의 물질과 같은 정도의 폭발 위험이 있는 물질
   자. 가목부터 아목까지의 물질을 함유한 물질

2. 물반응성 물질 및 인화성 고체
   가. 리튬
   나. 칼륨·나트륨
   다. 황
   라. 황린
   마. 황화인·적린
   바. 셀룰로이드류
   사. 알킬알루미늄·알킬리튬
   아. 마그네슘 분말
   자. 금속 분말(마그네슘 분말은 제외한다)
   차. 알칼리금속(리튬·칼륨 및 나트륨은 제외한다)
   카. 유기 금속화합물(알킬알루미늄 및 알킬리튬은 제외한다)
   타. 금속의 수소화물
   파. 금속의 인화물
   하. 칼슘 탄화물, 알루미늄 탄화물
   거. 그 밖에 가목부터 하목까지의 물질과 같은 정도의 발화성 또는 인화성이 있는 물질
   너. 가목부터 거목까지의 물질을 함유한 물질

3. 산화성 액체 및 산화성 고체
   가. 차아염소산 및 그 염류
   나. 아염소산 및 그 염류
   다. 염소산 및 그 염류
   라. 과염소산 및 그 염류
   마. 브롬산 및 그 염류
   바. 요오드산 및 그 염류
   사. 과산화수소 및 무기 과산화물

아. 질산 및 그 염류
자. 과망간산 및 그 염류
차. 중크롬산 및 그 염류
카. 그 밖에 가목부터 차목까지의 물질과 같은 정도의 산화성이 있는 물질
타. 가목부터 카목까지의 물질을 함유한 물질

4. 인화성 액체
가. 에틸에테르, 가솔린, 아세트알데히드, 산화프로필렌, 그 밖에 인화점이 섭씨 23도 미만이고 초기끓는점이 섭씨 35도 이하인 물질
나. 노르말헥산, 아세톤, 메틸에틸케톤, 메틸알코올, 에틸알코올, 이황화탄소, 그 밖에 인화점이 섭씨 23도 미만이고 초기 끓는점이 섭씨 35도를 초과하는 물질
다. 크실렌, 아세트산아밀, 등유, 경유, 테레핀유, 이소아밀알코올, 아세트산, 하이드라진, 그 밖에 인화점이 섭씨 23도 이상 섭씨 60도 이하인 물질

5. 인화성 가스
가. 수소
나. 아세틸렌
다. 에틸렌
라. 메탄
마. 에탄
바. 프로판
사. 부탄
아. 영 별표 13에 따른 인화성 가스

6. 부식성 물질
가. 부식성 산류
1) 농도가 20퍼센트 이상인 염산, 황산, 질산, 그 밖에 이와 같은 정도 이상의 부식성을 가지는 물질
2) 농도가 60퍼센트 이상인 인산, 아세트산, 불산, 그 밖에 이와 같은 정도 이상의 부식성을 가지는 물질
나. 부식성 염기류
농도가 40퍼센트 이상인 수산화나트륨, 수산화칼륨, 그 밖에 이와 같은 정도 이상의 부식성을 가지는 염기류

7. 급성 독성 물질
가. 쥐에 대한 경구투입실험에 의하여 실험동물의 50퍼센트를 사망시킬 수 있는 물질의 양, 즉 LD50(경구, 쥐)이 킬로그램당 300밀리그램-(체중) 이하인 화학물질
나. 쥐 또는 토끼에 대한 경피흡수실험에 의하여 실험동물의 50퍼센트를 사망시킬 수 있는 물질의 양, 즉 LD50(경피, 토끼 또는 쥐)이 킬로그램당 1000밀리그램 -(체중) 이하인 화학물질
다. 쥐에 대한 4시간 동안의 흡입실험에 의하여 실험동물의 50퍼센트를 사망시킬 수 있는 물질의 농도, 즉 가스 LC50(쥐, 4시간 흡입)이 2500ppm 이하인 화학물질, 증기 LC50(쥐, 4시간 흡입)이 10mg/L 이하인 화학물질, 분진 또는 미스트 1mg/L 이하인 화학물질

[별표 2] (2023.11.14 개정)

관리감독자의 유해·위험 방지

(제35조제1항 관련)

작업의 종류	직무수행내용
1. 프레스등을 사용하는 작업(제2편제1장제3절)	가. 프레스등 및 그 방호장치를 점검하는 일 나. 프레스등 및 그 방호장치에 이상이 발견 되면 즉시 필요한 조치를 하는 일 다. 프레스등 및 그 방호장치에 전환스위치를 설치했을 때 그 전환스위치의 열쇠를 관리하는 일 라. 금형의 부착·해체 또는 조정작업을 직접 지휘하는 일
2. 목재가공용 기계를 취급하는 작업 (제2편제1장제4절)	가. 목재가공용 기계를 취급하는 작업을 지휘하는 일 나. 목재가공용 기계 및 그 방호장치를 점검하는 일 다. 목재가공용 기계 및 그 방호장치에 이상이 발견된 즉시 보고 및 필요한 조치를 하는 일 라. 작업 중 지그(jig) 및 공구 등의 사용 상황을 감독하는 일
3. 크레인을 사용하는 작업(제2편제1장제9절 제2관·제3관)	가. 작업방법과 근로자 배치를 결정하고 그 작업을 지휘하는 일 나. 재료의 결함 유무 또는 기구 및 공구의 기능을 점검하고 불량품을 제거하는 일 다. 작업 중 안전대 또는 안전모의 착용 상황을 감시하는 일
4. 위험물을 제조하거나 취급하는 작업 (제2편제2장제1절)	가. 작업을 지휘하는 일 나. 위험물을 제조하거나 취급하는 설비 및 그 설비의 부속설비가 있는 장소의 온도·습도·차광 및 환기 상태 등을 수시로 점검하고 이상을 발견하면 즉시 필요한 조치를 하는 일 다. 나목에 따라 한 조치를 기록하고 보관하는 일
5. 건조설비를 사용하는 작업(제2편제2장제5절)	가. 건조설비를 처음으로 사용하거나 건조방법 또는 건조물의 종류를 변경했을 때에는 근로자에게 미리 그 작업방법을 교육하고 작업을 직접 지휘하는 일 나. 건조설비가 있는 장소를 항상 정리정돈하고 그 장소에 가연성 물질을 두지 않도록 하는 일
6. 아세틸렌 용접장치를 사용하는 금속의 용접·용단 또는 가열작업 (제2편제2장제6절제1관)	가. 작업방법을 결정하고 작업을 지휘하는 일 나. 아세틸렌 용접장치의 취급에 종사하는 근로자로 하여금 다음의 작업요령을 준수하도록 하는 일 1) 사용 중인 발생기에 불꽃을 발생시킬 우려가 있는 공구를 사용하거나 그 발생기에 충격을 가하지 않도록 할 것 2) 아세틸렌 용접장치의 가스누출을 점검할 때에는 비눗물을 사용하는 등 안전한 방법으로 할 것 3) 발생기실의 출입구 문을 열어 두지 않도록 할 것 4) 이동식 아세틸렌 용접장치의 발생기에 카바이드를 교환할 때에는

	옥외의 안전한 장소에서 할 것 다. 아세틸렌 용접작업을 시작할 때에는 아세틸렌 용접장치를 점검하고 발생기 내부로부터 공기와 아세틸렌의 혼합가스를 배제하는 일 라. 안전기는 작업 중 그 수위를 쉽게 확인할 수 있는 장소에 놓고 1일 1회 이상 점검하는 일 마. 아세틸렌 용접장치 내의 물이 동결되는 것을 방지하기 위하여 아세틸렌 용접장치를 보온하거나 가열할 때에는 온수나 증기를 사용하는 등 안전한 방법으로 하도록 하는 일 바. 발생기 사용을 중지하였을 때에는 물과 잔류 카바이드가 접촉하지 않은 상태로 유지하는 일 사. 발생기를 수리·가공·운반 또는 보관할 때에는 아세틸렌 및 카바이드에 접촉하지 않은 상태로 유지하는 일 아. 작업에 종사하는 근로자의 보안경 및 안전장갑의 착용 상황을 감시하는 일
7. 가스집합용접장치의 취급작업 (제2편제2장제6절제2관)	가. 작업방법을 결정하고 작업을 직접 지휘하는 일 나. 가스집합장치의 취급에 종사하는 근로자로 하여금 다음의 작업요령을 준수하도록 하는 일 1) 부착할 가스용기의 마개 및 배관 연결부에 붙어 있는 유류·찌꺼기 등을 제거할 것 2) 가스용기를 교환할 때에는 그 용기의 마개 및 배관 연결부 부분의 가스누출을 점검하고 배관 내의 가스가 공기와 혼합되지 않도록 할 것 3) 가스누출 점검은 비눗물을 사용하는 등 안전한 방법으로 할 것 4) 밸브 또는 콕은 서서히 열고 닫을 것 다. 가스용기의 교환작업을 감시하는 일 라. 작업을 시작할 때에는 호스·취관·호스밴드 등의 기구를 점검하고 손상·마모 등으로 인하여 가스나 산소가 누출될 우려가 있다고 인정할 때에는 보수하거나 교환하는 일 마. 안전기는 작업 중 그 기능을 쉽게 확인할 수 있는 장소에 두고 1일 1회 이상 점검하는 일 바. 작업에 종사하는 근로자의 보안경 및 안전장갑의 착용 상황을 감시하는 일
8. 거푸집 및 동바리의 고정·조립 또는 해체 작업/노천굴착작업/흙막이 지보공의 고정·조립 또는 해체 작업/터널의 굴착작업/구축물등의 해체작업(제2편제4장제1절제2관·제4장제2절제1관·제4장제2절제3관제1속·제4장제4절)	가. 안전한 작업방법을 결정하고 작업을 지휘하는 일 나. 재료·기구의 결함 유무를 점검하고 불량품을 제거하는 일 다. 작업 중 안전대 및 안전모 등 보호구 착용 상황을 감시하는 일

9. 높이 5미터 이상의 비계(飛階)를 조립·해체하거나 변경하는 작업(해체작업의 경우 가목은 적용 제외)(제1편제7장제2절)	가. 재료의 결함 유무를 점검하고 불량품을 제거하는 일 나. 기구·공구·안전대 및 안전모 등의 기능을 점검하고 불량품을 제거하는 일 다. 작업방법 및 근로자 배치를 결정하고 작업 진행 상태를 감시하는 일 라. 안전대와 안전모 등의 착용 상황을 감시하는 일
10. 달비계 작업(제1편제7장제4절)	가. 작업용 섬유로프, 작업용 섬유로프의 고정점, 구명줄의 조정점, 작업대, 고리걸이용 철구 및 안전대 등의 결손 여부를 확인하는 일 나. 작업용 섬유로프 및 안전대 부착설비용 로프가 고정점에 풀리지 않는 매듭방법으로 결속되었는지 확인하는 일 다. 근로자가 작업대에 탑승하기 전 안전모 및 안전대를 착용하고 안전대를 구명줄에 체결했는지 확인하는 일 라. 작업방법 및 근로자 배치를 결정하고 작업 진행 상태를 감시하는 일
11. 발파작업(제2편제4장제2절제2관)	가. 점화 전에 점화작업에 종사하는 근로자가 아닌 사람에게 대피를 지시하는 일 나. 점화작업에 종사하는 근로자에게 대피장소 및 경로를 지시하는 일 다. 점화 전에 위험구역 내에서 근로자가 대피한 것을 확인하는 일 라. 점화순서 및 방법에 대하여 지시하는 일 마. 점화신호를 하는 일 바. 점화작업에 종사하는 근로자에게 대피신호를 하는 일 사. 발파 후 터지지 않은 장약이나 남은 장약의 유무, 용수(湧水)의 유무 및 토사등의 낙하 여부 등을 점검하는 일 아. 점화하는 사람을 정하는 일 자. 공기압축기의 안전밸브 작동 유무를 점검하는 일 차. 안전모 등 보호구 착용 상황을 감시하는 일
12. 채석을 위한 굴착작업(제2편제4장제2절제5관)	가. 대피방법을 미리 교육하는 일 나. 작업을 시작하기 전 또는 폭우가 내린 후에는 토사등의 낙하·균열의 유무 또는 함수(含水)·용수(湧水) 및 동결의 상태를 점검하는 일 다. 발파한 후에는 발파장소 및 그 주변의 토사등의 낙하·균열의 유무를 점검하는 일
13. 화물취급작업(제2편제6장제1절)	가. 작업방법 및 순서를 결정하고 작업을 지휘하는 일 나. 기구 및 공구를 점검하고 불량품을 제거하는 일 다. 그 작업장소에는 관계 근로자가 아닌 사람의 출입을 금지하는 일 라. 로프 등의 해체작업을 할 때에는 하대(荷臺) 위의 화물의 낙하위험 유무를 확인하고 작업의 착수를 지시하는 일
14. 부두와 선박에서의 하역작업(제2편제6장제2절)	가. 작업방법을 결정하고 작업을 지휘하는 일 나. 통행설비·하역기계·보호구 및 기구·공구를 점검·정비하고 이들의 사용 상황을 감시하는 일 다. 주변 작업자간의 연락을 조정하는 일

15. 전로 등 전기작업 또는 그 지지물의 설치, 점검, 수리 및 도장 등의 작업(제2편제3장)	가. 작업구간 내의 충전전로 등 모든 충전 시설을 점검하는 일 나. 작업방법 및 그 순서를 결정(근로자 교육 포함)하고 작업을 지휘하는 일 다. 작업근로자의 보호구 또는 절연용 보호구 착용 상황을 감시하고 감전재해 요소를 제거하는 일 라. 작업 공구, 절연용 방호구 등의 결함 여부와 기능을 점검하고 불량품을 제거하는 일 마. 작업장소에 관계 근로자 외에는 출입을 금지하고 주변 작업자와의 연락을 조정하며 도로작업 시 차량 및 통행인 등에 대한 교통통제 등 작업전반에 대해 지휘·감시하는 일 바. 활선작업용 기구를 사용하여 작업할 때 안전거리가 유지되는지 감시하는 일 사. 감전재해를 비롯한 각종 산업재해에 따른 신속한 응급처치를 할 수 있도록 근로자들을 교육하는 일
16. 관리대상 유해물질을 취급하는 작업 (제3편제1장)	가. 관리대상 유해물질을 취급하는 근로자가 물질에 오염되지 않도록 작업방법을 결정하고 작업을 지휘하는 업무 나. 관리대상 유해물질을 취급하는 장소나 설비를 매월 1회 이상 순회점검하고 국소배기장치 등 환기설비에 대해서는 다음 각 호의 사항을 점검하여 필요한 조치를 하는 업무. 단, 환기설비를 점검하는 경우에는 다음의 사항을 점검 1) 후드(hood)나 덕트(duct)의 마모·부식, 그 밖의 손상 여부 및 정도 2) 송풍기와 배풍기의 주유 및 청결 상태 3) 덕트 접속부가 헐거워졌는지 여부 4) 전동기와 배풍기를 연결하는 벨트의 작동 상태 5) 흡기 및 배기 능력 상태 다. 보호구의 착용 상황을 감시하는 업무 라. 근로자가 탱크 내부에서 관리대상 유해물질을 취급하는 경우에 다음의 조치를 했는지 확인하는 업무 1) 관리대상 유해물질에 관하여 필요한 지식을 가진 사람이 해당 작업을 지휘 2) 관리대상 유해물질이 들어올 우려가 없는 경우에는 작업을 하는 설비의 개구부를 모두 개방 3) 근로자의 신체가 관리대상 유해물질에 의하여 오염되었거나 작업이 끝난 경우에는 즉시 몸을 씻는 조치 4) 비상시에 작업설비 내부의 근로자를 즉시 대피시키거나 구조하기 위한 기구와 그 밖의 설비를 갖추는 조치 5) 작업을 하는 설비의 내부에 대하여 작업 전에 관리대상 유해물질의 농도를 측정하거나 그 밖의 방법으로 근로자가 건강에 장해를 입을 우려가 있는지를 확인하는 조치 6) 제(5)에 따른 설비 내부에 관리대상 유해물질이 있는 경우에는 설비 내부를 충분히 환기하는 조치 7) 유기화합물을 넣었던 탱크에 대하여 제(1)부터 제6)까지의 조치

	외에 다음의 조치 가) 유기화합물이 탱크로부터 배출된 후 탱크 내부에 재유입되지 않도록 조치 나) 물이나 수증기 등으로 탱크 내부를 씻은 후 그 씻은 물이나 수증기 등을 탱크로부터 배출 다) 탱크 용적의 3배 이상의 공기를 채웠다가 내보내거나 탱크에 물을 가득 채웠다가 내보내거나 탱크에 물을 가득 채웠다가 배출 마. 나목에 따른 점검 및 조치 결과를 기록·관리하는 업무
17. 허가대상 유해물질 취급작업(제3편제2장)	가. 근로자가 허가대상 유해물질을 들이마시거나 허가대상 유해물질에 오염되지 않도록 작업수칙을 정하고 지휘하는 업무 나. 작업장에 설치되어 있는 국소배기장치나 그 밖에 근로자의 건강장해 예방을 위한 장치 등을 매월 1회 이상 점검하는 업무 다. 근로자의 보호구 착용 상황을 점검하는 업무
18. 석면 해체·제거작업(제3편제2장제6절)	가. 근로자가 석면분진을 들이마시거나 석면분진에 오염되지 않도록 작업방법을 정하고 지휘하는 업무 나. 작업장에 설치되어 있는 석면분진 포집장치, 음압기 등의 장비의 이상 유무를 점검하고 필요한 조치를 하는 업무 다. 근로자의 보호구 착용 상황을 점검하는 업무
19. 고압작업(제3편제5장)	가. 작업방법을 결정하여 고압작업자를 직접 지휘하는 업무 나. 유해가스의 농도를 측정하는 기구를 점검하는 업무 다. 고압작업자가 작업실에 입실하거나 퇴실하는 경우에 고압작업자의 수를 점검하는 업무 라. 작업실에서 공기조절을 하기 위한 밸브나 콕을 조작하는 사람과 연락하여 작업실 내부의 압력을 적정한 상태로 유지하도록 하는 업무 마. 공기를 기압조절실로 보내거나 기압조절실에서 내보내기 위한 밸브나 콕을 조작하는 사람과 연락하여 고압작업자에 대하여 가압이나 감압을 다음과 같이 따르도록 조치하는 업무 1) 가압을 하는 경우 1분에 제곱센티미터당 0.8킬로그램 이하의 속도로 함 2) 감압을 하는 경우에는 고용노동부장관이 정하여 고시하는 기준에 맞도록 함 바. 작업실 및 기압조절실 내 고압작업자의 건강에 이상이 발생한 경우 필요한 조치를 하는 업무
20. 밀폐공간 작업(제3편제10장)	가. 산소가 결핍된 공기나 유해가스에 노출되지 않도록 작업 시작 전에 해당 근로자의 작업을 지휘하는 업무 나. 작업을 하는 장소의 공기가 적절한지를 작업 시작 전에 측정하는 업무 다. 측정장비·환기장치 또는 공기호흡기 또는 송기마스크를 작업 시작 전에 점검하는 업무 라. 근로자에게 공기호흡기 또는 송기마스크의 착용을 지도하고 착용 상황을 점검하는 업무

[별표 3] (2019.12.26 개정)

작업시작 전 점검사항

(제35조제2항 관련)

작업의 종류	점검내용
1. 프레스등을 사용하여 작업을 할 때(제2편제1장제3절)	가. 클러치 및 브레이크의 기능 나. 크랭크축·플라이휠·슬라이드·연결봉 및 연결 나사의 풀림 여부 다. 1행정 1정지기구·급정지장치 및 비상정지장치의 기능 라. 슬라이드 또는 칼날에 의한 위험방지 기구의 기능 마. 프레스의 금형 및 고정볼트 상태 바. 방호장치의 기능 사. 전단기(剪斷機)의 칼날 및 테이블의 상태
2. 로봇의 작동 범위에서 그 로봇에 관하여 교시 등(로봇의 동력원을 차단하고 하는 것은 제외한다)의 작업을 할 때(제2편제1장제13절)	가. 외부 전선의 피복 또는 외장의 손상 유무 나. 매니퓰레이터(manipulator) 작동의 이상 유무 다. 제동장치 및 비상정지장치의 기능
3. 공기압축기를 가동할 때(제2편제1장제7절)	가. 공기저장 압력용기의 외관 상태 나. 드레인밸브(drain valve)의 조작 및 배수 다. 압력방출장치의 기능 라. 언로드밸브(unloading valve)의 기능 마. 윤활유의 상태 바. 회전부의 덮개 또는 울 사. 그 밖의 연결 부위의 이상 유무
4. 크레인을 사용하여 작업을 하는 때(제2편제1장제9절제2관)	가. 권과방지장치·브레이크·클러치 및 운전장치의 기능 나. 주행로의 상측 및 트롤리(trolley)가 횡행하는 레일의 상태 다. 와이어로프가 통하고 있는 곳의 상태
5. 이동식 크레인을 사용하여 작업을 할 때(제2편제1장제9절제3관)	가. 권과방지장치나 그 밖의 경보장치의 기능 나. 브레이크·클러치 및 조정장치의 기능 다. 와이어로프가 통하고 있는 곳 및 작업장소의 지반상태
6. 리프트(자동차정비용리프트를 포함한다)를 사용하여 작업을 할 때(제2편제1장제9절제4관)	가. 방호장치·브레이크 및 클러치의 기능 나. 와이어로프가 통하고 있는 곳의 상태
7. 곤돌라를 사용하여 작업을 할 때(제2편제1장제9절제5관)	가. 방호장치·브레이크의 기능 나. 와이어로프·슬링와이어(sling wire) 등의 상태
8. 양중기의 와이어로프·달기체인·섬유로프·섬유벨트 또는 훅·샤클·링 등의 철구(이하 "와이어로프등"	와이어로프등의 이상 유무

이라 한다)를 사용하여 고리걸이 작업을 할 때(제2편제1장제9절제7관)	
9. 지게차를 사용하여 작업을 하는 때(제2편제1장제10절제2관)	가. 제동장치 및 조종장치 기능의 이상 유무 나. 하역장치 및 유압장치 기능의 이상 유무 다. 바퀴의 이상 유무 라. 전조등·후미등·방향지시기 및 경보장치 기능의 이상 유무
10. 구내운반차를 사용하여 작업을 할 때(제2편제1장제10절제3관)	가. 제동장치 및 조종장치 기능의 이상 유무 나. 하역장치 및 유압장치 기능의 이상 유무 다. 바퀴의 이상 유무 라. 전조등·후미등·방향지시기 및 경음기 기능의 이상 유무 마. 충전장치를 포함한 홀더 등의 결합상태의 이상 유무
11. 고소작업대를 사용하여 작업을 할 패(제2편제1장제10절제4관)	가. 비상정지장치 및 비상하강 방지장치 기능의 이상 유무 나. 과부하 방지장치의 작동 유무(와이어로프 또는 체인구동방식의 경우) 다. 아웃트리거 또는 바퀴의 이상 유무 라. 작업면의 기울기 또는 요철 유무 마. 활선작업용 장치의 경우 홈·균열·파손 등 그 밖의 손상 유무
12. 화물자동차를 사용하는 작업을 하게 할 때(제2편제1장제10절제5관)	가. 제동장치 및 조종장치의 기능 나. 하역장치 및 유압장치의 기능 다. 바퀴의 이상 유무
13. 컨베이어등을 사용하여 작업을 할 때(제2편제1장제11절)	가. 원동기 및 풀리(pulley) 기능의 이상 유무 나. 이탈 등의 방지장치 기능의 이상 유무 다. 비상정지장치 기능의 이상 유무 라. 원동기·회전축·기어 및 풀리 등의 덮개 또는 울 등의 이상 유무
14. 차량계 건설기계를 사용하여 작업을 할 때(제2편제1장제12절제1관)	브레이크 및 클러치 등의 기능
14의2. 용접·용단 작업 등의 화재위험작업을 할 때 (제2편제2장제2절)	가. 작업 준비 및 작업 절차 수립 여부 나. 화기작업에 따른 인근 가연성물질에 대한 방호조치 및 소화기구 비치 여부 다. 용접불티 비산방지덮개 또는 용접방화포 등 불꽃·불티 등의 비산을 방지하기 위한 조치 여부 라. 인화성 액체의 증기 또는 인화성 가스가 남아 있지 않도록 하는 환기 조치 여부 마. 작업근로자에 대한 화재예방 및 피난교육 등 비상조치 여부

15. 이동식 방폭구조(防爆構造) 전기기계·기구를 사용할 때(제2편제3장제1절)	전선 및 접속부 상태
16. 근로자가 반복하여 계속적으로 중량물을 취급하는 작업을 할 때(제2편제5장)	가. 중량물 취급의 올바른 자세 및 복장 나. 위험물이 날아 흩어짐에 따른 보호구의 착용 다. 카바이드·생석회(산화칼슘) 등과 같이 온도상승이나 습기에 의하여 위험성이 존재하는 중량물의 취급방법 라. 그 밖에 하역운반기계등의 적절한 사용방법
17. 양화장치를 사용하여 화물을 싣고 내리는 작업을 할 때(제2편제6장제2절)	가. 양화장치(揚貨裝置)의 작동상태 나. 양화장치에 제한하중을 초과하는 하중을 실었는지 여부
18. 슬링 등을 사용하여 작업을 할 때(제2편제6장제2절)	가. 훅이 붙어 있는 슬링·와이어슬링 등이 매달린 상태 나. 슬링·와이어슬링 등의 상태(작업시작 전 및 작업 중 수시로 점검)

[별표 4] (2023.11.14 개정)

사전조사 및 작업계획서 내용

(제38조제1항 관련)

작업명	사전조사 내용	작업계획서 내용
1. 타워크레인을 설치·조립·해체하는 작업	-	가. 타워크레인의 종류 및 형식 나. 설치·조립 및 해체순서 다. 작업도구·장비·가설설비(假設設備) 및 방호설비 라. 작업인원의 구성 및 작업근로자의 역할 범위 마. 제142조에 따른 지지 방법
2. 차량계 하역운반기계등을 사용하는 작업	-	가. 해당 작업에 따른 추락·낙하·전도·협착 및 붕괴 등의 위험 예방대책 나. 차량계 하역운반기계등의 운행경로 및 작업방법
3. 차량계 건설기계를 사용하는 작업	해당 기계의 굴러 떨어짐, 지반의 붕괴 등으로 인한 근로자의 위험을 방지하기 위한 해당 작업장소의 지형 및 지반 상태	가. 사용하는 차량계 건설기계의 종류 및 성능 나. 차량계 건설기계의 운행경로 다. 차량계 건설기계에 의한 작업방법
4. 화학설비와 그 부속설비 사용작업	-	가. 밸브·콕 등의 조작(해당 화학설비에 원재료를 공급하거나 해당 화학설비에서 제품 등을 꺼내는 경우만 해당한다) 나. 냉각장치·가열장치·교반장치(攪拌裝置) 및 압축장치의 조작 다. 계측장치 및 제어장치의 감시 및 조정 라. 안전밸브, 긴급차단장치, 그 밖의 방호장치 및 자동경보장치의 조정 마. 덮개판·플랜지(flange)·밸브·콕 등의 접합부에서 위험물 등의 누출 여부에 대한 점검 바. 시료의 채취 사. 화학설비에서는 그 운전이 일시적 또는 부분적으로 중단된 경우의 작업방법 또는 운전 재개 시의 작업방법 아. 이상 상태가 발생한 경우의 응급조치 자. 위험물 누출 시의 조치 차. 그 밖에 폭발·화재를 방지하기 위하여 필요한 조치

5. 제318조에 따른 전기작업	-	가. 전기작업의 목적 및 내용 나. 전기작업 근로자의 자격 및 적정 인원 다. 작업 범위, 작업책임자 임명, 전격·아크 섬광·아크 폭발 등 전기 위험 요인 파악, 접근 한계거리, 활선접근 경보장치 휴대 등 작업시작 전에 필요한 사항 라. 제319조에 따른 전로 차단에 관한 작업계획 및 전원(電源) 재투입 절차 등 작업 상황에 필요한 안전 작업 요령 마. 절연용 보호구 및 방호구, 활선작업용 기구·장치 등의 준비·점검·착용·사용 등에 관한 사항 바. 점검·시운전을 위한 일시 운전, 작업 중단 등에 관한 사항 사. 교대 근무 시 근무 인계(引繼)에 관한 사항 아. 전기작업장소에 대한 관계 근로자가 아닌 사람의 출입금지에 관한 사항 자. 전기안전작업계획서를 해당 근로자에게 교육할 수 있는 방법과 작성된 전기안전작업계획서의 평가·관리계획 차. 전기 도면, 기기 세부 사항 등 작업과 관련되는 자료
6. 굴착작업	가. 형상·지질 및 지층의 상태 나. 균열·함수(含水)·용수 및 동결의 유무 또는 상태 다. 매설물 등의 유무 또는 상태 라. 지반의 지하수위 상태	가. 굴착방법 및 순서, 토사등 반출 방법 나. 필요한 인원 및 장비 사용계획 다. 매설물 등에 대한 이설·보호대책 라. 사업장 내 연락방법 및 신호방법 마. 흙막이 지보공 설치방법 및 계측계획 바. 작업지휘자의 배치계획 사. 그 밖에 안전·보건에 관련된 사항
7. 터널굴착작업	보링(boring) 등 적절한 방법으로 낙반·출수(出水) 및 가스폭발 등으로 인한 근로자의 위험을 방지하기 위하여 미리 지형·지질 및 지층상태를 조사	가. 굴착의 방법 나. 터널지보공 및 복공(覆工)의 시공방법과 용수(湧水)의 처리방법 다. 환기 또는 조명시설을 설치할 때에는 그 방법
8. 교량작업	-	가. 작업 방법 및 순서 나. 부재(部材)의 낙하·전도 또는 붕괴를 방지하기 위한 방법

		다. 작업에 종사하는 근로자의 추락 위험을 방지하기 위한 안전조치 방법 라. 공사에 사용되는 가설 철구조물 등의 설치·사용·해체 시 안전성 검토 방법 마. 사용하는 기계 등의 종류 및 성능, 작업방법 바. 작업지휘자 배치계획 사. 그 밖에 안전·보건에 관련된 사항
9. 채석작업	지반의 붕괴·굴착기계의 굴러 떨어짐 등에 의한 근로자에게 발생할 위험을 방지하기 위한 해당 작업장의 지형·지질 및 지층의 상태	가. 노천굴착과 갱내굴착의 구별 및 채석방법 나. 굴착면의 높이와 기울기 다. 굴착면 소단(小段 : 비탈면의 경사를 완화시키기 위해 중간에 좁은 폭으로 설치하는 평탄한 부분)의 위치와 넓이 라. 갱내에서의 낙반 및 붕괴방지 방법 마. 발파방법 바. 암석의 분할방법 사. 암석의 가공장소 아. 사용하는 굴착기계·분할기계·적재기계 또는 운반기계(이하 "굴착기계등"이라 한다)의 종류 및 성능 자. 토석 또는 암석의 적재 및 운반방법과 운반경로 차. 표토 또는 용수(湧水)의 처리방법
10. 건물 등의 해체작업	해체건물 등의 구조, 주변 상황 등	가. 해체의 방법 및 해체 순서도면 나. 가설설비·방호설비·환기설비 및 살수·방화설비 등의 방법 다. 사업장 내 연락방법 라. 해체물의 처분계획 마. 해체작업용 기계·기구 등의 작업계획서 바. 해체작업용 화약류 등의 사용계획서 사. 그 밖에 안전·보건에 관련된 사항
11. 중량물의 취급 작업	-	가. 추락위험을 예방할 수 있는 안전대책 나. 낙하위험을 예방할 수 있는 안전대책 다. 전도위험을 예방할 수 있는 안전대책 라. 협착위험을 예방할 수 있는 안전대책 마. 붕괴위험을 예방할 수 있는 안전대책
12. 궤도와 그 밖의 관련설비의 보수·점검작업 13. 입환작업(入換作業)	-	가. 적절한 작업 인원 나. 작업량 다. 작업순서 라. 작업방법 및 위험요인에 대한 안전조치방법 등

[별표 5]

강관비계의 조립간격
(제59조제4호 관련)

강관비계의 종류	조립간격(단위 : m)	
	수직방향	수평방향
단관비계	5	5
틀비계(높이가 5m 미만인 것은 제외한다)	6	8

[별표 6] (2022.10.18 개정)

차량계 건설기계
(제196조 관련)

1. 도저형 건설기계(불도저, 스트레이트도저, 틸트도저, 앵글도저, 버킷도저 등)
2. 모터그레이더(motor grader, 땅 고르는 기계)
3. 로더(포크 등 부착물 종류에 따른 용도 변경 형식을 포함한다)
4. 스크레이퍼(scraper, 흙을 절삭·운반하거나 펴 고르는 등의 작업을 하는 토공기계)
5. 크레인형 굴착기계(크램쉘, 드래그라인 등)
6. 굴착기(브레이커, 크러셔, 드릴 등 부착물 종류에 따른 용도 변경 형식을 포함한다)
7. 항타기 및 항발기
8. 천공용 건설기계(어스드릴, 어스오거, 크롤러드릴, 점보드릴 등)
9. 지반 압밀침하용 건설기계(샌드드레인머신, 페이퍼드레인머신, 팩드레인머신 등)
10. 지반 다짐용 건설기계(타이어롤러, 매커덤롤러, 탠덤롤러 등)
11. 준설용 건설기계(버킷준설선, 그래브준설선, 펌프준설선 등)
12. 콘크리트 펌프카
13. 덤프트럭
14. 콘크리트 믹서 트럭
15. 도로포장용 건설기계(아스팔트 살포기, 콘크리트 살포기, 아스팔트 피니셔, 콘크리트 피니셔 등)
16. 골재 채취 및 살포용 건설기계(쇄석기, 자갈채취기, 골재살포기 등)
17. 제1호부터 제16호까지와 유사한 구조 또는 기능을 갖는 건설기계로서 건설작업에 사용하는 것

[별표 7]

화학설비 및 그 부속설비의 종류

(제227조부터 제229조까지, 제243조 및 제2편제2장제4절 관련)

1. 화학설비
   가. 반응기·혼합조 등 화학물질 반응 또는 혼합장치
   나. 증류탑·흡수탑·추출탑·감압탑 등 화학물질 분리장치
   다. 저장탱크·계량탱크·호퍼·사일로 등 화학물질 저장설비 또는 계량설비
   라. 응축기·냉각기·가열기·증발기 등 열교환기류
   마. 고로 등 점화기를 직접 사용하는 열교환기류
   바. 캘린더(calender)·혼합기·발포기·인쇄기·압출기 등 화학제품 가공설비
   사. 분쇄기·분체분리기·용융기 등 분체화학물질 취급장치
   아. 결정조·유동탑·탈습기·건조기 등 분체화학물질 분리장치
   자. 펌프류·압축기·이젝터(ejector) 등의 화학물질 이송 또는 압축설비

2. 화학설비의 부속설비
   가. 배관·밸브·관·부속류 등 화학물질 이송 관련 설비
   나. 온도·압력·유량 등을 지시·기록 등을 하는 자동제어 관련 설비
   다. 안전밸브·안전판·긴급차단 또는 방출밸브 등 비상조치 관련 설비
   라. 가스누출감지 및 경보 관련 설비
   마. 세정기, 응축기, 벤트스택(bent stack), 플레어스택(flare stack) 등 폐가스처리설비
   바. 사이클론, 백필터(bag filter), 전기집진기 등 분진처리설비
   사. 가목부터 바목까지의 설비를 운전하기 위하여 부속된 전기 관련 설비
   아. 정전기 제거장치, 긴급 샤워설비 등 안전 관련 설비

[별표 8] (2024.6.28 개정)

안전거리

(제271조 관련)

구분	안전거리
1. 단위공정시설 및 설비로부터 다른 단위공정시설 및 설비의 사이	설비의 바깥 면으로부터 10미터 이상
2. 플레어스택으로부터 단위공정시설 및 설비, 위험물질 저장탱크 또는 위험물질 하역설비의 사이	플레어스택으로부터 반경 20미터 이상. 다만, 단위공정시설 등이 불연재로 시공된 지붕 아래에 설치된 경우에는 그러하지 아니하다.
3. 위험물질 저장탱크로부터 단위공정시설 및 설비, 보일러 또는 가열로의 사이	저장탱크의 바깥 면으로부터 20미터 이상. 다만, 저장탱크의 방호벽, 원격조종 소화설비 또는 살수설비를 설치한 경우에는 그러하지 아니하다.
4. 사무실·연구실·실험실·정비실 또는 식당으로부터 단위공정시설 및 설비, 위험물질 저장탱크, 위험물질 하역설비, 보일러 또는 가열로의 사이	사무실 등의 바깥 면으로부터 20미터 이상. 다만, 난방용 보일러인 경우 또는 사무실 등의 벽을 방호구조로 설치한 경우에는 그러하지 아니하다.

[별표 9] (2019.12.26 개정)

위험물질의 기준량

(제273조 관련)

위험물질	기준량
1. 폭발성 물질 및 유기과산화물	
가. 질산에스테르류 니트로글리콜·니트로글리세린·니트로셀룰로오스 등	10킬로그램
나. 니트로 화합물 트리니트로벤젠·트리니트로톨루엔·피크린산 등	200킬로그램
다. 니트로소 화합물	200킬로그램
라. 아조 화합물	200킬로그램
마. 디아조 화합물	200킬로그램
바. 하이드라진 유도체	200킬로그램
사. 유기과산화물 과초산, 메틸에틸케톤 과산화물, 과산화벤조일 등	50킬로그램
2. 물반응성 물질 및 인화성 고체	
가. 리튬	5킬로그램
나. 칼륨·나트륨	10킬로그램
다. 황	100킬로그램
라. 황린	20킬로그램
마. 황화인·적린	50킬로그램
바. 셀룰로이드류	150킬로그램
사. 알킬알루미늄·알킬리튬	10킬로그램
아. 마그네슘 분말	500킬로그램
자. 금속 분말(마그네슘 분말은 제외한다)	1,000킬로그램
차. 알칼리금속(리튬·칼륨 및 나트륨은 제외한다)	50킬로그램
카. 유기금속화합물(알킬알루미늄 및 알킬리튬은 제외한다)	50킬로그램
타. 금속의 수소화물	300킬로그램
파. 금속의 인화물	300킬로그램
하. 칼슘 탄화물, 알루미늄 탄화물	300킬로그램
3. 산화성 액체 및 산화성 고체	
가. 차아염소산 및 그 염류	
1) 차아염소산	300킬로그램
2) 차아염소산칼륨, 그 밖의 차아염소산염류	50킬로그램
나. 아염소산 및 그 염류	
1) 아염소산	300킬로그램
2) 아염소산칼륨, 그 밖의 아염소산염류	50킬로그램
다. 염소산 및 그 염류	
1) 염소산	300킬로그램
2) 염소산칼륨, 염소산나트륨, 염소산암모늄, 그 밖의 염소산염류	50킬로그램

라. 과염소산 및 그 염류 1) 과염소산 2) 과염소산칼륨, 과염소산나트륨, 과염소산암모늄, 그 밖의 과염소산염류 마. 브롬산 및 그 염류 브롬산염류 바. 요오드산 및 그 염류 요오드산염류 사. 과산화수소 및 무기 과산화물 1) 과산화수소 2) 과산화칼륨, 과산화나트륨, 과산화바륨, 그 밖의 무기 과산화물 아. 질산 및 그 염류 질산칼륨, 질산나트륨, 질산암모늄, 그 밖의 질산염류 자. 과망간산 및 그 염류 차. 중크롬산 및 그 염류	 300킬로그램 50킬로그램 100킬로그램 300킬로그램 300킬로그램 50킬로그램 1,000킬로그램 1,000킬로그램 3,000킬로그램
4. 인화성 액체 가. 에틸에테르·가솔린·아세트알데히드·산화프로필렌, 그 밖에 인화점이 23℃ 미만이고 초기 끓는점이 35℃ 이하인 물질 나. 노말헥산·아세톤·메틸에틸케톤·메틸알코올·에틸알코올·이황화탄소, 그 밖에 인화점이 23℃ 미만이고 초기 끓는점이 35℃를 초과하는 물질 다. 크실렌·아세트산아밀·등유·경유·테레핀유·이소아밀알코올·아세트산·하이드라진, 그 밖에 인화점이 23℃ 이상 60℃ 이하인 물질	 200리터 400리터 1,000리터
5. 인화성 가스 가. 수소 나. 아세틸렌 다. 에틸렌 라. 메탄 마. 에탄 바. 프로판 사. 부탄 아. 영 별표 13에 따른 인화성 가스	50세제곱미터
6. 부식성 물질로서 다음 각 목의 어느 하나에 해당하는 물질 가. 부식성 산류 1) 농도가 20퍼센트 이상인 염산·황산·질산, 그 밖에 이와 동등 이상의 부식성을 가지는 물질 2) 농도가 60퍼센트 이상인 인산·아세트산·불산, 그 밖에 이와 동등 이상의 부식성을 가지는 물질 나. 부식성 염기류 농도가 40퍼센트 이상인 수산화나트륨·수산화칼륨, 그 밖에 이와 동등 이상의 부식성을 가지는 염기류	 300킬로그램 300킬로그램
7. 급성 독성 물질 가. 시안화수소·플루오르아세트산 및 소디움염·디옥신 등 LD50(경구, 쥐)이 킬로그램당 5밀리그램 이하인 독성물질	 5킬로그램

나. LD50(경피, 토끼 또는 쥐)이 킬로그램당 50밀리그램(체중) 이하인 독성물질	5킬로그램
다. 데카보란·디보란·포스핀·이산화질소·메틸이소시아네이트·디클로로아세틸렌·플루오로아세트아마이드·케텐·1,4-디클로로-2-부텐·메틸비닐케톤·벤조트라이클로라이드·산화카드뮴·규산메틸·디페닐메탄디이소시아네이트·디페닐설페이트 등 가스 LC50(쥐, 4시간 흡입)이 100ppm 이하인 화학물질, 증기 LC50(쥐, 4시간 흡입)이 0.5mg/L 이하인 화학물질, 분진 또는 미스트 0.05mg/L 이하인 독성물질	5킬로그램
라. 산화제2수은·시안화나트륨·시안화칼륨·폴리비닐알코올·2-클로로아세트알데히드·염화제2수은 등 LD50(경구, 쥐)이 킬로그램당 5밀리그램(체중) 이상 50밀리그램(체중) 이하인 독성물질	20킬로그램
마. LD50(경피, 토끼 또는 쥐)이 킬로그램당 50밀리그램(체중)이상 200밀리그램(체중) 이하인 독성물질	20킬로그램
바. 황화수소·황산·질산·테트라메틸납·디에틸렌트리아민·플루오린화 카보닐·헥사플루오로아세톤·트리플루오르화염소·푸르푸릴알코올·아닐린·불소·카보닐플루오라이드·발연황산·메틸에틸케톤 과산화물·디메틸에테르·페놀·벤질클로라이드·포스포러스펜톡사이드·벤질디메틸아민·피롤리딘 등 가스 LC50(쥐, 4시간 흡입)이 100ppm 이상 500ppm 이하인 화학물질, 증기 LC50(쥐, 4시간 흡입)이 0.5mg/L 이상 2.0mg/L 이하인 화학물질, 분진 또는 미스트 0.05mg/L 이상 0.5mg/L 이하인 독성물질	20킬로그램
사. 이소프로필아민·염화카드뮴·산화제2코발트·사이클로헥실아민·2-아미노피리딘·아조디이소부티로니트릴 등 LD50(경구, 쥐)이 킬로그램당 50밀리그램(체중) 이상 300밀리그램(체중) 이하인 독성물질	100킬로그램
아. 에틸렌디아민 등 LD50(경피, 토끼 또는 쥐)이 킬로그램당 200밀리그램(체중) 이상 1,000밀리그램(체중) 이하인 독성물질	100킬로그램
자. 불화수소·산화에틸렌·트리에틸아민·에틸아크릴산·브롬화수소·무수아세트산·황화불소·메틸프로필케톤·사이클로헥실아민 등 가스 LC50(쥐, 4시간 흡입)이 500ppm 이상 2,500ppm 이하인 독성물질, 증기 LC50(쥐, 4시간 흡입)이 2.0mg/L 이상 10mg/L 이하인 독성물질, 분진 또는 미스트 0.5mg/L 이상 1.0mg/L 이하인 독성물질	100킬로그램

※ 비고 : 1. 기준량은 제조 또는 취급하는 설비에서 하루 동안 최대로 제조하거나 취급할 수 있는 수량을 말한다.

2. 기준량 항목의 수치는 순도 100퍼센트를 기준으로 산출한다.

3. 2종 이상의 위험물질을 제조하거나 취급하는 경우에는 각 위험물질의 제조 또는 취급량을 구한 후 다음 공식에 따라 산출한 값 R이 1 이상인 경우 기준량을 초과한 것으로 본다.

$$R = \frac{C_1}{T_1} + \frac{C_2}{T_2} + \cdots + \frac{C_n}{T_n}$$

C_n : 위험물질 각각의 제조 또는 취급량

T_n : 위험물질 각각의 기준량

4. 위험물질이 둘 이상의 위험물질로 분류되어 서로 다른 기준량을 가지게 될 경우에는 가장 작은 값의 기준량을 해당 위험물질의 기준량으로 한다.

5. 인화성 가스의 기준량은 운전온도 및 운전압력 상태에서의 값으로 한다.

[별표 10] 삭제(2023.11.14 개정)

[별표 11] (2023.11.14 개정)

굴착면의 기울기 기준

(제339조제1항 관련)

지반의 종류	굴착면의 기울기
모래	1 : 1.8
연암 및 풍화암	1 : 1.0
경암	1 : 0.5
그 밖의 흙	1 : 1.2

※ 비고 : 1. 굴착면의 기울기는 굴착면의 높이에 대한 수평거리의 비율을 말한다.
2. 굴착면의 경사가 달라서 기울기를 계산하기가 곤란한 경우에는 해당 굴착면에 대하여 지반의 종류별 굴착면의 기울기에 따라 붕괴의 위험이 증가하지 않도록 위 표의 지반의 종류별 굴착면의 기울기에 맞게 해당 각 부분의 경사를 유지해야 한다.

[별표 12] (2022.10.18 개정)

관리대상 유해물질의 종류

(제420조, 제439조 및 제440조 관련)

1. 유기화합물(123종)
   1) 글루타르알데히드(Glutaraldehyde ; 111-30-8)
   2) 니트로글리세린(Nitroglycerin ; 55-63-0)
   3) 니트로메탄(Nitromethane ; 75-52-5)
   4) 니트로벤젠(Nitrobenzene ; 98-95-3)
   5) p-니트로아닐린(p-Nitroaniline ; 100-01-6)
   6) p-니트로클로로벤젠(p-Nitrochlorobenzene ; 100-00-5)
   7) 2-니트로톨루엔(2-Nitrotoluene ; 88-72-2)(특별관리물질)
   8) 디(2-에틸헥실)프탈레이트(Di(2-ethylhexyl)phthalate ; 117-81-7)
   9) 디니트로톨루엔(Dinitrotoluene ; 25321-14-6 등)(특별관리물질)
   10) N,N-디메틸아닐린(N,N-Dimethylaniline ; 121-69-7)
   11) 디메틸아민(Dimethylamine ; 124-40-3)
   12) N,N-디메틸아세트아미드(N,N-Dimethylacetamide ; 127-19-5)(특별관리물질)
   13) 디메틸포름아미드(Dimethylformamide ; 68-12-2)(특별관리물질)
   14) 디부틸 프탈레이트(Dibutyl phthalate ; 84-74-2)(특별관리물질)
   15) 디에탄올아민(Diethanolamine ; 111-42-2)
   16) 디에틸 에테르(Diethyl ether ; 60-29-7)
   17) 디에틸렌트리아민(Diethylenetriamine ; 111-40-0)
   18) 2-디에틸아미노에탄올(2-Diethylaminoethanol ; 100-37-8)
   19) 디에틸아민(Diethylamine ; 109-89-7)
   20) 1,4-디옥산(1,4-Dioxane ; 123-91-1)
   21) 디이소부틸케톤(Diisobutylketone ; 108-83-8)
   22) 1,1-디클로로-1-플루오로에탄(1,1-Dichloro-1-fluoroethane ; 1717-00-6)
   23) 디클로로메탄(Dichloromethane ; 75-09-2)
   24) o-디클로로벤젠(o-Dichlorobenzene ; 95-50-1)
   25) 1,2-디클로로에탄(1,2-Dichloroethane ; 107-06-2)(특별관리물질)
   26) 1,2-디클로로에틸렌(1,2-Dichloroethylene ; 540-59-0 등)
   27) 1,2-디클로로프로판(1,2-Dichloropropane ; 78-87-5)(특별관리물질)
   28) 디클로로플루오로메탄(Dichlorofluoromethane ; 75-43-4)
   29) p-디히드록시벤젠(p-dihydroxybenzene ; 123-31-9)
   30) 메탄올(Methanol ; 67-56-1)
   31) 2-메톡시에탄올(2-Methoxyethanol ; 109-86-4)(특별관리물질)
   32) 2-메톡시에틸 아세테이트(2-Methoxyethyl acetate ; 110-49-6)(특별관리물질)
   33) 메틸 n-부틸 케톤(Methyl n-butyl ketone ; 591-78-6)
   34) 메틸 n-아밀 케톤(Methyl n-amyl ketone ; 110-43-0)
   35) 메틸 아민(Methyl amine ; 74-89-5)

36) 메틸 아세테이트(Methyl acetate ; 79-20-9)
37) 메틸 에틸 케톤(Methyl ethyl ketone ; 78-93-3)
38) 메틸 이소부틸 케톤(Methyl isobutyl ketone ; 108-10-1)
39) 메틸 클로라이드(Methyl chloride ; 74-87-3)
40) 메틸 클로로포름(Methyl chloroform ; 71-55-6)
41) 메틸렌 비스(페닐 이소시아네이트)(Methylene bis(phenyl isocyanate) ; 101-68-8 등)
42) o-메틸시클로헥사논(o-Methylcyclohexanone ; 583-60-8)
43) 메틸시클로헥사놀(Methylcyclohexanol ; 25639-42-3 등)
44) 무수 말레산(Maleic anhydride ; 108-31-6)
45) 무수 프탈산(Phthalic anhydride ; 85-44-9)
46) 벤젠(Benzene ; 71-43-2)(특별관리물질)
47) 벤조(a)피렌[Benzo(a)pyrene ; 50-32-8](특별관리물질)
48) 1,3-부타디엔(1,3-Butadiene ; 106-99-0)(특별관리물질)
49) n-부탄올(n-Butanol ; 71-36-3)
50) 2-부탄올(2-Butanol ; 78-92-2)
51) 2-부톡시에탄올(2-Butoxyethanol ; 111-76-2)
52) 2-부톡시에틸 아세테이트(2-Butoxyethyl acetate ; 112-07-2)
53) n-부틸 아세테이트(n-Butyl acetate ; 123-86-4)
54) 1-브로모프로판(1-Bromopropane ; 106-94-5)(특별관리물질)
55) 2-브로모프로판(2-Bromopropane ; 75-26-3)(특별관리물질)
56) 브롬화 메틸(Methyl bromide ; 74-83-9)
57) 브이엠 및 피 나프타(VM&P Naphtha ; 8032-32-4)
58) 비닐 아세테이트(Vinyl acetate ; 108-05-4)
59) 사염화탄소(Carbon tetrachloride ; 56-23-5)(특별관리물질)
60) 스토다드 솔벤트(Stoddard solvent ; 8052-41-3)(벤젠을 0.1% 이상 함유한 경우만 특별관리물질)
61) 스티렌(Styrene ; 100-42-5)
62) 시클로헥사논(Cyclohexanone ; 108-94-1)
63) 시클로헥사놀(Cyclohexanol ; 108-93-0)
64) 시클로헥산(Cyclohexane ; 110-82-7)
65) 시클로헥센(Cyclohexene ; 110-83-8)
66) 시클로헥실아민(Cyclohexylamine ; 108-91-8)
67) 아닐린[62-53-3] 및 그 동족체(Aniline and its homologues)
68) 아세토니트릴(Acetonitrile ; 75-05-8)
69) 아세톤(Acetone ; 67-64-1)
70) 아세트알데히드(Acetaldehyde ; 75-07-0)
71) 아크릴로니트릴(Acrylonitrile ; 107-13-1)(특별관리물질)
72) 아크릴아미드(Acrylamide ; 79-06-1)(특별관리물질)
73) 알릴 글리시딜 에테르(Allyl glycidyl ether ; 106-92-3)
74) 에탄올아민(Ethanolamine ; 141-43-5)
75) 2-에톡시에탄올(2-Ethoxyethanol ; 110-80-5)(특별관리물질)

76) 2-에톡시에틸 아세테이트(2-Ethoxyethyl acetate ; 111-15-9)(특별관리물질)
77) 에틸 벤젠(Ethyl benzene ; 100-41-4)
78) 에틸 아세테이트(Ethyl acetate ; 141-78-6)
79) 에틸 아크릴레이트(Ethyl acrylate ; 140-88-5)
80) 에틸렌 글리콜(Ethylene glycol ; 107-21-1)
81) 에틸렌 글리콜 디니트레이트(Ethylene glycol dinitrate ; 628-96-6)
82) 에틸렌 클로로히드린(Ethylene chlorohydrin ; 107-07-3)
83) 에틸렌이민(Ethyleneimine ; 151-56-4)(특별관리물질)
84) 에틸아민(Ethylamine ; 75-04-7)
85) 2,3-에폭시-1-프로판올(2,3-Epoxy-1-propanol ; 556-52-5 등)(특별관리물질)
86) 1,2-에폭시프로판(1,2-Epoxypropane ; 75-56-9 등)(특별관리물질)
87) 에피클로로히드린(Epichlorohydrin ; 106-89-8 등)(특별관리물질)
88) 와파린(Warfarin ; 81-81-2)(특별관리물질)
89) 요오드화 메틸(Methyl iodide ; 74-88-4)
90) 이소부틸 아세테이트(Isobutyl acetate ; 110-19-0)
91) 이소부틸 알코올(Isobutyl alcohol ; 78-83-1)
92) 이소아밀 아세테이트(Isoamyl acetate ; 123-92-2)
93) 이소아밀 알코올(Isoamyl alcohol ; 123-51-3)
94) 이소프로필 아세테이트(Isopropyl acetate ; 108-21-4)
95) 이소프로필 알코올(Isopropyl alcohol ; 67-63-0)
96) 이황화탄소(Carbon disulfide ; 75-15-0)
97) 크레졸(Cresol ; 1319-77-3 등)
98) 크실렌(Xylene ; 1330-20-7 등)
99) 2-클로로-1,3-부타디엔(2-Chloro-1,3-butadiene ; 126-99-8)
100) 클로로벤젠(Chlorobenzene ; 108-90-7)
101) 1,1,2,2-테트라클로로에탄(1,1,2,2-Tetrachloroethane ; 79-34-5)
102) 테트라히드로푸란(Tetrahydrofuran ; 109-99-9)
103) 톨루엔(Toluene ; 108-88-3)
104) 톨루엔-2,4-디이소시아네이트(Toluene-2,4-diisocyanate ; 584-84-9 등)
105) 톨루엔-2,6-디이소시아네이트(Toluene-2,6-diisocyanate) ; 91-08-7 등)
106) 트리에틸아민(Triethylamine ; 121-44-8)
107) 트리클로로메탄(Trichloromethane ; 67-66-3)
108) 1,1,2-트리클로로에탄(1,1,2-Trichloroethane ; 79-00-5)
109) 트리클로로에틸렌(Trichloroethylene ; 79-01-6)(특별관리물질)
110) 1,2,3-트리클로로프로판(1,2,3-Trichloropropane ; 96-18-4)(특별관리물질)
111) 퍼클로로에틸렌(Perchloroethylene ; 127-18-4)(특별관리물질)
112) 페놀(Phenol ; 108-95-2)(특별관리물질)
113) 페닐 글리시딜 에테르(Phenyl glycidyl ether ; 122-60-1 등)
114) 포름아미드(Formamide ; 75-12-7)(특별관리물질)
115) 포름알데히드(Formaldehyde ; 50-00-0)(특별관리물질)
116) 프로필렌이민(Propyleneimine ; 75-55-8)(특별관리물질)

117) n-프로필 아세테이트(n-Propyl acetate ; 109-60-4)
118) 피리딘(Pyridine ; 110-86-1)
119) 헥사메틸렌 디이소시아네이트(Hexamethylene diisocyanate ; 822-06-0)
120) n-헥산(n-Hexane ; 110-54-3)
121) n-헵탄(n-Heptane ; 142-82-5)
122) 황산 디메틸(Dimethyl sulfate ; 77-78-1)(특별관리물질)
123) 히드라진[302-01-2] 및 그 수화물(Hydrazine and its hydrates)(특별관리물질)
124) 1)부터 123)까지의 물질을 중량비율 1%[N,N-디메틸아세트아미드(특별관리물질), 디메틸포름아미드(특별관리물질), 디부틸 프탈레이트(특별관리물질), 2-메톡시에탄올(특별관리물질), 2-메톡시에틸 아세테이트(특별관리물질), 1-브로모프로판(특별관리물질), 2-브로모프로판(특별관리물질), 2-에톡시에탄올(특별관리물질), 2-에톡시에틸 아세테이트(특별관리물질), 와파린(특별관리물질), 페놀(특별관리물질) 및 포름아미드(특별관리물질)는 0.3%, 그 밖의 특별관리물질은 0.1%] 이상 함유한 혼합물

2. 금속류(25종)
1) 구리[7440-50-8] 및 그 화합물(Copper and its compounds)
2) 납[7439-92-1] 및 그 무기화합물(Lead and its inorganic compounds)(특별관리물질)
3) 니켈[7440-02-0] 및 그 무기화합물, 니켈 카르보닐(Nickel and its inorganic compounds, Nickel carbonyl)(불용성화합물만 특별관리물질)
4) 망간[7439-96-5] 및 그 무기화합물(Manganese and its inorganic compounds)
5) 바륨[7440-39-3] 및 그 가용성 화합물(Barium and its soluble compounds)
6) 백금[7440-06-4] 및 그 화합물(Platinum and its compounds)
7) 산화마그네슘(Magnesium oxide ; 1309-48-4)
8) 산화붕소(Boron oxide ; 1303-86-2)(특별관리물질)
9) 셀레늄[7782-49-2] 및 그 화합물(Selenium and its compounds)
10) 수은[7439-97-6] 및 그 화합물(Mercury and its compounds)(특별관리물질. 다만, 아릴화합물 및 알킬화합물은 특별관리물질에서 제외한다)
11) 아연[7440-66-6] 및 그 화합물(Zinc and its compounds)
12) 안티몬[7440-36-0] 및 그 화합물(Antimony and its compounds)(삼산화안티몬만 특별관리물질)
13) 알루미늄[7429-90-5] 및 그 화합물(Aluminum and its compounds)
14) 오산화바나듐(Vanadium pentoxide ; 1314-62-1)
15) 요오드[7553-56-2] 및 요오드화물(Iodine and iodides)
16) 은[7440-22-4] 및 그 화합물(Silver and its compounds)
17) 이산화티타늄(Titanium dioxide ; 13463-67-7)
18) 인듐[7440-74-6] 및 그 화합물(Indium and its compounds)
19) 주석[7440-31-5] 및 그 화합물(Tin and its compounds)
20) 지르코늄[7440-67-7] 및 그 화합물(Zirconium and its compounds)
21) 철[7439-89-6] 및 그 화합물(Iron and its compounds)
22) 카드뮴[7440-43-9] 및 그 화합물(Cadmium and its compounds)(특별관리물질)
23) 코발트[7440-48-4] 및 그 무기화합물(Cobalt and its inorganic compounds)

24) 크롬[7440-47-3] 및 그 화합물(Chromium and its compounds)(6가크롬 화합물만 특별관리물질)
25) 텅스텐[7440-33-7] 및 그 화합물(Tungsten and its compounds)
26) 1)부터 25)까지의 물질을 중량비율 1%[납 및 그 무기화합물(특별관리물질), 산화붕소(특별관리물질), 수은 및 그 화합물(특별관리물질. 다만, 아릴화합물 및 알킬화합물은 특별관리물질에서 제외한다)은 0.3%, 그 밖의 특별관리물질은 0.1%] 이상 함유한 혼합물

3. 산·알칼리류(18종)
1) 개미산(Formic acid ; 64-18-6)
2) 과산화수소(Hydrogen peroxide ; 7722-84-1)
3) 무수 초산(Acetic anhydride ; 108-24-7)
4) 불화수소(Hydrogen fluoride ; 7664-39-3)
5) 브롬화수소(Hydrogen bromide ; 10035-10-6)
6) 사붕소산 나트륨(무수물, 오수화물)(Sodium tetraborate ; 1330-43-4, 12179-04-3)(특별관리물질)
7) 수산화 나트륨(Sodium hydroxide ; 1310-73-2)
8) 수산화 칼륨(Potassium hydroxide ; 1310-58-3)
9) 시안화 나트륨(Sodium cyanide ; 143-33-9)
10) 시안화 칼륨(Potassium cyanide ; 151-50-8)
11) 시안화 칼슘(Calcium cyanide ; 592-01-8)
12) 아크릴산(Acrylic acid ; 79-10-7)
13) 염화수소(Hydrogen chloride ; 7647-01-0)
14) 인산(Phosphoric acid ; 7664-38-2)
15) 질산(Nitric acid ; 7697-37-2)
16) 초산(Acetic acid ; 64-19-7)
17) 트리클로로아세트산(Trichloroacetic acid ; 76-03-9)
18) 황산(Sulfuric acid ; 7664-93-9)(pH 2.0 이하인 강산은 특별관리물질)
19) 1)부터 18)까지의 물질을 중량비율 1%[사붕소산나트륨(무수물, 오수화물)(특별관리물질)은 0.3%, pH 2.0 이하인 황산(특별관리물질)은 0.1%] 이상 함유한 혼합물

4. 가스 상태 물질류(15종)
1) 불소(Fluorine ; 7782-41-4)
2) 브롬(Bromine ; 7726-95-6)
3) 산화에틸렌(Ethylene oxide ; 75-21-8)(특별관리물질)
4) 삼수소화 비소(Arsine ; 7784-42-1)
5) 시안화 수소(Hydrogen cyanide ; 74-90-8)
6) 암모니아(Ammonia ; 7664-41-7 등)
7) 염소(Chlorine ; 7782-50-5)
8) 오존(Ozone ; 10028-15-6)
9) 이산화질소(nitrogen dioxide ; 10102-44-0)
10) 이산화황(Sulfur dioxide ; 7446-09-5)

11) 일산화질소(Nitric oxide ; 10102-43-9)
12) 일산화탄소(Carbon monoxide ; 630-08-0)
13) 포스겐(Phosgene ; 75-44-5)
14) 포스핀(Phosphine ; 7803-51-2)
15) 황화수소(Hydrogen sulfide ; 7783-06-4)
16) 1)부터 15)까지의 물질을 중량비율 1%(특별관리물질은 0.1%) 이상 함유한 혼합물

※ 비고 : '등'이란 해당 화학물질에 이성질체 등 동일 속성을 가지는 2개 이상의 화합물이 존재할 수 있는 경우를 말한다.

[별표 13]

관리대상 유해물질 관련 국소배기장치 후드의 제어풍속

(제429조 관련)

물질의 상태	후드 형식	제어풍속(m/sec)
가스 상태	포위식 포위형	0.4
	외부식 측방흡인형	0.5
	외부식 하방흡인형	0.5
	외부식 상방흡인형	1.0
입자 상태	포위식 포위형	0.7
	외부식 측방흡인형	1.0
	외부식 하방흡인형	1.0
	외부식 상방흡인형	1.2

※ 비고 :

1. "가스 상태"란 관리대상 유해물질이 후드로 빨아들여질 때의 상태가 가스 또는 증기인 경우를 말한다.
2. "입자 상태"란 관리대상 유해물질이 후드로 빨아들여질 때의 상태가 흄, 분진 또는 미스트인 경우를 말한다.
3. "제어풍속"이란 국소배기장치의 모든 후드를 개방한 경우의 제어풍속으로서 다음 각 목에 따른 위치에서의 풍속을 말한다.
   가. 포위식 후드에서는 후드 개구면에서의 풍속
   나. 외부식 후드에서는 해당 후드에 의하여 관리대상 유해물질을 빨아들이려는 범위 내에서 해당 후드 개구면으로부터 가장 먼 거리의 작업위치에서의 풍속

[별표 14] (2024.6.28 개정)

혈액노출 근로자에 대한 조치사항

(제598조제2항 관련)

1. B형 간염에 대한 조치사항

근로자의 상태[1]		노출된 혈액의 상태에 따른 치료 방침		
		HBsAg 양성	HBsAg 음성	검사를 할 수 없거나 혈액의 상태를 모르는 경우
예방접종[2]하지 않은 경우		HBIG[3] 1회 투여 및 B형간염 예방접종 실시	B형간염 예방접종 실시	B형간염 예방접종 실시
예방 접종한 경우	항체형성 HBsAb(+)	치료하지 않음	치료하지 않음	치료하지 않음
	항체미형성 HBsAb(-)	HBIG 2회 투여[4] 또는 HBIG 1회 투여 및 B형간염 백신 재접종	치료하지 않음	고위험 감염원인 경우 HBsAg 양성의 경우와 같이 치료함
	모름	항체(HBsAb) 검사 : 1. 적절[5] : 치료하지 않음 2. 부적절 : HBIG 1회투여 및 B형간염 백신 추가접종	치료하지 않음	항체(HBsAb[6]) 검사 : 1. 적절 : 치료하지 않음 2. 부적절 : B형간염백신 추가접종과 1~2개월 후 항체역가검사

※ 비고 :

1. 과거 B형간염을 앓았던 사람은 면역이 되므로 예방접종이 필요하지 않다.
2. 예방접종은 B형간염 백신을 3회 접종완료한 것을 의미한다.
3. HBIG(B형간염 면역글로불린)는 가능한 한 24시간 이내에 0.06 ml/kg을 근육주사한다.
4. HBIG 2회 투여는 예방접종을 2회 하였지만 항체가 형성되지 않은 사람 또는 예방접종을 2회 하지 않았거나 2회차 접종이 완료되지 않은 사람에게 투여하는 것을 의미한다.
5. 항체가 적절하다는 것은 혈청내 항체(anti HBs)가 10mIU/ml 이상임을 말한다.
6. HBsAg(Hepatitis B Antigen) : B형간염 항원

2. 인체면역결핍 바이러스에 대한 조치사항

노출 형태 / 혈액의 감염상태	침습적 노출		점막 및 피부노출	
	심한 노출[5]	가벼운 노출[6]	다량 노출[7]	소량 노출[8]
인체면역결핍 바이러스 양성-1급[1]	확장 3제 예방요법[9]		확장 3제 예방요법	기본 2제 예방요법
인체면역결핍 바이러스 양성-2급[2]	확장 3제 예방요법	기본 2제 예방요법	기본 2제 예방요법[10]	

혈액의 인체면역결핍 바이러스 감염상태 모름[3]	예방요법 필요 없음. 그러나 인체면역결핍 바이러스 위험요인이 있으면 기본 2제 예방요법 고려
노출된 혈액을 확인할 수 없음[4]	예방요법 필요 없음. 그러나 인체면역결핍 바이러스에 감염된 환자의 것으로 추정되면 기본 2제 예방요법 고려
인체면역결핍 바이러스 음성	예방요법 필요 없음

※ 비고 :

1. 다량의 바이러스(1,500 RNA copies/ml 이상), 감염의 증상, 후천성면역결핍증 등이 있는 경우이다.
2. 무증상 또는 소량의 바이러스이다.
3. 노출된 혈액이 사망한 사람의 혈액이거나 추적이 불가능한 경우 등 검사할 수 없는 경우이다.
4. 폐기한 혈액 또는 주사침 등에 의한 노출로 혈액원(血液源)을 파악할 수 없는 경우 등이다.
5. 환자의 근육 또는 혈관에 사용한 주사침이나 도구에 혈액이 묻어 있는 것이 맨눈으로 확인되는 경우 등이다.
6. 피상적 손상이거나 주사침에 혈액이 보이지 않는 경우 등이다.
7. 혈액이 뿌려지거나 흘려진 경우 등이다.
8. 혈액이 몇 방울 정도 묻은 경우 등이다.
9. 해당 전문가의 견해에 따라 결정한다.
10. 해당 전문가의 견해에 따라 결정한다.

[별표 15] (2024.6.28 개정)

혈액노출후 추적관리
(제598조제2항 관련)

감염병	추적관리 내용 및 시기
B형간염 바이러스	HBsAg : 노출 후 3개월, 6개월
C형간염 바이러스	anti HCV RNA : 4~6주 anti HCV : 4~6개월
인체면역결핍 바이러스	anti HIV : 6주, 12주, 6개월

※ 비고 :

1. anti HCV RNA : C형간염바이러스 RNA 검사
2. anti HCV : C형간염항체 검사
3. anti HIV : 인체면역결핍항체 검사

[별표 16] (2021.5.28 개정)

분진작업의 종류

(제605조제2호 관련)

1. 토석·광물·암석(이하 "암석등"이라 하고, 습기가 있는 상태의 것은 제외한다. 이하 이 표에서 같다)을 파내는 장소에서의 작업. 다만, 다음 각 목의 어느 하나에서 정하는 작업은 제외한다.
   가. 갱 밖의 암석등을 습식에 의하여 시추하는 장소에서의 작업
   나. 실외의 암석등을 동력 또는 발파에 의하지 않고 파내는 장소에서의 작업
2. 암석등을 싣거나 내리는 장소에서의 작업
3. 갱내에서 암석등을 운반, 파쇄·분쇄하거나 체로 거르는 장소(수중작업은 제외한다) 또는 이들을 쌓거나 내리는 장소에서의 작업
4. 갱내의 제1호부터 제3호까지의 규정에 따른 장소와 근접하는 장소에서 분진이 붙어 있거나 쌓여 있는 기계설비 또는 전기설비를 이설(移設)·철거·점검 또는 보수하는 작업
5. 암석등을 재단·조각 또는 마무리하는 장소에서의 작업(화염을 이용한 작업은 제외한다)
6. 연마재의 분사에 의하여 연마하는 장소나 연마재 또는 동력을 사용하여 암석·광물 또는 금속을 연마·주물 또는 재단하는 장소에서의 작업(화염을 이용한 작업은 제외한다)
7. 갱내가 아닌 장소에서 암석등·탄소원료 또는 알루미늄박을 파쇄·분쇄하거나 체로 거르는 장소에서의 작업
8. 시멘트·비산재·분말광석·탄소원료 또는 탄소제품을 건조하는 장소, 쌓거나 내리는 장소, 혼합·살포·포장하는 장소에서의 작업
9. 분말 상태의 알루미늄 또는 산화티타늄을 혼합·살포·포장하는 장소에서의 작업
10. 분말 상태의 광석 또는 탄소원료를 원료 또는 재료로 사용하는 물질을 제조·가공하는 공정에서 분말 상태의 광석, 탄소원료 또는 그 물질을 함유하는 물질을 혼합·혼입 또는 살포하는 장소에서의 작업
11. 유리 또는 법랑을 제조하는 공정에서 원료를 혼합하는 작업이나 원료 또는 혼합물을 용해로에 투입하는 작업(수중에서 원료를 혼합하는 장소에서의 작업은 제외한다)
12. 도자기, 내화물(耐火物), 형사토 제품 또는 연마재를 제조하는 공정에서 원료를 혼합 또는 성형하거나, 원료 또는 반제품을 건조하거나, 반제품을 차에 싣거나 쌓은 장소에서의 작업이나 가마 내부에서의 작업. 다만, 다음 각 목의 어느 하나에 정하는 작업은 제외한다.
    가. 도자기를 제조하는 공정에서 원료를 투입하거나 성형하여 반제품을 완성하거나 제품을 내리고 쌓은 장소에서의 작업
    나. 수중에서 원료를 혼합하는 장소에서의 작업
13. 탄소제품을 제조하는 공정에서 탄소원료를 혼합하거나 성형하여 반제품을 노(爐)에 넣거나 반제품 또는 제품을 노에서 꺼내거나 제작하는 장소에서의 작업
14. 주형을 사용하여 주물을 제조하는 공정에서 주형(鑄型)을 해체 또는 탈사(脫砂)하거나 주물모래를 재생하거나 혼련(混鍊)하거나 주조품 등을 절삭하는 장소에서의 작업
15. 암석등을 운반하는 암석전용선의 선창(船艙) 내에서 암석등을 빠뜨리거나 한군데로 모으는 작업
16. 금속 또는 그 밖의 무기물을 제련하거나 녹이는 공정에서 토석 또는 광물을 개방로에 투입·소결(燒結)·탕출(湯出) 또는 주입하는 장소에서의 작업(전기로에서 탕출하는 장소나 금형을 주입하는 장소에서의 작업은 제외한다)

17. 분말 상태의 광물을 연소하는 공정이나 금속 또는 그 밖의 무기물을 제련하거나 녹이는 공정에서 노(爐)·연도(煙道) 또는 굴뚝 등에 붙어 있거나 쌓여 있는 광물찌꺼기 또는 재를 긁어내거나 한곳에 모으거나 용기에 넣는 장소에서의 작업
18. 내화물을 이용한 가마 또는 노 등을 축조 또는 수리하거나 내화물을 이용한 가마 또는 노 등을 해체하거나 파쇄하는 작업
19. 실내·갱내·탱크·선박·관 또는 차량 등의 내부에서 금속을 용접하거나 용단하는 작업
20. 금속을 녹여 뿌리는 장소에서의 작업
21. 동력을 이용하여 목재를 절단·연마 및 분쇄하는 장소에서의 작업
22. 면(綿)을 섞거나 두드리는 장소에서의 작업
23. 염료 및 안료를 분쇄하거나 분말 상태의 염료 및 안료를 계량·투입·포장하는 장소에서의 작업
24. 곡물을 분쇄하거나 분말 상태의 곡물을 계량·투입·포장하는 장소에서의 작업
25. 유리섬유 또는 암면(巖綿)을 재단·분쇄·연마하는 장소에서의 작업
26. 「기상법 시행령」 제8조제2항제8호에 따른 황사 경보 발령지역 또는 「대기환경보전법 시행령」 제2조제3항제1호 및 제2호에 따른 미세먼지(PM-10, PM-2.5) 경보 발령지역에서의 옥외 작업

[별표 17]

분진작업장소에 설치하는 국소배기장치의 제어풍속
(제609조 관련)

1. 제607조 및 제617조제1항 단서에 따라 설치하는 국소배기장치(연삭기, 드럼 샌더(drum sander) 등의 회전체를 가지는 기계에 관련되어 분진작업을 하는 장소에 설치하는 것은 제외한다)의 제어풍속

분진 작업 장소	제어풍속(미터/초)			
	포위식 후드의 경우	외부식 후드의 경우		
		측방 흡인형	하방 흡인형	상방 흡인형
암석등 탄소원료 또는 알루미늄 박을 체로 거르는 장소	0.7	–	–	–
주물모래를 재생하는 장소	0.7	–	–	–
주형을 부수고 모래를 터는 장소	0.7	1.3	1.3	–
그 밖의 분진작업장소	0.7	1.0	1.0	1.2

※ 비고 :

1. 제어풍속이란 국소배기장치의 모든 후드를 개방한 경우의 제어풍속으로서 다음 각 목의 위치에서 측정한다.
   가. 포위식 후드에서는 후드 개구면
   나. 외부식 후드에서는 해당 후드에 의하여 분진을 빨아들이려는 범위에서 그 후드 개구면으로부터 가장 먼 거리의 작업위치

2. 제607조 및 제617조제1항 단서의 규정에 따라 설치하는 국소배기장치 중 연삭기, 드럼 샌더 등의 회전체를 가지는 기계에 관련되어 분진작업을 하는 장소에 설치된 국소배기장치의 후드의 설치방법에 따른 제어풍속

후드의 설치방법	제어풍속(미터/초)
회전체를 가지는 기계 전체를 포위하는 방법	0.5
회전체의 회전으로 발생하는 분진의 흩날림방향을 후드의 개구면으로 덮는 방법	5.0
회전체만을 포위하는 방법	5.0

※ 비고 : 제어풍속이란 국소배기장치의 모든 후드를 개방한 경우의 제어풍속으로서, 회전체를 정지한 상태에서 후드의 개구면에서의 최소풍속을 말한다.

[별표 18] (2023.11.14 개정)

밀폐공간

(제618조제1호 관련)

1. 다음의 지층에 접하거나 통하는 우물·수직갱·터널·잠함·피트 또는 그밖에 이와 유사한 것의 내부
   가. 상층에 물이 통과하지 않는 지층이 있는 역암층 중 함수 또는 용수가 없거나 적은 부분
   나. 제1철 염류 또는 제1망간 염류를 함유하는 지층
   다. 메탄·에탄 또는 부탄을 함유하는 지층
   라. 탄산수를 용출하고 있거나 용출할 우려가 있는 지층
2. 장기간 사용하지 않은 우물 등의 내부
3. 케이블·가스관 또는 지하에 부설되어 있는 매설물을 수용하기 위하여 지하에 부설한 암거·맨홀 또는 피트의 내부
4. 빗물·하천의 유수 또는 용수가 있거나 있었던 통·암거·맨홀 또는 피트의 내부
5. 바닷물이 있거나 있었던 열교환기·관·암거·맨홀·둑 또는 피트의 내부
6. 장기간 밀폐된 강재(鋼材)의 보일러·탱크·반응탑이나 그 밖에 그 내벽이 산화하기 쉬운 시설(그 내벽이 스테인리스강으로 된 것 또는 그 내벽의 산화를 방지하기 위하여 필요한 조치가 되어 있는 것은 제외한다)의 내부
7. 석탄·아탄·황화광·강재·원목·건성유(乾性油)·어유(魚油) 또는 그 밖의 공기 중의 산소를 흡수하는 물질이 들어 있는 탱크 또는 호퍼(hopper) 등의 저장시설이나 선창의 내부
8. 천장·바닥 또는 벽이 건성유를 함유하는 페인트로 도장되어 그 페인트가 건조되기 전에 밀폐된 지하실·창고 또는 탱크 등 통풍이 불충분한 시설의 내부
9. 곡물 또는 사료의 저장용 창고 또는 피트의 내부, 과일의 숙성용 창고 또는 피트의 내부, 종자의 발아용 창고 또는 피트의 내부, 버섯류의 재배를 위하여 사용하고 있는 사일로(silo), 그 밖에 곡물 또는 사료종자를 적재한 선창의 내부
10. 간장·주류·효모 그 밖에 발효하는 물품이 들어 있거나 들어 있었던 탱크·창고 또는 양조주의 내부
11. 분뇨, 오염된 흙, 썩은 물, 폐수, 오수, 그 밖에 부패하거나 분해되기 쉬운 물질이 들어있는 정화조·침전조·집수조·탱크·암거·맨홀·관 또는 피트의 내부
12. 드라이아이스를 사용하는 냉장고·냉동고·냉동화물자동차 또는 냉동컨테이너의 내부
13. 헬륨·아르곤·질소·프레온·이산화탄소 또는 그 밖의 불활성기체가 들어 있거나 있었던 보일러·탱크 또는 반응탑 등 시설의 내부
14. 산소농도가 18퍼센트 미만 또는 23.5퍼센트 이상, 이산화탄소농도가 1.5퍼센트 이상, 일산화탄소농도가 30피피엠 이상 또는 황화수소농도가 10피피엠 이상인 장소의 내부
15. 갈탄·목탄·연탄난로를 사용하는 콘크리트 양생장소(養生場所) 및 가설숙소 내부
16. 화학물질이 들어있던 반응기 및 탱크의 내부
17. 유해가스가 들어있던 배관이나 집진기의 내부
18. 근로자가 상주(常住)하지 않는 공간으로서 출입이 제한되어 있는 장소의 내부

■ 산업안전보건기준에 관한 규칙 [별지 제1호서식] 삭제(2012.3.5)

■ 산업안전보건기준에 관한 규칙 [별지 제2호서식] 삭제(2012.3.5)

■ 산업안전보건기준에 관한 규칙 [별지 제3호서식]

<u>석면함유 잔재물 등의 처리 시 표지</u>(제496조 관련)

1. 양 식

석 면 함 유

신 호 어: 발암성물질

유해 · 위험성: 폐암, 악성중피종, 석면폐 등

예방조치 문구: 취급 또는 폐기 시 석면분진이 발생하지 않도록 해야 합니다.
취급근로자는 방진마스크 등 개인보호구를 착용해야 합니다.

공급자 정보:

※ "공급자 정보"에는 석면해체 · 제거 사업주의 성명, 주소, 전화번호를 적습니다.

2. 규 격

규 격
300㎠(가로×세로) 이상 (0.25×세로)≤가로≤(4×세로)

■ 산업안전보건기준에 관한 규칙 [별지 제4호서식] (2017.3.3 신설)

<u>밀폐공간 출입금지 표지</u>(제622조 관련)

1. 양식

2. 규격 및 색상

가. 규격: 밀폐공간의 크기에 따라 적당한 규격으로 하되, 최소한 가로 21센티미터, 세로 29.7센티미터 이상으로 한다.

나. 색상: 전체 바탕은 흰색, 글씨는 검정색, 위험 글씨는 노란색, 전체 테두리 및 위험 글자 영역의 바탕은 빨간색으로 한다.

유해·위험작업의 취업 제한에 관한 규칙

유해·위험작업의 취업 제한에 관한 규칙

제정 1992. 3.21	노동부령 제 77호	
개정 1994. 1. 7	노동부령 제 88호	
	〈생략〉	
2019. 1.31	고용노동부령 제243호	
2019. 3.29	고용노동부령 제246호	
2019.12.26	고용노동부령 제274호	
2020.12.31	고용노동부령 제305호	
2022. 2.17	고용노동부령 제347호	
2024. 3.13	고용노동부령 제412호	

제1조 【목적】 이 규칙은 「산업안전보건법」 제140조에 따라 유해하거나 위험한 작업에 대한 취업 제한에 관한 사항과 그 시행에 필요한 사항을 규정함을 목적으로 한다. (2019.12.26 개정)

제2조 【정의】 이 규칙에서 사용하는 용어의 뜻은 이 규칙에 특별한 규정이 없으면 「산업안전보건법」(이하 "법"이라 한다), 같은 법 시행령, 같은 법 시행규칙, 「산업안전보건기준에 관한 규칙」에서 정하는 바에 따른다. (2011.7.6 개정)

제3조 【자격·면허 등이 필요한 작업의 범위 등】 ① 법 제140조제1항에 따른 작업과 그 작업에 필요한 자격·면허·경험 또는 기능은 별표 1과 같다. (2019.12.26 개정)
② 법 제140조제1항에 따른 작업에 대한 취업 제한은 별표 1에 규정된 해당 법령에서 정하는 경우를 제외하고는 해당 작업을 직접 하는 사람에게만 적용하며, 해당 작업의 보조자에게는 적용하지 아니한다. (2019.12.26 개정)

제4조 【자격취득 등을 위한 교육기관】 ① 법 제140조제2항에 따른 자격·면허의 취득 또는 근로자의 기능습득을 위한 교육기관은 「한국산업안전보건공단법」에 따른 한국산업안전보건공단(이하 "공단"이라 한다)과 「민법」 또는 특별법에 따라 설립된 법인으로서 별표 1의2에 따른 인력, 별표 2부터 별표 5까지 및 별표 5의2부터 별표 5의4까지에 따른 시설·장비를 갖춘 기관 중 해당 법인의 소재지를 관할하는 지방고용노동청장 또는 지청장(이하 "관할 지방고용노동관서의 장"이라 한다)의 지정을 받은 기관(이하 "지정교육기관"이라 한다)으로 한다. (2019.12.26 개정)
② 관할 지방고용노동관서의 장은 제1항에 따른 지정을 하는 경우에는 인력 수급(需給) 상황을 고려하여야 한다. (2011.3.16 개정)

제5조 【지정 신청 등】 ① 지정교육기관의 지정을 받으려는 자는 별지 제1호서식의 교육기관 지정신청서에 다음 각 호의 서류를 첨부하여 관할 지방고용노동관서의 장에게 제출하여야 한다. (2011.3.16 개정)
1. 정관
2. 별표 1의2에 따른 인력기준에 해당하는 사람의 자격과 채용을 증명할 수 있는 서류
3. 건물임대차계약서 사본이나 그 밖에 사무실의 보유를 증명할 수 있는 서류(건물등기부 등본을 통하여 사무실을 확인할 수 없는 경우만 해당한다)와 시설·설비 명세서
4. 최초 1년간의 교육계획서

② 제1항에 따른 신청서를 받은 관할 지방고용노동관서의 장은 「전자정부법」 제36조제1항에 따른 행정정보의 공동이용을 통하여 다음 각 호의 서류를 확인하여야 한다. (2011.3.16 개정)
1. 법인등기사항증명서
2. 건물등기부 등본

③ 관할 지방고용노동관서의 장은 제1항에 따라 교육기관 지정신청서를 접수한 경우에는 지정신청서를 접수한 날부터 30일 이내에 별지 제2호서식의 교육기관 지정서를 발급하거나 신청을 반려하여야 한다. (2011.3.16

개정)
④ 제3항에 따라 교육기관 지정서를 발급받은 자가 지정서를 잃어버렸거나 헐어서 못 쓰게 된 경우에는 재발급을 신청할 수 있다. (2011.3.16 개정)
⑤ 지정교육기관은 보유 인력·시설을 변경한 경우에는 변경일부터 20일 이내에 별지 제3호서식의 인력·시설 변경신고서에 그 사실을 증명하는 서류 및 교육기관 지정서를 첨부하여 관할 지방고용노동관서의 장에게 제출하여야 한다. 이 경우 관할 지방고용노동관서의 장은 신고서가 접수된 날부터 30일 이내에 변경된 사항을 반영하여 별지 제2호서식의 교육기관 지정서를 발급하거나, 제출서류에 미비한 점이 있을 경우 보완을 요청하여야 한다. (2011.3.16 개정)

제6조 【지정서의 반납】 법 제140조제4항에 따라 준용되는 법 제21조제4항에 따라 지정이 취소된 지정교육기관은 지체 없이 제5조제3항에 따른 교육기관 지정서를 관할 지방고용노동관서의 장에게 반납하여야 한다. (2019.12.26 개정)

제6조의2 【청문】 삭제(2011.3.16)

제7조 【교육 내용 및 기간 등】 공단 또는 지정교육기관(이하 "교육기관"이라 한다)에서 법 제140조제1항에 따른 자격을 취득하거나 기능을 습득하려는 사람은 별표 6에 따른 교육 내용 및 기간(시간)을 이수하여야 한다. (2019.12.26 개정)

제8조 【교육방법 등】 ① 교육기관이 법 제140조제1항에 따른 자격의 취득 또는 기능의 습득을 위한 교육을 실시할 때에는 별표 6에 따른 교육내용에 적합한 교과과목을 편성하고, 교과과목에 적합한 강사를 배치하여 교육목적을 효과적으로 달성할 수 있도록 하여야 한다. (2019.12.26 개정)
② 제1항에 따른 교육을 실시할 때 강사 1명당 교육 인원은 이론교육의 경우에는 30명 이내, 실기교육의 경우에는 10명 이내로 하여야 한다. (2011.3.16 개정)

제9조 【교육계획의 수립】 ① 교육기관은 매년도 교육계획을 수립하여 교육을 실시하여야 한다. (2011.3.16 개정)
② 제1항에 따른 교육계획에는 다음 각 호의 사항이 포함되어야 한다. (2011.3.16 개정)
1. 교육 일시 및 장소
2. 교육과정별 교육대상 인원
3. 교육수수료
4. 강사(학력 및 경력이 포함되어야 한다)
5. 수료시험에 관한 사항(시험위원회 구성, 출제 및 채점 기준 등이 포함되어야 한다)

제10조 【등록】 법 제140조제1항에 따른 자격의 취득 또는 기능의 습득을 위한 교육을 받으려는 사람은 별지 제4호서식의 교육수강신청서를 교육기관에 제출하고 등록을 하여야 한다. (2019.12.26 개정)

제11조 【수료증 등의 발급】 ① 교육기관은 법 제140조제1항에 따른 자격의 취득에 관하여 정해진 교육을 이수(정해진 교육시간의 10분의 9 이상을 이수한 경우를 말한다)하고 수료시험에 합격한 사람에게 별지 제5호서식의 자격교육 수료증을 발급하여야 한다. (2019.12.26 개정)
② 제1항에 따른 수료시험은 교육 종료 전에 실시하여야 하며, 필기시험과 실기시험으로 구분하여 다음 각 호의 방법으로 실시하여야 한다. (2011.3.16 개정)
1. 필기시험 : 선택형 위주로 실시
2. 실기시험 : 실험·실습 위주로 실시
③ 교육기관은 법 제140조제1항에 따른 기능의 습득에 관하여 정해진 교육을 이수한 사람에게 별지 제6호서식의 기능습득 교육이수증을 발급하여야 한다. (2019.12.26 개정)
④ 제1항 및 제3항에 따른 자격교육 수료증 또는 기능습득 교육이수증(이하 "수료증등"이라 한다)을 발급받은 사람은 해당 수료증등을 타인에게 양도하거나 대여해서는 아니

된다. (2011.3.16 개정)

제12조 【수료증등의 재발급】 ① 수료증등을 발급받은 사람이 수료증등을 잃어버렸거나 헐어서 못 쓰게 된 경우에는 즉시 별지 제7호 서식의 수료증등 재발급신청서를 해당 수료증등을 발급한 교육기관에 제출하여 수료증등을 재발급받아야 한다. (2011.3.16 개정)
② 수료증등이 헐어서 못 쓰게 된 사람이 제1항에 따른 신청을 하는 경우에는 해당 신청서에 그 수료증등을 첨부하여야 한다. (2011.3.16 개정)
③ 수료증등을 재발급받은 후 잃어버린 수료증등을 되찾은 사람은 되찾은 수료증등을 지체 없이 해당 수료증등을 발급한 교육기관에 반납하여야 한다. (2011.3.16 개정)

제13조 【수수료 등】 삭제(2011.3.16)

부칙(1992.3.21 고용노동부령 제77호)
① **【시행일】** 이 규칙은 1992년 7월 1일부터 시행한다.
② **【자격 등에 의한 취업제한에 대한 경과조치】** 이 규칙 시행당시 제3조제1항의 규정에 의한 작업에 취업하고 있는 근로자로서 이 규칙에서 정하는 자격 또는 면허의 취득, 기능습득 또는 경험 등 취업요건에 미달하는 자는 1993년 12월 31일까지 당해 취업요건을 갖추어야 한다.

부칙(1994.1.7 노동부령 제88호)
① **【시행일】** 이 규칙은 공포한 날부터 시행한다.
② **【자격 등에 의한 취업제한에 대한 경과조치】** 이 규칙 시행당시 제3조제1항의 규정에 의한 작업에 취업하고 있는 근로자로서 그 자격·면허·기능 또는 경험 등의 취업요건이 [별표 1]의 제12호란 내지 제14호란의 개정규정에 의한 자격·면허·기능 또는 경험 등의 취업요건에 미달하는 자는 1994년 12월 31일까지 그 취업요건을 갖추어야 하고, 동표의 제21호란의 신설규정에 의한 자격·면허·기능 또는 경험 등의 취업요건에 미달하는 자로서 국가기술자격법에 의한 양화장치운전기능사보 자격을 소지한 자는 1998년 12월 31일까지, 그 외의 자는 1996년 12월 31일까지 각각 그 취업요건을 갖추어야 한다. (1995.6.5 개정)
③ **【컨테이너크레인조종업무를 행할 수 있는 자격에 대한 경과조치】** 컨테이너크레인조종업무에 종사하고 있는 근로자로서 1993년 12월 31일까지 양화장치운전기능사 2급 이상의 자격을 취득한 자는 [별표 1] 제13호란의 개정규정에 불구하고 컨테이너크레인조종업무를 담당할 수 있다.

부칙(1994.3.24 건설부령 제550호 : 건설기계관리법시행규칙 중 개정령)
제1조 【시행일】 이 규칙은 공포한 날부터 시행한다.
제2조 내지 **제9조** 생략

부칙(1995.6.5 노동부령 제99호)
이 규칙은 공포한 날부터 시행한다.

부칙(1996.11.12 노동부령 제111호)
이 규칙은 공포한 날부터 시행한다.

부칙(1999.1.14 노동부령 제140호)
① **【시행일】** 이 규칙은 공포한 날부터 시행한다.
② **【자격취득 등을 위한 교육기관에 관한 경과조치】** 이 규칙 시행당시 종전의 규정에 의하여 자격취득 등을 위한 교육기관으로 노동부장관의 지정을 받은 기관은 관할지방노동관서의 장의 지정을 받은 것으로 본다.

부칙(2006.3.2 노동부령 제248호 : 노동부와 그 소속기관 직제 시행규칙 중 개정령)
제1조 【시행일】 이 규칙은 공포한 날부터 시행한다.
제2조 내지 **제7조** 생략

부칙(2006.7.19 노동부령 제255호 : 행정정보의 공동이용 및 문서감축을 위한 「고용보험법 시행규칙」 등 일부개정령)

이 규칙은 공포한 날부터 시행한다.

부칙(2006.10.23 노동부령 제261호)

제1조 【시행일】 이 규칙은 공포한 날부터 시행한다. 다만, 별표 1의 12.란 및 21.란의 개정규정은 2007년 7월 1일부터 시행한다.

제2조 【직업능력개발훈련 및 지정교육기관훈련 이수자에 대한 경과조치】 부칙 제1조 단서의 시행당시 종전의 별표 1의 12.란의 2에 따른 직업능력개발훈련 이수자 및 동란의 3에 따른 당해교육기관에서 교육을 이수하고 수료시험에 합격한 자는 별표 1의 12.란의 개정규정에 불구하고 타워크레인 조종작업 자격이 있는 것으로 본다.

제3조 【기중기운전기능사에 대한 경과조치】 부칙 제1조 단서의 시행당시 종전의 별표 1의 12.란에 따른 기중기운전기능사 자격취득자로서 3개월 이상의 타워크레인 운전경험이 있는 자는 2008년 12월 31일까지 한국산업안전공단에서 시행하는 타워크레인 운전전문교육을 이수한 경우에 한하여 타워크레인 조종작업 자격이 있는 것으로 본다.

제4조 【무인타워크레인 조종업무 유경험자에 대한 경과조치】 부칙 제1조 단서의 시행 당시 별표 1의 12.란의 개정규정에 따른 조종석이 설치되지 아니한 정격하중 5톤 이상의 무인타워크레인 운전경험이 3년 이상인 자는 2007년 12월 31일까지 한국산업안전공단에서 시행하는 타워크레인 운전전문교육을 이수한 경우에 한하여 조종석이 설치되지 아니한 5톤 이상의 무인타워크레인 조종작업 자격이 있는 것으로 본다.

제5조 【타워크레인 설치·해체작업 유경험자에 대한 경과조치】 ① 부칙 제1조 단서의 시행당시 별표 1의 21.란의 개정규정에 따른 타워크레인 설치·해체작업을 6개월 이상 수행한 경험이 있고 한국산업안전공단에서 실시하는 신규교육 및 보수교육을 모두 수료한 자는 별표 1의 21.란의 개정규정에 불구하고 타워크레인의 설치·해체작업 자격이 있는 것으로 본다.

② 이 규칙 시행당시 별표 1의 21.란의 타워크레인 설치·해체작업을 6개월 이상 수행한 경험이 있는 자로서 한국산업안전공단 또는 별표 1의 2에 따른 타워크레인 설치·해체자격 교육기관에서 2007년 12월 31일까지 별표 6의 8.란의 이론교육을 24시간 이상 받은 자는 별표 1의 21.란의 개정규정에 불구하고 타워크레인의 설치·해체작업 자격이 있는 것으로 본다.

부칙(2010.7.12 고용노동부령 제1호 : 노동부와 그 소속기관 직제 시행규칙)

제1조 【시행일】 이 규칙은 공포한 날부터 시행한다. 〈단서 생략〉

제2조 【다른 법령의 개정】 생략

부칙(2011.3.16 고용노동부령 제21호)

이 규칙은 공포한 날부터 시행한다.

부칙(2011.7.6 고용노동부령 제30호 : 산업안전기준에 관한 규칙)

제1조 【시행일】 이 규칙은 공포한 날부터 시행한다.

제2조부터 **제6조**까지 생략

부칙(2013.3.29 고용노동부령 제80호)

제1조 【시행일】 이 규칙은 공포한 날부터 시행한다.

제2조 【기중기운전기능사에 대한 경과조치】 이 규칙 시행 당시 기중기운전기능사 자격을 가진 사람으로서 종전의 규정에 따라 컨테이너크레인 조종업무 경험이 있는 사람은 별표 1의 개정규정에도 불구하고 컨테이너크레인 조종업무 자격이 있는 것으로 본다.

부칙(2018.3.30 고용노동부령 제216호)

제1조 【시행일】 이 규칙은 공포한 날부터 시행한다.

제2조 【교육이수자의 재교육에 관한 적용례】 별표 1 비고의 개정규정은 이 규칙 시행 이

후 안전조치 의무를 이행하지 아니하여 벌금 이상의 형이 확정된 경우부터 적용한다.

제3조【타워크레인 설치·해체작업 자격 취득을 위한 교육에 관한 특례】 이 규칙 시행 전에 이 규칙에서 정하는 해당 교육기관에서 교육을 이수하고 수료시험에 합격하여 타워크레인 설치·해체작업에 관한 자격을 취득한 사람은 다음 각 호의 구분에 따른 기간까지 별표 6 제8호의 개정규정에 따른 보수교육을 이수하여야 한다.

1. 2008년 12월 31일 이전에 타워크레인 설치·해체작업에 관한 자격을 취득한 경우 : 2021년 6월 30일까지 (2020.12.31 개정)
2. 2009년 1월 1일부터 2013년 12월 31일까지의 기간 동안에 타워크레인 설치·해체작업에 관한 자격을 취득한 경우 : 2021년 12월 31일까지 (2020.12.31 개정)
3. 2014년 1월 1일부터 2016년 12월 31일까지의 기간 동안에 타워크레인 설치·해체작업에 관한 자격을 취득한 경우 : 2022년 6월 30일까지 (2020.12.31 개정)
4. 2017년 1월 1일 이후에 타워크레인 설치·해체작업에 관한 자격을 취득한 경우 : 2022년 12월 31일까지 (2020.12.31 개정)

부칙(2019.1.31 고용노동부령 제243호)

제1조【시행일】 이 규칙은 공포한 후 1년이 경과한 날부터 시행한다.

제2조【이동식 크레인·고소작업대 조종작업 유경험자에 대한 특례】 이 규칙 시행 당시 이동식 크레인 또는 고소작업대의 조종작업을 3개월 이상 수행한 경험이 있는 사람으로서 2019년 12월 31일까지 한국산업안전보건공단에서 실시하는 이동식 크레인·고소작업대 조종전문교육을 이수한 사람은 별표 1 제22호의 개정규정에도 불구하고 이동식 크레인·고소작업대 조종자격이 있는 것으로 본다.

부칙(2019.3.29 고용노동부령 제246호)

이 규칙은 공포한 날부터 시행한다.

부칙(2019.12.26 고용노동부령 제274호)

이 규칙은 2020년 1월 16일부터 시행한다. 다만, 별표 1의2 제1호 및 별지 제1호서식의 개정규정은 2020년 1월 1일부터 시행하고, 별표 1 제4호의2의 개정규정은 2021년 7월 16일부터 시행한다. (2020.12.31 개정)

부칙(2020.12.31 고용노동부령 제305호)

이 규칙은 2020년 12월 31일부터 시행한다. 다만, 별표 1의 비고란 제2호의 개정규정은 2021년 7월 16일부터 시행한다.

부칙(2022.2.17 고용노동부령 제347호 : 근로자직업능력 개발법 시행규칙)

제1조【시행일】 이 규칙은 2022년 2월 18일부터 시행한다.

제2조【다른 법령의 개정】 생략

부칙(2024.3.13 고용노동부령 제412호)

이 규칙은 공포한 날부터 시행한다.

유해·위험작업의 취업 제한에 관한 규칙

[별표·별지 서식]

유해·위험작업의 취업 제한에 관한 규칙 [별표·별지 서식]

[별표 1] (2024.3.13 개정)

자격·면허·경험 또는 기능이 필요한 작업 및 해당 자격·면허·경험 또는 기능

(제3조제1항 관련)

작업명	작업범위	자격·면허·기능 또는 경험
1. 「고압가스 안전관리법」에 따른 압력용기 등을 취급하는 작업	자격 또는 면허를 가진 사람이 취급해야 하는 업무	「고압가스 안전관리법」에서 규정하는 자격
2. 「전기사업법」에 따른 전기설비 등을 취급하는 작업	자격 또는 면허를 가진 사람이 취급해야 하는 업무	「전기사업법」에서 규정하는 자격
2의2. 「전기안전관리법」에 따른 전기설비 등을 취급하는 작업	자격 또는 면허를 가진 사람이 취급해야 하는 업무	「전기안전관리법」에서 규정하는 자격
3. 「에너지이용 합리화법」에 따른 보일러를 취급하는 작업	자격 또는 면허를 가진 사람이 취급해야 하는 업무	「에너지이용 합리화법」에서 규정하는 자격
4. 「건설기계관리법」에 따른 건설기계를 사용하는 작업	면허를 가진 사람이 취급해야 하는 업무	「건설기계관리법」에서 규정하는 면허
4의2. 지게차[전동식으로 솔리드타이어를 부착한 것 중 도로(「도로교통법」 제2조제1호에 따른 도로를 말한다)가 아닌 장소에서만 운행하는 것을 말한다]를 사용하는 작업	지게차를 취급하는 업무	1) 「국가기술자격법」에 따른 지게차운전기능사의 자격 2) 「건설기계관리법」 제26조제4항 및 같은 법 시행규칙 제73조제2항제3호에 따라 실시하는 소형 건설기계의 조종에 관한 교육과정을 이수한 사람
5. 터널 내에서의 발파 작업	장전·결선(結線)·점화 및 불발 장약(裝藥) 처리와 이와 관련된 점검 및 처리업무	1) 「총포·도검·화약류 등의 안전관리에 관한 법률」에서 규정하는 자격 2) 「국민 평생 직업능력 개발법」에 따른 해당 분야 직업능력개발훈련 이수자 3) 관계 법령에 따라 해당 작업을 할 수 있도록 허용된 사람
6. 인화성 가스 및 산소를 사용하여 금속을 용접·용단 또는 가열하는 작업	가. 폭발분위기가 조성된 장소에서의 업무 나. 「산업안전보건기준에 관한 규칙」(이하 "안전보건규칙"이라 한다) 별	1) 「국가기술자격법」에 따른 전기용접기능사, 특수용접기능사 및 가스용접기능사보 이상의 자격(가스용접에 한정한다) 2) 「국가기술자격법」에 따른 금속재료산업기사, 표면처리산업기사, 주조산업기사 및 금속제련산업기사 이상의 자격 3) 「국민 평생 직업능력 개발법」에 따른 해

	표 1에 따른 위험물질을 취급하는 밀폐된 장소에서의 업무	당 분야 직업능력개발훈련 이수자
7. 폭발성·발화성 및 인화성 물질의 제조 또는 취급작업	폭발분위기가 조성된 장소에서의 폭발성·발화성·인화성 물질의 취급업무	1) 「총포·도검·화약류 등의 안전관리에 관한 법률」에서 규정하는 자격 2) 「국민 평생 직업능력 개발법」에 따른 해당 분야 직업능력개발훈련 이수자 3) 관계 법령에 따라 해당 작업을 할 수 있도록 허용된 사람
8. 방사선 취급작업	가. 원자로 운전업무 나. 핵연료물질 취급·폐기업무 다. 방사선 동위원소 취급·폐기업무 라. 방사선 발생장치 검사·촬영업무	「원자력안전법」에서 규정하는 면허
9. 고압선 정전작업 및 활선작업(活線作業)	안전보건규칙 제302조제1항제3호다목에 따른 고압의 전로(電路)를 취급하는 업무로서 가. 정전작업(전로를 전개하여 그 지지물을 설치·해체·점검·수리 및 도장(塗裝)하는 작업) 나. 활선작업(고압 또는 특별고압의 충전전로 또는 그 지지물을 설치·점검·수리 및 도장작업)	1) 「국가기술자격법」에 따른 전기기능사, 철도신호기능사 및 전기철도기능사 이상의 자격 2) 「초·중등교육법」에 따른 고등학교에서 전기에 관한 학과를 졸업한 사람 또는 이와 같은 수준 이상의 학력 소지자 3) 「국민 평생 직업능력 개발법」에 따른 해당 분야 직업능력개발훈련 이수자 4) 관계 법령에 따라 해당 작업을 할 수 있도록 허용된 사람
10. 철골구조물 및 배관 등을 설치하거나 해체하는 작업	철골구조물 설치·해체작업	1) 「국가기술자격법」에 따른 철골구조물기능사보 이상의 자격 2) 3개월 이상 해당 작업에 경험이 있는 사람(높이 66미터 미만인 것에 한정한다)
	안전보건규칙 제256조에 따른 위험물질 등이 들어 있는 배관	1) 「국가기술자격법」에 따른 공업배관기능사보 이상 및 건축배관기능사보 이상의 자격 2) 「국민 평생 직업능력 개발법」에 따른 해당 분야 직업능력개발훈련 이수자

11. 천장크레인 조종작업(조종석이 설치되어 있는 것에 한정한다)	조종석에서의 조종작업	1) 「국가기술자격법」에 따른 천장크레인운전기능사의 자격 2) 「국민 평생 직업능력 개발법」에 따른 해당 분야 직업능력개발훈련 이수자 3) 이 규칙에서 정하는 해당 교육기관에서 교육을 이수하고 수료시험에 합격한 사람
12. 타워크레인 조종작업(조종석이 설치되지 않은 정격하중 5톤 이상의 무인타워크레인을 포함한다)		「국가기술자격법」에 따른 타워크레인운전기능사의 자격
13. 컨테이너크레인 조종업무(조종석이 설치되어 있는 것에 한정한다)	조종석에서의 조종작업	1) 「국가기술자격법」에 따른 컨테이너크레인운전기능사의 자격 2) 「국민 평생 직업능력 개발법」에 따른 해당 분야 직업능력개발훈련 이수자 3) 이 규칙에서 정하는 해당 교육기관에서 교육을 이수하고 수료시험에 합격한 사람 4) 관계 법령에 따라 해당 작업을 할 수 있도록 허용된 사람
14. 승강기 점검 및 보수작업		1) 「국가기술자격법」에 따른 승강기기능사의 자격 2) 「국민 평생 직업능력 개발법」에 따른 해당 분야 직업능력개발훈련 이수자 3) 이 규칙에서 정하는 해당 교육기관에서 교육을 이수하고 수료시험에 합격한 사람 4) 관계 법령에 따라 해당 작업을 할 수 있도록 허용된 사람
15. 흙막이 지보공(支保工)의 조립 및 해체작업		1) 「국가기술자격법」에 따른 거푸집기능사보 또는 비계기능사보 이상의 자격 2) 3개월 이상 해당 작업에 경험이 있는 사람(깊이 31미터 미만인 작업에 한정한다) 3) 「국민 평생 직업능력 개발법」에 따른 해당 분야 직업능력개발훈련 이수자 4) 이 규칙에서 정하는 해당 교육기관에서 교육을 이수한 사람
16. 거푸집의 조립 및 해체작업		1) 「국가기술자격법」에 따른 거푸집기능사보 이상의 자격 2) 3개월 이상 해당 작업에 경험이 있는 사람(층높이가 10미터 미만인 작업에 한정한다) 3) 「국민 평생 직업능력 개발법」에 따른 해당 분야 직업능력개발훈련 이수자

		4) 이 규칙에서 정하는 해당 교육기관에서 교육을 이수한 사람
17. 비계의 조립 및 해체작업		1) 「국가기술자격법」에 따른 비계기능사보 이상의 자격 2) 3개월 이상 해당 작업에 경험이 있는 사람(층높이가 10미터 미만인 작업에 한정한다) 3) 「국민 평생 직업능력 개발법」에 따른 해당 분야 직업능력개발훈련 이수자 4) 이 규칙에서 정하는 해당 교육기관에서 교육을 이수한 사람
18. 표면공급식 잠수장비 또는 스쿠버 잠수장비에 의해 수중에서 행하는 작업		1) 「국가기술자격법」에 따른 잠수기능사보 이상의 자격 2) 「국민 평생 직업능력 개발법」에 따른 해당 분야 직업능력개발훈련 이수자 3) 3개월 이상 해당 작업에 경험이 있는 사람 4) 이 규칙에서 정하는 해당 교육기관에서 교육을 이수한 사람
19. 롤러기를 사용하여 고무 또는 에보나이트 등 점성물질을 취급하는 작업		3개월 이상 해당 작업에 경험이 있는 사람
20. 양화장치(揚貨裝置) 운전작업(조종석이 설치되어 있는 것에 한정한다)		1) 「국가기술자격법」에 따른 양화장치운전기능사보 이상의 자격 2) 「국민 평생 직업능력 개발법」에 따른 해당 분야 직업능력개발훈련 이수자 3) 이 규칙에서 정하는 해당 교육기관에서 교육을 이수하고 수료시험에 합격한 사람
21. 타워크레인 설치(타워크레인을 높이는 작업을 포함한다. 이하 같다)·해체작업		1) 「국가기술자격법」에 따른 판금제관기능사 또는 비계기능사의 자격 2) 이 규칙에서 정하는 해당 교육기관에서 교육을 이수하고 수료시험에 합격한 사람으로서 다음의 어느 하나에 해당하는 사람 - 수료시험 합격 후 5년이 경과하지 않은 사람 - 이 규칙에서 정하는 해당 교육기관에서 보수교육을 이수한 후 5년이 경과하지 않은 사람
22. 이동식 크레인(카고크레인에 한정한다. 이하 같다)·고소작업대(차량탑재형에		1) 「국가기술자격법」에 따른 기중기운전기능사의 자격 2) 이 규칙에서 정하는 해당 교육기관에서

한정한다. 이하 같다) 조종 작업		교육을 이수하고 수료시험에 합격한 사람

※ 비고 :

1. 제21호에 따른 타워크레인 설치·해체작업 자격을 이 규칙에서 정하는 해당 교육기관에서 교육을 이수하고 수료시험에 합격하여 취득한 근로자가 해당 작업을 하는 과정에서 근로자가 준수해야 할 안전보건의무를 이행하지 않아 다른 사람에게 손해를 입혀 벌금 이상의 형을 선고받고 그 형이 확정된 경우에는 같은 별표에 따른 교육(144시간)을 다시 이수하고 수료시험에 합격하기 전까지는 해당 작업에 필요한 자격을 가진 근로자로 보지 않는다.
2. 2021년 7월 15일 이전에 다음 각 목의 요건을 모두 갖춘 사람으로서 공단이 정하는 지게차 조종 관련 교육을 이수한 경우에는 제4호의2에도 불구하고 지게차를 사용하여 작업할 수 있는 자격이 있는 것으로 본다.
   가. 「도로교통법」 제80조에 따른 운전면허(같은 조 제2항제2호다목의 원동기장치자전거면허는 제외한다)를 받은 사람
   나. 3개월 이상 지게차를 사용하여 작업한 경험이 있는 사람

[별표 1의2] (2019.12.26 개정)

지정교육기관의 종류 및 인력기준

(제4조제1항 관련)

지정교육기관의 종류	인력기준
1. 천장크레인·컨테이너 크레인, 이동식 크레인 및 고소작업대 조정자격, 양화장치 운전자격 교육기관	가. 인원 : 총괄책임자 1명, 강사 3명 이상 나. 자격요건 1) 총괄책임자 : 가)부터 다)까지의 어느 하나에 해당하는 사람 가) 기술사(기계안전, 전기안전, 산업기계 및 건설기계 분야에 한정한다) 또는 산업안전지도사(기계안전, 전기안전 및 건설안전 분야에 한정한다) 자격증을 소지한 사람 나) 산업안전기사 또는 건설안전기사 이상의 자격증을 소지한 사람으로서 7년 이상의 실무경력이 있는 사람 다) 「고등교육법」 제2조 각 호에 따른 학교의 졸업자(법령에서 이와 같은 수준 이상의 학력이 있다고 인정하는 사람을 포함한다. 이하 같다)로서 산업안전 관련 학과를 졸업하고 7년 이상의 실무경력이 있는 사람 2) 강사 : 다음 가)부터 마)까지의 어느 하나에 해당하는 사람. 다만, 마)에 해당하는 사람은 1명을 초과해서는 아니된다. 가) 산업안전지도사(기계안전, 전기안전 및 건설안전 분야에 한정한다) 자격증을 소지한 사람 나) 산업안전산업기사 또는 건설안전산업기사 이상의 자격증을 소지한 사람으로서 3년 이상의 실무경력이 있는 사람 다) 「고등교육법」에 따른 전문대학 또는 이와 같은 수준 이상의 학교에서 산업안전 관련 학과를 졸업하고 3년 이상의 실무경력이 있는 사람 라) 건설기계운전 전문교사 3급 이상의 면허증을 소지한 사람으로서 3년 이상의 실무경력이 있는 사람 마) 해당 크레인의 운전기능사 또는 양화장치운전 기능사 자격증을 소지한 사람으로서 5년 이상의 실무경력이 있는 사람
2. 승강기 점검 및 보수자격 교육기관	가. 인원 : 총괄책임자 1명, 강사 3명 이상 나. 자격요건 1) 총괄책임자 : 다음 가)부터 다)까지의 어느 하나에 해당하는 사람 가) 기술사(기계안전, 전기안전, 건축기계설비, 건축전기설비, 산업기계 및 건설기계 분야에 한정한다) 또는 산업안전지도사(기계안전 및 전기안전 분야에 한정한다) 자격증을 소지한 사람 나) 승강기기사 또는 산업안전기사 이상의 자격증을 소지한 사람으로서 7년 이상의 실무경력이 있는 사람 다) 「고등교육법」 제2조 각 호에 따른 학교의 졸업자(법령에서 이와 같은 수준 이상의 학력이 있다고 인정하는 사람을 포함한다. 이하

	같다)로서 산업안전 관련 학과를 졸업하고 7년 이상의 실무경력이 있는 사람 2) 강사 : 다음 가)부터 라)까지의 어느 하나에 해당하는 사람. 다만, 라)에 해당하는 사람은 1명을 초과해서는 아니 된다. 가) 산업안전지도사(기계안전 및 전기안전 분야에 한정한다) 자격증을 소지한 사람 나) 승강기산업기사 또는 산업안전산업기사 이상의 자격증을 소지한 사람으로서 3년 이상의 실무경력이 있는 사람 다) 「고등교육법」에 따른 전문대학 또는 이와 같은 수준 이상의 학교에서 산업안전 관련 학과를 졸업하고 3년 이상의 실무경력이 있는 사람 라) 승강기기능사 자격증을 소지한 사람으로서 5년 이상의 실무경력이 있는 사람
3. 흙막이 지보공, 거푸집, 비계의 조립 및 해체작업 기능습득 교육기관	가. 인원 : 총괄책임자 1명, 강사 3명 이상 나. 자격요건 1) 총괄책임자 : 다음 가)부터 다)까지의 어느 하나에 해당하는 사람 가) 기술사(건축 분야 및 안전관리 분야 중 건설안전, 토목 분야 중 토질 및 기초·토목구조에 한정한다) 또는 산업안전지도사(건설안전 분야에 한정한다) 자격증을 소지한 사람 나) 건설안전기사 이상의 자격증을 소지한 사람으로서 7년 이상의 실무경력이 있는 사람 다) 「고등교육법」 제2조 각 호에 따른 학교의 졸업자(법령에서 이와 같은 수준 이상의 학력이 있다고 인정하는 사람을 포함한다. 이하 같다)로서 건축학과 또는 토목학과를 졸업하고 7년 이상의 실무경력이 있는 사람 2) 강사 : 다음 가)부터 라)까지의 어느 하나에 해당하는 사람. 다만, 라)에 해당하는 사람은 1명을 초과해서는 아니 된다. 가) 산업안전지도사(건설안전 분야에 한정한다) 자격증을 소지한 사람 나) 건설안전산업기사 이상의 자격증을 소지한 사람으로서 3년 이상의 실무경력이 있는 사람 다) 토목산업기사 또는 건축산업기사 이상의 자격증을 소지한 사람으로서 3년 이상의 실무경력이 있는 사람 라) 「고등교육법」에 따른 전문대학 또는 이와 같은 수준 이상의 학교에서 토목학과 또는 건축학과를 졸업하고 3년 이상의 실무경력이 있는 사람
4. 잠수작업 기능습득 교육기관	가. 인원 : 총괄책임자 1명, 강사 2명 이상 나. 자격요건 1) 총괄책임자 : 다음 가)부터 라)까지의 어느 하나에 해당하는 사람 가) 기술사(안전관리 분야에 한정한다), 산업안전지도사 또는 산업위생지도사 자격증을 소지한 사람 나) 산업안전기사 또는 산업위생관리기사 이상의 자격증을 소지한 사람으로서 7년 이상의 실무경력이 있는 사람

	다)「고등교육법」 제2조 각 호에 따른 학교의 졸업자(법령에서 이와 같은 수준 이상의 학력이 있다고 인정하는 사람을 포함한다. 이하 같다)로서 산업안전 또는 산업위생 관련 학과를 졸업하고 7년 이상의 실무경력이 있는 사람 라) 잠수산업기사 자격증을 소지한 사람으로서 10년 이상의 잠수 실무경력이 있는 사람 2) 강사 : 다음 가)부터 마)까지의 어느 하나에 해당하는 사람. 다만, 가) 또는 나)에 해당하는 사람 1명을 포함해야 한다. 가) 산업안전지도사(기계안전 및 전기안전 분야에 한정한다) 또는 산업위생지도사 자격증을 소지한 사람 나) 잠수산업기사, 산업안전산업기사 또는 산업위생관리산업기사 이상의 자격증을 소지한 사람으로서 3년 이상의 실무경력이 있는 사람 다)「고등교육법」에 따른 전문대학 또는 이와 같은 수준 이상의 학교에서 산업안전 또는 산업위생 관련 학과를 졸업하고 3년 이상의 실무경력이 있는 사람 라) 잠수기능사 이상의 자격증을 소지한 사람으로서 5년 이상의 잠수 실무경력이 있는 사람 마) 7년 이상의 잠수 실무경력이 있는 사람으로서 이 규칙에서 정하는 해당 교육기관에서 교육을 이수한 사람
5. 타워크레인 설치·해체자격 교육기관	가. 인원 : 총괄책임자 1명, 강사 3명 이상 나. 자격요건 1) 총괄책임자 : 다음 가)부터 다)까지의 어느 하나에 해당하는 사람 가) 기술사(건설기계, 산업기계설비, 건축구조, 건축기계설비, 건축시공, 건축품질시험, 건설안전 종목에 한정한다) 또는 산업안전지도사(건설안전 분야에 한정한다) 자격증을 소지한 사람 나) 산업안전기사 또는 건설안전기사의 자격증을 소지한 사람으로서 7년 이상의 실무경력이 있는 사람 다)「고등교육법」 제2조 각 호에 따른 학교의 졸업자(법령에서 이와 같은 수준 이상의 학력이 있다고 인정하는 사람을 포함한다. 이하 같다)로서 기계, 기계설계 또는 건축 관련 학과를 졸업하고 7년 이상의 실무경력이 있는 사람 2) 강사 : 다음 가)부터 라)까지의 어느 하나에 해당하는 사람. 다만, 라)에 해당하는 사람은 1명을 초과해서는 아니 된다. 가) 산업안전지도사(기계안전 및 건설안전 분야에 한정한다) 자격증을 소지한 사람 나) 산업안전산업기사 또는 건설안전산업기사 이상의 자격증을 소지한 사람으로서 3년 이상의 실무경력이 있는 사람 다) 건설기계산업기사 또는 건축산업기사 이상의 자격증을 소지한 사람으로서 3년 이상의 실무경력이 있는 사람 라)「고등교육법」에 따른 전문대학 또는 이와 같은 수준 이상의 학교에서 기계, 건축 또는 토목 관련 학과를 졸업하고 3년 이상의 실무경력이 있는 사람

[별표 2] (2011.3.16 개정)

천장크레인·컨테이너크레인 조종자격 교육기관의 시설·장비기준
(제4조제1항 관련)

시설 및 장비명	단위	훈련 인원별 수량		
		30명	60명	90명
1. 시설				
가. 교실	㎡	60	60	60
나. 실습장				
1) 옥내 실습장	㎡	100	150	200
2) 옥외 실습장	㎡	1,000	1,200	1,500
다. 공구 및 재료실	㎡	20	30	40
2. 장비				
가. 크레인(임대 가능)				
1) 천장크레인(해당 기관에 한정한다)				
2) 컨테이너크레인(해당 기관에 한정하며, 현장 활용도 가능)	대	1	1	2
3) 지상훈련장치	대	1	1	2
나. 워키토키(송수신기)	대	2	2	4
다. 감속장치	대	1	1	1
라. 전자 브레이크 장치	대	1	1	1
마. 가스 용접기	대	1	2	2
바. 와이어 커터	대	6	12	16
사. 풀리 풀러(pulley puller)	개	3	6	9
아. 소켓 렌치	세트	3	6	9
자. 오픈 렌치	세트	3	6	9
차. 볼핀 해머	개	3	6	9
카. 플라스틱 해머	개	3	6	9
타. 충전기	대	1	1	1
파. 작업대	대	4	8	10
하. 바이스	대	4	8	10
거. 양두 연삭기	대	1	1	1
너. 탁상 드릴링머신	대	1	1	1
더. 오일 주입기	대	2	4	6
러. 그리스 주입기	대	2	4	6
머. 회로 시험기	세트	2	4	6
버. 버니어캘리퍼스	개	4	8	10
서. 특수공구	세트	1	1	1
어. OVM 공구	세트	5	5	7
저. 줄걸이 공구	세트	1	2	3
처. 트롤리	세트	1	2	3
커. 측정용구	세트	2	4	6

[별표 3] (2011.3.16 개정)

승강기 점검 및 보수 자격 교육기관의 시설·장비기준

(제4조제1항 관련)

시설 및 장비명	단위	훈련 인원별 수량		
		30명	60명	90명
1. 시설				
가. 교실	㎡	60	60	60
나. 옥내 실습장	㎡	110	150	200
다. 공구 및 재료실	㎡	20	30	40
2. 장비				
가. 와이어로프 테스터	대	1	1	2
나. 라인 스피드미터	대	2	4	4
다. 진동 측정기	세트	1	1	1
라. 초음파 두께측정기	세트	1	1	3
마. 금속 현미경	대	1	1	3
바. 시험분동	세트	2	4	4
사. 절연저항 측정기	세트	7	7	10
아. 만능 회로시험기(기록장치가 부착된 것)	세트	1	1	2
자. 비파괴 시험장치	대	1	1	2
차. 조도계	대	3	5	7
카. 소음 측정기	대	2	4	4
타. 승강기(현장 활용도 가능)	대	1	1	2

[별표 4] (2011.3.16 개정)

흙막이 지보공, 거푸집, 비계의 조립 및 해체작업 기능습득 교육기관의 시설·장비기준

(제4조제1항 관련)

시설 및 장비명	단위	훈련 인원별 수량		
		30명	60명	90명
1. 시설기준				
가. 교실	㎡	60	60	60
나. 실습장				
1) 옥내	㎡	100	150	200
2) 옥외	㎡	300	400	500
다. 공구실	㎡	10	20	30
라. 재료실	㎡	20	40	60
2. 장비				
가. 작업대	개	15	20	30
나. 둥근톱	대	1	1	1
다. 휴대용 전기둥근톱	대	3	6	9
라. 휴대용 전기대패	대	3	6	9
마. 휴대용 전기드릴	대	3	6	9
바. 레벨	대	3	6	9
사. 트렌싯	대	3	6	9
아. 양두 연삭기	개	1	2	3
자. 직선 자(스테인리스, 1m용)	개	10	20	30
차. 줄자(철제, 50m 이상)	개	10	20	30
카. 줄자(철제, 5m)	개	30	60	90
타. 평대패(장, 단)	개	각 30	각 60	각 90
파. 양날톱(대, 소)	개	각 30	각 60	각 90

[별표 5] (2011.3.16 개정)

잠수작업 기능습득 교육기관의 시설·장비기준

(제4조제1항 관련)

시설 및 장비명	단위	훈련 인원별 수량		
		30명	60명	90명
1. 시설				
가. 교실	㎡	60	60	60
나. 실습장(현장 활용도 가능)	㎡	100	150	200
다. 공구실	㎡	10	20	30
라. 재료실	㎡	20	40	60
2. 장비				
가. 공기압축기	대	2	4	6
나. 압력 게이지	세트	3	6	9
다. 감압 및 가압 장치(현장 활용도 가능)	세트	2	4	6
라. 잠수구	세트	5	10	15

[별표 5의2] (2011.3.16 개정)

양화장치 운전자격 교육기관의 시설·장비기준
(제4조제1항 관련)

시설 및 장비명	단위	훈련 인원별 수량		
		30명	60명	90명
1. 시설기준				
가. 교실	㎡	60	60	60
나. 실습장	㎡	200	250	300
다. 공구 및 재료실	㎡	30	40	50
2. 장비				
가. 양화기(揚貨機)	대	1	2	3
나. 드릴링머신	대	1	1	2
다. 그리스 건	개	3	6	9
라. 튜빙 툴 커터	세트	1	1	2
마. 와이어 커터	대	1	2	3
바. 버니어캘리퍼스	개	3	6	9
사. 복스렌치	세트	3	6	9
아. 바이스	대	1	2	3
자. 샤클	개	5	10	15
차. 도르래	개	5	10	15
카. 멀티미터	대	2	4	6
타. 일반공구	세트	5	10	15

[별표 5의3] (2011.3.16 개정)

타워크레인 설치·해체자격 교육기관의 시설·장비기준
(제4조제1항 관련)

시설 및 장비명	단위	훈련 인원별 수량		
		30명	60명	90명
1. 시설				
가. 교실	㎡	60	60	60
나. 실습장(현장 활용도 가능)	㎡	100	150	200
다. 공구 및 재료실	㎡	30	60	90
2. 장비				
가. 타워크레인(T형 12톤 이상, 임대 가능)	대	1	1	1
나. 타워크레인 상승작업장치	대	1	1	1
다. 계단식 작업발판(지상에서 상승작업 위치까지)	세트	1	1	1
라. 토크렌치	대	2	4	8
마. 드릴링 머신	대	1	1	2
바. 레벨	대	3	6	9
사. 트랜싯	대	3	6	9
아. 양두 연삭기	대	1	2	3
자. 체인블록(0.5톤 및 1톤)	세트	2	4	8
차. 레버블록(0.3톤 및 0.5톤)	세트	2	4	8
카. 줄걸이용 로프, 체인	세트	5	10	15
타. 도르래	개	5	10	15
파. 일반공구	세트	5	10	15
하. 샤클, 심블, 클립	세트	5	10	15
거. 직선 자(스테인리스, 1m용)	개	5	10	15
너. 철제 줄자(5m 이상 및 50m 이상)	세트	10	20	30
더. 송수신기	대	2	2	4
러. 버니어캘리퍼스	대	4	8	10

[별표 5의4] (2019.1.31 신설)

이동식 크레인·고소작업대 조종자격 교육기관의 시설·장비기준
(제4조제1항 관련)

시설 및 장비명	단위	훈련 인원별 수량		
		30명	60명	90명
1. 시설				
가. 교실	㎡	60	60	60
나. 실습장(현장 활용도 가능)	㎡	1,000	1,200	1,500
다. 공구 및 재료실	㎡	20	30	40
2. 장비				
가. 이동식 크레인(임대가능)	대	1	1	2
나. 고소작업대(임대가능)	대	1	1	2
다. 소켓 렌치	세트	3	6	9
라. 오픈 렌치	세트	3	6	9
마. 플라스틱 해머	개	3	6	9
바. 작업대	대	4	8	10
사. 오일 주입기	대	2	4	6
아. 그리스 주입기	대	2	4	6
자. 버니어캘리퍼스	개	4	8	10
차. 줄걸이 공구	세트	1	2	3
카. 측정용구	세트	2	4	6
타. 토크 렌치	세트	2	4	6

[별표 6] (2019.1.31 개정)

자격취득·기능습득 분야 교육 내용 및 기간(시간)
(제7조 관련)

교육명	교육 내용		기간(시간)
1. 천장크레인·컨테이너크레인 조종 자격 취득	이론	가. 관계 법령 나. 해당 크레인 구조 및 특성에 관한 사항 다. 검사에 관한 기준 라. 해당 크레인 점검 및 정비에 관한 사항 마. 이상 시 응급조치에 관한 사항 바. 해당 크레인 신호요령에 관한 사항 사. 운반작업 기초이론에 관한 사항 아. 와이어로프 강도에 관한 사항 자. 종합평가	3개월
	실기	가. 해당 크레인 신호요령 및 신호방법의 숙지에 관한 사항 나. 해당 크레인 운전조작에 관한 사항 다. 로프걸이 기능에 관한 사항 라. 작업 전후 점검 사항 마. 해당 크레인 작업물체 인양 및 권상(捲上)조작에 관한 사항	
2. 승강기 점검 및 보수자격 취득	이론	가. 관계 법령 나. 기계공학 및 전기공학 기초(개론) 다. 승강기 검사기준 라. 승강기 정비 및 점검에 관한 사항(크레인 포함) 마. 승강기의 구조와 원리에 관한 사항 바. 승강기의 수리 및 조정에 관한 사항 사. 와이어로프 및 달기기구에 관한 사항 아. 종합평가 자. 승강기 관련 규격	3개월
	실기	가. 승강기 수리·조정 및 기능에 관한 사항 나. 승강기 조립·해체 실무에 관한 사항 다. 승강기 운전조작에 관한 사항 라. 체크리스트 작성에 관한 사항	
3. 흙막이 지보공의 조립 및 해체작업 기능습득	이론	가. 관계 법령 나. 흙막이 지보공에 필요한 조립도에 관한 사항 다. 부재(部材)의 재료 및 설치방법에 관한 사항 라. 붕괴·침하 위험방지에 관한 사항 마. 작업 안전점검에 관한 사항	8시간

		바. 흙막이 지보공의 구조 및 설치·해체 시의 안전작업에 관한 사항	
	실기	가. 흙막이 지보공 조립도 구축에 관한 사항 나. 흙막이 지보공의 구조 및 설치·해체 작업에 관한 사항 다. 부재의 접속 및 부착방법에 관한 사항 라. 제품 및 원재료·부재료의 취급·해체에 관한 사항	
4. 거푸집의 조립 및 해체작업 기능습득	이론	가. 관계 법령 나. 거푸집 동바리 재료의 종류에 관한 사항 다. 거푸집 형상 및 타설방법에 관한 사항 라. 거푸집 조립도에 관한 사항 마. 거푸집 조립 작업요령 및 방법에 관한 사항 바. 거푸집의 해체 순서 및 방법에 관한 사항	8시간
	실기	가. 거푸집의 침하 방지 요령에 관한 사항 나. 지주 및 받침대 설치방법에 관한 사항 다. 강재의 접속부 및 교차부의 연결조립에 관한 사항 라. 강관의 설치방법에 관한 사항	
5. 비계의 조립 및 해체작업 기능습득	이론	가. 관계 법령 나. 강관 비계 자료의 규격에 관한 사항 다. 추락 재해방지에 관한 사항 라. 비계 등의 점검 및 보수에 관한 사항 마. 비계의 종류 및 구조에 관한 사항	8시간
	실기	가. 비계 등의 조립 및 해체 순서에 관한 사항 나. 발판의 설치에 관한 사항 다. 비계의 접속·연결 및 받침대 사용에 관한 사항 라. 달기로프 사용 및 작업에 관한 사항 마. 비계의 조립도 구축에 관한 사항	
6. 잠수작업 기능습득	이론	가. 관계 법령 나. 잠함기·공기압축기의 구조 및 원리에 관한 사항 다. 수중작업의 기술지침에 관한 사항 라. 수중장비·안전보호구의 점검 및 보수에 관한 사항 마. 고기압하의 인체에 미치는 영향에 관한 사항 바. 수중작업방법 안전기준에 관한 사항	8시간
	실기	가. 수중장비 사용 및 점검 요령에 관한 사항 나. 장비측정기구 활용에 관한 사항 다. 작업 순서 및 신호에 관한 사항 라. 비상시 응급처치능력에 관한 사항	
7. 양화장치 운전자격 취득	이론	가. 관계 법령 나. 공업수학 및 기초물리에 관한 사항 다. 하역장비 일반에 관한 사항 라. 화물 취급에 관한 사항	3개월

	실기	가. 공구에 관한 사항 나. 하역 보조기구 취급·사용에 관한 사항 다. 장비 취급에 관한 사항 라. 양화기 조작 및 조종에 관한 사항 마. 작업 전후 점검사항	
8. 타워크레인 설치·해체자격 취득	이론	가. 관계 법령 나. 타워크레인 구조 및 특성에 관한 사항 다. 타워크레인 점검 및 정비에 관한 사항 라. 타워크레인 사용요령에 관한 사항 마. 타워크레인 설치·해체작업에 관한 사항 바. 추락 재해방지에 관한 사항 사. 이상 시 응급조치에 관한 사항	144시간 (보수 교육의 경우에는 36시간)
	실기	가. 타워크레인 설치·해체 순서 및 작업방법에 관한 사항 나. 타워크레인 상승작업방법에 관한 사항 다. 타워크레인 지지·고정 방법에 관한 사항 라. 현장 견학 및 실습	
9. 이동식 크레인·고소작업대 조종자격 취득	이론	가. 관계 법령 나. 이동식 크레인·고소작업대 구조 및 특성에 관한 사항 다. 이동식 크레인·고소작업대 점검 및 정비에 관한 사항 라. 이동식 크레인·고소작업대 조작요령에 관한 사항	20시간
	실기	가. 이동식 크레인·고소작업대 작업 시작 전 점검에 관한 사항 나. 이동식 크레인·고소작업대 작업방법에 관한 사항 다. 이상 시 응급조치에 관한 사항	

■ 유해·위험작업의 취업 제한에 관한 규칙 [별지 제1호서식] (2019.12.26 개정)

교육기관 지정신청서

※ [ ]에는 해당되는 곳에 √ 표시를 합니다.

접수번호	접수일	처리일	처리기간 30일

신청인	대표자 성명	
	기관명	전화번호
	소재지	

지정 교육기관	[ ] 천장크레인, 컨테이너크레인, 이동식 크레인 및 고소작업대 조종자격, 양화장치 운전자격 [ ] 승강기 점검 및 보수자격 [ ] 흙막이 지보공, 거푸집, 비계의 조립 및 해체작업 기능습득 [ ] 잠수작업 기능습득 [ ] 타워크레인 설치·해체자격

「유해·위험작업의 취업제한에 관한 규칙」 제5조제1항에 따라 위와 같이 교육기관의 지정을 신청합니다.

년 월 일

신청인 (서명 또는 인)

지방고용노동청(지청)장 귀하

신청인(대표자) 제출서류	1. 정관 2. 「유해·위험작업의 취업제한에 관한 규칙」 별표 1의2에 따른 인력기준에 해당하는 사람의 자격과 채용을 증명할 수 있는 서류 3. 건물임대차계약서 사본이나 그 밖에 사무실의 보유를 증명할 수 있는 서류(건물등기부 등본을 통하여 사무실을 확인할 수 없는 경우에만 제출합니다)와 시설·설비 명세서 4. 최초 1년간의 사업계획서	수수료 없음
담당 직원 확인 사항	1. 법인등기사항증명서 2. 건물등기부 등본	

공지사항
위 민원의 처리결과에 대한 만족도 조사 및 관련 제도 개선에 필요한 의견조사를 위해 귀하의 전화번호(휴대전화)로 전화조사를 실시 할 수 있습니다.

210㎜×297㎜[일반용지 60g/㎡(재활용품)]

■ 유해·위험작업의 취업 제한에 관한 규칙 [별지 제2호서식] (2011.3.11 개정)

제　　호

(　　　　　　) 교육기관 지정서

1. 기관명:　　　　　　　　　　(전화번호:　　　　　　　　)

2. 대표자 성명:

3. 소재지:

4. 지정조건:

「유해·위험작업의 취업제한에 관한 규칙」 제5조제3항에 따라 (　　　　　　)교육기관으로 지정합니다.

년　　월　　일

지방고용노동청(지청)장 직인

210㎜×297㎜[보존용지 120g/㎡]

■ 유해·위험작업의 취업 제한에 관한 규칙 [별지 제3호서식] (2024.3.13 개정)

인력·시설 변경신고서

※ [ ]에는 해당되는 곳에 √ 표시를 합니다.

접수번호	접수일	처리일	처리기간 30일

신고인	기관명	전화번호
	소재지	
	대표자 성명	
변경 내역	기존 사항	
	변경사항	
	변경 사유 발생일	

「유해·위험작업의 취업제한에 관한 규칙」 제5조제5항에 따라 [ ]인력 [ ]시설 변경사항을 신고합니다.

년 월 일

신고인(대표자) (서명 또는 인)

지방고용노동청(지청)장 귀하

첨부서류	1. 변경 사실을 증명하는 서류 사본 1부 2. 교육기관 지정서	수수료 없음

공지사항
위 민원의 처리결과에 대한 만족도 조사 및 관련 제도 개선에 필요한 의견조사를 위해 귀하의 전화번호(휴대전화)로 전화조사를 실시할 수 있습니다.

210mm×297mm(일반용지 60g/㎡(재활용품))

■ 유해·위험작업의 취업 제한에 관한 규칙 [별지 제4호서식] (2011.3.11 개정)

교육수강 신청서

※ [ ]에는 해당되는 곳에 √ 표시를 합니다.

접수번호	접수일	처리일	처리기간

신청인	성명		
	생년월일	직책	
	최종학력	국가기술자격 취득 종목 및 등급	
교육과정명		해당 업무 근속연수	
사업장	명칭	사업 종류	근로자 수
	대표자 성명	전화번호	
	소재지	관할 지방고용노동관서	

위 본인은 「유해 · 위험작업의 취업제한에 관한 규칙」 제10조에 따라 [ ]자격취득 [ ]기능습득 교육을 받고자 위와 같이 수강 신청을 합니다.

년 월 일

신청인(대표자) (서명 또는 인)

교육실시기관의 장 귀하

210mm×297mm(일반용지 60g/㎡(재활용품))

■ 유해·위험작업의 취업 제한에 관한 규칙 [별지 제5호서식] (2011.3.11 개정)

제　　호

자격교육 수료증

1. 소 속:

2. 직 책:

3. 성 명:

4. 생년월일:

위 사람은 「유해·위험작업의 취업제한에 관한 규칙」 제11조제1항에 따라 (　　　　　　　　)과정의 교육을 이수하고 정해진 시험에 합격하였으므로 이 증서를 수여합니다.

년　　월　　일

교육실시기관의 장 직인

210㎜×297㎜[보존용지 120g/㎡]

■ 유해·위험작업의 취업 제한에 관한 규칙 [별지 제6호서식] (2011.3.11 개정)

제　　호

기능습득 교육이수증

1. 소 속:

2. 직 책:

3. 성 명:

4. 생년월일:

위 사람은 「유해·위험작업의 취업제한에 관한 규칙」 제11조제3항에 따른 (　　　　　　)과정의 교육을 이수하고 정해진 시험에 합격하였으므로 이 증서를 수여합니다.

년　　월　　일

교육실시기관의 장 직인

210㎜×297㎜[보존용지 120g/㎡]

■ 유해·위험작업의 취업 제한에 관한 규칙 [별지 제7호서식] (2011.3.11 개정)

수료증등 재발급신청서

※ [ ]에는 해당되는 곳에 √ 표시를 합니다.

접수번호	접수일	처리일	처리기간 10일

신청인	성명	생년월일
	주소	
발행기관	명칭	등록번호
	면허 종류	등록 연월일
	재발급 사유	

「유해·위험작업의 취업제한에 관한 규칙」 제12조제1항에 따라 [ ]자격교육 수료증 [ ]기능습득 교육이수증 의 재발급을 받고자 신청합니다.

년 월 일

신청인(대표자) (서명 또는 인)

교육실시기관의 장 귀하

첨부서류	헐어서 못 쓰게 된 경우에는 헐어서 못 쓰게 된 수료증	수수료 없음

210mm×297mm(일반용지 60g/㎡(재활용품))

중대재해 처벌 등에 관한 법률

법　률	시　행　령

중대재해 처벌 등에 관한 법률

제정 2021. 1.26 법률 제17907호

제1장 총 칙

제1조 【목적】 이 법은 사업 또는 사업장, 공중이용시설 및 공중교통수단을 운영하거나 인체에 해로운 원료나 제조물을 취급하면서 안전·보건 조치의무를 위반하여 인명피해를 발생하게 한 사업주, 경영책임자, 공무원 및 법인의 처벌 등을 규정함으로써 중대재해를 예방하고 시민과 종사자의 생명과 신체를 보호함을 목적으로 한다.

제2조 【정의】 이 법에서 사용하는 용어의 뜻은 다음과 같다.

1. "중대재해"란 "중대산업재해"와 "중대시민재해"를 말한다.
2. "중대산업재해"란 「산업안전보건법」 제2조제1호에 따른 산업재해 중 다음 각 목의 어느 하나에 해당하는 결과를 야기한 재해를 말한다.
   가. 사망자가 1명 이상 발생
   나. 동일한 사고로 6개월 이상 치료가 필요한 부상자가 2명 이상 발생
   다. 동일한 유해요인으로 급성중독 등 대통령령으로 정하는 직업성 질병자가 1년 이내에 3명 이상 발생
3. "중대시민재해"란 특정 원료 또는 제조물, 공중이용시설 또는 공중교통수단의 설계, 제조, 설치, 관리상의 결함을 원인으로 하여 발생한 재해로서 다음 각 목의 어느 하나에 해당하는 결과를 야기한 재해를 말한

중대재해 처벌 등에 관한 법률 시행령

제정 2021.10. 5 대통령령 제32020호
개정 2022.12. 6 대통령령 제33023호

제1장 총 칙

제1조 【목적】 이 영은 「중대재해 처벌 등에 관한 법률」에서 위임된 사항과 그 시행에 필요한 사항을 규정함을 목적으로 한다.

제2조 【직업성 질병자】 「중대재해 처벌 등에 관한 법률」(이하 "법"이라 한다) 제2조제2호다목에서 "대통령령으로 정하는 직업성 질병자"란 별표 1에서 정하는 직업성 질병에 걸린 사람을 말한다.

법 률	시 행 령
다. 다만, 중대산업재해에 해당하는 재해는 제외한다. 가. 사망자가 1명 이상 발생 나. 동일한 사고로 2개월 이상 치료가 필요한 부상자가 10명 이상 발생 다. 동일한 원인으로 3개월 이상 치료가 필요한 질병자가 10명 이상 발생 4. "공중이용시설"이란 다음 각 목의 시설 중 시설의 규모나 면적 등을 고려하여 대통령령으로 정하는 시설을 말한다. 다만, 「소상공인 보호 및 지원에 관한 법률」 제2조에 따른 소상공인의 사업 또는 사업장 및 이에 준하는 비영리시설과 「교육시설 등의 안전 및 유지관리 등에 관한 법률」 제2조제1호에 따른 교육시설은 제외한다. 가. 「실내공기질 관리법」 제3조제1항의 시설(「다중이용업소의 안전관리에 관한 특별법」 제2조제1항제1호에 따른 영업장은 제외한다) 나. 「시설물의 안전 및 유지관리에 관한 특별법」 제2조제1호의 시설물(공동주택은 제외한다) 다. 「다중이용업소의 안전관리에 관한 특별법」 제2조제1항제1호에 따른 영업장 중 해당 영업에 사용하는 바닥면적(「건축법」 제84조에 따라 산정한 면적을 말한다)의 합계가 1천제곱미터 이상인 것 라. 그 밖에 가목부터 다목까지에 준하는 시설로서 재해 발생 시 생명·신체상의 피해가 발생할 우려가 높은 장소 5. "공중교통수단"이란 불특정다수인이 이용하는 다음 각 목의 어느 하나에 해당하는 시설을 말한다. 가. 「도시철도법」 제2조제2호에 따른 도시철도의 운행에 사용되는 도시철도차량 나. 「철도산업발전기본법」 제3조제4호에 따른 철도차량 중 동력차·객차(「철도사업법」 제2조제5호에 따른 전용철도에 사용되는 경우는 제외한다) 다. 「여객자동차 운수사업법 시행령」 제3조제1호라목에 따른 노선 여객자동차운송사업에 사용되는 승합자동차	**제3조【공중이용시설】** 법 제2조제4호 각 목 외의 부분 본문에서 "대통령령으로 정하는 시설"이란 다음 각 호의 시설을 말한다. 1. 법 제2조제4호가목의 시설 중 별표 2에서 정하는 시설 2. 법 제2조제4호나목의 시설물 중 별표 3에서 정하는 시설물. 다만, 다음 각 목의 건축물은 제외한다. 가. 주택과 주택 외의 시설을 동일 건축물로 건축한 건축물 나. 건축물의 주용도가 「건축법 시행령」 별표 1 제14호나목2)의 오피스텔인 건축물 3. 법 제2조제4호다목의 영업장 4. 법 제2조제4호라목의 시설 중 다음 각 목의 시설(제2호의 시설물은 제외한다) 가. 「도로법」 제10조 각 호의 도로에 설치된 연장 20미터 이상인 도로교량 중 준공 후 10년이 지난 도로교량 나. 「도로법」 제10조제4호부터 제7호까지에서 정한 지방도·시도·군도·구도의 도로터널과 「농어촌도로 정비법 시행령」 제2조제1호의 터널 중 준공 후 10년이 지난 도로터널 다. 「철도산업발전기본법」 제3조제2호의 철도시설 중 준공 후 10년이 지난 철도교량 라. 「철도산업발전기본법」 제3조제2호의 철도시설 중 준공 후 10년이 지난 철도터널(특별시 및 광역시 외의 지역에 있는 철도터널로 한정한다) 마. 다음의 시설 중 개별 사업장 면적이 2천제곱미터 이상인 시설 1) 「석유 및 석유대체연료 사업법 시행령」 제2조제3호의 주유소

법　　　률	시　행　령
라. 「해운법」 제2조제1호의2의 여객선 마. 「항공사업법」 제2조제7호에 따른 항공운송사업에 사용되는 항공기 6. "제조물"이란 제조되거나 가공된 동산(다른 동산이나 부동산의 일부를 구성하는 경우를 포함한다)을 말한다. 7. "종사자"란 다음 각 목의 어느 하나에 해당하는 자를 말한다. 가. 「근로기준법」상의 근로자 나. 도급, 용역, 위탁 등 계약의 형식에 관계없이 그 사업의 수행을 위하여 대가를 목적으로 노무를 제공하는 자 다. 사업이 여러 차례의 도급에 따라 행하여지는 경우에는 각 단계의 수급인 및 수급인과 가목 또는 나목의 관계가 있는 자 8. "사업주"란 자신의 사업을 영위하는 자, 타인의 노무를 제공받아 사업을 하는 자를 말한다. 9. "경영책임자등"이란 다음 각 목의 어느 하나에 해당하는 자를 말한다. 가. 사업을 대표하고 사업을 총괄하는 권한과 책임이 있는 사람 또는 이에 준하여 안전보건에 관한 업무를 담당하는 사람 나. 중앙행정기관의 장, 지방자치단체의 장, 「지방공기업법」에 따른 지방공기업의 장, 「공공기관의 운영에 관한 법률」 제4조부터 제6조까지의 규정에 따라 지정된 공공기관의 장	2) 「액화석유가스의 안전관리 및 사업법」 제2조제4호의 액화석유가스 충전사업의 사업소 바. 「관광진흥법 시행령」 제2조제1항제5호 가목의 종합유원시설업의 시설 중 같은 법 제33조제1항에 따른 안전성검사 대상인 유기시설 또는 유기기구
제2장 중대산업재해	**제2장 중대산업재해**
제3조 【적용범위】 상시 근로자가 5명 미만인 사업 또는 사업장의 사업주(개인사업주에 한정한다. 이하 같다) 또는 경영책임자등에게는 이 장의 규정을 적용하지 아니한다. **제4조 【사업주와 경영책임자등의 안전 및 보건 확보의무】** ① 사업주 또는 경영책임자등은 사업주나 법인 또는 기관이 실질적으로 지배·운영·관리하는 사업 또는 사업장에서 종사자의 안전·보건상 유해 또는 위험을 방지하기 위하여 그 사업 또는 사업장의 특성	

<table>
<tr><th>법 률</th><th>시 행 령</th></tr>
<tr><td>
및 규모 등을 고려하여 다음 각 호에 따른 조치를 하여야 한다.
1. 재해예방에 필요한 인력 및 예산 등 안전보건관리체계의 구축 및 그 이행에 관한 조치
2. 재해 발생 시 재발방지 대책의 수립 및 그 이행에 관한 조치
3. 중앙행정기관·지방자치단체가 관계 법령에 따라 개선, 시정 등을 명한 사항의 이행에 관한 조치
4. 안전·보건 관계 법령에 따른 의무이행에 필요한 관리상의 조치
② 제1항제1호·제4호의 조치에 관한 구체적인 사항은 대통령령으로 정한다.
</td><td>
제4조【안전보건관리체계의 구축 및 이행 조치】 법 제4조제1항제1호에 따른 조치의 구체적인 사항은 다음 각 호와 같다.
1. 사업 또는 사업장의 안전·보건에 관한 목표와 경영방침을 설정할 것
2. 「산업안전보건법」 제17조부터 제19조까지 및 제22조에 따라 두어야 하는 인력이 총 3명 이상이고 다음 각 목의 어느 하나에 해당하는 사업 또는 사업장인 경우에는 안전·보건에 관한 업무를 총괄·관리하는 전담 조직을 둘 것. 이 경우 나목에 해당하지 않던 건설사업자가 나목에 해당하게 된 경우에는 공시한 연도의 다음 연도 1월 1일까지 해당 조직을 두어야 한다.
가. 상시근로자 수가 500명 이상인 사업 또는 사업장
나. 「건설산업기본법」 제8조 및 같은 법 시행령 별표 1에 따른 토목건축공사업에 대해 같은 법 제23조에 따라 평가하여 공시된 시공능력의 순위가 상위 200위 이내인 건설사업자
3. 사업 또는 사업장의 특성에 따른 유해·위험요인을 확인하여 개선하는 업무절차를 마련하고, 해당 업무절차에 따라 유해·위험요인의 확인 및 개선이 이루어지는지를 반기 1회 이상 점검한 후 필요한 조치를 할 것. 다만, 「산업안전보건법」 제36조에 따른 위험성평가를 하는 절차를 마련하고, 그 절차에 따라 위험성 평가를 직접 실시하거나 실시하도록 하여 실시 결과를 보고받은 경우에는 해당 업무절차에 따라 유해·위험요인의 확인 및 개선에 대한 점검을 한 것으로 본다.
4. 다음 각 목의 사항을 이행하는 데 필요한 예산을 편성하고 그 편성된 용도에 맞게 집행하도록 할 것
가. 재해 예방을 위해 필요한 안전·보건에 관한 인력, 시설 및 장비의 구비
나. 제3호에서 정한 유해·위험요인의 개선
다. 그 밖에 안전보건관리체계 구축 등을
</td></tr>
</table>

법 률	시 행 령
	위해 필요한 사항으로서 고용노동부장관이 정하여 고시하는 사항 5. 「산업안전보건법」 제15조, 제16조 및 제62조에 따른 안전보건관리책임자, 관리감독자 및 안전보건총괄책임자(이하 이 조에서 "안전보건관리책임자등"이라 한다)가 같은 조에서 규정한 각각의 업무를 각 사업장에서 충실히 수행할 수 있도록 다음 각 목의 조치를 할 것 가. 안전보건관리책임자등에게 해당 업무 수행에 필요한 권한과 예산을 줄 것 나. 안전보건관리책임자등이 해당 업무를 충실하게 수행하는지를 평가하는 기준을 마련하고, 그 기준에 따라 반기 1회 이상 평가·관리할 것 6. 「산업안전보건법」 제17조부터 제19조까지 및 제22조에 따라 정해진 수 이상의 안전관리자, 보건관리자, 안전보건관리담당자 및 산업보건의를 배치할 것. 다만, 다른 법령에서 해당 인력의 배치에 대해 달리 정하고 있는 경우에는 그에 따르고, 배치해야 할 인력이 다른 업무를 겸직하는 경우에는 고용노동부장관이 정하여 고시하는 기준에 따라 안전·보건에 관한 업무 수행시간을 보장해야 한다. 7. 사업 또는 사업장의 안전·보건에 관한 사항에 대해 종사자의 의견을 듣는 절차를 마련하고, 그 절차에 따라 의견을 들어 재해 예방에 필요하다고 인정하는 경우에는 그에 대한 개선방안을 마련하여 이행하는지를 반기 1회 이상 점검한 후 필요한 조치를 할 것. 다만, 「산업안전보건법」 제24조에 따른 산업안전보건위원회 및 같은 법 제64조·제75조에 따른 안전 및 보건에 관한 협의체에서 사업 또는 사업장의 안전·보건에 관하여 논의하거나 심의·의결한 경우에는 해당 종사자의 의견을 들은 것으로 본다. 8. 사업 또는 사업장에 중대산업재해가 발생하거나 발생할 급박한 위험이 있을 경우를 대비하여 다음 각 목의 조치에 관한 매뉴얼을 마련하고, 해당 매뉴얼에 따라 조치

법 률	시 행 령
	하는지를 반기 1회 이상 점검할 것 가. 작업 중지, 근로자 대피, 위험요인 제거 등 대응조치 나. 중대산업재해를 입은 사람에 대한 구호조치 다. 추가 피해방지를 위한 조치 9. 제3자에게 업무의 도급, 용역, 위탁 등을 하는 경우에는 종사자의 안전·보건을 확보하기 위해 다음 각 목의 기준과 절차를 마련하고, 그 기준과 절차에 따라 도급, 용역, 위탁 등이 이루어지는지를 반기 1회 이상 점검할 것 가. 도급, 용역, 위탁 등을 받는 자의 산업재해 예방을 위한 조치 능력과 기술에 관한 평가기준·절차 나. 도급, 용역, 위탁 등을 받는 자의 안전·보건을 위한 관리비용에 관한 기준 다. 건설업 및 조선업의 경우 도급, 용역, 위탁 등을 받는 자의 안전·보건을 위한 공사기간 또는 건조기간에 관한 기준 **제5조【안전·보건 관계 법령에 따른 의무이행에 필요한 관리상의 조치】** ① 법 제4조제1항제4호에서 "안전·보건 관계 법령"이란 해당 사업 또는 사업장에 적용되는 것으로서 종사자의 안전·보건을 확보하는 데 관련되는 법령을 말한다. ② 법 제4조제1항제4호에 따른 조치에 관한 구체적인 사항은 다음 각 호와 같다. 1. 안전·보건 관계 법령에 따른 의무를 이행했는지를 반기 1회 이상 점검(해당 안전·보건 관계 법령에 따라 중앙행정기관의 장이 지정한 기관 등에 위탁하여 점검하는 경우를 포함한다. 이하 이 호에서 같다)하고, 직접 점검하지 않은 경우에는 점검이 끝난 후 지체 없이 점검 결과를 보고받을 것 2. 제1호에 따른 점검 또는 보고 결과 안전·보건 관계 법령에 따른 의무가 이행되지 않은 사실이 확인되는 경우에는 인력을 배치하거나 예산을 추가로 편성·집행하도록 하는 등 해당 의무 이행에 필요한 조치를 할 것

법률	시행령
	3. 안전·보건 관계 법령에 따라 의무적으로 실시해야 하는 유해·위험한 작업에 관한 안전·보건에 관한 교육이 실시되었는지를 반기 1회 이상 점검하고, 직접 점검하지 않은 경우에는 점검이 끝난 후 지체 없이 점검 결과를 보고받을 것 4. 제3호에 따른 점검 또는 보고 결과 실시되지 않은 교육에 대해서는 지체 없이 그 이행의 지시, 예산의 확보 등 교육 실시에 필요한 조치를 할 것
제5조【도급, 용역, 위탁 등 관계에서의 안전 및 보건 확보의무】 사업주 또는 경영책임자등은 사업주나 법인 또는 기관이 제3자에게 도급, 용역, 위탁 등을 행한 경우에는 제3자의 종사자에게 중대산업재해가 발생하지 아니하도록 제4조의 조치를 하여야 한다. 다만, 사업주나 법인 또는 기관이 그 시설, 장비, 장소 등에 대하여 실질적으로 지배·운영·관리하는 책임이 있는 경우에 한정한다.	
제6조【중대산업재해 사업주와 경영책임자등의 처벌】 ① 제4조 또는 제5조를 위반하여 제2조제2호가목의 중대산업재해에 이르게 한 사업주 또는 경영책임자등은 1년 이상의 징역 또는 10억원 이하의 벌금에 처한다. 이 경우 징역과 벌금을 병과할 수 있다. ② 제4조 또는 제5조를 위반하여 제2조제2호나목 또는 다목의 중대산업재해에 이르게 한 사업주 또는 경영책임자등은 7년 이하의 징역 또는 1억원 이하의 벌금에 처한다. ③ 제1항 또는 제2항의 죄로 형을 선고받고 그 형이 확정된 후 5년 이내에 다시 제1항 또는 제2항의 죄를 저지른 자는 각 항에서 정한 형의 2분의 1까지 가중한다.	
제7조【중대산업재해의 양벌규정】 법인 또는 기관의 경영책임자등이 그 법인 또는 기관의 업무에 관하여 제6조에 해당하는 위반행위를 하면 그 행위자를 벌하는 외에 그 법인 또는 기관에 다음 각 호의 구분에 따른 벌금형을 과(科)한다. 다만, 법인 또는 기관이 그	

법률	시행령
위반행위를 방지하기 위하여 해당 업무에 관하여 상당한 주의와 감독을 게을리하지 아니한 경우에는 그러하지 아니하다. 1. 제6조제1항의 경우 : 50억원 이하의 벌금 2. 제6조제2항의 경우 : 10억원 이하의 벌금	
제8조 【안전보건교육의 수강】 ① 중대산업재해가 발생한 법인 또는 기관의 경영책임자등은 대통령령으로 정하는 바에 따라 안전보건교육을 이수하여야 한다. ② 제1항의 안전보건교육을 정당한 사유 없이 이행하지 아니한 경우에는 5천만원 이하의 과태료를 부과한다. ③ 제2항에 따른 과태료는 대통령령으로 정하는 바에 따라 고용노동부장관이 부과·징수한다.	**제6조 【안전보건교육의 실시 등】** ① 법 제8조제1항에 따른 안전보건교육(이하 "안전보건교육"이라 한다)은 총 20시간의 범위에서 고용노동부장관이 정하는 바에 따라 이수해야 한다. ② 안전보건교육에는 다음 각 호의 사항이 포함되어야 한다. 1. 안전보건관리체계의 구축 등 안전·보건에 관한 경영 방안 2. 중대산업재해의 원인 분석과 재발 방지 방안 ③ 고용노동부장관은 「한국산업안전보건공단법」에 따른 한국산업안전보건공단이나 「산업안전보건법」 제33조에 따라 등록된 안전보건교육기관(이하 "안전보건교육기관등"이라 한다)에 안전보건교육을 의뢰하여 실시할 수 있다. ④ 고용노동부장관은 분기별로 중대산업재해가 발생한 법인 또는 기관을 대상으로 안전보건교육을 이수해야 할 교육대상자를 확정하고 안전보건교육 실시일 30일 전까지 다음 각 호의 사항을 해당 교육대상자에게 통보해야 한다. 1. 안전보건교육을 실시하는 안전보건교육기관등 2. 교육일정 3. 그 밖에 안전보건교육의 실시에 필요한 사항 ⑤ 제4항에 따른 통보를 받은 교육대상자는 해당 교육일정에 참여할 수 없는 정당한 사유가 있는 경우에는 안전보건교육 실시일 7일 전까지 고용노동부장관에게 안전보건교육의 연기를 한 번만 요청할 수 있다. ⑥ 고용노동부장관은 제5항에 따른 연기 요청을 받은 날부터 3일 이내에 연기 가능 여부를 교육대상자에게 통보해야 한다.

법률	시행령
	⑦ 안전보건교육을 연기하는 경우 교육일정 등의 통보에 관하여는 제4항을 준용한다. ⑧ 안전보건교육에 드는 비용은 안전보건교육기관등에서 수강하는 교육대상자가 부담한다. ⑨ 안전보건교육기관등은 안전보건교육을 실시한 경우에는 지체 없이 안전보건교육 이수자 명단을 고용노동부장관에게 통보해야 한다. ⑩ 안전보건교육을 이수한 교육대상자는 필요한 경우 안전보건교육이수확인서를 발급해 줄 것을 고용노동부장관에게 요청할 수 있다. ⑪ 제10항에 따른 요청을 받은 고용노동부장관은 고용노동부장관이 정하는 바에 따라 안전보건교육이수확인서를 지체 없이 내주어야 한다. **제7조【과태료의 부과기준】** 법 제8조제2항에 따른 과태료의 부과기준은 별표 4와 같다.
제3장 중대시민재해	**제3장 중대시민재해**
제9조【사업주와 경영책임자등의 안전 및 보건 확보의무】 ① 사업주 또는 경영책임자등은 사업주나 법인 또는 기관이 실질적으로 지배·운영·관리하는 사업 또는 사업장에서 생산·제조·판매·유통 중인 원료나 제조물의 설계, 제조, 관리상의 결함으로 인한 그 이용자 또는 그 밖의 사람의 생명, 신체의 안전을 위하여 다음 각 호에 따른 조치를 하여야 한다. 1. 재해예방에 필요한 인력·예산·점검 등 안전보건관리체계의 구축 및 그 이행에 관한 조치 2. 재해 발생 시 재발방지 대책의 수립 및 그 이행에 관한 조치 3. 중앙행정기관·지방자치단체가 관계 법령에 따라 개선, 시정 등을 명한 사항의 이행에 관한 조치 4. 안전·보건 관계 법령에 따른 의무이행에 필요한 관리상의 조치 ② 사업주 또는 경영책임자등은 사업주나 법	**제8조【원료·제조물 관련 안전보건관리체계의 구축 및 이행 조치】** 법 제9조제1항제1호에 따른 조치의 구체적인 사항은 다음 각 호와 같다. 1. 다음 각 목의 사항을 이행하는 데 필요한 인력을 갖추어 중대시민재해 예방을 위한 업무를 수행하도록 할 것 가. 법 제9조제1항제4호의 안전·보건 관계 법령에 따른 안전·보건 관리 업무의 수행 나. 유해·위험요인의 점검과 위험징후 발

법 률	시 행 령
인 또는 기관이 실질적으로 지배·운영·관리하는 공중이용시설 또는 공중교통수단의 설계, 설치, 관리상의 결함으로 인한 그 이용자 또는 그 밖의 사람의 생명, 신체의 안전을 위하여 다음 각 호에 따른 조치를 하여야 한다. 1. 재해예방에 필요한 인력·예산·점검 등 안전보건관리체계의 구축 및 그 이행에 관한 조치 2. 재해 발생 시 재발방지 대책의 수립 및 그 이행에 관한 조치 3. 중앙행정기관·지방자치단체가 관계 법령에 따라 개선, 시정 등을 명한 사항의 이행에 관한 조치 4. 안전·보건 관계 법령에 따른 의무이행에 필요한 관리상의 조치 ③ 사업주 또는 경영책임자등은 사업주나 법인 또는 기관이 공중이용시설 또는 공중교통수단과 관련하여 제3자에게 도급, 용역, 위탁 등을 행한 경우에는 그 이용자 또는 그 밖의 사람의 생명, 신체의 안전을 위하여 제2항의 조치를 하여야 한다. 다만, 사업주나 법인 또는 기관이 그 시설, 장비, 장소 등에 대하여 실질적으로 지배·운영·관리하는 책임이 있는 경우에 한정한다. ④ 제1항제1호·제4호 및 제2항제1호·제4호의 조치에 관한 구체적인 사항은 대통령령으로 정한다.	생 시 대응 다. 그 밖에 원료·제조물 관련 안전·보건 관리를 위해 환경부장관이 정하여 고시하는 사항 2. 다음 각 목의 사항을 이행하는 데 필요한 예산을 편성·집행할 것 가. 법 제9조제1항제4호의 안전·보건 관계 법령에 따른 인력·시설 및 장비 등의 확보·유지 나. 유해·위험요인의 점검과 위험징후 발생 시 대응 다. 그 밖에 원료·제조물 관련 안전·보건 관리를 위해 환경부장관이 정하여 고시하는 사항 3. 별표 5에서 정하는 원료 또는 제조물로 인한 중대시민재해를 예방하기 위해 다음 각 목의 조치를 할 것 가. 유해·위험요인의 주기적인 점검 나. 제보나 위험징후의 감지 등을 통해 발견된 유해·위험요인을 확인한 결과 중대시민재해의 발생 우려가 있는 경우의 신고 및 조치 다. 중대시민재해가 발생한 경우의 보고, 신고 및 조치 라. 중대시민재해 원인조사에 따른 개선조치 4. 제3호 각 목의 조치를 포함한 업무처리절차의 마련. 다만, 「소상공인기본법」 제2조에 따른 소상공인의 경우는 제외한다. 5. 제1호 및 제2호의 사항을 반기 1회 이상 점검하고, 점검 결과에 따라 인력을 배치하거나 예산을 추가로 편성·집행하도록 하는 등 중대시민재해 예방에 필요한 조치를 할 것 **제9조【원료·제조물 관련 안전·보건 관계 법령에 따른 의무이행에 필요한 관리상의 조치】** ① 법 제9조제1항제4호에서 "안전·보건 관계 법령"이란 해당 사업 또는 사업장에서 생산·제조·판매·유통 중인 원료나 제조물에 적용되는 것으로서 그 원료나 제조물이 사람의 생명·신체에 미칠 수 있는 유해·위험 요

법 률	시 행 령

인을 예방하고 안전하게 관리하는 데 관련되는 법령을 말한다.

② 법 제9조제1항제4호에 따른 조치의 구체적인 사항은 다음 각 호와 같다.

1. 안전·보건 관계 법령에 따른 의무를 이행했는지를 반기 1회 이상 점검(해당 안전·보건 관계 법령에 따라 중앙행정기관의 장이 지정한 기관 등에 위탁하여 점검하는 경우를 포함한다. 이하 이 호에서 같다)하고, 직접 점검하지 않은 경우에는 점검이 끝난 후 지체 없이 점검 결과를 보고받을 것
2. 제1호에 따른 점검 또는 보고 결과 안전·보건 관계 법령에 따른 의무가 이행되지 않은 사실이 확인되는 경우에는 인력을 배치하거나 예산을 추가로 편성·집행하도록 하는 등 해당 의무 이행에 필요한 조치를 할 것
3. 안전·보건 관계 법령에 따라 의무적으로 실시해야 하는 교육이 실시되는지를 반기 1회 이상 점검하고, 직접 점검하지 않은 경우에는 점검이 끝난 후 지체 없이 점검 결과를 보고받을 것
4. 제3호에 따른 점검 또는 보고 결과 실시되지 않은 교육에 대해서는 지체 없이 그 이행의 지시, 예산의 확보 등 교육 실시에 필요한 조치를 할 것

제10조【공중이용시설·공중교통수단 관련 안전보건관리체계 구축 및 이행에 관한 조치】 법 제9조제2항제1호에 따른 조치의 구체적인 사항은 다음 각 호와 같다.

1. 다음 각 목의 사항을 이행하는 데 필요한 인력을 갖추어 중대시민재해 예방을 위한 업무를 수행하도록 할 것
   가. 법 제9조제2항제4호의 안전·보건 관계 법령에 따른 안전관리 업무의 수행
   나. 제4호에 따라 수립된 안전계획의 이행
   다. 그 밖에 공중이용시설 또는 공중교통수단과 그 이용자나 그 밖의 사람의 안전에 관하여 국토교통부장관이 정하여 고시하는 사항
2. 다음 각 목의 사항을 이행하는 데 필요한

법 률	시 행 령
	예산을 편성·집행할 것 가. 법 제9조제2항제4호의 안전·보건 관계 법령에 따른 인력·시설 및 장비 등의 확보·유지와 안전점검 등의 실시 나. 제4호에 따라 수립된 안전계획의 이행 다. 그 밖에 공중이용시설 또는 공중교통수단과 그 이용자나 그 밖의 사람의 안전에 관하여 국토교통부장관이 정하여 고시하는 사항 3. 공중이용시설 또는 공중교통수단에 대한 법 제9조제2항제4호의 안전·보건 관계 법령에 따른 안전점검 등을 계획하여 수행되도록 할 것 4. 공중이용시설 또는 공중교통수단에 대해 연 1회 이상 다음 각 목의 내용이 포함된 안전계획을 수립하게 하고, 충실히 이행하도록 할 것. 다만, 공중이용시설에 대해 「시설물의 안전 및 유지관리에 관한 특별법」 제6조에 따라 시설물에 대한 안전 및 유지관리계획을 수립·시행하거나 공중이용시설 또는 공중교통수단에 대해 철도운영자가 「철도안전법」 제6조에 따라 연차별 시행계획을 수립·추진하는 경우로서 사업주 또는 경영책임자등이 그 수립 여부 및 내용을 직접 확인하거나 보고받은 경우에는 안전계획을 수립하여 이행한 것으로 본다. 가. 공중이용시설 또는 공중교통수단의 안전과 유지관리를 위한 인력의 확보에 관한 사항 나. 공중이용시설의 안전점검 또는 정밀안전진단의 실시와 공중교통수단의 점검·정비(점검·정비에 필요한 장비를 확보하는 것을 포함한다)에 관한 사항 다. 공중이용시설 또는 공중교통수단의 보수·보강 등 유지관리에 관한 사항 5. 제1호부터 제4호까지에서 규정한 사항을 반기 1회 이상 점검하고, 직접 점검하지 않은 경우에는 점검이 끝난 후 지체 없이 점검 결과를 보고받을 것 6. 제5호에 따른 점검 또는 보고 결과에 따라 인력을 배치하거나 예산을 추가로 편

법률	시행령
	성·집행하도록 하는 등 중대시민재해 예방에 필요한 조치를 할 것 7. 중대시민재해 예방을 위해 다음 각 목의 사항이 포함된 업무처리절차를 마련하여 이행할 것. 다만, 철도운영자가 「철도안전법」 제7조에 따라 비상대응계획을 포함한 철도안전관리체계를 수립하여 시행하거나 항공운송사업자가 「항공안전법」 제58조제2항에 따라 위기대응계획을 포함한 항공안전관리시스템을 마련하여 운용한 경우로서 사업주 또는 경영책임자등이 그 수립 여부 및 내용을 직접 점검하거나 점검 결과를 보고받은 경우에는 업무처리절차를 마련하여 이행한 것으로 본다. 가. 공중이용시설 또는 공중교통수단의 유해·위험요인의 확인·점검에 관한 사항 나. 공중이용시설 또는 공중교통수단의 유해·위험요인을 발견한 경우 해당 사항의 신고·조치요구, 이용 제한, 보수·보강 등 그 개선에 관한 사항 다. 중대시민재해가 발생한 경우 사상자 등에 대한 긴급구호조치, 공중이용시설 또는 공중교통수단에 대한 긴급안전점검, 위험표지 설치 등 추가 피해방지 조치, 관계 행정기관 등에 대한 신고와 원인조사에 따른 개선조치에 관한 사항 라. 공중교통수단 또는 「시설물의 안전 및 유지관리에 관한 특별법」 제7조제1호의 제1종시설물에서 비상상황이나 위급상황 발생 시 대피훈련에 관한 사항 8. 제3자에게 공중이용시설 또는 공중교통수단의 운영·관리 업무의 도급, 용역, 위탁 등을 하는 경우 공중이용시설 또는 공중교통수단과 그 이용자나 그 밖의 사람의 안전을 확보하기 위해 다음 각 목에 따른 기준과 절차를 마련하고, 그 기준과 절차에 따라 도급, 용역, 위탁 등이 이루어지는지를 연 1회 이상 점검하고, 직접 점검하지 않은 경우에는 점검이 끝난 후 지체 없이 점검 결과를 보고받을 것 가. 중대시민재해 예방을 위한 조치능력 및 안전관리능력에 관한 평가기준·절차

법률	시행령
제10조【중대시민재해 사업주와 경영책임자등의 처벌】 ① 제9조를 위반하여 제2조제3호가목의 중대시민재해에 이르게 한 사업주 또는 경영책임자등은 1년 이상의 징역 또는	나. 도급, 용역, 위탁 등의 업무 수행 시 중대시민재해 예방을 위해 필요한 비용에 관한 기준 **제11조【공중이용시설·공중교통수단 관련 안전·보건 관계 법령에 따른 의무이행에 필요한 관리상의 조치】** ① 법 제9조제2항제4호에서 "안전·보건 관계 법령"이란 해당 공중이용시설·공중교통수단에 적용되는 것으로서 이용자나 그 밖의 사람의 안전·보건을 확보하는 데 관련되는 법령을 말한다. ② 법 제9조제2항제4호에 따른 조치의 구체적인 사항은 다음 각 호와 같다. 1. 안전·보건 관계 법령에 따른 의무를 이행했는지를 연 1회 이상 점검(해당 안전·보건 관계 법령에 따라 중앙행정기관의 장이 지정한 기관 등에 위탁하여 점검하는 경우를 포함한다. 이하 이 호에서 같다)하고, 직접 점검하지 않은 경우에는 점검이 끝난 후 지체 없이 점검 결과를 보고받을 것 2. 제1호에 따른 점검 또는 보고 결과 안전·보건 관계 법령에 따른 의무가 이행되지 않은 사실이 확인되는 경우에는 인력을 배치하거나 예산을 추가로 편성·집행하도록 하는 등 해당 의무 이행에 필요한 조치를 할 것 3. 안전·보건 관계 법령에 따라 공중이용시설의 안전을 관리하는 자나 공중교통수단의 시설 및 설비를 정비·점검하는 종사자가 의무적으로 이수해야 하는 교육을 이수했는지를 연 1회 이상 점검하고, 직접 점검하지 않은 경우에는 점검이 끝난 후 지체 없이 점검 결과를 보고받을 것 4. 제3호에 따른 점검 또는 보고 결과 실시되지 않은 교육에 대해서는 지체 없이 그 이행의 지시 등 교육 실시에 필요한 조치를 할 것

법　　률	시　행　령
10억원 이하의 벌금에 처한다. 이 경우 징역과 벌금을 병과할 수 있다. ② 제9조를 위반하여 제2조제3호나목 또는 다목의 중대시민재해에 이르게 한 사업주 또는 경영책임자등은 7년 이하의 징역 또는 1억원 이하의 벌금에 처한다.	
제11조【중대시민재해의 양벌규정】 법인 또는 기관의 경영책임자등이 그 법인 또는 기관의 업무에 관하여 제10조에 해당하는 위반행위를 하면 그 행위자를 벌하는 외에 그 법인 또는 기관에게 다음 각 호의 구분에 따른 벌금형을 과(科)한다. 다만, 법인 또는 기관이 그 위반행위를 방지하기 위하여 해당 업무에 관하여 상당한 주의와 감독을 게을리하지 아니한 경우에는 그러하지 아니하다. 1. 제10조제1항의 경우 : 50억원 이하의 벌금 2. 제10조제2항의 경우 : 10억원 이하의 벌금	
제4장 보 칙	**제4장 보 칙**
제12조【형 확정 사실의 통보】 법무부장관은 제6조, 제7조, 제10조 또는 제11조에 따른 범죄의 형이 확정되면 그 범죄사실을 관계 행정기관의 장에게 통보하여야 한다.	
제13조【중대산업재해 발생사실 공표】 ① 고용노동부장관은 제4조에 따른 의무를 위반하여 발생한 중대산업재해에 대하여 사업장의 명칭, 발생 일시와 장소, 재해의 내용 및 원인 등 그 발생사실을 공표할 수 있다. ② 제1항에 따른 공표의 방법, 기준 및 절차 등은 대통령령으로 정한다.	**제12조【중대산업재해 발생사실의 공표】** ① 법 제13조제1항에 따른 공표(이하 이 조에서 "공표"라 한다)는 법 제4조에 따른 의무를 위반하여 발생한 중대산업재해로 법 제12조에 따라 범죄의 형이 확정되어 통보된 사업장을 대상으로 한다. ② 공표 내용은 다음 각 호의 사항으로 한다. 1. "중대산업재해 발생사실의 공표"라는 공표의 제목 2. 해당 사업장의 명칭 3. 중대산업재해가 발생한 일시·장소 4. 중대산업재해를 입은 사람의 수 5. 중대산업재해의 내용과 그 원인(사업주 또는 경영책임자등의 위반사항을 포함한다)

법 률	시 행 령
	6. 해당 사업장에서 최근 5년 내 중대산업재해의 발생 여부 ③ 고용노동부장관은 공표하기 전에 해당 사업장의 사업주 또는 경영책임자등에게 공표하려는 내용을 통지하고 30일 이상의 기간을 정하여 그에 대해 소명자료를 제출하게 하거나 의견을 진술할 수 있는 기회를 주어야 한다. ④ 공표는 관보, 고용노동부나 「한국산업안전보건공단법」에 따른 한국산업안전보건공단의 홈페이지에 게시하는 방법으로 한다. ⑤ 제4항에 따라 홈페이지에 게시하는 방법으로 공표하는 경우 공표기간은 1년으로 한다.
	제13조 【조치 등의 이행사항에 관한 서면의 보관】 사업주 또는 경영책임자등(「소상공인기본법」 제2조에 따른 소상공인은 제외한다)은 제4조, 제5조 및 제8조부터 제11조까지의 규정에 따른 조치 등의 이행에 관한 사항을 서면(「전자문서 및 전자거래 기본법」 제2조제1호에 따른 전자문서를 포함한다)으로 작성하여 그 조치 등을 이행한 날부터 5년간 보관해야 한다.
제14조 【심리절차에 관한 특례】 ① 이 법 위반 여부에 관한 형사재판에서 법원은 직권으로 「형사소송법」 제294조의2에 따라 피해자 또는 그 법정대리인(피해자가 사망하거나 진술할 수 없는 경우에는 그 배우자·직계친족·형제자매를 포함한다)을 증인으로 신문할 수 있다. ② 이 법 위반 여부에 관한 형사재판에서 법원은 검사, 피고인 또는 변호인의 신청이 있는 경우 특별한 사정이 없으면 해당 분야의 전문가를 전문심리위원으로 지정하여 소송절차에 참여하게 하여야 한다.	
제15조 【손해배상의 책임】 ① 사업주 또는 경영책임자등이 고의 또는 중대한 과실로 이 법에서 정한 의무를 위반하여 중대재해를 발생하게 한 경우 해당 사업주, 법인 또는 기관이	

법 률	시 행 령
중대재해로 손해를 입은 사람에 대하여 그 손해액의 5배를 넘지 아니하는 범위에서 배상책임을 진다. 다만, 법인 또는 기관이 해당 업무에 관하여 상당한 주의와 감독을 게을리하지 아니한 경우에는 그러하지 아니하다. ② 법원은 제1항의 배상액을 정할 때에는 다음 각 호의 사항을 고려하여야 한다. 1. 고의 또는 중대한 과실의 정도 2. 이 법에서 정한 의무위반행위의 종류 및 내용 3. 이 법에서 정한 의무위반행위로 인하여 발생한 피해의 규모 4. 이 법에서 정한 의무위반행위로 인하여 사업주나 법인 또는 기관이 취득한 경제적 이익 5. 이 법에서 정한 의무위반행위의 기간·횟수 등 6. 사업주나 법인 또는 기관의 재산상태 7. 사업주나 법인 또는 기관의 피해구제 및 재발방지 노력의 정도 **제16조【정부의 사업주 등에 대한 지원 및 보고】** ① 정부는 중대재해를 예방하여 시민과 종사자의 안전과 건강을 확보하기 위하여 다음 각 호의 사항을 이행하여야 한다. 1. 중대재해의 종합적인 예방대책의 수립·시행과 발생원인 분석 2. 사업주, 법인 및 기관의 안전보건관리체계 구축을 위한 지원 3. 사업주, 법인 및 기관의 중대재해 예방을 위한 기술 지원 및 지도 4. 이 법의 목적 달성을 위한 교육 및 홍보의 시행 ② 정부는 사업주, 법인 및 기관에 대하여 유해·위험 시설의 개선과 보호 장비의 구매, 종사자 건강진단 및 관리 등 중대재해 예방사업에 소요되는 비용의 전부 또는 일부를 예산의 범위에서 지원할 수 있다. ③ 정부는 제1항 및 제2항에 따른 중대재해 예방을 위한 조치 이행 등 상황 및 중대재해 예방사업 지원 현황을 반기별로 국회 소관 상임위원회에 보고하여야 한다.	

법률	시행령
부칙(2021.1.26 법률 제17907호) **제1조【시행일】** ① 이 법은 공포 후 1년이 경과한 날부터 시행한다. 다만, 이 법 시행 당시 개인사업자 또는 상시 근로자가 50명 미만인 사업 또는 사업장(건설업의 경우에는 공사금액 50억원 미만의 공사)에 대해서는 공포 후 3년이 경과한 날부터 시행한다. ② 제1항에도 불구하고 제16조는 공포한 날부터 시행한다. **제2조【다른 법률의 개정】** 법원조직법 중 일부를 다음과 같이 개정한다. 제32조제1항제3호에 아목을 다음과 같이 신설한다. 아. 「중대재해 처벌 등에 관한 법률」 제6조제1항·제3항 및 제10조제1항에 해당하는 사건	**부칙**(2021.10.5 대통령령 제32020호) 이 영은 2022년 1월 27일부터 시행한다. **부칙**(2022.12.6 대통령령 제33023호 : 도서관법 시행령) **제1조【시행일】** 이 영은 2022년 12월 8일부터 시행한다. **제2조**부터 **제6조**까지 생략

중대재해 처벌 등에 관한 법률 시행령

[별표]

중대재해 처벌 등에 관한 법률 시행령 [별표]

[별표 1]

직업성 질병
(제2조 관련)

1. 염화비닐·유기주석·메틸브로마이드(bromomethane)·일산화탄소에 노출되어 발생한 중추신경계장해 등의 급성중독
2. 납이나 그 화합물(유기납은 제외한다)에 노출되어 발생한 납 창백(蒼白), 복부 산통(産痛), 관절통 등의 급성중독
3. 수은이나 그 화합물에 노출되어 발생한 급성중독
4. 크롬이나 그 화합물에 노출되어 발생한 세뇨관 기능 손상, 급성 세뇨관 괴사, 급성신부전 등의 급성중독
5. 벤젠에 노출되어 발생한 경련, 급성 기질성 뇌증후군, 혼수상태 등의 급성중독
6. 톨루엔(toluene)·크실렌(xylene)·스티렌(styrene)·시클로헥산(cyclohexane)·노말헥산(n-hexane)·트리클로로에틸렌(trichloroethylene) 등 유기화합물에 노출되어 발생한 의식장해, 경련, 급성 기질성 뇌증후군, 부정맥 등의 급성중독
7. 이산화질소에 노출되어 발생한 메트헤모글로빈혈증(methemoglobinemia), 청색증(靑色症) 등의 급성중독
8. 황화수소에 노출되어 발생한 의식 소실(消失), 무호흡, 폐부종, 후각신경마비 등의 급성중독
9. 시안화수소나 그 화합물에 노출되어 발생한 급성중독
10. 불화수소·불산에 노출되어 발생한 화학적 화상, 청색증, 폐수종, 부정맥 등의 급성중독
11. 인[백린(白燐), 황린(黃燐) 등 금지물질에 해당하는 동소체(同素體)로 한정한다]이나 그 화합물에 노출되어 발생한 급성중독
12. 카드뮴이나 그 화합물에 노출되어 발생한 급성중독
13. 다음 각 목의 화학적 인자에 노출되어 발생한 급성중독
    가. 「산업안전보건법」 제125조제1항에 따른 작업환경측정 대상 유해인자 중 화학적 인자
    나. 「산업안전보건법」 제130조제1항제1호에 따른 특수건강진단 대상 유해인자 중 화학적 인자
14. 디이소시아네이트(diisocyanate), 염소, 염화수소 또는 염산에 노출되어 발생한 반응성 기도과민증후군
15. 트리클로로에틸렌에 노출(해당 물질에 노출되는 업무에 종사하지 않게 된 후 3개월이 지난 경우는 제외한다)되어 발생한 스티븐스존슨 증후군(stevens-johnson syndrome). 다만, 약물, 감염, 후천성면역결핍증, 악성 종양 등 다른 원인으로 발생한 스티븐스존슨 증후군은 제외한다.
16. 트리클로로에틸렌 또는 디메틸포름아미드(dimethylformamide)에 노출(해당 물질에 노출되는 업무에 종사하지 않게 된 후 3개월이 지난 경우는 제외한다)되어 발생한 독성 간염. 다만, 약물, 알코올, 과체중, 당뇨병 등 다른 원인으로 발생하거나 다른 질병이 원인이 되어 발생한 간염은 제외한다.
17. 보건의료 종사자에게 발생한 B형 간염, C형 간염, 매독 또는 후천성면역결핍증의 혈액전파성 질병
18. 근로자에게 건강장해를 일으킬 수 있는 습한 상태에서 하는 작업으로 발생한 렙토스피라증(leptospirosis)
19. 동물이나 그 사체, 짐승의 털·가죽, 그 밖의 동물성 물체를 취급하여 발생한 탄저, 단독

(erysipelas) 또는 브루셀라증(brucellosis)

20. 오염된 냉각수로 발생한 레지오넬라증(legionellosis)
21. 고기압 또는 저기압에 노출되거나 중추신경계 산소 독성으로 발생한 건강장해, 감압병(잠수병) 또는 공기색전증(기포가 동맥이나 정맥을 따라 순환하다가 혈관을 막는 것)
22. 공기 중 산소농도가 부족한 장소에서 발생한 산소결핍증
23. 전리방사선(물질을 통과할 때 이온화를 일으키는 방사선)에 노출되어 발생한 급성 방사선증 또는 무형성 빈혈
24. 고열작업 또는 폭염에 노출되는 장소에서 하는 작업으로 발생한 심부체온상승을 동반하는 열사병

[별표 2] (2022.12.6 개정)

법 제2조제4호가목의 시설 중 공중이용시설
(제3조제1호 관련)

1. 모든 지하역사(출입통로·대합실·승강장 및 환승통로와 이에 딸린 시설을 포함한다)
2. 연면적 2천제곱미터 이상인 지하도상가(지상건물에 딸린 지하층의 시설을 포함한다. 이하 같다). 이 경우 연속되어 있는 둘 이상의 지하도상가의 연면적 합계가 2천 제곱미터 이상인 경우를 포함한다.
3. 철도역사의 시설 중 연면적 2천제곱미터 이상인 대합실
4. 「여객자동차 운수사업법」 제2조제5호의 여객자동차터미널 중 연면적 2천제곱미터 이상인 대합실
5. 「항만법」 제2조제5호의 항만시설 중 연면적 5천제곱미터 이상인 대합실
6. 「공항시설법」 제2조제7호의 공항시설 중 연면적 1천5백제곱미터 이상인 여객터미널
7. 「도서관법」 제3조제1호의 도서관 중 연면적 3천제곱미터 이상인 것
8. 「박물관 및 미술관 진흥법」 제2조제1호 및 제2호의 박물관 및 미술관 중 연면적 3천제곱미터 이상인 것
9. 「의료법」 제3조제2항의 의료기관 중 연면적 2천제곱미터 이상이거나 병상 수 100개 이상인 것
10. 「노인복지법」 제34조제1항제1호의 노인요양시설 중 연면적 1천제곱미터 이상인 것
11. 「영유아보육법」 제2조제3호의 어린이집 중 연면적 430제곱미터 이상인 것
12. 「어린이놀이시설 안전관리법」 제2조제2호의 어린이놀이시설 중 연면적 430제곱미터 이상인 실내 어린이놀이시설
13. 「유통산업발전법」 제2조제3호의 대규모점포. 다만, 「전통시장 및 상점가 육성을 위한 특별법」 제2조제1호의 전통시장은 제외한다.
14. 「장사 등에 관한 법률」 제29조에 따른 장례식장 중 지하에 위치한 시설로서 연면적 1천제곱미터 이상인 것
15. 「전시산업발전법」 제2조제4호의 전시시설 중 옥내시설로서 연면적 2천제곱미터 이상인 것
16. 「건축법」 제2조제2항제14호의 업무시설 중 연면적 3천제곱미터 이상인 것. 다만, 「건축법 시행령」 별표 1 제14호나목2)의 오피스텔은 제외한다.
17. 「건축법」 제2조제2항에 따라 구분된 용도 중 둘 이상의 용도에 사용되는 건축물로서 연면적 2천제곱미터 이상인 것. 다만, 「건축법 시행령」 별표 1 제2호의 공동주택 또는 같은 표 제14호나목2)의 오피스텔이 포함된 경우는 제외한다.
18. 「공연법」 제2조제4호의 공연장 중 객석 수 1천석 이상인 실내 공연장
19. 「체육시설의 설치·이용에 관한 법률」 제2조제1호의 체육시설 중 관람석 수 1천석 이상인 실내 체육시설

※ 비고 : 둘 이상의 건축물로 이루어진 시설의 연면적은 개별 건축물의 연면적을 모두 합산한 면적으로 한다.

[별표 3]

법 제2조제4호나목의 시설물 중 공중이용시설
(제3조제2호 관련)

1. 교량	
가. 도로교량	1) 상부구조형식이 현수교, 사장교, 아치교 및 트러스교인 교량 2) 최대 경간장 50미터 이상의 교량 3) 연장 100미터 이상의 교량 4) 폭 6미터 이상이고 연장 100미터 이상인 복개구조물
나. 철도교량	1) 고속철도 교량 2) 도시철도의 교량 및 고가교 3) 상부구조형식이 트러스교 및 아치교인 교량 4) 연장 100미터 이상의 교량
2. 터널	
가. 도로터널	1) 연장 1천미터 이상의 터널 2) 3차로 이상의 터널 3) 터널구간이 연장 100미터 이상인 지하차도 4) 고속국도, 일반국도, 특별시도 및 광역시도의 터널 5) 연장 300미터 이상의 지방도, 시도, 군도 및 구도의 터널
나. 철도터널	1) 고속철도 터널 2) 도시철도 터널 3) 연장 1천미터 이상의 터널 4) 특별시 또는 광역시에 있는 터널
3. 항만	
가. 방파제, 파제제(波除堤) 및 호안(護岸)	1) 연장 500미터 이상의 방파제 2) 연장 500미터 이상의 파제제 3) 방파제 기능을 하는 연장 500미터 이상의 호안
나. 계류시설	1) 1만톤급 이상의 원유부이식 계류시설(부대시설인 해저송유관을 포함한다) 2) 1만톤급 이상의 말뚝구조의 계류시설 3) 1만톤급 이상의 중력식 계류시설
4. 댐	1) 다목적댐, 발전용댐, 홍수전용댐 2) 지방상수도전용댐 3) 총저수용량 1백만톤 이상의 용수전용댐
5. 건축물	1) 고속철도, 도시철도 및 광역철도 역 시설 2) 16층 이상이거나 연면적 3만제곱미터 이상의 건축물 3) 연면적 5천제곱미터 이상(각 용도별 시설의 합계를 말한다)의 문화·집회시설, 종교시설, 판매시설, 운수시설 중 여객용 시설, 의료시설, 노유자시설, 수련시설, 운동시설, 숙박시설 중 관광숙박시설 및 관광휴게시설

6. 하천 가. 하구둑	1) 하구둑 2) 포용조수량 1천만톤 이상의 방조제
나. 제방	국가하천의 제방[부속시설인 통관(通管) 및 호안(護岸)을 포함한다]
다. 보	국가하천에 설치된 다기능 보
7. 상하수도 가. 상수도	1) 광역상수도 2) 공업용수도 3) 지방상수도
나. 하수도	공공하수처리시설 중 1일 최대처리용량 500톤 이상인 시설
8. 옹벽 및 절토사면(깎기비탈면)	1) 지면으로부터 노출된 높이가 5미터 이상인 부분의 합이 100미터 이상인 옹벽 2) 지면으로부터 연직(鉛直)높이(옹벽이 있는 경우 옹벽 상단으로부터의 높이를 말한다) 30미터 이상을 포함한 절토부(땅깎기를 한 부분을 말한다)로서 단일 수평연장 100미터 이상인 절토사면

※ 비고 :

1. "도로"란 「도로법」 제10조의 도로를 말한다.
2. 교량의 "최대 경간장"이란 한 경간(徑間)에서 상부구조의 교각과 교각의 중심선 간의 거리를 경간장으로 정의할 때, 교량의 경간장 중에서 최댓값을 말한다. 한 경간 교량에 대해서는 교량 양측 교대의 흉벽 사이를 교량 중심선에 따라 측정한 거리를 말한다.
3. 교량의 "연장"이란 교량 양측 교대의 흉벽 사이를 교량 중심선에 따라 측정한 거리를 말한다.
4. 도로교량의 "복개구조물"이란 하천 등을 복개하여 도로의 용도로 사용하는 모든 구조물을 말한다.
5. 터널 및 지하차도의 "연장"이란 각 본체 구간과 하나의 구조로 연결된 구간을 포함한 거리를 말한다.
6. "방파제, 파제제 및 호안"이란 「항만법」 제2조제5호가목2)의 외곽시설을 말한다.
7. "계류시설"이란 「항만법」 제2조제5호가목4)의 계류시설을 말한다.
8. "댐"이란 「저수지·댐의 안전관리 및 재해예방에 관한 법률」 제2조제1호의 저수지·댐을 말한다.
9. 위 표 제4호의 지방상수도전용댐과 용수전용댐이 위 표 제7호가목의 광역상수도·공업용수도 또는 지방상수도의 수원지시설에 해당하는 경우에는 위 표 제7호의 상하수도시설로 본다.
10. 위 표의 건축물에는 그 부대시설인 옹벽과 절토사면을 포함하며, 건축설비, 소방설비, 승강기설비 및 전기설비는 포함하지 않는다.
11. 건축물의 연면적은 지하층을 포함한 동별로 계산한다. 다만, 2동 이상의 건축물이 하나의 구조로 연결된 경우와 둘 이상의 지하도상가가 연속되어 있는 경우에는 연면적의 합계로 한다.
12. 건축물의 층수에는 필로티나 그 밖에 이와 비슷한 구조로 된 층을 포함한다.
13. "건축물"은 「건축법 시행령」 별표 1에서 정한 용도별 분류를 따른다.

14. “운수시설 중 여객용 시설”이란 「건축법 시행령」 별표 1 제8호의 운수시설 중 여객자동차 터미널, 일반철도역사, 공항청사, 항만여객터미널을 말한다.
15. “철도 역 시설”이란 「철도의 건설 및 철도시설 유지관리에 관한 법률」 제2조제6호가목의 역 시설(물류시설은 제외한다)을 말한다. 다만, 선하역사(시설이 선로 아래 설치되는 역사를 말한다)의 선로구간은 연속되는 교량시설물에 포함하고, 지하역사의 선로구간은 연속되는 터널시설물에 포함한다.
16. 하천시설물이 행정구역 경계에 있는 경우 상위 행정구역에 위치한 것으로 한다.
17. “포용조수량”이란 최고 만조(滿潮) 시 간척지에 유입될 조수(潮水)의 양을 말한다.
18. “방조제”란 「공유수면 관리 및 매립에 관한 법률」 제37조, 「농어촌정비법」 제2조제6호, 「방조제 관리법」 제2조제1호 및 「산업입지 및 개발에 관한 법률」 제20조제1항에 따라 설치한 방조제를 말한다.
19. 하천의 “통관”이란 제방을 관통하여 설치한 원형 단면의 문짝을 가진 구조물을 말한다.
20. 하천의 “다기능 보”란 용수 확보, 소수력 발전이나 도로(하천을 횡단하는 것으로 한정한다) 등 두 가지 이상의 기능을 갖는 보를 말한다.
21. 위 표 제7호의 상하수도의 광역상수도, 공업용수도 및 지방상수도에는 수원지시설, 도수관로·송수관로(터널을 포함한다) 및 취수시설을 포함하고, 정수장, 취수·가압펌프장, 배수지, 배수관로 및 급수시설은 제외한다.

[별표 4]

과태료의 부과기준
(제7조 관련)

1. 일반기준
   가. 위반행위의 횟수에 따른 과태료의 가중된 부과기준은 최근 1년간 같은 위반행위로 과태료 부과처분을 받은 경우에 적용한다. 이 경우 기간의 계산은 위반행위에 대해 과태료 부과처분을 받은 날과 그 처분 후 다시 같은 위반행위를 하여 적발된 날을 기준으로 한다.
   나. 가목에 따라 가중된 부과처분을 하는 경우 가중처분의 적용 차수는 그 위반행위 전 부과처분 차수(가목에 따른 기간 내에 과태료 부과처분이 둘 이상 있었던 경우에는 높은 차수를 말한다)의 다음 차수로 한다.
   다. 부과권자는 다음의 어느 하나에 해당하는 경우에는 제3호의 개별기준에 따른 과태료(제2호에 따라 과태료 감경기준이 적용되는 사업 또는 사업장의 경우에는 같은 호에 따른 감경기준에 따라 산출한 금액을 말한다)의 2분의 1 범위에서 그 금액을 줄여 부과할 수 있다. 다만, 과태료를 체납하고 있는 위반행위자에 대해서는 그렇지 않다.
      1) 위반행위자가 자연재해·화재 등으로 재산에 현저한 손실을 입었거나 사업여건의 악화로 사업이 중대한 위기에 처하는 등의 사정이 있는 경우
      2) 위반행위가 사소한 부주의나 오류로 인한 것으로 인정되는 경우
      3) 위반행위자가 법 위반상태를 시정하거나 해소하기 위해 노력한 것이 인정되는 경우
      4) 그 밖에 위반행위의 정도, 위반행위의 동기와 그 결과 등을 고려하여 과태료 금액을 줄일 필요가 있다고 인정되는 경우

2. 사업·사업장의 규모나 공사 규모에 따른 과태료 감경기준
   상시근로자 수가 50명 미만인 사업 또는 사업장이거나 공사금액이 50억원 미만인 건설공사의 사업 또는 사업장인 경우에는 제3호의 개별기준에도 불구하고 그 과태료의 2분의 1 범위에서 감경할 수 있다.

3. 개별기준

위반행위	근거 법조문	과태료		
		1차 위반	2차 위반	3차 이상 위반
법 제8조제1항을 위반하여 경영책임자등이 안전보건교육을 정당한 사유없이 이행하지 않은 경우	법 제8조 제2항	1천만원	3천만원	5천만원

[별표 5]

제8조제3호에 따른 조치 대상 원료 또는 제조물
(제8조제3호 관련)

1. 「고압가스 안전관리법」 제28조제2항제13호의 독성가스
2. 「농약관리법」 제2조제1호, 제1호의2, 제3호 및 제3호의2의 농약, 천연식물보호제, 원제(原劑) 및 농약활용기자재
3. 「마약류 관리에 관한 법률」 제2조제1호의 마약류
4. 「비료관리법」 제2조제2호 및 제3호의 보통비료 및 부산물비료
5. 「생활화학제품 및 살생물제의 안전관리에 관한 법률」 제3조제7호 및 제8호의 살생물물질 및 살생물제품
6. 「식품위생법」 제2조제1호, 제2호, 제4호 및 제5호의 식품, 식품첨가물, 기구 및 용기·포장
7. 「약사법」 제2조제4호의 의약품, 같은 조 제7호의 의약외품(醫藥外品) 및 같은 법 제85조제1항의 동물용 의약품·의약외품
8. 「원자력안전법」 제2조제5호의 방사성물질
9. 「의료기기법」 제2조제1항의 의료기기
10. 「총포·도검·화약류 등의 안전관리에 관한 법률」 제2조제3항의 화약류
11. 「화학물질관리법」 제2조제7호의 유해화학물질
12. 그 밖에 제1호부터 제11호까지의 규정에 준하는 것으로서 관계 중앙행정기관의 장이 정하여 고시하는 생명·신체에 해로운 원료 또는 제조물

2025 산업안전보건법령

초판인쇄 : 2024년 12월 2일
초판발행 : 2024년 12월 20일

펴낸이 : 김남진
펴낸곳 : 중앙경제

디자인 : 안상길, 이지훈, 최가영
마케팅 : 신석재, 김성울, 이소영, 윤지희, 김선혜
경영지원 : 이상훈, 박세라, 조용환

출판등록 : 80.6.21 제2-66호
주소 : 서울시 중구 다산로 11길 19
(신당2동 355-8) 백석빌딩 신관 4층
전화 : 02)2231-7293
팩스 : 02)2235-5344
홈페이지 : www.elabor.co.kr
ISBN : 978-89-7017-564-5 (93360)

정가 : 49,000원

• 이 책은 저작권법에 따라 보호받는 저작물이므로 무단전재와 복제를 금지하며, 이 책 내용의 전부 또는 일부를 이용하려면 반드시 저작권자와 중앙경제의 서면 동의를 받아야 합니다.

• 잘못된 책은 구매처에 요청하면 교환해 드립니다.

개정5판

산업안전관리론

- 기초적 이론과 실무적 내용을 아우르는 산업안전보건관리 기본서
- '안전학자' 정진우 교수의 안전한 사업장을 위한 제언

정진우 저 / 50,000원

개정증보 제5판

위험성평가 해설

- 국내 유일의 위험성평가 기본서
- 유비무환, 미연방지의 과학적 대처법

정진우 저 / 35,000원

● 교보문고, YES24, 인터파크, 도서11번가, 알라딘 절찬 판매중 ●